GPS/GNSS 原理与应用

（第 3 版）

Understanding GPS/GNSS

Principles and Applications, Third Edition

[美] Elliott D. Kaplan   Christopher J. Hegarty   主编

寇艳红   沈   军   译

電子工業出版社

Publishing House of Electronics Industry

北京 · BEIJING

内 容 简 介

本书详细介绍了 GPS、GLONASS、BeiDou、Galileo、QZSS 和 NavIC 系统的最新信息，涵盖了各个系统的星座配置、卫星、地面控制系统和用户设备，提供了详细的卫星信号特征。内容包括 GNSS 简介、卫星导航基础、全球卫星导航系统、GLONASS、伽利略系统、北斗卫星导航系统、区域卫星导航系统、GNSS 接收机、GNSS 扰乱、GNSS 误差、独立 GNSS 的性能、差分 GNSS 和精密单点定位、GNSS 与其他传感器的组合及网络辅助、GNSS 市场与应用。

本书可作为高校相关专业学生学习 GNSS 基本知识的教材，也可供业内相关技术人员参考。

©2017 ARTECH HOUSE, INC.

685 Canton Street, Norwood, MA 02062.

本书中文翻译版专有出版权由 Artech House Inc.授予电子工业出版社，未经许可，不得以任何方式复制或抄袭本书的任何部分。

版权贸易合同登记号图字：01-2018-8683

图书在版编目（CIP）数据

GPS/GNSS 原理与应用：第 3 版/（美）埃利奥特·D.卡普兰（Elliott D. Kaplan），（美）克里斯朵夫·J.赫加蒂盖（Christopher J. Hegarty）主编；寇艳红，沈军译. —北京：电子工业出版社，2021.6
书名原文：Understanding GPS/GNSS: Principles and Applications, Third Edition
ISBN 978-7-121-41351-3

Ⅰ. ①G… Ⅱ. ①埃… ②克… ③寇… ④沈… Ⅲ. ①全球定位系统－测量技术②卫星导航－全球定位系统 Ⅳ. ①P228.4
中国版本图书馆 CIP 数据核字（2021）第 117402 号

责任编辑：谭海平
印　　刷：三河市鑫金马印装有限公司
装　　订：三河市鑫金马印装有限公司
出版发行：电子工业出版社
　　　　　北京市海淀区万寿路 173 信箱　　邮编：100036
开　　本：787×1092　1/16　印张：41.25　字数：1135 千字
版　　次：2007 年 7 月第 1 版（原著第 2 版）
　　　　　2021 年 6 月第 2 版（原著第 3 版）
印　　次：2021 年 6 月第 1 次印刷
定　　价：139.00 元

凡所购买电子工业出版社图书有缺损问题，请向购买书店调换。若书店售缺，请与本社发行部联系，联系及邮购电话：（010）88254888，88258888。
质量投诉请发邮件至 zlts@phei.com.cn，盗版侵权举报请发邮件至 dbqq@phei.com.cn。
本书咨询联系方式：（010）88254552，tan02@phei.com.cn。

主编寄语

We are pleased to welcome the Chinese translation of Understanding GPS/GNSS: Principles and Applications, Third Edition. We are extremely grateful and would like to express our sincere appreciation to Dr. Jun Shen, Professor Yanhong Kou and all the others that contributed towards making this version available.

Elliott Kaplan

Christopher Hegarty

May 2021

我们高兴地欢迎中文版《GPS/GNSS 原理与应用（第 3 版）》的问世。我们由衷地感谢沈军博士、寇艳红教授，以及为发布此版本做出贡献的所有其他人员。

Elliott Kaplan

Christopher Hegarty

2021 年 5 月

译 者 序

本书汇集了 20 余位科学家和权威人士对 GPS/GNSS 原理与应用的深入论述。自 1996 年出版第 1 版、2006 年出版第 2 版、2017 年出版第 3 版以来，本书的英文版一直是 Artech House 出版公司的畅销书，深受卫星导航领域广大从业人员和学者的喜爱。电子工业出版社分别于 1996 年和 2007 年适时推出了第 1 版和第 2 版的中文版，成为中国北斗卫星导航系统建设、技术研发、应用拓展和人才培养的优秀参考书。

随着北斗三号系统开通运行、产业化和持续为全球提供优质服务，以及卫星导航行业的快速发展，人们对本书新版的期待与日俱增。作为中文第 2 版的译者和英文第 3 版的撰稿人之一（也是数十年来从事卫星导航方向科研教学、北斗系统研发及国际合作的技术人员），我们注意到本书第 3 版的内容已彻底更新，对卫星导航系统、技术和应用的新进展进行了大量了补充，包括对 GPS、GLONASS、Galileo、Beidou、QZSS 和 NavIC 系统的工程细节以及一系列相关技术透彻且详实的阐述；在概述 GNSS 基本要素的基础上，对 GNSS 接收机终端和信号处理技术、信号干扰/闪烁/阻塞/多径的影响及其抑制技术、各种测量误差、独立 GNSS 系统的性能、差分和精密单点定位、GNSS 与其他传感器的组合及网络辅助等高级主题进行了深度剖析，可为读者构建功能丰富和性能优越的接收设备、开发新应用、准确评估系统性能和市场前景提供切实有效的指导。

看到这样高品质的英文原版书籍，我们又有了将其翻译为中文以与国内同仁分享的冲动；然而，在业余时间翻译一本跨诸多学科领域的、由 28 位专家撰写的上千页巨著，委实耗费了译者的大量时间和精力。翻译工作的具体分工如下：第 1、3、4、5、6、7、10、11、12、14 章及前言、致谢、作者简介等，由北京合众思壮科技股份有限公司的沈军（jun.shen@unistrong.com）翻译；第 2、8、9、13 章及附录等由北京航空航天大学寇艳红（kouy@buaa.edu.cn）翻译。

感谢原版编者 Christopher J. Hegarty 博士对翻译工作的热情鼓励；感谢团队和合作伙伴在翻译期间给予的理解与支持。在翻译过程中，译者力求忠实于原著，但囿于时间及水平，现有译文中肯定存在许多纰漏之处，敬请读者不吝指正。若有任何问题，欢迎通过电子邮件交流。

译 者
2021 年 5 月于北京

第3版前言

很难相信本书第 1 版已出版 21 年，第 2 版已出版 11 年。在这些年间，全球导航卫星系统（GNSS）的进展令人震惊。全球导航卫星系统通过提供位置、速度和时间（PVT）信息，已渗透到了人们日常生活中的各个方面。

本书第 1 版在 1996 年出版时，全球导航卫星系统包括两个全面运行的卫星导航系统：美国的全球定位系统（GPS）和俄罗斯的 GLONASS。本书第 2 版在 2006 年出版时，由于 GLONASS 星座体积的下降，就投入运营的卫星总数而言，GNSS 处于低潮期。

今天，不仅 GLONASS 完全恢复，而且 GPS 和 GLONASS 已经实现现代化，GNSS 全球用户正在进一步受益于两个新部署的全球卫星导航系统：中国的北斗卫星导航系统和欧洲的伽利略导航系统。印度全面部署了一个区域系统——印度导航星座（NavIC），日本正在开发准天顶卫星系统（QZSS）。此外，涌现了大量的 GNSS 增强系统，与单独的 GNSS 星座相比，这些增强系统能够提供更加优异的性能。

第 3 版的目的是为读者提供 GNSS 的完整系统工程处理。本版的作者是一个多学科专家组，专家组中的每位专家在其负责编写文档的领域具有丰富的实践经验，并且为每个主题提供了全面且深入的解决方案。

本书介绍 GPS 和 GLONASS 的最新信息，重点介绍一些新卫星，如 GPS III 和 GLONASS K2 及它们的信号集（如 GPS III L1C 和 GLONASS L3OC）。

第 3 版从技术上深入介绍了每个新兴的卫星导航系统——BeiDou、Galileo、QZSS 和 NavIC，涵盖了每个系统的星座配置、卫星、地面控制系统和用户设备，提供了详细的卫星信号特征。

在过去的 20 多年间，许多工程师反馈说，通过本书的前两版学会了 GPS 接收机的工作原理。第 3 版中更新和扩展了关于接收机的描述，增加了关于接收机组件的内容，如天线和前端电子。第 3 版中详细讨论了多星座、多频接收机日益增加的复杂性，增加了为特定应用开发 GNSS 接收机的详细设计过程和相关技术。对于需要理解这些概念的读者来说，无论是完成自己的设计任务，还是提升自己的卫星导航系统工程知识，这个主题都价值巨大。作为对接收机讨论的补充，第 3 版中还更新了对干扰、电离层闪烁和多径等进行处理的内容，补充了对植被、地形和人造建筑物造成的遮挡问题的处理方法的新内容。

自第 2 版出版以来，GNSS 增强系统［包括 GNSS 差分（DGNSS）和精密单点定位（PPP）技术］得到了快速发展；涌现了大量已部署的或计划建设的星基增强系统，包括 WAAS、EGNOS、MSAS、GAGAN 和 SDCM。同时，为各种应用服务的地基差分系统也得到了发展。由于 PPP 技术的应用规模近年来得到了快速增长，因此第 3 版中扩充了对该技术的描述。此外，第 3 版中还重写了关于 GNSS 与其他传感器集成的内容，更新了关于网络辅助的描述，包括从 2G/3G 向 4G 无线网络的发展。

尽管本书是为工程/科学界撰写的，但通过完整的一章专门介绍了 GNSS 的市场和应用，列举并讨论了预测的主要应用市场（及其挑战）。

像前两版那样，本书的结构是为具有普通科学背景的读者学习 GNSS 的基本知识设立的。具有较强工程/科学背景的读者也可获益于本书中的深入技术内容。本书描述了关键主题及相关的数学/技术复杂性，既可作为大学学生的教科书，又可作为参考文献。

    本书第 1 版和第 2 版在全球各地销售了 18000 多册。我们希望第 3 版能在此基础上取得更大的成功，并且能够对从事 GNSS 研究与应用的工程师、科学家有所帮助。最后祝读者的 GNSS 事业蒸蒸日上！

Elliott D. Kaplan

Christopher J. Hegarty

于美国马萨诸塞州贝德福德 MITRE 公司

关 于 作 者

John W. Betz

MITRE 公司研究员，美国罗切斯特大学电气工程理学学士，美国东北大学电气和计算机工程专业硕士和博士。他为全球定位系统（GPS）的现代化做出了贡献，设计了用于 GPS 和其他卫星导航系统的新信号调制，同时开发了描述接收机性能的新理论。Betz 博士是美国军方 GPS M 信号设计的领导者和技术贡献者。Betz 博士还为 GPS L1C 信号的设计做出了贡献。他一直是美国和其他国家开发自己的卫星导航系统的持续技术讨论的主要贡献者。他的工作影响了世界卫星导航系统使用的信号设计。他目前的工作重点是提高 GPS 使用的稳健性和安全性。Betz 博士曾任美国空军科学顾问委员会主席，并且是美国国家空基定位、导航和授时咨询委员会的成员。在其他奖项和荣誉中，Betz 博士是 ION（美国导航学会）和 IEEE 会士，并获得了国际航海协会的哈里森奖。他的著作包括 *Engineering Satellite-Based Navigation and Timing*: *Global Navigation Satellite Systems, Signals, and Receivers* (Wiley-IEEE Press, 2015)。

Sunil Bisnath

加拿大多伦多约克大学地球和空间科学与工程系副教授。他在精密 GNSS 定位、导航算法和应用方面拥有 20 多年的研究经验。在入职约克大学前，Bisnath 教授曾任职于美国马萨诸塞州波士顿的哈佛-史密森尼天体物理中心和南密西西比大学、密西西比州的 NASA 斯坦尼斯航天中心。他拥有多伦多大学测量科学荣誉理学学士和理学硕士学位，以及新不伦瑞克大学大地测量学和地理信息工程专业博士学位。

Daniel Blonski

2001 年加入欧洲航天局（ESA），是伽利略系统办公室的系统性能工程师。他负责伽利略系统的性能，并协调 ESA 和行业中伽利略系统性能团队的工作。他一直深入参与伽利略系统工程活动，特别是系统性能管理和在轨验证阶段以及伽利略初始服务准备期间已实现性能的验证。自 2013 年 IOV 测试活动开始以来，作为其工作的一部分而建立的伽利略系统性能的常规监控一直在运行。Blonski 先生一直负责性能评估的系统工具开发，如伽利略系统仿真设施和伽利略系统评估设备。除了伽利略系统方面的工作，他还参与了致力于欧洲 GNSS 系统在全面运行能力之外的演进活动。他拥有德国德累斯顿技术大学航空航天工程学特许工程师文凭。

J. Blake Bullock

Sensewhere 有限公司业务发展副总裁，负责为新部署建立合作伙伴关系。Bullock 先生曾在摩托罗拉、CSR、三星和 Hemisphere GNSS 工作，负责 GNSS 接收机和应用、远程信息处理和导航系统、室内定位以及面向消费和工业产品的 GNSS 半导体解决方案。Bullock 先生拥有加拿大卡尔加里大学地理信息工程理学学士和理学硕士学位，以及美国亚利桑那州立大学工商管理硕士学位。他已获得 11 项专利，并在定位、导航和制图方面撰写了一篇学位论文、若干论文和文章。Bullock 先生是 ION 会员，也是业余铁人三项运动员。

John H. Burke

美国空军研究实验室空间飞行理事会高级研究物理学家，美国弗吉尼亚大学原子物理学博士，发展了基于冷原子的传感器的基础知识。Burke 博士领导 AFRL 的一个研究项目，开发先进的授时系统，包括冷原子钟、光学原子钟和基于频率梳的时间传递技术，这些技术已被证明比目前使用的美国国防部计时系统精密几个数量级。他曾参与两次太空实验——AFRL 导航技术卫星 3 和国际空间站上的 NASA 冷原子实验。

Arthur Dorsey

洛克希德·马丁航天系统公司首席工程师。他在 GPS、空中交通管制和导弹防御系统的研究、设计与开发方面拥有 30 多年的专业经验，具有 GPS 导航精度、空中交通管制雷达数据处理和导弹防御雷达跟踪数据融合方面的专业知识。他参与了 GPS 控制段导航处理的初始算法设计及其开发和部署。Dorsey 博士参与了重建架构分布式工作站 GPS 控制段实施（AEP）的开发，并对 GPS 监测站接收机进行了分析。Dorsey 博士对新改进的时钟和星历（NICE）电文的现代化电文表示进行了基本分析。最近，他参与了部署更换控制段监测站接收机和 AEP 升级以支持 GPS III 卫星的工作。Dorsey 博士持有美国马里兰大学电气工程理学学士、理学硕士和博士学位。

Scott Feairheller

在国际卫星导航系统和国际空间政策方面拥有超过 34 年的经验。1989 年到 1997 年，他担任美国国防部技术代表，负责 1988 年美苏运输协议和 1994 年美俄运输协议的 GPS-GLONASS 部分。自 1999 年以来，Feairheller 先生一直支持美欧 GPS-Galileo 谈判。他目前在美国空军担任航空航天工程师。他于 1982 年获得美国代顿大学理学学士学位，1997 年获得美国联合军事学院理学硕士学位。自 1987 年以来，Feairheller 先生一直是 ION 的成员。

Peter M. Fyfe

美国加利福尼亚州亨廷顿海滩波音公司的技术研究员。他拥有美国史蒂文斯理工学院的电气工程学士学位和南加州大学的电气工程理学硕士学位。他拥有超过 30 年的 GPS 系统工程分析和测试经验，涵盖所有三个 GPS 区段。Fyfe 先生于 1995 年到 2003 年从事 GPS IIF 工作，并为开发和实施新的 M 码和 L5 信号做出了贡献。

Christopher J. Hegarty

MITRE 公司总监。自 1992 年以来，他主要从事 GNSS 的航空应用工作。他获得了美国伍斯特理工学院电气工程理学学士学位和理学硕士学位，以及美国乔治·华盛顿大学电气工程专业科学博士学位。Hegarty 博士为 GPS 航空电子设备标准的制定做出了重要贡献。他目前是 RTCA159 特别委员会（GNSS）的联合主席，该委员会制定了许多 GPS 设备性能标准，被美国联邦航空管理局和全球民用航空当局所引用。自 2006 年以来，他还担任 RTCA 公司项目管理委员会主席一职，负责监督 20 多个委员会，为各种航空系统制定标准，包括通信/导航/监视系统、无人驾驶飞机、机场安检系统等。Hegarty 博士也为 GPS 星座的现代化做出了贡献。他共同领导了第三个 GPS 民用信号 L5 的初始规范的开发工作，该信号规范于 2000 年完成，并成为该信号的空军接口规范的基础。他还是第四个 GPS 民用信号 L1C 设计团队的成员。鉴于他对 GNSS 的贡献，Hegarty 博士于 1998 年获得 ION 早期成就奖，2005 年获得美国国务院高级荣誉奖，2005 年获得 ION Kepler 奖，

2006 年获得美国伍斯特理工学院霍巴特·纽厄尔奖。他在 2008 年担任 ION 主席，并且是 ION 和 IEEE 会士。

Len Jacobson

一位退休的技术、管理和商业发展顾问，通过他自己的公司 Global Systems and Marketing 为 GPS 行业、美国政府和法律专业提供咨询服务。他获得了美国纽约城市学院的电气工程学士学位和纽约理工学院的电气工程硕士学位，并在加州大学洛杉矶分校和斯坦福大学高级学者研究所完成了研究生课程。在成为 Interstate Electronics 公司的副总裁之前，他是 ITT、休斯航空公司和 Magnavox 研究实验室的卫星通信与导航系统工程师。他当选为北约工业咨询小组成员，并在国际国防贸易政策的国防科学委员会小组中任职。他当选为 ION 理事会成员，担任空间代表，两次担任西部地区副主席，并且担任财务部主席。他曾两次担任 ION 全国技术会议主席，并且担任会议议程主席。自 GPS World 成立以来，他一直担任编辑顾问，并担任洛杉矶国防工业协会（NDIA）分会的董事会副主席。他还在 AFCEA 和 IEEE 任职。作为 GPS 专家证人，他多次在民事和刑事案件中作证。他撰写了大量有关 GPS 和其他国防事务的文章，并在"60 分钟"节目中出场。他的其他书籍包括 GNSS Markets and Applications（Artech House, 2007）和 Flying for GPS（Xlibris LLC, 2014）。

Elliott D. Kaplan

美国马萨诸塞州贝德福德 MITRE 公司首席工程师，美国纽约理工学院电气工程理学学士，美国东北大学电气工程理学硕士。自 1986 年以来，Kaplan 先生一直积极参与 GPS 相关的政府计划。他目前正在支持美国空军研究实验室航天飞行局和 GPS 理事会的活动，其中包括 AFRL 导航技术卫星 3（NTS-3）的开发，这是美国空军 40 多年来首次发射的 PNT 先进技术卫星。Kaplan 先生目前是 ION 军事部主席。Kaplan 先生编辑和合著了 Understanding GPS: Principles and Applications, First Edition（Artech House，1996）一书，并且是 Understanding GPS: Principles and Applications, Second Edition（Artech House，2006）一书的合编者和合著者。

Mike King

通用动力公司空间电子事业部总工程师，负责领导一系列基于太空的 GPS 传感器的开发，并寻求新的商机。他拥有超过 35 年开发先进 GPS 接收机的经验，涵盖系统、架构、信号处理、算法、ASIC 和软件设计领域。在加入通用动力公司之前于摩托罗拉公司任职其间，King 先生开发了辅助 GPS 蜂窝电话定位的接收机架构、算法和无线标准，以支持 FCC E-911 授权，实现了一系列基于手机定位的基础服务。此外，他还领导了汽车远程信息处理和授时行业中使用的 GPS 传感器芯片组的开发。为了表彰他的技术领导能力，他当选为摩托罗拉科学顾问委员会成员，并被任命为 Dan Noble 研究员，这是摩托罗拉公司授给技术专家的最高荣誉。他于 2004 年从摩托罗拉公司退休后加入通用动力公司。他是 ION、电气和电子工程师学会的成员，拥有 49 项与 GNSS 相关的专利。

Sylvain Loddo

ESA Galileo 项目办公室地面段采购经理。他于 2004 年加入欧洲航天局，从那时起负责设计、开发和部署 Galileo 核心基础设施部分地面运营段的工业合同，特别是任务段、控制段、安全设施和 SAR 地面段。他于 1984 年以工程师身份毕业于法国国家民用航空学院（ENAC，图卢兹），后来参与法国国家空间研究中心（CNES）DGAC 和 LOCSTAR 无线电测定卫星系统的航空无线电导航系统的实施。1991 年，Loddo 先生加入 Thomson-CSF，在当时的一个新领域（全球导航卫星系统）开展地面基础设施领域的活动。这使得他成为 CNES 的 EURIDIS 合同（EGNOS 部署的第一步）、ESA 的 EGNOS 定义阶段、GALA 研究（Galileo 的任务级定义阶段）及后续欧洲委员会（EC）的 GALILEI 研究的项目经理，以及 Alcatel Mobicom 公司的技术总监。

陆明泉

电子科技大学电子工程硕士和博士，清华大学电子工程系教授，领导定位导航与授时（PNT）研究中心，开发 GNSS 和其他 PNT 技术。他目前的研究兴趣包括 GNSS 系统建模和仿真、信号设计和处理以及接收机开发。陆教授获得了 30 多项专利，撰写了 100 多篇论文和文章，还有两本关于定位、导航和授时的书籍。

Willard A. Marquis

洛克希德·马丁公司位于美国科罗拉多州科罗拉多斯普林斯市的 GPS IIR/GPS III 飞行运营小组的 GPS Block IIR/IIR-M 总工程师。他在美国麻省理工学院获得航空航天理学学士和理学硕士学位。他曾在美国科罗拉多大学博尔德分校进修。自 1982 年以来，Marquis 先生在洛克希德·马丁公司参与了多个火箭、上面级和卫星项目。1994 年，他以下列身份加入科罗拉多州施里弗空军基地的 GPS Block IIR 飞行运营小组：导航子系统专家、现代化和特殊研究的领导者，以及发射和早期轨道运行期间的任务规划者。Marquis 先生是 ION 和美国宇航学会的成员，也是美国航空航天学会的高级会员，还是 AIAA 制导、导航和控制技术委员会的成员。

Dennis Milbert

美国科罗拉多大学物理学学士，美国俄亥俄州立大学大地测量学理学硕士和博士。他在美国国家海洋和大气管理局的国家大地测量局（NGS）工作了 29 年，在那里他被提拔为首席大地测量师。在其联邦职业生涯中，他开发了精度标准、调整软件、重力和大地水准面模型、GPS 动态测量和垂直基准转换。Milbert 博士曾在多个联邦技术和政策工作组任职，包括交通部无线电导航任务组、联邦无线电导航计划工作组，他还是机构间 GPS 执行委员会高级指导小组的候补代表。他曾在 *Manuscripta Geodetica/Bulletin Geodesique* 和 *Journal of Geodesy* 联合编辑委员会任职 8 年。Milbert 博士获得了 Kaarina 和 Weikko A. Heiskanen 奖、NOAA 管理员奖、一个商务部铜奖和两个商务部银奖。他是美国地球物理联盟和国际大地测量协会的成员。

Samuel J. Parisi

美国马萨诸塞州贝德福德 MITRE 公司首席工程师兼射频系统组组长。他获得了美国洛厄尔技术学院电气工程理学学士和美国东北大学电气工程理学硕士学位。Parisi 先生在微波和毫米波技术方面拥有 40 多年的经验。在 1988 年加入 MITRE 公司之前，他曾在 Microwave Research 公司和 Microwave Associates 公司担任工程师职位。在 MITRE 公司，他担任 GPS 手持调零天线项目的任务负责人，并作为新技术植入和射频兼容性的任务负责人支持 GPS III 计划。Parisi 先生还为 OSD 创编了模块化简报，介绍了美国在 WRC-2000 大会上投票表决的三个重要问题上的立场。他是 IEEE 的终身会员，并且是 *Transactions of the IEEE Microwave Theory and Techniques Society* 的编辑委员会成员。

Michael Pavloff

哈佛大学物理学学士，麻省理工学院航空和航天工程硕士，拥有超过 25 年的航天工业经验，最近担任 RUAG 空间公司的首席技术官，负责管理创新流程并监督一个产品组合的产品路线图，包括发射器、卫星结构和机械系统、数字和微波电子设备，以及下一代 GNSS 接收机和信号发生器。此前他曾在 SSL 担任几个大型 GEO 卫星计划的执行主任，负责部署新产品，如第一个 E1/E5 EGNOS 导航有效载荷。在雷神公司，他是 VIIRS（美国 LEO 气象卫星计划的下一代电光有效载荷）项目总监。在休斯航空/波音公司，他曾任面向美国政府客户的多个前端和全面卫星生产计划的项目经理，并负责监督卫星导航和传感器系统领域的各种技术开发工作。在 MITRE 公司，他是空间系统分析专业小组的成员。

沈军

1993 年获加拿大滑铁卢大学计算机科学博士学位，2000 年获美国南加州大学高级工商管理硕士学位。在过去的 30 年里，沈博士曾担任许多学术、技术和管理职位。目前，沈博士在北京合众思壮科技股份有限公司担任首席科学家。他是中国卫星导航系统管理办公室（CSNO）国际合作中心的副主任，以及 CSNO 科学咨询专家组的成员。此外，他还是浙江大学和上海交通大学的客座教授。作为中国的顶尖科学家之一，沈博士参与了计算机科学、卫星通信和导航领域的研发活动，发表了 70 多篇技术论文。

Igor Stojkovic

荷兰 ESTEC 的欧洲航天局 Galileo 项目首席搜救工程师。他负责 MEOSAR 系统 SAR/Galileo 组件的设计和开发。此前，他负责 ESA 的 MetOp 和 MSG 卫星搜索与救援（SAR）任务及航空电子设备，之前负责英国的 SAR 设备开发。1981 年获得贝尔格莱德大学电子学专业学位（特许工程师文凭），并在应用物理研究所（YU）和 Norsk Rikskringkasting（N）从事研究工作。

Nadejda Stoyanova

美国空军高级太空未来分析师。她拥有美国代顿大学工程系统管理理学硕士和美国俄克拉荷马城市大学工商管理硕士学位，目前正在攻读美国北达科他大学航空航天研究博士学位。在预测未来 20 年的空间环境技术状态方面，她有超过 10 年的经验。Stoyanova 女士是 ION 和世界未来学会的成员。

Maarten Uijt de Haag

美国俄亥俄州立大学电子工程和计算机科学系的 Cheng 教授，俄亥俄州立大学航空电子工程中心首席研究员。他于 1994 年获得荷兰代尔夫特理工大学电气工程理学硕士学位，1999 年获得俄亥俄州立大学雅典分校电气工程理学博士学位。自 1992 年以来，Uijt de Haag 教授一直从事导航的相关研究工作。最近，他的研究活动主要集中在使用激光、视觉、GNSS 和惯性的传感器集成方法方面，用于有人驾驶和无人驾驶飞行器、地形参考导航、合成视觉系统、飞行器监视和防撞系统，以及用于改善姿态、能量状态和飞行模式感知的飞机信息管理。Uijt de Haag 教授是 ION 的成员、IEEE 的高级会员和 AIAA 的副研究员。Uijt de Haag 教授因在激光导航和合成视觉系统完好性监视器方面的贡献，被授予 2008 年 ION 的 Thomas L. Thurlow 上校导航奖。

Todd Walter

美国斯坦福大学航空航天系高级研究工程师，美国伦斯勒理工学院物理学理学学士，斯坦福大学应用物理专业理学硕士和博士。他的研究重点是高完好性的空中导航系统的实现。Walter 博士是美国联邦航空管理局（FAA）广域增强系统（WAAS）安全处理算法的主要架构师之一，包括开发原始电离层估计和置信边界算法。他还建议联邦航空管理局采用其他手段利用卫星导航信号更有效地提供服务。Walter 博士获得了 ION 的 Thurlow 和 Kepler 奖，也是 ION 的会士并担任主席一职。

Phillip W. Ward

1991 年任美国得克萨斯州达拉斯 Navward GPS Consulting 公司总裁。1960 年至 1991 年，他是德州仪器公司（TI）的高级技术人员。在 1967 年至 1970 年德州仪器公司的休假期间，他是麻省理工学院仪器实验室（现为 Charles Stark Draper 实验室）技术团队的成员。Ward 先生 1958 年在得克萨斯大学埃尔帕索分校获得电气工程理学学士学位，当时他在新墨西哥州白沙导弹靶场担任合作学生工程师。他于 1965 年从南卫理公会大学获得电气工程理学硕士学位。他还在麻省理工学院攻读计算机科学研究生课程。Ward 先生自 1958 年以来一直从事导航领域的工作，自 1976 年以来一直从事卫星导航接收机的设计工作。他曾担任多个 TI 高级 GPS 接收机开发计划的首席系统工程师。他为 TI 开发了五代 GPS 接收机，包括 TI 4100 NAVSTAR Navigator Multiplex 接收机，这是第一款商用 GPS 接收机。由于他在开发 TI 4100 方面的开创性工作，Ward 先生于 1989 年获得 Thomas L. Thurlow 上校导航奖，这是 ION 颁发的最高奖项。他曾于 1992 年至 1993 年担任 ION 的主席，并于 1994 年至 1996 年担任 ION 卫星分部的主席。Ward 先生是 2001 年至 2002 年 ION 的第一位国会科学研究员，也是 ION 的会士。2008 年 ION 卫星分部授予其 Johannes Kepler 奖，以表彰他对卫星导航的持续和重要贡献。他还是 TEEE 的高级会员。

目　　录

第 1 章 引 言

Elliott D. Kaplan

1.1 简介

导航是将人或物从一个地方带到另一个地方的科学。在日常生活中，每个人都会进行某种形式的导航。开车上班或步行去商店需要我们具备基本的导航技能。对大多数人来说，这些技能必须利用眼睛、常识和地标。但在某些情况下，我们需要更准确地了解位置、计划航向和/或到达目的地的旅行时间，因此要会使用除地标外的导航辅助设备。这些设备可能以简单的时钟形式来求出某段已知距离上的速度，也可能采用汽车里程表的形式来跟踪行驶的距离。用于传送电子信号的其他导航辅助装置（称为无线电导航辅助设备）更加复杂。

从一台或多台无线电导航设备发出的信号可让一个人（以下简称用户）计算自己的位置（有些无线电设备具有测速和时间分发能力）。注意，处理这些信号并计算位置的是用户的无线电导航接收机。接收机执行必要的计算（如距离、方位和估计的到达时间），将用户导航到所需的位置。在某些应用中，接收机只能部分地处理收到的信号，而在另一个位置执行导航计算。

目前已出现各种类型的无线电导航设备。本书中将这些设备归类为地基设备和空基设备。一般来说，地基无线电导航设备的精度与其工作频率成正比。高精度系统通常以相对较短的波长传输，用户必须保持在视线范围内，而以低频率（较长的波长）进行广播的系统不受视线的限制，但精度不够。在撰写本书时，卫星导航（SATNAV）系统利用的波长较短，精度很高，但会受视线的限制。这些系统得到增强后，就可提供更好的性能并克服视线的限制。

1.2 GNSS 概述

目前，世界上存在许多正在运行的卫星导航系统。有些系统是全球系统，有些系统则只在特定的区域提供服务。全球导航卫星系统（GNSS）定义为所有卫星导航系统及它们的增强系统（遗憾的是，今天 GNSS 也用来表示各个卫星导航系统。本书使用前一个定义，但读者应了解它的第二个定义）。本书中讨论的卫星导航系统包括中国的北斗卫星导航系统（BDS）、欧洲的伽利略（Galileo）系统、俄罗斯的全球导航卫星系统（GLONASS）、美国的全球定位系统（GPS）、印度的印度导航星座（NavIC）和日本的准天顶卫星系统（QZSS）。

使用适当的接收设备，GNSS 可为用户提供准确、连续、全球的三维位置和速度信息，并且可以在协调世界时（UTC）时标下传播时间。全球 GNSS 星座（有时称为核心星座）通常由 24 颗或更多的中地球轨道（MEO）卫星组成，这些卫星通常位于 3 个或 6 个轨道面上，每个轨道面上有 4 颗或更多的卫星。地面控制/监测网络监测卫星的健康和状态，并将导航和其他数据上传至各颗卫星。除了作为北斗系统一部分提供的无线电测定业务（RDSS，它依赖于对同步卫星的主动测距提供定位），由于用户接收机操作是被动的（即只接收信号），因此本书讨论的卫星导航系统提供的服务是面向无限数量的用户的。这些卫星导航系统利用的是单程到达时间（TOA）测距的概念。卫星传输参照的是卫星上与内部系统时基同步的高精度原子频率标准。本书中讨论的所有卫星导航系统都使用直接序列扩频技术在两个或多个频率上广播测距码和导航数据。每颗卫星都发送精确同步到一个共同时标的测距码。接收机使用导航数据来确定信号传输时卫星的位置，并使用测距码来确定信号的传播时间，进而确定从卫星到用户的距离。这种技术要求用户的接收机也包含一个时钟。利用这种技术测量接收机的三维位置时，需要对 4 颗卫星进行 TOA 测距。如果接收机的时钟与卫星的时钟同步，那么只需要进行 3 次距离测量。然而，为了最大限度地降低接收机的成本、复杂度和尺寸，导航接收机中通常采用晶体时钟，因此需要进行 4 次距离测量才能确定用户的纬度、经度、高度和接收机的时钟偏移。如果能够准确地知道系统时或高度，那么需要的卫星就不到 4 颗。第 2 章中将详细介绍 TOA 测距及如何求出用户的位置、速度和时间（PVT）。今天，商业用户设备可以使用来自多个卫星导航星座的测量值来得到 PVT。在一个或多个卫星导航系统出现问题的情况下，这保证了信号的可用性。

与全球系统相同，区域卫星导航系统都由相同的三部分组成：空间段、控制段和用户段。关键区别是，区域系统的空间段利用地球静止轨道和/或倾斜地球静止轨道上的卫星来覆盖感兴趣区域。中国的北斗、印度的 NavIC［此前称为印度区域卫星导航系统（IRNSS）］和日本的 QZSS 使用的就是这类轨道上的卫星。北斗系统在采用地球静止轨道和倾斜地球同步轨道卫星系统的同时，还将部署 27 颗 MEO 卫星，这些卫星部署完毕后，北斗系统将提供全球服务，并在中国周边地区提供增强服务（2.3.2 节中将介绍这些不同的轨道类型）。

1.3　全球定位系统

自 20 世纪 70 年代建成以来，美国的全球定位系统（GPS）就一直在不断发展中。系统性能在精度、可用性和完整性方面都有所提高。这不仅要归功于空间段、控制段和用户段的重大技术进步，而且要归功于美国空军运营团队经验的增加。第 3 章将详细介绍 GPS。

GPS 提供两项主要服务：精确定位服务（PPS）和标准定位服务（SPS）。PPS 是一种加密服务，用于军事和其他授权政府用户。SPS 对用户免费，因此被全球数十亿民用和商用用户广泛使用[1]。两种服务都为用户接收机提供导航信号，以便确定位置、速度和相对于美国海军天文台（USNO）的 UTC。

对于空间段，GPS 迄今开发了 7 个卫星系列，每个系列都提供了改进的能力。在撰写本书时，GPS 星座包括 Block IIR、Block IIR-M 和 IIF 卫星系列。截至 2016 年 2 月，所有 IIF 系列的卫星都已发射升空。第一颗 GPS III 卫星计划在 2018 年发射[2]。图 1.1 和图 1.2 是艺术家所绘的在轨 GPS Block IIF 和 GPS III 卫星。

正常的 GPS 卫星星座由分布在 6 个 MEO 轨道面上的 24 颗卫星组成，它通常称为基线 24 轨位星座。多年来，美国空军（USAF）运营星座的卫星数量超过了基线卫星数量。2011 年 6 月，美国空军正式更新了 GPS 星座设计，新设计的轨位上最多可以包含 27 颗卫星。这个最多包含 27 颗卫星的新设计在全球大多数地区都会带来改进的系统覆盖和几何特性[3]。额外的卫星（超过 27 颗的卫星）通常放置在近期准备更换的卫星附近。

控制段和空间段的改进，使得空间段和控制段对所有星座卫星测距误差的贡献的均方根值约为 0.5m。控制段将继续发展，称为 OCX 的下一代运营控制段计划在 2025 年前投入运行。

在用户设备方面，民用 SPS 用户可以选择不同类型的接收机（如手表、手持式接收机或手机应用），其中大部分设备使用 GPS 和其他 GNSS 星座的信号。

在撰写本书时，GPS 理事会将继续管理新卫星、地面控制设备及大多数美国军事用户接收机的开发和生产。

图 1.1　GPS Block IIF 卫星（波音公司供图）　　　图 1.2　GPS III 卫星（洛克希德·马丁公司供图）

1.4　全球导航卫星系统

全球导航卫星系统（GLONASS）是由俄罗斯开发的类似于 GPS 的卫星导航系统。GLONASS 为俄罗斯国内外海洋、空中、陆地和空间应用的 PVT 提供军用与民用 L 波段的多频导航服务。GLONASS 为用户提供的时间形式是 UTC（SU）。GLONASS 由一组 MEO 卫星、地面控制段和用户设备组成，详见第 4 章中的介绍。在撰写本书时，GLONASS 共有 24 颗活跃卫星和 2 颗备用卫星。备用卫星的数量计划增至 6 颗。在 24 颗卫星的情形下，GLONASS 控制者将对所有 30 颗卫星的性能进行评估，并激活性能最好的 24 颗卫星，剩下的 6 颗卫星则作为备用卫星。这种组合将被定期地评估，必要时将重新定义性能最好的 24 颗卫星。2017 年年初，GLONASS 星座主要由两类卫星构成：1982 年至 2005 年发射的卫星的现代化版本 GLONASS-M；2011 年首次发射的 GLONASS-K1 新型卫星。俄罗斯计划从 2018 年开始引入卫星 GLONASS-K2。图 1.3 和图 1.4 分别显示了 GLONASS-M 和 GLONASS-K1 卫星。

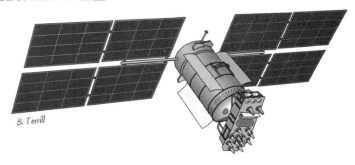

图 1.3　Glonass-M 卫星（Brian Terrill 供图）

GLONASS-M 和 GLONASS-K1 卫星都采用频分多址（FDMA）技术来广播短测距码、长测距码和导航数据。这些卫星还会播发一个码分多址（CDMA）测距码和导航数据，在撰写本书时，它只是一个测试信号。GLONASS 的信号特征和频率分配见 4.7 节。

GLONASS-K 卫星携带搜救载荷（SAR），这个载荷传递的是 406MHz 的 SAR 信标，SAR 信标的设计目的是配合目前部署的 COSPAS-SARSAT 系统工作。

GLONASS 的地面网络主要由位于俄罗斯境内的地面站组成，但可以由俄罗斯境外的监测站提供增强服务。

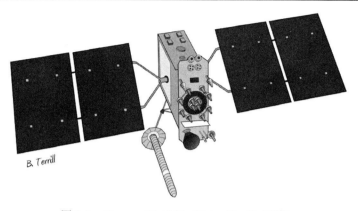

图 1.4　Glonass-K1 卫星（Brian Terrill 供图）

GLONASS 提供了一个授权的（军用）导航服务和一个类似于 GPS 的民用导航服务。俄罗斯政府承诺向所有国内外用户无限制地开放 GLONASS 公开服务。目前，GLONASS 公开服务已集成到多星座 GNSS 单芯片接收机中，且每天都被数百万用户使用。

1.5　伽利略系统

1998 年，欧盟（EU）决定开发一个独立于 GPS 的全球民用卫星导航系统。伽利略系统开发采取了循序渐进的方法，开发的每个子阶段都有自己的目标。其中，两个主要的开发阶段是在轨验证（IOV）阶段和全面运营能力（FOC）阶段。IOV 阶段已经完成。这个阶段通过由 4 颗在轨伽利略卫星组成的初始星座和第一个地面段，提供对伽利略系统概念的端到端验证。2016 年，在成功完成服务验证工作后，欧盟委员会（EC）宣布将于 2016 年 12 月 15 日启动伽利略初始服务。

伽利略系统目前处于 FOC 阶段。FOC 阶段将完成伽利略星座和地面基础设施的部署，实现全面的操作验证和系统性能。在部署完成期间，基础设施将与各个逐步升级的系统组件进行集成与测试，增加远程组件和卫星的数量。正在进行的 FOC 阶段将构建完全部署和验证的伽利略系统。在这个阶段，伽利略系统将分批次移交给欧盟委员会和欧盟 GNSS 机构（GSA）[①]。

全面建成后，伽利略系统将为全球用户提供多层次的服务。计划提供的 4 个服务如下：免费为直接用户提供的开放服务，组合增值数据与高精度定位服务的商业服务，完全针对要求更高级别保护（如更强的抗干扰鲁棒性）的政府授权用户的公共管理服务，支持搜索和救援的服务。

在撰写本书时，欧盟正在开发一个由 30 颗卫星组成的 MEO 星座和一个全球范围的地面控制部分。图 1.5 显示了一颗伽利略卫星。一个关键目标是要能使 GPS 实现互操作。主要的互操作性因素包括信号结构、大地坐标参考系和时间参考系。伽利略系统的全面运营能力阶段计划在 2020 年实现。第 5 章中将描述包括卫星信号特征在内的伽利略系统。

---

① 欧盟 GNSS 机构是欧盟的一个机构，其使命是支持欧盟的各个发展目标，并在用户利益、经济增长和竞争力方面实现欧盟 GNSS 投资的最高回报，其网址是 www.gsa.europa.eu。

图 1.5 伽利略卫星（©ESA-P. Carill.）

1.6 北斗系统

北斗系统是集多种服务于一体的多功能卫星导航系统。到 2020 年计划完成时，北斗系统将为全球用户提供 PVT 服务。它提供的 UTC 形式可以追溯到中国科学院国家授时中心（NTSC），即 UTC（NTSC）。此外，它还将为中国和周边地区的用户提供精度优于 1m 的广域差分服务和短消息服务（SMS）。这些服务可以划分为如下 3 类[4, 5]。

1. 无线电导航卫星服务（RNSS）：RNSS 包括所有 GNSS 星座提供的基本导航服务，即 PVT。类似于其他 GNSS 星座，北斗系统使用多个频率的信号提供两个用户服务：免费向全球用户提供的开放服务，只为授权用户提供的授权服务。

2. RDSS：在所有 GNSS 星座中，RDSS 是北斗系统提供的独特服务。这些服务包括快速定位、短报文，以及通过 GEO 卫星为中国和周边地区的用户提供精确授时服务。这是北斗系统部署阶段 1 即 BD-1 提供的唯一服务类型。随着系统继续向 FOC 发展，该功能已被合并到北斗系统中。随着更多在轨 GEO 卫星的部署，与北斗阶段 1 的两颗 GEO 卫星提供的服务相比，RDSS 服务性能得到了进一步改善。由于北斗系统的 RNSS 能够提供更好的被动式定位和授时性能，因此短报文是 RDSS 服务家族中目前最有用的功能，并且被广泛用在用户通信和位置报告应用中。从 RDSS 服务的角度来看，北斗系统实际上是一个带有短报文服务的卫星通信系统。使用 RDSS 服务时，用户需要用户标识号，因此 RDSS 服务属于授权服务类别。

3. 广域差分服务：其他 GNSS 系统的增强系统（见第 12 章）是独立于其基本系统构建的。例如，部署 GPS 后，美国开发了一个独立的增强系统——广域增强系统（WAAS），以满足民用航空工业的需求。北斗星座中的多颗 GEO 卫星使得组合基本服务与增强服务来进行集成设计成为可能。作为重要的北斗服务之一，空基增强系统是在北斗系统的发展过程中与基本系统并行设计和开发的。

北斗全球系统部署 35 颗卫星（5 颗 GEO 卫星、3 颗倾斜 GEO 卫星和 27 颗 MEO 卫星），计划在 2020 年前后完成[6]。图 1.6 和图 1.7 分别显示了北斗 GEO 卫星和 IGSO/MEO 卫星。

图 1.6　北斗 GEO 卫星[6]

图 1.7　北斗 IGSO/MEO 卫星[6]

1.7　区域系统

1.7.1　准天顶卫星系统

准天顶卫星系统（QZSS）是日本宇宙航空研究开发机构（JAXA）代表日本政府运营的区域民用卫星导航系统。QZSS 星座目前由一个倾斜椭圆-地球同步轨道［称为准天顶（QZ）轨道］上的 1 颗卫星提供高仰角的卫星信号覆盖，以补充和增强美国 GPS（及其他 GNSS 星座）在日本上空的服务。这颗 QZSS 卫星提供实验导航和消息传递服务。QZSS 星座计划到 2018 年扩大到 4 颗卫星（1 颗地球静止轨道卫星和 3 颗 QZ 轨道卫星），到 2023 年星座计划由 7 颗卫星（1 颗卫星位于地球静止轨道，其他卫星位于 QZ 轨道）组成，以补充或增强其他 GNSS 星座并提供独立的区域能力[7-9]。图 1.8 显示了 QZSS 卫星。

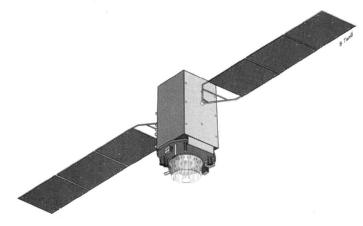

图 1.8　QZSS 卫星（Brian Terrill 供图）

设计 QZSS 的目的是提供三种服务：补充 GPS 的导航服务，提高 GPS 精度的差分 GPS 增强服务，以及在危机或灾难中为公共安全应用提供的信息传输服务。随着星座的完成，除当前的服务外，QZSS 将提供独立于其他 GNSS 星座的区域导航能力。

目前，QZS-1 不仅提供用于日本的各种应用的服务，而且提供正在测试的用于未来使用的运营服务。计划中的 QZS-2～QZS-4 卫星将增加新的试验增强服务。QZ 轨道上的卫星将提供星基增强服务（SBAS）修正，而 GEO 卫星（SV）将提供 S 波段信息传输服务。导航和增强服务对所有用户都是免费的。7.1 节中将详细介绍 QZSS。

1.7.2　印度导航星座（NavIC）

NavIC 是印度空间研究组织（ISRO）与印度国防研究与发展组织（DRDO）合作开发的区域性军用和民用卫星导航系统[10, 11]。其他卫星导航系统主要在 L 波段工作，NavIC 的导航信号则在 L5 波段和 S 波段上传输。

在撰写本书时，NavIC 由 3 颗地球同步卫星和 4 颗倾斜地球同步卫星、地面支撑段及用户设备组成。系统覆盖范围是从南纬 30°到北纬 50°、从东经 30°到东经 130°，即向从印度外推约 1500 千米的区域提供 PVT 服务，图 1.9 中显示了 NavIC 卫星。NavIC 提供两个级别的服务：一个公共标准定位服务（SPS）和一个加密的受限服务（RS），两者都在 L5 频段（1176.45MHz）和 S 频段（2492.028MHz）上可用[12-14]。NavIC SPS 既可使用电离层校正模型来支持单频（L5 波段）定位，又可支持 L5 频段和 S 频段的双频定位[15]。普通晶体振荡器可以提供 L5 波段和 S 波段信号的时间，从而使接收机能够实时测量电离层延迟，并允许用户设备进行修正。7.2 节中将详细介绍 NavIC。

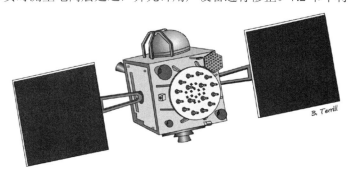

图 1.9　NavIC（IRNSS）卫星（Brian Terrill 供图）

1.8　增强系统

增强系统用于提高单独的 GNSS 的性能。这些系统可以是空基的，如使用地球同步卫星传播提供卫星信号以提高准确性、可用性和完整性；也可以是地基的，如在蜂窝电话中帮助嵌入式 GNSS 接收机计算快速定位的网络。在 GNSS 接收机的天线被遮挡或接收机受到干扰期间提供持续导航服务的需要，是将 GNSS 与各种额外传感器集成的动力。与 GNSS 集成的常用传感器是惯性传感器，但也包括多普勒计量仪（多普勒速度/高度计）、高度计、测速仪和里程表。广泛用于这种集成的方法是卡尔曼滤波。

除了与其他传感器集成，在通信网络中集成 GNSS 传感器也是非常有益的。例如，许多手机现在包含嵌入式 GNSS 引擎，以便在紧急情况下定位用户，或支持各种位置服务（LBS）。这些手机通常在 GNSS 信号被强烈衰减的室内或其他地方使用，导致解调 GNSS 导航数据需要很长的时间，甚至无法完成解调。但是，通过网络辅助，可以跟踪弱 GNSS 信号并快速确定手机的位置。该网络可从其他具有清晰天空视图或其他来源的 GNSS 接收机处获得必要的 GNSS 导航数据。

此外，该网络还可通过其他方式帮助手机，如提供授时和粗略的位置估计。这种辅助可以极大地提高手机中嵌入的 GNSS 传感器的灵敏度，使其能够在 GNSS 信号高度衰减的室内或其他环境下进一步确定位置。第 13 章中将详细介绍 GNSS 与其他传感器的集成以及网络辅助 GNSS。

有些应用（如精准农业、飞机精密进近和港口导航）需要的精度要比 GNSS 单独提供的精度高，它们还可能需要完整性警告通知和其他数据。这些应用利用一种称为差分 GNSS（DGNSS）的技术，可以显著提高各个系统的性能。DGNSS 是一种通过在已知位置使用一个或多个参考站来提高 GNSS 的定位或授时性能的方法，每个参考站都至少配备一台 GNSS 接收机，通过一个数据链路为用户接收机提供准确的精度增强、完整性或其他数据服务。

依赖于具体的应用，可以使用几种类型的 DGNSS 技术获得从毫米到分米的准确位置信息。有些 DGNSS 系统使用一个参考站为直径为 10~100 千米的特定区域提供服务，另一些 DGNSS 系统则服务于整个大陆。欧洲地球同步导航覆盖服务（EGNOS）和印度 GAGAN 系统是广域 DGNSS 服务的例子。第 12 章中将给出 DGNSS 的基本概念，并详细介绍一些已经建成和计划中的 DGNSS 系统。

1.9 市场与应用

如今已部署了 40 亿台 GNSS 设备，这一数字到 2023 年预计将增长到 90 亿。这意味着地球上的每个人将拥有不止一台设备。预计美国和欧洲将以每年 8% 的速度增长，而亚洲和太平洋地区将以每年 11% 的速度增长。未来 5 年，全球市场预计将增长约 8%，主要原因是 GNSS 在智能手机和基于位置服务方面的使用。收入可分解为核心要素，如 GNSS 硬件/软件销售收入，以及 GNSS 应用创造的收入。根据这些定义，到 2020 年，核心部分的年收入预计将超过 1000 亿欧元。GNSS 应用收入的增长在这一阶段相对缓慢，在此期间保持在 2500 亿欧元。但 2020 年后，随着伽利略和北斗达到完全运营能力，这部分的收入增长估计会大幅上升[1]。图 1.10 中显示了 GNSS 接收机安装基数的预计增长，图 1.11 中显示了 GNSS 设备的人均增长。图 1.12 中显示了全球 GNSS 市场规模预测。

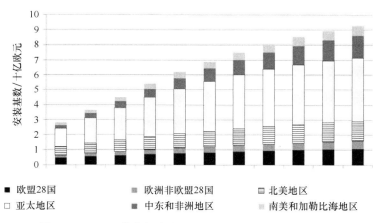

图 1.10　GNSS 接收机安装基数的预计增长（GSA 供图）

从现在到 2023 年，GNSS 的收入增长预计将由移动用户和基于位置的服务主导，如图 1.13 所示。

GNSS 技术的应用多种多样，如驾驶无人机在高尔夫球场上提供球员的位置及球员到洞的距离。虽然大多数应用都是陆基的，如通过智能手机提供每个转弯的方向，但也存在航空、海上和太空的应用。关于市场预测和应用的深入探讨，请参阅第 14 章。

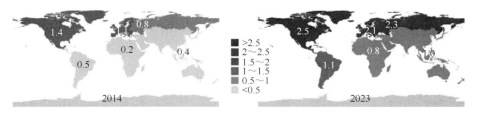

图 1.11　GNSS 设备的人均增长：2014 年与 2023 年（GSA 供图）

图 1.12　全球 GNSS 市场规模预测（十亿欧元）（GSA 供图）

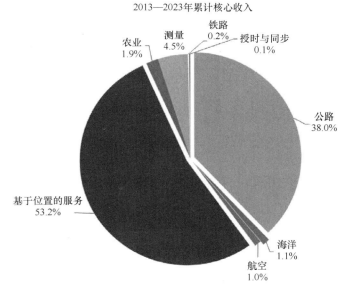

图 1.13　2013 年至 2023 年按细分市场划分的累计核心收入（十亿欧元）（GSA 供图）

1.10　本书的结构

本书的结构如下。首先，介绍使用 GNSS 计算 PVT 的基本原理，详述构成 GNSS 的卫星导航系统。描述时将给出系统架构、大地测量和时间参考、服务和广播导航信号等详细信息。

接着，重点讨论如何设计 GNSS 接收机。根据具体的接收机应用，逐步描述 GNSS 接收机的设计过程和相关的取舍。同时描述创建 GNSS 接收机的每个阶段，提供接收机信号采集和跟踪的细节，以及距离和速度的测量过程。

分析干扰、多径和电离层闪烁情况下信号的采集与跟踪情况，检查 GNSS 误差源，评估 GNSS 性能（准确性、可用性、完整性和连续性），讨论 GNSS 差分技术，介绍包括汽车应用和网络辅助 GNSS 的传感器辅助技术。最后，讨论 GNSS 应用的信息及其市场预测。下面给出每章的重点。

第 2 章介绍计算 PVT 的基本原理。本章从 TOA 测距的概念入手，研究从卫星导航系统获取三维用户位置和速度及 UTC 的原理。本章的内容包括 GNSS 参考坐标系、地球模型、卫星轨道和星座设计。概述 GNSS 信号，包括常用的信号组件。本章还将介绍用于卫星无线电导航、多路复用技术和一般信号特征（包括自相关函数和功率谱）的调制技术的背景知识。

第 3 章详细介绍 GPS，包括空间段、控制（即全球地面控制/监测网络）段和用户（设备）段。描述星座的细节，包括 Block IIF 和 GPS III 在内的卫星类型和相应的属性。读者会发现，随着不同卫星系列的发展，所传输的民用和军用导航信号的数量也在逐渐增加。相当有趣的是控制段（CS）和卫星之间的交互作用。本章全面介绍导航数据信息的测量处理和构建。导航数据信息为用户提供卫星的星历、卫星时钟校正等接收机能够用来计算 PVT 的信息，并介绍用户接收设备的概况，以及与民用和军用用户相关的设备选择标准。本章还将介绍 GPS 的传统和现代化卫星信号及其产生，包括频率分配、调制格式、导航数据、接收功率等级及测距码的生成。

第 4 章讨论俄罗斯的 GLONASS。首先简要介绍该系统及相关的历史，然后详细描述星座和相关的轨道平面特征，接着介绍地面控制/监控网络和当前及计划中的卫星设计。还将讨论 GLONASS 的坐标系、地球模型、时间基准和卫星信号的特性。本章还从准确性和可用性角度介绍系统的性能和差分服务（第 12 章中将详细介绍差分服务）。

第 5 章介绍伽利略系统。首先简要介绍伽利略系统，然后详细介绍系统服务，接着详细介绍系统架构，包括星座细节、卫星设计和运载火箭。还将介绍下行链路的卫星信号结构、对互操作性因素的考虑。除提供导航服务外，伽利略系统还将为国际搜索和救援（SAR）架构做出贡献。5.7 节中将详细介绍 SAR/伽利略服务。

第 6 章讨论北斗系统。首先概述称为北斗卫星导航系统（BDS）的北斗工程，给出北斗工程的历史及其三个演化阶段。北斗工程始于一个提供 RDSS 服务的区域系统，目前北斗系统正在向全球覆盖发展。然后详细介绍星座、卫星设计及地面控制部分，同时介绍互操作性的因素（如大地坐标参考系、时间基准系统）。本章还将充分探讨北斗服务和卫星信号的特点。区域 RDSS 服务提供导航和短消息服务。

第 7 章介绍区域卫星导航系统。人们越来越认识到，完全依赖一个或多个全球核心星座提供的 PVT 服务无法满足特定区域的独特需求。如果没有与核心星座提供商的紧密合作，那么这些独特的需求就无法满足。区域服务可以提供的需求包括：覆盖区域内的服务质量保证（用户的定位和授时服务）和用户独特的短消息服务需求。本章将讨论印度的 NavIC，它提供面向印度大陆的区域服务；还将讨论日本的 QZSS，它为西太平洋地区提供区域服务。这些星座改善了全球核心星座在山区的覆盖，山谷和城市峡谷对核心星座卫星的遮挡带来的影响，可通过确保高仰角卫星的可用性得到改善。7.1 节介绍快速发展的 QZSS。QZSS 始于 2002 年政府和工业界的一个联合项目。第一颗卫星于 2010 年发射，2012 年做出了继续项目建设以使系统具备初始运营能力的决定。7.1.2 节描述 QZSS 的空间段。虽然在本书成稿时，QZSS 卫星星座仅包括 1 颗倾斜地球同步轨道卫星，但是 IOC 星座的剩余卫星将在 2023 年完成发射。QZSS 将在 L1、L2 和 L5 导航频段发送时间信号（与美国的 GPS 相似）。7.1.3 节主要讨论 QZSS 控制段（CS）。为确保满足 PVT 的要求，CS 由卫星跟踪功能（雷达和激光测距）、信号监测站和星座时间管理组成。7.1.4 节讨论大地测量和授时服务。值得注意的是，QZSS 计划与 GPS 时间紧密同步（授时偏移很小）。7.1.5 节描述 QZSS 对军用和民用用户的服务，包括对高精度用户的增强服务及对危机处理和安全的短消息服务。由于日本是崎岖不平和多山的地方，这些服务被认为对应急处理是十分关键的。最后，7.1.6 节讨论 6 个 QZSS 信号的具体特点。7.2 节介绍 NavIC。7.2.2 节讨论系统的空间段。在 2006 年印度最初决定开发和部署 NavIC 后，第一颗卫星于 2013 年发射。在本书成稿时，NavIC 的空间段已包含在同步轨道和倾斜地球同步轨道上运行的 7 颗卫星。目前的卫星使用 L5 和 S 波段传输定位信号，以提供民用和军用 PVT 服务。7.2.3 节讨论 NavIC CS。CS 的功能是保证高精度的位置和授时信息，并提供特殊的短消息服务，以满足军民的独特需求。7.2.4 节重点讨论大地测量和时间系统，7.2.5 节介绍导航服务。7.2.6 节描述 NavIC 的信号及其特点。7.2.7 节描述用于军用和民用用户的设备。

第 8 章全面介绍 GNSS 接收机，以便为设计接收机奠定基础。本章中将详细介绍 GNSS 接收机所需的每个功能，包括搜索、捕获和跟踪 SV 信号，然后从 GNSS SV 提取码和载波相位测量值及导航电文数据。该主题非常广泛，以致严谨性常被第一原则取代。本章将传达一个很少在其他地方提出的重要目标：如何设计 GNSS 接收机。作为整体理解这些广泛的设计概念后，读者就会具有理解或创新的基础。众多参考文献将向读者提供额外的细节。

第 9 章讨论 4 类 GNSS 射频（RF）信号异常，它们可能会恶化 GNSS 接收机的性能。第一类信号异常是干扰（9.2 节的重点），它可能是无意的或有意的干扰（通常称为人为干扰）。9.3 节讨论第二类信号异常，即电离层闪烁，它是由地球大气层的电离层中有时出现的不规则现象造成的信号衰减现象。9.4 节讨论第三类信号异常，即堵塞。当 GNSS RF 信号的视线路径被厚重的树叶、地形或人造建筑物过度衰减时，就会出现信号阻塞。9.5 节讨论第四类信号异常，即多径。总体而言，每颗 GNSS 卫星和用户接收机之间都存在反射面，这会使得期望的（视线）信号到达后，接收机接收到 RF 回波。

第 10 章介绍 GNSS 测量误差。本章中将详细解释伪距测量误差的各个来源及它们对总体误差预算的贡献，并讨论空间和时间相关特性。这一讨论将为读者更好地理解 DGNSS 奠定基础。所有 DGNSS 系统都利用这些相关性来提高系统的整体性能（第 12 章中将详细讨论 DGNSS）。本章最后将给出单/双频 GNSS 用户的代表性误差预算。

第 11 章讨论独立的 GNSS 性能。本章首先给出使用一个或多个 GNSS 星座计算 PVT 的算法。然后定义各种几何因素，以便计算 GNSS 导航解的各个元素（如水平、垂直）。11.2.5 讨论其他状态变量的使用方法，包括使用多个 GNSS 星座测量值时，解决系统时偏移的方法。当接收机跟踪两个或两个以上卫星星座中的卫星时，这特别重要；混合测量值形成 PVT 解时，需要认真考虑系统时的差异（如 GPS、GLONASS、伽利略系统时、北斗系统时）。11.3～11.5 节分别讨论可用性、完整性和连续性等重要性能指标。这些指标将在多星座 GNSS 中讨论。需要指出的是，对完整性的综合讨论包括对先进接收机自主完整性监测（ARAIM）的描述。

与独立的 GNSS 相比，许多应用要求更高的精度、完整性、可用性和连续性。这样的应用需要增强系统。增强系统分为几类，可单独使用或组合使用：DGNSS、精密单点定位（PPP），以及使用外部传感器。第 12 章介绍 DGNSS 和 PPP。第 13 章将讨论各种外部传感器/系统及其与 GNSS 的集成。

DGNSS 和 PPP 提高 GNSS 定位或授时性能的方法，是使用来自一个或多个已知位置的参考站的测量值，每个参考站至少配备一台 GNSS 接收机。参考站为最终用户提供提高 PNT 性能（精度、完整性、可用性和连续性）的有用信息。

本章中还将讨论 DGNSS 的基本概念，详细介绍一些已投入使用和计划中的 DGNSS 系统。12.2 节和 12.3 节分别介绍底层算法和基于代码或载波的 DGNSS 系统的性能。12.4 节讨论 PPP 系统。12.5 节中介绍一些重要的 DGNSS 信息标准。12.6 节详细介绍一些已经运行和计划中的 DGNSS 与 PPP 系统。

第 13 章着重介绍在 GNSS 接收机天线受到阴影遮挡期间或干扰时，在 GNSS 接收机更新周期之间提供连续导航的必要性。这是将 GNSS 与各种外部传感器整合起来的动力。13.2 节中将详细讨论 GNSS/惯性导航的整合动因，描述卡尔曼滤波器，包括一个典型的卡尔曼滤波器实现示例。还将介绍和讨论各类 GNSS/惯性导航的整合。13.3 节讨论陆地车辆与传感器的集成，描述传感器、传感器与卡尔曼滤波器的集成，以及一个实际多传感器系统的现场测试过程中的测试数据。13.4 节讨论使用网络辅助增强 GNSS 性能的方法，包括网络辅助技术、性能和新兴标准。13.5 节介绍如何利用混合定位系统（包括 GNSS、低成本惯性传感器及移动设备上可用的各种 RF 信号）将定位系统扩展到室内和其他 GNSS 信号被封锁的区域。

第 14 章介绍 GNSS 的市场和应用。本章首先回顾众多的市场预测，说明一家公司针对某一特定细分市场的定位过程。讨论民用和军用市场之间的差异。探讨政府的政策对 GNSS 市场的影响。介绍众多的民用、政府和军事应用。

参考文献

[1] European GNSS Agency, *GNSS Market Report*, Issue 4, 2015.
[2] http://gpsworld.com/us-air-force-releases-gps-iii-3-launch-services-rfp/.
[3] www.gps.gov.
[4] China Satellite Navigation Office, *Development Report of BeiDou Navigation Satellite System*, (v. 2.2), December 2013, http://www.beidou.gov.cn.
[5] Ran, C., "Status Update on the BeiDou Navigation Satellite System (BDS)," *10th Meeting of the International Committee on Global Navigation Satellite Systems* (ICG), Boulder, CO, November 2-6, 2015, http://www.unoosa.org/oosa/en/ourwork/icg/meetings/icg-10/presentations.html.
[6] Fan, B., Z. Li, and T. Liu, "Application and Development Proposition of Beidou Satellite Navigation System in the Rescue of Wenchuan Earthquake [J]," *Spacecraft Engineering*, Vol. 4, 2008, pp. 6-13.
[7] The Quasi-Zenith Satellite System and IRNSS | GEOG 862, https://www.e-education.psu.edu/geog862/node/1880. Accessed January 1, 2015.
[8] Quasi-Zenith Satellite System, Presentation to ICG-9, Prague, 2014, http://www.unoosa.org/oosa/en/ourwork/icg/meetings/icg-09/presentations.html under 1140 20141109_ICG9_Presentation of QZSS_final2.pptx. Accessed January 1, 2015.
[9] Status Update on the Quasi-Zenith Satellite System Presentation to ICG-10, Boulder, CO, 2015. http://www.unoosa.org/pdf/icg/2015/icg10/06.pdf. Accessed on January 1, 2015.
[10] Indian Regional Navigational Satellite System, *Signal in Space ICD for Standard Positioning Service, Version 1*, ISRO-IRNSS-ICD-SPS-1.0, ISRO, June 2014, pp. 2-3. http://irnss.isro.gov.in.
[11] Vithiyapathy, P., "India's Strategic Guardian of the Sky," Occasional Paper 001-2015, August 25, 2015, Chennai Centre for China Studies, http://www.c3sindia.org/strategicis- sues/5201. Accessed January 1, 2015.
[12] "IRNSS Is Important for the India's Sovereignty," Interview of Shri Avinash Chander, Secretary Department of Defense R&D, DG R&D and Scientific Advisor to RM, Government of India, *Coordinates Magazine*, http://mycoordinates. org/"rnss-is-important-for-the-india-sovereignty.
[13] Indian Regional Navigational Satellite System, Signal in Space ICD for Standard Positioning Service, Version 1, ISRO-IRNSS-ICD-SPS-1, ISRO, June 2014, p. 5.
[14] Mateu, I., et al., "A Search for Spectrum: GNSS Signals in S-Band Part 1," *Inside GNSS Magazine*, September 2010, p. 67.
[15] Indian SATNAV Program, "Challenges and Opportunities Presentation by Dr. S. V. Kibe, Program Director, SATNAV," ISRO Headquarters, Bangalore, 1st ICG Meeting, UN OOSA, Vienna, Austria, November 1-2, 2006. www.unoosa.org/pdf/sap/2006. Slide 25. Accessed January 1, 2015.

第 2 章　卫星导航基础

Elliott D. Kaplan, John W. Betz, Christopher J. Hegarty, Samuel J. Parisi,

Dennis Milbert, Michael S. Pavloff, Phillip W. Ward, Joseph J. Leva, John Burke

2.1　利用到达时间测量值测距的概念

　　GNSS 利用到达时间（TOA）测距原理来确定用户的位置。这一原理需要测量信号从位置已知的发射源（如雾号角、地基无线电导航信标、卫星）发出至到达用户接收机经历的时间。这个时间间隔称为信号传播时间，将其乘以信号传播速度（如声速、光速），便得到从发射源到接收机的距离。接收机通过测量从多个位置已知的发射源（即导航台）广播的信号的传播时间，便能确定自己的位置。下面提供一个二维定位的例子。

2.1.1　二维定位

　　考虑海上的船员由雾号角确定船位的情形（这个介绍性示例最初出现在参考文献[1]中，由于它很好地概述了 TOA 定位的概念，所以在这里加以引用）。假定船只装备了准确的时钟，并且船员知道船只的大致位置。还假设雾号角准确地在整分钟标记上鸣响，并且船只的时钟与雾号角的时钟是同步的。船员记下从分钟标记到听到雾号角号音之间经历的时间。雾号角号音的传播时间便是雾号角号音离开雾号角并传到船员耳朵所经历的时间。这个传播时间乘以声速（约为335m/s）便是从雾号角到船员的距离。如果雾号角信号经过 5s 后到达船员的耳朵，那么船员到雾号角的距离就为 1675m。将这个距离记为 R_1。这样，仅借助于一个测量值，船员便知道船只位于以雾号角为圆心的半径为 R_1 的圆上的某处，如图 2.1 所示，将该雾号角记为雾号角 1。

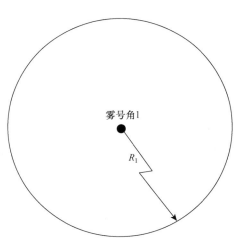

图 2.1　由单个源确定距离（摘自文献[1]）

　　假设船员用同样的方法同时测量了到雾号角 2 的距离，那么船只到雾号角 1 的距离为 R_1，到雾号角 2 的距离为 R_2，如图 2.2 所示。这里假定各雾号角号音的发送均同步于一个公共时间基准，而且船员知道两个雾号角号音的发送时刻。因此，相对于这些雾号角来说，船只位于测距圆的交点之一。由于假设船员知道大致的船位，因此可以舍弃那个不太可能的定位点。还可以对雾号角 3 做距离测量，以解决多值性问题，如图 2.3 所示。

2.1.1.1　公共时钟偏差和补偿

　　上述推演假设船只的时钟与雾号角的时间基准是精确同步的。然而，情况可能并非如此。假定船只的时钟比雾号角的时间基准早 1s，即船只的时钟认为分钟标记出现在 1s 之前。由于这种偏差，船员测量的传播时间间隔将多出 1s。因为每次测量都使用相同但不正确的时间基准，所以对每次测量来说，时间偏差都是相同的（即偏差是公共的）。这个时间偏差相当于 335m 的距离误差，在图 2.4 中记为 ε。交点 C、D 和 E 与船只的实际位置 A 的差异是船只时钟偏差的函数。如果能够消除或补偿这种偏差，那么这些测距圆便会相交于点 A。

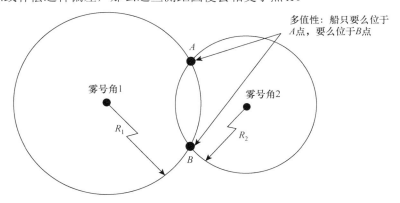

图 2.2   由两个源进行测量导致的多值性（摘自文献[1]）

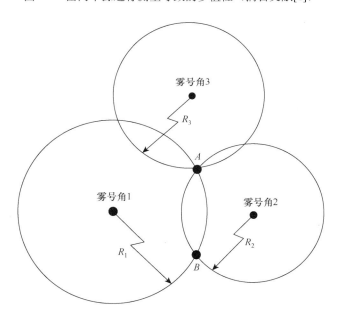

图 2.3   通过附加测量消除位置的多值性（摘自文献[1]）

2.1.1.2   独立测量误差对位置确定性的影响

如果将上述假设的场景付诸实现，由于大气效应、雾号角时钟相对于雾号角时间基准的偏差及干扰等因素造成的误差，TOA 测量值不会是完全理想的。与上述船只时钟偏差的情况不同，这些误差通常是独立的，对各个测量值来说不是公共的。它们将以不同的方式影响每个测量值，导致距离计算不准确。图 2.5 中显示了独立误差（即 ε_1、ε_2 和 ε_3）对位置确定性的影响，仍然假设雾号角时间基准与船员时钟是同步的。此时，三个测距圆不相交于一个点，船只位于三角误差区中的某个地方。

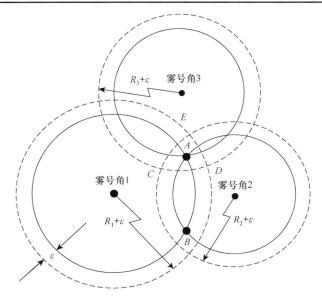

图 2.4　接收机时钟偏差对 TOA 测量的影响（摘自文献[1]）

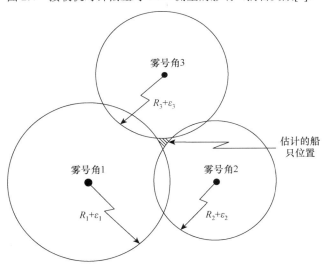

图 2.5　独立测量误差对位置确定性的影响

2.1.2　卫星测距码定位原理

GNSS 利用 TOA 测距来确定用户位置。通过对多颗卫星进行 TOA 测量，便可实现三维定位。我们将会看到，这种技术类似于前面的雾号角例子，只是卫星测距信号以光速传播，其中光速约为 $3 \times 10^8 \text{m/s}$。这里假设卫星星历是准确的（即卫星的位置是精确已知的）。

2.1.2.1　通过多球相交实现三维定位

假定有一颗卫星在发射测距信号。卫星上的一个时钟控制着测距信号广播的定时。该时钟和特定卫星导航星座内每颗卫星上的其他时钟有效同步于一个内部系统时标（称为系统时，如 GPS 系统时）。用户接收机中也包含一个时钟，我们暂时假设它与系统时同步。定时信息内嵌在卫星的测距信号中，使接收机能够算出信号离开卫星的时刻（基于星钟时），详见 2.5.1 节中的讨论。

记下接收到信号的时刻，便可算出卫星至用户的传播时间。将其乘以光速，便可求得卫星至用户的距离 R。作为这一测量过程的结果，用户将被定位于以卫星为球心的球面上的某个地方，如图 2.6(a)所示。如果同时使用第二颗卫星的测距码进行测量，那么会将用户定位在以第二颗卫星为球心的第二个球面上。因此，用户将同时在两个球面上的某个地方，可能在图 2.6(b)所示的两个球的相交面即阴影圆的圆周上，或者在两个球面相切的一个点处（此时两个球面刚好相切）。后一种情况仅在用户与两颗卫星共线时才发生，不是典型的情况。相交面垂直于卫星之间的连线，如图 2.6(c)所示。

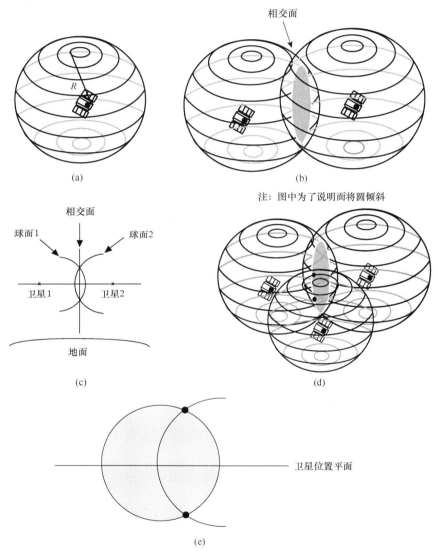

图 2.6   (a)用户位于球面上；(b)用户位于阴影圆的圆周上（摘自文献[2]）；(c)相交面；(d)用户位于阴影圆周上的两点之一（摘自文献[2]）；(e)用户位于圆周上的两点之一

    利用第三颗卫星重复上述测量过程，便可将用户定位在第三个球面和上述圆周的交点上。第三个球面和阴影圆周交于两点，但只有一个点是正确的用户位置，如图 2.6(d)所示。图 2.6(e)是球面相交的视图。可以看到，两个待选的位置相对于卫星平面来说互为镜像。对于地面上的用户而言，显然较低的一点是真实位置。然而，地面以上的用户可能会利用来自负仰角卫星的测量值，这就使得多值性问题的求解复杂化了。机载/星载接收机的位置解可以在包含卫星的平面上方或下方。除非用户有辅助信息，否则可能不知道选择哪一点。

2.2　参考坐标系

为了建立卫星导航问题的数学公式，必须选定一个参考坐标系，以便表示卫星和接收机的状态。建立公式时，通常用在笛卡儿坐标系中测量的位置与速度矢量来描述卫星和接收机的状态。笛卡儿坐标系分为惯性系和旋转系，以及地心系和当地系/地方系（站心系）。本节概述 GNSS 所用的一些坐标系。

2.2.1　地心惯性坐标系

测量和确定卫星轨道时，可以方便地使用地心惯性（ECI）坐标系，该坐标系的原点位于地球的质心，坐标轴指向相对于恒星而言是固定的。卫星位置和速度可在 ECI 坐标系中用牛顿运动定律和万有引力定律建模。在典型的 ECI 坐标系中，xy 平面与地球的赤道面重合，x 轴指向相对于天球的固定方向，z 轴与 xy 平面垂直并指向北极，y 轴的指向满足右手坐标系。卫星轨道的确定与后续的预测在 ECI 坐标系中进行。

按照地球的赤道面定义 ECI 坐标系存在一个问题。地球易受岁差、章动和极移的影响。地球的形状是扁圆的，主要原因是太阳和月球对地球赤道隆起的引力作用，且赤道面相对于天球来说是移动的。由于 z 轴是相对于赤道面定义的，地球的运动将导致上面定义的 ECI 坐标系的指向随时间变化。解决该问题的办法是在某个特定时刻或历元点定义各个轴的指向。

通常采用 2000 年 1 月 1 日 1200 小时地球时（TT）的赤道面取向来定义 ECI 坐标系，记为 J2000 系。x 轴的方向从地球质心指向春分点，y 和 z 轴的定义如前所述，但都在上述历元上。地球时（TT）是一个统一的时间系统，代表地球大地水准面上的理想时钟。TT 取代了旧的星历时（ET），TT 比国际原子时（TAI）早 32.184s。

2.2.2　地心地固坐标系

要计算 GNSS 接收机的位置，使用随地球一起旋转的坐标系更为方便，我们称这种坐标系为地心地固（ECEF）坐标系。在该坐标系中，我们更易算出纬度、经度和高度。GNSS 所用的 ECEF 坐标系的 xy 平面与地球赤道面重合。在 ECEF 坐标系中，x 轴指向经度 0° 方向，y 轴指向东经 90° 方向。x 和 y 轴随地球一起旋转，不再描述惯性空间中的固定方向。z 轴选为与瞬时赤道面垂直并指向地理北极（即经线在北半球的汇聚处），形成右手坐标系。由于地球的岁差、章动和极移，z 轴在天球上留下一条路径。

执行精密 GNSS 轨道计算的机制包括 ECI 和 ECEF 坐标系的高精度变换。如下所述，这种变换是对最初在 ECI 坐标系中计算的卫星位置和速度矢量应用旋转矩阵实现的。相比之下，广播轨道计算（GPS 示例见文献[3]）通常直接在 ECEF 坐标系中生成卫星位置和速度。来自许多计算中心的精密轨道也在 ECEF 坐标系中表示卫星位置和速度。在短时间间隔（如一条导航电文的间隔）内，地球的岁差、章动、UT1 差和极移很小。因此，我们通常可以继续在 ECEF 坐标系中建立 GNSS 导航问题的公式，而不用讨论定轨的细节或到 ECEF 坐标系的变换。地球的平均自转是个例外；地球自转对从卫星到地面的信号传输时间是不可忽略的。在旋转的、非惯性的 ECEF 坐标系中建立信号传播公式时，需要进行校正。这称为萨格纳克效应，详见 10.2.3 节中的描述。否则，我们就要由卫星和接收机的 ECI 坐标计算几何距离。

作为导航计算处理的结果，用户接收机的笛卡儿坐标(x_u, y_u, z_u)在 ECEF 坐标系中计算，详见 2.5.2 节。通常将这些笛卡儿坐标变换为接收机的纬度、经度和高度，详见 2.2.5 节。

2.2.2.1 旋转矩阵

在 ECEF 坐标系中考虑一个坐标集或矢量 $\boldsymbol{u} = (x_u, y_u, z_u)$，并变换到任意一个坐标系（包括 ECI 坐标系）是有帮助的。这样的矢量变换可以通过与旋转矩阵相乘来计算[3-5]：

$$\boldsymbol{R}_1(\theta) = \begin{bmatrix} 1 & 0 & 0 \\ 0 & \cos\theta & \sin\theta \\ 0 & -\sin\theta & \cos\theta \end{bmatrix}, \quad \boldsymbol{R}_2(\theta) = \begin{bmatrix} \cos\theta & 0 & -\sin\theta \\ 0 & 1 & 0 \\ \sin\theta & 0 & \cos\theta \end{bmatrix}, \quad \boldsymbol{R}_3(\theta) = \begin{bmatrix} \cos\theta & \sin\theta & 0 \\ -\sin\theta & \cos\theta & 0 \\ 0 & 0 & 1 \end{bmatrix}$$

式中，$\boldsymbol{R}_1(\theta)$，$\boldsymbol{R}_2(\theta)$ 和 $\boldsymbol{R}_3(\theta)$ 分别表示绕 x, y 和 z 轴旋转的角度 θ。正 θ 表示从这些轴的正向看原点时，相应轴的逆时针旋转。$\boldsymbol{R}_1(\theta)$ 旋转的一个例子如图 2.7 所示。

连续应用基本的轴向旋转，可以构建任意旋转 $\boldsymbol{R}$；乘以旋转矩阵不会改变新坐标系的旋转方向；旋转矩阵及其乘积是正交的，即 $\boldsymbol{R}^{-1}(\alpha) = \boldsymbol{R}^t(\alpha)$。旋转矩阵满足 $\boldsymbol{R}^{-1}(\alpha) = \boldsymbol{R}(-\alpha)$；因此，若 $\boldsymbol{R} = \boldsymbol{R}_1(\alpha)\boldsymbol{R}_2(\beta)$，则有

$$\boldsymbol{R}^{-1} = (\boldsymbol{R}_1(\alpha)\boldsymbol{R}_2(\beta))^{-1} = (\boldsymbol{R}_2^{-1}(\beta)\boldsymbol{R}_1^{-1}(a)) = (\boldsymbol{R}_2^t(\beta)\boldsymbol{R}_1^t(\alpha)) = (\boldsymbol{R}_2(-\beta)\boldsymbol{R}_1(-\alpha))$$

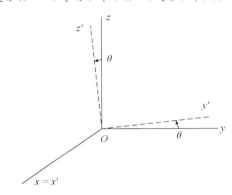

图 2.7 轴向旋转示例，$\boldsymbol{R}_1(\theta)$（x 轴，正 θ）

2.2.2.2 ECEF 和 ECI 之间的变换

实际中很少用到基本的 ECI 坐标系或完整的 ECEF-ECI 变换，因此这里只简要介绍该变换。根据文献[5]，有

$$\begin{bmatrix} x \\ y \\ z \end{bmatrix}_{\text{ECEF}} = \boldsymbol{R}_M \boldsymbol{R}_S \boldsymbol{R}_N \boldsymbol{R}_P \begin{bmatrix} x \\ y \\ z \end{bmatrix}_{\text{ECI}}$$

式中，复合旋转变换矩阵如下：

岁差 $\boldsymbol{R}_P = \boldsymbol{R}_3(-Z)\boldsymbol{R}_2(\theta)\boldsymbol{R}_3(-\zeta)$

章动 $\boldsymbol{R}_N = \boldsymbol{R}_1(\varepsilon - \Delta\varepsilon)\boldsymbol{R}_3(-\Delta\psi)\boldsymbol{R}_1(\varepsilon)$

地球自转 $\boldsymbol{R}_S = \boldsymbol{R}_3(\text{GAST})$

极移 $\boldsymbol{R}_M = \boldsymbol{R}_2(-y_p)\boldsymbol{R}_1(-x_p)$

岁差参数 (Z, θ, ζ) 和章动参数 $(\varepsilon, \Delta\varepsilon, \Delta\psi)$ 通过幂级数计算[5]。GAST 代表格林尼治视恒星时，由包括 UT1-UTC 差 ΔUT1 在内的几个参数计算。x 轴和 y 轴的极移分别是 x_p 和 y_p。注意，岁差和章动参数记录为 J2000 的一部分，是时间的函数。然而，地球定向分量 $(\Delta$UT1, $x_p, y_p)$ 随时间变化，而且不能准确预测。许多机构都在监测地球定向分量并向公众发布它们；有些 GNSS 导航电文也发送地球定向分量。

由于旋转矩阵是正交的，因此我们可以立即写出 ECEF-ECI 变换为

$$\begin{bmatrix} x \\ y \\ z \end{bmatrix}_{\text{ECI}} = \boldsymbol{R}_{\text{P}}^{\text{t}} \boldsymbol{R}_{\text{N}}^{\text{t}} \boldsymbol{R}_{\text{S}}^{\text{t}} \boldsymbol{R}_{\text{M}}^{\text{t}} \begin{bmatrix} x \\ y \\ z \end{bmatrix}_{\text{ECEF}}$$

2.2.3　当地切平面（当地地平）坐标系

当地切平面坐标系是一类有用的坐标系。图 2.8 中显示了 ECEF 坐标系和当地切平面坐标系。地切平面坐标系的原点 P 位于地面 Q 或其附近，并有一个与当地水平面大致重合的水平面（en 面），因此很容易模拟观测者的体验。纵轴可与地心半径矢量一致，与椭球法线 u 一致（见图 2.8），或与当地重力矢量一致。不失一般性，我们主要介绍椭球的切平面坐标系，如图 2.8 所示。

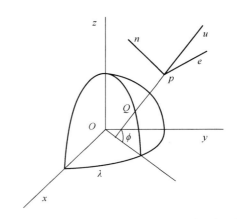

图 2.8　ECEF 坐标系和当地切平面坐标系的关系

主要对齐方式是，垂向（上下）沿椭球法线，南北坐标轴与地固坐标系中表示的大地子午线相切，东西坐标轴垂直于其他两个坐标轴。实践中定义了多种当地椭球体切线坐标，它们在上下、南北和东西之间的选择有所不同，并且坐标轴的顺序不同。右手和左手切线坐标系都会使用。

例如，考虑 ENU（东北天）椭球切平面坐标。这是一个右手坐标系。设 ENU 坐标系的原点是 $P(x_O, y_O, z_O)$，对应的大地纬度和经度为 (φ, λ)。纬度北为正，经度东为正。我们用 (e, n, u) 表示当地水平坐标系分量，并通过平移和组合旋转将笛卡儿 ECEF 坐标系变换到切平面坐标系。平移通过减去当地地平原点 (x_O, y_O, z_O) 实现；组合旋转首先绕 z 轴旋转 $\pi/2 + \lambda$，然后绕新 x 轴旋转 $\pi/2 - \varphi$。这可由旋转矩阵及它们的显式积正式表示：

$$\begin{bmatrix} e \\ n \\ u \end{bmatrix} = \boldsymbol{R}_1\left(\frac{\pi}{2} - \varphi\right) \boldsymbol{R}_3\left(\frac{\pi}{2} + \lambda\right) \begin{bmatrix} x - x_o \\ y - y_o \\ z - z_o \end{bmatrix} = \begin{bmatrix} -\sin\lambda & \cos\lambda & 0 \\ -\sin\varphi\cos\lambda & -\sin\varphi\sin\lambda & \cos\varphi \\ \cos\varphi\cos\lambda & \cos\varphi\sin\lambda & \sin\varphi \end{bmatrix} \begin{bmatrix} x - x_o \\ y - y_o \\ z - z_o \end{bmatrix}$$

注意，矩阵乘法不满足交换律，须按指定顺序自右至左计算。旋转矩阵及它们的积是正交的。因此逆变换是显式积的转置。

下面考虑左手坐标系 NEU（北东天/东北天），其椭球切平面坐标为 (u, v, w)。交换三维笛卡儿坐标系的任意两个轴，就可逆转坐标系的旋转方向。因此，交换东轴、北轴将把右手 ENU 坐标系转换为左手 NEU 坐标系。通过行交换可以立即得到显式转换：

$$\begin{bmatrix} u \\ v \\ w \end{bmatrix} = \begin{bmatrix} -\sin\varphi\cos\lambda & -\sin\varphi\sin\lambda & \cos\varphi \\ -\sin\lambda & \cos\lambda & 0 \\ \cos\varphi\cos\lambda & \cos\varphi\sin\lambda & \sin\varphi \end{bmatrix} \begin{bmatrix} x - x_o \\ y - y_o \\ z - z_o \end{bmatrix}$$

最后给出应用 NEU 坐标系的示例。在 ECEF 坐标系中，到观测者 $\boldsymbol{u}_o$ 和卫星 $\boldsymbol{u}_s$ 的地心矢量可能是不同的，因此可以得到一个观测者-卫星的相对矢量 $\boldsymbol{u} = (x, y, z)$。上述矩阵表达式立即将观测者-卫星矢量转换到当地椭球切平面 NEU 坐标系中。于是，可以写出方位角 α 和俯仰角 σ 的简单表达式：

$$\alpha = \arctan(v/u), \quad \sigma = \arctan\left(w/\sqrt{u^2 + v^2}\right)$$

式中，方位角以北向顺时针方向为正，俯仰角以向上为正。它们是从观测者到卫星的视角。

2.2.4　本体框架坐标系

许多应用需要固定在运载体或物体上的坐标系。它们可以用来建立物体姿态、定向传感器组、建模大气阻力等效应，或者融合车载/船载/机载系统（如惯性系统和 GNSS）。

就像当地切平面坐标系那样，人们定义了各种本体框架坐标系。原点可以是运载体的质心，但这不是一个严格要求。本体框架坐标系的坐标轴可以对应运载体的主轴。注意，本体框架坐标轴与运载体对称轴的关联关系再次发生了变化。

按照文献[6]中的例子，构建一个右手坐标系。正 y' 轴指向运载体正前方（鼻子），正 z' 轴指向运载体顶部，x' 轴伸向运载体右侧。这种安排如图 2.9 所示。

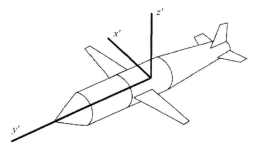

图 2.9　本体框架坐标系示例

由 ENU 到所需本体框架的 3 个基本轴向旋转形成的组合旋转，可以得到从以运载体为中心的 ENU 切平面坐标系到本体框架坐标系的坐标变换。

直观化该变换的方法是，将启动运载体想象为水平的，并且对齐 ENU 坐标系的北向。第一次旋转围绕 z' 轴，称为偏航 y。在这一初始条件下，z' 轴等于 e 轴。第二次旋转围绕新的 x' 轴，称为俯仰 p。最后一次旋转围绕更新的 y' 轴，称为横滚 r（符号 y 是用于偏航的助记符，不要与 ECF 或 ECEF 坐标系中的 y 轴混淆）。

乘以基本旋转矩阵后，可以得到从 ENU 椭球切平面坐标系到本体框架坐标系的组合旋转：

$$\begin{bmatrix} x' \\ y' \\ z' \end{bmatrix} = \boldsymbol{R}_2(r)\boldsymbol{R}_1(p)\boldsymbol{R}_3(y) \begin{bmatrix} e \\ n \\ u \end{bmatrix}$$

坐标变换可显式地写为

$$\begin{bmatrix} x' \\ y' \\ z' \end{bmatrix} = \begin{bmatrix} \cos r\cos y - \sin r\sin p\sin y & \cos r\sin y + \sin r\sin p\cos y & -\sin r\cos p \\ -\cos p\sin y & \cos p\cos y & \sin p \\ \sin r\cos y + \cos r\sin p\sin y & \sin r\sin y - \cos r\sin p\cos y & \cos r\cos p \end{bmatrix} \begin{bmatrix} e \\ n \\ u \end{bmatrix}$$

如前所述，旋转矩阵及它们的积是正交的。逆变换是显式积的转置。

2.2.5　大地（椭球）坐标

我们关心的是估算 GNSS 接收机的纬度、经度和高度。这是通过地球形状的椭球模型来实现的，如图 2.10 所示。在该模型中，平行于赤道面的地球横截面为圆形，垂直于赤道面的地球横截面为椭圆形。椭圆形横截面的半长轴长度为 a、半短轴长度为 b。地球椭球的偏心率 e 为

$$e = \sqrt{1 - b^2/a^2}$$

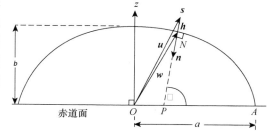

图 2.10　地球椭球模型（横截面垂直于赤道面）

有时用来表征参考椭球的另一个参数是第二偏心率 e'，它定义为

$$e' = \sqrt{a^2/b^2 - 1} = \frac{a}{b}e$$

2.2.5.1　确定用户大地坐标：纬度、经度和高度

ECEF 坐标系固定在参考椭球上，如图 2.10 所示，点 O 对应于地心。接下来定义相对于参考椭球的纬度、经度和高度参数。以这种方式定义的参数称为**大地测量参数**。给出 ECEF 坐标系中用户接收机的位置矢量 $\boldsymbol{u} = (x_u, y_u, z_u)$ 后，就可计算 xy 平面内用户与 x 轴的夹角，即大地经度 λ，

$$\lambda = \begin{cases} \arctan(y_u/x_u), & x_u \geqslant 0 \\ 180° + \arctan(y_u/x_u), & x_u < 0 \text{和} y_u \geqslant 0 \\ -180° + \arctan(y_u/x_u), & x_u < 0 \text{和} y_u < 0 \end{cases} \tag{2.1}$$

在式(2.1)中，西经为负。纬度 ϕ 和高度 h 根据用户接收机的椭球法线定义。椭球法线由图 2.10 中的单位矢量 $\boldsymbol{n}$ 表征。注意，除非用户位于两极或赤道上，否则椭球法线并不正好指向地心。GNSS 接收机计算相对于参考椭球的高度。然而，由于参考椭球面和大地水准面（当地平均海平面）不同，地图上给出的海拔高度可能与 GNSS 得出的高度相去甚远。在水平面上，当地基准之间的差异 [如 1983 年北美基准（NAD 83）和 1950 年欧洲基准（ED 50）之间的差异] 和基于 GNSS 的水平位置也很重要。

大地高度 h 是用户 S（位于矢量 $\boldsymbol{u}$ 的端点）和参考椭球之间的最小距离。注意，从用户到参考椭球表面最小距离的方向是矢量 $\boldsymbol{n}$ 的方向。还要注意，S 可能在椭球表面的下方，此时椭球高度 h 为负。

大地纬度 ϕ 是椭球法线矢量 $\boldsymbol{n}$ 与 $\boldsymbol{n}$ 在赤道 xy 平面上的投影之间的夹角。依照惯例，$z_u < 0$（即用户在北半球）时 ϕ 为正，$z_u < 0$ 时 ϕ 为负。图 2.10 中的大地纬度是角度 NPA。N 是参考椭球上离用户最近的点，P 是 $\boldsymbol{n}$ 方向上的直线与赤道面的交点。为了根据笛卡儿坐标 (x, y, z) 计算大地测量曲线坐标 (ϕ, λ, h)，人们设计了多种形式的闭式解和迭代解。表 2.1 中描述了 Bowring 提出的一种常用且快速收敛的迭代方法[7]。对于表 2.1 中所示的计算，a, b, e^2 和 e'^2 是前面描述的大地测量参数。注意，表 2.1 中所用的

表 2.1　根据 ECEF 参数求大地高度和纬度

$$p = \sqrt{x^2 + y^2}$$

$$\tan u = (z/p)(a/b)$$

迭代循环

$$\cos^2 u = \frac{1}{1 + \tan^2 u}$$

$$\sin^2 u = 1 - \cos^2 u$$

$$\tan \phi = \frac{z + e'^2 b \sin^3 u}{p - e^2 a \cos^3 u}$$

$$\tan u = (b/a) \tan \phi$$

直到 $\tan u$ 收敛，有

$$N = \frac{a}{\sqrt{1 - e^2 \sin^2 \phi}}$$

$$h = \frac{p}{\cos \phi} - N, \quad \phi \neq \pm 90°$$

否则

$$h = \frac{z}{\sin \phi} - N + e^2 N, \quad \phi \neq 0$$

N 遵循 Bowring[7]的定义，它不是 2.2.6 节中的大地水准面高度。

2.2.5.2　ECEF 坐标系中从大地坐标到笛卡儿坐标的变换

为完整起见，下面给出 ECEF 坐标系中从大地坐标变换为笛卡儿坐标的公式。已知大地测量参数 λ, ϕ 和 h 时，$\boldsymbol{u} = (x_u, y_u, z_u)$ 的闭式解为

$$\boldsymbol{u} = \begin{bmatrix} \dfrac{a\cos\lambda}{\sqrt{1+(1-e^2)\tan^2\phi}} + h\cos\lambda\cos\phi \\[4mm] \dfrac{a\sin\lambda}{\sqrt{1+(1-e^2)\tan^2\phi}} + h\sin\lambda\cos\phi \\[4mm] \dfrac{a(1-e^2\sin\phi)}{\sqrt{1-e^2\sin^2\phi}} + h\sin\phi \end{bmatrix}$$

2.2.6　高度坐标与大地水准面

2.2.5.1 节说过，椭球高度 h 是椭球面 E 上方的点 P 的高度。它对应于图 2.11 中的有向线段 EP，其中正值表示点 P 与点 E 相比更加远离地心。注意，点 P 不一定在地表上，也可在地表的上方或下方。如前所述，椭球高度 h 很容易由笛卡儿 ECEF 坐标算得。

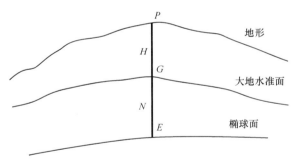

图 2.11　地形、大地水准面与椭球面的关系

高度历来不相对于椭球面进行测量，而相对于大地水准面进行测量。大地水准面是恒重力势面（$W = W_0$），它对应于最小二乘意义下的全球平均海平面。相对于大地水准面测量的高度称为正高，或者不正式地称为高于平均海平面的高度。正高很重要，因为它是出现在无数地形图、论文及数字数据集中的高度类型。

大地水准面高度 N 是椭球面 E 上方的点 G 的高度，它对应于图 2.11 中的直线段 EG，其中正值表示点 G 与点 E 相比更加远离地心。

正高 H 是大地水准面 G 上方的点 P 的高度。因此，我们可以立即写出方程

$$h = H + N \tag{2.2}$$

注意，图 2.11 只是示意性的，G 和/或 P 可以低于点 E；类似地，式(2.2)中的任何项或所有项都可正可负。例如，在美国大陆，大地水准面高度 N 是负的。

大地水准面是一个复杂的表面，它的起伏反映了地形、深水测量值（即源自水体的测量值）和地球地质密度的变化。大地水准面的高度可以相差几十米，变化范围从印度南端的−105m 到新几内亚的+85m。因此，对于许多应用而言，大地水准面是一个不可忽略的量，要避免将正高误认为是椭球高度。

与椭球相比，大地水准面是地球的自然特征。类似于地形，没有简单的公式来描述大地水准面高度的空间变化。大地水准面高度由几家大地测量机构建模并制成表格。全球大地水准面高度模型由一系列球谐波系数及大地水准面高度值的规则格网表示。区域大地水准面高度模型跨越广大地区，如整个美国本土，它总是表示为规则格网。最新的典型全球模型包含高达 2190 阶次的谐波系数。因此，其分辨率为 5 弧分，且精度受限于截断误差。相比之下，区域模型的计算分辨率要高得多。1 弧分的分辨率很常见，也很少遇到截断误差问题。

著名的全球大地水准面高度模型是美国国家地理空间情报局（NGA）的 EGM2008-WGS 84 版重力势模型，以下将其简称为 EGM2008[8]。该模型包括一组高达 2090 阶次的系数，并且包括计算陆地上的大地水准面高度所需的一组校正系数。EGM2008 取代了高达 360 阶次的 EGM96 和高达 180 阶次的 WGS 84(180, 180)。后一种 WGS 84 系数集的大部分最初分类于 1985 年，但只发布到 18 阶次。首次公开发布的 WGS 84 大地水准面高度的分辨率仅为 10 弧度，截断误差高达数米。因此，必须小心引用 WGS 84 大地水准面的值。

在美国内陆，当前的高分辨率大地水准面高度格网是 GEOID12B，它由美国国家大地测量局（NGS）及美国国家海洋和大气管理局（NOAA）开发。该产品是一个大地水准面高度的格网，其分辨率为 1 弧分，精度为 2～4cm（1σ）。一系列跨越 80°纬度、80°经度区域的测试模型（即 xGEOID14B）正在开发之中。预计这个新大地水准面模型将于 2022 年投入使用。

当高度精度要求逼近米级时，还需要知道高度坐标之间的基准差。例如，NAD 83 参考框架的原点偏离地心约 2.2m，导致椭球高度存在 0.5～1.5m 的差。当前的估计将美国正高高度基准 NAVD 88 的原点放在 EGM 96 参考重力势面下方的 30～50cm 处。由于这两个基准偏移，人们构建了 GEOID12B 来容纳这些原点差，并且可以直接在 NAD 83 与 NAVD 88 之间转换，而不表示理想全球大地水准面的一个区域。此外，在国家高程数据中半米或更大的偏移很常见，如文献[9]中所列。出于这些原因，式(2.2)作为概念性模型是有效的，但在实际的精密应用中可能有问题。关于高度系统的详细介绍超出了本书的范围，详细信息请参阅文献[10, 11]。

2.2.7 国际地球参考框架

前面介绍了适用于 GNSS 的参考坐标系理论。根据国际地球自转和参考系服务（IERS）组织的命名[12]，今天的参考坐标系和参考框架有着明显的区别。简而言之，参考坐标系提供获得坐标的理论，参考框架则是坐标的实际实现。我们需要一个参考框架来实施实际的 GNSS 应用。

基本的 ECEF 参考框架是国际地球参考框架（ITRF），ITRF 通过 IERS 由科学家的国际合作维护。IERS 由国际天文学联合会（IAU）和国际大地测量与地球物理联合会（IUGG）建立，是国际大地测量协会（IAG）提供的一项服务。IERS 提供 ECI 和 ECEF 形式的参考坐标系和参考框架、ECI 和 ECEF 之间的地球定向参数转换，以及为建立参考坐标系和参考框架推荐的理论和实践[12-14]。

IERS 的工作并不限于 GNSS；相反，IERS 在建立 ITRF 的过程中融合了所有的合适技术。IERS 技术中心包括国际 GNSS 服务（IGS）、国际激光测距服务、国际甚长基线干涉测量（VLBI）服务和国际 DORIS 服务。不同的测量技术相辅相成，用于检查 ITRF 组合解中的系统误差。

ITRF 实现定期发布，包括永久地面站的坐标和速度。每个组合都使用最新的理论和方法，并且包括传统和现代化系统的最新测量值。更长、更完善的数据集和理论的进步确保了 ITRF 的持续改进。过去的实现包括 ITRF94、ITRF96、ITRF97、ITRF2000、ITRF2005 和 ITRF2008。自 2016 年 1 月 21 日起，最新的 ITRF 框架为 ITRF2014[15]。

ITRF 实现位于 ECEF 笛卡儿坐标系下。IERS 未建立地球的椭球面，但国际大地测量协会（IAG）采用了一个称为大地测量参考系 1980（GRS 80）椭球面，目前已得到广泛使用。表 2.2 中提供了适合于坐标转换的参量。

对于 GNSS 应用，对 ITRF 的访问可通过 IGS 的产品获得。IGS 是全球 200 多个组织的自发联盟，IGS 的目标是提供最高精度的 GNSS 卫星轨道和时钟模型，它由超过 400

表 2.2 GRS 80 椭球面的参量

参 数	值
半长轴 a	6378.137km
半短轴 b	6356.7523141km
偏心率平方 e^2	0.00669438002290
第二偏心率平方 e'^2	0.00673949677548

个参考站的全球网络实现[16]。

IGS 的主要产品是 ECEF 框架下的卫星轨道和时钟误差值，记为 IGS14。该框架与 ITRF2014 一致，但因计算方法而有不同的名称。从这一版开始，IGS 定期发布 GPS 的超快、快速、最终轨道和时钟，以及 GLONASS 的最终轨道。此外，IGS 还提供测站坐标和速度、GNSS 接收机和卫星天线模型，以及对流层、电离层和地球定向参数。有了这些产品和合适的 GNSS 接收机数据，就可能得到最高精度的 ITRF2014 坐标。

IGS 产品最初是为支持后处理应用开发的。随着时间的推移，这些产品逐渐发展到包含近实时和实时的需求。然而，卫星导航系统最初就被设计成以独立模式运行，并不支持因特网数据流。独立模式需要在导航电文中传输卫星轨道和时钟数据作为 GNSS 信号的一部分。此外，各种卫星导航系统可以维护自己的跟踪网络，建立自己的 ECEF 参考框架。这样的卫星导航系统参考框架可能与 ITRF2014 严格重合，也可能与 ITRF2014 不严格重合。后续章节中将详细介绍具体卫星导航系统的参考框架及其与 ITRF 的关系，并且介绍不同的 GNSS 组件。

2.3　卫星轨道基础

2.3.1　轨道力学

如 2.1 节所述，GNSS 用户需要准确的 GNSS 卫星位置信息来确定自己的位置。因此，了解 GNSS 轨道的特征十分重要。下面首先介绍作用到卫星上的力，其中最明显的力是地球引力。如果地球是完美的球形并且密度均匀，那么地球引力将表现得地球好像是一个质点。设有一个质量为 m 的物体位于 ECI 坐标系中的位置矢量 $\boldsymbol{r}$ 处。若 G 是万有引力常数，M 是地球的质量，且地球引力集中于一个质点，那么根据牛顿定律，作用到物体上的力 $\boldsymbol{F}$ 可以表示为

$$\boldsymbol{F} = m\boldsymbol{a} = -G\frac{mM}{r^3}\boldsymbol{r} \tag{2.3}$$

式中，$\boldsymbol{a}$ 是物体的加速度，$r = |\boldsymbol{r}|$。式(2.3)右边的负号表示物体受到的引力指向地心。由于加速度是位置的二阶导数，因此式(2.3)可改写为

$$\frac{\mathrm{d}^2\boldsymbol{r}}{\mathrm{d}t^2} = -\frac{\mu}{r^3}\boldsymbol{r} \tag{2.4}$$

式中，μ 是万有引力常数与地球质量的乘积。式(2.4)是二体或开普勒卫星运动的表达式，其中唯一作用在卫星上的力来自质点地球。由于地球不是球形的，且质量分布不均，因此式(2.4)不能模拟地球引力导致的真实加速度。如果函数 V 能够度量地球在空间中任意点的真实引力势，那么式(2.4)改写为

$$\frac{\mathrm{d}^2\boldsymbol{r}}{\mathrm{d}t^2} = \nabla V \tag{2.5}$$

式中，∇ 为梯度算子，其定义如下：

$$\nabla V \underset{\mathrm{def}}{=} \begin{bmatrix} \partial V/\partial x \\ \partial V/\partial y \\ \partial V/\partial z \end{bmatrix}$$

注意，对于二体运动，$V = \mu/r$：

$$\nabla(\mu/r) = \mu \begin{bmatrix} \dfrac{\partial}{\partial x}(r^{-1}) \\ \dfrac{\partial}{\partial y}(r^{-1}) \\ \dfrac{\partial}{\partial z}(r^{-1}) \end{bmatrix} = -\dfrac{\mu}{r^2} \begin{bmatrix} \dfrac{\partial}{\partial x}(x^2+y^2+z^2)^{1/2} \\ \dfrac{\partial}{\partial y}(x^2+y^2+z^2)^{1/2} \\ \dfrac{\partial}{\partial z}(x^2+y^2+z^2)^{1/2} \end{bmatrix} = \dfrac{\mu}{2r^2}(x^2+y^2+z^2)^{-1/2} \begin{bmatrix} 2x \\ 2y \\ 2z \end{bmatrix} = -\dfrac{\mu}{r^3} \begin{bmatrix} x \\ y \\ z \end{bmatrix} = \dfrac{\mu}{r^3}\boldsymbol{r}$$

因此，对于二体运动，当 $V = \mu/r$ 时，式(2.5)等效于式(2.4)。对于真实卫星运动的情形，地球引力势是用球谐级数建模的。在这种表达式中，点 P 的引力势由该点的球坐标 (r,ϕ',α) 定义，其中 $r = |\boldsymbol{r}|$，ϕ' 是点 P 的地心纬度（即 $\boldsymbol{r}$ 和 xy 平面之间的夹角），α 是点 P 的赤经（即在 xy 平面上测量的 x 轴和 P 到 xy 平面的投影之间的夹角）。球面坐标的几何结构如图 2.12 所示。注意，这里的地心纬度不同于 2.2.5.1 节中的大地纬度。

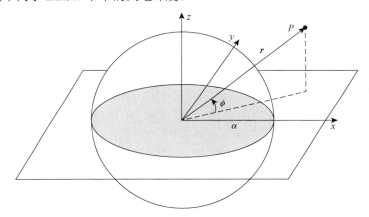

图 2.12　球面坐标的几何结构

作为位置矢量 $\boldsymbol{r} = (r,\phi',\alpha)$ 的球坐标的函数，地球引力势的球谐级数表示如下：

$$V = \frac{\mu}{r}\left[1 + \sum_{l=2}^{\infty}\sum_{m=0}^{l}\left(\frac{a}{r}\right)^{l} P_{lm}(\sin\phi')(C_{lm}\cos m\alpha + S_{lm}\sin m\alpha)\right] \tag{2.6}$$

式中，r 是原点到点 P 的距离，ϕ' 是点 P 的地心纬度，α 是点 P 的赤经，a 是地球的平均赤道半径，P_{lm} 是缔合勒让德函数，C_{lm} 是 l 阶 m 次球谐余弦系数，S_{lm} 是 l 阶 m 次球谐正弦系数。

注意，式(2.6)的第一项是二体势函数。作用到卫星上的其他力还包括来自太阳和月球的第三体引力。要对第三体引力建模，就要了解太阳和月球在 ECI 坐标系中的位置随时间的变化。通常用时间多项式函数来提供太阳和月球轨道元素随时间的变化。各种坐标系下的这类多项式，有着许多可供选择的来源和公式；例如，可以参阅文献[17]。作用到卫星上的另一个力是太阳辐射压力（太阳光压），它由太阳光子向卫星传递的动量产生。太阳光压是太阳位置、卫星在垂直于太阳视线方向的平面上的投影面积、卫星的质量和反射率的函数。作用到卫星上的力还包括排气（即卫星结构中残留气体的缓慢释放）、地球潮汐变化和轨道机动。要非常精确地对卫星轨道建模，就要对地球引力场的所有这些扰动建模。在本书中，我们将所有这些扰动加速度合并到 $\boldsymbol{a}_{d}$ 项中，因此运动方程可以写为

$$\frac{\mathrm{d}^2\boldsymbol{r}}{\mathrm{d}t^2} = \nabla V + \boldsymbol{a}_{d} \tag{2.7}$$

表示卫星轨道参数的方法有多种。一种显而易见的表示是定义某个参考时刻 t_0 的位置矢量

$r_0 = r(t_0)$ 和速度矢量 $v_0 = v(t_0)$。给出这些初始条件后，就可以解运动方程(2.7)，求出任何其他时刻 t 的位置矢量 $r(t)$ 和速度矢量 $v(t)$。只有二体运动方程(2.4)有解析解，并且即使是在这种简化的情况下，也不能得到完全闭合的解。要从全摄动运动方程(2.7)计算轨道参数，需要进行数值积分。

尽管包括 GNSS 在内的许多应用都要求全扰动运动方程提供的精度，但轨道参数通常是根据二体问题的解定义的。可以证明，二体运动方程(2.4)有 6 个积分常数。只要给出 6 个运动积分常数和一个初始时刻，便可由初始条件求得卫星在二体轨道上任何时刻的位置矢量和速度矢量。

表示和求解二体问题最常用（也最古老）的方法之一是，使用一组 6 个积分或运动常数——开普勒轨道元素。这些开普勒轨道元素取决于如下事实：对时刻 t_0 的任何初始条件 r_0 和 v_0，式(2.4) 的解（即轨道）是平面圆锥曲线。如图 2.13 所示，前 3 个开普勒轨道元素定义轨道的形状。图 2.13 中显示了一个椭圆轨道，其半长轴为 a，偏心率为 e（双曲线和抛物线轨迹也是可能的，但与 GNSS 这样的地球轨道卫星不相关）。对于椭圆轨道，偏心率 e 与半长轴 a 和半短轴 b 的关系为

$$e = \sqrt{1 - b^2/a^2}$$

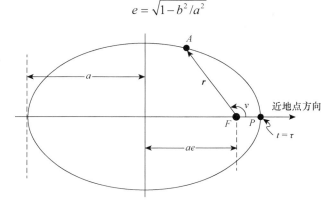

图 2.13　定义卫星轨道形状的 3 个开普勒轨道元素

在图 2.13 中，椭圆轨道的一个焦点 F 对应于地球的质心（也是 ECI 或 ECEF 坐标系的原点）。卫星位于轨道上的某个基准点 A 处的时刻 t_0 称为历元。卫星与地心最近的点 P 称为近地点，卫星过近地点时刻 τ 是另一个开普勒轨道参数。总之，定义椭圆轨道形状和相对于近地点的时刻的 3 个开普勒轨道元素如下：椭圆的半长轴 a，椭圆的偏心率 e，过近地点时刻 τ。

虽然二体运动开普勒积分使用过近地点时刻作为运动常数之一，但 GNSS 应用中使用的是一个等效参数——历元的平近点角。平近点角是相对于历元真近点角而言的一个角，真近点角在图 2.13 中显示为角 v。精确定义真近点角后，就可给出其到平近点角的变换，并说明它等效于过近地点时刻。

真近点角是在轨道面上从近地点方向逆时针到卫星方向测量的角度。在图 2.13 中，历元的真近点角是 $v = \angle PFA$。由二体运动的开普勒定律可知，对非圆轨道来说，真近点角不随时间线性变化。由于我们希望定义一个随时间线性变化的参数，所以通过两个定义将真近点角变换为随时间线性变化的平近点角。第一个变换产生偏近点角，如图 2.14 所示，图中还显示了真近点角。几何上，偏近点角由真近点角构建：首先，围绕椭圆轨道画一个外切圆；接着，从轨道上的点 A 向轨道的长轴画一条垂线，并将这条垂线向上延伸，直到它与外接圆相交于点 B；偏近点角是在圆心 O 位置从近地点方向逆时针到线段 OB 测量的角度。换句话说，$E = \angle POB$。偏近点角和真近点角之间的有用解析关系为[17]

$$E = 2\arctan\left[\sqrt{\frac{1-e}{1+e}}\tan\left(\frac{1}{2}v\right)\right] \tag{2.8}$$

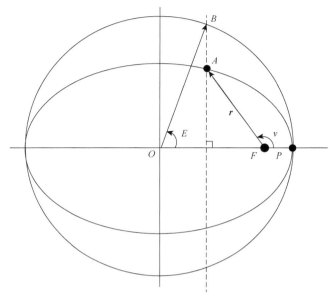

图 2.14　偏近点角与真近点角之间的关系

算出偏近点角后，平近点角就可由开普勒方程给出如下：

$$M = E - e\sin E \tag{2.9}$$

如前所述，从真近点角变换为平近点角之所以重要，是因为平近点角随时间线性变化。这一线性关系是

$$M - M_0 = \sqrt{\mu/a^3}(t - t_0) \tag{2.10}$$

式中，M_0 是历元 t_0 的平近点角，M 是时刻 t 的平近点角。由图 2.13 和图 2.14 及式(2.8)和式(2.9)可知，在过近地点时刻，$M = E = v = 0$。因此，令 $t = \tau$ 并将其代入式(2.10)，就可得到平近点角与过近地点时刻之间的转换关系：

$$M_0 = -\sqrt{\mu/a^3}(\tau - t_0) \tag{2.11}$$

根据式(2.11)，便可使用历元 t_0 的平近点角 M_0 而非过近地点时刻 τ 来表征二体轨道。

GNSS 系统常用的另一个轨道参数是平均角速度，它定义为平近点角的时间导数，记为 n。由于二体轨道的平近点角被构建成随时间线性变化，所以平均角速度是一个常量。由式(2.10)可得平均角速度为

$$n \underset{\text{def}}{=} \frac{\mathrm{d}M}{\mathrm{d}t} = \sqrt{\frac{\mu}{a^3}}$$

根据这一定义，式(2.10)可改写为 $M - M_0 = n(t - t_0)$。

在二体运动中，也可使用平均角速度来表示卫星的轨道周期 P。由于平均角速度是平近点角的变化率（常数），因此轨道周期是在一个轨道周期内平近点角张开的角度与平均角速度之比。可以证明，一个轨道周期内平近点角经过的角度是 2π 弧度，因此轨道周期计算为

$$P = \frac{2\pi}{n} = 2\pi \sqrt{\frac{a^3}{\mu}} \tag{2.12}$$

图 2.15 中显示了另外 3 个开普勒轨道元素，它们定义了椭圆轨道的方向。图 2.15 中的坐标系既可以称为 ECI 坐标系，又称 ECEF 坐标系，其中 xy 平面是地球的赤道面。下面 3 个开普勒轨道元素定义轨道在 ECEF 坐标系中的方向：轨道倾角 i，升交点经度 Ω，近地点幅角 ω。

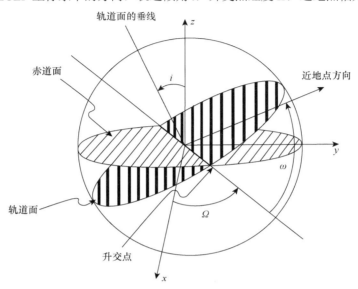

图 2.15　定义轨道方向的 3 个开普勒轨道元素

倾角是地球赤道面与卫星轨道面之间的二面角。图 2.15 中的其他两个开普勒轨道元素是相对于升交点定义的。升交点是卫星轨道以 $+z$ 方向的速度分量（即从南半球到北半球）穿越赤道面的点。定义 $+x$ 轴与升交点方向之间的夹角的轨道元素称为升交点赤经，缩写为 RAAN。在 ECEF 坐标系中，由于 $+x$ 轴方向固定为本初子午线方向（0°经度），若使用 ECEF 坐标系，则升交点赤经实际上就是升交点的地理经度 Ω。最后一个轨道元素是近地点幅角 ω，即从升交点到轨道近地点方向的角度。注意，Ω 是在赤道面内测量的，而 ω 是在轨道面内测量的。

对于全扰动运动方程(2.7)，仍然可以使用二体运动的 6 个积分参数来表征轨道，但这 6 个参数不再为常数。我们使用一个与二体轨道参数关联的参考时间来表征扰动作用下的卫星运动轨道。在准确的参考时刻，参考轨道参数将描述卫星的真实位置和速度矢量，但在超过（或落后）参考时刻时，卫星的真实位置和速度将逐渐偏离由这 6 个二体积分参数描述的位置和速度。

2.3.2　星座设计

卫星星座（即完成总体任务的一组卫星）由星座中各颗卫星的轨道参数集表征。所用的轨道参数通常是 2.3.1 节中定义的开普勒轨道元素。卫星星座的设计是指选择使得星座目标函数最优的轨道参数（通常以最小的成本即最少的卫星数量来最大化某组性能参数）。卫星星座的设计一直是诸多研究和出版物的主题，下面对某些内容进行总结，目的是给出卫星星座设计的一般概述，总结卫星导航星座设计的主要考虑因素，为全球（即核心）星座（BeiDou、Galileo、GLONASS 和 GPS）的选择提供一些建议。

2.3.2.1　星座设计概述

考虑到星座中卫星轨道参数的无数组合，对轨道进行分类是有帮助的。轨道的第一种分类方式是按照偏心率分类：

- 圆轨道的偏心率是零（或接近于零）。
- 高椭圆轨道（HEO）的偏心率较大（通常 $e > 0.6$）。

这里只讨论圆轨道。

轨道的第二种分类方式是按照高度分类：

- 地球同步轨道（GEO）的周期等于恒星日的持续时间［将 $P = 23\text{h}56\text{min}4.1\text{s}$ 代入式(2.12) 可得 GEO 轨道的半长轴 $a = 42164.17\text{km}$，或者轨道高度为 35786km］。
- 低地球轨道（LEO）是一类高度通常小于 1500km 的轨道。
- 中地球轨道（MEO）是一类高度低于 GEO 和高于 LEO 的轨道，大多数实例在 10000～25000km 的高度范围内。
- 超同步轨道是指高度高于 GEO（即大于 35786km）的轨道。

注意，GEO 定义的轨道高度可使轨道周期等于地球在惯性空间中的自转周期（恒星日）。对地静止轨道是指具有零倾角和零偏心率的 GEO 轨道。在这种特殊情形下，对地静止轨道卫星相对于地球上的观测者来说没有明显的运动，因为（在 ECEF 坐标系中）从观测者到卫星的相对位置矢量不随时间变化。实际上，由于轨道扰动，卫星从不会待在对地静止轨道上；因此，对地静止轨道卫星相对地球上的用户甚至有一些微小的残余运动。对地静止 GEO 卫星最常用于卫星通信。然而，有时也可以倾斜 GEO 轨道来覆盖地球的两极，但代价是卫星相对地球的残余运动更大。如后所述，中国的北斗星座和日本 QZSS 专门使用了这种倾斜的 GEO 卫星。

轨道的第三种分类方式是按照倾角分类：

- 赤道轨道，其倾角为零；因此，赤道轨道中的卫星在地球的赤道面上运行。
- 极轨道，其倾角为 90°；因此，极轨道中的卫星经过（或靠近）地球的自转轴。
- 顺行轨道，其倾角非零，升交点赤经小于 180°（地面轨迹一般是自西南向东北）。
- 逆行轨道，其倾角非零，升交点赤经大于 180°（地面轨迹一般是自西北向东南）。

顺行轨道和逆行轨道统称倾斜轨道。

此外，还有专门的轨道类型，它们以特定方式组合轨道参数来实现独特的轨道特性。例子之一是太阳同步轨道，这种轨道用于许多光学地球观测卫星任务。太阳同步轨道是近极轨道，卫星过赤道面的当地时间（即地球上的星下点）在每次轨道通过时都相同。这样，卫星运动相对于太阳就是同步的，这是选择特定的倾角作为所需轨道高度的函数实现的。

为特定应用选择某类轨道是根据应用需求进行的。例如，在许多宽带卫星通信应用（如直接广播视频或高速率数据中继）中，希望有一个几乎对地静止的轨道，以便保持从用户到卫星的固定视线，避免用户配备昂贵的可控或相控阵天线。然而，对需要较低数据延迟的较低带宽移动卫星业务应用，要优先使用 LEO 或 MEO 卫星来缩短从用户到卫星的距离。对卫星导航应用，在全球范围内通常要求有多颗（至少 4 颗）卫星可见。

除了轨道几何结构，配置卫星星座时还有几个需要考虑的重要因素。一是要将轨道参数维持在某个指定的范围内。这种轨道维持称为轨位保持，目的是在卫星寿命期间让需要的机动频度和幅度降至最低。由于卫星上燃料的使用寿命有限，因此所有应用都要进行轨位保持，卫星导航应用尤其如此，因为轨位保持机动后，卫星对用户不是即时可用的，需要等待轨道和时钟参数稳定下来且更新星历电文后，才可使用卫星。因此，频繁的"轨位保持"机动既会缩短卫星的使用寿命，又会降低星座对用户的总体可用性。有些轨道具有谐振效应，由于式(2.6)的谐波效应，卫星轨道的扰动增加。这样的轨道不可取，因为需要更多的"轨位保持"机动来维持标称轨道。

星座设计的另一个考虑因素是由范·艾伦辐射带引起的辐射环境，在这种环境下，带电粒子会被地球磁场俘获。由俘获的质子和电子通量来度量的辐射环境，是地表上方的高度及相对于赤道的平面外角度的函数。1000km 以下高度的 LEO 卫星在相对温和的辐射环境中运行，15000～25000km 高度的 MEO 卫星每次穿越赤道面时都会通过辐射环境。高辐射环境以多种方式驱动卫星设计，如电子元件需求、安装冗余设备及从组件到航天器级别的全程屏蔽。这些设计影响因素会使得卫星的质量和成本增加。

2.3.2.2 倾斜圆轨道

卫星星座的理论研究通常关注轨道类型的某些具体子集。例如，Walker 广泛研究了倾斜圆轨道[18]，Rider 深入研究了包含全球覆盖和区域覆盖的倾斜圆轨道[19]，Adams 和 Rider 研究了圆极轨道[20]。这些研究都侧重于确定需要最少卫星数量（即从地球上某个区域观测到的高于某个最小仰角的卫星数量）来提供特定覆盖范围的轨道集合。这些研究为给定轨道确定最优的轨道参数，使得实现期望覆盖范围所需的卫星数量最少。星座中的卫星被划分到各个轨道面上，其中的轨道面定义为具有相同升交点赤经的一组轨道（卫星因此在 ECI 坐标系下的同一平面中运行）。在最通用的方法中，Walker 所研究星座中的每颗卫星都位于不同的轨道面上，或者每个轨道面上有多颗卫星。Rider 的工作假定每个轨道面上都有多颗卫星。在每种情况下，研究的重点都是找到轨道参数的特定组合（有多少颗卫星、在多少个轨道面上、采用何种确切的几何配置和相位），尽量减少获得特定覆盖范围所需的卫星数量。通常，这可由每个轨道面上有一颗卫星的 Walker 星座实现。然而，除了尽量减少星座中的卫星数量，还有其他考虑因素。例如，由于一个星座通常需要在轨冗余备用卫星，并且改变轨道面的机动会消耗大量的燃料，所以我们通常希望选择每个轨道面上有多颗卫星的星座来进行次优化，但这需要额外增加几颗卫星来实现给定的覆盖范围。

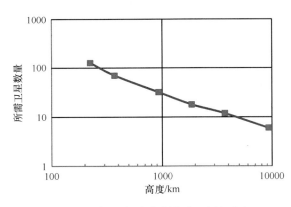

图 2.16　实现全球范围任何时候至少
一颗卫星可见所需的卫星数量

文献[18-20]中的一个重要研究成果是，实现预期覆盖范围所需的卫星数量会随着所选轨道高度的降低而大大增加。这一成果如图 2.16 所示，实现单次全球覆盖（0°仰角以上）所需的卫星数量是轨道高度的函数，详见 Rider[19]。一般来说，轨道高度每降低 50%，所需的卫星数量就会增加 75%。如下所述，这一点对星座设计中卫星复杂度与轨道高度的折中很重要。

文献[18-20]中的理论成果的实际应用包括：铱 LEO 卫星移动通信星座，其最初计划是一个 Adams/Rider 77 颗卫星极轨道星座，最终成为一个 66 颗卫星极轨道星座；全球星（Globalstar）LEO 卫星移动通信星座，其最初计划是一个由 8 个轨道面组成的 Walker 48 颗卫星倾斜圆轨道星座；OneWeb 星座，它通过 648 颗极轨道卫星提供互联网服务。此外，全球导航系统（GPS、GLONASS、Galileo、BeiDou）的星座都采用了文献[18, 19]中给出的原理。

1. Rider 星座

作为使用这些星座设计研究成果的一个例子，下面考虑 Rider 关于倾斜圆轨道的研究成果[19]。Rider 研究了一类等高度和等倾角的圆轨道。Rider 将星座分为 P 个轨道面，每个轨道面上有 S 颗卫星，并且假设轨道面之间是等相位的（即轨道面 1 中的卫星 1 与轨道面 2 中的卫星 1 在同一时刻通过其升交点）。图 2.17 中显示了有 2 个轨道面、每个轨道面上有 3 颗等间距卫星（$P = 2, S = 3$）时，轨道面之间的等相位和不等相位。轨道面围绕赤道面等间隔分布，以便轨道面之间的升交点赤经相差 $360°/P$，并且每个轨道面中的卫星是等间隔的。

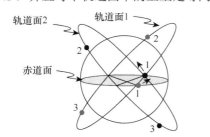
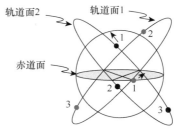

等相位（轨道面 1 中的卫星 1 与轨道面 2 中的卫星 1 在同一时刻通过其升交点）

不等相位（轨道面 1 中的卫星 1 在轨道面 2 中的卫星 2 之后通过其升交点）

图 2.17　轨道面之间的等相位和不等相位

Rider[19] 给出了如下定义：α 是仰角；R_e 是地球的球半径（这些研究都假设地球是一个球体）；h 是所研究星座的轨道高度。

于是，如图 2.18 所示，地心角 θ 与这些参数的关系是

$$\cos(\theta + \alpha) = \frac{\cos\alpha}{1 + h/R_e} \tag{2.13}$$

根据式(2.13)，若已知轨道高度 h 和最小仰角 α，则可算得对应的地心角 θ。然后，Rider 定义了一个半街宽参数 c，它与地心角 θ 和每个轨道面的卫星数量 S 有关，如下所示：

$$\cos\theta = (\cos c)\left(\cos\frac{\pi}{S}\right) \tag{2.14}$$

最后，对各种所需的地球覆盖区域（全球、中纬度、赤道、极地）和各种覆盖范围（最少可见卫星数量），Rider 给出了轨道倾角 i、半街宽 c 和轨道面数 P 的最佳组合的许多表格。

2. Walker 星座

事实上，与 Rider 星座相比，更通用的 Walker 星座[18] 可用更少的卫星提供相同的覆盖范围[19]。类似于 Rider 星座，Walker 星座也使用等高度、等倾角的倾斜圆轨道，轨道面围绕赤道面等间隔分布，轨道面内的各颗卫星也是等间隔的。然而，Walker 星座允许每个轨道面内的卫星数量与各轨道面之间的相位之间存在更一般的关系。为此，Walker 引入了 $T/P/F$ 符号系统，其中 T 是星座中的卫星总数，P 是轨道面数，F 是确定相邻轨道面之间相位关系的相位偏移因子（轨道面之间相位概念的说明见图 2.17）。设每个平面内的卫星数量为 S，显然有 $T = SP$。F 是一个整数，满足 $0 \leqslant F \leqslant P - 1$，每个相邻轨道面中第一颗卫星的平近点角偏移是 $360°F/P$。也就是说，当轨道面 2 中的第一颗卫星到达升交点时，轨道面 1 中的第一颗卫星已在轨道面中运行了($360°F/P$)的轨道距离。

在每个轨道面 1 颗卫星的条件下，可以找到一个 F 值，使得对已知的覆盖范围，Walker 星座所需的卫星数量比 Rider 星座所需的卫星数量少。然而，这种每个轨道面内只有 1 颗卫星的

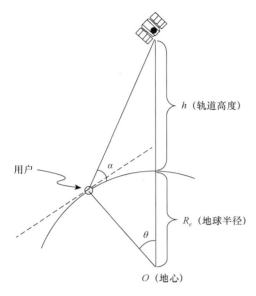

图 2.18　仰角与地心角（θ）的关系

Walker 星座的抗故障能力不如每个轨道面内有多颗卫星的星座，因为每个轨道面 1 颗卫星不可能做到在轨备份。这样的备份场景要求将卫星从备用轨道面调整到故障卫星的轨道面，并且执行这种轨道机动的燃料成本极高。例如，单次更改轨道面所需的燃料约为目前 Galileo 卫星寿命期内机动所需燃料的 30 倍。因为卫星只能在一个轨道面内重新定位，所以与每个轨道面只有 1 颗卫星的 Walker 星座相比，每个轨道面有多颗卫星的 Rider 星座或 Walker 星座的应用范围更广。

　　作为使用 Walker 和 Rider 的研究成果（文献[18]和[19]）来设计星座的特例，下面考虑一个 MEO 卫星星座，它在最小 5°仰角以上提供 4 重（4 颗卫星）全球连续覆盖。在这个例子中，目的是尽量减少在 Rider 轨道内提供这种覆盖范围的卫星数量。具体来说，考虑 $h = 20182$km（对应约 12 小时的轨道周期）的情况。已知 $\alpha = 5°$，由式(2.13)计算得到地心角 θ 为 71.2°。

　　文献[19]中的表 4 的结论表明，对于 6 个轨道面，最优倾角为 55°，$c = 44.92°$。现在，我们有足够的信息来求解方程(2.14)中的 S。解为 $S = 2.9$，由于卫星数量只能是整数，因此要把每个轨道面的卫星数量向上取整为 3。因此，Rider 的工作表明，使用 6 个轨道面，每个轨道面内有 3 颗卫星（共 18 颗卫星），可在最低 5°仰角之上提供最少 4 颗卫星的连续全球覆盖。若使用高度相同的 5 个轨道面，且覆盖范围相同，则 Rider 的结论是 $c = 55.08°$，$S = 3.2$，每个轨道面内的卫星数量向上取整为 4。在这种情况下，共需 20 颗卫星来提供相同的覆盖范围。同样，使用 7 个轨道面时，每个轨道面内需要 3 颗卫星，共需 21 颗卫星。因此，提供 5°仰角以上全球 4 星覆盖的最优 Rider 星座配置为 6 × 3 星座（$P = 6$，$S = 3$），共需 18 颗卫星。事实上，20 世纪 80 年代早期，美国空军寻找过更小的 GPS 星座替代方案，包括共 18 颗卫星的不同配置[21]。注意，对导航应用而言，考虑的因素不止可见卫星总数，因此修改 Walker 或 Rider 星座更为可取，例如在每个轨道面上不等间隔地排列卫星。下一节中将详细探讨这些额外的考虑因素。

2.3.2.3　卫星导航星座设计考虑因素

　　卫星导航与卫星通信系统相比，对星座有不同的几何限制，其中最明显的限制是需要多重覆盖（即导航应用需要更多的卫星同时可见）。如 2.5.2 节所述，GNSS 导航解算最少需要 4 颗可见卫星，才能提供确定用户三维位置和时间所需的最少 4 个观测量。因此，GNSS 星座的一个主要限制是它必须一直提供至少 4 重覆盖。为了可靠地保证这种覆盖范围，标称 GNSS 星座被设计为提供 4 重以上的覆盖，以便即使有一颗卫星出现故障，也能维持至少 4 颗卫星可见。此外，多于 4 重覆盖可以帮助用户设备自行判断是否有 GNSS 卫星发生信号或定时异常，从而在导航解算中排除这类卫星（这一过程称为完好性监测），详见 11.4 节。因此，对 GNSS 星座覆盖的实际限制条件是在 5°仰角之上至少提供 6 重覆盖。

　　卫星导航星座设计主要有如下限制条件和考虑因素。

1. 覆盖范围应是全球的。

2. 任何时候任何用户位置至少需要 6 颗卫星可见。

3. 要提供最好的导航精度，星座需要有良好的几何特性，这就要求从地球上任何地方的用户来看，卫星在方位角和仰角上是分散的（几何特性对导航精度的影响见 11.2 节）。

4. 星座应对单颗卫星故障具有鲁棒性。

5. 星座必须可维护，即在星座内重新部署一颗卫星的代价必须相对较低。

6. 轨位保持需求应该是易于管理的。换言之，要尽量减少将卫星维持在所需轨道参数范围内的机动频度和幅度。

7. 必须选择轨道高度，在有效载荷大小和复杂性与达到最小 6 重覆盖所需星座规模之间折中。轨道高度越高，实现 6 重覆盖所需的卫星数量越少，但是有效载荷和卫星越大、越复杂。例如，要让地面用户达到一定的最小接收信号强度，需要增大发射机功率和天线尺寸，而这会在较高轨道上增大有效载荷的复杂性。

2.4　GNSS 信号

本节首先概述 GNSS 信号，包括常用的信号分量；然后讨论重要的信号特征，如自相关和互相关函数。

2.4.1　射频载波

每个 GNSS 信号都是用一个或多个射频（RF）载波生成的，这些载波是在发射机内产生的理想正弦电压（见图 2.19）。如图 2.19 所示，RF 载波的一个重要特征是复现幅度（即峰峰值）之间的时间间隔 T_0，其单位为秒。这种幅度的复现称为 1 周，对应 1 周的时间间隔称为周期。在实践中，更常用来表征 RF 载波的是载波频率，它是周期的倒数，即 $f_0 = 1/T_0$，单位为周/秒或赫兹（按照定义，1Hz 是 1 周/秒）。频繁遇到的度量前缀有 $1kHz = 10^3Hz$, $1MHz = 10^6Hz$, $1GHz = 10^9Hz$。

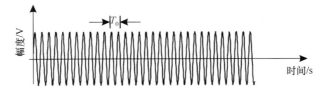

图 2.19　RF 载波

今天，大多数 GNSS 信号都使用 L 波段的载波频率，L 波段由电气和电子工程师协会（IEEE）定义，其频率范围为 1～2GHz。与其他波段相比，GNSS 信号的 L 波段有几个优点。在更低的频率下，地球大气会导致更大的延迟，大气的非均匀性会使得接收信号强度的衰减更为严重。在更高的频率下，需要额外的卫星功率，且降水（如雨水）衰减很大。国际电信联盟（ITU）在全球为无线电导航卫星服务（RNSS）分配了两个 L 波段频率子集，全球频谱管理界将 GNSS 星座提供的服务称为 RNSS。L 波段的 RNSS 分配范围是 1164～1300MHz 和 1559～1610MHz。本书讨论的两个 GNSS 星座还使用 S 波段（2～4GHz）的导航信号，几家 GNSS 服务提供商正在考虑未来增加 C 波段（4～8GHz）的导航信号。

2.4.2　调制

GNSS 信号设计旨在实现多种功能：

- 用户设备精密测距。

- 传送关于 GNSS 卫星位置、时钟误差、卫星健康和其他导航数据的数字信息。
- 对于某些系统，在多个卫星广播之间使用一个公共载波频率。

为了实现这些功能，RF 载波的某些属性必须随时间变化。RF 载波的这种变化称为调制。考虑一个信号，其电压描述为

$$s(t) = a(t)\cos[2\pi f(t)t + \phi(t)] \tag{2.15}$$

若幅度 $a(t)$、频率 $f(t)$ 和相位偏移 $\phi(t)$ 名义上不随时间变化，则该方程描述了一个未被调制的载波。幅度、频率和相位的变化分别称为幅度调制、频率调制和相位调制。若 $a(t)$、$f(t)$ 或 $\phi(t)$ 可在无穷多个时变值中任意取值，则称其为模拟调制。本书中由卫星导航系统广播的 GNSS 导航信号使用数字调制，这意味着调制参数只能取有限的一组值，这些值只能在特定的离散历元变化。

2.4.2.1 导航数据

二进制相移键控（BPSK）是数字调制的一个例子，常用于将数字导航数据从 GNSS 卫星传送到接收机。BPSK 是一种简单的数字信号调制方案，其中 RF 载波在相邻的 T_b 秒间隔内以其原相位传输，或以 180°相移传输，具体取决于发射机传到接收机的是数字 0 还是数字 1（见文献[22]）。从这个角度来看，BPSK 是一种数字相位调制，其相位偏移参数有两种可能，即 $\phi(t) = 0$ 或 $\phi(t) = \pi$。

也可将 BPSK 信号视为由幅度调制产生的，如图 2.20 所示。注意，如图中所示，BPSK 信号可由两个时域波形相乘产生：未调制的 RF 载波和数据波形，数据波形在每个连续的 $T_b = 1/R_b$ 间隔内取值 +1 或 −1，其中 R_b 是单位为 bps 的数据率。第 k 个 T_b 秒间隔内的数据波幅度可由要发送的第 k 个数据比特按映射方式 $[0,1] \rightarrow [-1,+1]$ 或 $[0,1] \rightarrow [+1,-1]$ 产生。数学上，数据波形 $d(t)$ 可描述为

$$d(t) = \sum_{k=-\infty}^{\infty} d_k\, p(t - kT_b) \tag{2.16}$$

式中，d_k 是（集合 [−1, +1] 内的）第 k 个数据比特，$p(t)$ 是脉冲形状。数据波形可视为基带信号，这意味着其频率成分集中在 0Hz 而非载波频率附近。RF 载波调制将信号频率成分的中心搬到载波频率处，产生所谓的带通信号。

图 2.20 中所示的 BPSK 信号使用矩形脉冲：

$$p(t) = \begin{cases} 1, & 0 \leqslant t < T_b \\ 0, & \text{其他} \end{cases} \tag{2.17}$$

也可使用其他脉冲形状。例如，术语曼彻斯特编码用来描述 BPSK 信号使用的脉冲形状由方波的 1 周组成。

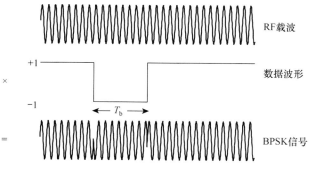

图 2.20　BPSK 调制

在许多现代 GNSS 信号设计中，导航数据采用前向纠错（FEC），以便根据某些预定的方法在通道中传输冗余的比特，使得接收机能够检测和纠正一些可能由噪声、干扰或衰落造成的错误。

采用 FEC 时，约定是用 T_s 代替 T_b，用 R_s 代替 R_b，将（实际传输的）数据符号与数据比特（包含 FEC 之前的信息）区分开来。编码率是比值 R_b/R_s。

2.4.2.2　直接序列扩频

为了实现精密测距，本书中描述的所有 GNSS 信号均用直接序列扩频（DSSS）调制。如图 2.21 所示，DSSS 调制将扩频或伪随机噪声（PRN）波形调制到 RF 载波上，往往（如图所示）但不必加上导航数据波形对载波的调制。扩频波形类似于数据波形，但有两个重要的区别。首先，扩频波形是确定性的（即产生它的数字序列是完全已知的，至少对所要服务的接收机而言如此）。其次，扩频波形的符号率远高于导航数据波形的符号率。产生扩频波形的数字序列有多个名称，包括测距码、伪随机序列和 PRN 码。文献[23]中概述了伪随机序列，包括伪随机序列的生成、特征及具有良好性质的码族。

供大众使用的 GNSS 信号称为公开信号。公开 GNSS 信号使用未加密的周期性测距码，长度从 511 比特到 767250 比特不等。有些 GNSS 信号仅供授权（如军方）用户使用。为防止大众使用，授权或限制使用的 GNSS 信号使用加密后的非周期测距码。要完全处理授权的 GNSS 信号，就需要知道加密方案及称为私钥的秘密数。

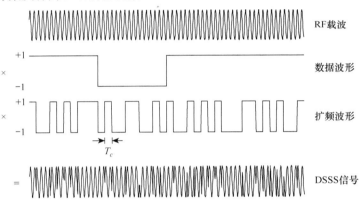

图 2.21　直接序列扩频调制

为了避免混淆导航数据中的信息承载比特和测距码比特，通常将后者称为码片，它决定扩频符号的极性。对应测距码的一个码片的扩频波形的持续时间，称为码片周期，码片周期的倒数称为码片速率 R_c。扩频波形的时间无关参数称为码相位，其单位是码片。由高速率扩频波形调制后的信号占用的带宽更宽，因此称这种信号为扩频信号。一般来说，带宽与码片速率成正比。

DSSS 波形用于卫星导航的主要原因如下。第一，扩频波形在信号中引入的频繁相位反转使得接收机能够进行精密测距。第二，使用精心设计集合中的不同扩频序列可以使得多颗卫星在同一载波频率上同时发射信号。接收机能够基于不同的码来区分这些信号。由此，在一个共用载波频率上传输具有不同扩频序列的多个 DSSS 信号的方法称为码分多址（CDMA）。第三，如第 9 章所述，DSSS 抑制窄带干扰的效果明显。

2.4.2.3　二进制偏移载波

注意，DSSS 信号的扩频符号需要是矩形的（即在整个码片周期内幅度恒定），如图 2.21 所示。原则上，可以使用任何形状，并且可以为不同的码片使用不同的形状。因此，我们将使用具有矩形码片的 BPSK 信号生成的 DSSS 信号称为 BPSK-R 信号。卫星导航应用中使用了采用非矩形符号的基本 DSSS 信号的几种变体。二进制偏移载波（BOC）信号[24]是使用 DSSS 技术生成的，但其扩频符号采用部分方波。文献[25]中提供了使用任意二进制图案来生成每个扩频符号的通用方法。数字通信中广泛使用了扩频符号赋形技术，如升余弦，其幅度可在大范围内变化。这些赋形技术曾被考虑用于卫星导航，但由于实际原因未被采用。对于精密测距而言，卫星和用户设备必须能够如实地再现扩频波形，而通过数字手段生成信号为这种再现提供了便利。另外，频谱效率通常不是卫星导航关注的问题，并且它可能不利于精密测距，但它激发了人们对通信应用中符号赋形方面的广泛研究。

此外，使用开关类放大器可以有效地传输带有恒定包络的 DSSS 信号（即带有恒定功率的信号），但将多个非二进制值的波形组合为恒包络信号的方法有多种。

2.4.2.4　导频分量

许多现代 GNSS 信号的特征之一是，它们将总信号中的总功率拆分到两个分量上，这两个分量分别称为数据分量和导频（或无数据）分量。顾名思义，数据分量被导航数据调制，导频分量则不被导航数据调制。两个分量都通过扩频波形调制，并且使用不同的测距码。使用单独的数据和导频分量时，典型的功率分配范围是从 50%～50%（即每个分量中的功率相等）到 25%～75%（即导频分量中的功率为数据分量中功率的 3 倍）。为什么要使用导频分量？原因是接收机能够更加鲁棒地跟踪未被导航数据调制的信号，见第 8 章。因此，导频分量允许在更具挑战性的环境（如室内或更大的干扰）下跟踪 GNSS 信号。

2.4.3　次级码

许多现代 GNSS 信号采用（2.4.2.2 节讨论的）主测距码（主码）和次级码（或同步码）。次级码可以减少 GNSS 信号之间的干扰，可为 GNSS 接收机内的鲁棒数据比特同步提供便利。

次级码是由主码重复率生成的周期二进制序列。次级码的每个比特都被模 2 加到主码的一个周期上。第 3 章至第 7 章描述的 GNSS 星座为各个信号使用长度为 4～1800 码片的次级码。

为了说明次级码的概念，我们考虑一个假设的 GNSS 信号，它使用长度为 1023 个码片的主测距码，前 10 个码片值为[1 0 0 1 1 0 1 0 1 0]。若以主测距码重复率（等于主码片速率的 1/1023）应用 4 比特次级码[1 0 1 0]，则主测距码的每 4 次重复将被修改如下。对于第一次和第三次重复，反转主测距码，前 10 个码片变为[0 1 1 0 0 1 0 1 0 1]。对于第二次和第四次重复，主测距码保持不变，在第四次测距码重复后，再次重复整个编码模式。

2.4.4　复用技术

在卫星导航应用中，经常需要从一个卫星星座、一颗卫星甚至一个载波频率上广播多个信号。可以共享公共传输通道但不会使广播信号彼此干扰的技术有多种。使用不同载波频率传输多个信号的技术称为频分多址（FDMA）或频分多路复用（FDM）。两个或多个信号在不同时间共享同一台发射机的技术称为时分多址（TDMA）或时分多路复用（TDM）。2.4.2.2 节介绍过 CDMA，它使用不同的扩频码来共享一个频率。

共用一台发射机在单个载波上广播多个信号时，鉴于 2.4.2.3 节讨论的原因，我们希望将这些信号组合为一个恒包络的复合信号。两个二进制 DSSS 信号可以通过四相相移键控（QPSK）组合在一起。在 QPSK 中，使用相位正交的 RF 载波（即相对相位差为 90°，如相同时间参数的余弦函数和正弦函数）生成两个信号并简单地相加。QPSK 信号的两个分量称为同相分量和正交分量。希望在一个共用载波上组合两个以上的信号时，需要用到更复杂的复用技术。互复用在一个共用载波上组合三个二进制 DSSS 信号，同时保持包络恒定[26]。要做到这一点，就要发送一个完全由三个期望信号确定的第四个信号。整个发送信号可以表示成 QPSK 信号的形式：

$$s(t) = s_I(t)\cos(2\pi f_c t) - s_Q(t)\sin(2\pi f_c t) \tag{2.18}$$

式中，同相分量 $s_I(t)$ 和正交分量和 $s_Q(t)$ 分别为

$$s_I(t) = \sqrt{2P_I}\, s_1(t)\cos(m) - \sqrt{2P_Q}\, s_2(t)\sin(m)$$
$$s_Q(t) = \sqrt{2P_Q}\, s_3(t)\cos(m) + \sqrt{2P_I}\, s_1(t)s_2(t)s_3(t)\sin(m) \tag{2.19}$$

式中，$s_1(t)$，$s_2(t)$ 和 $s_3(t)$ 是三个期望信号，f_c 是载波频率，m 是一个索引，它与功率参数 P_I 和 P_Q 一起设置以得到 4 个复用（3 个期望的复用加上 1 个附加的复用）信号所需的功率电平。

复用两个以上的二进制 DSSS 信号并且同时保持恒包络的其他技术，包括多数表决[27]和互表决[28]。在多数表决中，奇数个 DSSS 信号在每个时刻获取基本 PRN 序列值中占多数的值，组合产生一个复合的 DSSS 信号。互表决包括互复用和多数表决的同时应用。

2.4.5 信号模型与特性

GNSS 信号除用式(2.18)中的一般正交信号表示外，采用由以下关系定义的复包络或低通表达式 $s_l(t)$ 有时很方便：

$$s(t) = \mathrm{Re}\{s_l(t)\mathrm{e}^{\mathrm{j}2\pi f_c t}\} \tag{2.20}$$

式中，$\mathrm{Re}\{\cdot\}$ 表示取实部。实信号 $s(t)$ 的同相分量和正交分量与其复包络的关系为

$$s_l(t) = s_I(t) + \mathrm{j}s_Q(t) \tag{2.21}$$

在卫星导航应用中，两个非常重要的信号特性是自相关函数和功率谱密度。具有恒定功率的低通信号的自相关函数定义为

$$R(\tau) = \lim_{T\to\infty} \frac{1}{2T} \int_{-T}^{T} s_l^*(t)s_l(t+\tau)\,\mathrm{d}t \tag{2.22}$$

式中，*表示复共轭。功率谱密度定义为自相关函数的傅里叶变换，

$$S(f) = \int_{-\infty}^{\infty} R(\tau)\mathrm{e}^{-\mathrm{j}2\pi f\tau}\,\mathrm{d}t \tag{2.23}$$

功率谱密度描述信号在频域的功率分布。

将 DSSS 信号的某些部分建模为随机过程往往很方便。例如，数据符号和测距码通常被建模为不重复的抛硬币序列（即+1 或−1 的值随机出现，每种结果出现的概率相等，且每个值都独立于其他值）。具有随机成分的 DSSS 信号的自相关函数，一般取为式(2.22)的均值或期望值。功率谱密度仍由式(2.23)定义。

例如，考虑一个采用矩形码片、具有纯随机二进制码且没有数据的基带 DSSS 信号，如图 2.22(a)所示。图 2.22(b)所示的自相关函数以方程形式描述为[29]

$$R(\tau) = \begin{cases} A^2\left(1-|\tau|/T_c\right), & |\tau| \leqslant T_c \\ 0, & \text{其他} \end{cases} \tag{2.24}$$

图 2.4(c)所示的信号功率谱（它是角频率 $\omega = 2\pi f$ 的函数）可用式(2.20)求出：

$$S(f) = A^2 T_c \,\mathrm{sinc}^2(\pi f T_c) \tag{2.25}$$

式中，$\mathrm{sinc}(x) = \sin x/x$。对于使用随机二进制码的 DSSS 信号来说，它与自身只在一个位置相关，而与任何其他随机二进制码都不相关。采用矩形码片的卫星导航系统具有与随机二进制码类似的自相关和功率谱性质，但它们所用的测距码是完全可预测的和可重复产生的。这就是它们称为伪随机码的原因。

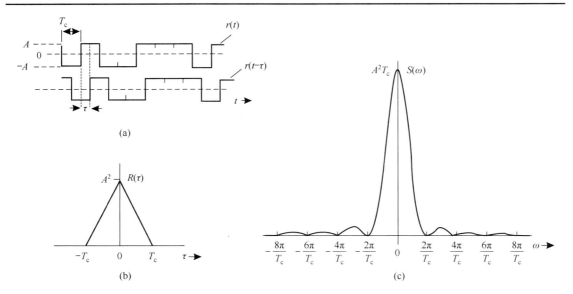

图 2.22　DSSS 信号的(a)随机二进制码生成、(b)自相关函数和(c)功率谱

为了说明有限长度测距码的影响，考虑一个未调制数据的 DSSS 信号，采用每 N 个比特重复一次的伪随机序列。进一步假设该序列是使用最大长度的线性反馈移位寄存器生成的。线性反馈移位寄存器是一种简单的数字电路，它由一定时钟速率下的 n 比特存储器和一些反馈逻辑组成[23]。在每个时钟周期，第 n 个比特的值从器件输出，第 1 个比特的逻辑值移至第 2 个比特，第 2 个比特的逻辑值移至第 3 个比特，以此类推。最后，一个线性函数作用于比特 1 到比特 n 先前的值上，产生一个新的值，并输入器件的比特 1。对于 n 比特线性反馈移位寄存器，在输出重复之前可以产生的最大序列长度是 $N = 2^n - 1$。这一长度的移位寄存器序列称为最大长度序列。在每个周期中，寄存器内的 n 个比特都经历 $2n$ 个状态中除全零外的所有可能状态，因为全零状态会导致恒定的 0 值输出。由于在最大长度序列中负值（1）的个数总是比正值（0）的个数多 1，扩频波 $\mathrm{PN}(t)$ 在相关间隔外的自相关函数为 $-A^2/N$。回顾前面的例子可知，对于具有纯随机码的 DSSS 信号，在此间隔外的相关为 0（不相关）。如图 2.23(a)所示，最大长度伪随机序列的自相关函数是无限长的三角形函数序列，其周期为 NT_c（秒）。在图 2.23(a)中，当时移 τ 大于 $\pm T_c$ 或其倍数 $\pm T_c(N\pm1)$ 时，出现负的相关幅度（$-A^2/N$），它表示这个序列中的直流成分。表示周期性自相关函数的数学公式[30]需要使用单位冲激函数，该函数以 PRN 序列的周期 NT_c 为离散增量（m 倍）进行时移：$\delta(\tau + mNT_c)$。简言之，这种记法（也称狄拉克三角函数）表示有 mNT_c 秒离散相移的单位冲激。利用这种记法，自相关函数可以表示为直流成分与式(2.24)定义的三角形函数 $R(\tau)$ 的无穷序列之和。三角形函数的无穷序列由 $R(\tau)$ 与一个相移的单位冲激函数的无穷序列的卷积（记为 $\otimes$）得到：

$$R_{\mathrm{PN}}(\tau) = \frac{-A^2}{N} + \frac{N+1}{N} R(\tau) \otimes \sum_{m=-\infty}^{\infty} \delta(\tau + mNT_c) \tag{2.26}$$

由最大长度伪随机序列生成的 DSSS 信号的功率谱由式(2.26)的傅里叶变换导出，它是如图 2.23(b)所示的线谱。要将线谱表示为如下公式，仍然要用到单位冲激函数：

$$S_{\mathrm{PN}}(f) = \frac{A^2}{N^2} \left(\delta(f) + \sum_{m=-\infty\neq0}^{\infty} (N+1)\mathrm{sinc}^2\left(\frac{m\pi}{N}\right) \delta\left(2\pi f + \frac{m2\pi}{NT_c}\right) \right) \tag{2.27}$$

式中，$m = \pm1, \pm2, \pm3, \cdots$。

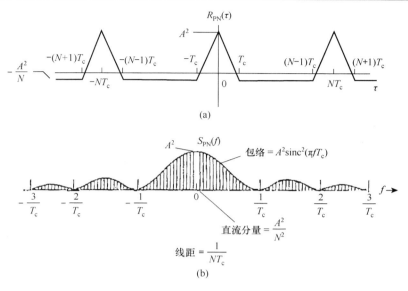

图 2.23　由最大长度伪随机序列生成的 DSSS 信号的(a)自相关函数和(b)线谱

由图 2.23(b)可见，线谱的包络与随机码的连续功率谱是一样的，只是线谱有小直流项和比例因子 T_c。随着最大长度序列的周期 N（码片数）的增大，线谱中各线之间的间距 $2\pi/NT_c$（弧度/秒）或 $1/NT_c$（赫兹）成比例地减小，使得功率谱开始趋近于连续谱。

接下来考虑使用任意符号波形 $g(t)$ 的一般基带 DSSS 信号：

$$s(t) = \sum_{k=-\infty}^{\infty} a_k g(t - kT_c) \tag{2.28}$$

若假设测距码的值 $\{a_k\}$ 是随机抛硬币序列生成的，则可取式(2.22)的均值得到该信号的自相关函数，结果为

$$R(\tau) = \int_{-\infty}^{\infty} g(t)g^*(t-\tau)\mathrm{d}t \tag{2.29}$$

尽管在式(2.28)中忽略了数据，但对不重复的抛硬币序列而言，数据的引入不会改变结果。利用这一结果，结合式(2.23)的功率谱密度，可将单位功率 BPSK-R 信号的自相关函数和功率谱密度表示为

$$g_{\mathrm{BPSK\text{-}R}}(t) = \begin{cases} 1/\sqrt{T_c}, & 0 \leqslant t < T_c \\ 0, & \text{其他} \end{cases} \tag{2.30}$$

$$R_{\mathrm{BPSK\text{-}R}}(\tau) = \begin{cases} 1 - |\tau|/T_c, & |\tau| < T_c \\ 0, & \text{其他} \end{cases} \tag{2.31}$$

$$S_{\mathrm{BPSK\text{-}R}}(f) = T_c \, \mathrm{sinc}^2(\pi f T_c)$$

符号 BPSK-R(n)常用来标记码片速率为 $n \times 1.023\mathrm{MHz}$ 的 BPSK-R 信号。如第 3 章、第 5 章、第 6 章和第 7 章所述，GPS、Galileo、Beidou 和各个区域系统都采用 1.023MHz 倍数的频率。GPS 是首个使用 1.023MHz 整数倍码片速率的系统（根据一种设计选择，为最初的 GPS 导航信号之一使用长度为 1023 的测距码，并且希望重复周期是 1ms 这个方便的值）。其他系统随后采用了 1.023MHz 整数倍的码片速率，以便与 GPS 实现互操作。

　　BOC 信号可视为 BPSK-R 信号和方波副载波的乘积。自相关和功率谱取决于码片速率和方波副载波的特性。扩频符号内的方波半周期数通常选为一个整数，

$$k = T_c/T_s \tag{2.32}$$

式中，$T_s = 1/(2f_s)$ 是频率为 f_s 的方波的半周期；当 k 是偶数时，BOC 扩频符号波形可描述为

$$g_{BOC}(t) = g_{BPSK\text{-}R}(t)\,\text{sgn}[\sin(\pi t/T_s + \psi)] \tag{2.33}$$

式中，sgn 为符号函数（自变量为正时取 1，自变量为负时取−1），ψ 是可选的相角。当 k 为奇数时，BOC 信号可视为在两个相邻码片周期上使用两个符号波形，式(2.33)给出了每对波形中的第一个扩频符号波形，第二个波形是第一个波形的取反。ψ 的两个常用值是 0° 和 90°，分别称得到的 BOC 信号为正弦相位信号或余弦相位信号。

　　如表 2.3 所示，对于纯粹的抛硬币扩频序列，余弦相位和正弦相位 BOC 信号的自相关函数类似于锯齿形的、峰值之间的分段线性函数。假定为纯随机码时，自相关函数的表达式适用于 k 为奇数和 k 为偶数的情况。表中所用符号 BOC(m, n) 是用 $m\times1.023$MHz 的方波频率和 $n\times1.023$MHz 的码片速率生成的 BOC 调制的简略表示。下标 s 和 c 分别指正弦相位和余弦相位。

表 2.3　BOC 调制的自相关函数特性

调　制	自相关函数中的正/负峰数	峰的延迟值/s	$\tau = jT_s/2$ 时的自相关函数峰值	
			j 为偶数	j 为奇数
$BOC_s(m, n)$	$2k-1$	$\tau = jT_s/2$, $-2k+2 \leqslant j \leqslant 2k-2$	$(-1)^{j/2}(k-|j/2|)/k$	$(-1)^{(|j|-1)/2}/(2k)$
$BOC_c(m, n)$	$2k+1$	$\tau = jT_s/2$, $-2k+1 \leqslant j \leqslant 2k-1$	$(-1)^{j/2}(k-|j/2|)/k$	$(-1)^{(|j|+1)/2}/(2k)$

　　正弦相位 BOC 调制的功率谱密度为[24]

$$S_{BOC_s}(f) = \begin{cases} T_c\,\text{sinc}^2(\pi f T_c)\tan^2\left(\dfrac{\pi f}{2f_s}\right), & k\,\text{为偶数} \\[3mm] T_c\,\dfrac{\cos^2(\pi f T_c)}{(\pi f T_c)^2}\tan^2\left(\dfrac{\pi f}{2f_s}\right), & k\,\text{为奇数} \end{cases} \tag{2.34}$$

余弦相位 BOC 调制的功率谱密度为

$$S_{BOC_c(m,n)}(f) = \begin{cases} 4T_c\,\text{sinc}^2(\pi f T_c)\left(\dfrac{\sin^2\left(\dfrac{\pi f}{4f_s}\right)}{\cos\left(\dfrac{\pi f}{2f_s}\right)}\right)^2, & k\,\text{为偶数} \\[5mm] 4T_c\,\dfrac{\cos^2(\pi f T_c)}{(\pi f T_c)^2}\left(\dfrac{\sin^2\left(\dfrac{\pi f}{4f_s}\right)}{\cos\left(\dfrac{\pi f}{2f_s}\right)}\right)^2, & k\,\text{为奇数} \end{cases} \tag{2.35}$$

　　二进制编码符号（BCS）调制[25]使用由一个长度为 M 的任意比特图案 $\{c_m\}$ 定义的如下扩频符号波形：

$$g_{BCS}(t) = \sum_{m=0}^{M-1} c_m p_{T_c/M}(t - mT_c/M) \tag{2.36}$$

式中 $p_{T_c/M}(t)$ 是在区间 $[0, T_c/M]$ 上取值 $1/\sqrt{T_c}$ 而在其他位置取值 0 的脉冲。符号 $\text{BCS}([c_0, c_1, \cdots, c_{M-1}], n)$ 用来标记对 BCS 调制的每个符号使用序列 $[c_0, c_1, \cdots, c_{M-1}]$，且码片速率为 $R_c = n \times 1.023\text{MHz} = 1/T_c$。如文献[25]所述，具有理想扩频码的 $\text{BCS}([c_0, c_1, \cdots, c_{K-1}], n)$ 调制的自相关函数是一个分段线性函数：

$$R_{\text{BCS}}(nT_c/M) = \frac{1}{M} \sum_{m=0}^{M-1} c_m c_{m-n} \tag{2.37}$$

式中，n 是一个小于等于 M 的整数，对 $m \notin [0, M-1]$ 有 $c_m = 0$。功率谱密度为

$$S_{\text{BCS}}(f) = T_c \left| \frac{1}{M} \sum_{m=0}^{M-1} c_m \, e^{-j2\pi m f T_c/M} \right|^2 \frac{\sin^2(\pi f T_c/M)}{(\pi f T_c/M)^2} \tag{2.38}$$

有了成功的 BPSK-R 调制，为何还要考虑更先进的如 BOC 或 BCS 之类的调制呢？与只允许设计者选择载波频率和码片速率的 BPSK-R 调制相比，BOC 和 BCS 调制可为波形设计者提供额外的设计参数。得到的调制设计可在带宽受限时（由于发射机和接收机的实现限制，或是由于频谱分配）提供增强的性能。此外，可以设计调制，以便多个 GNSS 星座更好地共享有限的频带。频谱可被赋形以限制干扰，或者将不同信号的频谱分离。要获得足够的性能，这样的调制设计工作必须仔细考虑信号在时域和频域的各种不同特性，而不只考虑频谱形状。

2.5　利用测距码确定位置

如 2.4 节所述，GNSS 卫星发射信号采用了 DSSS 调制。DSSS 提供了传输测距码和基本导航数据（如卫星星历和卫星健康状况）的信号结构。测距码调制到卫星的载波频率上，这些码看起来像随机二进制序列，并且具有类似的频谱特性，但实际上是确定的。图 2.24 中显示了一个短测距码序列的简单例子。这些码带有可预测的图案，是周期性的，并且可由合适的接收机复现。

图 2.24　测距码

2.5.1　确定卫星到用户的距离

前面研究了用卫星测距码和多个球体来求解用户三维位置的理论问题，那时预先假设接收机时钟与系统时是完全同步的。实际上，情况并非如此。在求解用户的三维位置前，我们先来研究用非同步时钟和测距码确定从卫星到用户距离的基本概念。影响距离测量精度的误差源（如测量噪声、传播延迟等）很多，但与时钟不同步造成的误差相比，这些误差源通常可以忽略不计。因此，在下面对基本概念的讲解中将省略除时钟偏移外的误差。这些误差源将在 10.2 节中介绍。

在图 2.25 中，我们希望确定矢量 u，它代表用户接收机相对于 ECEF 坐标系原点的位置。用户的位置坐标 x_u, y_u, z_u 被认为是未知的。矢量 r 表示从用户到卫星的偏移矢量。卫星在 ECEF 笛卡儿坐标系中的坐标是 (x_s, y_s, z_s) 处。矢量 s 表示卫星相对于坐标原点的位置，由卫星广播的星历数据计算得到。卫星到用户的矢量 r 是

$$r = s - u \tag{2.39}$$

矢量 r 的幅度为

$$\|r\| = \|s - u\| \tag{2.40}$$

令 r 表示 r 的幅度，有

$$r = \|\boldsymbol{s} - \boldsymbol{u}\| \tag{2.41}$$

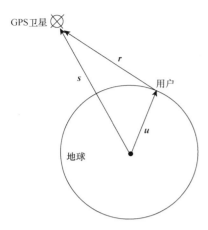

图 2.25　用户位置矢量表示

　　距离 r 通过测量卫星生成的测距码从卫星传送到用户接收机天线所需的传播时间来计算。传播时间的测量过程如图 2.26 所示。例如，在 t_1 时刻由卫星生成的特定码相位在 t_2 时刻到达接收机。传播时间由 Δt 表示。在接收机内，相对接收机时钟在 t 时刻生成相同编码的测距码，记为复现码。这一复现码在时间上移动，直到它与卫星生成的测距码实现相关。如果卫星时钟和接收机时钟完全同步，那么相关过程将得到真实的传播时间。将传播时间 Δt 乘以光速，便能算出卫星到用户的真实距离（即几何距离）。于是，我们便有了 2.1.2.1 节描述的理想情况。然而，卫星时钟和接收机时钟一般是不同步的。

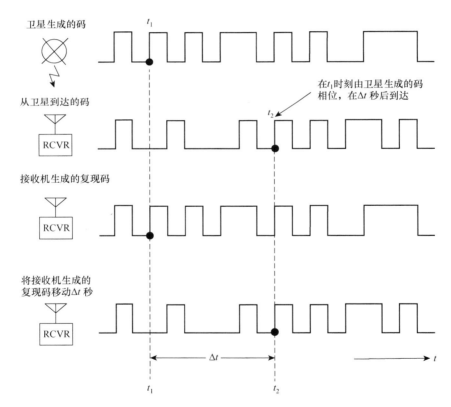

图 2.26　利用复现码确定卫星码的发送时刻

　　接收机时钟与系统时之间通常存在偏差。此外，卫星计时系统（通常称为卫星时钟）基于 2.7.1.5 节所述的高精度原子频标（AFS），因此通常与系统时存在偏差。这样，由相关过程确定的距离就被记为伪距 ρ，因为它是通过将信号传播速度 c 乘以两个非同步时钟（卫星时钟和接收机时钟）之间的时间差得到的距离。这个观测量包含卫星到用户的几何距离、由系统时和用户时钟之差造成的偏移及系统时与卫星时钟之差造成的偏移。上述时序关系如图 2.27 所示。T_s 表示信号离开卫星的系统时；

T_u 表示信号到达用户接收机的系统时；δt 表示卫星时钟与系统时之间的偏移，超前为正，滞后（延迟）为负；t_u 表示接收机时钟与系统时之间的偏移；$T_s + \delta t$ 表示信号离开卫星时卫星时钟的读数；$T_u + t_u$ 表示信号到达用户接收机时用户接收机时钟的读数；c 表示光速。

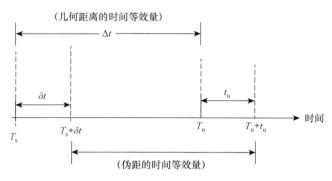

图 2.27　距离测量时序关系

几何距离为 $r = c(T_u - T_s) = c\Delta t$，伪距为

$$\rho = c[(T_u + t_u) - (T_s + \delta t)] = c(T_u - T_s) + c(t_u - \delta t) = r + c(t_u - \delta t)$$

因此，式(2.39)可以改写为

$$\rho - c(t_u - \delta t) = \|s - u\|$$

式中，t_u 是接收机时钟相对于系统时的超前量；δt 是卫星时钟相对于系统时的超前量；c 是光速。

卫星时钟与系统时的偏移 δt 由偏差和漂移组成。卫星导航系统地面监测网络确定这些偏移分量的校正值，并将校正值发至卫星，再由卫星在导航电文中广播给用户。在用户接收机中利用这些校正值将每个测距码的发送时刻同步到系统时。因此，我们假设这种偏移已被补偿，不再认为 δt 是未知的（仍然存在一些残余偏移，详见 10.2.1 节，但这里假设它们可以忽略不计）。因此，前面的方程可以表示为

$$\rho - ct_u = \|s - u\| \tag{2.42}$$

2.5.2　用户位置的计算

为了确定用户的三维位置 (x_u, y_u, z_u) 和偏移量 t_u，对 4 颗卫星进行伪距测量，得到方程组

$$\rho_j = \|s_j - u\| + ct_u \tag{2.43}$$

式中，j 的范围是 1～4，指不同的卫星。式(2.43)可展开成未知数 x_u, y_u, z_u 和 t_u 的联立方程：

$$\rho_1 = \sqrt{(x_1 - x_u)^2 + (y_1 - y_u)^2 + (z_1 - z_u)^2} + ct_u \tag{2.44}$$

$$\rho_2 = \sqrt{(x_2 - x_u)^2 + (y_2 - y_u)^2 + (z_2 - z_u)^2} + ct_u \tag{2.45}$$

$$\rho_3 = \sqrt{(x_3 - x_u)^2 + (y_3 - y_u)^2 + (z_3 - z_u)^2} + ct_u \tag{2.46}$$

$$\rho_4 = \sqrt{(x_4 - x_u)^2 + (y_4 - y_u)^2 + (z_4 - z_u)^2} + ct_u \tag{2.47}$$

式中，x_j, y_j 和 z_j 是第 j 颗卫星的三维位置。

这些非线性方程可用如下 3 种方法来求解未知数：（1）闭合形式解[31-34]；（2）基于线性化的迭代技术；（3）卡尔曼滤波（卡尔曼滤波基于对观测量时间序列的最优处理，提供一种改善 PVT 估计的方法，详见后面的介绍）。以下关于线性化的推导摘自文献[35]。若知道接收机的近似位置，则可

将真实位置(x_u, y_u, z_u)与近似位置$(\hat{x}_u, \hat{y}_u, \hat{z}_u)$之间的偏移表示为$(\Delta x_u, \Delta y_u, \Delta z_u)$。将式(2.24)至式(2.47)在近似位置进行泰勒级数展开，便可将偏移$(\Delta x_u, \Delta y_u, \Delta z_u)$表示为已知坐标和伪距测量值的线性函数。这个过程描述如下。

将单个伪距表示为

$$\rho_j = \sqrt{(x_j - x_u)^2 + (y_j - y_u)^2 + (z_j - z_u)^2} + ct_u = f(x_u, y_u, z_u, t_u) \tag{2.48}$$

利用近似位置$(\hat{x}_u, \hat{y}_u, \hat{z}_u)$和时间偏差估计值$\hat{t}_u$，可以算出一个近似伪距：

$$\rho_j = \sqrt{(x_j - \hat{x}_u)^2 + (y_j - \hat{y}_u)^2 + (z_j - \hat{z}_u)^2} + c\hat{t}_u = f(\hat{x}_u, \hat{y}_u, \hat{z}_u, \hat{t}_u) \tag{2.49}$$

如前所述，我们认为未知的用户位置和接收机时钟偏差由近似分量和增量分量组成，即

$$x_u = \hat{x}_u + \Delta x_u, \quad y_u = \hat{y}_u + \Delta y_u, \quad z_u = \hat{z}_u + \Delta z_u, \quad t_u = \hat{t}_u + \Delta t_u \tag{2.50}$$

因此，可以写出

$$f(x_u, y_u, z_u, t_u) = f(\hat{x}_u + \Delta x_u, \hat{y}_u + \Delta y_u, \hat{z}_u + \Delta z_u, \hat{t}_u + \Delta t_u)$$

后一个函数可围绕近似点和关联的接收机时钟偏移预测值$(\hat{x}_u, \hat{y}_u, \hat{z}_u, \hat{t}_u)$进行泰勒级数展开：

$$f(\hat{x}_u + \Delta x_u, \hat{y}_u + \Delta y_u, \hat{z}_u + \Delta z_u, \hat{t}_u + \Delta t_u) = f(\hat{x}_u, \hat{y}_u, \hat{z}_u, \hat{t}_u) + \frac{\partial f(\hat{x}_u, \hat{y}_u, \hat{z}_u, \hat{t}_u)}{\partial \hat{x}_u} \Delta x_u +$$
$$\frac{\partial f(\hat{x}_u, \hat{y}_u, \hat{z}_u, \hat{t}_u)}{\partial \hat{y}_u} \Delta y_u + \frac{\partial f(\hat{x}_u, \hat{y}_u, \hat{z}_u, \hat{t}_u)}{\partial \hat{z}_u} \Delta z_u + \frac{\partial f(\hat{x}_u, \hat{y}_u, \hat{z}_u, \hat{t}_u)}{\partial \hat{t}_u} \Delta t_u + \cdots \tag{2.51}$$

为了消除非线性项，展开式中去掉了一阶偏导数后面的各项。各个偏导数计算如下：

$$\frac{\partial f(\hat{x}_u, \hat{y}_u, \hat{z}_u, \hat{t}_u)}{\partial \hat{x}_u} = -\frac{x_j - \hat{x}_u}{\hat{r}_j}, \quad \frac{\partial f(\hat{x}_u, \hat{y}_u, \hat{z}_u, \hat{t}_u)}{\partial \hat{y}_u} = -\frac{y_j - \hat{y}_u}{\hat{r}_j}$$
$$\frac{\partial f(\hat{x}_u, \hat{y}_u, \hat{z}_u, \hat{t}_u)}{\partial \hat{z}_u} = -\frac{z_j - \hat{z}_u}{\hat{r}_j}, \quad \frac{\partial f(\hat{x}_u, \hat{y}_u, \hat{z}_u, \hat{t}_u)}{\partial \hat{t}_u} = c \tag{2.52}$$

式中，

$$\hat{r}_j = \sqrt{(x_j - \hat{x}_u)^2 + (y_j - \hat{y}_u) + (z_j - \hat{z}_u)^2}$$

将式(2.49)和式(2.52)代入式(2.51)得

$$\rho_j = \hat{\rho}_j - \frac{x_j - \hat{x}_u}{\hat{r}_j} \Delta x_u - \frac{y_j - \hat{y}_u}{\hat{r}_j} \Delta y_u - \frac{z_j - \hat{z}_u}{\hat{r}_j} \Delta z_u + ct_u \tag{2.53}$$

这样，就完成了式(2.48)相对于未知数Δx_u，Δy_u，Δz_u和Δt_u的线性化（记住，这里忽略了地球自转补偿、测量噪声、传播延迟和相对论效应等次要误差源，这些误差源的讨论见10.2 节）。

整理上式，将已知量移到左边，将未知数移到右边，得

$$\hat{\rho}_j - \rho_j = \frac{x_j - \hat{x}_u}{\hat{r}_j} \Delta x_u + \frac{y_j - \hat{y}_u}{\hat{r}_j} \Delta y_u + \frac{z_j - \hat{z}_u}{\hat{r}_j} \Delta z_u - ct_u \tag{2.54}$$

为方便起见，我们引入下面的新变量来简化上式：

$$\Delta \rho = \hat{\rho}_j - \rho_j, \quad a_{xj} = \frac{x_j - \hat{x}_u}{\hat{r}_j}, a_{yj} = \frac{y_j - \hat{y}_u}{\hat{r}_j}, a_{zj} = \frac{z_j - \hat{z}_u}{\hat{r}_j} \tag{2.55}$$

式中，a_{xj}，a_{yj}和a_{zj}表示从近似用户位置指向第j颗卫星的单位矢量的方向余弦。对于第j颗卫星，单位矢量的定义为

$$\boldsymbol{a}_j = (a_{xj}, a_{yj}, a_{zj})$$

于是，式(2.54)可简单地重写为

$$\Delta \rho_j = a_{xj}\Delta x_u + a_{yj}\Delta y_u + a_{zj}\Delta z_u - c\Delta t_u$$

现在有 4 个未知数Δx_u、Δy_u、Δz_u 和Δt_u，它们可以通过对 4 颗卫星进行距离测量来求解。这些未知数可以通过解如下联立线性方程求出：

$$
\begin{aligned}
\Delta \rho_1 &= a_{x1}\Delta x_u + a_{y1}\Delta y_u + a_{z1}\Delta z_u - c\Delta t_u \\
\Delta \rho_2 &= a_{x2}\Delta x_u + a_{y2}\Delta y_u + a_{z2}\Delta z_u - c\Delta t_u \\
\Delta \rho_3 &= a_{x3}\Delta x_u + a_{y3}\Delta y_u + a_{z3}\Delta z_u - c\Delta t_u \\
\Delta \rho_4 &= a_{x4}\Delta x_u + a_{y4}\Delta y_u + a_{z4}\Delta z_u - c\Delta t_u
\end{aligned}
\tag{2.56}
$$

这些方程可以通过如下定义写成矩阵形式：

$$
\Delta \rho = \begin{bmatrix} \Delta \rho_1 \\ \Delta \rho_2 \\ \Delta \rho_3 \\ \Delta \rho_4 \end{bmatrix}, \quad
H = \begin{bmatrix} a_{x1} & a_{y1} & a_{z1} & 1 \\ a_{x2} & a_{y2} & a_{z2} & 1 \\ a_{x3} & a_{y3} & a_{z3} & 1 \\ a_{x4} & a_{y4} & a_{z4} & 1 \end{bmatrix}, \quad
\Delta x = \begin{bmatrix} \Delta x_u \\ \Delta y_u \\ \Delta z_u \\ -c\Delta t_u \end{bmatrix}
$$

最后得到

$$\Delta \rho = H\Delta x \tag{2.57}$$

其解为

$$\Delta x = H^{-1}\Delta \rho \tag{2.58}$$

一旦算出未知数，便可用式(2.50)来计算用户坐标x_u、y_u、z_u和接收机时钟偏移 t_u。只要位移(Δx_u、Δy_u、Δz_u)在线性点的附近，线性化方法便是可行的。可接受的位移取决于用户的精度要求。如果位移超过可接受的值，那么重新迭代上述过程，即基于算出的坐标 x_u、y_u、z_u 得到新的伪距估计值来代替 $\hat{\rho}$。实际上，用户到卫星的真实测量值会受到测量噪声、卫星轨道与星历间的偏差、多径等独立误差的影响。这些误差可以转换为矢量 Δx 的各个分量中的误差，即

$$\epsilon_x = H^{-1}\epsilon_{meas} \tag{2.59}$$

式中，ϵ_{meas} 是由伪距测量误差组成的矢量，ϵ_x 是表示用户位置和接收机时钟偏差的矢量。

通过对 4 颗以上的卫星进行测量，可使误差 ϵ_x 的贡献最小，得到类似于式(2.57)所示方程组的超定解。每个冗余测量值通常都含有不相关误差的贡献。冗余测量值可以通过最小二乘估计技术进行处理，以获得对未知数的改进估计。这种技术有多种形式，并在今天的接收机中得到广泛应用，一般利用 4 颗卫星以上的测量值来计算用户位置、速度和时间（PVT）。附录 A 中介绍了最小二乘技术。

2.6　求解用户的速度

GNSS 具有求解用户三维速度的能力，其中用户速度记为 $\dot{u}$。对用户位置求导可以估计速度，

$$\dot{u} = \frac{\mathrm{d}u}{\mathrm{d}t} = \frac{u(t_2) - u(t_1)}{t_2 - t_1}$$

只要用户速度在选定的时段上接近不变(即未遭受加速度或加加速度)，并且位置 $u(t_2)$ 和 $u(t_1)$ 的误差相对于差值 $u(t_2) - u(t_1)$ 来说较小，那么这种方法就能令人满意。

在大多数 GNSS 接收机中，通过处理载波相位测量值，精确估计所接收卫星信号的多普勒频率，可以测量速度。多普勒频移是由卫星相对于用户的运动产生的。卫星速度矢量 v 用星历信息和接收机内的轨道模型计算。图 2.28 是地表上的静止用户测得的 GNSS 卫星信号中的多普勒频率随时间变化的曲线。接收到的频率随着卫星接近接收机而增大，随着卫星远离用户而减小。曲线中的符号反

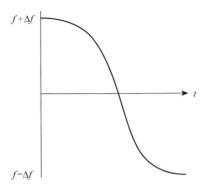

图 2.28　地表静止用户接收的多普勒频率

转点表示多普勒频移为零的时刻，它发生在卫星最接近用户的位置。在这个点上，卫星相对于用户的速度的径向分量为零。当卫星经过该点时，Δf 的符号发生变化。在接收机天线处，接收频率 f_R 可以由经典多普勒方程近似表示如下：

$$f_R = f_T \left(1 - \frac{(v_r \cdot a)}{c} \right) \tag{2.60}$$

式中，f_T 是卫星发射的信号的频率，v_r 是卫星到用户的相对速度矢量，a 是从用户到卫星的视线方向的单位矢量，c 为传播速度；点积 $v_r \cdot a$ 表示相对速度矢量沿到卫星的视线的径向分量。矢量 v_r 为速度差，

$$v_r = v - \dot{u} \tag{2.61}$$

式中，v 为卫星的速度，$\dot{u}$ 为用户的速度，两者均以共用的 ECEF 坐标框架为参照。由相对运动导致的多普勒频移可由上述关系式得到，即

$$\Delta f = f_R - f_T = -f_T \frac{(v - \dot{u}) \cdot a}{c}$$

例如，对于 GPS L1 频率 1575.42MHz，地球上的静止用户的最大多普勒频率约为 4kHz，对应的最大视线速度约为 800m/s。

由收到的多普勒频率求用户速度的方法有多种，下面介绍其中的一种。这种技术假设用户位置 u 已经确定，而且它到线性点的位移 $(\Delta x_u, \Delta y_u, \Delta z_u)$ 在用户要求的范围内。除计算用户的三维速度 $\dot{u} = (\dot{x}_u, \dot{y}_u, \dot{z}_u)$ 外，这种技术还可确定接收机时钟漂移 $\dot{t}_u$。

对第 j 颗卫星，将式(2.61)代入式(2.60)得

$$f_{R_j} = f_{T_j} \left\{ 1 - \frac{1}{c} [(v_j - \dot{u}) \cdot a_j] \right\} \tag{2.62}$$

卫星发射频率 f_{T_j} 是指实际的卫星发射频率。

如 2.7.1.5 节所述，卫星频率产生与定时基于高精度原子频标（AFS），且它与系统时之间存在偏移。为了校正这种偏移，地面控制/监测网络定期产生校正值。这些校正值可在导航电文中得到，并在接收机中应用，以获得实际的卫星发射频率。因此，

$$f_{T_j} = f_0 + \Delta f_{T_j} \tag{2.63}$$

式中，f_0 是标称卫星发射频率（即 L1），Δf_{T_j} 是由导航电文更新确定的校正值。

对来自第 j 颗卫星的信号，接收信号频率的测量估计值记为 f_j。这些测量值是有误差的，而且与 f_{R_j} 值相差一个频率偏差偏移量。我们可将这个偏移量与用户时钟相对于系统时的漂移率 $\dot{t}_u$ 关联起来。$\dot{t}_u$ 的单位是秒/秒，它给出用户时钟相对于系统时运行快/慢的速率。时钟漂移误差 f_j 和 f_{R_j} 的关系为

$$f_{R_j} = f_j (1 + \dot{t}_u) \tag{2.64}$$

式中，若用户时钟走得快，则认为 $\dot{t}_u$ 为正。将式(2.64)代入式(2.62)，经过代数运算后得

$$\frac{c(f_j - f_{T_j})}{f_{T_j}} + v_j \cdot a_j = \dot{u} \cdot a_j - \frac{c f_j \dot{t}_u}{f_{T_j}}$$

将点积展开为矢量分量，得

$$\frac{c(f_j - f_{T_j})}{f_{T_j}} + v_{xj} a_{xj} + v_{yj} a_{yj} + v_{zj} a_{zj} = \dot{x}_u a_{xj} + \dot{y}_u a_{yj} + \dot{z}_u a_{zj} - \frac{c f_j \dot{t}_u}{f_{T_j}} \tag{2.65}$$

式中，$\boldsymbol{v}_j = (v_{xj}, v_{yj}, v_{zj})$，$\boldsymbol{a}_j = (a_{xj}, a_{yj}, a_{zj})$，$\dot{\boldsymbol{u}} = (\dot{x}_u, \dot{y}_u, \dot{z}_u)$。式(2.65)左侧的所有变量要么计算得到，要么由测量值导出。$\boldsymbol{a}_j$ 的各个分量已在求解用户位置时得到（假设在计算速度时已先求得位置）。$\boldsymbol{v}_j$ 的各个分量由星历数据和卫星轨道模型确定。f_{T_j} 可用式(2.63)和由导航电文更新得到的频率校正值来估计（通常将这一校正值忽略，且通常用 f_0 代替 f_{T_j}）。f_j 可用接收机的 Δ 距离（增量距离）测量值来表示（见第 8 章中关于接收机处理的介绍）。为了简化上述方程，我们引入一个新变量 d_j，它定义为

$$d_j = \frac{c(f_j - f_{T_j})}{f_{T_j}} + v_{xj}a_{xj} + v_{yj}a_{yj} + v_{zj}a_{zj} \tag{2.66}$$

式(2.66)右侧的 f_j / f_{T_j} 项数值上非常接近 1，误差通常在百万分之几以内。将这个比值取为 1，带来的误差很小。经过这些简化后，式(2.66)可重写为

$$d_j = \dot{x}_u a_{xj} + \dot{y}_u a_{yj} + \dot{z}_u a_{zj} - c\dot{t}_u$$

我们现在有 4 个未知数 $\dot{\boldsymbol{u}} = \dot{x}_u, \dot{y}_u, \dot{z}_u, \dot{t}_u$，它们可以用对 4 颗卫星的测量值来求解。与前面一样，我们通过矩阵代数解线性方程组的方式来计算未知数。这些矩阵/矢量表示为

$$\boldsymbol{d} = \begin{bmatrix} d_1 \\ d_2 \\ d_3 \\ d_4 \end{bmatrix}, \quad \boldsymbol{H} = \begin{bmatrix} a_{x1} & a_{y1} & a_{z1} & 1 \\ a_{x2} & a_{y2} & a_{z2} & 1 \\ a_{x3} & a_{y3} & a_{z3} & 1 \\ a_{x4} & a_{y4} & a_{z4} & 1 \end{bmatrix}, \quad \boldsymbol{g} = \begin{bmatrix} \dot{x}_u \\ \dot{y}_u \\ \dot{z}_u \\ -c\dot{t}_u \end{bmatrix}$$

注意这里的 $\boldsymbol{H}$ 与 2.5.2 节求解用户位置公式中的矩阵 $\boldsymbol{H}$ 完全相同。用矩阵表示，有

$$\boldsymbol{d} = \boldsymbol{H}\boldsymbol{g}$$

速度和时间漂移的解为

$$\boldsymbol{g} = \boldsymbol{H}^{-1}\boldsymbol{d}$$

速度公式中所用的频率估计由相位测量得到，相位测量值受测量噪声和多径等误差的影响。此外，用户速度的计算依赖于用户位置精度及对卫星星历和卫星速度的正确了解。在计算用户速度时，由这些参数导致的误差与式(2.57)类似。若对 4 颗以上的卫星进行测量，则可采用最小二乘估计技术来改善未知数的估计值。

2.7 频率源、时间和 GNSS

GNSS 中使用了各种类型的频率源，包括用户设备中的低成本石英晶体振荡器、卫星及各种地面控制段组件中的高精度原子频标（AFS）。各个卫星导航系统时都基于包含在该特定系统中的某些或所有 AFS。与基于天文观测的时标结合后，便形成了一个版本的 UTC。大多数民用和军事应用都使用一个 UTC 版本来满足它们的计时需求。

2.7.1 频率源

2.7.1.1 石英晶体振荡器

石英晶体振荡器的基本概念是，晶体的物理特性使得其性质类似于调谐电路。如图 2.29 所示，支路 1 表示晶体，C_0 表示引线和晶体盒[36]中的电容。根据文献[37]，"石英晶体具有压电性质。也就是说，施加电压后晶体出现应变现象（膨胀或收缩）；电压被移除或极性反转时，应变现象反向。"放入图 2.30[36]所示的电路后，来自晶体的电压被放大，并反馈给晶体，产生振荡电路（即振荡器）。振荡器谐振频率取决于晶体的膨胀和收缩速率。谐振频率是晶体物理特性的函数。注意，振荡器输出频率可以是基本的晶体谐振频率，它位于或接近基本频率的谐波位置，记

为泛音[36]。如文献[36]所述，石英晶体中的振动设置可以产生谐波信号、非谐波信号和泛音。谐波泛音是我们希望得到的，因为它们允许使用基本相同的晶体切割来生产更高频率的晶体谐振器。然而，非谐波泛音是我们不希望的，因为它们可能在与所需频率相近的频率位置产生不需要的信号[36]。大多数高稳定性振荡器使用第三泛音或第五泛音频率来实现高 Q 值（泛音高于 5 的电路有时很难调谐）。谐振频率与电路振荡带宽的比值定义为品质因数 Q。典型石英振荡器的 Q 值范围是 $10^4 \sim 10^6$，对高度稳定的振荡器，Q 值高达 $1.6 \times 10^7/f$，其中 f 是以兆赫兹为单位的谐振频率[37]。

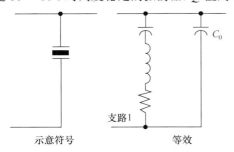

图 2.29　晶体等效电路（经许可摘自文献[36]。
©Keysight 科技公司，1997 年 5 月）

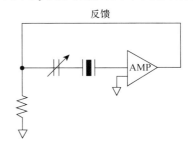

图 2.30　采用晶体谐振器的简化放大器反馈
（振荡器）电路（经允许摘自文献[36]。
©Keysight 科技公司，1997 年 5 月）

　　所有晶体振荡器都会老化，即许多天或数月内频率会逐渐变化。在恒温条件下，老化与时间近似呈对数关系。在晶体振荡器首次启动时，其老化率最高。温度改变时，就会开始新的老化周期。老化的主要原因是晶体装配结构中的应力释放、污染物吸附或解吸导致的晶体表面的质量传递、振荡器电路的变化及石英材料中的杂质和应变。大多数制造商将晶体放在高温油浴中数天来对其进行人工预老化。

　　晶体的频率与其厚度成反比。5MHz 晶体的典型厚度约为 100 万个原子层。相当于一个原子层石英质量的污染物的吸附或解吸，会使得频率变化约百万分之一（ppm）。为了实现低老化，晶体必须密封在超清洁、高真空的环境中。典型商用晶体振荡器的老化率的范围如下：廉价 XO（晶体振荡器）为 5～10ppm/年，温度补偿晶体振荡器（TCXO）为 0.5ppm/年，恒温晶体振荡器（OCXO）为 0.05ppm/年。最高精度的 OCXO 的老化率小于 0.01ppm/年。

　　短期不稳定的原因包括温度波动、晶体中的约翰逊噪声、随机振动、振荡器电路中的噪声及各种谐振器接口处的波动。长期性能主要受温度敏感性和老化的限制。在适当设计的振荡器中，谐振器是靠近载波的主要噪声源，而振荡器电路是远离载波的主要噪声源。靠近载波的噪声与谐振器 Q 值具有很强的反比关系。只有在无振动的实验室环境下才能实现最优的低噪声性能[38, 39]。

　　艾伦方差 $\sigma_y(\tau)$ 是描述振荡器在时域中的短期稳定性的标准方法。它测量的是短时段（通常是从 1μs 到 1000s）上的频率抖动。时段长于 1000s 的稳定性指标通常被认为是长期稳定性测量值。艾伦方差法在时间间隔 τ 上测量分数频率 $y = \Delta f / f$，求 y 的两个连续测量值的差 $(y_{k+1} - y_k)$ 的平方，并在采样周期上计算这些平方和的时间平均值的一半：

$$\sigma_y^2(\tau) = \frac{1}{2m} \sum_{j=1}^{m} (y_{k+1} - y_k)^2$$

　　对一些通常观察到的噪声过程来说，经典方差会发散，如随机游走过程的方差随着数据点数的增加而增大。然而，对在精密振荡器中观察到的所有噪声过程来说，艾伦方差都是收敛的。图 2.31 中显示了典型精密振荡器的时域稳定性。要让 $\sigma_y(\tau)$ 正确测量频率的随机波动，就必须从长样本时间的数据中减去老化效应。附录 B 中详细介绍了艾伦方差和其他频率稳定性测量。

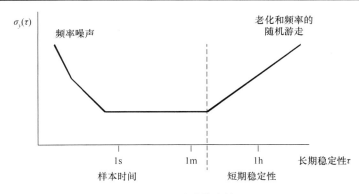

图 2.31　时域稳定性

晶体振荡器的频率-温度特性不会在温度循环时完全重复。对 TCXO 来说，这种热滞是频率-温度特性在升温和降温时的差。热滞是制约 TCXO 稳定性的主要因素。当温度循环范围为 0℃～60℃和-55℃～85℃时，典型的值域是 0.1～1ppm。对 OCXO 来说，可重复性的缺乏称为回溯，它定义为循环开启和关闭时箱温下的频率-温度特性的不可重复性。回溯限制了 OCXO 在开/关循环的应用中所能达到的精度。关闭并置于 25℃下 24 小时后，典型指标范围是 $1×10^{-9}～2×10^{-8}$。关闭期间的低温存储和关闭期的延长通常会使得回溯更加糟糕。

2.7.1.2　温度补偿晶体振荡器

在 TCXO 中，使用由温度传感器（热敏电阻）和变容二极管组成的控制网络来抵消温度引起的晶体频率变化。与 OCXO 相比，功耗非常低（几毫瓦），使得 TCXO 对手持式接收机具有吸引力，而且稳定性较高。此外，在不接受预热期的应用中，TCXO 胜过 OCXO。对 TCXO 来说，唯一的预热时间是元器件达到热平衡所需的时间。如前所述，TCXO 表现出的热滞效应导致其首次启动时会发生频率跳变。保持 TCXO 偏置可以消除这种效应。与未补偿的振荡器相比，TCXO 晶体频率随温度的变化改善了 20 倍[40]。近年来，TCXO 性能有所改善，其性能已相当于恒温振荡器，且成本更低、封装尺寸更小。

2.7.1.3　微机控制晶体振荡器

微机控制晶体振荡器（MCXO）表现出了比 TCXO 好 10 倍的老化和温度稳定性。在 MCXO 中使用的自温度感测方法比 TCXO 中使用的外部温度计或热敏电阻灵敏得多。晶体的两种模式同时被激发，并且产生一个与温度近似成线性的差频，用于门控以基频为时基的倒数计数器。计数器的输出是一个数字 N_1，它随温度变化，实际上是主时钟倍数形式的输入信号周期。微机将 N_1 与存储的校准信息进行比较，并将数字 N_1 输出到校正电路。在工作状态下，非 CMOS 输出的功耗高于 TCXO，但 CMOS 输出的功耗可媲美 TCXO。在待机模式下，其功耗与 TCXO 相当。MCXO 的另一个特点是，它有使用外参考（如 GPS 系统时）自校正的功能。

2.7.1.4　恒温晶体振荡器

对低功耗和小尺寸不那么关键的机载应用，可以使用性能更好的大尺寸 OCXO。然而，如前所述，恒温箱的高功耗妨碍了其手持应用。在 OCXO 中，振荡器的所有温敏元件在恒温箱中保持恒定的温度。箱温设置得与晶体频率-温度特性的零斜率区域一致。OCXO 需要几分钟的预热时间，在室温下其典型功耗为 1W 或 2W。

表 2.4 中小结了不同晶体振荡器的特性。

表 2.4　不同晶体振荡器的特性

振荡器类型	TCXO	MCXO	OCXO
稳定性，$\sigma_y(\tau)$, $\tau=1\mathrm{s}$	10^{-9}s	10^{-10}s	10^{-12}s
老化/年	5×10^{-7}s	5×10^{-8}s	5×10^{-9}s
预热后的频率偏移	10^{-6}s	10^{-7}s～10^{-8}s	10^{-8}s～10^{-10}s
预热时间	10^{-6}s～10s	10^{-8}s～10s	10^{-8}s～5min
功率	100μW	200μW	1～3W
质量	50g	100g	200～500g
成本	\$100	\$1000	\$2000

2.7.1.5　原子频标说明

部署 GNSS 的核心技术之一是原子钟，更确切地说是原子频标（AFS），每颗卫星都使用原子钟在地面更新之间保持准确的时间和频率。GNSS 所用的这些原子频标本身是 20 世纪几个获得诺贝尔物理学奖的巅峰成果。尽管有了数十年的科学突破，但这些设备仍然是可靠生产高质量 GNSS 卫星的最复杂和最困难的技术之一。本节讨论 AFS 工作的基础知识，以及获得诺贝尔奖的突破是如何使得它们更好地工作的。

AFS 由两个基本模块组成：一个是频率源或本地振荡器（LO），另一个是原子系统。在 GNSS 和频标的大多数应用中，振荡器用的是石英晶体振荡器（XO），通常是恒温晶体振荡器（OCXO）。在诸如手表、计算机、收音机和雷达的许多设备中都有石英振荡器。XO 不够稳定，无法用于 GNSS，因此 LO 在一种反馈装置中被更准确和稳定的原子系统频率驯服，图 2.32 和图 2.33 中分别显示了铯（Cs）和铷（Rb）原子系统。

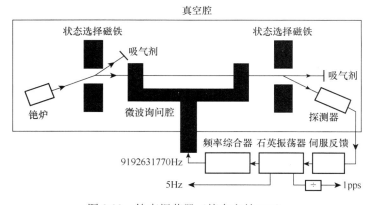

图 2.32　铯束振荡器（摘自文献[37]）

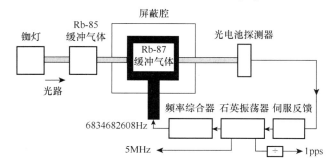

图 2.33　铷振荡器（摘自文献[37]）

2.7.1.6 AFS 的工作原理

在原子系统中，每个原子同位素（如铯或铷）都对由该同位素的电子和原子核的独特排列所确定的特定频率敏感。我们不需要了解量子力学就可理解卫星导航系统中的 AFS 的工作原理，但是需要了解量子力学中的结论。关键的结论是，一个原子只能以有限数量的离散状态存在，这些状态决定了离散频率，并且存在一些规则来控制原子如何在这些状态之间转换。原子状态按能量分级，仅当频率与状态之间的能级间隔成比例的电磁波和原子相互作用时，才能在允许的状态之间跃迁。比例常数是普朗克常数 h。因此，对能量为 E_1 和 E_2（$E_2 > E_1$）的两个状态，若 $f_{12}h = E_2 - E_1$，则跃迁可以在频率 f 处发生。图 2.34 中显示了在未开启反馈而监测原子时，扫描本振频率时发生的现象。反馈开启后，系统会将本振频率维持在数据中观察到的 5 个跃迁中的最大峰值的中心。这些状态通常用角动量命名法来标记，这超出了本书的范围，但这里的强跃迁发生在有 3 个单位角动量的一个状态到有 5 个单位角动量的另一个状态之间。图 2.34 中的数据摘自美国空军研究实验室开发的一个频标[41]。

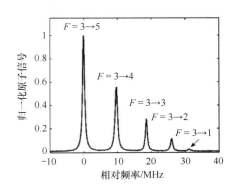

图 2.34 扫描本地振荡器的频率时，探测器测量原子间的相互作用。图中的几对状态之间发生跃迁（标为 F 数）

为了测量原子系统的本振频率，必须按照图 2.35 所示的通用步骤进行。在第一步中，AFS 需要气态的原子样品，因为其他物质形态的原子相互作用太强烈，无法进行质量测量。这些原子处于两种状态的随机混合态。在第二步中，气体必须设定为一个已知的初始量子态。对铯来说，使用磁鉴别器（见图 2.32）去除处于两种感兴趣状态之一的原子，这种方法由奥托·斯特恩（Otto Stern）发明，他因此在 1973 年获诺贝尔奖。对铷来说，采用光泵浦（见图 2.33）的机制强迫原子进入一种共同的状态，该方法由阿尔弗雷德·卡斯特勒（Alfred Kastler）发明，他因此在 1966 年获诺贝尔奖。在第三步中，如图 2.35 所示，AFS 需要一种机制让来自本振的电磁波照射原子。对于铯和铷频标，本振合成的微波频率与微波腔中的原子跃迁匹配。

最后，在第四步中，AFS 需要一种机制来检测来自本振的电磁波与微波腔内的原子的相互作用。对铯和铷来说，使用与步骤 2 中相同的状态选择技术来检测原子的相互作用。对铯来说，磁鉴别器选择与微波场相互作用的原子，并将它导向基于电离的探测器。对铷来说，当所有原子都被泵入最终状态（图 2.35 中的状态 1）时，光泵停止工作。这时，图 2.33 中穿过铷气的泵浦光不再被原子吸收。微波场使得原子跃迁到能够再次被泵浦的高能级。因此，当本振与原子参考频率匹配良好时，监测原子所吸收光的探测器会看到更多的泵浦吸收。

铯 AFS 是科学促进人类进步的一个绝佳例子，但这个例子并不完美。第一个问题是，铯 AFS 最终会耗尽铯或充满处理系统，因为还没有人发现循环使用系统中的原子的方法。人们可以添加更多的原子，但会增加系统的尺寸、重量和成本。第二个问题是，该系统对磁场非常敏感，能够有效地将磁场噪声耦合到频率噪声中。为缓解这个问题，需要多层无源磁屏蔽，这会增大系统的尺寸和质量。

铷 AFS 的结构更紧凑、寿命更长，因为铷原子存储在加热的玻璃电池中，可以反复使用。因此，铷频标有如下几个优点：内含原子，可在不增大尺寸的情况下延长 AFS 的使用寿命。此外，铯 AFS 中使用的分选磁铁变成了光泵浦，使得铷系统随着时间的推移更加稳定，因为使用更多的原子进行测量，可以产生更强的信号。下一代 GPS（Block III）仅使用铷频标。在图 2.33 中，有两种不同同位素的铷原子，即 Rb-85 和 Rb-87。Rb-85 用作灯光的滤光器，使光泵浦在 Rb-87 上正常工作。这种技术对铷具有独特的作用，这就是选择的原子由铯换成铷的原因。GPS Block IIF 上铷和铯的比较，请参阅文献[42]。

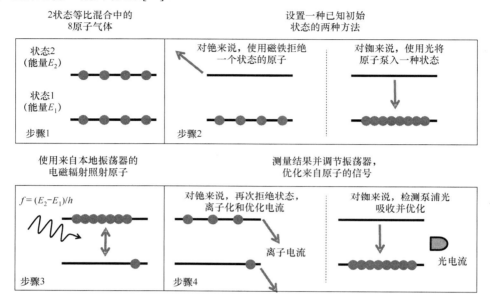

图 2.35　测量本振频率所需的通用步骤

2.7.1.7　高级原子频标

尽管 GNSS 的原子频标提供频率稳定性，但它仍然是限制导航信号总体精度的因素之一。位置等效时间误差大致等于星历误差（见 10.2.2 节）[43]。除在理想条件下提高系统精度外，改进的频标还可减少对系统的维护，提高系统的可靠性，因为更低的累积时间误差率需要更少的地面干预来维持 GNSS 的可操作性。铷和铯原子频标有几个基本限制。铯原子频标的性能受限于原子温度。因为原子束横向扩展，直到穿过整个系统的原子过少时才停止。它们的移动速度非常快（50℃时铯原子的速度超过 200m/s），以至于没有足够的时间与微波场相互作用来获得最优的结果。此外，速度分布范围宽，每个速度都有一个与多普勒效应相关的不同频率偏移，这意味着会有比最优频率分布更广的频率与频标相互作用。温度低的气态原子更好。

1997 年，威廉·菲利普斯（William Phillips）、朱棣文（Steven Chu）和克劳德·科恩-坦努吉（Claude Cohen-Tannoudji）凭借原子气体激光冷却获诺贝尔奖。激光冷却的结果是从原子云中去除几乎所有的热能，然后调整激光器的频率，让原子按照已知的慢速度发射。因此，可以使用长微波-原子相互作用时间，大幅度提高稳定性和精度。注意，只有对系统的许多其他部分（如磁场和杂散光控制）进行相应的改进，并严格地对准公差，才能实现这些改进。美国国家标准与技术研究所（NIST）[44]和美国海军天文台（USNO）的民用和军用时间标准都采用了这种方法。

今天，最先进的技术并不使用微波。科学家正在使用数百太赫兹量级的光跃迁，而不使用 10GHz 量级的微波跃迁。这里，激光器充当本地振荡器。光跃迁的优点是频率比约为 500THz/10GHz（即 50000），提高了频率稳定性。此外，许多系统误差以类似的方式降低，尤其是由磁场引起的误差。然而，几百太赫兹的频标不是特别有用，因为 GNSS 上的电子系统无法由用这么高的频率计数或生成信号。2005 年，诺贝尔奖颁给了约翰·霍尔（John Hall）和西奥多·哈斯奇（Theodore Hänsch），因为他们发明了解决这个问题的方法。他们的设备称为频率梳，可以有效地将 100Hz 到 500THz 之间的光频率分成 100 万份。频率梳设备非常灵活，这意味着可以将它设计成较宽范围内的特定输入和输出频率。今天，精度达到 10^{18} 分之几的时钟都使用了激光冷却和频率梳[45-47]，它们要比 GNSS 上的时钟好 1000 倍。因此，未来的 GNSS 将不再受限于原子频标技术。

2.7.2　时间和 GNSS

卫星导航系统播发的 UTC 可以为覆盖区域内的用户提供时间同步能力。应用范围从银行交易的时间标记到通信系统分组交换的同步。全球时间播发功能在军事跳频通信系统中尤其有用，时间同步可以使得所有用户同时改变频率。在许多国家，UTC 被用做法律事务中的时间[48]。

2.7.2.1　UTC 产生

UTC 是一种复合的时标。也就是说，UTC 由来自原子频标的时标输入和关于地球旋转速率的信息组成。基于原子频标的时标称为国际原子时（TAI）。TAI 是一种基于原子秒的均匀时标，是国际单位制的基本时间单位[49]。原子秒定义为"铯 133 原子基态的两个超精细能级之间的跃迁所对应辐射的 9192631770 个周期的持续时间"。国际计量局（BIPM）是负责计算 TAI 的国际机构。TAI 源自各国实验室的 400 多个原子频标[48]。BIPM 对这些输入进行统计处理，计算出最终的 TAI。TAI 并不由物理时钟保持，因此称为纸面上的时标[50]。

另一种用于形成 UTC 的时标称为世界时 1（UT1）。UT1 测量地球相对于太阳的自转角度，是地球定向参数的组成之一，地球定向参数定义 ECEF 坐标系相对于空间和天体的实际方位，因此 UT1 被视为天体导航的时标[50]。由于地球自转的变化，UT1 仍然是一个不均匀的时标。另外，UT1 相对于原子时存在漂移，漂移量级为每天几毫秒，1 年内可累积到 1s。国际地球自转和参考系服务组织（IERS）负责最终确定 UT1。民用和军用定时应用需要了解地球定向及统一的时标。UTC 就是具备这些特性的一种时标。IERS 确定何时在 UTC 上加闰秒或减闰秒，使得 UTC 和 UT1 之间的差不超过 0.9s。这样，UTC 与太阳时在约 1s 的量级上是同步的[50]。每个卫星导航系统提供商都维护一个 AFS 群组，并且形成自己的 UTC 版本。这些版本通常保持在国际标准 UTC 的几纳秒内，差值由 BIPM 延迟约一个月提供。

2.7.2.2　卫星导航系统时

如前所述，GNSS 的一个基本原理是，需要将每颗卫星的 AFS（即卫星时钟）同步到对应的卫星导航系统时（如 Galileo 卫星时钟必须与 Galileo 系统时同步）。系统时是卫星导航系统内部的时标。基于原子频标（AFS）的集合，系统时提供卫星导航系统用户进行精密 PVT 测量所需的精确定时。组合来自多个 GNSS 星座的测量值时，必须考虑两个卫星导航系统时的差（如北斗和 GPS 系统时的差，详见第 11 章）。

对大多数卫星导航系统，系统时都是基于一个连续时标的。也就是说，它并未被修改以反映地球自转的变化（即未针对闰秒进行调整）。卫星导航系统时通常被放到 UTC 的一个本地实现上，以 1s 为模[48]，实现与其他卫星导航系统的互操作。上述情况的例外是 GLONASS 时，它通过加闰秒或减闰秒来跟随 UTC。后续章节中会对讨论的每个卫星导航系统提供系统时说明。

参考文献

[1]　NAVSTAR GPS Joint Program Office (JPO), *GPS NAVSTAR User's Overview*, YEE-82009D, GPS JPO, March 1991.
[2]　Langley, R. "The Mathematics of GPS," *GPS World Magazine*, Advanstar Communications, July/August 1991, pp. 45-50.
[3]　GPS Directorate, *Navstar GPS Space Segment/Navigation User Interfaces, IS-GPS-200*, Revision H, September 24, 2013.

[4]   Long, A. C., et al. (eds.), *Goddard Trajectory Determination System (GTDS) Mathematical Theory*, Revision 1, FDD/552-89/001, Goddard Space Flight Center, Greenbelt, MD, July 1989.

[5]   Xu, G. *GPS: Theory, Algorithms and Applications*, New York: Springer-Verlag, 2003.

[6]   Noureldin, A., T. B. Karamat and J. Gregory, *Fundamentals of Inertial Navigation, Satellite-Based Positioning and Their Integration*, New York: Springer-Verlag, 2013.

[7]   Bowring, B. R. "Transformation from Spatial to Geographical Coordinates," *Survey Review*, Vol. XXIII, No. 181, July 1976, pp. 323-327.

[8]   Pavlis, N. K., et al. "The Development and Evaluation of the Earth Gravitational Model 2008 (EGM2008)," *Journal of Geophysical Research: Solid Earth*, Vol. 117, and No. B4, April 2012.

[9]   Rapp, R. H. "Separation between Reference Surfaces of Selected Vertical Datums," *Bulletin Geodesique*, Vol. 69, No. 1, 1995, pp. 26-31.

[10]   Milbert, D. G. "Computing GPS-Derived Orthometric Heights with the GEOID90 Geoid Height Model," *Technical Papers of the 1991 ACSM-ASPRS Fall Convention*, Atlanta, GA, October 28-November 1, 1991, pp. A46-55.

[11]   Parker, B., et al. "A National Vertical Datum Transformation Tool," *Sea Technology*, Vol. 44, No. 9, September 2003, pp. 10-15.

[12]   Petit, G., and B. Luzum (eds.), "IERS Conventions (2010)," *IERS Technical Note 36*, Verlag des Bundesamts fur Kartographie und Geodasie, Frankfurt am Main, 2010.

[13]   Drewes, H., et al. (eds.), "The Geodesist's Handbook," *Journal of Geodesy*, 2012.

[14]   http://www.iers.org/IERS/EN/Home/home_node.html.

[15]   http://itrf.ign.fr/ITRF_solutions/2014.

[16]   http://igs.org.

[17]   Battin, R. H. *An Introduction to the Mathematics and Methods of Astrodynamics*, New York: AIAA, 1987.

[18]   Walker, J. G. "Satellite Constellations," *Journal of the British Interplanetary Society*, Vol. 37, 1984, pp. 559-572.

[19]   Rider, L. "Analytical Design of Satellite Constellations for Zonal Earth Coverage Using Inclined Circular Orbits," *The Journal of the Astronautical Sciences*, Vol. 34, No. 1, January-March 1986, pp. 31-64.

[20]   Adams, W. S., and L. Rider. "Circular Polar Constellations Providing Continuous Single or Multiple Coverage Above a Specified Latitude," *The Journal of the Astronautical Sciences*, Vol. 35, No. 2, April-June 1987, pp. 155-192.

[21]   Jorgensen, P. S. "NAVSTAR/Global Positioning System 18-Satellite Constellations," *NAVIGATION, Journal of The Institute of Navigation*, Vol. 27, No. 2, Summer 1980, pp. 89-100.

[22]   Proakis, J., *Digital Communications*, 4th ed., New York: McGraw-Hill, 2000.

[23]   Simon, M., et al., *Spread Spectrum Communications Handbook*, McGraw-Hill, New York, 1994.

[24]   Betz, J. "Binary Offset Carrier Modulations for Radionavigation," *NAVIGATION: Journal of the Institute of Navigation*, Vol. 48, No. 4, winter 2001-2002.

[25]   Hegarty, C., J. Betz, and A. Saidi. "Binary Coded Symbol Modulations for GNSS," *Proceedings of the Institute of Navigation Annual Meeting*, Dayton, OH, June 2004.

[26]   Butman, S., and U. Timor. "Interplex – An Efficient Multichannel PSK/PM Telemetry System," *IEEE Transactions on Communication Technology*, Vol. COM-20, No. 3, June 1972.

[27]   Spilker, J. J., Jr. *Digital Communications by Satellite*, Englewood Cliffs, NJ: Prentice-Hall, 1977.

[28]   Cangiani, G., R. Orr, and C. Nguyen. *Methods and Apparatus for Generating a Constant-Envelope Composite Transmission Signal*, U.S. Patent Application Publication, Pub. No. US 2002/0075907 A1, June 20, 2002.

[29]   Forssell, B. *Radionavigation Systems*, Upper Saddle River, NJ: Prentice-Hall, 1991, pp. 250-271.

[30]   Holmes, J. K., *Coherent Spread Spectrum Systems*, Malabar, FL: Krieger Publishing Company, 1990, pp. 344-394.

[31]   Leva, J. "An Alternative Closed Form Solution to the GPS Pseudorange Equations," *Proceedings of the Institute of Navigation (ION) National Technical Meeting*, Anaheim, CA, January 1995.

[32]   Bancroft, S. "An Algebraic Solution of the GPS Equations," *IEEE Trans. on Aerospace and Electronic Systems*, Vol. AES-21, No. 7, January 1985, pp. 56-59.

[33]   Chaffee, J. W., and J. S. Abel. "Bifurcation of Pseudorange Equations," *Proceedings of The Institute of Navigation National Technical Meeting*, San Francisco, CA, January 1993, pp. 203-211.

[34]   Fang, B. T. "Trilateration and Extension to Global Positioning System Navigation," *Journal of Guidance, Control, and Dynamics*, Vol. 9, No. 6, November/December 1986, pp. 715-717.

[35]   Hofmann-Wellenhof, B., et al. *GPS Theory and Practice*, 2nd ed., New York: Springer-Verlag, 1993.

[36]   Hewlett-Packard. "Fundamentals of Quartz Oscillators," Application Note 200-2, May 1997.

[37]   Lombardi, M. *Fundamentals of Time and Frequency*, NIST, Boca Raton, FL: CRC Press, 2002.

[38]   Vig, John R. "Quartz Crystal Resonators and Oscillators for Frequency Control and Timing Applications—A Tutorial," U.S. Army Communications-ElectronicsCommand, SLCET-TR-88-1 (Rev. 8.2.7b), Fort Monmouth, NJ, April 1999.

[39]   Vig, John R., and A. Ballato. "Frequency Control Devices," *Reference for Modern Instrumentation, Techniques, and Technology: Ultrasonic Instruments and Devices II*, edited by Emmanuel P. Papadakis, Vol. 24, Academic Press, 1998, pp. 637-701, 25 vols. Physical Acoustics.

[40]   Cantor, S. R., A. Stern, and B. Levy. "Clock Technology," *Institute of Navigation 55th Annual Meeting*, Cambridge, MA, June 28-30, 1999.

[41]   Zameroski, N. D. et al. "Pressure Broadening and Frequency Shift of the 5S1/2 5D5/2 and 5S1/2 7S1/2 Two Photon Transitions in 85Rb by the Noble Gases and N2," *Journal of Physics B*, Vol. 47, No. 22, 2014, p. 225205.

[42]   Emmer, W. "Atomic Frequency Standards for the GPS IIF Satellites," *Proceedings from the 29th Annual Precise Time and Time Interval (PTTI) Meeting*, 1997, p. 201.

[43]   Taylor, J. "AEP Goes Operational: GPS Control Segment Upgrade Details," *GPS World*, Vol. 19, No. 6, 2008, p. 27.

[44]   Heavner, T. P. "First Accuracy Evaluation of NIST-F2," *Metrologia*, Vol. 51, No. 3, 2014.

[45]   Bloom, B. J. "An Optical Lattice Clock with Accuracy and Stability the $10-18$ Level," *Nature*, Vol. 506, 2014, p. 71.

[46]   Hinkley, N. "An Atomic Clock with $10-18$ Instability," *Science*, Vol. 22, 2013.

[47]   Chou, C. W. "Frequency Comparison of Two High-Accuracy Al+ Optical Clocks," *Physical Review Letters*, Vol. 104, 2010, p. 070802.

[48]   Lewandowski, W., and E. Arias, "GNSS Times and UTC," *Metrologia*, Vol. 48, July 20, 2011, pp. S219-S224.

[49]   Bureau International des Poids et Mesures, *The International System of Units (SI)*, 8th ed., Sèvres, France: Organisation Intergouvernementale de la Convention du Mètre, 2006.

[50]   Kaplan, E., and Hegarty, C., *Understanding GPS: Principles and Applications*, 2nd ed., Norwood, MA: Artech House, 2006.

第 3 章　全球卫星导航系统

Arthur J. Dorsey, Willard A. Marquis, John W. Betz, Christopher J. Hegarty,

Elliott D. Kaplan, Phillip W. Ward, Michael S. Pavloff,

Peter M. Fyfe, Dennis Milbert, Lawrence F. Wiederholt

3.1　概述

GPS 由三部分组成：卫星星座、地面控制/监测网络和用户接收设备。美国空军（USAF）GPS 联队对这些组件的正式称呼分别是空间段、控制段和用户设备段。卫星星座是轨道上的一组卫星，它为用户设备提供测距信号和数据电文。控制段（CS）跟踪并维护在轨卫星。CS 还监测卫星的健康和信号完整性，并且保持卫星的轨道结构。此外，CS 更新星钟修正和星历，以及其他许多用于确定用户位置、速度和时间（PVT）的重要参数。用户接收设备（即用户段）执行导航、授时或其他的相关功能（如测量）。下面概述每个系统段，3.2 节中将进一步阐述每部分。

3.1.1　空间段概述

空间段是用户用来测距的卫星星座。空间飞行器（SV，即卫星）发射伪随机噪声（PRN）编码的信号，以便进行伪距测量。这个概念使得全球定位系统（GPS）对用户来说是一个被动系统，即只由系统发射信号，而用户被动地接收这些信号。因此，无数用户能够同时使用 GPS。卫星发射的测距信号使用包含定义卫星位置信息的数据进行调制。SV 包括有效载荷和卫星控制子系统。卫星的主要载荷是用来支持 GPS 导航 PVT 任务的有效载荷，次级有效载荷是核爆（NUDET）检测系统，它检测和报告地球辐射异常现象。卫星控制子系统承担保持卫星指向地球和保持太阳帆板指向太阳等工作。

3.1.2　控制段概述

CS 负责维持卫星及其正常运作，包括将卫星保持在适当的轨道位置（简称轨位保持）和监测卫星子系统的健康与状态。CS 还监测卫星太阳能电池阵列、电池的功率电平、用于轨道机动的推进剂的余量。此外，CS 激活备用卫星（如果有的话）以维持系统可用性。CS 每天至少更新一次星钟、星历表、历书及导航电文中的其他指示位。需要提高导航精度时，更新会更加频繁（频繁的时钟和星历更新可以降低空间段和控制段对测距误差的影响。3.3.2 节中将详细介绍频繁的时钟和星历更新的作用。多项分析和研究表明，用户可以通过更频繁地上传数据来减小导航误差，进而缩短数据的上传时限及伴随的广播导航电文误差[72, 73]）。

星历参数是 GPS 卫星轨道的准开普勒表示。参数正常时，每天上传一次，有效期仅为 3 小时或 4 小时。导航电文数据至少可以存储 60 天，其时效性区间会逐渐增长，但在很长一段时间内无法提供上传时，精度会降低。最初，Block IIR 卫星要求存储 180+30 天的导航数据，目前这一要求已减少到 60 天。

历书是降低精度的星历参数的一个子集。历书数据可以用来预测卫星的大致位置，辅助捕获卫星信号。此外，CS 可以求解卫星异常，并且在远程监控站收集伪距和载波相位测量值，以便确定星钟修正、历书和星历。为完成上述功能，CS 由三类不同的物理组件组成：主控站（MCS）、监控站和地面天线，3.3 节中将详细地介绍每个组件。

3.1.3 用户段概述

用户接收设备构成用户段。每套设备（常称 GPS 接收机）处理从卫星播发的 L 波段信号，以便确定用户的 PVT。虽然最常使用 PVT 计算，但接收机也针对其他应用服务设计，如计算用户平台的姿态（即航向、俯仰和滚转）或作为一个授时源。3.4 节中将进一步讨论用户段。

3.2 空间段描述

空间段有两个主要方面。一方面是卫星星座的轨道状况和在轨定位，另一方面是在轨卫星的特点。下面描述每个方面。

3.2.1 GPS 卫星星座描述

GPS 官方基本星座由 6 MEO 轨道面上的 24 颗卫星组成，称为基线 24 轨位星座。多年来，美国空军一直在运营一个超过基本星座卫星数量的星座。2011 年 6 月，美国空军正式引入了一个可扩展的 24 轨位星座，其中 24 个基准轨位中的 3 个被扩展为包含两颗卫星。也就是说，在 3 个扩展轨位上有 2 颗卫星，从而产生了最多 27 颗卫星的扩展 GPS 星座。这种新的配置导致世界大部分地区的覆盖率和几何性能得到了改善[1]（11.2.1 节讨论其几何性质），额外（超过 27 颗）的卫星通常放置在预计在不久的将来需要更换的卫星边上。

在 24 轨位基线 GPS 星座中，卫星被放置在以地球为中心的 6 个轨道面上，每个平面上有 4 颗卫星。GPS 卫星的标称轨道周期是半个恒星日或 11 小时 58 分钟[2]，这使得卫星的轨道半径（即从地球质心到卫星的标称距离）约为 26600 英里。卫星轨道近似为圆形，与赤道面的标称倾角为 55°。轨道面在赤道上空等距分布，间隔为 60°。这种卫星星座提供了连续的全球用户导航和测定时间的能力。

图 3.1 中描述了基线 24 轨位 GPS 星座的空间视图，图 3.2 显示了 UTC（USNO）时间为 1993 年 7 月 1 日 0000 时，卫星轨道的平面投影。我们可以把轨道视为一个环，图 3.2 中展开了每个轨道并把它平放在一个平面上。同样，对于地球的赤道来说，它就像一个投影到平面上的已打开的圆环。每个轨道的斜率代表其相对于地球赤道面的倾角，标称值是 55°。图 3.2 中描述的是构成可扩展星座基础的 3 个轨位。注意，有两颗卫星的扩展轨位（如图 3.2 中的白色所示）取代了原来的单卫星基线轨位。

轨道面相对于地球的位置由右旋升交点（RAAN）定义，而在轨道面上的卫星的位置是由纬度参数定义的。RAAN 是卫星向北运动时轨道与惯性空间中的赤道面的交汇点。

基线和可扩展的 24 轨位 GPS 星座的轨位分配在文献[3]中给出，并且如表 3.1 和表 3.2 所示。表 3.1 和表 3.3 中定义了标称的、几何间隔合理的 GPS 24 轨位基线星座。可扩展星座的轨位用表中的星号标出，底部显示了扩展配置的参数。

几种不同的命名法被用来代表在轨卫星。第一种命名法是给每个轨道面（即 A、B、C、D、E 和 F）分配一个字母，给每颗卫星在一个平面中分配一个从 1 到 4 的数字。因此，称为 B3 的卫星指的是轨道面 B 中的 3 号卫星，如表 3.2 所示，B1、D2 和 F2 轨位是可扩展的。对于扩展轨位，附加到字母/数字代号的 F 或 A 表示卫星是在扩展轨位的前面或是在扩展轨位的后面（例如，当 B1 是扩展轨位时，B1F 是位于前面的卫星，B1A 是位于后面的卫星）。第二种命名法是由美国空军分配的 NAVSTAR 卫星编号，它采用空间飞行器编号（SVN）的形式。编号（SVN）60 是指第 60 号 NAVSTAR 卫星。第三种命名法是按照卫星上安装的伪随机码生成器命名。每颗卫星的伪随机码生成器配置都是唯一的，以产生独特的导航广播信号。因此，卫星可通过它生成的 PRN 码加以识别。有时，在卫星的生命期内，对一颗卫星的 SVN 的分配可能发生变化（GPS 卫星信号将在 3.7 节描述）。

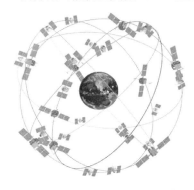

图 3.1　标称 GPS 卫星星座（经 Lockheed Martin 公司允许重印）

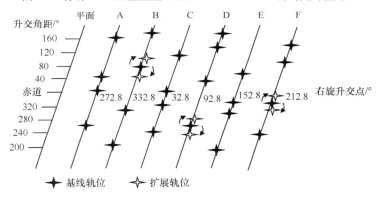

图 3.2　GPS 平面投影

表 3.1　定义星历中的基线 24 轨位星座轨位分配表[3]

轨位	右旋升交点/°	升交角距/°	轨位	右旋升交点/°	升交角距/°
A1	272.847	268.126	D1	92.847	135.226
A2	272.847	161.786	D2*	92.847	265.446
A3	272.847	11.676	D3	92.847	35.136
A4	272.847	41.806	D4	92.847	167.356
B1*	332.847	80.956	E1	152.847	197.046
B2	332.847	173.336	E2	152.847	302.596
B3	332.847	309.976	E3	152.847	66.066
B4	332.847	204.376	E4	152.847	333.686
C1	32.847	111.876	F1	212.847	238.886
C2	32.847	11.796	F2*	212.847	345.226
C3	32.847	339.666	F3	212.847	105.206
C4	32.847	241.556	F4	212.847	135.346

来源：文献[3]。

表 3.2　定义星历中的可扩展 24 轨位星座轨位分配表[3]

可扩展轨位	扩展轨位	右旋升交点/°	升交角距/°
B1 扩展为	B1F	332.847	94.916
	B1A	332.847	66.356
D2 扩展为	D2F	92.847	282.676
	D2A	92.847	257.976
F2 扩展为	F2F	212.847	0.456
	F2A	212.847	334.016

来源：文献[3]。参考坐标系：Fundamental Katalog (FK) 5/J2000.00；星历：0000Z, 1 July 1993；格林尼治时角：18 时 36 分 14.4 秒。

表 3.3　参考轨道参数

参考轨道参数	标 称 值	作用范围	所需公差
半长轴/km	26559.7	注 1	注 2
偏心率	0.0	0.0～0.02	0.0～0.03
倾角/°	55.0	±3	N/A
右旋升交点/°	N/A	±180	N/A
近地点角距/°	0.0	±180	N/A
星历升交角距/°	N/A	±180	注 1

来源：文献[3]。注 1：半长轴和轨位周期会被调整，以维持卫星平均升交角距在星历值的 4°范围内，轨位调整间隔为 1 年或多年。注 2：显示的标称值提供固定的地面跟踪。

3.2.2　星座设计指南

本节介绍称为基线 24 轨位星座的标称 GPS 星座的制约因素和考虑因素。3.2.2.1 节详细介绍原 24 轨位星座的主要考虑因素，3.2.2.2 节讨论在基线星座中增加 3 颗卫星的能力，新的星座称为可扩展 24 轨位星座。

如 2.3.2 节中讨论的那样，几方面的因素会影响 GPS 星座设计。一个主要的优化参数是几何特性对导航精度的影响；星座设计必须确保卫星几何结构足够多样化，以便为世界各地的用户提供良好的可观测性。这种几何结构是通过一个称为精度因子（DOP）的参数来衡量的，详见 11.2.1 节中的描述。几十年来，人们一直在对不同的卫星配置进行取舍。有些研究调查了在 3 个轨道面上使用 30 颗卫星及地球同步卫星的作用。这项工作大多数是用一个假设所有卫星都是健康的和正常运转的标称星座来完成的，但是更复杂的研究还考虑了卫星故障。单颗或多颗卫星故障提供了一个从几何特性方面考虑优化性能的新维度。另一个总体设计考虑是地面站的卫星可视观测性，以保持卫星的星历和数据的上传。

3.2.2.1　基线 GPS 星座

本节介绍选择基线 24 轨位 GPS 星座时的主要权衡。2.3.2.3 节中讨论 7 种星座的设计考虑，这里重点讨论在完成基线 GPS 星座时所做的取舍。

由于需要全球覆盖和不断变化的几何多样性，因此排除了使用同步轨道卫星进行导航的必要性。然而，在具备足够轨道倾角的条件下，理论上可以使用由地球同步轨道卫星组成的星座来提供包括两极在内的全球覆盖。其中一个不利于使用倾斜同步轨道星座提供全球覆盖导航考虑是，相对轨道高度更低的地球卫星，同步卫星需要在地表提供必要的功率通量密度，进而需要增大卫星功率（及需要增加有效载荷的质量）。另一个衡量使用倾斜 GEO 卫星进行导航的因素是地球轨道相关的监管协调问题。因此，全球覆盖、几何多样性和实际考虑带来的约束，导致 GPS 卫星导航星座最终选择了倾斜 LEO 或 MEO 轨道。

至少（卫星）六重覆盖带来的限制及需要最小化星座的规模来降低成本，使得理想的 GPS 星座轨道向更高的高度发展。即使是对 GPS 这样的小卫星来说，单颗卫星的成本也超过 1 亿美元[4]，星座大小的差异导致 MEO 轨道更接近理想的选择。初步估算显示，LEO 与 GEO 相比，要提供必要的六重覆盖，需要增加一个数量级以上的卫星，加上发射成本，LEO 和 MEO 之间的总成本差异是数十亿美元。此外，从精度因子的角度看，LEO 星座与 MEO 相比，几何特性更差。在 LEO 和 GEO 由于轨道高度证明不可取的情况下，MEO 的轨道高度被确定为 GPS 优先选择的对象。最终，人们为 GPS 选择了周期约为 12 小时的倾斜轨道。这是在覆盖、DOP 特性和成本等限制下的最好折中。确切的标称轨道高度选择了 20182km（轨道半径为 26560km），形成了半个恒星日的轨道周期。这个轨道高度具备包括每天重复的地面星下点轨迹、相对较高的高度等一些令人满意的特性，这反过来又产生了良好的 DOP 特性，以及需要相对较少的卫星数量以提供导航覆盖所需的冗余。的确，由于谐振问题，GPS 12 小时周期的轨道高度与 20000～25000km 的其他轨道高度相比，所需的轨道保持任务更加频繁。该问题将在 2.3.2.1 节中讨论。其他卫星导航系统（如 Galileo）的架构从星座设计考虑的角度出发，对 MEO 星座的精确轨道高度稍微做了修改（Galileo 系统将在第 5 章中讨论）。

出于对鲁棒性的考虑，人们希望在一个平面上放置多颗卫星，而不是常见的 Walker 星座，Walker 星座可以使用不同轨道面上的数量更少的卫星提供同样的覆盖（见 2.3.2.2 节结尾处的讨论）。最终，GPS 选择了 6 个轨道面、每个轨道面 4 颗 GPS 卫星的配置。按照 Walker 的结果，每个轨道面的倾角为 55°，轨道面在赤道周围按照右旋升交点赤经以 60° 的间隔等距分布。卫星在平面上不是等距分布的，在考虑到可能出现的失败，可以通过轨道面之间存在的相位偏差来改进星座的 DOP 特性。一些设计的选择也受到目前看来不再相关的历史约束的影响。例如，在 1986 年的发生的"挑战者号"灾难前，原来的计划是使用航天飞机来部署 GPS 星座，因此 GPS 星座可以被认为是一个定制的 Walker 星座。

3.2.2.2　可扩展的 GPS 星座

尽管 GPS 基线星座包括 24 个轨道位置，但美国空军今天在轨道上保持着超过 24 颗卫星。这是 2011 年由表 3.1 和表 3.2 中显示的可扩展 24 轨位星座的定义正式确认的[1, 3]。额外的 3 个轨位被添加到 3 个交替的轨道面（B、D 和 F）上。这 3 个轨道面上的 4 个轨位之一可以被扩展成两个轨位，分别位于原基线轨位的前部和尾部。这样做的想法是，只将一颗基准卫星重新放置在附近的轨位上，并且在该轨道面上增加一颗卫星，美国空军就可将一颗、两颗或三颗卫星加到基线星座上。图 3.2 以图形方式描述了扩展轨位。

今天，美国空军在太空中部署了超过 27 颗卫星的可扩展星座配置。在本书截稿时，共有 31 颗 GPS 卫星在轨运行。轨道上的卫星数量越多，星座所提供的精度和鲁棒性就越高。这是由两个事实所决定的。GPS 卫星的寿命比它们的设计寿命要长得多，美国政府一直在努力维持其对全球 GPS 星座大小的承诺。特别是，美国政府承诺保持 24 颗具有 95% 置信度的卫星和 21 颗具备 98% 置信度的特定轨位的卫星，并在标准定位服务性能规范和精准定位服务性能规范中正式记录了这两项承诺[3, 5]。为了履行对世界的承诺，美国政府以高度重视的态度安排了卫星的采购和发射。

3.2.3　分阶段发展的空间段

从 20 世纪 70 年代中期开始，控制段和空间段多年来一直在持续地发展。这一发展过程始于概念验证阶段，并逐渐发展到几个生产阶段。与每个发展阶段相关联的卫星称为卫星代块。每个阶段和卫星代块的特征将在以下各节中介绍。

3.2.3.1　卫星代块的发展

迄今为止已开发了七代卫星。最初的概念验证卫星称为 Block I。最后一颗原型 Block I 卫星于 1995 秋淘汰。Block II 卫星是最初的生产卫星，而 Block IIA 是升级后的生产卫星。除一颗 Block I 卫星发射失败外，所有 Block I、II 和 IIA 卫星均被发射并正常退役。作为替换卫星，Block IIR 卫星已部署完毕。Block IIR 的现代化版——Block IIR-M 卫星也已成功发射。作为后续和支撑卫星，Block IIF 卫星也已在轨运行。在撰写本文时，计划于 2018 年发射第一颗 GPS III 卫星[6]。由于只是在在轨卫星出现故障时才进行卫星发射，所以卫星的发射日程很难预测，尤其是当大多数卫星的寿命超过设计寿命时。在撰写本文时，星座由 31 颗正常运行的卫星组成[7]。表 3.4 中描述了当前卫星星座的配置。因此，对于当前优化的星座，每个轨道面上不均匀地分布了多达 7 个轨道位置，其中一些卫星在距离预测近期故障卫星相对较近的地方提供冗余的覆盖（如扩展的残余/测试或辅助轨道位置）[8]。

表 3.4　2016 年 8 月卫星星座的构成

SVN	PRN	发射日期	可用日期	轨　位
类型：Block IIR				
43	13	1997 年 7 月 23 日	1998 年 1 月 31 日	F2F
46	11	1999 年 10 月 7 日	2000 年 1 月 3 日	D2F
51	20	2000 年 5 月 11 日	2003 年 6 月 1 日	E7
44	28	2000 年 7 月 16 日	2000 年 8 月 17 日	B3
41	14	2000 年 11 月 10 日	2000 年 12 月 10 日	F1
54	18	2001 年 1 月 30 日	2001 年 2 月 15 日	E4
56	16	2003 年 1 月 29 日	2003 年 2 月 18 日	B1A
45	21	2003 年 3 月 31 日	2003 年 4 月 12 日	D3
47	22	2003 年 12 月 21 日	2004 年 1 月 12 日	E6
59	19	2004 年 3 月 20 日	2004 年 4 月 5 日	C5
60	23	2004 年 6 月 23 日	2004 年 7 月 9 日	F4
61	02	2004 年 11 月 6 日	2004 年 11 月 22 日	D1
类型：Block IIR-M				
53	17	2005 年 9 月 26 日	2005 年 12 月 16 日	C4
52	31	2006 年 9 月 25 日	2006 年 10 月 12 日	A2
58	12	2006 年 11 月 17 日	2006 年 12 月 13 日	B4
55	15	2007 年 10 月 17 日	2007 年 10 月 31 日	F2A
57	29	2007 年 12 月 20 日	2008 年 1 月 2 日	C1
48	07	2008 年 3 月 15 日	2008 年 3 月 24 日	A4
50	05	2009 年 8 月 17 日	2009 年 8 月 27 日	E3

（续表）

SVN	PRN	发射日期	可用日期	轨　位
类型：Block IIF				
62	25	2010 年 5 月 28 日	2010 年 8 月 27 日	B2
63	01	2011 年 7 月 16 日	2011 年 10 月 14 日	D2A
65	24	2012 年 10 月 4 日	2012 年 11 月 14 日	A1
66	27	2013 年 5 月 15 日	2013 年 6 月 21 日	C2
64	30	2014 年 2 月 21 日	2014 年 5 月 30 日	A3
67	06	2014 年 5 月 17 日	2014 年 6 月 10 日	D4
68	09	2014 年 8 月 2 日	2014 年 9 月 17 日	F3
69	03	2014 年 10 月 29 日	2014 年 12 月 12 日	E1
71	26	2015 年 3 月 25 日	2015 年 4 月 20 日	B1F
72	08	2015 年 7 月 15 日	2015 年 8 月 12 日	C3
73	10	2015 年 10 月 31 日	2015 年 12 月 9 日	E2
70	32	2016 年 2 月 5 日	2016 年 3 月 9 日	F5
来源：文献[9]。				

　　残余/测试被定义为具备部分功能但信号不用于 PNT 求解的卫星。辅助轨位中的卫星广播 GPS 信号，但不属于 24 个基本卫星轨位。大多数辅助卫星可以全职地供用户使用，但与已知故障组件的其他卫星"配对"，以便在一对卫星中的一颗卫星出现意外故障时，将其对用户的影响降至最低。只有在仍然能够向用户提供预期的性能水平，不降低整个星座的质量，并且不存在无法进行适当处置的危险时，一颗卫星才能作为在轨辅助卫星。

　　由于星座的状态不断发生变化，因特网是当前状态信息的最好来源，其中之一是美国海岸警备队导航中心运营和维护的网站[7]。

3.2.3.2　导航载荷综述

　　导航有效载荷负责在 L1、L2 和（从 Block IIF 开始的）L5 载波频率上生成测距码和导航数据，并发送给控制段和用户段。对导航载荷的控制是通过跟踪、遥测和控制（TT&C）链路从 CS 接收数据的。导航载荷只是空间飞行器的一部分，其他系统负责姿态控制和太阳能板指向等功能。图 3.3 中显示了导航有效载荷的通用框图。原子频率标准（AFS）是用于生成由载荷传输的非常稳定的测距码和载波频率的基础。每颗卫星都包含多个 AFS 以满足任务可靠性的要求，但在某个固定时刻只有一个 AFS 在工作。AFS 在其固有频率下工作，频率合成器锁相于 AFS，生成 10.23MHz 的基准频率，该基准频率作为有效载荷内的授时基准，用于测距信号和发射频率的生成（注意，实际产生的参考频率被加以调整以补偿相对论效应，这将在 10.2.3 节中讨论）。Block IIF 中的导航数据单元（NDU）［在 Block IIR、IIR-M 和 GPS III 的设计中称为任务数据单元（MDU）］包含了测距码生成器，它生成表 3.5 中列出的信号（每个测距码和导航电文的细节将在 3.7 节提供）。NDU/MDU 还包含一个处理器，它存储 CS 上传的包含导航电文的多天数据，并确保提供最新的导航信息数据。组合好的基带测距码发送到 L 波段子系统，然后将它们调制到 L 波段的载波频率，并且经过放大后传输给用户。L 波段系统包含许多组件，包括 L1、L2 和 L5（仅限于 Block IIF 和 GPS III）发射机及相应的天线。NDU/MDU 处理器还为在卫星间通信的星间链路的发射机/接收及 Block IIR、IIR-M 和 IIF 卫星测距提供接口。这种星间链路接收机/发射机使用单独的天线和馈源系统［注意，这些卫星具备星间测距功能（这种功能被标识为 AutoNav），但是美国政府已决定在 CS 上不增加这种能力]。如前所述，卫星的基本和二级有效载荷分别是导航和核爆检测（NUDET）。两颗 Block IIA 卫星偶尔携带额外的有效载荷，如用于卫星激光测距（验证预测星历）的激光反射器。美国空军正计划在 GPS III 第 11 号卫星以后的有效载荷上增加激光反射器和应急预警卫星系统（DASS）[10]。

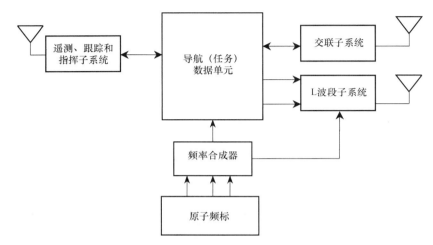

图 3.3　卫星导航载荷

表 3.5　卫星测距信号及相应的导航数据

卫星类型	测距信号	导航数据类型
Block IIR	L1: C/A, P(Y); L2: P(Y)	传统
Block IIR-M	L1: C/A, P(Y), M; L2: L2C, P(Y), M	传统; C/A, P(Y); MNAV: M; CNAV: L2C
Block IIF	L1: C/A, P(Y), M; L2: L2C, P(Y), M; L5	传统; C/A, P(Y); MNAV: M; CNAV: L2C, L5
GPS III	L1: C/A, P(Y), M, L1C; L2: L2C, P(Y), M; L5	传统; C/A, P(Y); MNAV: M; CNAV: L2C, L5; CNAV-2: L1C

3.2.3.3　Block I 初始概念验证卫星

Block I 卫星是用于验证初始 GPS 概念的原型。这些卫星展示了通过移动的伪距发射机实现导航的可能性，原子钟可以在空间运行，动量管理可以通过磁性装置实现，热控制可以通过动量轮的转向角反应完成，卫星能够在恶劣辐射环境（即范艾伦带）的中地轨道上飞行。10 颗卫星全部被发射。Block I 卫星由罗克韦尔国际公司制造，1978—1985 年从加利福尼亚范登堡空军基地发射。星载存储能力支持大约 3.5 天的导航电文。导航电文数据传送周期为 1 小时，有效期为此后的 3 小时。所有的 Block I 卫星都携带 3 台铷原子频率标准（AFS），从第 4 颗卫星开始，还携带 1 台铯原子钟。这些卫星的设计平均任务时间（MMD）为 4.5 年，设计寿命为 5 年，库存消耗品（如燃料、电池和太阳能电池板）的寿命为 7 年。在第一批卫星上，AFS 故障很常见，这就要求寻找第二家原始供应商，造成了两种不同的 AFS 技术需要同时飞行以确保任务成功的理念。另一个发现是，存储导航信息数据的星载存储器非常容易受到电离辐射粒子碰撞所引起的单个事件翻转。当时，所有的操作人员都接受了训练以识别这种情况，并通过向卫星上传新的导航数据来快速纠正错误。一些 Block I 卫星的运行寿命是设计寿命的 2 倍多。图 3.4 中显示了 Block I 卫星的照片。

3.2.3.4　Block II——初始的正样卫星

Block I 卫星的在轨运行提供的宝贵经验，导致了 Block II 业务卫星的子系统设计中的若干重大能力改进（见图 3.5）。这些改进包括抗辐射的增强，防止宇宙射线等事件引起的随机记忆破坏，以提高可靠性和生存能力。除了这些改进，还引入了其他一些改进，以支持 GPS 正式运营的系统要求。虽然大多数改进都只影响控制段与空间段的接口，但有些也影响用户信号接口。以下是一些重大变化。为了提供安全保障，添加了选

图 3.4　Block I 卫星的照片

择可用性（SA）和反欺骗（AS）等功能（SA 于 2000 年 5 月 1 日停用，且美国无意再次启用 SA[1]）。在某些错误条件下，增加了自动错误检测功能，提高了系统的完整性。检测到这些错误状况后，将转换到一个非标准的 PRN 码进行传输，以防止继续使用被损坏的信号或数据。9 颗 Block II 卫星由罗克韦尔国际公司制造，第一颗卫星于 1989 年 2 月从佛罗里达州卡纳维拉尔角空军基地发射。星载导航电文存储容量是为 14 天任务周期设计的。在姿态和速度控制系统中，卫星实现了自主的星载动量控制，消除了地面干预进行动量释放的需要。星上配备了两套铯钟和两套铷钟（AFSS）。这些卫星的设计目标如下：平均任务时间（MMD）为 6 年，设计寿命为 7.5 年，可扩展消耗品（如燃料及电池寿命和太阳能电池板的发电能力）为 10 年。最后一颗 Block II 卫星 SVN 15 经过 15.84 年的运营服务，于 2006 年 8 月终止服务。Block II 的平均寿命为 11.92 年。

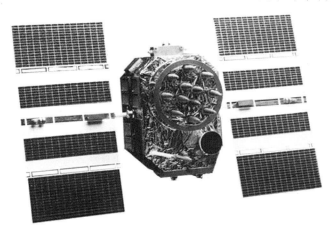

图 3.5　Block II 卫星

3.2.3.5　Block IIA——升级后的正样卫星

Block IIA 卫星与 Block II 卫星非常相似，但是进行了许多系统改进，使得运行周期延长到 180 天（见图 3.6）。星上导航数据存储能力经测试后确保了 180 天的存储周期。大约在轨运行的第一天里，导航电文数据以 2 小时的周期广播，并在 4 小时内有效。对于前 14 天的其余部分，导航电文数据以 4 小时的周期广播，并在 6 小时内有效（额外两小时）。在最初的 14 天后，导航电文数据广播周期从 6 小时延长到 144 小时。有了这种额外的星载存储保持能力，卫星就可以连续工作 6 个月而无须地面联系。然而，随着时间的推移，运行控制系统（OCS）星历和时钟精度

图 3.6　Block IIA 卫星

预测以及导航电文数据的准确性会逐渐下降，在 180 天里，位置误差会增大到 10000m 球形概率误差（SEP）。由于没有一般的星载处理能力，不可能更新存储的参考星历数据。因此，只有当 OCS 正常运行并每天上传导航信息时，整个系统的精度才能得到保证。Block IIA 的电子设备都是抗辐射的。19 颗 Block IIA 卫星由罗克韦尔国际公司制造，第一颗卫星于 1990 年 11 月从佛罗里达州卡纳维拉尔角空军基地发射，最后一颗卫星于 1997 年 11 月发射。Block IIA 卫星的预期寿命与 Block II 卫星的相同。最后一颗运行的 Block IIA 卫星 SVN 23 的工作寿命超过 25 年，并于 2016 年 1 月 25 日退役。GPS II/IIA 的 URE 性能在几年内的平均值为 1.1m 或更优，轻松超过 6m 的要求指标。Block IIA 卫星的平均寿命为 17.3 年。

3.2.3.6　Block IIR——补给卫星

GPS Block IIR（补给）和 GPS Block IIR-M（现代化补给）卫星（见图 3.7）目前是 GPS 星座的中枢。自 1997 年以来，所有 21 颗 IIR 卫星都已发射（第一颗 IIR 卫星在当年早些时候的一次助推器故障中丢失）。洛克希德·马丁公司制造并支持这些卫星的运行。

在 1989 年签订合同后，开始开发 Block IIR 卫星，它们是与 Block II 和 Block IIA 卫星完全兼容的升级/替换卫星。这些卫星支持所有的基本 GPS 功能：在 L1 上使用 C/A 和 P(Y) 码，以及在 L2 上使用 P(Y) 码的 L 波段广播信号，超高频（UHF）星间交联能力，用于稳定卫星总线平台的姿态确定系统，用于卫星在星座中的在轨位置的反应控制系统，以及支持卫星运行的足够电力。

图 3.7　艺术家眼中的 GPS Block IIR 卫星
（经洛克希德·马丁公司允许重印）

Block IIR 卫星有两个版本。首先介绍经典的 IIR 及其 AFS、自动管理、可重编程和改进的天线帆板。本节稍后介绍现代化 IIR（IIR-M）的特性。

1.　传统 IIR

基准（非现代化的）GPS Block IIR 有时称为传统 IIR。Block IIR 卫星的设计支持 6 年的 MMD、7.5 年的设计生命及 10 年的库存消耗品（如燃料、电池寿命和太阳能电池板发电能力）。截至 2017 年初，在由 31 颗卫星组成的运行星座中，有 12 颗 IIR 和 7 颗 IIR-M 卫星，第 20 颗卫星处于存储状态。在撰写本文时，最古老的 IIR 卫星（SVN 43）的寿命已超过 19 年，是其设计和可扩展生命周期需求的几倍。在可用性、准确性和生命周期方面[11-13]，该卫星在星座中一直表现得最好。

图 3.8 中显示了主要的 IIR 卫星组件。

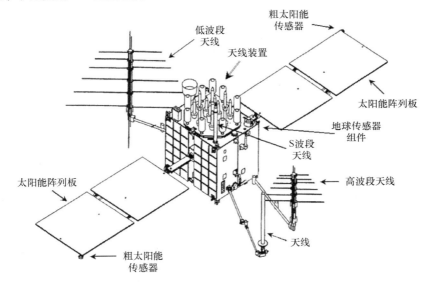

图 3.8　Block IIR 卫星的主要分系统（经洛克希德·马丁公司允许重印）

2．下一代原子频率标准

所有的 IIR 卫星都配备了 3 台下一代铷原子频率标准（RAFS）。IIR 设计包含一个显著增强的物理包，可以提高稳定性和可靠性[14]。

RAFS 铷钟的 MMD 寿命是 7.5 年。它与一个冗余的电压控制的 VCXO 和软件功能相结合，成为所谓的守时系统（TKS）。TKS 组合提供了一个定时调优功能，以稳定和控制时钟性能。到目前为止，只有两个 RAFS 需要激活备份，但这两个单元仍然可以使用。因此，仍有 40 个备用的 RAFS 可以使用。

3．IIR 的精度

准确的星载原子钟 AFS 是提供良好 GPS PVT 精度的关键[11]。IIR 规范要求在使用 RAFS 时，IIR 的总用户测距误差（URE）值应小于 2.2m（URE 是来自控制段和空间段的伪距误差）。在最近几年，GPS IIR 的 URE 性能平均约为 0.8m 或更好[15]，因此很容易地超越了所需的规范。

此外，在计算 IIR 的轨道时，MCS 中使用的太阳压力模型（与最初的 II/IIA 模型相比提高了一个数量级）有明显改善[16, 17]。这增大了地面上的星历模型的准确性。

4．改进的自主操作性

Block IIR SV 的高级功能包括一个名为 REDMAN 的冗余管理系统，它监控总线子组件功能，并提供警告和组件切换以维护 SV 的健康。

Block IIR 使用镍氢（NiH2）电池，不需要重新调整，因此不会增加操作人员的负担。

出现月食时，太阳能阵列板的自动指向是通过星载轨道传播算法实现的，以便在月食过后能够平稳地重新指向太阳。这为 L 波段信号提供了一个更稳定、更可预测的 SV 总线平台和指向。

Block IIR 具备扩展的非标准代码（NSC）能力，以保护用户不受虚假信号的影响。它可以自动启动，以便对最有害的在轨 RAFS 和电压控制晶体振荡器（VCXO）的不连续性进行检测。

5．可重编程能力

在卫星上有多台可重编程的计算机：冗余卫星总线飞行器处理器单元（SPU）和冗余导航系

统任务数据单元（MDU）。可重编程能力允许控制段的操作者将飞行软件的更新上传到在轨卫星上。这个功能已在几个在轨实例中使用。

SPU 配备了新的滚动缓冲器，即使在不与控制段连接的情况下，也可以存储卫星高速遥测数据以便卫星正常运行。星载软件还可通过指定的遥测行为触发，以便处理原始卫星设计之外对卫星的自主重新配置。

为 MDU 提供了诊断缓冲区，以便详细了解 TKS 的行为。它还具有重启功能，可将当前的 TKS 参数保存到一个特殊的内存区域，并在新程序加载后重新使用。这个功能使得从新的程序加载恢复所需的时间减少了约 4 小时。MDU 软件也进行了升级，以支持 IIR 现代化，增加了选择可用性/防欺骗模块（SAASM）功能，增加了在轨存储缓冲区和许多其他改进。

6. 改进的天线面板

通过内部研发工作，洛克希德·马丁公司完成了新的 L 波段和 UHF 天线元件设计[18]。图 3.9 中显示了所有 12 个改进的天线面板的 L1 信号在新天线面板广播模式下的平均方向图（卫星专用方向图及卫星专用方向特性和相位数据，获取链接为 http://www.lockheedmartin.com/us/products/gps/gps-publications.html）。在地面上接收的新的 L1 功率（地球服务；空间服务是超出地球边缘的信号）至少为-154.5dBW（在地球边缘接收的功率，与目前典型的-155.5dBW 的 IIR 性能相比），在地面上接收到的新的 L2 功率至少为-159.5dBW（在地球边缘接收的功率，与目前典型的 IIR 性能-161.5dBW 相比）。这为用户提供了更强的信号功率。12 个传统 IIR 中的最后 4 个和所有现代化的 IIR 都配备了改进的天线面板。

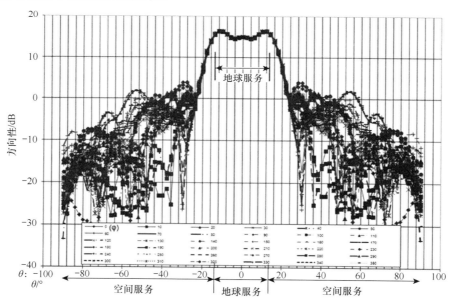

图 3.9   L1 信号的平均改进天线方向图（经 Lockheed Martin 公司允许重印）

7. Block IIR-M——现代化的补充卫星

从 2005 年开始，GPS IIR-M 开始提供新的军民服务[19, 20]。IIR-M 是将现代化功能带到多年前建造并放入存储器中直到发射所需的 IIR 卫星的结果。这个现代化项目是利用现有的太阳能阵列能力、可用的机载处理器余量及可用的卫星结构能力完成的。

8 颗 Block IIR 卫星完成了现代化改造。这些卫星在 2005 年底和 2009 年底之间发射升空。

发射后，第一颗 IIR-M 卫星开始播发第一批现代化信号。2009 年 9 月，开始对在新的默认民用导航（CNAV）信号 L2C 上的电文进行测试[21, 22]。随着控制段的逐步升级，完成了对信号和数据广播等附加测试。每日 CNAV 上传始于 2014 年底。

8. 现代化的信号

新增的 L 波段信号和增强的 L 波段功率显著改善了全球用户的导航性能。提供了 3 个新的信号：L1 和 L2 上的两个新的军码（表示为 M 码），以及 L2 上的一个新的民码。新的 L2 民用信号 L2C 是在 L1 C/A 上改进的信号序列，它使得民用用户能够进行电离层误差校正。新的信号结构完全向后兼容于现有的 L1 C/A、P(Y) 和 L2 P(Y)。M 码为授权用户提供更强的信号安全性（详见 3.7.2.3 节）。

9. 现代化的硬件

新的导航单元包括一台重新设计的 L1 发射机、一台重新设计的 L2 发射机以及新的波形生成器/调制器/中频功率放大器/直流-直流转换器（统称为 WGMIC，见图 3.10）。WGMIC 是将全新的波形生成器与 L1 信号调制器/中间功率放大器（IPA）、L2 信号调制器/IPA 和直流-直流转换器的功能耦合在一起的新型设备。波形生成器提供了许多新的现代化信号结构，并控制新发射机的功率设置。为了管理这些高功率箱的热环境，结构面板中加入了散热管。洛克希德·马丁公司已成功地在其他配备这种热控机制的卫星上使用了类似的散热管。

本节前面讨论的改进型 IIR 天线面板也安装在所有 8 颗 IIR-M 卫星上（各种 IIR 卫星和天线面板的版本参见表 3.6）。这为用户提供了更高的信号功率。天线重新设计工作是在现代化决定之前开始的，但是显著改进了新的 IIR-M 特性。L1 和 L2 两个频率的 L 波段功率都有所提高。接收到的 L1 功率至少被翻倍，在较低的仰角时接收 L2 的功率增加了至少 4 倍[18]。

3.2.3.7 Block IIF——后续的补充卫星

1995 年，美国空军的 GPS JPO 发布了关于卫星的一套征求方案请求文件（RFP），以支撑称为 Block II 后继或 IIF 的 GPS 星座的研发。RFP 还要求方案中包含为运营 IIF 卫星而必须对 GPS 控制段进行的修改。虽然服务的持续性是必要的，但 IIF 卫星采购使得美国空军有机会在 IIR 卫星的能力和改进之外为系统增加新的信号和额外的灵活性。需要一个 L2 上的新军用捕获码，以及在现有 1227.6MHz L2 频率的 102.3MHz 带宽内选择新的民用 L5 信号。L5 频率最终选为 1176.45MHz，它位于受航空无线电导航服务保护的频带内（L5 信号特征将在 3.7.2.2 节中描述）。

RFP 还允许要约人在提案评估过程中额外提供最优的价格。波音公司（当时的罗克韦尔公司）在其提案中包含了几个最有价值的功能，并于 1996 年 4 月获得了 IIF 合同。其中一些特征能够改善服务性能，包括自动导航模式下 3m 或更小的 URE，使用 UHF 星间链路更新导航电文，使得 URE 的数据龄期小于 3 小时，并且 AFS 艾伦方差的设计性能优于规范所要求的指标。其他功能还支持在 IIF 卫星上增加辅助有效载荷，并通过更多地使用 UHF 星间链路通信系统来降低运营商的操作复杂性。

第一颗 IIF 卫星原计划于 2001 年 4 月发射。但是，由于 Block II 和 IIA 卫星的长寿命及 IIR 卫星的预计使用寿命，IIF 卫星的发射日期被大大延后，导致美国空军决定直接对 IIF 卫星进行改进，于是完成了目前的设计。对于 IIF 卫星，在放弃 Delta II 运载火箭（LV）而选择更大的进化型可扩展运载火箭（EELV）作为主选对象时，正式进行了第一次改进。EELV 的大型整流罩使得 IIF 卫星可以进行"大鸟式"改装，增大了卫星的体积、表面积、发电量和散热能力。与此同时，GPS 现代化信号开发团队（GMSDT）进行了广泛的研究，以评估 GPS 所需的新功能，主要是增加新的军

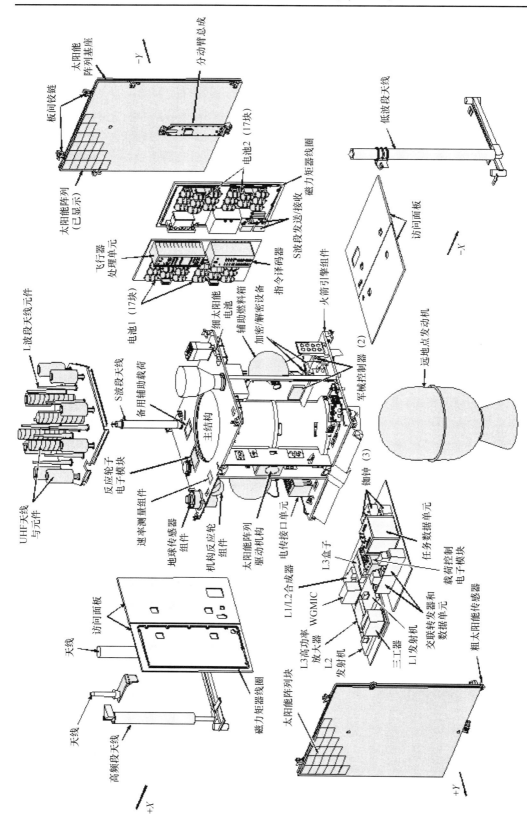

图 3.10　Block IIR-M 卫星的扩展图（经洛克希德·马丁公司许重印）

用和民用测距信号。GMSDT 是通过政府/FFRDC/工业团队组建的，以评估现有信号结构的不足，并推荐一个新的信号结构来解决调制和信号采集、安全性、数据消息结构和系统实施等关键领域的问题。今天的 M 码信号结构就是这些研究的成果之一。表 3.7 中给出了 IIF 卫星提供的测距信号的完整列表（3.7 节中提供了所有 GPS 信号的细节）。应当指出的是，随着 URE 的不断完善，新的测距信号还在各自的导航电文中携带星钟偏移和星历数据的改进版，以消除原始导航电文的一些限制。

表 3.6　IIR/IIM 天线的版本

SVN（发射顺序）	卫星类型		天线面板类型	
	经典 IIR SV	IIR-M SV	传统天线面板	改进型天线面板
43	X	—	X	—
46	X	—	X	—
51	X	—	X	—
44	X	—	X	—
41	X	—	X	—
54	X	—	X	—
56	X	—	X	—
45	X	—	X	—
47	X	—		X
59	X	—		X
60	X	—		X
61	X	—		X
53	—	X		X
52	—	X		X
58	—	X		X
55	—	X		X
57	—	X		X
48	—	X		X
49	—	X		X
50	—	X		X

表 3.7　Block IIF 的测距信号集

链路（频率）	L1（1575.42MHz）	L2（1227.6MHz）	L5（1176.45MHz）
开放（国内）信号	C/A 码	CM 码，CL 码	I5 码，Q5 码
军用（受限）信号	P(Y) 码，M 码	P(Y) 码，M 码	

　　IIF 卫星在空间飞行器和导航有效载荷设计中的原有灵活性和可扩展性，允许在未对 IIF 卫星的设计进行重大修改的情况下添加这些新信号。Block IIF 卫星的扩展视图如图 3.11 所示。该图显示了空间飞行器子系统的所有组成部分，例如使天线指向地球、使太阳能电池板指向太阳的姿态确定和控制子系统，为卫星生产、调节、存储和分流直流电的电力子系统，允许 MCS 操作人员与在轨卫星通信并控制卫星的 TT&C 子系统。为了支持增大的发射功率导致的直流功率需求的增加，太阳能电池阵列从硅技术切换到更高效率的三结砷化镓技术。另外，必须修改散热设计以适应额外的变送器热负荷。除了维持质量和热平衡的某些调整，空间飞行器不需要其他改动。

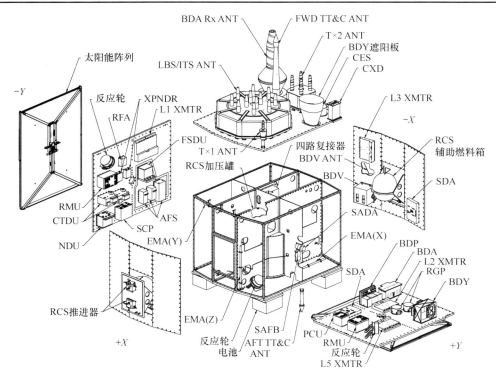

图 3.11　Block IIF 卫星的扩展视图（经波音公司允许重印）

Block IIF 卫星的导航载荷包括两个铷钟 AFS 和一个铯钟 AFS，符合双重技术备份的合同要求。这些 AFS 提供了生成高精度测距信号所需的严格频率稳定性。导航数据单元（NDU）生成所有基带格式的测距信号。最初的 NDU 设计包括一个备用插槽，允许在同一信号内添加 M 码和 L5 码。最初的 NDU 计算机的设计具有 300% 的扩展内存容量和 300% 的计算储备（吞吐量容限），因此有足够的储备来支持 M 码、L5 及其他现代化要求的新导航电文的生成。计算机程序可在轨重新编程，并在上电时从板载 EEPROM 存储器加载，避免了与地面天线的大量接触时间。L 波段子系统产生约 350W 的 RF 功率，用于传输表 3.7 中的三组信号。

Block IIF 卫星的设计寿命为 12 年，MMD 为 9.9 年。Block IIF 卫星传输与 IIR-M 相同的信号，再加上 L5。图 3.12 中给出了 Block IIF 卫星的在轨描述。最低点的侧面包含一套 UHF 和 L 波段天线，以及其他与以前的 GPS 卫星中非常相似的组件。

最初的 IIF 合同包括 6 颗卫星的基本采购合同及包含 15 颗和 12 颗卫星的双选合同，3 颗卫星一组，可能共采购 33 颗卫星。美国空军行使选择权，购买了额外的 6 颗卫星，共购买了 12 颗卫星。第 1 颗 IIF 卫星于 2010 年 5 月发射，第 12 颗卫星于 2016 年 2 月发射。GPS IIF 的 URE 性能范围是 0.25～0.5m，再次轻松超越了 3m 的规定性能。

3.2.3.8　GPS III 卫星

GPS III 卫星（见图 3.13）的设计已经完成，目前正在建造阶段，为全球军事和民用 PVT 用户提供新的功能。GPS III 完全向后兼容现有的 GPS 功能，但加入了重要的改进及 GPS 未来的扩展能力。

图 3.12　Block IIF 卫星（经波音公司允许重印）　　图 3.13　GPS III 卫星（经洛克希德·马丁公司允许重印）

GPS III 的合同授予于 2008 年 5 月公布。卫星关键设计评估（CDR）于 2010 年 8 月成功完成[23]，这标志着 GPS III 设计阶段的完成。在撰写本文时，正在进行几颗卫星的生产，包括集成和测试（见图 3.14），并且第一颗 GPS III 卫星已处于可以发射的状态。这些卫星由洛克希德·马丁公司、导航有效载荷分包商哈里斯公司（前身是 ITT）、通信有效载荷分包商通用动力公司和许多其他分包商共同构建。

全新的可扩展 GPS III 设计基于洛克希德·马丁公司的 A2100 卫星平台及其悠久的传统。很多重要的元素源于 GPS Block IIR 和 IIR-M 卫星的成功，以及 250 多年的在轨性能累积。GPS III 卫星设计本身具备在活跃的生产线中容纳成熟且可添加到卫星中的新的先进功能的能力，因此能够很容易适应新的要求或不断变化的要求，以服务于用户的未来需求。这包括增加一个新的民用信号（L1C），以便与其他 GNSS 星座广播的类似信号进行互操作（L1C 特性见 3.7.2.4 节）。

1. 性能需求

在轨道上，与以前的所有 GPS 相比，GPS III 卫星将提供更长的卫星寿命、更高的精度和更高的可用性。表 3.8 中小结了项目关键性能要求及与所有早期 GPS 版本比较的并行要求[24, 25]。根据工厂的测试结果，GPS III 将达到或超过所有这些关键要求。

图 3.14　正在集成与测试的 GPS III 卫星

表 3.8　GPS 卫星规范的比较

规　　范		I	II	IIA	IIR	IIR-M	IIF	III
精度/米	用户 1 天的测距误差	—	7.6	7.6	2.2	2.2	3.0	1.0
卫星生命周期/年	MMD 要求	4.5	6	6	6	6	9.9	12
	设计寿命	5	7.5	7.5	7.5	7.5	12	15
	消耗品	7	10	10	10	10	—	—
信号功率/dBW	L1C/A	−160.0	−160.0	−158.5	−158.5	−158.5	−158.5	−158.5
	L1P	−163.0	−163.0	−161.5	−161.5	−161.5	−161.5	−161.5
	L1M	—	—	—	—	−158.0	−158.0	−158.0
	L1C	—	—	—	—	—	—	−157.0
	L2C	—	—	—	—	−160.0	−160.0	−158.5
	L2P	−166.0	−166.0	−164.5	−164.5	−161.5	−161.5	−161.5
	L2M	—	—	—	—	−161.5	−161.0	−158.0
	L5	—	—	—	—	—	−157.9	−157.0
卫星可用性	%	整个星座中的可用性为 98%，卫星可用性目标为 95%					98.08%	99.45%

L1C 值是从数据和导频通道收到的总功率，L5 值仅表示同相信号分量功率电平。L5 总功率电平（同相和正交分量之和）是 3dB。

GPS III 卫星要求具备 12 年的 MMD 和 15 年的设计寿命[24]。GPS III L 波段信号由传统的 L1 C/A、L1 P(Y) 和 L2 P(Y) 以及现代化的 L1M、L2C 和 L2M 组成，并且全力支持新的 L5 和 L1C 民用信号。地面仰角为 5°以上时，GPS III M 码接收信号功率将至少提高到 -153dBW，对于 IIR 和 IIF 则为 -158dBW。这将为紧要条件下的军事用户提供显著改善的服务。

导航精度是用户关心的主要问题之一。GPS Block II 和 IIA 卫星需要满足 7.6m 的 URE 日常要求。在使用铷钟 RAFS 时，IIR 要求在 24 小时内达到 2.2m。IIF 要求在 24 小时内满足 3m 的 URE。GPS III 要求在 24 小时内达到 1.0m 的 URE 要求，比目前运行的卫星高出 2～3 倍。

2. GPS III 设计综述

基本的 GPS III SV 设计可以通过描述各种元素和子系统来重点说明：导航有效载荷单元（NPE）、网络通信单元（NCE）、搭载有效载荷单元（HPE）、天线子系统单元和卫星总线元素及其子系统。图 3.15 是 GPS III 卫星的放大视图[24]，它显示了基本结构和概念组件的位置。每个元素和子系统的简要描述如下。

NPE 包括有效载荷计算机［任务数据单元（MDU）］、L 波段发射机（L1、L2、L3、L5）、原子频率标准（AFS）、信号合成器和信号滤波器。MDU 集成了现代化 IIR-M SV 中首次引入的波形生成器功能[19, 20, 26]。GPS III MDU 具有其他重要的高级功能，包括星载星历传播能力，可以使用每天非常小的导航上传量来为所有传统和现代化信号生成广播导航电文。

每颗 GPS III SV 都有三个增强的铷 AFS 单元（"钟"），这些单元是基于 GPS IIR/IIR-M SV 的强大传统构建的[14]。GPS III 卫星还包括用于改进型或实验频率标准设计的第四个插槽，如氢钟。GPS III 具有强大的操作和监控备份 AFS 的能力，包括实验 AFS，用于稳定性测量和表征。冗余的时间系统回路允许独立操作精确的硬件/软件控制回路。这种能力是前几代 GPS 卫星都不具备的[27]。NCE 为卫星提供通信能力。它由改进的星间链路转发器子系统（ECTS）、用于分配命令和收集遥测指令的轻型通信单元（TCU）及 S 波段单元组成。

HPE 在 GPS III 上搭载了几个政府提供设备（GFE）的项目。天线子系统由覆盖地球的 L 波段天线面板（基于 IIR-M 技术[18,28]）、S 波段天线和 UHF 天线组成。

卫星总线部分包括多个子系统：姿态控制子系统（ACS）、电力子系统（EPS）、热控子系统（TCS）、TT&C、推进子系统（PSS）和机械子系统（MSS）。下面重点介绍这些子系统。

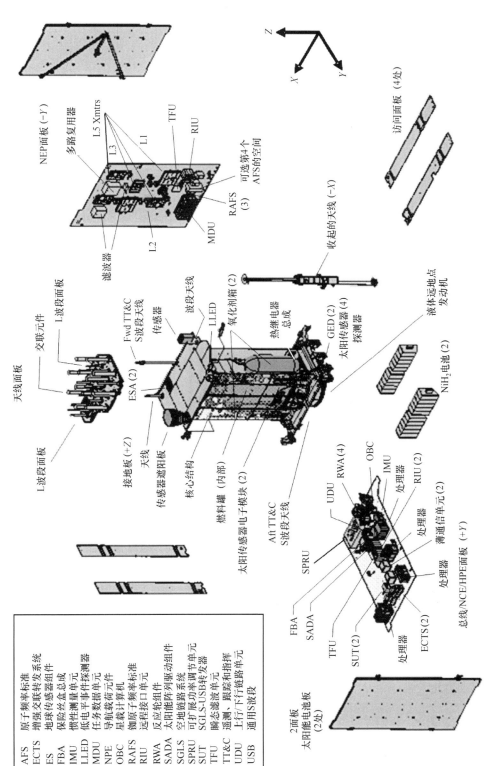

图 3.15　GPS III 放大视图

AFS　原子频率标准
ECTS　增强交联转发系统
ES　地球传感器组件
FBA　保险丝盒总成
IMU　惯性测量单元
LLED　低电平事件探测器
MDU　任务载荷数据单元
NPE　导航载荷元件
OBC　星载计算机
RAFS　铷原子频率标准
RIU　远程接口单元
RWA　反应轮组件
SADA　太阳能阵列驱动组件
SGLS　空地链路系统
SPRU　可扩展功率调节单元
SUT　SGLS-USB转发器
TFU　瞬态滤波单元
TT&C　遥测、跟踪和指挥
UDU　上行/下行链路单元
USB　通用S波段

　　ACS 维护姿态信息并控制卫星的指向，如 L 波段天线面板通常指向地球，太阳能帆板指向太阳。它还控制推进子系统机动的推力方向。ACS 由一组传感器和执行器组成：太阳传感器、地球传感器、惯性测量单元（IMU）、用于精确姿态控制的反作用轮、用于动量卸载的磁力矩杆、用于周期性定位的 0.2 磅力推进器，以及用于更加粗略卫星转移的 5.0 磅推进器。

　　EPS 为整颗卫星提供稳定的电力（包括在日食期间提供电力）。它由太阳能电池阵列、镍氢电池和功率调节单元组成。TCS 将各个卫星部件的适当温度保持在安全范围内。它由绝缘体、反射器、加热器、散热器、热管和热敏电阻组成。

　　TT&C 子系统由总线计算机［星载计算机（OBC）］、指挥和遥测与控制段的通信的上行链路/下行链路单元（UDU）、远程接口单元、部署设备控制和事件检测器组成。

　　PSS 提供改变卫星位置和姿态的推力。它由用于发射后最终入轨的液体远地点发动机、用于大型在轨机动的 5 磅推进器以及用于姿态和轨位保持的 0.2 磅推进器组成。

　　MSS 由基本的卫星结构、铰链和可展开元素组成。

3. GPS III 的高级功能及其构建

　　GPS III 为用户带来了远超目前 GPS 的新功能，特别是新的 L1C 信号。

　　GPS III 是第一颗能够选择范围 38～63 内的伪随机数（PRN）来进行设置的 GPS 卫星。这允许突破当前 GPS 卫星的限制，在星座中包含超过 32 个有效的 SV。这种能力符合最新的 IS-GPS-200 规范[29]，并可提高所有用户的定位精度和覆盖范围。

　　GPS III 还可以携带第四个高级技术时钟。这可用作未来时钟设计的技术演示或在轨性能验证，对未来 GPS 星座精度的提高是至关重要的。

　　GPS III 先进设计的核心是确保卫星提供的导航信号满足为用户生命安全应用定义的准则（如信号完整性和连续性），具体包括准确性、可用性和防止误导信号。这一能力由定位信号完整性和连续性保证（PSICA）要求定义。PSICA 影响各种 SV 子系统，如 OBC 和 NPE 的设计[30]。

　　GPS III 设计时考虑了新功能构建的能力。这是通过现代化的可扩展总线设计、活跃的部件供应商和分包商以及现有的生产线来实现的。目前已考虑在短期内整合许多重要的能力。

　　在 GPS III 的能力构建名单上，重要的一项是搜索和救援（SAR）有效载荷，称为 SAR/GPS，它将紧急信标的遇险信号转发到搜救运行中心[31]。激光反射阵列（LRA）功能将使得科学家能够精确测量 GPS III 卫星的轨道，从而更加精确地模拟地球引力场和狭义相对论效应[10]。

　　目前其他计划中的改进措施也在设计实现中。数字波形生成器（DWG）将取代模拟盒，从而创建能够在轨生成新导航信号的全数字导航有效载荷。锂离子电池将降低卫星质量并提供更好的 EPS 性能。此外，还将增加 M 码功率，为军方提供更高功率的现代化信号。

4. 新的 L1C 信号

　　GPS III 将成为首颗广播新 L1C 信号的 GPS 卫星[32, 33]（3.7.2.4 节中包含 L1C 信号的技术细节）。这将是（除 L1 C/A、L2C 和 L5 外的）第四个民用信号，并且实现了第二代 CNAV-2 现代化导航信息。这个信号与其他卫星导航系统［如欧洲的 Galileo 系统、日本的准天顶卫星系统（QZSS）和中国的北斗系统］实现互操作（即在射频上兼容）［3.7.2 节中将讨论与这些系统的 L1C 互操作性（即频谱兼容性）］。

　　与其他现代化的 GPS 信号一样，新的 L1C 信号结构提供了改进的信号捕获和跟踪能力，以及更快的数据下载和更精确的测距信号。它在 L1 频率上引入了现代化的结构。

L1C 的优点包括准确性、捕获和跟踪能力的提高。电文中的附加数据位提供了 CNAV-2 电文的更高 PNT 精度。总体而言，全球的导航和定时用户将从 GPS 广播的 L1C 信号中受益。

5. 探路者卫星和模拟器

GPS III 非飞行卫星试验台（GNST）是 GPS III 项目的探路者单元[34]。作为降低 GPS III 的风险的平台，它在一个 GPS III 卫星的全尺寸版本上装载了功能齐全的非飞行单元，以及可以运行的飞行软件。它为工厂和发射场提供物理配合检查，以及电气和飞行软件功能验证。这是工厂组装与测试程序开发和验证的重要平台。该平台显著降低了卫星装配、发射前操作和能力重构的风险。它现在将作为 GPS III 项目整个生命期的长期测试平台，支持卫星级验证、地面的早期验证、测试设备，以及早期确认和卫星运输业务的预演。

一些高保真和低保真 GPS III 模拟器已经开发和交付，包括位于卡纳维拉尔角的 GPS III 空间飞行器模拟器（G3SS）、卫星总线实时模拟器、综合软件接口测试环境（InSite）及卫星子系统模型和模拟（SVSMS）。这些模拟器在硬件和软件实现方面为地面和卫星系统检测、启动准备和卫星在轨维护提供了支持。

6. 目前的状态

第一个 GPS III 空间飞行器已完成设计认证及环境测试，现已具备发射条件，这标志着 GPS 性能和能力新纪元的开始。它将具有先进的和可扩展的功能，并将为 GPS 用户提供更高的性能。GPS III 将提供 PVT 服务和先进的抗干扰能力，在全球范围内提供卓越的系统安全性、准确性和可靠性。

GPS III 将维持 GPS 星座，取代那些超过预期寿命的传统卫星。不管是民用用户还是军用用户，都将受益于 GPS III 未来几十年的改进性能和先进能力。GPS III 的能力，包括新的 L1C 信号、更高的信号功率、更高的精度、更长的卫星寿命和更高的信号可用性，将使得 GPS 保持全球卫星导航系统的黄金标准[35]。

3.3　控制段描述

GPS 控制段（CS）提供监测、指挥和控制 GPS 卫星星座的能力。在功能上，CS 监控下行链路 L 波段导航信号，生成并更新导航电文，并且求解卫星异常。此外，CS 监控每颗卫星的健康状况，管理与卫星轨道保持操作和电池充电相关的任务，并且根据需要控制卫星总线和有效载荷[36]。在简要概述之后，本节将详细讨论 CS 目前的配置及其主要功能，包括 GPS 导航任务的数据处理。接下来简要介绍 GPS CS 的最近变化，然后讨论近期的计划升级。这里不讨论针对卫星的控制和维护活动。

GPS CS 是 GPS 的操作控制系统（OCS），它由三个子系统组成：MCS、L 波段监控站（MS）和 S 波段地面天线（GA）。OCS 的操作由 MCS 负责，由位于科罗拉多州科罗拉多斯普林斯的施里弗空军基地（AFB）的美国空军太空司令部第二太空作战中队（2 SOPS）负责运行。MCS 提供每周 7 天每天 24 小时的持续 GPS 服务，并且是 GPS 运行的任务控制中心。位于加利福尼亚州范登堡空军基地的备用 MCS（AMCS）为 MCS 提供冗余。OCS 的主要子系统及其功能分配见图 3.16。

2 SOPS 支撑 GPS 星座的所有需要人为干预的操作，包括每天向卫星上传导航电文，以及 GPS 星座中所有卫星的监控、诊断、重新配置和轨道保持工作。空间飞行器的预发射、发射和入轨操作由不同的控制段元素——发射、异常和处置作业（LADO）系统执行，位于施里弗空军基地的预备役第十九空间作战中队（19 SOPS）对该系统提供支持。如果某颗卫星被确定为不能正常运行，那么卫星控制可被转移到 LADO 上，以便进行异常处理或测试监控。

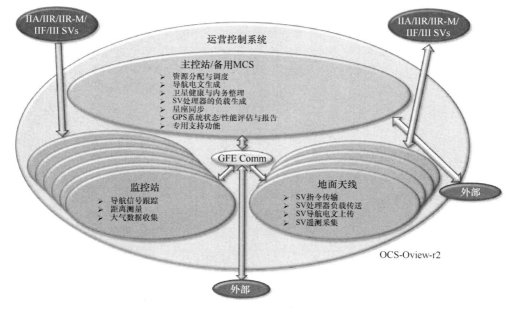

图 3.16　OCS 概述

3.3.1　OCS 的当前配置

在撰写本文时，OCS 配置由双备份的 MCS、6 个 OCS MS、10 个国家地理空间情报局（NGA）MS 和 4 个 GA 组成（见图 3.17[37, 38]）。MCS 数据处理软件托管在一个称为架构演进计划（AEP）的客户机-服务器平台上，该平台运行一个兼容 POSIX 的操作系统[39]，通过多个高清晰图形和文本显示指挥和控制 OCS。3.3.2 节将描述 OCS 向 AEP 版本的过渡，以及其在传统精度改进倡议（L-AII）升级和完整精度改进倡议（AII）中的基础。

图 3.17　OCS 设施的地理分布[37]

OCS MS 和 GA 由活动的 MCS 远程操作（每个站点都有维护人员）。托管在一组混合计算平台上的 OSC MS 和 GA 数据处理软件，使用传输控制协议/因特网协议（TCP/IP）作为通信协议与 MCS 通信。MCS 还具有许多内部和外部通信链路，它们也使用 TCP/IP。

3.3.1.1　MCS 描述

MCS 提供对 GPS 星座的中心指挥和控制。具体功能包括：

- 监控并维护卫星的健康状态。
- 监控卫星的轨道。
- 计算和预测星钟和星历参数。
- 评估 MS 时钟的状态。
- 生成 GPS 导航电文。
- 维持 GPS 的授时服务及其与 UTC（USNO）的同步。
- 监测导航服务的完整性。
- 对提供给 GPS 用户的数据进行端到端的验证与记录。
- 控制卫星的转移以维持 GPS 轨道。在卫星发生故障时，重新部署卫星。

如图 3.16 所示，OCS 包含所有必要的支持 GPS 星座的地面设施。OCS 使用美国空军卫星控制网络（AFSCN）和 NGA 的其他 MS，在 AEP 中分享其他地面天线和自动远程跟踪站（ARTS）。为支持这些功能，MCS 由数据处理、控制、显示和通信设备组成。

MCS 的主要任务是生成和分发导航数据电文（有时也称 NAV 数据电文）[NAV 数据电文的详细信息见在 3.7.1.3 节（传统 NAV）和 3.7.3 节（CNAV）]。MCS 使用了一系列步骤，包括收集和处理 MS 测量数据，生成卫星星历和时钟估计、预测，以及构建和分发 NAV 数据电文。MS 提供由 MCS 平滑的原始伪距、载波相位和气象测量值。基于这些平滑的测量结果，使用卡尔曼滤波器生成精确的卫星星历和时钟估计。它是一个时间状态滤波器，其状态估计的时期与测量的时间不同。MCS 滤波器是一个线性卡尔曼滤波器，星历估计在标称参考轨迹周围线性化。参考轨迹使用精确的模型来计算每颗卫星的运动。这些星历估计连同参考轨道构成精确星历预测，这是导航数据电文中星历参数的基础。具体而言，根据 IS-GPS-200[29]，最小二乘拟合程序将预测轨道位置转换成导航轨道单元。由此产生的轨道元素被上传到卫星的导航有效载荷存储器中，并传送给 GPS 用户。

从根本上说，GPS 导航精度是由一个连贯的时标得出的，即 GPS 系统时，其中一个关键部件是卫星的原子钟系统 AFS，它为星钟提供稳定的参考源。如前所述，每颗卫星携带多个 AFS。MCS 操作卫星 AFS，监测其性能，并且维持星钟偏差、漂移和漂移率（仅限铷钟）的估计，以支持 NAV 数据电文的时钟校正。GPS 系统时由相对于选定的有效卫星和 MS 原子钟系统 AFS 的集合定义[54]。整体或组合 AFS 改善了 GPS 时间稳定性，并在定义这种相干时间的尺度上，将任何单一 AFS 故障的脆弱性降至最低。

MCS 的另一个重要任务是监控导航服务的完整性。这是 L 波段监控处理单元（LBMON）[40] 的一部分。在从 MCS 到卫星的整个数据流中，MCS 确保 NAV 数据电文参数被正确地上传和传输。MCS 维护 NAV 数据电文的完整存储器映像，并将（从其 MS 接收到的）下行电文与预期的电文进行比较。下行电文与预期的导航电文之间的显着差异会使得 2 SOPS 发出警报和改正措施。除了导航比特误差，MCS 还监测 L 波段测距数据，以便在卫星和 MS 之间保持一致。当在卫星或 MS 上观察到不一致时，MCS 将在检测到的 60s 内产生 L 波段警报[40]。

OCS 依赖于 USNO 和 NGA 的外部数据，包括与 UTC（USNO）绝对时标的协调、精确的

MS 坐标和地球指向参数。

NGA 在 GPS 中的作用如下（摘自文献[41]）。

NGA 及其前身组织运营全球定位系统（GPS）监控站已有 20 多年历史。NGA GPS 监控站网络（MSN）支持国防部参考坐标系 WGS 84，并已扩展到包括对空军（AF）作战控制部门的直接支持。NGA 的站点位于世界各地，战略上是为了配合更加接近赤道的空军监控站。这些台站使用大地测量型 GPS 接收机和高性能铯钟。NGA 远程监控站点的活动，确保其数据完整性和高可用性。NGA GPS 站点被严格配置和控制，以实现尽可能高的精度。

NGA 在 GPS 完整性监测中发挥着至关重要的作用。自 2005 年 9 月以来，美国空军 GPS MCS 卡尔曼滤波器就使用来自 NGA GPS 监控站的数据确定 GPS 卫星的广播轨道。NGA 数据也为 MCS 提供了任何时间至少两个站的卫星可见性。近乎实时地向 MCS 发送 NGA 数据，提高了 GPS 的准确性和完整性。实际上，以美国国防部为后台的 GPS 精确星历计算是支持 WGS 84 的一个组成部分。使用 NGA、美国空军和一些国际 GNSS 服务（IGS）站计算的星历表提供给美国空军，并发布在面向所有 GPS 用户的 NGA 网站上。

3.3.1.2 监控站描述

为了执行导航跟踪功能，OCS 具有专用的、全球分布的 L 波段 MS 网络。在撰写本文时，OCS 网络由 16 个 MS 组成，覆盖范围如图 3.18 所示（覆盖范围显示在正负 55°之间）[42]。6 个 OCS MS 位于阿森松岛、迭戈加西亚、夸贾林岛、夏威夷、科罗拉多州斯普林斯和卡纳维拉尔角。10 个 NGA 观测站位于巴林、澳大利亚、厄瓜多尔、华盛顿特区美国海军天文台（USNO）、乌拉圭、英国、南非、韩国、新西兰和阿拉斯加州。OCS MS 位于赤道附近，NGA MS 位于中纬度和高纬度（北部和南部）位置，以最大化 L 波段覆盖。

每个 OCS MS 在 MCS 的控制下运行，由收集卫星测距数据、卫星状态数据和当地气象数据所需的设备和计算机程序组成。这些数据被转发给 MCS 进行处理。具体来说，一台 OCS MS 由一台双频接收机、双重铯原子吸收光谱仪、气象传感器、本地工作站和通信设备组成。每台接收机的天线单元由一个圆锥形的接地平面组成，底座上有环形扼流圈，对俯仰角高于 15°的信号路径产生高于 14dB 的多径直接信号抑制比（有关多径的深入讨论见第 9 章）。HP5071 铯 AFS 为接收机提供 5MHz 的参考频率。AFS 之间的连续相位测量值提供给 MCS，以独立监控有效原子钟和支持 AFS 切换。MCS 保持一致的 MS 时标。在 AFS 切换时，MCS 向 MCS 卡尔曼滤波器提供（在 AFS 之间）相位和频率差估计，以便任何时标的中断最小。气象传感器为 MCS 卡尔曼滤波器提供地面压力、温度和露点测量，以便模拟对流层延迟。但这些气象传感器已年久失修，它们的测量值已被月度的表格数据取代[43]。本地工作站提供 OCS MS 和 MCS 之间的命令和数据收集。

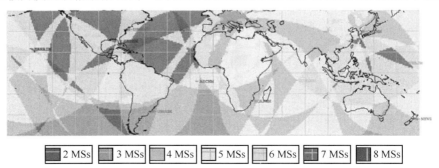

图 3.18　OCS 和 NGA 观测站的覆盖范围[42]

OCS MS 使用 12 通道测量型全视野接收机。这些接收机由 Allen Osbourne Associates（AOA，现在的哈里斯）公司基于喷气推进实验室（JPL）的 Turbo Rogue 技术开发。AOA 接收机在 L1 和 L2 跟踪环路之间完全独立设计，每个跟踪环路由 MCS 在各种跟踪采集策略下指挥。利用这样的设计，即使是在跟踪异常卫星（如非标准码或卫星初始化，需要额外的采集处理）时，也可以保持整体的接收机跟踪性能。这些全数字接收机没有可检测的通道间偏置误差（早期的 OCS 接收机由于采用独立的相关和数据处理卡进行模拟设计，需要外部的通道间偏置补偿，通道间偏置是通过接收机中不同硬件和数据处理路径处理普通卫星信号时产生的时间延迟差）。

OCS MS 接收机与普通接收机的不同有如下几个方面。首先，这些接收机需要外部命令进行卫星捕获。尽管大多数用户设备仅用于捕获和跟踪符合适用规范的 GPS 信号，但 OCS 接收机即使在不合规时也需要跟踪信号。外部命令允许 OCS 接收机获取并跟踪来自不健康卫星的异常信号。其次，所有的测量都被标记为卫星 X1 历元（X1 历元的细节见 3.7.1.1 节），而典型的用户接收机时间标记测量范围相对于接收机的 X1 纪元。同步相对于卫星 X1 历元的测量有助于 MCS 处理来自整个分布式 OCS L 频带 MS 网络的数据。OCS 接收机为 MCS 提供 1.5s 的伪距和累积的三角距离测量［分别又称 P(Y)码和载波相位测量］。第三，MCS 接收来自每个 MS 的所有原始解调导航比特（未处理用于错误检测的汉明码），因此可以观察到 NAV 数据电文中的问题。将返回的 NAV 数据电文与预期值逐位进行比较，可以提供 MCS-GA-卫星-MS 数据路径（LBMON 的一部分）的完整系统级验证。另外，OCS 接收机向 MCS 提供各种内部信号指示符，如跟踪环路的锁定时间和内部测量的信噪比（SNR）。这个附加数据被 MCS 用来丢弃来自 OCS 卡尔曼滤波器的无效测量结果。如前所述，OCS 维持 MS 时标，以适应工作站时间的变化、故障和重新初始化工作站设备。GPS 卫星的空军 MS 覆盖范围如图 3.18 所示，灰度代码表示可见卫星的数量[42]。卫星覆盖范围不同，从南美洲西部地区的 1 个到美国大陆地区的 5 个。

NGA MS 使用由 ITT Industries（现在的哈里斯）公司开发的与 OCS MS 接收机类似的 12 通道 GPS 接收机。事实上，原始的 NGA MS 接收机合同于 2002 年 7 月被授予 AOA，但是 AOA 随后在 2004 年被 ITT Industries 公司收购。

3.3.1.3　地面上行天线描述

为了执行卫星指挥和数据传输功能，OCS 包含一个全球分布的专用 GA 网络。目前，与空军 MS 共址的 OCS 网络由分布在阿森松岛、迭戈加西亚、夸贾林岛和卡纳维拉尔角的设施组成，卡纳维拉尔角的设施也是支持预发射卫星兼容性测试的预发射兼容站的一部分。另外，来自 AF-SCN 的世界各地的几个 ARTS GA 计划时用作 GPS GA。这些 GA 提供 OCS 和空间段之间的 TT&C 接口，并用于上传导航数据。

这些 GA 是全双工的 S 波段通信设备，一次只对一颗卫星进行专用的命令和控制会话。在 MCS 控制下，可以同时与多颗卫星联络。每个 GA 都包括必需的设备和计算机程序，以便接收来自 MCS 的命令、上传导航数据、将有效载荷控制数据发送给卫星，并接收那些转发给 MCS 的卫星遥测数据。为保证冗余性和完整性，所有的 OCS GA 都是双系统。AFSCN ARTS GA 还支持 S 波段测距。S 波段测距为 OCS 提供进行卫星早期轨道和异常识别支持的能力。图 3.19 中显示了 GPS 卫星的 GA 覆盖范围，它在正负 55°纬度之间，灰度代码表示对卫星可见的 GA 数量[42]。

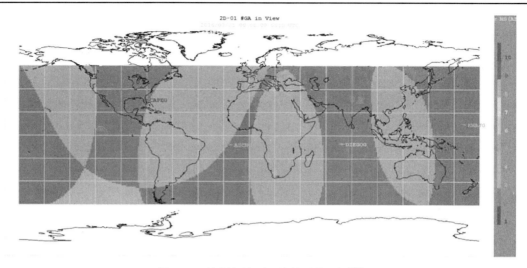

图 3.19　控制段地面天线的覆盖范围[42]

3.3.1.4　MCS 数据处理

1.　MCS 测量数据处理

为了支持 MCS 估计和预测功能，OCS 连续跟踪 L1 和 L2 P(Y)码。在轨道捕获时，L1 C/A 码在切换到 P(Y)码的期间被采样，以确保它被广播（但 OCS 不连续跟踪 L1 C/A 码）。原始 1.5s 的 L1 和 L2 伪距和载波相位（也称累积增量距离）测量值在 MCS 处转换为 15 分钟的平滑测量值。为降低测量噪声，平滑过程使用载波相位测量值来平滑伪距数据。该过程提供平滑伪距和采样载波相位测量值，供 MCS 卡尔曼滤波器使用。

平滑过程包括数据编辑以消除异常值和周跳，将原始双频测量值转换为无电离层观测数据，有了足够数量的有效测量值后，就生成平滑测量值。图 3.20 中显示了由 600 次伪距和载波相位观测组成的 15 分钟数据平滑区间，其中 595 次观测用于形成平滑伪距负载波相位偏移，剩下的 5 次观测用于形成载波相位多项式。

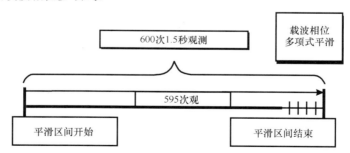

图 3.20　一个代表性的 MCS 数据平滑区间

MCS 数据编辑限制检查伪距，并对原始的 L1 和 L2 观测量进行三阶差分测试。三阶差分测试比较 L1 和 L2 的连续观测量序列与门限。如果三阶差分测试超过这些门限，那么这些观测量将在该区间内的随后使用中丢弃。这种数据编辑保护 MCS 卡尔曼滤波器免受可疑测量值的影响。电离层校正后的 L1 伪距和相位测量值 ρ_c 和 ϕ_c 分别使用标准的电离层校正（见 10.2.4.1 节）计算：

$$\rho_c = \rho_1 - \frac{1}{(1-\alpha)} \cdot (\rho_1 - \rho_2), \quad \phi_c = \phi_1 + \frac{1}{(1-\alpha)} \cdot (\phi_1 - \phi_2) \tag{3.1}$$

式中，$\alpha = (154/120)^2$，ρ_i 和 ϕ_i，$i = 1, 2$ 分别是验证后的 L1 和 L2 伪距和相位测量值。

电离层校正后的伪距和载波相位测量值由一个常数偏移关联。利用这个事实，平滑后的伪距测量值 $\bar{\rho}_c$ 由载波相位形成如下：

$$\bar{\rho}_c = \phi_c + B \tag{3.2}$$

式中，B 是通过平滑区间中所有验证后的测量值，计算 L1 电离层校正的伪距 ρ_c 和载波相位测量值 ϕ_c 之间的差的平均值得到的未知常数，即

$$B = \sum (\rho_c(z_j) - \phi_c(z_j)) \tag{3.3}$$

MCS 在 20 世纪 80 年代早期开创了伪距的载波辅助平滑技术[49]。

MCS 卡尔曼滤波器根据统一的 GPS 时标（即 GPS 系统时）每 15 分钟执行一次测量更新。平滑过程在这些卡尔曼更新时间附近产生二阶伪距和载波相位测量多项式。由偏差、漂移和漂移率 $\hat{X}_c$ 组成的相位测量多项式是用平滑区间中最后 5 个相位测量值 ϕ_c 的最小二乘拟合形成的，即

$$\hat{X}_c = (A^T W A)^{-1} \cdot A^T W \phi_c \tag{3.4}$$

式中，

$$A = \begin{bmatrix} 1 & -2\tau & 4\tau^2 \\ 1 & -\tau & \tau^2 \\ 1 & 0 & 0 \\ 1 & \tau & \tau^2 \\ 1 & 2\tau & 4\tau^2 \end{bmatrix}, \quad \phi_c = \begin{bmatrix} \phi_c(z_{-2}) \\ \phi_c(z_{-1}) \\ \phi_c(z_0) \\ \phi_c(z_1) \\ \phi_c(z_2) \end{bmatrix} \tag{3.5}$$

式中。τ 为 1.5s，$\{z_i, i = -2, -1, 0, 1, 2\}$ 表示与该区间中最后 5 个相位测量值相关联的时间标记。式(3.4)中的 W 是权重矩阵，其对角线上的权重值是由接收机报告的 SNR 值导出的。伪距测量多项式 $\hat{X}_p$ 使用式(3.3)中的常数偏移形成：

$$\hat{X}_p = \hat{X}_c + \begin{bmatrix} B \\ 0 \\ 0 \end{bmatrix} \tag{3.6}$$

式(3.6)和式(3.4)中的这些平滑后的伪距和相位测量值，是由星钟估计值分别通过 MCS 卡尔曼滤波器插值得到的普通 GPS 时标。

2. MCS 星历和时钟处理

使用基于上述平滑测量值的 15 分钟更新的卡尔曼滤波器，MCS 星历表和时钟处理软件持续估计卫星星历表、时钟和 MS 状态。MCS 星历和时钟估计值用于预测卫星未来时间的位置与时钟，以便支持导航数据电文的生成。

MCS 星历和时钟处理被分解为两部分：用于生成参考轨迹的离线处理；用于惯性-大地坐标变换、太阳/月球星历及维持 MCS 卡尔曼滤波器估计的实时处理。MCS 离线处理取决于高精度的模型。MCS 参考轨迹力模型[44, 45]包括 1996 年的地球重力模型（EGM 96）（重力谐波被截断为 12 度和 12 阶）、卫星独有的太阳辐射模型、太阳和月球重力效应（来自 JPL 太阳星历，DE200），以及 IERS 2003 太阳和月球固体潮汐效应，包括垂直和水平分量。表 3.9 中小结了这些力的大小及它们对 GPS 轨道的影响的分析[46]。

表 3.9 中左侧和右侧的差异量化了星历轨迹和轨道确定中由该分量引起的位置误差。由于描

述 GPS 轨道的运动方程是非线性的，所以 MCS 线性化了关于标称参考轨迹的星历状态[47, 49]。为了支持星历预测，这些星历估计是相对于参考轨迹的历元状态和用于传播到当前或未来时间的轨迹部分（相对于历元）保持的。

表 3.9　干扰卫星轨道的加速力

干扰加速	3 天内的 RMS 轨道差/m				RMS 轨道确定/m			
	径　向	沿 轨 道	跨 轨 道	合　计	径　向	沿 轨 道	跨 轨 道	合　计
地球扁率（C_{20}）	1341	36788	18120	41030	1147	1421	6841	7054
月球引力	231	3540	1079	3708	87	126	480	504
太阳引力	83	1755	431	1809	30	13	6	33
C_{22}, S_{22}	80	498	10	504	3	3	4	5
C_{nm}, S_{nm} （$n, m = 3, \cdots, 8$）	11	204	10	204	4	13	5	15
C_{nm}, S_{nm} （$n, m = 4, \cdots, 8$）	2	41	1	41	1	2	1	2
C_{nm}, S_{nm} （$n, m = 5, \cdots, 8$）	1	8	0	8	0	0	0	0
太阳辐射压	90	258	4	273	0	0	0	0.001

　　MCS 卡尔曼滤波器跟踪地心惯性（ECI）坐标中的卫星星历，并使用一系列旋转矩阵将卫星位置转换成以地球为中心的地球固定（ECEF）坐标。这些 ECI-ECEF 坐标旋转矩阵解释了日月和行星进动、章动、地球自转、极移和 UT1-UTC 效应[65]（极移和 UT1-UTC 地球方位预测由 NGA 每天向 OCS 提供）。

　　MCS 卡尔曼状态估计由三个 ECI 位置和速度值、两个太阳压力、每颗卫星至多三个时钟状态、每个 MS 的一个对流层湿高及两个时钟状态组成。两个太阳压力状态由一个对先验太阳压力模型的缩放参数和一个 Y 体轴加速度组成。卡尔曼滤波器时钟状态包括一个偏差、漂移和漂移率（仅限于铷钟）。为避免数值不稳定，MCS 卡尔曼滤波器以 *U-D* 因式分解的形式建立，其中状态协方差（如 *P*）维持为

$$\boldsymbol{P} = \boldsymbol{U} \cdot \boldsymbol{D} \cdot \boldsymbol{U}^{\mathrm{T}} \tag{3.7}$$

式中，*U* 和 *D* 分别是上三角矩阵和对角矩阵[48]。*U-D* 滤波器改善了 MCS 滤波器估计的数字动态范围，其时间常数从几小时到几周不等。MCS 卡尔曼时间更新的形式为

$$\tilde{\boldsymbol{U}}(t_{k+1}) \tilde{\boldsymbol{D}}(t_{k+1}) \tilde{\boldsymbol{U}}(t_{k+1})^{\mathrm{T}} = [\boldsymbol{B}(t_k) \vdots \hat{\boldsymbol{U}}(t_k)] \begin{bmatrix} \boldsymbol{Q}(t_k) & \vdots & \\ \cdots & \cdots & \cdots \\ & \vdots & \hat{\boldsymbol{D}}(t_k) \end{bmatrix} \begin{bmatrix} \boldsymbol{B}(t_k)^{\mathrm{T}} \\ \hat{\boldsymbol{U}}(t_k)^{\mathrm{T}} \end{bmatrix} \tag{3.8}$$

式中，$\hat{\boldsymbol{U}}(\cdot), \hat{\boldsymbol{D}}(\cdot)$ 和 $\tilde{\boldsymbol{U}}(\cdot), \tilde{\boldsymbol{D}}(\cdot)$ 分别表示先验和后验协方差因子，$\boldsymbol{Q}(\cdot)$ 表示状态过程噪声矩阵，$\boldsymbol{B}(\cdot)$ 表示将过程噪声映射为合适状态域的矩阵。MCS 过程噪声包括卫星和 MS 时钟、对流层湿高、太阳压力和星历速度（后者在径向、沿轨道和跨轨道坐标中[49]）。2 SOPS 使用海军研究实验室提供的在轨 GPS 艾伦和阿达玛时钟特性，定期重新调谐卫星和 MS 时钟过程噪声[50, 51]。MCS 卡尔曼滤波器对标量测量值进行更新，并进行统计上一致的测试以检测异常值（基于测量残差或创新过程[47]）。MCS 测量模型包括时钟多项式模型（高达二阶）、Neill/Saastamoinen 对流层模型[52, 53]、IERS 2003 台站潮汐位移模型（垂直和水平分量）、周期相对论和卫星相位中心改正。

　　由于伪距测量值只是发射卫星和接收 MS 之间的信号传播时间，所以 MCS 卡尔曼滤波器可以估计星历和时钟误差。但是，所有时钟共有的误差都是不可观测的。从本质上讲，已知一个有 n 个时钟的系统时，只有 $n-1$ 个可分离的时钟观测量，剩下的一个处于不可观测状态。早期的 MCS 卡尔曼滤波器设计通过人为地强制一个 MS 时钟为主时钟，并让所有的 MCS 时钟估计值都

参考该工作站，避免了这种不可观测性。为了利用这种不可观测性，基于文献[54]开发的复合时钟理论对 MCS 卡尔曼滤波器进行了改进，并将 GPS 系统时建立为所选有源 AFS 的集合。在每次测量值更新时，复合时钟就会降低时钟估计的不确定性[49]。此外，使用复合时钟，GPS 时间对时到 UTC（USNO）绝对时标（考虑当前的闰秒差异），以便保持与其他授时服务的一致性。来自多个 MS 的卫星的共同视图对于估计过程很关键。时间传递函数的这种闭环提供了全球时标同步，以便实现亚米级的估计性能。鉴于复合时钟的这些优点，国际 GPS 服务（IGS）将其产品转换到了沿复合时钟线的 IGS 系统时[55]。

MCS 卡尔曼滤波器有几个独特的功能。首先，MCS 卡尔曼滤波器被分解成多个更小的小型过滤器，称为分区。由于 20 世纪 80 年代的计算限制，MCS 分离型卡尔曼滤波器是必需的，但是现在这种形式的滤波器可以灵活地从主分区去除性能较差的卫星。在一个分区中，卡尔曼滤波器估计多达 32 颗卫星和所有 MS 状态，并通过分区间的逻辑关系来协调冗余地面估计的同步。其次，MCS 卡尔曼滤波器具有恒定的状态估计，即具有零协方差的滤波器状态（这个特征用于铯和铷 AFS 模型，分别是线性和二次多项式）。经典的卡尔曼理论要求状态协方差是正定的。然而，由于式(3.8)中的 U-D 时间更新及相关的 Gram-Schmidt 因式分解[48]，后验协方差因子 $\tilde{U}(\cdot)$ 和 $\tilde{D}(\cdot)$ 被构建为正半定零协方差。再次，MCS 卡尔曼滤波器支持卡尔曼备份。MCS 卡尔曼备份包括恢复先前的滤波器状态和协方差（直到过去 54 小时），并在不同的滤波器配置下重新处理平滑的测量值。这种备份功能对于管理卫星传统算法或操作员引起的异常的 2 SOPS 至关重要。2 SOPS 可以利用 MCS 卡尔曼滤波器的各种控制来管理特殊事件，包括 AFS 失效、自主卫星喷射点火、AFS 的重新初始化和 AFS 之间的转换、参考轨迹和地球定位参数的变化。自 20 世纪 80 年代初以来，MCS 卡尔曼滤波器一直在不间断地运行，不需要重启滤波器，2007 年从传统系统到 AEP 系统的转换期间也是如此。

3. MCS 上传电文的生成

MCS 上传导航电文是由一系列步骤生成的。首先，使用当时最新的卡尔曼滤波估计值，MCS 生成预测的 ECEF 卫星天线相位中心位置，记为 $[\tilde{r}_{sa}(\cdot\,|\,t_k)]_E$。然后，对于传统的 GPS 信号，MCS 使用导航数据电文星历参数对这些预测位置进行最小二乘拟合。最小二乘拟合的时间间隔为 4 小时或 6 小时，也称子帧（注意，对于扩展操作上传，子帧的拟合时间间隔更长）。15 个轨道元素[29]可用矢量形式表示为

$$\boldsymbol{X}(t_{oe}) \equiv \left[\sqrt{a}, e, M_0, \omega, \Omega_0, i_0, \dot{\Omega}, \dot{i}, \Delta n, C_{uc}, C_{us}, C_{ic}, C_{is}, C_{rc}, C_{rs}\right]^{\mathrm{T}} \tag{3.9}$$

式中用到了一个相关的星历参考时间 t_{oe}，它是使用非线性加权最小二乘拟合生成的。

对于给定的子帧，选择轨道元素 $\boldsymbol{X}(t_{oe})$ 来最小化性能目标：

$$\sum_{\ell} \left\{ \begin{array}{l} ([\tilde{r}_{sa}(t_\ell\,|\,t_k)]_E - g_{eph}(t_\ell, \boldsymbol{X}(t_{oe})))^{\mathrm{T}} \boldsymbol{W}(t_\ell) \\ ([\tilde{r}_{sa}(t_\ell\,|\,t_k)]_E - g_{eph}(t_\ell, \boldsymbol{X}(t_{oe}))) \end{array} \right\} \tag{3.10}$$

式中，$g_{eph}()$ 是一个将轨道元素 $\boldsymbol{X}(t_{oe})$ 映射到 ECEF 卫星天线相位中心位置的非线性函数，$\boldsymbol{W}(\cdot)$ 是一个权值矩阵[29]。

如式(3.10)定义的那样，所有位置矢量及相关权重矩阵均在 ECEF 坐标系中。由于 MCS 误差预算是相对于 URE 定义的，因此将权值矩阵分解为径向、沿轨道和跨轨道坐标，其中径向的权值最大。式(3.10)的权值矩阵为

$$\boldsymbol{W}(t_\ell) = \boldsymbol{M}_{E\leftarrow RAC}(t_\ell) \cdot \boldsymbol{W}_{RAC}(t_\ell) \cdot \boldsymbol{M}_{E\leftarrow RAC}(t_\ell)^{\mathrm{T}} \tag{3.11}$$

式中，$M_{E\leftarrow RAC}(\cdot)$ 是一个从 RAC 到 ECEF 的坐标变换，W_{RAC} 是一个对角的 RAC 权值矩阵。

对式(3.9)中的轨道元素而言，式(3.10)中的性能目标可能会在小偏心率 e 时出现问题，此时引入一个替代轨道集来消除这种问题；具体而言，定义如下三个辅助元素：

$$\alpha = e\cos\omega, \quad \beta = e\sin\omega, \quad \gamma = M_0 + \omega \tag{3.12}$$

这样，相对于其他轨道元素，式(3.10)中的目标函数可被最小化，$\bar{X}(\cdot)$ 具有以下形式：

$$\bar{X}(t_{oe}) \equiv \left[\sqrt{a}, \alpha, \beta, \gamma, \Omega_0, i_0, \dot{\Omega}, i, \Delta n, C_{uc}, C_{us}, C_{ic}, C_{is}, C_{rc}, C_{rs}\right]^T \tag{3.13}$$

三个轨道元素(e, M_0, ω)通过逆映射与辅助元素(α, β, γ)关联：

$$e = \sqrt{\alpha^2 + \beta^2}, \quad \omega = \arctan(\beta/\alpha), \quad M_0 = \gamma - \omega \tag{3.14}$$

式(3.9)中的 $X(\cdot)$ 与式(3.13)中的 $\bar{X}(\cdot)$ 相比，最小化式(3.10)的优点是，辅助轨道元素对小偏心率有很好的定义

式(3.10)和式(3.14)中的最小化问题，可以通过线性化 $g_{eph}()$ 约一个标称轨道元素集［记为 $\bar{X}_{nom}(t_{oe})$ ］来简化：

$$g_{eph}(t_\ell, \bar{X}(t_{oe})) = g_{eph}(t_\ell, \bar{X}_{nom}(t_{oe})) + \left.\frac{\partial g_{eph}(t_\ell, \lambda)}{\partial \lambda}\right|_{\lambda = \bar{X}_{nom}(t_{oe})} \cdot (\bar{X}(t_{oe}) - \bar{X}_{nom}(t_{oe})) \tag{3.15}$$

然后，式(3.10)就可等价地变为

$$\sum_\ell \left\{ \begin{array}{l} ([\Delta\tilde{r}_{sa}(t_\ell|t_k)]_E - P(t_\ell, \bar{X}_{nom}(t_{oe}))\cdot\Delta\bar{X}(t_{oe}))^T \\ \cdot W(t_\ell)\cdot([\Delta\tilde{r}_{sa}(t_\ell|t_k)]_E - P(t_\ell, \bar{X}_{nom}(t_{oe}))\cdot\Delta\bar{X}(t_{oe})) \end{array} \right\} \tag{3.16}$$

式中，

$$[\Delta\tilde{r}_{sa}(t_\ell|t_k)]_E = [\tilde{r}_{sa}(t_\ell|t_k)]_E - g_{eph}(t_\ell, \bar{X}_{nom}(t_{oe})) \tag{3.17}$$

$$P(t_\ell, \bar{X}_{nom}(t_{oe})) = \left.\frac{\partial g_{eph}(t_\ell, \lambda)}{\partial \lambda}\right|_{\lambda = \bar{X}_{nom}(t_{oe})} \tag{3.18}$$

$$\Delta\bar{X}(t_{oe}) = \bar{X}(t_{oe}) - \bar{X}_{nom}(t_{oe}) \tag{3.19}$$

将经典最小二乘技术（见附录 A 中的描述）应用到式(3.16)中的性能目标，得到

$$\sum_\ell \{P(t_\ell, \bar{X}_{nom}(t_{oe}))^T W(t_\ell)P(t_\ell, \bar{X}_{nom}(t_{oe}))\}\Delta\bar{X}(t_{oe})$$
$$= \sum_\ell \{P(t_\ell, \bar{X}_{nom}(t_{0r}))^T W(t_\ell)[\Delta\tilde{r}_{sa}(t_\ell|t_k)]_E\} \tag{3.20}$$

式中，$\Delta\bar{X}(t_{oe})$ 称为差分改正。由于 $g_{eph}()$ 是非线性的，因此式(3.16)中的最优轨道元素是通过连续迭代得到的：首先从一个标称轨道矢量开始，然后使用式(3.20)进行一系列差分改正 $\Delta\bar{X}(t_{oe})$，直到差分改正收敛为 0。

采用类似的方法，可以生成历书导航参数[29]。然后按照 NAV 数据电文格式缩放和截断这些生成的轨道元素 $\bar{X}(\cdot)$。注意，这些轨道元素 $\bar{X}(\cdot)$ 是准开普勒的，代表的是卫星 ECEF 轨迹的局部拟合，不能被用来计算整体轨道特征。

4. 导航上传曲线拟合误差

导航上传导致来自最小二乘拟合及广播电文的 LSB 表示的一些误差。传统的 LNAV 和现代化的 CNAV 导航电文都存在这些误差源。图 3.21 给出了对每颗卫星的每天来说，上述实际测量的卫星钟差和星历拟合误差与传统 NAV 数据电文的生成[56]。对于 2 小时的广播时间间隔和 4 小时的使用（适合）时间间隔，从 2016 年 8 月 17 日起描述了 8 个性能指标：

- 对于轨道拟合：
  - 每颗 SV 的平均上限误差（AVG UBE）。
  - 每颗 SV 的最大 UBE 误差（MAX UBE）。
  - 所有 SV 的平均误差（AVG UBE）。
  - 所有 SV 的最大误差（MAX UBE）。
- 对于星钟偏移：
  - 每颗 SV 的 RMS（RMS CLK）。
  - 每颗 SV 的最大值（MAX CLK）。
  - 所有 SV 的 RMS（RMS CLK）。
  - 所有 SV 的最大值（MAX CLK）。

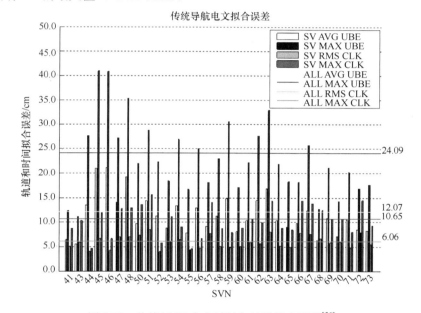

图 3.21　传统 NAV 电文时钟与轨道拟合误差[56]

在图 3.21 中，轨道拟合 RMS AVG 和 RMS 最大误差分别为 12.7cm 和 24.09cm。对于星钟偏移拟合，RMS CLK 和 MAX CLK 分别为 6.06cm 和 10.65cm。由于这个测量值的拟合误差数据为 1 天，所以不包括每日/季节变化。

关于现代化的信号，CNAV 数据电文的表示已用附加的参数和减少的量化误差实现。实际测量的星钟偏差和与改进的 NAV 数据电文相关的星历拟合误差如图 3.22 所示[56]。对于 2 小时的广播时间间隔和 3 小时的使用（拟合）时间间隔，从 2016 年 6 月 7 日起，给出了与图 3.21 中相同的 8 个性能指标。在图 3.22 中，轨道拟合 RMS AVG 和 RMS 最大误差分别为 0.47cm 和 0.82cm。对于星钟偏移拟合，RMS CLK 和 MAX CLK 分别为 0.28cm 和 0.42cm。类似地，就传统的 NAV 数据而言，现代化测量值的拟合误差数据为 1 天，因此不包括每日/季节变化。与图 3.21 的结果进行比较发现，现代化的拟合误差显著降低。

5. MCS 上传电文的传播

一般来说，每颗卫星的 NAV 数据电文至少每天上传一次。传统的 LNAV 和 CNAV 数据电文（见 3.8.1 节和 3.8.2 节）是根据 IS-GPS-200[29]生成的。另外，在导航数据载入卫星存储器后，要检查 MCS-GA 卫星上传的过程。为保证完整性，错误检查过程存在于整个导航服务路径。卫星上传通信协议使数据内容成功传输到卫星机载存储器的可能性最大化。

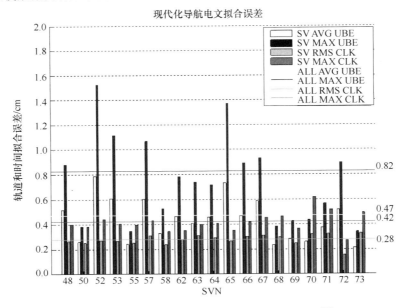

图 3.22   现代化 NAV 电文时钟和轨道拟合误差[56]

NAV 数据基于 MCS 卡尔曼滤波器估计的预测，质量随着数据龄期降低。2 SOPS 监控导航精度，并在精度超过特定门限时执行应急上传。遗憾的是，NAV 数据电文的传播是上传频率与导航精度的折中。为了尽量减少上传的频次，同时维持可接受的导航服务，人们评估了各种上传策略[15, 72]。GPS 导航精度取决于许多因素，包括卫星 AFS 的性能、MS 的数量和位置、测量误差、星历模型和滤波器调整。零日数据龄期（ZAOD）精度的显著提高归功于添加了具有 L-AII 和 AEP 的 NGA MS（如下节所示），以及 IIR 中更稳定的 AFS 和 IIF 卫星。

3.3.2   OCS 的进化

20 世纪 80 年代初，MCS 操作软件就在 IBM 大型机上运行。2007 年 9 月，传统大型机上的 MCS 操作被转移到 AEP OCS，托管在 POSIX 客户端和服务器的分布式架构上[57-60]。AEP 更新是一个面向对象的软件设计，使用跨 1GB 以太局域网（LAN）连接的工作站之间的 TCP/IP 通信协议。AEP 分布式架构将 MCS 操作数据维护在 Oracle 数据库中（使用故障切换策略）。

主要升级构成了这一转变的基础。L-AII 于 2005 年被添加到了传统的 MCS 中[38]。L-AII 升级为传统系统提供了额外的功能，并且帮助传统系统向 AEP 过渡，包括完整的 AII 能力[61, 62]。对于 L-AII 和 AEP，MS 的数量可以增加到共 6 个空军 OCS MS 及多达 14 个 OCS 处理的 NGA MS。这些附加的 NGA MS 为 OCS 提供了连续的 L 波段星座跟踪覆盖。在 L-AII 之前，存在一个长达 2 小时的卫星 L 波段覆盖中断，但此后这个位于南太平洋的空白区不复存在。

L-AII 升级修改了现有的 MCS 大型机方案，以支持分区卡尔曼滤波器中的附加 MS 和卫星。20 世纪 80 年代，MCS 使用了一个由多达 6 颗卫星组成的分区卡尔曼滤波器，每个分区最多可以有 6 个 MS。这种分区滤波器设计是由于计算能力的限制阻碍了 MCS 导航精度。L-AII 升级使得 MCS 能够在一个分区中支持多达 20 个 MS 和多达 32 颗卫星（注意，为支持卫星异常处置，L-AII MCS 卡尔曼滤波器保持了划分和备份能力）。NGA 为 MCS 提供了额外的 MS，包括 15 分钟的平滑、1.5s 的原始伪距和来自哈里斯（前身是 ITT）公司的 MS SAASM 型接收机的载波相位测量值。这些平滑和原始测量值分别用于 MCS 卡尔曼滤波和 LBMON[40]处理。随着这些改进的实施，MCS 卡尔曼滤波器的零龄期数据 URE 减少了近一半[15, 64]，L 波段监测能见度覆盖从 1.5MS/卫星增加到 3～4MS/卫星。图 3.18 中显示了组合的 OCS 和 NGA MS 网络。

　　L-AII 升级（和 AEP）包括针对 MCS 处理的几个模型改进。表 3.10 中小结了传统模型和 AEP 模型。过去 30 年来，美国各个政府机构、研究实验室和国际 GPS 界都开发了改进的 GPS 模型。这些 L-AII/AEP 模型更新的重力场、台站位移和地球定向参数使得 MCS 处理符合 IERS 的规定[65]。JPL 开发的太阳能压力模型改善了卫星星历动态建模能力，其中包括 Y 轴和 β 相关力，其中 β 是太阳-地球连线与卫星轨道面之间的夹角。Neill/Saastamoinen 模型改善了低海拔地区的对流层的模拟[67]。

　　1. 数据的零龄期

　　分析 MCS 建模、估计和上传数据生成的性能的主要方法是计算 ZAOD[37, 70]。ZAOD 的测量值是在传播到未来纪元之前对性能下限的最佳估计（即导航电文的预测）。ZAOD 分析将特定时间的 MCS 卡尔曼滤波器状态与独立的真值标准进行比较。这个度量是根据 URE 计算的。ZAOD URE 性能指标是有价值的，因为它代表了 MCS 卡尔曼滤波器的基精度。这是 GPS NAV 数据电文可以提供给 GPS 用户的最高质量的星历和时间。ZAOD URE 有助于区分 MCS 卡尔曼滤波状态和广播导航数据电文中的问题，以及它们对 GPS 用户总体误差的影响。

表 3.10　传统和 AEP 模型的升级

模　型	传统 MCS 性能[44, 49]	AEP MCS 升级
重力场模型	WGS 84 (8 × 8)重力球谐函数	EGM 96 (12 × 12)重力球谐函数[65]
站点潮汐位移	月球和太阳垂直分量导致的固体潮汐位移	IERS 2003，包括垂直和水平分量[65]
地球方向参数	无纬向或全日/半日潮汐补偿	恢复纬向潮汐补偿，且应用全日/半日潮汐补偿[65]
太阳辐射压力模型	对 Block II/IIA 为 Rockwell Rock42 模型，对 IIR 为 Lockheed Martin Lookup 模型[66]	JPL 开发的经验性太阳压力模型[67]
对流层模型	Hopfield/Black 模型[68, 69]	Neill/Saastamoinen 模型[52, 53]

　　图 3.23 中显示了在 2005 年安装 L-AII 软件和硬件后，ZAOD URE 的改进[37,71]，包括总体、星历和时钟 RMS URE 值，以及总体 URE 的 7 天移动平均值。标记了几个 L-AII 里程碑，并指出了这些里程碑相对于数据的位置。在安装 L-AII 之前，平均 URE 约为 0.45m；在 L-AII 安装之后，它改进为 0.25m。

　　生成 NAV 数据电文后，即使在上传到 SV 之前，ZAOD 状态也会预留，且数据的龄期（及其 NAV 数据错误）会增大。一般来说，GPS 上传每天都要进行。多项分析和研究表明，用户受益于更加频繁的上传导致的导航误差减小，进而减小数据的上传龄期及伴随的广播导航电文错误[72, 73]。

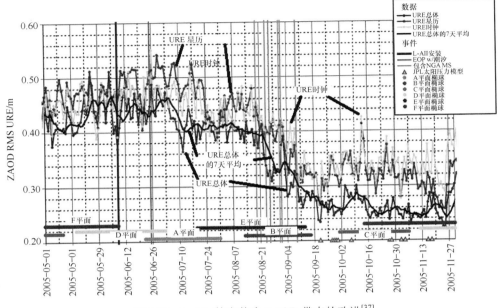

图 3.23　L-All 的安装为 ZAOD 带来的改进[37]

2. OCS 的最近改进

AEP 提供了一系列商用货架（COTS）产品和改进的图形用户界面显示。AEP 设计时考虑到硬件和软件的可扩展性，增加了对 IIF 卫星和现代化信号的支持。近年来，OCS 的可扩展性已经实现了如下的额外升级：

- SAASM 的实施为 GPS 系统提供了下一代安全性。
- AEPMODNAV 改进将现代化导航信号的能力作为一系列端用货架（GOTS）产品的实现。
- 对 GPS 入侵保护强化（GIPR）的修改提供了多级通信安全功能，用于保护数据和基础设施，提高系统的可持续性并满足未来的 GPS 运行要求[74]。
- 对 COTS 升级（CUP）的修改完成了正在进行的 OCS 维护的初始阶段，以便更新或替换过时的 COTS 计算机硬件和软件产品。
- 对 AEP 进行了修改，增加了与 IERS 技术说明第 36 号（TN36）[75]一致的摄取地球定位预测数据的能力。未来，AEP 将支持以 GPS III SV 上传为目的 TN36 坐标转换。完整的 TN36 转换将纳入 MCS 的未来更新。
- CUP 二期（CUP2）对软件和硬件进行了全面修改，改善了 OCS 的信息保障态势和可扩展性。它改进了服务器硬件及操作系统、数据库、网络管理及命令和控制软件。
- MODNAV 二期删除了 GOTS，并将能力集成到了 OCS 中。

随着 AEP 的不断发展，OCS 将增加额外的特性和功能。

3.3.3　OCS 未来计划的升级

在接下来的几年内，OCS 将进行几个主要的升级：

- CUP 第三阶段（CUP 3）修改将完成 AEP 服务器的现代化，并提供 OCS 集成以提高 OCS 的可扩展性。
- GPS 地面天线/AFSCN 接口技术刷新（GAITR）修改将取代 GA 计算设备的过时硬件。

- 监控站技术和能力改进（MSTIC）将提供软件接收机来替代现有的 OCS MS 接收机。
- 新一代操作控制段（OCX）将全面更新和替换当前的 OCS，提供指令、控制和导航数据上传到 GPS Block IIR/IIR-M 和 Block IIF 卫星及全新 GPS III 卫星的全面功能支持。
- OCX 的初始阶段将支持 GPS III 发射、早期在轨测试和异常解决。这个阶段称为启动和结账功能/启动和结账系统（LCC/LCS）。
- GPS III 应急操作（COPS）更新将为 AEP 提供遥测、指挥和导航数据上传功能，以支持前几颗 GPS III 卫星[76]。

3.4　用户段

　　虽然本章的重点是 GPS，但用户接收设备的发展趋势是接收机使用来自一个或多个星座、SBAS 服务和/或区域卫星导航系统的信号[77]。因此，我们将接收机称为 GNSS 接收机。组件小型化和大规模制造技术的发展趋势使得低成本 GNSS 接收机组件越来越普及。GNSS 接收机已嵌入许多日用品，包括手机、相机和汽车。这与系统概念验证阶段中部分 20 世纪 70 年代中期制造的最初接收装置相反。第一代接收机主要是军用模拟设备，其体积庞大并且笨重。根据不同的应用，GNSS 接收机可以采用多种形式来实现，包括单芯片器件、芯片组、OEM（原始设备制造商）板和独立单元。如上所述，GNSS 接收机处理来自多个全球星座、SBAS 和区域卫星导航系统的信号。Hemisphere 公司的 Vector VS330 GNSS COMPASS 就是一个例子，它使用 GPS、GLONASS 和 SBAS 信号提供精确的航向信息。另一个例子是高通公司研发的芯片 SiRF AtlasVI，它使用来自 GPS、SBAS、GLONASS、Galileo、BeiDou 和 QZSS 的信号。在撰写本文时，大多数 GNSS 接收机是集成到全球数十亿部手机中的芯片组或单芯片设备（2014 年为 30.8 亿部[77]）。GNSS 单芯片接收机中的许多采用的都是 BiCMOS SiGe 工艺。BiCMOS SiGe 工艺将射频、模拟和数字器件集成在单个芯片上，并且集成了板上电源管理技术，可以满足手持式设备的小尺寸和低功耗需求[78]。GNSS 接收机的选择取决于用户的应用（例如，民用与军用、平台动力学、冲击与振动环境、所需精度、在辅助 GPS 应用中的用途）。本节概述典型的接收机组件及其选择标准。第 8 章中将详细介绍 GNSS 接收机的架构和信号处理，第 13 章中将介绍移动电话和汽车所用 GNSS 接收机的架构/集成。

3.4.1　GNSS 接收机的特性

　　GNSS 接收机的组成框图如图 3.24 所示。GNSS 接收机由 5 个主要部件组成：天线、接收机前端、处理器、诸如控制显示单元（CDU）的输入/输出（I/O）设备和电源。

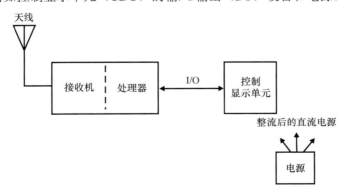

图 3.24　GNSS 接收机的组成框图

1. 天线

卫星信号通过天线接收，采用右旋圆极化（RHCP），提供近半球覆盖。如图 3.25 所示，典型的覆盖范围是 160°，增益从天顶的约 2.5dBic 到 15°仰角附近的约 1dBic（对各向同性的圆极化天线，RHCP 天线的单位增益也可表示为 0dBic = 0dB）。在 15°以下仰角时，增益通常为负值。8.2 节中将详细介绍各类 GNSS 天线及其应用。

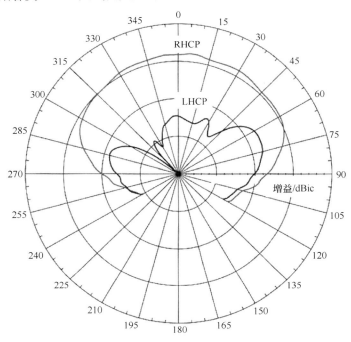

图 3.25　RHCP 半球天线方向图示例

2. 接收机

接收机信号捕获和跟踪操作将在第 8 章中详细介绍，为便于讨论，这里介绍一些高级内容。如上所述，大多数 GNSS 接收机处理来自一个或多个 GNSS 星座、SBAS 服务和区域卫星导航系统的信号。假设可用的接收机类型有多种。最可能的情况是，这些接收机使用双频或三频来实现电离层补偿并增强抗干扰能力。对于安全应用，航空无线电导航业务（ARNS）频带用户需要双频带（L1/E1 和 L5/E5）接收机和天线。使用载波相位测量的高精度应用利用来自两个或三个频点的信号。利用载波相位作为观测量，可以实现厘米级（甚至毫米级）的测量精度（载波相位测量将在 12.3.1.2 节中概述）。

大多数接收机都有多个通道，每个通道在单一频率上跟踪单颗卫星的传输。图 3.26 中显示了一个多通道通用 GNSS 接收机的简化框图。收到的射频 CDMA 卫星信号通常通过无源带通滤波器进行滤波，以减少带外 RF 干扰（注意，可能需要多个预滤波器才能接收来自两个及以上频带的信号，即每个频带一个预滤波器）。

前置滤波器通常紧随前置放大器。然后，RF 信号被下变频到中频（IF）。IF 信号被模数（A/D）转换器采样和数字化。A/D 采样率通常是 PRN 码片速率的 2～20 倍。为满足奈奎斯特准则，最小采样率是码的阻带带宽的 2 倍。过采样降低了接收机对 A/D 量化噪声的灵敏度，进而减少了 A/D 转换器所需的位数。样本被转发到数字信号处理器（DSP）。DSP 包含 N 个并行通道，可同

时跟踪多达 N 颗卫星和相应频率的载波与码（在当前的接收机中，N 一般为 12 到 100 以上）。根据具体的用户应用，一些接收机具有可配置数量的通道[79]。每个通道包含码和载波跟踪环路，执行码和载波相位测量及导航电文数据解调。取决于实现方式，通道可以计算三个不同的卫星到用户的测量值：伪距、载波相位增量（有时也称增量伪距）和综合多普勒。所需测量和解调的导航电文数据被转发给处理器。

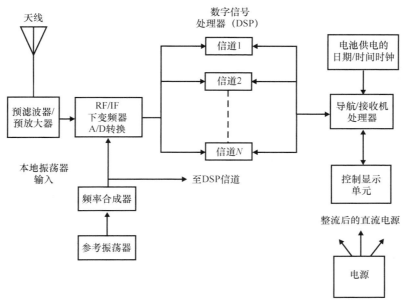

图 3.26　通用 GNSS 接收机

　　注意，专门为在手持式设备中使用而设计的 GNSS 接收机需要能够高效地节能。这些接收机兼顾了对高功率带内干扰器的敏感性，以使电源（如电池）消耗最小。在抗干扰的接收机中，需要高动态范围的接收机前端，并且必要的组件（如具有高互调电平的放大器和混频器）需要高偏置电压电平。此外，RF 前端和数字通道的数量也是权衡性能与功率效率的一部分。

　　3．导航/接收机处理器

　　处理器通常需要通过其操作序列来控制和指挥接收机，它首先从通道中采集信号，然后进行信号跟踪和导航数据采集（为执行信号处理功能，有些 GNSS 接收机在通道电路内具有完整的处理能力）。另外，处理器还可由接收机的测量结果得到 PVT 解。在某些应用中，单独的处理器可能专用于 PVT 和相关导航功能的计算。大多数处理器以 1Hz 的频率提供单独的 PVT 解。然而，指定用于自动飞机精密进近和其他高动态应用的接收机通常需要以最小 5Hz 的频率计算单独的PVT 解。形成的 PVT 解和其他导航相关数据被转发给 I/O 设备。

　　4．输入/输出设备

　　输入/输出（I/O）设备是 GNSS 设备和用户之间的接口。I/O 设备有两种基本类型：整体或外部。对许多应用来说，I/O 设备是一个 CDU。CDU 允许操作员输入数据，显示状态和导航解的参数，它通常可以访问许多导航功能，如航点输入和停留时间。大多数手持式设备都有一个完整的CDU。其他设备，如飞机或船上的设备，可将 I/O 设备与现有仪器或控制面板集成。除了用户和操作员接口，与其他传感器（如 INS）集成的应用需要数字数据接口来输入和输出数据。通用接口包括蓝牙、USB、UART、以太网、ARINC 429、MIL-STD-1553B、RS-232 和 RS-422。

5. 电源

电源可以是整体的和/或外部的。一般来说，碱性电池或锂电池用于整体方案或独立方案，如便携式设备；现有的电源通常适用于集成应用，如服务器中的板载接收机可以提供准确的时间。机载、车载和舰载 GNSS 设备通常使用平台电源，但通常具有内置的电源转换器（交流到直流或直流到直流）和稳压器。通常使用一块内部电池来保持易失性随机存取存储器（RAM）集成电路（IC）中存储的数据，且在平台电源断开的情况下操作内置时钟（日期/时间时钟）。

3.4.1.1　GNSS 接收机的选择

在撰写本文时，全球共有超过 45 家 GNSS 接收机供应商[79]。高通公司提供一些与其他电子功能集成的不同芯片组接收机，但其他公司如 GARMIN 和 Trimble Navigation 提供从手持式设备到汽车和飞机导航仪再到复杂测量接收机的不同终端产品。GNSS 接收机的选择取决于用户的应用。预期的应用会强烈影响接收机的设计、结构和功能。对每种应用，必须检查环境、操作和性能参数。下面给出这些参数的一些例子：

- 冲击和振动要求，温度和湿度极限，以及大气含盐量。
- 必须求出必要的独立 PVT 更新率。例如，对于飞机的精密进近，这一比率与海上油轮的制导不同。
- 接收机是否在网络辅助的 GNSS 应用（如手机）中使用？如果是，那么是辅助移动站还是配置移动站？如果是辅助移动站，那么在网络中计算位置的解。基于网络的处理器处理传统 GNSS 接收机的一些功能。对于基于移动站的配置，在手机内计算位置的解（有关网络辅助 GNSS 的详细信息，请参阅第 13 章）。
- 接收机是否必须在多径环境下工作（如在卫星信号被各种表面反射的建筑物附近或在飞机上）？如果是这样，那么可能需要多径抑制信号处理技术和扼流圈天线（有关多径和多径抑制技术的详细说明见第 9 章）。
- 接收机需要在什么类型的动态条件（如加速度、速度）下操作？战斗机中使用的 GNSS 接收机即使是在多倍重力加速度的情况下也能保持全部性能，而用于测量的设备通常不是针对严酷的动态环境设计的（第 8 章中将介绍适应预期动态的 GNSS 接收机设计指南）。
- 是否需要差分 GNSS（DGNSS）功能（DGNSS 是第 12 章介绍的精度增强技术）？与独立的 GNSS 操作相比，DGNSS 提供更高的精度。大多数接收机都具有 DGNSS 功能。
- 应用是否需要接收称为 SBAS 的地球静止卫星覆盖服务广播的卫星完好性、测距和/或 DGNSS 信息（第 12 章讨论 SBAS）？商业对地同步卫星服务，如 NavCom Starfire 系统，可在全球提供在同一接收机中接收和处理改正的服务。表面上看，似乎是独立接收机系统提供了厘米级精度，但其中涉及一个大型的、基于地面的监测网络和上传系统。
- 需要评估航点存储能力及路线和航段的数量。
- GNSS 接收机是否必须在需要增强抗干扰能力的环境下运行？第 9 章将介绍实现这一点的几种技术。
- 如果接收机必须与外部系统连接，那么是否存在正确的 I/O 硬件和软件？一个例子是用户是否需要由 GNSS 和其他传感器（如 IMU 和/或视觉系统）组成的混合解。
- 就数据输入和显示功能而言，接收机是否需要外部或整体 CDU 功能。一些飞机和船舶使用中继单元,可以从各个物理位置输入或提取数据。必须考虑显示要求,如阳光下可读或夜视镜和护目镜兼容。

- 是否需要本地数据转换或 WGS-84 是否足够?如果需要,接收机是否包含适当的转换?
- 是否需要现场使用的便携性?
- 考虑经济性、物理尺寸和功耗。

上述例子只是 GNSS 集合选择参数的一个样本。在选择接收机之前,必须仔细检查用户应用的要求。多数情形下的选择是折中,要认识到任何 GNSS 集合缺陷对预期应用的影响。

3.5　GPS 大地测量和时标

3.5.1　大地测量

3.5.1.1　GPS ECEF 坐标系:WGS 84

如 2.2.7 节所述,卫星导航系统运营商可以运行自己的跟踪网络,建立自己的 ECEF 坐标系。GPS 就属于这种情况。GPS 广播轨道和时钟时,所用的 ECEF 坐标系是美国国防部的 1984 年世界大地测量系统(WGS 84)[80]。

下面介绍 WGS 84 的 6 个版本。最初的 WGS 84 从 1987 年 1 月 23 日开始用于广播 GPS 轨道。1994 年 6 月 29 日开始使用 WGS 84(G730),其中 G730 代表 GPS 周。WGS 84(G873)于 1997 年 1 月 29 日开始使用,WGS 84(G1150)于 2002 年 1 月 20 日开始使用,WGS 84(G1674)于 2012 年 2 月 8 日开始使用。目前使用的 WGS 84(G1762)于 2013 年 10 月 16 日推出。这些坐标系使得 WGS 84 与 2.2.7 节介绍的国际地球坐标系(ITRF)非常接近。WGS 84(G1762)和 ITRF2008 坐标系之间的 RMS 精度为 1cm[80]。

WGS 84 的 6 个版本使得人们混淆了 WGS 84 与其他坐标系之间的关系,在解释旧参考文献时尤其要注意。例如,最初的 WGS 84 与 1983 年的北美基准(NAD83)是一致的[81],使得人们认为 WGS 84 和 NAD83 坐标系是相同的。然而,如上所述,WGS 84(G1762)与 ITRF2008 是一致的。由于 NAD 83 偏移 ITRF2008 约 2.2m,因此人们认为 NAD 83 坐标系和目前的 WGS 84 版本不同。美国国家大地测量局正在建立一个新坐标系来取代 NAD 83。预计这个新坐标系将在 2022 年使用,且与最新的 ITRF 一致。

WGS 84 还定义了自己的椭球。表 3.11 中给出了适用于表 2.1 的坐标转换参数。

表 3.11　WGS 的椭球参数

半长轴	$a = 6378.137$km
半短轴	$b = 6356.7523142$km
偏心率平方	$e^2 = 0.00669437999014$
第二偏心率平方	$e^2 = 0.00673949674228$

应该指出,这个椭球与 2.2.7 节中描述的 GRS 80 椭球非常接近,但不完全相同。这些 GRS 80 和 WGS 84 椭球的半短轴 b 只差 0.1mm。

GPS CNAV 的 32 型电文传送 2.2.2.2 节所述的地球方位分量[29],它支持 ECI 和 ECEF 坐标系之间的转换。对大多数地面应用而言,可以求解 2.2.2 节所述的 ECEF 中的 GPS 导航问题。

3.5.2　时间系统

3.5.2.1　GPS 系统时

每个 SATNAV 系统都维护有自己的内部参考时标。对于 GPS，这称为 GPS 系统时（见 2.1 节）。GPS 系统时是基于 GPS 卫星中的原子钟和各种 GPS 地面控制段组件的统计处理读数的“纸”时间刻度。GPS 系统时是一个连续的时标，不对闰秒进行调整。

3.5.2.2　UTC（USNO）

如 2.7.2 节所述，每个卫星导航系统都传播 UTC 的一个具体实现。美国海军天文台（USNO）通过提供基准的 UTC 定时参考来支持 GPS。UTC 的这种形式表示为 UTC（USNO）。GPS 系统时和 UTC（USNO）在 1980 年 1 月 6 日 0 时是一致的。在撰写本文时，GPS 系统时要比 UTC（USNO）快 18s。GPS 控制段需要将 GPS 系统时控制在 UTC（USNO）40ns（95%）（模 1s）内，但过去 15 年的实际性能优于 2ns（模 1s）（自 2010 年 11 月以来都小于 750ps[82]）。GPS 系统时的一个时元以周六/周日午夜及 GPS 周数经历的秒数来区分，GPS 周依序编号，第 0 周从 1980 年 1 月 6 日 0 时开始[29]。

接收机上 UTC（USNO）的计算如下。

1.　静态用户

由式(2.44)可以看出，如果用户的位置(x_u, y_u, z_u)和卫星星历表(x_1, y_1, z_1)是已知的，那么静态接收机可以通过单个伪距测量值ρ_1来求解t_u。求出t_u后，就可将其从接收机时钟时间t_{rcv}中减去，得到 GPS 系统时t_E（注意，在 2.5 节介绍的用户位置解中，GPS 系统时被记为T_u，它表示卫星信号到达用户接收机时的瞬时系统时。然而，我们需要表示任何特定时刻的 GPS 系统时，因此使用参数t_E）。

在任何特定的时间，接收机时钟时间可以表示为

$$t_{rcv} = t_E + t_u$$

所以

$$t_E = t_{rcv} - t_u$$

根据 IS-GPS-200[29]和 UTC（USNO），t_{UTC}计算如下：

$$t_{UTC} = t_E - \Delta t_{UTC}$$

式中，Δt_{UTC}表示整数闰秒数量Δt_{LS}及 GPS 系统时和 UTC（USNO）模 1s 之差δt_A的分数估计[控制段在导航数据电文中提供多项式系数（a_0、a_1和a_2），计算 GPS 系统时和 UTC（USNO）的分数差[29]]。

因此，UTC（USNO）或t_{UTC}可由接收机计算如下：

$$t_{UTC} = t_E - \Delta t_{UTC} = t_{rcv} - t_u - \Delta t_{UTC} = t_{rcv} - t_u - \Delta t_{LS} - \delta t_A$$

2.　移动用户

除了解式(2.44)到式(2.47)求出接收机时钟偏移t_u，移动用户也可使用上述方法计算 UTC（USNO）。

3.6　服务

GPS 是双用途系统，即它为民用和军用用户分别提供服务，提供的服务分别称为标准定位服务（SPS）和精确定位服务（PPS）。SPS 是为民用定制的，在撰写本文时，它是全球数千万人

使用的主要卫星导航服务。PPS 主要面向美国及其盟国的军方,供配有 PPS 接收机的用户使用[5]。GPS PPS 的访问是通过密码来控制的。

美国政府保证 SPS 和 PPS 的特定性能级别。这些性能级别已在 SPS 性能规范[3]和 PPS 性能规范[5]中正式给出。

如本书后面特别是第 11 章中介绍的那样,GNSS 的位置和时间精度是三个系统段的误差贡献的函数:空间段、控制段和用户段。在多数情况下,只有空间段和控制段的误差贡献在 GNSS 提供者的控制之下,原因是用户设备(即 GNSS 接收机)既包括手机中的单芯片设备,又包括测量所用的高精度接收机。因此,美国政府只保证 GPS 信号空间(SIS)的准确性和完整性。下面介绍 SPS 和 PPS 性能标准(PS)的关键属性。

3.6.1　SPS 性能标准

3.6.1.1　假设

SPS PS[3]以使用 SPS SIS 的某些假设为条件。以下假设摘自文献[3]。

- SPS 用户:SPS PS 假设 SPS 用户使用 SPS 接收机。SPS PS 假设 GPS 接收机符合由 IS-GPS-200[29]建立的有关空间段和 SPS 接收机之间接口的技术要求。
- C/A 码:SPS PS 假定 GPS 接收机正在跟踪、处理和使用 GPS 卫星发送的 C/A 码信号。伪距测量假设通过 C/A 码跟踪,在 1 码片间隔处使用早-晚相关器,使用 24MHz 处理想截止滤波器带宽内的精确复制波形,线性相位中心在 L1 频点。不采用载波相位测量处理。
- 单频操作:SPS PS 假设 GPS 接收机只有跟踪和使用卫星发送的 L1 上的 C/A 码信号的硬件能力。文献[3]的第 3 节中的性能标准,与 GPS 接收机是否使用卫星传输的电离层参数进行基于单频模型的电离层延迟补偿目的无关。SPS PS 假定 GPS 接收机按照 IS-GPS-200[29]的规定应用单频群延迟校正(T_{GD})项。

3.6.1.2　SPS SIS URE 精度

文献[3]中的表 3.4-1 包含 SPS SIS URE 精度标准。以下是该数据龄期的函数表的摘录(AOD 是 SV 时钟偏移的最新上传与从控制段到 SV 的星历数据之间的时间)。

- 总体 AOD:正常运行期间 95%的全球平均 URE 小于等于 7.8m。
- 零点 AOD:正常运行期间 95%的全球平均 URE 小于等于 6.0m。
- 任何 AOD:正常运行期间 95%的全球平均 URE 小于等于 12.8m。

注意:读者可以参考文献[3],得到其他性能标准的条件和限制(如可用性和完整性)。

3.6.1.3　GPS 星座的几何特性

条件和限制如下:

- 为满足代表性用户条件的位置/时间解定义,且在任何 24 小时间隔内于服务范围内运行。
- PDOP 可用性标准:大于等于不大于 6 的 98%的全球 PDOP,并且大于等于不大于 6 的 88%的最坏站点 PDOP。

3.6.1.4　SPS 位置/时间精度标准

条件和限制如下:

- 为满足代表性用户条件的位置/时间解定义,且在任何 24 小时间隔于服务范围内运行。
- 基于服务量中所有点的平均 24 小时测量间隔的标准。
  - 全球平均位置域精度:95%的水平误差小于等于 9m,95%的垂直误差小于等于 15m。
  - 最差站点位置域精度:95%的水平误差小于等于 17m,95%的垂直误差小于等于 37m。

• 时间转换域精度：95%的时间转换误差小于等于 40ns（仅限于 SIS）。

1. SPS 测量数据

SPS 测量数据包含在美国联邦航空管理局（FAA）每季发布的 GPS SPS 性能分析报告[83]中。该报告包含文献[3]中规定的如下性能类别的测量数据：PDOP 可用性标准、服务可用性标准、服务可靠性标准，以及定位、测距和定时精度标准。

测量数据在如下 28 个广域增强系统（WAAS）参考站点收集：阿拉斯加州贝塞尔；蒙大拿州比林斯；阿拉斯加州费尔班克斯；阿拉斯加州冷湾；阿拉斯加州科策布；阿拉斯加州朱诺；新墨西哥州阿尔伯克基；阿拉斯加州安克雷奇；马萨诸塞州波士顿；华盛顿特区；夏威夷州檀香山；得克萨斯州休斯敦；堪萨斯州堪萨斯城；加利福尼亚州洛杉矶；犹他州盐湖城；佛罗里达州迈阿密；明尼苏达州明尼阿波利斯；加利福尼亚州奥克兰；俄亥俄州克利夫兰；华盛顿州西雅图；波多黎各圣胡安；佐治亚州亚特兰大；阿拉斯加州巴罗；墨西哥梅里达；加拿大甘德；墨西哥塔帕丘拉；墨西哥圣何塞德尔卡沃；加拿大伊奎特。

2. SPS URE 测量数据

根据文献[3]中提到的约束和条件，由图 3.27 可以看出，从 2010 年 4 月 1 日至 2016 年 3 月 31 日，最大的实测 URE 从 3.13m 到 5.96m 不等。这些数据摘自 FAA GPS 性能分析（PAN）报告#70 到#93[83]，报告的下载地址是 http://www.nstb.tc.faa.gov。

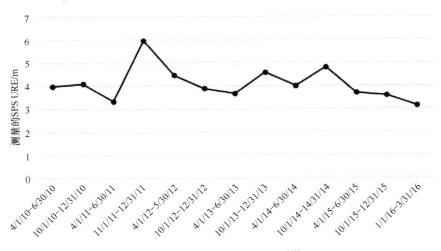

图 3.27　SPS URE 的测量值[83]

3. SPS 定位和时间测量数据

在测量 URE 的同一时段内，为了了解文献[3]中引用的条件和约束，PAN 报告中测量并提供了以下位置和数据：

• 全球平均位置域精度，水平误差。
• 全球平均位置域精度，垂直误差。
• 最差站点位置域精度，水平误差。
• 最差站点位置域精度，垂直误差。
• 时间转换域精度（仅限于 SIS）。

这些数据如图 3.28 所示。

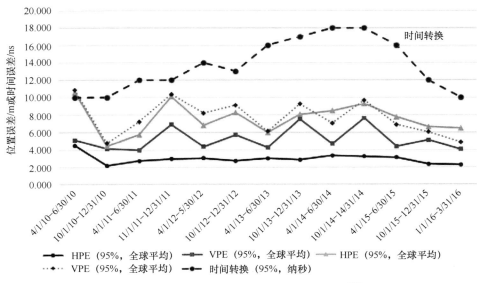

图 3.28　SPS 的位置和时间的最大测量误差[83]

3.6.2　PPS 性能标准

PPS PS 定义了 DoD 向授权 PPS 用户社区提供的 SIS 性能水平。它为航空仪表飞行规则（IFR）所用的 PPS 接收机提供认证，并建立了 GPS 星座必须支持的最低性能水平[5]。

3.6.2.1　假设

对于 PPS 用户操作，存在许多假设，它们包含在文献[5]的 2.4 节中。一些关键的假设如下：

- 拥有加密 GPS 接收机的授权用户。具体来说，假设 GPS 接收机包含当前有效的 PPS 密钥，并且具有能够正确使用这些 PPS 密钥的必要硬件/软件。
- 为得到最佳的 PVT 解，GPS 接收机正在跟踪和使用卫星发送的 Y 码信号。
- 为实现双频、基于测量的电离层设计补偿，具有硬件能力的跟踪和使用 L1 和 L2 上卫星发射的 P(Y)码信号的键控 GPS 接收机，将跟踪和使用这两种信号。
- 具有硬件能力的跟踪和使用 L1 上卫星发射的 P(Y)码信号的 GPS 接收机，将跟踪和使用该信号进行 PVT 解算，接收机将使用卫星传送的电离层参数进行基于单频模型的电离层延迟补偿。
- GPS 接收机将跟踪文献[5]中定义的健康卫星。
- PPS PS 未考虑任何不直接控制空间段或控制段的误差源。可以排除的这些误差在文献[5]的 2.4.5 节中列出，包括接收机噪声、多径及接收机对流层延迟补偿。

3.6.2.2　PPS 精度标准

PPS SIS URE 精度标准见文献[5]中的表 3.4.1。这些标准的一个子集如下：

- NAV 电文中任何健康卫星的双频工作条件和限制：SIS 精度标准，正常运行期间 95%的总体 AOD 的全球平均 URE 小于等于 5.9m，正常运行期间 95%的零 AOD 的全球平均 URE 小于等于 2.6m，正常运行期间 95%的任何 AOD 的全球平均 URE 小于等于 11.8m。
- NAV 电文中任何健康卫星的单频工作条件和限制：忽略单频电离层延迟模型误差，包括 L1 处的群延迟时间校正（T_{GD}）误差。
  - SIS 精度标准：正常运行期间 95%的总体 AOD 的全球平均 URE 小于等于 6.3m，正常运行期间 95%的零 AOD 的全球平均 URE 小于等于 5.4m，正常运行期间 95%的任何 AOD 全球平均 URE 小于等于 12.6m。

- 时域传输域精度［双或单频 P(Y)码］。注意这也定义为 UTC 偏移误差（UTCOE）的精度。文献[5]中对 PPS SIS UTC（USNO）时间精度的定义是：在 USPS 维护的 PPS SIS 中，将 GPS 时间和 UTC 关联起来的参数与 GPS 时间和 UTC（USNO）的真差值的统计差（95%），也称 UTC 偏移量误差（UTCOE）。
- NAV 电文中健康卫星的条件和限制，PPS SIS UTCOE 精度标准：95%的时间转换误差小于等于 40ns。

1. PPS 位置和时间精度标准

上述 SPS PS 中提供的 PDOP 定义未变化（即 SPS 和 PPS 用户的 PDOP 的定义相同）。但是，美国政府并不承诺提供具体的 PPS 位置和时间精度。用户可以根据自己的位置和时间计算 DOP，以及代表 UE 配置的合适用户等效范围误差值(UERE)，进而确定预测精度。第 10 章中将提供 UERE 的示例，第 11 章中将介绍如何求用户位置和 UTC（USNO）。

2. PPS URE 测量数据

图 3.29 中显示了 2016 年 7 月的 4 个 PPS 的 URE 测量数据集[84]。观察发现，这些数据集均符合 PPS PS 精度标准，即在所有 AOD 正常运行期间，全球平均 URE（95%）小于等于 5.9m。注意，AF 和 NGA 监控站测得的 PPS URE 已从 NGA 精密星历和星钟偏移数据中减去。如 3.3.1.1 节所述，这个 NGA 数据可以作为基准数据。由这些曲线，我们可以观察到 URE 的降低，部分原因是 3.3.2 节中介绍的 L-AII 和 AEP 升级与模型改进，以及发射具有稳定时钟技术的新卫星来替换不稳定的老卫星。在四条曲线中，两条曲线显示了星座中最差卫星（即最大 URE 的贡献者）对 95%误差和 RMS 误差的贡献，另外两条曲线显示了对整个星座来说相同的误差表示。尽管如此，URE 的稳步下降是由用户位置和时间精度的提升导致的。

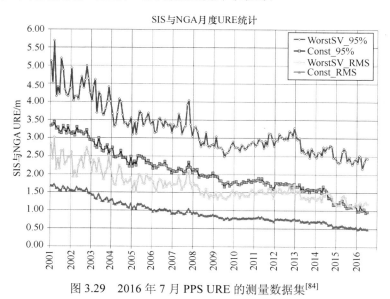

图 3.29　2016 年 7 月 PPS URE 的测量数据集[84]

图 3.30 中显示了 2016 年 7 月每颗卫星的 URE 贡献[84]。可以看到，SVN 44 贡献了最大的 URE，而 SVN 55 贡献了最小的 URE。URE 不同的主要原因是一些卫星具有更好的执行时钟。

这些变化也可能是季节性的，因为目前的模型在日食期间往往会出现一些故障。整个星座 95% 的 SIS URE 为 0.971m，RMS URE 为 0.491m。

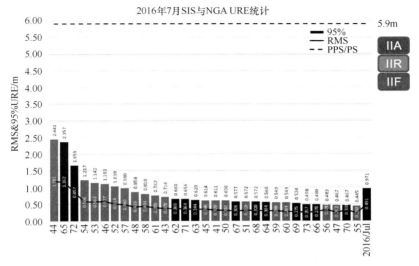

图 3.30　2016 年 7 月 PPS URE 的测量数据：卫星排名[84]

3.7　GPS 信号

本节介绍由 GPS 卫星发送的包括传统信号在内的导航信号，它是自 1978 年发射第一颗卫星以来每颗运行中的 GPS 卫星广播的信号集。如本章前面所述，目前正在对 GPS 星座进行现代化改造。本节还将介绍正在引入的现代化导航信号，以及传统和现代化信号的导航数据结构与内容。

3.7.1　传统信号

传统 GPS 卫星在两个载波频率上传输导航信号，主频率称为链路 1（L1），副频率称为链路 2（L2）。L1 的频率为 1575.42MHz，L2 的频率为 1227.6MHz。两个载波的频率间隔选为几百兆赫兹，以便用户设备估算信号通过电离层时经历的延迟。载波频率和调制波形全部使用由铷或铯 AFS 驱动的公共频率源在每颗 GPS 卫星上连贯地生成。在地面或地面附近的观测者看来，标称参考频率 f_0 是 10.23MHz，但通常将它设为一个稍低的频率，以便与 SV 一起移动的观测者补偿相对论效应。卫星频率标准的输出（在与 SV 一起移动的观测者看来）是 10.23MHz，偏移为 $\Delta f/f$ = 4.467×10^{-10}。于是有 Δf = 4.57×10^{-3}Hz 和 f_0 = 10.22999999543MHz[29]。本节剩余部分给出的频率值参考的都是它们在地面或地面附近出现的方式（10.2.3 节中将详细探讨 GNSS 相对论效应和相关补偿技术）。

载波频率通过扩展波形进行调制，扩展时使用与每颗卫星关联的唯一 PRN 序列及导航数据。所有 GPS 卫星都在相同的载波频率上传输，但由于 PRN 码的调制特性，它们的信号互不干扰。由于每颗卫星都被分配了唯一的 PRN 码，且所有 PRN 码序列几乎彼此不相关，因此可以分离和检测卫星信号。如 2.4.2.2 节所述，在多个发射机（卫星）之间共享公共载波频率的技术称为**码分多址（CDMA）**。

如图 3.31 所示，在传统的 GPS 卫星中，L1 频率（154f_0）由两个 PRN 测距码调制：粗码/采集码（C/A 码）和精密码（P 码）。当 GPS SV 处于反欺骗（A-S）操作模式时，加密 P 码，目前我们总是遇到这种情形。加密后的 P 码称为 Y 码，在任何一种操作模式（A-S 开或 A-S 关）下，我们通常将 P 代码称为 P(Y)码。C/A 码的码片速率为 1.023Mchips/s（$= f_0/10$），P 码的码片速率为 10.23Mchips/s（$= f_0$）。L1 上的 C/A 码和 P(Y)码都是由 50bps 的导航数据调制的。

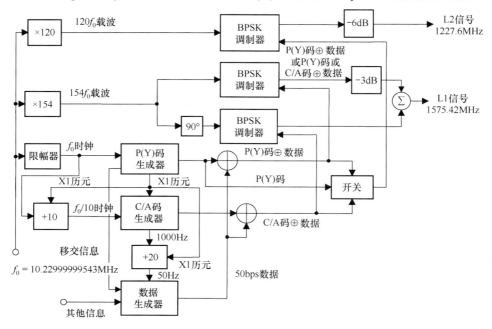

图 3.31   传统 GPS（Block II/IIA/IIR）卫星信号生成

如图 3.31 所示，在传统（如 Block II/IIA/IIR）卫星上，L2 频率（$120f_0$）可以在任何给定的时间按如下方式进行调制：（1）有导航数据的 P(Y)码；（2）无导航数据的 P(Y)码；（3）有导航数据的 C/A 码。在这些选项中，有导航数据的 P(Y)码最常见。在 Block IIR-M 和后来的 GPS SV 上，可以在 L2 上有或没有导航数据的情况下广播传统码［C/A 和 P(Y)］[29]，但在 L2 上最常见的模式是只有一个带 50bps 导航数据的传统码 P(Y)（及本节后面将要介绍的现代化信号）。

P(Y)码表面上只在 PPS 用户于卫星的 A-S 模式下加密时可用。但是，有些民用用户设备已被设计为能够跟踪加密的 P(Y)码。这种设备中使用的技术称为无代码或半代码处理技术，详见 8.7.4 节。

过去，C/A 码和 P(Y)码以及 L1 和 L2 载波频率都要经过加密的时变频率偏移（称为抖动），以及加密的星历和历差偏移误差，这称为选择可用性（SA）。SA 阻止独立 SPS 用户获得 GPS 的完全准确性。然而，从 2000 年 5 月 1 日起，所有 GPS 卫星上的 SA 都被禁用。美国没有再次启用 SA 的意图[1]，所以不再讨论这个问题。

注意，如图 3.31 所示，在使用 L1 载波进行调制前，相同的 50bps 导航电文数据模 2 后加到 C/A 码和 P(Y)码上。调制过程使用了异或逻辑门 ⊕。由于 C/A 码数据和 P(Y)码数据都是同步操作的，所以位转换速率不能超过 PRN 测距码的码片速率。还要注意的是，调制带有 PRN 测距码和导航数据的载波信号时使用了 BPSK（见 2.4.2.1 节）。P(Y)码 ⊕ 数据用 L1 上的 C/A 码 ⊕ 数据同相调制。如图 3.31 所示，L1 载波在被 C/A 码 ⊕ 数据 BPSK 调制前相移了 90°。然后，这个结果与被 P(Y)码 ⊕ 数据 BPSK 调制的 L1 的衰减输出结合。图 3.32 中的矢量相位图说明了 L1 上的 P 码和 C/A 码之间的 3dB 幅度差与相位关系。图 3.33 中显示了 P 码 ⊕ 数据和 C/A ⊕ 数据的结果。

如图 3.33 所示，异或处理等同于两个 1 位值的二进制乘法，得到 1 位积，所用的规则是逻辑 0 为正，逻辑 1 为负。数据历元之间存在 20460 个 P(Y)码历元和 20460 个 C/A 码历元，因此数据调制相位在 PRN 码序列中可能发生变化的次数相对较少，而频谱变化由于传统 GPS 信号中的数据调制非常显著。

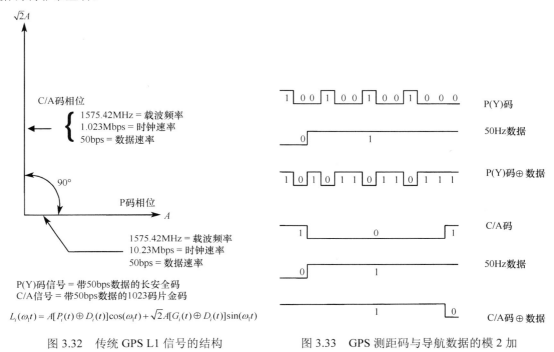

图 3.32　传统 GPS L1 信号的结构　　　　图 3.33　GPS 测距码与导航数据的模 2 加

　　图 3.34 中说明了一个 P(Y)码 ⊕ 数据转换和一个 C/A 码 ⊕ 数据转换的 BPSK 调制之前和之后，信号波形的出现方式。每个 P(Y)码片都有 154 个载波周期，L1 上的每个 C/A 码片有 1540 个载波周期，所以 L1 载波的相移相对较少。尽管还有其他的卫星模式[29]，L2 频率（1227.60MHz）最常使用一个传统信号来调制，即 P(Y)码 ⊕ 数据。L2 上的每个 P(Y)码片有 120 个载波周期，所以 L2 载波上的相移相对较少。表 3.12 中小结了 L1 和 L2 上的 GPS 信号结构。

　　如 3.2.3.2 节所述，为提高可靠性，每颗卫星中都有冗余的 AFS。例如，Block IIF 卫星上有一个铯原子标准和两个铷原子标准。CS 一次只选择一个原子标准来驱动卫星上的参考频率生成器。重要的是，10.23MHz 的参考频率与铷钟或铯钟的固有频率无关。选择这个频率的目的是在时钟为 $f_0/10$ 时，让长度为 1023 的 C/A 测距码在方便的时间间隔（1ms）内重复。

3.7.1.1　PRN 测距码的生成

　　图 3.35 中描述了直接序列 PRN 测距码生成的高层框图，它用于 GPS C/A 码和 P(Y)码生成，以便实现 CDMA 技术。每个合成的 PRN 码都由另外两个码生成器导出。第二个码生成器的输出相对于第一个码生成器的输出延迟后，使用一个异或电路组合它们的输出。延迟量是可变的。与延迟量相关的是 SV PRN 号。在 P 码情形下，P 个芯片中最初只有 37 个与 PRN 号相同的延迟为整数的 PRN 码。近年来，增加了一个有 26 个 P 码（PRN 38-63）的扩展集，它通过将原始 37 个序列中的 26 个序列（1 周以上）循环移位对应于 1 天的量生成。对于 C/A 码，延迟对于每颗卫星来说是唯一的，所以与 PRN 号只有查表关系。表 3.12 中列出了 PRN 1 至 37 的延迟。P 码和

C/A 码的 PRN 扩展集见文献[29]。C/A 码延迟可由一种简单但等效的技术来实现，这种技术不需要延迟寄存器，详见下面几段中的说明。

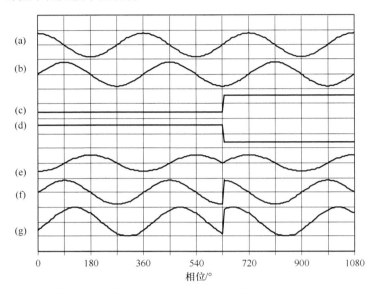

图 3.34   GPS L1 载波调制：(a) L1 载波（0°相位）；(b) L1 载波（90°相位）；(c) P(Y)码 ⊕ 数据；(d) C/A 码 ⊕ 数据；(e) L1 载波（0°相位）上 BPSK 调制后的 P(Y)码 ⊕ 数据，衰减为 3dB；(f) L1 载波（90°相位）上 BPSK 调制后的 C/A 码 ⊕ 数据；(g)复合调制后的 L1 载波信号

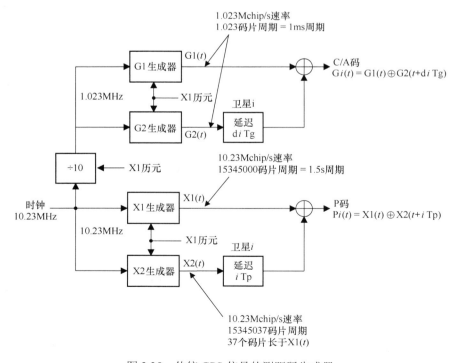

图 3.35   传统 GPS 信号的测距码生成器

表 3.12　传统 GPS 信号结构

信号名称	L1	L2
载波频率（MHz）	1575.42	1227.60
PRN 测距码（Mchips/s）	P(Y) = 10.23 和 C/A = 1.023	P(Y) = 10.23 和/或 C/A = 1.023*
导航电文数据调制（bps）	50	50**

*在传统卫星（Block II/IIA/IIR）上，只有一个传统码［C/A 或 P(Y)］可在 L2 上调制。在更新的卫星（Block IIR-M/IIF, GPS III）上，一个或两个传统码都可在 L2 上调制。然而，对于所有的 GPS 卫星，L2 上最常见的传统信号是 P(Y)码。**50Hz 导航数据电文通常在 L2 的传统信号上调制，但在某些可用模式下可以关闭（见文献[29]）。

GPS C/A 码是 Gold 码[85]，其序列长度为 1023 位（码片）。由于 C/A 码的码片速率为 1.023MHz，因此伪随机序列的重复周期为 1023/(1.023×10⁶)或 1ms。图 3.36 中说明了 GPS C/A 码生成器的设计架构。图中未包含设置或读取寄存器或计数器的相位状态所需要的控件。有两个 10 位移位寄存器 G1 和 G2，它们生成最大长度的 PRN 码，长度为 $2^{10} - 1 = 1023$ 位（移位寄存器不能进入的一种状态是全零状态）。通常用形如 $1 + \Sigma X^i$ 的多项式来描述线性代码生成器的设计，其中 X^i 表示移位寄存器的第 i 个单元被用作模 2 加法器的输入（异或），1 表示加法器的输出被馈送到第一个单元[86]。C/A 码的设计规范要求 G1 移位寄存器的反馈抽头连接到阶段 3 和 10。这些寄存器状态由一个异或电路组合，并反馈到阶段 1。描述这种移位寄存器架构的多项式是 $G1 = 1 + X^3 + X^{10}$。表 3.13 中小结了 C/A 码和 P 码生成器移位寄存器的多项式和初始状态。G1 直接输出序列和 G2 直接输出序列的延迟序列被馈送到为每颗卫星生成唯一 C/A 码的异或电路。G2 PRN 码中的等效延迟效应，由输出是 G21 的两个抽头的所选位置的异或得到。这是因为最大长度的 PRN 码序列具有如下性质，即添加到自身的相移序列中后，它不会改变，只是简单地得到另一个相位。图 3.36 中 G2 移位寄存器的两个抽头的功能是将 G2 中的码相位相对于 G1 中的码相位移位，而不需要额外的移位寄存器来执行延迟。每个 C/A 码 PRN 号与 G2 上的两个抽头位置相关联。表 3.13 中描述了所有定义的 GPS PRN 号的这些抽头组合，还指定了 C/A 码片中的等效直接序列延迟。这些 PRN 号的前 32 个为空间段预留。PRN 33 至 PRN 37 最初为其他用途预留，如地面发

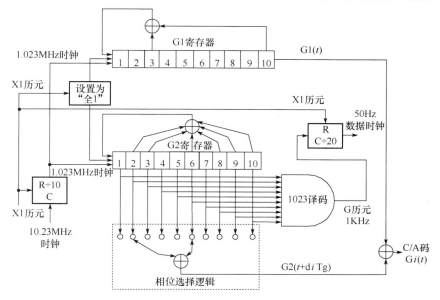

图 3.36　C/A 码生成器

表 3.13 C/A 码和 P 码的码相位赋值和初始码序列

SV PRN 号	C/A 码抽头选取	C/A 码延迟（码片）	P 码延迟（码片）	前 10 个 C/A 码片（八进制）[1]	前 10 个 P 码片（八进制）[1]
1	2 ⊕ 6	5	1	1440	4444
2	3 ⊕ 7	6	2	1620	4000
3	4 ⊕ 8	7	3	1710	4222
4	5 ⊕ 9	8	4	1744	4333
5	1 ⊕ 9	17	5	1133	4377
6	2 ⊕ 10	18	6	1455	4355
7	1 ⊕ 8	139	7	1131	4344
8	2 ⊕ 9	140	8	1454	4340
9	3 ⊕ 10	141	9	1626	4342
10	2 ⊕ 3	251	10	1504	4343
11	3 ⊕ 4	252	11	1642	4343
12	5 ⊕ 6	254	12	1750	4343
13	6 ⊕ 7	255	13	1764	4343
14	7 ⊕ 8	256	14	1772	4343
15	8 ⊕ 9	257	15	1775	4343
16	9 ⊕ 10	258	16	1776	4343
17	1 ⊕ 4	469	17	1156	4343
18	2 ⊕ 5	470	18	1467	4343
19	3 ⊕ 6	471	19	1633	4343
20	4 ⊕ 7	472	20	1715	4343
21	5 ⊕ 8	473	21	1746	4343
22	6 ⊕ 9	474	22	1763	4343
23	1 ⊕ 3	509	23	1063	4343
24	4 ⊕ 6	512	24	1706	4343
25	5 ⊕ 7	513	25	1743	4343
26	6 ⊕ 8	514	26	1761	4343
27	7 ⊕ 9	515	27	1770	4343
28	8 ⊕ 10	516	28	1774	4343
29	1 ⊕ 6	859	29	1127	4343
30	2 ⊕ 7	860	30	1453	4343
31	3 ⊕ 8	861	31	1625	4343
32	4 ⊕ 9	862	32	1712	4343
33[2]	5 ⊕ 10	863	33	1745	4343
34[2]	4 ⊕ 10[3]	950[3]	34	1713[3]	4343
35[2]	1 ⊕ 7	947	35	1134	4343
36[2]	2 ⊕ 8	948	36	1456	4343
37[2]	4 ⊕ 10[3]	950[3]	37	1713[3]	4343

1. 在该列所示 C/A 码的前 10 个码片的八进制表示中，第一个数字（1）表示第一个码片的 1，最后三个数字是其余 9 个码片的常规八进制表示。例如，SV PRN 1 C/A 码的前 10 个码片是 1100100000。
2. PRN 33 至 37 是为其他用途（如伪卫星）预留的。
3. C/A 34 和 37 相同。

射机（也称伪卫星）。在撰写本文时，只为这一应用预留了 PRN 33。在 GPS 的阶段 I（概念演示阶段）中使用伪卫星来验证卫星发射前系统的运行和准确性，并与最早的卫星结合使用。C/A 码 34 和 37 是相同的。传统 C/A PRN 码已被扩展，用于 GPS 卫星和许多增强系统，其现代化设计细节请参阅文献[29]。

    GPS P 码是用 X1A、X1B、X2A 和 X2B 四个 12 位移位寄存器生成的 PRN 序列。这类移位寄存器架构的详细框图如图 3.37 所示[29]。图中未包括设置或读取寄存器和计数器的相位状态所需要的控件。注意，X1A 寄存器的输出通过一个异或电路与 X1B 寄存器的输出组合，形成 X1 码生成器，X2A 寄存器的输出通过一个异或电路与 X2B 寄存器的输出组合，形成 X2 码生成器。X2 的组合结果被反馈到码片中 SV PRN 号的移位寄存器延迟，然后通过一个异或电路与 X1 复合结果组合，生成 P 码。采用这种移位寄存器架构，P 码序列的长度将超过 38 周，但它被划分为 37 个唯一的序列，这些序列是在 1 周结束时被截断的。因此，每个 PRN 码的序列长度为 6.1871×10^{12} 个码片，重复周期为 7 天。

P 码的设计规范要求 4 个移位寄存器中的每个都有一组反馈抽头，这些反馈抽头通过一个异或电路组合在一起，并反馈到它们各自的输入级。描述这些反馈移位寄存器架构的多项式如表 3.14 所示，逻辑图如图 3.37 所示。

表 3.14 GPS 码生成多项式及初始状态

寄 存 器	多 项 式	初始状态
C/A 码 G1	$1 + X^3 + X^{10}$	1111111111
C/A 码 G2	$1 + X^2 + X^3 + X^6 + X^8 + X^9 + X^{10}$	1111111111
P 码 X1A	$1 + X^6 + X^8 + X^{11} + X^{12}$	001001001000
P 码 X1B	$1 + X^1 + X^2 + X^5 + X^8 + X^9 + X^{10} + X^{11} + X^{12}$	010101010100
P 码 X2A	$1 + X^1 + X^3 + X^4 + X^5 + X^7 + X^8 + X^9 + X^{10} + X^{11} + X^{12}$	100100100101
P 码 X2B	$1 + X^2 + X^3 + X^4 + X^8 + X^9 + X^{12}$	010101010100

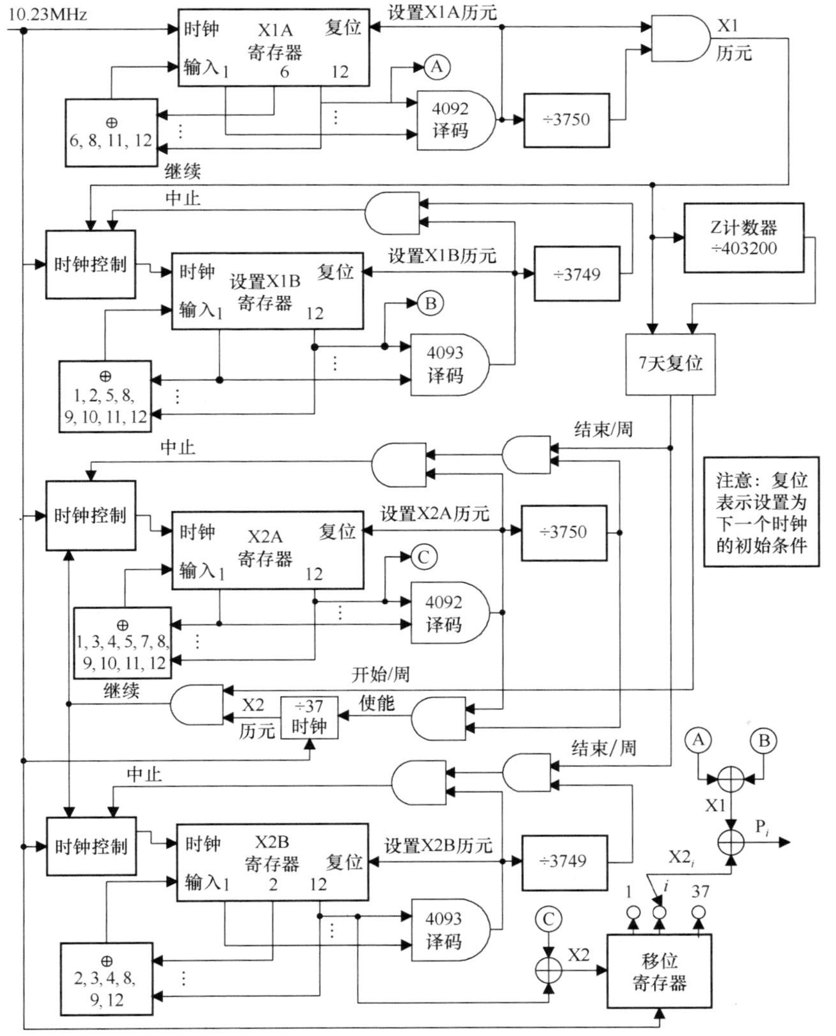

图 3.37 P 码生成器

　　参考图 3.37，发现所有 4 个反馈移位寄存器的自然周期都被截断。例如，X1A 和 X2A 在 4092 个码片后都被复位，消除了自然的 4095 个码片序列中的最后三个码片。寄存器 X1B 和 X2B 在 4093 个码片后都被复位，消除了自然的 4095 个码片序列中的最后两个码片。这就使得 X1B 序列的相位相对于每个 X1A 寄存器周期的 X1A 序列滞后一个码片。因此，X1A 和 X1B 寄存器之间存在相对的相位进动。在 X2A 和 X2B 之间出现了类似的相位进动。当 GPS 周开始时，所有移位寄存器都被同时设置为初始状态，如表 3.14 所示。此外，当每个 X1A 周期结束时，X1A 移位寄存器被复位为初始状态。当每个 X1B 周期结束时，X1B 移位寄存器被复位为初始状态。当每个 X2A 周期结束时，X2A 移位寄存器被复位为初始状态。当每个 X2B 周期结束时，X2B 移位寄存器被复位为初始状态。A 和 B 寄存器的输出（第 12 级）通过异或一个电路组合，形成一个由 X1A $\oplus$ X1B 导出的 X1 序列和一个由 X2A $\oplus$ X2B 导出的 X2 序列。X2 序列被 i 个码片（对应于 SV_i）延迟，形成 $X2_i$。SV_i 的 P 码是 $P_i = X1 \oplus X2_i$。

　　X2A/X2B 移位寄存器与 X1A/X1B 移位寄存器之间也存在相位进动，它表现为 X2 历元和 X1 历元之间每个 X1 时段 37 个码片的相位进动。图 3.37 中除以 37 的计数器，使得 X2 周期要比 X1 周期长 37 个码片。这个阶段岁差的细节如下。X1 历元定义为 3750 个 X1A 周期。当 X1A 循环通过 3750 个这样的周期或 3750×4092 = 15345000 个码片时，出现 1.5s 的 X1 历元。当 X1B 循环通过 3749 个周期（每个周期 4093 个码片）或 15344657 个码片后，它相对于额外的 343 个码片保持静止，即中止时钟控制直到 1.5s 的 X1A 周期后恢复它，以便与 X1A 对齐。因此，X1 寄存器的组合周期为 15345000 个码片。X2A 和 X2B 的控制方式分别与 X1A 和 X1B 的相同，但有一点不同：在 1.5s 内完成 15345000 个码片后，X2A 和 X2B 通过中止时钟控制直到 X2 历元（除以 37 计数器的输出）或本周开始时恢复它。因此，X2 寄存器的组合周期为 15345037 个码片，它要比 X1 寄存器的长 37 个码片。

　　注意，如果 P 码是由 X1 $\oplus$ X2 生成的，并且在本周末尾未复位，那么它的潜在序列长度为 15345000 × 15345037 = 2.3547×10^{14} 个码片。当码片率为 10.23×10^6 时，这个序列的周期为 266.41 天或 38.058 周。然而，由于序列在周末被截断，因此每颗卫星只使用该序列中的一周，且有 38 个唯一的一周 PRN 序列可用。如 C/A 码情形中那样，前 32 个 PRN 序列最初是为 GPS 空间段预留的，且 PRN 33 至 37 为其他用途（如伪卫星）预留。PRN 38 P 码有时被用作 P(Y)码 GPS 接收机中的测试码，并且产生一个参考噪声电平（由于最初的接口规范，不能将它与使用的任何 SV PRN 信号联系起来）。然而，近年来，如前所述，已使用最初的 PRN 1-26 测距码的 1 天延迟选择了一组扩展的 P 码（PRN 38-63），且现在只有 PRN 33 是为其他用途预留的。

　　每颗卫星的唯一 P 码是 X2 输出序列中不同延迟的结果。表 3.12 中显示了每个 SV PRN 号的 P 码码片中的延迟。P 码码片中的 P 码延迟与它们各自的 SV 的 PRN 号相同，但 C/A 码码片中的 C/A 码延迟与它们的 PRN 号不同。C/A 码延迟通常要比它们的 PRN 号长得多。通常通过编程 G2 移位寄存器上的抽头选择来合成传统 GPS 接收机的复制 C/A 码。

　　表 3.12 中还显示了从一周开始的八进制格式的前 10 个 C/A 码码片和前 12 个 P 码码片。例如，PRN 5 C/A 码的前 10 个码片的二进制序列是 1001011011，PRN 5 P 码的前 12 个码片的二进制序列是 100011111111。注意，PRN 10 到 PRN 37 的前 12 个 P 码码片是相同的。P 码的这一码片数量微不足道，因此序列的差异直到后面的序列才变得明显。

3.7.1.2　功率电平

　　表 3.15 中小结了三个传统 GPS 信号的最小接收功率电平，不包括在 L2 上广播 C/A 码的很少使用的 GPS 卫星模式。这些电平用相对于 1W 的分贝数（dBW）表示。指定的接收 GPS 信号

功率[29]基于用户天线收到的信号，后者以 3dB 的增益线性极化，通常会旋转，以便实现最大的极化失配损耗。这对应于具有单位增益的理想 RHCP 天线，单位增益表示为 0dBic（即相对于各向同性圆极化天线的 0dB 增益）。规范中使用的是线性极化天线，因为：（1）不可能建造完美的 RHCP 天线；（2）通过国家计量机构，可以使用能够溯源到国际计量局的增益校准来建造和校准线性极化天线；（3）对于这样的参考用户天线，如果用户天线被定义为 0dBic RHCP，那么卫星天线极化特性的任何缺陷都不会导致用户的功率损耗。

表 3.15   接收到的最小传统 GPS 信号功率电平

卫星代块	L1 C/A 码	L1 P(Y)码	L2 P(Y)码
IIA/IIR	−158.5	−161.5	−164.5
IIR-M/IIF/III	−158.5	−161.5	−161.5

图 3.38 表明，当卫星位于两个仰角位置时，接收功率最小：用户 5°仰角和用户天顶。在这两个仰角之间，最小接收信号功率电平对 L1 信号逐渐增至最大 2dB，对 L2 信号功率电平逐渐增至最大 1dB，然后降低到规定的最小值。出现这种特性的原因是，卫星发射天线阵上的成形波束方向图只能匹配对应地心和接近地球边缘的角度所需的最小增益，使得发射天线阵增益在这些最低点之间稍有增加。用户的天线增益方向图通常在天顶处最大，在水平 5°及以上和低仰角处最小。

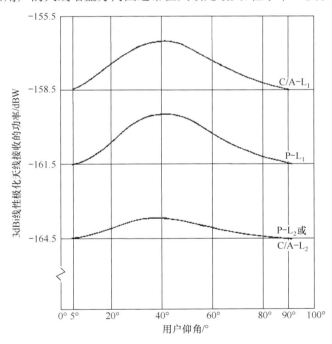

图 3.38   用户接收到的最小信号功率电平

对 L1 通道上的 C/A 码和 P(Y)码分量，接收到的信号电平预计分别不超过−153dBW 和−150.0dBW，而对 L2 上的任何一个信号分量，接收到的信号电平预计不超过−155.5dBW。一般来说，当卫星是新卫星时，卫星的信号功率处于最大电平，并且几乎保持不变，直到寿命结束。因此，对于 L1 C/A 码、L1 P(Y)码和 L2 P(Y)码（或 L2 C/A 码），在卫星寿命期内保证最小功率以上的信号功率变化预计分别小于 5.5dB、11.5dB 和 6dB。注意，这些是传统最大功率限制。在较新的卫星上，现代化的柔性功率操作模式有意地增大了 P(Y)码和 M 码的功率。

表 3.16 以最小用户接收功率电平为起点，给出了摘自文献[87]的 Block II GPS 卫星的导航卫星信号功率预算。表中显示了离轴角为 14.3° 的最坏情况下的输出功率电平，以及大气损耗为 0.5dB 的最坏情况下的输出功率电平。参考表 3.16，L1 C/A 码使用单位增益发射天线提供信号功率的链路预算为 $-158.5 - 3.0 + 184.4 + 0.5 + 3.4 = 26.8\text{dBW}$。由于卫星 L1 天线阵在离轴角为 14.3° 的最坏情况下的 C/A 码最小增益为 13.4dB，因此 C/A 码的最小 L1 天线发射功率为 $\log^{-1}[(26.8 - 13.4)/10] = 21.9\text{W}$。注意，必须向卫星天线阵发送至少 32.6W 的 L1 功率和 6.6W 的 L2 功率（共 39.2W），才能维持规范要求。高功率放大器（HPA）组件的效率决定卫星必须提供多少实际功率。

表 3.16   Block II SV L1 和 L2 信号功率预算[87]

	L1 C/A 码	L1 P 码	L2
用户最小接收功率	−158.5dBW	−161.5dBW	−164.5dBW
用户线性天线增益	3.0dB	3.0dB	3.0dB
自由空间传播损耗	184.4dB	184.4dB	182.3dB
总大气损耗	1.5dB	1.5dB	1.5dB
卫星极化失配损耗	3.4dB	3.4dB	4.4dB
所需的卫星 EIRP	+26.8dBW	+23.8dBW	+19.7dBW
SV 天线增益 @14.3°最坏情况离轴角	13.4dB	13.5dB	11.5dB
所需的最小卫星天线输入功率	+13.4dBW, 21.88W	+10.3dBW, 10.72W	+8.2dBW, 6.61W

3.7.1.3 传统导航数据

如前所述，C/A 码和 P(Y) 码信号在 L1 和 L2 上都用相同的 50bps 导航数据进行调制。该数据为用户提供计算每颗可见卫星的精确位置和每个导航信号的传输时间所需要的信息。该数据还包括一组重要的辅助信息，如协助接收机捕获新卫星、将 GPS 系统时转换为 UTC（见 3.5.2.2 节）及校正多个影响测距的误差。本节概述传统 GPS 导航（LNAV）电文的主要功能。更完整的介绍，请读者参阅文献[29]。

GPS LNAV 导航电文在 5 个 300 比特的子帧中传输，如图 3.39 所示。每个子帧本身由 10 个 30 位字组成。在导航电文的每个字中，最后 6 位用于奇偶校验，为用户设备提供解调期间检测误码的能力。错误检测采用汉明码[32, 26]。5 个子帧按从子帧 1 开始的顺序发送。子帧 4 和 5 各自都由 25 页组成，以便在首次通过这 5 个帧时，广播（帧 4 和 5 的）第 1 页。下次通过这 5 个子帧时，广播第 2 页，以此类推，直到广播第 25 页，然后再次开始子帧 4 和 5 的分页序列。如果没有数据丢失，那么读取全部 5 页需要 30s，接收机读取全部 25 页需要 12.5 分钟（$25 \times 30 = 750\text{s}$）。

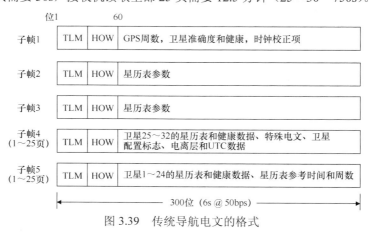

图 3.39   传统导航电文的格式

尽管存在与地面失联的情况，但 CS 通常每天都向每颗卫星上传一次或两次关键导航数据元素。在这种标称操作模式中，相同的关键导航数据元素（如卫星星历表和时钟校正数据）在 2 小时内重复广播（除非已在此期间进行了上传）。在 2 小时时间的边界上，每颗卫星都切换到广播一组不同的关键要素，这些要素存储在卫星随机存取存储器内的表格中。CS 根据当前对每颗卫星位置和时钟误差的估计及这些参数随时间变化的预测算法，生成这些电文元素。

每个子帧的前两个字（位 1～60）包含遥测（TLM）数据和切换字（HOW）。TLM 字是每个子帧内的 10 个字中的第一个字，它包含一个固定的前导码，即永不变化的固定 8 位模式 10001011。这个固定模式的前导码用于帮助用户设备定位每个子帧的起始位置（称为帧同步），但必须测试其位置的一致性，以防电文中其他地方出现相同的位模式。每个 TLM 字还包含只对授权用户有意义的 14 位数据。HOW 之所以如此命名，是因为它允许 PPS 用户设备从 C/A 码跟踪切换到 P(Y)码跟踪，提供对应下个子帧前缘的 GPS 周时间（TOW）模 6s。HOW 中的 TOW 对 SPS 用户来说也是必不可少的，目的是消除 1ms C/A 码周期的时间模糊性。接收机必须首先求出数据转换（20ms）边界的位置（称为位同步），位置的精度要远高于 1ms，然后才能可靠地使用 HOW 建立为 6s 的模糊度。HOW 还提供了两个标志位，一个用于指示是否已激活反欺骗（见 3.7.1 节），另一个用作警报指示器。若设置了警告标志，则表明信号的精度可能较差，此时应由用户承担处理风险。最后，HOW 提供子帧号（1～5）。

子帧 1 提供 GPS 传输周数，这是自 1980 年 1 月 5 日以来模 1024 的周数。GPS 周数的第一次翻转发生在 1999 年 8 月 22 日。下一次翻转将在 2019 年 4 月发生。谨慎的做法是 GPS 接收机设计人员在非易失性存储器中记录罕见但不可避免的翻转历元（见 3.5.2.1 节）。子帧 1 还提供星钟校正项 $a_{f_0}, a_{f_1}, a_{f_2}$ 和时钟时间 t_{oc}。这些术语对于精确测距非常重要，因为它们说明了卫星广播信号的时间与 GPS 系统时之间缺乏完美的同步（见 10.2.1 节）。称为星钟数据事件（IODC）的 10 位数字包含在子帧 1 中，它唯一地标识当前的一组导航数据。用户设备可以监控 IODC 字段，检测导航数据的变化。当前的 IODC 与过去 7 天使用的 IODC 不同。子帧 1 还包括群延迟校正 T_{gd}、用户测距精度（URA）指示符、SV 健康指示符、L2 码指示符和 L2 P 数据标志。单频（单 L1 或 L2）用户需要 T_{gd}，因为时钟校正参数指的是 L1 和 L2 上的 P(Y)码的时序，对使用双频线性组合的用户而言，它是透明的，L1/L2 P(Y)码测量可以减小电离层误差（见 10.2.4.1 节和 10.2.7.1 节）。URA 指标向用户提供由卫星和 CS 错误导致的卫星 1σ 测距误差的估计值（且只完全适用于 L1/L2 P 码用户）。卫星健康指示符是一个 6 位字段，它指示卫星是否正常运行，或者指示信号或导航数据的组件是否出错。L2 码指示符字段指示 P(Y)码或 C/A 码在 L2 上是否是活动的。最后，L2 P 数据标志指示导航数据是否正被调制到 L2 P(Y)码上。

子帧 2 和 3 包含密切开普勒轨道元素，它们允许用户设备精确确定卫星的位置。

子帧 2 还包含一个拟合间隔标志和一个龄期数据偏移（AODO）项。拟合间隔标志指示轨道元素是基于标称的 4 小时曲线拟合（对应于上述 2 小时标称数据传输间隔）还是基于更长间隔的曲线拟合。自 1995 年以来，AODO 术语就提供 GPS 导航数据中包含的导航信息修正表（NMCT）元素的龄期指示[88]。子帧 2 和 3 中都包含星历数据事件（IODE）字段。IODE 由 IODC 的 8 个最低有效位（LSB）组成，并且可被用户设备用来检测广播轨道元素的变化。

子帧 4 的第 2, 3, 4, 5, 7, 8, 9, 10 页和子帧 5 的 1～24 页包含卫星 1～32（见文献[29]中的表 20-VI）的历书数据（允许用户设备确定其他卫星的近似位置以帮助获取的粗略轨道元素）。子帧 4 的第 13 页包含 NMCT 测距校正。子帧 4 的第 18 页包含单频用户（见 10.2.4.1 节）的电离层校正参数，以便用户设备可将 UTC 与 GPS 系统时关联起来（见 3.5.2.2 节）。子帧 4 和 5 的第 25 页提供卫星 1～32 的配置和健康标志。子帧 4 和 5 的其余页中的数据载荷当前为军事用途预留。历史上，这些预留子帧中的数据在未激活时全部为零，但在为重要的军事用途激活后，数据会被加密且不为零。为重要的军事目的激活这些预留的子帧后，L1 C/A 信号上的整个传统导航电文的公用性就会导致代价高昂的 CS 中断，这是因为有些 SPS 接收机的设计者会创建一个依赖于这些子帧中的无数据区间的接收机而忽略预留警告。

3.7.2　现代化信号

如图 3.40 所示，现代化信号包含三个新民用信号、一个 L2 民用（L2C）信号[29, 89]、一个频率为 1176.45MHz（115f_0）的信号（称为 L5）[90, 91]及 L1 处的一个额外的信号（称为 L1C）[92]。现代化的军事信号（称为 M 码）也加在 L1 和 L2 上[93]。L2C 和 M 码信号首先在 Block IIR-M 卫星上与传统 GPS 信号一起实现，因此不包含 L5。第一颗 Block IIR-M 卫星于 2005 年发射。Block IIR-M 卫星是 Block IIR 卫星的第一个现代化版本，它继续支持传统的 GPS 信号。L5 的现代化民用信号通常称为生命安全信号，它首次包含在 IIF 卫星上。第一颗 Block IIF 卫星于 2010 年发射。Block IIF 卫星是 Block II 系列中的最后一颗卫星，旨在提供现代化信号，直到 GPS III 卫星（目前计划于 2018 年发射）出现。现代化的 L1 民用信号（L1C）将由 GPS III 和后续卫星提供。

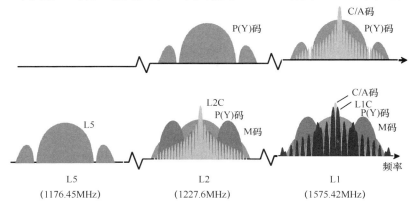

图 3.40　传统 GPS 信号（顶部）及传统和现代化 GPS 信号（底部）

传统 CS 不为现代化信号提供全面的监控、控制和导航数据。它要么被更新，要么由开始运行的现代化 CS OCX Block 2（截至本书这一版，它尚未运行）代替。与所有现代化的 GPS 信号一样，L1C 信号提供一种改善载波跟踪的导频（无数据）组件。相对于 C/A 信号，L1C 信号具有更强的鲁棒性和准确性，且能够改善与其他卫星导航系统在相同载波频率下传输信号的互操作性。

3.7.2.1　L2C 信号

如图 3.40 所示，L2 民用（L2C）信号使用与 C/A 信号相同的 BPSK-R(1)扩频调制。然而，在许多其他方面，L2C 信号与 C/A 信号非常不同。首先，L2C 对每个信号使用两个不同的 PRN 码。第一个 PRN 码称为中度民用（CM）码，因为它采用每 10230 个码片就重复一次的 PRN 码，因此被人们视为中等长度的民用码。第二个扩展码是长民用（CL）码，它是长达 767250 个码片的民用码。在图 3.41 中，生成了这两个扩频码，每个扩频码的码率都是 511.5kchip/s，并且按照如下方式生成整个 L2C 信号。首先，在用 1/2 的前向纠错（FEC）码率将导航数据编码为 50 波特流之后，25bps 导航数据流调制 CM 码。25bps 的数据速率是 C/A 和 P(Y)码信号上导航数据速率的一半，它可让 L2C 信号上的数据在复杂环境下解调（如在室内或浓密的树荫下），在这类环境下不能使用 50bps 的数据。接着，逐个码片地复用 CM 码和 CL 码，形成基带 L2C 信号。L2C 信号 BPSK-R(1)扩频调制所需的总码片速率为 2×511.5kchip/s = 1.023Mchip/s。L2C 和 C/A 码信号功率谱之间存在一些重要差异；然而，由于 CM 和 CL 都要比长度为 1023 的 C/A 码长得多，所以 L2C 功率谱中的线间隔频率更接近，并且功率远低于 C/A 码中的功率谱。如第 9 章中所述，L2C 功率谱中较低的线在窄带干扰情况下，鲁棒性会大大提高。

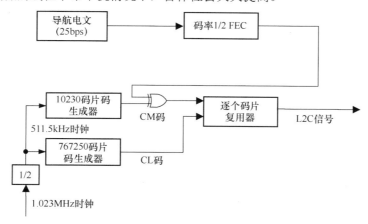

图 3.41　L2C 基带信号生成器

CM 和 CL 码使用图 3.42 中相同的 27 级线性反馈移位寄存器生成。图中使用了缩写符号。图中每块中出现的数字表示反馈抽头之间的级数（每级保持 1 位）。不同卫星的 CM 码和 CL 码由寄存器的不同初始值生成。CM 每 10230 个码片就复位寄存器一次，CL 每 767250 个码片就复位寄存器一次。对于 CL 码的每次重复，CM 码重复 75 次。在码片速率为 511.5kchip/s 时，CM 码的周期为 20ms［一个 P(Y)码数据位周期］，CL 码的周期为 1.5s（一个 X1 历元或 Z 计数）。

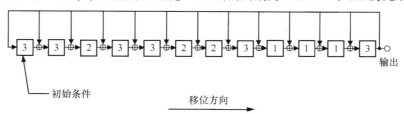

图 3.42　CM 和 CL PRN 码生成器

将 25bps L2C 导航数据编码为 50 波特流的码率 1/2 约束长度 7 FEC 方案如图 3.43 所示。

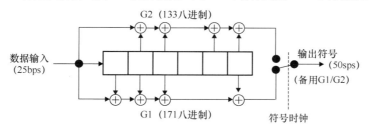

图 3.43　L2C 数据卷积编码器

IIR-M 和 IIF 卫星广播信号规定的最小接收 L2C 信号功率电平为-160dBW，GPS III 卫星的是-158.5dBW[29]。

3.7.2.2　L5 信号

GPS L5 信号的生成如图 3.44 所示。使用四象限相移键控（QPSK）组合一个同相信号分量（I5）和一个四象限信号分量（Q5）。对 I5 和 Q5 使用不同的 PRN 码，每个码的长度都为 10230 位。I5 由 50bps 的导航数据调制，用与 L2C 相同的卷积编码添加 FEC 后，得到整个符号率为 100 波特。对 I5 和 Q5 PRN 码都采用 10.23MHz 的码片速率，进而生成一个 1ms 的码重复周期。

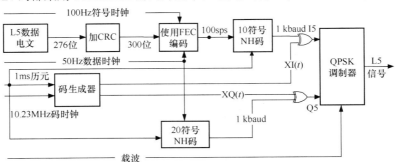

图 3.44　L5 信号生成器

Neuman-Hofman（NH）同步码[94]以 1kHz 的速率对 I5 和 Q5 进行调制。对于 I5，10 位 NH 码 0000110101 在 10ms 区间内生成并重复。对于 Q5，使用 20 位 NH 码 00000100110101001110。每隔 1ms，就将当前的 NH 码位模 2 加到 PRN 码片上。例如，在 I5 上，PRN 码在每个 10ms 区间上重复 10 次。在这个区间内，对 1 到 4、7 和 9 次重复（I5 NH 码 0000110101 中的各个 0 位），正常（垂直）生成 PRN 码，而对 5、6、8 和 10 次重复（对应于 I5 NH 码中的设置位），情形正好相反。I5 NH 码的开始由 FEC 编码生成的每个 10ms 数据符号的开始对齐。Q5 NH 码与 20ms 数据位同步。

I5 和 Q5 PRN 码是用图 3.45 所示的逻辑电路生成的，该逻辑电路围绕三个 13 位线性反馈移位寄存器构建。每隔 1ms，XA 编码器就被初始化为全 1。同时，XBI 和 XBQ 编码器被初始化为文献[91]中指定的不同值，生成 I5 和 Q5 PRN 码。表 3.17 中列出了 L5 最小接收功率电平。

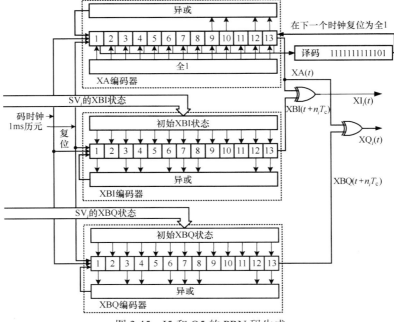

图 3.45　I5 和 Q5 的 PRN 码生成

表 3.17　L5 最小接收信号电平[91]

卫　星	信　号	
	I5	Q5
Block IIF (dBW)	−157.9	−157.9
GPS III (dBW)	−157.0	−157.0

3.7.2.3　M 码信号

现代化军用信号（M 码）是专为军事用途设计的，旨在成为军事用途的主要信号。在用现代化的卫星取代 GPS 星座的过渡期间，军用用户设备已在 YMCA 接收机中结合了 P(Y)码、M 码和 C/A 码操作。M 码的主要军事优势是提高了安全性，加上与民用信号的频谱隔离，减少了对提高抗干扰性的高功率 M 码模式的干扰。其他优势包括增强的跟踪和数据解调性能、可靠的捕获及与 C/A 码和 P(Y)码的兼容性。它在现有的 GPS L1（1575.42MHz）和 L2（1227.60MHz）频带内实现了这些目标。

为了完成图 3.40 所示的频谱分离，M 码采用二进制偏移载波（BOC）调制。具体地说，M 码使用 BOC(10, 5)扩频调制。第一个参数表示底层方波副载波的基本频率，即 10×1.023MHz；第二个参数表示底层 M 码生成器的码片速率，即 5×1.023Mcps/s。图 3.46 描述了 M 码生成器的高层框图。它说明底层 5.115Mcps M 码生成器的 10.23MHz BOC 方波调制生成了图 3.40 所示的分离频谱信号。

3.7.2.4　L1C 信号

与其他 GPS 信号相比，文献[32, 92, 95]中描述的 L1C 信号有着非常不同的特性。虽然它包含像其他现代化 GPS 信号一样的导频和数据分量，但 75%的信号功率分配给了导频分量，只有 25%的信号功率分配给了数据分量，而其他现代化

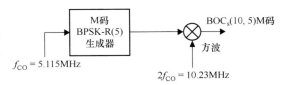

图 3.46　M 码生成器

GPS 信号采用的是 50%/50%的功率分配模式。此外，是使用 CDMA 同相地添加这两个分量的，而其他现代化 GPS 信号则是使用时分或相位正交分频添加这两个分量的。此外，导频分量和数据分量使用不同的扩频调制，并且选择导频分量的扩频调制来增强跟踪性能。最后，数据电文的前向纠错编码使用现代化的强大编码方法、低密度奇偶校验（LDPC）编码和块交织，而不像其他现代化 GPS 信号使用较弱的卷积编码。

L1C 信号的两个分量与 C/A 信号和 L1P(Y)信号同相位调制到同一个 L1 载波上，并且与 C/A 信号同相正交。L1C 和 L1M 信号之间没有具体的相位关系。

BOC(1, 1)扩频调制用于数据分量。时分复用的 BOC（TMBOC）扩频调制用于导频分量，10230 个扩频符号由 310 个重复的 33 个扩频符号的特定模式组成。33 个扩频展符号中的每个在第一、第五、第七和第三十个位置有 4 个 BOC(6, 1)符号，而在其他 29 个位置为 BOC(1, 1)符号。图 3.47[95]说明了两个分量中扩频符号的这种配置，包括提供分量之间功率不均匀分配所需的相对幅度。

假设理想的长扩频码不提供额外的结构，每个 L1C 分量的功率谱密度和自相关函数如图 3.48 和图 3.49 所示。对于理想的长扩频码，数据分量的归一化（单位功率）功率谱密度为

$$\Phi_{\mathrm{L1C_D}}(f) = \frac{1}{1.023 \times 10^6} \mathrm{sinc}^2\left(\frac{\pi f}{1.023 \times 10^6}\right) \tan^2\left(\frac{\pi f}{2 \times 1.023 \times 10^6}\right)$$

而对于导频分量，相应的功率谱密度是

$$\Phi_{L1C_p}(f) = \frac{1}{1.023 \times 10^6} \mathrm{sinc}^2\left(\frac{\pi f}{1.023 \times 10^6}\right)\left[\frac{29}{33}\tan^2\left(\frac{\pi f}{2 \times 1.023 \times 10^6}\right) + \frac{4}{33}\tan^2\left(\frac{\pi f}{12 \times 1.023 \times 10^6}\right)\right]$$

假设是理想的长扩频码，那么 L1C 信号的归一化功率谱密度为

$$\Phi_{L1C}(f) = \frac{1}{4}\Phi_{L1C_D}(f) + \frac{3}{4}\Phi_{L1C_p}(f)$$

$$= \frac{1}{1.023 \times 10^6} \mathrm{sinc}^2\left(\frac{\pi f}{1.023 \times 10^6}\right)\left[\frac{10}{11}\tan^2\left(\frac{\pi f}{2 \times 1.023 \times 10^6}\right) + \frac{1}{11}\tan^2\left(\frac{\pi f}{12 \times 1.023 \times 10^6}\right)\right]$$

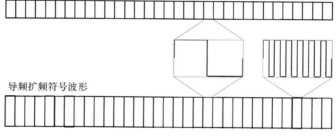

图 3.47　L1C 分量的扩频波形片断[95]

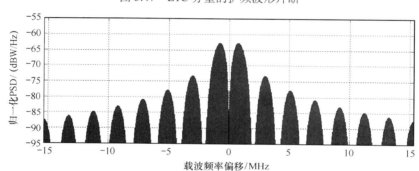

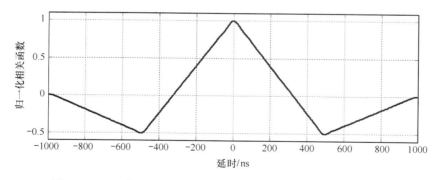

图 3.48　L1C 数据分量的归一化（单位）功率谱密度和自相关[95]

如文献[95]中所述，使用修改后的 Weil 序列来生成 L1C 分量的扩频码。如文献[92]中所述，这些基于 Weil 的码是由长为 10223 位的勒让德序列生成的，后者可以使用简单的算法生成，或者永久保存，如图 3.50 所示[92, 95]。10223 位 Weil 序列由勒让德序列和循环移位的勒让德序列异或构成。然后，插入一个 7 位扩展序列，生成一个 10230 位扩频码。在构造 Weil 序列时选择循环移位的数量和扩展的插入点，会得到不同的扩频码。

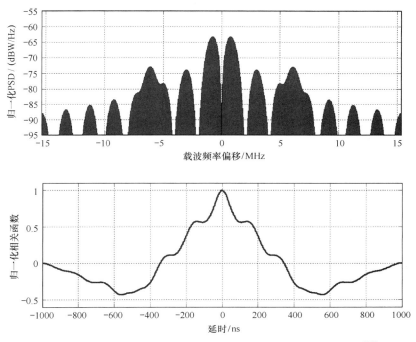

图 3.49　L1C 导频分量的归一化（单位）功率谱密度和自相关[95]

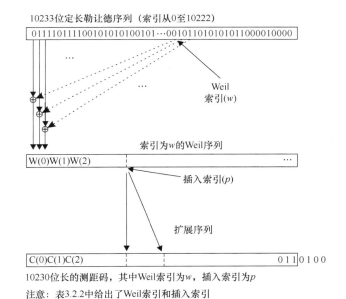

图 3.50　L1C 扩频码的生成[92, 95]

　　3.7.3.3 节中描述的 L1C 数据电文以 100 个符号/s 的速率调制到信号上，这意味着每个符号的持续时间为 10ms，每个数据电文的持续时间是 18s 或 1800 个符号。由于扩频码的持续时间与数据符号的持续时间相同，因此与 L5 信号不同，不需要数据分量上的覆盖代码。但是，如文献[92]中所述，在导频上以 100bps 的速率使用 1800 位长的覆盖码，可使覆盖码的持续时间为 18s。因此，当接收机与扩频码对齐时，它也与数据电文符号对齐。另外，当接收机与覆盖码对齐时，它会与数据电文对齐。

　　如文献[33]所述，每个信号的 L1C 覆盖码都不相同。文献[92]中定义了足以容纳 210 个信号的扩频码和覆盖码族，需要时，这些码族可与其他卫星导航系统共享，因为 GPS 预计不需要超过 63 个码族。前 63 个 L1C 覆盖码是用 11 级移位寄存器生成的不同 m 序列的片断。其余的覆盖码是用两个 11 级移位寄存器组合生成的 Gold 码。图 3.51[95]中显示了这两个寄存器。系数 m_k 对每个 PRN 都不相同，因此会生成不同的多项式，并且文献[92]中给出了每个寄存器的初始值。

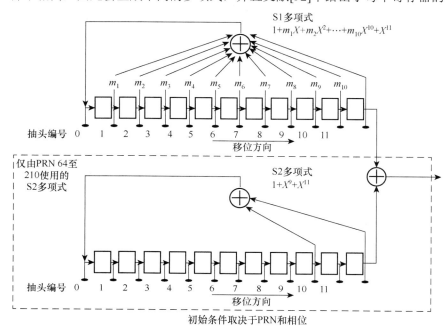

图 3.51　生成 L1C 覆盖码的移位寄存器[95]

3.7.3　民用导航（CNAV）和 CNAV-2 导航数据

用于 L2C、L5 和 L1C 的所有现代化数据电文，在几个重要方面是与 LNAV 不同的：

- 它们被调制到与主要用于跟踪的导频分量不同的信号数据分量上。
- 它们使用灵活的数据电文，其中包含不同信息的不同电文类型可按不同顺序传输，而不采用 LNAV 所用的固定电文结构。
- 它们使用前向纠错控制，不仅可以检测接收机处理中发生的某些错误，而且可以纠正错误，进而解释数据电文。
- 它们使用更强大的技术，允许接收机以极高的概率检测读取数据电文位时的随机错误。
- 它们使用更高精度的卫星星历。

3.7.3.1　L2C CNAV 导航数据

3.3.3 节和文献[29]中的附录 III 描述了 L2C 的 CNAV 导航数据。受限于控制段的能力，Block IIR-M/IIF、GPS III 和未来的 SV 在 L2 CM 码中提供连续的 L2C 和 CNAV 导航数据。像在 C/A 和 P(Y)信号上使用的 LNAV 数据电文一样，每颗卫星的 L2C CNAV 电文提供计算该卫星精确位置所需的信息，以及该 L2C 信号的传输时间。该数据还包括一组可用的辅助信息（例如，帮助接收机获取新卫星信号、将 GPS 系统时转换为 UTC、校正影响距离测量的多个误差）。本节概述 L2C CNAV 电文的主要功能。完整的描述请参阅文献[29]。

每条 L2C CNAV 导航电文都由 300 位组成，持续时间为 12s，数据速率为 25bps。如图 3.52 所示[29, 95]，每条电文都以一个 8 位前导码开始，随后是发送卫星的一个 6 位 PRN 号、一个 6 位电文类型、一个 17 位电文周时间（TOW）计数，以及一个 1 位警报标志，这个标志指示信号精度何时可能要比其他电文中指示的差。电文的前 38 位之后是 238 位有效电文位，随后是覆盖电文内容的 24 位 CRC。整个电文内容使用半速率约束长度七卷积码编码，每秒生成 50 个符号。电文是独立于电文边界连续编码的。因此，在每条新电文的开始，编码寄存器中包含前一电文的最后 6 位。

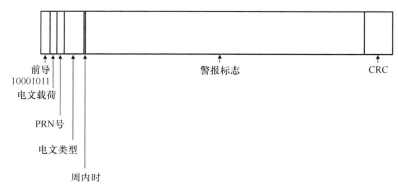

图 3.52　L2C CNAV 数据电文结构[29, 95]

如文献[29]中定义的那样，不同的电文类型使用不同的结构和载荷内容。表 3.18 中列出了当前定义的电文类型。CS 指出不同的电文类型在一定的限制条件下以不同的顺序传输。包含时钟校正和星历的电文至少每隔 48s 广播一次。当整个星座传输一个功能齐全的 L2C 控制段时，至少每隔 20 分钟广播一次缩短的年历，至少每隔 2 小时播放一次完整的星历。其他卫星导航系统的时间偏移将每隔 288s 广播一次，或者广播得更频繁。

表 3.18　目前定义的 L2C 电文类型[29, 95]

电文类型号	电文内容
0	默认
10	星历 1 和健康
11	星历 2 和健康
12	简化年历
13	差分改正参数
14	差分改正参数
15	文本电文
30	时钟校正、电离层校正和群延迟
31	时钟校正、简化年历
32	时钟校正、地球方向参数
33	协调世界时参数
34	差分改正参数
35	GPS 与 GNSS 的时间偏移（GGTO）
36	时钟校正和文本电文
37	年历

3.7.3.2 L5 CNAV 导航数据

3.3.3 节和文献[91]的附录 II 中描述了 L5 的 CNAV 导航数据。Block IIF、GPS III 和未来的卫星在 L5 信号的 I5 分量上提供连续的 L5 和 CNAV 导航数据，L5 Q5 是一个导频分量。根据控制段的能力，Block IIF、GPS III 和未来的卫星提供连续的 L5 和 CNAV 导航数据。L5 数据电文在很多方面与 L2C 信号类似。本节概述 L5 CNAV 电文的主要功能。更完整的描述请参阅文献[91]。

每条 L5 CNAV 导航电文都由 300 位组成，持续时间为 6s，数据速率为 50bps。电文结构与 L2C CNAV 的电文结构相同，如图 3.52 所示。整个电文内容使用半速率约束长度七卷积码编码，每秒生成 100 个符号。像 L2C CNAV 一样，L5 CNAV 电文是独立于电文边界连续编码的，因此在每条新电文开始时，编码寄存器中包含前一条消息的最后 6 位。

如文献[91]中定义的那样，不同的电文类型具有不同的结构和载荷内容。表 3.19 中列出了当前定义的电文类型。CS 指示不同的电文类型在一定的限制条件下以不同的顺序传输。包含时钟校正和星历的电文至少每隔 24s 广播一次。当整个星座发射具有全功能控制段的 L5 时，简化年历至少每隔 10 分钟广播一次，完整的历书至少每隔 1 小时广播一次。其他卫星导航系统的时间偏移每隔 144s 广播一次，或者更频繁地广播。

表 3.19　目前定义的 L5 电文类型

电文类型号	电文内容
0	默认
10	星历 1
11	星历 2
12	简化年历
13	时钟差分改正
14	星历差分改正
15	文本
30	时钟校正、电离层校正、群延迟
31	时钟校正、简化年历
32	时钟校正、地球方向参数
33	时钟和协调世界时参数
34	时钟和差分改正参数
35	时钟和 GPS 与 GNSS 的时间偏移（GGTO）
36	时钟校正和文本电文
37	时钟和 Midi 年历

3.7.3.3 L2C CNAV-2 导航数据

文献[92]的 3.2.3.1 节中描述了 L1C 的电文结构，同一参考文献的 3.5 节描述了 L1C 的 CNAV-2 导航数据。受限于控制段的能力，GPS III 和未来的 SV 将为 CNAV-2 导航数据提供连续的 L1C。像先前描述的所有数据电文一样，每颗卫星的 L1C CNAV-2 电文都提供计算卫星精确位置所需的信息，以及 L1C 信号的传输时间。该数据还包括一组重要的辅助信息，可用于辅助接收机获取新卫星信号、将 GPS 系统时转换为 UTC，以及纠正影响距离测量的一些误差。本节概述 L1C CNAV-2 电文的主要功能。更完整的描述请参阅文献[92]。

与其他 CNAV 电文一样，它是一种灵活的数据电文，但 L1C CNAV-2 电文结构完全不同于其他 GPS 信号。每条 L1C CNAV 导航电文都由 900 位构成，持续时间为 18s，数据速率为 50bps。由于数据电文与导频分量上的覆盖码对齐，所以接收机不需要前导码来识别电文的开始。

如图 3.53 所示[95]，每条 CNAV-2 电文都包含三个子帧，每个子帧分别编码。子帧 1 是在电文的开始（前沿）表示系统时的时间间隔（TOI）。这 9 位用 Bose、Chaudhuri 和 Hocquenghem（BCH）码编码为 54 个符号，TOI 表示自当前时间间隔开始以来出现的 18s 电文的数量。子帧 2 包含时钟校正和星历，以及表示周间隔时间（ITOW）的 8 位，它们全部受 CRC 保护。ITOW 表示自 GPS 周开始以来 2 小时的间隔数量。子帧 2 的 600 位用半速率低密度奇偶校验（LDPC）码编码为 1200 个符号。电文序列中的子帧 3 使用 250 位页面内的所有其他数据电文信息，受 CRC 保护。子帧 3 的 274 位用半速率 LDPC 码编码为 574 个符号。子帧 2 和 3 的编码符号在调制到 L1C 的数据分量之前被块交织。

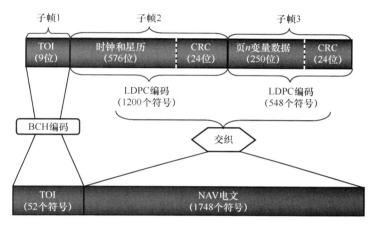

图 3.53　CNAV-2 数据电文结构[29, 95]

由于子帧的 2 位被分开编码，所以符号仅在子帧的 2 位改变时改变，通常每隔 2 小时改变一次。位不变时，接收机可以使用数据符号组合，详见文献[95]中的说明。如果接收机在解码子帧 2 后检测到未纠正的错误，那么它可以连贯地添加来自下一个子帧 2 的软判决，增大信噪比，进而增大所得组合码元可被成功解码而没有未纠正错误的概率。然而，子帧 3 数据通常随每条电文改变，因此数据符号组合不能用于子帧 3 的数据。

由于所有 SV 都有相同的 TOI，因此只需从一个信号中读取。接收机可以为此选择具有最高接收功率的信号，或者可以使用跨电文的数据符号组合来提高性能。

子帧 3 中的不同页具有不同的载荷结构和内容，详见文献[92]。表 3.20 中列出了当前定义的电文类型。控制段可以指示不同的页面按不同的顺序传输。

表 3.20　目前定义的 L1C 页[95]

页　号	电文内容
1	UTC 和电离层校正
2	GPS/GNSS 时间偏移和地球方向参数
3	简化年历参数
4	年历参数
5	差分改正参数
6	文本电文
7	每颗降星的信号相位

3.8　GPS 星历参数和卫星位置计算

　　本章最后讨论 GPS 星历参数及卫星在 ECEF 坐标系中位置的解算。卫星发送的 GPS 年历数据和星历数据包括 2.3.1 节中所述的开普勒轨道元素及附加的参数。另外要注意的是，在 GPS 星历数据中，过近地点时间被转换为式（2.11）给出的历元处的平近点角。轨道元素包括参考时间，即轨道元素有效的时间，也称历元时间或星历时间。轨道元素仅在历元处与给定值描述的元素完全相同，称为密切轨道元素。在此后的任何时刻，真正的轨道元素都会偏离密切值。

　　由于 GPS 星历电文必须包含关于卫星位置和速度的准确信息，因此只用密切开普勒轨道元素来计算 GPS 卫星的位置是不够的，除非非常接近那些元素的历元。求解这个问题的一种方法是非常频繁地更新 GPS 星历信息，另一种方法是让 GPS 接收机对包含详细力模型的运动方程(2.7)从历元到期望的时间积分。这些求解方法复杂且计算开销大，对实时操作而言不切实际。因此，GPS 星历电文中的密切开普勒轨道元素通过校正参数得以增强，校正参数允许用户在更新卫星星历电文之间的时间段精确地估计开普勒元素（3.3.1.4 节中介绍了有关星历信息更新的详细内容）。在特定星历信息出现后的任何时刻，GPS 接收机会使用校正参数估计所需时间的真实轨道元素。

　　本节介绍由 GPS 卫星发送的星历数据，说明如何使用星历数据计算 ECEF 坐标系中的卫星位置。3.8.1 节中讨论传统 GPS 星历信息，3.8.2 节中介绍民用导航星历信息。

3.8.1　传统星历参数

　　表 3.21 中小结了 GPS 传统星历电文中包含的参数。这些参数可在 IS-GPS-200[29]的表 20-III 中找到。可以看出，GPS 星历电文的前 7 个参数是历元时间、历元时间的开普勒轨道元素，但半长轴被报告为其平方根，这意味着用平近点角来代替过近地点时间。接下来的 9 个参数用于校正开普勒元素，它们是后历元时间的函数（密切元素和有关的细节见 2.3.1 节）。

　　表 3.22 中提供了 GPS 接收机使用表 3.21 中的参数及传统导航电文的星历参数来计算 ECEF 坐标系中 GPS 卫星位置矢量(x_s, y_s, z_s)的算法。这一计算生成卫星天线相位中心的 ECEF 坐标。对于表 3.22 中的计算（3），t 表示 GPS 系统传输 GPS 信号的时间。在表 3.22 的符号中，计算（3）及后面出现的下标 k 意味着在时刻 t_k 测量带下标的变量，这个时间是从历元到 GPS 系统传输信号时间的时间（单位为秒）。

表 3.21　传统 GPS 星历数据定义[29]

t_{0e}	星历参考时间	$\dot{\Omega}$	升交点经度的变化率
$\sqrt{a}$	半长轴的平方根	Δ_n	平均运动校正
e	偏心率	C_{uc}	升交角距的余弦校正幅度
i_0	（时刻 t_{0e}）的倾角	C_{us}	升交角距的正弦校正幅度
Ω_0	（周历元处的）升交点经度	C_{rc}	轨道半径的余弦校正幅度
ω	（时刻 t_{0e}）的近地点距	C_{rs}	轨道半径的正弦校正幅度
M_0	（时刻 t_{0e}）的平近点角	C_{ic}	倾角的余弦校正幅度
di/dt	倾角变化率	C_{is}	倾角的正弦校正幅度

表 3.22　使用传统 GPS 导航电文数据计算卫星 ECEF 位置矢量[29]

(1)	$a = (\sqrt{a})^2$	半长轴
(2)	$n = \sqrt{\mu / a^3} + \Delta n$	校正后的平均运动，$\mu = 398600.5 \times 10^8 \text{m}^3/\text{s}^2$
(3)	$t_k = t - t_{0e}$	到星历历元的时间
(4)	$M_k = M_0 + n(t_k)$	平近点角
(5)	$M_k = E_k - e \sin E_k$	偏近点角（须对 E_k 迭代求解）
(6)	$\sin v_k = \dfrac{\sqrt{1-e^2} \sin E_k}{1 - e \cos E_k}, \cos v_k = \dfrac{\cos E_k - e}{1 - e \cos E_k}$	真近点角
(7)	$\phi_k = v_k + \omega$	升交角距
(8)	$\delta\phi_k = C_{us} \sin(2\phi_k) + C_{uc} \cos(2\phi_k)$	升交角距校正
(9)	$\delta r_k = C_{rs} \sin(2\phi_k) + C_{rc} \cos(2\phi_k)$	径向校正
(10)	$\delta i_k = C_{is} \sin(2\phi_k) + C_{ic} \cos(2\phi_k)$	倾角校正
(11)	$u_k = \phi_k + \delta\phi_k$	校正后的升交角距
(12)	$r_k = a(1 - e \cos E_k) + \delta r_k$	校正后的半径
(13)	$i_k = i_0 + (\text{d}i / \text{d}t)t_k + \delta i_k$	校正后的倾角
(14)	$\Omega_k = \Omega_0 + (\dot{\Omega} - \dot{\Omega}_e)(t_k) - \dot{\Omega}_e t_{0e}$	校正后的升交点经度
(15)	$x_p = r_k \cos u_k$	平面内的 x 位置
(16)	$y_p = r_k \sin u_k$	平面内的 y 位置
(17)	$x_s = x_p \cos\Omega_k - y_p \cos i_k \sin\Omega_k$	ECEF x 坐标
(18)	$y_s = x_p \sin\Omega_k - y_p \cos i_k \cos\Omega_k$	ECEF y 坐标
(19)	$z_s = y_p \sin i_k$	ECEF z 坐标

在表 3.22 描述的计算中，有一些值得注意的细节。首先，开普勒方程(2.9)的计算（5）在期望的参数 E_k 中是超越的。因此，求解必须以数值方式执行。开普勒方程很容易通过迭代法或牛顿法求解。第二个微妙之处是，计算（6）必须在正确的象限中生成真近点角。因此，要么使用正弦和余弦函数，要么使用"智能的"反正弦函数。此外，要执行计算（14），就需要知道地球的自转速率。根据 IS-GPS-200[29]，地球的自转速率为 $\dot{\Omega}_e = 7.2921151467 \times 10^{-5}\text{rad/s}$，这与用于导航的 WGS 84 值是一致的，但 WGS 84 也提供细微不同的值来定义椭球体。最后，IS-GPS-200[29] 将 GPS 用户设备使用的 π 值定义为 3.1415926535898。

从表 3.22 中的计算可以看出，对于某些参数，轨道参数的时间变化使用了不同的模型。例如，平均运动在计算（2）中提供一个常数校正，这有效地校正了（4）中计算的平近点角。但是在计算（8）、（9）和（10）中，升交角距、半径和倾角分别由截断的谐波序列校正。偏心率未被校正。最后，升交点经度在计算（14）中及时地进行了线性校正。如表 3.21 所示，升交点经度 Ω_0 是在周历元处给出的，这是 GPS 系统术语的一个错误。实际上，Ω_0 是在星历参考时间 t_{0e} 给出的，这与其他 GPS 参数的情形相同。我们可以检查表 3.22 中的计算（14）来验证。文献[96]中详细说明了使用表 3.21 和表 3.22 中的星历电文参数进行计算时的折中。

3.8.2　CNAV 和 CNAV-2 星历参数

本章最后讨论如何使用 CNAV 电文类 10 和 11 及 CNAV-2 子帧 2 中包含的 CNAV 和 CNAV-2 星历电文数据来计算 SV 在 ECEF 坐标系中的位置。CNAV 和 CNAV-2 星历参数遵循的原则与传统 GPS 星历参数的相同：通过校正参数来增强开普勒元素。然而，CNAV/CNAV-2 与传统星历参数有两个主要区别：（1）CNAV/CNAV-2 星历电文带有附加参数；（2）某些 CNAV/CNAV-2 参数表示为与指定参考值的差而非绝对值。CNAV/CNAV-2 的附加参数是半长轴变化率和平均运动变化率。表示为差值而非 CNAV/CNAV-2 中的绝对值的参数如下：半长轴和升交点经度变化率。最后要注意的是，对于 CNAV/CNAV-2，使用的是半长轴而非传统星历报文中的半长轴的平方根。

表 3.23 中小结了 CNAV/CNAV-2 星历电文中包含的星历参数。这些参数可在 CNAV 的 IS-GPS-200H[29]的表 30-I 和 CNAV-2 的 IS-GPS-800D[92]的表 3.5-1 中找到。表 3.23 仅小结了计算 GPS SV 位置所需的参数。CNAV 和 CNAV-2 星历电文中包含了与信号健康和用户测距误差（URA）高程相关精度有关的其他参数。对于 CNAV-2，除 CNAV 提供的参数外，还有其他参数，特别是用于时钟校正以提高 PNT 精度的参数。另外，CNAV-2 在 URA 高程相关精度和信号间校正方面具有更多的参数。然而，CNAV 和 CNAV-2 计算空间飞行器位置的基本星历参数和方法是相同的。

表 3.23　CNAV/CNAV-2 星历参数

ΔA	参考时间的半长轴差
$\dot{A}$	半长轴的变化率
Δn_0	在参考时间计算的值的平均运动差
$\Delta \dot{n}_0$	计算的值的平均运动差的变化率
M_0	参考时间的平近点角
e_n	偏心率
ω_n	近地点角距
t_{0e}	星历数据周参考时间
Ω_{0n}	周历元处轨道面的升交点经度
$\Delta \dot{\Omega}$	赤经差变化率
i_{0n}	参考时间的倾角
$i_{0n\text{-DOT}}$	倾角变化率
C_{is-n}	倾角正弦校正幅度
C_{ic-n}	倾角余弦校正幅度
C_{rs-n}	旅途半径正弦校正幅度
C_{rc-n}	轨道半径余弦校正幅度
C_{us-n}	升交角距正弦校正幅度
C_{uc-n}	升交角距余弦校正幅度

表 3.24 中给出了 GPS 接收机根据表 3.23 中的参数计算 ECEF 坐标系中卫星天线相位中心的位置矢量(x_k, y_k, z_k)的算法。与传统的星历计算一样，使用的 π 值为 3.1415926535898，WGS-84 的地球自转速率是 $\dot{\Omega}_e = 7.2921151467 \times 10^{-5}$ rad/s。在表 3.24 中，出现在计算（4）中及后面的下标 t，意味着带下标的变量是在时间 t_k 测量的，即从历元到 GPS 系统信号传输时间的时间（单位为秒）。

表 3.24　使用 CNAV/CNAV-2 导航电文数据计算卫星的 ECEF 位置矢量

	元素/公式	说　明
(1)	$\mu = 3.986005 \times 10^{14} \text{m}^3/\text{s}^2$	地球重力常数的 WGS 84 值
(2)	$\Omega_e = 7.2921151467 \times 10^{-5} \text{rad/s}$	地球旋转速率的 WGS 84 值
(3)	$A_0 = A_{\text{REF}} + \Delta A$	参考时间的半长轴，$A_{\text{REF}} = 26559710$m
(4)	$t_k = t - t_{0e}$	到历元参考时间的时间

（续表）

	元素/公式	说　明
(5)	$A_k = A_0 + (\dot{A})t_k$	半长轴
(6)	$n_0 = \sqrt{\mu / A_0^3}$	计算的平均运动（rad/s）
(7)	$\Delta n_a = \Delta n_0 + \dfrac{1}{2}\Delta \dot{n}_0 t_k$	来自计算值的平均运动差
(8)	$n_a = n_0 + \Delta n_a$	校正后的平均运动
(9)	$M_k = M_0 + n_a t_k$	平近点角
(10)	$M_k = E_k - e_n E_k,\ \sin v_k = \dfrac{\sqrt{1 - e_n^2}\sin E_k}{1 - e_n \cos E_k}$	偏近点角（E_k）的开普勒方程，单位为 rad；对 E_k 迭代求解，与传统情形相同
(11)	$\cos v_k = \dfrac{\cos E_k - e_n}{1 - e_n \cos E_k},\ v_k = \arctan\dfrac{\sin v_k}{\cos v_k}$	真近点角计算；首先计算 $\sin v_k$ 和 $\cos v_k$，然后智能计算 v_k 或四象限反正切函数（即许多计算机语言中的 atan2）
(12)	$\Phi_k = v_k + \omega_n$	升交角距
(13)	$\delta u_k = C_{us\text{-}n}\sin(2\Phi_k) + C_{uc\text{-}n}\cos(2\Phi_k)$	升交角距校正
(14)	$\delta r_k = C_{rs\text{-}n}\sin(2\Phi_k) + C_{rc\text{-}n}\cos(2\Phi_k)$	径向校正
(15)	$\delta i_k = C_{is\text{-}n}\sin(2\Phi_k) + C_{ic\text{-}n}\cos(2\Phi_k)$	倾角校正
(16)	$u_k = \Phi_k + \delta u_k$	校正后的升交角距
(17)	$r_k = A_k(1 - e_n \cos E_k) + \delta r_k$	校正后的半径
(18)	$i_k = i_{0n} + (i_{0n\text{-DOT}})t_k + \delta i_k$	校正后的倾角
(19)	$x_k' = r_k \cos u_k$	轨道面的 x 位置
(20)	$y_k' = r_k \sin u_k$	轨道面的 y 位置
(21)	$\dot{\Omega} = \dot{\Omega}_{REF} + \Delta\dot{\Omega}$	赤经速率；$\Omega_{REF} = -2.6 \times 10^{-9}$ 个半圆/秒
(22)	$\Omega_k = \Omega_{0n} + (\dot{\Omega} - \dot{\Omega}_e)t_k - \dot{\Omega}_e t_{0e}$	校正后的升交点经度
(23)	$x_k = x_k' \cos \Omega_k - y_k' \cos i_k \sin \Omega_k$ $y_k = x_k' \sin \Omega_k - y_k' \cos i_k \cos \Omega_k$ $z_k = y_k' \sin i_k$	空间飞行器天线相位中心的 ECEF 坐标

参考文献

[1] U.S. government information about the Global Positioning System (GPS) and related topics, www.gps.gov.
[2] Bates, R., et al., *Fundamentals of Astrodynamics*, New York: Dover Publications, 1971.
[3] U.S. Department of Defense, *Global Positioning System Standard Positioning Service Performance Standard*, September 2008.
[4] http://www.defense.gov/Contracts/, September 21, 2016.
[5] U.S. Government, Department of Defense, *Global Positioning System Precise Positioning Service Performance Standard*, February 2007.
[6] http://gpsworld.com/us-air-force-releases-gps-iii-3-launch-services-rfp/.
[7] http://www.navcen.uscg.gov.
[8] United States Air Force Report to Congressional Committees, *Global Positioning System Constellation Replenishment,* February 2015.
[9] "GPS Almanac," *GPS World Magazine*, August 2016, http://gpsworld.com/the-almanac/.
[10] Global Positioning Systems Directorate "GPS Status & Modernization Progress: Service, Satellites, Control Segment, and Military GPS User Equipment," *Presentation to the National Space-Based PNT Advisory Board*, May 18-19, 2016.
[11] Marquis, W., "Increased Navigation Performance from GPS Block IIR," *NAVIGATION: Journal of the Institute of Navigation*, Vol. 50, No. 4, Winter, 2003-2004.
[12] Marquis, W., and D. Riggs, "Impact of GPS Block IIR Space Vehicle Lifetime on Constellation Sustainment," *ION-GNSS-2010*, September 2010.
[13] Marquis, W., "Recent Developments in GPS Performance and Operations," AAS 11-014, February 2011.
[14] Riley, W. J., "Rubidium Atomic Frequency Standards for GPS Block IIR," *ION-GPS-92*, Albuquerque, NM, September 1992.
[15] Taylor, J., and E. Barnes, "GPS Current Signal-in-Space Navigation Performance," *ION 2005 Annual Technical Meeting*, San Diego, CA, January 24-26, 2005.
[16] Marquis, W., and C. Krier, "Examination of the GPS Block IIR Solar Pressure Model," *ION-GPS-2000*, Salt Lake City, UT, September, 2000.
[17] Swift, E. R., *GPS REPORTS: Radiation Pressure Scale and Y-axis Acceleration Estimates for 1998-1999*, Naval Surface Warfare Center, report #3900 T10/006, March 9, 2000.

[18] Marquis, W., and D. Reigh, "The GPS Block IIR and IIR-M Broadcast L-Band Antenna Panel - Its Pattern and Performance," *Navigation - The Journal of the Institute of Navigation*, December 2015.

[19] Hartman, T., et al., "Modernizing the GPS Block IIR Spacecraft," *ION-GPS-2000*, Salt Lake City, UT, September 2000.

[20] Marquis, W., "M Is for Modernization: Block IIR-M Satellites Improve on a Classic," *GPS World Magazine*, Vol. 12, No. 9, September 2001, pp. 38−44.

[21] Madden, D. Col. USAF, "GPS Program Update to 49th CGSIC Meeting," *ION-GNSS-2009*, September 2009.

[22] Barbour, B., "GPS Constellation Health and Modernization,"*CGSIC*, October, 2009.

[23] "U.S. Air Force/Lockheed Martin Team Complete GPS III Design Phase Ahead of Schedule," Lockheed Martin Press Release, August 20, 2010.

[24] Marquis, W., and M. Shaw, "Design of the GPS III Space Vehicle," *ION-GNSS-2011*, September 2011.

[25] Marquis, W., and M. Shaw, "GPS III - Bringing New Capabilities to the Global Community," *Inside GNSS*, September 2011.

[26] Kaplan, E., and C. Hegarty, (eds.), *Understanding GPS: Principles and Applications*, 2nd ed., Norwood, MA: Artech House, 2006, Section 3.2.3.6.

[27] Dass, T., et al., "Analysis of On Orbit Behavior of GPS Block IIR Time Keeping System," *30th Annual Precise Time and Time Interval (PTTI) Meeting*, December 1998.

[28] Marquis, W., and D. Reigh, "On-Orbit Performance of the Improved GPS Block IIR Antenna Panel," *ION-GNSS-2005*, September, 2005.

[29] GPS Directorate, IS-GPS-200H, NAVSTAR, *GPS Space Segment/Navigation User Interfaces*, United States Air Force GPS Directorate, El Segundo, CA, September 24, 2013, www.gps.gov.

[30] Shaw, S., and A. Katronick, "GPS III Signal Integrity Improvements," *ION-GNSS-2013*, September 2013.

[31] Affens D., et al., "The Distress Alerting Satellite System," *GPS World*, January, 2011.

[32] Betz, J. W., et al., "Description of the L1C Signal," *Proceedings of the Institute of Navigation Conference on Global Navigation Satellite Systems 2006, ION-GNSS-2006*, Institute of Navigation, September 2006.

[33] Rushanan, J. J., "The Spreading and Overlay Codes for the L1C Signal," *NAVIGATION: Journal of The Institute of Navigation*, Vol. 54, No. 1, Spring 2007, pp. 43-51.

[34] "Lockheed Martin Team Completes Design Milestone for GPS III Program," Lockheed Martin Press Release, July 5, 2011.

[35] "National Space Policy of the United States of America," Office of the President of the United States, June, 2010.

[36] Parkinson, B., et al., *Global Positioning System: Theory and Applications*, Vol. I, Washington, D.C.: American Institute of Aeronautics and Astronautics, 1996.

[37] Creel, T., et al., "Accuracy and Monitoring Improvements from the GPS Legacy Accuracy Improvement Initiative," *ION-NTM-2006*, January, 2006.

[38] Creel, T., et al., "New, Improved GPS - The Legacy Accuracy Improvement Initiative," *GPS World*, March 2006.

[39] Haerr, D., L. Harmon, and A. Bokelman, "Transitioning the GPS OCS to a Modern Architecture," *NAVIGATION: Journal of the Institute of Navigation*, Vol. 44, No. 2, 1997, summer 1997.

[40] Brown, K., et al., "L-Band Anomaly Detection in GPS," *Proc. of the 51st Annual Meeting, Inst. of Navigation*, Washington, D.C., 1995.

[41] Wiley, B., et al., "NGA's Role in GPS," *Proceedings of the 19th International Technical Meeting of the Satellite Division of The Institute of Navigation (ION GNSS 2006)*, Fort Worth, TX, September 2006, pp. 2111-2119.

[42] Mendicki, P., Private Communication, Aerospace Corporation, March 2016.

[43] Hay, C., and J. Wong, "Improved Tropospheric Delay Estimation at the Master Control Station," *GPS World*, July 2000, pp. 56-62.

[44] "GPS OCS Mathematical Algorithms, Volume GOMA-S," DOC-MATH-650, Operational Control System of the NAVSTAR Global Positioning System, December 2011.

[45] Cappelleri, J., C. Velez, and A. Fucha, *Mathematical Theory of the Goddard Trajectory Determination System*, Goddard Space Flight Center, April 1976.

[46] Springer, T., "Modeling and Validating Orbits and Clocks Using the Global Positioning System," Ph.D. Dissertation, Astronomical Institute, University of Bern, November 1999.

[47] Maybeck, P. S., *Stochastic Models, Estimation and Control, Vol. 1*, New York: Academic Press, 1979.

[48] Bierman, G. J., *Factorization Methods for Discrete Sequential Estimation*, Orlando, FL: Academic Press, 1977.

[49] "GPS OCS Mathematical Algorithms, Volume GOMA-E," DOC-MATH-650, Operational Control System of the NAVSTAR Global Positioning System, December 2011.

[50] "Global Positioning System Clock Analysis Quarterly Report, 2016-1," U.S. Naval Research Laboratory, Washington, D.C., February 10, 2016.

[51] Van Dierendonck, A., and R. Brown, "Relationship between Allan Variances and Kalman Filter Parameters," *Proc. of 16th Annual PTTI Meeting*, Greenbelt, MD, 1984.

[52] Saastamoinen, J., "Contributions to the Theory of Atmospheric Refraction," *Bulletin Géodésique*, 1973, No. 105, pp. 270−298; No. 106, pp. 383−397; No. 107, pp. 13-34.

[53] Niell, A., "Global Mapping Functions for the Atmosphere Delay at Radio Wavelengths," *Journal of Geophysical Research*, Vol. 101, No. B2, 1996, pp. 3227-3246.

[54] Brown, K., "The Theory of the GPS Composite Clock," *Proc. of ION GPS-91*, Institute of Navigation, Washington, D.C., 1991.

[55] Senior, K., et al., "Developing an IGS Time Scale," *IEEE Trans. on Ferroelectronics and Frequency Control*, June 2003, pp. 585−593.

[56] Mendicki, P., Private Communication, Aerospace Corporation, August 2016.

[57] Taylor, J., et al., "GPS Control Segment Upgrade Goes Operational - Enhanced Phased Operations Transition Details," *ION-NTM-2008*, January 2008.

[58] Taylor, J., et al., "AEP Goes Operational: GPS Control Segment Upgrade Details," *GPS World*, June 2008.

[59] Weiss, M. A., and A. Masarie, "GPS Changes Before and After Implementation of the Architecture Evolution Plan," NIST, October 2008.

[60] Weiss, M., "GPS Changes Before and After Implementation of the Architecture Evolution Plan," *PTTI*, December 2008.

[61] Malys, S., et al., "The GPS Accuracy Improvement Initiative," *ION-GPS-1997*, September 1997.

[62] Hay, C., "The GPS Accuracy Improvement Initiative," *GPS World*, June 2000.

[63] Yinger, C., et al., "GPS Accuracy versus Number of NIMA Stations," *Proc. of ION GPS 03*, Institute of Navigation, Washington, D.C., 2003.

[64] McCarthy, D., (ed.), *IERS Technical Note, 21*, U.S. Naval Observatory, July 1996.

[65] Marquis, Krier, "Examination of the GPS Block IIR Solar Pressure Model," *ION-GPS-2000*, 2000.

[66] Bar-Sever, Y., and D. Kuang, "New Empirically Derived Solar Radiation Pressure Model for GPS Satellites," *JPL Interplanetary Network Progress Report*, Vol. 24-159, November 2004; addendum: "New Empirically Derived Solar Radiation Pressure Model for Global Positioning System Satellites During Eclipse Seasons," *JPL Interplanetary Network Progress Report*, Vol. 42-160, February 2005.

[67] Hopfield, H., "Tropospheric Effects on Electromagnetically Measured Range, Prediction from Surface Weather Data," *Radio Science*, Vol. 6, No. 3, March 1971, pp. 356-367.

[68] Black, H., "An Easily Implemented Algorithm for the Tropospheric Range Correction," *Journal of Geophysical Research*, Vol. 83, April 1978, pp. 1825-1828.

[69] Dieter, G. L., G. E. Hatten, and J. Taylor, "MCS Zero Age of Data Measurement Techniques," *35th PTTI*, 2003.

[70] Creel, T., et al., "Summary of Accuracy Improvements from the Legacy Accuracy Improvement Initiative (L-AII)," *ION-GNSS-2007*, 2007.

[71] Brown, K., et al., "Dynamic Uploading for GPS Accuracy," *ION-GPS-1997*, 1997.

[72] Pullen, E., F. Shaw, and S. Frye, "GPS III Accuracy and Integrity Improvements Using ARAIM with Shorter Age of Data," *ION-GNSS-2014*, 2014.

[73] GPS World Staff, "Lockheed Martin Advances Threat Protection on GPS Control Segment," *GPS World Magazine*, Vol. 26, No. 12, December 2015.

[74] Petit, G., and B. Luzum, *IERS Technical Note 36*, 2010.

[75] Host, P., "Air Force Awards Lockheed Martin for GPS III Temporary Contingency Operations," *Defense Daily Network*, February 2016.

[76] *GNSS Market Report, Issue 4* copyright © European GNSS Agency, 2015.

[77] http://www2.st.com/content/st_com/en/about/innovation---technology/BiCMOS.html.

[78] "2015 GPS World Receiver Survey," *GPS World Magazine*, January 2015.

[79] National Geospatial-Intelligence Agency, *Department of Defense World Geodetic System 1984 (WGS 84): Its Definition and Relationships with Local Geodetic Systems*, NGA. STND.0036_1.0.0_WGS 84, Version 1.0.0, National Geospatial-Intelligence Agency, Office of Geomatics, July 8, 2014.

[80] Schwarz, C. R., "Relation of NAD 83 to WGS 84," in *North American Datum of 1983*, Ed. C. R. Schwarz, NOAA Professional Paper NOS 2, National Geodetic Survey, NOAA, Silver Spring, MD, December 1989, pp. 249-252.

[81] Powers, E., *GPS Timing Services*, United States Naval Observatory, October 22, 2015.

[82] *Global Positioning System (GPS) Standard Positioning Service (SPS) Performance Analysis Report*, William J. Hughes Technical Center, WAAS Test and Evaluation Team, http://www.nstb.tc.faa.gov/.

[83] Mendicki, P. J., "GPS Signal in Space Weekly Status," Aerospace Corporation, Navigation Division/GPS Operations, August 3, 2016.

[84] Gold, R., "Optimal Binary Sequences for Spread Spectrum Multiplexing," *IEEE Transactions on Information Technology*, Vol. 33, No. 3, October 1967.

[85] Forssell, B., *Radionavigation Systems*, Upper Saddle River, NJ: Prentice Hall International, 1991, pp. 250-271.

[86] Czopek, F. M., "Description and Performance of the GPS Block I and II L-Band Antenna and Link Budget," *Proc. 6th International Technical Meeting of The Satellite Division of The Institute of Navigation*, Salt Lake City, UT, September 22-24, 1993, Vol. I, pp. 37-43.

[87] Shank, C., B. Brottlund, and C. Harris, "Navigation Message Correction Tables: On Orbit Results," *Proc. of the Institute of Navigation Annual Meeting*, Colorado Springs, CO, June 1995.

[88] Fontana, R. D., W. Cheung, and T. Stansell, "The New L2 Civil Signal," *GPS World*, September 2001.

[89] Van Dierendonck, A. J., and C. Hegarty, "The New Civil GPS L5 Signal," *GPS World*, September 2000.

[90] IS-GPS-705D, *NAVSTAR GPS Space Segment/Navigation User Interfaces*, September 24, 2013, GPS.gov.

[91] IS-GPS-800D, *NAVSTAR GPS Space Segment/Navigation User Interfaces*, September 24, 2013, GPS.gov.

[92] Barker, B. C., et al., "Overview of the GPS M Code Signal," *Proceedings of Institute of Navigation National Technical Meeting 2000*, ION-NTM-2000, Institute of Navigation, January 2000.

[93] Spilker, J. J., Jr., *Digital Communications by Satellite*, Upper Saddle River, NJ: Prentice Hall, 1977.

[94] Betz, J. W., *Engineering Satellite-Based Navigation and Timing: Global Navigation Satellite Systems, Signals, and Receivers*, New York: Wiley-IEEE Press, 2016.

[95] Van Dierendonck, A. J., et al., "The GPS Navigation Message," *GPS Papers Published in Navigation*, Vol. I, Washington, DC: Institute of Navigation.

第4章　全球导航卫星系统

Nadejda Stoyanova, Scott Feairheller, Brian Terrill

4.1　简介

全球导航卫星系统（GLONASS）是俄罗斯联邦推出的对应于美国的 GPS 的系统［作为项目名称，GLONASS 是大写的，但在说明实际航天器时只大写卫星名称的首字母（如 Glonass、Glonass-M 和 Glonass-K）］。GLONASS 提供军用和民用的多频 L 波段定位、导航和定时解算，为俄罗斯境内和国际上的海事、空中、陆地和太空应用提供多频段导航服务。

GLONASS 项目的历史与 GPS 的相似。类似于 GPS，为支持军事要求，苏联军方在 20 世纪 70 年代中期启动了该计划。第一颗 GLONASS 卫星于 1982 年 10 月 12 日发射。最初的 4 颗卫星于 1984 年 1 月用于部署测试星座。最初，GLONASS 是为了支持海军的导航和时间传播需求。早期的系统测试令人信服地表明，GLONASS 除满足苏联的防务要求外，也可以民用。因此，该任务扩大到了包括民用用户[1]。

1988 年，在国际民用航空组织（ICAO）的未来空中导航系统（FANS）特别委员会会议上，苏联声明向全世界免费提供 GLONASS 导航信号，以用于航空安全。同年，在国际海事组织（IMO）第 35 届航海安全小组委员会上，苏联也提出了类似的建议[1, 2]。

1991 年苏联解体后，俄罗斯建立了 10～12 颗卫星的测试星座，随后对系统进行了广泛的测试。因此，1993 年 9 月，俄罗斯总统叶利钦正式宣布 GLONASS 投入使用，是俄罗斯军用设施的一部分，也是俄罗斯无线电导航计划的基础[3]。

从 1994 年 4 月到 1995 年 12 月，俄罗斯又进行了 7 次发射，完成了 24 颗卫星星座的部署。1996 年 2 月，这些卫星被宣布正式投入运营，首次完整地部署了这个星座。然而，此后不久，一些老卫星失效，星座迅速退化。从 1996 年到 2001 年，俄罗斯只发射了两组 3 颗卫星，最终只剩下 6～8 颗工作的卫星。直到 2011 年，俄罗斯才将其星座恢复到全面的全球服务水平。

在组建期间，俄罗斯政府于 1995 年 3 月 7 日颁布 237 号法令，肯定了苏联于 1988 年的声明，开放了民用 GLONASS C/A 码信号，并且保证免费提供这些信号。俄罗斯还公布了一份接口控制文件（ICD），它详细说明了开放式服务 GLONASS 信号和导航电文的结构。最新版本的 ICD 于 2008 年发布[4, 5]。

1999 年 2 月 18 日，俄罗斯总统发布第 38-RP 号令，宣布 GLONASS 为双用途系统。随后于 1999 年 3 月 29 日颁布法令，将 GLONASS 对国际合作开放[6, 7]。

2001 年 8 月，俄罗斯为 2001—2011 年推出了第一个 GLONASS 联邦目标计划，稳定了项目的发展，获得了资金并且开发了相关的基础设施。2007 年 5 月 17 日，俄罗斯联邦总统普京在颁布第 638 号令时进一步加强了该方案，宣布 GLONASS 开放式服务可供所有国内和国际用户无任何限制地使用[8]。今天，GLONASS 的维护和现代化通过联邦目标计划"GLONASS 2012—2020 年的维护、开发和使用"提供资金，该计划涵盖空间段、地面段和用户段的升级以及运输和大地测量应用[9]。

到 2016 年，该项目已成功发射 49 次（外加 4 次运载火箭故障），共成功发射了 86 颗 Glonass 卫星、45 颗 Glonass-M 卫星、2 颗 Glonass-K1 卫星和 2 颗 Etalon 无源大地卫星。下面详细介绍目前的星座和这些航天器类型。

4.2　空间段

4.2.1　星座

GLONASS 标称星座由 24 颗活动卫星和 6 颗在轨备用卫星组成（截至 2017 年，这部分在轨备用卫星尚未实现）。它们定位在 19100km 的轨道上，倾角为 64.8°，旋转周期为 11 小时 15 分。这 24 颗卫星均匀地分布在 3 个轨道面上，赤经间隔为 120°。每个平面内包含 8 颗卫星，它们在纬度上的等距间隔为 45°，在两个不同平面内的同一轨位的卫星之间的纬度差为 15°。GLONASS 的地面轨道重复周期为 8 天（见图 4.1）[5]。目前的轨道配置和整体系统设计（包括 35°～40° 的卫星标称 L 波段天线波束宽度）为高度不超过地面以上 2000km 的用户提供导航服务[11]。

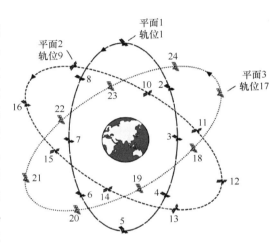

图 4.1　GLONASS 星座结构

相对于卫星在星座内的位置，每颗 Glonass 卫星都被分配了一个从 1 到 24 的轨位号（见图 4.2）。对于 24 颗卫星的星座，从地面上看到 4 颗卫星的概率达到 99% 以上。根据 24 颗卫星的概念，所有在轨卫星（标称为 30 颗）的性能将由 GLONASS 控制者决定，最好的 24 颗卫星将被激活，其余卫星（标称为 6 颗）作为备用卫星。定期对这种混合方式进行评估，必要时将定义 24 颗卫星的新的最优组合[1, 3, 10, 11]。

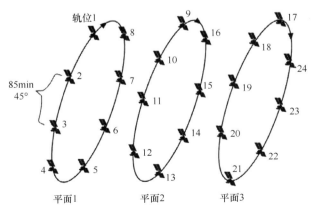

轨位17（平面3）到达最大北纬时，比轨位9（平面2）提前28分钟，比轨位1（平面1）提前56分钟

图 4.2　GLOASS 星座轨道安排

该星座还包括两颗 Etalon 无源大地测量卫星，它们位于略呈椭圆形的中地球轨道上。它们于 1989 年 1 月 10 日和 1989 年 5 月 31 日发射，每颗卫星都与一对 GLONASS 卫星配合工作。每颗 Etalon 卫星都是直径为 1.294m、质量为 1415kg 且覆盖有后向反射器阵列的球体。卫星的任务是建立一个高度精确的地球参考坐标系。2016 年 8 月的 GLONASS 星座如表 4.1 所示。

表 4.1   2016 年 8 月的 GLONASS 星座

轨　位	平　面	卫星名称	发射日期
1	1	Glonass-M/Kosmos-2456	2009 年 12 月 14 日
2	1	Glonass-M/Kosmos-2485	2013 年 4 月 26 日
3	1	Glonass-M/Kosmos-2476	2011 年 11 月 4 日
4	1	Glonass-M/Kosmos-2474	2011 年 10 月 2 日
5	1	Glonass-M/Kosmos-2458	2009 年 12 月 14 日
6	1	Glonass-M/Kosmos-2457	2009 年 12 月 14 日
7	1	Glonass-M/Kosmos-2477	2011 年 11 月 4 日
8	1	Glonass-M/Kosmos-2475	2011 年 11 月 4 日
9	2	Glonass-K1/Kosmos-2501	2014 年 12 月 1 日
10	2	Glonass-M/Kosmos-2426	2006 年 12 月 25 日
11	2	Glonass-M/Kosmos-2516	2016 年 5 月 29 日
12	2	Glonass-M/Kosmos-2436	2007 年 12 月 25 日
13	2	Glonass-M/Kosmos-2434	2007 年 12 月 25 日
14	2	Glonass-M/Kosmos-2424	2006 年 12 月 25 日
15	2	Glonass-M/Kosmos-2425	2006 年 12 月 25 日
16	2	Glonass-M/Kosmos-2466	2010 年 9 月 2 日
17	3	Glonass-M/Kosmos-2514	2016 年 2 月 7 日
18	3	Glonass-M/Kosmos-2494	2014 年 3 月 24 日
19	3	Glonass-M/Kosmos-2433	2007 年 10 月 26 日
20	3	Glonass-M/Kosmos-2432	2007 年 10 月 26 日
20	3	Glonass-K1/Kosmos-2471	2011 年 2 月 26 日
21	3	Glonass-M/Kosmos-2500	2014 年 6 月 14 日
22	3	Glonass-M/Kosmos-2459	2010 年 3 月 2 日
23	3	Glonass-M/Kosmos-2466	2010 年 3 月 2 日
24	3	Glonass-M/Kosmos-2461	2010 年 3 月 2 日

今天，俄罗斯和国际空间界正在使用这些 Etalon 卫星来校准地面激光测距设备。

4.2.2 卫星

2017 年初，GLONASS 星座中有两类卫星：1982 年至 2005 年发射的原有传统卫星的现代化版——Glonass-M，以及 2011 年首次推出的新型 Glonass-K 卫星。俄罗斯计划从 2018 年开始引入下一代卫星 Glonass-K2。

4.2.2.1 Glonass 卫星

从 1982 年到 2005 年，俄罗斯发射了 Glonass 系列卫星（见图 4.3）。这些卫星是一种传统的俄罗斯设计，它由加压的密封气缸组成，其中气缸是三轴稳定的（在三条运动轴线上定向，从卫星的角度来看，通常为轨道内测量、交叉轨道测量和径向测量）。在加压容器内，通过气体循环来实现卫星电子装置的冷却。载荷组件放在卫星底部，由水平传感器、激光后向反射器、12 元素构成的导航信号天线以及各种指令和控制天线组成。放在加压气缸两侧的是太阳能电池板、轨道修正引擎、姿态控制系统的一部分以及热控百叶窗[11]。最初的 Glonass I 卫星系列携带了稳定性为 5×10^{-12}（1 天）的两个铷钟，Glonass II 卫星则携带了三个铯 AFS，AFS 的稳定性提高到了 5×10^{-13}（1 天）[12]。这些 Glonass 卫星发射 L1 FDMA 信号（信号说明见 4.7 节）。

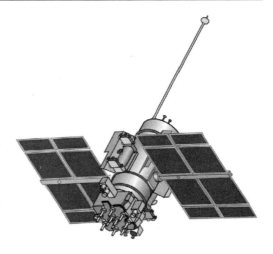

图 4.3　Glonass 卫星

4.2.2.2　Glonass-M 卫星

从 2003 年开始，俄罗斯开始发射 Glonass-M 卫星（见图 4.4），其中 M 代表"改进"。Glonass-M 是 Glonass 卫星的升级版，它采用了升级后的电子设备并且支持许多新功能。卫星携带了三个精确的铯 AFS（1 天的稳定度为 1×10^{-13}）、一个更好的姿态控制系统和星间链路（在第二颗 Glonass-M 卫星之后加入）。这些功能降低了时间测量和星历计算的误差。Glonass-M 还增加了推进剂，改进了机载电池和现代化航天器的电子设备，卫星设计寿命延长至 7 年。改进的导航电文传输 GPS 和 GLONASS 时间之间的校正值，以便每隔 4s 就联合使用导航数据认证电文和导航数据电文。Glonass-M 在 L2 信号上增加了第二个民用调制。自 2014 年以来，新推出的 Glonass-M 卫星在 L3 频点上增加了一个开放 CDMA 的服务信号（信号说明见 4.7 节）。

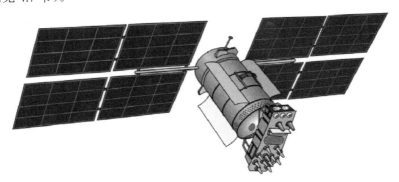

图 4.4　Glonass-M 卫星

类似于最初的 Glonass 卫星，Glonass-M 卫星由一个三轴稳定的加压密封气缸组成。相比之下，新型卫星的太阳能电池板连接到气缸和（卫星底部的）载荷结构的顶部，且在一个方向上要大得多。卫星质量约为 1415kg。这一结构由水平传感器、激光反向反射器、12 元素导航信号天线、星间链路天线及各种指令和控制天线组成。较长的结构允许导航载荷和激光后向反射器阵列分开安装。接在加压气缸两侧的是一部分姿态控制系统、轨道修正引擎和热控百叶窗[1, 13-19]。

截至 2017 年初，在该系列完全退役之前，俄罗斯共有 7 颗 Glonass-M 卫星正在等待发射[9]。

4.2.2.3　Glonass-K1 卫星

从 2011 年开始，俄罗斯开始测试与传统苏联系统不同的新一代卫星。Glonass-K1 卫星（见

图 4.5）使用 Express-1000K 无压总线。新总线提供了几个新功能：轻型蜂窝板结构、控热管、抗辐射电子设备和 $17m^2$ 的砷化镓太阳能电池板。Glonass-K1 卫星的质量仅为 935kg，目前在普列谢茨克使用"联盟-2"号空间运载火箭发射。

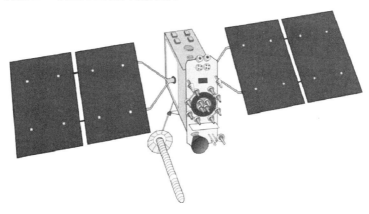

图 4.5　Glonass-K1 卫星

类似于其"前任"，Glonass-K1 携带一个 12 元素的导航信号天线、激光反向反射器和一个卫星间的射频交叉链路。前两颗 Glonass-K1 卫星发射传统 FDMA 信号，实现向后兼容，并且已在最新的 Glonass-M 卫星上引入了 CDMA L3 开放服务信号（信号说明见 4.7 节）。

Glonass-K1 卫星携带了两个铯 AFS 和两个铷 AFS，卫星 AFS 的稳定性达到$(0.5\sim5)\times10^{-13}$（1 天），预计从该系列的第三颗卫星开始，稳定性将提高到 1×10^{-14}（1 天）[13-20]。

Glonass-K 卫星携带了搜索和救援（SAR）载荷。载荷中继传输 406MHz SAR 信标，旨在与当前部署的 COSPAS-SARSAT 系统配合使用。这种载荷在设计和概念上与欧洲 Galileo 系统的载荷类似[13-19]。Glonass-K 还带有核爆（NUDET）确认和条约验证的载荷[21]。

俄罗斯计划在转用下一代卫星之前发射 9 颗 Glonass-K1 卫星[22]。

4.2.2.4 Glonass-K2 卫星

从 2018 年开始，俄罗斯将发射 Glonass-K2 卫星（见图 4.6）。新卫星基于改进的 Express-1000A 总线，因此采用三结砷化镓太阳能电池板和锂离子电池。卫星的设计寿命为 10 年，质量约为 1645kg。虽然这颗卫星的运载火箭尚未确定，但单颗 Glonass-K2 的发射可能使用 Soyuz-2 SLV，而配备了 Briz-M 上面级的 Proton-M SLV 可将两颗卫星发射到轨道上。预计 Glonass-K2 将携带额外的载荷，例如已在 Glonass-K1 卫星上引入的 COSPAS-SARSAT 和 NUDET 支持。Glonass-K2 卫星预计携带两台铯钟和两台铷钟，它们的 AFS 稳定性为$(0.5\sim1)\times10^{-14}$（1 天）。

为实现向后兼容，Glonass-K2 将继续传输传统的 FDMA 信号。除在最新 Glonass M 和 Glonass-K1 卫星上引入的 L3 CDMA 信号外，Glonass-K2 还将在 L1 和 L2 上发射 CDMA 信号[23]（见 4.7.7.9 节）。

图 4.6　Glonass-K2 卫星

4.2.2.5　Glonass-KM 卫星

虽然卫星设计目前尚不清楚，但这颗卫星可能会将 L5 频率作为其载荷的标准部分。除 L1、L2 和 L3 上的 CDMA 信号外，它仍将传输传统的 FDMA 信号。

4.3　地面段

GLONASS 由主要俄罗斯境内的地面网络支持，并由世界其他地区的监测站增强（见图 4.7）。地面控制综合体（GBCC）负责如下功能：

- 测量和预测各颗卫星的星历。
- 将预测的星历、时钟校正和年历信息上传到每颗 GLONASS 卫星，以便纳入导航电文。
- 卫星时钟与 GLONASS 系统时的同步。
- 计算 GLONASS 系统时与 UTC（SU）的偏移。
- 卫星指挥、控制、管理和追踪[1]。

图 4.7　GLONASS 地面段

4.3.1　系统控制中心

系统控制中心（SCC）的前身是俄罗斯太空部队运营的军事综合体 Golitsino-2，它位于莫斯科西南约 40km 处的克拉诺兹纳缅斯克。SCC 调度和协调 GLONASS 的所有功能[1]。

4.3.2　中央同步器

中央同步器（CS）或系统时钟位于莫斯科东北约 20km 处的斯切尔科夫，它生成 GLONASS

系统时。GLONASS 系统时也与俄罗斯协调世界时 UTC（SU）同步，后者由位于莫斯科附近门捷列沃的俄罗斯联邦国家计量研究所（VNIIFTRI）维护。来自中央同步器的信号被中继到相位控制系统（PCS），后者监控由导航信号发送的卫星时钟时间/相位。PCS 执行两类测量，以便求出卫星时间/相位偏移。PCS 使用雷达技术直接测量卫星的距离，同时将卫星传输的导航信号与由地面站高度稳定的频率标准（相对误差约为 10^{-13}）生成的参考时间/相位进行比较。然后对这两个测量结果进行区分，以便确定卫星时钟时间/相位偏移。来自 PCS 的测量结果用于预测从地面站上传到卫星的卫星时钟时间/相位校正。对每颗卫星，至少每天进行一次时间/相位误差比较[1, 24]。

4.3.3　遥测、跟踪和指挥

遥测、跟踪和指挥（TT&C）站测量各颗卫星的轨迹，并将需要的控制和载荷信息上传到卫星的星载处理器。跟踪过程涉及 3～5 次测量会话，每次会话持续 10～15 分钟。采用雷达技术测量到卫星的距离，最大误差为 2～3m。使用激光跟踪站的激光测距设备周期性地校准这些射频测距。每颗卫星都配有专用于这一目的的激光反向反射器。星历提前 24 小时预测并且每天上传一次。卫星时钟校正参数每天更新两次。地面部分正常操作时的任何中断，都会降低 GLONASS 信号的精度。测试表明，卫星时钟可在不超过 2～3 天的自主运行中保持可接受的精度。虽然卫星的中央处理器能够自主运行 30 天，但时间标准的这种可变性是 GLONASS 自主运行的限制因素[1]。

4.3.4　激光测距站

激光测距站（SLR）校准射频跟踪测量值并为确定 GLONASS[1, 3]的轨道提供光学测量值。SLR 通常与监测站位于同一位置。激光测距网络还得到了位于乌兹别克斯坦南部迈丹内克山基塔布附近的实验性多功能光学和激光综合体的支持。相机位于迈丹内克山上，能够测量高达 40000km 及低至 16 级可见星等的物体。在正常工作条件下，卫星角坐标测量值的最大误差不超过 1～2 弧秒，在特殊实验条件下，卫星角坐标测量值的最大误差不超过 0.5 弧秒。最大测距误差不超过 1.5～1.8cm，并且对 UTC（SU）的修正误差不超过 ±1μs。通过安全的无线链路，GLONASS 测量数据每小时传送给系统控制中心一次。迈丹内克山具有独特的气候特征，每年的晴天数高达 220 天，因此成为系统控制中心的可靠校正数据源[1, 3]。

4.4　GLONASS 用户设备

GLONASS 旨在支持俄罗斯及世界其他地区的各种民用、商用和军用 PNT 应用。注意，用户时间被标定到协调世界时 UTC（SU）国家参考[5]。

第一款使用 GLONASS 和 GPS 的俄罗斯汽车导航接收机是 2007 年 12 月 27 日推出的 Glospace-SGK70。在撰写本文时，GLONASS 已被纳入俄罗斯和西部 GPSGLONASS 或 GNSS 芯片组，并且被集成到许多消费品中，如被集成到 2011 年以来的手机中。第一款配备 GLONASS（和 GPS）的智能手机是采用高通公司骁龙 MSM7x30 芯片的中兴 MTS 945[25]。拟议的民用应用包括：地面、航空（导航）和海洋导航、灾害管理、车辆跟踪和车队管理、与移动电话的整合、精密授时、地图和大地测量数据的收集以及驾驶员视觉和语音导航。在撰写本文时，还没有关于军事应用的具体信息。

4.5　大地测量学与时间系统

4.5.1　大地测量参考坐标系

自 1993 年 8 月以来，俄罗斯联邦国家坐标系 Parametry Zemly 或 1990 年地球参数系统（PZ-90）就开始支持 GLONASS 大地测量（见图 4.8）。俄罗斯国防部建立的 PZ-90 系统取代了此前使用的苏联大地测量系统 1985（SGS-85）。PZ-90 的质量与 GPS 中 WGS-84 采用的地球模型类似[26]。表 4.2 中列出了 PZ-90 的基本特性[27-29]。

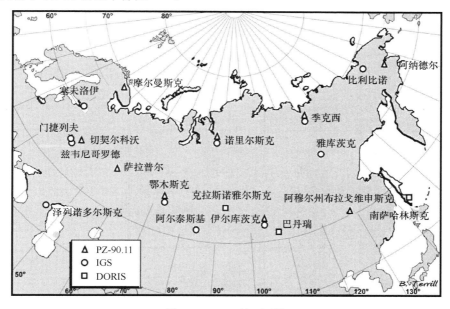

图 4.8　PZ-90 地面网络

表 4.2　PZ-90 的基本特性

常量的命名和规定	度量单位	PZ-90.11 的值
基本大地测量常数		
地球自转角速率（ω）	rad/s	7.292115×10^{-5}
地心引力常数，包括大气（GM）	m^3/s^2	398600.44×10^9
大气的地心引力常数（GM_A）	m^3/s^2	0.35×10^9
光速（c）	m/s	299792458
普通地球椭球半长轴参数（a_e）	M	6378136
压缩分母（$1/\alpha$）	分母单位	298.25784
赤道处的重力加速率（γ_e）	Mgal	978032.8
海平面处因大气吸引导致的重力加速度改正（$\delta\gamma_a$）	mgal	-0.9
其他常数		
二次谐波系数（J_2^0）	—	1082625.7×10^{-9}
四次谐波系数（J_4^0）	—	-2370.9×10^{-9}
普通地球椭球表面的标准电势（U_0）	m^2/s	62636861

自建立以来，为提高与 WGS-84 广播轨道的一致性，对 PZ-90 坐标系进行了两次修正。第一次修正是借助大量大地卫星数据集于 2002 年完成的（PZ-90.02）。根据 2007 年 6 月 20 日发布的第 797 号令，PZ-90.02 正式实施。最新的增强版 PZ-90.11 于 2012 年 12 月 28 日由第 1463 号令颁布，并于 2013 年 12 月 31 日在历元 2010.0 实施。官方对轨道任务的支持始于 2014 年 1 月 15 日[30]。将 PZ-90 转换为其他坐标系（如 WGS-84 和 ITRF，见表 4.3）曾是常见的做法。PZ90、ITRF 和 WGS84 的最新实现的一致性达 1cm，因此大多数应用不需要这种转换（见表 4.3 和 3.5.1.1 节）。

表 4.3　PZ-90、PZ-90.02、PZ-90.11、WGS84（G1150）和 ITRF2008 的转换参数

序号	从	到	ΔX/m	ΔY/m	ΔZ/m	ωX/mas	ωY/mas	ωZ/mas	$M/10^{-6}$	历元
1	PZ-90	PZ-90.02	−1.07 ±0.10	−0.03 ±0.10	+0.02 ±0.10	0	0	−130 ±10	−0.220 ±0.020	2002.0
2	WGS 84 （G1150）	PZ-90.02	+0.36 ±0.10	−0.08 ±0.10	−0.18 ±0.10	0	0	0	0	2002.0
3	PZ-90.11	ITRF2008	−0.003 ±0.002	−0.001 ±0.002	+0.000 ±0.002	+0.019 ±0.072	−0.042 ±0.073	+0.002 ±0.090	−0.000 ±0.0003	2010.0

$\Delta X, \Delta Y, \Delta Z$：将参考坐标系 1 转换到参考坐标系 2 的变换的线性元素，单位为 m；$\omega X, \omega Y, \omega Z$：将参考坐标系 1 转换到参考坐标系 2 的变换的角元素，单位为 rad；m：将参考坐标系 1 转换到参考坐标系 2 的变换的缩放元素。

目前，俄罗斯使用两个国家参考坐标系进行测量：国家大地测量参考坐标系 1942（SK-42）或克拉索夫斯基椭球体，以及大地参考坐标系 1995（SK-95）。2017 年，俄罗斯将把所有大地测量服务从 SK-42/SK-95 转换成名为 2011 年大地测量参考坐标系（GRS-2011）的新国家大地测量参考坐标系。GRS-2011 是由大约 50 个天文大地测量站组成的网络（见图 4.9）。就像 PZ-90.11 那样，这个坐标系在历元 2011.0 与 ITRF 保持一致[30, 31]。

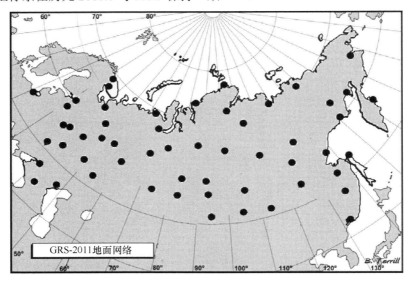

图 4.9　GRS-2011 地面网络

4.5.2　GLONASS 时间

所有 GLONASS 卫星都与 GLONASS 中央同步器（CS）的时间同步，该时间保存在莫斯科。中央同步器氢钟的日常不稳定性不低于 2×10^{-15}。GLONASS 系统时也与莫斯科附近门捷列夫的俄罗斯联邦国家计量研究所（VNIIFTRI）维护的俄罗斯协调世界时 UTC（SU）同步[5, 7]。

定期地对 GLONASS 卫星时标与 CS 时标进行比较。地面控制段每天计算卫星校正两次并且上传给卫星。GLONASS 时标也定期地校正，以便计入闰秒调整。通常情况下，所有 UTC 用户每隔 1 年或 1.5 年（1 月 1 日、4 月 1 日、7 月 1 日或 10 月 1 日的 00:00:00）在午夜执行一次这种校正。用户通常至少提前 3 个月得到通知[5]。

考虑到 GLONASS 时标会被周期性地校正以进行闰秒调整，建议接收机同时利用校正前和校正后的 UTC（SU）来进行平滑且有效的伪距系列测量，以便重新同步数据串时标而不丢失信号跟踪。

4.6　导航服务

GLONASS 提供授权（军用）导航服务及与 GPS 相似的民用导航服务。这两种业务都在 L1 和 L2 射频频段上传输。新的 Glonass-M 和 Glonass-K1 卫星增加了新的 L3 民用服务（4.7.9 节中将描述 L3 信号）。

高精度（授权）服务被俄罗斯指定为 VT（高吞吐量或高精度），在本章中设计为 P 码。P 码只供俄罗斯军方使用，不太精确（开放）的服务则向民用用户开放[5]。高精度服务虽然未加密，但是具有反欺骗能力[32]。

开放服务被俄罗斯称为 ST，在本章中称为 C/A 码。C/A 码用于军事、民用和商业用途。到 2016 年，开放服务用户定位精度估计为 1.4m（水平），到 2020 年该数字将达到 0.6m（水平）[33]。

俄罗斯开发了几种类型的 GLONASS 差分服务（第 12 章中将介绍差分服务），并且使用海上无线电信标为 GLONASS 和 GPS 部署了沿海差分服务，这与世界各地的其他服务类似。俄罗斯积极参与 RTCM SC-104 特别委员会的活动，其中后者制定了允许无缝使用 DGPS、差分 GLONASS 和差分 GPS/GLONASS 服务的一系列标准[1]。

4.7　导航信号

在撰写本文时，较老的 Glonass-M 卫星在 L1 和 L2 频段上传输军用和民用 FDMA 导航信号。新的 Glonass-K1 卫星和更新的 Glonass-M 卫星在 L1 和 L2 频段上发射相同的 FDMA 信号（见 4.7.1 节），并且在 L3 频段上发射新的民用码分多址（CDMA）信号（见 4.7.9 节）。在撰写本文时，最新的 ICD 是 2008 年的 5.1 版，它只提供 FDMA L1 和 L2 信号的详细信息[5]。

4.7.1　FDMA 导航信号

与 GPS 的每颗卫星在同一无线电频率（即 CDMA）上为每个信号发送唯一 PRN［例如，一个用于 C/A 调制，另一个用于 P(Y)调制］的方式不同，每颗可见的 GLONASS 卫星都在不同的射频（即 FDMA）上发送相同的 PRN，以便区分星座中的不同卫星。历史上，GLONASS 是唯一使用 FDMA 调制的卫星导航系统[5]。

在某些设计中，为了处理多个频率，需要额外的前端组件，因此 FDMA 可能会导致更大、更昂贵的接收机。相比之下，CDMA 信号可以更容易地用同一组前端组件进行处理。8.3.10 节中将详细介绍有关的设计指南，以便使得接收机前端能够处理以 GLONASS L1 频率为中心的所有卫星信号。

FDMA 具有较强的抗干扰性能。只中断一个 FDMA 信号的窄带干扰源会同时中断所有 CDMA 信号。此外，FDMA 不需要考虑多个信号码之间的干扰效应（互相关）。因此，与 GPS 相比，GLONASS 提供更多的基于频率的干扰抑制选项，并且具有更简化的代码选择准则。GLONASS 卫星发射以两个离散 L 频段载波频率为中心的信号。每个载波频率通过 511kHz 或

5.11MHz PRN 测距码序列和 50bps 数据信号的模 2 和来调制。50bps 数据信号包含导航帧，并且被表示为导航电文。图 4.10 中显示了信号生成器的简化框图。下面详细介绍频率、调制、PRN 码特性和导航电文[1, 34, 35]。

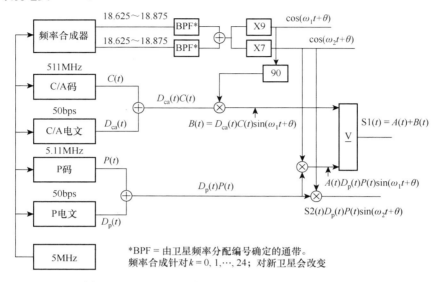

图 4.10   GLONASS 信号生成器（Brian Terrill 授权）

4.7.2 频率

每颗 GLONASS 卫星都被分配一对不同的载波频率，即 L1 和 L2。每个这样的载波频率都由如下方程定义：

$$f_{L1}(k) = (1602.0 + k{\times}0.5625)\ \text{MHz}$$
$$f_{L2}(k) = (1246.0 + k{\times}0.4375)\ \text{MHz}$$

式中，k 是在-7 和+6 之间的一个整数，它定义每个明确分配的载波频率[5]。L1 上相邻频率之间的间隔为 0.5625MHz，L2 上相邻频率之间的间隔为 0.4375MHz。最初，k 是针对每颗卫星的唯一整数，并在 0 到 24 之间变化。然而，观测发现 L1 信号传输会干扰射频天文测量 1612MHz 附近的羟基（OH）自由基。根据国际电信联盟（ITU）的建议，在 1998 年，初始频率分配被修改为 $k = 0, \cdots, 12$，并且在 2005 年引入负向通道，因此将通道范围改为 $k = -7, \cdots, +6$。通过为地球两侧的卫星分配相同的 k 值（对映），可以解决这个通道限制问题。这个中心频率修改对无法同时看到对映卫星的地面用户影响不大[5]。

上面列出的 k 值是对正常条件下运行的卫星的建议值。根据俄罗斯的规定[1]，也可以为某些指挥和控制处理或特殊情况分配其他的 k 值。表 4.4 中给出了 GLONASS 标称 L1 和 L2 FDMA 频率。

表 4.4   GLONASS 标称 L1 和 L2 FDMA 频率

通 道 号	L1 子波段中的标称频率值/MHz	L2 子波段中的标称频率值/MHz
06	1605.375	1248.625
05	1604.8125	1248.1875
04	1604.2500	1247.7500
03	1603.6875	1247.3125
02	1603.125	1246.4375

（续表）

通 道 号	L1 子波段中的标称频率值/MHz	L2 子波段中的标称频率值/MHz
01	1602.5625	1246.000
00	1602.0000	1245.5625
−01	1601.4375	1245.5625
−02	1600.8750	1245.1250
−03	1600.3125	1244.6875
−04	1599.7500	1244.2500
−05	1599.1875	1243.8125
−06	1598.6250	1243.3750
−07	1598.0625	1242.9375

4.7.3 调制

类似于传统 GPS 信号，每颗卫星使用两个 PRN 测距序列来调制 L1 载波频率。一个称为 P 码的序列仅用于军事目的，另一个称为 C/A 码的序列用于民用目的并且辅助获取 P 码。每颗卫星只用 P 码和导航数据的模 2 加来调制 L2 载波频率。所有卫星的 P 码和 C/A 码序列相同[1, 34, 35]。

4.7.4 编码特性

GLONASS 和 GPS 都使用伪随机码，便于测量从卫星到用户的距离，并且具有抗干扰能力。下面介绍 GLONASS C/A 码和 P 码序列[1, 34, 35]。

GLONASS 的 C/A 码具有如下特点：

- 码型：最大长度 9 位移位寄存器。
- 码率：0.511Mchips/s。
- 码长：511 个码片。
- 重复率：1ms。

最大长度码序列具有可预测的和理想的自相关特性（见 2.4 节）。511 位 C/A 码的码率为 0.511 Mchips/s，因此每毫秒码重复一次。这种高速率使用相对较短码的方法在 1kHz 的间隔内生成不希望的频率成分，导致干扰源之间的互相关，进而降低扩频频谱的抗干扰效果。另一方面，由于频率分离，GLONASS 信号的 FDMA 性质显著降低了卫星信号之间的任何互相关性。采用短码的原因是允许快速捕获，要求接收机搜索最多 511 个码相移。快码率对于距离分辨率是必需的，每个码相代表约 587m。图 4.11 中显示了用于生成 C/A 扩频码[5]的移位寄存器。

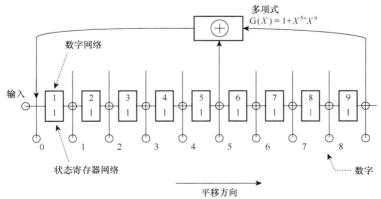

图 4.11　GLONASS C/A 扩频码移位寄存器[5]

4.7.5　GLONASS P 码

由于 P 码是严格的军用信号，因此关于 GLONASS P 码的信息很少。大多数 P 码的信息来自个人或组织（如英国利兹大学的 Peter Daly 博士及其研究生）的代码分析。基于这样的分析，P 码的特性如下[35-38]：

- 码型：最大长度 25 位移位寄存器。
- 码率：5.11Mchip/s。
- 码长：33554432 个码片。
- 重复速率：1s（重复速率实际上在 6.57s 的间隔位置，但在调频序列被截断后，它每隔 1 秒重复一次）[35-38]。

类似于 C/A 码，最大长度码具有可预测的自相关属性。P 码和 C/A 码的主要差异是，P 码与其时钟速率相比要更长，因此每秒只重复一次。尽管这会在 1Hz 的间隔内产生不希望的频率成分，但是互相关问题并不像 C/A 码那样严重。类似于 C/A 码，FDMA 实际上消除了涉及 GLONASS 卫星信号之间互相关的任何问题。尽管 P 码在相关特性方面有所提升，但在捕获方面性能有所下降。P 码包含 5.11 亿个可能的码相移。因此，接收机通常首先获取 C/A 码，然后用 C/A 码降低 P 码相移的数量，以便进行搜索。每个 P 码相位的时钟频率为 C/A 码的 10 倍，代表 58.7m 的距离。切换到 P(Y) 码时不需要使用 GPS 中所用的切换字（HOW）。GLONASS P 码每秒重复一次，因此可用 C/A 码序列的时间来协助切换过程。这是另一个在长序列的期望安全性和相关特性与更快获取方案的期望值之间进行设计折中的例子。GPS 采用前一实现，GLONASS 则采用后一实现[35]。图 4.12 中显示了用于生成 P 码的移位寄存器[36]

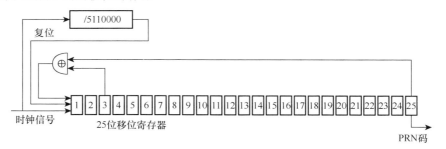

图 4.12　GLONASS P 码移位寄存器[37]（Brian Terrill 授权）

4.7.6　导航电文

与 GPS 不同，GLONASS 有两种类型的导航电文。C/A 码导航电文被模 2 加到卫星的 C/A 码，而 P 码的唯一导航电文被模 2 加到 P 码。两种导航电文都是 50bps 的数据流。这些电文的主要目的是提供有关卫星星历和通道分配的信息。星历信息允许 GLONASS 接收机准确地计算每颗 GLONASS 卫星在任何时刻的位置。虽然星历是主要的导航信息，但也有其他一些项目：

- 历元计时。
- 同步位。
- 纠错位。
- 卫星健康。
- 数据龄期。
- 备用位。

此外，俄罗斯计划提供有助于联合使用 GPS 和 GLONASS 的数据，特别是 GLONASS 系统时与 GPS 系统时之间的差。下面概述 C/A 码和 P 码导航电文[34, 35]。

4.7.7　C/A 码导航电文

每颗 GLONASS 卫星广播的每条 C/A 码导航电文都包含一个由 5 帧组成的超帧。每帧包含 15 行，每行包含 100 位信息。每帧的广播需要 30s，整个超帧每 2.5 分钟播放一次[5, 34]。

每帧的前 3 行包含被跟踪卫星的详细星历。由于每帧每隔 30s 重复一次，因此开始接收数据时，接收机将在 30s 内收到卫星的星历[34]。

每帧的其他行主要由星座中所有其他卫星的近似星历（即历书）信息组成。每帧保存 5 颗卫星的星历。由于星座中将有 24 颗卫星，因此为了获得所有卫星的近似星历，必须读取 5 帧，这大约需要 2.5 分钟[1, 34]。

近似的星历信息不如详细星历那么精确，并且不用于实际的距离测量。尽管如此，近似星历足以使接收机快速调整其码相位并捕获所需的卫星。一旦捕获，卫星的详细星历就被用于距离测量。类似于 GPS，星历信息的有效期为几小时。因此，接收机不需要持续读取数据电文来计算准确的位置。图 4.13 中显示了 C/A 码导航电文的结构[5]。

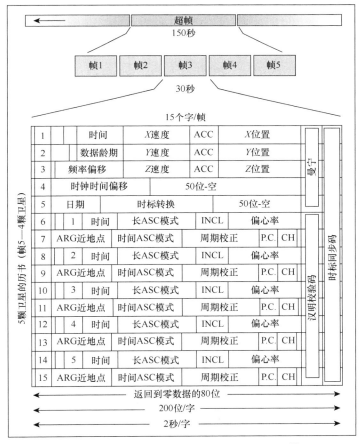

图 4.13　GLONASS C/A 码导航电文的结构[5]

4.7.8　P 码导航电文

俄罗斯军方尚未公开发布任何关于 P 码的细节。尽管如此，有些组织和个人研究了 P 码的波形并公布了他们的结果[34]。

以下信息是从发布的信息中提取的。需要记住的是，俄罗斯公开了 C/A 码数据电文的详细信息，并对其连续性给予了一定的保证。P 码数据不存在这样的信息或保证。下面描述的 P 码数据结构可能随时会变，恕不另行通知。

每颗 GLONASS 卫星都广播一个超帧的 P 码导航电文，这个超帧由 72 帧组成。每帧包含 5 行，每行包含 100 位信息。每帧的广播需要 10s，整个超帧每 12 分钟播出一次[34]。

每帧的前 3 行包含被跟踪卫星的详细星历。由于每帧每隔 10s 重复一次，因此收到数据后，接收机将在 10s 内接收卫星的星历。每帧的其他行主要由星座中其他卫星的近似星历信息（即年历）组成。必须读取所有 72 帧才能获取所有星历，这需要 12 分钟[34]。图 4.14 中显示了 P 码导航电文的结构[35]。

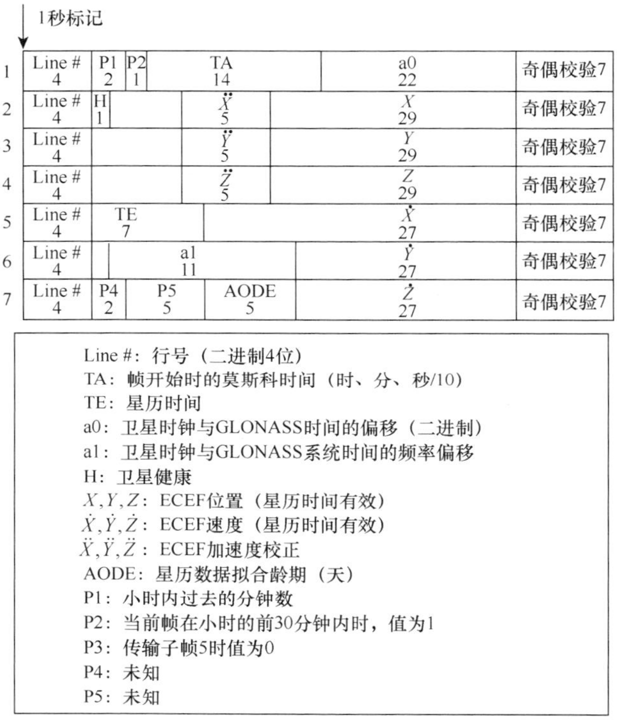

	Line # 4	P1 2	P2 1	TA 14		a0 22	奇偶校验7
1							
2	Line # 4	H 1	$\ddot{X}$ 5		X 29		奇偶校验7
3	Line # 4	$\ddot{Y}$ 5	Y 29				奇偶校验7
4	Line # 4	$\ddot{Z}$ 5	Z 29				奇偶校验7
5	Line # 4	TE 7	$\dot{X}$ 27				奇偶校验7
6	Line # 4	a1 11	$\dot{Y}$ 27				奇偶校验7
7	Line # 4	P4 2	P5 5	AODE 5	$\dot{Z}$ 27		奇偶校验7

Line #：行号（二进制4位）
TA：帧开始时的莫斯科时间（时、分、秒/10）
TE：星历时间
a0：卫星时钟与GLONASS时间的偏移（二进制）
a1：卫星时钟与GLONASS系统时间的频率偏移
H：卫星健康
X, Y, Z：ECEF位置（星历时间有效）
$\dot{X}, \dot{Y}, \dot{Z}$：ECEF速度（星历时间有效）
$\ddot{X}, \ddot{Y}, \ddot{Z}$：ECEF加速度校正
AODE：星历数据拟合龄期（天）
P1：小时内过去的分钟数
P2：当前帧在小时的前30分钟内时，值为1
P3：传输子帧5时值为0
P4：未知
P5：未知

图 4.14　GLONASS P 码导航电文的结构[38]

4.7.9　CDMA 导航信号

2012 年，作为 GLONASS 现代化工作的一部分，俄罗斯签署了新的联邦目标计划"GLONASS 2012—2020 年的维护、开发和使用"，据此，下一代卫星将携带传统信号和新的码分信号[9]。由于 CDMA 调制，新信号提供更高的精度、增强的抗多径能力及与其他 GNSS 系统更高的互操作性。Glonass-K1 卫星和新 Glonass-M 卫星仅在 L3 频段上传输测试开放服务信号，而未来的 Glonass-K2 卫星将使用不同的设计在 L1、L2 和 L3 频段上传输信号。

在撰写本文时，新推出的 Glonass-K1 和 Glonass-M 卫星正在 L3 频段上测试称为 L3OC 的民用 CDMA 信号。第一颗载有 L3OC 信号的卫星 Glonass-K1 于 2011 年 2 月 26 日发射升空。自 2014 年以来，新推出的 Glonass-M 卫星也配备了新的 L3OC 信号。虽然更新后的 GLONASS 接口控制文件仍在等待发布，但已发布了关于信号的有限数据[39]：

- 频率：新的 GLONASS L3OC 信号中心频率为 1202.025MHz。
- 调制：使用正交相移键控（QPSK）将 L3OC 信号调制到载波上，同步数据通道和正交导频通道（见图 4.15）。
- 码性质：L3OC 信号具有如下码特征。
  - 码型：最大长度 9 位移位寄存器。
  - 码率：10.23Mchips/s。
  - 重复率：1ms[39]。

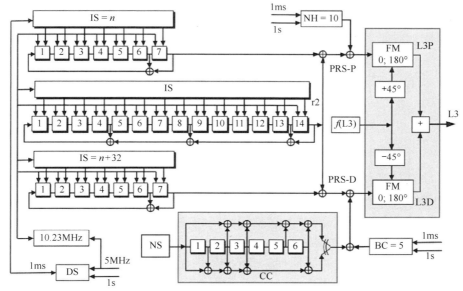

BC = Barker码，CC = 卷积码，NH：Neuman-Hofman码，NS：导航电文符号，IS = 初始状态

图 4.15　Glonass-K1 L3 CDMA 信号生成器[39]（Brian Terrill 授权）

- 导航电文：L3OC 导航电文由 8 个导航帧组成，可以方便地广播 L3OC CDMA 信号的 24 卫星星座的完整信息。每帧包含 5 个字符串，并且持续 15s。整个超帧每 2 分钟重播一次。当星座达到 30 颗广播 CDMA L3OC 的卫星时，导航帧的数量将增加到 10，并且超帧的长度增加到 2.5 分钟。每个导航帧都有一整套用于当前卫星的星历和 3 颗卫星的系统历书的一部分。完整的系统历书在一个超帧中广播。时标位于一个字符串的开始位置，并且在卫星时标[40]中作为当前日期内的一个字符串的数字给出。
- 未来的 Glonass-K2 CDMA 信号：在撰写本文时，关于 Glonass-K2 卫星未来的民用和军用 CDMA 信号的调制信号结构和导航信息，只有一些零散信息。类似于 GPS、Galileo 和 BeiDou 计划的信号，Glonass-K2 卫星将使用 BPSK 和 BOC 调制传输信号。L3OC 引入的双通道结构（信息/数据和无数据导频通道）将被保留。此外，还将增加时分复用和加密的军事通道。覆盖未来 CDMA 信号的 ICD 尚未公布；然而，俄罗斯的学术文献[41]提供了一些初步信息。未来的 CDMA K2 信号的主要属性如表 4.5 所示。
- 未来的 Glonass-KM CDMA 信号：在撰写本文时，未来的 Glonass-KM 卫星的信号结构还没有可用的设计数据。预计这些卫星将继续携带传统的 FDMA 信号，Glonass-K2 上已经引入 CDMA 信号，还将在中心频率 1176.45 MHz 引入新的 L5 信号[42]。

表 4.5　Glonass-K2 上的未来 CDMA 信号

信　号	载波频率/MHz	调　制	码率/（Mchips/s）
L1OCd	1600.995	BPSK 1	10.23
L1OCp	1600.995	BOC (1, 1)	10.23
L1SCd	1600.995	BOC (5, 2.5)	2.5×10.23
L1SCp	1600.995	BOC (5, 2.5)	5×10.23
L2OCd	1248.06	BPSK 1	10.23
L2OCp	1248.06	BOC (1, 1)	10.23
L2SCd	1248.06	BOC (5, 2.5)	2.5 × 10.23
L2SCp	1248.06	BOC (5, 2.5)	5 × 10.23
L3OCd	1202.025	TBD	10.23
L3OCp	1202.025	TBD	10.23

致谢

　　本文在本书前几版的基础上对关于 GLONASS 的信息进行了修订。感谢合著本章 1996 年版的 Richard Clark 和 Jay Purvis，以及合著本章 2007 年版的 Richard Clark。1996 年版的主要来源是《俄罗斯的全球导航卫星系统》，它是根据美国空军合同编号 F33657-90-D-0096 生产的。感谢参与合同的所有贡献者和参与者。该合同是由 ANSER（华盛顿特区）在俄罗斯航天局的协助下完成的。ANSER 在俄罗斯组建了俄罗斯 GLONASS 专家团队撰写报告。俄罗斯方的作者包括：NPO Prikladnoy Mekhaniki 的 V. F. Cheremisin、V. A. Bartenev 和 M. F. Reshetnov；俄罗斯无线电导航和时间研究所的 Y. G. Gouzhva 和 V. V. Korniyenko；空间设备工程科学研究所的 N. E. Ivanov 和 V. A. Salishchev；俄罗斯航天局的 Y. V. Medvedkov；机械制造中心科学研究所的 V. N. Pochukaev；莫斯科航空研究所的 M. N. Krasilshikov 和 V. V. Malyshev；俄罗斯太空部队的 V. I. I. Durnev、V. L. Ivanov 和 M. Lebedev；飞行控制中心的 V. P. Pavlov。ANSER 团队还包括阿灵顿办公室的 E. N. O'Rear 和 R. Turner，以及莫斯科办公室的 S. Hopkins、R. Dalby 和 D. Van Hulle。此外，还要感谢以下浏览 ANSER 报告初稿并提出宝贵意见的导航专家：林肯实验室的 P. Misra；RTCA 159；特别委员会前主席 L. Chesto 以及 3-S 之前的 J. Danaher 和 Jacques Beser。

参考文献

[1]　ANSER, "Russia's Global Navigation Satellite System," Arlington, VA, ANSER, U.S. Air Force Contract Number F33657-90-D-0096, May 1994.

[2]　Anodina, T. G., "The GLONASS System Technical Characteristics and Performance, Working paper FANS/4-WP/75," International Civil Aviation Organization, Montreal, Canada, 1988.

[3]　Kazantsev, V. N., et al., "Overview and Design of the GLONASS System," *Proc. Int. Conference on Satellite Communications*, Volume II , Moscow, Russia, October 18-21, 1994, pp. 207-216.

[4]　"On the Activity on Application of the Global Navigation Satellite System GLONASS," Russian Federation Governmental Decree 237, March 7, 1995, http://www.glonass-center.ru/decree.html.

[5]　Global Navigation System GLONASS Interface Control Document (Version 5.1), Moscow, 2008, http://aggf.ru/gnss/glon/ikd51ru.pdf.

[6]　"The Decree of the President of the Russian Federation," Decree 38-RP, February 18, 1999, http://www.glonass-center.ru/38rp_e.html.

[7]　"Declaration of the Government of the Russian Federation," Russian Federation Governmental Decree 346, March 29, 1999. http://www.glonass-center.ru/decl_e.html.

[8]　"On Use of GLONASS for the Benefit of Social and Economic Development of the Russian Federation," Presidential Decree 638, May 17, 2007.

[9]　"Maintenance, Development and Use of the GLONASS System 2012-2020," Federal Targeted Program, Russian Federal Space Agency, http://www.federalspace.ru/115/.

[10] Feairheller, S., "The Russian GLONASS System: A US Air Force/Russian Study," *Proc. 7th Intl. Technical Meeting of Satellite Division of U.S. Institute of Navigation*, Salt Lake City, UT, September 20-23, 1994, pp. 293-304.

[11] Lebedev, C. M., "Space Navigation System 'GLONASS'-Application Prospective," *Scientific Information Coordination Center for Military Space Forces, Proc. RTCA 1994 Symposium*, Reston, VA, November 30-December 1, 1994, pp. 199-210.

[12] Bassevich, A. B., et al., "GLONASS Onboard Time/Frequency Standards: Ten Years of Operation," *Russian Institute of Radionavigation and Time*, 1996, www.dtic.mil/dtic/tr/ fulltext/u2/a501103.pdf.

[13] Kulik, S. V., "Status and Development of GLONASS," *First United Nations/United States of America Workshop on the Use of Global Navigation Satellite Systems*, Kuala Lumpur, Malaysia, August 20-24, 2001. (Removed from the Internet in 2004), http://www.jupem. gov.my/gnss_bm.htm.

[14] Kulik, S. V., "GLONASS: Status and Progress," *Second United Nations/United States of America Regional Workshop on the Use of Global Navigation Satellite Systems*, Vienna, Austria, November 26-30, 2001, http://www.oosa.unvienna.org/SAP/act2001/gnss2/presentations/index.html.

[15] Revnivykh, S., "Status and Development of GLONASS," *Third UN/USA Workshop on the Use and Applications of Global Navigation Satellite Systems, for the benefit of Latin America and the Caribbean*, Santiago, Chile, April 1-5, 2002, http://www.oosa.unvienna. org/SAP/act2002/gnss1/presentations/index.html.

[16] Revnivykh, S., "Status and Development of GLONASS," *Fourth UN/USA Workshop on the Use of Global Satellite Positioning Systems, for the benefit of Africa*, Lusaka, Zambia, July 15-19, 2002, http://www.oosa.unvienna.org/SAP/act2002/gnss2/presentations/index.html.

[17] Polischuk, G., et al. "The Global Navigation Satellite System GLONASS: Development and Usage in the 21st Century," *34th Annual Precise Time and Time Interval (PTTI) Meeting*, tycho.usno.navy.mil/ptti/ptti2002/ paper13.pdf.

[18] Revnivykh, S., "Developments and Plans of the GLONASS System," *UN/USA International Meeting of Experts the Use and Applications of Global Navigation Satellite Systems*, Vienna, Austria, November 11-15, 2002.

[19] Revnivykh, S., "Developments of the GLONASS System and GLONASS Service Interface," *Joint Meeting of Action Team on Global Navigation Satellite Systems and Global Navigation Satellite Systems Experts of UN/USA Regional Workshops and International Meeting 2001-2002*, Vienna, Austria, December 8-12, 2003.

[20] International Telecommunication Union, "GLONASS System Information, December 8, 2003," *First Consultation Meeting Forum*, Geneva, December 8-9, 2003, International Telecommunications Union Web site.

[21] Vagyn, Y., et al., "Kosmicheskaya Sistema Kontrolya Soblyudeniya Soglasheniy O Zapreshcheniy Ispitaniy Yadrenovo Oruzhiya," *Aerospace Courier*, Vol. 6, No. 83, 2012, pp. 68-69.

[22] "Sanctions Delay Russia's Glonass-K2 Program," *GPS World*, December 17, 2014, http://gpsworld.com/sanctions-delay-russias-glonass-k2-program/.

[23] Revnivykh, S., "GLONASS Status and Modernization," *International GNSS Committee IGC-7*, Beijing, China, November 4-9, 2012, http://www.unoosa.org/pdf/icg/2012/icg7/3-1.pdf.

[24] Koshelyaevsky, N. B., and S. B. Pushkin, "National Time Unit Keeping over Long Interval Using an Ensemble of H-Maser," *Proc. 22nd Annual Precise Time and Time Interval Applications and Timing Meeting*, Vienna, VA, December 14-6, 1990, pp. 97-116.

[25] Qualcomm, "Performance by Utilizing GPS and GLONASS Satellite Networks for Greater Location Accuracy," May 23, 2011, https://www.qualcomm.com/news/releases/2011/05/23/ qualcomm-enhances-mobile-location-performance-utilizing-gps-and-glonass.

[26] International Telecommunication Union, "Technical Description and Characteristics of Global Space Navigation System GLONASS-M - Information Document," Document 8D/46-E, November 22, 1994.

[27] International Telecommunication Union, "Technical Description and Characteristics of Global Space Navigation System GLONASS-M - Information Document," Document 8D/46(Add.1)-E, December 6, 1994.

[28] Boykov, V. V., V. F. Galazin, and Y. V. Korablev, "Geodesy: Application of Geodetic Satellitesfor Solving the Fundamental and Applied Problems," *Geodeziya i Katografiya*, No. 11, November 1993, pp. 8-11.

[29] Boykov, V. V., et al., "Experimental of Compiling the Geocentric System of Coordinates PZ-90," *Geodeziya i Katografiya*, No. 11, November 1993, pp. 18-21.

[30] Military Topographic Department of The general Staff of Armed Forces of the Russian Federation, "Parametry Zemli 1990 (PZ-90.11) Reference Document," Moscow, Russia, 2014.

[31] Vdovin, V., and M. Vinogradova, "National Reference Systems of the Russian Federation, Used in GLONASS Including the User and Fundamental Segments," *International GNSS Committee IGC-8*, Dubai, United Arab Emirates, November 11, 2013, http://www.unoosa.org/pdf/icg/2012/icg-7/3-1.pdf.

[32] Grygoriev, M. N., and C. A. Uvarov, *Logistics*, Moscow, Russia: Yuright Publishing, 2012.

[33] Lyskov, D., "GLONASS Policy, Status and Evolution," *International GNSS Committee ICG-8*, Dubai, United Arab Emirates, November 10, 2013, http://www.unoosa.org/pdf/ icg/2013/icg-8/2.pdf.

[34] Beser, J., and J. Danaher, "The 3S Navigation R-100 Family of Integrated GPS/GLONASS Receivers: Description and Performance Results," *Proc. of the U.S. Institute of Navigation National Technical Meeting*, San Francisco, CA, January 20-22, 1993, pp. 25-45.

[35] Stein, B., and W. Tsang, "PRN Codes for GPS/GLONASS: A Comparison," *Proc. of the US Institute of Navigation National Technical Meeting*, San Diego, CA, January 23-25, 1990, pp. 31-35.

[36] Lennen, G. R., "The USSR's Glonass P-Code - Determination and Initial Results," *Proc. of 2nd Intl. Technical Meeting of the Satellite Division of The Institute of Navigation (ION GPS 1989)*, Colorado Spring, CO, September 1989, pp. 77-83.

[37] Biradar, R. L., "Architecture and Signal Structure of GLONASS," *IJITE*, Vol. 3, No. 1, January 2015, http://www.ijmr.net.in email id- irjmss@gmail.com.

[38] Daly, P., and S. Riley, "GLONASS P-Code Data Message," *Proc. of the 1994 National Technical Meeting of The Institute of Navigation*, San Diego, CA, January 1994, pp. 195-202.

[39] Thoelert, S., et al., "First Signal in Space Analysis of Glonass-K1," *Institute of Communications and Navigation German Aerospace Center (DLR) and Stanford University*, 2011.

[40] Urlichich, Y., et al., "Innovation: GLONASS. Developing Strategies for the Future," *Russian Space Systems*, http://www.spacecorp.ru/upload/iblock/a57/glonass_eng.pdf.

[41] Lypa, I., "Development and Research of Algorithms for Future GLONASS Signals Acquisition with Modulation on the Subscriber Frequencies," *Specialy 05.12.14 - Radiolocation and Navigation, Moscow Power Engineering Institute*, 2016.

[42] Revnivykh, S., "GLONASS Status, Development and Application," *Second International Committee on Global Navigation Satellite Systems*, Bangalore, India, September 4-7, 2007, www.unoosa.org/pdf/icg/ 2007/icg2/presentations/o5.pdf.

第 5 章 伽利略系统

Daniel Blonski, Igor Stojkovic, Sylvain Loddo

全球导航卫星系统已成为导航、定位和授时的标准手段，并且已广泛应用于各个领域。认识到这些应用的战略重要性后，欧洲于 20 世纪 90 年代初制定了自己的 GNSS 战略。该战略首先导致建成了欧洲 SBAS EGNOS（见 12.6.1.2 节），然后继续实施了称为 Galileo（伽利略）的完整欧洲卫星导航系统。本章重点介绍伽利略系统采用的技术。

5.1 项目概述和目标

伽利略计划是欧洲倡导的最先进的卫星导航系统，它提供高精度的全球定位和授时民用服务。伽利略系统既可为欧洲提供独立的卫星导航，又可与其他卫星导航系统互操作。

1999 年，欧盟委员会（EC）和欧洲航天局（ESA）明确了发展欧洲 GNSS 组件的需求[1, 2]。根据 EGNOS 的经验及与全球利益相关者的磋商结果，确定了以下主要目标：

- 加强对基于卫星的安全关键导航系统的控制。
- 确保为欧洲用户提供定位和授时服务，降低 GPS 访问政策变化带来的风险。
- 支持欧洲产业在全球卫星导航市场的竞争力，允许其参与 GNSS 技术的开发。

这些目标是欧洲航天局 1999 年至 2000 年期间进行的伽利略比较系统研究的一部分。研究结果是建议开发一个与 GPS 和 GLONASS 类似的全球卫星导航系统。早期的设计阶段由 ESA 和 EC 共同提供资助。

欧盟（EU）是伽利略系统的拥有者，欧盟的 28 个成员国是该计划的重要利益相关者。EC 是欧盟的执行机构，是欧洲 GNSS 项目的计划负责机构。

ESA 是伽利略系统的技术设计权威。自 20 世纪 90 年代以来，ESA 就领导着欧洲的卫星导航活动。2000 年，ESA 及其工业合作伙伴开始推动基于伽利略系统试验台（GSTB）的系统设计整合，目标是验证地面处理技术。分别于 2005 年和 2008 年发射的 GIOVE A（伽利略在轨验证阶段单元）和 GIOVE B 卫星，验证了新的在轨空间技术（如时钟）[3]。这些早期活动是系统开发的基础，促进了 2013 年基于伽利略地面段及 4 颗 IOV 卫星的首个完整版本的在轨验证（IOV）活动的成功完成[4]。在 2016 年成功完成服务验证工作后，欧盟委员会于 2016 年 12 月 15 日宣布启动伽利略初始服务阶段[5]。

今天，ESA 正在牵头完成系统的完整运营能力，预计将在 2020 年实现。ESA 负责最终确定伽利略系统的开发和部署。作为该角色的一部分，ESA 负责业务验证，并将逐步建成的基础设施移交给 EC 和欧洲全球导航卫星系统局（GSA），进而提供服务和开发。ESA 得到了提供系统工程技术援助的工业承包商的支持（SETA）。SETA 主承包商是 Thales Alenia Space Italia（TAS-I），支持单位包括 Thales Communications France（TCS）和 Airbus Defence and Space Germany（ADS-G）。

GSA 支持 EC 促进、商业化、运营和利用欧洲 GNSS 基础设施：EGNOS 和伽利略系统。GSA 代表 EC 管理 EU GNSS 框架计划活动，确保完成伽利略系统和 EGNOS 系统组件的检测与认证。

5.2　伽利略系统的实现

伽利略系统采用渐进式方法发展。随后的每个阶段都有自己的一套目标。两个主要的实施阶段如下：

1. IOV 阶段提供伽利略系统概念的端到端验证，该概念基于包含 4 颗运行伽利略卫星的初始星座和第一个地面段，以便完成全球卫星导航系统的所有关键功能。
2. FOC 阶段完成伽利略星座和地面基础设施的部署，实现全面的操作验证能力和系统性能。在系统部署期间集成和测试基础设施，包括逐渐增强的分段版本、增加远程设施和卫星数量。

作为 IOV 阶段的一部分，（于 2005 年 12 月发射的）GIOVE A 和（于 2008 年 4 月发射的）GIOVE B 试验卫星有助于 MEO 中辐射环境的特征表述，以及从早期 GSTB 试验发展而来的地面处理技术的验证。根据国际电信联盟（ITU）世界无线电通信大会对 RNSS 的频率划分，试验性 GIOVE 信号的广播确保了伽利略系统所需的频谱。此外，这两颗卫星能够在伽利略 MEO 目标轨道上对关键载荷技术（如 AFS、辐射强化数字技术）进行性能测试。在最终系统的设施开发完成之前，卫星和地面部分原型共同完成了对基本系统概念的端到端测试[3]。

IOV 阶段的目标是在 IOV 测试活动完成后实现的。在此期间，最终伽利略系统的核心功能已成功通过测试。

正在进行的 FOC 阶段将完全部署和验证伽利略系统。在这个阶段，伽利略系统将分阶段交付给 EC 和 GSA，以便进行服务提供和开发。

5.3　伽利略服务

伽利略系统有望满足各种用户需求。这组指定的服务构成了系统设计和操作的基础，并且已被用来加强伽利略导航系统的主要功能。但是，伽利略系统的能力能够服务于更大范围的应用，远远超出了定义的服务范围。本节重点介绍构成核心任务的伽利略服务。通过使用伽利略卫星星座广播的信号，这些服务将在全球范围内提供并且独立于其他卫星导航系统。

为伽利略 FOC 阶段设计的基准服务如下：开放服务（OS）、商业服务（CS）、公共监管服务（PRS）以及对卫星辅助搜索和救援（SAR）服务的支持。除提供基准服务外，伽利略卫星发射的信号可与其他 GNSS 信号互操作，因此能够依靠并行使用多个 GNSS 星座实现更广泛的应用。5.6 节中将介绍互操作性的关键因素，5.8 节中将介绍 FOC 系统的预期性能。

5.3.1　伽利略开放服务

伽利略开放服务（OS）通过 E1、E5a 和 E5b 三个频率上的测距信号向全球用户提供可公开访问的 PVT 信息。该服务适用于大众市场应用，如车载导航或手机个人导航。表 5.1 中小结了高层定义文档[6]中定义的 OS 的目标双频性能。

表 5.1　伽利略 OS 性能设计目标

开放服务—双频 E1/E5a 或 E1/E5b	
覆盖区域	全球
位置精度（95%）	4m/8m
UTC 授时精度（95%）	30ns
系统生命期的可用性服务	99.5%

如果用户配备了接收机，能够跟踪和处理所有仰角大于 5°的伽利略卫星的信号，那么用户就可在全球服务区域的任何地点实现这一性能。伽利略初始开放服务的最低性能水平已在 EC 宣布初始服务后，发布于开放服务定义文档[7]中（见 5.8.2.2 节和 10.2.4.1 节）。

5.3.2　公共监管服务

公共监管服务（PRS）向政府授权用户提供 PVT 功能，这些用户需要更高级别的保护（如提高抗干扰或抗拥塞的鲁棒性）。PRS 信号被加密，服务访问由政府批准的安全密钥分发机制来控制。配备了 PRS 安全模块的接收机只有加载了有效的 PRS 解密密钥后，才能访问 PRS。PRS 服务将在 E1 和 E6 频段提供。

5.3.3　商业服务

商业服务（CS）支持通过专用商业服务信号来广播增值数据，进而开发专业的应用。CS 在 E6 频段实时全球广播这种增值数据。目前设想的通过 CS 信号提供的服务与高精度和认证有关[8]。

5.3.4　搜索与救援服务

伽利略搜索和救援服务 SAR/Galileo 包括前向链路报警服务（FLS），它能及时、准确地检测与定位紧急信标警报，提供返回链路服务（RLS），进而提供将短消息发送到配有伽利略接收机的紧急信标上的方法。

伽利略星座配备了中继器，可将来自 406MHz 遇险信标的警报转发到全球分布的 MEO 本地用户终端（MEOLUT）。实现了与伽利略基础设施的接口，能够向 SAR 用户返回链路电文，提供参与救援行动等信息。这种返回链路能力由伽利略导航信号本身提供。SAR/Galileo 服务完全整合到了 COSPASSARSAT 组织成员的 MEOSAR 国际合作中。在欧盟委员会宣布初始服务后，伽利略初始 SAR 服务的最低性能水平已在 SAR 服务定义文档[9]中公布。

5.3.5　生命安全服务

生命安全（SOL）初始服务适用于对安全至关重要的用户应用。作为伽利略任务整合审查的一部分，它由 EC 在主要项目利益相关者的参与下进行，通过伽利略提供的欧洲 SOL 服务已被修订。SOL 服务目前正在重新配置，专用 SOL 功能的实施已推迟到计划的后期阶段。未来的 SOL 服务可能依赖于现有的区域解决方案，并且设想了与其他 GNSS 星座提供者的协作方式[10,11]。

这次对 SOL 服务的重新定位，可以降低伽利略全球基础设施建设的 SOL 目标，由此产生的对苛刻性能目标的放宽将使得系统基础设施大大简化。作为这种重建的一部分，伽利略系统需要通过 OS 信号来支持 SOL 应用。此外，未来版的 EGNOS 将被设计成向安全关键用户群体提供相关的校正和完整性信息。

本章重点介绍开放服务和 SAR/Galileo 服务的公共信号。

5.4　系统概述

伽利略系统的核心基础设施由三部分组成：地面段、空间段和用户段（见图 5.1）。本节详细介绍地面段和空间段，表 5.2 中小结了伽利略系统的各个设施。每段都有独特的功能，可让整个系统执行其任务，进而在全球范围内提供导航服务。

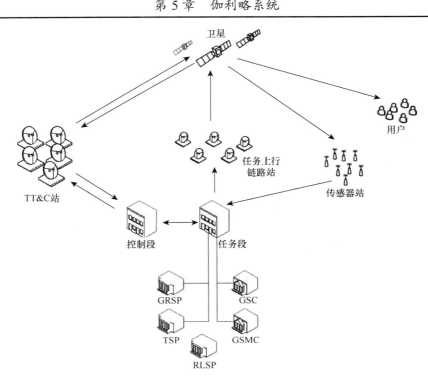

图 5.1　伽利略高层系统架构和系统环境

表 5.2　支持导航服务的伽利略 FOC 架构设施

伽利略基础设施	最终的 FOC 配置
空间段星座	MEO Walker 24/3/1 星座中的 30 颗卫星
卫星	4 颗 IOV 卫星，24+ FOC 卫星
地面段伽利略控制中心	两个完整的控制中心，即位于意大利富齐诺的 GCC-I 和位于德国奥伯法芬霍芬的 GCC-D，每个中心都为服务提供配备了 GMS，为卫星控制提供了 GCS
TT&C 站	多达 6 个 TT&C 站
任务上行链路站（ULS）	5 个 ULS 站
伽利略传感器站（GSS）	16 个站
通信网络	每个 GCC 和远程站之间的多条路由链路
在轨测试（IOT）中心	连接到 GCC 的 Redu IOT
外部支持发射站（LS）	位于库鲁的联盟号和阿丽亚娜 5 号发射站，已与 GCS 连接
外部卫星控制中心	CNES 图卢兹的 LEOP 中心，ESA/ESOC 达姆施塔特的 LEOP 中心，已与 GCS 和外部 TT&C 站连接
服务设施	伽利略安全监控中心（法国和英国） 时间服务提供商 大地测量参考服务提供商 伽利略参考中心 伽利略服务中心 返回链路服务提供商

伽利略空间段由 24 颗运行卫星组成，这些卫星分布在三个轨道面上，并且有其他的在轨备用卫星。在轨卫星的总数为 30 颗。每颗卫星都广播导航信号、地面段提供的导航数据及自己的时间戳，并中继 SAR 警报。

伽利略地面段由两部分组成：地面任务段（GMS）和地面控制段（GCS）。地面任务段包含确定导航电文数据及将这些数据分发给卫星所需的全部功能。为此，它使用由 16 个全球分布的传感器站组成的网络来监视卫星信号和相关的处理设施，并且通过两个伽利略控制中心（GCC）和 5 个全球分布的任务上行链路站（ULS）来确定轨道、校正时钟、生成电文、监控服务等。另外，GMS 为外部服务提供商和服务机构提供接口。

GCS 包含操作每颗卫星和维持总体星座的几何分布性能所需的全部功能。为此，它包含全球分布的 5 个遥测、跟踪和控制（TT&C）站和两个控制中心的相关地面处理设施，用于监测、控制和维护每个卫星平台及其载荷，提供高可用性的任务数据分发。以下各节将详细介绍各个段。GMS 的主承包商是 Thales Alenia Space（TAS-F），GCS 的主承包商是 Airbus Defense & Space（ADS-UK）。

伽利略系统将为各类终端用户应用提供服务，这些终端用户应用依赖于卫星导航接收机来利用伽利略信号。可以设想利用不同的伽利略信号和信息的各种应用。为了进行端到端的验证和测试，已在现场制造并部署了多台伽利略测试用户接收机。此外，ESA、GSA 和 EC 联合研究中心为大众市场和专业接收机开展了专门的测试活动。本章重点介绍系统方面，而不深入介绍用户段。

除上述核心要素外，伽利略系统还得到了许多外部服务设施的支持[7]。

- 伽利略时间服务提供商（GTSP）提供相关的指引数据，以便在基于伽利略系统时（GST）的用户级别上高精度地实现 UTC。
- 大地测量参考服务提供商（GRSP）通过定期计算参考坐标系中的传感器站位置，确保伽利略地面参考帧（GTRF）与 ITRF 对齐。GRSP 还将利用国际激光测距服务（ILRS）的卫星激光测距数据对伽利略的轨道产品进行独立的验证和校准。
- 欧洲 GNSS 服务中心（GSC）向公众提供有关伽利略系统状态的详细信息，并作为 OS 用户的联系者。此外，GSC 提供核心系统和 CS 提供商之间的接口。
- 伽利略安全监控中心（GSMC）提供系统的安全监控及 PRS 用户的管理功能，是政府实体与伽利略系统的接口。
- 伽利略参考中心（GRC）独立监测伽利略开发阶段提供的伽利略服务质量。
- SAR/Galileo 服务中心负责协调和支持 SAR FLS 和 RLS 的基础设施，并根据参考信标执行 SAR 性能监测。位于欧洲 SAR 覆盖区域（ECA）远角的三个欧洲 MEOLUT 检测和定位 SAR 遇险信标的发射，并提供伽利略/SAR/FLS。SAR/Galileo RLS 依靠伽利略核心系统的分发能力向 SAR/Galileo 用户通报其遇险信息的确认。
- 伽利略系统与外部卫星控制中心建立了接口，以便支持发射和早期操作阶段（LEOP）。LEOP 支持由位于欧洲航天局/欧洲航天运行中心的 2 个 LEOP 控制中心和法国国家空间研究中心（CNES）的图卢兹航天中心提供。
- 在轨测试（IOT）活动由位于比利时 ESA 的 Redu 中心的专用 IOT 站提供支持。IOT 站配备高增益天线和测量系统，用于详细描述伽利略 L 波段信号的空间。此外，超高频（UHF）发射器可用于支持 SAR 发送应答器调试。IOT 站还包含一个 C 频段上行链路，以便支持卫星调试和操作。

5.4.1 地面任务段

伽利略地面任务段（GMS）执行与项目相关的任务，如计算和分发导航数据、生成 GST。GMS 由位于 2 GCC 的集中设施和全球分布的远程设施组成，能够很好地覆盖伽利略卫星星座。地面段的关键处理功能及其相互作用如图 5.2 所示。

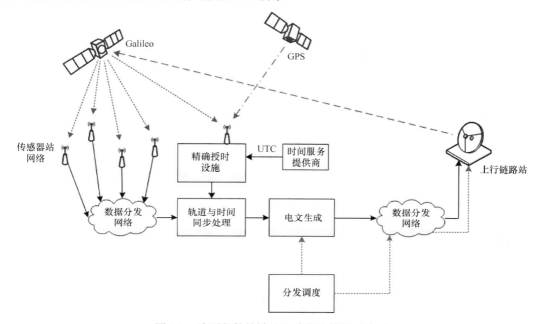

图 5.2　地面段的关键处理功能及其相互作用

远程设施包括：

- 由 16 颗伽利略 GSS 组成的网络，它完成每颗伽利略卫星的 L 波段测距并监测太空中的伽利略信号。这些测量用于轨道确定、时间同步（ODTS）及监督 GMS 提供的产品。
- 由 5 颗伽利略任务 ULS 组成的网络，通过 C 波段从 GMS 向每颗伽利略卫星分发任务相关数据（导航、SAR、CS 和其他导航相关产品）。

远程设施通过称为伽利略数据分发网络（GDDN）的高性能通信网络连接到两个 GCC。位于德国普法芬霍芬和意大利福齐诺的两个地理位置冗余的 GCC 是完全冗余的，包含导航处理、系统及其组成监控与控制的所有设施。

GMS 连接到向系统提供数据的外部设施，如 ODTS 处理和生成 GST 所需的时间与地面参考产品。

除远程站外，GMS 还包含几个集中在 GCC 的任务设施。除本节进一步描述的数据处理、授时和信息生成设施外，GMS 还包含一些辅助功能，如地面设施监控、数据归档、任务计划和 ULS 联系计划、在线任务监控，以及与外部实体的离线数据分析和数据交换。此外，GMS 还提供与运营培训、系统安全和通信网络相关的功能。这些功能对于伽利略这样复杂和重要的系统而言是相当通用的，因此这里不再赘述。

支持导航任务的核心功能是在轨道和同步处理设施（OSPF）中实施的，它估算卫星的轨道位置及其时钟的偏离和漂移，并根据这些数据预测卫星星历和时钟偏移以用于导航电文广播。

精密时间设施（PTF）是伽利略系统的时间源，它产生 GST 并将所有系统设备同步到 GST。

电文生成设施（MGF）构建将被上传的导航电文。通过详细说明导航电文确定和分发过程，可以最好地描述 GMS 关键要素的功能和相互作用。

5.4.1.1　伽利略系统时生成

伽利略 GMS 使用 PTF 的原子钟生成 GST。GST 被链接到 TAI，且所需的时间同步是通过与 TSP 链接的 TWSTFT 或共视技术执行的。伽利略 GMS 中部署了两个 PTF，每个 GCC 中一个，一个作为主 PTF，另一个作为从 PTF。使用 PTF 到 PTF 的链路，将从 PTF 对准主 PTF。伽利略与 GPS 的时间偏移量（GGTO）由 PTF 估计，它依赖于通过 USNO 与 GPS 系统时的同步链路，以及与 PTF 检查算法对齐的协调接口（注意伽利略与 GPS 时间偏移是表 3.17 和表 3.18 中引用的 GGTO 的一个版本）。

两个 PTF 中的每个都包含两个活性热冗余氢钟（AHM）和四个铯钟。转向 UTC 的主 AHM 的输出模 1s 后构成 GST 的物理实现。

伽利略系统遵循国际电信联盟的建议 460-4，并且允许用户由 GST 推出 UTC 的信息。使得 GST 与 UTC 严格一致所需的转向校正由 GTSP 提供。未来的 GTSP 将确保 GST 维持在 UTC 模 1s 的 50ns（95%）内。

在多个全球导航卫星系统星座为全球用户提供服务的情况下，提供足够的信息在各系统之间实现透明利用和无缝过渡是有必要的。伽利略系统和 GPS 系统的时标彼此独立，但两个时标都转向 UTC。两个时标的差是 GGTO。GGTO 由伽利略 PTF 确定，并通过伽利略导航电文以 GGTO 偏移和漂移的形式广播。在伽利略系统中，实现了衍生 GGTO 的冗余技术。IOV 阶段的基线一直是根据 USST 和 Galileo PTF 之间的 TWSTFT 得出的 GGTO。为了获得更高的精度和更高的稳定性，最终的伽利略地面段实现了校准的组合伽利略/GPS 接收机，以便基于两个系统的信号测量推出 GGTO。

5.4.1.2　导航数据生成

全球分布的 GSS 网络不间断地收集伽利略信号的空间观测数据。GSS 接收机根据 GSS 本地 AFS 时钟提供的时间进行伪距测量。ODTS 算法的输出取决于这些可观测量的质量和数量。观测数据的质量很大程度上也受接收机设计和本地接收机环境（特别是多径和射频频谱干扰）的影响。GSS 参考接收机是专为此功能而制造的高精度接收机。它包括一台原子钟，用于观测数据的时间保持和时间戳。

精心挑选的 GSS 站位于电磁环境良好的位置。在被选为参考站之前，它就已很好地表征了本地的电磁环境。GSS 网络的覆盖区域如图 5.3 所示。对每台接收机，定期监测数据质量参数和网络连接，确保观测值的高质量和可用性，进而用于计算导航电文。

这个实时网络的性能和规模最初由苛刻的 SOL 要求驱动。在重新分配 SOL 服务后，GSS 网络已适应 OS 和 PRS 的要求，但是仍然需要高数据质量和可用性。为提供容错性能，最终的网络由 16 个具有冗余硬件和地理多样性的 GSS 站点组成。

为便于处理，GSS 网络向 GCC 提供实时观测量和收到的导航电文。数据传输通过 GDDN 执行，GDDN 由专门租用的通信线路组成，其中包括一个甚小口径终端（VSAT）基础设施以及取决于远程站点位置的地面线路。

所收集的观测数据通常由 ODTS 功能处理，该功能根据卫星轨道和时钟的预测演变，每 10 分钟生成一次新的导航数据集。ODTS 估计过程基于最小二乘法，该算法为每个服务单独估计所有卫星的轨道和时钟。这些估计值基于相应服务的信号（见表 5.5 中的映射）。

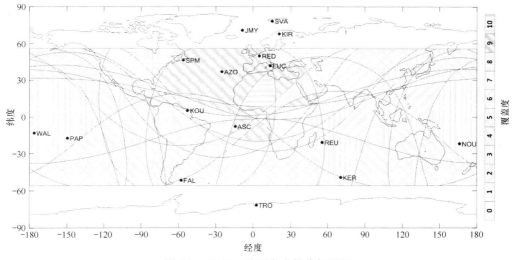

图 5.3　Galileo 地面参考接收机网络

根据这些估计值预测时钟和轨道的近期行为。为了生成完整的导航数据集，将预测未来 24 小时内每颗卫星的轨道和时钟演变。为了确保低数据期龄的测距误差最小，可对该算法进行调整。

完整的导航数据集分为 8 批，每批 3 小时，由不同的数据发布（IOD）参数标识。然后，将预测的轨道和时钟信息参数化，以便在导航电文中分发。电文编码细节见文献[12]。

按批拆分导航信息的目的是在分发参数化和编码后的电文时降低电文的误差。导航数据的准备和辅助数据的组合（部分源自外部来源，如 SAR RLM）由 MGF 完成。

每组新数据的前四批通过 ULS 网络分发给卫星，所有数据则通过 TTC 上传。ODTS 误差一直是任务上行链路网络设计的驱动因素。选择图 5.4 中标识的 ULS 网络站点，以便在 100 分钟内与特定卫星保持连续的 ULS 联系，进而实现系统的无故障状态。持续时间与 ODTS 随时间变化的精度相关，设计目标是确保用户测距误差（URE）优于 0.65m（1σ）。根据早期的时钟实验结果，RAFS 型时钟的电文刷新率为 100 分钟[13]。基于卫星的无源氢脉冲时钟（PHM）具有更高的稳定性，并且 ODTS 处理具有更好的可预测性，因此在与地面联络的上行链路出现故障时，可以延长预测时间（见 5.4.3.2 节）。

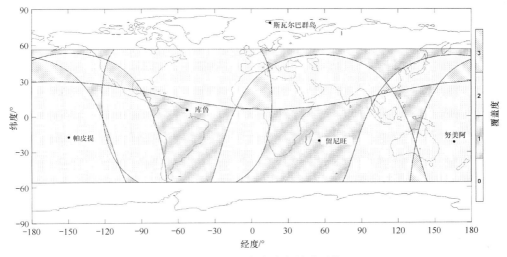

图 5.4　Galileo 任务上行链路网络

　　为保持导航数据的正常上行链路的畅通，并且确保其他数据（如 SAR RLS 电文或 CS 数据）的分发，基于可用的系统资源，使用专用的设施计算最有效的上行链路调度，以便满足每个服务的需求（卫星和 ULS）。相应的算法旨在维护每颗伽利略卫星广播最新的导航数据和健康信息。上行链路调度功能通过控制广播电文的期龄，可以在正常操作期间确保测距信号的高质量。

　　在预定的 ULS 联系期间上传最新批次的导航电文。卫星立即广播第一批接收后的电文。该过程可以确保最新的导航信息用于相应服务的用户。

　　在再次与 ULS 联系前，顺序地广播存储的导航电文。连续地广播每条有效的电文，直至达到 3 小时的期龄。此时，卫星将开始广播存储的下一批电文。上述分发方案和约束条件是设计具有 5 个上行链路站的全球 ULS 网络的重要标准。

　　从 GSS 处的数据收集开始到由用户应用导航数据完成端到端的过程需要一些时间。参考时间与用户预测的使用时间之差称为数据期龄，它由存储在卫星上的导航电文的刷新率确定，后者则由上行链路调度过程、可用性和分发基础设施的延迟决定。刷新率越低，电文中轨道和卫星时钟参数的潜在误差越高。

　　2015 年初，通过对 GMS 进行重大升级，伽利略系统的测距性能得到了明显改善[14]。确定和分发导航数据的要素升级被推广到运营基础设施。作为这次升级的一部分，扩展了 GSS 网络和任务上行链路网络，即增加了更多的位置，改善了可观测数据的收集和导航电文上行链路的星座覆盖范围。这次升级后，测距性能得到了明显改善，并且已与最终的伽利略系统定义的目标保持一致。

5.4.2　地面控制段

　　GCS 执行与指挥和控制卫星星座相关的所有功能，支持各颗伽利略卫星的运行与维护。GCS 的主要功能如下：

- 通过卫星和 TTC 站之间的定期联系，监测和控制业务卫星。
- 在两个 GCC 之间共享操作并保持数据同步，实施主备配置来确保冗余。
- 卫星运行的短期规划。
- 飞行动力学。
- 支持运行准备、培训和验证活动。
- 地面设施的监测和控制。

　　平台和载荷操作与维护活动（如星载软件升级、遥测分析、规划和执行轨道保持机动等）是 GCS 的核心任务。星座几何分布性能的维护还包括恢复操作，处理意外情况和卫星故障，目的是使得卫星无法提供服务的时间最短。

　　GCS 包括每个 GCC 内部的集中式冗余元件及由 6 个远程伽利略 TT&C 站组成的网络，每个 TT&C 站都配备 13m 的 S 波段天线，用于指挥和控制伽利略卫星。实时 GCS 功能包括卫星远程命令的传输，即卫星遥测数据的接收和处理，以及地面设施的监视和控制。非实时 GCS 功能通过卫星联系规划、飞行动力学、运行准备和安全密钥管理等为实时操作提供支持。

　　常规 GCS 操作是自动化的，由操作员监控，并且按照短期规划执行。相比之下，关键操作是在机器可执行程序的支持下手动完成的。

5.4.3 空间段

5.4.3.1 星座几何分布与轨道设计

伽利略星座的参考几何分布是详细研究优化用于提供最终用户服务的卫星数量的结果。系统设计最初包含在 Walker 27/3/1 星座中运行的 27 颗卫星的星座。三个轨道面中的每个都计划部署一颗不活动的备用卫星，以便让系统从卫星的严重故障中更快地恢复[15, 16]。这种配置被认为是提供 SOL 和 OS 服务的最佳选择。SOL 以其对卫星容错、低 UERE 和由此产生的最小卫星仰角 10°的要求推动了星座几何分布性能的提升。作为 SOL 重新规划[10]的结果，最小用户仰角已降低到 5°，导致参考星座几何分布性能的优化和运行卫星数量的减少。部署完成后的伽利略空间段将包括 Walker 24/3/1 星座中的 24 颗运行卫星。三个轨道面等间距相隔，相对于赤道倾斜 56°。标称星座中的每个平面包含 8 个相隔 45°的标称轨位。

轨位选择的另一个主要目的是，提供高可用性服务，减少因保持轨位的机动次数[17]。所选轨位的长半轴的长度为 29600.318km，因此 17 个轨道的卫星-地球几何分布的重复周期为 10 个恒星日。这个周期短到足以重复测量特性，长到足以最小化引力共振。精确定位初始轨道后，在卫星生命期只需要一次轨位保持机动。

为了在系统生命期保持所提供的服务的质量，每个轨道面将部署两颗备用卫星。这些备用卫星将减少系统从星座故障中恢复的时间。如果一颗运行卫星最终失效，那么会在几天内安排一颗备用卫星来替换它，而不在地面上准备和发射备用卫星，原因是这需要几个月的时间。表 5.3 中提供了伽利略参考轨位的开普勒参数。

表 5.3 伽利略星座轨道参数

参 数		值
半长轴	a	29600.318km
倾角	i	56°
伽利略星座参考历元	T_0	21 March 20 1000 : 00 : 00.0 UTC
升交点赤经	Ω_{ref}	$\Omega_{ref} = \Omega_0 + 120° \cdot (n_{plane} - 1) + \dot{\Omega} \cdot (T - T_0)$
伽利略参考历元处轨道面 A 的升交点赤经	Ω_0	25°
平均 RAAN 漂移	$\dot{\Omega}$	−0.02764398°/天
轨道面标识	n_{plane}	1，轨道面 A 2，轨道面 B 3，轨道面 C
升交角距	u	$u_0 + 45° \cdot (n_{slot} - 1) + 15° \cdot (n_{plane} - 1) + D_{nom} \cdot (T - T_0)$
伽利略参考历元处轨位 A01 的升交角距	u_0	338.333°
平均旋转速度	D_{nom}	613.72253566°/天
轨位标识	n_{slot}	1～8

计算 $\dot{\Omega}$ 时要考虑地球引力场的非球形特征及太阳和月球的影响。D_{nom} 由 10 个恒星日内 17 次轨道旋转的地面轨道重复周期导出。

为了保持 Walker 星座的良好几何分布性能和最终的 DOP，允许每颗卫星的实际位置偏离理想轨道位置，沿轨道和跨轨道方向上的公差为±2°。沿轨道公差对维持与相邻卫星的相对距离非常重要，因此需要精确调整卫星的速度。

在 LEOP 阶段末尾的卫星精确定位期间，倾角和 RAAN 在轨位保持公差（预偏置）范围内进行了优化，以确保卫星多年内的跨轨道位置是标称的。选择偏差时，应考虑由重力、太阳辐射压力和其他卫星外部和内部干扰引起的卫星漂移。目的是在不需要进行轨道外的轨道保持机动情况下，将轨道位置保持在轨位公差范围内。

首批伽利略卫星（GSAT）0101/0102 被发射到了最初规划的 Walker 27/3/1 的指定轨位。为了不影响 IOV 的工作目标，同意将第二批 IOV 卫星发射到相同星座几何分布（Walker 27/3/1）的轨位中。在新参考几何分布（Walker 24/3/1）的设计中，考虑了 IOV 卫星的轨位，同时将其发射到最初规划的 27/3/1 星座的轨位中，以便按照最初的规划执行 IOV 测试活动。此外，在 24/3/1 参考几何分布内包含了 IOV 轨位，以避免消耗燃料的轨道修正机动及相关的主要操作。图 5.5 中描述了当前的部署状态，指出了参考几何分布。

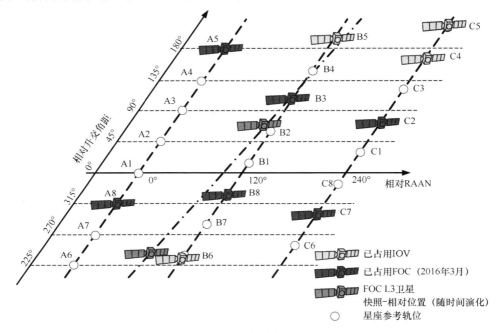

图 5.5　伽利略星座几何分布

在卫星运行寿命结束时，或在不可恢复的载荷故障出现后，卫星将退役并进入比标称运行星座至少高 300km 的坟场轨道，同时要考虑避免卫星之间的碰撞及由此导致的服务退化。

5.4.3.2　卫星

目前正在部署的伽利略星座由两个卫星家族组成。这两个家族的卫星都是三轴姿态控制的，每颗卫星的质量都约为 700kg，设计寿命为 12 年。

前四颗卫星（GSAT0101 到 GSAT0104）被采购和发射，形成了伽利略 IOV 阶段的空间组成部分。由卫星主承包商 EADS Astrium GmbH（现称 Airbus D&S）制造的这些卫星的尺寸是 2.7m×14.5m×1.6m（卫星参考坐标系中的 x, y, z），质量约为 700kg，卫星功率为 1420W。前两颗 IOV 卫星于 2011 年 10 月 21 日发射到 B 星座。第二对 IOV 卫星于 2012 年 10 月 12 日发射升空。两次发射采用的都是带弗雷加特上面级的 Soyuz-ST 运载火箭。

第二个家族 GSAT02xx 的卫星正由主承包商 OHB System AG 生产。已签约的 22 颗卫星将成为伽利略 FOC 星座的核心。在库鲁发射场使用联盟号火箭发射了 8 颗 FOC 卫星。首次 FOC 发射于 2014 年 8 月将 GSAT0201/0202 推入偏心轨道（见 5.4.3.3 节）。随后的四次联盟号火箭发射

（2015 年 3 月、8 月和 12 月及 2016 年 5 月）成功地将 8 颗卫星部署到了伽利略星座。2016 年 11 月 17 日，阿丽亚娜 5 号运载火箭首次成功实现了伽利略卫星的一箭四星发射[18]。GSAT02xx 型卫星的质量要大一些，能够产生比 IOV 卫星更高的功率（约 730kg 和 1.9kW）。部署了太阳能电池的 FOC 卫星的尺寸为 2.5m×14.7m×1.1m（x, y 和 z）。

两个家族的卫星虽然设计不同，但都有着相似的组件和架构，详见下面的介绍[19, 20]。

1. 伽利略卫星平台架构

伽利略卫星平台包含运行卫星所需的所有子系统：TT&C 子系统、姿态和轨道控制、推进和数据处理子系统，以及热控制和电力子系统（见图 5.6）。由于伽利略卫星的部署是直接注入轨道的，因此推进子系统仅设计用于需要有限修正能力的轨道修正机动。基本的推进系统由 8 台推进器组成。使用单一推进剂的每台推进器都提供 1N 的标称推力。

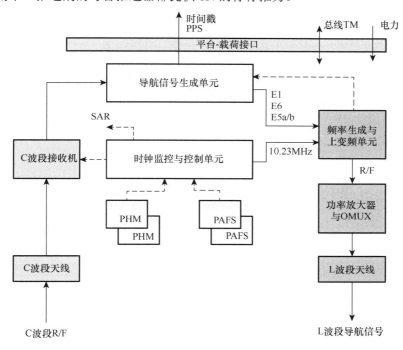

图 5.6　伽利略卫星平台的简化架构图

在飞行的所有阶段和轨道机动期间，姿态和轨道控制子系统（AOCS）执行三轴姿态控制。为了在卫星正常操作期间实现完全指向性能，AOCS 依靠地球和太阳传感器来确定卫星的方位。地球传感器利用红外光来检测地球边缘——根据深空冷背景与温暖大气之间的温度差。太阳传感器根据其在可见光波长下的辐射来确定与太阳的夹角。陀螺仪用于监测卫星的角速率。

AOCS 的有源部分是生成角动量来控制三轴卫星姿态的反作用轮。当反作用轮到达运行极限时，使用磁力矩器来释放累积的动量。磁力矩器是固定在卫星结构上的电磁线圈，通电后会产生一个与地球磁场相互作用的磁场，进而产生一个机械动量。在非标称运行模式下，在 LEOP 期间及应急运行、安全模式（地球捕获、太阳捕获）和寿命终止运行期间，AOCS 还可使用推进器控制轨道和姿态。AOCS 控制卫星姿态，使其在围绕偏航轴的每个轨道上旋转两次。这种姿态变化的目的是确保太阳能电池最好地指向太阳，最大限度地提高太阳能电池的效率，为卫星提供最大数量的太阳能。

电力子系统产生、存储、分配和调节卫星执行任务所需的电力。伽利略卫星电力子系统基于 50V 总线架构（适用于两个卫星家族）。主要设施包括在太阳照射期间收集电力的两块太阳能电池、在日食期间提供所需电力的锂离子电池，以及确保每个有效负载和平台元件具有足够功率运行的分配和调节单元。为降低功耗，卫星的冗余元件处于断电状态。

热控制子系统确保卫星内部的温度保持在严格的运行限制内，确保敏感导航载荷（特别是原子钟和 RF 子系统）环境的稳定。卫星内部的温度由日食期间在卫星内辐射热量的热敏电阻及卫星侧面的散热器控制，以便卫星在阳光照射下耗散多余的热量。

作为数据处理子系统的核心元件，星载计算机控制卫星的所有子系统。它收集并存储平台与载荷设施的关键信息，评估卫星的运行状况。这些信息嵌入到了下行链路遥测数据中。星载计算机通过 GCS 的 TT&C 子系统接收指令。

TT&C 子系统在 ESA 标准 TT&C 模式和扩频模式下，提供 S 波段的冗余双向通信。该子系统支持精确的测距和测距率（多普勒）测量，并将测量值作为 GCS 飞行动力学设施的输入。TT&C 系统使用位于卫星两侧的两副正交圆极化半球形螺旋天线与地面进行通信。两副天线在任何操作模式和卫星的任何方位下，共同确保全方位地覆盖远程命令的接收和传输。

伽利略卫星携带一台无源激光反向反射器，可在 ILRS 站和卫星之间测距，精度可达几厘米。

2. 伽利略卫星载荷

图 5.7 中显示了伽利略载荷的主要设施：C 波段天线、任务接收机、授时子系统、导航信号生成单元（NSGU）和 L 波段天线。

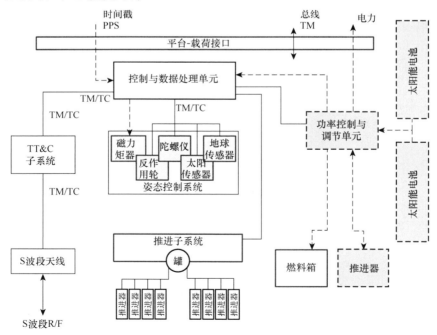

图 5.7　伽利略卫星载荷的主要设施

C 波段天线经由专用 CDMA C 波段上行链路，接收来自任务 ULS 的任务数据。上行链路数据流由任务接收机处理，并且存储其中包含的导航数据。这些数据与卫星生成的数据（如时间子系统提供的时钟信息）都由 NSGU 编译为导航电文。诸如 CS 数据流的其他时间敏感数据不被存储，而直接注入下行链路导航数据。

授时子系统是导航卫星的基本组成部分，它提供星载频率基准。星载授时子系统及其时钟的稳定性对导航系统的整体性能至关重要。授时子系统最重要的部分是 4 台原子钟：两台 PHM 和两台 RAFS。

时钟的频率稳定性通常由艾伦偏差（ADEV）曲线表示，即频率不稳定性随采样周期变化的曲线。图 5.8 中显示了从 2015 年 10 月至 2016 年 1 月运行伽利略卫星上的主时钟的 ADEV 测量结果。不同的时钟技术可以与 PHM 清晰地区分，能够提供更好的长期稳定性。

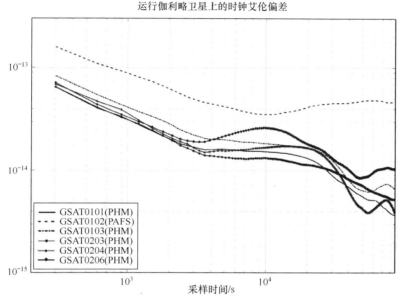

图 5.8　部分运行卫星的时钟艾伦偏差测量值

为了节省电力并简化对卫星的热控制，在任何时间点，只运行 4 台星载时钟中的 2 台：一台主时钟 PHM 和一台备用时钟 RAFS。

主时钟提供的时间由时钟监控与控制单元（CMCU）分配给需要时间或频率基准的设施。CMCU 提供授时子系统和 NSGU 之间的链接，允许同步主时钟和备用时钟，确保需要时在两台时钟之间进行准无缝的过渡。

NSGU 通过组合经由 CMCU 和上行链路导航数据任务接收机收到的时间信息，生成相干的导航信号。导航数据电文被调制到相应导航信号（E1、E5 和 E6）上后广播。5.5 节中将介绍伽利略信号和电文结构。

除导航载荷外，伽利略卫星（GSAT0101 和 GSAT0102 除外）上还有一个 SAR 载荷。5.7 节中将详细介绍 SAR 任务。

5.4.3.3　L3 卫星

2014 年 8 月 22 日，在发射的滑行阶段，联盟号火箭上面级异常导致伽利略号卫星 GSAT0201/0202 被发射到了偏心轨道上，拖慢了卫星在轨道上正常运行的进度（见图 5.9）。

发射异常的原因是推进剂管道被冻住了。伽利略系统所用联盟号火箭上面级的制造过程已进行了改进。确认发射异常后，ESA 立即进行了分析，以便恢复 GSAT0201/0202。进行轨道恢复机动后，回到了正常的运行模式。随后进行了在轨测试。首批 FOC 卫星的在轨测试结果表明，FOC

卫星家族的在轨性能与预计指标是吻合的[19]。

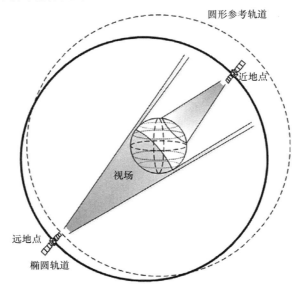

图 5.9   GSAT0201/0202 的最终轨道

两颗卫星的最终轨道的轨道周期是 12 小时 56 分钟，地面轨道重复性是每 20 个恒星日 37 个轨道。表 5.4 中提供了轨道参数。

表 5.4   GSAT0201 和 GSAT0202 的轨道参数

	GSAT0201	GSAT0202		GSAT0201	GSAT0202
半长轴	27979.7079km	27978.0244km	近地点角距	44.5°	45.6°
偏心率	0.1582	0.1581	真近点角	331.917°	164.292°
倾角	50.1°	50.1°	升交角距	16.4°	209.9°
RAAN	66.455°	65.432°			

在地面段适应后，这些卫星对用户性能的贡献非常大，特别是在伽利略部署阶段。即使是在参考星座部署完成后，两颗卫星也可提供在可见度有限环境下使用的额外信号。两颗卫星在用户接收机中展示了可用性，成功完成了定位[19]。

5.4.4   运载火箭

伽利略星座部署计划预计将用不同的运载火箭（包括联盟号和阿丽亚娜 5 号）发射。伽利略卫星的设计符合这一要求，并且与不同的运载火箭兼容，因此减少了部署整个星座所需的时间。

2005 年，欧洲航天局和俄罗斯联邦航天局同意在圭亚那航天中心进行联盟号火箭发射。位于库鲁的联盟号发射台于 2005 年开始建造，并于 2011 年 4 月完成。首次发射于 2011 年 10 月 21 日进行，携带了前两颗伽利略 IOV 卫星，卫星将进入圆形 MEO。新发射设施已用于发射由联盟号部署的所有伽利略 IOV 和 FOC 卫星。带有弗雷加特上面级的联盟号火箭可将两颗伽利略卫星直接发射到圆形 MEO 轨道上。

成功完成 IOV 阶段后，对首批 FOC 卫星进行了部署和在轨测试，升级后的阿丽亚娜 5 号 ES 运载火箭适合伽利略卫星的发射，因此加速了星座部署。升级后的阿丽亚娜 5 号运载火箭 ES

同时发射了 4 颗伽利略卫星。火箭升级包括：上面级可以重复点火，释放两对卫星之间的滑行阶段更长。

阿丽亚娜 5 号发射始于 2016 年，并且计划延续到 2017 年。计划要求 3 次阿丽亚娜 5 号任务将 24 颗卫星部署到基准星座（Walker 24/3/1）轨位。部署在轨备用卫星需要后续的发射[19]。

5.5　伽利略信号特征

本节概述伽利略信号特征。伽利略信号设计考虑了用来选择载波频率和调制特征的一组高层规则和准则。最重要的规则和准则如下：

- 提供至少两个、最好三个载波频率，以便支持电离层延迟补偿和多载波测量，并在局部干扰情况下提供备用频率。
- 尽可能重叠覆盖现有卫星导航系统（即使用相同的载波频率），以便组合使用技术改进很少的接收机。因此，伽利略信号需要是兼容的（即对同一频带内的所有其他测距信号的干扰是低的、受控的和协调的）。
- 支持组合使用（即与其他卫星导航系统的互操作性）。这意味着，例如，使用等效或类似的调制原理，允许用相同的接收机数字前端进行接收。由于具有相同的中心频率和相似的带宽，用户接收机可以通过单个前端获取并跟踪伽利略 E1 和 GPS L1 信号。尽管导航数据电文存在相似性，但需要单独的进程从 SIS 中检索每条数据电文。5.6 节中将讨论互操作性的其他方面。
- 通过支持精确和鲁棒的跟踪能力与多径抑制能力，降低接收机的复杂性和功耗，进而确定测距信号的带宽。前者需要更大的带宽和平坦的功率谱，后者需要更小的最小带宽和更易实现的调制序列（如两级矩形码）。
- 考虑接收机技术的快速发展，特别是针对大众市场的高效接收机，将 E1 的最小带宽选择得比传统 GPS C/A 信号的稍大。
- 分开有特殊保护需求的服务与公共服务。这导致了 CS、OS 和 PRS 之间调制参数的差异。
- 考虑国际电信联盟对 RNSS 所用频率范围的规定，以及对伽利略频段的其他用户的保护。

欧洲和美国在伽利略 E1 OS 和 GPS L1C 调制参数及功率电平的定义上的合作，确保了伽利略系统和 GPS 的兼容性与互操作性。2004 年，欧盟和美国签订了关于伽利略 E1 和 E5 与 GPS L1C 和 L5 信号的协议。此后，与其他卫星导航系统也签订了类似的频谱协调协议。

伽利略卫星在 L 频段的三个频率 E1、E5 和 E6 上广播相干的导航信号。伽利略在中心频率为 1575.42MHz 的 E1 频段提供 3 个信号分量，分别称为 E1-A、E1-B 和 E1-C。E1-A 信号分量携带伽利略 PRS。E1-B 和 E1-C 分量分别构成伽利略 E1 OS 的数据和导频分量。信号计划如图 5.10 所示。

伽利略系统正在以载波频率 1278.75MHz 发射包含信号分量 E6-A、E6-B 和 E6-C 的 E6 信号。与 E1 频段类似，E6 中的 E6-A 分量用于伽利略 PRS 服务。分量 E6-B 和 E6-C 分别是伽利略 CS 的数据分量和导频分量。

中心频率为 1191.795MHz 的伽利略 E5 信号由 2 个单独的信号组成，即 Galileo E5a 和 Galileo E5b 信号。E5a 数据和导频分量的中心频率比 E5 载波频率（1176.45MHz）低 15.345MHz，E5b 数据和导频分量的中心频率比 E5 载波频率（1207.14MHz）高 15.345MHz。E5a 和 E5b 都可单独跟踪，就好像它们是在 E5 频段的单独载波频率上调制的那样。E5 信号（E5a 和 E5b）也可作为一个信号跟踪，跟踪时使用至少 51.15MHz 的其大接收机带宽，以便提供更好的多径抑制和 Gabor

带宽。这种处理是可能的，因为 E5 载波是使用 AltBOC 调制方案连贯地生成的。在伽利略系统中，数据和任何信号的导频分量之间的功率分配是 50%/50%[12]。

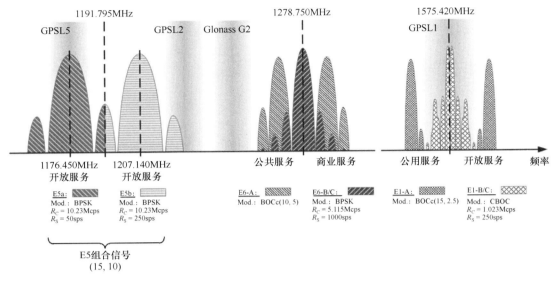

图 5.10　Galileo 信号计划

2.4 节中介绍了伽利略 E6 CS 信号上的常规 BPSK-R 调制和其他伽利略信号的正弦和余弦相位 BOC 调制。

所有伽利略信号都由相同星载主时钟连续地导出。表 5.5 中小结了可公开访问的伽利略信号的特征，包括它们对伽利略服务的分配。

表 5.5　伽利略系统公开信号分量与调制概述

信　　号	E1		E6		E5b		E5a	
频率（MHz）	1575.42		1278.75		1207.14		1176.45	
服务	开放		商用		开放		开放	
分量	E1-B 数据	E1-C 导频	E6-B 数据	E6-C 导频	E5b-I 数据	E5b-Q 导频	E5a-I 数据	E5b-q 导频
接收参考带宽（MHz）	24.552	24.552	40.92	40.92	20.46	20.46	20.46	20.46
电文类型	I/NAV	—	C/NAV	—	I/NAV	—	F/NAV	—
调制	CBOC 1/11	CBOC 1/11	BPSK-R	BPSK-R	BPSK-R	BPSK-R	BPSK-R	BPSK-R
主码码片速率（1.023MHz 的倍数）	1	1	5	5	10	10	10	10
子载波频率（1.023MHz 的倍数）	1&6	1&6	—	—	—	—	—	—
数据速率（符号/秒）	250	N/A	1000	N/A	250	N/A	50	N/A
副码码片速率（码片/秒）					1000		1000	
主码长度（码片）	4092	4092	5115	5115	10230	10230	10230	10230
副码长度（码片）	25		100		20	100	4	100
载波相位	0°	0°	0°	0°	0°	90°	0°	90°
最小接收功率（dBW）	−160	−160	−158	−158	−158	−158	−158	−158

用于伽利略 E1 OS 信号的复合二进制偏移载波（CBOC）调制基于具有双分量扩频符号的

1.023Mcps 扩频序列。扩频符号由 BOC(1, 1)子载波和 BOC(6, 1)子载波相加而成。BOC(6, 1)子载波占 CBOC 总功率的 1/11。

E1 数据通道（E1-B）使用两个分量同相组合，导频通道（E1-C）使用两个分量反相组合。由于 BOC(6, 1)分量在数据和导频之间相位反转，因此生成的信号有 4 个电平，且在时域于 BOC(1, 1)和 BOC(6, 1)之间交替变化。得到的信号称为 CBOC(6, 1, 1/11)。CBOC(6, 1, 1/11)是多路复用 BOC-MBOC(6, 1, 1/11)的一个特殊实现，被认为是由 GPS L1C 和 Galileo E1 OS 联合定义的互操作信号。MBOC(6, 1, 1/11)的另一个实现是为 GPS L1C 选择的 TMBOC(6, 1, 1/11)，它基于时分复用 BOC(1, 1)和 BOC(6, 1)波形。CBOC(6, 1, 1/11)和 TMBOC(6, 1, 1/11)的功率谱相同。

为了跟踪伽利略 E1 OS，需要使用幅度电平为-1.25、-0.65、+0.65 和+1.25 的 4 电平相关器来充分利用 CBOC。可以使用传统 2 电平 BOC(1, 1)副本进行跟踪，但要以不用 BOC(6, 1)分量的所有能量为代价，即在任何接收机相关损耗前有约 0.4dB 的损耗。

人们提出了几种先进技术来证明实施有效 CBOC 跟踪的可能性[21-23]。

伽利略 E5 信号是用宽带复合边带调制生成的，这种技术称为备用 BOC（AltBOC）[24, 25]。AltBOC 的基带表示对应于两个连贯生成并且各自正交调制的复杂子载波（上 E5b 和下 E5a）与一个互调函数的和信号，以便实现恒定的传输包络[26]。在频带限制前，两个子载波是周期为 T_s = (15.345MHz)$^{-1}$ 的离散多电平信号。文献[12]中提供的理想宽带描述导致了表示 8PSK 型调制的信号星座图。互调功能的主能量位于 51.2MHz 的建议 AltBOC 接收带宽之外，偏移量约为±46MHz。文献[12]中提供了使用作为接收机实现一部分的查找表和直接的数学描述来生成 AltBOC 副本，进而采用 AltBOC 的概念。

伽利略系统不支持将 E5a 和 E5b 组合为一个 AltBOC 的专用导航电文。相反，每个子载波都提供不同的特定服务导航电文。E5a 提供 OS 相关的 F/NAV 电文，E5b 提供 I/NAV 电文，这些电文过去是专为 SOL 用户设计的。I/NAV 和 F/NAV 中提供的星历信息是等同的和可互换的；然而，两种电文类型中提供的时钟校正值可以稍有不同。这是因为每条电文都是针对特定频率对单独生成的。也就是说，F/NAV 为频率对 E1/E5a 提供时钟校正，I/NAV 为频率对 E1/E5b 提供时钟校正。

E5a 和 E5b 边带信号的数据和导频分量都可单独地获取和跟踪，作为传统 BPSK-R(10)型导航信号。为此，建议使用以边带频率为中心的接收带宽。这种边带跟踪的典型带宽可以是 20.46MHz，即 BPSK-R(10)调制的主瓣。由于边带存在相干性和互相关缺陷，使用更大的接收机带宽时，需要在改善追踪精度与来自另一个边带的增大的串扰之间进行折中。E5 中的较大带宽还表明这一频率范围对其他主要用户的干扰敏感性增大，特别是距离测量设备和战术空中导航系统等航空系统。

作为 OS 和 CS 的一部分，伽利略公开信号及其调制的完整描述，请参阅伽利略公共开放服务信号空间接口控制文档（OS SIS ICD）[12]。

5.5.1　伽利略扩频码和序列

伽利略卫星发射的测距信号在频域中是单独分布的。周期扩频码对每个信号分量都是唯一的，并且对每颗卫星也是不同的。所选的每个信号数据分量（E5a-I、E5b-I 和 E1-B）的扩频码长度会覆盖所有符号。对于要求码长超过 10230 个码片的数据通道和导频通道（E5a-Q、E5b-Q 和 E1-C），扩频码由分层码结构生成。导频主码的长度与用于等效数据分量的主码的长度相同。长扩频码是通过将每个连续的主码周期与从码的下一个码片异或构成的。选择分层代码结构是为了限制主码的长度，通过限制搜索空间来减少获取时间，并为数据分量提供一个符号的不重复序列长度，同时为导频分量提供 100ms 的长度。

针对整个家族的正交性，对主扩频序列进行了优化，确保充分隔离各个信号源。从码针对低自相关旁瓣和频域中的平坦频谱幅度进行调整。

在分层码的全部长度（或主码长度的倍数）上进行相干积分的接收机，会在主相关峰旁边的主码整数间隔处观察到额外的相关峰。这些额外的相关峰的幅度低于主相关峰值的幅度，因为它们的自相关幅度是用于扩展主码的从码的函数。分层码生成的这一特性允许接收机确定相对于 GST 的码相位，模糊度为 100ms。这为地面用户提供了基于码相位测量的无时间位置解，包括导频信号的从码，前提是用户具有可用的星历和时钟校正信息，且接收机时钟的失配低于 100ms 的模糊度。

双层码的另一个特征是，使用关于从码的知识，可以在接收机级别适应多倍主码长度的相干积分时间。OS SIS ICD 中提供了公用伽利略主扩频码和从扩频码[12]。

5.5.2　导航电文结构

伽利略的公共信号提供三种不同的导航电文：

1. F/NAV 或免费导航电文：此导航电文为使用 E5a 信号提供数据。电文在 E5a-I 上提供。

2. I/NAV 或完好性导航电文：最初设想的此电文与较短页长的高数据速率电文一起，提供安全的生命相关数据和警报。由于 SOL 服务的重新配置，I/NAV 提供了关于 E1-B 和 E5b-I 信号的 OS 数据。

3. C/NAV 或商业导航电文：这是商业服务提供商生成的数据的电文。这是 E6-B 上的一条快速电文（见表 5.5）。

F/NAV 和 I/NAV 电文都提供等效和部分相同的导航相关数据。在 I/NAV 和 F/NAV 之间，轨道信息及从 GST 转换为 UTC 和从 GST 转换为 GPS 时间的参数是兼容的。与时钟有关的信息对每条电文而言是特定的，因为它是根据 F/NAV 的 E1/E5a 和 I/NAV 的 E1/E5b 的测量结果得出的。

星历、时钟校正、GST-UTC 参数、年历等广播信息的使用和所用的相关算法与 GPS 的定义一致；伽利略系统对此只做了很小的修改。

星历中包含的信息可让接收机计算卫星传输信号时的轨道位置，或准确地计算卫星在 ECEF 坐标系中共视 L 波段天线相位中心的坐标。

特定卫星的 GST 实现是通过从 GST 的起源和周时间开始对顺序周数计数来提供的。4096 周后，也就是约 78 年后，就要重新开始周数的计数。周时间提供从每周开始后的秒数，由第一页符号的第一段代码序列的第一个码片的前缘定义。它覆盖整周（604799s），并且在每周末尾（周六和周日之间的 00:00:00）将其复位为零。

卫星时钟校正参数广播可让用户按绝对 GST 计算卫星信号的传输时间。这些卫星时钟校正是专门为 E1 和 E5a 的 F/NAV 中及 E1 和 E5b 的 I/NAV 中的信号或它们的组合提供的。因为 I/NAV 和 F/NAV 支持不同的双频组合，所以两条电文之间的时钟校正可能不同，但它们通常很相似。

F/NAV 和 I/NAV 上的星历和时钟校正是根据相应的双频观测值算出的，可以直接由双频接收机应用。然而，单频接收机必须对时钟校正［即广播群延迟（BGD）校正］应用额外的电文参数。单频用户通过校正载荷群延迟，使用 BGD 正确地求出 GST 中的卫星传输时间，详见 5.8.2.3 节。

为获得准确的伪距测量结果，单频用户还需要校正电离层对信号的影响。伽利略系统为 NeQuick 模型的适用版本提供校正参数，文献[27]中所述的单频用户接收机可以使用这些校正参数。5.8.2.2 节和 10.2.4.1 节中将讨论 NeQuick 模型。

UTC 转换参数允许将 GST 转换为 UTC。为此，导航电文中包含有关 UTC 偏移、多项式的一阶项和闰秒数量的信息。导航电文中还包含下次闰秒调整的通知[12]。

GGTO 参数提供 GPS 系统时和 GST 之间的偏移与变化率。它由伽利略 PTF 计算并与 USNO 协调产生。

导航数据还包括卫星 ID、卫星健康状况和导航数据有效性标志、CRC 的校验和和 IOD 等服务参数等。IOD 允许用户识别特定的参数属于哪个批次。导航电文中区分两个 IOD。IODnav 用于星历、卫星时钟校正和空间信号精度参数。IODa 是为年历定义的。

此外，每颗卫星都播放年历，为伽利略星座的所有业务卫星提供较低精度的星历和时钟校正数据。年历信息有助于接收机捕获卫星。

每颗卫星发送的导航数据流都被格式化，以便更频繁地广播导航任务所需的数据，并在良好定义的最大时间内被用户接收。其他对时间要求不高或只与导航部分相关的补充数据可在较长时间内广播，如年历信息。

完整的导航数据采用帧序列的形式在相应信号的数据分量上传输。每帧都由多个子帧组成，每个子帧则由多页组成。页是导航电文的基本结构。选择这种结构的目的是传输数据以满足不同的需求。时间关键型数据如 SAR RLS 数据以高速率重复。低优先级数据（如可在热启动条件下采集的数据）以中等速率重复，其他数据则以低速率提供。页可用类型标识符区分。尽管通常遵循子帧或帧内的消息序列，但为满足未来的需求可能会改变。用户接收机应能基于类型标识符来识别页内容，应能处理页顺序的变化，并且应能为支持未来的页演化而处理可能引入的新页类型。

除同步模式和尾部位外，F/NAV 页的长度为 238 位或 10s。600s 的 F/NAV 帧由 5 F/NAV 页的 12 个子帧组成。

720s 的 I/NAV 帧由 24 个子帧组成，每个子帧包含 15 页。I/NAV 传输依赖于散频并在 E1-B 和 E5b-I 上提供相同的页面布局。这些页面分别以两个连续的奇数字块和偶数字块进行广播。每个字以 I/NAV 同步符号开始，后跟一个块编码数据字段，并且持续 1s。完整的 I/NAV 页（组合了奇数字和偶数字）需要 2s 的传输时间，并提供 245 位的可用容量，不包括同步模式和尾部位。E1 和 E5 上的页排序不同，页在两个信号之间交换，以便快速地接收双频接收机中的完整 I/NAV 数据集。I/NAV 的设计还允许单频率用途，但代价是较长的延迟，直到收到完整的电文。

与 I/NAV 相关的系统功能允许通过替换电文分发中的标称传输来引入一次性低延迟的短电文页；这样的短电文页可能会在未来使用。

OS SIS ICD [12]中详细介绍了 F/NAV 和 I/NAV 的内容。要强调的是，这个 ICD 提供了有关未来电文演化的保留信息。向后兼容性得到了保持，但是使用现有的自由度和备用容量可以引入新的电文功能和电文类型。

5.5.2.1　商用服务数据流

C/NAV 是具有短延时的近实时电文流。C/NAV 的数据内容取决于外部 CS 提供商的需求。在撰写本文时，CS 及其应用仍在开发和整合中。因此，目前还没有公布 C/NAV 内容的详细信息。类似于所有的低延时数据通道，C/NAV 数据仅由与地面段联系的卫星提供，因此不同卫星有不同的 C/NAV 内容。

5.5.3　正向纠错编码和块交织

保护伽利略数据分量和改善电文传输鲁棒性的前向纠错（FEC），依赖于速率为 1/2 且约束长度为 7 的卷积编码。选择的编码器多项式与 GPS L5 CNAV 编码器多项式相同。伽利略系统对

G2 多项式的输出应用额外的反演，以实现非恒定符号输出，但要连续输入零。编码包括导航电文的整页或半页的、不重叠的独立数据块。使用具有 8 行和"n"列（"n"取决于符号中的页大小，对 F/NAV 和 I/NAV 来说是不同的）的交织器来交织每个 FEC 已编码块。

卷积和按块编码概念的组合需要引入预定义的尾部位，以便为每个导航页面的完整信息内容提供 FEC 保护。这可确保突发错误与解码器输入位置各个符号错误之间至少 8 个符号间隔解交织，有助于 FEC 解码器纠正这样的错误。

5.6   互操作性

根据国际全球导航卫星系统委员会（ICG）的报告，"互操作性是指可以共用全球和区域导航卫星系统、增强系统及它们提供的服务，提供更好的用户能力，而不只是单纯地依靠某个系统的开放信号"。伽利略系统和 GPS 是首批寻求并采取措施来实现系统间的互操作性的卫星导航系统。

用户段的互操作性允许使用多个卫星导航系统实现组合定位。例如，在挑战性环境中，组合使用多个系统可以得到更高的精度和可用性。

系统层面的互操作性在参与的卫星导航系统之间解决 RF 信号结构、时间和大地参考坐标系的对齐以及它们在参考坐标系中的实现问题。取决于前述元素的对齐情况，可以达到不同级别的互操作性，进而完全交换最终状态。

互操作性级别是优化过程的结果。待考虑的因素包括无线电频率兼容性、用户设备的复杂性、市场前景、脆弱性（常见的故障模式）、系统的独立性及国家安全兼容性问题。

如上所述，在信号电平上，使用 OS 信号（E5a 和 E1）的公共载波频率可以简化 RF 前端设计并且支持互操作性。近期的接收机开发已经证明小载波偏移（如 GPS L1/伽利略 E1 和 GLONASS G1 之间）不会妨碍用户级别的互操作性。除信号特征外，伽利略系统和 GPS 之间的基本导航电文概念是相当的（如星历、年历、时钟校正、GST-UTC、BGD）。如本章后面所述，大地参考坐标系和参考时间系统是对齐的。

为了提高互操作性，伽利略系统在其导航电文中广播 GGTO。GGTO 允许用户基于 GPS 和伽利略系统距离测量来估计 PVT，而不需要牺牲一个观测值来求解 GPS 和伽利略系统之间的系统时偏移问题。对能见度有限环境下的用户来说，这尤其有用[28]。11.2.5 节中将介绍如何使用多个星座信号来形成 PVT 解。

5.6.1   伽利略大地参考坐标系

伽利略大地参考坐标系（GTRF）是 ITRS 的独立实现。ITRS 由 IERS 中央局定义和监控。设计 GTRF 的目的是与 ITRF 兼容，因此是 ITRS 的实现。在两个参考系内的所有站中，GTRF 站坐标与 ITRF 站坐标对齐的公差为 3cm（95%置信度）。

WGS 84 是 GPS 的参考坐标系，也是 ITRS 的一个实现。WGS 84 包括 GPS USAF 监测站和美国 NGA 监测站的坐标。预计 WGS 84 和 GTRF 之间的差约为几厘米。这种精度足以满足导航和许多其他用户的需求。

5.6.2   时间参考坐标系

由 PTF 生成的 GST 是一个没有闰秒的连续时间系统。GST 的参考历元定义为 UTC 时间 1999 年 8 月 22 日周日 00:00:00，即 8 月 21 日至 22 日午夜。GST 初始历元与 GPS 周数[12]的最后一次翻转一致。

GST 与 UTC 的时间对准是用伽利略 PTF 中的主时钟和链接到 UTC(k) 的 GTSP 之间的时间传输测量来实现的。时间传送测量由 GTSP 处理，以便预测到当前时间的追溯发布的 TAI 时标。GTSP 求出伽利略主时钟时标与预测 TAI 之间的偏差。基于这些偏差，生成伽利略 PTF 主时钟的必要对准校正。这些数据每天都会提供给 GCC。

在任何 1 年的时间间隔内，GST 保持在 TAI 的 50ns（95%）内。如果提前 6 周估计 TAI，那么 TAI 和 GST 之间的偏差的最大不确定度为 28ns（2σ）。配备伽利略授时接收机的用户在任何 24 小时的运行过程中，都能预测 30ns 的 UTC（95%）。GST 和 UTC 的初始历元差是 13 闰秒。在撰写本文时，GST 和 UTC 之间的差是 18 闰秒。

GGTO 参数每天都由 PTF 确定，允许用户在两个系统只收到 4 颗卫星电文的情况下完成定位。GGTO 由伽利略 PTF 上的 GPS/Galileo 组合接收机确定。为提高鲁棒性，还使用传统的时间传送技术来求 GPS 系统时和伽利略系统时的偏差。为此，使用 TWSTFT 和共视技术[29]执行伽利略 PTF 和 USNO 之间的时间传送。

在伽利略 PTF 和 USNO 之间协调好 GGTO 后，两个系统的导航电文中就会包含 GGTO。在任何 24 小时内，规定这个时间偏移模 1s 后的精度在 2σ 置信区间内小于 5ns。

收到更多的卫星电文后，作为位置和导航处理一部分的用户接收机也可求出伽利略/GPS 时间偏移，但需要多跟踪 1 颗卫星（求三维位置时的第五颗卫星），详见 11.2.5 节。

在 ICG 背景下，尤其是在提供商论坛中，人们正在讨论如何为公用基准（如 UTC）提供每个 SATNAV 系统时的偏移。这种公用方法允许用户接收机利用来自多个 GNSS 星座的测量结果进行混合定位和授时服务。

5.7 伽利略搜索和救援任务

本节概述伽利略部署的 SAR 系统。SAR/Galileo 系统是作为 Cospas-Sarsat MEOSAR 系统的组成部分而设计和运行的。SAR/Galileo 空间段和地面段完全整合到了 Cospas-Sarsat 结构内，并且代表了伽利略对国际 Cospas-Sarsat 计划的贡献（关于 Cospas-Sarsat MEOSAR 系统的详细信息，请参阅文献[30, 31]）。

从 1982 年的 LEO 卫星开始，Cospas-Sarsat 计划已扩展到包括地球同步卫星。随着 MEO GNSS 的出现，人们认识到导航和 SAR 功能之间存在强大的多边协同作用。最终，三个规划的 GNSS 核心星座（伽利略、GPS 和 GLONASS）宣布未来会在卫星上配置 SAR 设备，于是出现了 MEOSAR（中地球轨道 SAR 组件）的概念。这三个卫星导航系统在 Cospas-Sarsat 平台上密切协调，以便配备 SAR 设备，这些设备在空间段和地面段是完全兼容的，并且是高度互操作的。注意，GPS SAR 载荷已计划加入 GPS III 能力。伽利略已将一个新服务 SAR/Galileo RLS 纳入 MEOSAR，这个新服务提供一种将短消息发送到配备伽利略接收机的应急信标的方式。

5.7.1 SAR/Galileo 服务描述

2004 年 12 月，欧盟理事会确认 SAR 服务是伽利略系统的一项服务。随后，SAR/Galileo 任务被定义为："伽利略系统应对目前和未来的 Cospas-Sarsat（C/S）406MHz 信标进行检测和定位，并为警报信标提供返回链路功能，以便提供搜索和救援（SAR）服务，而不论是否安装了 GNSS 接收机或其他定位手段。"

伽利略 SAR 服务由两个主要服务组成：FLS，即基于卫星的传统 SAR 任务；RLS，即向信标发送短消息和额外的信息。

对于前向链路警报服务，伽利略卫星（和其他 MEOSAR）接收来自 C/S 406MHz 紧急信标的信号，并在 L 波段上将它转播给 MEOLUT。MEOLUT 求出警报信息与位置并向 Cospas-Sarsat 运营商［即国家任务控制中心（MCC）］报告。

FLS 是一个全球性服务；因此，C/S 406MHz 信标可以位于地面上的任何地方。SAR/Galileo 对全球 MEOSAR 警报服务的贡献是，除为空间段提供服务外，还为欧洲的地面段设施提供遇险警报检测与定位服务。

SAR/Galileo 不包含专用的 MCC 或救援协调中心（RCC）；完整 SAR 服务的这些基本组成部分仍然是各成员国的权利和责任。

RLS 向用户提供确认消息，通知他们已检测到警报及某些情况下救援行动正在进行。RLS 是伽利略为 SAR 社区引入的一个专用服务，以便直接向信标提供来自 SAR 运营设施的消息发送功能。这是一项全球服务，可用于任何使用 RLS 的伽利略接收机的信标。RLM 通过伽利略 E1B 信号（1575.42MHz）发送到信标。

5.7.2　欧洲 SAR/Galileo 覆盖区域和 MEOSAR 环境

伽利略计划及其 SAR 地面基础设施对 Cospas-Sarsat MEOSAR 系统的贡献，主要是确保覆盖如图 5.11 所示的欧洲 SAR 覆盖区域（ECA），其中 ECA 的定义如下："……欧盟和欧洲航天局成员国（即欧盟国家加上挪威和瑞士）的欧洲领土，以及毗邻和属于这些国家的海上、航空搜索与救援区。"

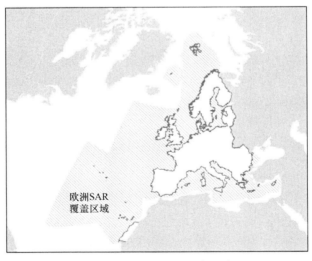

图 5.11　欧洲 SAR 覆盖区域

2016 年 12 月，欧盟委员会宣布开始提供伽利略初始搜索和救援服务。伽利略 SAR SDD 定义了一个简化的覆盖区域，它是由 4 个角点（85.00°N，41.20°E；29.18°N，37.07°E；5.00°N，38.00°W；75.76°N，77.87°W）连接而成的大圆弧[9]。图 5.12 中显示了 SAR/Galileo 系统架构，确定了与其他 Cospas-Sarsat 参与者整合的重要组成部分。（包括欧洲海外领土的）全球覆盖将通过 Cospas-Sarsat 成员之间的合作来实现。

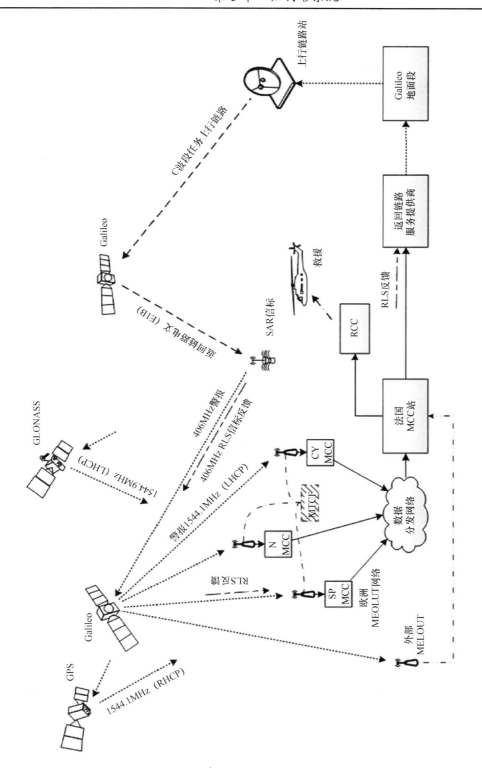

图 5.12　SAR/Galileo 系统架构

欧盟将在未来部署额外的 MEOLUT，以便推动实现 Cospas-Sarsat 全球 MEOSAR 覆盖目标。它们将与 Cospas-Sarsat 配合确定覆盖空白区，尤其是欧盟成员国的海外责任区。

5.7.3 SAR/Galileo 系统架构

如本节前面所述，伽利略系统中的卫星配备了 SAR 转发器，它将信标遇险信号中继给地球。来自不同卫星的中继信号由一个或多个 MEOLUT 接收。MEOLUT 的作用是检测信标警报信号，解调警报信号，提取电文和确定信标的位置。警报的定位过程如下：提取信标电文中已编码的位置数据（如果可用的话），处理受信标-卫星距离影响的警报到达时间（ToA）和被接收信号多普勒频移影响的到达频率（FoA）之差。然后，MEOLUT 将估计的信标位置、电文和其他相关数据发送到关联的 MCC，后者与相关的 MCC 和 RCC 通信，并在警报包含一个 RLM 请求时通过法国节点 MCC（图卢兹）与 RLS 提供商（RLSP）通信。

为了提供 FLS，SAR/伽利略系统通过 3 个与 MEOLUT 跟踪协调机构（MTCF）合作的 Galileo MEOLUT，接收和处理来自信标的遇险信号。MTCF 将优化对 3 个欧洲 SAR/Galileo MEOLUT 的跟踪，进而改进 ECA 区域的整体 SAR FLS 性能。

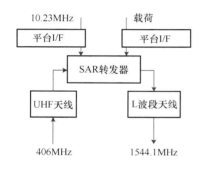

图 5.13　伽利略卫星 SAR 载荷示意图

空间段接收来自 SAR 信标的 406MHz 遇险信号，在不反转频谱的情况下放大并转换这些信号的频率，并使用 L 波段将它们重新发送到地面（见图 5.13）。

为了提供 RLS，SAR/Galileo 系统通过 RLSP 接收来自法国 MCC 的 RLM 请求。RLSP 将根据信标位置及与伽利略系统交换的附加信息为 RLS 广播确定最佳卫星。伽利略地面段将收到的 RLM 整合到已识别伽利略卫星的导航数据中后，伽利略卫星将 RLM 广播到伽利略系统 E1 信号内的紧急信标，进而通知用户检测到警报，形成闭环。

SAR/Galileo 检测和定位的总体性能由 ECA 内的 5 个 MEOSAR 基准信标（RefBe）持续监测。

5.7.3.1　SAR/Galileo 空间段

SAR/Galileo 空间段包括带有 SAR 转发器的伽利略卫星。伽利略卫星载荷有两个与 SAR 相关的主要功能设施：导航功能设施和 SAR 功能设施。SAR/Galileo 采用支持 FLS 的 SAR 功能和支持 RLS 的导航功能来利用两个功能设施。

伽利略 SAR 转发器包括无频率反转的弯管透明转发器，它们接收 406MHz 频段的信号，并且在 1.5441GHz 的 L6 频段上重传。它们是根据 Cospas-Sarsat 主导达成一致的空间段互操作性要求进行设计的，包括正常（90kHz）和窄带（50kHz）带宽模式，以及使用固定增益模式或自动控制操作的可能性。

MEOSAR 的所有空间段设施，即伽利略、GPS（计划用于 GPS III 能力增强）和 GLONASS SAR 转发器，可以相互兼容和互操作。

5.7.3.2　SAR/Galileo 地面段

SAR/Galileo 地面段（SGS）包括前向链路部分和返回链路部分。FLS SGS 由 3 个运行的 MEOLUT、MTCF 和相关的 SAR 通信网络（SARN）及 5 个专用的 RefBe 组成。SGS 的 RLS 部分包括 RLSP。

　　SAR/Galileo 的中枢是位于法国图卢兹的 SAR/Galileo 服务中心，它与法国 MCC 密切相关。作为 SGS 的关键要素，该中枢托管 MTCF 和 RLSP。3 个运行的 MEOLUT 位于 ECA 区域的 3 个角点附近：

- 斯匹次卑尔根（斯瓦尔巴德/挪威），托管与现有挪威 MCC 和 LEOLUT 配套的斯匹次卑尔根/EU MEOLUT。
- 马斯帕洛马（加那利群岛/西班牙），托管与西班牙节点 MCC 和其他 Cospas-Sarsat 设施（包括 LEO 和 GEOLUT）配套的马斯帕洛马斯/EU MEOLUT。
- 拉纳卡（塞浦路斯），托管拉纳卡/欧盟 MEOLUT，后者连接到了位于拉纳卡的联合 RCC 的塞浦路斯 MCC。

5 个基准信标位于：

- 斯匹次卑尔根/EU 参考信标与 MEOLUT 搭配使用。
- 与 MEOLUT 配套的马斯帕洛马/EU 基准信标。
- 与 MEOLUT 配套的拉纳卡/EU 基准信标。
- 位于亚速尔群岛/葡萄牙的圣玛丽亚/EU 基准信标。
- 位于 SAR/伽利略服务中心的图卢兹/EU 基准信标。

SAR/Galileo 地面段的主承包商是 Cap Gemini（法国）。

　　3 个伽利略 MEOLUT 与它们对应的国家 MCC 连接。MTCF 协调欧洲 MEOLUT 来跟踪可见卫星。FLS 的标称 SGS 运行配置本质上是冗余的，并且能在失效时表现出良好的退化性能。该系统也可在没有 MTCF 协调的情况下运行，但当充分利用其先进特性时，整个系统的性能和可靠性都会明显提升。它们不仅包括协调的 MEOLUT 跟踪，而且包括共享收集的原始 TOA/FOA 数据。

　　RLS 通常由信标通过返回链接电文请求发起。这个请求是适用于信标前向链路警报电文的一个特定协议的一部分。406MHz 上行链路信号上的特定 RLS 协议被路由到 RLSP。通过 Cospas-Sarsat 网络在 RLSP 上接收 RLM 请求。RLM 发送也可由 RLSP 运营商或与 RLSP 接口的已认证第三方外部触发。

　　伽利略直接负责的 RLS 基础设施部分包括 RLSP、GMS 和伽利略卫星。整个 RLS 环路（带信标反馈）由如下事件组成：

- RLS 信标（与 RLS 位置协议一起运行）发出包含一个 RLM 请求的遇险警报，指明它可以接受返回链路电文作为 1 型确认。
- 至少一个 MEOLUT 通过 MEOSAR 卫星接收警报，并通过 Cospas-Sarsat 数据分发网络将其路由给法国 MCC。
- 法国 MCC 将 RLM 请求转发给 RLSP。
- RLSP 确定适当的时间和广播 RLM 的卫星，并且将包含 RLM 请求在内的这些信息传给 GMS。
- GMS 将 RLM 上传到所选的卫星。
- 起源 RLS 信标通过 E1B 数据接收确认 RLM。
- 收到确认后，前向链路警报电文中的专用位发生变化，指出已收到确认。
- 遵循相同的路径，即 MEOSAR 卫星→MEOLUT→MCC→法国 MCC，RLM 收到的确认到达 RLSP，RLSP 启动合适的操作，通常是停止进一步重复该 RLM 并进行记录。

5.7.3.3　SAR 用户信标

紧急无线电信标的基本目的是，在可以挽救大多数幸存者的黄金时间（伤害事件发生后的前 24 小时）内救出遇险人员。以下类型是针对不同应用和相应的规定进行区分的：

- 紧急位置指示无线电信标：发出海上遇险信号，符合国际海事组织（IMO）规定的要求。
- 紧急定位发射机：发出飞机遇险信号，其定义符合国际民用航空组织规定的要求。
- 个人定位信标：对远离正常紧急服务（个人使用）的遇险人员如徒步旅行者发出信号，也适用于航运和其他专门任务中的船员求援。
- 船舶安全警报信标：提供符合国际海事组织要求的谨慎 SSAS 安全警报。Cospas-Sarsat 406MHz 船舶安全警报系统（SSAS）是由 Cospas-Sarsat 实现的一个系统，其目的是为海事组织提升海上安全及应对航运恐怖主义行为。

除了上述 4 种紧急信标，Cospas-Sarsat 系统还包含各种系统信标，如测试、授时、基准和轨道信标。

信标被激活后，以 406MHz 的短射频调制突发形式发送警报信号。警报信号突发的持续时间约为 0.5s，信标被激活后，至少在 24 小时内每隔 50s 重复一次。有些信标被规定传输至少 48 小时。

第一代信标是符合 Cospas-Sarsat 规范 T.001 的紧急信标。它们可能（但不要求）整合到了 GNSS 接收机中，并且在信标电文中包含有关位置的信息。包含伽利略接收机的第一代信标可以接收 RLM。这些信标被命名为 RLS 信标（也称伽利略信标）。

Cospas-Sarsat 的参与者目前正在定义第二代信标。这些信标包含许多先进的功能（如适用于精确 TOA/FOA 估计和额外数据位的调制），并且它们向后不兼容第一代信标。

5.7.4　SAR 频率计划

406～406.1MHz 频段由国际电信联盟划分给移动卫星（地对空），由 Cospas-Sarsat 用于 SAR 卫星应急信标。Cospas-Sarsat 已将 406MHz 频段划分为 3kHz 间隔的多个通道，并且正在有计划地批准使用批量信标的特定频率。这样做的目的是确保所用通道均匀地分布在数量不断增加的信标中，以最小的相互干扰来最大化 406MHz 上行链路的容量。图 5.14 中显示了用于 SAR 的 406MHz 频带的通道划分。

伽利略计划为基准信标选择了一个特定通道（406.034MHz 的通道 E），并且为测试 SAR/Galileo 系统选择了中心频率为 406.061MHz 的另一个通道 N。窄带转发器模式下的这个通道不用于未来的运营目的。

随着第二代 Cospas-Sarsat 406MHz 信标（该信标使用扩频技术并占据整个上行链路频带）的推出，SAR/Galileo 转发器将只在正常（宽带）模式下使用。

SAR/GPS（计划为 GPS III 能力加入）、SAR/Galileo 和 SAR/GLONASS MEOSAR 星座将使用 1544～1545MHz 频段的卫星下行链路。ITU 无线电规则将 1544～1545MHz 频段划分给了用于遇险和安全通信的空地移动卫星业务（MSS）（第 5.356 条）。

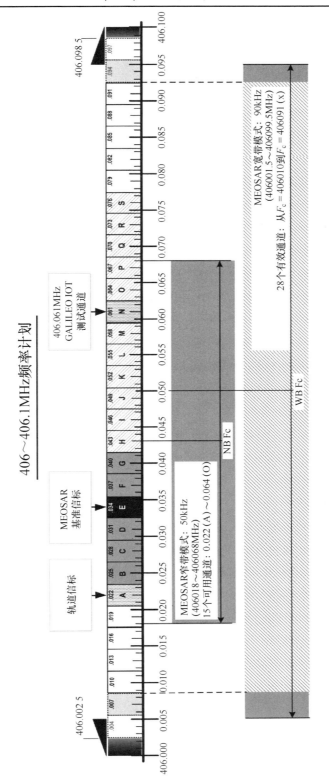

图 5.14　SAR UHF 频段

5.8 伽利略系统性能

全球导航卫星系统的基础理论已在第 2 章中详细说明。本节只介绍伽利略系统基本性能参数的测量。本节结尾将通过外推测量值来展望系统的预期性能。

要强调的是，下面几节给出了 2016 年 1 月观测到的实际测量性能，当时系统基础设施并不完整，并且密集的测试活动和部署正在进行。这些因素影响了接下来给出的结果。

5.8.1 授时性能

用户能够从导航电文提供的信息推导出他们的本地 GST 实现。伽利略导航电文还为用户提供基于接收机实现的 GST 的近似 UTC 参数。广播参数包括闰秒数（即 GST 和 UTC 之间的整数偏移）以及 GST-UTC 分数偏移和漂移。图 5.15 中显示了 2016 年 1 月测量得到的 UTC 分发精度。结果给出了伽利略分发的 GST 派生 UTC 与 BIPM 每周发布的（与 UTC 接近的）快速 UTC 解之间的差。

图 5.15   2016 年 1 月伽利略系统的 UTC 分发精度

伽利略支持结合使用伽利略系统和 GPS 系统的用户。对两个星座的卫星的能见度有限的用户来说，这非常有用。如前所述，伽利略系统将两个系统时标之间的偏差作为导航电文的一部分。GGTO 允许用户使用来自两个系统的观测值，而不需要作为额外的未知量来计算两个时标之间的偏差。图 5.16 中显示了广播 GGTO 在 2016 年 1 月实现的精度。

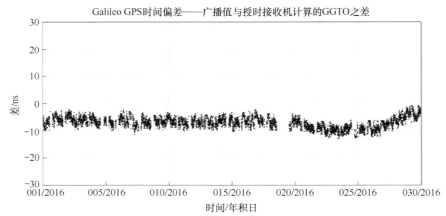

图 5.16   2016 年 1 月伽利略广播 GGTO 精度

5.8.2　测距性能

作为 PVT 解算的基础，伪距测量会受到导致其他误差的干扰的影响。这些误差被分为三组：空间段和控制段误差（如星历和 SV 时钟偏移预测误差、量化误差或信号缺陷），信号传播环境误差（如电离层和对流层误差及多径），用户接收机导致的误差（如测量噪声）。本节只讨论来自空间段、控制段及信号传播环境导致的误差（第 10 章中将介绍所有的 GNSS 测量误差）。

5.8.2.1　轨道确定和时间同步误差

轨道确定和时间同步误差是导航电文关于所给预测轨道位置的误差，以及导航电文最大运行期龄卫星的视在卫星时钟误差。即使是在标称条件下，导航电文中提供的 ODTS 预测值的精度也会受到如下因素的影响：

- 估算过程所用观测量的质量和可用性。
- 轨道预测过程中轨道摄动的建模（包括卫星质心和相位中心的及时变化）。
- 关于实际时钟特性的时钟误差预测错误建模。
- 生成导航电文时导航信息的量化。
- 广播电文的刷新率。

图 5.17 中给出了与 ODTS 预测和投影误差相关的几何关系。图中显示了投影到最差用户方向的整体轨道和时钟误差。

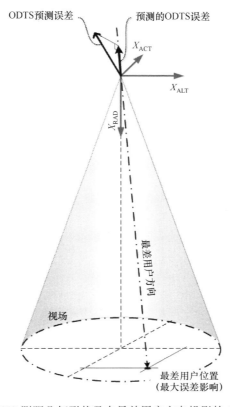

图 5.17　SIS 测距几何形状及在最差用户方向投影的 ODTS 误差

除了这些标称失真，意外事件也会导致广播电文退化，如时钟跳跃、地面或卫星上的其他故障。

作为系统统计性能特征的 ODTS 精度定义在最大电文期龄的最差用户位置。对于伽利略系统来说，标称系统运营模式下的最大期望导航电文期龄为 100 分钟，它从收集用于生成导航电文的最后一次数据开始。

图 5.18 中显示了 GSAT 0101 于 2016 年 1 月观测的数据期龄的累积分布函数。可以看出，约 90%的电文已在目标最大数据期龄为 100 分钟之前刷新，只有 10%的电文超过 100 分钟，表明可在部署完成前以足够快的速度分发电文，确保伽利略系统的良好性能。

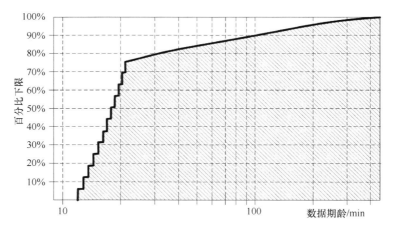

图 5.18   2016 年 1 月 GSAT0101 的数据期龄累积分布函数

ODTS 精度定义在恒定的数据期龄上，用于驱动系统设计。相比之下，空间信号误差（SISE）是在用户将收到的校正数据作为导航电文的一部分时，实际测量的轨道和卫星时钟预测误差。SISE 是投影到最差用户方向的整体轨道和时钟误差（见图 5.17）。图 5.19 中显示了 2016 年 1 月下半月 GSAT0101 测得的 SIS 测距误差的演变情况。图 5.20 中概述了所有运行伽利略卫星在同一时期的测距性能（为清楚地说明数据，已用 14 小时移动平均平滑了数据）。

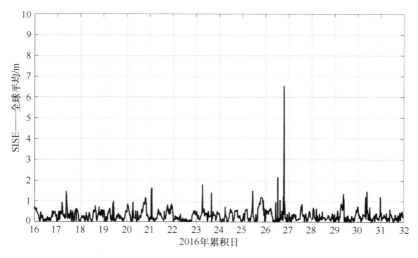

图 5.19   2016 年 1 月 16—31 日观测到的 GSAT0101 SIS 距离误差

5.8.2.2   残余电离层校正误差

ODTS 误差对双频用户而言是主要的系统误差。对于单频用户而言，主要的测距误差是电离层误差，双频用户可用两个频率的不同影响来估算它。单频用户必须使用一个模型来降低电离层对单频测距的影响。这些测量值对不同的视线是不同的。作为导航电文的一部分，伽利略系统为用户提供更新后的电离层系数。这些系数允许用户使用 NeQuick G 模型确定电离层的有效电离度，其中 NeQuick G 模型是由 ITU 提出的 NeQuick 模型的演化版本。NeQuick G 是文献[27]中描述的三维经验气候学电子密度模型。

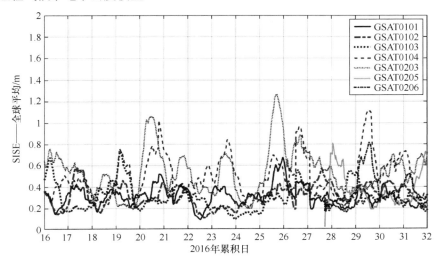

图 5.20　2016 年 1 月 16—31 日测量得到的所有运行卫星的 SIS 距离误差（14 小时平滑值）

伽利略 NeQuick G 模型的常规性能表征已在 IOV 活动后完成，结果表明 NeQuick G 模型提供了比 Klobuchar 模型更好的校正，尤其是在赤道地区。图 5.21 中显示了使用广播 IONO 参数测量的 NeQuick G 模型的校正能力[32, 33]。10.2.4.1 节中将详细介绍 NeQuick G 模型。

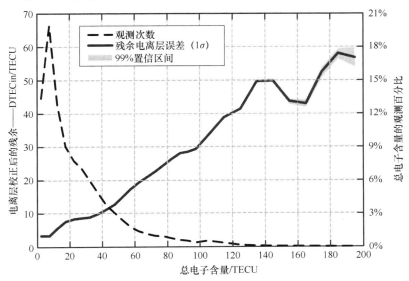

图 5.21　2016 年 1 月 NeQuick G 电离层模型校正能力

5.8.2.3　广播群延迟

BGD 参数允许单频用户校正卫星载荷和 RF 链路中信号延迟的距离测量值。双频用户不需要校正 BGD，因为导航账户中包含的时钟校正已经计入信号延迟（F/NAV-E1/E5a 和 E1/E5b 的 I/NAV）。两个频率之间的 BGD 定义为

$$BGD(f_1, f_2) = \frac{(TR_1 - TR_2)}{1 - (f_1 / f_2)^2}$$

式中，f_1 和 f_2 是两个信号的载波频率，$(TR_1 - TR_2)$ 是两个信号的群延迟之差。单频用户接收机可以根据下面的公式计算应用到双频时钟校正的校正值，所用公式取决于用户测量距离时使用的频率（f_1 或 f_2）。使用频率 f_1 的用户接收机采用时钟校正公式 $\Delta t_{SV}(f_1) = \Delta t_{SV}(f_1, f_2) - BGD(f_1, f_2)$，使用频率 f_2 的用户接收机则采用时钟校正公式 $\Delta t_{SV}(f_2) = \Delta t_{SV}(f_1, f_2) - (f_1/f_2) BGD(f_1, f_2)$。

表征为 IOV 活动一部分的 BGD，与预期的 30cm（95%）一致。此后一直在不断地监测它。对于 E1/E5a 和 E1/E5b 信号组合，2016 年 1 月测量得到的贡献也约为 30cm（95%）。

5.8.2.4　总体 UERE 预算

系统不涉及但影响距离测量值的其他误差因素包括：残余对流层模型误差、接收机动态范围，以及从干扰、多径和接收机热噪声方面来看的本地接收机环境。这些误差因素在第 10 章中介绍。

表 5.6 中给出了伽利略系统当前预计在 FOC 配置中实现的整体 UERE 及其误差来源。这些值分别为单频和双频用户提供，并且以卫星和高度的平均值及数据的最大设计期龄给出。这一小结不区分不同的信号，是用于系统设计的简化 UERE 预算，UERE 的误差来源被认为是卫星高度、用户类型/环境和所用信号的函数。

表 5.6　预计在 FOC 配置中实现的整体 UERE 及其误差来源

UERE 误差来源	单　　频	双　　频
ODTS 误差	< 65cm	< 65cm
卫星广播群延迟误差	< 50cm	—
残余电离层误差	< 500cm	< 5cm
残余对流层误差	< 50cm	< 50cm
热噪声、干扰、多径、码载波发散	< 70cm	< 100cm
合计（RMS）	< 513cm	< 130cm

5.8.3　定位性能

伽利略系统和普通 GNSS 系统的定位性能取决于上面讨论的测距性能，并且由局部卫星几何分布驱动。第 11 章中将详细推导不同的 DOP（HDOP、VDOP、TDOP、PDOP 和 GDOP）。表 5.7 中小结了由标称伽利略星座提供的不同 DOP。

伽利略 OS 双频用户的定位精度目标是水平 4m（95%）和垂直 8m（95%）。正在部署的有限卫星配置不允许用户连续地求解 PVT。基于 2016 年 11 月部署的运行卫星，伽利略星座的当前部署状态允许在约 50% 的时间内独立求解 PVT，其水平精度优于 10m（95%）[7]。为了显示代表性的 PVT 精度，已应用基于 DOP 的滤波器将几何分布限制为 HDOP 小于等于 5 的情形。图 5.22 中显示了 2016 年 3 月 1 日至 10 日期间，位于诺德韦克（荷兰）的伽利略接收机测量得到的水平位置误差。可以看出，95% 的定位位置与接收机天线真实水平位置的误差在 8.8m 以内。

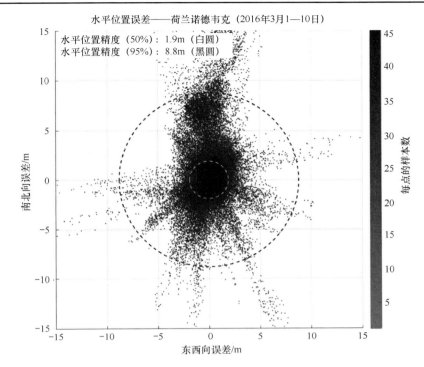

图 5.22　伽利略双频 OS 水平位置误差（2016 年 3 月 1—10 日）

5.8.4　最终运营能力的预期性能

FOC 中可实现性能的外推，依据的是在 FOC 代表性条件下收集的测量数据。在良好的几何条件下，当所有 IOV 卫星可见时，通过执行固定和移动测试，验证了 IOV 性能。测试确实验证了所有的 UERE 误差来源。对收集的结果进行了滤波，以便去除糟糕几何条件（如大于 5 的 PDOP）导致的明显异常值。

表 5.7　标称条件下伽利略 Walker 24/3/1 星座实现的 DOP 值

	平均用户位置	最差用户位置
水平 DOP	1.35	1.54
垂直 DOP	2.31	2.60
时间 DOP	1.48	1.58
位置 DOP	2.58	2.75

分析了各性能贡献者与所部署基础设施的依赖关系。对于那些明显依赖于地面要素或卫星数量的参数，使用伽利略和 GPS 的实际测量值及只为伽利略生成的合成数据，算出了外推因子。

表 5.8 中小结了外推结果，推出了乡村环境下典型 OS 双频和单频用户的预期性能。图 5.23 中显示了 OS 双频用户定位性能的地理分布。

IOV 到 FOC 外推的结果及实际测试结果，证实了定位和授时服务的初始设计目标的可行性。

表 5.8　期望的典型伽利略定位性能

双频 OS 用户车辆—E5a/E1		24 颗卫星
最差定位精度（2σ）	水平	2.9m
	垂直	6.3m

（续表）

单频 OS 用户行人—E1		
最差定位精度（2σ）	水平	9.9m
	垂直	22.4m

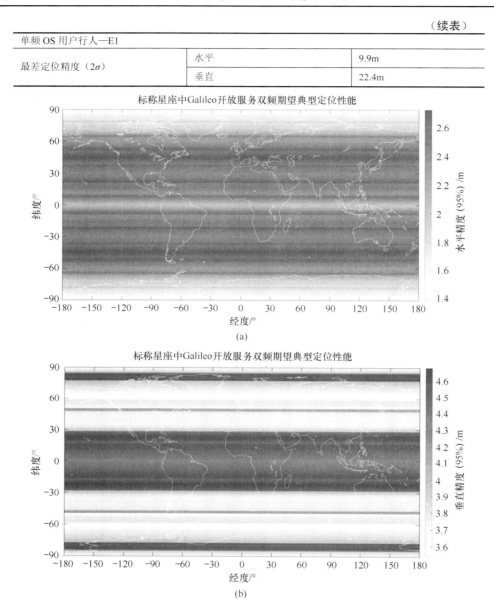

图 5.23　OS 双频(a)水平和(b)垂直定位精度（标称星座几何分布）

5.9　系统部署完成 FOC 的时间

在撰写本文时，伽利略系统仍在部署之中。IOV 结束与 FOC 开始之间的阶段以与整个系统部署和初始运营相关的活动表征。在这一阶段将发射其余的卫星，完成 GCS 和 GMS 的建设，使其完全符合任务性能和服务覆盖区域的要求。在部署系统的同时，运营团队维护已部署的地面和空间基础设施。

最明显的迹象是星座中的卫星数量。在撰写本文时，星座中运营了 3/4 的卫星。计划在完成 FOC 之前，继续使用能够每次发射 4 颗卫星的阿丽亚娜 5 号运载火箭。除星座部署外，地面段已经基本定型，系统中仍然在引入大量设施（如额外的任务上行链路天线）。系统能力的提升和基础设备鲁棒性的提高，导致在每个部署阶段逐步改善了系统性能。

自从 2013 年 3 月 12 日首次独立进行伽利略定位以来，系统性能就得到了稳步提升[4, 34-36]。这一趋势只在系统升级时才被中断，如 2014 年底和 2015 年初系统的地面段进行了重大升级。预计因地面基础设施部署而导致的长期中断不会在上次地面段升级后再次发生。这次升级的确引入了有助于系统功能冗余的基本设施。例如，2015 年新的地面段推出时，就未中断卫星的测距信号。

日常运营阶段的目的是，在系统仍在部署的同时提供初始服务。部署和运营活动将在最终系统配置切换之前并行进行。随着系统配置的不断扩展，服务质量将随着系统性能的提升而提高。实现 FOC 配置后，计划的系统运营寿命将超过系统的 20 年设计寿命。

5.10　FOC 之后系统伽利略的发展

2007 年，随着对导航领域当前发展认识的加深，欧洲航天局在若干成员国支持的可选方案基础上，初步确定了欧洲全球导航卫星系统基础设施的未来活动。这些活动的目标是研究有利于 EGNOS 和伽利略系统演化的技术，以应对现有系统日益增强的能力以及 GNSS 应用和用户不断增长的需求。这将确保 EGNOS 和伽利略系统的竞争力和互操作性。为欧洲 GNSS 演化计划（EGEP）定义的目标如下[37]：

- 考虑任务演化、性能和服务改进、可操作性改进和/或技术淘汰等因素，为 EGNOS 和伽利略系统的升级和演化做好准备。
- 促进和支持伽利略系统的科学开发。
- 在国际层面上维护欧洲技术、能力和基础设施。
- 保持竞争力和创新能力。

在这种背景下，目前已启动大量研究来推进系统演化的基本技术。在研究技术的同时，系统概念是根据与 EC 合作确定的未来 GNSS 任务目标制定的。

作为 EGEP 的一部分，在确定未来的 GNSS 系统架构的活动选项时，尤其要考虑当前伽利略系统和 EGNOS 系统的可能部署方案。科技预开发将集中于如下演化轴：更高精度的现有服务，提供高精度的和认证的授时服务，为改进首次定位时间提供长期星历，防欺骗和抗干扰保护，改进的 SAR 服务，提高与其他卫星导航系统的互操作性，支持空间用户，缩短未来服务演化的上市时间。

目前部署的伽利略 IOV 和 FOC 卫星将在 10～12 年后报废。新技术、新服务和更好的系统开发将会保持欧洲导航基础设施的竞争力。

参考文献

[1]　European Commission, "Communication from the Commission—Galileo—Involving Europe in a New Generation of Satellite Navigation Services," COM(1999)54.

[2]　European Commission, "The History of Galileo," February 11, 2016, http://ec.europa.eu/growth/sectors/space/galileo/history/index_en.htm.

[3]　European Space Agency; "GIOVE Experimentation Results, A Success Story," *SP-1320*, October 2011.

[4]　Breeuwer, E., et al., "Galileo Works," *Inside GNSS*, March/April 2014.

[5]　European Commission—Press release, "Galileo goes live!," IP-16-4366_EN, Brussels, 14 December 2016.

[6]　European Commission, "Galileo Mission High Level Definition," September 2003.

[7]　Galileo Initial Service—Open Service—Service Definition Document, Issue 1.0, December 2016.

[8]　Fernández-Hernández, I., "The Galileo Commercial Service: Current Status and Prospects," *Proceedings of the ENC/GNSS 2014*, Rotterdam, The Netherlands; April 15-17, 2014.

[9]　Galileo Initial Service—Search and Rescue—Service Definition Document, Issue 1.0, December 2016.

[10]　European Commission, "Report from the Commission to the European Parliament and the Council; Mid-Term Review of the European Satellite Radio Navigation Programmes," *COM*, 2011, p. 5.

[11]　Blanchard, D., "Galileo Programme Status Update," *Proceedings of the ION GNSS 2012*, Nashville, TN, September 17-21, 2012.

[12] European Commission, "European GNSS (Galileo) Open Service Signal in Space Interface Control Document (OS SIS ICD)," Issue 1.3. December 2012.

[13] Oehler, V., et al., "Galileo System Performance Status Report," *Proceedings of the ION GNSS 2009*, Savannah, GA, September 22-25, 2009.

[14] Blonski, D., et al., "Galileo as Measured Performance After 2015 Ground Segment Upgrade," *Proceedings of the ION GNSS+ 2015*, Tampa, FL, September 14-18, 2015.

[15] Zandbergen, R., et al., "Galileo Orbit Selection," *Proceedings of the ION GNSS 2004*, Long Beach, CA, September 21-24, 2004.

[16] Piriz, R., B. Martin-Peiro, and M. Romay-Merino, "The Galileo Constellation Design: A Systematic Approach," *Proceedings of the ION GNSS 2005*, Long Beach, CA, September 13-16, 2005.

[17] Navarro-Reyes, D., A. Notarantonio, and G. Taini, "Galileo Constellation: Evaluation of Station Keeping Strategies," *21st International Symposium on Space Flight Dynamics*, Toulouse, France, September 28-October 2, 2009.

[18] European Space Agency, November 17, 2016, http://www.esa.int/Our_Activities/Navigation/Galileo/Launching_Galileo/Launch_of_new_Galileo_navigation_quartet.

[19] Blonski, D., "Galileo System Status," *Proceedings of the ION GNSS+ 2015*, Tampa, FL, September 14-18, 2015.

[20] Falcone, M., "GALILEO System Status and Technology Pre-Developments," *Proceedings of the ION GNSS+ 2014*, Tampa, FL, September 8-12, 2014.

[21] Ries, L., et al., "Method of Reception and Receiver for a Radio Navigation Signal Modulated by a CBOC Spread Wave Form," Patents US8094071, EP2030039A1, January 2012.

[22] Julien, O., et al., "1-Bit Processing of Composite BOC (CBOC) Signals and Extension to Time-Multiplexed BOC (TMBOC) Signals," *Proceedings of the ION NTM 2007*, San Diego, CA, January 22-24, 2007.

[23] De Latour, A., et al., "New BPSK, BOC and MBOC Tracking Structures," *Proceedings of the ION ITM 2009*, Anaheim, CA, January 26-28, 2009.

[24] Ries, L., et al., "Tracking and Multipath Performance Assessments of BOC Signals Using a Bit Level Signal Processing Simulator," *Proceedings of the ION ITM 2003*, Portland, OR, September 9-12, 2003.

[25] Soellner, M., and P. Erhard, "Comparison of AWGN Tracking Accuracy for AlternativeBOC, Complex-LOC and Complex-BOC Modulation Options in Galileo E5 Band," *Proceedings of the ENC/GNSS 2003*, Graz, Austria, April 22-25, 2003.

[26] Lestarquit, L., G. Artaud, and J. -L. Issler, "AltBOC for Dummies or Everything You Always Wanted to Know About AltBOC," *Proceedings of the ION GNSS 2008*, Savannah, GA, September 16-19, 2008.

[27] European Commission, "European GNSS (Galileo) Open Service Ionospheric Correction Algorithm for Galileo Single Frequency Users," Issue 1.2; 2016.

[28] Hahn, J., and E. Powers, "GPS and Galileo Timing Interoperability," *Proceedings of ENC/GNSS 2004*, Rotterdam, The Netherlands, May 16-19, 2004.

[29] Galindo, F.J., et al., "European TWSTFT Calibration Campaign 2014 of UTC(k) laboratories in the Frame of Galileo FOC TGVF", Proceedings of the PTTI 2016; Monterey, CA, USA; Jan. 25-28, 2016.

[30] International COSPAS-SarSat Programme; "COSPAS-SARSAT - International Satellite System for Search and Rescue"; URL http://www.cospas-sarsat.int/.

[31] International Cospas-Sarsat Programme; "MEOSAR"; http://www.cospas-sarsat.int/en/2uncategorised/177- meosar-system; 2014.

[32] Orus-Perez, R., et al., "The Galileo Single-Frequency Ionospheric Correction and Positioning Observed Near the Solar Cycle 24 Maximum," *4th International Colloquium on Scientific & Fundamental Aspects of the Galileo Programme*, Prague, Czech Republic, December 4-6, 2013.

[33] Prieto-Cerdeira, R., et al., "Ionospheric Propagation Activities during GIOVE Mission Experimentation," *4th European Conference on Antennas and Propagation (EuCAP)*, Barcelona, Spain, April 12-16, 2010.

[34] Blonski, D., "Galileo IOV and First Results," *Proceedings of the ENC/GNSS 2013*, Vienna, Austria, April 23-25, 2013.

[35] Blonski, D., "Performance Extrapolation to FOC & Outlook to Galileo Early Services," *Proceedings of the ENC/GNSS 2014*, Rotterdam, The Netherlands, April 15-17, 2014.

[36] Falcone, M., et al., "Galileo on Its Own: First Position Fix," *Inside GNSS*, March/April 2013.

[37] European Space Agency, "About the European GNSS Evolution Programme," March 3, 2015, http://www.esa.int/Our_Activities/Navigation/GNSS_Evolution/About_the_European_GNSS_Evolution_Programme, July 15-16.

第6章 北斗卫星导航系统

Minquan Lu, Jun Shen

6.1 概述

6.1.1 北斗卫星导航系统简介

北斗卫星导航系统（BDS）是中国自主建设、独立运行且与世界其他卫星导航系统兼容的全球卫星导航系统[1]。"北斗"一词源于广为人知的北斗七星，因其靠近北极星，自古以来中国就利用北斗七星来辨识方位，成为最古老的导航手段之一，并且一直沿用至今。进入信息时代后，北斗卫星导航系统的建设和应用又赋予了这个古老名词以崭新的含义。

BDS 与 GPS、GLONASS 和 Galileo 一样，也是一个采用三边定位体制的天基导航系统，由空间段、地面段和用户段组成。空间段是一个包括 5 颗静止轨道卫星和 30 颗非静止轨道卫星的混合星座，地面段是一个由若干主控站、时间同步/注入站和多个监测站组成的分布式地面控制网络，用户段则包括所有的 BDS 用户终端及 BDS 与其他卫星导航系统兼容的用户终端。BDS 的主要功能是为全球各类用户提供全天候、全天时的定位、导航与授时（PNT）服务，并且提供双向短信息服务和星基增强服务功能[1, 2]。BDS 同 GPS、GLONASS 和 Galileo 一起，被联合国全球卫星导航系统国际委员会（ICG）认定为正式的 GNSS 提供者[3]。

作为一种关键的空间信息基础设施，卫星导航系统对巩固国防、发展经济乃至改善人民生活都有十分重要的意义。中国对 BDS 的建设和应用高度重视[1]。BDS 的建设目标是：建成独立自主、开放兼容、技术先进、稳定可靠的覆盖全球的北斗卫星导航系统，促进卫星导航产业链形成，构建完善的国家卫星导航应用产业支撑、推广和保障体系，推动卫星导航在国民经济社会各行业的广泛应用。为了实现这个目标，中国政府根据本国的实际需求及国际形势发展，特别是遵循 ICG 各成员所达成的 GNSS 兼容与互操作的共识，确立了以下 BDS 的发展原则。

1. 开放性：北斗卫星导航系统的建设、发展和应用将对全世界开放，为全球用户提供高质量的免费服务，积极与世界各国开展广泛而深入的交流与合作，促进各卫星导航系统间的兼容与互操作，推动卫星导航技术与产业的发展。

2. 自主性：中国将自主建设和独立运行北斗卫星导航系统，北斗卫星导航系统可独立为全球用户提供服务。

3. 兼容性：在全球卫星导航系统国际委员会（ICG）和国际电信联盟（ITU）的框架下，使北斗卫星导航系统与世界各卫星导航系统实现兼容与互操作，使所有用户都能享受到卫星导航发展的成果。

4. 渐进性：中国将积极稳妥地推进北斗卫星导航系统的建设与发展，不断完善服务质量，并且实现各阶段的无缝衔接。

与上述发展原则相应，中国为了克服卫星导航技术储备不足、国家总体资金投入有限、缺乏超大规模天基信息系统建设和管理经验等现状，根据国家对 PNT 服务在性能、服务范围等方面的实际需求，制定了"三步走"的发展计划，以稳步推进 BDS 的建设，在国际卫星导航史上创立了一条"先区域、后全球，先有源、后无源"的独特发展道路[1]。这"三步走"发展计划是：

- 第一步，1994 年启动北斗卫星导航试验系统建设，2000 年形成区域有源服务能力。
- 第二步，2004 年启动北斗卫星导航系统建设，2012 年形成区域无源服务能力。
- 第三步，2013 年起持续发展北斗卫星导航系统，2020 年左右北斗卫星导航系统形成全球无源服务能力。

图 6.1 中解释了 BDS 的三步走发展道路[2]。

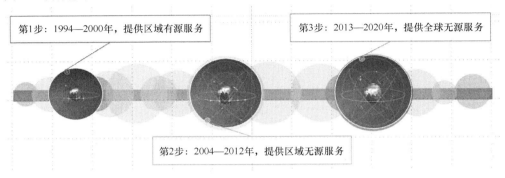

第1步：1994—2000年，提供区域有源服务

第3步：2013—2020年，提供全球无源服务

第2步：2004—2012年，提供区域无源服务

图 6.1　北斗的三步走发展道路[2]

经过近 20 年的持续努力，2012 年中国已经完成第二步发展计划，建立了一个由 14 颗卫星（5 颗 GEO 卫星 + 5 颗 IGSO 卫星 + 4 颗 MEO 卫星）构成的区域卫星导航系统，并且正在为亚太地区的用户提供服务[1, 2]。紧接着又启动了第三步的建设任务，2015 年发射了 4 颗新一代试验卫星，验证了多项关键技术。预计在 2016 年初发射最后一颗试验卫星后全面转入全球系统组网发射，并且计划在 2020 年前后完成由 35 颗卫星组成的全球系统建设。

注意，根据《北斗卫星导航标准体系 1.0 版》，中国卫星导航系统管理办公室将陆续发布 BDS 接口控制文件及相应的性能规范[4]。但是，除《北斗系统空间信号接口控制文件 2.0 版》[5]和《北斗卫星导航系统公开性能规范 1.0 版》[6]于 2013 年 12 月 27 日公布外，包括 RDSS 和星基增强在内的其他服务的接口文件及性能规范迄今尚未发布。因此，本章涉及的北斗 RDSS 和星基增强等方面的内容均引自公开出版的文献，是对这些方面的高层次描述。

6.1.2　北斗的发展历程

6.1.2.1　北斗的过去——北斗卫星导航试验系统

北斗发展计划的第一步始于 1994 年，其目标是建成北斗卫星导航试验系统，为中国和周边地区提供定位、授时和短报文通信服务。北斗卫星导航试验系统最初称为北斗一号（BD-1），它采用基于主动测距定位的无线电测定卫星业务（Radio Determination Satellite Service，RDSS）技术。BD-1 的建成使得中国成为继美国、俄罗斯后第三个拥有卫星导航系统的国家。无论是对中国来说，还是对国际卫星导航领域来说，BD-1 都具有里程碑意义[7]。

根据文献记载[8]，中国对卫星导航系统的探索最早可以追溯到 20 世纪 60 年代末。受美国 Transit 和苏联 Tsikada 的启发，当时中国开展了基于多普勒测量原理的卫星导航系统的研究工作，并持续了约 10 年时间才于 1980 年下马。自 20 世纪 70 年代后期以来，中国一直在进行适合国情的卫星导航定位系统的体制的研究，先后提出过单星、双星、三星和 3～5 星的区域性卫星导航系统方案，以及多星的全球系统的设想，并且考虑了导航定位与通信等综合运用问题。然而，由于种种原因，这些方案和设想都未能实现。

1983 年，中国科学院院士陈芳允首次提出了利用两颗地球同步轨道卫星实现区域快速定位与通信的设想，这就是所谓的双星定位系统。当时，美国的 GPS 的建设已经取得重要进展，但双星定位通信系统这种相对比较简单、成本较低，并且同时具备定位和通信功能的系统显然更加符合中国的国情。因此，在 1986 年，双星定位系统得到了中国官方的大力支持。1987 年 6 月，陈芳允等发表了一篇文章，比较系统地介绍了双星定位通信系统的组成、原理及预期的性能等[9]。1989 年，中国利用两颗在轨的东方红二号（DFH-2）通信卫星开展了双星定位的演示验证试验，证明了双星定位系统技术体制的正确性和可行性。

经过 8 年的论证和前期演示验证后，1994 年中国正式启动 BD-1 卫星导航试验系统的建设。2000 年 10 月 31 日和 12 月 21 日，在西昌卫星发射中心成功发射了两颗北斗导航试验卫星（BD-1 01 和 BD-1 02），它们分别定位于东经 120° 和东经 80° 的地球同步轨道上，不久后随即宣布 BD-1 投入试运行。2003 年 5 月 25 日又发射一颗地球同步卫星（BD-1 03），作为前两颗卫星的备份星，并于 2003 年 12 月 15 日宣布 BD-1 试验卫星系统正式开通运行。这标志着中国成为继美国和俄罗斯后世界上第三个拥有独立卫星导航系统的国家。

在陈芳允提出双星定位通信概念的同时，美国的 G. K. O'Neill 也提出了类似的设想，取名为 Geostar，并且申请了专利，专门成立了 Geostar 公司。Geostar 公司曾预想在北美甚至全世界实现无缝覆盖，还曾有过与中国合作的意向，但最终未取得成功，1991 年宣布破产[10, 11]。

BD-1 系统利用两颗 GEO 卫星通过有源双向测距实现二维定位、授时和短报文通信。BD-1 系统包括三部分：由 3 颗同步卫星（1 颗为备份卫星）组成的空间段，由一个地面主控站和若干标校站组成的控制段，以及由及众多用户设备组成的用户段。图 6.2 中给出了 BD-1 的系统框图。

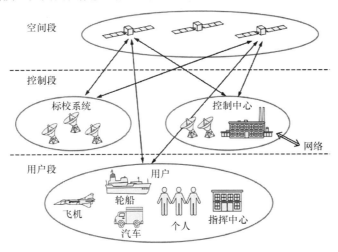

图 6.2　BD-1 的系统框图

BD-1 的定位原理如下：首先，以 2 颗 GEO 卫星的已知位置坐标为球心，以测定的卫星到用户设备的距离为半径，形成 2 个球面，用户设备必然位于这两个球面相交的圆弧上；然后，由地面控制段的电子高程地图提供一个以地心为球心、以地心到用户设备的高度为半径的非均匀球面；最后，求解圆弧线与地球表面的交点即可获得用户的位置。上述距离测量和位置计算均由地面主控站通过用户机的应答来完成，在完成定位的同时，也能进行通信[7, 9]。

BD-1 采用无线电测定卫星服务（RDSS），具有快速定位、短报文通信和精密授时三大功能：快速确定用户所在的地理位置，并向用户及用户的主管部门提供位置信息；为用户与用户、用户与地面指挥中心之间提供双向简短数字报文通信业务；为用户提供高精度的单向和双向授时。自 2003 年底开始正式提供服务以来，该系统在中国已成功应用于测绘、电信、水利、海洋渔业、交通运输、森林防火、减灾救灾和公共安全等诸多领域，产生了显著的经济效益和社会效益。特别是在 2008 年汶川抗震救灾、北京奥运会等重大社会活动中发挥了重要作用[7]。

短报文通信功能是目前 BD-1 应用最为独特和成功的地方，也是 GPS 所不具备的功能。GPS 使用无源操作方式，只是解决了"我在哪里"的定位问题。然而，北斗的短报文功能解决了"你在这里、他在那里"的问题。双向授时也是 BD-1 的一个特色功能。

但是，除以上优点外，BD-1 的局限性也很明显：技术体制与系统规模的限制，导致服务区域和容量受限，定位精度有待提高，不具备测速功能，用户定位时需要发射信号，只能为时速低于 1000km 的用户提供定位服务等。此外，BD-1 采用有源双向测距的二维定位方法，位置信息由地面控制中心解算后再提供给用户，这种工作原理带来两方面的问题：一方面，用户在定位的同时会失去无线电隐蔽性；另一方面，由于用户设备必须包含发射机，因此用户机在体积、质量、功耗和价格方面处于不利的地位[7]。

总体而言，BD-1 是一个成功的、实用的、投资很少的卫星导航试验系统。在 2012 年 12 月北斗区域系统正式运行并且提供服务后，北斗试验系统即 BD-1 结束使命。此前由 BD-1 提供的 RDSS 业务也已经平稳过渡到新的北斗区域卫星导航系统，由后者继续提供服务。

6.1.2.2 北斗的现在：北斗区域卫星导航系统

2004 年 9 月，中国启动了北斗发展计划的第二步（北斗区域卫星导航系统）。该阶段的发展目标是，构建一个具有连续、实时、无源三维定位、测速和授时能力的区域性卫星导航系统，向中国及亚太地区用户提供 PNT 服务。该区域系统除与 GPS、GLONASS 和伽利略系统一样提供无线电导航卫星服务（Radio Navigation Satellite Service，RNSS）服务（三维定位、测速和授时）外，还利用 GEO 卫星，继承了 BD-1 已经实现的 RDSS 业务，并且可以提供星基增强服务。当时，这个系统称为北斗二号（BD-2）。"先试验、后区域、再全球"的"三步走"发展计划也在这时被正式确定。

2007 年 4 月，BD-2 的首颗 MEO 卫星成功发射，正式启用了在 ITU 注册的导航频率，并且开展了国产星载原子钟、精密定轨与时间同步、信号传输体制等大量技术试验。2009 年 4 月，BD-2 的首颗 GEO 卫星成功发射，验证了 GEO 导航卫星相关技术。2010 年 8 月，首颗 IGSO 发射成功。使用这些卫星，很多相关技术得到了验证。2011 年 4 月，建成了包含"3 颗 GEO 卫星 + 3 颗 IGSO 卫星"的基本系统，并于 2011 年 12 月 27 日提供试运行服务，发布了系统接口文件测试版。随后，使用 4 枚火箭发射了 6 颗卫星，完成了 BD-2 的空间段的建设。目前在轨工作卫星数量为 14 颗，包括 5 颗 GEO 卫星、5 颗 IGSO 卫星和 4 颗 MEO 卫星。BD-2 地面运行控制系统由 1 个主控站、2 个时间同步及信息注入站和 27 个监测站组成；开发了各类 BDS 和 BDS/GNSS 兼容的用户终端，包括导航、授时、测量等多种型号。由 14 颗卫星组成的 BD-2，其用户在服务区内的任何地方、任何时间都可观测到 4 颗以上的卫星，在其服务区内与 GPS、GLONASS 的性能相当。

类似于 GPS，BD-2 采用了单向无源测距来测定用户的位置。用户设备可无源工作，解除了对用户容量的限制。BD-2 播发三个载波频率（B1、B2、B3）的导航信号，集成了 BD-1 的 RDSS 功能和星基增强功能。目前，在轨卫星和地面控制设备工作稳定，系统服务性能均满足设计指标要求。

2012 年 12 月 27 日，中国卫星导航系统管理办公室正式宣布，BD-2 将在继续提供有源定位、双向授时和短报文通信服务的基础上，开始向中国和亚太大部分地区正式提供连续的、实时的无源定位、导航、授时服务。同时，公布了北斗系统的英文名称（the BeiDou Navigation Satellite System，BDS），还发布了《北斗系统空间信号接口控制文件（1.0 版）》[12]。

2013 年 12 月 27 日，在 BDS 正式提供区域服务一周年的新闻发布会上，中国卫星导航系统管理办公室宣布，通过覆盖亚太地区的服务信号监测评估表明，系统服务性能满足设计指标要求，部分地区的性能略优于设计指标要求，还正式发布了《北斗系统公开服务性能规范（1.0 版）》和《北斗系统空间信号接口控制文件（2.0 版）》两个系统文件[5, 6]。

6.1.2.3　北斗的未来：北斗全球卫星导航系统

北斗发展计划的第三步是将现有区域系统扩展为全球系统[1]。BDS 的建设从 2013 年开始，计划到 2020 年左右，BDS 将包括具有 35 颗卫星的全球星座，向全球用户提供稳定的、可靠的定位、导航与授时服务。特别是，BDS 的公开服务信号将与 GPS 共同为全球用户提供高可靠的服务。

目前，北斗第三步的发展已经进入工程验证阶段，计划发射 5 颗不同轨道的试验卫星，在轨验证全球星座所需的新技术和新体制。2015 年 3 月 30 日，由中国科学院上海微小卫星工程中心研制的第一颗 IGSO 试验卫星发射成功，这是中国发射的第 17 颗 BDS 卫星。卫星定点于距离地面 35786km、倾角 55°的倾斜地球同步轨道上。该星的成功发射标志着 BDS 由区域运行向全球拓展的启动实施。2015 年 7 月 25 日采用一箭双星技术发射了两颗 MEO 卫星。两颗卫星均搭载了新型信号体制和星间链路载荷。2015 年 9 月 30 日，再次成功发射一颗北斗 IGSO 卫星。该星采用全新的导航卫星专用总线平台，首次搭载了国产星载氢原子钟。第五颗新一代北斗试验卫星（1 颗 MEO 卫星）于 2016 年 2 月 1 日成功发射，这是五颗试验卫星中的最后一颗，用于测试包括国产氢钟、星间链路及新一代卫星信号等新技术。

对新一代 BDS 卫星的要求包括：改进的定位、授时精度，更强的自主运行能力，更轻盈小巧的卫星结构，更长的寿命。五颗试验卫星发射成功后，开展了包括星载氢原子钟、星间链路、新型导航信号体制等一系列试验验证工作。实验卫星的成功发射为全球部署 BDS 奠定了坚实的基础。

6.1.3　BDS 的特点

回顾过去 20 年中国卫星导航系统的发展历程，北斗系统的发展道路与全球其他卫星导航系统的发展道路是不同的。GPS（见第 3 章）和 GLONASS（见第 4 章）都建立在前几代卫星导航系统之上。这些系统花了 20 多年才建成，在此期间只提供有限的服务。GPS 和 GLONASS 的增强系统（见第 12 章）都是在核心星座完成后构建的，它们是不同的，独立于核心系统运行。与 BDS 差不多同时启动的伽利略项目也采用了不同的方法。它首先部署了一个增强系统 EGNOS（见第 12 章），而伽利略核心星座（见第 5 章）随后开始部署。伽利略的部署还显示了长开发周期的缺点。考虑到国家需求和技术经济制约，中国决定分三期逐步部署北斗系统：一是构建成本低、技术难度小的试验系统。二是建立技术更先进、投资规模更大的区域体系。区域系统将继承和增强实验系统的功能，并将增强系统的功能集成到基本导航系统中。三是积累足够的经验，逐步向全球体系拓展。这条发展道路减少了投资压力，使得建设和运营过程并行化。三步走的方案降低了技术风险。在分阶段建设时，可以及时将新技术引入系统，确保系统始终是最先进的。这种分阶段的方法也面临挑战，其中之一是确保各阶段之间的顺利过渡。

与其他卫星导航系统相比，BDS 独特的特征之一是其空间段由 GEO 卫星、IGSO 卫星和 MEO 卫星的混合轨道星座组成。这种星座设计可以继续提供从试验系统开始的 RDSS 功能，同时提供更适合苛刻应用的 RNSS 功能。BDS IGSO 卫星的地面轨迹是一个对称的南北 8 字形，8 字形的中间是赤道。这种轨道设计意味着中国境内的站点可在大多数时间追踪 IGSO 卫星，IGSO 卫星的使用率可达 80% 以上。这是 BDS 非常重要的设计特征，因此它可使用最少数量的卫星来实现区域覆盖。GEO 卫星也满足服务特定地区（即中国及周边地区）的需求。但是，MEO 卫星更适合形成一个全球星座。具有三个不同轨道的混合空间星座有效地满足了全球导航系统的各种需求，同时在中国各地迅速提供更高质量的服务。

在单一平台上集成各种不同的服务是 BDS 的另一个独特功能。除无源定位和导航服务外，BDS 继承了 BD-1 的 RDSS 服务，并且继续提供有源定位、导航和短报文或位置报告服务。它还提供星基增强服务。BDS 集成了 RNSS、RDSS 和 SBAS 服务，实现了集成的系统设计、增强的系统架构，节省了资源。BDS 卫星以三个频率发射导航信号。用户可将三频信号用于高精度定位，如高精度测绘和大面积工作区域（区域直径通常超过 100km）的测量，显著缩短系统收敛时间，提高定位精度，提高工作效率。

6.2   BDS 的空间段

6.2.1   BDS 星座

6.2.1.1   BDS 区域系统的星座

BDS 开发过程是阶段性演进的，即逐步扩展覆盖范围、增加服务并提高性能。根据三阶段发展计划，BDS 已从简单的 3 颗 GEO 卫星星座演变为 14 颗运行卫星星座，提供区域服务。从 2006 年 4 月到 2012 年 12 月，共发射了 16 颗卫星。如图 6.3 所示[113]，它现在由 5 颗 GEO 卫星 + 5 颗 IGSO 卫星 + 4 颗 MEO 卫星共 14 颗运行卫星组成，为亚太地区提供服务。

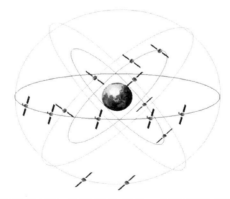

图 6.3   目前的 BDS 星座（区域，5 颗 GEO 卫星 + 5 颗 IGSO 卫星 + 4 颗 MEO 卫星）

具体而言，目前的 BDS 星座包括 6 个轨道面中的卫星：1 个 GEO 轨道面，3 个 IGSO 轨道面和 2 个 MEO 轨道面。所有的标称轨道都是圆形的。GEO 卫星在赤道轨道上运行，轨道高度为 35786km，轨位经度分别为 58.75°E、80°E、110.5°E、140°E 和 160°E。IGSO 卫星的轨道高度为 35786km，相对于赤道平面的倾角为 55°。IGSO 轨道面升交点赤经的相位差为 120°。3 颗 IGSO 卫星的地面轨迹与赤道交汇经度 118°E 重合。其他两颗 IGSO 卫星的轨道与 95°E 的赤道交汇经度重合。MEO 卫星在海拔 21528km 的轨道上运行，轨道相对于赤道平面的倾角为 55°。在 7 天内的 13 次旋转后，重复卫星地面轨道。MEO 星座设计遵循 Walker 24/3/1 结构，在 0° 的第一个轨道面中，卫星的升交点赤经升高。目前的 4 颗 MEO 卫星分别位于第一个轨道面的第七个和第八个轨位，以及第二个轨道面的第三个和第四个轨位[1, 14]。

表 6.1 中提供了当前 BDS 星座的轨道信息[15]。IGSO 卫星、MEO 卫星和 GEO 卫星分别在表中标为 I、M 和 G。

表 6.1　目前 BDS 星座的轨道信息*

序　号	卫　星	半长轴/km	偏 心 率	轨道倾角/°	近地点角距/°	升交点赤径/°	真近点角/°
1	I01	42166.2	0.0029	54.5	174.9	209.3	220.3
2	I02	42159.3	0.0021	54.7	187.8	329.6	87.0
3	I03	42158.9	0.0023	56.1	187.7	89.6	326.1
4	I04	42167.2	0.0021	54.8	167.1	211.4	201.3
5	I05	42157.1	0.0020	54.9	183.3	329.0	65.5
6	M01	27904.9	0.0026	55.4	182.4	108.1	118.2
7	M02	27907.5	0.0028	55.3	180.0	107.6	167.5
8	M03	27905.9	0.0023	54.9	170.0	227.8	325.7
9	M04	27907.6	0.0015	55.0	190.0	227.4	351.3
10	G01	140.0°E（轨道高度 = 35786.0km）					
11	G02	80.0°E（轨道高度 = 35786.0km）					
12	G03	110.5°E（轨道高度 = 35786.0km）					
13	G04	160.0°E（轨道高度 = 35786.0km）					
14	G05	58.75°E（轨道高度 = 35786.0km）					

*2013 年 1 月 25 日 00:00:00 GPST。

详细描述 BDS 星座结构后，下面通过检查卫星地面轨迹、天空图和卫星覆盖，进一步分析 BDS 星座的主要特征。

目前，BDS 主要由亚太地区的 GEO 卫星和 IGSO 卫星构成。BDS IGSO 卫星的地面轨道重复周期约为 1 天，而 BDS MEO 卫星的地面轨道重复周期约为 7 天[15]。因此整个星座的地面轨道重复周期为 7 天。图 6.4 中给出了从 2015 年 1 月 25 日到 2015 年 1 月 31 日（BDT）的 7 天内，BDS 卫星的卫星地面轨迹。

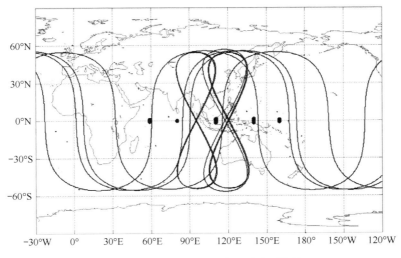

图 6.4　目前 BDS 卫星的卫星地面轨迹

对于目前的星座，北京（116.33°E，40.00°N）的 BDS 天空图如图 6.5 所示。

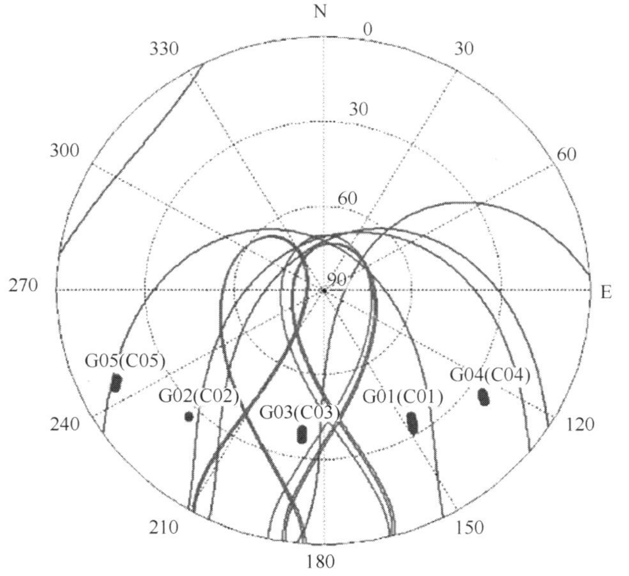

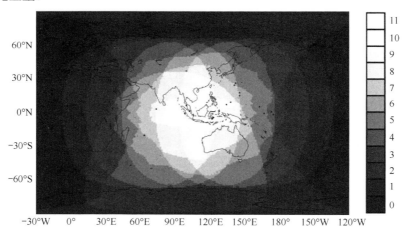

图 6.5　北京的 BDS 天空图［数据采集时间：2015/01/30 05:00～2015/01/31 09:00（BDT）］

图 6.6 中显示了基于平均超过 1 周的可见 BDS 卫星的数量。在此期间，中国及周边地区有 7～9 颗 BDS 可见卫星。

图 6.6　一个地面轨迹回归周期内的 BDS 可见卫星数量［数据采集时间：2015/01/25 0:00～2015/01/31 24:00（BDT），遮蔽角 15°］

从以上讨论可以看到 BDS 和 GPS 的星座设计的差异。由于目前的 BDS 星座主要由 GEO 卫星和 IGSO 卫星组成，所以 GPS 卫星在地球上的分布更加均匀，而 BDS 卫星分布不均匀。然而，分布不均的 BDS 星座为中国及周边地区提供了更好的覆盖范围[15]。

6.2.1.2　BDS 全球系统的星座

根据发展计划，BDS 最终将建成一个全球导航卫星系统。已经公布的 BDS 官方文件显示，BDS 全球系统空间星座由 5 颗地球静止轨道（GEO）卫星和 30 颗非地球静止轨道（Non-GEO）

卫星组成。5 颗 GEO 卫星分别定点于东经 58.75°、80°、110.5°、140° 和 160°。Non-GEO 卫星由 27 颗中圆地球轨道（MEO）卫星（其中包括 3 颗备用卫星）和 3 颗倾斜地球同步轨道（IGSO）卫星组成。采用标准的 Walker 24/3/1 星座，MEO 卫星的轨道高度为 21500km，轨道倾角为 55°，它们均匀地分布在间隔 120° 的 3 个轨道面上，每个轨道面上均匀地分布了 9 颗 MEO 卫星；IGSO 卫星的轨道高度为 36000km，它们分布在 3 个倾斜的同步轨道面上，轨道倾角为 55°。IGSO 卫星的星下地面轨迹重合，赤道交汇点经度为东经 118°，相位差为 120°[1, 14]。

　　未来的 BDS 星座如图 6.7 所示。

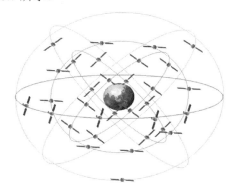

图 6.7　未来的 BDS 星座（全球，5 颗 GEO 卫星 + 3 颗 IGSO 卫星 + 27 颗 MEO 卫星）

　　BDS 的空间段是包括 GEO、IGSO 和 MEO 三种轨道的混合星座。通过采用经典的 Walker 24/3/1 星座设计，27 颗 MEO 卫星在全球均匀分布，以便实现全球覆盖。5 颗 GEO 卫星和 3 颗 IGSO 卫星主要面向中国和亚太地区。在 GEO/IGSO 服务地区的用户有更多的可见卫星，可以获得更多、更好的服务，包括短报文通信和星基增强等。

　　图 6.8 所示为 BDS 全球系统的覆盖分布仿真图，图中显示了 7 天的地面轨道重复周期内 BDS 卫星覆盖的地理分布情况（3 颗 MEO 备用卫星未考虑在内）。通过 GEO 卫星和 IGSO 卫星，可在亚太地区同时观测到 10～14 颗 BDS 卫星（95%）。世界上其他大部分地区也能同时观测到 8～10 颗 BDS 卫星（95%）。

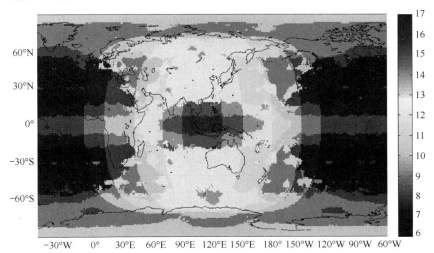

图 6.8　BDS 全球系统的覆盖分布仿真图（全球，5 颗 GEO
卫星 + 3 颗 IGSO 卫星 + 24 颗 MEO 卫星，遮蔽角 10°）

6.2.2　BDS 卫星

到目前为止，所有 BD-1 的 4 颗 GEO 卫星和 BDS 的 16 颗 GEO、IGSO 和 MEO 卫星均由中国空间技术研究院（CAST）制造[13]。这些卫星都采用了该研究院成熟的东方红三号系列卫星平台（DFH-3）。其中，BD-1 的 4 颗 GEO 卫星基于 DFH-3 平台设计[16]，而后续 16 颗 GEO、IGSO 和 MEO 卫星均基于改进的东方红平台（DFH-3a）设计[17]。图 6.9 所示为 GEO 卫星和 IGSO/MEO 卫星的示意图[7]。

DFH-3 平台包括结构分系统、供配电分系统、热控分系统、测控分系统（IGSO 卫星、MEO 卫星设计有数据管理分系统）、控制分系统、推进分系统等。载荷包括导航分系统和天线分系统，其中 GEO 卫星载荷包括提供 RDSS 业务的部件、时间与位置数据转发、上行注入与精密测距、RNSS 业务等，IGSO 和 MEO 卫星包括上行注入与精密测距、RNSS 业务等。

图 6.10 中给出了基于 DFH-3 平台设计的 BD-1 GEO 卫星的展开图。但是，到目前为止，还没有公开展示过基于 DFH-3a 平台设计的北斗导航卫星的展开图[7]。

基于 DFH-3 平台和 DFH-3a 平台设计的部分卫星规范参数见表 6.2[16, 17]。

2015 年 4 月后发射的 5 颗 BDS 卫星采用新的导航卫星专用平台，但具体信息尚未公开发布。

BDS IGSO/MEO 卫星　　　　　　　　　　　　BDS GEO 卫星

图 6.9　BDS 卫星[7]

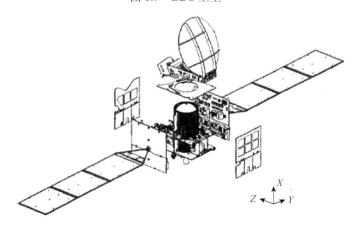

图 6.10　基于 DFH-3 平台的 BD-1 GEO 卫星的展开图[7]

表 6.2　DFH-3 和 DFH-3a 平台（卫星总线）规范

	DFH-3	DFH-3a
简要描述	DFH-3 卫星平台是通信卫星平台，采用六面体结构，包括：推进舱、服务舱与通信舱，以及通信天线与太阳电池阵。它由 7 个分系统组成，即结构、控制、电源、跟踪遥测与遥控、推进、热控与通信，并且采用三轴稳定姿态控制	DFH-3a 卫星平台是 DFH-3 卫星平台的升级版

（续表）

		DFH-3	DFH-3a
主要技术指标	尺寸	2200mm×1720mm×2000mm	2400mm×1720mm×2200mm
	质量	2320kg	2740kg
	载荷	230kg	360kg
	轨道类型	GEO 和其他轨道	
	天线指向误差	俯仰和滚转≤0.15°（3σ），偏航≤0.5°（3σ）	俯仰和滚转≤0.15°（3σ），偏航≤0.5°（3σ）
	位置保持精度	±0.1°（3σ）	±0.1°（3σ）
	太阳电池输出功率	1700W	4000W
	有效载荷功耗		2500W
	设计寿命	8 年	12 年
应用		通信、导航卫星和深空探测器	通过适应性改造，可用于通信与导航卫星及深空探测器
任务		DFH-3 通信卫星（1997 年）、BD-1 导航卫星（2000 年、2003 年）、嫦娥 1 号（2007 年）	BDS 卫星（2007—2011 年）

6.3　BDS 控制段

6.3.1　BDS 控制段的组成

当前的 BDS 控制段是在 BD-1 控制段的基础上建设与扩展而来的。原有的 BD-1 控制段由一个地面控制中心、若干分布在中国各地的监控标校站组成，负责全系统信息的生成和收发、卫星载荷的监控管理、卫星轨道位置的精确测定等工作[7]。BDS 区域系统的地面控制段主要由主控站、注入站和监测站组成，它的主要任务是负责整个系统的运行控制，主要业务包括导航卫星的精密定轨及其轨道参数预报、卫星钟差测定与预报，以及电离层监测和预报、完整性监测与处理等。

目前，BDS 控制段由 1 个主控站、7 个 A 类监测站、22 个 B 类监测站、2 个时间同步/上行注入站组成。整个控制段的各种设施均分布在中国境内，其中主控站是整个控制段的核心，位于北京。注入站的站址主要根据星座的情况来选择，选择原则是能够最优地实现对卫星的跟踪。目前，2 个时间同步/上行注入站分别位于中国西部的喀什和南部的三亚，7 个 A 类监测站主要负责测定卫星轨道、电离层延迟等任务[18, 19]，在国土最大跨度上进行分布。22 个 B 类监测站主要负责完整性监测，均匀地分布在全国各地。图 6.11 所示为 BDS 控制段的分布图，图 6.12 所示为 A 类监测站的位置分布图。

图 6.11　BDS 控制段的分布图[18]

图 6.12　A 类监测站的位置分布图

6.3.2　BDS 控制段的运行

BDS 控制段的主要任务如下[18]：

1. 主控站收集各监测站的观测数据，进行数据处理并生成卫星导航电文，监测卫星载荷，完成任务规划与调度，实现系统运行控制与管理等。
2. 在主控站的管理下，时间同步和上传注入站向卫星注入导航电文，与主控站进行通信，进行时间同步。
3. 监测站主要用于对卫星进行连续跟踪监测，接收导航信号并发送到主控站进行导航电文生成。

目前，由于所有基站都在中国境内，BDS 的控制段受到了极大的限制。因此，以高性能操作和控制 BDS 所需的精度来确定轨道是一项挑战。如文献[18]中提出的那样，在目前的开发阶段，BDS 坐标系的精度是厘米级的。BDS 时间的精度为 10^{-14}，稳定性可达 10^{-14}/周。卫星轨道更新周期为 2 小时，定轨精度优于 2m，用户测距误差（URE）为 0.2m；地球静止轨道 2 小时预报的精度约为 1m。MEO 卫星和 IGSO 卫星的轨道预测精度优于 GEO 卫星的轨道预测精度。6 小时预报的 URE 约为 1m，2 小时卫星星钟预报的精度约为 1.4ns，电离层改正使该误差分量减少了 75%。短报文通信的时间小于 1s，最多可交换 120 个汉字[18]。

6.4　大地测量参考系和时间参考系

6.4.1　BDS 坐标系

BD-1 使用 1954 年北京大地测量坐标系，高程采用 1985 年国家高程基准。随着系统的发展，这种水平二维加高度的测绘基准系统已经不能满足现代卫星导航系统的需要。目前，BDS 采用中国大地坐标系 2000（CGCS2000）[5]。

CGCS2000 是中国大地测量坐标系的最新改进，是全球地心坐标系在中国的具体实现，它于 2008 年 7 月 1 日在中国正式部署。CGCS2000 的定义与国际地球参考系（ITRS）的定义一致，即坐标原点位于地球的质心，包括海洋和大气层；初始方向值由国际时间局（BIH）给出为 1984.0，其中方向的时间演变确保了相对地壳不会产生剩余的全球旋转；当考虑广义相对论[20]时，长度的单位是局部地球参考系中的米。

CGCS2000 的定义如下[21]：

1. 坐标原点在包括海洋和大气的整个地球的质心。
2. 长度单位为米（SI）。这一尺度与地球局部参考系的 TCG（地心坐标时）时间坐标一致。
3. 定向在 1984.0 时，与 BIH（国际时间局）的定向一致。
4. 定向随时间的演变由整个地球上的水平构造运动无净旋转条件保证。

以上定义对应一个直角坐标系，其原点和轴定义如下。

1. 原点：地球的质心。
2. Z 轴：指向 IERS 参考极。
3. X 轴：IERS 参考子午面与通过原点且与 Z 轴正交的赤道面的交线。
4. Y 轴：完成右手地心地固直角坐标系。

CGCS2000 定义了一个旋转的参考椭球，椭球面是一个等位面。CGCS2000 参考椭球的几何中心与坐标系的原点重合，旋转轴与坐标系的 Z 轴一致。参考椭球既是几何应用的参考面，又是地面及空间正常重力场的参考面。等位旋转椭球由 4 个独立的常量定义。CGCS2000 参考椭球定义的常量如下：

- 长半轴 $a = 6378137.0$m。
- 地心引力常数（包含地球大气层的质量）GM $= 3.986004418 \times 10^{14}$m^3/s^2。
- 扁率 $f = 1/298.257222101$。
- 地球自转速率 $\Omega_e = 7.2921150 \times 10^{-5}$ rad/s。

注意，半长轴、扁率和地球自转速率对应于 GRS-80 椭球体，但地心引力常量 GM 对应于 WGS-84 椭球体。

6.4.2 BDS 时间系统

BDS 的时间基准是北斗时（BDT）[5]。BDT 采用国际单位制（SI）中的秒为基本单位连续累计，无闰秒，起始历元为 2006 年 1 月 1 日协调世界时（UTC）00 时 00 分 00 秒，采用周和周内秒计数。BDT 与国际原子时（TAI）相差 33 秒。

尽管 BDT 和 TAI 都是原子时标，但用于创建这些时标的原子钟的数量是不同的，因为 BDT 是一个本地原子时标（即它是用位于中国且位于北斗系统内的时钟创建的）。所以，两个系统之间的原子秒的长度不完全相同，导致了整秒的差异及较小的每日方差 C。系统之间的关系如下[15]：

$$TAI - BDT = 33s + C$$

$$UTC - BDT = -ns + C$$

式中，n 是从 BDT 起始时刻开始计数的 UTC 闰秒数。

BDS 通过设在中国科学院国家授时中心（NTSC）的标校站进行 BDT 与 UTC（NTSC）的时间比对，进而将 BDT 溯源到 UTC（NTSC）。

BDT 与 UTC 的偏差保持在 100ns 以内（模 1s）。BDT 与 UTC 之间的闰秒信息在导航电文中播报。

6.5 BDS 服务

6.5.1 BDS 服务类型

BDS 是一个多功能的全球导航卫星系统，集成了许多服务。建设完成后，BDS 将为全球用户提供定位、测速和授时服务。此外，它还将为中国及其周边地区的用户提供定位精度优于 1m

的广域差分服务及短报文服务。这些服务可以分为以下三种类型[1, 13]。

1. RNSS 服务：RNSS 服务是所有 GNSS 系统都具备的基本导航服务，它提供人们熟知的位置、速度和时间（PVT）信息。与 GPS、GLONASS 和伽利略一样，BDS 也通过发射多个载波频率的导航信号为用户提供公开和授权两种服务，其中的公开服务将向全球用户免费提供，而授权服务只提供给特定的用户。

2. RDSS 服务：在 GNSS 星座中，RDSS 服务是 BDS 独有的。这项服务包括为中国及其周边地区的用户提供快速定位、短报文，以及通过 GEO 卫星进行精确授时。这是 BD-1 提供的唯一服务类型，但现在已被合并到 BDS 中。随着在轨 GEO 卫星数量的增多，RDSS 服务性能进一步提高。由于 BDS RNSS 服务提供了更好的无源定位和授时性能，因此短报文服务是 RDSS 服务家族中最有用的功能，广泛用于用户通信和位置报告。从 RDSS 的角度来看，BDS 实际上是一个带有 SMS 服务的卫星通信系统。用户使用 RDSS 服务需要一个用户识别号；因此，RDSS 服务属于授权服务类别。

3. 广域差分服务：其他 GNSS 系统的增强系统（见第 12 章）是独立于它们的基本系统构建的。例如，GPS 部署后，美国开发了一个独立的增强系统 WAAS，以满足民用航空业的需求。BDS 星座内的多颗 GEO 卫星使得结合基本业务与增强业务的一体化设计成为可能。天基增强系统作为重要的 BDS 服务之一，是在 BDS 开发过程中与基本系统并行设计和开发的。

为了适应 BDS 分阶段的发展规划，BDS 服务也逐步按照三步走的规划演进。从 BD-1 RDSS 服务，BDS 服务已经扩展到包括 RDSS、RNSS 和 SBAS 服务。现有的 BDS 区域系统已正式提供 RDSS 和 RNSS 服务，而 BDS SBAS 服务尚未正式投入使用。BDS 全球系统全面部署后，预计 BDS SBAS 服务将全面投入使用。

6.5.2　BDS RDSS 服务

BDS 利用至少 2 颗 GEO 卫星上搭载的转发器，建立控制段和用户段之间的双向无线电链路，实现卫星与用户终端的双向测距和信息传输，为用户提供有源二维定位、通信及有源和无源授时服务，即 RDSS 服务[7, 22]。

BDS RDSS 服务包括：

1. 快速定位。用户在发出定位申请后，能在 2s 内快速得到自身所在的二维位置，向用户及主管部门提供定位导航信息。标校站覆盖区的定位精度可达 20m，无标校站覆盖区的定位精度优于 100m。

2. 短报文。用户与用户、用户与地面控制中心之间均可实现最多 120 个汉字/次的双向短报文通信，并且可通过网关与移动通信系统、因特网互连。

3. 精密授时。地面控制中心定时播发授时信息，为定时用户提供时延修正值。

BDS RDSS 性能尚未正式发布，但 BD-1 RDSS 性能的代表性指标如下[14]：

1. 定位精度。水平 20m（无标校站区域为 100m）。
2. 授时精度。单向 100ns，双向 20ns。
3. 短报文。1680 比特/次（约 120 个汉字/次）。
4. 用户容量。540000 次呼叫/小时（150 次呼叫/秒）。
5. 服务区域。中国及其周边地区（70°E～145°E，5°N～55°N）。
6. 动态范围。用户速度小于 1000km/h。

RDSS 性能也可从用户终端的角度来说明[22]。BDS RDSS 终端分为两类：一类是供个人、车辆和船舶用户使用的基本终端，为用户提供定位、短报文和授时服务；另一类是用户控制中心的控制终端，为拥有 100 多个个人用户的集团提供控制和管理。不同的用户在服务频率和通信类型方面可以分配不同的服务权限。如表 6.3 和表 6.4 所示，用户分为 3 种类型，每类用户都有不同的服务特权[22]。

表 6.3　不同 BDS RDSS 用户类型的服务频度

用户类型	服务频率	注　释
类型 1	300～600s	默认值为 600s
类型 2	10～60s	默认值为 60s
类型 3	1～5s	默认值为 5s

表 6.4　不同 RDSS 通信类型的通信能力

通信类型	电文长度
类型 1	110 比特（7 个汉字或 27 个 BCD 码）
类型 2	408 比特（29 个汉字或 102 个 BCD 码）
类型 3	628 比特（44 个汉字或 157 个 BCD 码）
类型 4	848 比特（60 个汉字或 210 个 BCD 码）

6.5.3　BDS RNSS 服务

BDS 区域系统通过发射 B1（1561.098MHz）、B2（1207.140MHz）、B3（1268.520MHz）三个载波频率的导航信号，向服务区域内的用户提供定位、测速和授时服务。其中，B1 和 B2 信号的同相通道 B1I 和 B2I 信号提供公开服务，B1 和 B2 信号的正交通道 B1Q 和 B2Q 及 B3 信号提供授权服务[6]。

BDS 区域系统公开服务的主要功能和性能指标如下[6, 13]。

1. 服务区域：中国及其周边地区。
2. 定位精度：水平 10m，垂直 10m。
3. 测速精度：优于 0.2m/s。
4. 授时精度：优于 50ns。

《北斗导航卫星系统公开服务性能规范（1.0 版）》[6]只描述了 B1I 信号提供的公开服务性能。该文档中详细描述字 B1I 信号的服务区域、服务精度及服务可用性。

1. 服务区域：BDS 公开服务（OS）的服务区域定义为 BDS 卫星的 OS 信号空间（SIS）覆盖范围，其中 BDS OS 的水平和垂直位置精度优于 10m（95%）。目前，BDS 能够提供区域服务能力，可以为图 6.13 和图 6.14 所示的区域提供连续的 OS 服务，包括 55°S～55°N、70°E～150°E 的大部分区域。人们通常认为存在一个以 BDS 为重点的服务区域，但它目前尚未正式确定，并且人们通常认为它是 BDS RDSS 服务的覆盖范围，即中国及其周边地区（70°E～145°E，5°N～55°N），在该区域将提供未来的 SBAS 服务。
2. 服务精度：表 6.5 中描述了 BDS 开放服务的定位、测速和授时精度。
3. PDOP 可用性：服务区的 BDS 开放服务 PDOP 可用性标准见表 6.6。

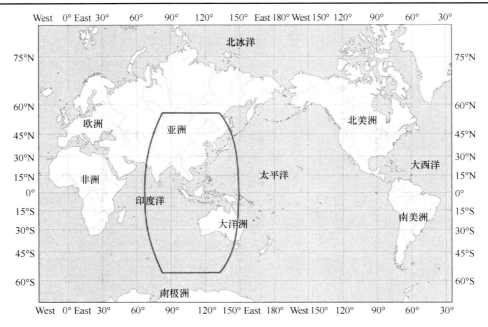

图 6.13　BDS 区域系统的服务区域[6]

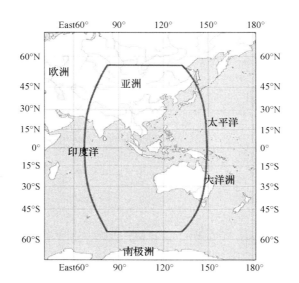

图 6.14　BDS 区域系统的服务区域（部分已放大）[6]

表 6.5　BDS OS 定位、测速、授时精度标准[6]

服务精度		标准（95%概率）	约束条件
定位	水平	≤10m	为服务区中的任何点计算 24 小时内的统计 PVT 误差
	垂直	≤10m	
测速		≤0.2m/s	
授时（多 SIS）		≤50ns	

表 6.6　BDS OS PDOP 可用性标准[6]

服务可用性	标　准	约束条件
PDOP 可用性	≥0.98	PDOP≤6；在服务区中的任何点计算 24 小时内的 PDOP

4. 定位服务可用性标准：覆盖区域内的 BDS OS 定位服务可用性标准见表 6.7。

表 6.7　BDS OS 定位服务可用性标准[6]

服务可用性	标　准	约束条件
定位可用性	≥0.95	水平定位精度≤10m（95%概率）；垂直定位精度≤10m（95%概率）；在服务区中的任何点计算 24 小时内的精度

5. 服务精度标准：服务精度标准见表 6.8。

表 6.8　BDS OS 定位、测速、授时精度标准[6]

服务精度		标准（95%概率）	约束条件
定位精度	水平	≤10m	为服务区中的任何点计算 24 小时内的统计定位、测速和授时误差
	垂直	≤10m	
测速精度		≤0.2m/s	
授时精度（多个 SIS）		≤50ns	

　　BDS 区域系统于 2012 年 12 月实现了完全运营能力（FOC）。经测试结果验证，BDS 区域系统在中国和亚太地区提供了良好的几何覆盖范围。在 60°S～60°N 和 65°E～150°E 的区域内，使用 5°的截止角，可见 BDS 卫星的数量大于 7，且 PDOP 值通常小于 5，可以满足各种用户的需求。测试结果表明，伪距和载波测量精度分别约为 33cm 和 2mm；伪距单点定位精度优于水平 6m 和垂直 10m；超短基线情况下的载波相位差定位精度优于 1cm，短基线的情况下为 3cm[23]。

6.5.4　BDS SBAS 服务

　　BDS 将按照国际民用航空标准，设计、验证和建设北斗星基增强系统（BDSBAS），为中国及其周边地区的民航用户提供 I 类（CAT-I）精密进近服务[2]。SBAS 互操作性工作组（SBAS IWG）已经确定北斗系统服务作为未来全球 SBAS 网络的一部分。

　　在北斗发展的 BD-1 阶段，使用 BD-1 GEO 卫星进行了一些 SBAS 实验。自 BDS 区域系统实现 FOC 以来，使用 B1I 信号实施 BDSBAS 服务的试验和验证测试一直在进行。同时，除 B1I 信号外，正在研究使用两个其他的信号 B1C 和 B2a 来提供未来的 BDSBAS 服务。B1C 和 B2a 将与 SBAS L1 和 L5 信号族兼容并且可以互操作。作为 BDS 的组成部分，BDSBAS 将通过 3 颗位于 80°E、110°E 和 140°E 的 GEO 卫星提供单频和双频服务。具有 BDSBAS 载荷的首颗 BDS 卫星计划于 2018 年发射，BDSBAS 部署预计将在 2020 年左右完成[2, 24]。

6.6　BDS 信号

6.6.1　RDSS 信号

　　BDS 区域系统的 RDSS 服务源于北斗试验系统或 BD-1，因此其 RDSS 信号完全继承了 BD-1 的信号。以下关于 RDSS 信号的讨论基于北斗试验系统的出版物[25-27]。

　　与广播独立导航信号的 RNSS 的操作相比，RDSS 采用"查询（GEO 卫星）—响应（用户终端）—广播（GEO 卫星）"方案来实现双向测距和信息传输。用户终端不仅需要接收来自 GEO 卫星的信号（查询和广播），而且需要向 GEO 卫星发送信号。因此，RDSS 信号包括从卫星到用户终端的下行链路信号及从用户终端到卫星的上行链路信号。在国际电信联盟（ITU）注册的 BD-1 RDSS 信号频率，在上行链路信号为 1610~1625MHz 的 L 频段，在下行链路信号为 2483.5~2500MHz 的 S 频段[7, 25]。

BDS RDSS 下行信号也称出站信号，其载波频率为 2491.75MHz，信号带宽为(8.16±4.08)MHz，接收信号功率最低为-157.0dBW [25-27]。出站信号使用直接序列扩频（DSSS）、双通道偏移正交相移键控（OQPSK）调制方案（两个通道的功率电平可以根据需要进行调整）以及连续帧的信息格式，其中信息传输可在时域中划分为超帧和固定帧。出站信号包括两个通道：I 通道和 Q 通道，其中 I 通道用于传输定位、通信、标校、广播和其他公共信息，Q 通道用于传输定位和通信信息。

RDSS 上行链路信号也称入站信号，其载波频率为 1615.68MHz，带宽为(8.16±4.08)MHz[27]。入站信号使用 DSSS、BPSK 调制和突发帧结构。每个突发帧由同步头、服务段和数据段组成，其中每个段使用不同的扩展码，扩频码速率为 4.08MHz。入站信号速率为 8kbps。由于数据段的长度是可变的，所以突发帧的长度也是可变的。

由于 BDS RDSS 的 ICD 尚未公开发布，其详细格式和相关参数无法公开。

6.6.2　BDS 区域系统的 RNSS 信号

BDS 区域系统在 L 频段的 B1、B2 和 B3 三个载波频率播发 5 个导航信号，可以提供公开和授权两种服务。B1、B2 和 B3 的载波频率分别为 1561.098MHz、1207.140MHz 和 1268.520MHz，均采用 QPSK 调制。B1 信号有两个通道，即同相通道 B1I 和正交通道 B1Q，其中 B1I 提供公开服务，B1Q 提供授权服务，可视为由两个独立正交 BPSK 通道构成的一个 QPSK 信号。类似地，B2 信号也有两个正交通道 B1I 和 B1Q，分别提供公开和授权服务。但 B3 信号只提供授权服务[5]。

B1、B2 和 B3 信号的主要特征如表 6.9 所示。

表 6.9　B1、B2 和 B3 信号的主要特征

信号类型		B1I	B1Q	B2I	B2Q	B3
服务类型		公开	授权	公开	授权	授权
载波频率		1561.098MHz		1207.140MHz		1268.520MHz
带宽（1dB）		4.092MHz	4.092MHz	4.092MHz	20.460MHz	20.460MHz
多址接入方案		CDMA	CDMA	CDMA	CDMA	CDMA
调制	长度	BPSK	BPSK	BPSK	BPSK	QPSK
	码速率	2046	N/A	2046	N/A	N/A
	码分类	2.046Mcps	N/A	2.046Mcps	N/A	N/A
		截断金码	N/A	截断金码	N/A	N/A
报文码速率	GEO	50bps	N/A	50bps	N/A	N/A
	IGSO/MEO	500bps	N/A	500bps	N/A	N/A
纠错码		BCH(15, 11, 1)	N/A	BCH(15, 11, 1)	N/A	N/A
从码	码型	NH	N/A	NH	N/A	N/A
	码速率	1kbps		1kbps		
	长度	20bit		20bit		
极化		RHCP	N/A	RHCP	N/A	N/A
最小接收功率		−163.0dBW	N/A	−163.0dBW	N/A	N/A
高度角		5°	N/A	5°	N/A	N/A

由表 6.9 可以看出，BDS 区域系统比较特殊的地方是，GEO 卫星与 IGSO/MEO 卫星播发的 B1I 和 B2I 有所不同，它们的导航信息的速率分别为 500bps 和 50bps。本节以下的讨论主要涉及提供公开服务的 B1I 和 B2I 信号[5]。

6.6.2.1　信号结构

B1、B2 信号由 I、Q 两个通道的测距码和导航电文正交调制在载波上构成，载波频率的标称值分别为 1561.098MHz 和 1207.140MHz，均采用 QPSK，极化方式均为右旋圆极化（RHCP）。当卫星高度角大于 5°，在地面附近的接收机右旋圆极化天线增益为 0dBi 时，卫星发射的导航信号到达接收机天线输出端的 I 通道最小保证功率电平为 -163dBW[5]。

B1 和 B2 信号的时域表达式分别如下：

$$S_{B1}^j(t) = A_{B1I}c_{B1I}^j(t)d_{B1I}^j(t)\cos(2\pi f_1 t + \varphi_{B1I}^j) + A_{B1Q}c_{B1Q}^j(t)d_{B1Q}^j(t)\sin(2\pi f_1 t + \varphi_{B1Q}^j)$$

$$S_{B2}^j(t) = A_{B2I}c_{B2I}^j(t)d_{B2I}^j(t)\cos(2\pi f_2 t + \varphi_{B2I}^j) + A_{B2Q}c_{B2Q}^j(t)d_{B2Q}^j(t)\sin(2\pi f_2 t + \varphi_{B2Q}^j)$$

式中，各符号的含义如下。

- 上标 j 表示卫星编号。
- $A_{B1I}, A_{B1Q}, A_{B2I}, A_{B2Q}$：B1I、B1Q、B2I、B2Q 信号的幅度。
- $c_{B1I}, c_{B1Q}, c_{B2I}, c_{B2Q}$：B1I、B1Q、B2I、B2Q 信号的测距码。
- $d_{B1I}, d_{B1Q}, d_{B2I}, d_{B2Q}$：B1I、B1Q、B2I、B2Q 信号的数据。
- f_1, f_2：B1、B2 信号的载波频率。
- $\varphi_{B1I}, \varphi_{B1Q}, \varphi_{B2I}, \varphi_{B2Q}$：B1I、B1Q、B2I、B2Q 信号载波的初始相位。

GEO 和 MEO/IGSO 卫星信号的生成框图分别如图 6.15 和图 6.16 所示。

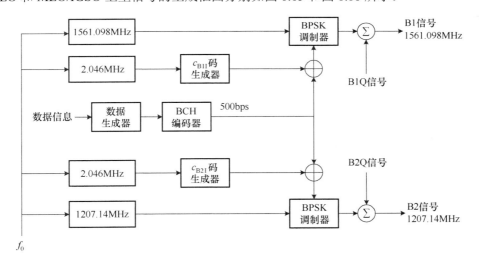

图 6.15　GEO 卫星信号的生成框图

注意，BDS B1 信号载波频率与通常所示的基频 10.23MHz 不是整数倍关系，而是 1.023MHz 的整数倍，即 1561.098MHz = 1526×1.023MHz。

6.6.2.2　测距码

同一颗卫星的两个公开服务信号 B1I 和 B2I 采用同样的测距码，即 c_{B1I} 和 c_{B2I}，码速率为 2.046Mcps，码长为 2046[5]。

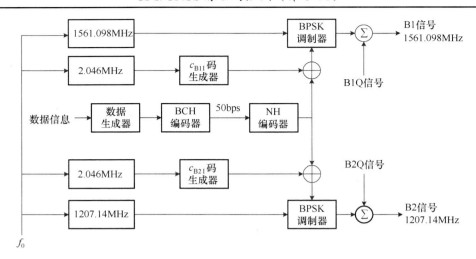

图 6.16   MEO/IGSO 卫星信号的生成框图

c_{B1I} 码和 c_{B2I} 码均由两个线性序列 G_1 和 G_2 模 2 和产生平衡 Gold 码后截短 1 码片生成。而 G_1 序列和 G_2 序列分别由两个 11 阶线性移位寄存器生成，生成多项式如下：

$$G_1(x) = 1 + x + x^7 + x^8 + x^9 + x^{10} + x^{11}$$
$$G_2(x) = 1 + x + x^2 + x^3 + x^4 + x^5 + x^8 + x^9 + x^{11}$$

式中，G_1 序列和 G_2 序列的初始相位分别为

G_1 序列的初始相位：01010101010

G_2 序列的初始相位：01010101010

c_{B1I} 和 c_{B2I} 码生成器如图 6.17 所示。

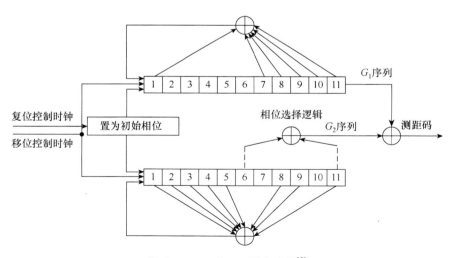

图 6.17 c_{B1I} 和 c_{B2I} 码生成器[5]

使用生成 G_2 序列的移位寄存器的不同抽头的模 2 和，可以实现 G_2 序列相位的不同偏移，与 G_1 序列模 2 和后可以生成不同卫星的测距码。G_2 序列相位分配如表 6.10 所示。

表 6.10　G_2 序列相位分配

索　引	卫星类型	测距码索引	G_2 序列相位分配
1	GEO	1	$1 \oplus 3$
2	GEO	2	$1 \oplus 4$
3	GEO	3	$1 \oplus 5$
4	GEO	4	$1 \oplus 6$
5	GEO	5	$1 \oplus 8$
6	MEO/IGSO	6	$1 \oplus 9$
7	MEO/IGSO	7	$1 \oplus 10$
8	MEO/IGSO	8	$1 \oplus 11$
9	MEO/IGSO	9	$2 \oplus 7$
10	MEO/IGSO	10	$3 \oplus 4$
11	MEO/IGSO	11	$3 \oplus 5$
12	MEO/IGSO	12	$3 \oplus 6$
13	MEO/IGSO	13	$3 \oplus 8$
14	MEO/IGSO	14	$3 \oplus 9$
15	MEO/IGSO	15	$3 \oplus 10$
16	MEO/IGSO	16	$3 \oplus 11$
17	MEO/IGSO	17	$4 \oplus 5$
18	MEO/IGSO	18	$4 \oplus 6$
19	MEO/IGSO	19	$4 \oplus 8$
20	MEO/IGSO	20	$4 \oplus 9$
21	MEO/IGSO	21	$4 \oplus 10$
22	MEO/IGSO	22	$4 \oplus 11$
23	MEO/IGSO	23	$5 \oplus 6$
24	MEO/IGSO	24	$5 \oplus 8$
25	MEO/IGSO	25	$5 \oplus 9$
26	MEO/IGSO	26	$5 \oplus 10$
27	MEO/IGSO	27	$5 \oplus 11$
28	MEO/IGSO	28	$6 \oplus 8$
29	MEO/IGSO	29	$6 \oplus 9$
30	MEO/IGSO	30	$6 \oplus 10$
31	MEO/IGSO	31	$6 \oplus 11$
32	MEO/IGSO	32	$8 \oplus 9$
33	MEO/IGSO	33	$8 \oplus 10$
34	MEO/IGSO	34	$8 \oplus 11$
35	MEO/IGSO	35	$9 \oplus 10$
36	MEO/IGSO	36	$9 \oplus 11$
37	MEO/IGSO	37	$10 \oplus 11$

　　相关特性是测距码最重要的性质，图 6.18 和图 6.19 中分别给出了 PRN 1 序列的自相关特性及 PRN 1 与 PRN 6 序列之间的互相关特性。

　　图 6.18 所示是 1 号卫星的 B1I 测距码的自相关特性曲线，图中 X 轴表示相关时的码片偏移。

在码片偏移为 0 时，自相关最大峰值为 2046，正好等于 B1I 码的长度。码片偏移大于 1 码片，自相关幅值迅速衰减。如图 6.18 和图 6.19 所示，BDS 测距码具有良好的相关特性。

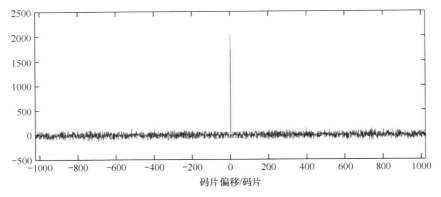

图 6.18　PRN 1 序列的自相关曲线

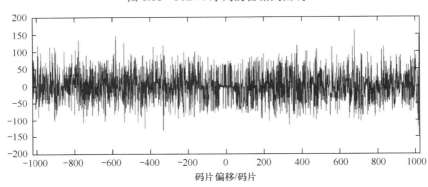

图 6.19　PRN 1 和 PRN 6 的互相关曲线

6.6.2.3　导航电文

取决于是由 IGSO 卫星发射还是由 GEO 卫星发射，BDS 导航电文分为两类。一类是 D1 导航电文，它由 MEO/IGSO 卫星播发，速率为 50bps，并且调制有速率为 1kbps 的从码，内容包括本星的基本导航信息、星座全部卫星历书信息及与其他系统时同步的信息，在 MEO 卫星和 IGSO 卫星的 B1I 和 B2I 信号上同时播发；另一类是 D2 导航电文，由 GEO 卫星播发，速率为 500bps，内容包括 BDS 差分信息、完整性信息和格网点电离层校正信息等，在 GEO 卫星的 B1I 和 B2I 信号上同时播发。北斗系统采用开普勒轨道元素的形式播发导航星历和摄动拟合参数，并且根据开普勒轨道方程计算 BDS 卫星在 CGCS2000 坐标系中的实时位置。

1. 导航电文的特性

BDS 导航电文的特性描述如下[5]：

1. 导航电文的类型：有两类 BDS 导航电文，即 D1 和 D2。
2. 导航电文的内容：MEO 和 IGSO 卫星广播的 D1 类导航电文仅包含基本导航信息，GEO 卫星广播的 D2 类导航电文还包含扩充服务信息。基本导航信息包括帧同步码或前导码（Pre）、子帧计数器（FraID）、第二周计数器（SOW）、当前卫星（星历）的基本导航电文、页号（Pnum）、星座历书信息和其他 GNSS 星座的时间同步信息。增强业务信息包括 BDS 卫星完整性信息和电离层网格信息。

　　导航电文使用前向纠错编码。BCH(15, 11, 1)码与交织方式结合使用。BCH 码的长度是 15 位，其中 11 位用于信息，1 位用于纠错。码生成表达式是 $g(x) = x^4 + x + 1$。

　　导航电文比特分组为 11 比特的块。首先对要交织的码进行串/并转换，然后进行 BCH(15, 11, 1)纠错编码，每两组 BCH 码按 1 比特交替进行并/串变换，组成 30 比特长的交织码。

2. D1 类导航电文

D1 格式的导航电文描述如下[5]：

1. 对 D1 进行从码调制。对于 D1 导航电文，将 Neumann Hofman（NH）从码调制到测距码上。NH 码的周期是导航电文位的持续时间。NH 码的位长与测距码的位长相同。如图 6.20 所示，1 个导航电文位的持续时间为 20ms，测距码的周期为 1ms。NH 码是 (0, 0, 0, 0, 1, 0, 1, 0, 1, 0, 1, 0, 1, 0, 1, 0, 0, 1, 1, 1, 0)，长度为 20 位，速率为 1kbps，位持续时间为 1ms。它是在与导航电文位同步的测距码上调制的。

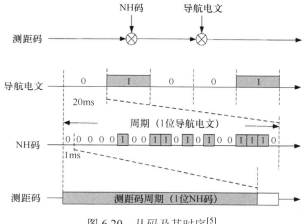

图 6.20　从码及其时序[5]

2. D1 导航电文帧结构：D1 导航电文由超帧、帧和子帧组成。每个超帧为 36000 位，历时 12 分钟，由 24 帧组成（24 页）；每帧为 1500 位，历时 30s，由 5 个子帧组成；每个子帧为 300 位，历时 6s，由 10 个字组成；每个字为 30 位，历时 0.6s。每个字中的 30 位由导航电文数据和奇偶校验位组成。在每个子帧的第一个字中，前 15 位不被编码，后 11 位使用 BCH(15, 11, 1)码进行编码以进行纠错。因此，在第一个字中有 26 个信息位和一组 4 个奇偶校验位。子帧中的其他 9 个字涉及用于纠错控制和交织的 BCH(15, 11, 1)码。这 30 位的 9 个字中的每个字都包含两个 BCH 奇偶校验块（共 8 位），共有 22 个信息位。D1 导航电文的结构如图 6.21 所示。

3. D1 导航电文的详细结构：D1 导航电文传达基本的导航信息，其中包括与卫星广播有关的基本导航信息（包括周内秒计数、整周计数、用户距离精度指数、卫星自主健康标识、电离层延迟模型改正参数、卫星星历参数及数据龄期、卫星钟差参数及数据龄期、星上设备时延差）、全部卫星历书及与 BDT 和其他系统的偏差（UTC、其他卫星导航系统）。整个 D1 导航电文传送完毕需要 12min。D1 导航电文帧结构及信息内容如图 6.22 所示。子帧 1 至子帧 3 播发基本导航信息；子帧 4 和子帧 5 的信息内容由 24 个页分时发送，其中子帧 4 的页 1～24 和子帧 5 的页 1～10 播发全部卫星历书信息及与其他系统时同步的信息；子帧 5 的页 11～24 为预留页。BDS ICD 提供了每个子帧的详细信息[5]。

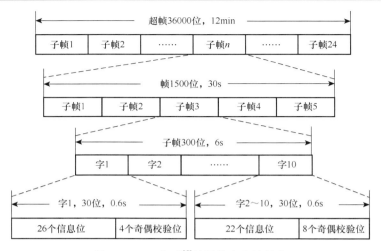

图 6.21　D1 格式[5]的导航电文帧结构

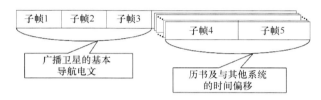

图 6.22　D1 格式的导航电文的帧结构和信息内容[5]

3. D2 类导航电文

D2 格式的导航电文描述如下[5]：

1. D2 导航电文帧结构：D2 导航电文由超帧、帧和子帧组成。每个超帧为 180000 位，历时 6min，由 120 帧组成。每帧为 1500 位，历时 3s，由 5 个子帧组成。每个子帧为 300 位，历时 0.6s，由 10 个字组成。每个字为 30 位，历时 0.06s。每个字包括导航电文数据和奇偶校验位，使用与用于 D1 导航电文相同的 BCH 码。图 6.23 中给出了该电文的结构。

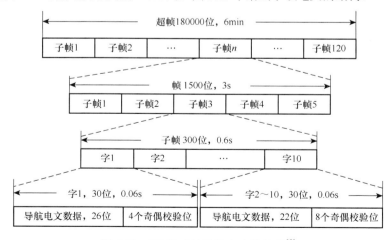

图 6.23　D2 格式的导航电文的结构[5]

2. D2 导航电文的详细结构：D2 导航电文的内容信息包括本卫星的基本导航信息、历书、与其他系统的时间同步信息、北斗系统完整性及差分校正信息、电离层格网点信息，如图 6.24

所示。子帧 1 播发基本导航信息由 10 页分时发送，子帧 2～4 的信息由 6 页分时发送，子帧 5 中的信息由 120 页分时发送。D2 导航电文中各子帧的格式见文献[5]。

图 6.24　D2 格式导航电文的帧结构和信息内容[5]

6.6.3　BDS 全球系统的 RNSS 信号

6.6.3.1　建议的 BDS 全球系统 RNSS 信号

2012 年 12 月 BDS 区域系统投入使用后，就开始了 BDS 全球系统的部署。然而，包括信号设计在内的 BDS 全球系统的相关研究和设计工作可以追溯到 2005 年前后。自此以后，陆续发表了有关 BDS 全球系统信号设计的论文。前期的研究主要集中在对已提出的 BOC 类信号的改进和性能分析上，近期则提出了不少新的信号结构。从发表的论文来看，BDS 全球系统的信号设计致力于两个方面的改进：一是提高信号的接收性能，并且考虑不同用户的多种使用需求；二是在符合 ITU 无线电规则的前提下尽可能实现与其他 GNSS 星座更好的兼容性和互操作性。

在频率协调、双边和多边讨论等场合，BDS 代表介绍了北斗系统的信号结构和相关特性。例如，在 2009 年 7 月的一次 ICG 会议上，中国卫星导航定位应用管理中心（CNAGA）发布了 BDS 全球系统（当时称为 COMPASS）信号设计的最新状态[28]。此后，许多出版物都对 BDS 信号[29]进行了一致的描述。

已公布的 BDS 全球系统信号可以表征如下：BDS 将使用 3 个中心载波频率，即 B1、B2 和 B3。新的 B1、B2 和 B3 信号的中心频率分别为 1575.42MHz、1191.795MHz 和 1268.52MHz。B1 信号同时提供开放服务和授权服务，B2 信号仅提供开放服务，B3 信号仅提供授权服务。可以看到，新的信号设计中提供公开服务的信号载波频率 B1、B2 与 GPS 的 L1、L5，伽利略的 E1、E5 完全一致，其调制形式采用了较先进的 BOC 方案，并且 GEO 卫星的公开服务信号的电文速率也降低到了 100bps。

B1、B2 和 B3 信号的主要参数见表 6.11[29]。有关主要 BDS 信号的重要细节包括：

1. B1C：B1C 的中心频率为 1575.42MHz，提供开放服务和授权服务，其中开放服务信号利用 MBOC(6, 1, 1/11)调制方案并包含数据通道 B1cx 和导频通道 B1cy。授权信号 B1cz 使用 BOC(14, 2)调制方案。

表 6.11　BDS 全球系统 B1、B2 和 B3 信号的特性

信号名称	B1c			B2a/B2b				B3		
信号分量	B1cx	B1cy	B1cz	B2ax	B2ay	B2bx	B2by	B3x	B3y	B3z
服务类型	公开	授权		公开				授权		
载波频率/MHz	1575.42			1191.795				1268.52		
调制	TMBOC(6, 1, 4/33) BOC(14, 2)			AltBOC(15, 10)				BOC(15, 2.5)		BPSK(10)
伪码速率/Mcps	1.023	1.023	2.046	10.23	10.23	10.23	10.23	2.5575	2.5575	10.23
电文速率/bps	100	—	100	50	—	100		100	—	500
从码/位	N/A	200	N/A	10	200	10	200	N/A	N/A	N/A

2. B2a/B2b：中心频率为 1191.795MHz，B2 信号只提供开放服务。使用 AltBOC(15, 10)调制方案，两种信号 B2a 和 B2b 携带不同的导航电文。B2a 信号的中心频率为 1176.45MHz，并且包括数据通道 B2ax 和导频信号 B2bx。B2b 信号的中心频率为 1207.14MHz，由数据通道 B2ax 和导频信号 B2by 构成。

3. B3：中心频率为 1268.52MHz，B3 信号仅用于授权服务。第一个 B3 信号使用 BOC(15, 2, 5)调制方案，由一个数据通道 B3x 和一个导频通道 B3y 组成。第二个授权信号 B3z 使用 BPSK(10)调制。

导频通道上不调制电文。公开服务导频通道只传送固定符号数据（200 位从码）。从码也用于固定长度为 10 位的 B2a 数据通道。每个公开信号的数据通道和导频通道的载波是相位正交的。不同频率的数据通道使用不同的从码，而所有卫星的相同频率的数据通道使用相同的从码。

图 6.25 中给出了 BDS 全球系统的 B1、B2 和 B3 信号的频谱[29]。

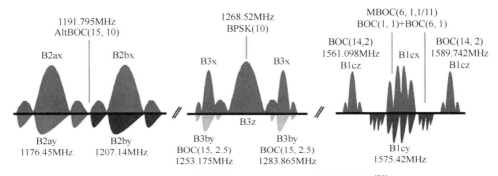

图 6.25　BDS 全球系统 B1、B2 和 B3 信号的频谱[29]

6.6.3.2　全球系统 RNSS 信号设计新进展

近年来，中国的研究人员一直在研究更先进的 BDS 全球系统的信号设计[30, 31]。这些工作的目的在于：（1）改善初步信号设计性能的意愿，（2）解决 BDS 区域系统运行期间遇到的问题的需要，（3）避免 TMBOC 和 AltBOC 调制方案所涉及潜在专利风险的意愿。已公布的结果包括称为用于 B1 信号的正交多路复用 BOC（QMBOC）[32, 33]，为 B2 信号设计的称为时分 AltBOC（TD-AltBOC）和不对称恒定包络 BOC（ACE-BOC）的多信号多路复用技术的新调制方案[34, 35]，以及为 B3 信号设计的双 QPSK[36]。所有这些新设计都已在最近发射的下一代 BDS 卫星上实施，目前正在进行测试和评估。

1. 针对 B1 载波频率的新型调制技术 QMBOC

正交复用 BOC（QMBOC）技术将 BOC(1, 1)和 BOC(6, 1)信号分量调制为两个正交相位。这种方法避免了在其他 MBOC 变体中，当这两个信号分量在一个信号相位上混合在时可能出现的一些问题。QMBOC 的功率谱与 TMBOC 的功率谱相同。不额外处理 BOC(6, 1)分量而实现的性能增强的接收机可将 QMBOC 作为 BOC(1, 1)信号进行处理。QMBOC 与 GPS 和伽利略的公开服务信号在同一频段中具有出色的兼容性和互操作性[32, 33]。

在接收性能方面，TMBOC 与 QMBOC 在匹配接收时有相同的 Gabor 带宽，从而具有相同的捕获、跟踪性能；而在非匹配接收下，QMBOC 的捕获、跟踪灵敏度均优于 TMBOC。此外，与 TMBOC 相比，QMBOC 在收发的灵活性方面同样具有优势。在播发灵活性方面，QMBOC 中的 BOC(6, 1)分量与 BOC(1, 1)分量相位正交，允许未来 BOC(6, 1)在 QMBOC 总信号中的比重灵活调整，而不会影响已经生产的接收机结构；在接收方面，QMBOC 中的 BOC(6, 1)分量与 BOC(1,1)分量相位正交，便于中低端接收机只处理信号中的 BOC(1, 1)分量，获得与 GPS L1C 和伽利略 E1 OS 信号高度互操作的能力；对于高端接收机，可以额外接收 BOC(6, 1)分量以改善多径性能[32, 33]。

2. TD-AltBOC 与 ACE-BOC：针对 B2 的多信号复用技术

为了支持与 GPS L5 和伽利略 E5 之间的互操作性，BDS 全球系统将在 B2 频段的两个中心载波频率 B2a（1176.45MHz）和 B2b（1207.14MHz）上播发宽带信号。信号应具有较高的测距性能和抗频带内干扰的能力。两个载波中心载波频率的信号可以在发射端复用成一个恒包络信号（即中心载波频率位于 1191.795MHz 的 B2），以节约载荷资源，并尽可能降低复用损失。此外，这种合并使得 B2 信号在接收机端既可作为两组 QPSK(10)信号分别接收，又可把整个 B2 作为一个超宽信号来接收，为未来的高端接收机提供超宽带接收的可能。

TD-AltBOC 和 ACE-BOC 是生成 B2 的两种方法。TD-AltBOC 时分复用每个 B2 分量（B2a 和 B2b）的数据和导频分量，生成两个二进制信号，然后用 AltBOC 将它们合并在一起进行传输。非对称恒包络 BOC（ACE-BOC）的数据和导频分量正交放置，组成信号分量支持任意的功率配比，具有很高的设计灵活性。TD-AltBOC 由于时分复用中不引入额外的交调信号，在宽带匹配接收时具有接近 100%的复用效率[34, 37]。相比于 ACE-BOC，TD-AltBOC 的发射机实现较为简单，但其所用的时分复用导致 B2 信号有效扩频序列长度减小，互相关性能恶化，并且扩频序列的非理想互相关特性可能会造成码跟踪的固有偏差[38]。此外，TD-AltBOC 的接收机为了避免 50%的相关后信噪比损失，需要将每个边带作为 TD-QPSK 信号来处理。而 L5 与 E5a、E5b 信号均可直接作为 QPSK 信号接收。因此，对于多系统接收机，对 B2/L5/E5 频段的接收，TD-AltBOC 信号与其他信号无法使用相同架构的相关器通道。与同载波频率的 GPS L5、Galileo E5 信号的互操作性略差。

ACE-BOC 技术则通过将每个边带的数据和导频分量正交放置，避免了时分复用带来的上述问题。此外，ACE-BOC 能将更多的功率分配给导频通道，提高伪距与载波测量的精度及低信噪比下捕获跟踪的稳定性。当 ACE-BOC 信号在 B2a、B2b 两个载波频率的导频分量的功率为数据分量功率的 3 倍时，与 AltBOC 和 TD-AltBOC 相比，可将热噪声下的跟踪门限降低。ACE-BOC 的数据、导频分量正交放置，确保了信号的后向兼容能力，方便发射方案的随时调整，不会对已经投入使用的接收机产生影响。此外，正交放置的信号与 GPS 和伽利略系统在同一频段的信号具有高度互操作能力，能更好地支持未来的北斗+GPS+伽利略三系统接收机的设计架构[35]。在生成复杂度上，ACE-BOC 信号的低复杂度实现方式具有与 AltBOC 相同的时钟速率与电路结构[39]。

3. 针对 B3 信号的双 QPSK

位于 1268.52MHz 的 BDS B3 只可在 BDS 的全球范围内授权使用。在 B3 频带中，除较早的 B3 信号外，还将广播新的现代化信号 B3A。双 QPSK[36]是一种多路复用技术，它在卫星发射机中产生 B3A 和较早的 B3 信号。双 QPSK 解决了在信号生成器中以相等的功率组合 BOC(15, 2, 5) 和 QPSK(10)分量的问题，其中 BOC(15, 2.5)信号具有数据及带调制的导频通道彼此正交的相位。此外，通用双 QPSK 支持灵活调整信号分量之间的功率。

参考文献

[1]　China Satellite Navigation Office, "Development Report of BeiDou Navigation Satellite System (v. 2.2)," December 2013.
[2]　Ran, C.Q., "Status Update on the BeiDou Navigation Satellite System (BDS)," Tenth Meeting of the International Committee on Global Navigation Satellite Systems (ICG), Boulder, Colorado, United States, November, 2015.

[3] International Committee on Global Navigation Satellite Systems (ICG): Members, http://www.unoosa.org/oosa/en/ourwork/icg/members.html.

[4] National Standardization Technical Committee of BeiDou Navigation Satellite System, China, "Standards for BeiDou Navigation Satellite System (v. 1.0)," November 2015.

[5] China Satellite Navigation Office, "BeiDou Navigation Satellite System Signal in Space Interface Control Document (v. 2.0)," December 2013.

[6] China Satellite Navigation Office, "Specification for Public Service Performance of Beidou Navigation Satellite System (v. 1.0)," December 2013.

[7] Fan, B.Y., Li, Z.H., and Liu, T.X., "Application and Development Proposition of BeiDou Satellite Navigation System in the Rescue of Wenchuan Earthquake," *Spacecraft Engineering*, Vol. 17, No. 4, 2008, pp. 6-13.

[8] Yu, H.X., and Cui, J.Y., "Progress on Navigation Satellite Payload in China," *Space Electronic Technologies*, No. 1, 2002, pp. 19-24.

[9] Chen, F.Y., et al., "The Development of Satellite Position Determination and Communication System," *Chinese Space Science and Technology*, No. 3, 1987, pp. 1-8.

[10] O'Neill, G.K., "The Geostar Position Determination and Digital Message System", *National Tele system Conference,* 1983, pp. 312-314.

[11] O'Neill, G.K., "The Geostar Satellite Navigation and Communications System", *the 40th ION Annual Meeting*, 1984, pp. 50-54.

[12] China Satellite Navigation Office, "BeiDou Navigation Satellite System Signal in Space Interface Control Document-Open Service Signal B1I (Version 1.0)," December, 2012.

[13] Xie, J., "Technology Development and Prospect of BeiDou Navigation Satellite," *Aerospace China,* No. 3, 2013, pp. 7-11.

[14] Fan, B.Y., "Satellite Navigation Systems and Their Important Roles in Aerospace Security," *Spacecraft Engineering,* Vol.3, No. 3, 2011, pp. 12-19.

[15] Hu, Z.G., "BeiDou Navigation Satellite System Performance Assessment Theory and Experimental Verification," Ph.D. Dissertation, Wuhan University, 2013.

[16] DFH-3. http://www.cast.cn/Item/Show. asp?m= 1&d=2874, July, 2015.

[17] DFH-3a. http://www.cast.cn/Item/Show.asp?m=1&d=2875, July, 2015.

[18] Yang, Y.X., "Smart City and BDS," *The 8th China Smart City Development Technology Symposium*, Beijing, Oct. 2013.

[19] Liu J.Y., "Status and Development of the BeiDou Navigation Satellite System," *Journal of Telemetry Tracking and Command,* Vol. 34, No. 3, 2013, pp. 1-8.

[20] Yang, Y.X., "Chinese Geodetic Coordinate System 2000," *Chinese Science Bulletin*, Vol. 54, No. 15, 2009, pp. 2714-2721.

[21] Wei, Z.Q., " Chinese Geodetic Coordinate System 2000," *Journal of Geodesy and Geodynamics,* Vol. 28, No. 6, 2008, pp. 1-5.

[22] China Satellite Navigation Office, "Performance Requirements and Test Methods for BDS RDSS Unit," BD 420007-2015, Oct. 2015.

[23] Yang, Y. X., et al., "Preliminary Assessment of the Navigation and Positioning Performance of BeiDou Regional Navigation Satellite System," *Science China Earth Sciences*, Vol. 57, No. 1, 2014, pp. 144-152.

[24] Shen, J., "Development of BeiDou Navigation Satellite System (BDS): An Application Perspective," *The 10th Meeting of the International Committee on Global Navigation Satellite Systems,* November, 2015.

[25] Ren, J.T., "Capture Algorithm Research of Baseband Signal in Beidou Receiver," Master's Thesis, Hefei University of Technology, 2011.

[26] Yang, L., "Research and Design of Passive BeiDou System Timing Receiver," Master's Thesis, National University of Defense Technology, 2009.

[27] Jia, D.W., "Design and Implementation of Baseband Signal Processing of BeiDou System Receiver," Master's Thesis, Xidian University, 2011.

[28] China National Administration of GNSS and Applications (CNAGA), "COMPASS View on Compatibility and Interoperability," *ICG Working Group A Meeting on GNSS Interoperability*, July 2009, pp. 30-31.

[29] Tan, S.S., et al., "Studies of Compass Navigation Signals Design," *Scientia Sinica (Physica, Mechanica & Astronomica)*, Vol. 40, No. 5, 2010, pp. 514-519.

[30] Lu, M.Q., "New Signal Structures for BeiDou Navigation Satellite System," *Stanford's PNT Challenges and Opportunities Symposium'2014*, Stanford, CA, 2014.

[31] Yao, Z., and Lu M.Q., *Design and Implementation of New Generation GNSS Signals*, Beijing, China: Publishing House of Electronics Industry, 2016.

[32] Yao, Z., Lu M.Q., and Feng Z.M., "Quadrature Multiplexed BOC Modulation for Interoperable GNSS Signals," *Electronics letters*, Vol. 46, No. 17, 2010, pp. 1234-1236.

[33] Yao, Z., and Lu M.Q., "Optimized Modulation for Compass B1-C Signal with Multiple Processing Modes," *Proceedings of ION GNSS Conference'2011*, Portland, OR, 2011, pp. 1234-1242.

[34] Tang, Z.P., et al., "TD-AltBOC: A New COMPASS B2 Modulation," *Science China Physics, Mechanics and Astronomy*, Vol. 54, No. 6, 2011, pp. 1014-1021.

[35] Yao, Z., and Lu M.Q., "Constant Envelope Combination for Components on Different Carrier Frequencies with Unequal Power Allocation," *Proceedings of ION ITM'2013*, San Diego, CA, 2013, pp. 629-637.

[36] Zhang, K., "Generalized Constant-Envelope DualQPSK and AltBOC Modulations for Modern GNSS Signals," *Electronics Letters*, Vol. 49, No. 21, 2013, pp. 1335-1337.

[37] Yan, T., et al., "Performance Analysis on Single Sideband of TD-AltBOC Modulation Signal," *Proceedings of China Satellite Navigation Conference (CSNC)'2013*, Springer, 2013, pp. 91-100.

[38] Liu, Y.X., et al., "Analysis for Cross Correlation in Multiplexing," *Proceedings of China Satellite Navigation Conference (CSNC)'2013*, Springer, 2013, pp. 81-90.

[39] Zhang, J.Y., Yao, Z., and Lu M.Q., "Applications and Low-complex Implementations of ACE-BOC Multiplexing," Proceedings of *ION ITM'2014*, San Diego, CA, 2014, pp. 781-791.

第 7 章 区域卫星导航系统

Scott Feairheller, Brian Terrill

7.1 准天顶卫星系统

7.1.1 概述

准天顶卫星系统（QZSS）是由日本太空发展署（JAXA）代表日本政府运营的区域民用卫星导航系统。QZSS 星座目前由倾斜椭圆地球同步轨道上的 1 颗卫星组成，提供高仰角覆盖，以便补充、增强美国的 GPS，并与 GPS（及其他 GNSS 星座）在日本上空互操作。在日本，仰角较小的 GPS 卫星被城市峡谷和山区阻挡，因此高仰角的覆盖尤其重要。第一颗 QZSS 卫星还提供试验导航和报文服务。到 2018 年，计划要求 QZSS 星座扩展到 4 颗卫星，到 2023 年该星座计划由 7 颗卫星组成，除补充或增加其他 GNSS 星座外，该星座还提供独立的区域能力[1, 2]。

根据当时日本通信研究试验室的合同，在政府和工业界的共同努力下，于 2002 年提出了 QZSS 计划。包括三菱电机、日立和 GNSS Technologies 在内的先进空间商业公司（ASBC）团队一直致力于这一概念，直到 2007 年 ASBC 解散。2007 年，JAXA、卫星定位研究和应用中心（SPAC）和其他组织开始接手这一工作。首颗 QZSS 卫星于 2010 年 9 月发射升空。2012 年，日本内阁办公室批准未来发射 3 颗卫星[1]。2015 年，日本内阁办公室批准在 2023 年前再发射 3 颗卫星[2]。

7.1.2 空间段

截至 2016 年 12 月，该星座中只有一颗卫星 QZS-1 或 Michibiki（意思是"指路"），它被发射到倾斜的椭圆静止（准天顶）轨道上，并放在日本上空。QZSS 的 8 字形轨道如图 7.1 所示。

该轨道的近地点约为 32000km，远地点约为 40000km，轨道倾角约为 40°[3]。

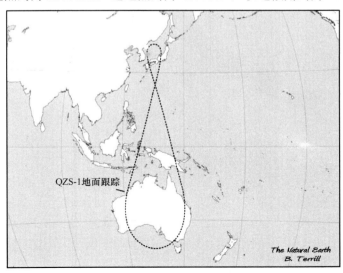

图 7.1　QZSS 的 8 字形轨道[4]（Brian Terrill 供图）

7.1.2.1 星座

按计划，到 2018 年，星座将包括 3 颗准天顶轨道卫星和 1 颗静止轨道卫星（GSO）。3 颗准天顶轨道卫星将共享相同的 8 字形地面星下轨迹，而将对地静止卫星放在 127°的经度上，偏离8 字形轨道[5]。到 2023 年，QZSS 的空间段将由 7 颗发射到日本上空的准天顶和地球静止轨道上的卫星组成[5]。另外 3 颗卫星的轨道仍未确定。未来的卫星（QZS-2、QZS-3 等）也被命名为Michibiki，并且不添加额外的数字来区分它们[6]。表 7.1 中列出了 QZSS 的发射历史和计划。

表 7.1　QZSS 的发射历史和计划

卫　星	名　　称	发射日期	轨道类型	赤道交点
QZS-1	Michibiki	2010 年 9 月 11 日	倾斜椭圆地球同步轨道	约 132°和 140°
QZS-2	Michibiki	计划于 2017 年	倾斜椭圆地球同步轨道	约 132°和 140°
QZS-3	Michibiki	计划于 2017 年	倾斜椭圆地球同步轨道	约 132°和 140°
QZS-4	Michibiki	计划于 2018 年	地球静止轨道	127°
QZS-1R	Michibki	计划于 2020 年	倾斜椭圆地球同步轨道	约 132°和 140°
QZS-5	Michibiki	2020 年至 2023 年之间	倾斜椭圆地球同步轨道	?
QZS-6	Michibiki	2020 年至 2023 年之间	倾斜椭圆地球同步轨道	?
QZS-7	Michibiki	2020 年至 2023 年之间	地球静止轨道	?

来源：文献[10, 11]。QZS-5 或 QZS-6 可被放到地球静止轨道上来代替 QZS-7。

7.1.2.2 卫星

QZS-1 由三菱电机株式会社（MELCO）镰仓工厂设计[7, 8]。卫星设计基于使用三菱 DS2000标准平台的日本工程测试卫星-8（ETS-8）[9, 10]。后续卫星将使用类似的设计，但可能会携带更多的载荷。日本计划在两批 3 颗卫星中采购后续卫星，每颗卫星都允许升级。QZS-1 卫星如图 7.2 所示[3]。

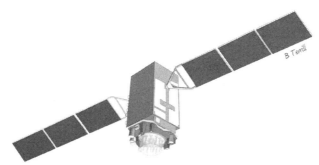

图 7.2　QZS-1 卫星[4]（Brian Terrill 供图）

7.1.2.3 平台

DS2000 卫星平台旨在将卫星升至最终轨道，支持任务载荷，并将卫星维持在适当的轨道上。DS2000 是一颗三轴稳定的卫星，尺寸为 2.9m×3.0m×6.0m，两个太阳能电池板顶端之间的距离为25.3m[11, 12]。卫星采用中央核心设计，由加强的碳纤维塑料板构成星体。DS2000 的设计寿命至少为 10 年。每颗卫星的起飞质量为 4100kg，净质量为 1800kg，支持 320kg 的导航载荷[12]。DS2000卫星平台由许多子系统组成。

7.1.2.4　电源子系统

本子系统在寿命开始和结束时分别提供 15kW 和 5.3kW 的功率。电源系统由高效硅、多结砷化镓太阳能电池、锂离子电池和两个独立的电气总线系统组成[12]。

7.1.2.5　热控子系统

本子系统通过向太空辐射能量来提供卫星的无源控制。子系统由热管嵌入式载荷面板、光学太阳能反射器（OSR）、防热毯和加热器组成。一些热管专用于铷钟，将温度保持为 20℃±5℃，不受太阳设备和其他航天器设备的影响[12]。

7.1.2.6　推进子系统

在卫星与运载火箭分离后，本子系统负责将卫星从转移轨道推进到准天顶或地球静止轨道，维持航天器姿态，支持轨位保持。该子系统由 500N 远地点反冲发动机、姿态推进器和双推进剂燃料系统组成[12]。

7.1.2.7　星载控制系统

本子系统为使用 ARINC 1553B 总线协议的 QZS-1 提供卫星管理、数据处理和姿态控制。子系统必须使太阳能电池板指向太阳，使最低点甲板（即卫星的表面）指向地球，同时保持卫星的热稳定性。子系统的姿态控制部分包括两个星跟踪器（STT）、两套冗余的 3 个精细太阳传感器头（FSSH）、两个冗余的精细太阳传感器电子部件（FSSE）、两个地球传感器组件（ESA）、一个内部冗余的惯性参考单元（IRU）和两台称为卫星控制器（SC）的冗余星载计算机。子系统的指向精度在滚动方向小于±0.05°，在偏航方向小于±0.15°。子系统的卫星管理部分自主地保持太阳方向，并且生成对姿态控制部件的命令。该子系统包括一个星载轨道传播器和姿态状态生成器[12]。

7.1.2.8　遥测跟踪与指挥（TT&C）

本子系统支持将指挥和导航电文上传到卫星。正常情况下，QZS-1 使用 4kbps C 波段链路来支持指挥和控制（C2）与导航载荷。对于发射和早期轨道操作及紧急备份，QZS-1 使用 S 波段 C2 链路[12]。

7.1.2.9　导航载荷

QZS-1 导航载荷设计用于生成和传输 6 个导航信号，即 L1C/A（1575.42MHz）、L1C（1575.42MHz）、L2C（1227.6MHz）、L5（1176.45MHz）、L1S（1575.42MHz）和 L6（1278.75MHz），详见 7.1.6 节中的描述。导航载荷由 3 个子系统组成：L 波段信号传输（LTS）、时间传输子系统（TTS）和激光反向反射器组件（LRS）。LTS 由机载铷原子钟、导航星载计算机、各种电子设备、时间转换比较单元、L1S 天线和 L 波段导航螺旋阵列天线组成。LTS 由两个相同的电子链组成。TTS 由时间比较单元和 Ku 波段双向比较天线组成，载荷允许使用双向技术［即双向卫星时间和频率转移（TWSTFT）］将机载时钟与地面时钟进行比较。LSR 由 56 角立方体反射器组成，允许在无云条件下使用双向激光测距技术跟踪卫星[13]。未来的卫星上将添加其他的电子元件和信号。

未来，GEO 卫星将携带导航载荷，以便传输用于运行 SBAS 服务的 L1Sb（1575.42MHz）和用于试验性增强服务的 L5S（1176.45MHz）。在撰写本文时，关于未来 QZS 航天器设计的资料很少[2]。

7.1.3　控制段

QZSS 地面段由主控站（MCS）、监测站（MS）、卫星跟踪控制站（TCS）、激光测距站（LRS）和时间管理站（TMS）组成。QZSS 的地面网络如图 7.3 所示。地面系统详细介绍如下。

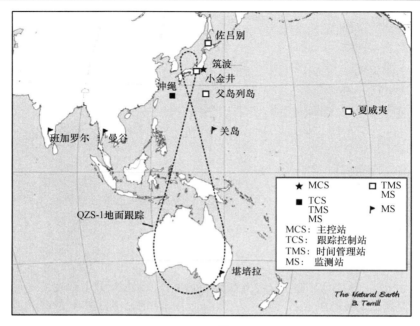

图 7.3　QZSS 的地面网络[4]（Brian Terrill 供图）

7.1.3.1　主控站（MCS）

2016 年，MCS 位于东京附近的筑波航天中心，是导航和其他卫星任务的中心。MCS 确定并传播卫星轨道和卫星时钟偏移预测，生成导航数据并上传，确定导航完整性，计划导航试验，分析系统性能，并且存储与系统性能相关的数据。为了可靠性，MCS 保持热冗余能力[12]。日本计划在日立田（东京附近）和神户建立两个新的 MCS [14]。

7.1.3.2　跟踪控制站（TCS）

2016 年，TCS 位于冲绳，负责将 QZS-1 导航计算机的星历和时钟校正上传到 QZS-1 的导航计算机，监测卫星的状态，并在 QZS-1 的运行阶段向卫星发送指挥和控制信号。在发射期间，世界各地的一些其他 TCS 站点支持 QZS-1 直到它到达最终轨道。由于冲绳位于赤道附近，并且在整个轨道上对卫星具有可见性，因此 TCS 使用 C 波段上行链路和下行链路与 QZS-1 持续保持联系。此外，TCS 每年调整轨道一次，以便将 QZS-1 维持在适当的轨道上。另外，TCS 的计划选址地点包括日立田（靠近东京）和谷岛、久美岛、石垣岛和日本南部岛链上的宫古岛[14]。

7.1.3.3　监测站（MS）

目前 QZSS 在整个亚太地区拥有约 12 个监测站（MS）。MS 收集 QZS-1 和 GPS 导航信号，以便精确估计 QZS-1 轨道及与 GPS 相关的卫星时钟参数。另外，这些站点还收集用于转发到 MCS 的环境数据。MS 支持多个级别的功能。位于日本冲绳、沙罗别（宗谷）、小金井（东京）和父岛（小笠原群岛）、班加罗尔（印度）、堪培拉（澳大利亚）、曼谷（泰国）、关岛和夏威夷（美国）的 MS 通过 L 波段导航信号监测 QZS-1 和 GPS 卫星。此外，位于珀斯（澳大利亚）、马斯帕洛马斯（西班牙拉斯帕尔马斯群岛大加那利岛）和圣地亚哥（智利）的 MS 仅通过导航信号监测 GPS 卫星。

7.1.3.4　时间管理站（TMS）

冲绳和小金井（东京）的 TMS 使用 QZS-1 上的 Ku 波段转发器对卫星进行双向测距。冲绳县、大桦县、小笠原县和夏威夷的 TMS 使用 TWSTFT 进行站点之间的时间传输[15, 16]。

7.1.3.5　激光测距站（LRS）

一些国际 LRS 支持 QZS-1 任务，在无云条件下对卫星进行双向测距。位于北京、长春、小金井（东京）、斯特罗莫山、上海、鹿岛和雅拉加德的 LRS 按照国际地球轮值局制定的协议定期跟踪卫星。

7.1.4　大地测量和时间系统

QZSS 系统使用日本卫星导航大地测量系统（JGS）提供导航和定位信息。JGS 是根据支持日本对国际地球参考坐标系（ITRF）所做贡献的区域站点和测量值建立的。JGS 与 WGS-84 的误差不到 0.2m[17]。

历史上，日本曾经使用东京-1927 基准进行测绘和测量。继续使用旧版地图的产品需要在 JGS 和 Tokyo-1927 之间进行转换，以便与 QZSS 用户设备一起使用。在撰写本文时，尚不清楚日本有多少地图和其他文件仍然依赖于东京-1927 基准的数据。

QZSS 系统使用 QZSS 时间（QZSST）。QZSST 由筑波航天中心 MCS 的主时钟维护。QZSST 与 GPS 时间类似，可在不受闰秒的影响下连续运行。截至 2016 年，QZSST 比 UTC 提前了 17s，比国际时间（TAI）落后了 19s。QZSST 和 GPS 时间的微小差别保持在 7ns（或 2.0m 95%）内[17]。

7.1.5　服务

QZSS 设计用于提供 3 类服务：补充 GPS 的导航服务，提高 GPS 精度的差分 GPS 增强服务，以及危机或灾难期间供公共安全应用的报文服务。随着星座的建成，除了现有的服务，QZSS 还提供独立于 GPS 和其他 GNSS 星座的区域导航能力。也就是说，覆盖区域内的用户将有 4 颗或更多的 QZSS 卫星来获取 PVT 信息。

目前，QZS-1 提供用于日本各种应用的运营服务，以及用于未来运营的试验服务。QZS-2 到 QZS-4 将增加新的运营增强和试验增强服务。GEO 的卫星将提供 SBAS 修正、试验增强和 S 波段信息服务。准天顶轨道上的卫星还将提供试验和厘米增强服务。对于 QZS-5 至 QZS-7 提供的导航或消息服务，目前没有任何可用的信息。导航和扩展服务免收任何使用费。表 7.2 中小结了这些服务。

表 7.2　计划的 QZSS 服务

服　　务	信　号	频率	QZS-1	QZS-2	QZS-3	QZS-4
GPS 补充定位	L1-C/A	1575.42MHz	X	X	X	X
GPS 补充定位	L1C		X	X	X	X
L1S 亚米级增强	L1S		X	X	X	X
危机报文服务	L1S		X	X	X	X
ICAO 标准 SBAS	L1Sb					X
GPS 补充定位	L2C	1227.60MHz	X	X	X	X
GPS 补充定位	L5	1176.45MHz	X	X	X	X
试验增强	L5S			X	X	X
厘米级增强服务	L6	1278.75MHz	X	X	X	X
安全报文服务	S-band	2 GHz				X

7.1.5.1 　导航服务

QZSS 发射几种导航信号来补充 GPS，包括 L1-C/A（1575.42MHz）、L1C（1575.42MHz）、L2C（1227.6MHz）和 L5（1176.45MHz）。这些信号提供 1.6m（95%）的测距误差 URE，包括 GPS-QZSS 时间和坐标系偏差。对于单频用户（L1C/A 和 QZSS L1-C/A），水平精度约为 21.9m（95%）。对于使用 L1 和 L2 的双频用户，水平精度约为 7.5m（95%）。这些服务通过提供故障监测及报告系统健康问题来提高可靠性。

7.1.5.2 　增强服务

QZSS 目前正在传输或增加旨在提高 GPS 精度的未来导航信号，其中包括：L1S（1575.42MHz），设计用于提供亚米级校正并且可与 GPS 和其他 SBAS 互操作；L6（1278.75MHz），一种旨在提供高精度服务并与伽利略商业服务信号兼容的试验信号。除大的多径误差和电离层干扰外，L1S 提供广域差分校正数据，其水平定位精度为 RMS 1m。L1S 还提供亚米级校正，但需要通过日本 SPAC 进行政策审查[1, 17, 18]。L6 是在水平定位精度为 RMS 3cm 的服务中实现高精度的试验信号。关于 L6 的政策也在审议之中。

7.1.5.3 　报文服务

目前，QZSS 正在 LIS 信号上发送名为"卫星灾害和危机管理报告"的试验性报文服务。该服务向用户提供关于地震、海啸、火山爆发、火灾、工厂或原子能发电厂爆炸等灾难的警告，以及恐怖袭击或事故救援警告。日本正在研究将这些服务扩展到海外用户[19]。

7.1.6 　信号

QZSS 卫星将传输多达 6 个导航信号。表 7.3 中列出了这些信号的外部特征。

表 7.3 　QZSS 导航信号的外部特征[4]

信　　号	通　道	频　率	带　宽	最小接收功率
QZS-L1C	L1CD	1575.42MHz	24MHz	−163.0dBW
	L1CP		24MHz	−158.25dBW
QZS-L1-C/A			24MHz	−158.5dBW
QZS-L1S			24MHz	−161.0dBW
QZS-L2C		1227.60MHz	24MHz	−160.0dBW
QZS-L5	L5I	1176.45MHz	25MHz	−157.9dBW
	L5Q		25MHz	−157.9dBW
QZS-L6		1278.75MHz	39MHz	−155.7dBW

在 2016 年指定为 IS-QZSS 1.6 版的 QZSS 接口控制文件（ICD）中，详细说明了导航信号的内部特征。最新 ICD 可通过链接 http://qz-vision.jaxa.jp/USE/is-qzss/index_e.html 找到[4]。

7.1.6.1 　QZS L1-C/A、QZS L1C、QZS L2C 和 QZS L5

QZSS 卫星发射的信号与现代化的 GPS L1-C/A、L1C、L2C 和 L5 民用信号非常相似（但不完全相同），并且带有额外的 QZSS 相关电文。日本选择这些信号设计和信息结构的目的是，实现与 GPS 的互操作性的最大化。第 3 章中介绍了这些 GPS 信号的细节[4]。附加的 QZSS 信号的电文修改将在 QZSS ICD 的相应章节中详细介绍，稍后也会介绍一些细节。

QZSS 卫星在扩频码中传输 PRN，所用的扩频码与 GPS 信号的相同。对于 QZS-L1C/A 信号，分配给前 5 颗 QZSS 卫星的 PRN 为 193～197。PRN 198～202 为测试或维护保留。QZS-1 使用 PRN 193。

7.1.6.2　QZS L1S

QZS L1S 使用与 GPS-SBAS 相同的数据结构，提供亚米级 GNSS 校正电文。L1S 代表具有完整性功能的 L1 亚米级增强。它还通过提供系统运行状况和故障通知来提高 GNSS 的可靠性[4, 20]。

7.1.6.3　QZS L1S 信号调制

使用类似于 GPS C/A 码的 BPSK-R 对 L1S 信号进行调制，详见 3.7.1 节中的介绍[4]。

7.1.6.4　QZS L1S 码的性质

QZS L1S 的前 5 颗卫星使用 PRN 183～187 发射信号，PRN 188～192 为其他卫星保留。移位寄存器设计与图 3.36 中描述的 GPS C/A 码相同[4]。

7.1.6.5　QZS L1S 电文结构

QZS L1-SAIF 也称亚米级增强服务（SLAS），它以 1 个数据帧每秒的速率发送 250 位数据电文帧中的各种电文类型。每帧由 8 位前导码、6 位电文标识、212 位电文类型和 24 位 CRC 组成，基本结构如图 7.4 所示[4]。

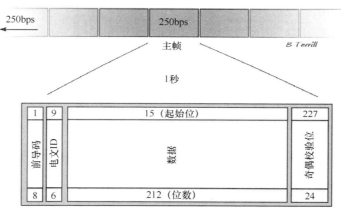

图 7.4　QZS L1S 电文结构[4]（Brian Terrill 提供）

QZSS 信号规范定义了 QZS L1S 的一些电文类型。表 7.4 中列出了当前定义的电文类型[4]。

表 7.4　已定义的 QZS L1S 电文功能[4]

电文类型	电文功能	电文类型	电文功能
类型 0	测试模式	类型 40～51	为像 L1-SAIF 的定位保留
类型 1	PRN 掩蔽	类型 52	对流层格网点掩蔽
类型 2～5	快速校正和 UDRE	类型 53	对流层延时校正
类型 6	完整性数据	类型 54～55	不确定的大气层延时信息
类型 7	快速校正退化因子	类型 56	信号间校正偏差信息
类型 10	退化参数	类型 57	为不确定的轨道信息保留
类型 12	授时信息	类型 58	QZS 星历数据
类型 18	电离层格网点掩蔽	类型 59	不确定的 QZSS 星历数据
类型 24	快速长期校正	类型 60	不确定的区域信息/维护调度
类型 25	长期校正	类型 62	为内部测试保留
类型 26	电离层延时和 GIVE	类型 63	空电文
类型 28	时钟星历协方差		

7.1.6.6　QZS L6

QZS-L6 也称厘米级增强服务（CLAS），是一种适用于 PPP 和 RTK 应用的高数据率 2kbps GNSS 改正电文服务。它以 1278.75MHz 的频率传输，与伽利略 E6 商业服务（CS）信号兼容并且可以互操作[4, 20]。

7.1.6.7　QZS L6 信号调制

L6 信号使用 BPSK-R 扩频调制生成，码片速率为 5.115Mchips/s。基础数据是调制后的码移键控[4]。

7.1.6.8　QZS L6 码的性质

L6 信号通过组合短和长 Kasami 码生成。短码以 2.5575Mchips/s 的速率发送，长度为 10230 个码片，周期为 4ms；长码以 2.5575Mchips/s 的速率发送，长度为 1048575 个码片，周期为 410ms。图 7.5 中显示了用于产生 L 波段试验（LEX）扩频码的移位寄存器布局[4]。

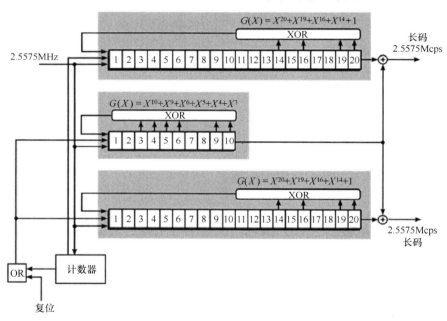

图 7.5　为 SPS 扩频码设计的 QZSS 移位寄存器[21]（Brian Terrill 供图）

7.1.6.9　QZS L6 电文结构

L6 信号以 1 个数据帧每秒的速率发送 2000 位数据电文帧中格式化的各类电文。每帧由 32 位前导码、8 位 PRN、8 位电文类型、1 位警报标志、1695 位数据电文和 256 位 RS 纠错码组成，基本结构如图 7.6 所示[4]。

QZSS 信号规范定义了 QZS L6 的一些电文类型。表 7.5 列出了当前定义的电文类型[4]。

7.1.6.10　QZSS 安全性电文

QZS 还在 2GHz 的 S 波段上发送 L1S 信号和安全消息服务的危机警告短消息服务。然而，目前在 QZSS ICD 的公开版本中还没有关于数据结构的更多细节。

7.1.6.11　QZS TT&C 信号

对于正常的 TT&C 操作，QZS-1 使用 C 波段（5000～5010MHz 上行链路和 5010～5030MHz

下行链路）来支持 C2 和导航载荷。对于 LEOP，QZS-1 也可使用 S 波段（2025～2110MHz 上行链路和 2200～2290MHz 下行链路）[4]。

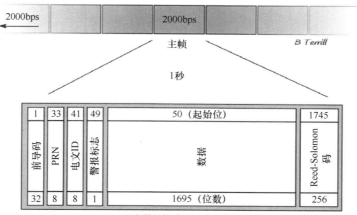

图 7.6　QZSS L6 导航电文结构[4]（Brian Terrill 供图）

表 7.5　已定义的 QZS L6 电文功能[4]

电文类型	电文功能
类型 0～9	系统备用
类型 10	32 颗 GPS 卫星和 3 颗 QZS 卫星的信号健康，星历和 SV 时钟
类型 11	32 颗 GPS 卫星和 3 颗 QZS 卫星的信号健康，星历、SV 时钟和电离层校正
类型 12	轨道和时钟校正、URA 及 PPP-AR 的 MADOAC-LEX 的 SV 偏差
类型 13～19	备用
类型 20～155	公共部门（除 JAXA 外）用于试验或应用示范
类型 156～200	JAXA 或私人部门用于试验或应用示范

7.1.6.12　应用和用户设备

　　QZSS 旨在支持各种民用应用。拟议的民用应用包括汽车、列车和公交的增强导航服务，测绘和建筑工程定位服务，儿童和老年人监测服务，残疾人和老年人个人导航，农业机械自动控制，检测地震和火山活动，天气预报，搜索和救援，以及许多其他适用的领域。在撰写本文时，已有超过 234 家公司和研究机构参与了 QZSS 计划并研究了 105 个应用主题[22, 23]。

7.2　印度导航星座

7.2.1　概述

　　此前称为印度区域导航卫星系统（IRNSS）的印度导航星座（NavIc），是印度空间研究组织（ISRO）与印度国防研究与发展组织（DRDO）合作运营的一个区域军用和民用卫星导航系统[23-25]。在 2016 年 4 月完成卫星星座部署的同时，IRNSS 更名为 NavIC，意为"船夫"[26, 27]。NavIC 与其他大多数卫星导航系统的不同之处是，它只提供区域性覆盖，并且它在 L5 波段和 S 波段传输导航信号，而其他导航系统主要在 L 波段工作[28]。中国北斗二号目前是唯一使用 S 波段导航信号运行其区域组件的其他系统[29]。

印度政府于 2006 年启动了 IRNSS 计划[24, 30, 31]。第一颗 NavIC 卫星于 2013 年 7 月发射[32]。到 2016 年，NavIC 系统由 7 颗地球静止和倾斜地球同步卫星、地面支持段和用户设备组成。对于从南纬 30°到北纬 50°、从东经 30°到东经 130°的区域，NavIC 提供的定位和导航水平精度优于 20m（2σ），授时精度优于 20ns（2σ），该地区从印度向周围延伸约 1500km，覆盖阿拉伯海、印度洋、孟加拉湾和中国南海的重要战略航线[33-35]。

ISRO 计划在 NavIC 星座完成后对该星座进行内部评估。评估完成后，印度政府将考虑把星座从 7 颗卫星升级到 11 颗卫星，或者开始研制下一代卫星等[36]，这些卫星可能会在 L5 和 S 波段之外增加 L1 频段导航信号[37, 38]。

7.2.2　空间段

NavIC 空间段由 7 颗放在印度上空的对地静止轨道（GSO）和倾斜对地静止轨道（IGSO）卫星组成。3 颗 GSO 卫星位于东经 32.5°、东经 83°和东经 131.5°的对地静止轨道上。2 颗 IGSO 卫星轨道于东经 55°相交，轨道倾角为 29°。2 颗 IGSO 卫星轨道于东经 111.75°相交，轨道倾角为 29°。NavIC 的轨道星座如图 7.7 所示。

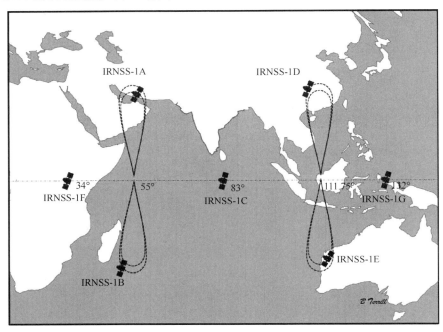

图 7.7　NavIC 的轨道星座（Brian Terill 供图）

7.2.2.1　卫星

所有的 NavIC 卫星都是相同的，并且使用相同的 I-1K 卫星平台设计，配备相同的任务载荷。每颗卫星的设计寿命为 10 年[41]。表 7.6 中列出了 NavIC 发射历史，NavIC 卫星如图 7.8 所示。

表 7.6　NavIC 发射历史

卫　　星	发射日期	轨道类型	赤道交汇
IRNSS-1A	2013 年 7 月 1 日	倾斜地球同步轨道	55°
IRNSS-1B	2014 年 4 月 4 日	倾斜地球同步轨道	55°

（续表）

卫　　星	发射日期	轨道类型	赤道交汇
IRNSS-1C	2014 年 10 月 15 日	地球静止轨道	83°
IRNSS-1D	2015 年 3 月 27 日	倾斜地球同步轨道	111.75°
IRNSS-1E	2016 年 1 月 20 日	倾斜地球同步轨道	111.75°
IRNSS-1F	2016 年 3 月 10 日	地球静止轨道	32.5°
IRNSS-1G	2016 年 4 月 28 日	地球静止轨道	131.5°

来源：文献[32, 39-41]。注意，虽然 IRNSS 已更名为 NavIC，但这些卫星仍被指定为 IRNSS SV。IRNSS-1G 发射后不久，IRNSS-1A 出现故障（时钟故障）。计划在 2017 年末发射一颗替代卫星。

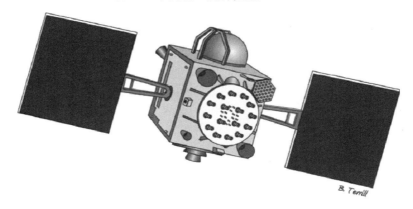

图 7.8　NavIC 卫星（Brian Terrill 供图）

7.2.2.2　平台

卫星平台的作用是将卫星提升至最终的轨道，支持任务载荷并将卫星维持在适当的轨道上。每颗卫星的起飞质量为 1425kg，净质量为 603kg，因此可以用极地空间运载火箭（PSLV）发射，这是印度本土运载火箭中较小的一种火箭。I-1K 是一颗三轴稳定卫星，尺寸为 1.58m×1.50m×1.50m，配有两块太阳能电池板、液态远地点发动机（LAM）和一些小型推进器[28, 42, 43]。

I-1K 平台由许多子系统组成。姿态和轨道控制系统（AOCS）使用偏航转向来维护指向太阳的太阳能电池板、卫星的热控制和指向地球的导航天线。AOCS 由陀螺仪、反应轮、磁力臂、太阳能和星传感器组成。推进系统由 1 个 440N LAM、12 个 22N 推进器和液体燃料箱组成。电源子系统由两个超三结太阳能电池和太阳能电池板组成，每个太阳能电池板可产生高达 1660W 的电力，另外还有一块 90A/Hr 的锂离子电池[39, 42-44]。

7.2.2.3　载荷

NavIC 卫星携带若干导航和测距载荷。导航载荷为用户提供 L5 波段（1176.45MHz）和 S 波段（2492.028MHz）的授权（军用）和民用导航服务。导航载荷由导航信号生成单元（NSGU）、未规定数量的 RAFS 和相控阵天线组成。测距载荷由支持双向 CDMA 测距的 C 波段转发器和支持激光测距的角立方体反射镜组成[42, 44, 45]。

7.2.3　NavIC 控制段

NavIC 地面段目前由 15 个站点组成，另有 6 个计划中的站点。所有站点均位于印度境内，包括位于卡纳塔克邦哈桑的 MCC。NavIC 地面支持段如图 7.9 所示，截至 2016 年的 NavIC 地面站状态见表 7.7[41-43]。

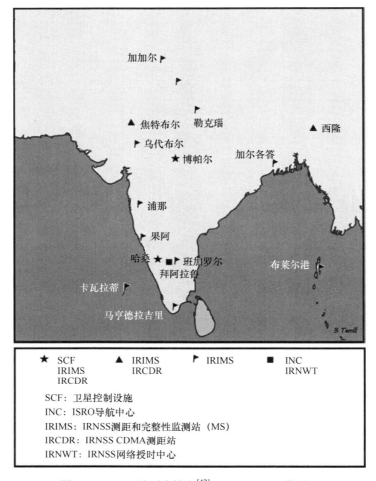

图 7.9　NavIC 地面支持段[42]（Brian Terrill 供图）

表 7.7　2016 年 NavIC 地面站状态

类　　型	目　　前	计　　划
IRIMS	12	+3
IRNWT	1	+1
INC	1	+1
SCF	1	+1
总站点数	15	21

来源：文献[41]。注意，地面控制段组件仍被指定为 IRNSS 组件。

　　NavIC 卫星由两个独立的地面网络维护：IRNSS 卫星控制设施（IRSCF），用于指挥和控制卫星并提供管理功能；IRNSS 导航控制设施（IRNCF），用于支持导航载荷[40, 42]。

7.2.3.1　IRNSS 卫星控制设施

　　RSCF 由 2 个 IRNSS 卫星控制中心（IRSCC）、9 个 IRNSS TT&C 和共享这些站点的陆上上行链路站（INLUS）组成。IRSCC 指挥 NavIC 卫星，并通过 INLUS 天线和辅助设施从 NavIC 星座中的卫星收集内务遥测数据。IRSCC 主站位于哈桑，未来的备用站将建在博帕尔。主站配备了用于指挥卫星的 1 副 11m 天线和 4 副 7.2m 天线。主站支持发射和早期轨道阶段（LEOP）、在轨测试（IOT）和对星座的运营支持。备用站完成后将有 1 副 11m 天线和 3 副 7.2m 天线，用于控制 NavIC [42, 43]。

7.2.3.2 IRNSS 导航控制设施（IRNCF）

IRNCF 由 2 个 IRNSS 导航中心（INC）、12 个 IRNSS 距离和完整性监测站（IRIMS）、2 个网络授时设施（IRNWT）、4 个 IRNSS CDMA 测距站（IRCDR）、IRNSS 激光测距服务（ILRS）和 2 个数据通信网络组成[42, 43]。

7.2.3.3 INC

INC 在印度有两个站点，它们是导航载荷的任务支持中心。INC-1 位于印度班加罗尔附近的拜阿拉鲁，自 2013 年 8 月 1 日起为军事和民用导航载荷提供业务支持。INC-2 于 2015 年开发，位于印度勒克瑙。运营时，该站点将作为民用导航服务的备份，并提供备用时间设施[42, 43]。

7.2.3.4 IRIMS

IRIMS 由 12 个站点组成，这些站点对卫星进行单向测距，并且将测量结果实时传送给 INC-1。目前，有 12 个站点已投入运营，另有多达 4 个站点正在计划中[42, 43]。

7.2.3.5 IRCDR

IRCDR 由位于博帕尔、哈桑、焦特布尔和西隆的 4 个站点组成，它们执行双向 CDMA 测距并将测量结果实时传送到 INC-1。测距测量结果被传送给 INC 进行处理[42, 43]。

7.2.3.6 IRNWT

IRNWT 使用铯钟和氢钟的时钟保持 IRNSS 系统的时标。主要时间设施位于拜阿拉鲁的 INC-1。IRNSS 时标相对于 UTC 维持在约 20ns（2σ）的水平[42, 43]。

7.2.3.7 IRDCN

IRDCN 为 IRNSS 网络提供专用的通信支持。这些网络由 INC-1、4 个 IRCDR 双向测距站和 12 个单向 IRIMS 之间的地面通信链路组成。未来，得到必要的监管许可后，将增加超小型孔径终端（VSAT）链路[41-43]。

7.2.3.8 IRLRS

激光测距服务将使用双向激光测距技术跟踪 IRNSS 卫星，并在无云天气条件下跟踪卫星上的反射器。目前，国际激光测距服务组织（ILRS）下辖的 10 个国际激光测距站为 NavIC 提供有限的试验支持。NavIC 的国际激光测距支持位置如图 7.10 所示。为发展日后定期跟踪 NavIC 卫星的能力，迄今为止 ILRS 已开展了两次激光测距活动[42, 43]。

7.2.4 大地测量和时间系统

7.2.4.1 大地测量

与美国的 GPS 一样，NavIC 使用美国的 WGS 84 坐标系提供位置坐标。有关 WGS-84 的详细信息，见 3.5 节。

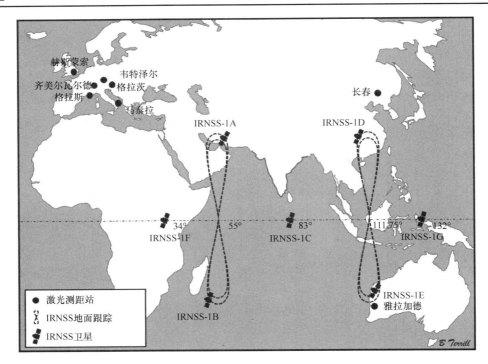

图 7.10   NavIC 的国际激光测距支持位置（Brian Terill 供图）

7.2.4.2   时间系统

NavIC 使用称为 IRNSS 网络时间（IRNWT）的时间基准，这是一个连续的时标，意味着它不考虑闰秒，并且可以追溯到印度国家时间，即印度国家物理试验室（NPLI）保持的 UTC 或 UTC（NPLI）。IRNWT 有两个主要功能：

- 导航计时：IRNWT 通过为 NavIC 星座的轨道确定和时间同步（OD&TS）提供时间基准来支持导航任务。
- 计量计时：IRNWT 指向国际原子时间（TAI），并提供 IRNSS 时间和 UTC（NPLI）之间的偏移量和其他 GNSS 时标（如 GPS 和 GLONASS）的偏移量。

IRNWT 由两个时间设施和两个并行时间表维护：一个是主要的，另一个工作于热冗余状态。拜阿拉鲁的 INC-1 维护主时标，总体平均有 3 个（或 4 个）铯钟和 2 个活性氢钟（AHM）[46]。主时标定义为 1999 年 8 月 22 日周日（8 月 21 日至 22 日午夜）UTC 时间（或 UT）00:00。在开始时刻，IRNSS 系统时比 UTC 先行 13 闰秒（即 IRNSS 时间，1999 年 8 月 22 日 00:00:00 对应于 UTC 时间 1999 年 8 月 21 日 23:59:47）。

位于勒克瑙的 INC-2（正在开发中）将维护备份时间表。IRNWT 还将由 3 个（或 4 个）CFSFS 和 2 个主动 AHM 维护。IRNWT-II 的纪元定义与伽利略和 GPS 翻转的开始时间类似。IRNWT 开始时间 00:00:00（WN = 0, TOW = 0）应为 1999-08-21 23:59:47 UTC。时间格式类似于 GPS（即周数和周内时模 604800）。在开始阶段，TAI 应该比 IRNWT-II 领先 32 闰秒[47]。

7.2.4.3   印度国家时间

NPL 维护 UTC（NPLI）。IRNSS 时标可追溯至 UTC（NPLI）。目前，使用全视角 GPS P3 接收机在 NPL 和 INC-1 和 INC-2 之间传输时间。印度计划通过专用的 TWSTFT 链路补充 GPS 时间传输（可能来自 USNO）[28, 33]。

7.2.4.4　未来升级计划

计划升级到 IRNWT 可为 IRNSS 系统时提供额外的鲁棒性。这个概念将利用地面和空间时钟。一种算法允许随时添加或删除时钟，不会显著影响系统性能，同时提供自动检错和纠错功能[33]。

7.2.5　导航服务

NavIC 提供两种级别的服务：公共标准定位服务（SPS）和加密限制服务（RS）；两者都在 L5 频段（1176.45MHz）和 S 频段（2492.028MHz）上提供[28, 41]。NavIC SPS 设计用于支持使用广播电离层修正模型的单频（L5 波段）定位和使用 L5 波段和 S 波段的双频服务[48]。

- 在撰写本文时，还未指定单频导航精度的预期定位精度。广播电离层修正模型基于一个 80 点的网络，并且支持正常电离层条件下的精确定位。
- 印度洋地区（印度边界外扩约 1500km）的用户对双频接收机的预期定位精度预计为 20m（2σ），而印度的水平定位精度小于 10m（2σ）。NavIC 导航信号在 L5 波段和 S 波段使用公用的振荡器传输，接收机能够实时测量电离层延时，并且允许用户设备进行校正。
- 在导航电文中使用广播校正时，时间精度预计为 UTC（NPLI）的 20ns（2σ）。
- NavIC 的操作者未指定预期的 RS 导航精度。

在撰写本文时，由 7 颗卫星组成的 NavIC 星座刚刚部署完成，ISRO 尚未测量其性能。然而，ISRO 在 2015 年 4 月 30 日使用 4 颗卫星星座测量了 NavIC 定位精度（经度、纬度和高度）。根据测量结果，使用一台双频接收机，NavIC 在卫星可见期间能够提供优于 15m（2σ）的水平位置精度（每天 18 小时）。

7.2.6　信号

2016 年 IRNSS 接口控制文件（ICD）1.0 版中详细介绍了导航信号民间调制方式的外部和内部特性。ICD 可在链接 http://irnss.isro.gov.in 中找到。ISRO 尚未透露有关军用 RS 调制的信息[48]。

7.2.6.1　NavIC 导航信号频率

NavIC 在 L5 波段和 S 波段上广播 SPS 和加密的 RS。L5 波段信号的中心频率为 1176.45MHz，带宽为 24MHz（1164.45～1188.45MHz）。S 波段信号的中心频率为 2492.028MHz，带宽为 16.5MHz（2483.50～2500.00MHz）。所有 NavIC 导航信号都是右旋圆极化的。NavIC 将为 L5 SPS 导航信号提供−159dBW 的最小接收功率，为 S 波段导航 SPS 信号提供−162.3dBW 的最小接收功率。L5 SPS 导航信号的最大接收功率为−154dBW，S 波段导航 SPS 信号的最大接收功率为−157.3dBW。未指定 RS 服务功率电平[28]。

7.2.6.2　NavIC 导航信号调制

SPS 信号使用 BPSK-R(1)调制。RS 使用 BOC(5, 2)调制，分别用于数据通道分量和导频分量[48]。多路复用用于提供恒定的功率包络（见 2.4.3 节）。

7.2.6.3　NavIC 码的性质

NavIC SPS 使用类似于 GPS SPS 的 Gold 代码。与 GPS 一样，NavIC 的码长为 1023 个码片，码片速率为 1.023Mcps。该码由 G_1 和 G_2 多项式生成，定义如下：

$$G_1:\ X^{10}+X^3+1 \qquad 和 \qquad G_2:\ X^{10}+X^9+X^8+X^6+X^3+X^2+1$$

G_1 和 G_2 多项式类似于为 GPS C/A 信号定义的多项式。有关 GPS Gold 码的详细信息，请参阅 3.7 节。生成多项式时，使用一个 10 位最大长度的移位寄存器 XOR 创建一个长为 1023 码片的 PRN 序列。图 7.11 中显示了用于生成 NavIC SPS 扩频码的移位寄存器布局[28]。

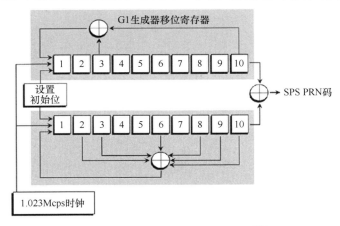

图 7.11　用于生成 NavIC SPS 扩频码的移位寄存器布局[28]（Brian Terrill 供图）

7.2.6.4　NavIC 导航电文

NavIC 导航电文定义为 2400 位符号主帧，它分为以速率 50bps 传输的 4 个 600 位子帧。每个子帧由一个 16 位的同步字组成，后跟 584 位的交错数据。584 位包含与 FEC 交错的导航数据，其中 292 个数据位用于导航电文。子帧 1 和 2 包含计算导航定位所需的主要导航电文，子帧 3 和 4 包含辅助导航信息，如电离层网格校正参数、文本消息和差分改正[49]。主要导航电文由遥测字（TLM）、周内时计数（TOWC）、警报、自动导航、子帧识别（ID）、备用位、导航数据、CRC 和尾部位组成。辅助导航电文由 TLM、TOWC、警报、自动导航、子帧 ID、备用位、导航数据、CRC、尾部位、附加电文 ID 和附加 PRN ID 组成。包括星历和时钟校正参数在内的许多导航数据元素与用于 GPS 的导航数据元素相似（见 3.7.4 节）。图 7.12 中显示了 NavIC 导航电文的结构[28]。

有关数据结构、电文类型、电文功能和数据算法的更多细节，将在 IRNSS SPS ICD 和相应的未来更新中提供[28]。

7.2.7　应用和 NavIC 用户设备

如上所述，ISRO 设计 NavIC 的目的是支持民用和军用应用。计划中的民用应用包括地面、航空和海上导航、灾害管理、车辆跟踪和车队管理、与移动电话的集成、精密授时、地图和大地测量数据的收集以及驾驶员视觉和语音导航[50]。在撰写本文时，还没有关于计划中的军事应用的具体信息。

另外，在撰写本文时，可能是因为星座刚刚部署完成，NavIC 用户设备的信息很少。根据现有的 ISRO 计划，ISRO 正在赞助开发用于嵌入式应用的 NavIC 和 NavIC-GPS 接收机以及 NavIC 相关芯片组。根据目前的计划，ISRO 将赞助独立开发 L5 频段和 S 频段单频的民用 BPSK 和限制性（军用）BOC 导航服务的设计。此外，ISRO 计划利用民用或军用导航服务开发双频（S/L5 频段）接收机[21, 51]。

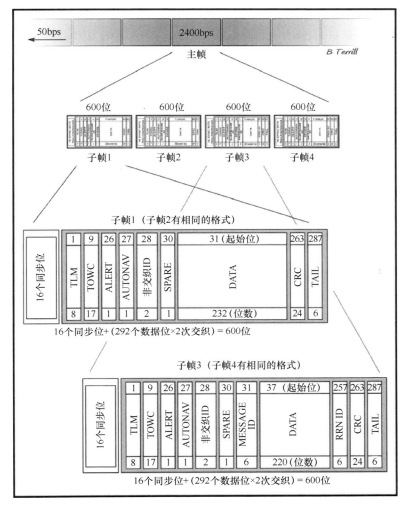

图 7.12　NavIC 导航电文的结构[28]（Brian Terrill 提供）

　　在撰写本文时，国际上只有少数公司宣布计划开发具有 NavIC 功能的接收机、天线或芯片组，包括 JAVAD GNSS、IFEN GmbH 和 Hemisphere GPS LLC[52-54]。NavIC 完全部署并持续可用时，这一情况预计将有改观。单频 L5 NavIC-GPS 接收机设计应易于修改，因为只需少量软件升级即可使用 NavIC L5 导航信号和 GPS L5。

参考文献

[1]　Matsumoto, A., "Quasi-Zenith Satellite System," *ICG-9*, Prague, 2014. http://www.unoosa.org/oosa/en/ ourwork/icg/meetings/icg-09/presentations.html under 1140 20141109_ICG9_Presentation of QZSS_final2. pptx. Accessed January 1, 2016.

[2]　Moriyama, H., "Status Update on the Quasi-Zenith Satellite System," *ICG-10*, Boulder, CO, 2015. www.unoosa.org/pdf/icg/2015/icg10/06.pdf. Accessed January 1, 2016.

[3]　JAXA, "Overview of the First Quasi-Zenith Satellite 'MICHIBIKI'," http://global.jaxa.jp/countdown/f18/overview/michibiki_e.html. Accessed January 1, 2016.

[4]　IS-QZSS, Version 1.6, p. 8. qz-vision.jaxa.jp. Accessed January 1, 2016.

[5]　Murai, Y., "Project Overview of the Quasi-Zenith Satellite System," *2015 PNT Advisory Board*, www.gps.gov/governance/advisory/meetings/2015-10/murai.pdf. Accessed January 1, 2016.

[6]　"Overview of the Quasi-Zenith Satellite System (QZSS)," Office of Space Policy, Cabinet Office, Government of Japan. http://qzss.go.jp/en/overview/services/sv01_what.html. Accessed January 1, 2016.

[7]　"Mitsubishi Electric Completes Expansion of Satellite Production Facility." http://www.mitsubishielectric.com/news/2013/

0322-a.html. Accessed January 1, 2016.

[8]　"Mitsubishi Electric Completes Expansion of Satellite Production Facility," http://www.businesswire.com/news/home/20130321005486/en/Mitsubishi-Electric-Completes-Expansion-Satellite-Production-Facility. Accessed January 1, 2016.

[9]　"DS 2000 A Proven Commercial Platform," March 1, 2012. worldspaceriskforum.com/2012/wp-content/ uploads/.../35TORU1.pdf, Accessed January 1, 2016.

[10]　"Satellite Platform DS2000 - Mitsubishi Electric," www.mitsubishielectric.com/bu/space/satellite_platform/.Accessed January 1, 2016.

[11]　QZSS (Quasi Zenith Satellite System), "eoPortal Directory," https://directory.eoportal.org/web/eoportal/ satellite-missions/q/qzss. Accessed January 1, 2016.

[12]　International GNSS Service, "QZSS Constellation Status Information," https://igscb.jpl. nasa.gov/projects/ mgex/Status_QZSS.htm. Accessed January 1, 2016.

[13]　Sawamura, T. T., et al., "Performance of QZSS (Quasi-Zenith Satellite System) & L-Band Navigation Payload," *Proceedings of the 2012 International Technical Meeting of The Institute of Navigation*, January 30 - February 1, 2012, pp. 1228-1254.

[14]　"New Ground Antennas and Satellite Control System for QZSS," http://www.mitsubishielectric.com/bu/space/ground/control/qzss/index.html. Accessed January 1, 2016.

[15]　Hama, S., et al., "Development of the Time Management System," *Proceedings of the 22nd International Technical Meeting of The Satellite Division of the Institute of Navigation (ION GNSS 2009)*, Savannah, GA, September 2009, pp. 3338-3343.

[16]　"R&D for Satellite Navigation," NICT Presentation, October 23, 2009. http://www2.nict.go.jp/aeri/sts/2009TrainingProgram/Reserch%20Activities%20of%20NICT/Training_Hama_2009Oct.pdf.

[17]　Kubo, N., "Japanese GPS Argumentation System – QZSS," *2010 Stanford PNT Symposium*, November 9, 2010, http://scpnt.stanford.edu/pnt/PNT10/presentation_slides/8-PNT_Symposium_Kubo.pdf. Accessed January 1, 2016.

[18]　Sakai, T., "The L1-SAIF Signal: How Was It Designed to Be Used?" *ION GNSS 2012*, Nashville, TN, September 17-21, 2012, www.enri.go.jp/~sakai/pub/gnss2012_saif.ppt. Accessed January 1, 2016.

[19]　Murai, Y., "2014 Project Overview Quasi-Zenith Satellite System," *2014 QZS System Services (QSS)*, February 17, 2014, www.unoosa.org/pdf/pres/stsc2014/2014gnss-05E.pdf. Accessed January 1, 2016.

[20]　Kogure, S., and M. Kishimoto, "Evaluation of QZS-1 LEX Signal," *International Committee on GNSS (ICG) Working Group B*, Beijing, China, November 4-9, 2012, http://www.unoosa.org/pdf/icg/2012/icg-7/wg/ wgb3-2.pdf.

[21]　"Current status of Quasi-Zenith Satellite System," International Committee on GNSS, Pasadena, CA, December 8, 2008, www.unoosa.org/pdf/icg/2008/icg3/08-0.pdf.

[22]　Asari, K., "Application Demonstrations," *Proceedings of the 25th International Technical Meeting of The Satellite Division of the Institute of Navigation (ION GNSS 2012)*, Nashville, TN, September 2012, pp. 3278-3294.

[23]　Terada, K., "Current Status of Quasi-Zenith Satellite System (QZSS)," *Munich Navigation Congress*, March 2011.

[24]　Vithiyapathy, P., "India's Strategic Guardian of the Sky," Chennai Centre for China Studies, Occasional Paper 001-2015, August 25, 2015, p. 4. http://www.c3sindia.org/ strategicissues/5201.

[25]　Chander, S. A., "IRNSS Is Important for India's Sovereignty: Interview of Shri Avinash Chander, Secretary Department of Defense R&D, DG R&D and Scientific Advisor to RM, Government of India," *Coordinates Magazine*, http://mycoordinates.org/"rnss-is-important-for-the-india-sovereignty".

[26]　"A Gift to People from Scientists: India's GPS Named 'NAVIC'," *Hindustan Times*, New Delhi, April 29, 2016.

[27]　"IRNSS Launch: PM Modi Names New Navigation System as 'NAVIC'," *NDTV Press Trust of India*, April 29, 2016.

[28]　Indian Regional Navigational Satellite System, "Signal in Space ICD for Standard Positioning Service, Version 1, ISRO-IRNSS-ICD-SPS-1," *ISRO*, June 2014.

[29]　Mateu, I., et al., "A Search for Spectrum: GNSS Signals in S-Band Part 1," *Inside GNSS Magazine*, Vol. 6, No. 5, 2010, pp. 67-69.

[30]　Suresh, V. K., "Indian SATNAV Programme - Challenges and Opportunities," *First ICG Meeting, UN OOSA*, Vienna, November 1-2, 2006, www.unoosa.org/pdf/sap/2006/ icg/09-1.pdf. Accessed January 1, 2016.

[31]　"Indian Space Programme - Major Events During 2006," December 27, 2006, http://www.isro.gov.in/update/27-dec-2006/indian-space-programme-major-events-during-2006. Accessed January 1, 2016.

[32]　ISRO, "Satellites for Navigation," http://www.isro.gov.in/applications/satellites-navigation. Accessed January 1, 2016.

[33]　Kumari, A., A. Kartik, and S. C. Rathnakara, "IRNSS Composite Clock: IRNSS New Time Scale," *ISAC/ISRO, India, Precise Time and Time Interval Meeting*, Monterey, CA, January 25-28, 2016, https://www.ion.org/ptti/ abstracts.cfm?paperID. Accessed January 1, 2016.

[34]　ISRO, "Indian Regional Navigation Satellite System," http://irnss.isro.gov.in/. Accessed January 1, 2016.

[35]　Ganeshan, A. S., et al., "First Position Fix with IRNSS, Successful Proof-of-Concept Demonstration," *InsideGNSS Magazine*, July/August 2015, http://www.insidegnss.com/ node/4545.

[36]　Private conversation with Kaushikkumar Suryakant Parikh, *10th International Committee on GNSS (ICG-10) after presentation Status Update on the Indian Regional Navigation Satellite Sytem (IRNSS) and the GPS-Aided GEO-Augmented Navigation System (GAGAN)*, Kaushikkumar Suryakant Parikh, Indian Space Research Organization, India, ICG10, Boulder, CO, November 1-6, 2015.

[37]　"IRNSS Signal Plan," *Navipedia*, http://www.navipedia.net/index.php/IRNSS_Signal_Plan.

[38]　Jain, P. K., "Indian Satellite Navigation Programme: An Update," *ISRO HQ, India, 45th Session of S&T Subcommittee of UN-COPUOS*, Vienna, February 11-22, 2008, www.unoosa.org/pdf/icg/providersforum/ 02/pres04.pdf.

[39]　Indian Regional Navigational Satellite System (IRNSS), "eoPortal," January 1, 2016, https://directory. eoportal.org/web/eoportal/satellite-missions/i/irnss.

[40]　Indian Regional Navigation Satellite System (IRNSS), "ISRO Satellite Centre, Bengaluru," http://www.isac.gov.in/navigation/irnss.jsp. Accessed January 1, 2016.

[41]　Seelin, S. A., and K. Kumar, "IRNSS," Chapter 8.6 in *From Fishing Hamlets to Red Planet, India's Space Journey*, Rao, P., et al., (eds.), New York: HarperCollins, 2015, p. 606.

[42]　"ISRO PSLV-C22/IRNSS-1A Mission Brochure," http://www.isro.gov.in/pslvc22-brochure, September 2010, page 1. Accessed January 1, 2016.

[43]　Government of India, "Department of Space Annual Report 2014-2015," January 2015, http://www.isro.gov.in/sites/default/files/article-files/right-to-information/AR2014-15.pdf. Accessed January 1, 2016.

[44]　Indian Regional Navigation Satellite System (IRNSS), "Salient Features of IRNSS 1E," http://www.isac.gov.in/navigation/html/irnss-1e.jsp. Accessed January 29, 2015.

[45] Parikh, K. S., "Update on Indian Regional Navigation Satellite System (IRNSS) and GPS Aided Geo Augmented Navigation (GAGAN)," *CG-10*, Boulder, CO, November 1-6, 2015, www.unoosa.org/pdf/icg/ 2015/icg10/05.pdf.

[46] Neelakantan, N., "Overview of the Timing System Planned for IRNSS," November 2010, www.unoosa.org/pdf/icg/2010/ ICG5/timing-session/06.pdf.

[47] LEAPSECS, "Welcome to a New Practical Time Scale," October 2014, https://pairlist6.pair.net/pipermail/leapsecs/ 2014-October/ 005238.html, refers to Sat Oct 18 11:28:47 EDT 2014, According to http://www.isro.org/Tender/Istrac/ ISTRAC-05-2013-14.pdf, section 3.1.14, but the original Indian Tender is unavailable. Accessed January 1, 2016.

[48] ISRO, "Indian Regional Navigation Satellite System," http://www.isro.gov.in/irnss-programme. Accessed January 1, 2016.

[49] "Request for Proposal for the Development of IRNSS SPS-GPS User Receivers," March 2014, Space Applications Center Indian Space Research Organization, SAC/SNTD/SNAA/ IRNSS/RFP1/BulkRx/12/ 2013_Ver1, https://eprocure.isro.gov.in/tnduploads/ sac/pressnotices/PRSN1.pdf.

[50] "We Track IRNSS – JAVAD GNSS," October 1, 2014, https://www.javad.com/jgnss/javad/news/ pr20141001.html.

[51] "GPS World Receiver Survey," *GPS World Magazine*, July 2015, gpsworld.com/resources/gps-world- receiver-survey/.

[52] "RF (Including GNSS) Signal," U.S. Patent US8897407, www.google.ch/patents/ US8897407.

第 8 章　GNSS 接收机

Phillp W. Ward

8.1　概述

自 GPS 问世以来，GNSS 接收机设计已获得了长足的发展，GPS 是首个采用直接序列扩频（DSSS）技术的卫星导航系统。随着导航卫星星座和电子技术响应全球位置、速度和时间（PVT）服务市场的需求，这种发展仍在继续。针对不同市场设计的接收机往往由于性能取舍而具有明显不同的外形与特征。一些主要的性能限制包括信号遮蔽和噪声干扰，信号遮蔽包括由物体、密集簇叶或含颗粒物的致密烟雾引起的信号衰减，噪声干扰包括自然干扰（闪烁）、有意干扰（人为干扰）、邻频干扰和多径（见第 9 章）。某些接收机设计对于这些限制要比其他设计更鲁棒。接收机设计的折中取决于预期的 GNSS 应用及星座和技术时代的不同，而这又会导致不同的形状和特征。然而，有许多适用于所有 GNSS 接收机的基本设计原则。本章介绍这些基本设计原则，并且从图 8.1 所示的功能框图开始，描述通用多频 GNSS 接收机的架构。

所有接收实况卫星信号并实时连续工作的 GNSS 接收机均需要图 8.1 所示的功能，即一个或多个天线单元和相关的天线电子线路，一个或多个前端，多个数字接收机通道（包括搜索引擎），接收机控制和处理功能，导航控制和处理功能，以及其他基本功能，如参考振荡器、频率合成器、直流稳压电源、适当的用户和/或外部接口以及可能的替代接收机控制接口（将 GNSS 接收机集成到其他导航系统并受控于其他导航系统）。通常会内置一块可充电的电池，在接收机工作于待机模式（甚至接收机实际关机）时提供备用电源以维持参考振荡器和计时功能。主电源可以是内置的可更换电池或可充电的电池，或由外部交流或直流电源提供。

图 8.1 中未列出但在许多 GNSS 接收机设计中包含的增强特征，例如提供速度辅助的惯性测量单元（IMU）。这种增强在接收机速度测量维度上通常称为飞轮效应，它可以显著改善接收机的动态应力性能，并在接收机跟踪失锁时提供贯通运行的导航性能，同时提供独立的速度辅助功能来加速重捕过程。另一种可选且有益的增强是原子钟，例如与晶体振荡器锁相的芯片级原子钟（CSAC）。当 CSAC 取代参考振荡器时，将在接收机时间维度上提供飞轮效应。在接收机宕机期间，CSAC 维持精密的时间，减少重捕时间（及随后的捕获时间，前提是在接收机关闭时 CSAC 保持运行）。外部提供的校正信号与 GNSS 信号一起被接收和处理，例如独立的全球地面监测系统产生的校正信号被上传到对地静止（GEO）卫星并重新发射。这些校正信号（见第 12 章）可将实时 PVT 的重复性和准确度提高到厘米级或更高精度。利用机会信号如手机塔等测距，即使是在室内工作，也能增强 GNSS 接收机的鲁棒性（见第 13 章）。

接收机中主要的模拟部分包括天线、前端、参考振荡器、频率合成器和电源，尽管在这些主要的模拟设计中可能存在一些数字技术。现代接收机中其余的功能大多是数字的。尽管全微处理器实现呈上升趋势，但工作在模数转换器（ADC）采样率上的高速功能对于大批量生产往往由专用集成电路（ASIC）实现，对于少量生产或实验接收机由现场可编程门阵列（FPGA）实现，其他慢速功能则用软件实现。通常，软件程序一经调试，就在固件中实现（即程序存储在非易失性存储器中），数据存储在非易失性存储器中（数据为常量时）和易失性存储器（数据为变量时）

中。这些程序运行于微处理器和/或更专业的数字信号处理器中。每个处理器通常都是异步的，因为它用自身的超高速（模拟）振荡器来确定时钟速度。数字通信通常是通过数字存储器直接（并行位）访问进行的，或是采用高速串行数据传输技术进行的。这些过程通过优先级中断进行同步，硬件中断由频率合成器提供，较慢的软件中断由处理器中基于硬件中断的实时操作系统提供。部分接收机设计可以利用在一个或多个微处理器中运行的数字信号处理（DSP）技术来实现，这部分可称为软件定义的，但不可能将完整的 GNSS 接收机合成为软件定义的接收机（SDR），尽管在文献中经常使用这种误称。然而，术语 SDR 确实很容易用于非实时操作的接收机，但是用于验证或增强正在进行中（或在规划中）的实时接收机设计，或者使用预先记录的前端数据执行事后处理。可配置的 GNSS 接收机（CGR）是可以合成的，其中接收机的运行架构由图 8.1 所示的可重构模块功能定义。在 CGR 背景下，所有软件定义的功能将运行在支持多种硬件（及相关软件）配置和接口的实时操作系统下。实际上，大多数现代化 GNSS 接收机都具有一定的软件定义能力，但是通常会在配置性方面受到限制。

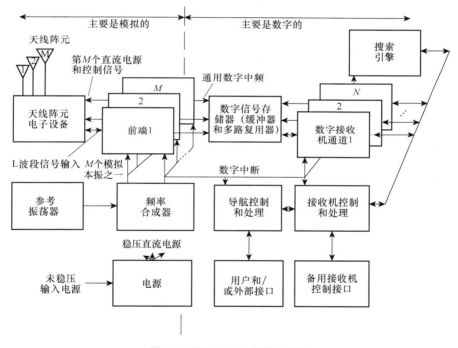

图 8.1　通用 GNSS 接收机框图

8.1.1　天线单元和电子设备

参考图 8.1，每个天线单元将从空间电磁场接收的 GNSS 信号（加噪声）转换成电压。与常规民用应用中只有 GPS L1 C/A 码可用的时代不同，现代民用接收机需要涉及单个宽带或多个窄带天线单元的多频天线设计。图 8.1 描述了 M 个单频天线单元，每个单元都支持一个 L 波段频率。还可以有一种宽带天线单元，其无源信号分路器电路由负载阻抗匹配的天线单元电子设备提供，并且提供对多个 L 波段频率的支持。天线位于远处时，天线单元电子设备还可以提供低噪声放大器（LNA）来补偿连接同轴传输电缆的损耗。在这种情况下，图 8.1 所示的信号分路将在接收机中完成。带 LNA 的 GNSS 天线称为有源天线，而不带 LNA 的天线称为无源天线。天线单元电子设备还可以确保每个单频天线单元能够接收右旋圆极化（RHCP）电磁波。

8.1.2　前端

前端提供信号调理，包括模拟带通滤波、放大、抗混叠滤波和下变频到公共中频（IF）或下变频到同相（I）和正交（Q）基带信号，然后是模数转换（ADC）。历史上的邻频干扰威胁[1]提供的经验与教训是：每个 GNSS 信号载波频率或相间紧密的一组载波频率应有一个前端，这是一种提供足够阻带保护的谨慎选择。前端的架构如图 8.1 所示。无论源 L 波段频率如何，接收的 GNSS 信号通常都被转换到一个公共 IF 上。因此，至少每个 GNSS 信号中心频率或相间紧密的一组频率将有一个前端。最多可能需要对具有明显不同带宽和相同载波频率的几个 GNSS 信号中的每个进行独有的前端带宽优化。一般情况下只为相同载波频率上的所有信号提供一个前端，其带宽由最宽带宽信号的要求定义。数字接收机通道（稍后描述）提供所需的任何额外带宽减少（通常通过抽取实现）。

8.1.3　数字存储器（缓冲器和多路复用器）和数字接收机通道

数字存储器（缓冲器和多路复用器）存储由数字接收机通道处理的实时数据块。一个数字数据块通常在其前一个数据块被分配给同一载波频率上不同卫星的 N 个接收机通道读取时，由前端写入。实时多路复用方案必须足够快，以便所有数字接收机通道数字存储器的数据块都能够在被源前端覆盖之前读取和处理。注意，每个数字数据流包含在该 L 波段载波频率上传输的所有可见卫星的信号。还要注意，在这一点上，所有的 GNSS 信号都是埋在噪声中的（即以分贝表示的信噪比是大的负值，因而若用示波器监测其对应的模拟信号，则每个数字数据流看起来都像是带限白噪声）。

每个数字接收机通道执行更快的载波和码剥离过程。每个通道在接收机控制和处理导向下，通过选择适当的前端采样数据流来检测和跟踪一颗卫星的信号。在冷启动期间搜索引擎可以集体使用所有可用的接收机通道在时域中搜索，或由工作在频域中的专用搜索引擎捕获前 4 颗卫星。冷启动意味着接收机有很少或没有关于时间或位置的信息，并且关于 GNSS 星座的历书信息可能是不准确的，使得二维搜索空间（码距离和载波多普勒不确定度）非常大。

在捕获前 4 颗卫星并得到其测量值后，搜索不确定度变得非常小，除非历书数据已经过时。总搜索不确定度较小时，剩下的接收机通道可以分配给各自的附加卫星及其他 L 波段的短搜索和信号捕获过程。如果一个专用的搜索引擎执行了冷启动搜索，那么在所有搜索不确定因素都变小后就会被关闭。导航和控制过程负责确定搜索不确定度。

8.1.4　接收机控制和处理、导航控制和处理

接收机控制和处理功能对所有高速接收机通道执行较慢且智能的状态控制与基带处理。它将（可用的）导航辅助引入数字接收机通道，以加快捕获/重捕过程并为跟踪过程提供鲁棒性。它提取观测量和导航电文数据，并且将它们传递给导航控制和处理功能，以便使用这些信息为预期应用生成 PVT。导航控制和处理功能提供最高级别的控制，并且辅助接收机的控制和处理功能。

8.1.5　参考振荡器和频率合成器

参考振荡器与其频率合成器相结合，支持模拟信号下变频和模数转换过程的采样定时，并且通过到数字处理的离散时间中断来支持数字信号处理关于实时信号的时间同步。

8.1.6　用户和/或外部接口

用户和/或外部接口使接收机适应其工作环境。用户接口包括为人机交互设计的控制显示单元（CDU）。外部接口包括用于开放系统的标准电子接口或专有封闭系统的非标准接口。这些接口为系统提供实时 PVT 信息，有时提供控制和数据信息。例如，惯性导航系统、eLoran、光学模式识别和多普勒雷达等增强系统通过外部接口以松耦合（异步）方式集成到了 GNSS 接收机中。

最流行的增强方案使用内部接口将 IMU 与 GNSS 接收机集成起来（图 8.1 中未示出）。这些内部接口之一是参考振荡器，可以使得 IMU 观测量与 GNSS 观测量同步。另一个接口是导航和控制处理器，它以协同紧耦合的方式合并 GNSS 和 IMU 信号的观测量。这种协同作用组合了无漂移但对射频干扰脆弱的 GNSS 接收机与易于漂移但能抵抗射频干扰的 IMU，显著增强了两个系统的导航性能。

图 8.1 中未示出的另一个可选功能是内置数据记录和存储的配置，但这也可以是一个外部接口。许多 GNSS 应用需要内置的数据存储来进行事后处理。如果需要存储原始观测量，那么这将成为海量的数据存储。固态数字数据存储技术在高密度、低成本方面取得了巨大的进步，现在可以用于这一目的。

8.1.7　备用接收机控制接口

如果接收机用于另一个导航系统的增强系统，那么备用的接收机控制接口提供对实时观测量的访问，并且响应智能外部控制。这一集成过程最复杂的版本将禁用导航控制和处理，以及用户和/或外部接口功能。由于这些都是实时操作，所以还应提供一个接口用于系统时钟之间的同步操作，或者为 GNSS 接收机参考振荡器提供外部接口。

8.1.8　电源

电源的作用是提供满足接收机所有功能要求的稳压直流电源。用一个公共的直流电源为所有电路供电正变得越来越实用，但将模拟和数字电源（甚至接地电路）分开仍然更可取，因为不可避免地会有串扰通过电源线，尤其是由数字电路引起的串扰。便携式接收机应用需要内置的电池，但是通常需要在运行的时候对电池充电，有些接收机会提供不干扰接收机工作的热插拔电池组。

8.1.9　小结

本节描述了图 8.1 中的所有功能（连同一些相关的功能），以提供对通用 GNSS 接收机的高级别的综合概述，并为其设计奠定基础。本章将详细介绍 GNSS 接收机中搜索、捕获和跟踪卫星信号，提取 GNSS 卫星码和载波观测量值及导航电文数据所需的每个功能。本章的重要目标是如何实际设计 GNSS 接收机。一旦将这些广泛的设计概念作为一个整体来理解，读者就有了理解或开发创新的基础。为便于读者寻找更多的细节，这里提供了大量的参考资料。

8.2　天线

GNSS 接收机天线接收来自 GNSS 卫星的 RHCP 电磁波，以及接收带宽内所有不需要的电磁辐射，并且将它们转换为电子射频（RF）电压。

GNSS 天线由一个或多个辐射元件及相关的微波电子线路组成。微波电路通常物理上实现为辐射元件下方的多层印制电路板，包含两个接地面之间的对称带状传输线布局。接地面对天线增益方向图具有抑制作用，否则将在该方向上保持半球形的主增益方向图。辐射元件和微波电路通常由一个被设计为对无线电波透明的盖子（称为天线罩）保护。

8.2.1　所需属性

理想的 GNSS 天线属性包括低成本、目标平台可接受的形状因素、相位中心准确度高且变化小、良好的增益特性（如下所述）和完美匹配的输出阻抗［即 1:1 的电压驻波比（VSWR）］。

增益衡量天线对电磁波的接收程度，是波的入射方向（方位角和仰角）的函数。增益是相对于理想化的无损耗天线度量的，天线在所有方向上都同样地接收电磁波。这种理想化的参考天线称为各向同性天线。作为方位角和仰角的函数，任意天线的增益正式定义为：在相同入射电磁波的情况下，实际天线与各向同性参考天线的输出功率之比。电磁波极化的天线增益通常采用称为 dBi 的分贝单位（相对于各向同性天线的分贝）。线极化、圆极化源的增益分别以 dBil 和 dBic 为单位。天线的物理特性如下：为了增大某些方向的增益，有必要降低其他方向的增益。具有可观增益（例如在峰值增益的 3dB 内）的方位角或仰角跨度称为天线波束宽度。要增大峰值增益，就必须减小波束宽度。相反，要增大波束宽度，就必须降低峰值增益。

理想情况下，GNSS 天线相对于各向同性 RHCP（0dBic）天线的增益大于 1，在从天顶至截止角（通常为地平线上方 15°～5°）的半球形视角范围内具有恒定的 RHCP 增益，在截止角以下增益陡然滚降，在感兴趣的带宽上增益均匀（平坦），导致恒定的群延迟。理想的 GNSS 天线也应最低限度地接收低于截止角的左旋圆极化（LHCP）波，以拒收地面的镜面反射多径。这些准则也有例外。例如，移动设备中的 GNSS 天线最好能在更宽范围的仰角上具有可观的增益，因为设备可能会被保持为不同的取向（如屏幕垂直或水平方向）。

其他典型的 GNSS 天线属性包括 50Ω 输出阻抗、防雷，以及对于远处的天线内置一个增益为 15～50dB 的低噪声（噪声系数为 1～3dB）LNA，但仅限于所需的 L 波段频率，并且具有很宽的动态范围。

对于每种 GNSS 天线应用，形状因素通常是最重要的驱动力，它仅次于成本，但是即使将这两个属性都从理想属性列表中消除，天线设计也不可能完全实现。辐射元件设计决定了基本的 GNSS 天线属性，即其形状因素和带宽。天线电子线路、接地面和天线罩决定了最终的增益方向图、相位中心和输出阻抗属性。天线相位中心（即由 GNSS 接收机导航的位置）并不是一个物理位置，而是一个电气位置，它并不一定由天线的形状限定。对于精密的 GNSS 应用，相位中心相对于已标定物理位置的精确位置（准确度）至关重要。相位中心随到任何及所有卫星的仰角的变化必须是非常小用且对称的（即对截止观测区域上方的所有方位角和仰角都是可重复的）。在这个属性中实现毫米级精度会导致最高的天线成本，并且在实现小尺寸外形因素上也施加了最苛刻的限制。所幸的是，大多数 GNSS 应用不需要这种精度级别。

8.2.2　天线设计

如果辐射元件是精心设计的螺旋（或螺旋变体）天线，如安装在接地面上的圆锥形螺旋天线，那么超精密相位中心准确度和稳定度属性能得以最好地实现。这是因为对于螺旋设计来说，RHCP 特性是天然的，且带宽本质上是与频率无关的，从而产生高度均匀的增益方向图，以保持其 RHCP 及在较低仰角处的 LHCP 抑制[2]。

防护性的天线罩在水、雪和积冰等信号污染物的脱落中起重要作用，但它也会略微改变增益方向图，包括相位中心位置和变化，所以校准应该总是包括天线罩，天线罩材料应具备均匀的介电性质。值得注意的是，许多 GNSS 卫星上的天线阵使用具有定向波束特性的长圆柱形螺旋天线元件，但圆锥形螺旋元件（短得多）已被成功地用于此目的。这一家族的最低剖面版本是平面螺旋天线，它牺牲了锥形螺旋设计的增益随仰角均匀变化的属性，但是在很大程度上保留了其他可取的属性。这种设计或其变体有时有些轻微的弯曲，对于需要低剖面天线的精密 GNSS 应用是一种很受欢迎的选择。

　　另一种天然的 RHCP 天线设计是四臂螺旋线设计[3]，在陶瓷电介质上制造时可以做到宽带和小体积。许多非天然 RHCP 的其他低剖面 GNSS 天线设计，如交叉偶极子、贴片、介质贴片（陶瓷贴片）天线，因其形状因素的限制及其转换为 RHCP 天线的方式，会牺牲各种性能特征。另一种在手机中普遍使用的天线是 Planar Inverted-F Antenna（PIFA，平面倒 F 形天线），因为它在陶瓷基板上的贴片元件的形状看起来类似于倒立的字母 F[4]。

　　辐射元件天然线极化时，通过极化微波（通常为带状线）电路将其转换成 RHCP，同时也完成阻抗匹配。例如，由于贴片天线元件是线极化的，因此可以使用两个线极化端口的正交激励将其人工转换成圆极化的。然而，它们的圆极化在地平线附近总是减小的，那里正是最需要抑制多径的地方。圆极化的整体质量很大程度上依赖于馈电网络，往往对制造过程很敏感。使用接地面会使辐射方向图接近半球形，并提供较低仰角下的屏蔽。

　　表 8.1 中列出了流行的 GNSS 天线单元设计类型的代表性组合，以及推动选择该天线单元类型的典型应用，包括应用要求的关键天线参数，如典型尺寸、成本类别、RHCP 形成，以及这类天线元件设计产生的极化带宽。从表中可以明显地看出，天线元件的设计选择是 GNSS 接收机设计中最具挑战性的任务之一，尤其是对未来需要接收多于一个 GNSS 频率、有时是 GNSS 信号以外波段的小型和低成本应用而言。表 8.2 基本上是表 8.1 的延续，显示了 GNSS 天线元件最常见的性能指标。这些性能指标通常包括天线的轴比和电压驻波比（VSWR），详见下面的介绍。文献[2]中综述了当前可用的各种 GNSS 天线。

表 8.1　典型应用设计驱动的 GNSS 天线类型及关键特性

设计类型	推动设计的应用	关键设计参数（S）	尺寸/英寸[1]	成本类别	RHCP 形成	极化带宽
圆锥螺旋	一级定位和定时	最高精度	$9.5D \times 5.5H^2$	最高	天然的	所有 GNSS 波段
低剖面螺旋（或其变体）	最高精度陆地、海洋、航空、空间	最高精度、低剖面	$7.5D \times 2.5H$	高	天然的	所有 GNSS 波段
交叉偶极子	高精度陆地、海洋、航空、空间	高精度、低剖面	$5.0D \times 2.5H$	中高	人工的	所有 GNSS 波段
贴片	航空电子，PVT	最低剖面、最优精度	$2.7D \times 0.9H$	中低	人工的	多个 20MHz 波段
陶瓷四臂螺旋	手持 GNSS	最适合便携式	$0.5D \times 0.9H$	低	天然的	宽带
平面倒 F 形天线[3]	移动电话	最低成本、最小尺寸和质量	$1.5L \times 1.0W \times 0.33H$	最低	人工的（通常很差）	GPS/GLONASS L1 C/A 波段+多个移动波段
陶瓷贴片	汽车	最低成本、最小体积	$1.0L \times 1.0W \times 0.2H$	最低	人工的（通常很差）	GPS/GLONASS L1 C/A 波段+无线电波段

注 1：D 表示直径，H 表示高度，L 表示长度，W 表示宽度。

注 2：若需要多径抑制接地面（如扼流圈或电阻平面）加上整体保护天线罩，则尺寸要大得多。

注 3：称为平面倒 F 形天线（PIFA）是因为其在陶瓷基片上叠加的贴片元件形状类似于倒立的字母 F[4]。

表 8.2　GNSS 天线的典型性能指标

类　型	有用的波束宽度/度	增益/度数处的 dBic	相位中心变化/mm	轴比/度数处的 dB	VSWR[3]/中心频率处的 dB
圆锥，螺旋	160	90°处 >2，10°处 >−4	<2 准确度[2]，<1 稳定度[2]	90°处 <0.2，10°处 <0.5	2:1
低剖面螺旋	150	90°处 >5，15°处 >−3	<10 准确度，<5 稳定度	90°处 <0.2，10°处 <2.0	2:1
交叉偶极子	140	90°处 >3，20°处 >−2	很少规定	90°处 <1.0，20°处 <3.0	2:1
贴片	160	90°处 >5，10°处[4] >−0.5	很少规定	90°处 <1.0，10°处[4] <3.0	1.5:1
陶瓷四臂螺旋	120	90°处 >3，20°处 >−6	很少规定	很少规定	2.3:1
平面倒 F 形天线[1]	140	90°处 >−3，10°处 >−6	很少规定	很少规定	很少规定
陶瓷贴片	140	90°处 >−3，10°处 >−6	很少规定	很少规定	很少规定

注 1：称为平面倒 F 形天线（PIFA）是因为其在陶瓷基片上叠加的贴片元件形状类似于倒立的字母 F[4]。

注 2：这些准确度不包括由近场效应引起的不准确[5]。

注 3：仅在天线中心频率处的 VSWR 指标是典型的，而窄带天线元件 VSWR 的变化通常远大于宽带天线元件。

注 4：对于甚低剖面贴片天线，低仰角的增益和轴比性能受到影响。代表性指标是在 10°下增益为−4dBic、轴比小于 15dB。

8.2.3　轴比

　　GNSS 天线的极化特性是决定其整体性能的重要因素。当今 GNSS 卫星广播的所有导航信号都是 RHCP 的。许多干扰源是线极化的。术语线极化和圆极化是指电磁波的特性。在远场，当通过真空或空气等简单介质传播时，构成无线电波的电场矢量（E）和磁场矢量（B）总是相互垂直的，也垂直于信号的传播方向。在线极化波中，电场和磁场的幅度都是振荡的，但其指向随着波的传播始终保持不变。许多地面通信系统使用两种特殊线极化的一种：垂直极化（其电场垂直于地表）或水平极化（其电场平行于地表）。在圆极化波中，电场和磁场的方向不再恒定，而是随着波的传播，每个波长都旋转 360°。从发射机的角度来看，电场和磁场矢量可以顺时针方向或逆时针方向旋转。从发射机的角度来看，顺时针方向旋转按惯例称为 RHCP，逆时针方向旋转称为 LHCP。

　　对于从任意方向入射的线极化波，理想的 RHCP 天线提供不随电场指向变化的恒定增益。例如，如果天线在地平线方向是完美 RHCP 的，那么天线对地平线上的水平或垂直极化源的增益是相等的。当入射波电场的方向在所有可能的方向（如垂直于从源到天线方向的所有方向）上变化时，实际天线可能表现出增益的变化。这种变化的程度称为天线的轴比（AR），其单位是分贝。对于 GNSS 天线，轴比可用来确定 RHCP 天线的增益损失 L_a，

$$L_a = 10 \lg \left(\frac{(1+AR_l)^2}{2(1+AR_l^2)} \right) \quad (dB) \tag{8.1}$$

式中，$AR_l = 10^{AR/20}$ 是线性单位的轴比。因此，理想轴比为 0dB 的 RHCP 天线增益损失为 0dB。表 8.3 计算了一系列 AR 下的 L_a，包括表 8.2 中出现的典型规定值，但是这些值通常只在天线天顶才能达到，那里通常有着最强的信号、最高的天线增益和最小的多径。注意，无限的轴比带来的 RHCP 增益损失是有界的（3dB）。

表 8.3　轴比（AR）对 RHCP 天线增益损失（L_a）的影响

AR /dB	0	0.5	1	1.5	3	3.5	4	4.5	无穷大
LA /dB	0.0	0.004	0.01	0.03	0.13	0.17	0.22	0.27	3.0

图 8.2 中说明了在微波暗室中测得的具有典型增益方向图的 GPS L1 贴片天线的轴比。当接收端的待测天线旋转 360°，同时受到发射端以右旋圆方式旋转的已校准线天线在 L1 频点的辐射时，会产生这种增益方向图。这是一个理想的测试，原因有二。首先，包括已校准参考线天线在内的用户天线测试设备可以通过计量学方式经六级"可溯源金字塔"溯源到国际计量局（Bureau International des Poids et Measures，BIPM）[6]。这个金字塔从基础的用户测试设备开始，继之以通用校准实验室、工作计量实验室、参考实验室、国家计量机构（NMI）和金字塔顶部的 BIPM。其次，可以通过检查幅度增益偏移（即轴比定义为由旋转线极化天线产生的摆动峰峰值，单位为分贝）来求待测天线的轴比。然后可用式(8.1)求得损失 L_a。由此简单算得 RHCP 天线的增益 G_a（通常在离散的仰角增量下）为

$$G_a = G_p - L_a \qquad (\text{dBic}) \tag{8.2}$$

式中，G_p 是图中的峰值增益包络。图 8.3 中显示了从图 8.2 中获得的峰值增益偏移（G_p）图。例如，参考图 8.2 右上角的注释，0°（天顶）时 AR = 0.5dB，导致 L_a = 0.004dB。观察天顶方向的 G_p = 5.3dBi，所以天顶方向的 G_a =5.3 − 0.004 ≈ 5.3dBic。

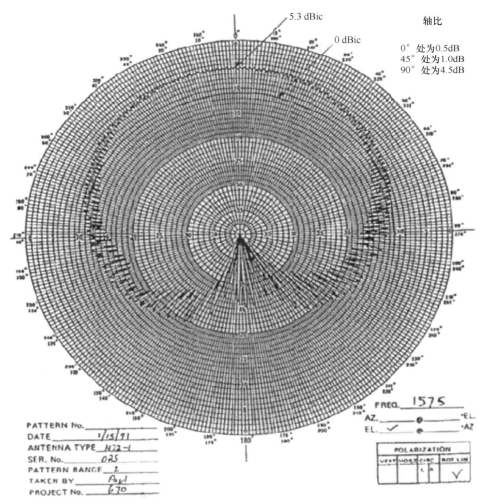

图 8.2　包括轴比的贴片天线增益方向图

在图 8.2 中的 265°和 85°仰角处，AR = 4.5dB，导致 L_a = 0.27dB。这些角度对应于图 8.3 中两侧 85°（天顶下）的天线仰角（反过来，对应于高于地平线上 5°的用户仰角）。参考图 8.3，在左侧 85°处 G_p = 0dBi，而在右侧 85°处 G_p = -1dBi，所以 RHCP 天线增益是左侧 G_a = -0.27dBic，右侧 G_a = -1.27dBic。换句话说，即使对于一个给定的仰角，轴比看起来也是一致的，实际的 RHCP 天线增益在较低的用户仰角 5°附近至少有 1dB 的增益波动。参考图 8.2，注意贴片天线恰好在最需要的地方，即在较低的用户仰角处，迅速失去了其 RHCP 特性，当仰角趋近用户地平线时增加的轴比（峰-峰偏移）印证了这一点。这是所有不具备天然 RHCP 的天线元件的特征，也是所有具有低剖面的天线元件的特征，即使它们具有天然的 RHCP。

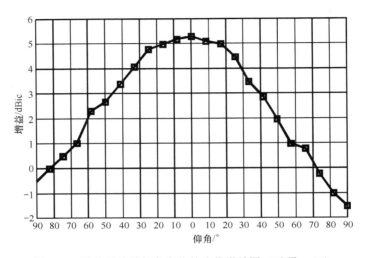

图 8.3   贴片天线随仰角变化的峰值增益图（天顶 = 0°）

由于涉及的费用，以天线供应商提供的轴比来校准天线增益方向图是例外而不是规则。即使是高端的天线规范，通常也只有一个代表性的轴比图，无法用上述技术准确测量。为了真正校准 GNSS 天线，需要大量这样的校准增益方向图。这就需要进入一个校准可溯源到 BIPM 的天线暗室，以及天线测量专业知识来进行天线校准测量。在微波暗室中需要一种更耗时和更复杂的天线测试装置来确定天线相位中心的位置和变化。

8.2.4   电压驻波比

电压驻波比（VSWR）是天线信号传输线阻抗与其负载（通常为 50Ω）的匹配程度的度量。理想的 VSWR 表示为 1:1（即没有驻波）。根据反射系数（复电压幅度或阻抗的无量纲比率）给出的 VSWR 方程是

$$\text{VSWR} = \frac{1+|\Gamma|}{1-|\Gamma|}:1, \qquad \Gamma = \frac{V_{\text{reflected}}}{V_{\text{incident}}} = \frac{Z_{\text{load}} - Z_0}{Z_{\text{load}} + Z_0} \quad （无量纲） \tag{8.3}$$

式中，$V_{\text{reflected}}$ 是天线负载反射的电压幅值，V_{incident} 是天线输出信号的电压幅值，Z_0 是天线的复输出阻抗，Z_{load} 是天线负载的复输入阻抗。测得的或已知的 VSWR 的逆运算是

$$|\Gamma| = \left| \frac{\text{VSWR}-1}{\text{VSWR}+1} \right| \quad （无量纲） \tag{8.4}$$

VSWR 也可通过称为回波损耗（RL）的天线阻抗匹配性能因子确定，单位为分贝：

$$VSWR = \frac{10^{RL/10}+1}{10^{RL/10}-1}:1 \quad (dB) \tag{8.5}$$

式中，

$$RL = -20\lg|\Gamma| = 10\lg\frac{P_{incident}}{P_{reflected}} \quad (dB) \tag{8.6}$$

式中，$P_{incident}$ 是进入天线负载的入射功率，$P_{reflected}$ 是来自负载的反射功率。RL 是天线与其负载匹配程度的另一个度量标准。测得的或已知的 VSWR 的逆方程是

$$RL = -20\lg\left(\frac{VSWR+1}{VSWR-1}\right) \quad (dB) \tag{8.7}$$

上述方程的检验表明，当 Γ 低而 RL 高时可达到最优的 VSWR。作为示例，假设 VSWR = 1.01:1，则 $\Gamma = 0.00498$，RL = 46.1dB。一个常用的天线带宽指标称为回波损耗带宽，它是 RL 在天线中心频率处取值 10dB 以内的频率范围。为了将这一度量与更直观的 VSWR 度量进行比较，假设在天线中心频率处 VSWR 是令人印象深刻的 1.5:1。由式(8.7)，相应的 RL 是 14dB。如果 RL 之后恶化了 10~4dB，以此来定义其带宽，那么由式(8.5)示出的 VSWR 已恶化到不惹人注意的 4.42:1。

8.2.5　天线噪声

需要使用以开尔文(K)为单位测量的天线噪声温度 T_{ant} 值分析接收信号的信噪比。也许 GNSS 天线中最常被误解的性能参数是使用温度单位 K 来描述其噪声贡献，尤其是这一基本的接收机噪声分析参数从未包含在天线规范中，因为天线噪声温度不是其物理温度，而是归于天线增益方向图 $G_{ant}(\theta,\phi)$ 在增益所覆盖立体角的球面方向上的视在温度 $T(\theta,\phi)$。这一立体角包括其旁瓣和后波瓣。参数 f 是方位角，参数 θ 是天线视轴的仰角（单位为弧度），它以标称的天线相位中心为原点。定义天线温度的相关公式是[7]

$$T_{ant} = \frac{1}{4\pi}\int_0^{2\pi}\int_0^{\pi} G(\theta,\phi)\cdot T(\theta,\phi)\,d\theta\,d\phi \quad (K) \tag{8.8}$$

由于实时工作期间天线视轴方向不确定（即使天线增益方向图和周围温度场型精确已知），该方程的精确求解不太实用，但是存在实际的近似。例如，如果整个增益方向图只覆盖一个暗天（冷空），那么 T_{ant} 在 GNSS 频率处可能会有低至 10K 的天空温度，但天线增益方向图中也包含热点。这些热点包括太阳和星星，但是通常的主导因素是约 300K 的（热）地表。因此，如果有一半的暗天和一半的地球覆盖，那么天线的温度约为 150K。由于典型的 GNSS 天线增益覆盖范围在正常工作期间大部分是朝向天空的，因此合理的假设是天线噪声温度约为 100K，因此这是本章和第 9 章中的算例假设的值。

但是，设计者应记住可能的变化。一些较高的 GNSS T_{ant} 视场环境包括：（1）通过窗户或再辐射器间接接收 GNSS 信号的建筑物内部；（2）被高山包围的地方，或望向城市峡谷或茂密树叶的地方；（3）在车辆中工作的用户设备，车辆遮蔽了部分天线视野，或天线倾斜使其视野的很大一部分包括地球；（4）在导弹或炮弹上，天线视场在发射时朝向天空，然后在弹道中倾斜，视场包括地球；（5）在天线阵几乎完全看向热地球的空间卫星。

如果接收机连接到 GNSS 模拟器，那么天线将被断开。在这种情况下，目标是改变 GNSS 模拟器信号（接收信号功率）来补偿噪声电平的差异。这一变化的方程是[8]

$$(\Delta C_{\rm S})_{\rm dB} = 10\lg\left(\frac{T_{\rm sim} + T_{\rm receiver}}{T_{\rm ant} + T_{\rm receiver}}\right)\quad(\text{dB})\tag{8.9}$$

式中，$T_{\rm sim}$ 是模拟器噪声温度（假定标准室温为 290K）；$T_{\rm receiver} = 290\left(10^{(N_{\rm f})_{\rm dB}/10} - 1\right)$ 是接收机系统噪声温度（K）；$(N_{\rm f})_{\rm dB}$ 是 290K 时的接收机噪声系数；$T_{\rm ant}$ 是天线噪声温度（K）。

注意，这只能补偿连接到 GNSS 模拟器时的噪声差异。接收机天线增益方向图和（多空间和时间变量）接收的 GNSS 信号增益方向图的组合补偿要复杂得多。只有非常复杂的 GNSS 模拟器才支持这种精细的增益补偿功能。

8.2.6　无源天线

无源天线不包含电源组件。无源天线是最可靠的天线，因为有源元件的故障率要比无源元件的高得多（假设两类元件的质量一致）。在天线与接收机前端中的第一个前置放大器［称为低噪声放大器（LNA）］之间具有最小插入损耗（非常短的物理距离）时，可以使用无源天线。如后面将要看到的那样，具有足够增益的低噪声系数 LNA 可使整个接收机噪声系数保持在约等于 LNA 的噪声系数（分贝）加上 LNA 之前的最小插入损耗（分贝）。可能会有几个无源窄带天线单元（每个接收机所用的 L 波段频率一个）或一个无源宽带天线单元（横跨接收机所用的整个 L 波段信号范围）或窄带和宽带单元的一些组合。在任何情况下，无源单元必须按照将复合天线阻抗与端接于 LNA 输入的同轴电缆阻抗相匹配的方式进行组合。例如，2 单元天线需要一个无源的 50Ω 双工器，将单独的射频信号合并到 50Ω 的同轴电缆中，该电缆将复合宽带射频信号传输到 50Ω 输入阻抗的 LNA。也可能有无源的 L 波段高 Q 值、低插入损耗带通滤波器，如腔体滤波器，以在所需阻带中提供 RF 干扰抑制。第一个 LNA 之前的无源插入损耗（包括同轴电缆和连接器插入损耗）会增大接收器的噪声系数，同时会降低 1Hz 带宽中的载波噪声功率比（C/N_0）。以 Hz 为单位的这一比值是 GNSS 信号质量的一个很好的度量，因为除在实现过程中的损耗外，它在 GNSS 接收机中的任何地方都是一样的。它通常以 dB-Hz 为单位表示，定义为

$$(C/N_0)_{\rm dB} = 10\lg(C/N_0)\quad(\text{dB-Hz})\tag{8.10}$$

逐段计算无干扰 $(C/N_0)_{\rm dB}$ 的方程将在第 9 章的式(9.20)中给出。

8.2.7　有源天线

有源天线意味着天线外壳内有一个或多个需要外部直流电源的 LNA（有源元件）。该电源由接收机电源通过同轴电缆的中心导体提供。如果天线位于远处（如屋顶或桅杆上安装的天线），那么有源天线必不可少。在第一个 LNA 之前，每分贝的无源损耗都会使 $(C/N_0)_{\rm dB}$ 有效降低约相同的量，因此将天线 LNA 增益级置于电缆无源损耗之前，可以降低整个接收机的噪声系数。如果 GNSS 接收机不需要大的动态范围来实现高的带内 RF 干扰（RFI）容限，那么可以使用覆盖所有感兴趣的 RF 信号的单个宽带天线单元和单个宽带 LNA。否则，需要更复杂的有源天线方案，详细描述见 8.3 节。

8.2.8　智能天线

智能天线包含天线外壳内的整个 GNSS 接收机，因此消除了同轴电缆、连接器及其他 RF 组件。所有来自智能天线的输出信号都能够驱动长信号线缆。现代半导体技术支持这种在非常小的外壳（包括天线和天线罩）内的高度集成。这种集成不仅显著降低了插入损耗，而且消除了每个前端的 RF 信号的合路和后来的分路。智能天线可能由电池供电，或者需要来自主机平台的幻像

电源。它可能包含热插拔、小型和大容量内存存储单元，为后处理提供数小时的数据记录。"智能天线"这一称谓通常意味着它也是一个高精度的自备式 GNSS 接收机，包括接收和处理独立的 GNSS 校正信号，从而实时实现厘米或分米级的定位精度。校正信号可以在经典差分工作模式下由本地提供，也可由对地静止（GEO）卫星全球提供（见第 12 章）。由于辅助 GPS/GNSS 接收机[9]不独立或连续运行，所以不被认为是智能天线，在此不再赘述。

8.2.9　军用天线

军方将 GNSS 天线分类为固定接收场型天线（FRPA）和受控接收场型天线（CRPA）。FRPA 既可以是覆盖所有感兴趣波段的单个宽带单元，又可以包含多个窄带天线元件，这些单元组合后可以接收所有感兴趣的军用波段。无论哪种情况，天线都会提供固定的增益方向图。

CRPA 是一种相控阵天线[2, 3]，由每个载波频率的多个天线单元组成，能够使用数字信号处理技术改变其增益方向图。最受欢迎的 CRPA 技术是一种 N 单元的 CRPA，它可以将深度的增益零陷调向 $N-1$ 个干扰源，并在与干扰源不一致的多颗可见卫星方向上提供少量增益。典型的军用 CRPA 具有 7 个用于大型军事平台（如飞机）的双频（L1 和 L2）单元。还有更小的 CRPA，在智能武器中使用的单元更少。另一种 CRPA 技术使用大量具有相同海量数字信号处理能力的天线单元，将增益的窄波束导向选定数量的卫星，其中没有一个与干扰源方向一致。在大多数军事应用中，波束控制的 CRPA 是两种设计中最有效但最不实用的。

由于基带信号处理技术不能降低 GNSS 接收机带内的带限白噪声（BLWN）干扰带来的噪声电平增大，在基于 FRPA 的接收机对相同宽带干扰的鲁棒性之外，CRPA（或等效的天线选择性技术）是减轻这种威胁的唯一手段。对于相同的干扰源和卫星，与对应的 FRPA 技术相比，CRPA 鲁棒性的提高是所实现的零陷深度（作为正分贝数）加上天线增益增加的总和。这种鲁棒性可以提高 30～50dB，具体取决于 CRPA 技术的复杂度。这种复杂度严重受限，除非 GNSS 接收机有能力为 CRPA 信号处理功能提供卫星视线的方向余弦（或等效值）。这种能力需要 IMU 辅助移动平台的接收机。第 9 章将进一步讨论如何使用 CRPA 和其他技术来减轻干扰及其他形式的 GNSS 信号中断。

8.3　前端

前端的基本目标是将天线接收的 L 波段信号（加上噪声）放大到合适的幅度电平，同时将其下变频到较低的频率，以将其数字化用于随后的数字信号处理。图 8.4 中显示了一个大动态范围的模拟前端设计，实现了这一基本目标及更多目标。通常对 GNSS 接收机支持的每个 L 波段载波频率都有一个前端。由于在多波段 GNSS 接收机中有多个前端，因此每个前端都设计为使得相同的基本设计能相对简单地适配到纳入接收机设计的每个 L 波段中心频率上。每个前端都有一些独特的组件［例如，带通滤波器和根据中心频率定制的第一本地振荡器频率（LO_1）］。然而，设计意图是尽可能地最大化部件的通用性（例如，使用共同的 IF 及其后的所有相关部件）。其他设计目标是实现低的接收机噪声系数和高的动态范围。稍后将描述前端设计如何与 8.4 节描述的接收机通道相结合，这种结合也具有相当大的设计通用性，能够适应 GLONASS 星座的 FDMA 信号。

前端的特点表现为其增益规划、频率规划、下变频方案和数字输出信号的类型。参考图 8.4，所有放大器增益和混频器级都应比多个带通滤波器宽得多，使得滤波器在建立带宽 B_{fe}、通带平坦度和群延迟方面起主导作用。这些滤波器还通过对在通带之上和之下的频率的组合衰减来确定阻带抑制水平。前端的特点还进一步表现为其性能特征，如噪声系数和动态范围。对这些前端特征的描述从功能描述开始。

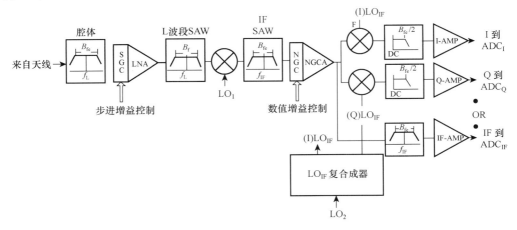

图 8.4　大动态范围模拟前端框图

8.3.1　功能描述

参考图 8.4，第一级示出了一个腔体滤波器（高 Q 值、低插入损耗、无源 L 波段带通预滤波器），它通过最小化带外（尤其是邻近波段）射频干扰来保护第一个有源级。通常存在非线性保护电路（未示出），例如背对背的 PIN 二极管，以将任何过度（有害）的射频信号钳位到地。由于腔体滤波器的尺寸往往很大，所以该滤波器可能会被移到天线组件上，或被替换成一个更小的预滤波器，如果在第一个有源级之前的阻带抑制是一个可接受的折中，那么甚至可以将其消除。

第一个有源级是为天线射频信号提供增益的 LNA。稍后将描述 LNA 在设置接收机噪声系数时的作用。如果天线是远程的，那么必须在天线处增加另一个 LNA，并且在其之前提供用于阻带保护的预滤波器。必须相应地调整本地 LNA 的增益，但是必须保留步进增益控制（SGC）动态范围。LNA 信号首先由 L 波段声表面波（SAW）滤波器进行带通滤波，然后使用第一本地振荡器将信号混频频率 $LO_1 = f_L - f_{IF}$ 下变频到中频（IF）f_{IF}，其中 f_L 是感兴趣的 L 波段频率。频率合成器（在图 8.1 中所示的频率合成器功能中实现，但在后面的图中更详细地展示）提供了所需的 LO，并且这些 LO 被锁相到参考振荡器。这些频率是根据接收机设计的频率规划来选择的。每个下变频器级都需要一个 LO。

LO 信号混频过程产生卫星信号的上边带和下边带（加上噪声和泄漏信号）。中频 SAW 带通滤波器选出下边带［即 $f_L - (f_L - f_{IF}) = f_{IF}$］，即输入 L 频带信号和 LO_1 之差。在这种设计中，上边带和泄漏信号被混频器后置带通中频 SAW 滤波器滤除。必须特别注意频率规划和 SAW 滤波器级，以消除所有潜在的镜像信号（即与第一级 LO 混频后在 IF 波段结束的无用信号）源。在混频过程产生中频后，信号多普勒和测距码（掩埋在噪声中）被保留。只有载波频率降低，但是每颗卫星信号的多普勒频移（来自载波的频率偏移）仍然以其原始的 L 波段信号为参考。中频信号被馈送到数字增益控制放大器（NGCA），通常称为自动增益控制（AGC），但是这里的设计特别使用数字增益控制（NGC）。

NGCA 的数字增益控制（NGC）数字信号来自图 8.4 所示的功能框图外，但会在后面的图中详细展示。NGC 数字信号离散而精确地控制 NGCA 增益，从而避免模拟控制漂移。这种设计技术已展示出 60dB 的动态范围[10]，并支持后面描述的干扰态势感知特性[10-13]。

参考图 8.4，上部的中频通路馈送两个混频器，结合一个同相的中频本地振荡器频率（I）LO_{IF} 和正交相位的本地振荡器频率（Q）LO_{IF}，将中频实信号转换为复基带同相（I）和正交（Q）分量。混频过程中的上边带和泄漏信号被各自的低通滤波器抑制，这些低通滤波器也用做抗混叠滤波器，每个滤波器都有一半的前端带宽。如滤波器图所示，这些信号中不再有载波频率，因为现在它们是从直流开始的。滤波后的信号被放大并馈送到两个基带 ADC。

在图 8.4 中，下部的通路在中频仍然为实信号，并且通过具有全前端带宽的抗混叠中频带通滤波器和放大器传递到 ADC。注意，通常只有一个或另一个通路是实际使用的。这种选择通常取决于可用的 ADC 技术和/或设计者可用的数字信号处理能力，但是稍后描述的较低实中频实现具有明显的性能优势。由于对不同的 GNSS 信号选择可能不同，并且在生产前端的开发方面投资较大，所以这两种选择都可以保留在设计中，其中的一个或另一个通路可以被关闭。

8.3.2 增益

所需前端电压增益 $(G_{fe})_{dB}$ 可以根据 1Hz 带宽内的接收机热噪声功率 $(N_0)_{dB}$、前端带宽 B_{fe}（假设为 30MHz）、天线负载（假设为 50Ω）和 ADC 最大输入电压（假设为 2V 峰-峰值）来估算。计算顺序如表 8.4 所示，使用第 9 章计算的 $(N_0)_{dB}$ 值，但在表中重新计算，做相同的假设［即接收机噪声系数 $(N_f)_{dB} = 2dB$ 和天线温度 $T_{ant} = 100K$］。回顾可知，感兴趣的 GNSS 信号被掩埋在噪声中，因此假设只存在热噪声（即不存在带内干扰，且来自所有带内和可见 GNSS 信号的功率对于热噪声的附加功率贡献量可以忽略不计）。假定 ADC 具有 1V 的峰值限制，它基于一个现代化高性能、高采样率和大带宽的 16 位 ADC[14]，将输入电压范围限制在 2V 峰-峰值、满量程输入。因此假设 ADC 的输入为 1V 峰值或 0.7071V。对于这些假设，表 8.4 中显示，最大的前端净增益约为 110dB。净增益的限定很重要，因为需要更多的总增益来克服前端中的所有插入损耗。注意，假设天线的 VSWR 是完美的 1:1（实际上从来不会），所以这一损失也要通过增益来克服。

表 8.4 前端最大净电压增益计算

符 号	单 位	公 式	值	参 数
$(N_0)_{dB}$	dBW/Hz	$10\lg[k(T_{ant} + T_{receiver})]$	−204.3	1Hz 带宽内的热噪声功率
k	J/K	常数	1.38×10^{-23}	玻尔兹曼常数
T_{ant}	K	见式(8.8)	100	天线温度
T_{amp}	K	$290(10^{(N_f)_{dB}} - 1)$	169.6	接收机温度
$(N_f)_{dB}$	dB		2	接收机噪声系数
B_{fe}	Hz		3.0×10^7	前端带宽
$(N)_{dB}$	dBW	$(N)_{dB} = (N_0)_{dB} - 10\lg(1/B_{fe})$	−129.5	带宽 B_{fe} 内的热噪声功率（dBW）
N	W	$N = 10^{N_{dB}/10}$	1.1×10^{-13}	带宽 B_{fe} 内的热噪声功率（W）
V_N	V（RMS）	$V_N = \sqrt{N \times 50}$	2.36×10^{-6}	50Ω 上的热噪声伏特 RMS
V_{ADC}	V（RMS）	$V_{RMS} = \dfrac{\sqrt{2}}{2} V_{PEAK}$	0.707	假定 1V 峰值 ADC 输入下的最大 ADC RMS 输入电压
$(G_{fe})_{dB}$	dB	$(G_{fe})_{dB} = 20\lg(V_{ADC}/V_N)$	109.5	最大（净）前端电压增益（dB）

如果对于简单的 L1 C/A 码接收机设计，前端带宽降低到 1.7MHz，那么该带宽中的热噪声会降低到约−142dBW（即比宽带情况低约 12dB）。增益增大到约 122dB，因而需要比宽带的例子约多 12dB 的增益。

在任何情况下，若其他所有条件相同，则实际增益取决于前端带宽 B_{fe} 内的热噪声。由于该带宽不会因特定的前端设计而改变，唯一改变增益的是带内干扰（由于元件随温度、老化等引起的增益变化很小）。随着带内干扰的增加，前端增益必须相应地减小。图 8.4 中的前端设计可以适应大范围的增益衰减。

8.3.3　下变频方案

下变频方案的选择很大程度上取决于设计人员可用的模拟微波技术。单片微波集成电路（MMIC）技术和专用微波元件正在不断地改进，包括已经降低的噪声系数、特征尺寸和功率。这项技术还增加了到不必要的传导或辐射潜在通路的层级隔离。这有助于减少在模拟信号数字化之前提供所需的巨大通带增益和阻带抑制的隔离下变频级数。自第一台预相关 ADC 接收机（全数字接收机[15]）诞生以来，这些技术的进步使得下变频级数逐代减少——从三级到两级到现在的单级下变频前端设计，人们甚至提出和实现了直接 L 波段数字采样和数字化前端。尽管取得了上述技术进步，但来自直接 L 波段采样之前的多同频、高增益级的泄漏通路会导致前端不稳定（振荡）。然而，在 L 波段仅有的一个 LNA 增益级之后下变频到中频会显著减少泄漏通路反馈。在图 8.4 所示的设计中，增益分布在两个分离的频段——L 波段和中频之间，大部分增益在较低的频率上。这种设计还允许在中频处使用同一个与 L 波段所用的相比更小、更低成本、更高 Q 值和更低插入损耗的 SAW 滤波器，而 L 波段的每个 SAW 必须不同，以匹配各自的前端 L 波段频率。这些中频增益和滤波器级显著提高了整个前端的阻带抑制性能。这两个关键特性（增强的稳定性和阻带抑制），加之可对不同前端 L 波段使用同样的中频元件，是不采用直接 L 波段采样的主要原因。

8.3.4　输出到 ADC

注意在图 8.4 中，前端输出到 ADC 的上部信号通路是一个复基带（I 和 Q）信号。这一方案有利有弊。明显的优点是信号频谱的起始现在已从中频变成直流，并且带宽减半。实际上，底层的 GNSS 信号载波具有多普勒频移，所以这些偏移仍然存在。此外，复中频下变频（混频）信号从参考振荡器继承了一些频率误差，所以这种共模偏移仍然存在。当通过图 8.4 所示的过程将中频底层的实 GNSS 信号转换为复信号时，这一复信号不可能是每个底层实信号的真实复数表示。这是因为每个底层信号中的多普勒变化量又加上了基准振荡器频率偏移，且模拟的 90° 相移电路并不完美。如果这些都是小错误，那么这种基带设计就能够幸存，但不可能完全消除这些错误。另一个缺点是基带信号不再是交流耦合的，因为基带频谱的起始是直流，而来自增益级的模拟直流通路会发生漂移（即在 ADC 过程中包含直流漂移会导致模拟偏置问题）。然而，当 ADC 速度不能支持（实）模拟中频信号带宽时，这是原始的数字接收机方案；而且由于相同的原因，它将继续在某些设计中使用。为了尽量减小 ADC 输入的直流偏置问题及复基带信号中的缺陷，人们开发了各种技术。

下部通路的模拟中频（实）信号没有直流偏置问题，因为它是交流耦合到 ADC 的。一般来说，现代单极性 ADC 输入需要直流偏置，而该偏置电路不受有源增益级漂移的影响（即它与偏置电路中使用的参考电压和电阻器一样稳定）。

在下部的通路方案中，每个数字接收机通道都将数字化的实中频信号转换成复基带分量。有关将实模拟中频信号转换为数字中频信号的 ADC 过程的更多细节，将在 8.3.8 节中介绍，其数字接收机过程将在 8.4 节中介绍，但是使用实中频信号的数字信号处理的优点会在这里介绍。由于数字中频上的底层 GNSS 信号经过数字处理和检测，ADC 数字采样过程的副产品首先将中频信号移至较低的镜像频率（如 8.3.8 节所述）。关键的副产品是，每个数字接收机通道通过复制载波的剥离过程及随后的复制码剥离过程，从噪声中提取一颗卫星的信号（并将其从相同载波频率的所有其他卫星信号中分离）。这些剥离过程在搜索时是开环的，在跟踪卫星时是闭环的（在 8.7 节中描述）。这里的意图是聚焦于使用数字载波剥离过程的优点，它是相对于使用确保具有完美 90°相移的数字复制 I 和 Q 载波信号对一颗卫星信号（而非全部可见星）进行复转换而言的。当卫星信号被发现并被指定的数字接收机通道锁相跟踪时，这些复制信号基本上与该颗卫星的信号完全对齐，意味着这些复制信号也包含精确的多普勒频移、精确的参考振荡器频率和相位共模偏移，以及精确的镜像中频载波频率（8.3.8 节中将解释如何通过 ADC 欠采样将实际的中频信号频率折叠到较低的镜像中频上）。

　　由于通过数字基带复转换过程的实现近乎完美，所以假设 ADC 设计能够工作在输入中频上，并且以 2 倍的 ADC 采样率提供所需的位数，因此实模拟中频信号是首选的前端输出到 ADC 的信号。数字接收机通道载波剥离过程也有一些简化，这将在后面描述。

8.3.5　ADC、数字增益控制和模拟频率合成器功能

　　每个前端的 ADC 部分的功能框图如图 8.5 所示。图 8.4 所需的两种 ADC 选项都在图 8.5 中进行了说明。参考图 8.5，如果实现复数字基带信号输出，那么使用图上部的一对基带 ADC；如果实现实数字中频信号输出，那么使用图下部的单个 ADC，但只使用一种组合。在任意一种情况下都实现相同的数字增益控制特征，除了信号检测器是复的或实的。注意，复信号 ADC 的采样时钟（近似）为实信号 ADC 的一半，因为复信号带宽约为实信号带宽的一半。图中还示出了两种 ADC 实现的数字增益控制，J/N 计态势感知作为其副产品。详细的数字增益控制功能在图 8.6 中显示为闭环形式的实际信号通路。数字增益控制方案[10]具有与模拟方案相同的功能（检波器、低通滤波器、比较器、AGC 增益和误差积分器），但该方案具有调谐精确方便、动态范围大、无漂移集成的优点，使得步进增益控制（及其 J/N 计副产品）具有可行性。其他态势感知功能，如干扰表征也可以作为数字增益控制设计的一部分来实现，但这里没有示出。

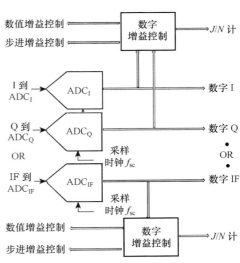

图 8.5　具备数字增益控制特性的前端 ADC 选项

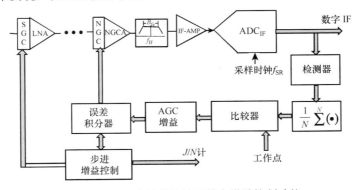

图 8.6　闭环中的前端扩展数字增益控制功能

图 8.7 中示出了服务于所有 M 个前端的模拟频率合成器的功能框图。它为每个前端提供一个独特的 LO_1，从而产生一个共用的中频。如果由前端合成一个复基带信号，那么频率合成器为每个前端提供一个公共的 LO_2，通常是图 8.4 中复频率合成器产生的 LO_{IF} 的 2～4 倍。所有的合成频率都锁相到参考振荡器。

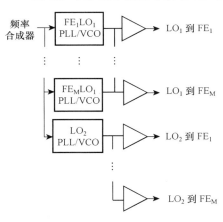

图 8.7　前端模拟本地振荡器频率合成器

数字频率合成器（图 8.1 在高层面上示出）也锁相到基准振荡器，并向所有 M 个前端提供 ADC 采样率，还向所有接收机通道提供计时中断。谨慎的做法是为接收机的模拟和数字电路提供单独的电源稳压器，使其远离接地回路，方法是提供单独的接地通路，使它们仅在接近电源的一个返回点处连接，并且保持它们实际上的物理分离，尽量减少辐射串扰。通过将 ADC 图在功能上独立于前端的模拟部分加以说明，即使每个前端都需要自己的 ADC，也进一步强调了这一点。

8.3.6　ADC 实现损耗及设计示例

ADC 的有限量化电平导致了 GNSS 接收机的实现损耗。本节介绍这种损耗情况，并且给出一个快闪型模数转换器设计示例。历史上，所有信号处理都是在时域中进行的，因为 GNSS 接收机是实时运行的。时域基带处理允许 ADC 位数很小，因此可以极大地简化设计，提高了当时已有技术水平下的采样率。自从现有 ADC 和信号处理技术支持所需的 12 位或更高的 ADC 分辨率，搜索引擎中的频域处理就变得常用。使用这样的 ADC 时，实现损耗问题成为一个争议点。然而，有的实时技术可以有效地执行搜索引擎功能，所以实现损耗问题仍然是重要的。

第一代 GPS C/A 码数字接收机采用 1 位和 2 位 ADC，理论上的实现损耗分别为 1.96dB 和 0.5495dB[16]。理论上，1 位 ADC 不需要自动增益控制，但实际上需要某种形式的最小和最大幅度保证，以便通过一个具有足够阈值滞回的模拟比较器，避免振荡，得到统一的决策性能。现代高性能时域 GNSS 接收机只使用 3 位或 4 位 ADC。我们将看到，更多位数下 ADC 实现损耗降低的回报越来越少，但是自动增益控制必须针对 ADC 中的量化和限幅噪声优化调整输入 RMS（1σ）模拟噪声电平。在选择具有可接受的实现损耗的 ADC 时，专门针对只工作于时域的 GNSS 接收机[17]，对于很多量化电平提供了最全面和准确的结果，以及模拟输入噪声的最优 1σ 幅度。由于在分析模型中使用了一个理想的抗混叠滤波器，所以文献[17]中消除了由混叠引起的实现损耗。这对于仅根据其对实现损耗的贡献来选择 ADC 是有益的，但在分析模型中使用的采样率在抗混叠方面将是误导性的，因为不可能合成理想的抗混叠滤波器。8.3.7 节中将讨论 ADC 设计的这个问题。

几个 ADC 量化电平的有效信号功率损耗（分贝）如图 8.8 所示[17]。某些量化电平 n 已用相关的 ADC 位数标识，从 $n = 2$ 的 1 位标识开始，到 $n = 3$ 的 1.5 位标识，$n = 4$ 的 2 位标识，以此类推，如图 8.8 所示。每个电平都被表示为最大阈值与 1σ 噪声电平的比值的函数。最大阈值对应于 ADC 的峰值输入电压电平（而不是输入电压电平峰-峰值）。表 8.5 中提供了最大阈值与 1σ 噪声电平（在表中显示为 T）的确切比值，可以从图 8.8 中近似。该表还包括图 8.8 中未示出的最优量化电平 Q，但它是确定表 8.5 中的 T 值的基础。文献[17]中将其定义为 $T = \frac{(n-2)Q}{2}$，其中 n 是 ADC 量化电平数（如图 8.8 所示）。

表 8.6 中列出了特定 ADC（1 位 ADC 除外）的最优峰-峰值 ADC 基准电压 V_{REF} 和对应的最

优 1σ（RMS）噪声输入。为便于参考，重复了表 8.5 中的前三列。最优峰-峰值 ADC 基准电压列采用 $V_{REF} = nQ$ 计算，其中对相同的 n，Q 值取自表 8.5；最优 1σ 列采用 $V_{RMS} = (V_{REF}/2)/T$ 计算，其中对相同的 n，T 值取自表 8.5。

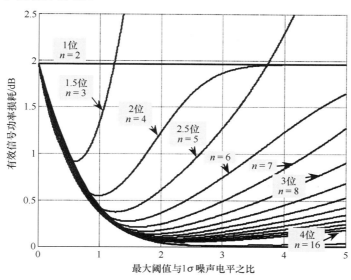

图 8.8　几种量化电平下的 GNSS 接收机 ADC 实现损耗

表 8.5　最优 Q 值和 T 值下的最小 ADC 实现损耗（L）

N/位数	n/电平数	L/dB	Q/V	T/比值
1	2	1.961	N/A	N/A
1.5	3	0.916	1.224	0.612
2	4	0.549	0.996	0.996
2.5	5	0.372	0.843	1.265
3	8	0.166	0.586	1.758
4	16	0.05	0.335	2.345
5	32	0.015	0.188	2.82
6	64	0.005	0.104	3.224
7	128	0.001	0.057	3.591

表 8.6　最优 ADC 基准电压和 1σ 输入噪声电平

N/位数	n/电平数	L/dB	V_{REF}/V 峰-峰值	1σ/V RMS
1	2	1.961	N/A	N/A
1.5	3	0.916	3.672	3
2	4	0.549	3.984	2
2.5	5	0.372	4.215	1.666
3	8	0.166	4.688	1.333
4	16	0.05	5.36	1.143
5	32	0.015	6.016	1.067
6	64	0.005	6.656	1.032
7	128	0.001	7.296	1.016

　　观察图 8.8 发现，当(V_{REF}/2)/1σ 的最优比值在该区域内时，横坐标上的值 1 对应于产生 ADC 限幅噪声的 1σ（RMS）噪声电平。这种情况发生在较低的 ADC 量化电平和较大的量化噪声下，因此一些限幅噪声有利于优化实现损耗。显然，对于这些较低的 ADC 量化电平，最优 1σ 电平增益非常敏感。相比之下，对于具有更高量化电平数（如 3 位或更多）的 ADC，在最优 1σ 区域几乎没有限幅噪声，并且增益灵敏度相当小（即在最优区域曲线平坦）。因此，对于较高的量化电平，ADC 基准电压不一定是达到小数点后三位的最优基准电压，但是峰-峰值 ADC 基准电压应近似为 nQ。

　　注意，对于 1 位和 2 位 ADC，表 8.5 中的实现损耗与文献[16]中的一致。还要注意，在量化电平数高于 3 位或 4 位 ADC 的情况下，在减少实现损耗方面的回报递减。

　　ADC 设计众多，并且各有其优缺点。文献[18]是一本优秀的（可下载的）图书，由它读者可以深入了解数据转换的各个方面，包括它的有趣历史。快闪型 ADC 设计[19]是低位 ADC 应用的流行选择，因为每个可能的模拟量化电平（默认检测到的零除外）都会被连续检测，使用每个电平（零除外）的模拟比较器，其离散输出被馈送到数字触发器（例如，为 3 位 ADC 提供 7 个数字触发器的 7 个模拟比较器）。

　　图 8.9 是一个 3 位（8 电平）模数转换器[19]的示意图。模拟输入连接到所有 7 个比较器的正极。负极各自连接到接收恒定电流(来自基准电压)的电阻串。除 LSB 比较器的参考电压为 0.5LSB 外，串中的每个电阻结点都为每个比较器的负极提供一个基准电压，其最低有效位（LSB）高于下一个基准电压。

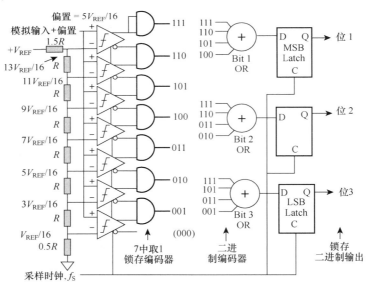

图 8.9　3 位（8 电平）模数转换器示意图

　　这个比较器串的输出与汞温度计具有可比性（即当模拟输入电压上升时，1 的数量按比例从底部到顶部上升，每次一个 LSB 值；而随着模拟输入电压的降低，0 的数量从顶部到底部离散地出现）。然而，比较器差分输出之间的与门在其输出端提供"七中择一"的结果（即只有在最高输入电平的与门产生一个 1 输出）。采样时钟即时采样并保持当前的 ADC 判决，从而根据当前模拟输入电平允许适当的"七中择一"与门（或没有）产生一个 1，二进制解码器或门将该电平转换为相应的二进制状态，作为 3 个触发器的输入，并且该状态被锁存到触发器中。每个比较器都有一个精确而小的（小于 0.5LSB）滞回量，可防止其在阈值附近振荡。每个比较器上的符号表示决策过程中存在滞后现象。图 8.9 中清楚地显示了这个二进制转换过程。图 8.10 中显示了这个 3 位快闪型模数转换器的输入到输出的传递函数（包括滞后），使用单极 $V_{REF} = 4V$（$Q = 0.5V$）和 1.25V 直流偏置以适应双极性模拟输入。算出的最优 1σ ADC 输入电平为 $2/T = 1.138VRMS$。从表 8.5 和表 8.6 可以看出，最优的 $Q = 0.586V$（$V_{REF} = 4.688V$）和最优的 1σ ADC 输入电平为 1.333VRMS。这个单极 3 位 ADC 的最优直流偏置是 011 比较器的基准电压或 1.466V（即使用图 8.9 所示的偏置方程）。对于本设计实例所做的实际选择，有一个可以忽略不计的实现损耗。

　　快闪型 ADC 设计严密地满足了 ADC 的理想要求。（1）模拟信号必须以零孔径时间理想地采样，但实际采样时间可以短到使模拟信号中最高频率（f_c）的幅度变化小于 ADC LSB 决策电平的一半。（2）采样的模拟信号必须以零延迟理想地转换成数字表示，但实际上是在比采样时钟周期更短的时间宽度内。（3）采样的模拟信号应该是理想化的、即时量化的，但实际上在被量化时必须保持不超过 ADC LSB 一半的误差。

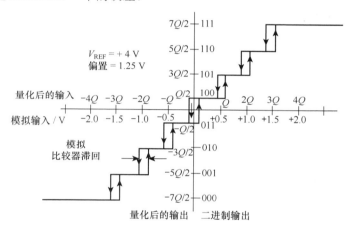

图 8.10　3 位快闪型模数转换器的输入到输出的关系

8.3.7　ADC 采样率与抗混叠

　　有个采样率准则对于涉及扩频码的应用（如 GNSS）是独一无二的[20]。这个准则是，ADC 采样率不应与 GNSS 载波频率或 GNSS 信号扩频码速率同步（有时称为等量采样，即 $f_S \neq f_{carrier}/k$，其中 k 是任意整数，相当于 $f_S \neq R_c k$，其中 R_c 是扩频码码片速率）。这是因为，如果这些频率是同步的，那么数字相关包络将变得失真而呈对称的阶梯状，而不是码相关器包络中所需的对称三角形[20]。换句话说，扩频码符号需要在扩频码周期内的各个时间点采样。对奈奎斯特定理的常见误解，导致了最小采样率可以是扩频码速率 2 倍的错误结论，所以等量采样的发生并不罕见（由于码多普勒频率偏移的影响而提供了一些保护）。由于频率合成器合成的所有频率都与参考振荡器相位锁定（同步），因此在一些 GNSS 接收机设计中 f_S 正好与 1.023Hz 的整数倍同步的做法并不罕见。当任何采样频率历元始终与输入信号的码转换边界对齐时，码跟踪环鉴别器就变成了非线性的（即并不总是产生真正的码跟踪误差）。

　　奈奎斯特定理（也称采样定理）确保 ADC 的数字信号输出是对采样和量化的模拟信号的忠实再现。考虑以直流为中心的信号（即基带信号）的情况。虽然基础理论非常复杂，但奈奎斯特定理可以简单地表述为：采样率 f_S 必须等于模拟信号中出现的最高频率分量 f_c 的两倍（即 $f_S = 2f_c$）。奈奎斯特定理的实际困难是，它要求 f_c 处于信号衰减无限的阻带频率上，但实际情况是，无论何种模拟滤波技术都无法实现无限的信号加噪声抑制。如果抗混叠滤波器无法去除较高频率的信号，那么这些信号就会在 $0.5f_s$ 的整数边界处折回[21]。在 f_c 以上存在任何信号的结果是，这些信号被混叠到数字化的信号中，并且不能通过任何进一步的数字信号处理去除。因此，折中是必须接受一些混叠。大多数理论模型都假设有一个理想的滤波器，它完全满足奈奎斯特定理。这可能使得设计人员误认为在理论模型中使用相同的采样频率可以设计 ADC。

当采样频率等于 $2f_c$ 时，在基带 ADC 混叠中可接受的折中值如图 8.11 所示[22]。图中的 ADC 输入信号是图 8.4 右上角所示模拟前端的 I 或 Q 输出。折中值是在感兴趣信号之间的过渡带中的信号衰减的动态范围（DR），它结束于 $f_B = B_{fe}/2$ 及阻带频率 f_c。对于给定的折中 DR，过渡带的宽度取决于低通抗混叠滤波器的滚降率。注意，f_s 总是大于感兴趣信号带宽的 2 倍。

参考图 8.11，数字化基带信号不仅占据了原有的频谱区域，而且占据了多个镜像区域，每个镜像区域都称为奈奎斯特区域（NZ），折叠边界间隔为 $0.5f_s$[22]。基带镜像占用 NZ(1)，其频谱与模拟域中的频谱相同，其后的所有更高奇数区域的频谱同样如此。NZ(2) 和其后的所有偶数区域的频谱都是相反的。因此，偶数区域的高频端与下一个较低奇数区域的高频端相邻。从一个区域到另一个区域的任何频谱重叠都会导致混叠。注意，如果无用信号加上噪声在无限带宽采样器的输入端未被滤波，那么任何奈奎斯特区域内落在奈奎斯特带宽之外的任何频率成分都将被重新混叠到 NZ(1) 中。有限带宽（现实世界）采样器在其带宽之上的频率处具有衰减效应，但残留成分会被混叠到 NZ(1) 中。

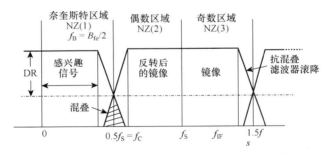

图 8.11　采样频率等于 $2f_c$ 时的基带 ADC 混叠

从图 8.11 可以清楚地看出，当 GNSS 模拟信号（埋入噪声中）在基带采样和数字化时，完全消除 f_c 以上所有不需要信号的抗混叠滤波器是无法实现的。实际抗混叠滤波器的目的是将不需要的信号（加噪声）滤波到一定的电平，使得混叠导致的混叠噪声对随后的 GNSS 数字信号处理可以忽略不计。所需的抗混叠滤波量为 $(DR)_{dB} = 20\lg(DR)$，即在感兴趣信号占用的通带（结束于 f_B）和阻带（对所有更高的频率开始于 f_c）之间需要的衰减。DR 的抗混叠折中与 ADC 的动态范围有关。由于 DR 定义了所需的阻带衰减，并且 ADC 位数定义了所需的保真度，因而 DR 应大于 ADC 的动态范围。N 位 ADC 的动态范围（比值）为 $(2^N-1)/1$，所以

$$(ADC_{DR})_{dB} = 20\lg(2^N - 1) \qquad (dB) \qquad (8.11)$$

一种常用的折中是将阻带衰减设置为 ADC 使用的 LSB 权重的一半，即

$$(DR)_{dB} \leqslant -20\lg\left(\frac{2^N - 1}{0.5}\right) = -20\lg(2^{N-1} - 2) \qquad (dB) \qquad (8.12)$$

这得到低于 ADC 动态范围的 $(ADC_{DR})_{dB} + (DR)_{dB} = -6dB$ 的混叠衰减。

对于给定的 DR，实际的混叠噪声量由 NZ 分离的裕量（即由超过 $2f_c$ 的 f_s 提供的裕量）确定。注意图 8.11 中 DR 线下方的阴影区域是 $f_s = 2f_c$ 时发生的混叠。检查发现，如果采样率降低，

那么混叠将高于 DR 的要求。类似地，如果采样率增加，那么混叠将低于 DR 的要求。

　　基带采样意味着被采样的模拟信号位于第一奈奎斯特区 NZ(1)，如图 8.11 所示，其左边界包括直流，所以需要一个低通抗混叠滤波器。对于时域接收机，一种受欢迎的低通抗混叠滤波器是巴特沃斯低通滤波器，它是具有线性相位响应的最高平坦度模拟滤波器。从直流到接近拐角频率 f_B，它具有几乎完美的平坦响应。这个拐角频率处的滚降典型规定位于-3dB 点处（即典型的低通滤波器带宽由其下降 3dB 的位置来定义）。从转角频率开始，滤波器设计中每极每倍频程的滚降率为 6dB。

　　例如，假定只使用时域处理，并选择 3 位 ADC。使用式(8.12)，$(DR)_{dB}$ 约为-23dB。进一步假定 GPS L5 信号（具有 10.23Mcps 的扩频码速率）被下变频到图 8.4 右上角所示的 I 和 Q 复基带信号。由于 L5 信号中距离载波恰好±10.23MHz 的位置为空信号（无信号能量），可以看出，与 20.46MHz 带宽的信号功率损耗相比，如果 B_{fe} = 17MHz，那么额外的信号功率损耗小于 0.2dB。因此，假设抗混叠滤波器的单边带拐角频率为 f_B = 8.5MHz。如果可接受的阻带频率在 f_C = 17Hz 和 f_S = 34MHz 时为 1 倍频程，则对于-24dB 的阻带衰减，巴特沃斯滤波器至少需要 4 个极点［即一种相当简单的低通滤波器设计为可接受的 $(DR)_{dB}$ 提供 1dB 的裕量］。记住，由于在前端的某些级执行了一些抗混叠过滤，因此可以提供额外的裕量。另外，此处的 GNSS 信号远低于热噪声电平。然而，热噪声实际上对 ADC 工作是有益的，因为它为量化过程提供了抖动[23]。

　　假设所有其他条件都相同，随着过渡带变得更陡，抗混叠滤波器更为复杂。较陡的过渡带和较高量化位 ADC 的组合通常需要另一种滤波器类型，例如椭圆滤波器具有带内平坦度、尖锐过渡带和线性相位响应的期望属性。用于量化中频信号的 ADC 的抗混淆带通滤波器（见 8.3.8 节）可以使用具有带通平坦度、非常尖锐的过渡带及可接受的相位响应线性的 SAW 滤波器（或类似的技术）。通常情况下，所有的前端滤波器都是从这些设计的专家那里购买的，但了解如何规定和验证它们是十分必要的。

8.3.8　ADC 欠采样

　　ADC 欠采样可被认为是实中频信号的数字信号下变频，随后被每个数字接收机通道转换为复数字 I 和 Q 分量。这消除了对图 8.4 右上角所示的中频解调器的需求，并代之以精确的、无漂移的全数字处理[22]。这一方案的解调器性能优点早在 8.3.4 节中就给出了描述。图 8.12 示出了一个中频中心位于第三奈奎斯特区域 NZ(3)的欠采样 ADC 的数字频谱实例。如果前端中频更高和/或采样率更低，那么可以使用更高奇数编号的奈奎斯特区域。记住，在偶数编号的奈奎斯特区域内，频谱是反转的，因而对于 GNSS 接收机设计，绝不能把中频放在偶数编号的奈奎斯特区域内。对第一奈奎斯特区域以上的中频信号进行欠采样是有益的，因为它将来自目标奈奎斯特区域［在本例中为 NZ(3)］的中频信号混叠到第一奈奎斯特区域 NZ(1)，该区的原点是 DC，带通中心频率降低到 $0.25f_S$。

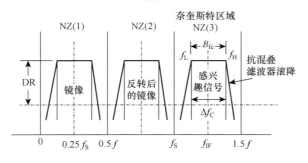

图 8.12　中频中心位于第三奈奎斯特区域的欠采样 ADC

这种技术只需要一个 ADC（如图 8.5 底部所示），但它不是普通的 ADC。这种 ADC 设计必须与前端中频兼容工作，该中频远高于基带 ADC 的对应频率，并且具有两倍的感兴趣信号带宽。随着中频越来越高，对 ADC 的动态性能要求变得越来越重要[22]。设计在第一奈奎斯特区域（即基带）工作的 ADC 将不足以满足欠采样应用的需要，因为它们无法在高阶奈奎斯特区域保持动态性能。然而，目前的 ADC 技术甚至支持 GNSS 中频信号在奇数奈奎斯特区域的 16 位操作[14]。

为欠采样 ADC 选择采样频率需要两个方程。第一个是实际奈奎斯特准则在非基带情况下的重新描述，即

$$f_S \geq 2\Delta f_C \quad (\text{Hz}) \tag{8.13}$$

式中，Δf_C 是 DR 处带通抗混叠滤波器的带宽。回顾可知，抗混叠滤波器提供的阻带在理论上（根据最初的奈奎斯特定理）达到了无穷衰减水平，但实际上达到了由 DR 定义的水平。图 8.12 说明了 DR 是如何定义带宽 Δf_C 的，该带宽以外的所有信号都被滤波到可接受的混叠噪声电平。

第二个是奈奎斯特区域（NZ）方程，以 ADC 采样率表示：

$$f_S = \frac{4 f_{IF}}{2 NZ - 1} \quad (\text{Hz}) \tag{8.14}$$

式中，f_{IF} 是已经下变频到中频的前端载波频率，并且 NZ $=1,3,5,7,\cdots$，对应于数字化中频落入的奇数奈奎斯特区域。回顾可知，如果选择了一个偶数奈奎斯特区域，那么在 NZ(1) 这个由接收机通道使用的区域中，频谱会反转。因此 NZ 选为一个奇数区域。抗混叠滤波器带通滚降越尖锐，在要求的 DR 上 Δf_C 越窄，从而降低了所需的最小采样率，并且使得由式(8.14)确定的 NZ 越大。通过选择较小的 NZ 值和较高的采样率，就可以在抗混叠滤波器的复杂度之间进行折中。

对于这种情况的例子，假设使用 3 位 ADC，中频以 140MHz 为中心，$B_{fe}=17$MHz（或更宽）。注意，前端带宽和 ADC 保真度与基带情况的示例相同，但 ADC 输入带宽是复基带 ADC 输入带宽的 2 倍，且载波频率为 140MHz 而非 DC。3 位 ADC 的 DR 要求 Δf_C 两侧的所有频率衰减 23dB 或更多。一个 140MHz 中心频率的商用现货（COTS）电感电容（LC）带通滤波器，其插入损耗小于 1dB，3dB 点的通带为 20MHz，在 $\Delta f_C=50$MHz 处可提供至少 40dB 的衰减。即使对于一个 6 位 ADC，这也能对付抗混叠问题。要计算采样率和奈奎斯特区域，首先要用式(8.13)求出最小采样频率。因此假设 $f_S=100$MHz 及 $f_{IF}=140$MHz 来求解式(8.14)中的 NZ，得到 NZ $=3.3$，但 NZ 必须是一个奇整数，所以设定 NZ $=3$。将 NZ $=3$ 和 $f_{IF}=140$MHz 代入式(8.14)，将 f_S 增加到 112MHz，可满足式(8.13)的要求，亦即微小的过采样。如图 8.10 所示，NZ(3) 混叠到 NZ(1) 中，中心频率为 $0.25f_S=$ 28MHz。由于这一镜像源于 NZ(3)，所以中心频率也可计算为 $f_{IF}-f_S=28$MHz，因为 f_S 恰好是该区域的左边界。注意，当式(8.14)中 NZ 的第一个通常为非整数的解落在一个偶数区域内时，需要下移到一个较低的奇数区域才能满足式(8.13)，从而提高采样率。在这个例子中，它落在一个奇数区域内，但当非整数被向下舍入为奇整数值，在用整数区域值重新计算式(8.14)时，采样率增大。作为最后一步，要始终确保在由式(8.14)求出最终采样率之后，式(8.13)依然成立。

第一奈奎斯特区域以上的采样信号是有益的，因为它降低了采样率。例如，回顾可知基带情况 f_S 为 34MHz，使得 NZ(3) 的例子高了 3.3 倍，但是这是因为这一设计有着很大的抗混叠设计裕量。将边沿降至 3 位 ADC 所需的最小 DR，相同的中频抗混叠带通滤波器在 $f_S=60$MHz 时为 $\Delta f_C=$ 30MHz 提供 24dB 的衰减。这将数字信号置于 NZ(5) 中，$f_S=62.22$MHz。NZ(5) 的情况仅高 1.8 倍。经验法则的比例为 2，因为欠采样设计的带宽是 2 倍。这清楚地说明了更好的抗混叠滤波器技术及增加 NZ 区号带来的好处。例如，SAW 带通滤波器技术在 140MHz 频率范围内表现出色，在需要高 ADC 位电平时是很好的选择。

欠采样在通信应用中被广泛使用，因为该过程消除了对模拟中频解调器和滤波器的需求，并

代之以优越的数字信号处理技术。它还可以有效地用于 GNSS 接收机的前端设计，将数字技术进一步前移到模拟域，并且取得更好的效果。显然，如果数字接收机采用频域处理进行信号快速捕获，那么欠采样技术会变得更加相关。时域信号的频域转换需要大得多的 ADC 位数，随后的抗混叠滤波器的 DR 更高，但是 SAW 带通滤波器技术已经发展到在低成本下具有优良的性能，可以在这个领域的中频发挥关键作用。文献[14]中的 16 位 ADC 工作在 200MHz 以上的中频频率，采样率高达 125Msps，说明 ADC 技术可用于支持上述欠采样技术。

8.3.9　噪声系数

以分贝为单位的接收机噪声系数由下式确定：

$$(N_f)_{dB} = 10 \lg N_f \quad \text{（dB）} \tag{8.15}$$

式中，N_f 是由弗里斯公式确定的无量纲噪声系数（比率），该公式计算所有前端级的级联，每级都有其自己的噪声系数和增益，如下所示：

$$N_f = N_{f_1} + \frac{N_{f_2} - 1}{G_1} + \frac{N_{f_3} - 1}{G_1 G_2} + \cdots + \frac{N_{f_n} - 1}{G_1 G_2 G_3 \cdots G_{n-1}} \quad \text{（比率）} \tag{8.16}$$

式中，N_{f_i} 和 G_i 分别是第 i 级的噪声系数和功率增益（并且假设每级的阻抗匹配）。注意，这两个值都以比率而非分贝为单位。由于元件的噪声系数和功率增益通常以分贝为单位，因此它们转换成用于弗里斯公式的比率为

$$N_{f_i} = 10^{(N_{f_i})_{dB}/10} \quad \text{（比率）} \tag{8.17}$$

和

$$G_i = 10^{(G_i)_{dB}/10} \quad \text{（比率）} \tag{8.18}$$

这些公式将用于后面的案例中。如果在 LNA 之前的插入损耗可以忽略，LNA 具有低噪声系数且在 LNA 中有足够的增益，那么 GNSS 接收机噪声系数约为第一级 LNA 的噪声系数。在前端设计的例子中，噪声系数基本上取决于腔体滤波器插入损耗和 LNA 噪声系数之和。

8.3.10　动态范围、态势感知及对噪声系数的影响

注意，LNA 有一个步长增益控制功能。该功能与 NGCA 中的数字增益控制（NGC）功能一起，不仅提供了自动增益控制，而且提供了对前端的精确离散前端增益管理。LNA 上 10dB、28dB 和 46dB 的步长增益控制（36dB 范围）与每一步长下 NGCA 的 60dB 动态范围的组合，提供了超过 96dB 的前端动态范围。增益变化的精确测量值提供了热噪声电平之上带内干扰变化的精确测量值。接收机的这一态势感知设计特征称为干扰（热）噪声功率比率计，即 J/N 计[10-13]。前端的动态范围鲁棒性与带内干扰功率之间的协同作用，连同接收机控制功能中的态势感知，可以优化工作在恶劣环境下的接收机通道的工作状态，其中的一些策略将在 8.5 节、8.6 节和 8.7 节中描述。

现在应该清楚的是，前端提供了足够的增益，可将输入热噪声电平提高到最适合 ADC 输入的 RMS 电压水平。回顾可知，GNSS 信号远低于热噪声电平。NGCA 的 NGC 根据输入噪声电平优化 ADC 输入端的信号电平，因而在没有干扰或人为干扰的情况下，该电平由热噪声决定。注意，存在带内干扰和/或人为干扰时，NGCA 会按比例降低增益，因此在只有热噪声的情况下会出现最高的前端增益。随着带内干扰（指的是通过前端带通滤波器的任何不想要的信号功率，包括相邻波段干扰）的增加，NGCA 与 SGC 一起系统地降低增益，以保持最优的 ADC RMS 电压电平。增益控制功能仍维持 $(J/N)_{dB}$ 水平的计算，其中 $(N)_{dB}$ 与未受到干扰的热噪声功率电平的增

益相关，且$(J)_{dB} - (N)_{dB}$与由带内干扰引起的增益降低量相关。

不可避免地，当 SDC 功能降低 LNA 增益时，前端噪声系数有一个步进增量，以防止由于带内干扰的增加而导致增益压缩。然而，在严重干扰条件下，低噪声系数并不重要，所以这是一个很好的接收机性能平衡，通过出色的 LNA 步进增益设计得以良好地应对。有一个案例展示了使用初始值和弗里斯公式的这种效果，如表 8.7 所示。

表 8.7 用弗里斯公式分析前端噪声系数

级		1	2	3	4	5	6	7	8
符号	设备单位	腔体	LNA	SAW	混频器	SAW	NGCA	放大器	ADC
$(N_{f_i})_{dB}$	dB	1	1.5	4	10	2	5	5	30
$(G_i)_{dB}$	dB	0	46	0	9	0	60	55	0
N_{f_i}	比率	1.25893	1.41254	2.51189	10	1.58492	3.16228	3.16228	1000
G_i	比率	1	39810.7	1	7.94328	1	10000	10000	1
$\dfrac{N_{f_n}-1}{G_i G_{n-1}}$	比率	1.25893	0.41254	3.80×10^{-5}	2.26×10^{-4}	1.85×10^{-6}	6.84×10^{-5}	6.84×10^{-10}	3.16×10^{-11}

注 1：弗里斯公式对舍入误差极其敏感。上述的有些比率项已四舍五入，以便在表格中清晰可辨，但所有计算均在完整的电子表格精度下进行。

注 2：ADC 噪声系数的确定基于 ADI 公司的教程[24]。

表 8.7 中显示了假定的前端 8 级插入损耗和噪声系数，包括中频输出信号所用的 ADC 信号路径。弗里斯公式使用这些值来求每级比率所需的相应比率（因数）。在底部行中示出的每级计算的比率必须相加并转换为分贝，以获得总噪声系数，在这个例子中是最高的 LNA 增益设置（46dB）。表 8.8 中给出了这个总和及随后的三个 LNA 增益步长的噪声因数和噪声系数（单位为分贝），假设 LNA 保持其噪声系数为 1.5dB，所有其他级保持相同的噪声系数和增益。表 8.7 中 ADC 输入端的总增益为 135dB，总插入损耗为-30dB，净增益为 105dB。

表 8.8 LNA 在三个 18dB 步长增益下的前端噪声因数和噪声系数

LNA 增益/dB	N_f/比率	$(N_f)_{dB}$/dB
46	1.671735691	2.231676146
28	1.688671351	2.275451356
10	2.757239279	4.404744568

有几件事情现在应变得显而易见。L 波段腔体滤波器的 1dB 插入损耗是整个前端噪声系数的主要贡献因素，所以这就是尽可能减小 LNA 之前的无源损耗的原因。如果 LNA 增益足够高（忽略 LNA 之前增加噪声系数的无源损耗），那么 LNA 噪声系数设置了前端的总噪声系数，而后面更高噪声系数级的贡献可以忽略不计。该前端设计的噪声系数非常好，考虑到它在 LNA 之前提供了可靠的、尖锐的阻带保护，以及额外的 36dB 的步进增益动态范围，因此可以衰减带内干扰。

这个案例并不是为了定义导致实际前端设计的实际增益和噪声值，因为随着设计的发展，许多设计和技术因素会改变 GNSS 前端的最终频率和增益规划，但这个例子确实说明了在设计发展的同时，在实际设计中跟踪前端噪声系数的方法。在不断演进的设计过程中，应该维护一个运行的（分立元件）试验电路板和电子表格，以便跟踪任何设计变更的影响。电子表格应该说明前端产品生产中可能出现的最小值、典型值和最大值。

8.3.11 与 GLONASS FDMA 信号的兼容性

GLONASS FDMA 和其他 GNSS 星座使用的 CDMA 的根本区别是，所有的 GLONASS FDMA 信号都是由相同的 PRN 序列扩频的，所以它们必须通过载波频率的不同来区分，以便对它们进行解调而不会在 GLONASS 卫星之间产生交叉干扰。FDMA 和 CDMA 的共同之处是，它们都使用 DSSS 调制和解调技术，因此目标是追求一种利用这种通用性的架构。

图 8.4 中的基线前端设计适用于 CDMA 操作。为 GNSS CDMA 信号提供信号调理的前端带宽取决于信号中 PRN 码的扩频速率及共用载波频率的调制方式。具有相同 PRN 码设计的 CDMA 信号可以占用相同的频谱带宽，因为每颗卫星都有唯一的 PRN 序列。由于 GLONASS PRN 码序列是相同的，因此其信号不能使用相同的载波频率。使用了 14 个不同的 GLONASS L1 载波频率，每个载波频率与其相邻频率相隔 0.5625MHz，占用的总带宽为 7.875MHz。码长为 511 个码片，扩频码率为 0.511Mcps，码周期为 1ms，数据周期为 10ms，调制类型为 BPSK。经典的 GLONASS FDMA 接收机使得模拟技术最大化而数字技术最小化，因此所跟踪的每颗卫星需要一个前端，并且每个前端都被调谐到要跟踪的特定卫星的载波频率；例如，14 个可能的中心频率为 $1602 + 0.5625N_G$ MHz，其中 $N_G = -7, -6, \cdots, 0, +1, +2, \cdots, +6$。

图 8.4 的前端设计适用于对整个 L1 波段的 GLONASS FDMA 信号进行调理。这允许使用一个 L1 中心频率位于 GLONASS L1 频带（1601.71875MHz）中间的、最小通频带为 $B_{fe} = 7.875$MHz 的前端为所有 14 个 L1 GLONASS 载波频率提供信号调理。中频与 CDMA 信号相同，因此基于前面的例子假设为 140MHz。欠采样技术也被假定为使得数字化的 GLONASS 频带被折叠到 NZ(1)（即在接收机通道基带处理功能所用的低中频处）。表 8.9 中总结了 GLONASS L1 波段的实例设计参数。注意，通带在 GLONASS 7.8750MHz 带宽上必须是平坦的，因此所用的滤波器应足够宽，以便确保通带的两端没有信号滚降。

表 8.9 GLONASS L1 波段前端设计参数示例

参　　数	符　号	单　位	值
通带中心频率	f_G	MHz	1601.71875
通带带宽	B_{fe}	MHz	> 7.8750
第一本振频率	LO_1	MHz	146.1719
中频	f_{IF}	MHz	140.000
$(DR)_{dB} = -30$dB 的 4 位 ADC SAW DR 带宽	Δf_C	MHz	> 15.750
采样率	f_S	MHz	32.941
奈奎斯特区域	NZ	（索引 = 奇数）	NZ(9)

分配用于跟踪 GLONASS SV 的每个数字接收机通道将通过合成对应于感兴趣 L1 GLONASS 信号的复载波频率（加上多普勒）复制副本，来选择感兴趣的数字化载波频率信号。复制副本在 ADC 采样速率下与输入数字中频信号（在时域）相乘。这称为载波剥离。所有 14 个载波频率已经下变频到数字中频加上或减去其各自的频率偏移，并且它们离最近的相邻频率（与 L 波段相同的频率间隔）保持 562.5kHz 的距离。因此，发生的频域卷积处理以相同的频率间隔重新排列它们，但是选择的频率被放置在基带并转换为复信号（当复制副本与输入信号相匹配时）。然后，使用扩频码率（加码多普勒）0.511Mcps 的合成的 GLONASS L1 PRN 码（加码多普勒）复制副本，对复基带信号进行码剥离处理。这一时域相关过程（也在 ADC 采样率下）导致基带的码（当它们匹配时）解扩（剥离）。可能与其他卫星信号有一定相关性，但这些信号仍保持在频域中分开 562.5kHz 的距离。在两个剥离过程之后，有一个低通的积分与转储滤波处理（即以 ADC 采样

率进行积分，并且在一段短于或等于 10ms 数据位周期的时间后清除用于信号检测和随后跟踪的复相关结果）。如果接收机知道 GLONASS，那么可以将积分与转储周期与数据转换对齐，并使用最大 10ms 的积分与转储周期来提高基带信噪比。这些接收机通道合成技术已在 8.4 节中详细描述。然而，很明显，所有的 GLONASS 信号都在时域上相乘，而在频域上是分离的。后续的信号处理可能有也可能没有足够的滤波来拒绝不需要的 GLONASS 频带。如果没有，那么需要在剥离过程之前于 ADC 采样率下进行数字带通滤波；例如，低通滤波器继之以带通有限冲激响应（FIR）滤波器必须在不到一个 ADC 采样间隔内完成所有计算，剩下的处理时间也必须在该间隔内完成计算[25, 26]。这明显增大了接收机通道中的 DSP 吞吐量负担，而当前端通过模拟滤波为不想要的载波频率提供足够的信号衰减时，可减少不必要的负担。然而，数字滤波远远优于模拟滤波[25]。

　　总之，这种架构的两个主要优点是，整个 GLONASS L1 频带可以只用一个前端，接收机通道可以跟踪 CDMA 或 FDMA 信号的通用性。每个接收机通道都能设计成在接收机控制下是可以重新配置的，以便与 GLONASS FDMA 或任何多个 CDMA 信号一起工作。基本上，GLONASS L1 FDMA 信号捕获和跟踪方案在功能上与 CDMA 方案的相同。在 8.4 节中，设计相似性将变得更加明显，该节将详细地描述数字接收机的基带处理。与传统 GLONASS 接收机设计的主要区别是，这种模拟前端不提供对任何不想要的 GLONASS 信号的频率抑制。如果在载波和码剥离过程之前需要额外的数字带通滤波，那么这可能会给接收机通道带来过大的吞吐量负担，但在 GNSS 数字通道设计中增加需要更多实时吞吐量的 DSP 复杂性已是成熟的先例，因为 DSP 技术在复杂性和速度方面一直在快速增长。

8.4　数字通道

　　数字通道捕获并跟踪从指定前端接收到的卫星信号。至此，数字化的信号已准备好供图 8.1 所示的 N 个数字通道中的每个通道处理。前端未进行信号检测，只有信号增益、调理及数字转换。

　　上述对典型 GNSS 数字通道的功能描述，在功能上以实时数字信号处理流程自上而下的顺序呈现：首先是运行在与 ADC 采样时钟相同速率上的极高速功能，然后是由高速功能大规模集成后运行的极低速功能。数字通道结构因而被分为以下两类：快速功能和慢速功能。描述跟踪一颗卫星信号的一个数字通道来简化对这些功能的描述，可以在闭环中描述这些功能。大部分数字通道功能模块在闭环运行期间都处于活动状态。由于有两种类型的 ADC 输入，即复基带和实中频，因此介绍两种版本的快速功能框图；两种输入类型的慢速功能框图是相同的。描述闭环功能后，展现时域搜索功能，揭示一些快速功能已被扩展，一些慢速功能已闲置，而且在数字通道搜索过程中增加了一些新的慢搜索功能。然后介绍和描述实时搜索引擎架构。它不仅需要数字通道搜索（如重捕）所需的架构变化，而且需要大量使用所有可用数字通道的快速搜索功能和慢速搜索功能，这些功能一次集中捕获一颗卫星。在对这些功能进行高层次描述后，与其相关的详细过程按以下顺序给出：8.5 节的捕获（也将描述搜索引擎的频域版），8.6 节的载波跟踪，8.7 节的码跟踪，以及 8.8 节的环路滤波器。

8.4.1　快速功能

　　图 8.13 是将复基带信号 I_n 和 Q_n 用于输入的一个数字通道的所有快速功能的框图，其中 n 是采样点。图中所示的快速功能显示为闭环运行，跟踪 BPSK 调制信号，如 GPS L1 C/A 码信号。图中的所有功能必须运行于基带 ADC 采样时钟频率 f_S 上。回顾可知，基带（复）ADC 设计指南要求 f_S 比扩频码速率更快。

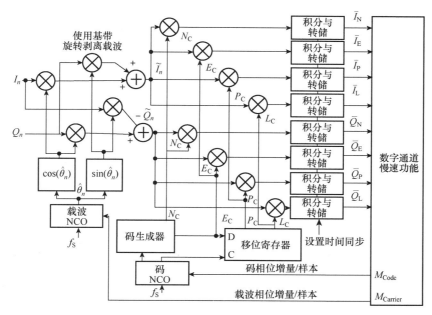

图 8.13　使用基带输入的数字通道闭环快速功能

图 8.14 是一个数字通道的所有快速功能的类似框图，但是这里使用了一个实数字信号 IF_n，其中 n 是样本编号。图中的所有功能必须运行在实 ADC 采样时钟频率 f_S 上。回顾可知，实 ADC 设计指南要求 f_S 比扩频码速率快 2 倍。因此，实中频信号的采样率总是要比复基带信号的采样率快。

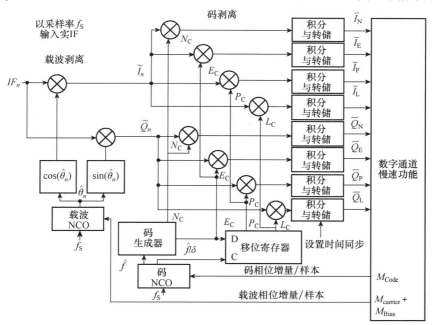

图 8.14　使用实中频输入的数字通道闭环快速功能

注意，图 8.13 和图 8.14 的唯一区别是载波剥离过程。图 8.13 中的复基带信号旋转需要 4 次乘法和 2 次加法，而中频载波频率处的实信号只需要 2 次乘法。所有其余功能是相同的，因此实中频信号实现的更高采样率吞吐量负荷大于基带情况，因为采样时钟频率约高出 2 倍。但是，实中频情况下的模拟处理更少，替代前端模拟处理的数字处理可得到更好的结果。此外，更快的低功耗数字技术使得减少模拟处理成为现实。

8.4.1.1　载波剥离

假设感兴趣的卫星信号为单一的 BPSK 调制信号，如已由前端下变频到中频的 GPS L1 C/A 信号。实信号表示为

$$r(t) = \sqrt{2P}d(t-\tau)c(t-\tau)\cos(2\pi F_{\mathrm{IF}}t+\theta) + n(t) \tag{8.19}$$

式中，P 是接收信号功率（稍后定义为载波功率 C），$d(t-\tau)$ 是延迟的数据调制，$c(t-\tau)$ 是延迟的扩频码调制，余弦函数是延迟的下变频到中频的载波频率，$n(t)$ 是噪声分量。中频信号在下变频到基带后，变为复信号：

$$
\begin{aligned}
I(t) &= \sqrt{P}d(t-\tau)c(t-\tau)\cos\theta + x(t)/\sqrt{2} \\
Q(t) &= \sqrt{P}d(t-\tau)c(t-\tau)\sin\theta + y(t)/\sqrt{2}
\end{aligned}
\tag{8.20}
$$

注意，复信号中的载波信号已被剥离，但 θ 可能是时变的，因此 $\cos\theta$ 和 $\sin\theta$ 项表示每颗卫星跟踪剩下的残余频率，由多普勒、参考振荡器频率偏移、在下变频过程中的其他频率和相位误差源引起。在两个基带 ADC 将这些模拟信号转换为复数字信号 I_n 和 Q_n 后，它们按照图 8.13 中载波剥离阶段所示进行旋转。旋转输出方程是[27]

$$
\begin{bmatrix} \tilde{I}_n \\ \tilde{Q}_n \end{bmatrix} = \begin{bmatrix} \cos\hat{\theta}_n & \sin\hat{\theta}_n \\ -\sin\hat{\theta}_n & \cos\hat{\theta}_n \end{bmatrix} \begin{bmatrix} I_n \\ Q_n \end{bmatrix}
\tag{8.21}
$$

式中，$\hat{\theta}_n$ 是来自载波数控振荡器（NCO）的第 n 个样本相位估计，它与图 8.13 所示的闭环运行的期望输入信号相位紧密匹配。尽管此处复信号被掩埋在噪声中，但随后的信号处理增益使得慢速功能（稍后描述）能够以正信噪功率比（单位为分贝）来检测和跟踪这些信号，使慢速功能跟踪过程与载波 NCO 结合，为下一个潜在信号样本提供准确的反馈估计 $\hat{\theta}_{n+1}$。

将 $\hat{\theta}_n$ 转换为余弦和正弦信号（稍后描述）后，载波剥离过程如图 8.13 所示。旋转后信号的复输出方程为[27]

$$
\begin{bmatrix} \tilde{I}_n \\ \tilde{Q}_n \end{bmatrix} = \begin{bmatrix} \sqrt{P}d_nc_n\cos(\theta_n-\hat{\theta}_n) + \tilde{x}_n/\sqrt{2} \\ \sqrt{P}d_nc_n\sin(\theta_n-\hat{\theta}_n) + \tilde{y}_n/\sqrt{2} \end{bmatrix}
\tag{8.22}
$$

式中，两个分量中的最后一项都表示噪声。注意，当反馈估值等于输入相位时，同相分量变得最大而正交项变得最小（仅噪声），因为余弦项为 1，而正弦项为 0。如果一直如此，那么对应于载波跟踪环路与输入信号锁相。还要注意，此时数据（除非跟踪的是导频通道）和码样本仍然保留在信号中，码项是已知的，且被随后的码剥离过程去除，但数据项（如果存在的话）通常是未知的，所以其带宽成为可在码剥离后的阶段进行多长时间积分的限制因素。

在图 8.14 中，实数字信号 IF_n 是式（8.19）的数字化版，所以 $\mathrm{IF}_n = r_n$。在这种情况下，载波 NCO 输入包含一个常数，称为载波偏差，其在最终去除输入实信号的中频分量的同时还执行基带旋转。结果，载波剥离过程的 $\tilde{I}_n, \tilde{Q}_n$ 输出复信号的公式中包含式(8.22)中的相同信号，以及一些被随后的积分与转储功能低通滤波效应去除的高频分量。实际结果是，在图 8.13 和图 8.14 的积分与转储功能输出中出现了基本相同的信号。

1. 载波复信号合成

如图 8.13 和图 8.14 所示，载波 NCO 产生数字载波相位估计 $\hat{\theta}_n$，用于载波复信号合成。该相位分别转换为复同相分量 $\cos\hat{\theta}_n$ 和正交分量 $\sin\hat{\theta}_n$，两个分量具有与 ADC 输入相同的位分辨率。

由于 ADC 位数和离散相位数通常很小，且由于这是一个快速功能，所以余弦函数和正弦函数通常通过查表（映射）来执行，精度损失可以忽略不计。

2. 载波 NCO

图 8.15 是用于载波和码剥离功能的 NCO 设计的功能框图。图中显示了设计参数和相关方程。数字输入和时钟功能在结构上对两种应用是相同的，但输出不同。生成复制载波所用 NCO 的最高有效位与 ADC 位数 N_{ADC} 相同，因此图 8.15 中 N 比特相位累加器的 N_{ADC} 比特相位产生的 $\hat{\theta}_n$ 与 ADC 的分辨率相同。

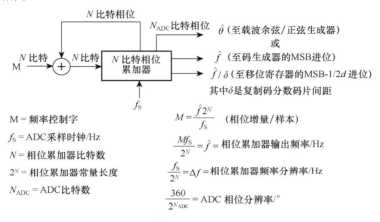

图 8.15　载波/码生成器和码移位寄存器时钟的数控振荡器（NCO）实现

下面给出两个 NCO 的示例：第一个例子是 8.3.7 节中采样时钟频率为 $f_{SB} = 34\text{MHz}$ 的一对 3 位基带 ADC；第二个例子来自 8.3.8 节的一个实中频 ADC，其 $f_{SIF} = 112\text{MHz}$ 且 $f_{IF} = 140\text{MHz}$，源于 NZ(3)，而从 NZ(3) 下采样到 NZ(1)，其中心频率变为 $0.25 f_{SIF} = 28\text{MHz}$。这两种情况都是为 GPS L5 信号和 $N_{ADC} = 3$ 位设计的。图 8.15 中的 NCO 相位累加器假定为 $N = 32$ 位，并且 N_{ADC} 位相位取自相位累加器的 3 个最高有效位（MSB），以便合成这两个示例中的余弦函数和正弦函数。观察图 8.13 或图 8.14 和图 8.15 发现，M 是每个样本的相位增量，一般作为 NCO 的输入，但带有适当的下标。假设 $\hat{f}_{BDca}$ 表示这个特定的基带多普勒频率，M_{BDca} 表示载波多普勒 NCO 输入，f_{SB} 表示 34MHz 基带采样时钟频率，于是有图 8.15 所示的相位累加器输出频率的公式：

$$\hat{f}_{BDca} = \frac{M_{BDca} f_{SB}}{2^N} = \frac{M_{BDca} \times 3.4 \times 10^7}{2^{32}} = \frac{M_{BDca}}{126.3225675}$$

通常，M 的值由所需的 $\hat{f}$ 决定，因此对于基带情况，取决于卫星信号多普勒（例如，如果用户是静止的，那么卫星上升时为正值，最高仰角时为零，卫星下降时为负值），M_{BDca} 和 $\hat{f}_{BDca}$ 都可以是正值、负值或零（DC）。

对于中频 ADC 的情况，图 8.14 中的 IF_n 输入包含一个 28MHz 的载波 IF 频率，要求图 8.15 中的 M 包含一个偏置分量以便将其解调为基带。用 $M_{IFbiasca}$ 表示该中频载波偏置，用 $\hat{f}_{IFbiasca}$ 表示 28MHz 的中频偏置频率，用 f_{SIF} 表示 112MHz 的中频采样时钟频率，有

$$M_{IFbiasca} = \frac{2^N \hat{f}_{IFbiasca}}{f_{SIF}} = \frac{2^{32} \times 28}{112} = 1073741824$$

用 M_{IFDca} 表示载波中频多普勒 NCO 输入，用 $\hat{f}_{IFDca}$ 表示其多普勒频率，有

$$\hat{f}_{\text{IFDca}} = \frac{M_{\text{IFDca}} f_{\text{SIF}}}{2^N} = \frac{M_{\text{IFDca}} \times 1.12 \times 10^8}{2^{32}} = \frac{M_{\text{IFDca}}}{38.34792229}$$

复合中频输出为

$$\hat{f}_{\text{IFca}} = \hat{f}_{\text{IFDca}} + 2.8 \times 10^7 = \frac{M_{\text{IFDca}} + M_{\text{IFbiasca}}}{38.34792229} = \frac{M_{\text{IFDca}} + 1073741824}{38.34792229}$$

由于有 28MHz 的偏置，该载波 NCO 的复合输出频率 $\hat{f}_{\text{IFca}}$ 永远不会为负值。

这两种情况下的例子都说明了 M 值是如何通过载波相位累加器为所需载波频率合成计算的，但要记住载波相位累加器输出频率不是由载波剥离功能直接使用的。如图 8.15 所示，载波相位累加器的最高有效位（MSB）与 ADC 的位数 N_{ADC} 匹配，直接用于合成复制载波相位，如下所述。

如表 8.10 所示，为 3 位 ADC 创建余弦函数和正弦函数的查找表较为简单。注意，表中只需要一个象限的值（加上正确象限的应用）来合成两种副本。在 3 位 ADC 情况下，有 3 个值：0V、1V 和 0.7V。在表 8.10 中，3 位余弦值和正弦值的列包含三项。映射项是从 NCO 的 N_{ADC} 位二进制值映射的实际 3 位二进制余弦值或正弦值。中间的十进制小数项是余弦值和正弦值的归一化十进制值，伏特项是余弦函数和正弦函数的输出信号幅度。

表 8.10　3 位 ADC 余弦和正弦函数的查找表设计

$\hat{\theta}_n$ /°	$\hat{\theta}_n$ /rad	$\cos\hat{\theta}_n$ /V	$\sin\hat{\theta}_n$ /V	3 位 $\hat{\theta}_n$ N_{ADC} $\hat{\theta}_n$ 位	3 位 $\cos\hat{\theta}_n$			3 位 $\sin\hat{\theta}_n$		
					映射	十进制	伏	映射	十进制	伏
315	5.4978	0.7071	−0.7071	111	110	+2/3	+0.7	001	−2/3	−0.7
270	4.7124	0	−1	110	100	+0	0	000	−3/3	−1
225	3.9270	−0.7071	−0.7071	101	001	−2/3	−0.7	001	−2/3	−0.7
180	3.1416	−1	0	100	000	−3/3	−1	100	+0	0
135	2.3562	−0.7071	0.7071	011	001	−2/3	−0.7	110	+2/3	+0.7
90	1.5708	0	1	010	100	+0	0	111	+3/3	+1
45	0.7854	0.7071	0.7071	001	110	+2/3	+0.7	110	+2/3	+0.7
0	0	1	0	000	111	+3/3	+1	100	+0	0

参考图 8.16 顶部的相量图，3 位 N_{ADC} 可在每个 360° 周期内合成 $K = 2^{N_{\text{ADC}}} = 8$ 个离散复制载波相位状态中的一个，即 $\hat{\theta}_n = 0°, 45°, 90°, \cdots$，所以载波相位副本的分辨率是 45°，这是一个非常粗糙的复制相位分辨率。在载波剥离过程后发生的大规模积分（平均）加上 32 位 NCO 载波相位累加器的极高分辨率，使得有效（平均）相位分辨率高出了几个数量级。如图 8.16 所示，如果输出频率为正值，那么相量旋转为逆时针方向，反之亦然。包含在图 8.16 中的广义 NCO 参数适用于任何 N_{ADC} 的值。图 8.16 底部的 I 和 Q 相量图给出了表 8.10 所示 3 位 N_{ADC} 的所有 8 个相位点的（余弦，正弦）输出幅度（伏特）的映射。

图 8.17 顶部说明了当 N_{ADC} 输入为 $M / 2^{N-N_{\text{ADC}}} = 1$ 时，图 8.15 所示 N_{ADC} 位相位累加器的 17 个离散相位状态。由于输入值代表载波相位累加器 N_{ADC} 部分的 LSB，因此该输入值对应于每个样本的一个 45° 相位步进。例如，若 $f_{\text{SIF}} = 112\,\text{MHz}$，载波相位累加器频率 $\hat{f}_{\text{IFca}} = 14\,\text{MHz}$，则该输入值为 1。巧合的是，当 $\hat{f}_{\text{IFca}} = \hat{f}_{\text{IFcabias}} = 28\,\text{MHz}$ 时，该值为 2，即中频输入例子的偏置频率。这种稳态偏置值将合成 90° 相位步进。

图 8.17 中间和底部的余弦样本和正弦样本分别是复制载波剥离函数 $\cos\hat{\theta}$ 和 $\sin\hat{\theta}$ 的输出，如

图 8.13 和图 8.14 所示。这 17 个历元产生比 2 个 f_S 周期多一个历元（$1/f_S$）的波形，每个历元都有 45° 的相位增量，其中第一个历元对应于 $\hat{\theta}_n = 0°$。一般而言，对于 f_S 的每个历元，相同的相位会出现多次，因为 N_{ADC} 分辨率非常粗糙。由图 8.16 可见，上限幅值误差 E_{MAX} 出现在余弦过零点步进位置，是步长值的一半。对于 3 位情况的例子，基于此时实际的量化步进变化，误差是 0.3333。基于广义余弦方程的误差为 0.3535，而基于图 8.16 所示广义弧度的误差近似值为 0.3927。尽管 3 位 N_{ADC} 幅度估计和相位估计是粗略的，但是通过载波剥离过程之后的积分过程进行大规模平均，可以平均这些误差，从而实现极为精确的载波相位测量。

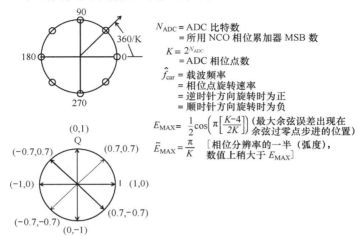

图 8.16　$N_{ADC} = 3$ 位载波 NCO（顶部）和余弦、正弦（底部）相量图及广义参数

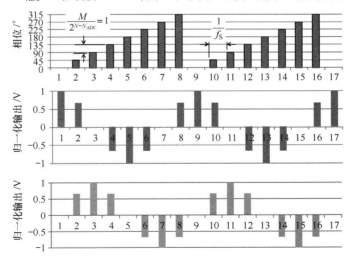

图 8.17　3 位 N_{ADC} 45° 相位增量的 NCO 样本输出（顶部）、余弦函数（中部）和正弦函数（底部）

3. GLONASS 载波 NCO

载波 NCO 是数字通道设计中的功能，8.3.11 节中描述的 GLONASS 中频 FDMA 信号利用图 8.14 的架构进行调理。如 8.3.11 节所述，对于所选的每个 GLONASS 频段，这种数字通道 FDMA 调理技术缺乏星上实现之外的附加带通滤波。本例参考表 8.9，整个 GLONASS L1 频带的带宽为 7.875MHz，所以前端带宽更宽（如 10MHz），GLONASS 频带的中心频率 1601.71875MHz（相对于任意一侧卫星的载波频率偏移 0.2813MHz）被下变频到前端的 140MHz 中频。这一中频从 NZ(9)

下采样到 NZ(1)，采样率为 $f_{SG} = 32.941\,\text{MHz}$。回顾可知，NZ(1)的中心频率一般为 $0.25f_S$，因此图 8.14 中 GLONASS 案例的 IF_n 的中心频率为 $f_{IFG} = 8.23525\,\text{MHz}$。在 IF_n 的带宽内，14 个可能的 GLONASS 卫星中心频率为 $8.51655 + 0.5625N_G\ \text{MHz}$，$N_G = -7, -6, \cdots, 0, +1, +2, \cdots, +6$。这是因为 GLONASS L1 FDMA 频带已被下变频到 140MHz，所以在 L 频段 $N_G(0) = 1602\,\text{MHz}$ 已被下变频到 140MHz 中频频段的 $f_G(0) = f_{IFG} + 0.2813\,\text{MHz} = 8.51655\,\text{MHz}$。因此，用 N_G 来选择所需 GLONASS 中心频率的载波 NCO 偏置方程为

$$M_{\text{IFGbiasca}}(N_G) = \frac{2^N f_{\text{IFGbiasca}}(N_G)}{f_{SG}} = \frac{2^{32} \times (8.51655 + 0.5625N_G)}{32.941} = 73340794.27N_G$$

$N_G(0)$ 的载波 NCO 偏置显然为 1110418740。14 个偏差可以预先计算为一个查找表。

　　这种设计的主要问题是，3 个最低的复制载波频率将产生二次谐波，这些谐波落入 IF_n 内的 3 个高频段，可能与这些频带中的能量足够相关，从而造成干扰。这些组合如下：$N_G(-7)$ 被 $N_G(1)$ 干扰，$N_G(-6)$ 被 $N_G(3)$ 干扰，而 $N_G(-5)$ 被 $N_G(6)$ 干扰，但是仅当这些卫星组合同时可见时才会发生。补救措施是需要在副本余弦和正弦函数输出端使用低通数字滤波器，以便在合成这些较低频率时抑制二次谐波。

8.4.1.2　码剥离

　　码剥离与后面的大规模积分相结合，可提供信号处理增益，将埋入噪声中的扩频信号转换为远高于噪声电平的信号。这是因为这些快速处理会将扩频码缩减为非常慢速的输出（即把宽的发射带宽转换为窄的信号检测和跟踪带宽）。观察图 8.13 和图 8.14 发现，码剥离相关器（乘法器）的输入是载波剥离功能的复输出及码生成器移位寄存器的复制码相位。码剥离功能理论上可在载波剥离功能之前实现，但实际上这增加了复载波剥离功能的数量，同时强制增加了码相关函数的分辨率。已经证明，复数复现载波信号的量化位数应与 ADC 提供的位数相同，而码剥离过程通常可以以 1 位精度执行，也就是说，使用简单的无载波"异或" 1 位乘法器（但是对于一些现代化的 GNSS 信号也有例外）。在使用更高的复制码分辨率来改善实现损耗方面的收益正在递减。此外，增加的码相关分辨率使得码相关器设计更为复杂，而获得的性能回报很少。8.7 节中描述了这种说法的例外情况。在任何情况下，图 8.13 和图 8.14 中描绘的剥离顺序都是首选设计。

　　由于假定数字通道正在跟踪卫星，因此复制载波频率 $\hat{\theta}_n$ 与下变频后的输入卫星信号频率完全相同，即时复制码相位（P_c）恰好在输入卫星信号码的一个码片内，所以对于给定的 PRN 码信号，产生与数学自相关过程相同的相关特性。然而，数字通道相关过程的机制与自相关过程不同，因为只有相关包络的选定相位——超前（E_c）、即时（P_c）和滞后（L_c）被复制，并且通过图 8.13 和图 8.14 所示的 6 个数字相关器乘以复载波剥离之后的输入信号样本 $\tilde{I}_n$ 和 $\tilde{Q}_n$。注意，这些复制码相位由码生成器结合码 NCO 和码移位寄存器提供。由于这些快速功能是在信号跟踪的上下文中描述的，所以复制码生成器已经确定了即时复制码相位在 2 码片相关区域内，并且继续匹配输入信号码相位。即时码剥离功能是由即时复制码 P_n 乘以式(8.22)的结果得到的：

$$\begin{bmatrix} \tilde{I}_n P_c \\ \tilde{Q}_n P_c \end{bmatrix} = \begin{bmatrix} \sqrt{P}d_n c_n \hat{c}_c \cos(\theta_n - \hat{\theta}_n) + \tilde{x}_n \hat{c}_c / \sqrt{2} \\ \sqrt{P}d_n c_n \hat{c}_c \sin(\theta_n - \hat{\theta}_n) + \tilde{y}_n \hat{c}_c / \sqrt{2} \end{bmatrix} \tag{8.23}$$

式中，$\hat{c}_c$ 是第 n 个样本中即时复制码的复制码相位状态（通常为+1 或-1）。根据该公式，我们可深入理解二维载波和码剥离功能，因为我们能够同时看到两者的计算结果。首先，式(8.22)中的噪声项成为式(8.23)中平均值的另一个噪声项，因为复制码序列是伪随机的，并且与噪声没有相关性。其次，当载波和复现码匹配时，出现 $\tilde{I}_n P_c$ 的最大值，因为 $\cos 0 = 1$ 且 $c_n \hat{c}_c$ 两者持续具有匹

配的符号；而 $\tilde{Q}_n P_c$ 基本上是噪声，因为 $\sin 0 = 0$。最后，输出信号幅度随着任意一个或两个副本（码和载波）的二维不匹配而成比例地下降，直到达到（任意一个或两个）不匹配点（跟踪门限），此时信号完全丢失。还要注意，码剥离后信号中剩余的唯一变量是数据调制 d_n。在这种通常未知的信号模式下，+1、−1 转换之间的已知持续时间限制了在转储之前，后续相干积分过程可能会持续多久。在可以使用最大相干积分时间之前，数据翻转边界的相位必须由 8.11 节描述的位同步（或者在大多数现代化信号情况下的重叠码同步）过程来确定，并且必须相应地调整积分与转储过程的相位。虽然此转换边界未知，但积分与转储周期必须要小得多，以便积分期间发生数据位转换时导致的损坏不频繁（例如，如果积分周期为 1ms，数据翻转周期为 20ms，那么为 1/20）。在现代化 GNSS 信号导频通道中不存在该数据调制，稍后将详细描述该特征的显著优点。即时复信号用于载波跟踪，详见 8.6 节中的描述。如果码相位正在被完美地跟踪，那么复超前和滞后信号的幅度相等，但是低于且对称于即时信号幅度。超前减滞后误差用于码跟踪，详见 8.7 节中的介绍。码生成器噪声计信号 N_c 将在下一节中介绍。

1. 码生成器

每个码生成器的具体设计都记录在相关空间段权威机构提供的接口规范中。其中一些设计已在第 3 章到第 6 章介绍，但是控制文档应该是码生成器设计的最终依据（以及空间段接口的所有其他细节）。任何 BPSK 设计示例中的码生成器都只需要一个 2 位移位寄存器来提供 3 个复制码相位，即 E_c（超前）、P_c（即时）和 L_c（滞后），这些码相位通常相隔 1/2 码片。这一基本设计有许多变化，例如更窄的超前/滞后相关器间距以改善多径抑制，附加的超超前与超滞后相关器以检测 BOC 信号的相关模糊性，扩展相关器与惯性测量单元进行深组合，以提高干扰情况下的鲁棒性，但是这种设计为理解这些变化提供了依据。

2. 码噪声计

图 8.13 和图 8.14 中标为 N_c 的码噪声计是相对于码生成器所合成复制码相位超前 2 码片的码相位[28]，或是不相关的扩频码（如果可以由复制扩频码生成器的可用组成部分形成）。超前 2 码片式噪声计设计的重要用途将在 8.4.2 节和 8.4.3 节中详细描述，但相对于任何其他复制码输出超前 2 个码片这个事实确保了其复相关器只会产生噪声，前提是任何其他（更滞后的）复制码与输入信号相关。理想的噪声计通过与感兴趣信号相同的功能模块进行处理，以提供对与信号经过相同过程（包括由近似带来的相同失真）的噪声的测量值，但其复杂性可以降到仅用 Q 信号相关路径。在信号捕获期间（详见 8.4 节），噪声计用于设置检测门限。在过渡到跟踪过程及其之后，慢速功能用它来测量信噪比。8.4.3 节详细描述了慢速功能。

3. 码设置器

码设置器是每个码生成器的一个功能部分，但在图 8.13 和图 8.14 中没有描述，因为它是慢速功能到快速功能的一个接口，其设计必须针对每个复制码生成器设计量身定制。具体来说，码设置器提供了称为码累加器的慢速功能模块与复制码生成器之间的接口。码累加器控制并保持跟踪与复制码生成器状态关联的卫星发送时刻[29, 30]。然而，典型的复制码生成器的发送时刻范围（周期）相对于卫星上维持的明确时间而言是模糊的。因此，码累加器最终会获得同一无模糊的卫星发送时刻周内秒（TOW），但是以其最低有效位与复制码生成器周期相匹配的方式进行分区。在跟踪状态期间，每当复制码生成器 NCO 溢出，就将复制码生成器推进一个码片；因此，如果码跟踪误差为零，那么任何时候该 NCO 的状态就代表对卫星发送时刻的码片内小数部分的极为精密的量化测量。量化误差几乎为零，所以使用该方案的卫星发送时刻误差严格意义上来源于信号噪声。许多 GNSS 接收机设计不使用码 NCO，所以量化误差成为伪距测量误差预算的一个因素。

码累加器在必要时使用码设置器来控制复制码生成器的状态，并且维持一个低速率时钟，可以在接收机控制功能请求码范围测量的任何时刻预测卫星发送时刻，所有跟踪通道通常在相同的设定时刻提出该请求。在其他接收机处理的帮助下，码累加器消除（典型的）复制码生成器码相位偏移中的时间模糊性，使得码累加器中总的卫星发送时刻内容明确对应于 1 周内的卫星发送时刻。前面陈述的例外是 GPS P(Y) 码，其周期恰好为 1 周，因而当复制 P(Y) 码生成器处于跟踪状态时，接收机明确了解卫星发送时刻的周内时。无论其他长周期受限访问 GNSS 信号的码生成器涉及哪个时段，该时段都必须由 GNSS 接收机学习和维护，并且码设置器必须能够将该时间转换为其复制码生成器的码状态。在与图中所示的码 NCO 输入更新相同的慢速输入下，码累加器被维持（更新）为每个样本一个码相位增量。码累加器中的卫星发送时间是被转换为伪距的对 GNSS 扩频码信号的自然测量结果[29, 30]。伪距测量将在 8.9 节中详细描述。

码设置器只是码生成器的一个方面，它对每个 GNSS 扩频码信号都是唯一的。其设计必须依据只描述如何在卫星上生成 PRN 码的接口规范。接收机版本必须与此设计兼容，但在数字通道中的操作和控制完全不同于卫星环境。数字通道码生成器设计必须支持试错法搜索模式，直到成功匹配输入的卫星信号（见 8.4.3 节），然后实时跟踪输入信号上的多普勒、大气效应和其他误差源（见 8.4.2 节）。

码设置器可能是一个慢速功能，因为所有快速功能都以恒定的 NCO 输入操作，直到慢速功能改变它们。因此，基于 f_S 和 $\hat{f}$ 已知且 $\hat{f}$ 直到新 M 值到达前都恒定的事实，任何将来的复制码生成器状态都可以从使用已知 M 值更新码 NCO 的时刻来预测，直到下一次该值更新为止。码设置器设计的关键是，作为一个慢速功能，它能够将码 NCO 和码生成器状态设置为与已知的卫星发送时刻测量值相对应的复制码状态，并且保持对发送时刻变化的跟踪。例如，如果复制码生成器由一个线性反馈移位寄存器实现，并且唯一已知的复制码状态是复位状态，那么码设置器变成一个线性计数器，能够保持复制码生成器一个周期内的码片总数。假定有一个慢速功能接收机通道处理（有时称为码累加器），知道并能够以码 NCO 更新间隔预测卫星发送时刻，则它可以在特定的码 NCO 更新时刻将到下一个复制码周期开始的已知时间偏移量存储到计数器中，然后使计数器同步地（以码 NCO 速率）对偏移进行向下计数，再后在该延迟结束时对复制码生成器复位。于是复制码生成器与输入信号发送时间对准，而且如果码 NCO 以正确的多普勒补偿码速率运行，那么复制码生成器将保持对准。当复制码生成器通过相关处理成功搜索并发现了卫星发送时刻时，如果搜索过程是由设置和控制复制码相位状态的慢速功能适当控制的，那么从复制码生成器来获得发送时刻应不是必需的。然而，它可以通过逆向过程来获得，确定复制码周期何时结束于特定的码 NCO 历元时刻。虽然在这种发送时刻处理中似乎只有一个复制码码片的分辨率，但是在码 NCO 中也有一个码片分辨率的 N 位分数，所以发送时刻测量精度严格取决于码跟踪环中有多少噪声。在利用干涉技术的锁相操作中，模糊载波跟踪环路相位测量可以进一步细化这一点。

4. 码移位寄存器

在这个 BPSK 设计实例中，只需要一个 2 位移位寄存器来提供跟踪模式期间使用的复制码相位。如图 8.13 和图 8.14 所示，通过将从码 NCO 获得的 $\hat{f}/\delta$ 频率作为时钟驱动移位寄存器，可以同步实现复制码间距，其中 δ 是以码片为单位的码间距。所以对于 $\delta=1/2$ 码片，码移位寄存器的时钟频率为 $2\hat{f}$。如两幅图所示，4 个不同码间距的码生成器复制信号被馈送到 4 个复数（I 和 Q）码相关器。8 个相关器输出被馈送到 8 个积分与转储功能模块，其输出被馈送到慢速通道功能模块以进行附加的积分。4 个同相的积分信号（以码相位顺序）为 $\bar{I}_N, \bar{I}_E, \bar{I}_P, \bar{I}_L$。4 个正交相位信号是 $\bar{Q}_N, \bar{Q}_E, \bar{Q}_P, \bar{Q}_L$。最早的复信号被用做本底噪声的度量。其余 3 个是超前、即时和滞后复信号，用于（即时）载波和（超前减滞后）码跟踪（8.6 节中描述的码跟踪技术也包含即时信号）。

若由图 8.15 所示码 NCO 累加器设计中低于 MSB 的级合成，并由图 8.13 和图 8.14 来推断，则 δ 只能是二进制分数（即 1/2、1/4 码片等），而这一限制通常是可以接受的。这个 BPSK 设计实例使用 $\delta = 1/2$ 码片的码间距，所以以移位寄存器的时钟频率是码生成器速率的 2 倍，致使 E_c、P_c 和 L_c 移位寄存器输出间距为 1/2 码片。因此，8.7.1 节中将描述的慢速功能超前减滞后码鉴别器以超前和滞后相关器之间 1 码片的间距计算码相关误差。码移位寄存器设计的变化将在 8.7 节中详细讨论。

5. 码 NCO

码 NCO 产生 $\hat{f}$ 输出，以便与输入卫星信号相同的扩频码速率（加码多普勒）推进码生成器。观察图 8.15 发现，码 NCO 输入端的 M 值确定了图 8.13（基带输入）或图 8.14（实中频输入）中码生成器输入的 $\hat{f}$ 值。利用基带和中频 ADC 案例，码 NCO 设计要求 M 合成复制 L5 扩频码速率（10.23Mcps）加码多普勒。由于两种信号输入的扩频码速率相同，且只跟踪变化的码多普勒，所以将合成扩频码速率的偏差分量加到变化的码多普勒上，以便将复合输入提供给码 NCO。对于 L5 的基带案例，令 $M_{Bbiasco}$ 表示基带码偏置，用于复制常数 $\hat{f}_{Bbiasco} = 10.23\,\text{MHz}$，其中 $f_{SB} = 34\,\text{MHz}$，则有

$$M_{Bbiasco} = \frac{2^N \hat{f}_{Bbiasco}}{f_{SB}} = \frac{2^{32} \times 10.23}{34} = 1292279866$$

用 M_{BDco} 表示码相位累加器的基带码多普勒输入，用 $\hat{f}_{BDco}$ 表示其基带多普勒频率输出，有

$$\hat{f}_{BDco} = \frac{M_{BDco} f_{SB}}{2^N} = \frac{M_{BDco} \times 3.4 \times 10^7}{2^{32}} = \frac{M_{BDco}}{126.3225675}$$

NCO 输出的复合基带码频率为

$$\hat{f}_{Bco} = \hat{f}_{BDco} + 1.023 \times 10^7 = \frac{M_{BDco} + M_{Bbiasco}}{126.3225675} = \frac{M_{BDco} + 1292279866}{126.3225675}$$

式中，$M_{BDco} = 126.3225675\,\hat{f}_{BDco}$。

类似地，令 $M_{IFbiasco}$ 表示基带码偏置，用于复制常数 $\hat{f}_{IFbiasco} = 10.23\,\text{MHz}$，其中 $f_{SIF} = 112\,\text{MHz}$，然后由其 NCO 推得复合中频码频率输出为

$$\hat{f}_{IFco} = \hat{f}_{IFDco} + 1.023 \times 10^7 = \frac{M_{IFDco} + M_{IFbiasco}}{38.34792229} = \frac{M_{IFDco} + 392299245}{38.34792229}$$

式中，$M_{IFDco} = 38.34792229\,\hat{f}_{IFDco}$。

两个示例中的值之间的差，仅由两个 ADC 采样率的差导致。

8.4.1.3　积分与转储

图 8.13 和图 8.14 中所示的积分与转储功能，在信号检测之前对对码剥离功能的输出进行低通滤波。每个复数积分与转储功能对通常称为预检测滤波器，因为以下功能提供了信号检测。积分与转储功能的架构与图 8.15 所示的 NCO 设计类似（即它是对指定数量的样本的累加运算）。该过程在结果传递到下一级且累加器归零之前，通常将累加值除以样本数来归一化。该功能的积分部分累积码剥离过程的输出。来自每个码剥离过程的值远小于累加器容量，而且该容量必须足够大，以便其内容已被归一化且累加器被重置为零的同时，被传送到下一级之前，永远不会发生溢出。如果二维载波和码剥离复制信号与它们各自的输入信号部分紧密匹配，那么积分与转储功能提供的处理增益将信噪比从其输入端的负值改变为其输出端的正值（以分贝为单位）。载波和

码剥离功能产生远低于噪声电平的宽带误差信号，被积分与转储过程折叠为远高于噪声电平的窄带误差信号（即解扩过程）。理想的噪声计量信号以与感兴趣信号完全相同的方式处理，以便提供对主要噪声电平的匹配度量。

1. 设置时间同步

在每个积分与转储功能的基础上显示的设置时间同步功能，将周期性地从一个积分区间内加上或减去一个时间增量（TINC），以便调整数字通道慢速功能的相位，使其处理与输入信号的数据位（或符号）转换对准。相对于数据位（或符号）的转换周期，该对准误差必须较小。例如，如果数据位周期为 20ms（速率为 50bps），那么时间增量（TINC）通常为 0.25ms 或更小。在接收机知道相对于设定时间而言这些转换在何处，以及它们的相位何时变化到足以需要 TINC 调整时，每个 TINC 操作都由接收机控制与处理功能来控制。为慢速功能提供 TINC 非常重要，目的是在下一个慢速周期的计算中使用正确的预测积分时间 T。

在输入信号转换边界上出现这种相位失配的原因是，可见卫星到用户的距离是不同的，并且它们到用户的距离一直在变化之中。因此，它们转换数据时是以不同的相位进行的，与 GNSS 接收机的设置时间尤为不同。GNSS 接收机的典型设置时间增量分别为 10ms 或 20ms，即典型的符号翻转周期（速率为 100sps）或数据位转换周期（速率为 50bps）。

注意，设置时间同步功能对于提供数据和导频通道的现代 GNSS 信号同样重要。通常情况下，导频通道专门用于跟踪，因为没有数据翻转，因此在载波跟踪环路中没有平方损失，但是两个信号都在相同的数字通道中处理。两个码生成器都要实现，但是它们可以共享相同的公共载波剥离功能和公共的码 NCO，两者都由导频复制码跟踪环保持，从而使得数据码生成器与导频码生成器保持适当的相位关系。只需要数据复制码生成器的即时复制码来执行数据调制信号的码剥离。这个架构将在 8.4.2.2 节中描述。在积分与转储后，即时信号被传递到数据解调功能模块。在数据通道中使用附加功率来增强跟踪的鲁棒性时，需要进行折中，详见 8.11 节中的说明。

8.4.1.4 快速功能设计趋势

数字通道快速功能已在硬件定义功能的背景下提出，因为这是它们的设计起源。数字通道的快速功能与慢速功能分开的原因（在 8.4.2 节中描述）是，GNSS 接收机设计正朝着软件定义的快速功能方向发展，即软件定义的接收机（SDR）使用现代数字信号处理器（DSP）。慢速功能一直是软件定义的。这些设计趋势已在前面的章节中介绍。

1. 硬件定义的快速功能

传统上，高量产 GNSS 接收机数字通道的快速功能是硬件定义的，并且在一个或多个专用集成电路（ASIC）中实现。这仍然是大批量 GNSS 接收机的首选实施方案，但是对于生产周期，在可行的情况下，预计需要重新定义的功能会提供用于软件定义的规定，并且经常包括基于 DSP 的超快搜索引擎（在 8.4.3.3 节中介绍并在 8.5.5 节中详细描述）。

2. 非实时软件定义的快速功能

许多已发表的论文旨在基于实时 DSP 的 GPS SDR，但最终成了非实时任务后处理接收机，因为作者低估了快速功能吞吐量要求，但任务后处理对于 GNSS 技术开发来说是一项宝贵的资产。复杂且精密的最早 GPS SDR 包括选择和实验每个 GPS 接收机功能的许多复杂版本的能力，被开发用于原型机及设计折中分析的非实时接收机[31]。大多数 GNSS 接收机公司已开发出大量的专有计算机辅助设计（CAD）资源，其中包括非实时 SDR 以调试当前的接收机，并且加速开发下一代接收机，同时减少实施缺陷。这也是 GNSS 教育培训和研究的趋势。例如，有一个

MATLAB 兼容版本的复杂 CAD GNSS SDR 工具箱,它可免费用于教育和非商业研究[32]。文献[32]中还提供了广大制造商名单和支持 GNSS 接收机研发的附加资源。

3. 使用可编程硬件的软件定义的快速功能

第一个成功的高性能实时 GPS SDR 使用称为现场可编程门阵列（FPGA）的可编程硬件来代替 ASIC 实现快速功能。FPGA 达到了几乎与 ASIC 同样的高水平数字硬件集成和低功耗,其一次性开发成本低得多,但生产成本更高。现代 GNSS 接收机中所用的每种扩频码的独特复制码生成器代表了最有挑战性的快速功能设计变化（而且它们也增加了慢速功能区的复杂性和吞吐量设计影响）。使用当代 DSP 定义的软件时,线性反馈移位寄存器码生成器和 NCO 无法高效运行。

4. 扩展码的软件定义趋势

最新的 GPS L1C 扩频码是几个不能由线性反馈移位寄存器技术生成的 GNSS 测距码之一。这种扩频码无疑是一种远离传统硬件定义的扩频码生成器的面向软件定义合成的趋势。尽管基础理论非常复杂,但是复制码的生成非常简单。文献[33]中提供了实现此设计所需的详细规范,但以下的高级设计描述验证了相对简单的逻辑。相同的 10223 码片长的勒让德序列和相同的 7 码片扩展序列（0110100）用于生成每个唯一的 10230 码片长度的基于 Weil 的 L1C 扩频码。两个唯一指定的参数用于定义 L1C PRN 号：Weil 索引（$w = 1 \sim 5111$）和插入索引（$p = 1 \sim 10223$）。一个(w, p)对用于导频通道,另一个不同的对用于数据通道,每个 L1C PRN 号的两个配对都是唯一的。勒让德序列在文献[33]的表 6.2-1 中提供,或者可以按照以下方式生成：

$L(0) = 0$,对于 $t = 1 \sim 10222$:

$L(t) = 1$,如果存在整数 x 使得 t 与 x^2 关于模 10223 同余。

$L(t) = 0$,如果不存在整数 x 使得 t 与 x^2 关于模 10223 同余。

要用其指定的参数值生成 L1C 复制扩频码,Weil 序列首先由勒让德序列 $L(t)$ 与其本身经 Weil 索引移位后的序列异或来构造,存储到 Weil 序列中的结果是 $W_i(t; w) = L(t) \oplus L(t + w)$,$t = 0 \sim 10222$。例如,$W_i(0; w) = L(0) \oplus L(0 + w), W_i(1; w) = L(1) \oplus L(1 + w), \cdots, W_i(10222; w) = L(10222) \oplus L(10222 + w)$。注意,勒让德序列的循环移位留下的 Weil 序列（即 L1C 导频或数据通道扩频码）要比所需 Weil 序列的 10230 个码片刚好短 7 个码片。插入点由插入索引 p 指定,其中 $p = 1 \sim 10223$。扩展序列被插入 Weil 码的第 p 个值之前。例如,L1Cp PRN 1 的插入索引是 $p = 412$,所以插入后的序列是$\cdots$, $W_i(411; w), 0110100, W_i(412; w), W_i(413; w), \cdots, W_i(10222; w)$。

L1C 是扩频码的一个典型示例,在使用之前必须由软件定义。典型的软件定义实现将计算常量的勒让德序列,并且将其作为码生成固件的一部分与常量的 7 码片序列 0110100 一起存储,然后使用特定的 w 计算 Weil 序列,再用指定的 p 值正确插入剩余的 7 个码片,预生成特定的 PRN 扩频码。一个 10230 码片的循环移位寄存器（硬件或软件定义的）可以用来产生这个复制扩频码。DSP SDR 将按照下一节所述的方式预先计算和存储 L1C 扩频码。其他 GNSS 扩频码使用的存储码不能由线性反馈移位寄存器或软件定义生成,而必须存储在非易失性存储器中。

5. 软件定义的快速功能

使用 DSP 的软件定义的快速功能最初用查找表（TLU）方案取代了并行的硬件定义方案,由此存储器资源增加而分辨率更低,提高了顺序计算效率。然而,DSP 不仅改进了指令集和支持软件的复杂度,而且还通过并行处理,利用现代微处理器中普遍使用的单指令多数据（SIMD）操作来实现速度改进。这种架构优势最终将被用于未来几代软件定义的 GNSS 接收机,且在软件定义和硬件定义的快速功能之间可能会有更多的相似之处。

由于第一个 SDR DSP 无法高效执行图 8.13 和图 8.14 中所示的并行硬件定义的快速功能，因此最早成功的实时软件定义的快速功能代之以将预先计算的 PRN 码映射到以按位并行格式存储的一组样本时间上。这种技术使用与输入信号的逐位并行软相关来实现高效的 DSP 块处理[34]。按位方案使用 TLU 技术在多个样本上并行操作，从而加速软相关。逐位并行相关技术的缺点包括在闭环跟踪期间的次优量化（2 位符号/幅度 ADC）和复制载波/复制码的粗糙对准，继之以测量精度损失，因为 TLU 技术的测量分辨率远低于典型 32 位 NCO 技术的测量分辨率。

2006 年，一个令人印象深刻的 DSP 被用来实现一个为大学科研开发的等效 43 通道 L1 C/A GPS SDR[35]。该 SDR 采用了高效的 DSP 技术，包括 2 位符号/幅度 ADC、定点处理、逐位并行相关器和基于快速傅里叶变换（FFT）的捕获方案。FFT 方案在 33dB-Hz 或更高的 C/N_0（1Hz 噪声带宽内的载波噪声功率比）下执行了快速捕获。文献[35]中引用的 SDR 参考文献回顾了实现实时 DSP 操作的历史进展，该操作成功克服了数字通道快速功能的计算挑战。2011 年，文献[36]中描述了一个产品 L1 C/A 和 L2C SDR，它使用相同的逐位并行相关器和针对科学空间应用的可修改开源软件，其中一个版本封装于实验室试验，另一个紧凑配置版本用于空间应用。L2C 捕获方案采用了在通过快速 FFT C/A 码方案进行初始信号捕获后降低的不确定度（辅助）。

软件定义功能的主要优点之一是，每个编程的功能都可以重入（即只有一个软件功能或功能组合被编程）。该程序被多次复用（重新输入），以便供具有相同功能的多个通道使用，但具有不同的操作变量，甚至是不同的常量。它可以以主机处理器允许的次数被复用，同时仍然满足其分配的实时负载预算和剩余时间裕量。重入程序需要一个唯一的索引内存空间（通常由调用程序提供），用于与程序关联的变量或唯一常量。所以 DSP 必须足够快，以支持多通道所需的重入式快速功能。矛盾的是，快速 DSP 可能是最适合快速功能的引擎，但是具有内置快速浮点功能和大容量存储器的快速微处理器对于其余（慢速）功能来说是更合适的引擎。因此，对于多星座通用 SDR，应考虑使用一个或多个快速 DSP 和一个快速中央微处理器。

现在，显而易见的是，在稳定状态下快速功能执行相对简单且重复的操作，并且通过相对非常慢（且通常更复杂）的功能进行更新。因此，纯软件定义方案利用 DSP 在实时间隔内获取数据块，而不利用并行的硬件定义功能［这是硬件定义实现（包括 FPGA）的常见情况］同步（实时）执行操作。这些数据块以串行方式异步处理（但比实时快得多），直到所有等效于其硬件定义对应物的处理都算出了该实时间隔内的所有必需输出为止。这些输出被传送给它们各自的慢速功能（一直是软件定义的）。这些慢速功能处理输入，并为快速功能提供纠正反馈。由 8.8.5 节可见，慢速功能中的计算延迟在保持闭环稳定性方面起重要作用。

6. 设计比较

文献[37]中讨论并比较了 ASIC、FPGA 和 DSP 技术，预测了它们在下一代 GNSS 接收机中的作用。该文章认为，现代化 GNSS 信号正在创造一个新的过渡期，它可能持续长达 6~10 年，GNSS 接收机开发人员将采用在现场可改变的技术。在此过渡期内，现场可编程性是有利的，因为它可以在持续改进的过程中实现设计灵活性。在此过渡期之后，已建立的芯片组和原始设备制造商（OEM）模块/接收机将再次主导市场。根据文献[37]改编的表 8.11，对产品贸易研究过程中通常考虑的 5 个类别中的三种技术进行了排名。根据排名，很可能大众市场商业应用将继续在 GNSS 接收机中使用 ASIC 技术，因为它提供了最小的生产单位成本。FPGA 和 DSP 技术可以用做开发工具，用于有限市场应用的 GNSS 接收机。

表 8.11　现代化 GNSS 接收机的预测技术偏好

技　术	开发成本	性　能	功　耗	单件成本	灵活性
ASIC	主要缺点	主要优点	主要优点	主要优点	主要缺点
FPGA	小缺点	主要优点	小优点	小缺点	小优点
DSP	主要优点	主要优点到小优点	小优点到主要缺点	小优点到小缺点	主要优点

8.4.2　慢速功能

慢速功能是在 GNSS 信号被解扩成窄带信号后处理信号的功能。图 8.18 中说明了闭环操作中基带码和载波跟踪涉及的慢速功能。它还描述了由即时信号形成的载波功率估计值 $I_\mathrm{P}^2 + Q_\mathrm{P}^2$，由传送到 C/N_0 计的噪声信号形成的噪声功率估计值 $I_\mathrm{N}^2 + Q_\mathrm{N}^2$，以及使用未修改的 I_P、Q_P 即时信号的其他特殊慢速基带功能。如果信号包含导航数据，如 GPS C/A 码和 P(Y)码信号，那么 8.11 节中描述的数据解调功能使用 I_P。正在跟踪的是具有单独数据和导频通道的现代化信号（如 GPS L5）时，由于这里使用导频通道信号，所以在载波跟踪环路即时信号中不存在数据调制。在这种情况下，数据解调功能将从 8.4.2.2 节中描述的数据通道功能接收开环即时信号。这些慢速载波和码跟踪功能以及快速载波和码剥离与预检测积分功能的组合，形成了一个完整闭环的数字通道。这些慢速功能通常在图 8.1 所示的接收机和控制处理器中实现。

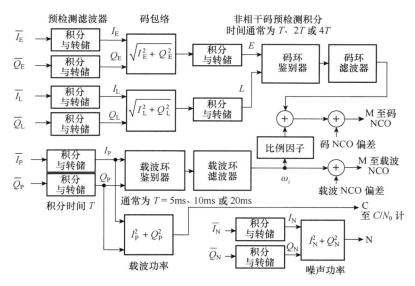

图 8.18　数字通道闭环慢速功能

8.4.2.1　积分与转储

图 8.13 和图 8.14 所示快速功能的积分与转储输出的 4 个 I 信号和 4 个 Q 信号（作为分开的 I 组和 Q 组），已在图 8.18 中重新排列（在匹配的 I 和 Q 对中）为到慢速积分与转储功能的 4 个复数输入。快速和慢速积分与转储功能的总组合持续时间为数字通道建立了预检测积分时间（T）。例如，归一化慢速功能同相即时信号的一个样本可以表示为

$$I_\mathrm{P} = \frac{1}{f_\mathrm{S}T} \sum_{n=k}^{n=k+f_\mathrm{S}T} \tilde{I}_n P_n \tag{8.24}$$

式中，快速即时样本和样本时钟速率项摘自图 8.13 或图 8.14，而慢速即时样本项摘自图 8.18。

其他慢速输入方程是相似的。如图 8.18 所示，载波跟踪环路的典型 T 值为 5ms、10ms 和 20ms（在闭环运行时）；但有的临时搜索慢速功能有 $T = 1$ms，并且在某些情况下以 $T = 2$ms 闭环运行，例如跟踪 500sps 的 L5 GPS/WAAS 信号[38]。假设 $T = 20$ms，那么对于 $f_S = 34$MHz 的基带 ADC 情况下的示例，积分快速功能的样本数为 680000。因此，快慢功能处理速度比为 680000:1。表 8.12 针对典型 T 值下的基带和中频两种情况示例，小结了这些非常明显的处理速度差异。

表 8.12   快速功能与慢速功能处理速度比

预检测积分时间	快速功能与慢速功能处理速度比	
T/ms	基带 ADC $f_S = 34$MHz	中频 ADC $f_S = 112$MHz
20	680000:1	2240000:1
10	340000:1	1120000:1
5	170000:1	560000:1
1	34000:1	112000:1

对于 GPS L1 C/A 信号，信号上存在 50bps 的数据调制，T 的稳态值设置为 20ms，以便允许载波跟踪环以数据翻转之间的最大时间锁相运行。这些积分与转储功能的启动和停止时间（相位）不应跨越数据位转换边界，因为每当卫星数据位改变符号时，随后的 I 和 Q 值在符号上反转。因此，如果边界横跨且存在数据翻转，那么该区间的积分与转储结果会降低。在最坏情况下，如果数据翻转发生在中间点（$T/2$），那么在该区间内信号被有效地消除。在初始（冷启动）C/A 码信号搜索过程中，接收机不知道卫星数据位转换边界位于何处。在位同步过程（在 8.4.3 节中详细描述）定位这些边界之前，必须容忍性能下降。在这些时间内，使用较小的 T 值确保大多数积分与转储操作不会包含数据翻转。例如，位同步之前载波跟踪环路中的典型 T 值为 5ms。如果跟踪现代化信号，那么使用导频通道，并且跟踪环路不考虑数据翻转，但是在进入稳态载波跟踪模式时存在其他导频通道问题，这些问题将在下一节中介绍。

8.4.2.2 载波跟踪环

在图 8.18 中，I_P、Q_P 慢速功能样本被馈送到载波环鉴别器，该鉴别器确定每个样本的载波相位误差。每个相位误差样本被馈送到载波环路滤波器，去除噪声并预测多普勒频率校正样本 ω_i。这两个功能模块的设计细节见 8.6 节。输出在添加偏置（如果有的话）后被馈送到载波 NCO。回顾可知，基带 ADC 的情况不需要偏置项，而中频 ADC 的情况确实需要偏置项。输出变成图 8.15 所示的载波 NCO 的 M 输入，以及图 8.13 和图 8.14 所示的每个样本的载波相位增量。每个 ω_i 样本还乘以一个比例因子并加到码环滤波器的输出中，以提供码的载波辅助。由于码和载波输出都是距离项，载波辅助有效地消除了码环中的动态应力。码跟踪环路中的多普勒小于载波跟踪环路，因此对码环的载波辅助必须按比例缩小。比例因子由下式确定：

$$比例因子 = R_c/f_L \quad （周期数 / 码片数） \tag{8.25}$$

式中，R_c 为扩频码速率（Mcps），f_L 为信号的 L 波段载波频率（MHz）。

表 8.13 中显示了 GNSS 开放信号的比例因子。该表不包括未来的 GLONASS 开放信号 L2OF（L2 FDMA 信号）、L1OC 和 L2OC（L1 和 L2 CDMA 信号）。注意，GLONASS L1 信号有 14 个载波频率和比例因子，但它们都使用相同的复制码生成器。最近的 GLONASS L3 信号是一个 CDMA 信号。此外，由于缺少最终的接口规范，不包括将来的北斗开放信号，即 B1-C 及由 QPSK-R(10) 信号 B2b 和 B2a 组成的 B2 AltBOC (15, 10) 信号。

表 8.13　GNSS 开放信号载波辅助码的比例因子

星　座	信　号	载波频率/MHz	扩频码速率/Mcps	载波辅助码比例因子
GPS	L1 C/A	1575.420	1.023	0.000649351
	L1 C_D, L1 C_p	1575.420	1.023	0.000649351
	L2 CM, L2 CL	1227.60	0.5115	0.000416667
	L5 I5, Q5	1176.450	10.23	0.008695652
GLONASS	L1OF	$1602 + 0.5625\, N_G$ $N_G = -7, \cdots, 0, 1, \cdots, 6$	0.5115	$0.000320075 N_G(-7)$ $0.000319288 N_G(0)$ $0.000318617 N_G(6)$
	L3OC	1202.025	10.230	0.008510638
Galileo	E1 B, E1 C	1575.42	1.023	0.000324675
	E5a-I, E5a-Q	1176.450	10.23	0.000434783
	E5b-I, E5b-Q	1207.140	10.23	0.000423729
北斗	B1I	1561.098	2.046	0.000327654
	B2I	1207.140	2.046	0.000423729

1. 导频通道载波跟踪

到目前为止，数字通道架构已在由数据调制的传统 GPS 和 GLONASS 信号背景下进行了描述。许多现代化 GNSS 信号提供独立的数据和导频（无数据）通道。导频信号是载波跟踪的明确选择，因为它比数据信号有更好的鲁棒性，这将在 8.6.1 节详细描述。尽管导频通道消除了对载波跟踪环路中数据翻转的担忧，但是数据翻转仍然保留在数据通道解调过程中。在现代化信号中还存在次级码，它会导致信噪比下降，直到数据和导频通道的复制次级码与卫星信号中的对应次级码同步。次级码生成功能包含在每个码生成器设计中，并且在与各自的码同步时确实可以抑制多径和窄带干扰。次级码将在 8.5 节中详细描述。

为了使传统数字通道设计与具有数据和导频通道的现代化 GNSS 信号兼容，需要进行的架构更改相对较少。架构的增加如图 8.19 所示。现在有两个码生成器——数据通道和导频通道，以及它们各自的移位寄存器。数据通道通过导频通道与其输入信号同步。数据通道的即时码与 $\tilde{I}_n$ 混合，然后是数据通道快速功能积分与转储，产生 $\tilde{I}_{Pd}$ 发送给其慢速功能单元。在慢速功能积分与转储生成 I_{Pd}（未示出）后，信号被馈送到数据解调功能。现代化数据解调功能可能包括前向纠错（FEC）解码器，它比其传统对应功能更复杂，并且在降低误码率方面更加有效。正如前述的图 8.18 中的传统设计，只有当数据通道在控制载波跟踪环路时，才会将 I_p 发送到数据解调功能。数据解调将在 8.11 节中详细描述。

由于数据和导频通道在卫星中的起始处是同步的，并且被调制到同一载波上，因此利用导频通道的数字通道闭环运行也能提供足够的信息，并且以图 8.19 所示的开环方式同步解调数据通道。如果数据通道以其自身的载波和码跟踪环路独立运行于闭环中，那么数据通道性能会更差。如图 8.19 所示，$\tilde{Q}_n$、E_{dn}、L_{dn} 被保留用于鲁棒设计（即需要使用数据通道中的功率以在数据解调以外增强导频跟踪鲁棒性时）。

2. 与数据/符号翻转的相位对准

图 8.20 中说明了积分与转储间隔与卫星数据或符号翻转边界的相位对准。在图的顶部，卫星数据或符号翻转边界逐渐改变相位（由于卫星距离改变），而且通常未对准接收机的设置时间边界，如自顶向下的第二幅图所示。相对于设置时间的卫星转换边界可在任一方向上移动，并且

通常非常缓慢（例如，对于静止用户，卫星上升时向右缓慢移动，卫星在最高仰角处静止，卫星下降时向左缓慢移动，在天顶和两个地平线之间共有约 20ms 的相位变化）。数据或符号翻转边界对每颗卫星通常是不同的，因此在每个数字通道中也是各不相同的。

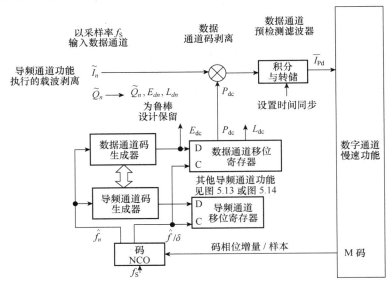

图 8.19　利用导频通道码生成器进行同步以最小化数据通道快速功能

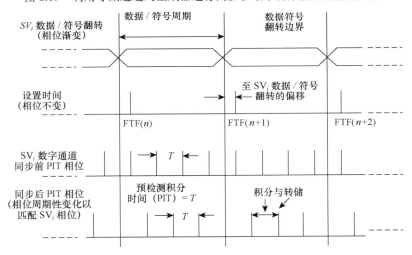

图 8.20　预检测积分与转储间隔与卫星数据/符号翻转边界的相位对准

如图 8.20 所示，设置时间相位不变，其周期在图中名为基础时间帧（FTF），在每个数字通道中都有相同的相位。FTF 计数显示在第二行的每个历元下。FTF 计数是单调的，而且通常由一个定期翻转的 32 位累加器维护。它为所有数字通道保持相同的时间，并且由接收机控制与处理功能维持。数字通道设计必须将其预测积分时间（PIT）从图 8.20 中第三行所示的未对准（同步前）相位调整到底部行所示的对准（同步后）相位。当接收机不知道其位置和精确时间时，无法计算卫星距离进而预测卫星转换的相位。然而，接收机控制与处理功能与每个数字通道协作，通过称为位同步（或次级码同步）的过程来学习该初始相位偏移。在信号捕获后不久就会发生位同步，并且利用图 8.13 和图 8.14 中所示的设置时间同步功能来消除图 8.20 顶部第二行所示的 FTF

和卫星转换之间的偏移。对准卫星数据或符号翻转后，（次优的）积分与转储边界（即底部线上所示的 PIT）被加宽，以与卫星的数据或符号周期相匹配。这是数据解调所需的（最优）PIT。对于跟踪信号中具有数据翻转的传统信号，这通常也是锁相环运行所需的 PIT。对导频信号来说，PIT 没有数据边界限制，但是由于这些信号中没有平方损耗，因此 PIT 也就不那么重要。PIT 定义了后面大部分章节中所用的 T 值。

8.4.2.3　码跟踪环

回到图 8.18，使用超前和滞后快速功能信号的码跟踪环慢速功能显示在顶部。慢速功能积分与转储过程完成预检测积分。随后是图中所示的包络计算。在被图中所示的（可选）积分与转储功能进行非相干滤波后，超前和滞后包络被发送到码环鉴别器。前述对码环的载波辅助使得这一额外的积分时间成为可能，因为动态应力已从码跟踪环中去除（即码环仅跟踪大气延迟变化）。若使用了非相干积分选项，则码环滤波器的更新速率将比载波环滤波器慢，从而消除了更多噪声并减少了计算开销。观察图中的载波辅助码设计可知，码环滤波器输出在载波环迭代的一个或多个周期内是恒定的，但是按比例缩放的载波辅助会以载波环更新速率加到码环输出上。标称扩频码速率（称为码 NCO 偏置）被加到载波辅助的码多普勒输出上，并且馈送到码 NCO，得到与载波环相同的码环更新速率。

即使这些功能执行的频率很慢，但当执行其所有计算的时间（转储采样时刻）到时后，应在下一个采样时刻发生之前完成计算延迟。这对应于实时数字处理中的零计算延迟。然而，情况通常并非如此。作为环路滤波器稳定性主题的一部分，该设计问题将在 8.8.5 节中详细描述。

码跟踪环路设计中存在许多设计变化。例如，一个常见的设计实践是使用复数输入的功率计算（避免由平方根来提供包络），但是这是来自模拟技术的结果，即使是在高信噪比下也会产生非线性的码鉴别函数。另一方面，如果载波跟踪环路处于锁相状态，那么可以使用仅用到 I_E 和 I_L 的相干码跟踪（未修改），因为在这种情况下 Q 信号只包含噪声。相干码跟踪是理想的，因为它可以产生最准确的距离测量值，但是若载波环相位失锁，则需要快速回退到非相干码鉴别器进行处理。因此，相干码跟踪的谨慎使用依赖于非常可靠的锁相状态指示器设计，详见 8.13.2 节。8.7.1 节中将描述各种码环鉴别器设计。

8.4.3　搜索功能

既然从高级稳态信号跟踪的角度能够更好地理解数字通道架构及其基本功能，那么可以从将数字通道引入跟踪状态的角度来描述搜索功能。商用 GNSS 接收机通常使用三种搜索模式。

1. 满天搜索。在冷启动和温启动不确定度条件下使用搜索引擎，这种情况下接收机对诸多参数高度不确定，包括对所搜索卫星是否可见的不确定。满天搜索是一个顺序搜索过程（即搜索引擎一次搜索一颗卫星，在探索了卫星的整个不确定度区间而未获成功的情况下摒弃这颗卫星）。最差情况下的 PVT 和卫星位置（可见性）不确定度条件是冷启动捕获，其中 GNSS 接收机往往不具备 PVT 信息，并且对参考振荡器频率偏移量知之甚少或一无所知，但是通常至少具有所用卫星星座的粗略历书数据。如果没有位置和时间的粗略估计，那么历书数据不能提供卫星位置，但是在已捕获前 4 颗卫星时就可用于初始测量合并（不需要等待卫星广播星历数据解调的附加延迟）。当前处于跟踪模式时，由待机模式搜索的条件称为温启动，其不确定度要比冷启动的低，比如对参考振荡器频率及其指定偏移量的了解（降低了多普勒不确定度），以及对时间和历书数据而不一定是位置（需要定位可见卫星）的更准确估计，但是最近已知位置和当前时间是温启动的良好起点。如果没有搜索引擎，那么满天搜索将是一个非常耗时的过程。GPS L1 C/A 码是一种非常有效的空间捕获信号，最初是为实现这一目的而设计的，其短码长度为 1023 个码片，但是其信号不如对应的现代化信号那样鲁棒。

2. 辅助搜索。当接收机在至少 4 个其他数字通道中跟踪时，使用减少的数字通道搜索资源，从而提供非常低的不确定度条件。辅助搜索是一个并行搜索过程，每个数字通道同时捕获不同的卫星。在这种搜索条件下，提供给每个数字通道的辅助功能几乎可以实现即时捕获，除非信号被阻塞或干扰电平高到足以阻止捕获。在后一种情况下，前端的态势感知特征提供了最佳确定捕获策略的信息。在这种搜索条件下，辅助包括卫星可见性的确定，除非受到阻塞。

3. 重捕。最初使用辅助搜索和减少的数字通道搜索资源，由航位推算提供辅助。当部分或全部信号由于动态应力、信号阻塞或干扰而失锁时，就会发生重捕，这是一个并行搜索过程。这种情况下的初始不确定度通常很低，但是如果跟踪的卫星数少于 2 颗（假设在跟踪 2 颗卫星的条件下使用高度保持和时间偏移率保持模式），那么初始不确定度随中断时间而呈指数级增长。当预测的不确定度增加到数字通道搜索资源不足时，启用搜索引擎。当数字通道的一个子集出于任何原因跟踪失锁但有 4 个或更多数字通道仍在跟踪时，该子集在技术上进行重捕，但在功能上用于辅助搜索。

8.4.3.1　搜索引擎

搜索引擎是一个海量的二维搜索功能。它可以由传统的时域搜索技术或现代化的频域技术来实现。频域技术是计算密集型的，只有在可用的计算资源能够支持时才是实用的。首先介绍时域架构，然后介绍频域架构。这些捕获设计将在 8.5 节中详细描述。搜索引擎只在最差情况下使用，其中接收机可以提供很少的信息或根本没有信息来辅助搜索过程（即它必须探索载波多普勒和码范围维度中的最大不确定度）。

1. 载波多普勒范围不确定度

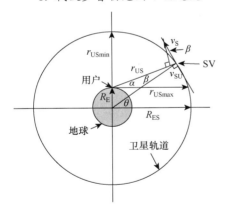

图 8.21　GNSS 空间飞行器（卫星）相
对于地表静止用户的轨道几何

对最大多普勒不确定度的确定，必须考虑到卫星距离变化的贡献，该变化由卫星朝向用户的最大速度、朝向卫星的最大用户速度及参考振荡器中的频率偏移误差引起。首先描述卫星对多普勒不确定度的贡献。

图 8.21 示出了 GNSS 卫星相对于地表上静止用户的轨道几何形状，忽略了由于卫星高速运动而导致的地球自转和相对论效应。几何假设恒定的地球半径 $R_E = 6378137\,\text{m}$（WGS-84 赤道半径）和恒定的卫星轨道半径 R_{ES}，卫星绕地球运行且轨道位于用户平面内（即最差情况的多普勒范围，其中离用户最近的卫星位于头顶）。地表上的用户高度 h_U 假定为零，因为它通常是一个低阶效应，但可以简单地加到地球半径 R_E 中。

观察图 8.21 可知，卫星速率为

$$v_S = \frac{2\pi R_{ES}}{T_{orbit}} \quad (\text{m/s}) \tag{8.26}$$

式中，T_{orbit} 是以秒为单位的卫星轨道周期，R_{ES} 是以米为单位的以地球为中心的卫星轨道半径（通常指定为标准轨道半长轴）。

朝向用户的卫星速度分量为

$$v_{SU} = v_S \sin\beta \quad (\text{m/s}) \tag{8.27}$$

式中，β 是从卫星看向地球中心线（即卫星轨道半径 R_{ES}）和从用户到卫星连线（即用户到卫星的距离 r_{US}）之间的夹角。注意在图 8.21 中，从矢量 v_S 末端到 r_{US} 的投影垂直于与 r_{US} 对齐的矢量 v_{US}，所以与 r_{US} 相反的角度也等于 β。

由正弦定律有

$$\frac{\sin\beta}{R_E} = \frac{\sin(\alpha+90)}{R_{ES}} = \frac{\cos\alpha}{R_{ES}}$$

$$\sin\beta = \frac{R_E}{R_{ES}}\cos\alpha \quad \text{(rad)} \tag{8.28}$$

$$\beta = \arcsin\left(\frac{R_E}{R_{ES}}\cos\alpha\right)$$

现在可以根据用户仰角 α（单位为弧度）来定义朝向用户的卫星速度分量，将式(8.28)代入式(8.27)有

$$v_{SU} = v_S\sin(\beta) = v_S\sin\left(\arcsin\left(\frac{R_E}{R_{ES}}\cos\alpha\right)\right) = v_S\left(\frac{R_E}{R_{ES}}\cos\alpha\right) \quad \text{(m/s)} \tag{8.29}$$

利用式(8.29)和式(8.26)，最差情况下在用户位置处由卫星载波频率引起的多普勒效应是

$$f_D = \frac{f_L v_{SU}}{c} = \frac{v_{SU}}{\lambda_2} = \frac{v_S R_{ES}}{\lambda_L R_{ES}}\cos\alpha = \frac{2\pi R_E}{T_{orbit}\lambda_L}\cos\alpha \quad \text{(Hz)} \tag{8.30}$$

式中，$\lambda = c/f_L$ 是发射 L 波段频率 f_L（Hz）的波长（m），光速 $c = 299792458\text{m/s}$。

从用户到卫星的距离为

$$r_{US} = \sqrt{R_E^2 + R_{ES}^2 - 2R_E R_{ES}\sin\left(\alpha + \arcsin\frac{R_E}{R_{ES}}\cos\alpha\right)} \quad \text{(m)} \tag{8.31}$$

利用式(8.31)并参考图 8.21，$\alpha = 0\text{ rad}$ 对应于到卫星的最大距离，即

$$r_{US\max} = \sqrt{R_E^2 + R_{ES}^2 - 2R_E^2} = \sqrt{R_{ES}^2 - R_E^2} \text{ (m)}$$

式中，$\alpha = \pi/2\text{ rad}$ 对应于最小距离 $r_{US\min} = \sqrt{R_E^2 + R_{ES}^2 - 2R_E^2} = R_{ES} - R_E\text{(m)}$。

注意，当卫星位于用户地平线（$\alpha = 0$ 和 π rad）时多普勒最大，位于用户天顶时为零；当卫星上升（$0 \leqslant \alpha < \pi/2\text{ rad}$）时为正，当卫星下降（$\pi/2 < \alpha \leqslant \pi\text{ rad}$）时为负。

由于用户运动而增加的多普勒频率为

$$f_{DU} = \frac{v_{US}}{\lambda_L} = \frac{v_U\cos\alpha}{\lambda_L} \quad \text{(Hz)} \tag{8.32}$$

式中，v_{US} 是朝向卫星的用户速率，v_U 是用户平面内卫星轨道面方向上的用户速率。在实践中，v_U 被假定为最大用户速率（m/s）。

参考振荡器频率偏移规定为一个无量纲的比值 $\Delta f/f$，其单位为百万分之一（ppm）。具体取值的例子是 ±0.5ppm（甚高质量）、±1ppm（高质量）、±2ppm（中等质量）和 ±3ppm 及更高（低质量）。接收机前端任何较低频率的偏移总是参照卫星的原始 L 频段频率。换句话说，频带偏移在基带与在 L 波段是相同的。因此，由参考振荡器频率偏移（不管其指定频率）引起的多普勒效应的公式是

$$f_{DO} = f_L\frac{\Delta f}{f\times 10^6} = f_{LMHz}\frac{\Delta f}{f_1} \quad \text{(Hz)} \tag{8.33}$$

式中，f_{LMHz} 是以 MHz 为单位的 L 波段载波频率，$\Delta f/f_1$ 是 ppm 值 ±0.5,±1.0,···，分母中没有"百万"。

2. 码范围不确定度

最佳码搜索增量为 1/2 码片，所以对于短码长 L_C（码片）的民用 GNSS 信号，搜索引擎码范围确定度是 $2L_C$ 码分格，除非有重叠码。重叠码的长度较短，为 $L_O < L_C$，但是其周期比扩频码生成器的长（$T_O > T_C$），并且时钟速率更慢（$f_O \leq f_C$），导致重叠码相位随复制码周期出现不确定度，因为重叠周期跨越多个扩频码生成器周期，该模糊度一般是重叠码长。

搜索引擎可以使用两种方法来适应带有重叠码的 GNSS 信号。首先，扩频码和次级码的组合可视为一个长码（长度为 $L_O L_C$）。这种方法的缺点是，大大增加了搜索引擎码范围不确定度（假设增量为 2 个码片，那么不确定度增加到 $2L_O L_C$），优点是它允许非常长的 PIT。第二种方法是搜索引擎将已知的次级码视为未知的数据符号，并且简单地使用一个 PIT 来最小化数据翻转的影响。采用这种方法时，或者配置带有导航数据调制的 GNSS 信号的搜索引擎时，T 应小于等于未知数据符号周期。

在图 8.19 所示的码生成器中，有一个与各自的复制码生成器相关联的码重叠序列生成器。这种设计适用于实现上述搜索引擎的第一种方法。码 NCO（经多普勒补偿的）频率 $\hat{f}$ 被适当地等分，以 $\hat{f}$ 推进重叠码生成器，并且被计数，以便在重叠码周期结束时重置重叠码生成器。复制码生成器和重叠码生成器在其联合序列开始时重置，但是这是任意一个复制码生成器周期开始的位置，直到了解相位模糊度后得知正确的一个为止。如果搜索是实时进行的，那么这些移位和重置过程是经过多普勒补偿的。重叠码和码生成器序列以复制码生成器输出速率 $\hat{f}$ 相乘，使用异或逻辑的 1 位乘法。重叠转换边界与码生成器周期同步，因此搜索引擎码分格的数量是 $2L_C L_O$。或者，搜索引擎可以要求码生成器禁止重叠码序列，直到确定了模糊度（根据上面讨论的第二种方法）。解出重叠码模糊度后，复制重叠码被激活并相应地定相。重叠码的诸多优点之一是，当搜索过程解出模糊度后，也就解出了伴随数据通道的数据或符号翻转边界的模糊度，因此不需要位同步过程（详细描述见 8.11 节）。

3. 搜索引擎载波多普勒和码范围不确定度

表 8.14 中显示了搜索引擎所需的最大载波多普勒和码范围不确定度。在撰写本文时，所有 GNSS 开放信号定义的接口规范中都提供它们。在许多实际的接收机设计中，对于具有很长重叠码的信号（如 GPS L1C），在搜索过程的最初将重叠码位视为未知数据符号，可以大大降低码范围 r 不确定度（参见 8.4.3.1 节中的码范围不确定度）。多普勒不确定度的计算利用式(8.30)，假设最小用户仰角为 15°（0.2618rad）。

必须增加表 8.14 中的多普勒不确定度，以便包含式(8.32)的最大用户速度和式(8.33)的参考振荡器频率偏移误差，前提是接收机在冷启动期间不知道这些值。

下面两个例子的目的是，比较在相同最大用户速度和参考振荡器偏移下使用 GPS L1 C/A 信号（$\lambda_{L1} = 0.1903\text{m}$，$f_{L1\text{MHz}} = 1575.42\text{MHz}$）和 GPS L5 Q5 导频信号（$\lambda_{L5} = 0.2548\text{m}$，$f_{L5\text{MHz}} = 1176.45\text{MHz}$）的冷启动搜索不确定度。两个例子都假定最小用户仰角为 15°（0.2618 弧度），最大用户速度为 44.7m/s，基准振荡器的最大频率偏移为 $\pm 1\text{ppm}$。由式(8.32)和式(8.33)得

$$f_{\text{DUL1}} = \frac{v_U \cos \alpha}{\lambda_L} = 44.7 \cos(0.2618) / 0.1903 = 227\,\text{Hz}$$

$$f_{\text{DOL1}} = (\text{ppm}) f_{L1\text{MHz}} = 1575\,\text{Hz}$$

$$f_{\text{DUL5}} = 44.7 \cos(0.2618) / 0.2548 = 169\,\text{Hz}$$

$$f_{\text{DOL5}} = (\text{ppm}) f_{L5\text{MHz}} = 1176\,\text{Hz}$$

由表 8.14 可见，L1 C/A 多普勒搜索范围为 ±4722Hz，因此总多普勒搜索范围为 ±6524Hz。总码搜索范围是 2046 个半码片。L5 Q5 多普勒搜索范围为 ±3526Hz，所以总多普勒搜索范围为 ±4871Hz，总码搜索范围为 409200 个半码片。

表 8.14　GNSS 开放信号码与载波多普勒搜索引擎范围

星　　座	R_{ES}[1]，T_{orbit}[1]	多普勒范围 $\alpha \geqslant 15°$ / Hz	开放信号 （仅导频）	载波频率/MHz	码：$L_C(T)$[1] 重叠码：$L_O(T)$[1] L 为码长，T 为周期	码范围 （1/2 码片）
GPS	26578km 11h/58min/2s = 43082s	4722	L1 C/A	1575.420	1023（1ms） 无重叠	2046
		4722	L1C$_P$	1575.420	10230（10ms） 1800（1800ms）	36828000
		3679	L2 CL	1227.60	767250（1.5s） 无重叠	1534500
		3526	L5 Q5	1176.450	10230（1ms） 20（20ms）	409200
GLONASS	25478km 11h/14 min/30s = 40472s	5098N_G(−7) 5100N_G(−6) 5119N_G(0) 5120N_G(5) 5122N_G(6)	L1OF	$1602 + 0.5625N_G$ $N_G = -7, -6, \cdots, 0, 1, \cdots, 6$	511（1ms） 无重叠	1022
		3965N_G(−7) 3967N_G(−6) 3975N_G(0) 3982N_G(5) 3984N_G(6)	L2OF	$1248 + 0.4375N_G$ $N_G = -7, -6\cdots, 0, 1, \cdots, 6$	511（1ms） 无重叠	1022
		3835	L3OCp	1202.025	10230（1ms） 10（10ms）	204600
Galileo	29600km 14 h/4min/41s = 50581s	4022	E1 CBOC-	1575.42	4092（4ms） 25（100ms）	204600
		3003	E5a-p	1176.450	10230（1ms） 100（100ms）	2046000
		3082	E5b-p	1207.140	10230（1ms） 100（100ms）	2046000
北斗	27778km 12 h/52min/4s = 46324s	4351	B1I	1561.098	2046（1ms） 20（20ms）	81840
		3365	B2I	1207.140	2046（1ms） 20（20ms）	81840

注 1：每个星座的轨道半径和周期及每个 SV 码的长度和重叠长度与对应的周期来自文献[39]。

对一个多普勒分格的有用带宽的经验估计是 $2/(3T)$，其中 T 是由一个多普勒分格和一个码分格组成的每个单元的驻留时间。对于 C/A 码，良好信噪比条件下的典型搜索驻留时间为 $T = 1$ms，因此每个多普勒分格为 667Hz。对于 L5 Q5，若搜索引擎在 20 位长的 Neuman-Hofman（NH）重叠码的全长重复周期上以等于 1ms 扩频码周期的每个位周期做相关，则 $T = 20$ms，而多普勒分格宽度为 33Hz。

根据以上假设，L1 C/A 信号需要 21 个多普勒分格（在第一个 0Hz 多普勒分格的上方和下方对称搜索总是需要奇数个），而 L5 Q5 信号需要 293 个多普勒分格。L1 C/A 信号共需要 21×2046 =

42966 个搜索单元，而 L5 Q5 信号需要 293×409200 = 119895600 个搜索单元。如果 NH 码最初被视为未知数据并且使用 T = 1ms，那么 Q5 搜索单元的数量可减至 15×20460 = 306900，但灵敏度降低，而且必须在解决码模糊度后解决重叠码模糊度。

重要的是，当 L5 Q5 复制码与输入码对齐，但是 NH 复制重叠码与输入重叠码未对齐时[41]，会出现错误的峰值。具有重叠码的任何第一个 GNSS 信号都会出现这样的峰值。在搜索引擎中使用 8.4.3.1 节（码范围不确定度）概述的第一种方法，最初将这些重叠码位视为未知数据符号时，不会遇到这些峰值。文献[41]中采用了这种方法，并且概述了解决重叠码定时模糊度的简单方法。一旦复制扩频码与输入扩频码对齐，对于长度为 L_O 的重叠码，就只有 L_O 个可能的起始时间。PIT 等于扩频码重复周期的连续相关和，可在所有 L_O 起始时间可能性下与重叠码相关，并且最大结果表明了哪种可能性是正确的。

利用 8.4.3.1 节（码范围不确定度）中概述的第二种方法，将扩频码和重叠码的组合与输入信号相关，至少可以通过两种方式避免错误峰值。首先，如果同时搜索二维码/多普勒不确定度空间中的所有单元（如使用 FFT 技术），那么每个虚假峰值上的噪声与正确码/多普勒单元中的噪声高度相关，而不正确检测是非常不可能的。其次，如果使用序贯搜索，那么一旦捕获信号，就可以监测重叠码的其他 L_O −1 个定时可能性，以查看这些可能性中的任何一个是否产生更大功率的相关和（表明在捕获第一次发生时，重叠码被误定，并且指示如何正确解决重叠码的定时模糊度）。

显然有许多其他带重叠码的 GNSS 信号的捕获策略，但是从以上讨论中应该清楚，在有利的信号捕获环境下，具有短扩频码和无重叠码的 GNSS 信号（如 GPS C/A 码）是更好的搜索引擎选择。

8.4.3.2　基本时域搜索功能

图 8.22 描述了一个载波多普勒和一个码分格的数字通道时域搜索模式功能。在搜索模式期间，载波和码功能是开环工作的（即在接收机控制与处理功能的步进二维搜索控制下）。在搜索模式期间使用的载波多普勒和码 NCO 输入被预先计算并且存储在查找表（每种搜索类型一张表）中。一个数字通道在每个搜索驻留时间 T 内只能合成一个多普勒分格，但可以使用图 8.23 中为搜索引擎模式配置的码生成器，在每个驻留时间内合成 M +1 个码分格。注意，跟踪模式唯一的区别是扩展（M 级）移位寄存器。还要注意，该图说明了 2 码片超前噪声计的码相位是如何合成的。生成噪声计的另一种方法是使用来自复制码生成器（如 C/A 复制码生成器的 G1 寄存器）的不相关信号。由于合成复制码不与输入信号做相关，因此该方法不需要 2 码片超前的延迟。

从图 8.22 的左下角开始，将多普勒分格 j 的复数载波剥离输出应用于两个复码剥离功能（一个用于信号，另一个用于噪声计）。该输入对应于图 8.13 或图 8.14 所示载波剥离功能生成的 $\tilde{I}_n$、$\tilde{Q}_n$ 复数样本，其中设置了载波 NCO 每个样本的载波相位增量（分别为 M_{Carrier} 或 $M_{\text{Carrier}} + M_{\text{Bias}}$），以便利用查表值为这一部分搜索过程合成多普勒分格 j。回到图 8.22，在左上角，码分格 k 的复制码相位 Φ_{τ_k} 是图 8.23 所示为搜索模式配置的复制码生成器相应移位寄存器的相位输出（Φ_{τ_0} 到 Φ_{τ_M} 的码相位之一）。图 8.23 中每个样本的码相位增量（M_{Code}）被设置为输入信号的标称扩频码速率（加上适当缩放的码多普勒分格 j 值）。图 8.23 中的噪声计输出 Φ_N 被馈送到图 8.22 所示较低信号路径中的复码剥离功能。这些复码和噪声输出在滞留时间 T 内积分，对于良好的信噪比条件通常为 1ms，然后转储到它们各自的包络函数（$\sqrt{I^2+Q^2}$）中。噪声项要乘以比例因子，比例因子确定了搜索门限 V_t/σ_n，其中分子是电压门限，分母是 1σ 噪声电平。因为搜索门限至关重要，通常针对每颗卫星信号和 T 下的低、中和高信噪比利用计算机仿真对这个比例因子进行优化。利用该门限，搜索检测器基于信号高于或低于噪声门限进行二元判定（通常称为单次判定）。该判定（真为 0、假为 0）被传送到更复杂的搜索检测器，搜索检测器可能需要在相同的多普勒和码分格中进行许多单次判定来得到最终判定。如图（右上角）所示，有三种可能的搜索检测器判定结果：（1）继续在同一个单元中（这种情况下没有任何变化）；（2）信号不存在（在这种情况下，选择下一个未检测的单元，但是只在所有其他并行搜索检测器终止后）；（3）信号存在（在这种情况下，执行载波游标搜索和峰值码搜索，然后闭合载波和码环）。8.5 节中以数学方式推导出了时域搜索检测器设计，包括搜索门限。当环路闭合成功时，搜索过程结束，成功由载波噪声功率比测量仪确认，最终由 8.12 节中描述的锁相指示器确定。环路闭合过程必须牵引任何剩余的频率和码不确定度。薄弱环节是载波环路，通常使用频率锁定环（FLL）载波鉴频器，其频率误差牵引范围比锁相环（PLL）的宽得多。如果使用 8.8.3 节中介绍的 FLL 辅助 PLL 环路[40]，那么 FLL 将自动转换为 PLL 操作。

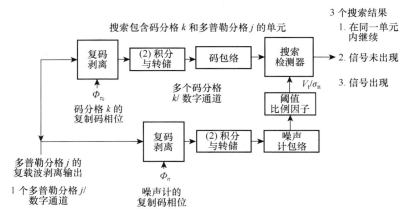

图 8.22　一个单元的数字通道开环搜索功能

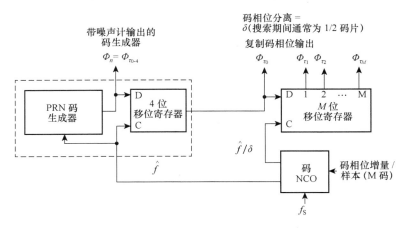

图 8.23　具有噪声计输出的搜索引擎复制码生成器

　　图 8.24 中展示了一个典型的二维搜索模式，它使用了具有 1023 个可能码相位的 C/A 码。在码范围维度中，以 1/2 码片的增量搜索 1023 个码片。这是搜索过程的最优码分格大小，但是对于 BOC 信号模糊度去除，需要精细的码生成和相关特征（详见 8.5.6 节）。码单元搜索模式总是从码维度的超前到滞后（见图 8.24），因为虚假的多径信号相对于真实的 GNSS 信号总是晚到。

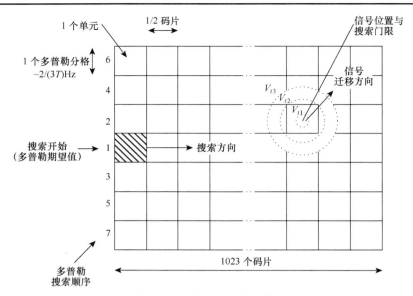

图 8.24　二维 C/A 码搜索模式

图 8.25(a)是理想（无限带宽）BPSK 码相关包络方程 $A^2(1-|\tau|/T_{\text{chip}})$，$|\tau| \leqslant T_{\text{chip}}$ 的图形，其中 A 是信号幅度（假设已归一化为 1），τ 是复制和输入扩频码元之间的偏移量（单位为码片），T_{chip} 是每个符号的周期（1 码片）。实际（有限带宽）相关包络在峰值处四舍五入，过渡区域并不是直线。该图描述了复制码与输入扩频符号之间最差对齐时的最大信号损耗因子（0.25）、幅度滚降（-2.5dB）和功率损耗（-1.25dB），如码相关包络上所标记的那样，复制码到输入信号的偏移恰好为 1/2 码片。该图在所有 1/2 码片截距处标记，但是只分析两个相等和最高的截距。

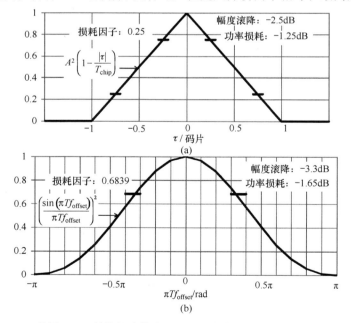

图 8.25　使用(a)1/2 码片码分格和(b) 2/(3T)多普勒分格时的最大信号损耗

图 8.24 中只显示了 7 个多普勒分格。注意，总有奇数个多普勒频分格，因为载波多普勒搜索模式应以不确定度区域的中间多普勒分格（对于冷启动为零多普勒分格）为中心。正如多普勒

分格左侧的数字所示，序贯搜索模式围绕中间多普勒分格对称地间隔。对于冷启动，多普勒搜索模式从对称模式的最高用户仰角到较低用户仰角，在卫星可能上升或下降与用户速度朝向或远离卫星视线的可能性之间交替。

图 8.24 中给出了一个有用的经验法则，即多普勒分格频宽为 2/(3T)Hz，其中 T 是单位为秒的搜索驻留时间。图 8.25(b)中显示了与该近似值对应的最大信号损耗因子（0.6839）、幅度滚降（-3.3dB）和功率损耗（-1.65dB）。该图是损耗因子方程 $(\sin(\pi T f_{\text{offset}})/(\pi T f_{\text{offset}}))^2$ 图，其中 f_{offset} 是复制信号和输入信号之间的频率失配，T 是滞留时间。该图在 $f_{\text{offset}} = \pm 1/3T$ Hz 时的 2 个点处标记。精确的-3dB 最大幅度滚降下的精确多普勒分格频率间距为 2/πT Hz。$f_{\text{offset}} = \pm\pi T$ 的最大损耗因子为 $\sin^2(1) = 0.70807$，最大功率损耗为 $10\lg(0.70807) = -1.5\text{dB}$。

如图 8.24 的搜索模式快照所示，峰值信号位于多普勒分格 2 和 1022 码片处，具体来说是复制 C/A 码相位状态的第二个半码片中，但是很明显，该信号可能会在两个附近的多普勒分格和码分格中被检测到，具体取决于门限电压 V_t（和噪声电平 σ_n，图中未示出）的设置。

摘自文献[27]的图 8.26 显示了三维 C/A 码信号检测区域。注意，码相关响应的宽度由 2 码片宽的相关包络表征；当复制信号与输入信号匹配时，相关包络最大；当在最大值的任意一侧不匹配度达 1 个码片或更多时，相关性包络基本为零。最大码相关的峰值幅度取决于多普勒匹配程度。载波剥离输出信号由 $(\sin(\pi f_{\text{offset}} T)/(\pi f_{\text{offset}} T))^2$ 响应表征，其中 f_{offset} 是复制信号与输入信号载波多普勒之间的频率偏移，单位为 Hz；T 是单位为秒的单元滞留时间。在本例中，$T = 1\text{ms}$，所以主瓣在 $\pm 1\text{kHz}$ 处有零点，在主瓣任意一侧有随偏移减小的旁瓣幅度，间隔为 1kHz。

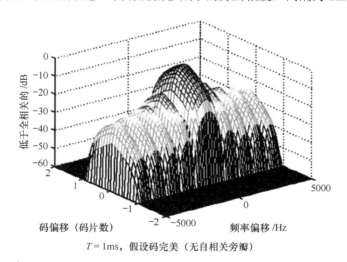

$T = 1\text{ms}$，假设码完美（无自相关旁瓣）

图 8.26　信号捕获区域中的码相位和载波多普勒频率二维搜索

图 8.27 显示，如果在码搜索维度中，后面的任一码相位都与输入信号相关，那么 2 码片超前的噪声计码相位永远不会与输入信号相关（假设在载波多普勒维度中复制多普勒与输入信号严格匹配）。显然，噪声计不与输入信号相关，直到最早的复制信号停止相关为止，所以滞留在噪声计与信号相关情况下的任何信号检测，将使得搜索检测器立即解除该单元。在搜索模式下，噪声计相关器提供图 8.22 所示的搜索检测器所用的分母 V_t/σ_n。在跟踪模式下，相同的噪声计提供图 8.18 中隐含的信噪功率比测量功能的噪声功率估计。

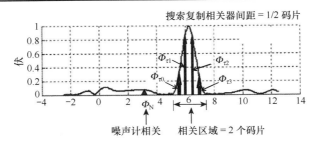

图 8.27　2 码片超前的噪声计相关器相对于后面的相关区域内的 1/2 码片相关器的示意图

1. 码和多普勒维度上的搜索不确定度

图 8.22 中显示了图 8.24 所示搜索模式的一个单元的搜索功能，时域搜索引擎由大量并行操作的单元功能组成。作为图 8.24 所示 C/A 码序贯搜索模式的简单搜索引擎示例，考虑有 7 个数字通道可用于该搜索过程，每个通道有 2046 个码相关器和搜索检测器的情形。此时可以同时搜索 7×2046 个单元，因此在所有搜索检测器终止后，对 7 个分格的多普勒不确定度可以解出码维度中的所有搜索不确定度，假设信噪比大于等于所涉及的搜索参数期望值。

图 8.23 中显示了在高不确定度搜索模式（如冷启动）期间，如何在每个数字通道中扩展复制码生成功能来支持搜索引擎。参考图 8.23，由于复制码间距为 1/2 码片，而 M 位移位寄存器提供 $M+1$ 个复制码，所以标识为 $\hat{f}/\delta$ 的码 NCO 输出采用 $\delta=1/2$。这支持使用 $M+1$ 个搜索检测器同时搜索 $M+1$ 个半码片码单元。若 $M+1=2L_c$，其中 L_c 为复制码长度（码片），则可以并行搜索所有可能的 1/2 码片码相位的组合（即由一个数字通道提供的一个多普勒分格中的总距离不确定度）。如果该搜索引擎有 J 个数字通道，那么可以同时搜索 $J(M+1)$ 个单元。如果 J 个多普勒分格涵盖了最差情况下的多普勒不确定度，那么搜索引擎将在上一个搜索检测器报告发现信号或未发现信号的结果后找到卫星，但只有当卫星可见且信噪比对滞留时间 T 而言足够高时才如此。前端精确增益控制中的态势感知特征提供了关于干扰电平的信息，用于选择 T 和 V_t/σ_n，但只有搜索过程才能提供信号功率电平感知（即信号可能会也可能不会被阻塞，即使接收机知道它应是可见的）。确定信号功率电平的唯一方法是使用搜索过程的结果。接收机在室内工作时，天线噪声温度会上升，但这种热噪声的小幅增加并不是信号阻塞的可靠指示，因为还存在许多其他的噪声源。

当载波多普勒不确定度和码范围不确定度很高时，用实时过程进行搜索会花费很长的时间。回顾可知，实时搜索过程包含载波剥离过程之后复制码和输入信号码之间的相关，直到复制载波多普勒相位和复制码相位与输入信号同时严格匹配。如图 8.24 所示，这种不确定度被映射到离散的多普勒分格和码分格中，两者的交集称为单元。从使用相同类型的实时过程构建稳态跟踪期间所用搜索引擎的角度来看，当有足够的实时处理资源同时检查所有单元时，可实现最快的实时信号捕获时间。如果缺乏这些资源，那么实时搜索过程必须系统地重复搜索模式，直到总的不确定度已被搜索，或者在搜索模式的早期发现了信号为止。接下来介绍的是速度快得多、计算效率更高的搜索引擎信号捕获技术，这种技术采用现代化超高速 DSP 技术进行频域处理。

8.4.3.3　频域搜索引擎

频域技术处理样本块（例如，在与实时滞留时间 T 对应的时间内有 N 个样本），而不利用并行硬件对 ADC 样本数据流逐个样本点地序贯处理。出于这个原因，GNSS 频域处理通常称为块处理。所有关联的频域处理都必须比 T 更快地完成，这对应于该数据块的时间间隔（即整个数据块必须在下一个数据块实时到达前被完全处理，但是中间结果可以进行非相干累加，直到预测的信噪比足够用于信号检测，或者到探索所有信号不确定度后未发现信号为止。通过离散傅里叶变换（DFT）的

FFT 版本，结合用于支持离散频域处理的现代化 DSP 技术，块处理变得切实可行；FFT 算法、复共轭及其复数逆运算，使得块处理的速度明显加快。

1. FFT 与 DFT 计算效率比较

DFT 和 FFT 产生相同的结果，但对于大量的复数样本 N，FFT 的计算效率要快几个数量级。DFT 的执行时间为 $k_{DFT}N^2$，FFT 的执行时间为 $k_{FFT}N\log_2 N$，其中 k 因子为比例常数[42]。

使用德州仪器（TI）TMS320VC5505 DSP 的 $N = 4096$ 个复样本（以下在本例中称为点）的一个例子，极好地说明了在大 N 下 FFT 相对于 DFT 的处理速度优势。从文献[43]的 7315 个时钟周期中指定的 1024 点 FFT 开始，在 150MHz 的最大规定时钟速度下需要 7315/150 = 48.8μs，所以 $k_{FFT}N\log_2 N = 4.88\times10^{-5}$ s，$N\log_2 N = 10240$，于是 $k_{FFT} = 4.88\times10^{-5}/10240 = 4.77\times10^{-9}$。$k_{DFT}$ 的值通常比 k_{FFT} 长约 2.5 倍[42]，所以假设 $k_{DFT} = 1.19\times10^{-8}$。对于 4096 点 DSP，DFT 的执行时间为 $k_{DFT}N^2 = 200$ ms，而 FFT 为 $k_{FFT}N\log_2 N = 234$ μs。因此，4096 点的 FFT 比 4096 点的 DFT 快 853 倍（接近 3 个数量级），且 FFT 更准确，因为更少的计算导致了更小的舍入误差。有关 DFT 和 FFT 实现的详细信息，包括用 BASIC 语言编写的用于复信号 DFT、FFT、逆 FFT（IFFT）及实信号 FFT 和 IFFT 的程序，详见文献[42]的第 12 章。

如图 8.13 和图 8.14 所示，输入信号可以分别是复数或实数（即每个输入级包含带有实部和虚部的复数值或只带有实部的实数值）。在 GNSS 信号样本的情况下，实部和虚部分别是同相（I）和正交（Q）样本。图 8.28 改编自文献[44]，说明了如何在(a)实数和(b)复数两种情况下使用 $N = 8$ 和 $n = 3$ 通过 DSP 转换 N 个样本的数据块（注意，N 故意选得较短，它只用于简单的图形说明，不是一个典型的点数）。典型的 FFT 只转换复数输入，并且基于图 8.28 的左下部分（时域中的复数 DFT 和 FFT），其中限定 $N = 2^n$，n 为任何正整数，也称基数 2（即 $\log_2 N = n$）。交叉阴影时域样本说明了 FFT 如何通过显示实数 DFT 和复数 DFT 之间的共同值来转换实信号。在复数 DFT（和 FFT）中，每个样本对应于包含两个值的有序存储位置，即一个实数值和一个虚数值（如 I 和 Q 样本）。因此，任何实信号都可转换为复信号，并且通过简单地附加长度为 N 的全零虚部值由传统的 FFT 进行变换。此外，由于 FFT 基于 2 的某个幂次对长度为 N 的复信号进行操作，因此对包含更少样本的任何输入信号样本长度，通过把零加入其余样本中而变成长度 N 称为补零。如文献[42]中说明的那样，可以编写一个实数 FFT 程序，它接受虚部全部补零的复数 FFT 格式，但不会浪费计算时间来处理这些零。此外，现在已有可以转换非基 2 的信号的 FFT 程序。

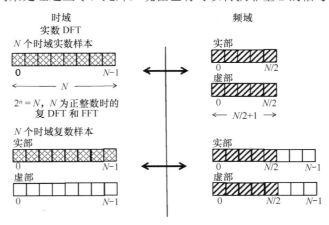

图 8.28　实数和复数 DFT 之间的时域和频域比较。交叉阴影的时域样本显示了两个 DFT 之间的共同值

2. FFT 的简单性和有效性

本节首先介绍时域计算过程，它可通过频域处理进行简化。数字滤波器的有限冲激响应 $h(n)$ 和数字信号输入 $x(n)$ 之间的实时离散卷积过程通常简写为 $x(n)*h(n) = y(n)$，其中星号表示“相关”运算。实时卷积过程满足交换律（若对每种情况正确计算卷积过程，则输入信号和冲激响应的顺序无关紧要）。假设 $x(n)$ 是从 0 到 $N-1$ 运行的 N 点数字输入信号，$h(n)$ 是从 0 到 $M-1$ 运行的 M 点有限冲激响应，那么两者的卷积是从 0 到 $N+M-2$ 运行的 $N+M-1$ 点输出信号，正式的离散卷积方程为

$$y(i) = \sum_{j=0}^{M-1} h(j)x(i-j), \quad i = 0,1,\cdots,M+N-1 \tag{8.34}$$

卷积算法并不像看起来那样简单。索引 $i = 0$ 到 $N+M-1$ 总是定义输出 $y(i)$ 的长度。文献[42]的第 6 章中给出了执行式(8.34)所示卷积处理的两个 BASIC 程序：一个程序是从输入信号的角度来看的，另一个程序是从输出信号的角度来看的。对于输入信号视角算法的外循环，$x(i-j)$ 中的索引是从 $i = 0$ 到 $N-1$，对于输出信号视角算法的外循环，索引是从 $i = 0$ 到 $N+M-1$，除非不为任一内循环条件 $i-j < 0$ 或 $i-j > N-1$ 执行任何计算。

卷积运算在频域中得到了简化，因为时域中的卷积变成了频域中的乘法。在将两个实函数转换为频率中的 $X(k) = \text{FFT}[x(n)]$ 和 $H(k) = \text{FFT}[h(n)]$ 后，可以使用下面的频域方程：

$$Y(k) = X(k)H(k), \quad k = 0,1,\cdots,M+N-1 \tag{8.35}$$

上式摘自文献[42]中的式(8.34)。显然，使用频域中的乘法来实现时域卷积过程更简单，而且对大量样本而言，计算效率也很高。时域中的卷积过程是频域乘积的逆 FFT：

$$y(i) = \text{IFFT}[Y(k)] = \text{IFFT}[X(k)H(k)], \quad i = 0,1,\cdots,M+N+1 \tag{8.36}$$

注意，使用离散信号处理具有连续实时信号源的样本数据可能会使得分辨率较差。由于我们希望知道在 FFT 离散频率响应中达到的分辨率，因此自然会出现这样的问题。若用无穷多的零填充冲激响应，则答案是无限高（即除 FFT 长度外没有任何关于频率分辨率的限制）。如前所述，为了符合基数 2 FFT 的要求，通常会补一些零，以便提高频率分辨率。一个有关的问题是，冲激响应通常是一个实离散样本信号，但它代表了一个连续的频率响应。如图 8.28 所示，冲激响应的 N 点实 DFT 提供了该连续信号的 $N/2 + 1$ 个样本。如果 DFT 变得更长，那么分辨率提高，并且变得更接近原始的连续信号。例如，假设有可能为时域信号添加无穷多个零，那么将产生具有无限长周期的时域信号（即非周期信号）。由于在频域中可以使得样本间的间距无限小，因此它将成为连续信号。然而，DFT 认为时域信号是无限长的和周期性的（即它假设 N 个点在时域中从负无穷到正无穷一遍又一遍地重复，以便使得频域结果是非周期性的）。同样的类比也适用于复时域信号的 FFT 运算。

深入了解 FFT 简化卷积过程的优缺点后，下一步就是用相同的计算效率和简单性来执行 GNSS 接收机搜索引擎中出现的相关过程（即利用该信号的副本解扩输入 PRN 信号的过程）。该实时计算与卷积方程非常相似，但是代替有限冲激响应 $h(n)$，复制码信号表示为从具有 0 到 $M-1$ 运行的 M 点周期的 $y(n)$；$x(n)$ 是数字输入信号（在载波剥离过程之后），具有从 0 到 $M-1$ 运行的 M 点的相同周期；两者的相关将是周期性的，M 点输出信号从 0 到 $M-1$ 运行，利用的是以下方程：

$$z(i) = \sum_{j=0}^{M-1} x(j)y(i+j), \quad i = 0,1,\cdots,M-1 \tag{8.37}$$

注意式(8.37)和式(8.34)之间的符号和输出长度差异，但是，像式(8.34)那样，式(8.37)也满足交换律。如果冲激响应与式(8.34)中输入信号的长度相同，那么卷积过程的输出长度为 $2M$，但是

式(8.37)的相关过程的输出长度仅为 M。相关过程并不复杂，因为它只是副本 $y(n)$ 的所有 M 个点以 1 点的增量进行循环移位，与输入信号 $x(n)$ 一个周期的固定相位在每个相移上的所有点相乘、相加以产生一个输出点。两个信号最接近对齐的索引 i 是发生最大相关性的位置。这个相关公式具有以下的频域的公式，它利用了 $X(k) = \text{FFT}[x(n)], Y(k) = \text{FFT}[y(n)]$，且 $Y^*(k)$ 是 $Y(k)$ 的复共轭：

$$Z(k) = X(k)Y^*(k), \quad k = 1, 2, \cdots, M-1 \tag{8.38}$$

上式由文献[41,44]中的式(8.37)导出。注意，使用 FFT 执行相关处理时，包含执行 $Y(k)$ 的复共轭的额外步骤。执行 $Y(k)$ 的复共轭只是简单地改变 $Y(k)$ 的虚部的符号。最后一步是计算实时相关输出：

$$z(i) = \text{IFFT}[Z(k)] = \text{IFFT}[X(k)Y^*(k)], \quad i = 0, 1, \cdots, M-1 \tag{8.39}$$

3. GPS C/A 码 FFT 捕获方案

最早开发的频域捕获技术被用于 GPS C/A 码，该码只有 1023 个码片长，而且没有重叠码。如表 8.14 所示，现代化 GNSS 扩频码要长得多，而且大多数都有重叠码，所以大大增加了捕获时间，使得频域捕获技术更具吸引力，但是同时也增大了 DSP 的计算开销。图 8.29 是一个高层次的框图，说明了两种 GPS L1 C/A 码块处理捕获方案：(a)并行频率[44]和(b)并行码（也称循环相关）[44, 45]。

参考图 8.29(a)，文献[44]使用低中频为 1250kHz 及 ADC 采样率为 5MHz 的前端信号，并且将码剥离作为捕获过程的第一步。然而，文献[44]中的信号检测过程不是方案(a)所示的频域检测技术。取而代之的是，当多普勒补偿后的复制 C/A 码与输入 C/A 码的相位在小于 ±1 码片内匹配时产生的最大时域幅度。多普勒补偿只以离散步长逼近，但是当它接近中频加多普勒（加上基准振荡器频率偏移）时，结果的信号输出变为纯连续波信号。这种重合在理想情况下会产生频域中的单条谱线，但是实际中进入相关区域时会产生不同幅度的几条谱线。

如图 8.29(a)所示，检测过程在频域中进行，方法是选择最大幅度也超过预定门限（高于预期噪声基底）的谱线。然而，这种信号重合也会发生，可以在第一级时域处理中使用类似的搜索门限技术检测到。完善这种信号捕获方案的策略有多种，但文献[44]中使用的基本方案描述如下。

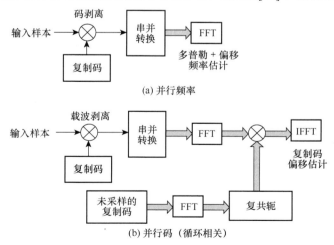

图 8.29 两种块处理 FFT 捕获方案

图 8.29(a)所示的复制码由 21 个预先计算的码分格组成，每个码分格包含一个预先计算的复制 C/A 码 C_S，用于长度为 1023 个码片的卫星 PRN 号 S，以相同的 5MHz 速率对输入信号进行采样，得到 $C_S = 5000$ 个样本。每个 C/A 码片有 $C_S / 1023 = 4888$ 个样本。假设总多普勒加偏移不

确定度为 $\pm 10\,\text{kHz}$，所以每个预先计算的多普勒补偿码分格是使用 $C_S\,\mathrm{e}^{j2\pi f_i t}$ 得到的，其中 $f_i = 1250-10, 1250-9, \cdots, 1250-1, 1250+0, 1250+1, \cdots, 1250+10\,(\text{kHz})$，而 $i = 21$ 个频率分格，每个分格相隔 $1\,\text{kHz}$［回顾可知，经验法则多普勒分格间距为 $2/(3T) = 0.667\,\text{kHz}$］。读取前 5000 个输入实样本，并将初始码相位索引设为 $k = 1$。这些实样本与所有 21 个频率分格的 5000 个复样本进行复乘，每次一个分格逐点复乘，得到的每个频率分格包含代表 $T = 1\,\text{ms}$ 实时的 5000 个复样本。对于每个分格，把 5000 个实数和虚数输出值中的每个平方之后相加，总和的平方根就成了一个频率分格的输出。这个过程是将该方案称为并行频率的基础。此时，所有 21 个并行频率分格都包含一个对应 5000 个可能的码偏移中 $k = 1$ 的幅度。每个码偏移代表 $1/4.888 = 0.205$ 码片（回顾可知最佳码间距是 $1/2$ 码片）。然后 k 增 1（输入信号循环移位 0.205 码片），并且对其余的 20 个并行频率分格重复相同的过程。重复这个过程，直到所有可能的输入码相位都被循环移位，由 $k = 5000$ 指示。当这些迭代结束时，得到的矩阵为 21×5000（105000）个幅度，它们组织在 21 个频率分格行和 5000 个码分格列中，类似于图 8.24。这些幅度在少于 1ms 的时间内产生，要求比下一个 1ms 的实时 5000 个输入样本块更快。检查所有 105000 个幅度并选择超过门限的所有幅度，然后选择这些幅度中的最高幅度。该选择对应于第 k 个输入码相位偏移和第 i 个多普勒分格。然后在进入跟踪过程之前进行精细的频率处理。对于较弱的信号，该过程可以重复若干次，每次使用新的 1ms 输入，而且在执行检测过程之前对幅度进行非相干积分。

如图 8.29(a)所示，信号检测过程可以在频域利用类似于图 8.24 所示的恒定频率搜索方案，通过将一个分格的所有 5000 个 I 分量和所有 5000 个 Q 分量合并到一个复数点中，在每个码分格中产生 5000 个复样本。在图 8.29(a)所示的 FFT 之前，可以实现串并转换过程，因为 k 是在恒定频率上进行索引的。填零（如果需要的话）发生在串并转换操作中，将基于基数 2 的目标存储器完全归零，但是样本的串行传输更短。最终的结果是在剩余的最低有效位存储器位置填零。这个检测方案是在频域中执行的，不需要逆 FFT。

并行频率方案可以使用 DSP 快速捕获信号，但计算效率不高，也不是文献[44]中的频域方案；也就是说，计算序列必须是如上所述的顺序频率，以便有效地使用频域方案。并行码在图 8.29(b)中也称循环相关方案，在计算效率和速度方面要优越得多。

参照图 8.29(b)，首先执行载波剥离过程，接着为块处理（由方框箭头表示）执行串并转换，在不大于 $1/2$ 码片的间距下，块大小等于复制码的一个周期。时域载波剥离过程可以采用图 8.13 或图 8.14 中所示的任何一种方法。然后对复信号执行 FFT，并乘以上采样复制码的 FFT 的复共轭。复制码样本必须与输入信号相同。循环相关过程的每个循环产生一个多普勒分格的所有相关组合。

文献[45]中搜索了一个 10kHz 多普勒不确定度范围，假设用户速度和参考振荡器频率偏移忽略不计。这在 1kHz 频率分格内搜索［回顾可知，经验法则多普勒分格间距为 $2/(3T) = 0.667\,\text{kHz}$］。用于 C/A 码信号的块大小对应于 $T = 1\,\text{ms}$（即一个 C/A 码周期 $T_c = 1\,\text{ms}$）的驻留时间。循环相关周期在相同的多普勒分格中重复 K 次，每个周期使用一个新的 1ms 输入块。检测过程在时域中取出每个码偏移单元的绝对值，并从 $i = 0$ 到 $K-1$ 相加。值 $K = 20$ 用于增大信噪比，以在较弱信号下检测(a)例中 $K = 1$ 时的偏移码。文献中没有提供有关搜索模式、信号检测过程或在跟踪环闭合之前必须遵循的不确定度细化过程的细节。由于使用基数 2 FFT 处理，所以对输入信号长度 $2L = 2046$ 个半码片样本及上采样信号长度 $2L = 2046$ 个半码片样本都填充两个零，于是两者的长度就都为 2048 个样本。

文献[45]中给出了采用这种方案的 500ms 捕获时间，现有的 DSP 支持比耗时 4s 的实时信号捕获方案快 8 倍的捕获速度。显然，并行码捕获方案比实时序贯搜索方案快得多。能快多少取决于 DSP 的速度。为了达到最大速度，对于 K 个块（即使用相同的输入数据块），所有 10 个频率分格必须在小于 $T_c = 1\text{ms}$ 的时间内处理完。这需要在不到 1ms 的时间内完成 10 次 2048 点 FFT、10 次 2048 点复数乘法及 10 次 IFFT，以便为剩余的开销处理留出时间。上采样复制码 FFT 及其复共轭只计算一次，因此可以预先计算。尽管输入信号码包含码多普勒，但在该方案中被忽略。检测过程必须等待，直到 2046 个样本的 K 个块都已被填零和处理。假设 $K = 20$，包括检测过程在内的所有上述处理都必须在 $KT_c = 20\text{ms}$ 内计算完成。这要求 DSP 的速度比文献[45]中的快 25 倍，于是信号捕获速度比实时方案快 200 倍。

　　尽管没有提及，但 ADC 采样率是通约的 2.046MHz，设计用于生成长度为 $L = 2046$ 个 1/2 码片的 C/A 码信号块，时间为 1ms（即最佳搜索间距）。通约采样违反了 8.3.7 节中描述的采样率的第一条规则。图 8.30 和图 8.31 中说明了使用通约采样的不利后果。

ADC 采样率不应与码率或载波中心频率同步

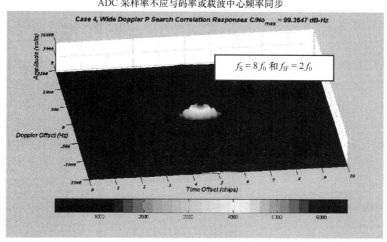

图 8.30　通约采样的不利后果（ADC 采样率与扩频符号率和中频同步）。图形由 Logan Scott, L. S 咨询公司提供

ADC 采样率不应与码率或载波中心频率同步

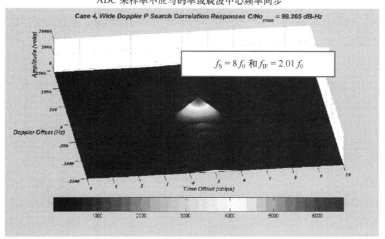

图 8.31　通约采样的不利后果（ADC 采样率与扩频符号率同步，但与中频不同步）。图形由 Logan Scott, L. S.咨询公司提供

图 8.30 中描述了 ADC 采样率为 $f_S = 8f_0$ [其中 f_0 为 P(Y)扩频符号率]且前端中频为 $f_{IF} = 2f_0$ 时，在低中频前端设计中出现的相关失真。图 8.31 中显示了 ADC 采样率保持为 $f_S = 8f_0$ 但 $f_{IF} = 2.01f_0$ 时的类似较小失真。失真减小是由扩频码过采样导致的。P(Y)码信号相关使用夸大的高信噪比在视觉上放大通约的失真。采用通约采样的任何扩频符号都会产生同样的效果。相关失真是由于缺乏有保证的采样迁移造成的，这阻碍了在扩频符号翻转边界区域的一致采样 [即值在 +1 和 −1（零）之间的中途]。在前端设计中遵守该规则，并且以相同的异步采样率合成复制码，可以避免这种失真。这可能会妨碍 DSP 信号捕获方案的效率，因为每个码片不会正好有 2 个样本，就像图 8.29(a)所示的过采样情况一样[44]。该规则对实时信号捕获和跟踪过程没有任何问题，因为码 NCO 和移位寄存器组合很容易适应 1/2 码片间距（或分母为 2 的其他幂次）至非常高的分辨率，而与采样率无关。

8.5　捕获

上一节从高层次设计角度介绍了现代 GNSS 信号捕获的基本概念。关于直接序列接收机中的传统 GPS 信号捕获，已有大量文献。文献[46]中描述了传统的 GPS 接收机搜索技术，其中时域捕获是唯一可行的信号处理方法，在基带硬件中使用定制 ASIC 元件加上当时可用的有限微处理器能力。虽然基带架构现在正在向软件定义的实现方向发展，但是当搜索不确定度很小时，实时捕获技术仍然是最可行的。文献[47]中描述了使用基于 DSP 的 FFT 处理传统 GPS 信号的快速信号捕获技术，这种技术引入了先进的频域处理概念，提供了与使用频域信号处理技术的 GPS 捕获方案有关的大量参考文献。文献[48]综述了当前基于 FFT 的捕获架构，这种架构正被考虑用于下一代 GNSS 接收机，目标是尽量减少架构中的 FPGA 资源。本节详细介绍搜索引擎捕获架构，重点介绍搜索检测的基础理论。

8.5.1　单次试验检测器

检测过程通常从统计过程的单次试验检测器开始，因为每个单元要么只包含噪声，要么包含信号和噪声。这两种情况都有唯一的概率密度函数。图 8.32 中显示了基于复信号包络的单次试验检测器使用同样的两个概率密度函数的 4 种结果，信号包络将在稍后分析。如图 8.22 所示，单次试验门限为 V_t / σ_n，选择该门限的目的是提供可以接受的虚警概率 P_{fa}。如图 8.32 所示，σ_n 已归一化为 1，因此任何大于等于门限 V_t 的单元包络均被检测为信号。小于门限 V_t 的任何单元包络被检测为噪声。单次试验（二元）检测过程有 4 种结果，如图 8.32 所示：两种是错误的，两种是正确的。单次试验概率可用门限 V_t 作为一端界限而用无穷大或零作为另一端界限进行适当的积分来计算。这些积分示于图 8.32 中的阴影区域。实际用于信号检测的两个统计量是图 8.32 左侧的两个统计量：(c)单次试验检测概率 P_d 和(a)单次试验虚警概率 P_{fa}。σ_n 未被归一化时，这些量定义为

$$P_d = \int_{V_t / \sigma_n}^{\infty} p_s(z) \, \mathrm{d}z \tag{8.40}$$

$$P_{fa} = \int_{V_t / \sigma_n}^{\infty} p_n(z) \, \mathrm{d}z \tag{8.41}$$

式中，$p_s(z)$ 是包含信号加噪声的包络的概率密度函数；$p_n(z)$ 是只包含噪声的包络的概率密度函数。

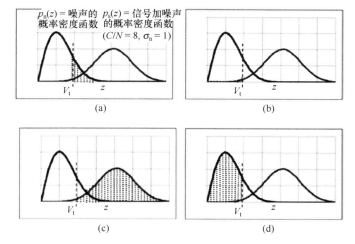

图 8.32　(a)虚警概率（使用），(b) 错误解除概率（未用），
(c) 检测概率（使用），(d) 正确解除概率（未用）

若信号幅度的均方根（仅信号）由包络 $A_{\text{Env}} = \sqrt{I_S^2 + Q_S^2}$ 形成，其中同相（I）和正交相（Q）分量具有统计独立的高斯概率密度函数，则 $p_s(z)$ 为莱斯分布（见文献[49，pp.693-694]），它定义为

$$p_s(z) = \begin{cases} \dfrac{z}{\sigma_n^2} e^{-\left(\frac{z^2 + A_{\text{Env}}^2}{2\sigma_n^2}\right)} I_0\left(\dfrac{A_{\text{Env}} z}{\sigma_n^2}\right), & z \geqslant 0 \\ 0, & \text{其他} \end{cases} \tag{8.42}$$

式中，z 为随机变量；σ_n^2 为噪声方差；$I_0(A_{\text{Env}} z / \sigma_n^2)$ 为第一类零阶修正贝塞尔函数，$I_0(x) = 1 + \dfrac{(x/2)^2}{(1!)^2} + \dfrac{(x/2)^4}{(2!)^2} + \dfrac{(x/2)^6}{(3!)^2} + \cdots$；对于单次试验检测器，将无量纲的预检测载波噪声功率比定义为 $C/N = A_{\text{ENV}}^2 / 2\sigma_n^2$；于是，对于 $z \neq 0$，式(8.42)可以表示为

$$p_s(z) = \frac{z}{\sigma_n^2} e^{-\left(\frac{z^2}{2\sigma_n^2} + C/N\right)} I_0\left(\frac{z\sqrt{2C/N}}{\sigma_n}\right) \tag{8.43}$$

式中，$C/N = (C/N_0)T$；N_0 是 1Hz 带宽内的噪声功率（W）；T 是搜索滞留时间（s）。

式(8.43)中存在信号和噪声情况下的概率密度函数 $p_s(z)$ 已绘在图 8.32 所示的例子中，其中 $C/N = 8, \sigma_n = 1$（已归一化）。

对于不存在信号的情况，评估 $A_{\text{Env}} = 0$ 时的式(8.42)，得到 $p_n(z)$ 为瑞利分布，它定义为

$$p_n(z) = \frac{z}{\sigma_n^2} e^{-\left(\frac{z^2}{2\sigma_n^2}\right)} \tag{8.44}$$

式(8.44)中只存在噪声情况下的概率密度函数 $p_n(z)$ 已绘在图 8.32 所示的例子中，其中 $\sigma_n = 1$（已归一化）。瑞利分布的均值是 $\mu_{\text{Ray}} = \sigma_n \sqrt{\pi/2}$，方差是 $\text{var}_{\text{Ray}} = \sigma_n^2 (2 - \pi/2)$。使用式(8.44)中的概率密码函数对式(8.41)积分，可得

$$p_{\text{fa}} = e^{-\left(\frac{V_t^2}{2\sigma_n^2}\right)} \tag{8.45}$$

在式(8.45)两边取自然对数，并且根据所需的单次试验虚警概率求解门限：

$$V_t / \sigma_n = \sqrt{-2\ln P_{\text{fa}}} \tag{8.46}$$

例如，若希望 $P_{fa} = 16\%$，则 $V_t/\sigma_n = 1.91446152$，对于预期的 C/N，可以用式(8.40)和式(8.43)计算单次试验检测概率 P_d 如下，其中 $\sigma_n = 1$（已归一化）：

$$P_d = \int_{V_t}^{\infty} z\, e^{-(z^2/2 + C/N)} I_0\left(z\sqrt{2C/N}\right) dz$$

$$P_d = 1 - \int_0^{V_t} z\, e^{-(z^2/2 + C/N)} I_0\left(z\sqrt{2C/N}\right) dz \tag{8.47}$$

表 8.15 中显示了用式(8.47)计算的单次试验检测概率 P_d 的一些例子，其中输入 C/N 比的范围是从 1 到 9，然后对每个 C/N 计算 $(C/N)_{dB} = 10\lg C/N$，并对 $T = $ 1ms, 2.5ms, 5ms 和 10ms，$P_{fa} = 16\%$，将相应的 $(C/N_0)_{dB} = (C/N)_{dB} - 10\lg T$ 制成表格。

检查表 8.15，C/N 低于 4 时的低检测概率，特别是单次试验检测器的不良虚警率，通常不满足 GNSS 应用。单次试验搜索检测器方案很少单独使用，它要与可变或固定滞留时间检测器结合使用。如果第一次的单次试验判定为"是"，那么可变滞留时间检测器在可变的时间间隔内做出"是"或"否"的判定。如果判定为"否"，那么典型的设计将立即进入下一个单元格（更保守的设计需要连续两个"否"的答案才能进入下一个单元格）。如果出现"也许"的情况，那么它将留在该单元中（对每次试验使用新的二元判定），直到该算法做出判定（即滞留时间是可变的）。固定滞留时间检测器在固定的时间间隔内通过对同一个单元中固定数量的单次试验的结果进行表决来做出"是"或"否"的判定，对每次试验使用新的二元判定。如果存在信号时信噪比良好，那么适当调节的可变滞留时间（序贯）多次试验检测器，将比固定滞留时间多次试验检测器的搜索更快，因为它能快速解除只有噪声的条件。可以看出，推荐的搜索检测器是两种类型检测器的组合，其中调整 P_{fa} 和 V_t/σ_n 可以使得这种检测器组合的整体错误概率更加合适。

表 8.15 单次试验的检测概率，其中 $P_{fa} = 16\%$

C/N（比值）	P_d（无量纲）	$(C/N_0)_{dB} = (C/N)_{dB} - 10\lg T$ (dB-Hz)			
		$T = $ 1ms	$T = $ 2.5ms	$T = $ 5ms	$T = $ 10ms
1.0	0.431051970	30.00	26.02	23.01	20.00
2.0	0.638525844	33.01	29.03	26.02	23.01
3.0	0.780846119	34.77	30.79	27.78	24.77
4.0	0.871855378	36.02	32.04	29.03	26.02
5.0	0.927218854	36.99	33.01	30.00	26.99
6.0	0.959645510	37.78	33.80	30.79	27.78
7.0	0.978075147	38.45	34.47	31.46	28.45
8.0	0.988294542	39.03	35.05	32.04	29.03
9.0	0.993845105	39.54	35.56	32.55	29.54

8.5.1.1 包络近似

减少形成实际复数（信号加噪声）包络 $A = \sqrt{I^2 + Q^2}$ 的计算开销的常用近似有两种，其中最准确但计算开销更大的近似是喷气推进实验室（JPL）近似，它定义为

$$A_{JPL} = \begin{cases} X + Y/8, & X \geq 3Y \\ 7X/8 + Y/2, & X < 3Y \end{cases} \tag{8.48}$$

式中，$X = \text{MAX}\left(|I|, |Q|\right), Y = \text{MIN}\left(|I|, |Q|\right)$。

JPL 近似逻辑上也可以表示如下：

If $|I| \leq |Q|$, then $X = |Q|, Y = |I|$

else $X = |I|, Y = |Q|$

If $X \geqslant 3Y$, then $A_{\mathrm{JPL}} = X + Y/8$

else $A_{\mathrm{JPL}} = 7X/8 + Y/2$

最不准确但计算开销最低的近似是 Robertson 近似，它定义为

$$A_{\mathrm{Rob}} = \mathrm{MAX}\big(|I| + |Q|/2, |Q| + |I|/2\big) \tag{8.49}$$

Robertson 近似逻辑上也可以表示如下：

If $|I| \leqslant |Q|$, then $A_{\mathrm{Rob}} = |Q| + |I|/2$

else $A_{\mathrm{Rob}} = |I| + |Q|/2$

假设 $A = 1$（已归一化），表 8.16 针对一个象限以 15° 增量比较了 $A = \sqrt{I^2 + Q^2}$ 的 JPL 近似和 Robertson 近似的精度性能。

在跟踪模式期间通常使用更准确的 JPL 近似（最差情况下 45° 处的误差为 2.8%），而在捕获期间通常使用计算更有效的 Robertson 近似（最差情况下 30° 和 60° 处的误差为 11.6%）。由于 Robertson 近似在 A 上添加了量化噪声，因此必须增大由式(8.46)计算的单次试验检测器门限 V_t/σ_n 来进行补偿。例如，源自文献[50]的文献[46]所用的校正因子为 $(V_t/\sigma_n)_{\mathrm{R}} = 1.08677793 V_t/\sigma_n$，所以 $(V_t/\sigma_n)_{\mathrm{R}} = \sqrt{-2.3621724 \ln P_{\mathrm{fa}}}$。确定最适合的单次试验虚警概率、总体虚警概率和总体检测概率是一个调优过程。

表 8.16　JPL 和 Robertson 包络近似的精度比较

$\theta /°$	$I = A\cos\theta$	$Q = A\sin\theta$	A_{JPL}	误差 JPL	误差%	A_{Rob}	误差 Robertson	误差%
0	1	0	1	0	0	1	0	0
15	0.965925826	0.258819045	0.9983	0.002	0.2	1.0953	−0.095	−9.5
30	0.866025404	0.5	1.0078	−0.008	−0.8	1.116	−0.116	−11.6
45	0.707106781	0.707106781	0.9723	0.028	2.8	1.0607	−0.061	−6.1
60	0.5	0.866025404	1.0078	−0.008	−0.8	1.116	−0.116	−11.6
75	0.258819045	0.965925826	0.9983	0.002	0.2	1.0953	−0.095	−9.5
90	0	1	1	0	0	1	0	0

8.5.2　唐检测器

唐检测器是一个次优搜索算法，与最大似然（最优）搜索算法[51]相比，它平均只需 1.58 倍的时间来做出判决。最大似然搜索算法必须搜索所有可能的不确定度，对于具有相对较短码长的 GNSS PRN 信号[而不是对于 8.5.6 节中描述的诸如 GPS P(Y)和 M 码信号这样的极长码长军用信号]的高不确定度条件，已经证明在当前 DSP 技术下是切实可行的。然而，在初始 GNSS 接收机搜索成功后，这些高度不确定度条件迅速消失，因此对于后续的捕获或重捕，唐检测器具有合理的计算开销，非常适合用来检测预期 $(C/N_0)_{\mathrm{dB}}$ 为 25dB-Hz 或更高且虚警概率很低的信号。由于唐检测器在极低 $(C/N_0)_{\mathrm{dB}}$ 条件下容易徘徊（经历极长时间的犹豫不决），因此遇到这种情况时，就要使用"噪声"计数器来终止这一条件。8.5.4 节中描述了一种用固定驻留时间检测器代替"噪声"计数器的方案及推荐的搜索算法。

文献[46]中的唐检测器的总体虚警概率和总体检测概率分别为（文献[46]中关于 P_{D} 的公式(16)的分子是不正确的）[52]

$$P_{\text{FA}} = \frac{\left[(1-P_{\text{fa}})/P_{\text{fa}}\right]^B - 1}{\left[(1-P_{\text{fa}})/P_{\text{fa}}\right]^{A+B-1} - 1} \tag{8.50}$$

$$P_{\text{D}} = \frac{\left[(1-P_{\text{d}})/P_{\text{d}}\right]^B - 1}{\left[(1-P_{\text{d}})/P_{\text{d}}\right]^{A+B-1} - 1} \tag{8.51}$$

文献[46]中的图 8.33 给出了式(8.51)与唐检测器输入信噪比 $(C/N)_{\text{dB}}$ 的关系，其中 $B=1$；A 为运行参数，范围从 2 到 12；$P_{\text{FA}} = 1.0 \times 10^{-6}$。

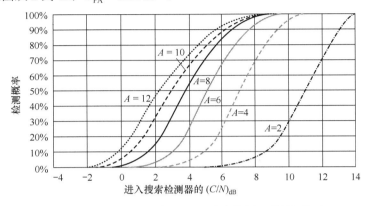

图 8.33　$P_{\text{FA}} = 1.0 \times 10^{-6}$ 且 $B=1$ 时唐检测器的检测概率

参照图 8.33，从左到右，每条曲线基于不同的单次试验检测器门限（即较小的 A 值需要设置较大的门限，以保持总体虚警概率恒定）。事实上，唐检测器的主要性质是它显著提高了 $A>4$ 时单次试验检测器的虚警率，但是在为唐参数 A 选择的门限设置下，单次试验检测器的检测概率有所下降。注意，在图 8.33 中，增大 A 会增大检测灵敏度，但会降低搜索速度。$B=2$ 时，检测灵敏度增大，但会降低搜索速度。选择这些参数是一个调优过程，因为期望的虚警概率在搜索速度和检测概率之间存在折中。典型值为 $B=1$，在预期的低 $(C/N_0)_{\text{dB}}$（25dB-Hz 或更高）下 $A=12$，而在预期的高 $(C/N_0)_{\text{dB}}$（39dB-Hz 或更高）下 $A=8$。

唐参数 B 是放弃一个单元格所需的一连串初始判决为假的数量（例如，$B=1$ 时，若第一个判决是错误的，则该单元立即被摒弃）。唐参数 A 是声明信号存在所需的一连串初始判决为真的数量（例如，$A=8$ 时，若前 8 个输入判定为真，则声明信号存在）。混合输入判决使得唐判决时间可变。

表 8.17 中显示了单次试验检测器门限（假设用 Robertson 近似）及维持唐总体虚警概率为恒定值 $P_{\text{FA}} = 1.0 \times 10^{-6}$ 所需的 P_{fa}，其中参数 B 的典型值为 1 和 2，唐参数 A 的范围是从 2 到 12。注意，唐参数 $A>4$ 时的单次试验检测器虚警率显著提高，$A=2$ 时无改进。

表 8.17　使用 Robertson 包络近似时保持 $P_{\text{FA}} = 1.0 \times 10^{-6}$ 所需的门限和单次试验 P_{fa}

唐参数 A	唐参数 $B=1$		唐参数 $B=2$	
	$(V_{\text{t}}/\sigma_{\text{n}})_{\text{R}}$	P_{fa}	$(V_{\text{t}}/\sigma_{\text{n}})_{\text{R}}$	P_{fa}
2	5.712671848	1.00×10^{-6}	5.712671848	1.00×10^{-6}
4	3.300511027	9.94×10^{-3}	3.301665179	9.90×10^{-3}
6	2.577174394	6.01×10^{-2}	2.58253793	5.94×10^{-2}
8	2.218994177	1.24×10^{-1}	2.227909726	1.22×10^{-1}
10	2.008200517	1.81×10^{-1}	2.019037457	1.78×10^{-1}
12	1.87100656	2.27×10^{-1}	1.882636288	2.23×10^{-1}

图 8.33 中未使用这些门限，因为它假设在包络中没有计算错误。如果使用表 8.17 中的 Roberston 包络近似门限，那么图中的曲线会右移约 1dB（即降低了敏感性）。

唐搜索速度在从没有信号（只有噪声）时的非常快到高噪声条件下有信号出现时的非常慢之间变化。放弃一个仅包含噪声的单元格所需的平均滞留次数（平均每个单元的滞留次数）是

$$N_n = \frac{1}{1 - 2P_{fa}} \quad \text{（滞留次数/单元）} \tag{8.52}$$

所以在仅有噪声的条件下，估计唐检测器搜索速度的公式为

$$R_{\text{Tong(noise)}} = \frac{C_c}{N_n T} \quad \text{（码片数/s）} \tag{8.53}$$

式中，C_c 是每个单元格的码片数，T 是滞留时间（s）。

例如，式(8.52)在 $P_{fa} = 16\%$ 时，无信号存在的平均滞留次数为 $N_n = 1.47$，所以式(8.53)的滞留时间为 5ms，每个单元格 1/2 码片，无信号存在时的唐搜索速度是 $R_{\text{Tong(noise)}} = 68$ 个码片/s，但它并不代表总体平均搜索速度，尤其是在信噪比较差的情况下。然而，它表明无信号存在时，唐检测器的搜索速度非常快。

8.5.3　N 中取 M 检测器

搜索算法的第二个例子是称为 N 中取 M 搜索检测器的固定时间段检测器。N 中取 M 搜索检测器对每个单元格取 N 个包络，并将它们与门限进行比较。如果其中有 M 个或更多包络超过门限，那么就声明信号存在。如果没有，那么就声明信号不存在，并对搜索模式中的下一个单元格重复该过程。以上过程被视为贝努利试验，超过门限的包络数量 n 具有二项式分布。

文献[46]中 N 次试验的总体虚警概率源于文献[54]：

$$P_{FA} = \sum_{n=M}^{N} \binom{N}{n} P_{fa}^n (1 - P_{fa})^{N-n} = 1 - \sum_{n=0}^{M-1} \binom{N}{n} P_{fa}^n (1 - P_{fa})^{N-n} = 1 - B(M-1; N, P_{fa}) \tag{8.54}$$

式中，$B(k; N, p)$ 是累积概率密度函数。文献[46]的 N 次试验总体检测概率源于文献[54]：

$$P_D = \sum_{n=M}^{N} \binom{N}{n} P_d^n (1 - P_{fa})^{N-n} = 1 - B(M-1; N, P_d) \tag{8.55}$$

源于文献[54]，文献[46]中的图 8.34 示出了 N 中取 M 的检测概率随输入检测器的 $(C/N)_{dB}$ 的变化，其中 $P_{FA} = 1 \times 10^{-6}$，$N = 8, M = 3, 4, 5, 6$。

由图 8.34 可见，$M = 5$ 是最优值（即简单大数准则 $M = N/2 + 1$）。这些数据是在给定 M、N 和 $P_{FA} = 1 \times 10^{-6}$ 时，用源自文献[54]的文献[46]中的以下公式计算 P_{fa} 产生的：

$$P_{fa} = B^{-1}(M-1; N, 1 - P_{FA}) \tag{8.56}$$

式(8.46)中使用 P_{fa} 的这个值来求单次试验检测器门限 V_t / σ_n，该门限被归一化并用做式(8.47) 底部方程的积分上限。可以用随机变量 z 的离散增量来积分，在每个增量与门限（$z = V_t$）之间形成 Δz，使得 $p_D \approx 1 - \sum_{z=0}^{z=V_t} p_S(z) \Delta z$。对横坐标中使用的 $(C/N)_{dB}$ 求 C/N 的每个值，并且对横坐标的每个点用式(8.55)求每个 P_D。对 M 和 N 的每个组合，须使用新门限重复该计算序列，门限保持总体虚警概率恒定。即使实际门限不能保持到小数点后几位，图的精度对 P_{fa} 和 Δz 的分辨率也非常敏感。

表 8.18 中列出了单次试验门限（假设包络计算采用 Robertson 近似）和对应的虚警概率，对

多个 N 值，使 N 中取 M 检测器的总体虚警概率保持为 1×10^{-6}，并且假设是简单的多数判决（$M=N/2+1$）。注意，对简单的多数准则来说，当固定试验次数 N 的大小与唐参数 A 比较时，这些门限高于唐检测器的门限。

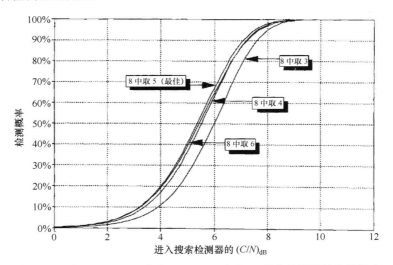

图 8.34　　对于 $P_{FA}=1\times10^{-6}$ 和 $N=8$，N 中取 M 搜索检测器的检测概率

表 8.18　　采用 Robertson 包络近似时保持 N 中取 M 检测器 $P_{FA}=1\times10^{-6}$ 的门限和单次试验 P_{fa}

N	M	$(V_t/\sigma_n)_R$	P_{fa}
8	5	2.89731174	0.028619
10	6	2.73614506	0.042032
12	7	2.613541817	0.055484
14	8	2.516464178	0.068506
16	9	2.437256335	0.080885
18	10	2.37111023	0.092543
20	11	2.314834153	0.103473

　　图 8.34 中未使用这些门限，因为它假设包络中没有计算误差，并且在使用 Robertson 近似时灵敏度损失很小。

　　在 N 中取 M 检测器的所有信号条件下，每个单元格都有一个固定的驻留次数 N，因此搜索速度为

$$R_{M\,of\,N}=\frac{C_c}{NT}\quad（码片/s）\tag{8.57}$$

　　例如，假设对每个单元格，$N=8$，$C_c=1/2$ 码片，则 $T=5\,\mathrm{ms}$ 和 $R_S=12.5$ 个码片/s。在只有噪声的条件下，这要比 $P_{fa}=16\%$ 的唐搜索速度慢 5 倍以上。存在高 C/N 的信号时，如果唐参数 A 与 N 相等，那么唐检测器的速度会减慢得与 N 中取 M 检测器的速度相同；然而，存在低 C/N 的信号时，唐检测器需要比 N 中取 M 检测器更长的时间来进行判决，如前所述，此时将进入一种"噪声"状态而变得犹豫不决。由于这个原因，下一节中将介绍两个检测器的组合。

8.5.4　组合唐与 N 中取 M 检测器

图 8.35 中说明了组合唐与 N 中取 M 搜索检测器算法[28]。组合使用两种搜索检测器时，协同作用较为理想：唐检测器在只有噪声的情况下搜索更快，且比 N 中取 M 检测器更有效地提高了虚警概率，但是 N 中取 M 检测器在同一单元格中只停留规定的时间，不会花更长的时间（即它不会陷入徘徊状态）。

门限设计总是基于上级的唐检测器，所以 N 中取 M 检测器必须基于为唐检测器选择的门限。例如，如果使用 Robertson 近似且唐参数为 $B = 1$ 和 $A = 12$，那么表 8.17 表明 $V_t/\sigma_n = 1.87100656$ 使得唐检测器 P_{FA} 保持为 1.0×10^{-6}，但是表 8.18 中没有给出具有能够保持这一虚警概率的门限的 N 中取 M 检测器。这个唐检测器设计的"噪声"计数器的典型值是 20，因此为 N 中取 M 设计选择 $N = 20$ 和 $M = 15$ 能够与唐虚警概率严格匹配，并且使唐检测器具有足够的机会成为主要决策者（注意，这种 N 中取 M 检测器使用的典型多数判决准则不能提供所需的虚警性能）。

以上述值为例，图 8.35 的操作描述如下。在算法开始前，初始化 3 个变量：唐计数器 K_t 设为等于唐 B 的值（本例中假设典型值 $K_t = B = 1$）。N 中取 M 计数器 K_m 设为 $N = 20$，且 N 中取 M 的指数 I 设为 0。本例中存储的常数是：唐参数 $A = 12$，N 中取 M 决策参数 $M = 15$。操作从一个搜索单元格中停留一次的单次试验检测器判决结果开始。若包络幅度 ENV_k 大于门限 V_t/σ_n，则 K_t 加 1 且 I 加 1；否则 K_t 减 1（注意，对任何一个判决 K_m 都减 1）。然后，最多做出 4 个判决：若 K_t 为零，则声明信号不存在；若 K_t 不为零，则 K_t 达到 $A = 12$ 时声明信号存在；若未达到，则表明 K_m 未减到 0，此时在同一单元格中请求另一个单次试验检测器判决；若 $K_m = 0$，I 不大于等于 M 时，则 N 中取 M 检测器已经接管并声明信号不存在；否则，声明信号存在。当信号被声明不存在时，码状态被推到一个新单元格中，而检测器被再次初始化。当信号被声明存在时，在执行闭环之前执行峰值搜索（详见 8.5.7 节）。

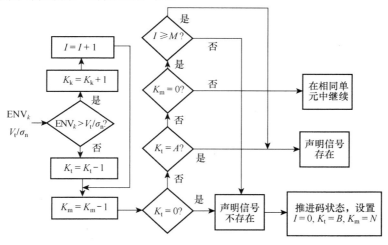

图 8.35　组合唐检测器与 N 中取 M 检测器作为"噪声"计数器，$N > A$

8.5.5　基于 FFT 的技术

8.4.3.3 节以 GPS L1 C/A 码为基础介绍了早期基于 FFT 的搜索技术（及其局限性）。下面介绍一种计算效率高的技术，该技术体现了基于 FFT 的搜索引擎设计应考虑的特性，适用于所有 GNSS 信号。

8.5.5.1　计算高效的 FFT 捕获方案

图 8.36 中显示了一种采用为最小计算修正的并行码技术的块处理捕获方案。注意，图 8.36 中执行载波剥离功能的复数基带中频输入方案可以用图 8.14 所示的实数中频输入方案代替，因为这也会在载波剥离后产生所需的基带 I 和 Q 信号，但是会在最终检测处理之前滤除一些高频成分。该方案由文献[41]改编而成，且专门设计成针对 GPS L5 信号的基于 FFT 的捕获算法，但是该技术可应用于任何基于 FFT 的捕获方案，注意避免具有分裂谱的 GNSS 信号的相关模糊性。

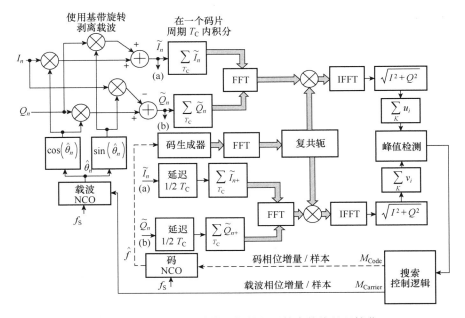

图 8.36　采用最小计算修正的并行码技术的块处理捕获

参照图 8.36，块处理开始于由并行信号流块箭头表示的载波剥离处理之后（即实时处理进行到块处理点位置）。这里，实时采样块在频域中的处理速度要比实时快得多，并且要快到足以在下一块实时数据准备就绪（即已经存储在内存中）之前完成对一个数据块的块处理。串行到块操作通常使用双缓冲存储器，以便实时存储一个块，而第二个块的处理速度比实时快。

该方案的计算效率的关键是在一个码片周期 T_C 上并行计算 $\tilde{I}_n$ 和 $\tilde{Q}_n$ 的积分（如图 8.36 左上所示），及延迟 1/2 码片后同样在 T_C 上计算 $\tilde{I}_n$ 和 $\tilde{Q}_n$ 的积分［在图 8.36 的左下方标记为(a)和(b)］。它支持码维度中的最佳 1/2 码片搜索模式。两个复信号的 FFT 被取出，并且分别乘以复制码生成器的 FFT 的复共轭，以便说明相对于输入信号的所有可能的相位状态。FFT 的长度（积分码周期数）取决于为相关结果的相干积分时间选择的码片数量。在文献[41]的 Q5 导频信号情况下，相干积分时间为 20ms，因为它在 1ms 内有 10230 个码片周期，且 Neumann-Hofman Q5 重叠码周期为 20ms（且无数据翻转边界），所以如果 FFT 算法不需要长度为 2 的幂次，那么 FFT 长度最小为 10230×20 = 204600；如果要求基 2，那么 FFT 长度为 262144（填零长度为 57544）。

实现最大计算效率的关键是使用预先计算的复制 PRN 复制码的一个周期的所有 FFT 的复共轭函数，其中包括任何重叠码的影响（参阅表 8.14，了解开放服务 GNSS 重叠码长度）。

从预先计算的该信号的所有可能的 PRN 码中选择复制 PRN 码。然而，这会消耗大量的内存，并且它们通常不是经多普勒补偿的复制码，需要更大的内存。如果使用预先计算的码，那么图 8.36 中所示的虚线函数（包括码 NCO、码生成器、FFT 和复共轭函数）在 FFT 捕获期间不会被激活。相反，复共轭函数将完成每个块预先计算的复共轭的查找表，它是由搜索控制逻辑指挥的当前实时多普勒分格搜索所需的。在与多普勒补偿后的载波 NCO（及随后的实时载波擦除）相同的实时操作下，若有足够的处理能力使用多普勒补偿后的码 NCO 来计算这些块，则虚线函数将被激活，以便提供近乎完美的复共轭函数和最少的内存，但是代价是频域计算效率降低。

下面继续功能描述。带多普勒频移的样本 $\tilde{I}_n$ 和 $\tilde{Q}_n$ 在每个码片时间 T_C 上累加，在整个码周期内形成一系列输入码相位，并且该序列的复数 FFT 与本地复制码的复共轭 FFT 进行复乘。对于底部的 1/2 码片延迟，对应部分也执行相同的过程。在由码生成器复制 PRN 序列的循环右移产生的上部和下部输出相关信号路径中进行逆 FFT（IFFT）运算，得到预定义 FFT 长度的相关序列。上部和下部复相关序列 $\sqrt{I^2+Q^2}$ 的包络（如 Robertson 幅度）与其对应的复制码相位索引一起分别存储在矢量 $\boldsymbol{u}_i$ 和 $\boldsymbol{v}_i$ 中（文献[41]中 20ms 相干相关序列的上部、下部平方幅度存储在矢量 $\boldsymbol{u}_i$ 和 $\boldsymbol{v}_i$ 中）。如图 8.36 所示，这些矢量可能要非相干积分 K 次以便提高信噪比。对这些矢量进行块搜索，以便获得最大相关值及相应的码相位索引。如果最大相关值超过预定的捕获门限，那么使用相应的码相位索引来进行峰值搜索，将复制码相位与输入码相位对齐。

ADC 采样频率 f_S 在该方案中起重要作用，因为 1/2 码片延迟设计要求整数采样等于 1/2 码片。然而，指定一个精确的值会导致通约采样，从而违反 8.3.7 节中描述的 ADC 采样准则，图 8.29(b) 中的并行码循环相关 FFT 设计中批评了这种做法，图 8.30 和图 8.31 描述了通约采样的不利影响。考虑 8.3.7 节（基带 $f_S = 34\,\text{MHz}$）和 8.3.8 节（140MHz 中频 $f_S = 112\,\text{MHz}$，及 $f_S = 62.22\,\text{MHz}$ 的 140MHz 中频设计的抗混叠 SAW 滤波器版）中提供的 L5 信号 ADC 设计的 3 个案例。只有 62.22MHz 的采样率设计令人满意，因为它提供 6.082 个样本/码片，以及使用 3 个样本延迟（3.041 个样本的整数值）的近乎理想的 1/2 码片延迟。在 34MHz 采样率下的基带设计必须向上精化，提供 44MHz 采样率，进而提供 4.008 个样本/码片，整数值 2.004 个样本提供 1/2 码片延迟。对于这种 FFT 设计来说，112MHz 采样率下的 140MHz 中频设计并不令人满意，所以如果 140MHz 中频保持不变，那么 62.22MHz 采样率设计是最好的解决方案，因为采样频率规则基于所选的中频。

文献[41]中详细介绍了 GPS L5 信号背景下该 FFT 技术及常规捕获技术的捕获性能。例如，这种 FFT 技术使用 FFT 长度 $T = 20\,\text{ms}$ 和非相干积分 $K = 25$ 成功得到了 $(C/N_0)_{\text{dB}} = 25\text{dB-Hz}$ 的 L5 Q5（导频）信号，在每个搜索增量为 25Hz 的多普勒分格中，需要 0.5ms 的驻留时间。

8.5.6　GPS 军用信号直捕

对于所有直接 P(Y) 或直接 M 军用信号捕获的情况，由于加密码无限长，因此不可能搜索码长的所有不确定度（如同典型商用 GNSS 接收机的情况）。多普勒维度中的捕获不确定度与商用 GPS 接收机的相同，后者设计为以相同预期最大用户速度运行。因此，鉴于现代军事接收机设计为保留（或获取）GPS 周内时到通常远小于 1s 的精度，码范围维度不确定度是接收机时间不确定性（转换为码范围）加上用户天线与任何可见 GPS 卫星之间的最大距离变化。回顾与图 8.21 相关的 GPS 轨道方程，可将该距离不确定性转换为大约 20ms（转换为码范围）。

对于满天搜索（冷启动）捕获示例，首先理想地假设用户 GPS 时间估计是完美的，并且存在 GPS 卫星的有效历书数据。接收机无法使用历书来初始定位可见 GPS 卫星，因为它缺少一个基本参数：对自身位置的粗略估计。因此，一个典型的初始假设是接收机位于地心，并选择第一颗卫星进行基本的随机搜索，但是会根据捕获时的卫星分布情况选择一个序列中的后续卫星。它根据对真实 GPS 时间的估计在总多普勒范围不确定性和码范围不确定性中进行满天搜索。对于这里的分析，可以假设卫星正在发射与真实 GPS 时间完美对准的 PRN 码，接收机始终从早到晚搜索，因此将其对 GPS 时的完美估计作为发送时刻，开始的时候将复制码设为天顶（零卫星多普勒和离得最近）时的卫星发送时刻。然后，它一直搜索到与低仰角（离得最远）卫星发送时刻对应的复制码。它对应于不到 20ms 的距离不确定性，假设低仰角卫星最初不满足需要，而且统计上大多数卫星都位于中仰角区域。

下一个例子假设存在对 GPS 时不确定性的估计，因此从初始复制码设置的第一个假设中减去总 GPS 时不确定性的一半（转换为码范围），搜索范围从那里开始并继续到第一个示例码搜索范围（小于 20ms）加上总 GPS 时不确定性的正半部分（转换为码范围）。在捕获第一颗卫星后，GPS 时不确定性立即降到 20ms 以下，进而将总码范围不确定性降到 40ms 以下。因此找到第一颗卫星是满天搜索中最耗时的部分。这里假设用户位置在地表（除非有独立的用户高度源可用）且在成功捕获的第一颗卫星下方。这就使得我们能够非常粗略地使用历书数据来为第二次搜索选择具有最大仰角的卫星。找到第二颗卫星时，用户位置就被假设是由两颗卫星对地心矢量定义的地球上（或上方）两点的中点。有了三颗卫星，现在就可以完成高度保持的三维解算，它能够提供低得多的用户位置和时间偏差不确定性，从而更好地选择可见卫星。采用这种方式，接收机最终将自身引导到显著降低的 PVT 不确定性及很小的码范围和载波多普勒不确定性。在捕获前四颗卫星并通过导航功能进行测量后，由于不确定性很小，后续捕获不再需要 FFT 搜索引擎。即使是在干扰条件下，现代军用 FFT 搜索引擎技术也能以相当快的直接捕获时间支持 1s 或更长的时间不确定性。由于接收机通过卫星捕获降低了不确定性，冷启动搜索模式也考虑了最有可能的可见 GPS 卫星。

军用 GPS 用户设备（MGUE）计划已经开发出了具有 M 码能力的 GPS 接收机，它们由美国国会于 2017 财政年度后授权。这些 MGUE 接收机不仅尺寸、质量和功耗都显著降低，而且在捕获和跟踪更安全和更强大的军用信号方面明显更鲁棒，运行可靠性和准确性大大提高。对这些现代化 MGUE 接收机的具体要求是，能够完成 M 码直接捕获（M 码直捕）。M 码直捕意味着能够在满天搜索模式下直接捕获可见 GPS 卫星的 M 码，无须任何其他空间信号的帮助，只需要粗略的 GPS 时。MGUE 接收机不同类别之间主要的 M 码直捕要求差异，是捕获期间收到的 M 码信号的最低信噪比，接着是最大动态应力。第 9 章将介绍在干扰和欺骗情况下实现更高级别鲁棒性的 GNSS 接收机复杂度。这些尖端技术用于 MGUE 接收机，但通常采用最先进的技术来实现，因为潜在的工作环境要比大多数商用 GNSS 应用严苛得多。

在 GPS 控制段、空间段和（军用）用户段，由于原始 L1 和 L2 P(Y)码军用信号与现代化 L1 和 L2 M 码信号的全部能力之间存在过渡期，新一代 MGUE 接收机具备 P(Y)和 M 双码能力，包括对 P(Y)信号直接捕获的要求。虽然 P(Y)码最初是为通过 C/A 码捕获而设计的，但 P(Y)码直捕的概念早于使用大规模并行相关器的 M 码概念。军用 GPS 接收机中的现代化 FFT 搜索引擎只是最近才在 MGUE 技术中发展起来，它们最初是在商业上用很短的 GPS C/A 码码长演示的。在军码 FFT 能力之前，对于通过直接序列捕获 P(Y)码来预测卫星发送时刻比完成 C/A 码搜索后进行交接所需搜索时间更少的搜索不确定性条件，使用大规模并行相关器是可行的。然而，P(Y)码直接捕获的主要动机是，它可以在比 C/A 码更高的干扰条件下捕获 GPS 信号。文献[55]中描述了一种典型的海量相关器架构，它支持干扰情况下的 P(Y)码快速直捕。

与 P(Y)码信号相比，M 码信号的设计受益于捕获算法和集成电路技术的进步，使得直捕成为捕获的主要手段。BOC(10, 5)调制允许在上边带和下边带上独立地进行捕获处理，在 5.115MHz 扩频码片速率上处理，对两个边带的结果进行非相干积分，如图 8.37 所示[56]。注意，两个边带可在接收机的数字基带部分进行选择和处理，而不由两个 L 波段下变频器和两个 ADC 进行处理。例如，若用 30MHz SAW 带宽将 8.3.8 节中描述的 140MHz 中频欠采样 L5 ADC 设计修改为 M 码，但仍采用 $f_s = 62.22\,\text{MHz}$ 在 NZ(5)中欠采样，则会在 $0.25\,f_s = 15.555\,\text{MHz}$ 下将 M 码中心频率放在 NZ(1)中。采用 $15.555 - 10.23 = 5.325\,\text{MHz} \pm \text{Doppler}$ 的载波剥离信号选择下边带，采用 $15.555 + 10.23 = 25.785\,\text{MHz} \pm \text{Doppler}$ 的载波剥离信号选择上边带。还要注意，复制 M 码不包含双相调制信号，因此在相关模式中不存在模糊性[即可按照与 P(Y)码 BPSK 信号相同的方式搜索两个边带]。与双边带相干处理相比，这种方法只有零点几分贝的性能损失。

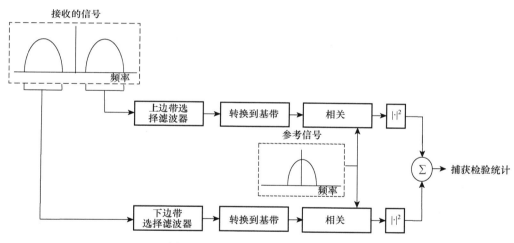

图 8.37　M 码信号的边带捕获处理

有趣的是，当使用边带捕获处理方法时，M 码信号直捕处理使用 Y 码信号直捕处理约一半的算术运算和一半的内存[57]。基于这种处理方法的集成电路表明，即使是在相当大的初始时间不确定度及明显的干扰水平下也能进行 M 码直捕[58]。处理架构基于短时相关计算，继之以 FFT 后端处理，用于多个频率值的并行搜索。

干扰中的捕获需要长积分时间。相干积分时间受数据位边界、振荡器稳定性和动态性的限制。它们也会导致窄的多普勒分格。因此，在干扰的情况下采用大量非相干积分。用标准理论很容易预测检测性能。互相关后的输出信号与噪声加干扰比（SNIR）由下式给出：

$$\rho_o = \frac{T}{L}\frac{0.25C}{N_0 + J_0} \tag{8.58}$$

式中，T 是相关中使用的相干积分时间，L 是大于等于 1 的实现损耗，C 是接收信号功率，因子

0.25 说明将接收信号功率分成 4 个不同的部分（上边带和下边带、偶数和奇数扩频符号），N_0 是接收机前端的热噪声功率谱密度，J_0 是收到的干扰信号的有效功率谱密度。

使用广义 Marcum Q 函数表示检测概率。使用符号 $P_N(X,Y)$[58]表示自由度为 $2N$、SNIR 为 X 的随机变量超过门限 Y 的概率，可将检测概率表示为

$$P_d = P_{4N_n}(\rho_o, V_t) \tag{8.59}$$

式中，N_n 是所用的相干积分次数，V_t 是为给定非相干积分次数提供所需虚警概率而计算的检测门限。式(8.59)中的下标符号 4 乘以下标符号 N_n 说明了这样一个事实，即非相干组合的复数量是所用相干积分次数的 4 倍，反映了上、下边带及偶数和奇数扩频符号的组合。

可以利用式(8.58)和式(8.59)来求给定虚警概率下达到特定检测概率所需的相干积分时间。

于是，搜索初始时间不确定性 $\pm\Delta$ 秒和初始频率不确定性 $\pm\Phi$ Hz 的时间（单位为秒）为

$$T_{search} = N_n \left\lceil \frac{\Delta}{T} \right\rceil \left\lceil \frac{\Phi T}{N_{STC}} \right\rceil \tag{8.60}$$

式中，T 是相干积分时间，N_{STC} 是相干积分时间内的短时相关数，符号 $\lceil x \rceil$ 表示大于 x 的最小整数。

M 码也可按照常规在基带或中频中数字化，并且通过两种不同的基带技术来消除模糊性。第一种技术在载波剥离之前将输入基带信号转换成 BPSK 信号，方法是首先在载波剥离之前将其与多普勒补偿后的复制扩频码方波（与提示复制码一致）相乘，然后利用解扩复制 M 码以传统 BPSK 方式进行码剥离[59]。这种相干技术在信号捕获期间是令人满意的，但丧失了传统 M 码跟踪的码跟踪精度和测量精度。

第二种技术计算同相和正交复制 BOC M 码，与输入信号相关后，产生传统的 BOC 码相关，并且在捕获期间组合正交相关，以消除模糊性[60-62]。图 8.38 中说明了这些复制码是如何合成的[62]。注意，有 5 个常规的同相 BOC(B)复制码：超前（E_B）、窄超前（E_{BN}）、即时（P_B）、窄滞后（L_{BN}）和滞后（L_B）（最初使用 Bump-Jump 码跟踪技术的 M 码跟踪技术将这些相位分别称为超超前、超前、即时、滞后和超滞后）。移位寄存器设计提供 1/16 码片的码相位增量，支持窄超前码和窄滞后码环相关器之间近乎最优的 1/8 码片间距，产生常规的超前减滞后 M 跟踪误差。还有 6 个类似命名的正交（Q）复制码合成：$E_Q, E_{QN}, P_Q, L_{QN}, L_Q$，但通常只有 E_Q, P_Q 和 L_Q 用于消除 M 码 BOC 模糊性。图 8.39 中描述了假设零多普勒时复制码合成的 BOC 和 QBOC 时序图。图 8.40 中示出了利用 E_B 和 E_Q 的超前码剥离（在载波剥离之后）。载波剥离只执行一次，但是成对的码剥离过程则用 P_B, P_Q 和 L_B, L_Q 重复进行，并且单独用于 E_{BN} 和 L_{BN}。每次剥离都会产生一个同相和正交输出，共 16 个独立的信号被积分与转储。未经修改而使用多峰 BOC 信号的结果称为多峰 BOC 包络（MBE），并且将 MBE 重建为单峰相关函数以解决模糊性的结果称为单峰 BOC 包络（UBE）。例如，早期的单峰 BOC 包络由 $E_{UBE} = \sqrt{I_{EB}^2 + I_{EQ}^2 + Q_{EB}^2 + Q_{EQ}^2}$ 使用被 E_B 和 E_Q 码剥离产生的同相和正交信号形成。图 8.41 中说明了作为复制码偏移的函数，由同相复制 M 码和正交复制 M 码与输入 M 码信号相关产生的互相关功率。码剥离后的积分与转储处理可以平滑这个互相关过程。图 8.42 中显示了 M 码对 UBE 的滤波效果与输入 M 码信号的复制码偏移之间的关系。这在搜索过程中产生了期望的无模糊 M 码相关。

在跟踪模式期间，首先使用超前和滞后信号的 UBE 牵引码环，然后使用传统的 Bump-Jump

技术或文献[61]中描述的无模糊辅助的模糊码跟踪方案过渡到用于跟踪的高精度常规 M 码相关。

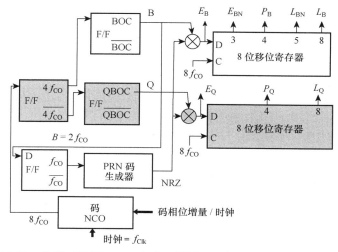

图 8.38　常规（同相）BOC 加上（阴影）正交 BOC 复制信号的合成

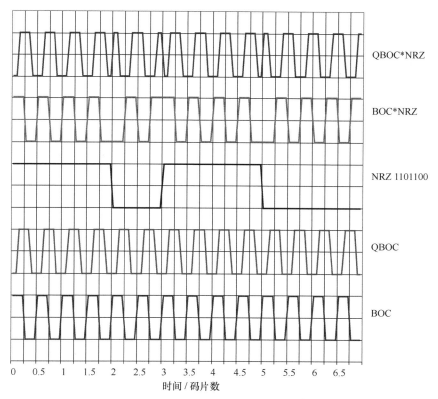

图 8.39　零多普勒时码 BOC 和 QBOC 复制码合成时序图

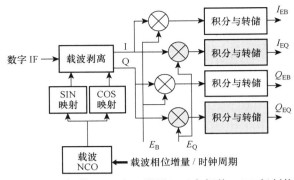

图 8.40　常规（同相）超前 BOC 和（阴影）正交超前 BOC 复制信号的码剥离

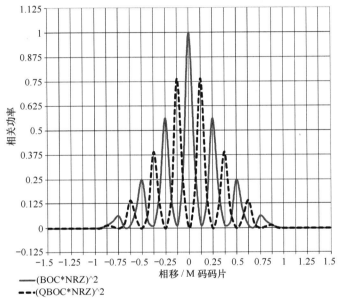

——　(BOC*NRZ)^2
▪▪▪　(QBOC*NRZ)^2

图 8.41　M 码与正交 M 码的互相关功率

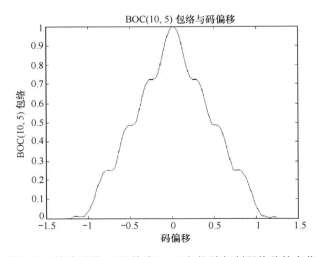

图 8.42　滤波后的 M 码单峰 BOC 包络随复制码偏移的变化

8.5.7　微调多普勒与峰值码搜索

任何搜索过程找到信号而成功终止时,复制载波和码估计的精度对于立即闭合跟踪环路而言可能太粗糙,因此要进行降低多普勒估计不确定性的微调多普勒搜索过程,继之以峰值码搜索过程以减少码相估计的不确定性。这些精化过程通常以图 8.43 中流程图所示的方式与搜索过程相结合。

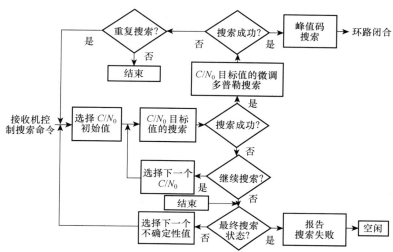

图 8.43　接收机通道搜索逻辑包括微调多普勒和峰值码搜索

该流程图基于态势感知及根据导航状态改变不确定度值的能力,适应 C/N_0 多个目标值,最终目标是成功的码和载波环路闭合。

取决于先前搜索使用的积分时间,微调多普勒搜索利用混合唐搜索进行不同积分时间的多次通过,从而对载波多普勒频率不确定度进行细化。接收机控制将这些参数传递给这个过程,该过程基于态势感知、搜索到的 PRN 码及其自身的状态了解,包括前面的搜索不确定性、可用于微调过程的混合唐资源和目标载波环路滤波器的频率牵引范围。这些搜索的速度非常快,因为复制码不确定性范围包括在整个微调过程中发生的相位变化量非常小。

峰值码搜索利用微调多普勒频率(在某些情况下还包括对微调多普勒中的加速度和冲击的估计)将信号的峰值定位到更高的码片分辨率上。它计算并比较来自几个相邻相关器的包络,假设最大包络对应于即时码,将其与门限进行比较以确认信号存在;若成功,则在闭环期间使用该码相位作为即时信号。由于相邻相关器间距可能与原始搜索的 1/2 码片相关间距一样粗糙,因此可以收集两组包络线,其中第二组包络线在码相位上移位 1/4 码片,而超过门限的最大包络被用做即时信号。

8.6　载波跟踪

载波跟踪环中唯一未在 8.4 节中描述的部分是载波鉴别器和载波环路滤波器。载波跟踪给GNSS 接收机设计者带来了困惑。设计者 A 选择预检测积分时间、载波鉴别器和载波环路滤波器(完全表征数据调制通道中的载波跟踪环),以便载波跟踪通过选择较短的预检测积分时间及馈送给宽噪声带宽载波环路滤波器的 FLL 鉴别器来容忍指定的最大动态应力。设计者 B 选择相同的参数,通过选择较长的预检测积分时间及馈送给窄噪声带宽载波环路滤波器的 Costas PLL 鉴别器,使载波跟踪测量达到指定的精度。矛盾的是,设计者 A 不符合精度规范,设计者 B 不符合动态应力规范。在实践中，必须加入一些设计改进（如为载波跟踪环路提供速度辅助的惯性测量单元）或设计创新来解决这一矛盾。精心设计的 GNSS 接收机通道应利用 FLL 和宽带 FLL 环路滤波器，在短的预检测积分时间内闭合其载波跟踪环路。该设计假设在载波上存在数据调制，因此环路闭合过程应系统地过渡到 Costas PLL，逐渐调整预检测积分时间至与数据翻转周期相等，同时逐渐调整载波跟踪环路带宽至最大预期动态容许的尽可能窄的带宽。若信号是导频信号（无数据调制），则应过渡到纯 PLL（理论上不关心预检测积分时间），并逐渐调整载波跟踪环路带宽至最大预期动态容许的尽可能窄的带宽。稍后描述自适应动态应力的 FLL 辅助的 PLL 载波跟踪环路。深入了解载波跟踪环路后，接下来介绍载波环鉴别器的类型和设计。8.8 节介绍环路滤波器的设计。

8.6.1　载波环鉴别器

　　载波环鉴别器算法总是使用即时（即准时）相关器 I 和 Q 信号来实现。所用算法定义了跟踪环路的类型是锁相环路（PLL）、科斯塔斯锁相环（Costas PLL，一种 PLL 型鉴别器，允许基带信号上存在数据调制）还是锁频环（FLL）。PLL 和 Costas PLL 是最精确的，但对动态应力比 FLL 更敏感，存在动态应力时 FLL 非常稳定。与 Costas PLL 鉴别器相比，PLL 鉴别器可实现 6dB 的跟踪门限改进，因为 PLL 无数据载波允许跟踪输入信号的全 360°（四象限）范围，而 Costas PLL 因存在数据翻转而只能工作在 180°（二象限）范围内。PLL 和 Costas 环鉴别器在其输出端产生相位误差。结果，PLL 几乎复制了输入卫星载波（转换为中频或基带）的精确相位和频率，以便执行载波剥离功能。FLL 鉴别器在其输出端产生一个频率误差。因此其环路滤波器的架构有所不同，这将在后面介绍。FLL 几乎复制了输入卫星载波的精确频率，以便执行载波剥离功能。出于这个原因，它们也称为自动频率控制（AFC）环路。复制信号中的任何频率误差都会导致相位相对于输入载波信号旋转，但 FLL/AFC 鉴别器会察觉到这一点并尝试在反馈路径中对其进行修正。

8.6.1.1　PLL 鉴别器

　　PLL 鉴别器用于跟踪锁相中导频（无数据）通道的即时信号。表 8.19 中描述了两种 PLL 鉴别器算法、输出相位误差及其特性。四象限反正切（ATAN2）PLL 鉴别器算法是一种最大似然估计器，但是实验证明，采用被即时包络的长时间平均值归一化的即时 Q 信号的 PLL 近似算法，要略优于理论上最优且更复杂的 ATAN2 函数。图 8.44(a) 中比较了这两个 PLL 鉴别器的相位误差输出，图中假设即时 I 和 Q 信号中没有噪声。注意，ATAN2 是唯一一种在输入误差范围 ±180° 内保持线性性质的鉴别器。然而，存在噪声时，鉴别器输出只在 0° 附近的区域才保持线性性质。

表 8.19　PLL 鉴别器

鉴别器算法	输出相位误差	特　　性
$\text{ATAN2}(Q_P, I_P)$	ϕ	四象限反正切。在高和低信噪比下最优（最大似然估计器）。斜率与信号幅度无关。计算量大。通常采用查表法实现
$\dfrac{Q_P}{\text{Ave}\sqrt{I_P^2 + Q_P^2}}$	$\sin\phi$	Q_P 被平均即时包络归一化。稍好于四象限反正切。Q_{PS} 在 ±45° 范围内近似为 ϕ。归一化使得对高信噪比和低信噪比不敏感，也使得斜率与信号幅度无关。计算量小

8.6.1.2　Costas PLL 鉴别器

　　通常将任何对数据调制不敏感的载波环称为科斯塔斯环，因为科斯塔斯是第一个可容忍数据调制的模拟 PLL 鉴别器的发明者。表 8.20 中列出了 4 种 Costas PLL 鉴别器算法及其输出相位误差与特性。图 8.44(b) 中比较了这 4 种 Costas PLL 鉴别器的相位误差输出，其中假设即时 I 和 Q 信号没有噪声。如图所示，表 8.20 中的二象限 ATAN Costas 鉴别器是唯一一种在输入误差范围的一半（±90°）上保持线性性质的 Costas PLL 鉴别器。存在噪声时，所有鉴别器输出都只在 0° 附近的区域保持线性性质。在运行环境中，PLL 鉴别器误差信号确实如图 8.44 所示的那样是周期性的，但其幅度在超出牵引范围的相位限制时，会被其 PLL 跟踪环的窄带宽严重衰减。

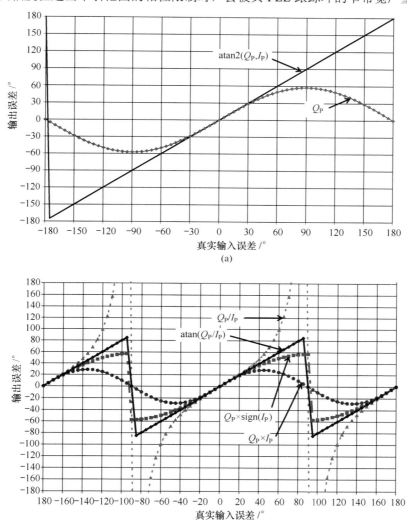

图 8.44   (a) PLL 鉴别器比较和(b) Costas PLL 鉴别器比较

表 8.20   常用 Costas 环鉴别器

鉴别器算法	输出相位误差	特　　性
$Q_P \times I_P$	$\sin 2\phi$	经典的 Costas 模拟鉴别器。在低信噪比时接近最优。斜率与信号幅度的平方 A^2 成正比。计算量适中
$Q_P \times \text{sign}(I_P)$	$\sin \phi$	面向判决的 Costas。在高信噪比时接近最优。斜率与信号幅度 A 成正比。计算量最小
Q_P / I_P	$\tan \phi$	次优，但在高和低信噪比时良好。斜率与信号幅度无关。计算量较大。在±90°处除以零的误差
$\text{ATAN}(Q_P / I_P)$	ϕ	二象限反正切。在高和低信噪比时最优（最大似然估计器）。斜率与信号幅度无关。计算量最大。通常采用查表法实现

Costas PLL 特性如图 8.45 所示，其中相量 A（I_P 和 Q_P 的矢量和）倾向于与 I 轴重合，并在每次数据（位或符号）转换期间切换 180°。

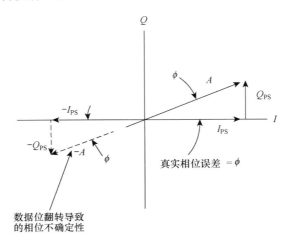

图 8.45　Costas I、Q 相量图描述复制和输入载波相位之间的真
实相位误差，以及由于数据翻转导致的 180° 相位变化

8.6.1.3　FLL 鉴别器

表 8.21 总结了 3 种 FLL 鉴别器算法及其输出频率误差与特性。

表 8.21　常用 FLL 鉴别器

鉴别器算法	输出频率误差	特　　性
$\dfrac{\text{cross}}{(t_2 - t_1)}$，其中 $\text{cross} = I_{\mathrm{P}1} \times Q_{\mathrm{P}2} - I_{\mathrm{P}2} \times Q_{\mathrm{P}2}$	$\dfrac{\sin(\phi_2 - \phi_1)}{t_2 - t_1}$	在低信噪比时接近最优。斜率正比于信号幅度的平方 A^2。计算量最小
$\dfrac{(\text{cross}) \times \text{sign(dot)}}{(t_2 - t_1)}$，其中 $\text{dot} = I_{\mathrm{P}1} \times I_{\mathrm{P}2} + Q_{\mathrm{P}1} \times Q_{\mathrm{P}2}$	$\dfrac{\sin[2(t_2 - t_1)]}{t_2 - t_1}$	面向判决。在高信噪比时接近最优。斜率正比于信号幅度 A。计算量适中
$\dfrac{\text{ATAN}\,2(\text{cross}, \text{dot})}{(t_2 - t_1)}$	$\dfrac{\phi_2 - \phi_1}{t_2 - t_1}$	四象限反正切。最大似然估计器。在高和低信噪比时最优。斜率与信号幅度无关。计算量最大。通常采用查表法实现

注：积分与转储的即时样本 $I_{\mathrm{P}1}$ 和 $Q_{\mathrm{P}1}$ 是时刻 t_1 下的样本，就在稍后时刻 t_2 的样本 $I_{\mathrm{P}2}$ 和 $Q_{\mathrm{P}2}$ 之前。对于数据通道，这两个相邻的样本应该在相同的数据位或样本转换间隔内。下一对样本从 t_2 之后的 $(t_2 - t_1)$ 秒开始（即任何 I 和 Q 样本都不会在下一个鉴别器的计算中重用）。

图 8.46 在 5ms 和 10ms PIT 的即时 I 和 Q 信号中无噪声的假设下，比较了三种鉴别器的频率误差输出。图 8.46(a) 表明，在 5ms PIT（200Hz 带宽的倒数）下频率牵引范围是图 8.46(b) 中 10ms PIT（100Hz 带宽的倒数）牵引范围的 2 倍。注意，在两幅图中，ATAN2(cross, dot) FLL 鉴别器的频率牵引范围是 PIT 倒数带宽的一半（对 5ms PIT 为 ±100Hz，对 10ms PIT 为 ±50Hz），并且对于给定的 PIT 具有最大的牵引频率。叉积和 (cross) × sign(dot) FLL 鉴别器的频率牵引范围是 PIT 倒数带宽的 1/4（对 5ms PIT 为 ±50Hz，对 10ms PIT 为 ±25Hz）。叉积和 (cross) × sign (dot) FLL 鉴别器误差输出是正弦函数除以样本时间间隔 $(t_2 - t_1)$（单位为秒），并且都除以 4，以在其近似线性区域更精确地逼近真实的频率误差输出。

　　存在噪声时，所有 FLL 鉴别器的输出只在 0Hz 附近的区域才保持线性性质。在运行环境中，FLL 鉴别器的误差信号确实如图 8.46 所示的那样是周期性的，但其幅度在超过其牵引范围的频率限制时，会被其 FLL 跟踪环的窄带宽严重衰减。即时 I 和 Q 信号中存在噪声时，随着噪声电平的增加，所有 FLL 鉴别器输出的斜率趋于平坦，因此它们仅在 0Hz 误差附近的区域是线性的。

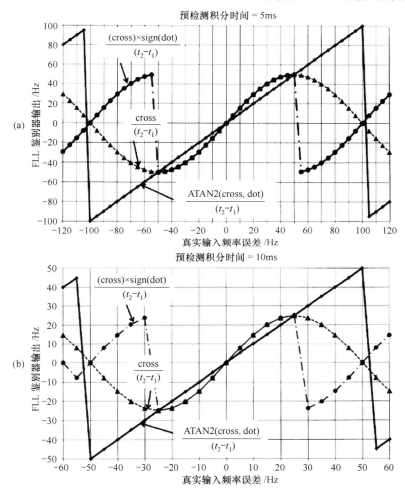

图 8.46　FLL 鉴别器的比较：(a)5ms 预检测积分时间；(b)10ms 预检测积分时间

　　图 8.47 中的 I、Q 相量图描述了 t_1 和 t_2 时刻 I_P 和 Q_P 的两个相邻样本之间的相位变化 $\phi_2 - \phi_1$。该固定时间间隔内频率的任何变化与载波跟踪环中的频率误差成正比。该图说明，对于数据通道的情况，若相邻的 I 和 Q 样本是在同一数据位或符号间隔内采样的，则 FLL 鉴别器可容许数据位或符号翻转。当这些转换边界未知时，有必要采用很短的预检测积分时间，以便大部分 I、Q 对不会跨越转换边界。所幸的是，当这种转换边界模糊性最有可能发生时，也会增大 FLL 闭合期间的频率牵引范围。在高动态环境中，FLL 环路还可能会因闭合锁定在错误的频率上。同样，很短的预检测积分时间（更宽的牵引范围）对初始 FLL 环路闭合是非常重要的。例如，若码峰值搜索驻留时间为 1ms 或 2ms，则 FLL 中的初始预检测积分时间应相同。注意，作为 I_{PS} 和 Q_{PS} 的矢量和（即即时包络），FLL 相量幅度 A 以正比于复现载波和输入载波之间的频率误差的速率旋转。当真正实现频率锁定时，矢量旋转停止，但它会相对于 I 轴以任何角度停止。正因为如此，

如下面将要讨论的那样，在 FLL 中不可能实现相干码跟踪，因为它依赖于 I 分量最大化（信号加噪声）和 Q 分量最小化（只有噪声），即达到相位锁定。通过一种称为差分解调的技术，可以在 FLL 中解调卫星数据位流。由于解调技术涉及差分（有噪）处理，在 FLL 中检测相量的符号变化与 PLL 检测积分后的（噪声更小）I_{ps} 符号相比，会带来更多的噪声，因此在同样的信号质量下，FLL 数据检测的误比特率和误字率要比 PLL 数据检测的高得多。

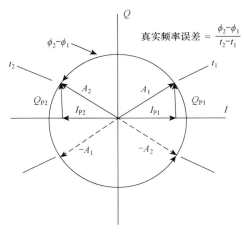

图 8.47　两个样本总在同一数据位或符号翻转边界内采样
时，FLL I、Q 相量图描述数据或符号翻转容限

8.7　码跟踪

　　码跟踪环中唯一未在 8.4 节中描述的部分是码鉴别器和码环滤波器。可编程的预检测积分器、码环鉴别器和码环滤波器设计充分描述了接收机码跟踪环的特点。这三项功能决定了接收机码环设计最重要的两个性能特征：码环热噪声误差和最大视线方向动态应力门限。本章后面将会看到，对于 GNSS 接收机跟踪门限的确定，码跟踪环是移健环节，而载波跟踪环是薄弱环节。即使载波跟踪环对导致 C/N_0 降低的干扰容限比码跟踪环低得多，试图用码环输出来辅助载波环也是灾难性的。这是因为，未得到辅助的码环热噪声比载波环热噪声大几个数量级。8.4 节表明，始终是载波环在辅助码环，而且是用模糊但精密的载波环测量值来提高无模糊（或者至少是容易求解的小模糊）码环测量值的精度。第 9 章描述了来自 IMU 的外部速度辅助如何临时保持载波剥离过程足够准确的估计，其中 IMU 已通过与 GNSS 接收机集成的协同作用校准，该过程使码跟踪环在有干扰时能够维持运行。人们经常忽略的是，已知的静态 GNSS 接收机不需要 IMU 即具备几乎完美的速度辅助能力。通过这里的介绍深入了解码跟踪环的优点后，接下来描述码环鉴别器。8.8 节介绍环路滤波器的设计。

8.7.1　码环鉴别器

　　表 8.22 中给出 4 种 GNSS 码环鉴别器算法及其特性。这些鉴别器也称延迟锁定环（DLL）鉴别器。这些鉴别器总是使用超前（E）和滞后（L）相关器相位，其中一个版本也使用即时（P）信号。第四种 DLL 鉴别器称为相干点积 DLL。更线性化的版本只用 E 和 L 分量来实现，但点积的性能要好一些。当载波环为 PLL 时，相干 DLL 提供优越的性能。在这种条件下，I 分量由信号加噪声组成，而 Q 分量主要是噪声。然而，若因为相量旋转导致信号功率被 I 和 Q 分量分享，

引起相干 DLL 的功率损失，从而产生频繁的周跳或彻底的相位失锁，则这种高精度 DLL 模式行不通。这种工作模式的成功要求具有灵敏的锁相检测器并能迅速过渡到准相干 DLL。所有 DLL 鉴别器都可以被归一化。归一化可以消除对信号幅度波动的敏感性，改善在 C/N_0 快速变化条件下的性能。因此，归一化有助于使 DLL 跟踪和门限性能不依赖于自动增益控制（AGC）性能。但是，归一化不能防止 C/N_0 下降时增益（斜率）的降低。随着 C/N_0 的降低，DLL 斜率接近于零。由于环路带宽大致与环路增益成正比，因此在低 C/N_0 下环路带宽接近零。这将导致对动态应力的 DLL 响应变差，若使用三阶 DLL 滤波器（不用于载波辅助码实现中），则可能会导致不稳定。载波辅助（包括外部提供的载波辅助）可以最大限度地降低不稳定性，但是在很低的 C/N_0 下，这一现象可能会产生意想不到的 DLL 特性。

表 8.22　码鉴别器

鉴别器算法	特　　性
$\dfrac{1}{2}\dfrac{E-L}{E+L}$，其中 $E=\sqrt{I_E^2+Q_E^2},L=\sqrt{I_L^2+Q_L^2}$	被 $E+L$ 归一化（从而消除幅度敏感性）的非相干超前-滞后包络。运算量大。对于 1 个码片的 BPSK 超前-滞后相关器间距，在 ± 0.5 码片的输入误差范围内产生真实的跟踪误差（无噪声时）。在输入误差为 ± 1.5 码片时会变得不稳定（除以 0），但存在噪声时这已远超码跟踪门限
$\dfrac{1}{2}(E^2-L^2)$	非相干超前-滞后功率。中等运算量。对于 1 个码片的 BPSK 超前-滞后相关器间距，在 $\pm\frac{1}{2}$ 码片的输入误差范围内产生与 $\frac{1}{2}(E-L)$ 包络本质上相同的误差性能（无噪声时）。可用 E^2+L^2 归一化
$\dfrac{1}{2}\left[(I_E-I_L)I_P+(Q_E-Q_L)Q_P\right]$（点积） $\dfrac{1}{4}\left[(I_E-I_L)/I_P+(Q_E-Q_L)/Q_P\right]$ （用 I_P^2 和 Q_P^2 归一化）	准相干点积功率。使用了所有 3 个相关器。运算量小。对于 1 个码片的 BPSK 超前-滞后相关器间距，在 $\pm\frac{1}{2}$ 码片的输入误差范围内产生接近真实的误差输出（无噪声时）。所示的第二个是分别采用 I_P^2 和 Q_P^2 归一化的版本
$\dfrac{1}{2}(I_E-I_L)I_P$（点积） $\dfrac{1}{4}(I_E-I_L)/I_P$（用 I_P^2 归一化）	相干点积。只能在载波环处于相位锁定状态时使用。运算量小。可得到最精确的码测量值。所示的第二个是用 I_P^2 归一化的版本

注：当码环由载波辅助时，码环鉴别器包络可以被非相干求和，以降低码环鉴别器和滤波器相对于载波环滤波器的迭代速率；或者，鉴别器输出可以被求和，以降低码环滤波器的迭代速率。经验的限制是总积分时间必须小于 DLL 带宽的 1/4。注意，这不会增大码环的预检测积分时间，但确实会降低噪声。然而，当载波环 NCO 每次更新时，即使码环滤波器的输出并未被更新，码环的 NCO 也必须更新。最新的码环滤波器输出值与载波辅助的当前值相加。

图 8.48 比较了这 4 种 DLL 鉴别器的输出。图中假设 BPSK-R 调制信号在超前和滞后相关器之间有 1 码片的间距。这意味着 2 位移位寄存器的移位速度是码生成器时钟频率的 2 倍。还假设存在理想的相关三角形（无限带宽），并且在输入 I 和 Q 信号上没有噪声。对于典型的接收机带宽，相关峰值趋于四舍五入，峰值两侧的斜坡是非线性的，在距相关峰值 1/2 码片的位置，相关幅度略高于无限带宽情况，但即时相关幅度要略低一些。这些 DLL 可以与 BOC 信号一起使用，但 E 和 L 相关器间距（及移位寄存器设计）必须基于自相关来优化，通常比 1/2 码片小得多，而且可能包含更多相关器来解决自相关包络的模糊问题。8.7.3 节中提供了具体的设计实例。

归一化的超前-滞后包络鉴别器非常受欢迎，因为其无噪声输出误差在 ± 1 个码片范围内是线性的，并且具有接近 ± 1.5 个码片的牵引范围，但点积功率鉴别器的性能略优于它。早期的 GPS 接收机设计把 $E-L$ 复制码合并起来以节省一个相关器（即只需要一个复相关器就可以生成可用 P 信号归一化的复合 $E-L$ 信号，但线性的 $E+L$ 归一化需要单独的 E 和 L 相关器）。

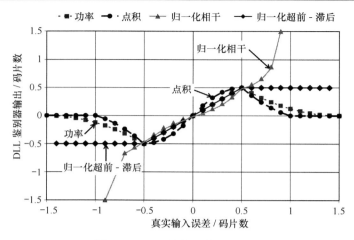

图 8.48　延迟锁定环鉴别器比较

8.7.2　BPSK-R 信号

图 8.49 展示了假设无限带宽的情况下，3 个不同复制码相位同时与同一个输入 BPSK-R 调制信号相关的包络。为便于观察，输入的 BPSK-R 调制信号没有噪声。3 个复制码相位间距 1/2 个码片，代表在典型的 BPSK-R 复制码生成器中合成的超前、即时和滞后复制码，但会使用更窄的超前-滞后相关器间距来减少多径误差和测量噪声。窄相关器减小了码环动态应力容限，但是若使用载波辅助码跟踪，则载波环会消除大部分码环动态应力，从而在码环达到稳态后启用窄相关器间距和更窄的码环滤波器噪声带宽。

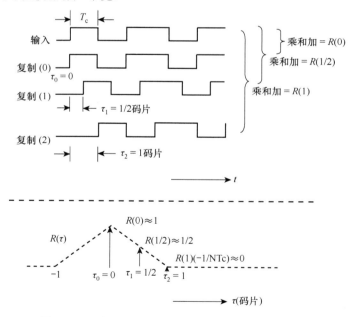

图 8.49　3 个不同复制码相位的 BPSK-R 码相关处理

图 8.50 中示出了当复制码信号的相位相对于输入 BPSK-R 信号前进时，超前、即时和滞后包络幅度的变化情况。为便于观察，只显示了连续输入 PRN 码和复制码相位的 1 个码片，而且输入信号中没有噪声。实际中，输入的 PRN 码被淹没在噪声中，必须在每个相关器相位中积累大量的

相关积，提供必要的带宽减小和由此产生的处理增益，以使每个包络幅度从噪声中显现出来。

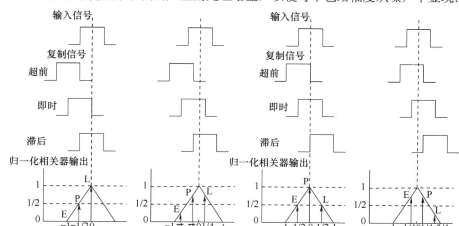

图 8.50 BPSK-R 码相关相位：(a)即时复制码超前 1/2 个码片；(b)即时复制码
超前 1/4 个码片；(c)即时复制码对准；(d)即时复制码滞后 1/4 个码片

图 8.51 说明了与图 8.50 中的 4 个复制码偏移量对应的归一化超前-滞后包络鉴别器误差输出信号。

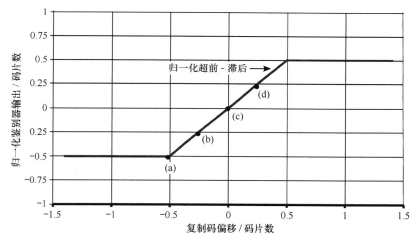

图 8.51 BPSK-R 码鉴别器输出随复制码偏移的变化

研究这些复制码的相位变化、它们产生的包络以及由超前-滞后包络码鉴别器产生的结果误差输出后，就会明白 BPSK-R 信号闭合码环的工作。若复制码是对准的，则超前和滞后包络幅度相等，鉴别器不产生误差。若复制码未对准，则超前和滞后包络不相等，其差正比于复制和输入信号之间的码相位误差（在鉴别器牵引范围限内）。码鉴别器根据超前和滞后包络的幅度差来检测复制码中的误差大小与方向（超前或滞后）。该误差被滤波后加到码环 NCO 上，使其输出频率做必要的增加或减少，进而根据输入卫星信号码相位修正复制码生成器相位。

迄今为止，所给出的鉴别器例子都假设接收机的每个通道包含 3 个复数码相关器以提供超前、即时和滞后的相关输出。在早期的 GPS 接收机设计中，用的是模拟相关器而不是数字相关器，因为 ADC 技术无法快到在相关之前数字化信号。人们十分重视减少昂贵和耗电的模拟相关器的数量，因此有大量的码跟踪环设计创新可以最大限度地减少相关器的数量。T 抖动技术用一个复数（I 和 Q）相关器分时共享超前-滞后复制码，并提供所需的超前-滞后鉴别器及超前加滞后归一化信号。由于只能从超前和滞后信号取得一半的能量，这种分时技术使得码跟踪门限遭受了 3dB 损失。在未受辅助的接收机设计中，这种码跟踪门限损失并不重要，因为码环和载波跟踪环门限之间的差大于 3dB。只是对有辅助的接收机而言码环门限中的额外裕量才有用。TI 4100 多路复用 GPS 接收机[63, 64]不仅使用了 T 抖动分时共享技术，而且分时共享了两个模拟相关器、一个复制码生成器以及一个载波生成器，以用 2.5ms 的驻留时间同时连续跟踪 4 颗 GPS 卫星的 L1 P 码和 L2 P 码信号进行锁相。它也同时解调 50Hz 的导航电文。因为 L2 跟踪是通过跟踪 L1～L2 完成的，这种近于零动态的信号允许很窄带宽的跟踪环路，且因此只遭受略大于 6dB 而非预期的 12dB 的跟踪门限损失。由于所有通道和频率上分时共享（复用）了相同的电路，因此在 TI 4100 测量值中通道间的偏差为零，而且在码和载波测量值中几乎没有量化误差。TI 4100 是第一款商用 GPS 接收机，也是第一款高精度大地测量型接收机。TI 4100 是历史上唯一一款进行 L1 和 L2 P 码干涉测量的商用接收机。这是因为在采用 P(Y)码之前，它使用了来自 Block I GPS 卫星的信号进行正常的 P 码访问。结果，TI 4100 通过对 4 颗卫星的 L1/L2 不到 15 分钟的观测，在 10000m 基线上实现了"5 角"（5mm）的基准定位精度，彻底改变了大地测量领域。TI 4100 后来为 P(Y)码的使用做了修改，但只能由授权用户购买。下一代商用高精度接收机中使用了 GPS P(Y)码无码/半无码处理技术。8.6.3 节描述了这些技术，但随着多个现代化商用 GNSS 频率的出现，这种技术迅速消失。商用 GNSS 信号的新时代代表了所有高精度商业 GNSS 应用的重大突破。

现代数字 GNSS 接收机往往包含多于 3 个的复数相关器，因为数字相关器相对便宜（例如，完成 1 位乘法功能只需要一个异或电路）。通过使用预相关 ADC、DSP 技术和 3 个以上的复数相关器，与改进性能有关的创新包括更快的捕获时间（前面已介绍）、多径抑制（第 9 章介绍），以及更宽的鉴别器相关间距以在与外部（IMU）辅助相结合时提供干扰下的鲁棒性[65]。然而，使用多个相关器并不能改善由热噪声导致的跟踪误差或跟踪门限。减少部件数量和功耗依然是重要的，因而多路复用对于基于硬件的数字元件而言又重新流行，但现在采用的是比实时数字复用技术更快的速度，而不会损失信号功率。数字电路的发展速度已经增长到这样的程度：由于更快数字元件特征尺寸的减小，相关器、NCO 和其他高速基带功能可以被数字复用而不会付出很大的功耗代价。复用速度比 GNSS 信号的实时数字采样快 N 倍，其中 N 是共享同一器件的通道数。由于没有能量损失，也就没有信号处理性能的损失，如同 TI 4100 模拟时分多路复用的情况一样，也没有通道间偏差。在软件定义功能的情况下，现代 DSP 架构中存在大量的并行运算，而在 DSP 中实现的每个重入函数都相当于数字复用。

8.7.3　BOC 信号

在 8.5.6 节关于 M 码 BOC 信号捕获的上下文中，介绍了 BOC 信号遇到的模糊性问题和消除模糊性的三种技术。任何产生模糊码鉴别器误差输出的现代 BOC 信号都可以使用相同的技术。对于可互操作的 MBOC 信号，码鉴别器模糊性是一种小阶效应，不会出现严重的码鉴别器模糊问题。与 M 码的情况一样，若优先检查（然后在必要时修正）模糊性而非阻止模糊性，则可以使用附加的超早和超晚相关器来检测其他 GNSS BOC 信号中的模糊性，每个相关器置于不需要的（模糊的）相关峰-峰值处。若这两个信号之差发生重大变化，则该误差同时提供检测量和方向以将复制码相位反转到正确的相位。

关于一般 GNSS 信号的更多细节，文献[39]中提供了综合信息，尤其描述了 BOC(1,1)、BPSK-R(1)和 TMBOC(6, 1, 4/33) GNSS 信号的码跟踪鉴别器。

8.7.4 GPS P(Y)码无码/半无码处理

从历史上看，P(Y)码已在启用 AS 的所有运行卫星上由 GPS 卫星在 L2 上广播。这不允许商用（L1 C/A 码）GPS 用户直接采用双频工作，直到最近才出现了 L2C 和 L5 民用信号及来自其他 GNSS 星座的新兴多频开放服务信号。精密测量需要差分干涉测量技术（需要载波相位测量值）来消除共模偏差，以在短基线上实现厘米级精度，但在长基线上电离层延迟不是共模的。因此，双频载波相位测量对于长基线上的精密测量应用至关重要。因此，商用 GPS 接收机设计人员追求的设计技术可以获得 L2 Y 码伪距和载波相位测量值，而不用全权访问信号所需的密文信息。这些技术称为无码或半无码处理。无码技术只利用了已知的 10.23MHz 的 Y 码信号码速率，以及文献[66]保证在 L1 和 L2 上广播相同 Y 码信号的事实，而半无码技术进一步利用了 Y 码和 P 码之间推导出的关系。

由于工作在没有关于 Y 码信号的完整信息的情况下，无码和半无码设计工作在大大降低的信噪比上，这就要求跟踪环带宽非常窄。这反过来又降低了在高动态环境中无辅助工作的能力。所幸的是，一般可以从工作在 C/A 码信号上的跟踪环路中获得鲁棒的辅助。典型的无码和半无码接收机设计使用 L1 C/A 码跟踪环来有效地消除 L1 和 L2 Y 码信号的视线方向动态，然后通过不要求知道全部复制码的信号平方技术的某种变体来提取 L1～L2 差分测量值。无码技术将 Y 码 PRN 等效处理为 10.23Mbps 的数据，可以通过平方或 L1 和 L2 信号的互相关来消除。半无码技术利用 Y 码的一些已知特征，示例参见文献[67]。除前面提到的信噪比损失外，无码接收机还存在其他鲁棒性问题。尽管通过并行 C/A 码处理可以获得 GPS 导航电文，但是 L2 的无码处理却不允许对导航数据进行解码以验证预想的卫星是否被跟踪上。另外，在无码模式下两颗具有相同多普勒的卫星会相互干扰；因此，在这种暂时的跟踪条件下该方案会失效。然而，现代半无码接收机在 L1 C/A 码的辅助下可提供相对鲁棒的 L2 Y 码信号跟踪。当现代 GPS 民用信号可用时，这些概念将会过时。

8.8 环路滤波器

环路滤波器的用处是降低噪声以在其输出端产生对原始信号的精确估计。环路滤波器的阶数和噪声带宽决定了环路滤波器对信号的动态响应。载波跟踪或码跟踪的载波环和码环数字滤波器设计之间的唯一区别是环路滤波器的阶数及其带宽。环路滤波器的阶数和噪声带宽 B_n 根据预期的工作环境、各种接收机部件的噪声贡献和跟踪信号的期望精度之间的折中来确定。与数字环路滤波器设计技术相比，设计的难度更多地与这些折中有关，而对于相同的数字环路滤波器阶数而言，数字环路滤波器设计技术几乎相同。由于环路滤波器是反馈环路的一部分，对于所需噪声带宽，存在与环路阶数有关的稳定性问题，因为存在代表闭环中的延迟的预检测积分时间和计算时间。接下来关于数字环路滤波器设计方法的稳定性问题将在 8.8.5 节中详细介绍。如接收机框图所示，环路滤波器的输出信号被有效地从原始信号中减去，产生一个误差信号，该信号被滤波后，用于在闭环过程中校正载波和码复制信号。

数字滤波器有许多设计方法。这里描述的 Holmes[68]的设计方法首先利用了模拟环路滤波器的现有知识，然后将其适配到数字实现中。这种数字滤波器设计的众所周知的缺点是，环路滤波器噪声带宽（B_n，单位为赫兹）随着预检测积分时间（T，单位为秒）略有增加。结果是无量纲的 B_nT

乘积，对所有 T 而言它并不保持恒定。与基于模拟设计技术的任何环路滤波器所能实现的 B_nT 稳定值相比，较新的数字环路滤波器设计（如 Stevens and Thomas[69]和 Thomas [70]）可以使用更大的常数 B_nT 乘积来实现稳定。然而，Holmes[68]环路滤波器设计稳定性准则对大多数 GNSS 接收机应用来说是可足够的，稳定性是可预测的。图 8.52 中显示了一阶、二阶和三阶模拟滤波器[68]的框图。模拟积分器用 $1/s$ 表示时域积分函数的拉普拉斯变换。输入信号乘以乘法器系数，然后如图 8.52 所示进行处理。这些乘法器系数和积分器的数量完全决定了环路滤波器的特性。表 8.23 中总结了这些滤波器特性，并且提供了计算一阶、二阶和三阶环路滤波器的系数所需的所有信息。为完成整个设计，只需选择滤波器阶数和噪声带宽，且必须符合 8.8.5 节中给出的环路滤波器稳定性准则。

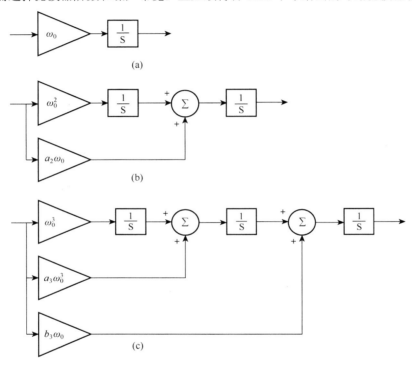

图 8.52　模拟环路滤波器框图：(a)一阶；(b)二阶；(c)三阶

表 8.23　环路滤波器特性

环路阶数	噪声带宽 B_n/Hz	滤波器典型值	稳态误差	特　　性
一阶	$\omega_0/4$	ω_0 $B_n = 0.25\omega_0$	$\dfrac{(\mathrm{d}R/\mathrm{d}t)}{\omega_0}$	对速度应力敏感。用于受辅助码环
二阶	$\dfrac{\omega_0(1+a_2^2)}{4a_2}$	ω_0^2 $a_2\omega_0 = 1.414\omega_0$ $B_n = 0.53\omega_0$	$\dfrac{(\mathrm{d}^2R/\mathrm{d}t^2)}{\omega_0^2}$	对加速度应力敏感。用于受辅助码环、受辅助和未受辅助的载波环。最优阻尼因子 $\delta = 0.707 = a_2/2$
三阶	$\dfrac{\omega_0(a_3b_3^2+a_3^2-b_3)}{4(a_3b_3-1)}$	ω_0^3 $a_3\omega_0^2 = 1.1\omega_0^2$ $b_3\omega_0 = 2.4\omega_0$ $B_n = 0.7845\omega_0$	$\dfrac{(\mathrm{d}^3R/\mathrm{d}t^3)}{\omega_0^3}$	对加加速度应力敏感。用于未受辅助的载波环。所给参数以最小初始过冲提供对阶跃函数的最快响应

来源：文献[68]。注释：（1）环路滤波器的自然圆频率 ω_0 是由设计者选定的环路滤波器噪声带宽 B_n 值算出的；（2）R 为到卫星的视线方向距离；（3）稳态误差与跟踪环路带宽的 n 次方成反比，与距离的 n 阶导数成正比，其中 n 为环路滤波器的阶数。

图 8.53 中描述了模拟和数字积分器的框图。图 8.53(a)中的模拟积分器使用连续时域输入 $x(t)$ 工作，并对该输入进行积分，生成连续时域输出 $y(t)$。理论上，$x(t)$ 和 $y(t)$ 有无限的数值分辨率，而且积分过程是完美的。实际上，分辨率受限于噪声，这会显著降低模拟积分器的动态范围。此外，还有漂移带来的问题。

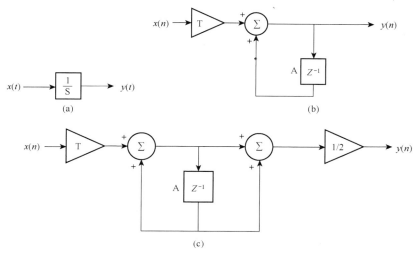

图 8.53   框图：(a)模拟积分器；(b)矩形波数字积分器；(c)数字双线性变换积分器

图 8.53(b)中的矩形波数字积分器的输入为时域样本 $x(n)$，$x(n)$ 以有限的分辨率量化，产生离散的积分输出 $y(n)$。每次采样的时间间隔 T 表示数字积分器中的单位延迟 z^{-1}。数字积分器完美地执行离散积分，其动态范围仅受累加器 A 中所用位数的限制。这使得它能提供的动态范围远大于对应的模拟积分器，而且数字积分器不会漂移。矩形波积分器执行函数 $y(n) = T[x(n)] + A(n-1)$，其中 n 是离散样本序列号。

图 8.53(c)中描述了一个数字双线性变换积分器，它在输入的各样本间进行线性插值，更接近于理想的模拟积分器。它称为双线性 z 变换积分器，执行函数 $y(n) = \frac{T}{2}[x(n)] + A(n-1) = \frac{1}{2}[A(n) + A(n-1)]$。当图 8.52 中的拉普拉斯积分器分别被图 8.54(c)所示的数字双线性积分器取代时，便得到了图 8.54 所示的数字滤波器。最后一个数字积分器未被包括进来，因为这一功能由紧随其后的 NCO 提供。NCO 等效于图 8.53(b)中的矩形波积分器，但是当与反馈环路中的预检测积分与转储函数结合使用时，它相当于图 8.53(c)中的数字双线性变换积分器[71]。

8.8.1   PLL 滤波器设计

中动态应用的 PLL 滤波器通常设计为二阶的，对于较高动态应用则是三阶的。二阶 PLL 滤波器有一个数字双线性变换积分器，载波 NCO 提供第二个数字双线性变换积分器。三阶 PLL 有两个数字双线性变换积分器，载波 NCO 提供第三个数字双线性变换积分器。

Costas PLL 不是由数字环路滤波器定义的，而是由信号上出现的数据或符号调制及需要的 Costas 载波环鉴别器定义的。可以看出，Costas PLL 遭受的平方损失只能通过增大 T 来减小。这里存在扩展稳定 $B_{n}T$ 乘积的问题。然而，现代 GNSS 信号具有导频通道，可以工作在纯 PLL 鉴别器上，理论上平方损失为零。因此，强调增加稳定的 $B_{n}T$ 乘积成为一个有争议的问题，尽管增大 T 确实提供了额外的噪声滤波。无论哪种情况，环路滤波器设计都没有区别。唯一的区别是鉴别器（已经描述过）。

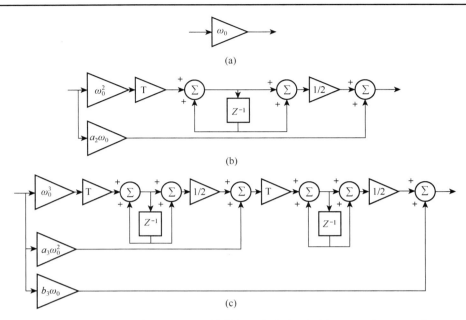

图 8.54　未包含最后一级积分器（NCO）的数字环路滤波器框图：(a)一阶；(b)二阶；(c)三阶

8.8.2　FLL 滤波器设计

FLL 滤波器设计通常比 PLL 滤波器设计低一阶，但它也需要比对应 PLL 滤波器多一个积分器，因为 FLL 鉴别器产生的是频率误差而不是相位误差。因此，一阶 FLL 有一个数字双线性变换积分器，NCO 提供第二个积分器。二阶 FLL 有两个数字双线性变换积分器，NCO 提供第三个积分器。

8.8.3　FLL 辅助 PLL 滤波器设计

有的 GNSS 接收机设计只能工作在 FLL 中，因此无法达到对应的 PLL 的精度，且在数据解调中会出现更高的误码率。还有一些 GNSS 接收机设计不支持 FLL，因此必须直接闭合于 PLL，而不能受益于扩展的 FLL 频率模糊性牵引范围，也不能在有高动态应力的情况下恢复到 FLL 工作。后面这些设计选择的主要性能缺陷已被人们提出，并且无法通过进一步讨论从它们获得的任何成本上或性能上的好处来加以合理化。相反，要让载波跟踪环在平台动态应力突然变化的情况下维持跟踪，同时大多数时间也会工作在 PLL 的最高精度和首选数据解调模式下，GNSS 接收机设计人员对这一两难的问题有一种协同解决方案，称为 FLL 辅助的 PLL[40]。

图 8.55 中示出了两种 FLL 辅助 PLL 环路滤波器设计[40]。图 8.55(a)中描述的是由一阶 FLL 辅助的二阶 PLL 滤波器，图 8.55(b)中描述的是由二阶 FLL 辅助的三阶 PLL 滤波器。若在上述任何一个滤波器中 PLL 误差输入被置为零，则滤波器变成纯 FLL。同样，若 FLL 误差输入被置为零，则滤波器就变成纯 PLL。最好的环路闭合过程（最大频率模糊性牵引能力）以纯 FLL 的形式闭合，然后将来自两个鉴别器的误差同时输入 FLL 辅助的 PLL，直到获锁相为止；之后再转换为纯 PLL，一直到相位失锁。然而，若噪声带宽参数选择正确，在初始 FLL 环路闭合后两个鉴别器能持续工作，则 PLL 载波跟踪门限的性能（由于 FLL 鉴别器输出噪声）只有约 1dB 的损失[40]。一般来说，FLL 的自然角频率 ω_{0f} 不同于 PLL 的自然角频率 ω_{0p}。这些自然角频率分别由期望环路滤波器噪声带宽 B_{nf} 和 B_{np} 确定。二阶系数 a_2 和三阶系数 a_3 与 b_3 的值可由表 8.23 确定。

若环路的阶数和噪声带宽 B_n 相同，则这些系数用于 FLL、PLL 或 DLL 时都是相同的。注意，滤波器的 FLL 系数插入点比 PLL 和 DLL 的插入点提前一个积分器。这是因为 FLL 误差的单位是赫兹（单位时间的距离变化），而 PLL 和 DLL 误差的单位是相位（距离）。

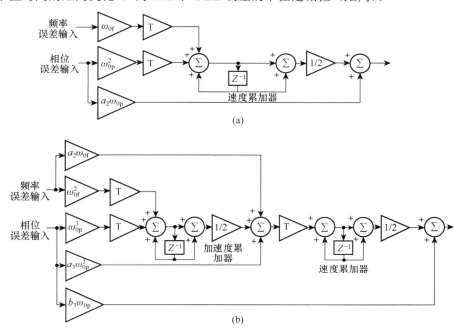

图 8.55　FLL 辅助 PLL 滤波器框图：(a)由一阶 FLL 辅助的二阶 PLL；(b)由二阶 FLL 辅助的三阶 PLL

8.8.4　DLL 滤波器设计

　　DLL 滤波器通常设计为一阶的，但也有一些设计实例需要是二阶的（例如，在高干扰情况下暂时由松耦合外部速度辅助来操控载波环）。DLL 环路滤波器的 B_n 应始终很窄（稳态时通常小于 1Hz），因为它始终应由载波环辅助，因而只有很少或没有动态应力需要跟踪。一阶 DLL 没有数字双线性变换积分器，因为一个积分器由码 NCO 提供。二阶 DLL 有一个数字双线性变换积分器，第二个积分器由码 NCO 提供。

8.8.5　稳定性

　　在文献[71]中描述了一种 Bode 分析技术，用于确保在用 Holmes[68]环路滤波器设计的 GNSS 数字跟踪环中的跟踪稳定性。这种分析技术给出并使用了数字跟踪环所有组件的传递函数，确定了一阶、二阶和三阶跟踪环的复合传递函数。当跟踪环中存在计算延迟时，B_nT 乘积的稳定性显著下降。因此，计算延迟被建模并用于文献[71]报道的结果。在详细的方程推导及诸多框图之后，Bode 分析技术最终用于确定 0°（不稳定）和 30°（稳定）相位裕量的 B_nT 值，它们对应于所有三种环路阶数，以及零（或准时）计算延迟和 T 计算延迟两种极端情况。

　　这里给出确保环路滤波器稳定性的源自文献[71]的关键结果，其中首先回顾了载波跟踪信号处理，使用图 8.56 中所示的 GNSS 接收机数字载波跟踪环的功能框图。它描述了从模拟中频（模拟 IF）开始的所有过程。在模数转换为数字中频后，进行复载波剥离处理，然后进行即时码剥离处理（当 NCO 中频偏置设置为零时，以基带模拟信号开始的载波剥离处理产生相同的结果）。产生的误差信号被馈送到预检测滤波器，在其中被积分，在预检测积分时间 T 后被转储到相位检测器。该误差被馈送到 PLL 滤波器，在那里被积分并馈送到载波 NCO。NCO 的输出被馈送到一个映射函数，该函数将 IF 处的复制载波相位的 NCO 表示转换为输入数字 IF 的复余弦和正弦副本，用于闭合载波跟踪环。在图 8.56 中，模拟中频信号包含淹没在噪声中的所有可见卫星的 GNSS 信号。每个模拟中频信号（加上多普勒）的带内谱特性几乎与其 L 频带相同带宽内的谱特性相同，但载波频率已从 L 频带下变频到低得多的中频，而复合信号加噪声已经数字化（希望其谱混叠最小）。数字载波 PLL 被设计为仅跟踪所选 GNSS 信号的多普勒频率，因此在馈送到 NCO 之前，有一个载波频率偏移数（显示为 NCO IF 偏置）要加到每个 PLL 多普勒频率输出值上。由于复制信号和期望信号相互抵消，所以它们不需要用于开环传递分析，如下所述。

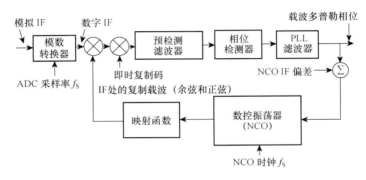

图 8.56　GNSS 数字载波跟踪环框图

　　图 8.57 中说明了这种载波跟踪环的开环模型，目的在于通过用于稳定性分析的 Bode 方法进行相位裕量分析[72]。该图也用于确定 PLL 的传递函数。通过适当更改图中的标签，同样的模型可以用来确定数字 FLL 和数字 DLL 的传递函数。为了进行这种 Bode 分析，该模型说明了图 8.56 中环路已被打开且环路外部所有信号都已归零时载波跟踪环的等效效果，这是 Bode 分析技术所要求的。Bode 分析是一种线性分析，因而只考虑小扰动，在计算相位裕量时不考虑非线性效应，但非线性效应倾向于增大稳定裕量。

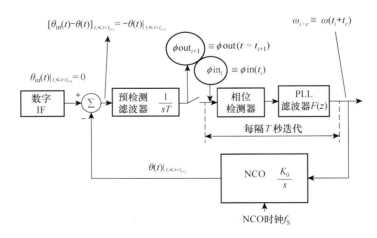

图 8.57　GNSS 数字载波跟踪环 Bode 测试条件模型

注意，图 8.57 并未描述从复映射函数发出的实际复制 I 和 Q 信号的细节。这些复制的复（I 和 Q）信号在单独的混频器中执行数字 IF 信号的载波剥离。它也没有描述由预检测滤波器分别积分与转储的 I 和 Q 误差信号，复数结果被馈送到相位检测器。但是建模的效果和建模的传递函数是相同的。例如，实际映射函数和建模映射函数的传递函数都假设是一致的。图 8.57 中也未显示如图 8.56 所示的必要即时码剥离功能，因为即时码剥离传递函数被认为是统一的。假设图 8.57 中省略的图 8.56 所有功能的传递函数确实是一致的，则图 8.57 准确地模拟了所有与 Bode 分析条件下的 GNSS 载波跟踪环的响应和延迟有关的过程，除额外的重要要求外：在预检测滤波器 "转储" 历元和 NCO 实际接收到该新频率输入的历元之间，存在额外的实时计算延迟 t_c。若 t_c 加总环中的其他处理延迟不长于 NCO 时钟历元（与数字 IF 样本历元同步）之间的单个实时间隔，则这些延迟在下一个输入信号样本到达时刻之前仍然提供输出。对于这种情况，可以认为这种延迟不会给环路增加额外的延迟。它们适合于总迭代时间 T，因此可以认为它们具有与零延迟即时可用的输出相同的结果，但是仍然直到下一个历元才能应用。否则，计算延迟 t_c 必须包含在传递函数中。

为了在 Bode 分析技术的上下文中阐明图 8.57 的应用，可将 Bode 分析理解为一个严格的开环过程，在此基础上显示所有相关的闭环函数。因此，相位检测器、PLL 滤波器、NCO 和预检测滤波器的组合称为 PLL 开环传递函数（G）；而环路在某个任意点打开，在此情况下是在预检测滤波器输出和相位检测器输入之间。然后，记为 ϕ_{in_i} 的正弦波激励信号在该中断处输入开环电路。任何不在环路内部的信号都与 Bode 开环分析无关，所以在分析过程中将其设置为零。因此，$\theta_{\mathrm{in}}(t)$ 和 NCO 中频偏差都设为零。在此测试条件下，可以分析或测试开环信号，以确定正弦波激励完全绕环路返回到断点后的幅度或相位响应。正弦波穿越环路后的相移响应（包括下一次在输出端出现时可能涉及的任何等待时间）提供波特图的相位曲线部分。记为 $\phi_{\mathrm{out}_{i+1}}$ 的观测信号位于该中断处开环的输出端。显然，闭环和开环工作中电路的传递函数和相位响应完全不同。但是可以从开环 Bode 分析中获得所讨论的锁相环（确实是闭环）的相位裕量。通过将开环相位响应与在环路闭合时会导致环路不稳定的开环相位响应进行比较，获得相位裕量。

开环分析开始于相位检测器的输入与误差信号 ϕ_{in_i}，其中下标 i 表示第 i 个编号的时间样本。相位检测器的传递函数假设为单位 1（即 PLL 鉴别器将输入相位误差转换为具有单位增益的相同输出相位误差）。注意，在信噪比较差的情况下这不成立，但这是一种在此分析中不予考虑的非线性效应。然后这一误差信号通过 PLL 滤波器；滤波器是在数字 z 域中实现的，传递函数为 $F(z)$，时间样本间隔 T 秒。PLL 滤波器的输出频率误差为 ω_i，它被馈送到 NCO 以执行环路的最后一次积分。然而，NCO 及其映射函数的迭代速率基于 NCO 时钟频率 f_s，通常比 PLL 滤波器的迭代速率快几个数量级，等于且同步于数字中频采样率。因此，图 8.56 的组合 NCO 和映射函数被建模为连续模拟积分器 K_0/s，在图 8.57 中称为 NCO，它将输入频率转换为输出端的相位。图 8.57 中的预检测滤波器（执行积分与转储功能）以数字中频采样率进行迭代，该采样率也比 PLL 滤波器更新速率快几个数量级。因此，预检测滤波器被建模为一个积分 T 秒的模拟积分器 $1/(sT)$。开环分析结束于预检测滤波器的输出信号 $\phi_{\mathrm{out}_{i+1}}$。这样，分析将 PLL 滤波器视为慢速率数字实现，但将 NCO 和预检测滤波器视为连续的高速率模拟组件。基于这个模型，文献[71]中推导了每个 PLL 组件的传递函数。这些传递函数被合并到总开环传递函数中，如下所示：

$$G(z) = \left[\frac{T}{2} \frac{(1+z^{-1})z^{-1}}{1-z^{-1}} \right] F_n(z) \tag{8.61}$$

式中，$F_n(z)$ 是不包括 NCO 的 n 阶环路滤波器传递函数。

若 $t_c \leq T$ 非零且较大，则式(8.61)必须乘以 $z^{-t_c/T}$ 加以修正：

$$G(z) = \left[\frac{T}{2} \frac{(1+z^{-1})z^{-1}z^{-t_c/T}}{1-z^{-1}} \right] F_n(z) \tag{8.62}$$

这是一种简单的计算调整，可用于 Bode 分析。一种更复杂的处理涉及在仿真中插入这个小数延迟。该技术如图 8.58 所示。

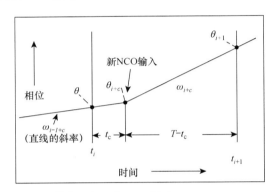

NCO输出：$\quad \theta_{i+1} = \theta_{i+c} + \omega_{i+c}(T-t_c)$
$$= \theta_i + \omega_{i-1+c}t_c + \omega_{i+c}(T-t_c)$$

归一化预检测滤波器输出：$\quad \phi_{i+1} = \frac{1}{T}\left[\left(\frac{\theta_i + \theta_{i+c}}{2} \right)t_c + \left(\frac{\theta_{i+c} + \theta_{i+1}}{2} \right)(T-t_c) \right]$
$$= 0.5\left[\theta_i\left(1 + \frac{t_c}{T}\right) + \theta_{i+1}\left(1 - \frac{t_c}{T}\right) + \omega_{i-1+c}t_c \right]$$

图 8.58   计算延迟（t_c）：NCO 和预检测滤波器输出方程的 NCO 模型

如图 8.52 所示，环路滤波器传递函数 $F_n(z)$ 表示排除 NCO 的滤波器阶数 $n = 1$ 至 3，如下所示：

$$F_1(z) = \omega_0 \tag{8.63}$$

$$F_2(z) = a_2\omega_0 + \frac{\omega_0^2 T}{2}\left(\frac{1+z^{-1}}{1-z^{-1}} \right) \tag{8.64}$$

$$F_3(z) = b_3\omega_0 - \frac{a_3\omega_0^2 T}{2} + \frac{\omega_0^3 T^2}{4} + \frac{a_3\omega_0^2 T - \omega_0^3 T^2}{1-z^{-1}} + \frac{\omega_0^3 T^2}{(1-z^{-1})^2} \tag{8.65}$$

式(8.64)分析的二阶滤波器使用来自表 8.23 的值 $\omega_0 = B_n/0.53$ 和 $a_2 = 1.414 = 2\delta$，其中阻尼因子 $\delta = 0.707$，对阶跃函数输入能够以最小的初始过冲响应提供最快的恢复时间。式(8.65)分析的三阶滤波器使用来自表 8.23 的值 $\omega_0 = B_n/0.7845$，$a_3 = 1.1$ 和 $b_3 = 2.4$，对阶跃函数输入能够以最小的初始过冲响应提供最快的恢复时间。

图 8.58 中描述了 $t_c < T$ 时由于计算延迟的影响而产生的 NCO 输出相位的一般模型。其效果是 NCO 更新的等待时间导致前一个样本相位斜坡的一部分延伸到新的 NCO 相位斜坡上。对于 NCO 的输出和预测滤波器的输出，均示出了解释此延迟的方程。

图 8.59 显示了经历计算延迟 t_c 的 NCO 和预检测滤波器的模型。该模型用于 z 域中的数字仿真，以解释此延迟。还显示了 NCO 和预检测滤波器的输出方程。

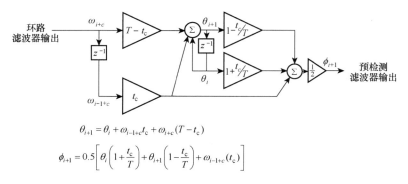

$$\theta_{i+1} = \theta_i + \omega_{i-1+c} t_c + \omega_{i+c}(T - t_c)$$

$$\phi_{i+1} = 0.5\left[\theta_i\left(1 + \frac{t_c}{T}\right) + \theta_{i+1}\left(1 - \frac{t_c}{T}\right) + \omega_{i-1+c}(t_c)\right]$$

图 8.59　具有计算延迟 t_c 的 NCO 和预检测滤波器仿真模型

Bode 分析技术首先利用 PLL 开环传递函数 $G(z)$ 并设置 $z = e^{j\omega T}$，然后找到绝对增益值为 1 的频率 ω_{unity}，如下式所示：

$$\left|G\left(z \to e^{j\omega_{unity}T}\right)\right| = 1 \tag{8.66}$$

使用这个值，相位裕量由下式给出：

$$相位裕量 = \text{angle}\left(G\left(z \to e^{j\omega_{unity}T}\right)\right) - 180° \tag{8.67}$$

Bode 分析需要式(8.66)和式(8.67)的求解程序。对于给定的噪声带宽 B_n，这些结果用于绘制式(8.67)中作为预检测滤波时间 T 的函数而定义的 Bode 相位裕量。假设一个 30°相位裕量的设计准则后，30°交叉点确定了相应的保持该裕量的最大 T 值。0°交叉点确定了不稳定门限处的 T。即使只需要一个这样的图形，因为对于小 T 和相同的环路滤波器阶数，B_nT 近似为常数，也提供了三幅图来验证这一近似。图 8.60 中显示了所有三种环路滤波器阶数 $B_n = 1$Hz 时的 Bode 相位裕量图。对于这种情况，在 30°相位裕量跨度处以秒为单位的 T 读数是所需的无量纲 B_nT 值。类似地，图 8.61 和图 8.62 中分别显示了 $B_n = 2$Hz 和 $B_n = 4$Hz 的这些曲线图。所有三种情况均适用于准时计算延迟或有效 $t_c = 0$。

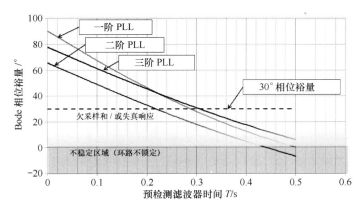

图 8.60　$B_n = 1$Hz 且 t_c 准时下的 Bode 相位裕量图

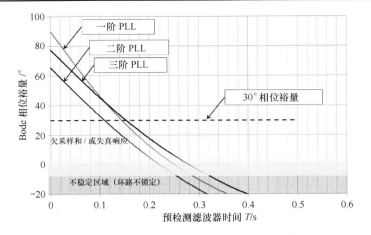

图 8.61　　$B_n = 2\text{Hz}$ 且 t_c 准时下的 Bode 相位裕量图

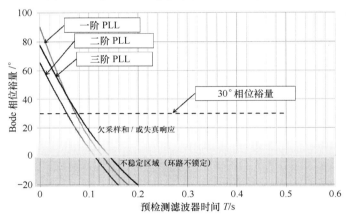

图 8.62　　$B_n = 4\text{Hz}$ 且 t_c 准时下的 Bode 相位裕量图

表 8.24 中总结了 0° 和 30° 相位裕量的一阶、二阶和三阶环路的 B_nT 值，计算延迟为 $t_c = 0$ 及 $t_c = T$。图 8.63、图 8.64 和图 8.65 分别为稳定的一阶、二阶和三阶环路提供了快速 B_n 和 T 的组合近似，其中对于 30° 相位裕量以及 0 和 T 之间计算延迟的极值使用了表 8.24 中的各项。

表 8.24　　0° 和 30° 相位裕量下的一阶、二阶和三阶环路 B_nT 值

相位裕量/°	一阶环路		二阶环路		三阶环路	
	准时/s	延迟 T/s	准时/s	延迟 T/s	准时/s	延迟 T/s
0	0.500	0.207	0.440	0.201	0.558	0.245
30	0.289	0.134	0.218	0.107	0.306	0.146

图 8.66 和图 8.67 分别用闭环仿真验证了二阶和三阶跟踪环的 Bode 分析，证明它们在较少相位裕量下运行时保持稳定，但当跨越零相位裕量边界时变得不稳定。

Bode 分析清楚地表明了计算延迟对环路滤波器稳定性的不利影响，但也显示了一些令人惊讶的结果。例如，三阶环路在 30° 相位裕量区域有与一阶环路相同的 B_nT，两者都比二阶环路好得多。

记住，Bode 分析技术并不能预测跟踪环路变为非线性时的特性，此时较大的 T 可能是有益的。谨慎的做法是使用蒙特卡罗仿真来模拟跟踪环路的非线性特性，以便在导致非线性条件的预期工作条件下，对所需 B_n 下的 T 值进行微调。

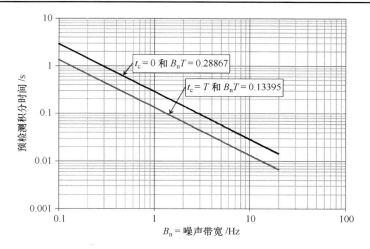

图 8.63　30°相位裕量下的一阶环路 B_nT 值

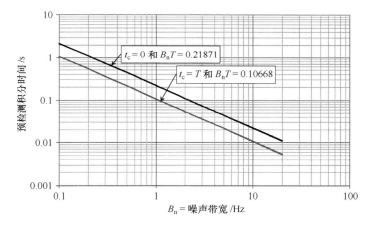

图 8.64　30°相位裕量下的二阶环路 B_nT 值

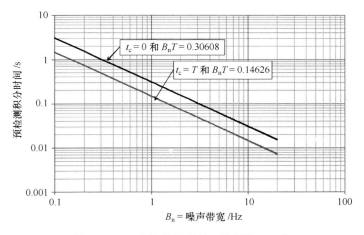

图 8.65　30°相位裕量下的三阶环路 B_nT 值

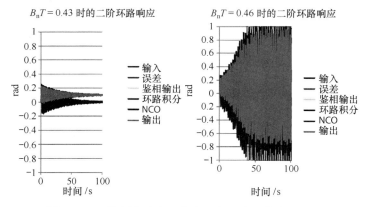

图 8.66　二阶环路响应：稳定（左）和不稳定（右）

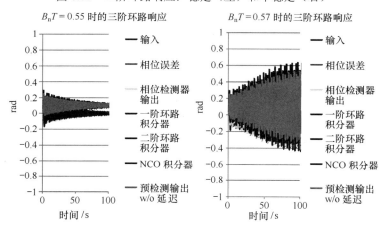

图 8.67　三阶环路响应：稳定（左）和不稳定（右）

以下将用环路滤波器参数设计示例来说明表 8.23 中公式及表 8.24 中 B_nT 值的用法。假设接收机载波跟踪环将承受高加速度动态，而且不会受到外部导航系统的辅助，但必须维持 PLL 工作。选择三阶环路是因为它对加速度应力不敏感。为了最大限度地降低对冲击应力的敏感度，噪声带宽 B_n 被选择为尽可能宽而符合稳定性。为了允许更长的环路滤波器计算时间，并使 NCO 更新精确定相于 T 的边界上，选择恰好为 T 的计算延迟。以这种方式，在慢速函数计算完成后，值被缓存，然后以恰好 T 秒的间隔锁存到 NCO 中。表 8.24 中规定三阶环路反馈路径延时为 T 时 $B_nT = 0.146$。进一步假设 $T = 10$ms 的稳态值将被用来匹配符号周期，于是 $B_n = 0.146/0.01 = 14.6$Hz。将其舍入为 $B_n = 15$Hz 时，得到 $B_nT = 0.15$，这比不稳定值 0.245 要小得多。表 8.23 中的三阶 PLL 自然角频率为 $\omega_0 = B_n/0.7845 = 19.12$。图 8.54(c) 所示的 3 个乘数是用表 8.23 中的 a_3 和 b_3 参数计算的，如下所示：$\omega_0^3 = 6989.78$，$a_3\omega_0^2 = 1.1\omega_0^2 = 365.57$，$b_3\omega_0 = 2.4\omega_0 = 45.89$。到此完成了三阶滤波器参数设计的示例。环路滤波器设计的其余部分是实现数字积分累加器，以确保它们永远不会溢出（即它们具有足够的动态范围）。在具有内置浮点硬件的现代微处理器中使用浮点算法极大地简化了这部分设计过程。注意，图 8.55(b) 的三阶 PLL 中的速度累加器包含接收机和卫星天线相位中心之间的视线方向速度的环路滤波器估计值。该估计值包括一个自调整偏差分量，以补偿载波跟踪环的参考振荡器频率误差（即所有跟踪通道共模的时间偏移率误差）。类似地，加速度累加器包含视线方向加速度的环路滤波器估计值，其包括一个自调整偏置分量，以补偿载波跟踪环参考振荡器频率误差的时间变化率。这些累加器应该在初始环路闭合之前初始化为零，除非正确的估计值事先已知。此外，它们应该重置为其偏差分量（如通过导航处理学习到的），或者在向闭环注入外部载波速度辅助的确切时刻未知时将其重置为零。

8.9　测量误差和跟踪门限

GNSS 接收机测量误差和跟踪门限密切相关，这是因为当测量误差超过一定界限时接收机便会失锁。由于码和载波跟踪环是非线性的，尤其是在门限附近，因此只有在组合的动态和信噪比条件下对 GNSS 接收机做蒙特卡罗模拟才能确定真正的跟踪性能[73,74]。然而，可以用经验基于解析方程来近似跟踪环路的测量误差。许多测量误差源适用于每种类型的跟踪环路。但是，对于经验的跟踪门限来说，只分析主要的误差来源便已足够。

8.9.1　PLL 跟踪环测量误差

GNSS 接收机 PLL 中相位误差的主要来源是热噪声、振荡器缺陷和动态应力。一个保守的经验跟踪门限是总 3σ 误差不得超过 PLL 鉴别器相位牵引范围的 1/4。反正切载波相位鉴别器可用做 PLL 牵引范围的基础。例如，对于使用相位牵引范围为 360° 的四象限反正切鉴别器（PLL_P）的导频通道，3σ 经验门限为 90°。若存在数据调制，则必须使用 PLL_D 二象限反正切鉴别器，其具有 180° 的相位牵引范围且 3σ 经验门限为 45°。故将 PLL 经验门限表示为

$$3\sigma_{\text{PLL}_\text{P}} = 3\sigma_\text{j} + \theta_\text{e} \leqslant 90° \text{ （四象限导航）}$$
$$3\sigma_{\text{PLL}_\text{D}} = 3\sigma_\text{j} + \theta_\text{e} \leqslant 45° \text{ （两象限数据）}$$

$$(8.68)$$

式中，σ_j 是除动态应力误差外所有其他来源的 1σ 相位误差，θ_e 是 PLL 跟踪环中的动态应力误差。

式(8.68)意味着动态应力误差是一种 3σ 效应，而且是叠加到相位误差上的。相位误差是每个不相关的相位误差源（如热噪声和振荡器噪声）的和的平方根（RSS）。振荡器噪声包括由振动引起的误差和艾伦偏差引起的误差，还包括卫星振荡器的相位噪声，其历来很小，可以忽略不计。例如，IS-GPS-200[67]针对 GPS C/A 和 P(Y)码信号规定：未调制载波的相位噪声谱密度应使得 10Hz 单边噪声带宽的锁相环跟踪载波的精度达到 0.1 弧度（均方根）。然而，到目前为止，工作 GPS 卫星表现出的误差比 0.1 弧度（5.7°）小一个数量级，而其他 GNSS 卫星的相位噪声性能是相似的。这种外部噪声误差源未包含在上述分析中，但应在非常窄带的 PLL 应用中考虑。

因此，将式(8.68)扩展，对于二象限反正切鉴别器，PLL 跟踪环的 1σ 经验门限为

$$\sigma_{\text{PLL}_\text{P}} = \sqrt{\sigma_{\text{tPLL}_\text{P}}^2 + \sigma_\text{v}^2 + \theta_\text{A}^2} + \frac{\theta_\text{e}}{3} \leqslant 30°$$
$$\sigma_{\text{PLL}_\text{D}} = \sqrt{\sigma_{\text{tPLL}_\text{D}}^2 + \sigma_\text{v}^2 + \theta_\text{A}^2} + \frac{\theta_\text{e}}{3} \leqslant 15°$$

$$(8.69)$$

式中，$\sigma_{\text{tPLL}_\text{P}}$ 是导频 PLL 1σ 热噪声，单位为度；$\sigma_{\text{tPLL}_\text{D}}$ 是数据 PLL 1σ 热噪声，单位为度；σ_v 是振动引起的 1σ 振荡器误差，单位为度；θ_A 是艾伦偏差引起的振荡器误差，单位为度。

8.9.2　PLL 热噪声

由于 PLL 的其他误差来源或者可能是瞬态的，或者可以忽略不计，因此 PLL 热噪声常被视为载波跟踪误差的唯一来源。PLL 的热噪声误差计算如下：

$$\sigma_{\text{tPLL}_P} = \frac{360}{2\pi} \sqrt{\frac{B_n}{C/N_0}}$$

$$\sigma_{\text{tPLL}_D} = \frac{360}{2\pi} \sqrt{\frac{B_n}{C/N_0}\left(1 + \frac{1}{2TC/N_0}\right)} \tag{8.70}$$

$$\sigma_{\text{tPLL}_P} = \frac{\lambda_L}{2\pi} \sqrt{\frac{B_n}{C/N_0}} \quad (\text{m})$$

$$\sigma_{\text{tPLL}_D} = \frac{\lambda_L}{2\pi} \sqrt{\frac{B_n}{C/N_0}\left(1 + \frac{1}{2TC/N_0}\right)} \quad (\text{m}) \tag{8.71}$$

式中，σ_{tPLL_P} 是导频通道 PLL 的 1σ 误差；σ_{tPLL_D} 是数据通道 PLL 的 1σ 误差；B_n 是载波环噪声带宽（Hz）；C/N_0 是载波功率与 1Hz 带宽内的噪声功率之比（Hz）；T 是预检测积分时间（s）；λ_L 是 GPS L 波段载波波长（m），具体的值如下所示：

$$\lambda_L = (299792458 \text{ m/s})/(1575.42\text{MHz}) = 0.190293673\text{m/cycle，L1}$$

$$= (299792458 \text{ m/s})/(1227.60\text{MHz}) = 0.244210213\text{m/cycle，L2}$$

$$= (299792458 \text{ m/s})/(1176.45\text{MHz}) = 0.254828049\text{m/cycle，L5}$$

$1/(2TC/N_0)$ 是数据数据通道的平方损耗。

　　显然，导频通道有两个重要的优点：式(8.69)表明 PLL 跟踪门限是其数据通道对应值的 2 倍，而式(8.70)表明导频通道中没有平方损耗。事实上，若导频通道和数据通道载波功率被划分为 50/50（就像某些 GNSS 信号那样），则两者都会失去 3dB 的功率，但导频通道门限的增益为 6dB（因为门限范围扩展为 2 倍），净增益为 3dB 加上低$(C/N_0)_{\text{dB}}$条件下由于没有平方损耗带来的额外门限改善。注意，上述方程中均未包含与底层 PRN 码或环路滤波器阶数有关的变量。还要注意，由于误差以度为单位，式(8.70)与载波频率无关。载波热噪声误差标准差完全取决于载波噪声功率比 C/N_0、噪声带宽 B_n 及数据通道（Costas PLL）情况下的预检测积分时间 T。载噪功率比 C/N_0 是许多 GNSS 接收机性能测量中的一个重要因素。它被计算为从所给定信号中恢复的功率 C（W）与在 1Hz 噪声带宽内的噪声密度 N_0（W/Hz）之比。用于确定 C/N_0 的分段公式［以 dB-Hz 为单位表示为$(C/N_0)_{\text{dB}}$］将在第 9 章中描述。若$(C/N_0)_{\text{dB}}$增加（如恢复的信号功率增加或噪声电平降低），则标准差减小。收窄噪声带宽可以减小标准差。在 Costas 环中增加预检测积分时间可减小平方损耗，从而降低标准差。

　　一个常见的误解是，某些 GNSS 信号会因其调制技术而始终产生比其他信号在热噪声下更精确的载波相位测量值。虽然有 BOC 调制和/或重叠码的信号具有更好的码跟踪精度和抑制多径误差的潜力，但 PLL 热噪声误差对于相同$(C/N_0)_{\text{dB}}$的任何扩频波形而言是相同的，因为 PLL 处理使用的是扩频码被剥离之后的量。接收载波功率使得 PLL 热噪声误差不同，而且若使用载波平滑码技术或实时动态（RTK，差分干涉）技术，则最终精度是从载波跟踪环获得的。因此，现代信号设计最显著的精度优势是多径抑制。

　　另一个常见的误解是，载波环测量是一种速度测量，而式(8.71)显示它实际上是一种距离测量（尽管是有模糊的测量）。由于 PLL 热噪声误差是载波多普勒相位测量的一部分，因此它以距离为单位。例如，导频通道 PLL 提供的距离测量在一个波长内非常精确，但到卫星的剩余波长整数是未知的，而数据通道（Costas）PLL 提供的距离测量在半波长范围内非常精确，但到卫星的剩余半波长整数是未知的。使用在短时间内两次载波距离测量值之间的载波多普勒相位变化来近似求出速度。载波多普勒相位测量必须包含整数波长或半波长的模糊性计数。进行速度测量时，用两个模糊距离测量值之间的差值除以时间间隔，可消除模糊性。

图 8.68 中绘制了导频通道和数据通道（Costas）PLL 热噪声误差与$(C/N_0)_{dB}$的关系，其中 $B_n = 15\text{Hz}$ 和 2Hz，对于 Costas PLL 假设 $T = 10\text{ms}$。注意，即使导频 PLL 未显示由 T 引入的平方损耗，其环路稳定性也会受到影响。同样，导频 PLL 和 Costas PLL 热噪声误差都不受环路滤波器阶数的影响，但两者都遵循同样的 $B_n T$ 规则以实现环路稳定性。对于图 8.68 中的案例，导频 PLL 和 Costas PLL 对于在 $B_n = 15\text{Hz}$ 和 $T = 10\text{ms}$（$B_n T = 0.15$）下工作的二阶与三阶 PLL 保持稳定，但二阶 PLL 的裕量更小。环路阶数决定了对相同阶数动态的敏感性（一阶对速度应力，二阶对加速度应力，三阶对加加速度应力），环路带宽必须宽到足以适应这些高阶动态。一般来说，当环路阶数提高时，动态应力性能会有所改善。因此，通过增加环路阶数并减小噪声带宽，在相同的最小$(C/N_0)_{dB}$下可以减小热噪声，同时改善动态性能。

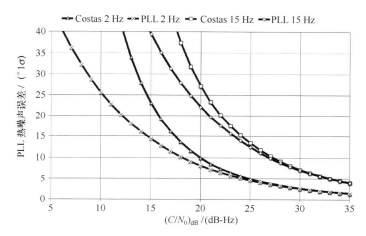

图 8.68　导频和数据通道（Costas）PLL 的热噪声误差，对于 Costas，$T = 10\text{ms}$

8.9.3　由振动引起的振荡器相位噪声

由振动引起的振荡器相位噪声分析起来较复杂。在某些情况下，为了使 GNSS 成功地工作在 PLL 状态，预期的振动环境会严重到必须用隔振器来安装参考振荡器。由振动引起的振荡器误差公式为

$$\sigma_v = \frac{360 f_L}{2\pi} \sqrt{\int_{f_{\min}}^{f_{\max}} S_v^2(f_m) \frac{P(f_m)}{f_m^2} \mathrm{d}\, f_m} \quad (°) \qquad (8.72)$$

式中，f_L 是 L 频段输入频率（Hz）；$S_v(f_m)$ 是与 f_m 相关联的振荡器振动灵敏度，单位为每 g 的 $\Delta f/f_L$，其中 $g = 9.8\text{m/s}^2$ 是重力加速度；f_m 是随机振动的调制频率（Hz）；$P(f_m)$ 是作为 f_m 函数的随机振动的功率曲线，单位为 g^2/Hz。

若振荡器的振动灵敏度 $S_v(f_m)$ 在随机振动调制频率 f_m 的范围内不变，则式(8.72)简化为

$$\sigma_v = \frac{360 f_L S_v}{2\pi} \sqrt{\int_{f_{\min}}^{f_{\max}} \frac{P(f_m)}{f_m^2} \mathrm{d}\, f_m} \quad (°) \qquad (8.73)$$

作为一个简单的算例，假设随机振动的功率曲线在从 20Hz 到 2000Hz 的范围内是平坦的，幅度为 $0.005 g^2/\text{Hz}$，若 $S_v = 1 \times 10^{-9}$ parts/g 且 $f_L = \text{L1} = 1575.42\text{MHz}$，则利用式(8.73)得到由振荡引起的相位误差为

$$\sigma_{\mathrm{v}} = 90.265\sqrt{0.005\int_{20}^{2000}\frac{\mathrm{d}\,f_{\mathrm{m}}}{f_{\mathrm{m}}^2}} = 90.265\sqrt{0.005\left(\frac{1}{20}-\frac{1}{2000}\right)} = 1.42°,\ \ \mathrm{L1}$$

8.9.4　艾伦偏差振荡器相位噪声

频率源稳定度的度量方式有多种。艾伦方差是分析 GNSS 接收机参考振荡器短期稳定度的一种合适度量。艾伦方差的平方根称为艾伦偏差，它在 PLL 中表现为相位误差。用于确定艾伦偏差相位误差的公式是经验性的。这些公式按照参考振荡器短期稳定度的要求来表述，短期稳定度则以稳定度测量的艾伦方差方法确定。对于二阶 PLL，短期艾伦偏差公式为[75]

$$\sigma_{\mathrm{A}}(\tau) = 2.5\frac{\Delta\theta}{\omega_{\mathrm{L}}\tau}\quad (\text{无量纲单位}\Delta f/f) \tag{8.74}$$

式中，$\Delta\theta$ 是由振荡器引入鉴别器的均方根误差（rad）；ω_{L} 是 L 频段的输入频率，即 $2\pi f_{\mathrm{L}}$（rad/s）；τ 是艾伦方差测量值的短期稳定度选通时间（s）。

对于三阶 PLL，公式是类似的[75]：

$$\sigma_{\mathrm{A}}(\tau) = 2.25\frac{\Delta\theta}{\omega_{\mathrm{L}}\tau}\quad (\text{无量纲单位}\Delta f/f) \tag{8.75}$$

确定振荡器短期选通时间 τ 下的艾伦方差 $\sigma_{\mathrm{A}}^2(\tau)$ 后，艾伦偏差引入的误差 $\theta_{\mathrm{A}} = 360\Delta\theta/2\pi$ 可由上述公式算出。通常对于所涉及的短期选通时间而言，$\sigma_{\mathrm{A}}^2(\tau)$ 的变化很小。这些选通时间必须包含载波环滤波器所用噪声带宽的倒数 $\tau = 1/B_{\mathrm{n}}$。对所有的 PLL 应用来说，短期选通时间的范围从 5ms 到 1000ms 应已足够。用这些假设重新整理式(8.74)，二阶环路的公式变为

$$\theta_{\mathrm{A}2} = 144\frac{\sigma_{\mathrm{A}}(\tau)f_{\mathrm{L}}}{B_{\mathrm{n}}}\quad (°) \tag{8.76}$$

利用这些假设重新整理式(8.75)，三阶环路的公式变为

$$\theta_{\mathrm{A}3} = 160\frac{\sigma_{\mathrm{A}}(\tau)f_{\mathrm{L}}}{B_{\mathrm{n}}}\quad (°) \tag{8.77}$$

例如，假设环路滤波器是三阶环，噪声带宽是 $B_{\mathrm{n}} = 15\mathrm{Hz}$，跟踪 L1 信号；对于包含 $\tau = 1/B_{\mathrm{n}} = 67\mathrm{ms}$ 的选通时间，艾伦偏差指定为 $\sigma_{\mathrm{A}}(\tau) = 100\times10^{-10}$ 或更好。于是，由该误差源造成的相位误差贡献为 $\theta_{\mathrm{A}3} = 1.68°$ 或更小。显然，若参考振荡器的短期艾伦偏差特性比这一例子差一个量级以上，则会导致 PLL 跟踪问题。

图 8.69 以图形方式描述了三阶 PLL 对参考振荡器短期艾伦偏差性能变化的灵敏度，尤其是当噪声带宽 B_{n} 变窄时。直观上，设计者试图减小 B_{n} 来减少热噪声误差，进而改善跟踪门限。然而，如图 8.69 所示，在较窄的噪声带宽下艾伦偏差对误差贡献的影响显著增加。假设外部速度辅助的精度并非限制因素，这种影响通常是造成受辅助 GNSS 接收机窄带 PLL 跟踪问题的主要来源。如图 8.69 所示，艾伦偏差 $\Delta f/f > 1.00\times10^{-9}$ 的参考振荡器在任何情况下都会导致 PLL 工作不可靠。因此，对于所有 GNSS 接收机设计而言，振荡器的艾伦偏差指标都很重要。

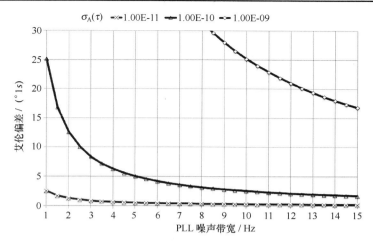

图 8.69　L1 频段三阶 PLL 的艾伦偏差

8.9.5　动态应力误差

动态应力误差可由表 8.23 中的稳态误差公式求出。这种误差取决于环路带宽和阶数。若环路滤波器对阶跃函数的响应有过冲，则最大动态应力误差可能会略大于稳态误差，但稳态误差公式通常已经足够，因为已经假设了最坏情况（即动态应力方向是在到卫星的视线方向上）。若滤波器设计为具有最小均方误差，则过冲不应超过 7%，这正是表中所示典型环路滤波器系数的情形。由表 8.23，具有最小均方误差的二阶环路的动态应力误差为

$$\theta_{e2} = \frac{d^2 R / d t^2}{\omega_0^2} = \frac{d^2 R / d t^2}{(B_n / 0.53)^2} = 0.2809 \times \frac{d^2 R / d t^2}{B_n^2} \quad (°) \tag{8.78}$$

式中，$d^2 R / d t^2$ 是最大视线方向的加速度动态（°/s²）。

由表 8.23，具有最小均方误差的三阶环路的动态应力误差为

$$\theta_{e3} = \frac{d^3 R / d t^3}{\omega_0^3} = \frac{d^3 R / d t^3}{(B_n / 0.7845)^3} = 0.4828 \times \frac{d^3 R / d t^3}{B_n^3} \quad (°) \tag{8.79}$$

式中，$d^3 R / d t^3$ 是最大视线方向的加加速度动态（°/s³）。

注意，式(8.78)和式(8.79)是 3σ 误差。作为这种误差的一个算例，假设三阶环路噪声带宽为 15Hz，至卫星的最大视线方向加加速度（冲击）动态应力为 10g/s = 98m/s³。要将其变换为°/s³，可将该加加速度动态乘以 1m 内包含的载波波长数（°/m）。对 L1，d^3R/dt^3 = (98m/s³)×(360°/cycle)×(1575.42×10⁶cycle/s)/c = 185398°/s³，其中 c = 299792458m/s 是光的传播速度（光速）。对于 L2，d^3R/dt^3 = 98×360×1227.60×10⁶/c = 144466°/s³。利用式(8.79)，15Hz 三阶 PLL 的 3σ 应力误差对 L1 为 26.52°，对 L2 为 20.67°。尽管 10g/s 是很高的动态冲击应力水平，但误差远低于 90° PLL 和 45° Costas PLL 的 3σ 经验门限水平。然而，如式(8.79)所示，对于相同的最大冲击应力水平，动态应力误差随着噪声带宽的立方的倒数增加，所以窄 PLL 带宽极易受到冲击动态应力的影响。这就是外部速度辅助用于使窄带 PLL 在有动态应力的情况下继续运行的原因。

8.9.6　参考振荡器加速度应力误差

PLL 无法区分由实际动态引起的动态应力与由振荡对加速度的敏感性导致参考振荡器中频率变化而引起的动态应力之间的差异。由动态应力引起的参考振荡器频率变化为

$$\Delta f_g = 360 S_g f_L G(t) \tag{8.80}$$

式中，S_g 为振荡器的 g 灵敏度 $\left[(\Delta f / f) / g \right]$，$f_L$ 是 L 频段输入频率（Hz），$G(t)$ 是作为时间函数的加速度应力，单位为 g。

当式(8.80)中 Δf_g 的单位为°/s 时，由参考振荡器感应的加速度（g）引起的 $G(t)$ 分量会导致环路滤波器感应到一个速度误差。对于未受辅助的二阶载波跟踪环，这种加速度引起的振荡器误差可以忽略不计，因其对速度应力不敏感。当单位为°/s² 时，加加速度（g/s）应力分量 $G(t)$ 会导致环路滤波器感应到一个加速度误差。对于未受辅助的三阶载波跟踪环，这种振动引起的振荡器误差可以忽略不计，因其对加速度应力不敏感。实际上，无论环路滤波器的阶数如何，总存在一定程度的动态应力，这将对跟踪环路产生不利影响，因为当载体受到动态影响时，总存在更高阶的动态应力分量。对于未受辅助的跟踪环来说，没有别的办法，只能将参考振荡器 S_g 灵敏度最低的轴向对准到预期的最大动态应力方向上，但这往往是不切实际的。对于有外界辅助的跟踪环路，若视线方向动态应力可以测得且 S_g 已知，则对该加速度应力灵敏度进行建模并将修正应用于辅助中是明智的。注意，像所有由振荡器引入的误差一样，这种误差对所有接收机跟踪通道是共模的，因而对所有受辅助的通道采用同一个校正。

8.9.7　总 PLL 跟踪环测量误差与门限

图 8.70 中说明了对于三阶 PLL，式(8.69)定义的总 PLL 误差与$(C/N_0)_{dB}$ 的函数关系，其中包括式(8.70)、式(8.73)、式(8.77)和式(8.79)描述的所有影响，采用的宽噪声带宽为 $B_n = 15$Hz，窄噪声带宽为 $B_n = 2$Hz，两者的预检测积分时间均为 $T = 10$ms。Costas 环平方损耗在较低$(C/N_0)_{dB}$ 电平处较明显。在更窄的带宽上 T 的值可以增加，与确保稳定性以改善跟踪门限 T 值保持一致，但是图中仍使用了与图 8.68 中相同的值，以表明其他误差源将误差曲线向左移动了多少。由于其参考振荡器技术指标适用于最高性能的器件，而且假设了最高性能的外部速度辅助，2Hz PLL 的有效动态应力极低，所以这些参数的额外误差贡献并未带来多少移动。许多商用 GNSS 接收机都是未受辅助的，且使用低成本的参考振荡器，其艾伦偏差性能为 1.00×10^{-9}（或更差），具有未指明的随机振动特性，要求使用二阶 PLL，以便对解调数据所需的 T 而言，以最大的稳定带宽运行。

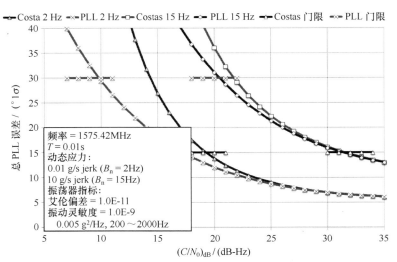

图 8.70　三阶导频或数据（Costas）PLL 的总 PLL 误差

对于导频和数据通道 PLL，了解动态范围灵敏度随 B_n 的变化是有帮助的。可以通过重新整理式(8.69)来观察，以$(C/N_0)_{dB}$ 作为运行参数，对于一系列 B_n 值求解门限处的动态应力误差：

$$\frac{\theta_e}{3} = 30 - \sqrt{\sigma_{tPPL_P}^2 + \sigma_v^2 + \theta_A^2}$$
$$\frac{\theta_e}{3} = 15 - \sqrt{\sigma_{tPPL_D}^2 + \sigma_v^2 + \theta_A^2}$$

(8.81)

例如，式(8.81)可用于对三阶 PLL 确定与 B_n 相关联的最大冲击应力（门限），单位为动态应力冲击的单位（g/s）：

$$J_{P\theta e3\max} = \frac{B_n^3}{2983.745784} = \left(30 - \sqrt{\sigma_{tPPL_P}^2 + \sigma_v^2 + \theta_A^2}\right) \quad (g/s)$$

$$J_{D\theta e3\max} = \frac{B_n^3}{2983.745784} = \left(15 - \sqrt{\sigma_{tPPL_D}^2 + \sigma_v^2 + \theta_A^2}\right) \quad (g/s)$$

以度为单位对 B_n 的每个值计算基数下的所有项，并以保持恒定的$(C/N_0)_{dB}$ 值作为运行参数，采用 B_n 最大值下的 T 值（符合 $B_n T$ 稳定性要求）。图 8.71 中采用这种技术比较了两个三阶 PLL 和两个三阶 Costas PLL 的冲击门限随 B_n 的变化。对于 Costas（数据）PLL（32dB-Hz）和导频 PLL（22.5dB-Hz），将对应于 10g 门限的$(C/N_0)_{dB}$ 近似值用做两个算例的运行参数$(C/N_0)_{dB}$，以说明它们都在相同的 10g/s 和图 8.71 中的 B_n 截距处相遇，但 Costas PLL 需要比导频 PLL 高 9.5dB 的载波功率才能达到相同的动态应力门限。

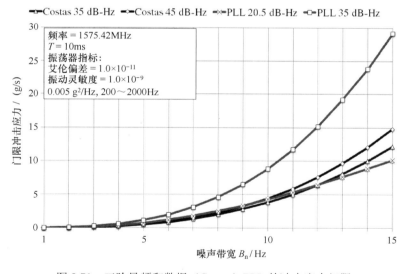

图 8.71　三阶导频和数据（Costas）PLL 的冲击应力门限

图 8.70 中两个 2Hz 算例未显示在图 8.71 中，因为它们的动态应力门限只有 0.01g/s，所以图 8.71 中另外两个算例处于同样高的$(C/N_0)_{dB}$ 电平（32dB-Hz）上，以证明对于同样的 T 值导频 PLL 的动态应力门限始终优于 Costas PLL，而且优于符合环路稳定性的最优 T 下的 Costas PLL。

显然，这些 PLL 经验和近似方程是快速实现 GNSS 接收机设计所需性能的极好工具，但要注意的是，实际的门限本质上是统计意义上的，因而在关于 PLL 何时实际失去跟踪所预测的门限区域中存在随机性［即没有"精确"门限，仅有统计意义上的（均方根）门限］。此外，最坏情况下的假设也用于大多数有贡献的误差分量。蒙特卡罗模拟对最终的设计调谐过程至关重要。在指定的动态应力条件下，更准确地预测 GNSS 接收机性能的代表性运行模拟应遵循蒙特卡罗模拟。

8.9.8　FLL 跟踪环测量误差

GNSS 接收机 FLL 频率误差的主要来源是热噪声和动态应力。经验的跟踪门限是 3σ 误差不得超过 FLL 鉴别器频率牵引范围的 1/4。如图 8.46 所示，四象限 ATAN2 FLL 鉴别器的牵引范围约为 $\pm 1/2T$ Hz。因此，使用该 FLL 鉴别器的经验跟踪门限为

$$3\sigma_{\text{FLL}} = 3\sigma_{\text{tFLL}} + f_{\text{e}} \leqslant 1/(4T) \tag{8.82}$$

式中，$3\sigma_{\text{tFLL}}$ 是 3σ 热噪声频率误差；f_{e} 是在 FLL 跟踪环中的动态应力误差。

式(8.82)中的动态应力误差具有 3σ 效应，而且是叠加在热噪声频率误差上的。参考振荡器振动和艾伦偏差引起的频率误差对 FLL 的影响很小，并且在 FLL 鲁棒（即不是超窄带）的每种情况下都被认为是可以忽略不计的。1σ 频率误差门限为 $1/(12T) = 0.0833/T$ Hz。

由热噪声引起的 FLL 跟踪环误差为

$$\sigma_{\text{tFLL}} = \frac{1}{2\pi T}\sqrt{\frac{4FB_{\text{n}}}{C/N_0}\left(1 + \frac{1}{TC/N_0}\right)} \quad (\text{Hz}) \tag{8.83}$$

$$\sigma_{\text{tFLL}} = \frac{\lambda_{\text{L}}}{2\pi T}\sqrt{\frac{4FB_{\text{n}}}{C/N_0}\left(1 + \frac{1}{TC/N_0}\right)} \quad (\text{m/s}) \tag{8.84}$$

式中，在高 C/N_0 时 $F = 1$，在接近门限时 $F = 2$。

注意式(8.83)与扩频码调制设计和环路阶数无关。误差单位是 Hz，也与 L 波段载波频率无关。

由于 FLL 跟踪环比相同阶数 n 的 PLL 跟踪环多一个积分器，所以其动态应力误差为

$$f_{\text{e}} = \frac{\text{d}}{\text{d}t}\left(\frac{1}{360\omega_0^n}\frac{\text{d}^n R}{\text{d}t^n}\right) = \frac{1}{360\omega_0^n}\frac{\text{d}^{n+1} R}{\text{d}t^{n+1}} \quad (\text{Hz}) \tag{8.85}$$

下面举例说明如何用式(8.85)计算二阶环路（$n = 2$）的动态应力误差。假设 FLL 设计的噪声带宽为 $B_{\text{n}} = 2$Hz，预检测积分时间为 $T = 5$ms。根据表 8.23，$B_{\text{n}} = 0.53\omega_0$，所以 $\omega^2 = (2/0.53)^2 = 14.24$Hz。最大视线方向加加速度动态为 10g/s $= 98$m/s^3 时，在 L1 上相当于 $\text{d}^3R/\text{d}t^3 = 98\times360\times 1575.42\times10^6/c = 185398°/\text{s}^3$。将这些数代入式(8.85)，得到最大动态应力误差为 $f_{\text{e}} = 185398/(14.24\times 360) = 36$Hz。由于经验 3σ 门限为 $1/(4\times0.005) = 50$Hz，因此对 10g/s 的最大加加速度动态应力水平，FLL 噪声带宽是可以接受的。图 8.72 中示出了 FLL 热噪声跟踪误差和跟踪门限，其中假设采用具有典型噪声带宽和预检测积分时间的二阶环路，动态加加速度为 10g/s。

图 8.73 中显示了二阶 FLL 的加加速度门限，FLL 采用两个间隔 $T = 5$ms 的样本每 10ms 形成一次 FLL 鉴别器误差。利用类似于图 8.71 所用的技术，将 FLL 门限加加速度应力绘制为噪声带宽 B_{n} 的函数，以 C/N_0 作为运行参数。比较图 8.73 中二阶 FLL 与图 8.76 中三阶 PLL 的冲击门限可知，FLL 的动态应力性能要好得多。例如，$B_{\text{n}} = 10$Hz 时图 8.73 中相同运行参数$(C/N_0)_{\text{dB}} = 35$dB-Hz 下 FLL 可以容忍高达 240g/s 的动态，而 Costas PLL 只能容忍至多约 4g/s 的动态，导频 PLL 可以承受约 8g/s 的动态。对于更弱的信号强度和更窄的噪声带宽，范围要小得多。预检测积分时间从 10ms 减至 5ms 时，两个 PLL 在动态应力下的性能会有一定的改善，FLL 也是如此（尽管其有效预检测带宽实际为 10ms）。这种比较强化了先前的论断，即鲁棒的 GNSS 接收机设计是：在初始环路闭合期间以及在高动态应力期间相位失锁时，用 FLL 作为 PLL 的备份；但在低至中等动态的稳态下则返回到纯 PLL，以产生最高精度的载波多普勒相位测量值。还要注意，数据通道中 FLL 的最大预检测积分时间 T 是比特率或采样率的一半，因为 FLL 鉴别器需要转换边界内的两个 T 样本。接收机在得知数据翻转位于哪里之前使用很短的 T 值，以使鉴别器值受损的百分比最小。

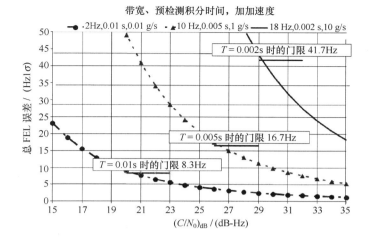

图 8.72 二阶载波环的总 FLL 误差

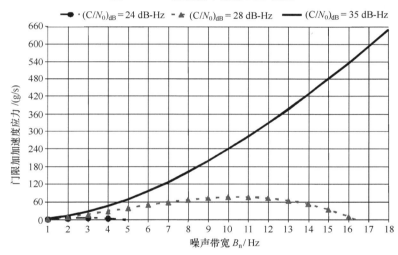

图 8.73 $T = 5\text{ms}$ 时二阶 FLL 的加加速度应力门限

8.9.9 码跟踪环测量误差

当接收信号中既没有多径或其他失真又没有干扰时，在 GNSS 接收机码跟踪环［通常称为延迟锁相环（DLL）］中，主要的测距误差源是热噪声和动态应力。DLL 的经验跟踪门限是，由环路全部应力源造成的误差的 3σ 值，不得超过鉴别器线性牵引范围的一半。因此，经验跟踪门限是

$$3\sigma_{\text{DLL}} = 3\sigma_{\text{tDLL}} + R_{\text{e}} \leqslant D/2 \qquad （码片数） \tag{8.86}$$

式中，σ_{tDLL} 是 1σ 热噪声码跟踪误差（码片数）；R_{e} 是 DLL 跟踪环的动态应力误差（码片数）；D 是超前-滞后相关器的间距（码片数）。

对于非相干 DLL 鉴别器，热噪声码跟踪误差的一般表达式为[76]

$$\sigma_{\text{tDLL}} \approx \frac{1}{T_{\text{c}}} \sqrt{\frac{B_{\text{n}} \int_{-B_{\text{fe}}/2}^{B_{\text{fe}}/2} S_{\text{S}}(f) \sin^2(\pi f D T_{\text{c}}) \, \mathrm{d}f}{(2\pi)^2 C/N_0 \left(\int_{-B_{\text{fe}}/2}^{B_{\text{fe}}/2} f S_{\text{S}}(f) \sin(\pi f D T_{\text{c}}) \, \mathrm{d}f \right)^2}} \times \sqrt{1 + \frac{\int_{-B_{\text{fe}}/2}^{B_{\text{fe}}/2} S_{\text{S}}(f) \cos^2(\pi f D T_{\text{c}}) \, \mathrm{d}f}{TC/N_0 \left(\int_{-B_{\text{fe}}/2}^{B_{\text{fe}}/2} S_{\text{S}}(f) \cos(\pi f D T_{\text{c}}) \, \mathrm{d}f \right)^2}} \tag{8.87}$$

式中，B_n 是码环的噪声带宽（Hz）；$S_s(f)$ 是信号的功率谱密度，它已归一化到无穷带宽上的单位面积内；B_{fe} 是双边前端带宽（Hz）；T_c 是码片周期（秒/码片）$= 1/R_c$，其中 R_c 是码片速率。

当 D 变得很小时，式(8.87)中的三角函数可由它们在零附近的一阶泰勒级数展开式取代，公式变成

$$\sigma_{tDLL} \approx \frac{1}{T_c} \sqrt{\frac{B_n}{(2\pi)^2 (C/N_0) \int_{-B_{fe}/2}^{B_{fe}/2} f^2 S_s(f) \, df} \left[1 + \frac{1}{T(C/N_0) \int_{-B_{fe}/2}^{B_{fe}/2} S_s(f) \, df}\right]} \quad \text{（码片数）} \quad (8.88)$$

$\sqrt{\int_{-B_{fe}/2}^{B_{fe}/2} f^2 S_s(f) \, df}$ 项称为信号的均方根带宽，它是对相关峰"尖锐度"的一种度量。显然，具有更大均方根带宽的信号会提供更精确的码跟踪。事实上，均方根带宽中的频率平方项表明，若超前-滞后相关器间距 D 相应地减小，即便是少量的高频信号成分也能使码跟踪更精确。直观地讲，这些高频分量在波形上产生更陡的边沿和更明显的零交叉，使得码跟踪更精确。

利用载波辅助码（实际上已是一种普遍的设计）能有效地消除码上的动态，所以使用窄相关器（以及增加的前端带宽）对使用相对较慢扩频符号速率的接收机是一种极好的折中设计。对于这样的信号，减小相关器间距有助于减少热噪声和多径效应（见 9.5 节），但同时要求增加接收机前端带宽，从而增加了带内射频干扰的脆弱性。

对于 BPSK-R(n)调制，诸如 GPS P(Y)码（$n = 10$）、L5（$n = 10$）、C/A 码（$n = 1$）或 L2C（$n = 1$），自相关和功率谱的公式为

$$R_{BPSK-R}(\tau) = \begin{cases} 1 - |\tau| / T_c, & |\tau| \leqslant T_c \\ 0, & \text{其他} \end{cases}$$

$$(8.89)$$

$$S_{BPSK-R}(f) = T_c \text{sinc}^2(\pi f T_c)$$

对 BPSK-R(n)调制码使用非相干超前-滞后功率型 DLL 鉴别器时，可将式(8.89)代入式(8.87)来得到热噪声码跟踪误差，结果可近似为[77]

$$\sigma_{tDLL} \approx \begin{cases} \sqrt{\dfrac{B_n}{2C/N_0} D \left[1 + \dfrac{2}{TC/N_0(2-D)}\right]}, & D \geqslant \dfrac{\pi R_c}{B_{fe}} \\[3ex] \sqrt{\dfrac{B_n}{2C/N_0} \left(\dfrac{1}{B_{fe}T_c} + \dfrac{B_{fe}T_c}{\pi - 1}\left(D - \dfrac{1}{B_{fe}T_c}\right)^2\right)\left(1 + \dfrac{2}{TC/N_0(2-D)}\right)}, & \dfrac{R_c}{B_{fe}} < D < \dfrac{\pi R_c}{B_{fe}} \\[3ex] \sqrt{\dfrac{B_n}{2C/N_0}\left(\dfrac{1}{B_{fe}T_c}\right)\left[1 + \dfrac{1}{TC/N_0}\right]}, & D \leqslant \dfrac{R_c}{B_{fe}} \end{cases} \quad (8.90)$$

式(8.87)和式(8.90)中括号内包含预检测积分时间 T 的那部分称为平方损失。因此，在非相干 DLL 中增大 T 可减少平方损失。使用相干 DLL 鉴别器时，右侧括号内的项等于 1（无平方损失）[77]。由式(8.90)可见，DLL 误差与环路滤波器噪声带宽的平方根成正比（降低 B_n 使误差变小，导致更低的 C/N_0 门限）。另外，增加预检测积分时间 T 会导致更低的 C/N_0 门限，但其影响不如减小 B_n 那么大。减小相关器间距 D 也会减小 DLL 错误，其代价是增大了码跟踪对动态的敏感度。D 的减小应伴随着前端带宽 B_{fe} 的增加，以避免 DLL 相关峰在窄相关器工作区域变得平坦。事实上，式(8.90)表明，将 D 减小到小于前端带宽的倒数（乘以扩频码率）并无益处。

注意，式(8.90)中 DLL 误差与 DLL 环路滤波器的阶数无关。要将 DLL 误差从码片数转换为

米，可将式(8.90)乘以 $cT_c = c/R_c$。例如，对于 C/A 码，将式(8.90)乘以 $c/(1.023\times10^6) = 293.05$m/码片；对于 L2C 则乘以复合扩频码速率，或对于 L5 乘以 $c/(1.023\times10^7) = 29.305$m/码片。

图 8.74(a)利用式(8.90)以米为单位比较了 GPS BPSK C/A 码、L2 CL（导频）和 L5 Q5（导频）的码精度与门限。尽管可以采用具有较大前端带宽的较窄相关器，但是对于所有三种情况均采用了传统的 1 码片相关器超前-滞后间距（$D = 1$）。假设对于 L1 和 L2 信号的情况采用相同的前端带宽 $B_{fe} = 1.7\times10^6$Hz，而对于 L5 信号采用前端带宽 $B_{fe} = 1.7\times10^7$Hz。值得注意的是，因为在谱零点处没有能量，使用这些带宽而非规范的 $2R_c$ 时，损失的信号能量小于 0.1dB，所以若使用比 $2R_c$ 更大的前端带宽来获得预期的好处，则它应该明显更宽（如 L2 前端的情况）。由于使用了 L2 CL 和 L5 的导频通道，因此它们都可显著受益于延长的预检测积分时间（$T = 100$ms）（因为载波辅助码功能会使码跟踪环维持稳定，可以同测量时间间隔一样长）。C/A 码受限于传统 GPS 导航电文数据调制的 20ms 周期。图 8.74(a)中注明了所有假设。基于这些假设，C/A 码和 L5 Q5 图形使用式(8.90)中间的公式，而 L2 CL 图形使用顶部的公式。观察 L5 Q5 精度和门限性能的显著优势。由于这种卓越的精度性能，L5 将成为精密民用用户的主要 GPS 信号。显然，GNSS 接收机的跟踪门限鲁棒性受限于载波跟踪环，因此除非存在某种形式的外部速度辅助，否则接收机无法达到此图形中所示的跟踪门限（有关改善门限的接收机跟踪技术，请参阅 9.2.3 节）。

图 8.74(b)利用式(8.90)，比较了 L5 Q5 信号在最小接收机前端带宽 $B_{fe} = 1.7\times10^7$Hz 时对 3 个相关器值（$D = 1$, 1/2 和 1/4 码片）的 DLL 性能。如图所示，对于该带宽，将 D 降至 1/2 码片和 1/4 码片间距需要利用式(8.90)的底部公式。结果，码跟踪环对此区域中 D 值的更改变得不敏感。因此，对于这种前端带宽，将 D 从 1/2 减小到 1/4，不仅没有精度的回报，而且带来了码跟踪门限的损失。对于未受辅助的 GNSS 接收机而言，码跟踪门限的损失并不重要，其中载波跟踪门限决定了接收机通道的跟踪性能；但对于这种前端带宽，将 D 降至 1/2 码片以下并无意义。出现这种情况是因为 1/2 码片和 1/4 码片相关器间距这两个例子都要求式(8.90)的底部公式，如图中所观察到的那样。然而，若 B_{fe} 增加到 3.3×10^7 Hz，则式(8.90)的顶部公式将用于 $D = 1$，中间公式用于 $D = 1/2$，底部公式用于 $D = 1/4$，每个选择都会产生精度的渐进式回报，且只有轻微的跟踪门限损失。因此，即便 $B_{fe} = 1.7\times10^7$ Hz 时主瓣功率也只有一小部分分贝损耗，当 $B_{fe} = 3.3\times10^7$ 时，功率会因旁瓣功率而增加。这些选择必须在精度优点与增加的干扰脆弱性之间折中。

图 8.74(c)利用式(8.90)演示了通过减小码环噪声带宽来改善 L5 Q 信号的 DLL 精度和跟踪门限。由于采用载波辅助码（见 8.4.2.2 节）从码环中消除了动态应力，码环噪声带宽的减小仅受限于速度辅助的质量。该图还比较了 DLL 相干跟踪的精度提高（利用表 8.22 中所示的相干码鉴别器）。当载波跟踪环处于 PLL 状态时，可以激活相干 DLL 模式，典型情况下是正常的载波稳态跟踪模式。由于 $(C/N_0)_{dB}$ 计（见 8.13.1 节）和锁相检测器（见 8.13.2.1 节）可以作为非常灵敏和可靠的状态转换指示器，所以相干 DLL 跟踪可以是稳态的码跟踪模式，直到它谨慎地（由低的 C/N_0 计读数）或强制性地（由悲观锁相检测器对相位失锁的指示）立即过渡到 DLL 非相干码跟踪模式。注意，对于所有 L5 Q 案例及图 8.74(c)假设的设计参数，要求使用式(8.90)的中间方程。

图 8.74(d)利用式(8.90)说明了增加预检测积分时间 T 来改善 L5 Q 信号的 DLL 精度和跟踪门限。注意，在 $T = 1$s 时达到最低的码跟踪门限。由于载波辅助码功能，码环预检测积分时间可能比载波环的长得多，并且对于 L5 Q 导频通道不受数据翻转的限制。对于仅有数据通道的传统 GPS 信号，这是通过一种称为数据剥离的技术来实现的。该技术使用 GPS 接收机关于导航电文数据位流的知识（在 30s 的无差错数据解调后）去除 180°数据翻转。这种数据剥离技术允许超过 20ms 的预检测积分时间，且若得以适当实施，则可实现导频通道提供的额外 6dB 的 $(C/N_0)_{dB}$ 门限改善。

对于外部辅助的传统 GPS 接收机，当载波辅助开环时，这是一个短暂的"冒险"DLL 弱信号保持策略。当载波环是闭环辅助时，数据剥离也会改善 PLL 跟踪门限，但是程度不如改善码环跟踪门限那么大。由 GPS 控制段上载或由卫星自主对卫星导航电文数据流做的任何改变，都会在数据剥离中造成差错，这反过来将导致跟踪门限恶化。或者，在这些情况下，可利用非相干积分来改善码跟踪门限，但并不能达到相干积分那样大的改善。随着导频通道的引入，不再需要这些传统信号技术。显然，使用一个导频通道比数据剥离可靠得多。

为了检查图 8.74(d) 中最差情况下的码环稳定性，注意当 $T = 1s$ 时 $B_nT = 0.1$，码环噪声带宽 $B_n = 0.1Hz$。从表 8.24 可知，对于一阶 DLL 环路和计算延迟 T，30° 相位裕量要求 $B_nT \leqslant 0.134$。由此，码 DLL 确实满足这种显式的稳定性要求；但实际上，由于图 8.18 所示的载波辅助码技术，码跟踪环的计算延迟 T 实际上与载波环的 T 相同。还有更多的码 DLL 相位裕量。显然，载波辅助码运行时，码环的 T 值可能比载波环的更长，但记住两个环路都是在载波环速率下更新的。

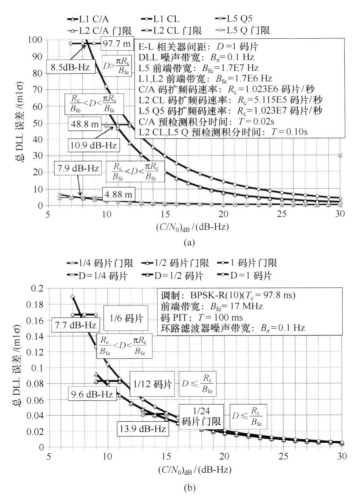

图 8.74 延迟锁定环误差随 $(C/N_0)_{dB}$ 的变化：(a) 比较 L1 C/A、L2 CL 和 L5 Q 码之间的 DLL 精度和门限；(b) 比较不同相关器间距的 L5 Q DLL 误差；(c) 噪声带宽对 L5 Q DLL 跟踪门限的影响；(d) 预检测积分时间对 L5 Q DLL 误差的影响

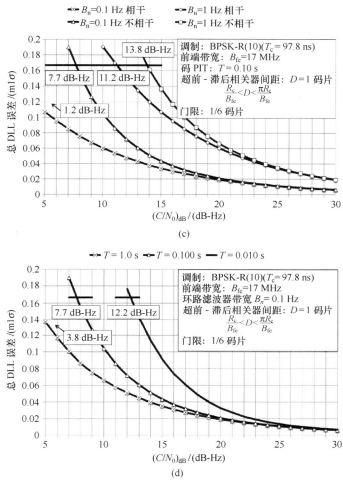

图 8.74　延迟锁定环误差随(C/N0)dB 的变化：(a)比较 L1 C/A、L2 CL 和 L5 Q 码之间的
DLL 精度和门限；(b)比较不同相关器间距的 L5 Q DLL 误差；(c)噪声带宽对
L5 Q DLL 跟踪门限的影响；(d)预检测积分时间对 L5 Q DLL 误差的影响（续）

DLL 跟踪环的动态应力误差由下式确定：

$$R_e = \frac{\mathrm{d}^n R / \mathrm{d} t^n}{\omega_0^n} \quad (\text{码片数}) \tag{8.91}$$

式中，$\mathrm{d}^n R / \mathrm{d} t^n$ 的单位为码片/s^n，n 与码环的阶数相同。

作为由式(8.91)计算动态应力误差的例子，假设码环是未受辅助的 3 阶 C/A 码 DLL，$B_n = 2\mathrm{Hz}$ 且 $D = 1$ 码片。若最大的视线方向加加速度应力为 10g/s，则其相当于 $\mathrm{d}^3 R / \mathrm{d} t^3 = 98\mathrm{m/s}^3/293.05\mathrm{m/}$ 码片 $= 0.3344$ 码片/s^3。三阶环路自然频率 $\omega_0 = B_n/0.7845$ 由表 8.23 获得。将这些数值代入式(8.91)，得到最大动态应力误差为 $R_e = 0.02$ 码片，这是一种 3σ 效应。由于 3σ 门限为 1/2 码片，这表明 DLL 噪声带宽对于 C/A 码来说还有很大的余量。若接收机是 P(Y)码的，则 $R_e = 0.2$ 码片，这仍然是足够的。注意，载波辅助码技术几乎可以消除码跟踪环中的所有动态应力。只要载波环保持稳定，码环经受的动态应力即可忽略不计。因此，这种效应可以不包含在码环跟踪门限分析中，只有在载波开环、载波估计由外部速度辅助源执行时才会用到。任何由该辅助源中的误差导致的动态应力都将利用式(8.91)来分析。

8.9.10　BOC 码跟踪环测量误差

现代 GPS M 码是第一个采用 BOC 调制的 GNSS 信号。它采用正弦相位 BOC(10, 5)调制技术来分离载波频谱。正弦相位 BOC 调制的功率谱密度为[78]

$$S_{\mathrm{BOC_s}}(f) = \begin{cases} T_{\mathrm{c}} \mathrm{sinc}^2(\pi f T_{\mathrm{c}}) \tan^2\left(\dfrac{\pi f}{2 f_{\mathrm{S}}}\right), & k \text{ 为偶数} \\[3mm] T_{\mathrm{c}} \dfrac{\cos^2(\pi f T_{\mathrm{c}})}{(\pi f T_{\mathrm{c}})^2} \tan^2\left(\dfrac{\pi f}{2 f_{\mathrm{S}}}\right), & k \text{ 为奇数} \end{cases} \tag{8.92}$$

将式(8.92)代入式(8.87)，可以近似求出热噪声背景下 M 码 DLL 的误差[79]：

$$\sigma_{tM} = \begin{cases} \dfrac{1}{T_{\mathrm{c}}} \sqrt{\dfrac{B_{\mathrm{n}}}{(2\pi)^2 C/N_0 (0.66 B_{\mathrm{fe}} - 7.7\times10^6)^2} \left[1 + \dfrac{1}{(7.3\times10^8 B_{\mathrm{fe}} - 0.96) T C/N_0}\right]}, & 16\,\mathrm{MHz} \leqslant B_{\mathrm{fe}} \leqslant 24.5\,\mathrm{MHz} \\[4mm] \dfrac{1}{T_{\mathrm{c}}} \sqrt{\dfrac{B_{\mathrm{n}}}{(2\pi)^2 C/N_0 (0.007 B_{\mathrm{fe}} + 8.4\times10^6)^2} \left[1 + \dfrac{1}{0.837 T C/N_0}\right]}, & 24.5\,\mathrm{MHz} \leqslant B_{\mathrm{fe}} \leqslant 30\,\mathrm{MHz} \end{cases} \tag{8.93}$$

式中，$1/T_{\mathrm{c}} = R_{\mathrm{c}} = 5.115\times10^6$，单位为码片/s，$B_{\mathrm{fe}}$ 的单位为 Hz。

要得到以米为单位的 1σ 误差，可将式(8.93)乘以 $c/(5.115\times10^6) = 58.6105\mathrm{m}/$码片。注意，相关器间距 D（单位为 M 码码片）并未出现在式(8.93)中，但是近似式仅限于超前-滞后间距为 M 码码片的 1/4 码片或更小，M 码码片由 $R_{\mathrm{c}} = 5.115\mathrm{Mcps}$ 的 M 码扩频码速率定义。M 码 DLL 的经验跟踪门限与式(8.86)相同。

M 码通过时分数据复用（TDDM）提供导频通道，允许延长预检测积分时间。TDDM 的实现使每个其他码位都可以是无数据调制的，因此在导频和数据通道中都有 3dB 的功率损失，反过来导频通道的载波跟踪门限又有净增益 3dB 的改善。M 码处于 TDDM 模式时，$(C/N_0)_{\mathrm{dB}}$ 降低 3dB，使得式(8.93)两处的 $C/N_0 = 10^{[(C/N_0)_{\mathrm{dB}} - 3]/10}$ 中考虑此有效损耗。注意，在 TDDM 模式下，载波辅助码环可将其导频输入一直相干积分到伪距测量周期，且该 T 值在式(8.93)中用来估计码测量（伪距）误差。码跟踪环的有效 T 更新率保持与载波环更新率一致，因为两者都以相同速率（借助于载波辅助码技术）被送回到它们各自的 NCO。载波环 T 必须被维持为支持动态应力要求的值。

图 8.75 中比较了 M 码与 P(Y)码的精度和门限，假设它们使用相同的 DLL 噪声带宽 $B_{\mathrm{n}} = 0.1\mathrm{Hz}$，且两者共享相同的前端带宽 $B_{\mathrm{fe}} = 3.0\times10^7\mathrm{Hz}$，所以式(8.96)的底部式子用于 M 码，其 D 为 M 码的典型 1/8 码片，但 DLL 误差已转换为米。给出了两种 M 码的例子：第一种工作在 TDDM 模式下［因此考虑$(C/N_0)_{\mathrm{dB}}$ 中的 3dB 损耗］，$T = 0.3\mathrm{s}$；第二种工作在非 TDDM 模式下，最快的 M 码符号率 100Hz 将 T 限制为 0.01s。P(Y)码示例采用 $D = 1$ 码片的典型值，传统 GPS 信号的 50Hz 数据率将 T 限制为 0.02s。P(Y)码假设决定了使用式(8.90)的中间公式，但 DLL 误差已转换为米。注意，在这两种情况下，M 码的精度优于 P(Y)码，但其经验跟踪门限要比 P(Y)的值低，因为 M 码的 D 值更小。结果，P(Y)码门限略优于非 TDDM M 码的例子，但 TDDM M 码的例子优于 P(Y)码门限。TDDM M 码门限可以通过延长相干积分时间来进一步改善。

与现代民用 GPS 信号不同，M 码没有两个不同的复制码：一个用于导频通道，另一个用于数据通道。取而代之的是，导频和数据通道被时分复用到载波信号上，每个载波信号由复制码生成器的偶数或奇数位同步。所以，M 码的 TDDM 特性引入了信号状态的 3 个电平（+1, 0, −1），而不是通常的两个（+1, −1）信号状态。在接收机的 TDDM 工作期间，数据解调间隔根据来自复制码生成器的 DATA = "true" 信号来选择，数据间隔由该状态选择，且对应于 "1" 或 "0" 在该间隔

内分别给出或 "+1" 或 "−1" 的值。当 DATA = "false" 时，PILOT = "true"，导频间隔由该状态选择，在该区间内其值始终为 0。因此，完成载波和码剥离之后，导频和数据通道必须在三电平基础上进行解时分复用，并被导向到它们各自的跟踪和解调过程。

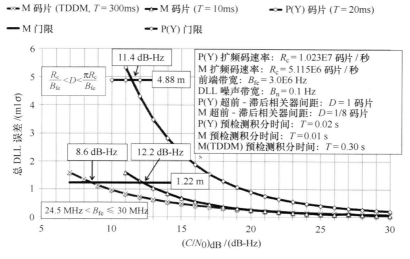

图 8.75　M 码（TDDM）、M 码和 P(Y) 码之间的 DLL 精度与门限比较

文献[39]中提供了额外的见解和许多图形，描述了大量 BPSK 和 TMBOC 信号采用非相干和相干超前-滞后处理（分别缩写为 NELP 和 CELP）跟踪方案的 DLL 码跟踪误差和门限性能。记住，要使码跟踪环相干工作，载波跟踪环必须始终处于锁相状态。

文献[80]中描述了一种称为双重估计器的 GNSS 接收机基带架构，其使用 3 个跟踪环路将任何接收到的 BOC 信号转换成 BPSK 信号，在很大程度上保留了 BOC 码的测量精度。该设计与文献[59]中描述的技术不同，因为它不仅去除了副载波频率，而且利用所谓的副载波锁定环（SLL）来跟踪它。SLL 方波剥离之前是传统的载波剥离，之后是传统的 BPSK DLL 码剥离。SLL 作为一个精密的码跟踪环来跟踪输入 BOC(*M*, *N*) 信号的 M 方波分量，同时 DLL 利用传统的 BPSK E、P 和 L 相关器跟踪 N 分量 PRN 码（子载波已被去除）。为了提供无模糊的伪距测量，精密的 SLL 跟踪环路要克服显著的模糊性，但这是通过来自粗略的 DLL 跟踪环的辅助完成的，并协同使用了多个通道，以及为实时动态应用中模糊性的最优开发的 LAMBDA 方法[59]。该方案在某些情况下可能会遇到锁定旁瓣的难题，但也可以在多通道协作的基础上实现检测和纠正。

所幸的是，国际协调的信号 BOC(1, 1) 的相关包络表现出很小的旁瓣，所以在使用传统的 DLL 超前-滞后跟踪环鉴别器时，不太可能出现错锁码跟踪。

8.10　伪距、Δ伪距和积分多普勒的形成

与流行的观点相反，GNSS 接收机的自然测量值不是伪距或 Δ 伪距[30]。本节描述 GNSS 接收机的自然测量值，以及如何将它们转换为伪距、Δ 伪距和积分载波多普勒相位测量值。自然测量值是复制码相位和复制载波多普勒相位（若 GNSS 接收机与卫星载波信号处于锁相状态）或复制载波多普勒频率（若接收机与卫星载波信号处于锁频状态）。复制码相位可以变换成卫星发送时刻，用于计算伪距测量值。复制载波多普勒相位或频率用于计算 Δ 伪距测量值。复制载波多普勒相位测量值还可用于计算积分载波多普勒相位测量值，以满足超精密（差分）静态和动态干涉

测量应用需求。

本节介绍的最重要的概念是 GNSS 接收机中复制码相位状态与卫星发送时刻之间的测量关系。在接收机复制码与相关的输入码之间的任何误差都是在时间传递中的误差，因为接收到的信号本身淹没于噪声中且不能被直接读取。可以读取的唯一测量值是接收机的复制码 DLL 相位状态以及载波 PLL 相位状态的单周期或半周期模糊驻波相位，这些是每颗卫星发送时刻的测量结果。未经补偿的电离层和对流层延迟、相对论效应和多径误差也会导致接收时刻误差。卫星导航的第一原则是，所有 GNSS 卫星正在发送按照原子时标计时的 PRN 码，而且 PRN 码和载波频率与精确时间保持同步。这个原则导致所有卫星的发送时刻相对于最终统一到 UTC（见 2.7.2 节）的每个卫星导航（SATNAV）系统的时标来维持。由于 GNSS 接收机提供了全球时间传递的最准确手段，因此必不可少的是，每个 GNSS 接收机设计最终都要实现并为其用户维持一个单调递增的时间（通常为周内时，具有 1 周的模糊性），并最终转换为包括日期的 UTC。卫星导航电文数据提供了将 PRN 码长中的模糊性解析为 1 周模糊性并将其转换为 UTC 的手段，但接收机的设计责任是分配并维持一个与其复制码同步的单调递增时间。用估计的接收时刻（通常对于所有测量结果是共模的）将 4 颗或更多颗卫星的发送时刻转换为伪距，通过导航测量结合过程确定三维位置和时间偏差。根据已知的卫星轨道几何分布，从捕获第一颗卫星并了解其发送时刻开始，该估计接收时刻的精度永远不会低于约 20ms。利用时间偏差校正估计的接收时刻，便可获得真实的周内时。在卫星上维持着时间保持（由其各自的控制段进行同步检查），以使其起始边界同步于周内时。每颗卫星还保持对包括闰秒在内的国际时间标准的跟踪，并对应于其周内时。该信息在导航电文中提供，以使 GNSS 接收机能从此电文中获取无模糊的 UTC，并将它同步到其周内时。

接收机时间测量开始于有模糊的、以一个 PRN 码周期为模的卫星发送时刻。例如，未加密的 GPS P 码周期恰好为 1 周，因而其相应的 GPS 时间关系具有一周的模糊性。大多数 GNSS PRN 码的周期要短得多。例如，GPS C/A 码的周期仅为 1ms，但在卫星数据电文的每个子帧中都有交接字，可用于将发送时刻模糊性从 1ms 增加到 1 周。该数据的初衷是提供从 C/A 码移交到 P(Y) 码所需的发送时刻信息。对于 GNSS 卫星的每个模糊 PRN 码周期，将其模糊性增加到更长的周期（例如 1 周）涉及类似的处理。每台 GNSS 接收机都容易受到错误模糊解的影响，且在弱信号捕获条件下会出现模糊性错误。发生错误时，会造成严重的距离测量误差，进而导致严重的导航位置误差。在现代 GNSS 信号中使用重叠码明显改进了这个问题，因为它们消除了对不具备该特性的信号（如 C/A 码）所要求的较不可靠和耗时的位同步和帧同步的需要。

8.10.1　伪距

对于每颗卫星 SV_i，伪距定义如下，其中 i 是卫星标识索引：

$$\rho_i(n) = c\left[T_R(n) - T_{Ti}(n)\right] \quad (m) \tag{8.94}$$

式中，$c = 299792458 m/s$；$T_R(n)$ 是对应于 GNSS 接收机时钟历元 n 的接收时刻（s）；$T_{Ti}(n)$ 是在接收时刻观察到的基于 SV_i 时钟的发送时刻（s）；$T_{Ti}(n)$ 是 SV_i 可观测量的自然测量值，因为它代表接收机历元 n 处的复制码状态（单位为码片，转换为秒），由接收机在该历元处的复制码状态的线性时间表示解释。该状态包括整数复制码状态时间和由软件码累加器精确测量的复制码码片小数，在码跟踪环更新码 NCO 时，该码累加器每个预检测积分时间 T 更新一次（码累加器的设计将在后面描述）。码累加器知道 NCO 的当前传播速率，因此它可以精确地预测 T 之间任何时刻的 NCO 小数状态。

为了可视化这一伪距测量过程，图 8.76 中描述了 GNSS 卫星 SV_i 从 GNSS 周尾开始发送其

PRN 扩频码 PRN_i。接收机导航处理在相同的接收机历元 n 处请求所有通道的测量量，该历元总是预编排为在某个接收机设定时刻发生，在图中称为基本时帧（FTF）。FTF 时间是一个单调递增的计数器，为了伪距计算的目的，计数器会附带一个与之关联的接收时刻。图中显示 FTF 与多个通道跟踪的多重输入卫星信号是不同步的，因为它们都在相同的接收时刻历元 n 处跟踪不同的发送时刻。因此，图 8.76 中故意偏移了 SV_i 观测量的测量时刻，如图中的发送时刻$(n) = T_{Ti}(n)$，以强调通常相对于任何码片转换边界存在时间偏差。

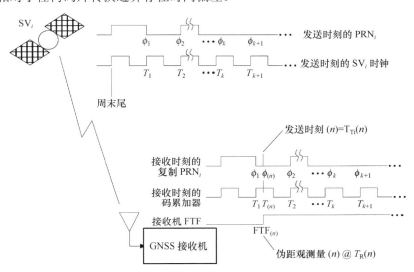

图 8.76　卫星发送时刻与伪距测量的关系

　　$T(n)$ 是图 8.76 中对应于预编排的测量时刻请求 FTF(n)的接收机历元时刻。注意，在图 8.76 中，线性 SV_i 时钟时间对应于 PRN_i 码的每个码片。SV_i 所发送 PRN 码中的每个历元都与 SV_i 的时间保持硬件内维护的周内时精确对准，但显然未被发送。当此发送码到达 GNSS 接收机时，接收机成功地用复制 PRN 码与之相关，复制码相对于 GNSS 周首的相位偏移就代表了 SV_i 的发送时刻。由此测量得到的伪距对应于接收机中的特定接收时刻历元（历元 n）。在 FTF(n)下面是对应于式(8.94)中所示计算的伪距测量值符号(n) @ $T_R(n)$。

　　遗憾的是，导航处理专家常常误认为伪距是接收机的自然测量值，因此他们给基带接收机专家的技术说明是他们向导航处理发送伪距测量值。相反，谨慎的做法是将观测量 $T_{Ri}(n)$（及接收时刻标记）传送给导航处理，因为导航处理进行位置测量合成时首先要做的就是将 SV_i 发送时刻校正为真正的 GNSS 时间。若这种人为计算是由接收机基带控制处理执行的，则 SV_i 发送时刻会丢失。这种方法迫使导航处理进入一种浪费的、计算 SV_i 发送时刻的迭代处理。

　　高度复杂的接收机实现对卫星的矢量跟踪，而不是这里描述的标量跟踪。由此克服了伪距观测量问题，因为理想情况下原始的 I 和 Q 测量值或是鉴别器输出被送入导航处理，作为导航处理卡尔曼滤波的测量值。这样，导航处理以一种最优的方式动态地改变跟踪环路的噪声带宽，并且它提供了通道之间的交叉辅助。然而，增加的导航处理开销通常需要在该方案的实际实施中进行一些折中。

　　典型情况下，接收机将在同一接收历元时刻进行一组测量。这就是在接收时刻式(8.94)中未附加任何特定卫星 PRN 号的原因。接收机导航处理排定一组测量的时刻表时，是根据自己的内部时钟（设定时间）做出的，内部时钟包含相对于真正 GNSS 时间的偏移误差。最终，这一偏差被导航处理作为导航解的副产物求得。卫星发送时刻也包含相对于真正系统时的偏差误差，尽管其控制段确保偏差维持在很小的偏移值内。对该偏移的校正值由 SV_i 作为时钟校正参数通过导航电文发送到接收机。然而，式(8.94)的伪距测量中并未包含这些校正值。这些校正值和其他校正值由导航处理确定并加以利用。

8.10.1.1　伪距测量

由式(8.94)可以得出结论：若接收机基带控制处理能从码跟踪环中提取卫星发送时刻，则可以计算伪距测量值。SV_i 发送时刻的精确测量值等效于其码相位相对于系统时周起始点的偏移。在 SV_i 复制码相位与单调递增的周内时之间存在一一对应关系。因此，自周起始点的初始（复位）状态以来，在复制码生成器码相位中每个小数和整数个码片的前进，都对应着周内时中小数和整数个码片的前进。在下面的讨论中，将小数和整数个码片的码相位称为码状态；接收机基带控制处理时间保持器中包含与该状态相对应的 GNSS 时间，将这个时间保持器称为码累加器。

复制码状态与接收机对卫星发送时刻的最优估计相对应。接收机基带控制处理知道这个码状态，因为在搜索过程中它设置了初始状态，并在此后保持对码状态变化的跟踪。接收机的基带码跟踪环处理在每次码 NCO 更新之后保持对 GNSS 发送时刻的跟踪，该时刻对应于码 NCO 的相位状态和复制 PRN 码生成器状态。它的实现方法是，在上一次 NCO 更新以来的预检测积分时间段 T 上对每个码相位增量做离散积分，并将此数值加到码累加器中。复制码生成器状态（整数码状态）和码 NCO 状态（小数码状态）的组合就是精确的复制码状态。由于复制码生成器的码相位状态是伪随机的，因此首先读取 PRN 码生成器的码相位状态，然后尝试将这种非线性的码状态变换为线性的 GNSS 时间状态（例如用查表法）是不切实际的。通常有太多可能的码状态，对于有加密码的信号尤其如此。

在 GNSS 接收机中保持 GNSS 时间的一种非常实用的方法是，在 GNSS 接收机基带控制处理中使用单独的码累加器，并使复制 PRN 码生成器与该累加器的相位状态同步。图 8.77 中给出了说明复制码生成器（如图 8.13 或图 8.14 所示）与码累加器之间关系的高级框图。图中假设图 8.13 和图 8.14 的快速功能（尤其是复制码生成器和码 NCO）是用硬件实现的。码设置器（图 8.13 和图 8.14 中未示出）也假设用硬件实现，即使根据其周期 T 而言应是慢速功能，在码设置过程中也必须是同步（快速）的。然而，在软件定义的接收机中可以实现相同的概念，假设它能够支持码 NCO 设计（通常并非当前 SDR 的情况）。其余功能是用软件实现的慢速功能。这些功能由虚线与快速功能分开。

典型 GNSS 导航测量值的合并速率是 1 次/秒，但对于某些应用要快得多，且接收机可能根据 GNSS 时间精确排定这些测量，而不按照设定时间（尤其是对于远程 GNSS 接收机之间的更精密的差分测量）。典型的 GNSS 接收机用于排定测量及同步数据位或符号翻转相关例程的基本时帧（FTF）是 10ms。接收机基带控制处理用来更新码和载波 NCO 的时间排定基于当前的预检测积分时间 T，通常与 FTF 呈某个整数倍关系，如 20ms、10ms、5ms、2ms 或 1ms。假设 FTF 为 10ms，接收机测量处理维持一个设定时间计数器，称为 FTF 计数器，它通常是一个 32 位计数器，对来自接收机参考振荡器的 10ms 增量计数。FTF 计数器在加电时设置为零，向上计数，翻转，向上计数，以此类推。FTF 计数器为每个接收机处理提供设定的时间。假设导航测量值的合并速率为 1Hz，则导航处理将安排每百个 FTF 从码和载波跟踪环中提取一次测量值。这种安排假设所需的测量值是基于接收机时间历元的。若基于 GNSS 时间历元，则导航处理要求测量值附加 FTF 的偏差值，以使两者的和对应于适当 SATNAV 系统时的精确 1s 历元。这些测量值可以在设定的时间输出，包括在测量中的偏移时间偏差，或者可以有一个导向时钟产生输出历元和测量值，以实时与 1s 历元精确对准。当接收机基带控制处理从码和载波跟踪环中提取测量值时，用 FTF 计数给测量值打上时间标记。导航处理分配并维持与 FTF 计数相对应的 GNSS 接收时刻。若导航处理不知道准确的 GNSS 时间，则接收时刻可以初始化为第一颗卫星的发送时刻加上标称传播时间（例如对于 MEO 是 76ms）。这一标称值将把初始接收时刻设定到 20ms 以内的精度。

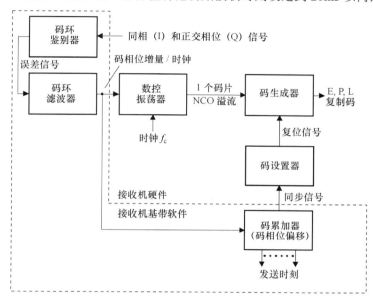

图 8.77　复制码生成器和码累加器之间的关系

当按照 FTF(n)排列伪距测量的时间表时，接收机基带码跟踪环处理从其码累加器中提取 SV_i 发送时刻，并将此时间向前推到 FTF(n)。结果是 SV_i 发送时刻具有 2^{-N} 码片的测量分辨率，其中 N 是码 NCO 中的位数。若码 NCO 用了 32 位寄存器，则此测量分辨率小于 1/4 纳码片（10^{-9} 码片），这就使得码测量的量化噪声可以忽略不计。如前所述，导航处理利用式(8.94)和时间标记 FTF(n)由 SV_i 发送时刻测量值算出伪距，但是只有在导航处理应用时钟校正（包括相对论校正）之后，才能利用校正的 SV_i 发送时刻计算 SV_i 位置。然后将校正后的伪距结合到导航滤波器中（卫星时钟和相对论修正将在第 10 章讨论）。

8.10.1.2　测量时刻偏差

图 8.20 中说明了卫星数据或符号翻转边界与接收机 FTF 历元的时间偏差 T_S。GNSS 控制段确保每颗卫星发送的每个历元与真实 GNSS 时间紧密对准（例如，GPS 卫星时钟与真实 GPS 时间对准在 1ms 之内）。因此，发送时所有卫星的数据翻转边界都是大致对准真实 GNSS 时间的。然而，在 GNSS 接收机中，一般情况下卫星数据翻转边界彼此之间是有偏差的，而且与接收机的 FTF 边界之间也是有偏差的。这是因为各颗卫星相对于用户 GNSS 接收机天线相位中心的距离是不同的。用户 GNSS 接收机必须调整积分与转储边界的相位，以避免积分跨越卫星数据位转换边界。对于每颗正被跟踪的卫星，时间偏差 T_S（图 8.20 中标记为到 SV_i 数据/符号翻转的偏差）是不同的，而且由于卫星的距离随时间变化，偏差也随时间变化。因此，对应于每个复制码生成器周期结束的历元，彼此之间及相对于 FTF 都是有偏差 T_S 的。因此，积分与转储时间及对码和载波 NCO 的更新，都是在相对于 FTF 时间相位不断变化的时间偏差相位上执行的，但是接收机基带控制处理会以离散的相位增量获知和控制这个时间偏差。一般情况下，码累加器按与码 NCO

更新时间表匹配的有偏差的时间表进行更新。因此，若多通道 GNSS 接收机的所有 GNSS 接收机测量都是在同一个 FTF 上进行的，则为了获得测量值而提取的码累加器的内容必须向前推进一段时间，该时间是码 NCO 更新事件与 FTF 之间的偏差。

8.10.1.3　码累加器的维持

下面的码累加器最初设计用于设置 GPS C/A 和 P(Y)复制码生成器的初始码生成器及 NCO 相位状态（并维持它们）[29]。同样的设计适用于任何 GNSS PRN 码，因为原始设计基于将码测量值与单调增加的 GPS 周内时同步，用于在任何期望设定时间上排定的任何导航处理测量值合并速率下提取精确的卫星发送时刻测量值。3 个计数器 Z、X1 和 P 用于维持码累加器。Z 计数器（最低 19 位，但通常是软件中的 32 位寄存器）以 1.5s 的 GPS 时间增量进行累加，然后在比 1 周的最大 Z 计数 403200 少一个计数时重置。因此，最大 Z 计数值为 403199。X1 计数器（最低 24 位，但通常是软件中的 32 位寄存器）以最高扩频码速率的时间增量对 GPS 的 1.5s 基本定时单位 [即 $T_c = 1/(10 \times 1.023 \times 10^6) = 97.8$ns] 进行累加，然后在比 1.5s 的最大 X1 计数 15345000 短一个计数时重置。因此，最大的 X1 计数为 15344999。P 计数器与码 NCO 累加器的大小 2^N 相同，通常 $N = 32$ 位。P 计数器的输入来自码跟踪环，它被调整为以 97.8ns 的时间增量（不包括多普勒效应）溢出。对于所有 PRN 码扩频码率如何完成的一个例子是，首先使用 10.23Mcps 的恒定码环输出偏置 $R_c = 1/T_c$，然后根据实际跟踪的 PRN 码将 P 计数器输出除以合适的值 1、2、5 或 10。这种除法往往作为通常以硬件实现的复制码生成器的一部分来执行（例如，对于 $R_c = 1.023$Mcps 而言是除以 10）。注意，这种除法完全补偿了正在使用的 PRN 扩频码的多普勒效应。使用恒定的 10.23Mcps 码偏置方案，并且假设码 NCO 和码累加器每隔 T 秒更新一次，而且在环路滤波器反馈过程中恰好有 T 秒的时间延迟，使得码 NCO 恰好在 T 秒的边界上更新，则维持整个码累加器的算法如下（注意算法中的等号表示"被替换为"）：

$$P_{\text{temp}} = P + f_S \Delta\phi_{\text{co}} T,\ P \text{为} P_{\text{temp}} \text{的小数部分（码片）}$$
$$X_{\text{temp}} = (X_1 + P_{\text{temp}} \text{的整数部分}) / 15345000$$
$$X_1 = X_{\text{temp}} \text{的余数（码片）} \tag{8.95}$$
$$Z = \left[(Z + X_{\text{temp}} \text{的整数部分}) / 403200 \right] \text{的余数（1.5s）}$$

式中，P_{temp} 是临时的 P 寄存器，f_S 是码 NCO 时钟频率（ADC 采样率）（Hz），$\Delta\phi_{\text{co}}$ 是码 NCO 相位增量/样本，T 是码 NCO 更新之间的时间（预检测积分时间）（s）。

上述关于 $\Delta\phi_{\text{co}}$ 的定义包括两部分：码 NCO 偏置和码环滤波器多普勒校正（都适当地缩放到了复制码生成器的 R_c 上）。在解出复制码状态的模糊性之前，GNSS 接收机无法合并测量值。接收机基带控制处理要消除这种模糊性，就需要来自导航数据电文的额外信息，并在收到该信息时将其置于码累加器中；但这并不意味着在开环信号捕获已发现信号且码环闭合处理成功期间及成功之后，码累加器不能控制复制码生成器。信号捕获控制处理也是一个慢速功能，它使用码设置器和部分码累加器来控制开环搜索及环路闭合处理，所以信息传递是暂时不受限制的。

注意在图 8.13 和图 8.14 中，码 NCO 合成码移位寄存器时钟速率 $\hat{f}/\delta$，其中 $\hat{f}$ 是码生成器扩频码的码速率，δ 是 E、P 和 L 复制码相位之间的间距，单位是码片。E-L 码相关器间距是 D 个码片，所以 $D = 2\delta$。对于 $D = 1$ 个码片的典型 E-L 间距，移位寄存器的运行速度是复制码生成器的 2 倍。这个时序生成相移的 E 和 L 复制码，用于码鉴别器中的误差检测。P 计数器跟踪码相位状态的小数部分，在任何时刻该状态都包含在码 NCO 状态中；但是，P 计数器只是每隔 T 秒更新一次，因为这是码 NCO 的更新速率。

在图 8.13 和图 8.14 中还应注意，设置时间同步由码累加器控制，它将转储相位提前或延迟，以便使得它们与输入的卫星信号数据或符号翻转边界大致对准。累加器通过保持转储相位与其 X_1 转换大致对准来实现这一点。每个这样的提前或延迟命令都会导致预检测积分时间 T 的微小变化，必须在该特定 T 的码和载波跟踪环中考虑这一点。一旦对准了数据翻转边界，这些提前和延迟命令就会很少用到，因为数据边界相位在 MEO 卫星从天顶上升或下降到跟踪地平线仅变化约 20ms。

8.10.1.4　由码累加器获得测量值

要获得测量值，就要把码累加器推进到最近的 FTF(n)。这会得到 SV$_i$ 的一组测量值 $P_i(n)$、$X_1(n)$ 和 $Z_i(n)$。当变换到以秒为时间单位时，结果是 $T_{Ti}(n)$，即接收机时间历元 n 的 SV$_i$ 发送时刻。这与式(8.95)的算法非常类似，只是时间 T 被偏差时间 T_S 取代，而且码累加器未更新。在 FTF(n) 处，发送时刻测量的算法如下（注意算法中的等号表示"被替换为"）：

$$P_{temp} = P + f_S \Delta\phi_{co} T_S, \quad P_i(n) 为 P_{temp} 的小数部分（码片）$$
$$X_{temp} = (X_1 + P_{temp} 的整数部分)/15345000$$
$$X_{1i}(n) = X_{temp} 的余数（码片）$$
$$Z_i(n) = \left[(Z + X_{temp} 的整数部分)/403200\right] 的余数（1.5s）$$

(8.96)

算法(8.96)不会因为码累加器测量值的测量传播过程而产生误差，因为码 NCO 在传播期间以恒定的速率运行，即 $\Delta\phi_{co}$ 在每个时钟采样，并且基带处理知道该速率。假设采用双精度浮点计算，以下公式将码累加器测量值精确转换为 SV$_i$ 发送时刻：

$$T_{Ti}(n) = [P_i(n) + X_{1i}(n)]/(10.23\times10^6) + Z_i(n)\times1.5(s)$$

(8.97)

由式(8.97)，可得到计算到 SV$_i$ 的伪距的公式为

$$\rho_i(n) = [T_R(n) - T_{Ti}(n)]c \quad (m)$$

(8.98)

式中，$T_R(n)$ 是所有卫星测量值的接收时刻周内时（s）。

接收时刻周内时由导航处理维持，其分辨率与发送时刻的相同，每周翻转一次，并在设置时间 FTF(n) 历元上更新。它可以是任意的周内时，只在加上导航处理时间偏差估计后才会变成精确的 GNSS 时间。对 MEO 卫星来说，一种较好的做法是，导航处理利用所捕获第一颗卫星的发送时刻（即使是在导航处理校正之前也相当准确），将 $T_R(n)$ 初始化为约 20ms 内的精度，然后假设卫星仰角为 45°，将到该卫星的距离（转换为时间单位）加到卫星发送时刻上，进而转换为 SV 发送时刻。注意，主要负责伪距之"伪"部分的是接收时刻估计误差，即便是已通过上述初始化过程将其最大误差限定为合理的值。

8.10.1.5　同步码生成器与码累加器

将复制码生成器与码累加器同步，是复制码控制和测量处理中最复杂的部分。产生这种复杂性的主要原因是，码累加器和码设置器负责将在复制码生成器中生成的随机序列转换成在码累加器中生成的线性时间序列，同时总体控制复制码生成器匹配输入的 PRN 码。所幸的是，在每个复制码生成器中都有可预测的复位定时事件，允许它们与码累加器同步。第一个想法可能是设计复制码生成器，使其提供线性时间序列，该序列由复位历元同步，并由接收机基带控制处理读取。然而，从导航电文数据获得 PRN 码模糊性的是接收机的慢速功能控制部分，而交接复杂性必须停留于此。同时，这也是码测量值提取处理发生的地方。

复制码生成器运行于卫星接收时间表上，所以码累加器及其相关的码跟踪环功能必须按照与所跟踪卫星的数据或符号翻转边界紧密匹配的时间表运行。经过验证的设计在快速功能复制码生成器（通常是硬件）中使用码设置器，将码累加器保持为慢速功能，并将复制码生成器周期性地

同步到码累加器。图 8.78 中显示了一个 C/A 码生成器的码设置器方案。

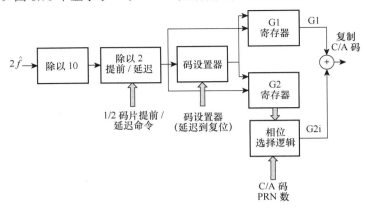

图 8.78　C/A 码生成器的码设置器方案

参考图 8.78，码设置器同时将复制 C/A 码生成器中的 G1 和 G2 寄存器复位。码设置器的工作原理是，慢速功能码累加器可以预测码累加器当前状态到下一个预检测积分时间边界处的精确时间偏移量，并将该偏移量置于码设置器中。在该边界处快速功能时钟（即 ADC 采样率）将该偏移量同步锁存到码设置器中。然后码设置器开始以相同的频率对复制 C/A 码生成器的 G1 和 G2 进行计数。当偏移量变为零时产生进位，导致 G1 和 G2 寄存器被同步设置为其启动（复位）点。从这一点开始，复制 C/A 码生成器的相位与码累加器正确匹配（如果没有毛刺的话）。

还有要解决的其他设计特征。注意，与前述功能框图不同的是从码 NCO 到此功能框图输入端的输入频率（如图中的 $2\hat{f}$ 所示），但该输入不会直接传送到复制 C/A 码生成器。另外，输入信号实际上是一个经多普勒补偿的 20.46MHz NCO 输出，由码跟踪环与通用码累加器设计相结合而产生 10.23MHz 的 NCO 频率。当码 E、P、L 间距为 1/2 码片时，按照与码移位寄存器相同的方式，通过将 NCO 回退一级来获得两倍频。仔细检查后发现，复制 C/A 码生成器通常接收所需的经多普勒补偿的 1.023MHz 频率。

图 8.78 的第一个输入级提供的 10 分频符合通用 10.23MHz 码累加器到码 NCO 输出设计约定的要求。第二级提供稳态 2 分频功能，为 G1 和 G2 寄存器产生所需的经多普勒补偿的 1.023MHz 时钟。第二级还向复制 C/A 码生成器提供在 Vernier 搜索期间受外部控制的 ±1/2 码片提前（加入一个额外的时钟）或延迟（移除一个额外的时钟）相位改变的方法。作为通道初始化过程的一部分，C/A 码 PRN 号被发送到选相逻辑（在 G2 寄存器的下面）。选相逻辑转换此 PRN 号，为所需的 C/A PRN 号选择正确的 G2 抽头延迟（及扩展的 PRN 号功能）。G2 寄存器上该抽头组合的输出（或加到 G2 寄存器的延迟）被加到 G1 寄存器输出中，以合成复制 C/A 码。

采用上述码设置器设计，C/A 码设置过程的工作如下。依照等于固定数量码 NCO 参考时钟周期的未来延迟，将相应的码累加器值加载到码设置器中。该值匹配于所希望的预定延迟之后的 C/A 码时间。对于码设置器值的计算，可以认为 1023 状态 C/A 码生成器与 1023 位计数器具有相同的线性计数属性。码设置器从加载的计数值开始对预定的延迟进行计数。当计数器产生一个进位输出时，码设置器将 G1 和 G2 寄存器设置为初始状态。结果，C/A 复制码生成器相位状态与码累加器 GPS 时间状态相匹配，且在此后与码累加器同步。当接收机在初始化之后跟踪卫星时，可以根据需要多次重复码设置器处理，而不改变 C/A 复制码生成器的相位状态，因为码累加器和码生成器最终都由相同的参考时钟（即码 NCO 时钟）来同步。若接收机处于搜索过程中，则 C/A 码超前/滞后功能提供了以半码片增量添加或删除时钟周期的功能。码累加器必须跟踪这些命令的变化。若接收机在搜索过程中可把卫星发送时刻预测到几个码片以内的精度，则可以使用码设置器执行直接 C/A 码搜索。若接收机先前捕获了 4 颗或更多的卫星，且其导航解已经收敛，则满足该条件。通常会搜索全部 1023 个 C/A 码片。

在一些商业 C/A 码接收机设计中不使用码 NCO，而是在码环更新之间以标称的扩频码码片速率推进码生成器，容忍由于码多普勒和电离层延迟变化产生的误差。使用具有小数码片超前/滞后能力的计数器来代替码 NCO，以粗略的相位增量调整 C/A 复制码生成器的相位。与码 NCO 技术相比，这导致了很低分辨率的码测量值（大的量化噪声）和带有噪声的伪距测量值。输出到 C/A 码设置器的码累加器算法为（注意算法中的等号表示"被替换为"）

$$G = \Big[\big\{ [(X_1 / 10) \text{的整数部分}] \big\} / 1023 \Big] \text{的余数} \tag{8.99}$$

式中，G 是发送给码设置器的未来计划 C/A 码时间值，X_1 是未来计划 GPS 周内时，以 P 码码片数表示（$0 \cdot X_1 \cdot 15344999$）。

码设置器技术计时技术的另一种设计更适合于 SDR 的复制码生成器设计，为每颗卫星 PRN 号预先计算并存储实际的 1023 个 10 位 C/A 码序列，并将它们存储为 C/A 码表中的 1023 位项。然后使用 PRN 号作为这些表格的索引。当 SDR 通道被激活并初始化时，所选 PRN 号的 1023 位序列就会被传送到一个 1023 位保持寄存器中。已激活 SDR 通道中的 1023 位循环移位寄存器成为复制 C/A 码生成器，这种设计使得码设置器每次接收到复位命令时，1023 位保持寄存器将其内容同步传送到循环移位寄存器。对应于 G 的计算，在未来码时钟到来时，保持寄存器内容将被并行传送到循环移位寄存器 C/A 码生成器。这会立即将复制码生成器对准码累加器中的 C/A 码部分。

8.10.1.6　求解码发送时刻的模糊性

每种开放的 GNSS 信号都存在因其 PRN 码长而带来模糊性的传输时间问题（即没有一个码长为 1 周）。这导致码累加器中的一个初始模糊性，我们可以通过各种方式求解，但始终需要用到导航电文数据中提供的信息，如相关接口规范中所述。对于 C/A 码的情况，通过读取导航电文交接字来求解模糊性，然后在正确的历元以正确的格式将其置于码累加器中。这一步骤在首次捕获信号之后、位同步和帧同步之前进行。这里从准备时序图开始描述求解 C/A 码模糊性的技术，可以作为其他 GNSS 码的范例。

图 8.79[81]中说明了用于确定真实 GPS 发送时刻的 C/A 码时序图。C/A 码每毫秒重复一次，因此 GPS 时间的每一毫秒（距离约为 300km）就是模糊的。在卫星导航电文的 5 个子帧中，每个子帧的开始处都有交接字（HOW）。HOW 包含下一个子帧开始处第一个数据位转换边界的 Z 计数。这是位于每个 HOW 字之前的遥测电文（TLM）的第一个数据位。这个 20ms 数据位的起始同步于卫星 C/A 码 1ms 历元之一的起始，但是在每个数据位周期中有 20 个 C/A 码历元。在该子帧历元上，X_1 寄存器刚刚产生一个进位到 Z 计数，所以 X_1 计数为零。通过在下一个子帧开始处将 Z 计数设置为 HOW 值，并将 X_1 计数设置为零，可求解 C/A 码模糊性。在实际工作中，Z 计数和 X_1 计数的实际值是针对近期的 C/A 码历元计算的，而不用等待下一个子帧。

若 GNSS 接收机已将其位同步确定在 1ms 或更好的精度内，则 Z 计数和 X_1 计数是正确的。这一精度水平将使 1ms C/A 码历元与下一个 TLM 字的第一位的 20ms 数据位转换点完美对准。因此，C/A 码发送时刻将是无模糊和正确的。若位同步过程在 1ms 复制 C/A 码历元与 20ms 数据位历元对准中出错，则 X_1 计数将偏离 1ms 的某个整数倍。

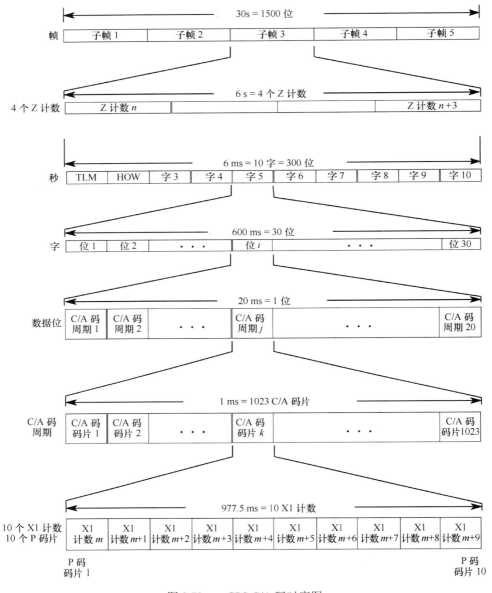

图 8.79　　GPS C/A 码时序图

　　这种设计的初衷是接收机试图交接到 P(Y)码，若失败，则接收机重新尝试交接，在执行位同步之前将 X_1 的值先改变 1ms，然后改变 2ms。因为这可能需要 6s 或更长的时间，且会阻止对 GPS 测量值的处理，直到成功为止，因而到 P(Y)码的成功交接验证了位同步过程。然而，对于尝试求解 C/A 码模糊性的商用 GNSS 接收机而言，验证位同步的正确性更为困难。该验证任务必须由导航处理执行。由于 1ms 的 GNSS 时间误差相当于约 300km 的伪距误差，导航误差会相当严重。不太可能的一种情况是每个通道都产生相同的位同步误差，导航位置误差会冲出位置解而进入时间偏差解中，而 GNSS 时间误差为 1ms。导航解中典型的位同步误差表现为计算出的当地速度和高程计算不切实际。经度和纬度的计算也是不切实际的，但通常没有边界条件来进行比较。然而速度和高程计算可以与可接受的边界条件进行比较。

位同步过程是一个依赖于 C/N_0 的统计过程，偶尔会不正确。几乎每次 C/N_0 降到位同步设计门限以下时都不正确。在信号衰减或射频干扰的条件下，这种情况对 C/A 码接收机会造成严重的导航完整性问题。若没有设计规定来使位同步过程适应较差的 C/N_0 条件，和/或导航处理来检查位同步错误，则该问题会变得复杂。

具有覆盖层的现代化 GNSS PRN 码增加了信号捕获时间，以求解其与基础 PRN 码有关的模糊性，但是这种信号创新消除了位和帧同步的必要性，并且显著改进了代表了 PRN 码模糊性解算方案的可靠性。去除码累加器模糊性的其余部分只是将等同于 C/A 码交接字的导航电文与码累加器中正确的时间段进行匹配。

8.10.2　Δ 伪距

到 SV_i 的 Δ 伪距的技术定义如下：

$$\Delta\rho_i(n) = \rho_i(n+J) - \rho_i(n-K) \qquad [m/(J+K)\times \mathrm{FTF}(n)]时间区间 \tag{8.100}$$

式中，$\rho_i(n+J)$ 是比 $\mathrm{FTF}(n)$ 晚 J 个 FTF 历元处的伪距（m），$\rho_i(n-K)$ 是比 $\mathrm{FTF}(n)$ 早 K 个 FTF 历元处的伪距（m）；$J=0$ 或 K，具体取决于设计偏好（无量纲）。

尽管式(8.100)意味着 Δ 伪距可以从码跟踪环中导出，但其测量值中会有很大的噪声。相反，最精确的 Δ 伪距来自工作于 PLL 模式的载波跟踪环。载波环工作于 FLL 模式时，测量值为 Δ 伪距率。

假设工作在 PLL 模式，精确的 Δ 伪距测量值使用载波跟踪环输出作为慢速功能来获得；跟踪环产生平滑的载波多普勒相位误差，对于 SV_i 的每个载波预测积分时间 T_i，该误差被送回载波 NCO。环路滤波器载波多普勒相位误差 $\Delta\varPhi_{\mathrm{CA}i}$ 被加到一个常数上，该常数负责计入输入基带信号中的任何固定载波频率。该常数对图 8.13 所示的基带输入为零，对图 8.14 所示的基带输入为中频。它是载波多普勒相位误差的无偏部分 $\Delta\varPhi_{\mathrm{CA}i}$，因为它从用于测量的载波环滤波器输出到载波 NCO。这类似于利用码累加器从码环中提取发送时刻的测量值（但要简单一些）。假设在 PLL 模式下跟踪 SV_i，载波累加器保持整周计数 $N_{\mathrm{CA}i}$ 和被发送到载波 NCO 的载波多普勒相位分量的小数周计数 $\varPhi_{\mathrm{CA}i}$。载波环每次输出到载波 NCO 后，载波累加器利用以下算法更新（注意算法中的等号表示"被替换为"）：

$$\varPhi_{\mathrm{temp}} = \varPhi_{\mathrm{CA}i} + f_{\mathrm{S}}\Delta\varPhi_{\mathrm{CA}i}T_i$$

$$\varPhi_{\mathrm{CA}i} = \varPhi_{\mathrm{temp}}的小数部分 \tag{8.101}$$

$$N_{\mathrm{CA}i} = N_{\mathrm{CA}i}(最终值) + \varPhi_{\mathrm{temp}}的整数部分$$

式中，$\varPhi_{\mathrm{temp}}$ 是临时的 $\varPhi_{\mathrm{CA}i}$ 寄存器；f_{S} 是载波 NCO 采样率（ADC 采样率，Hz）；$\varPhi_{\mathrm{CA}i}$ 是上次发送给载波 NCO 输出的多普勒分量值，它等于每个样本的载波多普勒相位增量；T_i 是载波环预检测积分时间（s），它等于载波 NCO 更新之间的时间（s）；$N_{\mathrm{CA}i}$ 是自某个起点以来载波多普勒相位的整周数。

搜索过程开始时，载波累加器的小数部分 $\varPhi_{\mathrm{CA}i}$ 被初始化为与载波 NCO 相同的状态，典型值为零。载波多普勒相位整周数 $N_{\mathrm{CA}i}$ 是有模糊性的。由于仅使用差分测量，有模糊性也没有关系，因为共模的模糊计数被抵消。因此，发送给 NCO 的偏差项包含在 $\varPhi_{\mathrm{CA}i}$ 中时，它也会被抵消，但是对于中频的情况会大大增加寄存器的计数容量。当多普勒周计数超过计数容量时，计数器就会翻转；或者当多普勒计数反方向并下降到零计数以下时，计数器向下溢出。若计数器容量足够大，以确保在从载波累加器提取的任何一组差分测量值之间这种情况的发生不超过一次，则差分测量值就会正确显示。

提取对应于 SV_i 载波累加器的载波多普勒相位测量值 N_{CAi}、Φ_{CAi} 时，不能干扰载波累加器的内容；因此在内容被 SV_i 的滑动时间 T_{Si} 向前传播到最近的 $FTF(n)$ 后，测量值就必须存储在单独的寄存器中，它类似于在码跟踪环中使用的如下技术（注意，算法中的等号表示"被替换为"）：

$$\Phi_{temp} = \Phi_{CAi} + f_S \Delta \Phi_{CAi} T_{Si}$$
$$\Phi_{CAi}(n) = \Phi_{temp}\,的小数部分（周数）\tag{8.102}$$
$$N_{CAi}(n) = \Phi_{temp}\,的整数部分$$

因为载波 NCO 在传播时间段内以每个样本 $\Delta \Phi_{CAi}$ 的恒定多普勒速率运行，载波多普勒相位测量值的测量传播过程不会带来误差。精确的 Δ 伪距只是指定时间内载波累加器的相位变化。将载波累加器测量值转换成精确 Δ 伪距测量值的公式为

$$\Delta \rho_i(n) = \left\{ \left[N_{CAi}(n+J) - N_{CAi}(n-K) \right] + \left[\Phi_{CAi}(n+J) - \Phi_{CAi}(n-K) \right] \right\} \lambda_L \quad (m) \tag{8.103}$$

式中，λ_L 是 L 波段载波频率的波长（m）。

作为设计实例，假设导航测量值合并速率为 1Hz。该时间间隔上的 Δ 伪距测量值将在先前的发送时刻测量之后开始，并且以当前测量结束。对于 10ms 的 FTF 周期，设 $J = 0$ 且 $K = -100$，以便在前一秒间隔内做出这种精确的距离变化。或者，若导航吞吐量允许，则精确的 Δ 伪距测量可以 100Hz 速率进行；使用 $J = 0$ 和 $K = -1$，每个测量值都代表前一个 0.01s FTF 间隔内的精确 Δ 伪距。在任何情况下，Δ 伪距均应由导航处理建模为上一个时间间隔内（经校正）的距离变化，而不是该间隔内的平均速度。

8.10.3　积分多普勒

积分多普勒测量值可用由式(8.102)获得的载波多普勒相位测量。$FTF(n)$ 处 SV_i 的积分载波多普勒相位可以按下式变换为以米为单位：

$$ID_i(n) = \left[N_{CAi}(n) + \Phi_{CAi}(n) \right] \lambda_L \quad (m) \tag{8.104}$$

回顾可知，该测量值的整周计数部分是模糊的。当测量值由 PLL 导出时，用于超精密差分干涉 GNSS 应用，如静态和动态的干涉测量应用。当干涉测量过程解算出整周计数模糊性时，该测量值相当于伪距测量，而其噪声降到从码环获得的发送时刻（伪距）测量值噪声的两个数量级以下。针对干涉测量应用设计的高质量 GNSS 接收机，在良好的信号条件下，积分多普勒噪声通常约为 1mm（1σ）。在相同信号条件下，用 C/A 码测得的发送时刻（伪距）噪声高出 3 个数量级左右（1m），而用诸如 L5 或 BOC 调制信号的现代化信号得到的测量值噪声高出 2 个数量级（0.1m）。然而，通过 8.10.4 节中描述的载波平滑伪距技术可以显著降低码噪声。解得整周模糊性后，只要 PLL 不发生周跳，其后的模糊性就保持不变（有关差分干涉处理和模糊性解算的更多信息，请参阅 12.3 节）。

两台在各自的历元上进行发送时刻测量和载波多普勒相位测量的 GNSS 接收机，一般来说彼此之间是有时间偏差的。对于超精密的差分应用而言，通过消除 GNSS 接收机之间的这种时间偏差，可以消除几乎所有时间变量偏差的影响（即空间上分离的 GNSS 接收机可以基于共有的 GNSS 时间进行同步测量）。这是通过将测量值精密对准 GNSS 时间历元而非（不同步的）接收机 FTF 历元来完成的。一开始必须依据接收机 FTF 历元来获得测量值。在导航处理确定了其 FTF 历元与真实 GNSS 时间的偏差后，每次对一组接收机测量值的导航请求都应包括关于 FTF 的时

间偏差的当前估计值（若基准振荡器是稳定的，则这是一个变化十分缓慢的值）。然后，接收机测量处理将该测量值传播到 FTF 历元加上时间偏差所得的近乎完美（在 ns 以内）的真实 GNSS 时间上。典型情况下是在 GNSS 周内时的 1s 历元上做这些测量。这种同步对于精密的差分工作很重要，因为接收机之间即便是小到 1s 的时间偏差也会对应于约 4000m 的 MEO 卫星位置变化。当然，若 GNSS 接收机测量值是有时间偏差的，则可将差分测量值传播到相同的历元时刻，但所获得的精度不如在原始测量处理期间于每个 GNSS 接收机内将它们对准公共的 GNSS 时间历元。在测量值合并之前，必须对载波多普勒测量中包含的卫星原子频标（即参考振荡器）频率误差进行校正。校正量在卫星导航电文中广播。测量值中也包含接收机参考振荡器的频率误差。该误差由导航解作为共模的时间偏差率校正确定。对于某些应用来说，也会对差分电离层延迟进行校正，但对短基线来说，这通常是一个可以忽略的误差项。

8.10.4　伪距载波平滑

载波平滑码测量值的概念首先在文献[82]中提出，是一种利用有模糊但噪声低的载波距离（积分载波多普勒相位）测量值来平滑噪声大但无模糊的码距离（伪距）测量值的方法。该技术称为 Hatch 滤波器，以作者的名字命名。Hatch 滤波器是一个平均滤波器，实现为生成平滑伪距的递归滤波器。这一码环噪声滤波过程对于静态和动态干涉测量应用非常重要，因为它降低了位置不确定性，缩短了求解差分积分载波多普勒相位测量值模糊性的处理时间。任何周跳的发生都会破坏 Hatch 滤波器，发生周跳时必须重新初始化。利用单频接收机只能检测 PLL 跟踪环中发生周跳的概率，但由于在电离层延迟中观测到的阶跃变化的大小，利用双频接收机几乎可以确定和鉴定出来。在这种情况下，可以修正周跳变化，但与周跳相关的 Hatch 滤波器不能实时修正。基于针对 SV_i 的码和载波环测量值，如式(8.98)和式(8.104)所示，以下 Hatch 方程以米为单位表示：

$$\hat{\rho}_i(n) = \frac{1}{k}\rho_i(n) + \frac{k-1}{k}\left[\hat{\rho}_i(n-1) + \left(ID_i(n) - ID_i(n-1)\right)\right] \quad (\mathrm{m}) \qquad (8.105)$$

上式的约束条件是，初始化 $\hat{\rho}_i(0) = \rho_i(0)$，$k=n$，$n \leqslant N$ 和 $k=N$，$n > N$。式中：$\hat{\rho}_i(n)$ 是历元(n) 的 SV_i 原始伪距测量值（m）；$\rho_i(n) = [T_R(n) - T_{Ti}(n)]c$，如式(8.98)所示（m）；$ID_i(n)$ 是历元(n)的积分载波多普勒相位（m），如式(8.104)所示；$\hat{\rho}_i(n)$ 是历元(n)的平滑伪距（m）；$\hat{\rho}_i(n-1)$ 是前一历元的平滑伪距（m）；n 是 Hatch 滤波器的平滑间隔；N 是 n 的最大值。

注意，SV_i 伪距测量值的上述定义采用了其在历元(n)［称为设置时间，在前面定义为 $FTF(n)$］处的唯一发送时刻 $T_{Ti}(n)$，并将此自然测量值变换为公共接收时刻 $T_R(n)$ 的伪距，与历元(n)处的所有伪距测量值一样。该公共接收时刻通常由导航功能维持，与发送时刻测量值具有相同的浮点精度，并以 FTF 增量更新。对于 1s 的导航测量值合并间隔，N 值通常为 100，但是对于有些电离层情况就太长了。一些论文提出了 Hatch 滤波器的最优或自适应变化，以克服由电离层延迟引起的码与载波发散问题[83]，但基本设计易于实现，且已证明在使用适当 N 值时是有效的。尽管该滤波器可在 GNSS 接收机的慢速功能（码和载波环）区域实现，但它在接收机通道操作中不起作用，应在测量值合并之前在接收机的导航滤波器区域实现，建议将公共接收时刻 $T_R(n)$ 初始化并保持，并且使用接收机基带处理的慢速功能提供的自然测量值来计算伪距测量值。

8.11　接收机的初始工作顺序

接收机初始工作的顺序始于冷启动或温启动加电条件。冷启动条件被接收机识别为一种包含内置测试（BIT）的初始化模式，并且对于高端接收机来说，校准关键部件或信号路径以确保接收机完整性足以支撑可靠运行。除非某些智能外部源消除了不确定性，否则冷启动条件下需要对可见卫星进行满天搜索，最终将接收机从总体不确定性条件引导至关于 PVT、所有卫星的最新历书和跟踪 SV 的星历的几乎完全确定的条件。典型情况下温启动不执行 BIT，尽管大多数设计都会在后台运行最低优先级而无干扰的 BIT（即不需要停止接收机捕获和跟踪过程的正常操作而进行所有测试）。

温启动对 PVT 的不确定性要比冷启动低得多。温启动条件的优点是已知的大致时间在先前关机之前是准确的（来自低功率计时器），且具有来自导航状态的先前位置和速度信息及其他信息，如所有先前已跟踪卫星的参考振荡器频率偏移、历书和带数据龄期时间标签的星历。因而，温启动利用这些信息来确定哪些卫星应是可见的、然后继续捕获它们是合理的。在两种情况下都可以使用搜索引擎快速捕获前四颗卫星，这也能快速消除接收机中几乎所有的 PVT 不确定性。在所有的低不确定性捕获或重捕条件下，随后卫星的捕获由每个 GNSS 接收机通道中可用的搜索资源完成。

接收机的预期工作环境在其初始捕获过程的效率和其跟踪环路的设计鲁棒性中起关键作用。GNSS 接收机设计的其他改进也取决于预期的工作环境。例如，若工作环境是静止的（例如在有屋顶天线的建筑物中），而且这一保证是接收机设计中用户提供的选项，则使用精确的载波辅助就可以显著改进鲁棒性和准确性，否则就是无法使用的。若工作环境在低动态下具有高精度（例如精确耕作），则不需要速度辅助就能获得充分的鲁棒性，而通过内置一台特殊的接收机、与同步卫星共享共同的宽带并接收来自卫星的校正，便可实现厘米级精度。这些校正是通过私营全球地面参考站获得的，它具有精确定位的天线相位中心，可持续观察客户使用的相同卫星中的误差。若工作环境涉及潜在的高动态应力和精确姿态控制（例如基于运动学的空中制图），则通过 IMU 和 GNSS 接收机之间的协同作用来提供精确的速度辅助和姿态确定。

然而，所有 GNSS 接收机的初始工作顺序存在相当大的共性。所有接收机初始工作的最终目标是使接收机通道进入稳定跟踪四颗或更多颗卫星的状态。这种共性的其他例子是在冷启动之后进行的 BIT、初始化和信号捕获，以及具备更多信息的温启动信号捕获。在每台自主 GNSS 接收机中通常都有一个内置的备份历书，用来加速首次定位时间，防止无法从先前的接收机操作中得到由空间段获得的历书。这一操作必须要有足够的持续时间，以便允许从空间段收到这些数据。例如，假设在错误检测/校正导航电文数据过程中没有故障，传统 GPS C/A 码历书需要约 12.5 分钟的时间来获取。

主要区别不在于接收机的初始工作，而在于信号捕获期间定义最差情况工作条件的参数，例如信号条件、用户动态、由用户速度引起的多普勒范围以及参考振荡器频率偏移。通常情况下，对于接收机捕获前四颗卫星的速度有不同程度的容差（即在冷启动和温启动条件下用户对首次定位时间的耐心程度），具体取决于搜索引擎设计和当时接收机中的不确定性。8.4.3.1 节中描述了搜索引擎的操作，8.5.5 节中描述了基于超快 FFT 的搜索技术，而 8.5.7 节中描述了在尝试载波环和码环闭合之前所需的微调多普勒和峰值码搜索。接收机知道哪些卫星可见时，捕获过程要快得多。此时需要以下信息：（1）所有感兴趣卫星的历书；（2）对用户位置的粗略估计；（3）对时间的粗略估计。缺少这些参数中的任何一个，都无法确定卫星可见性以加速搜索过程。有用的卫星可见性并不需要 3 个关键信息中的任何一个具有高精度。三者都可用时，假设历书数据得以保证，利用用户位置、GNSS 时间估计和历书数据，可以得到初步的卫星位置估计并选定最适合的四颗卫星。这种选择可能基于位置精度因子（PDOP）估计，也可能基于其他一些标准。例如，若山脉或建筑物阻挡了低仰角卫星，则 PDOP 将被限制在较高仰角的卫星上（因为 PDOP 倾向于选择三颗相距尽可能接近 120° 的最低仰角卫星和一颗最高的卫星）。选定星座后便开始了搜索过程。使用卫星视线方向多普勒和用户速度（若已知，或用规定的最大用户速度），可以确定总视线方向多普勒。该信息用于卫星多普勒搜索模式。距离搜索模式可以是 PRN 码的所有可能的组合，或者是实际的距离不确定性（若较小）。若已知大致的时间和位置，且在最近操作期间获得了星历数据，则首次定位将更准确且更快，因为不需要等待从卫星到接收机通道的星历数据传输延迟。例如，仅从 GPS C/A 码信号中读取信号捕获后的卫星星历数据就可能需要长达 30s 的时间。若星历对于首次定位不可用，则通常会使用历书数据，直到获得更精确的星历数据。在信号捕获后读取 GPS C/A 码导航电文数据以获取历书数据需要 12.5 分钟，这就是要内置历书的原因。从 GPS C/A 码信号接收的历书数据用于卫星选择和捕获（而不是导航测量值合并）。其有效期为几天，而用于导航测量值合并的星历数据在约 3 小时后就会恶化。为了获得最好的导航精度，每当有空间段提供更新的数据时，就应该更新星历数据。现代 GNSS 信号（包括 GPS 现代化信号）提高了获取星历数据（以及卫星时钟校正数据）的时间效率，在某些情况下还有一些附加的参数，有助于提高星历数据的精度。

如 8.5.6 节讨论的那样，任何接收机的关键信息之一是 GNSS 时间。大多数现代 GNSS 接收机都有一个内置的时钟，即使关机后它仍然能够继续运行。它们还有非易失性存储器，可以存储最后一次的用户位置、关机时的速度和时间，以及最近跟踪的所有卫星的所有星历数据（及其龄期）、最新历书、参考振荡器频率偏移等。这些非易失性存储器功能支持下一次 GNSS 接收机上电时的快速初始捕获，假设接收机在关机（但时钟运行）期间尚未被运送到数百千米之外的新位置，或是两次工作的间隔时间并没有过去几天。存储的星历（若匹配于捕获的卫星）可用于计算首次定位，前者是数据龄期自接收机上次关机以来未超过规定的时限。

当一个或更多历书、位置/速度和时间参数丢失或损坏时，满天搜索实际上是一种引导 GNSS 接收机进入运行状态的自举工作模式。DSP 速度的提高，使得对任何 GNSS PRN 码而言，FFT 满天搜索成为可能的一项显著特征，使得接收机无须操作者的任何先验知识或任何外部辅助即可进入导航模式（与操作者相比，它可以更快地提供最原始的有用信息）。对于诸如 P(Y) 码或 M 码这样的加密信号而言，没有开放信号（如 C/A 码）的帮助，引导几乎是不可能的，除非经授权的接收机具有对系统时的精确估计值（见 8.5.6 节）。

理论上，满天搜索模式要求接收机具备对所有可能的 PRN 码进行满天搜索的能力，在所有可能的多普勒分格中对每个 PRN 码的所有可能的码状态进行搜索，直到捕获至少四颗卫星。实际工作中，这种自举操作只支持最有利的 GNSS 信号。使用基于 FFT 的搜索，冷启动满天搜索过程通常需要几秒时间让接收机导航处理从总不确定性条件中找到 4 颗可见卫星。由于短码长（1023 个码片）和简单的 BPSK 调制特性，GPS L1 C/A 码是最好的选择；但位同步和帧同步的固定开销（基于 FFT 的处理无法加速），加之交接字和星历数据的阅读，应与具有重叠码而不需要位同步和帧同步的其他 GNSS 信号选择进行比较。这是因为基于 FFT 的搜索加快了这些码的捕获速度，同时消除了 C/A 码所需的耗时的位同步和帧同步过程。

　　满天搜索发现的前四颗卫星不太可能提供最优的几何性能。在捕获的前四颗卫星提供任何缺失的历书、位置/速度和时间信息（即已降低导航处理中的不确定性）后，导航处理可以确定哪些卫星是可见的，以及哪些是导航的最优子集。由于导航处理的不确定性非常小，若其视野未被遮挡，则可以快速捕获剩余的可见卫星。捕获任何卫星后，在测量值合并之前的主要延迟可能是在卫星导航电文数据中读取其星历数据和时钟校正所耗费的时间。对于同时跟踪多个星座中多颗卫星的全视野 GNSS 接收机，若已捕获了所有可见卫星，且其测量值已被纳入导航解，则可确保良好的几何构型。这种全视野功能充分利用了多个 GNSS 星座提供的得到了显著改进的信号可用性。当多个信号被临时阻塞而后又重新出现时，就为 GNSS 接收机提供了鲁棒性，只要 4 个或更多信号保持未被遮挡（通过城市峡谷环境或山脉环绕区域的一个严重问题）。当信号变得畅通时，几乎可以即时重捕。根据定义，没有必要确定最优的几何构型，因为可以跟踪所有可用的全视野信号。唯一的需要是不断地确定哪些卫星是可见的。

　　接收机通道进入稳定工作状态后（通常是在 PLL 模式下），立即开始数据解调（在 8.12 节中描述），并启动特殊（慢速）基带功能来测量信号质量及跟踪环路的完整性监测（在 8.13 节中描述）。信号质量测量用于对跟踪环路做出决策，以保持信号跟踪，完整性监测协助决策过程并提供修正所需的信息。

8.12　数据解调

　　当接收机进入稳定的闭环 PLL 工作状态时，数据解调使用接收机中的（即时）载波信号。解调也可在稳定的 FLL 工作状态下进行，但在误码率性能及恢复和重新初始化效率方面均是次优的。传统 GPS C/A 码和 P(Y) 码信号使用二进制调制来发送相同的 50bps 导航电文数据，使用异或逻辑门将电文与 PRN 扩频码同步组合。

　　现代 GNSS 信号具有独特的导航信息，这些信息有时是交织的。对许多现代 GNSS 信号，采用前向纠错（FEC）算法将二进制数据位编码为更高速率的二进制符号流。一种流行的 FEC 方案是约束长度为 7 的 1/2 速率卷积编码。图 8.80 中描述了这种相对简单的编码技术。这种编码结果是对输入卷积编码器的每位数据产生两个符号。图 8.80 中描述了 50bps 的数据输入，其输出为 100sps。编码的电文数据在被单独的数据通道发送之前，由异或逻辑与数据通道 PRN 扩频码同步组合。数据通道和导频通道具有不同的 PRN 扩频码和相同的载波频率。使用短同步码时，在数据和导频通道中也会不同。

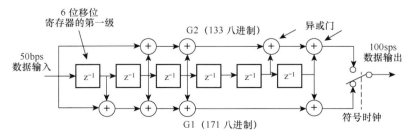

图 8.80　约束长度为 7 的 1/2 速率卷积编码器

　　图 8.20 中说明了预检测积分时间如何最终与即时数据通道中的数据或符号翻转边界大致对准。这个转换边界对准的准确性取决于图 8.13 和图 8.14 中使用的积分与转储周期。与数据或符号周期相比，该时间增量（TINC）应该较小，以获得检测每个数据位或符号所需的最大能

量（例如，对于 10ms 符号周期，TINC 对准精度为 0.01/32 = 312.5μs）。TINC 与输入卫星信号数据翻转边界的对准由设置的时间同步信号维持，该同步信号偶尔提前或延迟转储相位，反过来将 T 的值每周期改变 1 个 TINC。下一次码和载波跟踪环更新必须在每个环路滤波器所用 T 的有效值中包含 1 个 TINC。对准方式由每个通道的码累加器根据其 X1 相位进行管理和维护，因此设置时间同步命令由那里发出。接下来在关于接收机数据解调信号来源和管理特征的背景下描述传统和现代数据解调。

8.12.1 传统 GPS 信号解调

由于传统 GPS 信号中存在数据调制，因此用 Costas PLL 跟踪载波多普勒相位，并且在转换边界由位同步过程确定后检测卫星数据电文流中的数据位。记住，传统 C/A 码的周期为 1ms，50Hz 导航数据电文的周期为 20ms，并且与 C/A 码转换边界对准。接收机时间不确定性大于 1ms 时，数据翻转边界是模糊的，因此必须在 50Hz 数据成功解调之前执行位同步。

8.12.1.1 位同步

当数据翻转边界尚不清楚时，若载波环处于 PLL，则出现周跳的可能性较高，因此在位同步期间强制 FLL 工作可能更加可靠。以下 C/A 码技术可以在 FLL 或 PLL 中执行，并且可以很容易地适应其他 GNSS 信号的位同步需要[84]。

1. 用任一起始相位 $K = 0$ 初始化 20 个单元（位同步累加器），这些单元相对于未知的数据翻转边界以位同步计数器 $K = 0$ 到 19 索引，所有单元初始化为零。
2. 参照图 8.18，收集每个 C/A 码历元（1ms）的 I_P、Q_P 样本，然后将第一个样本与单元 $K = 0$ 相关联，将第二个样本与单元 $K = 1$ 相关联，以此类推，直到 $K = 19$；每当在该相位处感测到符号变化时，将相关单元加 1；否则继续，以 20 为模。
   a. 例如，若在 FLL 模式下，则由当前 20ms 驻留(i)中的鉴相值 I_{Pi}，Q_{Pi} 及先前 20ms 驻留 $(i-1)$ 中的鉴相值 I_{Pi-1}，Q_{Pi-1} 来检测符号变化，
   $$\delta_{fi} = \arctan\frac{Q_{Pi}}{I_{Pi}} - \arctan\frac{Q_{Pi-1}}{I_{Pi-1}}$$
   b. 若在 PLL 模式下，则比较当前 20ms 驻留(i)中 I_{Pi} 的符号与先前 20ms 驻留 $(i-1)$ 中 I_{Pi-1} 的符号来检测符号变化。
3. 图 8.81 中描述了 20 点位同步直方图在几次迭代后的成功结果，其中一个单元（数据翻转边界所在的单元）的计数已经达到或超过上限位同步门限 N_{BSp}（通过）。在此通过索引处，位同步计数器 K 被重置为零，使得 $K = 0$ 对应于数据翻转边界。它继续以 20 为模随 C/A 码历元递增，直到不再需要为止（即在码累加器初始化之后）。
4. 两种可能的故障模式导致该位同步过程的提前终止：
   a. 载波失锁，因而位同步被放弃，直到达到载波锁定。
   b. 两个或更多单元计数超过了下限（失败）位同步门限 N_{BSf}。这一故障表明 C/N_0 低，所以位同步被重新初始化，可能要增大这个下限门限。

上限（通过）门限 N_{BSp} 是在总位同步时间间隔 T_{BS} 内预期的数据位转换次数。尽管典型的卫星电文数据流中 1 和 0 的个数不等，但这不失为粗略近似的合理假设。所以，假设平均每秒 50 个数据位，将有约 25 个数据边沿转换。因此，上限（通过）门限设置为 $N_{BSp} = 25T_{BS}$，可能会花费比 T_{BS} 秒更长的时间来完成位同步过程。4～6s 是位同步时间周期 T_{BS} 的典型范围，但成功的位同步过

程会在有一个单元达到上限（通过）门限而不超过一个单元通过下限（失败）门限时终止（即 T_{BS} 是一个变量）。

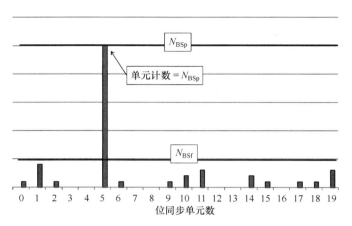

图 8.81　成功定位数据翻转边界后的位同步直方图

下限（失败）门限 N_{BSf} 设置为大于等于 $50T_{BS}P_{esc}$ 的值，其中 P_{esc} 是确定符号变化时出现错误的概率。这个概率由下式确定：

$$P_{esc} = 2P_e(1 - P_e) \tag{8.106}$$

式中，P_e 是给定 C/N_0 和预检测积分时间 T 时的数据位错误概率。

对于 FLL 工作[85]：

$$P_e = \frac{1}{2} e^{-(C/N_0)T} \tag{8.107}$$

对于 PLL 工作[86]：

$$P_e = \text{erfc}'(\sqrt{2C/N_0T}) \tag{8.108}$$

式中，

$$\text{erfc}'(x) = \frac{1}{2\pi} \int_x^\infty e^{-y^2/2} \, \mathrm{d}y \tag{8.109}$$

任何单元中的项数 N_{BS} 都是二项式分布的，所以在正确单元中，T_{BS} 秒内数据位转换的平均次数为 $25T_{BS} = N_{BSp}$（通过门限），并且在任何其他单元中，T_{BS} 秒内数据位转换的平均次数为 $50T_{BS}P_{esc}$。任何单元中 N_{BS} 的标准差为[84]

$$\sigma_{N_{BS}} = \text{erfc}'(\sqrt{50T_{BS}P_{esc}(1 - P_{esc})} \tag{8.110}$$

选择门限和 T_{BS} 以在所需的 C/N_0 处，在通过和失败门限之间提供安全的 3σ 扩展，使用如下的 T_{BS} 估计[84]：

$$25T_{BS} - 3\sqrt{50T_{BS}P_{esc}(1 - P_{esc})} \geqslant N_{BSf} \geqslant 50T_{BS}P_{esc} \tag{8.111}$$

要用最短的 T_{BS} 实现可靠的位同步，需要对一系列 C/N_0 条件下的实际导航电文数据进行广泛测试来优化位同步门限，但即使优化过的位同步时间也会占据首次定位的大部分时间。

8.12.1.2　检查 PLL 中的数据位与帧同步

数据解调过程以位同步、位检测、帧同步、电文数据处理的典型顺序进行。在位同步成功后，数据翻转边界是已知的，所以 Costas 载波跟踪环现在可以工作在最大预检测积分时间 T [等于数据位周期（C/A 码为 20ms）] 下。通常可以在典型的 C/N_0 水平下于 PLL 中提供鲁棒的载波跟踪，因而也可在 PLL 中可靠地检测数据位。参考图 8.18，$\bar{I}_p$ 个样本在 20ms 数据位间隔（在转换边界之间）上被累加并与检测门限进行比较，结果的符号是检测到的数据位。

在位检测之后，帧同步过程开始。每个子帧的组织及导航电文数据每个子帧开始处遥测（TLM）字的位置如图 8.79 所示。在图 8.82 所示的帧同步设计中，一个 32 位数据寄存器被激活，寄存器 0～31 位由图中下部所示的寄存器索引指定。然后，解调位（图中上部所示）在该寄存器中从右向左移位形成字。由于 C/A 码导航电文字的长度为 30 位，它们保存在数据寄存器的 0～29 位中。寄存器的 30 和 31 位保存前一个字的 29 和 30 位。这两位是奇偶校验算法所要求的，在文献[67]中记为 D29* 和 D30*。

前一个字		8 位 TLM 前导码 $8B_{16}$ = 正向　　　74_{16} = 倒置								卫星数据电文位			
D29*	D30*	1	2	3	4	5	6	7	8	⋯	27	28	29	30
31	30	29	28	27	26	25	24	23	22	⋯	3	2	1	0
32 位数据寄存器位														

图 8.82　帧同步寄存器搜索遥测（TLM）字中的前导码

最初，执行逐位图样测试，最终在每个子帧的开始处找到前导码。前导码是八位二进制码图样 10001011（采用十六进制表示法为 $8B_{16}$），即每个子帧的前 8 位 [每个子帧的 30 位遥测（TLM）字中的前 8 位]。逐位前导码图样搜索从当前位和前面的 7 位开始，如图 8.82 所示。图样匹配使用两种搜索图样使数据寄存器 29～22 位对应于 TLM 前导码 1～8 位：用 $8B_{16}$ 来确定科斯塔斯环解调数据位是正向的还是倒置的；若是倒置的，则用其补码 74_{16}。这种可能的倒置是因为任何科斯塔斯 PLL 闭合后有 180° 相位模糊性，导致检测到的数据位正常（正向的）或倒置。匹配可能意味着在数据寄存器 21 至 0 位（对应于数据字 9～30 位）之后接着是 TLM 电文。然而，在子帧内可以找到匹配的概率很低，因此第一次匹配不会完成帧同步过程。找到一个匹配项时，下一个字被认为是 HOW 字。若前导码与 $8B_{16}$ 匹配，则位流被直接处理。若前导码与 74_{16} 匹配，则进行倒置处理。若假设的 HOW 字具有良好的奇偶校验，则检查其周内时（TOW）、子帧 ID 的有效性以及 TOW 和子帧 ID 之间的一致性。若这些检查成功，则用 TOW 字来计算当前 Z 计数（最低有效位为 1.5s 的 GPS 发送时刻）。码累加器中的 Z 计数值设置正确后，接收机通道即可进行精确的发送时刻测量。这些顺序中的任何一个失败时，帧同步过程继续搜索另一个匹配。注意，成功的帧同步不仅可以找到 300 位的子帧边界，而且可以提供字同步（即可找到 30 位的字边界）。

帧同步成功初始化码累加器中的 Z 计数器后，帧同步继续在每个子帧每 6s 一次的 HOW 字中检查数据电文截断的 Z 计数，并将其与码累加器中的 Z 计数进行比较。数据解调按照文献[66]中规定的数据格式进行帧同步。通常，接收机通道在包括奇偶校验的位和字一级上完成数据解调，然后将这些字发送到接收机控制功能中的数据块处理功能，该功能提取、格式化和分离接收机控制和导航处理所需的参数。Costas PLL 中的周跳实际上是半周跳，导致极性反转，在数据解调能够继续之前需要采取校正措施。通常，帧同步逻辑持续运行，以避免发生周跳。

C/A 码及 P(Y)码信号的误比特率为

$$P_{\text{b}} = \frac{1}{2}\text{erfc}\left(\sqrt{\frac{E_{\text{b}}}{N_0}}\cos\phi\right) \tag{8.112}$$

式中，E_0 是每位的能量（J）；N_0 是 1Hz 带宽内的噪声功率（W/Hz）；ϕ 是相位误差（在 PLL 中假设为零），$E_{\text{b}} = C/R_{\text{b}}$，其中 R_{b} 是数据比特率（bps）。

假设以 PLL 工作并替换式(8.112)中的 E_{b}，则数据误比特率为

$$P_{\text{b}} = \frac{1}{2}\text{erfc}\left(\sqrt{\frac{C/N_0}{R_{\text{b}}}}\right) \tag{8.113}$$

式中，$\text{erfc}(x) = \dfrac{2}{\sqrt{\pi}}\displaystyle\int_{t=x}^{\infty} e^{-t^2}\,\mathrm{d}t$ 为互补误差函数。

8.12.2　其他 GNSS 信号的数据解调

如图 8.19 所示，典型的现代化 GNSS 接收机使用更加鲁棒的导频通道来捕获和跟踪输入信号，然后使数据通道跟踪于导频通道。导频和数据通道共享相同的载波信号。在数据通道复制码生成器中只使用即时信号（由导频复制码生成器同步，若适用的话还包括重叠码）。带有重叠码的 GNSS 信号具有以下优点：作为导频通道中信号捕获的副产物而达到的模糊性解算水平，自动地同步数据通道重叠码的相位，也找到了符号翻转边界。在没有重叠码的 L2 CL 导频通道情况下，PRN 码长度为 $X_1 = 1.5\text{s}$，充分解决了模糊性，以对准 L2 CM 数据通道中的符号翻转边界。

8.12.2.1　在 PLL 中检测数据位

通过持续对图 8.19 所示的同相数据通道信号 $\overline{I}_{\text{Pd}}$ 进行积分，从当前样本转换边界开始到下一个转换边界结束，从而对一个采样周期进行积分，检测出每个符号。如后面将要描述的那样，在此处符号值作为软判决被保留，而不被检测（硬判决）为 1 或 0。如图 8.80 所示，对于许多 GNSS 信号，卫星中原始数据位在发送之前被卷积编码为符号。也可能会遇到其他 FEC 方案（如 GPS L1C 的 LDPC 编码）。使用 FEC 时，必须使用逆译码过程来读取数据。与硬判决技术性能相比，使用软判决的译码过程显著改善了误比特率。

8.12.2.2　维特比译码器

对导航数据使用卷积编码的 GNSS 信号时，最有效的译码技术之一是维特比算法（VA）[87]，它通常称为维特比译码器，以发明人的名字命名。约束长度为 7 的 1/2 速率维特比译码器接收每个编码数据位的两个连续符号，且在产生下一个（原始的和纠错的）数据位之前有 6 个符号的延迟。在译码器中还存在剩余的前 6 个软判决符号。这些输入符号对必须与复制 X1 边界同步，以确保维特比译码器使用正确的符号序列起始点对原始数据位进行判决。若 GNSS 信号具有导频分量，则可以使用纯 PLL，并且在码元符号的符号中不存在模糊性，也就是说，它们总是正向的（若选择独立跟踪数据通道，则必须使用 Costas PLL 鉴别器，因此必须解决符号正向或倒置的不确定性）。

卷积编码器比极其复杂的维特比译码器容易实现得多。由于约束长度 7 的 1/2 速率维特比译码器的通信应用如此之多，这种特定 VA 技术的成熟度水平使得有多种设计资源可用。文献[88] 中提供了 VA 的基本理论和设计见解。文献[89]是关于在商用 DSP 中实现 VA 的应用说明。文献 [90]中对模拟和测试 VA 设计的结构提供了深入见解，文献[91]中提供了 HDL 代码生成支持，用于检查、生成和验证设计人员使用定点模型生成的维特比译码器 HDL 代码。它还讨论了设计人

员可以用来更改所生成 HDL 代码的设置。然而，设计人员必须拥有 HDL 编码器许可证。

维特比译码器的设计使用硬判决时更加简单，但在使用软判决时，结果的数据误位性能要好得多（即使用每个符号的值，而不是在 VA 译码之前对每个符号做出 1 或 0 的判决）。这是因为硬判决过早地做出了判决，而没有充分利用决策网格中卷积译码的能力。对于使用软决策维特比译码的约束长度为 7 的 1/2 速率 FEC 卷积码，由文献[92]，对于感兴趣的值，误比特率是有上限的：

$$P_b \leqslant \frac{1}{2}(36D^{10}+211D^{12}+1404D^{14}+11633D^{16}) \tag{8.114}$$

式中，

$$D = \exp\left(-\frac{1}{2}\frac{E_b}{N_0}\cos^2\phi\right) \tag{8.115}$$

N_0 是 1Hz 带宽上的噪声功率；ϕ 是相位误差（在 PLL 中假设为零），$E_b = C/R_b$，其中 R_b 是数据比特率（bps）。假设以 PLL 工作并替换式(8.115)中的 E_b，则有

$$D = \exp\left(-\frac{1}{2R_b}\frac{C}{N_0}\right) \tag{8.116}$$

注意，式(8.114)的结构仅取决于编码器和译码器的特性（即约束长度为 7 的 1/2 速率维特比译码器对每个符号使用软判决，而参数 D 分别取决于干扰类型和检测度量）。在式(8.115)中，假设干扰类型为白噪声，假设检测度量以 PLL 工作。参数 D 有时称为汉明距离。

8.12.3　数据误比特率比较

为了说明 FEC 的优点，图 8.83 中比较了 50bps 数据比特率、采用二进制调制、采用式(8.113)的硬判决检测的传统 GPS 信号［如 C/A 和 P(Y)码］的差错概率，以及采用约束长度为 7 的 1/2 速率卷积编码、采用式(8.114)的兼容软判决维特比译码器进行译码的诸如 L2、L5 或 M 码的现代化信号的差错概率。注意，两个方程都假设 PLL 完美跟踪载波相位而没有任何周跳。在低 C/N_0 下，相位跟踪误差会恶化误比特率。若 C/N_0 过低或信号动态过强，则如 8.9.7 节所述，PLL 无法跟踪载波相位，数据解调将无法完成。因此，若观察到 C/N_0 相对于数据误比特率的可接受概率而言太低，如图 8.83 中假设的 10^{-6}，则接收机通道应该停止数据解调。

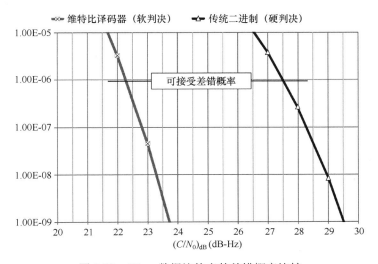

图 8.83　50bps 数据比特率的差错概率比较

观察图 8.83 发现，在数据误比特率的可接受概率下，现代化信号具有超过传统信号 5dB 的容限，它大于补偿 L2 M 和 L5 I5 信号数据通道中的 3dB 的 $(C/N_0)_{dB}$ 损耗所需。载波跟踪门限中的 3dB 净增益大于补偿 L2 CL 和 L5 Q5 信号导频通道中的 3dB $(C/N_0)_{dB}$ 损耗所需。更强大的 LDPC FEC 编码提供了更低的数据误比特率，并且具有足够的裕量来支持在互操作的 L1C 数据通道中仅提供四分之一的功率[6dB 的 $(C/N_0)_{dB}$ 损失]，从而使导频通道具有四分之三的载波功率[1.25dB 的 $(C/N_0)_{dB}$ 损耗]，以实现更加鲁棒的载波跟踪性能。

8.13 特殊的基带功能

在 GNSS 接收机设计中必须实现许多特殊的基带功能，以下设计示例是其中最重要的。

8.13.1 信噪功率比估计

在每个接收机跟踪通道中，信噪功率比（S/N）的精确测量是接收机基带部分最重要的特殊基带功能，因为它提供了接收机通道的跟踪状态。因此，它是许多接收机通道状态转换为适当工作状态的基础。

图 8.84 中基本的 S/N 计设计，基于从上通路中信号加噪声功率的平均值中减去下通路中噪声功率估计的平均值，然后使用相同的分母噪声估计形成功率比 S/N。参考该图可知，同一接收机通道中的即时 $\overline{I}_P$ 和 $\overline{Q}_P$ 信号样本以及 $\overline{I}_N$ 和 $\overline{Q}_N$ 噪声样本分别形成上通路和下通路输入。这些输入信号已在接收机通道的快速功能部分于时间段 T 秒内积分（并归一化）。用 K 个样本进一步对其进行积分和归一化，以达到当前的载波跟踪环预检测积分时间 KT_S。如图中所示，S/N 在由该积分时间确定的带宽内测量（即 $1/KT_S$ Hz）。两个信号通路中的 I 和 Q 信号形成两个通过相同低通滤波器的功率包络。注意，图 8.84 中低通滤波器之前的信号处理功能与图 8.18 中的对应部分几乎完全相同。低通滤波器提供每个信号中平均功率的估计值，并且它们必须由峰值搜索过程初始化为信噪比的最优估计。每个滤波器都是一个简单的基于参数值 $A = e^{-KT_S/T_c}$ 的递归低通滤波器设计，如图 8.84 底部所示，其中 T_c 是所需的滤波器时间常数（不要与扩频码率 R_c 的倒数混淆）。还要注意的是，只要预检测积分时间是兼容的，平方过程就会使得设计对 Costas 信号同样有效。对于 PLL 和 FLL 工作也同样有效。下通路的平均噪声功率按 $1/2K$ 缩放后从上通路的平均信号加噪声中减去。这种处理可以很好地估计最后一级除法器分子（Num）的平均信号功率。缩放后的平均噪声功率估计值也用于最后一级除法器中的分母（Den）。除法器输出是估计的信噪功率比 S/N。如图顶部所示，将 S/N 估计值除以当前的预检测积分时间 KT_S 时，它就成了 C/N_0（比值-Hz）计。

图 8.85 中显示了更高准确度和更宽范围的 C/N_0 计设计。它与基本设计的相似之处是，信噪比仍然在由第一级 K 归一化积分设置的相同带宽中测量，但在这种情况下，设计基于来自下通路的噪声功率估计的方差 N 被缩放到等于上通路信号加噪声 S + N 中的噪声方差。在下通路中被缩放和平方的噪声项相加后乘以 K 再传送给除法器，如图所示。首先执行分子（Num）为 S + N 和分母（Den）为缩放后的噪声项 N 的除法，形成 S/N + 1，再进行 L 积分。然后从结果中减去 L 以去除常数而得到 Z = S/N。当这一比值变为负数时，下一级在 Z 上放置一个零下限。然后 Z 的有界值除以总积分时间 KLT_S，将其转换为 C/N_0 估计值。该值被馈送到低通滤波器，利用滤波器参数 $A = e^{-KLT_S/T_c}$ 产生 C/N_0 的平均值，其中 T_c 是所需的滤波器时间常数。注意，在此设计中只需要一个低通滤波器，而且必须由该比值的最优估计进行初始化，通过所有形式的信号捕获或重捕所用的峰值码搜索过程得到估计值。

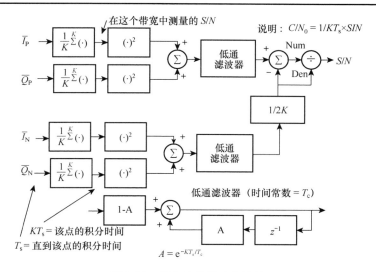

图 8.84　基本的信噪功率比计

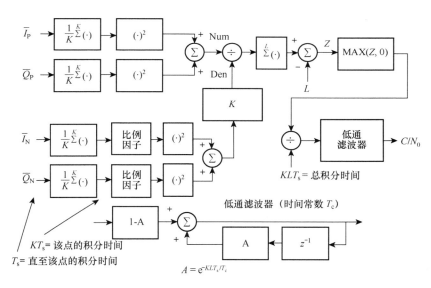

图 8.85　准确的大范围 C/N_0 计

图 8.85 下通路中噪声项的缩放是设计的关键部分。如图所示，两个噪声项在平方之前被适当地缩放。比例因子根据对输入处的信号已执行的积分时间 T 加上其他因素来确定，例如复制码生成器的扩频码率以及可能存在的干扰类型。假设为宽带噪声，除非接收机态势感知功能检测出了 CW。表 8.25 中显示了本设计以前版本的典型噪声计比例因子，其中在噪声估计中仅使用了 $\overline{Q}_N$，因此分母比例因子乘以 $2K$ 而非 K，如图 8.85 所示。这些比例因子假设与输入信号不相关时有 $\overline{Q}_N = \overline{Q}_P$。假设在当前设计中，当与输入信号不相关时，$\overline{I}_N = \overline{I}_P$ 且 $\overline{Q}_N = \overline{Q}_P$，这些比例因子保持不变。

基于这些比例因子，表 8.26 中显示了图 8.85 中 C/N_0 计设计的其余参数的典型值。经过适当调谐后，此设计可在 30～50dB-Hz 的 C/N_0 范围内 99%的时间上提供提供 ± 0.5dB 的估计准确度，在低至 20dB-Hz 的 C/N_0 范围内有 50%的时间能达到该准确度。在 $C/N_0 = 20$dB-Hz 下 99%的时间上，准确度会发散到约+1.5dB 和−2.3dB。

表 8.25　准确 C/N_0 计的典型噪声计比例因子

干扰类型	码 类 型	先前的积分时间 T/ms	比例因子
噪声	C/A	5	0.001630722
		10	0.001153095
	P(Y)	5	0.001527985
		10	0.001080449
CW	C/A	5	0.001146000
		10	0.000810344
	P(Y)	5	0.000692690
		10	0.000489806

表 8.26　准确 C/N_0 计的典型设计参数

数据剥离	数据位边沿已知	码环积分时间/ms	输入样本时间 T/ms	K	L
否	否	5	5	1	4
否	是	20	10	2	1
是（导频通道代理）	N/A	20	10	2	1
是（导频通道代理）	N/A	320	10	32	15

当从峰值搜索（见图 8.43）转换到跟踪模式时，使用积分包络的值和峰值搜索算法的噪声标准差对 C/N_0 计中低通滤波器的存储器进行初始化非常重要。低通滤波器存储器被初始化为 $A^2/(2\sigma^2 T_S)$，其中 $A^2 = (E_{\max}/N)^2 - 2\sigma^2$。$E_{\max}$ 由峰值搜索期间采用每个 $E_j = \sum_{k=1}^{N} \sqrt{I_{j,k}^2 + Q_{j,k}^2}$ 的似然比检验找到的最大包络值得到，其中 N 是用于计算每个 E_j 的包络数。峰值搜索噪声标准差 σ 是用于似然比检验的计算值。

8.13.2　锁定检测器

接收机的许多控制决策是根据载波和码跟踪环的状态做出的。两者中较弱的是在所需载波相位锁定条件下的载波跟踪环，因此首先以 GPS 信号的实现为例来描述载波锁相检测器，这些技术可以很容易地推广到其他 GNSS 信号。

8.13.2.1　锁相检测器

锁相检测的概念很简单：若环路处于相位锁定状态，则在图 8.18 中 I_P 将达到最大而 Q_P 最小。在导频通道 PLL 相位锁定时，包络的相位趋于保持在 I 轴附近。对于数据（Costas）通道，数据通道中的每个数据位符号翻转都会在正 I 轴与负 I 轴之间转换 180°。因为总是存在噪声，所以在示波器上看起来像一个模糊的球。相位噪声通常称为抖动。随着由噪声、动态应力等因素引起的 PLL 跟踪环抖动的增加，最终达到一定水平，出现周跳或相位完全失锁。在示波器上可以观察到周跳，在旋转之后恢复相位锁定。对于数据（Costas）环路的情况，旋转为 180°；而在导频通道中，每个周跳的旋转为 360°。在导频通道上观察更容易，因为抖动停留在正 I 轴上，直到发生周跳或相位完全失锁。锁相检测器使用数据抖动的绝对值和导频抖动的实际值来测量这种抖动，以验证它们保持在 I 轴的锁相区附近。

图 8.86 是数据（Costas）通道或导频通道的基本锁相检测器的一个例子。两者的差别是，对于数据（Costas）输入在锁相检测器输入端需要一个绝对值函数来消除数据调制导致的 180° 反转，

去除预检测积分时间 T 的限制；而在导频通道锁相检测器中不需要绝对值函数。无论哪种情况，在载波跟踪环鉴别器（见图 8.18）输入端所用的 I_P 和 Q_P 信号也会发送到锁相检测器。如图 8.86 所示，这些值已经被积分了 T 秒，所以锁相检测器的更新周期是 T。基于经验的 PLL 失锁门限，以 M 为基准来测试低通滤波器输出比值（I/Q）。如图所示，M_{data} = 1/tan(15°) = 3.732 和 M_{pilot} = 1/tan(30°) = 1.732 分别是维持相位锁定所需的最小比值。然而，经验表明这不是最优的。

在计算这一比值时，有必要预先检查 tan(0°) = 0 以避免被零除的错误。在先前的空闲之后，首次使用检测器时，将低通滤波器初始化为零也很重要。

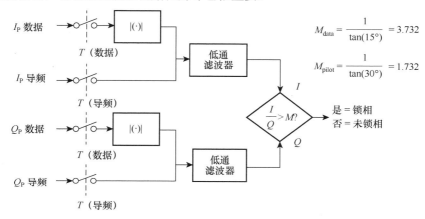

说明：使用数据端口可检测锁相的前导 PLL I&Q 信号，
因为绝对值运算没有不同

图 8.86　用于数据（Costas）通道或导频通道的基本锁相检测器设计

一些基带功能需要比其他功能更高的锁相确定性，因为在该功能认为处于相位锁定而实际上存在周跳或相位完全失锁时，载波跟踪环中的相位失锁将导致错误的结果。图 8.87 中描述了一种先进的锁相检测器设计，它提供一个乐观的锁相指示器，判决迅速而改判缓慢，但它不如悲观锁相指示器那样可靠，因为悲观锁相指示器判决缓慢而改判迅速。

图 8.86 中的基本设计说明，数据通道需要一个绝对值函数，而导频通道不需要绝对值函数。该设计可用于数据通道或导频通道，因为它在将这些输入传送给各自的低通滤波器之前，始终取输入的绝对值。但是，若接收机通道知道它总是工作于导频通道，则应该去掉绝对值函数。

参考图 8.87，通过将 I_P 的低通滤波输出除以最优比例因子 K_2，可以避免被零除的问题。我们可将该结果与正交相位 Q_P 滤波后的结果进行比较。若 I_P 绝对幅度除以常数 K_2 得到缩放后的平均值大于 Q_P 绝对幅度的平均值，则做出已实现相位锁定的判决。低通滤波器提供平均值。若先前任何时候是空闲的，在第一次使用之前将累加器初始化为零非常重要。K_2 的选择基于对判决门限的优化，以便在两个概率之间找到平衡点：第一个是检测器报告载波跟踪环处于锁相状态而实际上处于相位失锁状态（I 型错误）的概率，第二个是检测器报告跟踪环路未处于锁相状态而实际上处于锁相状态（II 型错误）的概率。该设计中的悲观特征允许为减少 II 型错误而将这种门限折中略微偏向 I 型错误。这种设计的关键特征是悲观特征为简单的似然比检验提供了一种手段。

由图 8.87 可见，在第一次单次试验锁相做出肯定判决后，乐观锁相指示器设置为 TRUE，Pcount1 增 1。悲观锁相指示器保持为 FALSE，直到 Pcount1 大于 L_P（即悲观锁相指示器基于连续的乐观决策计数）。悲观锁相指示器设置为 TRUE 后，第一次单次试验锁相判决为否，设置悲观锁相指示器为 FALSE，并将 Pcount1 设置为零。然而，在乐观锁相指示器设置为 TRUE 后，每次试验锁相检测器做出肯定判决时，其 Pcount2 也会置零。当单次试验锁相检测器做出否定判决时，乐观锁相指示器保持为 TRUE，并且对于连续的每个单次试验锁相检测器否定判决，Pcount2 递增，直到其超过乐观保持门限计数 L_O。当 L_P 或 L_O 计数器超过门限时，计数暂停，直到它们被重置以避免溢出问题。

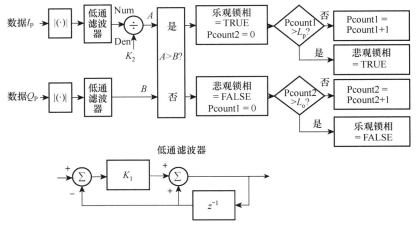

说明：导频 PLL I_P 和 Q_P 信号不要求绝对值函数

图 8.87　提供乐观和悲观指示的先进锁相检测器设计

如图 8.88 所示，数据解调功能需要自己的数据通道锁相检测器，它使用了一个宽带低通滤波器，并与来自图 8.87 所示锁相检测器的悲观锁相指示器结合使用。

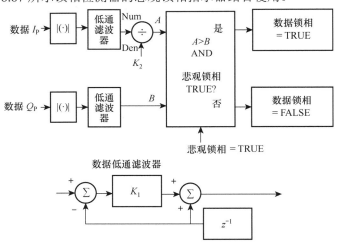

图 8.88　使用导频悲观指示器的数据通道锁相检测器

若数据通道锁相指示器为 TRUE，且悲观锁相指示器为 TRUE，则数据解调继续进行。这为使用传统数据通道进行数据解调提供了所需的更高锁相概率。由于数据通道锁相检测器监控数据通道锁相条件的正常工作，同时还与导频通道中的先进锁相检测器进行通信，因此它对现代导频和数据通道是最优的。注意，没有数据通道锁相环，因为它是由导频通道 PLL 闭合的，但在完成数据通道码剥离后第二个检测器用来验证预期的锁相条件。另外要注意的是，在图 8.19 中，现代化数据通道 $\tilde{Q}_n$ 支路的实现必须与同相信号相同，以便为数据锁相检测器提供一个正交分量信号。表 8.27 列出了两个锁相检测器的设计参数的典型值。

表 8.27　　先进锁相检测器的典型设计参数

通道类型	预检测积分时间/ms	低通滤波器 K_1	门限分母 K_2	L_P	L_O
数据剥离的 P(Y)码（导频通道代理）	20	0.0198	0.36	5	240
C/A 或 P(Y)	20	0.0247	1.5	50	240
第二个检测器[1]	20	0.0952[1]	1.5	N/A[1]	N/A[1]

注 1：首选数据解调锁相检测器是与主检测器设计类似的第二个检测器，但其本身没有乐观/悲观逻辑。它使用更宽带宽的低通滤波器（K_1）加上锁相判决。判决基于 $A > B$ 及悲观锁相为 TRUE。

8.13.2.2　频率假锁检测器

FLL 中可能出现频率假锁，它可在 DLL 速度状态与 FLL 速度状态不匹配时检出。只需在 FLL 中进行比较检查即可校正 FLL 速度状态。载波环工作在 FLL 时，使用表 8.13 中适当的载波环比例因子，可在各自的环路滤波器输出端比较 DLL 和 FLL 速度状态，如图 8.18 所示。

8.13.2.3　相位假锁检测器

在 PLL 中，环路闭合后可能会出现相位假锁。当锁相指示器宣称相位锁定但 PLL 复制频率状态不正确时，可以观察到这种情况。由于典型的采样率匹配于数据解调处理，不正确的频率通常是 25Hz 的倍数。若允许 FLL 在转换到 PLL 之前有足够时间来牵引频率，且并非转换到具有很小牵引范围的窄带 PLL，则 FLL 辅助的 PLL 环路设计通常可以防止相位假锁；然而，谨慎的做法是，实现一个相位假锁指示器来检测这种可能的载波环假锁状况。仅当锁相指示器宣称相位锁定条件存在时，才会用到相位假锁指示器。

图 8.89 是一个相位假锁检测器的设计实例。它根据一对即时的同相和正交样本 $I_{Pi-1}, Q_{Pi-1}, I_{Pi}$ 和 Q_{Pi} 形成叉积，实现频率鉴别器功能，并作为检测器的输入。典型情况下，具有 50bps 数据调制的传统 GPS 信号每 10ms 收集一次同相和正交样本（每个数据位 2 个样本），每 $T = 20ms$ 形成一次叉积和点积，然后用做输入。现代化信号的导频通道不受数据翻转影响，但可采用相同的方式提供这些样本，因为数据通道通常会解调 10ms 样本。由于两个检测器都与相同的载波累加器相关联，所以相位假锁检测器必须与锁相检测器同步，以便使得两者都检测相同的数据。

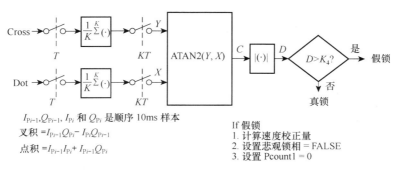

$I_{Pi-1}, Q_{Pi-1}, I_{Pi}$ 和 Q_{Pi} 是顺序 10ms 样本

叉积 $= I_{Pi-1}Q_{Pi} - I_{Pi}Q_{Pi-1}$

点积 $= I_{Pi-1}I_{Pi} + I_{Pi-1}Q_{Pi}$

If 假锁
1. 计算速度校正量
2. 设置悲观锁相 = FALSE
3. 设置 Pcount1 = 0

图 8.89　相位假锁检测器

如图 8.89 所示，输入的 K 个样本被积分与转储。在 KT 秒间隔内，四象限反正切值用输出 C 计算。$C = D$ 的绝对值表示 KT 秒内的相位变化（单位为赫兹），并将其与门限参数 K_4 进行比较。若 D 超过 K_4，则检测器宣布假锁。如图所示，确定相位假锁时采取的 3 个动作是：（1）计算速度校正；（2）将悲观相位锁定设置为 FALSE；（3）将悲观计数器 Pcount1 重置为

零。速度校正用于载波累加器，计算公式为 $\mathrm{sign}\,C(2\pi K_5)$，其中 K_5 的典型值为 25，C 为四象限反正切函数的输出。若检测器声明真锁，则不需要采取任何行动。表 8.28 中显示了典型的相位假锁参数。

表 8.28　相位假锁检测器的参数

通道类型	$I_{\mathrm{P}i-1}, Q_{\mathrm{P}i-1}, I_{\mathrm{P}i}$ 和 $Q_{\mathrm{P}i}$ 样本值/ms	K	K_4
数据剥离后的 P(Y)（导频通道代理）	10	N/A	15.5
C/A 或 P(Y)	10	50	15.5

8.13.2.4　码锁定检测器

码锁定检测器是最难设计的检测器之一。码跟踪环比载波跟踪环要鲁棒得多，但若在无辅助 GNSS 接收机中的载波跟踪环失锁，那么一切就是空谈。码环也会很快失锁，因为缺乏准确的载波剥离，即使在适度的动态应力下也无法通过码环提供足够的准确性。C/N_0 计通常是最灵敏和可靠的检测器，可为无辅助的 GNSS 接收机提供码跟踪信息的丢失。然而，若适当地实施速度辅助，则静止运行（若已知并用做辅助）或载波跟踪环的惯性辅助可以在弱信号保持条件下长时间地维持载波剥离。在这种情况下，码锁定检测器必不可少，因为在高质量的速度辅助和开放的载波跟踪环下码跟踪环可维持在低至 $(C/N_0)_{\mathrm{dB}} = 5\mathrm{dB\text{-}Hz}$ 的区域。图 8.90 中是这种接收机应用的码锁定检测器设计。

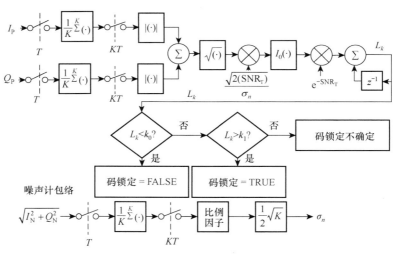

图 8.90　码锁定检测器

码锁定检测器设计参数如表 8.29 所示，注意设计参数是用于传统 C/A 和 P(Y)码的，但其中的一个版本利用了数据剥离，因而这些参数可以代理具有相同扩频码速率的现代化导频通道，如 L5。参考图 8.90，输入信号是即时（I_{P} 和 Q_{P}）信号及噪声计（I_{N} 和 Q_{N}）信号的包络，均为 5ms 采样周期。码跟踪环使用超前-滞后信号中的误差来维持锁定，但当它处于码锁定状态时，也会将即时信号保持居中。这通常是三者中最强的信号。在由 K 定义的归一化积分之后，将绝对值相加并取平方根。将该结果乘以 $\mathrm{SNR}_{\mathrm{T}}$ 与噪声计标准差的比值。$\mathrm{SNR}_{\mathrm{T}}$ 作为信噪比门限参数预先计算。图底部显示的过程确定噪声计标准差。该结果被用做计算第一类贝塞尔函数的参数，然后乘以 $\exp(\mathrm{SNR}_{\mathrm{T}})$。最后一步是矩形波积分，产生第 k 次迭代的码锁定水平估计 L_k。若 L_k 小于 k_0，则码锁定为 FALSE；若 L_k 大于 k_1，则码锁定为 TRUE。在这两个门限之间时，码锁定是不确定的。

表 8.29 中提供了 K、SNR_T、k_0 和 k_1 的合适值，噪声计标准差估计中所用的比例因子来自表 8.25。无论何时曾被禁用过，在首次使用该检测器时，都要首先将积分器的内存清零。

表 8.29 码锁定检测器参数

码 类 型	T/ms	K	SNR_T	k_0	k_1
C/A[1]	5	1[1]	1.990	0.01	99.0
C/A	10	2	7.962	0.01	99.0
P(Y)	10	2	0.200	0.01	99.0
P(Y)[2]	10	32[2]	0.507	0.01	99.0

注 1：当 $K = 1$ 时，码锁定检测器仅使用每 4 个 5ms 输入样本中的一个（数据位边沿未知）。

注 2：当 $K = 32$ 时，数据剥离功能在 P(Y)码上启用，且是导频通道设计的代理。

8.13.3 周跳编辑

对于涉及精密干涉测量的 GNSS 接收机应用，周跳编辑必不可少。例如，精密测量和实时动态（RTK）GNSS 接收机利用 8.10.3 节描述的积分载波多普勒相位测量值来获得厘米（采用现代民用信号时甚至可达毫米）级的差分精度。这些应用的共同目标是通过各种技术来求解这些测量值中的整周模糊性。共性的问题是载波多普勒相位周跳的改正，周跳在数据通道（Costas）PLL 跟踪中以半周的增量改变该周期，在导频通道 PLL 跟踪中以整周跳改变该整周数。由于传统 L1 C/A 码的限制，民用信号的周跳问题变得更为复杂，L1 C/A 码是 P(Y)码的垫脚石，而半无码 L2 码接收机的限制更大（见 8.7.4 节）。C/A 码以半周数周跳，最有效的半无码 L2 P 码接收机以整周数周跳。由于这些商业信号的缺陷，人们发表了不计其数的论文，共同致力于探测和改正单频 C/A 码和双频 L1 C/A 与 L2 半无码接收机的载波周跳。这些周跳编辑技术几乎都是基于由实时导航处理或非实时任务后处理执行的复杂探测和改正算法。这里不讨论这些问题，但会描述可由现代化双频（或三频）GNSS 接收机中的接收机控制过程执行的周跳探测和改正方法。现代化 GNSS 信号具有鲁棒的多频导频通道，可大大降低周跳问题的严重性。然而，在过大动态应力或自然干扰（电离层噪声）的某些情况下，仍然会发生周跳。过大的动态应力往往会使得不同频率的 PLL 在同一方向产生给定的卫星周跳，而自然干扰（随机噪声）可能会导致相反方向上的周跳。

图 8.86 所示的基本锁相检测器可用于提供可能发生周跳的报警，但在单频 GNSS 接收机中无法保证能够探测到周跳，因为周跳是在动态应力期间或存在自然干扰（会降低 C/N_0）的情况下于统计意义上发生的。然而，周跳探测和改正（编辑）可由双（或三）频 GNSS 接收机的接收机控制功能完成，如下所示。

这里描述的基于接收机的周跳编辑技术依赖于在来自两个接收机通道的积分载波多普勒相位测量之间的时间段上电离层延迟的短期恒定性，这两个通道通常以 1s 的间隔在两个不同的频率上跟踪同一颗卫星。给出的设计示例基于 L5 Q 导频通道和 L1 C/A（Costas）通道。观测量是在 L5 Q 和 L1 C/A 积分载波多普勒相位测量值之间的新单差与先前的旧单差的双差。SV_i 的新单差是

$$\Delta\lambda_{\text{new}} = \Delta\,\text{ID}_{iLS-iLIC/A}(\text{new}) = \text{ID}_{iL5}(\text{new}) - \text{ID}_{iLIC/A}(\text{new}) \quad (\text{m}) \qquad (8.117)$$

$\text{ID}_{iL5}(\text{new})$ 是当前 SV_i L5 Q 导频通道积分载波多普勒相位测量值；$\text{ID}_{iLIC/A}(\text{new})$ 是当前 SV_i L1 C/A Costas 积分载波多普勒相位测量值。

旧单差为

$$\Delta\lambda_{\text{old}} = \Delta \text{ID}_{iL5-iL1C/A}(\text{old}) = \text{ID}_{iL5}(\text{old}) - \text{ID}_{iL1C/A}(\text{old}) \quad (\text{m}) \tag{8.118}$$

式中，$\text{ID}_{iL5}(\text{old})$ 是 SV_i L5 Q 导频通道的初始或前一个测量值；$\text{ID}_{iL1C/A}(\text{old})$ 是 SV_i L1 C/A Costas 初始或前一个测量值。

假设在 L5 Q PLL 或 L1 C/A PLL 旧单差测量值中没有周跳，因为初始单差测量是在非常有利的 PLL 条件下进行的，此后探测到的任何周跳在先前的编辑操作期间改正。编辑器使用双差观测量

$$X = \Delta \text{ID}_{iL5-iL1C/A}(\text{new}) - \Delta \text{ID}_{iL5-iL1C/A}(\text{old}) = \Delta\lambda_{\text{new}} - \Delta\lambda_{\text{old}} \quad (\text{m}) \tag{8.119}$$

注意，

$$X = \left[\text{ID}_{iL5}(\text{new}) - \text{ID}_{iL5}(\text{old})\right] - \left[\text{ID}_{iL1C/A}(\text{new}) - \text{ID}_{iL1C/A}(\text{old})\right] + (\Delta_{\text{L5Iono}} - \Delta_{\text{L1Iono}}) \quad (\text{m})$$

其中 Δ_{L5Iono} 是在新旧 L5 Q 测量值之间 L5 电离层延迟的变化，Δ_{L1Iono} 是在新旧 L1 L1 C/A 测量值之间 L1 电离层延迟的变化，新旧测量值之间的典型时间间隔为 1s。由于这一短时间间隔内的电离层延迟变化通常是一个小阶值，因此双差值近似为零。还要注意 X 是 L5 上的 Δ 伪距（加上其 Δ 电离层延迟）减去 L1 C/A 上的 Δ 伪距（加上其 Δ 电离层延迟）。因此，若由于测量噪声和电离层延迟差噪声导致双差中存在小阶噪声误差，在任一 PLL 中都没有周跳发生，则 X 近似为零（即 Δ 伪距被双差测量有效地消除，因为没有噪声存在时两个 Δ 伪距是相等的）。若在 $\text{ID}_{iL5}(\text{new})$ 中有一个周跳，则第一个差值将近似为 Δ 伪距加上或减去一个 L5 波长，具体取决于周跳的方式。同样，若在 $\text{ID}_{iL1C/A}(\text{new})$ 中出现周跳，则第一个差值近似为 Δ 伪距加上或减去一个 L1 半波长，具体取决于周跳的方式。一般来说，双差值产生 L5 整波长周跳数减去 L1 半波长周跳数的代数差值，因此可以根据此观测量中的跳变值及其符号来完成周跳编辑。只要该观测量的净跳变比每个双差值测量值关联的噪声大得多，就可以观测到多个周跳。表 8.30 中描述了用于周跳编辑器设计的 L5 和 L1 C/A 参数计算。由表可见，发生 L5 PLL 周跳和 L1 C/A Costas PLL 半周跳的各种组合时，在双差观测量中会出现一些令人惊讶的结果。L5 载波的波长为 0.254828049m（表中的误差等级 9），L1 载波频率的半波长为 0.095146836m（表中的误差等级 3）。尽管 L1 C/A 信号比 L2 CL 更可能周跳，仍然选择前一个信号与非常鲁棒的 L5 Q 信号进行比较，因为存在更大的绝对差值 0.159681212m（表中的误差等级 6），比 L5 载波波长和 L2 CL 载波波长 0.244210213m 之间的绝对差值（0.010617835m）要大。

表 8.30   L5 和 L1 C/A 周跳的周跳编辑器分级误差值

误差等级	周跳误差组合	误差值/m，$Z = \text{ABS}(X)$	位置 12* 编辑	2L5, 3L1C/A 19 编辑	1L5, 3L1C/A 12* 编辑	1L5, 2L1C/A 8 编辑
0	0L5+0L1	0	E0	Edit	Edit 0	Edit
1	−1L5+3L1	0.03061246	E1	Edit	Edit 1	LPEC
2	1L5−2L1	0.064534376	E2	Edit	Edit 2	Edit
3	0L5+1L1	0.095146836	E3	Edit	Edit 3	Edit
4	−1L5+4L1	0.125759297		LPEC	LPEC	LPEC
5	2L5−4L1	0.129068752		LPEC	LPEC	LPEC
6	1L5−1L1	0.159681212	E4	Edit	Edit 4	Edit
7	0L5+2L1	0.190293673	E5	Edit	Edit 5	Edit
8	2L5−3L1	0.224215588		Edit	LPEC	LPEC
9	1L5+0L1	0.254828049	E6	Edit	Edit 6	Edit

（续表）

误差等级	周跳误差组合	误差值/m, $Z = ABS(X)$	位置 12* 编辑	2L5, 3L1C/A 19 编辑	1L5, 3L1C/A 12* 编辑	1L5, 2L1C/A 8 编辑
10	0L5+3L1	0.285440509	E7	Edit	Edit 7	LPEC
11	2L5-2L1	0.319362425		Edit	LPEC	LPEC
12	1L5+1L1	0.349974885	E8	Edit	Edit 8	Edit
13	0L5+4L1	0.380587346		LPEC	LPEC	LPEC
14	3L5-4L1	0.383896801		LPEC	LPEC	LPEC
15	2L5-L1	0.414509261		Edit	LPEC	LPEC
16	1L5+2L1	0.445121722	E9	Edit	Edit 9	Edit
17	3L5-3L1	0.479043637		LPEC	LPEC	FAIL
18	2L5+0L1	0.509656098		Edit	LPEC	
19	1L5+3L1	0.540268558	E10	Edit	Edit 10	
20	3L5-2L1	0.574190474		LPEC	LPEC	
21	2L5+1L1	0.604802934	E11	Edit	FAIL	
22	1L5+4L1	0.635415394		LPEC		
23	4L5-4L1	0.63872485		LPEC		
24	3L5-1L1	0.66933731		LPEC		
25	2L5+2L1	0.69994977		Edit		
26	1L5+5L1	0.730562231		LPEC		
27	4L5-3L1	0.733871686		LPEC		
28	3L5+0L1	0.764484146		LPEC		
29	2L5+3L1	0.795096607		Edit		
30	4L5-2L1	0.829018522		FAIL		

LPEC 表示低概率误差条件。

由于每个载波跟踪环中都可能在相同或相反方向发生周跳，因此计算 L5 和 L1 C/A 周跳的多个周跳误差组合之后，建立了表 8.30。然后，误差值 $Z = ABS(X)$（假设在双差测量值中没有噪声）按误差等级顺序排序，如表 8.30 的前三列所示。第二列中的组合是有符号的，以便第三列中的和值为正，但实际中每个组合的结果可正可负，所以在实际设计中使用双差的绝对值 $Z = ABS(X)$，而保留双差的符号 $Y = SIGN(X)$，以便确定每个周跳改正的正确方向。它们按照从 0 级到 30 级的等级排列显示，其中包括高于 2 个 L5 周跳加上 3 个 L1 C/A 半周跳的最大双差绝对值的另一个周跳等级组合。

表 8.30 中的最后三列分别对应三种不同周跳编辑器设计的编辑界限：2 个 L5 和 3 个 L1 C/A 周跳需要 19 个编辑，1 个 L5 和 3 个 L1 C/A 周跳需要 12 个编辑，1 个 L5 和 2 个 L1 C/A 需要 8 个编辑。每个编辑计数包括典型的零误差编辑和 FAIL 条件。选择 12 个编辑设计探测并改正多达 1 个 L5 和 3 个 L1 C/A 周跳（在表 8.30 中用星号表示），所以 12 个参考指示符（E0 至 E11）用做标签，对应用来计算门限的误差绝对值。某些表格项标记为低概率误差组合（LPEC），因为这些值落在测试范围内，但包含周跳编辑器设计的测试范围内未检查的周跳。对于较高概率的误差条件示例，非常接近所选周跳探测范围的两个组合［如 Rank 4 (−1L5+4L1) 和 Rank 5 (2L5-4L1)］落在测试范围内，包含在表中但标有 LPEC。对于较低概率的误差条件示例，远离所选周跳探测范围的两个组合［如 Rank 14 (3L5-4L1) 和 Rank 17 (3L5-3L1)］也落在测试范围内，并且也被标记

为 LPEC。实际发生的任何 LPEC 条件都不会被探测到，但随后的不正确编辑会混合该误差，并且通常在下一个周期中被探测为故障。发生故障时，周跳探测编辑器必须在更稳定的 PLL 条件下重新初始化，因此故障标志也应是前一个编辑可能不正确的警告。

表 8.31 完成了 12 个编辑周跳编辑器的设计，图 8.91 显示了基于此表的设计逻辑。

表 8.31　探测和改正 1 个 L5 和 3 个 L1 C/A 周跳的周跳编辑器设计

误差等级	措施	误差符号和门限位置	值/m	周跳 L5, L1	Y = + CL5	Y = + CL1	Y = − CL5	Y = − CL1	备注
0	Edit 0	E0	0	0, 0	0	0	0	0	0 周跳
	T0	T(0) = E0 + (E1−E0)/2	0.01530623						
1	Edit 1	E1	0.03061246	−1, 3	1	3	−1	−3	1, 3 周跳同方向
	T1	T(1) = E1 + (E2−E1)/2	0.047573418						
2	Edit 2	E2	0.064534376	1, −2	−1	−2	1	2	1, 2 周跳同方向
	T2	T(2) = E2 + (E3−E2)/2	0.079840606						
3	Edit 3	E3	0.095146836	0, 1	0	1	0	−1	1 L1 周跳
4	LPEC		0.125759297	−1, 4					−1, 4 周跳无方向
	T3	T(3) = E3 + (E4−E3)/2	0.127414024						
5	LPEC		0.129068752	2, −4					2, −4 周跳无方向
6	Edit 4	E4	0.159681212	1, −1	−1	−1	1	1	1, 1 周跳同方向
	T4	T(4) = E4 + (E5−E4)/2	0.174987443						
7	Edit 5	E5	0.190293673	0, 2	0	2	0	−2	2 L1 周跳
	T5	T(5) = E5 + (E6−E5)/2	0.222560861						
8	LPEC		0.224215588	2, −3					2, −3 周跳无方向
9	Edit 6	E6	0.254828049	1, 0	−1	0	1	0	1 L5 周跳
	T6	T(6) = E6 + (E7−E6)/2	0.270134279						
10	Edit 7	E7	0.285440509	0, 3	0	3	0	−3	3 L1 周跳
	T7	T(7) = E7 + (E8−E7)/2	0.317707697						
11	LPEC		0.319362425	2, −2					2, −2 周跳无方向
12	Edit 8	E8	0.349974885	1, 1	−1	1	1	−1	1, 1 周跳反方向
13	LPEC		0.380587346	0, 4					4 L1 周跳无方向
14	LPEC		0.383896801	3, −4					3, −4 周跳无方向
	T8	T(8) = E8 + (E9−E8)/2	0.397548303						
15	LPEC		0.414509261	2, −1					2, −1 周跳无方向
16	Edit 9	E9	0.445121722	1, 2	−1	2	1	−2	1, 2 周跳反方向
17	LPEC		0.479043637	3, −3					3, −3 周跳无方向
	T9	T(9) = E9 + (E10−E9)/2	0.49269514						
18	LPEC		0.509656098	2, 0					2 L5 周跳无方向
19	Edit 10	E10	0.540268558	1, 3	−1	3	1	−3	1, 3 周跳反方向
	T10	T(10) = E10 + (E11−E10)/2	0.557229516						
20	FAIL	E11	0.574190474	3, −2					设 FAIL = 1

LPEC 表示低概率误差条件。

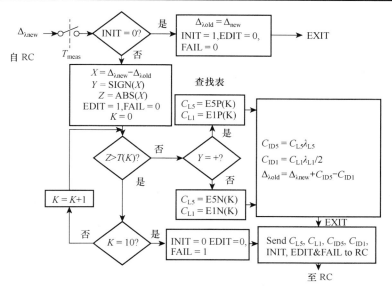

图 8.91　简单的基于接收机的 L5 和 L1 C/A 周跳编辑器

接收机控制（RC）首先对每次的测量值进行周跳编辑，然后将修正后的测量值发送给导航处理，并将整周跳改正数发送到各自 PLL 跟踪同一颗卫星的 L5 和 L1 C/A 接收机通道。在 L1 C/A 和 L5 Q 积分载波多普勒相位信号已被改正后，改正的 L1 C/A 信号可用于编辑 L2 CL 周跳，前提是该信号也被另一个接收机通道用于跟踪同一颗卫星。但是，在第二种情况下，可以假设 L1 C/A 积分多普勒测量值已得到改正。因为只需探测和改正 L2 C 周跳，所以要探测的组合数更少。当 L1 C_p 变得可用时，可以将这种技术用于更可靠和更精确的 PLL，配合 L5 Q5 进行周跳编辑（然后是 L2 CL），但是它以整周周跳的事实意味着其双差值将比用 L1 C/A 半周跳的更小。

参考图 8.91，RC 在每个测量时间间隔 T_{meas} 上分别从接收机通道的 L5 Q 和 L1 C/A PLL 测量结果中接收积分多普勒测量值，然后根据式 (8.117) 完成第一个差值 $D_{\lambda new}$，并发送到周跳编辑器。若是第一次使用编辑器，则 RC 必须确保两个接收机通道中的 PLL 条件都是可靠的，例如验证两个通道都工作在悲观 PLL 模式下（见 8.13.2.1 节）。编辑器使用第一个输入来初始化 $D_{\lambda old}$，然后在退出之前设置 INIT = 1，EDIT = 0 和 FAIL = 0，以便告知 RC 其已被初始化，而不处于故障状态，且在该反馈操作期间不提供编辑的周跳。

随后的输入用于计算双差，得到结果 X、符号 Y 和绝对值 Z，继之以索引 K 从 K = 0 到 10 迭代的测试循环，将 Z 与（查找表）门限 T(K) 进行比较。Z 不超过 T(K) 时，索引 K 加上符号 Y 用于从查找表中获得周跳改正整数 C_{L5} 和 C_{L1}，符号为正时得到 E5P(K) 和 E1P(K)，符号为负时得到 E5N(K) 和 E1N(K)。对于编辑条件 E(K) = E0 到 E10，这些表中包含了表 8.31 所示的值，列 "Y = +" 和列 "Y = −" 中的值分别用于 C_{L5} 和 C_{L1} 改正。编辑器计算积分多普勒改正 $C_{ID5} = C_{L5}\lambda_{L5}$ 和 $C_{ID1} = C_{L1}\lambda_{L1} / 2$。它们提供 NAV 测量值的校正值，并且替换旧单差：$D_{\lambda old} = D_{\lambda new} + C_{ID5} − C_{ID1}$。当 INIT = 1, EDIT = 1 和 FAIL = 0 时，编辑器成功退出。在此条件下，RC 将积分多普勒改正数 C_{ID5} 和 C_{ID1} 加到发送给 NAV 的相应测量值上，将周跳改正整数 C_{L5} 和 C_{L1} 送回各自的 L5 和 L1 C/A 通道留存，并加到未来载波多普勒相位测量的整数部分。当 INIT = 0, EDIT = 0 和 FAIL = 1 时，编辑器失败，因为当 K = 10 时超出了门限；10 次就是本案例测试的最高门限。若 FAIL = 1，则 RC 必须等待，直到两个接收机通道都工作在稳定的 PLL 条件下，如两个接收机通道都工作在悲观 PLL 模式下。

　　这是关于载波跟踪环周跳编辑的一个简单例子，因为它是在每次测量值发送给 NAV 之前，于每个载波观测量值上实时完成的。考虑多种组合时，它会变得非常复杂——关于每个 T_{meas} 要尝试多少个周跳组合来探测的判断调用。例如，若 1s 内有多个周跳，且图中显示的 T_{meas} 采样时间很少超过 1s，则所有 PLL 都处于失锁的边缘。随着组合的增加，这种技术会变得越来越不可靠，因为门限容差降低了。对于这种情况下的例子，表 8.31 中的第一个和最差情况下的门限容差是 $T(0) - 0 = 0.01531m$，接下来的两个最坏情况下的容差是 $T(1) - T(0) = T(2) - T(1) = 0.03227m$。其余情形下的容差是 0.04757m 或更高。若已经选择了表 8.30 中的 1 个 L5 和 2 个 L1C/A 周跳的 8 个编辑示例，则第一个和最差情况下的门限容差应是 0.03227m，可靠性大为改善。

　　为了进一步了解这种方法探测周跳的可靠性，图 8.92 中描述了 L1 C/A、L2 CL 和 L5 Q5 载波跟踪环的三阶 PLL 误差（1σ，单位为米）随($C/N_0)_{dB}$ 的变化。图中还包括最差情况下的周跳编辑器门限容差。L1 C/A（Costas）预检测积分时间优化为 $T = 0.020s$，以适应 50Hz 的电文数据。假设计算延迟（见表 8.24）为 T，对于 $30°$ 的相位裕量，三阶 PLL 要求 $B_nT = 0.146$。对于 L1 C/A 要求 $B_n = 7.3Hz$，但 B_n 已增加到 8Hz，提供了足够的裕量。这两个导频通道优化为 $T = 0.010s$，以使其从属数据通道的转换边界与其 100Hz 符号率对准。这使得 $30°$ 相位裕量下 $B_n = 14.6Hz$，但 B_n 已增加到 15Hz，提供了足够的裕量。表 8.32 中给出了其余 PLL 误差贡献的假设值（1σ，单位为米）。随机振动与 8.93 节中关于该主题的案例中所用的指标相同。

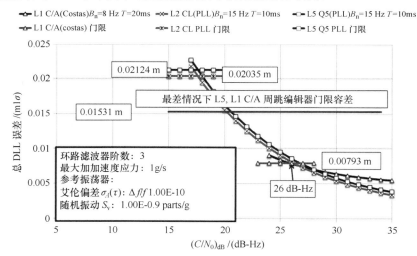

图 8.92　L1 C/A, L2 CL 和 L5 Q5 的 PLL 误差图

表 8.32　图 8.92 中所用的外部 PLL 误差值假设

	L1 C/A PLL 1σ 误差/m	L2 CL PLL 1σ 误差/m	L5 Q5 PLL 1σ 误差/m
随机振动误差，$S_v = 1.00 \times 10^{-9}$ (parts/g)	0.00075	0.00075	0.00075
Alan 标准偏差，$\sigma_A(\tau) = 1.00 \times 10^{-10}$ ($\Delta f/f$)	($B_n = 8Hz$) 0.00167	($B_n = 15Hz$) 0.00089	($B_n = 15Hz$) 0.00089
最大动态应力误差，1g/s 冲击	($B_n = 8Hz$) 0.00308	($B_n = 15Hz$) 0.00047	($B_n = 15Hz$) 0.00047

　　观察图 8.92 可知，L1 C/A Costas 环显然是 3 个 PLL 中最可能发生周跳的。即使($C/N_0)_{dB} = 35dB-Hz$，若动态应力增加到 2g/s，L1 C/A 环路也会失锁。当($C/N_0)_{dB} \geqslant 25dB-Hz$ 时，若动态应力增加到超过 15g/s，则其他两个载波跟踪环仍然保持相位锁定，因为它们的噪声带宽和跟踪门限

要大得多。但是，对于工作在最大冲击动态应力不超过 1g/s 且$(C/N_0)_{dB} \geqslant 30dB$-Hz 条件下的 L1 C/A 载波跟踪环，周跳编辑器应该可靠运行。这意味着对所有 3 个载波跟踪环而言，朝向所跟踪卫星的动态应力必须保持在 1g/s 以下。L1 信号上的自然干扰（电离层噪声）不得将其$(C/N_0)_{dB}$ 降低到约 30dB-Hz 以下，以确保可靠的 PLL 跟踪；而 L5 信号不得将其$(C/N_0)_{dB}$ 降低到约 25dB-Hz 以下，以确保 PLL 跟踪误差远低于周跳编辑器的门限容差。虽然此设计尚未在仿真或现场条件下进行测试，但理论设计表明，在假设的工作条件下使用这种技术，可以可靠而实时地（通常每秒一次）探测和改正高达 1 个 L5 周跳和 3 个 L1 C/A 周跳的所有组合。

参考文献

[1] Hegarty, C. J., et al., "An Overview of the Effects of Out-of-Band Interference on GNSS Receivers," *Proc. of the 24th International Technical Meeting of The Satellite Division of the Institute of Navigation (ION GNSS 2011)*, Portland, OR, September 2011, pp. 1941-1956.

[2] Milligan, T. A., *Modern Antenna Design*, 2nd ed., New York: Wiley-IEEE Press, 2005.

[3] Elliot, P. G., E. N. Rosario, and R. J. Davis, "Novel Quadrifilar Helix Antenna Combining GNSS, Iridium, and a UHF Communications Monopole," *Proc. of the IEEE Military Communications (MILCOM) Conference*, Orlando, FL, November 2012.

[4] Taga, T., *Analysis of Planar Inverted-F Antennas and Antenna Design for Portable Radio Equipment*, Norwood, MA: Artech House, 1992.

[5] Dilssner, F., et al., "Impact of Near-Field Effects on the GNSS Position Solution," *Proc. of the 21st International Technical Meeting of the Satellite Division of The Institute of Navigation (ION GNSS 2008)*, Savannah, GA, September 2008, pp. 612-624.

[6] Bucher, J., (ed.), *The Metrology Handbook*, Milwaukee, WI: ASQ Quality Press, 2004.

[7] Antenna Temperature, http://www.antenna-theory.com/basics/temperature.php.

[8] Spirent Application Note, "Simulation of Realistic Antenna Noise," Spirent Communications, http://www.spirent.cn/~/media/Application%20notes/Positioning/Simulation_of_Realistic_Antenna_Noise_AppNote.pdf.

[9] Van Diggelen, F., *A-GPS: Assisted GPS, GNSS, and SBAS*, Norwood, MA: Artech House, 2009.

[10] Ward, P. W., "RFI Situational Awareness in GNSS Receivers: Design Techniques and Advantages," *Proc. of the 63rd Annual Meeting of The Institute of Navigation*, Cambridge, MA, April 2007, pp. 189-197.

[11] Ward, P. W., "What's Going On? RFI Situational Awareness in GNSS Receivers," *Inside GNSS*, September- October 2007, pp. 34-42.

[12] Ward, P. W., "Simple Techniques for RFI Situational Awareness and Characterization in GNSS Receivers," *Proc. of the 2008 National Technical Meeting of The Institute of Navigation*, San Diego, CA, January 2008, pp. 154-163.

[13] Ward, P. W., "Interference Heads-Up – Receiver Techniques for Detecting and Characterizing RFI," *GPS World*, June 2008, pp. 64-73.

[14] Analog Devices AD9265, 16-bit, 125 MSPS/105 MSPS/80 MSPS, 1.8 V Analog-to-Digital Converter, http://www.analog.com/media/en/technical-documentation/data-sheets/AD9265.pdf.

[15] Ould, P. C., and R. J. Van Wechel, "All-Digital GPS Receiver Mechanization," *NAVIGATION: Journal of The Institute of Navigation*, Vol. 28, No. 3, Fall 1981, pp. 178-188.

[16] Spilker, J. J., and F. D. Natali, "Interference Effects and Mitigation Techniques." *Global Positioning System: Theory and Applications*, Vol. 1, AIAA Volume 163, 1996, p. 726.

[17] Hegarty, C. J., "Analytical Model for GNSS Receiver Implementation Losses," *NAVIGATION: Journal of the Institute of Navigation*, Vol. 58, No. 1, spring 2011, pp. 29-44.

[18] Analog Devices, Inc., *Data Conversion Handbook*, December 16, 2004, http://www.analog.com/library/analogDialogue/archives/39-06/data_conversion_handbook.html.

[19] Kester, W., "ADC Architectures I: The Flash Converter," Analog Devices MT-020, http://www.analog.com/media/en/training-seminars/tutorials/MT-020.pdf.

[20] Scott, L., "The New Military and Civil Signals: Structure, Processing & Tracking," Navtech Seminars Course 413, 2004.

[21] Susskind, A. K., (ed.), *Notes on Analog-Digital Conversion Techniques*, the M.I.T. Press, Cambridge, MA: MIT Press, 1963, Ch. 2, p. 6.

[22] Kester, W., "What the Nyquist Criterion Means to Your Sampled Data System Design," Analog Devices MT-002, http://www.analog.com/media/en/training-seminars/tutorials/MT-002.pdf.

[23] Kester, W., "The Good, the Bad, and the Ugly Aspects of ADC Input Noise – Is No Noise Good Noise?" Analog Device MT-004, http://www.analog.com/media/en/training-seminars/tutorials/MT-004.pdf.

[24] Kester, W., "ADC Noise Figure – An Often Misunderstood and Misinterpreted Specification," Analog Devices MT-006 Tutorial, http://www.analog.com/media/en/training-seminars/tutorials/MT-006.pdf.

[25] Smith, S. W., "The Scientist and Engineer's Guide to Digital Signal Processing," Ch. 14 in *Introduction to Digital Filters, High-Pass, Low-Pass and Band Reject Filters*, http://www.dspguide.com/ch14.htm.

[26] Kester, W., "Mixed Signal and DSP Design Techniques," Section 6: Digital Filters, Finite Impulse Response (FIR) Filters, http://www.analog.com/media/en/training-seminars/design-handbooks/MixedSignal_Sect6.pdf.

[27] Hegarty, C., "GPS/GNSS Operations for Engineers and Technical Professionals," Navtech Seminars Course 346, 2012.

[28] Ward, P. W., "Design Technique for Precise GNSS Receiver Post-Correlation Noise Floor Measurements with Usage Design Examples by the Search and Tracking Processes," *Proc. 2010 International Technical Meeting of The Institute of Navigation*, San Diego, CA, January 2010, pp. 607-617.

[29] Ward, P., "An Inside View of Pseudorange and Delta Pseudorange Measurements in a Digital NAVSTAR GPS Receiver," *International Telemetering Conference, GPS-Military and Civil Applications*, San Diego, CA, October 14, 1981.

[30] Ward, P., "The Natural Measurements of a GPS Receiver," *Proc. 51st Annual Meeting of The Institute of Navigation*, Colorado Springs, CO, June 1995, pp. 67-85.

[31] Jovancevic, A., et al., "Reconfigurable Dual Frequency Software GPS Receiver and Applications," *Proc. 14th International Technical Meeting of the Satellite Division of The Institute of Navigation (ION GPS 2001)*, Salt Lake City, UT, September 2001, pp. 2888-2899.

[32] Gunawardena, S., "A Universal GNSS Software Receiver Toolbox," *InsideGNSS*, July/August 2014, http://www.insidegnss.com/auto/IGM_julaug14-Gunawardena.pdf.

[33] USAF, Interface Specification, IS-GPS-800D, "Navstar GPS Space Segment/User Segment L1C Interface," September 24, 2013, http://www.gps.gov/technical/icwg/IS-GPS-800D.pdf.

[34] Ledvina, B. M., et al., "Bit-Wise Parallel Algorithms for Efficient Software Correlation Applied to a GPS Software Receiver," *IEEE Trans. on Wireless Communications*, Vol. 3, No. 5, September 2004, pp. 1469-1473.

[35] Humphreys, T. E., et al., "GNSS Receiver Implementation on a DSP: Status, Challenges, and Prospects," *Proc. ION GNSS 2006*, the Institute of Navigation, Fort Worth, TX, 2006.

[36] Crowley, G., et al., "CASES: A Novel Low-Cost Ground-based Dual-Frequency GPS Software Receiver and Space Weather Monitor," *Proc. 24th International Technical Meeting of The Satellite Division of the Institute of Navigation (ION GNSS 2011)*, Portland, OR, September 2011, pp. 1437-1446.

[37] Hein, G. W., et al., "Platforms for a Future GNSS Receiver - A Discussion of ASIC, FPGA, and DSP Technologies," *Inside GNSS*, March 2006, http://www.insidegnss.com/auto/0306_Working_Papers_IGM.pdf.

[38] Hegarty, C., "Evaluation of the Proposed Signal Structure for the New Civil GPS Signal at 1176.45 MHz," Working Note WN 99W0000034, The MITRE Corporation, https://www.mitrecaasd.org/library/documents/ gps_l5_signal.pdf.

[39] Betz, J. W., *Engineering Satellite-Based Navigation and Timing: Global Navigation Satellite Systems, Signals, and Receivers*, New York: Wiley-IEEE Press, 2016.

[40] Ward, P. W., "Performance Comparisons Between FLL, PLL and a Novel FLL-Assisted- PLL Carrier Tracking Loop Under RF Interference Conditions," *Proc. 11th International Technical Meeting of the Satellite Division of The Institute of Navigation (ION GPS 1998)*, Nashville, TN, September 15-18, 1998.

[41] Hegarty, C., M. Tran, and A. J. Van Dierendonck, "Acquisition Algorithms for the GPS L5 Signal," *Proc. 16th International Technical Meeting of the Satellite Division of the Institute of Navigation (ION GPS/GNSS 2003)*, Portland, OR, September 2003, pp. 165-177.

[42] Smith, S. W., "The Scientist and Engineer's Guide to Digital Signal Processing," http:// www.dspguide.com/ch12/4.htm.

[43] McKeown, M., "FFT Implementation on the TMS320VC5505, TMS320C5505, and TMS320C5515 DSPs," Application Report SPRABB6B, Texas Instruments Incorporated, http://www.ti.com/lit/an/sprabb6b/ sprabb6b.pdf.

[44] Tsui, J. B. -Y., *Fundamentals of Global Positioning System Receivers: A Software Approach*, New York: John Wiley & Sons, 2000.

[45] Van Nee, D. J. R., and J. R. M. Coenen, "New Fast GPS Code-Acquisition Technique Using FFT," *Electronics Letters*, Vol. 27, No. 2, January 17, 1991, updated August 6, 2002, http://ieeexplore.ieee.org/xpl/articleDetails. jsp?reload=true&arnumber=83178.

[46] Ward, P., "GPS Receiver Search Techniques," *Proc. IEEE PLANS '96*, Atlanta, GA, April 1996.

[47] Scott, L., A. Jovancevic, and S. Ganguly, "Rapid Signal Acquisition Techniques for Civilian & Military User Equipments Using DSP Based FFT Processing," *Proc. 14th International Technical Meeting of the Satellite Division of The Institute of Navigation (ION GPS 2001)*, Salt Lake City, UT, September 2001, pp. 2418-2427.

[48] Fortin, M. -A., F. Bourdeau, and R. L. Francis, Jr., "Implementation Strategies for a Software- Compensated FFT-Based Generic Acquisition Architecture with Minimal FPGA Resources," *NAVIGATION: Journal of The Institute of Navigation*, Vol. 62, No. 3, Fall 2015, pp. 171-188.

[49] Holmes, J. K., *Spread Spectrum Systems for GNSS and Wireless Communications*, Norwood, MA: Artech House, 2007.

[50] Scott, L., "Envelope Statistics," Internal Memorandum GPS-3001, Texas Instruments Incorporated, Dallas, Texas, March 31, 1980.

[51] Tong, P. S., "A Suboptimum Synchronization Procedure for Pseudo Noise Communication Systems," *National Telemetry Conference*, November 26-28, 1973.

[52] Scott, L., "PRS Acquisition and Aiding," Internal Memorandum GPS-2924, Texas Instruments Incorporated, Dallas, TX, November 20, 1979.

[53] Scott, L., "GPS Principles and Practices," The George Washington University, Course 1081, Vol. 1, March 1994.

[54] Barron, K. S., "M of N Search Detector," Personal Correspondence, Texas Instruments Incorporated, Dallas, Texas, May 25, 1995.

[55] Przyjemski, J., E. Balboni, and J. Dowdle, "GPS Anti-Jam Enhancement Techniques," *Proc. ION 49th Annual Meeting*, June 1993, pp. 41-50.

[56] Fishman, P., and J. W. Betz, "Predicting Performance of Direct Acquisition for the M Code Signal," *Proc. ION 2000 National Technical Meeting*, January 2000.

[57] Betz, J. W., J. D. Fite, and P. T. Capozza, "DirAc: An Integrated Circuit for Direct Acquisition of the M-Code Signal," *Proc. ION GNSS 2004*, Institute of Navigation, Long Beach, CA, September 2004.

[58] Shnidman, D. A., "The Calculation of the Probability of Detection and the Generalized Marcum Q-Function," *IEEE Trans. on Information Theory*, Vol. 35, No. 2, March 1989.

[59] Martin, N., and C. Blandine, "Method and Device to Compute the Discriminant Function of Signals Modulated with One or More Subcarriers," U.S. Patent No. 2003/0231580 A1, December 18, 2003, Assignee: Bourg Les Valence (France).

[60] Lillo, W. E., P. W. Ward, and A. S. Abbott, "Binary Offset Carrier M-Code Envelope Detector," U.S. Patent No. 2005/0281325 A1, December 22, 2005, Assignee: The Aerospace Corporation, El Segundo, CA.

[61] Ward, P. W., and W. E. Lillo, "Ambiguity Removal Method for Any GNSS Binary Offset Carrier (BOC) Modulation," *Proc. 2009 International Technical Meeting of The Institute of Navigation*, Anaheim, CA, January 2009, pp. 406-419.

[62] Ward, P. W., "A Design Technique to Remove the Correlation Ambiguity in Binary Offset Carrier (BOC) Spread Spectrum Signals," *Proc. 2004 National Technical Meeting of The Institute of Navigation*, San Diego, CA, January 2004, pp. 886-896.

[63] Ward, P. W., "An Advanced NAVSTAR GPS Multiplex Receiver," *Proc. IEEE PLANS '80, Position Location and Navigation Symposium*, December 1980.

[64] Johnson, C. R., et al., "Global Positioning System (GPS) Multiplexed Receiver," U.S. Patent No. 4,468,793, August 28, 1984, Assignee: Texas Instruments Incorporated, Dallas, TX.

[65] Przyjemski, J., E. Balboni, and J. Dowdle, "GPS Anti-Jam Enhancement Techniques," *Proc. ION 49th Annual Meeting*, June 1993, pp. 41-50.

[66] IS-GPS-200, Navstar GPS Space Segment/Navigation User Interfaces, Revision H, September 24, 2013, http://www.gps.gov/technical/icwg/IS-GPS-200D.pdf.

[67] Woo, K. T., "Optimum Semicodeless Processing of GPS L2," *NAVIGATION: The Journal of The Institute of Navigation*, Vol. 47, No. 2, Summer 2000, pp. 82-99.

[68] Holmes, J. D., Originally developed these analog and digital loop filter architectures and filter parameters. His first-, second-, third-, and fourth-order digital loop filter designs were used in the first commercial GPS receiver design, the TI 4100 NAVSTAR Navigator, Texas Instruments Incorporated, 1982.

[69] Stephens, S. A., and J. B. Thomas, "Controlled Root Formulation Digital Phase Locked Loops," *IEEE Trans. on Aerospace and Electronic Systems*, January 1995.

[70] Thomas, J. B., "An Analysis of Digital Phase-Locked Loops," JPL Publication 89-2, 1989.

[71] Ward, P. W., and T. D. Fuchser, "Stability Criteria for GNSS Receiver Tracking Loops," *NAVIGATION, Journal of The Institute of Navigation*, Vol. 61, No. 4, Winter 2014, pp. 293-309.

[72] Gardner, F. M., *Phaselock Techniques*, 3rd ed., Section 4.6.1, "Basis of Bode Plots," New York: John Wiley & Sons, 2005.

[73] Ward, P. W., "Using a GPS Receiver Monte Carlo Simulator to Predict RF Interference Performance," *Proc. 10th International Technical Meeting of the Satellite Division of The Institute of Navigation (ION GPS 1997)*, Kansas City, MO, September 1997, pp. 1473-1482.

[74] Ward, P. W., and K. S. Barron, "Design and Monte Carlo Simulations of a WAAS GPS Receiver Channel with Decision Feedback," *Proc. 9th International Technical Meeting of the Satellite Division of The Institute of Navigation (ION GPS 1996)*, Kansas City, MO, September 1996, pp. 1735-1743.

[75] Fuchser, T. D., "Oscillator Stability for Carrier Phase Lock," *Internal Memorandum G(S) 60233, Texas Instruments Incorporated*, February 6, 1976.

[76] Betz, J. W., and K. R. Kolodziejski, "Generalized Theory of GPS Code-Tracking Accuracy with an Early-Late Discriminator," *IEEE Transactions on Aerospace and Electronic Systems*, October 2009.

[77] Betz, J. W., and K. R. Kolodziejski, "Extended Theory of Early-Late Code Tracking for a Bandlimited GPS Receiver," *NAVIGATION: Journal of The Institute of Navigation*, Vol. 47, No. 3. Fall 2000, pp. 211-226.

[78] Betz, J. W., "Binary Offset Carrier Modulations for Radio Navigation," *NAVIGATION: Journal of the Institute of Navigation*, Vol. 48, No. 4. Winter 2001-2002, pp. 227-246.

[79] Betz, J. W., "Design and Performance of Code Tracking for the GPS M Code Signal," *Proc. 13th International Technical Meeting of The Satellite Division of The Institute of Navigation*, Salt Lake City, UT, September 2000, pp. 2140-2150.

[80] Wendel, J., F. M. Schubert, and S. Hager, "A Robust Technique for Unambiguous BOC Tracking," *NAVIGATION: Journal of The Institute of Navigation*, Vol. 61, No. 3, Fall 2014, pp. 179-190.

[81] Holmes, J. D., Originally developed a similar GPS timing chart for use by the GPS Systems Engineering staff at Texas Instruments Incorporated during the GPS Phase I development program, circa 1976.

[82] Hatch, R. R., "The Synergism of GPS Code and Carrier Measurements," *Proc. 3rd International Geodetic Symposium on Satellite Doppler Positioning*, New Mexico, 1982, pp. 1213-1232.

[83] Park, B., and C. Kee, "Optimal Hatch Filter with a Flexible Smoothing Window Width," *Proc. 18th International Technical Meeting of the Satellite Division of The Institute of Navigation (ION GNSS 2005)*, Long Beach, CA, September 2005, pp. 592-602.

[84] Van Dierendonck, A. J., "GPS Receivers," Ch. 8 in Parkinson, B. W., et al, (eds.), *Global Positioning System, Theory and Applications, Vol. 1*, American Institute of Aeronautics and Astronautics, Inc., Volume 163, 1996, p. 395.

[85] Natali, F. D., "Noise Performance of a Cross-Product AFC with Decision Feedback for BPSK Signals," *IEEE Trans. on Communications*, Vol. COM-34, No. 3, March 1986, pp. 303-307.

[86] Spilker, J. J., Jr., *Digital Communications by Satellite*, Ch. 12, Englewood Cliffs, NJ: Prentice Hall, 1977, pp. 347-357.

[87] Viterbi, A. J., "Convolutional Codes and Their Performance in Communication Systems," *IEEE Trans. on Information Theory*, Vol. IT-19, No. 5, October 1971, pp. 751-772.

[88] "MIT Lecture 9 on Viterbi Decoding of Convolutional Codes," MIT 6.02 DRAFT Lecture Notes, Fall 2010, http://web.mit.edu/6.02/www/f2010/handouts/lectures/L9.pdf.

[89] Hendrix, H., "Viterbi Decoding Techniques for the TMS320C55x DSP Generation," Texas Instruments Incorporated, Application Report SPRA776A, April 2009, http://www.ti.com/ lit/an/spra776a/spra776a.pdf.

[90] *Viterbi Decoder: Convolutional Sublibrary of Error Detection and Correction*, MathWorks, https://www. mathworks.com/help/comm/ref/viterbidecoder.html.

[91] *HDL Code Generation for Viterbi Decoder*, MathWorks, http://www.mathworks.com/help/comm/examples/hdl-code-generation-for-viterbi-decoder.html?searchHighlight=constraint%20length%207%201%2F2%20rate%20viterbi%20decoder&s_tid=doc_srchtitle.

[92] Simon, M. K., et al., *Spread Spectrum Communications Handbook*, rev. ed., New York: McGraw-Hill, 1994, pp. 545-548.

第 9 章　GNSS 扰乱

Phillp W. Ward, John W. Betz, Christopher Hegarty

9.1　概述

本章讨论 GNSS 射频（RF）信号扰乱的四种常见类型，它们可能会降低 GNSS 接收机性能的。第一类信号扰乱是干扰，这是 9.2 节的重点。干扰是由来自任何非期望源但未被 GNSS 接收机拒绝的射频信号引起的；这种扰乱通常称为射频干扰。射频干扰可能是无意的；例如，来自 GNSS 接收机天线附近（有时甚至是与之共处）其他获得许可的射频发射机的带外辐射，会使接收机前端带通滤波器过载。干扰也可能是有意的，因而是带内的；这种扰乱通常称为人为干扰。9.2 节介绍干扰的类型、来源和影响及干扰的抑制。

9.3 节讨论第二类 GNSS 扰乱，称为电离层闪烁。电离层闪烁是由地球电离层中有时出现的不规则性引起的一种信号衰落现象。

第三类扰乱是信号阻塞，将在 9.4 节讨论。当 GNSS 射频信号的视线路径被诸如繁茂的植被、地形或人造结构过度衰减时，信号阻塞就会表现出来。

9.5 节讨论第四类也是最后一类 GNSS 扰乱，即多径。在每个 GNSS 航天器（即卫星）和用户接收机之间总是有反射面，使得射频回波信号在期望的（视线方向）信号之后到达接收机。这些回波称为多径，该术语源于这样一种实际情况，即每个被发送的信号将通过多条路径——一条直达的路径和多条不希望的非直达（反射）路径传送到接收机。9.5 节描述多径特性和模型、多径对接收机性能的影响及多径抑制。

9.2　干扰

由于 GNSS 接收机依赖于外部射频信号，因而很容易受到射频干扰（无意干扰或人为干扰）的影响。射频干扰可能导致导航精度下降或接收机跟踪完全失锁。9.2.1 节描述干扰类型和来源，9.2.2 节讨论干扰对接收机性能的影响，9.2.3 节讨论干扰抑制技术。

9.2.1　干扰类型与干扰源

表 9.1 中小结了各种射频干扰的类型及其潜在来源。根据干扰的带宽相对于期望 GNSS 信号的带宽的大小，通常将其划分为宽带或窄带。注意，一些对零点到零点带宽（又称谱零点带宽）较小的 GNSS 信号（如 L1 C/A、L1C、E1 OS 或 L2C）而言可能被认为是宽带的干扰，对零点到零点带宽较大的 GNSS 信号（如 L5 或 E5）可能会是窄带的。窄带干扰的极限是由一个单频分量构成的信号，即所谓的连续波（CW）（在文献中，术语"连续波"有时有不同的定义，表示连续发送，与脉冲相反）。射频干扰可能是无意的或有意的（人为的）。

在使用相同载波频率的 GNSS 信号之间，存在一定程度的干扰。这种来自同一卫星的不同信号的干扰称为自干扰。来自同一星座中不同卫星的信号的干扰称为系统内干扰。而两个卫星星座系统之间的干扰，如 GPS 和 Galileo 信号之间的干扰，称为系统间干扰。

使用伪卫星时，在近距离内这些地面发射机的工作几乎肯定会对相同的卫星信号造成干扰，并可能对相同载波频率上的其他卫星信号造成干扰，但这种干扰的影响可以在伪卫星中使用突发（脉冲）技术降低占空比来减小。实际上，一种高效的宽带人为干扰技术是采用基于相同调制的波形，在相同的载波频率处形成匹配频谱的干扰。如果发送干扰的目的不只是扰乱 GNSS 的工作，而是通过播发伪 GNSS 信号使受害接收机产生错误位置时，那么这种发送称为欺骗。当 GNSS 接收机连接到 GNSS 卫星信号模拟器上进行测试时，被测接收机就被欺骗，这是一个良性欺骗的例子。

表 9.1　射频干扰类型及其潜在来源

分类：类型	潜在来源
宽带：带限高斯	有意的匹配带宽的噪声干扰机
宽带：相位/频率调制	通过 GNSS 接收机前端滤波器的电视发射机谐波或邻近频段的微波链路发射机
宽带：匹配频谱	有意的匹配频谱的干扰机、欺骗机或附近的伪卫星
宽带：脉冲	任何类型的突发发射机，如雷达或超宽带（UWB）
窄带：相位/频率调制	有意的线性调频脉冲干扰机，或来自调幅（AM）无线电台、民用波段（CB）电台或业余无线电台的谐波
窄带：扫频连续波	有意的扫频连续波（CW）干扰机或调频（FM）电台发射机的谐波
窄带：连续波	有意的 CW 干扰机或邻近频段的未调制发射机的载波

9.2.1.1　人为干扰与欺骗

有意干扰和欺骗在军用接收机设计中必须预先考虑到，而且在民用应用中也得到了越来越多的关注[1]。因此，在 GNSS 接收机设计中可以考虑所有类型的带内人为干扰，包括多址干扰（即来自战略部署的多个位置的干扰）。智能欺骗机跟踪目标 GNSS 接收机的位置，并利用这些信息和一个准实时的 GNSS 信号发生器来生成强 GNSS 信号，该信号最初与较弱的真实卫星信号的到达时间相匹配，直到确认环路俘获后，再把目标接收机引入歧途。智能欺骗机必须能在载波频率、扩频码、扩频调制和数据电文符号方面合成（复制）目标信号的接收特性。转发式欺骗机利用受控的高增益天线阵来跟踪所有可见卫星，然后对准目标接收机重新播发放大后的信号。目标接收机导航解算（若已为这些信号所俘获）的最终结果是转发式欺骗机天线阵相位中心的位置和速度，时间偏差解中包括欺骗机和受骗接收机之间的共模距离。这两种欺骗技术的主要缺陷是所有欺骗信号都来自同一方向（除非采用了空间分集技术），因此可以采用定向调零控制天线技术来挫败欺骗者。在军事应用中采用 GPS 加密的反欺骗（AS）Y 码来代替公共 P 码，以尽量减小欺骗军用 GPS 接收机的可能性。GPS 加密的 M 码更安全。其他加密的星座信号包括 Galileo E1 PRS 和 E6 PRS，BeiDou B1-A、B3、B3-A 和 B2，以及未来的 GLONASS L3OC、L1SC 和 L2SC。

9.2.1.2　无意干扰

实际工作于世界上任何地方的 GNSS 接收机均会遇到低电平的无意射频干扰。许多重要系统依赖于 L 波段的射频能量发射，所以它们也是潜在的无意射频干扰源。表 9.2 中示出了在 GNSS 信号所用频率附近国际和美国的频率分配表。全部以大写字母表示的那些业务是主要的，而以首字母大写表示的那些业务是次要的。次要业务可以在其规定频段上运营，但一般无法由主要业务提供保护，而且不允许对主要业务产生有害的干扰电平。

如表 9.2 所示，在世界上的大部分地区，1559～1610MHz 频段被规定仅用于卫星导航信号。GPS、GLONASS、Galileo、BeiDou、QZSS 和 SBAS 的 L1 信号都位于该保护频段内。GLONASS L2、

Galileo E6、BeiDou B3 和 QZSS L6 信号位于 1240～1300MHz 频段内。GPS 和 QZSS 的 L2 信号位于 1215～1240MHz 频段内。许多国家允许固定和移动业务在此频段内运营。该频段在世界范围内共享无线电定位频率分配，并由无线电定位业务共享，包括大量用于空中交通管制、军事侦查和禁毒的雷达在此频段内运营。其中有些雷达以非常高的发射功率（千瓦到兆瓦）工作；它们是脉冲系统，所幸的是，如 9.2.3 节将要讨论的那样，在低占空比脉冲间隔期间通过各种不同的手段对脉冲幅度进行压缩（消隐），可以使 GNSS 接收机前端设计具有很强的抗脉冲干扰能力。

表 9.2　GNSS 邻近频率分配

国　际　表	美　国　表	备　　注
960～1164MHz 航空移动（R），航空无线电导航	航空移动（R），航空无线电导航	在全球范围内为空中导航提供电子辅助设备，包括距离测量设备（DME）、战术空中导航（TACAN，塔康）、二次监视雷达（SSR）和自动相关监视（ADS）。有些国家允许在非干扰的基础上使用 Link 16（军事通信系统）。
1164～1215MHz 航空无线电导航，无线电导航卫星	航空无线电导航，无线电导航卫星	GPS、Galileo、BeiDou、NAVIC、QZSS、SBAS 和未来 GLONASS CDMA 信号的低 L 频段信号位于 1164～1215MHz 频段
1215～1240MHz 地球探测卫星（有源），无线电定位，无线电导航卫星，太空研究（有源）	地球探测卫星（有源），无线电定位，无线电导航卫星，太空研究（有源）	在全球范围内用于初级雷达，包括空中交通管制、军事监视和禁毒。许多国家都对固定和移动业务进行了共同的初级分配。此频段也用于有源星载传感器，如海洋表面测量。GPS L2 和 QZSS 位于 1227.6MHz，GPS L2 频带的上部延伸到 1227.6 + 15.345 = 1242.945MHz。
1240～1300MHz 地球探测卫星（有源），无线电定位，无线电导航卫星，太空研究（有源），业余无线电	航空无线电导航，地球探测卫星（有源），无线电定位，太空研究（有源），业余无线电	
1300～1350MHz 航空无线电导航，无线电定位，无线电导航卫星	航空无线电导航，无线电定位	GLONASS L2、Galileo E6、BeiDou B3 和 QZSS L6 频率位于 1240～1300MHz 频段内
1350～1400MHz 固定*，移动*，无线电定位	固定*，陆地移动*，移动*，无线电定位*	在固定业务、陆地移动、移动和无线电定位方面，世界各地的频带使用情况各不相同
1525～1559MHz 移动卫星（天对地），太空作业（天对地），地球探测卫星，固定*，移动*	移动卫星（天对地）	卫星通信业务下行频率（如 INMARSAT）
1559～1610MHz 航空无线电导航，无线电导航卫星	航空无线电导航，无线电导航卫星	GPS、GLONASS、Galileo、BeiDou、QZSS 和 SBAS 信号的上 L 频段信号位于此频段内
1610～1626.5MHz 移动卫星（地对天），航空无线电导航，射电天文学*，无线电测定卫星*，移动卫星（天对地）*	移动卫星（地对天），航空无线电导航，射电天文学*，无线电测定卫星*，移动卫星（天对地）*	商业卫星通信业务的上行链路频率。该频段的一部分受保护，用于射电天文传感器

*仅在某些国家或部分频段。

GPS L5、Galileo E5A 和 E5B、BeiDou B2、NAVIC L5、QZSS L5 和 SBAS L5 信号位于 1164～1215MHz 频段内。960～1215MHz 频段也用于在全球范围内为空中导航提供电子辅助设备。在处理 1164～1215MHz 频段 GNSS 信号的接收机通带内的频率上，距离测量设备（DME）和战术空中导航（TACAN，塔康）地面信标发射功率电平高达 10kW。一些国家还允许使用 Link 16，这是一种战术军事通信系统，其电台在整个 960～1215MHz 频段的 51 个频率上的标称发射功率为 200W。所幸的是，DME/TACAN 和 Link 16 都是脉冲式的。

　　不可避免的是，来自邻近频段信号的一些带外能量有时会落入 GNSS 接收机处理的频率范围内。这种能量可能来自邻频干扰、谐波或互调产物。邻频干扰可能来自紧邻某个 GNSS 载波频率之上或之下频带的能量泄漏（即相邻频带的发射机未能充分抑制其分配频带之外的能量）。同时也存在来自密集部署的地基、高功率发射机的威胁，这些发射机工作于 GNSS 的相邻频带内，但在该相邻频带之外将其高功率维持在可接受的限度内。这对 GNSS 频段而言是一个明显的现实危险[2]。当相邻频段由于历史原因被保留，并被授权用于在地表或附近的功率电平低于热噪声电平的空间卫星发射机时，若该频段被重新分配给高密度地面发射机使用，则会发生这种危险[3]。这就造成运行中的 GNSS 接收机相邻频带功率电平比历史水平强 10 亿倍以上，而这反过来又会淘汰许多在该频带内工作的现有 GNSS 接收机，造成在该频带附近工作的下一代 GNSS 接收机的困难带通滤波问题。

　　谐波是发射机载波频率整数倍位置的信号，它是由传输中的非线性（如导致嵌位的放大器饱和）引起的。当两个或更多不同频点的信号通过非线性通道时会产生互调产物。

　　即使干扰信号落在 GNSS 接收机的标称处理频带外，强射频信号仍然会损害 GNSS 接收机的性能（例如，使接收机前端低噪声放大器饱和）。尽管美国国内和国际上都出台了法规来保护 GNSS 频谱，但偶尔仍会出现设备故障或设备误用情况，导致无法容忍的干扰电平。在高功率发射机中偶尔可能会产生非线性效应（如放大器饱和），引起较低功率的谐波，形成对 GNSS 接收机的带内 RF 干扰。必须先定位并纠正这些有害问题的发射机后，才能恢复附近的正常 GNSS 工作。世界上有些地区的 GNSS 干扰问题比其他地区更频繁。例如，在地中海地区，由于当地的电视（TV）发射台产生强的带内谐波，曾有许多 GPS L1 C/A 码接收机无法正常工作的报道，但现在看来已大为改观，主要是因为这些谐波也严重恶化了电视接收机的视频质量。

9.2.2　影响

　　信号捕获、载波跟踪和数据解调的性能均取决于接收机中每个相关器输出端的信号与噪声加干扰之比（SNIR）。因此，评估射频干扰对相关器输出 SNIR 的影响，为评估该干扰对这三种接收机功能的影响提供了基础。本节首先阐述这种影响背后的基本理论，然后介绍这种分析的近似技术。

　　当总干扰可以建模为统计平稳过程、且干扰和/或期望信号的频谱可以很好地近似为某一带宽（这一带宽是相关中所用积分时间的倒数）上的一条直线时，即时相关器输出 SNIR 如下[4]：

$$\rho_{c} = \frac{2TC_{S}/N_{0}\left[\int_{-\beta_{r}/2}^{\beta_{r}/2} S_{S}(f)e^{j2\pi f\tau}\,df\right]^{2}}{\int_{-\beta_{r}/2}^{\beta_{r}/2}\left|H_{R}(f)\right|^{2}S_{S}(f)\,df + C_{I}/N_{0}\int_{-\beta_{r}/2}^{\beta_{r}/2}\left|H_{R}(f)\right|^{2}S_{I}(f)S_{S}(f)\,df} \tag{9.1}$$

式中，T 是相关器的积分时间（s）；C_{S} 是无限带宽上期望接收信号的接收功率（W）；N_{0} 是白噪声的功率谱密度（W/Hz）；$H_{R}(f)$ 是接收机的传递函数（比值）；$S_{S}(f)$ 是发射信号功率谱密度（W/Hz），在规定带宽内归一化为单位面积；卫星上的发射滤波器是理想的，接收链路中的所有滤波效在频率 $-\beta_{r}/2 \leqslant f \leqslant \beta_{r}/2$ 内建模；C_{I} 是所接收干扰信号的功率（W）；$S_{I}(f)$ 是所接收总干扰的功率谱密度（W/Hz），在无限带宽内归一化为单位面积（需要定义发射信号带宽，不同场合可能约定使用无限带宽、定义的发射带宽或接收机的预相关带宽。只要定义的带宽大于信号的谱零点带宽，数值差异通常就小于 1dB）。

　　所接收 GNSS 信号的质量一般采用载波功率与噪声密度比（载噪比）来表征，这意味着噪声是白色的，因而可以用标量的噪声密度来表征。而式(9.1)表明，任何非白干扰也必须被考虑在内，并且必须以其功率谱密度及其功率来表征。因此，对干扰情况下相关器输出 SNIR 的分析非常麻烦。然而，若能虚构一个白噪声密度，代入公式后可产生与实际混合白噪声和干扰相同的输出 SNIR，则利用这一虚构的有效白噪声得到的有效载噪比结果同样是正确的，并且可以直接用于分析。

为得到有效的 C_S/N_0 或 $(C_S/N_0)_{eff}$，观察发现式(9.1)在无干扰及无限接收带宽下，即时相关器抽头处的信噪比（SNR）为

$$\rho_c = 2TC_S/N_0 \tag{9.2}$$

等效地，C_S/N_0 可以由即时相关器抽头处的 SNIR 求得：

$$C_S/N_0 = \frac{\rho_c}{2T} \tag{9.3}$$

同时存在干扰和白噪声时，$(C_S/N_0)_{eff}$ 按类似于式(9.3)的方式定义，但使用式(9.1)的输出 SNR 如下：

$$(C_S/N_0)_{eff} = \frac{\rho_c}{2T} = (C_S/N_0)\frac{\left[\int_{-\beta_r/2}^{\beta_r/2} S_S(f)\,\mathrm{d}f\right]^2}{\int_{-\beta_r/2}^{\beta_r/2} S_S(f)\,\mathrm{d}f + \frac{C_l}{N_0}\int_{-\beta_r/2}^{\beta_r/2} S_l(f)S_S(f)\,\mathrm{d}f}$$
$$= \frac{\int_{-\beta_r/2}^{\beta_r/2} S_S(f)\,\mathrm{d}f}{\dfrac{1}{(C_S/N_0)} + \dfrac{C_l/C_S}{\int_{-\beta_r/2}^{\beta_r/2} S_S(f)\,\mathrm{d}f \Big/ \int_{-\beta_r/2}^{\beta_r/2} S_l(f)S_S(f)\,\mathrm{d}f}} \tag{9.4}$$

注意，式(9.4)可以表示为[5]

$$(C_S/N_0)_{eff} = \frac{\int_{-\beta_r/2}^{\beta_r/2} S_S(f)\,\mathrm{d}f}{\dfrac{1}{(C_S/N_0)} + \dfrac{C_l/C_S}{QR_c}} \tag{9.5}$$

式中，C_S/N_0 是接收机滤波前所接收信号在无干扰情况下的载噪比，C_l/C_S 是接收机滤波前的干扰与接收信号功率之比，Q 是为各种类型的干扰源和信号调制器确定的无量纲的抗干扰品质因数，R_c 是码发生器的扩频码速率（chips/s）。注意，增大式(9.5)中的 Q 值可以提高 $(C_S/N_0)_{eff}$。因此，更高的抗干扰品质因数 Q 会提升抗干扰效果。比较式(9.4)和式(9.5)可得

$$Q = \frac{\int_{-\beta_r/2}^{\beta_r/2} S_S(f)\,\mathrm{d}f}{R_c \int_{-\beta_r/2}^{\beta_r/2} S_l(f)S_S(f)\,\mathrm{d}f} \tag{9.6}$$

于是，式(9.6)可以简洁地表示为

$$Q = \frac{\int_{-\infty}^{\infty} |H_R(f)|^2 S_S(f)\,\mathrm{d}f}{R_c \kappa_{lS}} \tag{9.7}$$

式中，κ_{lS} 称为谱分离系数（SSC）[5]，定义为

$$\kappa_{lS} = \int_{-\beta_r/2}^{\beta_r/2} S_l(f)S_S(f)\,\mathrm{d}f \tag{9.8}$$

式(9.8)的单位是赫兹的倒数或秒。可以看到，SSC 取决于期望信号的谱及干扰的谱。给定一个期望的信号，不同的干扰可能会有相同的 SSC，且当干扰信号接收功率相同时，不同的干扰会以相同的方式影响 $(C_S/N_0)_{eff}$。另一种情况是，对于给定的一个期望信号，不同的干扰可能具有不同的 SSC。例如，若对于期望信号干扰 A 比干扰 B 的 SSC 小 x dB，则当 A 的功率增加 x dB

后，干扰 A 和干扰 B 对 $(C_S/N_0)_{\text{eff}}$ 的影响相同。

9.2.2.1　计算抗干扰品质因数 Q

为了对一些常规情形进一步考虑干扰的影响，假设接收机滤波器的带宽大到足以使得式(9.7)中的 $H_R(f)$ 在期望信号在可观功率的频点上近似为单位值，且积分限近似为无穷大，则式(9.7)近似为

$$Q \approx \frac{1}{R_c \int_{-\infty}^{\infty} S_I(f) S_S(f) \, \mathrm{d}f} \tag{9.9}$$

现在，我们可以评估不同类型的干扰示例。

【例 1】窄带干扰。对于中心频率为 f_I 的窄带干扰，功率谱可建模为 $S_I(f) = \delta(f - f_I)$，其中 $\delta(\cdot)$ 是狄拉克 δ 函数，其幅值无穷大，带宽无限小，面积为 1。将此干扰功率谱密度代入式(9.9)得

$$Q = \frac{1}{R_c S_S(f_I)} \tag{9.10}$$

一般来说，当干扰频率在期望 GNSS 信号的功率谱峰值位置或其附近时，窄带干扰对 $(C_S/N_0)_{\text{eff}}$ 的影响较大。而且，当期望信号的归一化功率谱峰值较小时，在最差频点上窄带干扰对期望信号的损耗会更小。

BPSK-R(n) 和 $\text{BOC}_S(m, n)$ 信号的基带功率谱密度函数已在 2.4.4 节中给出。若窄带干扰位于 BPSK-R(n) 信号的谱峰值处（对于基带功率谱密度，位于 $f = 0$ 处），则有 $S_S(f_I = 0) = 1/R_c$，式(9.10)变成 $Q = 1/(R_c/R_c) = 1$。若干扰不加在信号的谱峰值处，而加在其他频率处，则 Q 值要大于 1，这意味着干扰的影响更小。对于 BOC(m, n) 调制，若干扰位于一个或两个谱峰值处，则 Q 值取决于副载波频率、扩频码速率，以及是用余弦相位还是用正弦相位，且 Q 的值域为 $1.9 \leqslant Q \leqslant 2.5$。窄带干扰位于任何其他频率上时，$Q$ 取更大的值，表示固定功率的干扰对 $(C_S/N_0)_{\text{eff}}$ 的影响更小。

对于像 Galileo E5 和 BeiDou B2 这样具有 AltBOC 扩频调制的信号，若存在单个窄带干扰，则当干扰位于频谱峰值时，考虑到 AltBOC 波形中的总功率，Q 的最小值约为 0.5。若信号被认为是仅在一个副载波上的 BPSK-R 信号，则 Q 的最小值近似为 1。对于具有 MBOC 频谱的 L1C、E1 OS 和 B1-C 的信号，当窄带干扰位于频谱峰值时，Q 的值为 2.1。在任何情况下，随着干扰从谱峰处移动，Q 值增大。

【例 2】匹配谱干扰。这里考虑干扰具有与期望信号相同的功率谱密度的情况。这种情况可能来自多址干扰，或来自频谱与期望信号相匹配的干扰波形。

$$Q = \frac{1}{R_c \int_{-\infty}^{\infty} \left[S_S(f) \right]^2 \mathrm{d}f} \tag{9.11}$$

当信号是 BPSK-R(n) 时，将式(2.25)代入式(9.11)得

$$Q = \frac{1}{R_c \int_{-\infty}^{\infty} T_c^2 \operatorname{sinc}^4(\pi f T_c) \, \mathrm{d}f} = 1.5 \tag{9.12}$$

对于 BOC(m, n) 调制，Q 值取决于副载波频率、扩频码速率，以及是用余弦相位还是用正弦相位，Q 的值域是 $3 \leqslant Q \leqslant 4.5$。对于具有 AltBOC 扩频调制的全带宽信号的匹配谱干扰，Q 值约为 4.4。对于 MBOC 扩频调制信号的匹配谱干扰，Q 值约为 3.6。

【例 3】带限白噪声干扰。当干扰功率谱平坦、中心频率为 f_I、范围为 $f_I - \beta_I/2 \leqslant f \leqslant f_I + \beta_I/2$ 时，功率谱可以表示为

$$S_l(f) = \begin{cases} 1/\beta_l, & f_l - \beta_l/2 \leqslant f \leqslant f_l + \beta_l/2 \\ 0, & \text{其他} \end{cases} \tag{9.13}$$

将式(9.13)代入式(9.9)得

$$Q = \dfrac{1}{\dfrac{R_c}{\beta_l} \displaystyle\int_{f_l - \beta_l/2}^{f_l + \beta_l/2} S_S(f)\, \mathrm{d}f} \tag{9.14}$$

若 β_l 变小，则式(9.14)趋近于式(9.10)的窄带干扰结果。

若 β_l 大到足以使所有信号功率都包含在 $f_l - \beta_l/2 \leqslant f \leqslant f_l + \beta_l/2$ 内，则式(9.14)变为

$$Q = \beta_l / R_c \tag{9.15}$$

整理式(9.15)可得 $QR_c = \beta_l$。此式表明，噪声功率谱在信号的频率范围内平坦时，调制设计（尤其是在更高的扩频码速率下）不会改善 $(C_S/N_0)_{\text{eff}}$。此外，对于固定的干扰功率，干扰带宽越宽，Q 值越大，因而干扰对 $(C_S/N_0)_{\text{eff}}$ 的影响越小。

若信号是 BPSK-R(n)且干扰功率谱以信号谱为中心，即 $f_l = 0$，则将式(2.25)代入式(9.14)得

$$Q = \dfrac{1}{\dfrac{1}{\beta_l} \displaystyle\int_{-\beta_l/2}^{\beta_l/2} \operatorname{sinc}^2(\pi f T_c)\, \mathrm{d}f} \tag{9.16}$$

若另有 $\beta_l = 2R_c$，使得干扰涵盖信号功率谱的零点至零点主瓣，则式(9.16)变成

$$Q = \dfrac{2}{\displaystyle\int_{-R_c}^{R_c} \operatorname{sinc}^2(\pi f T_c)\, \mathrm{d}f} \approx 2.2 \tag{9.17}$$

若调制方式是 BOC(m, n)，且干扰功率谱由 $-(m+n) \times 1.023\,\text{MHz}$ 扩展到 $(m+n) \times 1.023\,\text{MHz}$，则当副载波频率远高于码速率时 Q 值可能很大，这种情况下频带中心位置的信号功率很小，使得干扰与信号谱低效匹配。Q 值对 BOC(m, m)为 4.7，而对 BOC(m, n)则随着 $m > n$ 而越来越大。

对于前面分析的三种干扰源类型，表 9.3 中小结了 C/A、L2C、P(Y)、L5、M、E1B、E1C 和 E5 信号的 Q 值，以及相关的调制类型和扩频码速率。

表 9.3　抗干扰品质因数（Q）示例

调制/信号	不同干扰谱下的 Q		
	谱峰处窄带/s	匹 配 谱	谱零点带宽内的带限白噪声
BPSK GPS: C/A, L2C, P(Y), L5 SBAS: L1, L5 GLONASS: L1OF, L1SF, L2OF, L2SF, L3OC, L1OC 和 L2OC Galileo: E6 CS, E5a, E5b BeiDou: B1I, B1Q, B2I, B2Q, B2a, B2b, B3 QZSS: C/A, L1S, L2C, L5, L5S NAVIC: S SPS, L5 SPS	1	1.5	2.2
BOC(10, 5) GPS: M GLONASS: L1SC, L2SC	2.3	4.0	7.2

（续表）

调制/信号	不同干扰谱下的 Q		
	谱峰处窄带/s	匹 配 谱	谱零点带宽内的带限白噪声
MBOC GPS: L1C Galileo: E1 OS BeiDou: B1-C QZSS: L1C	2.1	3.6	5.1
GLONASS BOC(1,1) GLONASS: L1OC 和 L2OC	1.9	3.0	4.7
$BOC_c(15, 2.5)$ Galileo: E1 PRS	2.5	4.5	18.7
$BOC_c(10, 5)$ Galileo: E6 PRS	2.4	4.4	8.2
AltBOC(15, 10) Galileo: E5 BeiDou: B2	2.5	4.4	11.3
BOC(14,2) BeiDou: B1-A	2.5	4.5	20.0
BOC(15, 2.5) BeiDou: B3-A	2.4	4.4	17.4
BOC(5, 2) NAVIC: S RS, L5 RS	2.4	4.2	8.5

9.2.2.2　计算 J/S 及干扰功率容限

假设接收机有限带宽内的信号功率损耗可以忽略[6]，将 $\int_{-\beta_I/2}^{\beta_I/2} S_S(f)\,\mathrm{d}f = 1$ 代入式(9.5)，得到简化式为

$$(C_S/N_0)_{\mathrm{eff,dB}} \triangleq 10\lg(C_S/N_0)_{\mathrm{eff}} = -10\lg\left[10^{-\frac{(C_S/N_0)_{\mathrm{dB}}}{10}} + \frac{10^{\frac{(C_I/C_S N_0)_{\mathrm{dB}}}{10}}}{QR_c}\right]\quad \mathrm{dB\text{-}Hz} \tag{9.18}$$

式中，$(C_S/N_0)_{\mathrm{dB}} = 10\lg(C_S/N_0)$ (dB-Hz)；$(C_I/N_0)_{\mathrm{dB}} = 10\lg(C_I/C_S)$ (dB)；Q 是 抗干扰品质因数（无量纲）；R_c 为扩频码速率（chips/s）。

式(9.18)表明，干扰的影响是把无干扰时的 $(C_S/N_0)_{\mathrm{dB}}$ 降到一个更低值 $(C_S/N_0)_{\mathrm{eff,dB}}$。如第 8 章所述，随着 $(C_S/N_0)_{\mathrm{eff}}$ 的降低，信号捕获、载波跟踪和数据解调功能恶化。每个功能都有一个恶化区域，在该区域内这个功能可能会失效，但通常用 1σ 门限来描述何时达到该极限。通常情况下，随着 $(C_S/N_0)_{\mathrm{eff,dB}}$ 的降低，数据解调和信号捕获首先失败。第 8 章表明，干扰对码跟踪的影响不同于载波跟踪，一般来说，码跟踪比载波跟踪对干扰的影响更稳健，因此必须单独评估对码跟踪和失锁的影响；但是在载波环失锁后，只有用精确的外部速度辅助以开环方式估计载波多普勒时，码跟踪门限才有意义。若没有外部速度辅助可用，则由于载波剥离过程快速恶化而造成的严重信号滚降，在载波跟踪环路失去频率锁定后，码跟踪环路很快失锁。注意，码跟踪环路并不能提可靠的供载波多普勒估计，但已知的静止天线条件可以提供理想的多普勒估计。当 $(C_S/N_0)_{\mathrm{eff,dB}}$ 由于干扰而降低到码跟踪环路门限时，受辅助接收机将失锁。

为解出 $(C_I/C_S)_{\mathrm{dB}}$（天线输入端的干信比，dB），可将式(9.18)整理为

$$(C_I/C_S)_{\mathrm{dB}} = 10\lg\left[QR_c\left(10^{-\frac{(C_S/N_0)_{\mathrm{eff,dB}}}{10}} - 10^{-\frac{(C_S/N_0)_{\mathrm{dB}}}{10}}\right)\right] \tag{9.19}$$

以 dB-Hz 为单位来计算式(9.18)和式(9.19)中无干扰时的 $(C_S/N_0)_{\text{dB}}$ 会涉及许多参数，可将其分段表示如下：

$$(C_S/N_0)_{\text{dB}} = (C_S)_{\text{dB}} - (N_0)_{\text{dB}} \quad \text{dB-Hz}$$
$$(C_S)_{\text{dB}} = (C_{\text{R}i})_{\text{dB}} + (G_{\text{SV}i})_{\text{dB}} - L_{\text{dB}} \quad \text{dBW}$$
$$(N_0)_{\text{dB}} = 10\lg\left[k\left(T_{\text{ant}} + T_{\text{receiver}}\right)\right] \quad \text{dBW} \tag{9.20}$$
$$T_{\text{receiver}} = 290\left(10^{(N_f)_{\text{dB}}/10} - 1\right) \quad \text{K}$$

式中，$(C_S)_{\text{dB}}$ 是接收 SV_i 信号得到的功率（dBW）；$(N_0)_{\text{dB}}$ 是在 1Hz 带宽内的热噪声功率分量（dBW/Hz）；$(C_{\text{R}i})_{\text{dB}}$ 是在天线输入端的 SV_i 接收信号功率（dBW）；$(G_{\text{SV}i})_{\text{dB}}$ 是指向 SV_i 的天线增益（dBic）；L_{dB} 是接收机实现损耗，包括 A/D 转换器损耗(dB)；k 是玻尔兹曼常数，值为 1.38×10^{-23}（J/K）；T_{ant} 是天线噪声温度（K）；T_{receiver} 是接收机系统噪声温度（K）；$(N_f)_{\text{dB}}$ 是 290 K 时的接收机噪声系数（dB）。

作为将式(9.20)用于 GPS L1 C/A 码信号的一个算例，设 $(C_{\text{R}i})_{\text{dB}} = -158.5\,\text{dBW}$（即 IS-GPS-200 规定的最小接收信号功率电平）。进一步假设使用典型的 RHCP 固定接收模式天线（FRPA），其增益在地平线以上的仰角 5°处滚降到约-3dBic，这也是满足 GPS 最小接收功率规定的仰角。典型的 FRPA 指向天顶的增益增加到 1.5dBic 或更大，此方向上的 GPS 最小接收功率规定也是满足的。在这两个仰角之间，卫星天线阵列增益方向图使得接收信号功率略微增加。换言之，在 5°仰角附近，接收信号功率和天线增益的组合结果会降低约-3dB，而在天顶方向则会增加约 1.5dB，在典型 FRPA 的近似半球形覆盖区域内，波动范围超过 4.5dB。天线的倾斜会显著增加这一增益波动范围，而且地球的高温也会增大噪声温度。在此算例中，同时考虑接收机天线和卫星天线的增益，为容许大多数时间都有更高的卫星信号电平，假设天线指向卫星的增益为 $(G_{\text{SV}i})_{\text{dB}} = 1.5\,\text{dB}$。对于这一高质量接收机设计实例，假设实现损耗（包括 A/D 转换器损耗）为 2dB（$L_{\text{dB}} = 2$）。在式(9.20)中利用这些假设，计算得到总恢复信号功率是 $(C_S)_{\text{dB}} = -158.5 + 1.5 - 2 = -159.0\,\text{dBW}$。

假设天线噪声温度为 $T_{\text{ant}} = 100\text{K}$（见 8.2 节），前端设计提供 290K 时的低噪声系数 $(N_f)_{\text{dB}} = 2\,\text{dB}$，有 $T_{\text{receiver}} = 290\times(10^{0.2} - 1) = 169.6\text{K}$。由假设可算出热噪声为 $N_0 = 10\lg[k\times(100 + 169.6)] = -204.3\,\text{dBW/Hz}$。因此，无干扰时的 $(C_S/N_0)_{\text{dB}} = -159.0 + 204.29 = 45.3\,\text{dB-Hz}$。

注意，式(9.20)中的无干扰 $(C_S/N_0)_{\text{dB}}$ 考虑了卫星方向的天线增益及接收机的实现损耗。同样，若在式(9.19)中考虑干扰方向的天线增益 $(G_J)_{\text{dB}}$，则有

$$(C_I/C_S)_{\text{dB}} = (C_t)_{\text{dB}} - (C_S)_{\text{dB}}$$
$$(C_I)_{\text{dB}} = J_{\text{dB}} + (G_J)_{\text{dB}} - L_{\text{dB}}$$
$$(C_S)_{\text{dB}} = (C_{\text{R}i})_{\text{dB}} + (G_{\text{SV}i})_{\text{dB}} - L_{\text{dB}} = S_{\text{dB}} + (G_{\text{SV}i})_{\text{dB}} - L_{\text{dB}} \tag{9.21}$$
$$(C_I/C_S)_{\text{dB}} = J_{\text{dB}} - S_{\text{dB}} + (G_J)_{\text{dB}} - (G_{\text{SV}i})_{\text{dB}} = (J/S)_{\text{dB}} + (G_J)_{\text{dB}} - (G_{\text{SV}i})_{\text{dB}}$$

式中，$(J/S)_{\text{dB}}$ 是以分贝表示的天线输入端干扰和信号功率之比，将其代入式(9.19)有

$$(J/S)_{\text{dB}} = (G_{\text{SV}i})_{\text{dB}} - (G_J)_{\text{dB}} + 10\lg\left[QR_c\left(10^{-\frac{(C_S/N_0)_{\text{eff,dB}}}{10}} - 10^{-\frac{(C_S/N_0)_{\text{dB}}}{10}}\right)\right] \tag{9.22}$$

根据式(9.22)，对于给定的 QR_c，利用式(9.20)的无干扰 $(C_S/N_0)_{\text{dB}}$ 和 $(C_S/N_0)_{\text{eff,dB}}$ 值，可以计算接收机的 $(J/S)_{\text{dB}}$ 性能；其中 $(C_S/N_0)_{\text{eff,dB}}$ 的值可以简单地取为接收机跟踪门限，该门限可由第 8 章给出的近似方法确定。回顾可知，对于无辅助的 GPS 接收机，载波跟踪门限 $(C_S/N_0)_{\text{eff,dB}}$ 是薄弱环节。

作为式(9.22)的一个算例，对无干扰 C/A 码，有 $(C_S/N_0)_{\text{dB}} = 45.3\,\text{dB-Hz}$，假设指向干扰源的

天线增益 $(G_J)_{dB}$ 是 $-3\,dBi$。注意，干扰源信号可能是右旋圆极化（RHCP）的，也可能不是右旋圆极化的。若是右旋极化的，则指向干扰源的天线增益和天线在此方向上对卫星信号的增益相同。若干扰源是线极化的，则指向干扰源的增益中会增加额外约 3 dB 的损耗，具体取决于 GPS 天线的极化失配。若干扰源是地基的，则由 8.2 节可知，随着仰角变小，典型的 GNSS 天线几乎呈线性极化。

由于期望信号是 BPSK-R(1)调制的 C/A 码，$R_c = 1.023 \times 10^6$ chips/s。假设有一个功率谱为矩形的带限白噪声（BLWN）干扰波形，其中心频率与 C/A 码信号的一致，带宽约为 2MHz（零点至零点），因而有 $Q = 2.2$。假设 L1 C/A 码 PLL 载波跟踪门限为 $(C_S/N_0)_{eff,dB} = 27\,dB\text{-}Hz$。将这些值和前述算例中的 $(C_S/N_0)_{eff,dB}$ 代入式(9.22)有

$$(J/S)_{dB} = 1.5 + 3.0 + 10\lg\left[2.2 \times 1.023 \times 10^6 \times \left(10^{-2.7} - 10^{-4.529}\right)\right] = 41.0\,dB$$

对于 L1 P(Y)码信号，调制为 BPSK-R(10)，$R_c = 10.23\,Mchips/s$，$(C_{Ri})_{dB} = -161.5\,dBW$。假设此干扰波有 BLWN 矩形谱，中心频率为 L1，带宽为 20.46MHz（零点至零点），则 $Q = 2.2$（其余假设不变）。无干扰 $(C_S/N_0)_{dB} = 42.3\,dB\text{-}Hz$，故假设 PLL 跟踪门限与 C/A 码信号相同，因此有

$$(J/S)_{dB} = 1.5 + 3.0 + 10\lg\left[2.2 \times 10.23 \times 10^6 \times \left(10^{-2.7} - 10^{-4.529}\right)\right] = 50.9\,dB$$

注意，P(Y)码信号的无干扰 $(C_S/N_0)_{dB}$ 与前述 C/A 码信号的相同，而 $(J/S)_{dB}$ 恰好高 10dB，表明扩频码码片速率增加了 10 倍。

对于现代化 M 码信号，调制为 BOC$_S$(10, 5)，$R_c = 5.115\,Mchips/s$，Block II 卫星在正常功率下的最小接收功率电平为 $(C_{Ri})_{eff,dB} = -158.0\,dBW$。然而，必须将其降低 3dBW 至$-161\,dBW$，因为我们总使用导频分量（占总功率的 50%）来大幅改善跟踪门限。对于三阶 PLL，假设 M 码 PLL 达到 $(C/N_0)_{dB} = 17\,dB\text{-}Hz$（使用与前两个例子中相同的天线和接收机参数）。通过在 PLL 载波跟踪环路中使用 M 码时分数据调制（TDDM）的无数据区间来提取 M 码导频分量。假设 BLWN 干扰的功率谱包含两个矩形（零点至零点），分别以 L1±10.23MHz 为中心，带宽都为 10.23MHz，$Q = 7.2$。无干扰 $C_S/N_0 = 42.8\,dB\text{-}Hz$，故有

$$(J/S)_{dB} = 1.5 + 3.0 + 10\lg\left[7.2 \times 5.115 \times 10^6 \times \left(10^{-1.7} - 10^{-4.28}\right)\right] = 63.2\,dB$$

表 9.4 中显示了在上述 BLWN 宽带干扰源例子中使用的 GPS L1 C/A、L1 P(Y)和 M （TDDM）信号以及 GPS L2C 和 L5 信号时，三种干扰类型（宽带、匹配谱和窄带）下的接收机 $(J/S)_{dB}$ 性能。表 9.5 中给出了 GPS L1C、Galileo E1 OS、BeiDou B1I 和 GLONASS L1OF（FDMA）信号的 $(J/S)_{dB}$ 性能。表中的参数包括信号名称及与每种信号相关的码片速率 R_c、扩频码调制类型、规定的最小接收信号功率 $(C_{Ri})_{dB}$、无干扰载波噪声功率比 $(C_S/N_0)_{dB}$、无辅助三阶 PLL 载波跟踪门限 $(C_S/N_0)_{eff,dB}$。在 J/S 项旁边的括号中给出了适用的参考 Q 值，因为这一无量纲因子在信号对干扰的鲁棒性方面有着重要影响，且对每种类型的干扰源都是唯一的。

表 9.4　适当 Q 值下 GPS 信号（L1C 除外）的 J/S 性能比较

信号/干扰源类型	$(J/S)_{dB}$ (dB)，[Q（无量纲）]				
信号	L1 C/A	L1 P(Y)	L1 M (TDDM)[1]	L2 CL[1]	L5 Q5[1]
R_c(chips/s)	1.023×10^6	10.23×10^6	5.115×10^6	1.023×10^6	10.23×10^6
调制类型	BPSK-R(1)	BPSK-R(10)	BOC$_S$(10, 5)	BPSK-R(1)	BPSK-R(10)

（续表）

信号/干扰源类型	$(J/S)_{dB}$（dB），[Q（无量纲）]				
$(C_{Ri})_{dB}$（dBW）	−158.5	−161.5	−161.0	−163 (IIF)[2] −161.5 (III)	−157.9 (IIF)[3] −157.0 (III)
$(C_S/N_0)_{dB}$（dB-Hz）	45.29	42.29	42.79	40.79	45.89
$(C_S/N_0)_{eff,dB}$（dB-Hz）	27	27	17	17	17
宽带谱零点	41.0 [2.2]	50.9 [2.2]	63.2 [7.2]	51.0 [2.2]	61.1 [2.2]
宽带匹配谱	39.3 [1.5]	49.2 [1.5]	60.6 [4.0]	49.3 [1.5]	59.4 [2.2]
谱峰处窄带	37.5 [1.0]	47.5 [1.0]	58.2 [2.3]	47.6 [1.0]	57.6 [1.0]

注 1：设为导频分量中的最小接收功率。

注 2：设为 −163dBW，来自 IIR 和 IIF 卫星 L2 民用长码分量（CL）。

注 3：设为 −157.9dBW，来自 IIF 卫星 L5 正交分量（Q5）。

表 9.5　适当 Q 值下 GPS L1C 信号及所选 Galileo、BeiDou 和 GLONASS 信号的 J/S 性能比较

信号/干扰源类型	$(J/S)_{dB}$（dB），[Q（无量纲）]			
星座	GPS	Galileo	BeiDou	GLONASS
信号	L1Cp[1]	E1 OS (CBOC-)[1]	B1I (MEO)	L1OF (FDMA)
R_c（chips/s）	1.023×10^6	1.023×10^6	1.023×10^6	0.511×10^6
调制类型	BOC(1,1)	BOC(1, 1)	BPSK-R(2)	BPSK-R(0.511)
$(C_{Ri})_{dB}$（dBW）[1]	−158.25 (III)	−160.0	−166.0	−161.0
L1 载波（MHz）	1575.42	1575.42	1561.098	1602.0
$(C_S/N_0)_{dB}$（dB-Hz）	45.54	43.79	37.79	42.79
$(C_s/N_0)_{eff,dB}$（dB-Hz）	17	17	27	27
宽带谱零点	54.7 [5.1]	54.7 [5.1]	40.6 [2.2]	37.9 [2.2]
宽带匹配谱	53.2 [3.6]	53.2 [3.6]	39.0 [1.5]	36.2 [1.5]
谱峰处窄带	50.8 [2.1]	50.8 [2.1]	37.2 [1.0]	34.5 [1.0]

注 1：采用信号分量的最小接收功率。

　　注意，对于相同的天线性能、接收机参考振荡器质量、随机振动分布和动态应力环境假设，表 9.4 中给出了 15 个不同的 $(J/S)_{dB}$ 性能值。换句话说，比较的基础是相同的。表 9.5 中对 L1C 和 E1 OS 有两个匹配项，因为它们的共有信号分量具有匹配的 Q 值和扩频码速率，且接收功率的细微差异直到 $(J/S)_{dB}$ 小数点后的第三位才显示出来。

　　表 9.6 中小结了所有实例中假设使用的接收机设计参数。进一步假设接收机是未受辅助的，因而跟踪门限由前面三个例子所做的三阶 PLL 跟踪门限假设确定。对于 BPSK 调制的 GPS L1 C/A 和 P(Y)、BeiDou B1I 和 GLONASS L1OF 信号，科斯塔斯载波跟踪门限为 27dB-Hz，而 GPS M(TDDM)、L2 CL、L5 Q5、L1Cp 和 Galileo E1 OS(CBOC-)的导频分量跟踪门限为 17dB-Hz。表中所示的所有导频分量信号的规定最低接收功率低于总接收功率，例如对 GPS M(TDDM)、L2 CL、L5 Q5 和 Galileo E1 OS(CBOC-)来说，低 50%或 3dB；但对 GPS L1Cp 来说，只低 25%或 1.25dB。显然，无数据（导频）PLL 跟踪门限的改善不仅克服了这种信号功率损失，而且在 $(C/N_0)_{eff,dB}$ 较小时还有额外的改善，因为相干 PLL 跟踪没有平方损耗。

　　PLL 外部速度辅助可以改善接收机跟踪门限；尤其是当外部速度辅助足够精确时，通过在严重干扰期间以足够的精度进行开环载波多普勒估计来代替闭合载波跟踪环路，保持码跟踪延迟锁定环（DLL）正常工作。这种（临时）跟踪状态下的跟踪门限取决于更鲁棒的码跟踪门限，但当

辅助接收机中的载波跟踪打开时，数据解调是不可能的。即使通过紧耦合的外部辅助来维持持续的载波跟踪，在 $(C/N_0)_{\text{eff,dB}}$ 较小时误码率也可能会过高。对于现代化信号，由于科斯塔斯 PLL 的平方损耗及其更低的抖动容限，与传统的科斯塔斯（数据）分量跟踪相比，导频分量跟踪将能持续跟踪在更低的信号电平上。这种跟踪模式还可通过使用导频分量获得额外的好处，因为只要在 PLL 中载波环是闭合的，码 DLL 滤波器就可以是相干的而无平方损耗。然而，若接收机持续工作在无法可靠实现数据解调的电平上，则将导致导航精度的逐渐恶化，除非能够通过另一种方式接收到当前的导航数据。

表 9.6　假设的接收机设计参数总结

符　号	参　　　数	值	单　位
$(G_{\text{SV}i})_{\text{dB}}$	指向 SVi 的天线增益	1.5	dBic
$(G_{\text{J}})_{\text{dB}}$	指向干扰源的天线增益	−3.0	dBic
T_{ant}	天线噪声温度	100	K
$(N_{\text{f}})_{\text{dB}}$	290K 下的接收机噪声系数	2	dB
T_{receiver}	基于 $(N_{\text{f}})_{\text{dB}}$ 的接收系统噪声温度	169.6	K
L_{dB}	接收机实现损耗	2	dB

利用可控接收模式天线（CRPA）可以获得对抗宽带干扰源的显著改进。CRPA 可以在指向卫星的方向提供少量附加增益，而在有限的干扰源（若 CRPA 包含 N 个天线元件，则为 $N-1$ 个干扰源）方向上则大幅衰减（增益为零）。

上述策略（外部速度辅助和 CRPA）显著改善了接收机跟踪门限值 $(C/N_0)_{\text{eff,dB}}$（使其降了）。图 9.1 中说明了相应的 $(J/S)_{\text{dB}}$ 性能改善与接收机跟踪门限 $(C/N_0)_{\text{eff,dB}}$ 的关系；对于 L1 C/A 信号、L2C 信号的 CL 导频分量及 L5 信号的 Q5 导频分量，假设为每个信号定制了一个零点至零点 BLWN 干扰源。图 9.2 中显示了 L1 P(Y) 和 L1M(TDDM) 导频分量的情形。在这两幅图中，重要的是要认识到，性能差异不应基于所有信号具有相同 $(C/N_0)_{\text{eff,dB}}$ 跟踪门限的假设。请记住，由于现代化信号中的导频分量，若最小接收信号功率具有可比性，则实际载波和码跟踪门限优于传统信号的科斯塔斯跟踪。

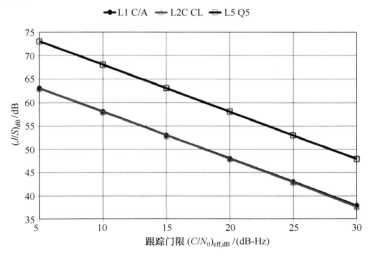

图 9.1　对于 L1 C/A、L2 CL 和 L5(Q5) 信号，$(J/S)_{\text{dB}}$ 与跟踪门限的关系

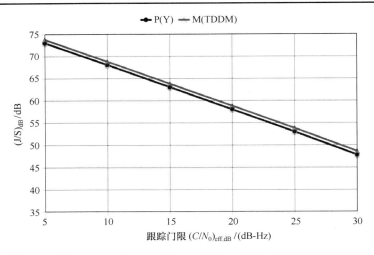

图 9.2　对于 L1 P(Y) 和 L1 M(TDDM) 信号，$(J/S)_{dB}$ 与跟踪门限的关系

当比较中涉及多个最小接收信号功率时，比较接收机干扰性能的更好方式是用干扰容限（可容许 J_{dB}）代替 $(J/S)_{dB}$。干扰容限 J_{dB} 的公式很简单：

$$J_{dB} = (J/S)_{dB} + (C_{Ri})_{dB} \quad dBW \tag{9.23}$$

表 9.7 中比较了上述三种类型干扰（宽带、匹配、频谱和窄带）下 L1 C/A、P(Y) 和 M 码信号加上 L2 CL 和 L5 Q5 信号的接收机干扰容限 J_{dB}，其中 $(J/S)_{dB}$ 和 $(C_{Ri})_{dB}$ 采用表 9.4 中的值。

表 9.7　适当 Q 值下干扰容限性能比较

信号/干扰类型	干扰容限 J_{dB}(dBW)，[Q（无量纲）]				
PRN 码	C/A	P(Y)	L1 M (TDDM)	L2 CL	L5 Q5
R_c (chips/s)	1.023×10^6	10.23×10^6	5.115×10^6	1.023×10^6	10.23×10^6
调制类型	BPSK-R(1)	BPSK-R(10)	$BOC_s(10, 5)$	BPSK-R(1)	BPSK-R(10)
$(C_{Ri})_{dB}$ (dBW)	−158.5	−161.5	−161.0	−163.0 (IIR, IIF)	−157.9 (IIF)
宽带零点至零点	−117.5 [2.2]	−110.6 [2.2]	−97.9 [7.2]	−112.0 [2.2]	−96.8 [2.2]
宽带匹配谱	−119.2 [1.5]	−112.3 [1.5]	−100.4 [4.0]	−113.7 [1.5]	−98.6 [1.5]
谱峰处窄带	−121.0 [1.0]	−114.0 [1.0]	−102.8 [2.3]	−115.4 [1.0]	−103.3 [1.0]

这个比较的例子揭示了实际干扰功率电平门限之间更贴近（更大）的差距，若一种信号比另一种信号的接收信号功率高，则其差异会超过 J/S 度量指示。例如，对于 BLWN、匹配谱和窄带干扰，M 码接收机的性能要比 P(Y) 码接收机的性能分别优 12.7dB、11.9dB 和 11.2dB。同样，对于 BLWN、匹配谱和窄带干扰，L5 Q5 分别优于 L1 C/A 20.7dB、20.6dB 和 17.7dB，优于 L2C（CL）15.2dB、15.1dB 和 12.1dB。耐人寻味的是，L5 导频分量只比 L1 C/A 优 0.6dB，但是 L5 导频跟踪环路明显优于科斯塔斯 L1 C/A 跟踪环路，因为 L5 导频跟踪环路有两倍的 PLL 噪声抖动容限，加之它在门限区具有零平方损耗。在 L5(Q5) 与 L2 CL 比较的情况下，L5 Q5 的更高接收信号功率是其优于干扰容限 J_{dB} 的唯一原因。

图 9.3 中描述了对 L1 C/A 信号及 L2 CL 和 L5 Q5 导频分量的三阶 PLL 跟踪模式，假设为每个信号定制零点至零点 BLWN 干扰源的情况下，干扰容限 J_{dB} 性能与 $(C/N_0)_{eff.dB}$ 的关系。图 9.4 中显示了 L1 P(Y) 和 L1 M 导频分量的情形。在两幅图中，通过简单地检查相同的纵轴交点（即对每个信号使用相同的跟踪门限）来比较干扰容限 J_{dB} 性能是不正确的。相反，应首先确定与每

个信号相关的实际跟踪门限，然后进行比较。

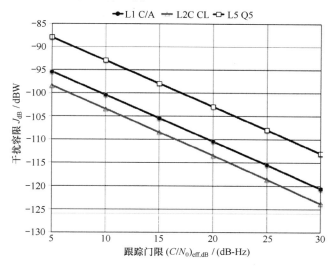

图 9.3　对于 L1 C/A、L2 CL 和 L5 Q5 信号，干扰容限 J_{dB} 与跟踪门限的关系

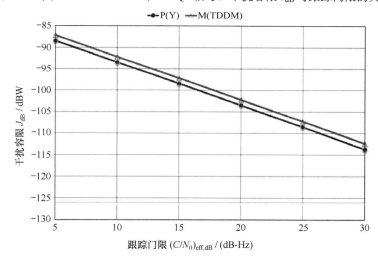

图 9.4　对于 L1 P(Y) 和 L1 M (TDDM) 信号，干扰容限 J_{dB} 与跟踪门限的关系

9.2.2.3　计算射频干扰信号电平

尽管 GNSS 接收机的 J/S 性能在用分贝表示时令人印象深刻，但在考虑到天线输入端干扰接收机跟踪的实际干扰源信号功率时，就不那么明显。这是因为天线输入端接收到的 GNSS 信号功率太小。在以分贝为单位确定了接收机的 J/S 性能后，为了说明在 GNSS 接收机输入端需要多小的干扰功率就会使其失效，需要用到下式：

$$(J/S)_{dB} = (J_r)_{dB} - (S_r)_{dB} = (J_r)_{dB} - (C_{Ri})_{dB} \tag{9.24}$$

式中，$(J_r)_{dB}$ 是接收机天线输入端的（入射）干扰功率（dBW）；$(S_r)_{dB} = (C_{Ri})_{dB}$ 是接收机天线输入端的（入射）信号功率（dBW）。

整理式(9.24)得

$$(J_r)_{dB} = (J/S)_{dB} + (C_{Ri})_{dB} = J_{dB} \quad dBW$$

因为 $(J_r)_{dB} = 10\lg J_r$，所以在接收机门限干扰电平下天线输入端以瓦特为单位的干扰总功率为

$$J_r = 10^{\frac{(J/S)_{dB} + (C_{Ri})_{dB}}{10}} = 10^{\frac{\text{干扰容限} J_{dB}}{10}} \text{ W} \tag{9.25}$$

对于零点至零点带限白噪声（BLWN）干扰源，采用前一节讨论的 C/A 码信号干扰容限 $J_{dB} = -117.5\,dBW$，有 $(C_S/N_0)_{eff,dB} = 27\,dB\text{-}Hz$，$(C_{Ri})_{dB} = -158.5\,dBW$ 和 $(J/S)_{dB} = 41\,dB$，入射干扰功率由式(9.25)确定如下：

$$J_r = 10^{-117.5/10} = 1.76 \times 10^{-12} \text{ W}$$

这说明对于前一节中假设的 FRPA 设计，只需要小于 2pW 的入射 BLWN 干扰功率就会使一个具有 41dB 中等 $(J/S)_{dB}$ 性能的 C/A 码接收机失效。

表 9.8 中描述了使用表 9.7 中干扰容限性能示例（包括表 9.4 中相关的 J/S 性能示例以便于比较）的极小失效入射功率。表 9.8 中清楚地表明，在干扰情况下，现代化信号比原始信号更鲁棒。查看表 9.8 中的各项发现，天线输入端的小功率使独立的 GNSS 接收机失效，我们可以深入了解独立 GNSS 接收机的抗干扰性能。回顾可知，在所有这些例子中，假设天线增益方向图为干扰功率提供了额外的 3dB 损失，因为假设它到达天线入口点的仰角比 GNSS 信号更低。

表 9.8　失效入射功率及其相应的(J/S)$_{dB}$性能

信号/干扰源类型	失效入射功率（pW），$[(J/S)_{dB}(dB)]$				
PRN 码	C/A	P(Y)	L1 M (TDDM)	L2 CL	L5 Q5
R_c (chips/s)	1.023×10^6	10.23×10^6	5.115×10^6	1.023×10^6	10.23×10^6
调制类型	BPSK-R(1)	BPSK-R(10)	BOC$_s$(10, 5)	BPSK-R(1)	BPSK-R(10)
$(C_{Ri})_{dB}$ (dBW)	−158.5	−161.5	−161.0	−163.0 (IIR, IIF)	−157.9 (IIF)
宽带零点至零点	1.8 [41.0]	8.8 [50.9]	164.1 [63.2]	6.4 [51.0]	205.0 [61.1]
宽带匹配谱	1.2 [39.3]	5.9 [49.3]	91.2 [60.6]	4.3 [49.3]	139.8 [59.4]
谱峰处窄带	0.8 [37.5]	4.0 [47.5]	52.4 [58.2]	2.9 [47.6]	93.2 [57.6]

9.2.2.4　计算到射频干扰的距离

通常，在给定干扰源的有效各向同性辐射功率（EIRP）的情况下，希望得到从射频干扰源到接收机的工作距离（参见附录 C 以便更深入地了解自由空间传播损耗）。

干扰源发射功率到天线输入端的链路预算公式为

$$(\text{EIRP})_{dB} = (J_r)_{dB} + (L_p)_{dB} \tag{9.26}$$

式中，$(\text{EIRP})_{dB}$ 是干扰源的有效各向同性辐射功率，它等于 $(J_t)_{dB} + (G_t)_{dB}$；$(J_t)_{dB}$ 是干扰源发送到天线的功率（dBW），它等于 $10\lg J_t$（J_t 的单位为 W）；$(G_t)_{dB}$ 是干扰源发射天线增益（dBic）；$(J_t)_{dB}$ 是入射（接收到的）干扰功率 （dBW），它等于 $10\lg J_t$（J_t 的单位为 W），也等于用于计算到干扰源距离容限的干扰容限 J_{dB}。$(L_p)_{dB}$ 是干扰功率传播损耗（dB）。

该链路预算不包括干扰信号到达接收机天线输入端后发生的情况，后者由计算接收机干信比 $(J/S)_{dB}$ 的公式处理。

若干扰传播路径为空对空、空对地或地对空，则可以用自由空间传播损耗方程进行很好的近似，因此有

$$(L_p)_{dB} = 10\lg\left(4\pi d / \lambda_j\right)^2 \qquad （见附录 C） \tag{9.27}$$

式中，d 是到干扰源的距离（m）；λ_j 是干扰信号波长（m）。若干扰传播路径为地对地，则干扰传播损耗的建模要复杂得多。这种情况下的几个地对地模型将在后面描述。

作为 L1 C/A 码信号和 BLWN 零点至零点干扰源的一个算例，假设有一个基本的自由空间干扰传播路径，干扰源发射功率为 $J_t = 2\,\text{W}$，则 $(J_t)_{\text{dB}} = 10\lg 2 = 3.0\,\text{dBW}$；干扰源天线的增益为 $(G_t)_{\text{dB}} = 3\,\text{dBic}$，且是右旋极化的。于是，$(\text{EIRP}_j)_{\text{dB}} = 6\,\text{dBW}$，有效全向辐射功率为 $\text{EIRP}_t = 10^{0.6} = 4.0\,\text{W}$。由于干扰频率在带内，所以假设干扰载波波长 λ_j 以 L1 为中心。进一步假设干扰载波频率由白噪声信号调制，此后带限为零点至零点带宽约 2MHz 的 BLWN 干扰。使用表 9.7 中 L1 C/A 信号的零点至零点 BLWN 情况下的 $(J_t)_{\text{dB}}$ 干扰容限 $J = -117.5\,\text{dBW}$，算例中的接收机到达跟踪失锁门限时，其到天线的视线距离现在可以由式(9.28)来确定，重新整理该式，求解传播损耗如下：

$$(L_p)_{\text{dB}} = (J_t)_{\text{dB}} + (G_t)_{\text{dB}} - (J_r)_{\text{dB}} = (\text{EIRP})_{\text{dB}} - \text{干扰容限}\,J = 6 + 117.5 = 123.5\,\text{dB}$$

接下来，由自由空间传播方程求解距离 d 如下：

$$(L_p)_{\text{dB}} = (\text{EIRP})_{\text{dB}} - \text{干扰容限}\,J = 10\lg\left(4\pi d/\lambda_j\right)^2 = 20\lg\left(4\pi d/\lambda_j\right) \quad \text{dB}$$

$$d = \frac{\lambda_j 10^{\frac{(\text{EIRP})_{\text{dB}} - \text{干扰容限}\,J}{20}}}{4\pi} \quad \text{m}$$

这个距离公式是从接收机天线输入到干扰源发射天线输出的自由空间距离，该将干扰源功率电平衰减到与接收机算例中跟踪门限电平相对应的功率电平。算例中计算了干扰源天线和接收机天线之间的自由空间距离，它将 6dBW（4W）的干扰功率衰减 123.5dB，使得到达 L1 C/A 码信号接收机的功率电平为干扰容限电平 $J = -117.5\,\text{dBW}$（1.8pW）。将前述公式除以 1000，可以算出以千米为单位的距离，随后转换为海里数，得到

$$d = \frac{\lambda_j 10^{\frac{(\text{EIRP})_{\text{dB}} - \text{干扰容限}\,J}{20}}}{4000\pi} = \frac{0.1903 \times 10^{123.5/20}}{12566.377} = 22.7\,\text{km}(12.2\,\text{nmi})$$

表 9.9 中示出了到干扰源的 J_{dB} 距离容限，适用于表 9.7 的所有例子，包括所有三种类型的干扰源，假设每个干扰信号都是 RHCP 的，且功率为 $(\text{EIRP})_{\text{dB}} = 6\,\text{dBW}$（4W）。注意，给定功率下窄带干扰源是最有效（$Q$ 最低）的，也是最容易（最便宜的天线和接收机设计）抑制的。

表 9.9　到 4W 干扰源的 J 距离容限，假设为自由空间传播模型

信号/干扰源类型	距离/km (nmi)				
PRN 码	C/A	P(Y)	L1 M (TDDM)	L2 CL	L5 Q5
R_c (chips/s)	1.023×10^6	10.23×10^6	5.115×10^6	1.023×10^6	10.23×10^6
调制类型	BPSK-R(1)	BPSK-R(10)	BOC$_s$(10, 5)	BPSK-R(1)	BPSK-R(10)
$(C_{R_i})_{\text{dB}}$ (dBW)	−158.5	−161.5	−161.0	−163.0 (IIR, IIF)	−157.9 (IIF)
宽带零点至零点	22.7 (12.2)	10.2 (5.5)	2.4 (1.3)	15.4 (8.3)	2.8 (1.5)
宽带匹配谱	27.6 (14.9)	12.4 (6.7)	3.2 (1.7)	18.7 (10.1)	3.4 (1.8)
谱峰处窄带	33.8 (18.2)	15.2 (8.2)	4.2 (2.3)	17.8 (9.6)	3.1 (1.7)

图 9.5 中描述了对于 L1 C/A、L2 CL 和 L5 Q5 信号，到宽带零点至零点干扰源的自由空间距离（km）随 EIRP（W）的变化。图 9.6 中显示了 P(Y) 和 M(TDDM) 信号的情况。

对于地对地干扰路径，由于地面衰减效应的变化，干扰信号要经受比自由空间大得多的路径损耗。这些量如此不可预测，以至于精确地预测路径损耗（没有在实际地面运行区域的实验数据）几乎是不可能的。

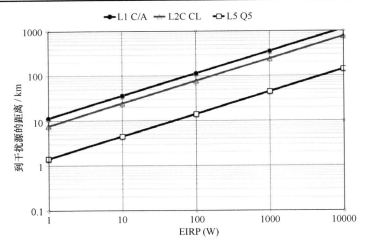

图 9.5　对于 L1 C/A、L2 CL 和 L5 Q5 信号，到宽带零点至零点干扰源的自由空间距离随 EIRP 的变化

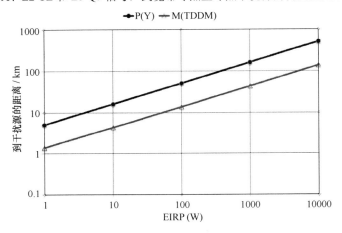

图 9.6　对于 P(Y) 和 M (TDDM) 信号，到宽带零点至零点干扰源的自由空间距离随 EIRP 的变化

然而，经验模型可以为估算典型的地对地路径损耗提供代理。Okumura 和 Hata[7]联合发表了用于移动通信的结果。Okumura 通过城镇、中小城市、大城市、郊区和开放乡村环境中的受控外场实验获得了大量移动通信数据。其大量数据所用的参数包括：（1）150～1500MHz 的频率；（2）1～20km 的距离；（3）30～200m 的基站天线高度；（4）1～10m 的移动天线高度。Hata 首先利用这些数据开发了城市环境中传播损耗的经验模型$(L)_\text{dB} = A + B\lg d$（其中 d 的单位为 km），然后对其他环境在城市模型中加入校正量。后来，Mogensen 等人[8]修改了 Hata 城市模型。修正的 Hata 城市模型根据在 1500～2000MHz 频带的实验观测结果增加了路径损耗，但未改变修正模型。考虑到用于获得这些经验模型的参数范围，修正的 Hata 模型更适用于 L1 和更高频率的 L 波段中的路径损耗预测，而原始的 Hata 模型更适合于 L2 和更低频率的 L 波段。城市地区（最适用于 L2 和更低频率）的原始 Hata 路径损耗公式（单位为分贝）为

$$(L_{\text{p2}})_\text{dB} = 69.55 + 26.16\lg f - 13.82\lg h_\text{base} - ah_\text{mobile} + (44.9 - 6.55\lg h_\text{base})\lg d \tag{9.28}$$

式中，f 的单位是 MHz，h_base 和 h_mobile 的单位是 m，d 的单位是 km。最适用于 L1 和更高频率的城市地区修正 Hata 路径损耗公式只修改了 Hata 模型的前两项：

$$(L_{\text{p1}})_\text{dB} = 46.3 + 33.9\lg f - 13.82\lg h_\text{base} - ah_\text{mobile} + (44.9 - 6.55\lg h_\text{base})\lg d \tag{9.29}$$

式中，f 是发射频率（MHz）；h_{base} 是基站天线高度（m）；d 是基站与移动天线之间的距离（km）；ah_{mobile} 是移动天线高度校正（dB）。

有两个移动天线高度校正方程。中小城市移动天线高度的校正为

$$ah_{mobile} = (1.1\lg f - 0.7)h_{mobile} + 0.8 - 1.56\lg f \quad \text{dB} \tag{9.30}$$

而对于 $f \geq 400\,\text{MHz}$ 的大城市，移动天线高度校正为

$$ah_{mobile} = 3.2\lg(11.75h_{mobile})^2 - 4.97 \quad \text{dB} \tag{9.31}$$

式中，h_{mobile} 是移动天线高度（m）。

Hata 还为所有其他工作环境提供了校正项。Mogensen 等人并未改变这些校正项中的任何一个。对于郊区，L_{pN} 被校正为

$$(L_{sN})_{dB} = (L_{pN})_{dB} - 2 \times \left[\lg(f/28)\right]^2 - 5.4 \quad \text{dB} \tag{9.32}$$

式中，对于 f，$N = 1$ 或 2；对于开放区域，L_{pN} 被校正为

$$(L_{oN})_{dB} = (L_{pN})_{dB} - 4.78 \times (\lg f)^2 + 18.33 \times \lg f - 40.94 \quad \text{dB} \tag{9.33}$$

作为式(9.29)的 L1 C/A 码信号算例，我们使用修正的 Hata 方程，设干扰容限 $J = -117.5\,\text{dBW}$（前面确定），干扰功率 $(\text{EIRP})_{dB} = 6\,\text{dB}$，即用于到干扰源的自由空间距离算例的相同 4W BLWN 干扰源，移动天线高度为 1.5m，基站天线高度为 30m。进一步假设是中小城市的市区，所以使用天线高度修正公式(9.30)。从式(9.30)开始分段解决这个问题，如下所示：

$$A = 46.3 + 33.9 \times \lg 1575.42 = 154.692\,\text{dB}$$
$$B = 13.82 \times \lg 30 = 20.414\,\text{dB}$$
$$ah_{mobile} = (1.1 \times \lg 1575.42 - 0.7) \times 1.5 + 0.8 - 1.56 \times \lg 1575.42 = 0.038\,\text{dB}$$
$$D\lg d = (44.9 - 6.55\lg 30) \times \lg d = 35.225 \times \lg d$$
$$(L_{p1})_{dB} = (\text{EIRP})_{dB} - \text{干扰容限}\,J = 6 + 117.5 = 123.5\,\text{dB}$$
$$(L_{p1})_{dB} = 123.5 = A - B - ah_{mobile} + D\lg d \quad \text{dB}$$
$$d = 10^{\frac{123.5 - A + B + ah_{mobile}}{D}} = 10^{\frac{123.5 - 154.692 + 20.414 + 0.038}{35.225}} = 0.497\,\text{km}$$

注意，此例中由于地面干扰信号衰减显著增加，距离为 0.50km（0.27nmi），远小于 22.7km（12.2nmi）的自由空间干扰距离。

表 9.10 中小结了对此地面算例假设三种不同类型干扰的情况下所有 5 个信号案例的干扰距离。

表 9.10　对 4W 干扰源的距离容限，假设中小城市市区的地面传播

信号/干扰源类型	距离/km (nmi)				
PRN 码	C/A	P(Y)	L1 M (TDDM)	L2 CL	L5 Q5
R_c(chips/s)	1.023×10^6	10.23×10^6	5.115×10^6	1.023×10^6	10.23×10^6
调制类型	BPSK-R(1)	BPSK-R(10)	$\text{BOC}_s(10, 5)$	BPSK-R(1)	BPSK-R(10)
$(C_{RJ})_{dB}$ (dBW)	−158.5	−161.5	−161.0	−163.0 (IIR, IIF)	−157.9 (IIF)
宽带零点至零点	0.496 (0.268)	0.315 (0.170)	0.137 (0.074)	0.458 (0.247)	0.176 (0.095)
宽带匹配谱	0.554 (0.299)	0.352 (0.190)	0.162 (0.087)	0.511 (0.276)	0.197 (0.106)
谱峰处窄带	0.622 (0.336)	0.395 (0.213)	0.190 (0.102)	0.574 (0.310)	0.221(0.119)

图 9.7 中描述了对于 L1 C/A, L2 CL 及 L5 Q5 信号，到宽带零点至零点干扰源的地面距离（km）随 EIRP（W）的变化。图 9.8 中显示了 P(Y) 和 M(TDDM) 信号的情况。注意，由于地面干扰功率衰减，到地面干扰源的距离显著增加。

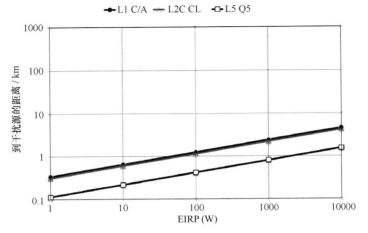

图 9.7   对于 L1 C/A、L2 CL 和 L5 Q5 信号，在中小城市城区，
到宽带零点至零点干扰源的地面距离随 EIRP 的变化

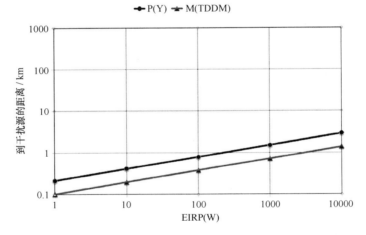

图 9.8   对于 P(Y) 和 M (TDDM) 信号，在中小城市城区，到
宽带零点至零点干扰源的地面距离随 EIRP 的变化

在途路径损耗特征发生变化时，Sklar[9]使用以下公式：

$$L = L_0 + n\lg(d/d_0) + X_G \quad \text{dB} \tag{9.34}$$

式中，L_0 是直至 d_0 的路径损耗（dB）；n 是超出 d_0 的路径损耗因子（通常为 2 或更大，无量纲）；(d/d_0) 是 d（距离大于 d_0）与 d_0（两者的单位均为 m）之比（无量纲）；X_G 是负责其他已知（如系统）损耗的常数（dB）。

Sklar 还使用了一个流行的空对空路径损耗模型，该模型与自由空间模型基本相同，但使用大于 2 的值修正平方损耗指数

9.2.2.5   C/A 码信号对连续波干扰的脆弱性

上一节中的干扰源距离算例假设品质因数 Q 对于连续波及其他（更宽的）窄带干扰均保持一致。特别地，GPS L1 C/A 码信号对连续波线谱干扰比对带宽更宽的窄带干扰更脆弱。这是由于 GPS C/A 扩频码是具有 1ms 短周期（即 PRN 序列每毫秒重复一次）的 Gold 码。因此，C/A 码信号（忽略导航数据）具有线谱，谱线间距为 1kHz[10]。在许多关于 GNSS 信号合成的创新中，

采用称为 NH 码的次级短同步码是其中之一，在频谱分离、接收机端的比特同步和窄带干扰保护方面发挥着重要作用[11]。

　　尽管典型情况下 C/A 码信号功率谱的每条谱线相对于总功率而言为-24dB 或更低，然而在每个 C/A 码信号中总有一些谱线衰减更小（即比-24dB 更强）。在同样的移位寄存器比特数下，C/A 码的线谱特性不如最大长度 PRN 序列[12]。因此，CW 干扰可以混入某个强的 C/A 码谱线而漏过相关器。表 9.11 中概括了 GPS C/A 码信号中所有 37 个原始 PRN 的最差谱线频率和最差（最强）谱线幅度[13]。现代化 GPS 卫星、QZSS 卫星和星基增强系统 GEO 卫星具有更多的 C/A 码 PRN 号。该表显示了最差谱线的典型水平及它们出现在不同谱线号的事实。应认识到的是，即使较弱的 C/A 码信号谱线也不能很好抵抗对准任何谱线的连续波干扰。这一泄漏问题（连续波瞬时匹配 C/A 码信号谱线）导致连续波效果与常态相比有瞬时增加。在 C/A 码信号搜索和捕获模式期间，这些瞬态连续波现象通常会引起比在跟踪模式期间更多的问题。

表 9.11　37 个最初 GPS C/A 码各自的最差谱线

C/A 码 PRN 号	最差谱线频率/kHz	最差谱线幅度/dB	C/A 码 PRN 号	最差谱线频率/kHz	最差谱线幅度/dB
1	42	-22.71	20	30	-22.78
2	263	-23.12	21	55	-23.51
3	108	-22.04	22	12	-22.12
4	122	-22.98	23	127	-23.08
5	23	-21.53	24	123	-21.26
6	227	-21.29	25	151	-23.78
7	78	-23.27	26	102	-23.06
8	66	-21.5	27	132	-21.68
9	173	-22.09	28	203	-21.73
10	16	-22.45	29	176	-22.22
11	123	-22.64	30	63	-22.14
12	199	-22.08	31	72	-23.13
13	214	-23.52	32	74	-23.58
14	120	-22.01	33	82	-21.82
15	69	-21.9	34	55	-24.13
16	154	-22.58	35	43	-21.71
17	138	-22.5	36	23	-22.23
18	183	-21.4	37	55	-24.13
19	211	-21.77	—	—	—

　　若接收机具有连续波干扰检测器，则可给出需要采取特殊的（耗时的）搜索策略的警告，例如增加搜索驻留时间及调整搜索检测器参数，以便在 CW 出现时进行最优的 C/A 码信号搜索操作。更低码速率的现代化信号（如 L2C）的设计特点可最大限度地减少这种脆弱性。由于 L5、P(Y) 和 M 信号等较高码速率信号的线谱具有功率低得多、间距更紧密的谱线，本质上具有连续谱的特性，所以这些信号并未呈现出这种脆弱性。

　　即便采用自适应天线阵或时域滤波把连续波干扰降到热噪声电平，C/A 码对连续波干扰仍残留了一定脆弱性。热噪声基底可由下式确定：

$$(N_t)_{dB} = (N_0)_{dB} + 10\lg B_{fe} \quad dBW \tag{9.35}$$

式中，B_{fe} 是接收机前端带宽（Hz）。

假设 C/A 码信号接收机采用窄相关器设计，带宽为 15MHz。将 9.2.2.2 节例子中的热噪声密度 $(N_0)_{dB}$ 值代入式(9.36)得

$$(N_t)_{dB} = -204.3 + 71.76 = -132.5\,dBW$$

若自适应天线阵或时域滤波器把连续波干扰降到该热噪声基底，则 $(J_r)_{dB} = (N_t)_{dB}$。将其代入式(9.26)，利用 L1 C/A 码最低接收功率 $(S_r)_{dB} = -158.5\,dBW$ 得

$$(J/S)_{dB} = (J_r)_{dB} - (S_r)_{dB} = (N_t)_{dB} - (C_{Ri})_{dB} = -132.5 - (-158.5) = 26.0\,dB$$

对于大多数无辅助的 C/A 码信号接收机设计来说，干扰源是宽带噪声式射频干扰，甚至是带宽为 10kHz 或更宽的窄带射频干扰时，此式都成立。然而，由于前面描述的泄漏现象，这一电平的连续波干扰可能会使 C/A 码信号接收机出现问题。例如，将 $(J/S)_{dB} = 26\,dB$ 与表 9.11 中最严重的泄漏情况进行比较，若 C/A 码信号接收机采用标准的相关器设计，则 $B_{fe} = 1.7\,MHz$，而 $(J/S)_{dB}$ 降到16.5dB。显然，接收机前端带宽的增加会增加 C/A 码对连续波干扰的内在脆弱性。

由于会在时域中产生旁瓣，在同样的情况下，C/A 码（Gold 码）干扰源也会成问题。在两种情形下，C/A 码搜索与捕获模式期间的问题要比跟踪模式严重得多。

9.2.2.6　射频干扰对码跟踪的影响

射频干扰对码跟踪的影响不同于其对信号捕获、载波跟踪和数据解调的影响。后三种功能依赖于即时相关器输出端的输出信干噪比（SNIR），如 9.2.2 节所述；而码跟踪依赖于超前相关器和滞后相关器之差，如 8.7 节所述。

这里考虑的干扰建模为高斯的、零均值的，但不一定具有白色（平坦）谱。分析中假设接收机前端不饱和，也不以其他方式对干扰产生非线性响应，如 8.3 节所述；同时没有多径，这样码跟踪误差就只由噪声和干扰引起。白噪声对码跟踪误差的影响已在 8.7 节中考虑，本节评估非白干扰的影响，这些干扰会产生附加的随机的、零均值的码跟踪误差。我们可以由码跟踪误差的标准差来度量干扰的影响。

如 8.7 节所述，鉴别器和跟踪环路有许多不同的设计，干扰对其的影响可能是不同的。然而，已建立的码跟踪误差下限与码跟踪电路设计无关，对于设计良好的跟踪电路，它可以精确地预测码跟踪性能，在此意义上这个下限是严格的。文献[14]中给出了这一下限（单位为秒）：

$$\sigma_{LB} \approx \frac{\sqrt{B_n}}{2\pi\sqrt{\int_{-\beta_r/2}^{\beta_r/2} f^2\left[S_s(f)/\left((C_s/N_0)^{-1} + (C_l/C_s)S_l(f)\right)\right]df}} \tag{9.36}$$

其中码跟踪环路的（单边）等效矩形带宽 B_n Hz 要比相关积分时间的倒数小得多，白噪声及任何平坦谱干扰的功率谱密度为 N_0 W/Hz，且干扰的非白色分量的功率谱密度为 $C_l S_l(f)$ W/Hz，归一化的功率谱密度为 $\int_{-\infty}^{\infty} S_l(f)df = 1$，无限带宽上的干扰功率为 C_l W（总干扰载波功率和功率谱密度可能来自多个干扰信号的总和）。所跟踪信号分量功率谱密度 $S_s(f)$ 归一化为无限带宽上的单位功率，即 $\int_{-\infty}^{\infty} S_s(f)df = 1$，其中 C_s 是恢复的期望信号功率，它也定义在无限带宽上，这样信号在白噪声中的载波功率与噪声密度之比就为 C_s/N_0 Hz。干扰功率与信号功率之比为 C_l/C_s。假设功率谱密度关于 $f = 0$ 对称。接收机中的预相关滤波器近似为一个理想的线性相位矩形带通滤波器，总带宽为 β_r Hz。

现在考虑一个码跟踪环路，鉴别器使用相干超前-滞后处理，其中参考信号的载波相位跟踪接收信号的载波相位，于是，在 D 个扩频码周期的超前和滞后间距下，由超前和滞后相关的同相或实部输出来驱动鉴别器。采用与式(9.36)相同的符号和假设，干扰情况下相干超前-滞后处理（CELP）的标准差（以秒为单位）为[14]

$$\sigma_{\mathrm{CELP}} \approx \frac{\sqrt{B_n}}{2\pi \int_{-\beta_r/2}^{\beta_r/2} f S_{\mathrm{S}}(f)\sin(\pi f D T_c)\,\mathrm{d}f} \sqrt{\int_{-\beta_r/2}^{\beta_r/2}\left[(C_{\mathrm{S}}/N_0)^{-1}+(C_I/C_{\mathrm{S}})S_I(f)\right]S_{\mathrm{S}}(f)\sin^2(\pi f D T_c)\,\mathrm{d}f}$$

$$= \frac{\sqrt{B_n}}{2\pi \int_{-\beta_r/2}^{\beta_r/2} f S_{\mathrm{S}}(f)\sin(\pi f D T_c)\,\mathrm{d}f} \cdot$$

$$\sqrt{\left(\frac{C_{\mathrm{S}}}{N_0}\right)^{-1}\int_{-\beta_r/2}^{\beta_r/2} S_{\mathrm{S}}(f)\sin^2(\pi f D T_c)\,\mathrm{d}f+\left(\frac{C_I}{C_{\mathrm{S}}}\right)\int_{-\beta_r/2}^{\beta_r/2} S_I(f)S_{\mathrm{S}}(f)\sin^2(\pi f D T_c)\,\mathrm{d}f} \tag{9.37}$$

式(9.37)中的第二行表明，码跟踪误差是以下两项的平方和的平方根（RSS）：一项只包含白噪声中的信号，另一项包含干扰和期望信号的谱，以干扰功率与信号功率之比作为比例因子。

随着 D 逐渐减小并趋于极值零（实际工作中需要多小的 D 取决于特定的信号和干扰谱；观察泰勒级数展开式发现，准则 $DT_c\beta_r \ll 2\sqrt{3}/\pi \approx 1.1$ 是充分的但并不总是必要的），式(9.37)中的三角函数表达式可以用 $D=0$ 附近的泰勒级数展开式代替，于是式(9.37)化为

$$\sigma_{\mathrm{CELP},D\to 0} \approx \frac{\sqrt{B_n}}{2\pi\beta_{\mathrm{S}}}\left[\left(\frac{C_{\mathrm{S}}}{N_0}\right)^{-1}+\frac{C_I}{C_{\mathrm{S}}}\frac{\chi_{IS}}{\beta_{\mathrm{S}}^2}\right]^{1/2} \tag{9.38}$$

式中，

$$\beta_{\mathrm{S}} = \sqrt{\int_{-\beta_r/2}^{\beta_r/2} f^2 S_{\mathrm{S}}(f)\,\mathrm{d}f} \tag{9.39}$$

是在预相关带宽上计算的信号 RMS 带宽，χ_{IS} 是码跟踪谱分离系数（SSC），定义为

$$\chi_{IS} = \int_{-\beta_r/2}^{\beta_r/2} f^2 S_I(f)S_{\mathrm{S}}(f)\,\mathrm{d}f \tag{9.40}$$

在积分式中包含一个频率平方权重项，它未出现在式(9.8)定义的用于相关器输出 SNR 的 SSC 中。

式(9.38)表明，输出 SNIR 和 RMS 带宽本身均不足以描述 CELP 的码跟踪精度，而需要采用 $\frac{C_I}{C_{\mathrm{S}}}\frac{\chi_{IS}}{\beta_{\mathrm{S}}^2}$ 这一量值。当此值很小时，超前-滞后间距小的 CELP 便达到码跟踪误差的下限。

干扰功率谱对码跟踪的影响方式与其对有效 C/N_0 的影响方式有着根本的不同。式(9.40)所示积分式中的频率平方权重项表明，偏离中心频率的干扰功率对码跟踪精度的影响要比对有效 C/N_0 的影响大得多，有效 C/N_0 中没有这样一个频率平方权重项。

在许多应用中，超前-滞后处理是通过超前与滞后支路的功率差来实现的，而不依赖于载波跟踪环路中的锁相环（PLL）来支持码跟踪环路中的相干延迟锁定环（DLL）处理。非相干超前-滞后处理（NELP）产生的码跟踪误差为[14]

$$\sigma_{\mathrm{NELP}} \approx \sigma_{\mathrm{CELP}}\sqrt{1+\frac{\int_{-\beta_r/2}^{\beta_r/2} S_{\mathrm{S}}(f)\cos^2(\pi f D T_c)\,\mathrm{d}f}{T\dfrac{C_{\mathrm{S}}}{N_0}\left(\int_{-\beta_r/2}^{\beta_r/2} S_{\mathrm{S}}(f)\cos(\pi f D T_c)\,\mathrm{d}f\right)^2}+\frac{\int_{-\beta_r/2}^{\beta_r/2} S_I(f)S_{\mathrm{S}}(f)\cos^2(\pi f D T_c)\,\mathrm{d}f}{T\dfrac{C_{\mathrm{S}}}{C_I}\left(\int_{-\beta_r/2}^{\beta_r/2} S_{\mathrm{S}}(f)\cos(\pi f D T_c)\,\mathrm{d}f\right)^2}} \tag{9.41}$$

这表明 NELP 与众所周知的无限前端带宽及白噪声的表现相同——NELP 码跟踪误差的标准差是 CELP 码跟踪误差的标准差与一个大于 1 的平方损耗项的乘积，而当信号功率相对于白噪声电平和干扰功率增大时，平方损耗接近于 1。

随着 D 逐渐减小并趋于极值零，式(9.41)中的三角函数表达式可由零值附近的泰勒级数展开式代替，于是式(9.41)化为

$$\sigma_{\text{NELP},D\to 0} \approx \sigma_{\text{CELP},D\to 0}\left[1+\frac{\int_{-\beta_r/2}^{\beta_r/2}S_l(f)S_s(f)\,\mathrm{d}f}{TC_S\left(\int_{-\beta_r/2}^{\beta_r/2}S_S(f)\,\mathrm{d}f\right)^2}\right]^{1/2} = \sigma_{\text{CELP},D\to 0}\left[1+\frac{1}{T\dfrac{C_S}{N_0}\eta}+\frac{\kappa_{lS}}{T\dfrac{C_S}{C_l}\eta^2}\right]^{1/2} \tag{9.42}$$

式中，η 是信号功率中通过预相关带宽的那部分：

$$\eta = \int_{-\beta_r/2}^{\beta_r/2}S_S(f)\,\mathrm{d}f \tag{9.43}$$

而 κ_{lS} 是 SSC，用来描述干扰对相关器输出 SNR 的影响，由式(9.8)定义。

显然，定量分析干扰对码跟踪精度的影响，与评估干扰对信号捕获、载波跟踪和数据解调的影响是不同的，它要更加复杂。这种影响不仅取决于信号和干扰的功率谱，以及预相关滤波器，而且取决于鉴别器设计细节和码跟踪环路带宽。

例如，考虑中心频率为 $\pm f_l$ 的窄带干扰，其功率谱建模为 $S_l(f)=0.5\big[\delta(f+f_l)+\delta(f-f_l)\big]$，其中 $\delta(\cdot)$ 为幅度无穷大、宽度无穷小、单位面积的狄拉克函数。将此干扰功率谱密度代入码跟踪 SSC 公式(9.40)，假设干扰在预相关带内，可得

$$\chi_{lS} = f_l^2 S_S(f_l) \tag{9.44}$$

将干扰谱代入式(9.36)，可得到窄带干扰下码跟踪精度的下限，即

$$\sigma_{\text{LB}} \approx \frac{B_n}{2\pi\sqrt{\dfrac{C_S}{N_0}\int_{-\beta_r/2}^{\beta_r/2}f^2 S_S(f)\,\mathrm{d}f}} = \frac{1}{2\pi\beta_s}\sqrt{\frac{B_n}{C_S/N_0}} \tag{9.45}$$

上式表明，在窄带干扰下最优码跟踪产生的码跟踪误差与无窄带干扰时的相同。显然，这一处理可在窄带剔除后采用很小超前-滞后间距的 CELP 处理来近似。

未进行窄带剔除而采用 NELP 时，假设超前-滞后间距较小，窄带干扰的影响可由式(9.42)和式(9.38)得到：

$$\sigma_{\text{NELP},D\to 0} \approx \frac{\sqrt{B_n}}{2\pi\beta_S}\sqrt{\left[\left(\frac{C_S}{N_0}\right)^{-1}+\frac{C_l}{C_S}\frac{f_l^2 S_S(f_l)}{\beta_S^2}\right]\left[1+\frac{1}{T\dfrac{C_S}{N_0}\eta}+\frac{S_S(f_l)}{T\dfrac{C_S}{C_l}\eta^2}\right]} \tag{9.46}$$

图 9.9 中画出了 4 种不同调制方式下式(9.45)和式(9.46)的图形，计算时取 B_n 为 0.1Hz，取 $(C_S/N_0)_{\text{dB}}$ 为 30dB-Hz，取 $(C_l/C_S)_{\text{dB}}$ 为 40dB，取预相关带宽为 24MHz，取相关积分时间为 20ms，且超前-滞后间距很小。在特定干扰频率下，NELP 的结果接近下限。远离频带中心的干扰比接近频带中心的干扰更能降低 NELP 码跟踪精度。对于 BPSK-R(1)和 BOC(1, 1)，NELP 误差的振荡情况表明，远离频带中心的窄带干扰对码跟踪误差的影响与更接近频带中心的干扰影响相同，由此体现了式(9.40)中频率平方权重项的作用。NELP 对 BPSK-R(10)的结果表明，当窄带干扰置于频带中心的谱峰值处和 10.23MHz 的第一个谱零点的中间时，会产生最大的误差。

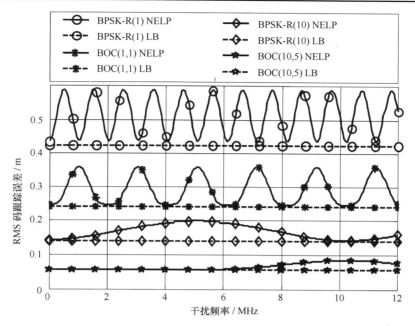

图 9.9　不同频率窄带干扰、不同调制下，非相干超前-滞后处理（NELP）和码跟踪
误差下限（LB），其中 0MHz 对应于频带中心，12MHz 对应于频带边缘

9.2.3　干扰抑制

存在 RFI 时，除优化设计无辅助（独立式）GNSS 接收机的鲁棒性外，还应了解以下特定干扰类型及抑制技术，并考虑采用相应的抑制对策：（1）来自地面发射机的邻频干扰[3]，只能通过极致的前端阻带滤波技术来抑制；（2）相同位置的发射机谐波干扰，需要发射期间的信号消隐；（3）窄带干扰，如 9.2.3.1 节所述，可以通过载波剥离阶段之前的各种信号处理技术来抑制；（4）宽带脉冲干扰（通常来自雷达和 DME 发射机），可以通过自主前端快速消隐[15]和恢复技术（见 9.2.3.1 节）抑制；（5）宽带匹配谱或高斯噪声干扰，可以使用 CRPA（代替 FRPA）将零陷指向干扰而将增益指向卫星方向来抑制（见 9.2.3.2 节）。

除这些可控设计特征外，有时还需要贯通运行来增强。例如，本质上不受 RFI 影响的 IMU可以持续导航，其位置精度恶化（漂移）是时间的二阶函数；芯片级原子钟（CSAC）可以持续守时，其准确度随时间变化时会有一些恶化。若在过多 RFI 的情况下 PVT 的总体损失会造成灾难性的后果，则这种贯通运行功能必不可少。对某些应用来说，人们发现使用 eLoran（一种二维地基 PVT 系统）作为贯通运行系统对 GNSS 有相当大的协同作用，因为 eLoran 的低频特性使其不可能建造紧凑型 RFI 天线，加之 eLoran 高得多的接收功率使其本质上对 RFI 比 GNSS 更移健。遗憾的是，eLoran 不是全球导航系统，但由于低成本、RFI 鲁棒性和出色的准确性，在全球许多地区重新受到人们的欢迎[16]。

GNSS RFI 存在的天然屏障限制了其效能。RFI 只有在接收天线的视线范围内畅通无阻时才会对 GNSS 接收机产生完全的影响。当然，RFI 有可能被反射到接收机天线，故而走非直达的路径。RFI 天然屏障最普遍的例子是地球曲率，它阻挡了 50km（27nmi）外的大多数低海拔 RFI 源。这就是有意 RFI（人为干扰）利用高海拔来实现更远距离效应的原因。故意使用天然屏障的一个例子是在散兵坑中操作手持接收机的军事策略，此时天线低于地平面，只有头顶的卫星可见，但有效地屏蔽了视线方向的地面干扰源。一个巧合的天然屏障的例子是天线位于飞机顶部的航空接收机。此时，飞机的机体会部分地掩蔽地基 RFI，天线增益方向图在飞机地平线以下显著下降。但是，这并不是对抗强地面干扰源的最有效屏障。

9.2.3.1　窄带及脉冲干扰抑制

对所有 GNSS 信号来说，由于窄带干扰的 Q 因数（见表 9.3）总比宽带干扰小得多，因此是危害最大的干扰形式（即在来自发射机的相同 EIRP 量下具有更强的阻用能力）。所幸的是，窄带干扰也是最容易抑制的，因为当它高于热噪声电平时，接收机可以观测到它，而当它处于或低于热噪声电平时，它对现代 GNSS 信号无害。文献[17]中描述并评估了现代 GPS 接收机的窄带干扰抑制技术：重叠 FFT（OFFT）、滤波器组（FB）、扩展 OFFT 以进一步降低 OFFT 的加权损耗，以及自适应横向滤波器（ATF）。OFFT 具有最快的响应时间，所以最有可能的现代化窄带抑制技术是某种形式的 FFT 技术。

过去人们使用了各种基于硬件的技术，值得进一步讨论。其中最复杂的基于硬件的技术是使用非线性模数转换器（ADC）和数字自动增益控制（AGC）来观测（但不抑制）窄带 RFI。这种非线性 ADC 技术最初是由 Amoroso 为通信应用开发的，见文献[18, 19]中的报道。该技术首先被 Scott[20]改用于 GPS 信号。Scott 的非线性 ADC 自适应及提供干扰态势感知的数字 AGC 创新见文献[21, 22]。用于 GPS L1 C/A 信号的 Scott 非线性 ADC 技术（同样适用于其他 GNSS 信号）利用了以下事实：CW 干扰的性质允许期望信号中的大部分在 CW 信号的峰值处及其附近与之相关，且检测该信号中是否存在 CW 相对简单。

另一种基于硬件的技术使用 ATF 的复杂专用集成电路（ASIC）实现，在接收机的低中频输出端需要一个 12 位 ADC。在 SAASM（选择可用性/防欺骗模块）的开发和制造时代，该 ASIC 是作为政府供应设备（GFE）提供给军事 GPS 制造商的。GFE ASIC 设计提供了超过 70dB 的窄带干扰抑制。横向滤波器检测高于热噪声电平的任何窄带能量，并将其降低到热噪声电平。这一过程也抑制了这些频率区间的信号，但是这种能量损失对接收机的跟踪性能影响较小，因为只有少部分信号谱被抑制。如文献[17]所述，ATF 技术的插入损耗最小，但响应时间最长，所以在现代化应用中应考虑 OFFT（或某种合适形式的 FFT）技术。

窄带 RFI 抑制的现代化方法在接收机通道中的载波剥离阶段之前使用数字信号处理，详见 8.3 节。如 9.2.2.5 节所述，即使连续波干扰被抑制到热噪声电平，由于 C/A 信号的强谱线，L1 C/A 信号接收机仍然可能遭遇捕获问题。

通过使用快速攻击、快速恢复 AGC 设计（符合 AGC 稳定性标准）来防止前端增益压缩和饱和，快速恢复模拟设计技术可以很容易地抑制脉冲干扰。脉冲消隐，或是检测到脉冲干扰时对接收信号的消零，是一种十分有效的抑制技术[15]。在这些突发干扰期间，接收机无法进行信号相关，然而由于大多数突发干扰机的占空比通常很小，所以大部分时间是相关的；除非允许前端发生增益压缩或饱和，否则会缓慢地恢复到线性状态。因此，设计良好的接收机前端将提供接收机对大多数突发干扰的整体免疫力（例如，具有 50%占空比的脉冲干扰源会阻断一半的接收信号功率，将 $(C_S/N_0)_{\text{dB}}$ 降低 3dB，但是通常情况下占空比要小得多）。在接收机中内置脉冲干扰抑制特性，相对来说在成本或尺寸、重量和功耗上是比较节省的，然而大多数商业接收机却不具备这种保护功能。

9.2.3.2　高斯及匹配谱宽带干扰抑制

加密的 GNSS 信号，如 P(Y)和 M、Galileo E1 PRS 或 BeiDou B1Q 信号，并不因其加密而提供对抗敌方干扰的内在优势。加密是为了防止欺骗，拒绝未经授权的用户访问以确保信号完整性和数据认证。两种最难抑制的军事干扰威胁通常称为带限白噪声（BLWN）和匹配谱干扰。具体而言，BLWN 干扰威胁产生高斯噪声，其带宽被设计为跨越目标信号的零点至零点信号谱。匹配谱干扰威胁产生与目标信号谱相同的谱特征。加密不提供任何保护措施来对抗干扰源完全匹配加密信号功率谱的能力。抑制这两类宽带干扰的技术只有三种，下面按照抑制能力和成本增加的顺序给出：(1) 接收机跟踪门限的增强；(2) 利用来自惯性测量单元（IMU）的历史信息的外部速度辅助；(3) 天线方向性增益控制，利用来自受控接收模式天线（CRPA）[23] 的历史信息，可将深度零陷调向干扰，同时在卫星方向上提供一些增益。三种技术应协同使用，以达到最大的干扰鲁棒性。这些内容已在第 8 章中详细描述，但是关于后两者的一些其他见解会在这里关于宽带干扰抑制的上下文中介绍。

　　由于动态应力性能的提高，IMU 辅助在动态平台上的商业应用有所增加。由于 RFI 威胁的可能性增加，对于担心可能遇到此类威胁的应用也有商用的 CRPA。一般来说，商业能力不如军事能力复杂。

　　从历史上看，军用 IMU 辅助有两种基本类型：(1) 松耦合辅助允许打开（未辅助的）载波跟踪这一薄弱环节，而 IMU 辅助以足够的精度提供对每颗卫星视线多普勒的估计，使得码跟踪环路能够持续运行，从而为运行在最小动态应力下的码环提供额外的跟踪鲁棒性；(2) 紧耦合辅助进入闭合的载波跟踪环路，维持载波跟踪环路，因为动态应力已被外部辅助大大消除。后者提供了最高的导航精度，包括共用卫星/IMU 导航系统为 IMU 提供持续校准的机会，以及保留数据解调的潜力（因为载波跟踪环路是闭合的）。增加干扰会导致紧耦合模式不如松耦合模式（打开载波跟踪环路），松耦合模式仍然可以阻止 IMU 漂移，但不足以进行校准。在最小动态应力下，当干扰电平超过改善的载波跟踪门限时，就会发生这种转换。在最小动态应力下，当干扰电平超过改善的码跟踪门限时，导航恢复到自由惯性模式（IMU 漂移），但这远远优于无辅助情况下导航的完全丢失。这一转换的确定不是通过对当前工作模式的损耗（破坏了测量）的观测，而是通过对干扰电平的观测和精密测量，以及对何时必须转换到更稳健模式的先验知识。紧耦合 IMU 辅助的正确实现要困难得多，但对于智能武器应用来说已经证明了显著的精度回报——武器接近干扰源时能够更长时间地维持 IMU 精度。这是因为在接收机被迫进入自由惯性模式前，更低精度的松耦合工作时间变得更短。一种更稳健的 GNSS 接收机/IMU 耦合技术是超紧耦合（有时称为深度组合）将在 13.2.8.3 节中详细讨论。先进的 IMU 辅助系统连同卓越的接收机跟踪增强功能已实现了高达 70dB 的 J/S 性能，然而，得到的经验教训是，这还不足以满足许多军事行动的干扰鲁棒性标准。到目前为止，改进所需宽带干扰鲁棒性的军事解决方案是使用 CRPA 来取代 FRPA，以提供天线方向性增益，将 -30dB 到 -45dB 零陷指向干扰源、将 1.5dB 到 5.0dB 的增益指向卫星。这种方法可将总的 J/S 性能提高到 120dB。组合 IMU 和 CRPA 的先进技术称为空时自适应处理（STAP）和空频自适应处理（SFAP），前者涉及时域信号处理，后者涉及频域信号处理。不靠接收机协助而将零陷调向干扰源方向是可能的，但将增益调向卫星则需要方向余弦（或其等效值）。这反过来又需要为 CRPA 提供姿态和航向参考系统。

　　典型的军事 CRPA 使用 7 个天线阵元，因而能够调配 6 个零陷指向敌方干扰源。使用如此少的天线阵元，STAP 或 SFAP 并不能为每颗卫星提供太多的波束控制（增益）。IMU 信息可用于将干扰调零处理的不利影响降至最低。显然，干扰方向与卫星方向一致时，该颗卫星将会丢失，但是丢失该颗卫星要好于 FRPA 情况下的丢失所有卫星。此外，最先进的 CRPA 信号处理设计会首先采用频率剔除技术从每个天线阵元中去除所有窄带干扰能量，以免在窄带干扰源方向失去宽带零点。

还有低成本的天线调零技术，它们依赖于干扰源的地面位置（或某些先验已知位置）。其中一个例子是模拟消除技术，它感测来自弓形天线元件的干扰能量，天线增益覆盖范围在水平线或略高于水平线方向上呈扇形，然后利用模拟射频技术从 GPS 天线（具有重叠增益覆盖）的 FRPA 部分中减去该能量。另一种技术假设并感测非极化干扰能量，并将其从右旋圆极化 GPS 信号中去除。所有这些低成本的 CRPA 技术都希望敌方能够配合天线设计的先验限制。机载干扰源通常更为脆弱，难以长时间维持，但它们显然是迄今为止最有效的干扰源。

9.3　电离层闪烁

地球大气层中电离层的不规则性有时会导致接收信号功率电平的快速衰落[24-26]。这种现象称为电离层闪烁，可能导致接收机在短时间内无法跟踪一颗或更多可见卫星。本节描述电离层闪烁的原因，表征与闪烁有关的衰落，并详述闪烁对 GNSS 接收机性能的影响，最后描述抑制技术。

9.3.1　基础物理

电离层分布在地球大气层中距地面约 50km 到数个地球半径高的区域，入射的阳光将其中一小部分常态的中型粒子成分电离为正离子和自由电子。自由电子密度的最大值出现在白天，距地面约 350km 的高度。大多数时间，电离层中出现的自由电子的主要影响是在信号上附加一个延迟（见 10.2.4.1 节）。然而，偶尔出现的电子密度不规则性会在每个信号中造成相长或相消干扰。在赤道区域（地磁赤道的±20°内），日落后这种不规则性最为常见和严重。高纬度区域也会出现闪烁现象，一般不会比赤道区域严重，但可能会持续很长一段时间。在以 11 年为周期的太阳活动高峰期间，闪烁也更为常见和严重。

9.3.2　幅度衰落与相位扰动

没有闪烁时，接收机收到的某个特定信号的简单模型如下：

$$r(t) = \sqrt{2P} s(t) \cos(\omega t + \phi) + n(t) \tag{9.47}$$

式中，P 是接收信号功率；ω 是载波频率（rad/s）；$s(t)$ 是归一化的发射信号；$n(t)$ 是噪声。

闪烁造成接收信号幅度和相位扰动，有闪烁时的接收信号可以建模为[27]

$$r(t) = \sqrt{2P \cdot \delta P} \cdot s(t) \cos(\omega t + \phi + \delta\phi) + n(t) \tag{9.48}$$

式中，$\sqrt{\delta P}$ 是一个正的无量纲参量，表征由闪烁引起的幅度衰落；$\delta\phi$ 是以弧度为单位的参量，表示由闪烁引起的相位变化量。功率波动 δP 一般可以建模为 Nakagami-m 概率密度函数，如下所示：

$$p(\delta P) = \frac{m^m \delta P^{m-1}}{\Gamma(m)} e^{-m\delta P}, \quad \delta P \geqslant 0 \tag{9.49}$$

其均值为 1，方差为 $1/m$。由闪烁造成的幅度衰落强度可用一个称为 S_4 指数的参量来表征，S_4 等于功率变化 δP 的标准差：

$$S_4 = \sqrt{1/m} \tag{9.50}$$

由 Nakagami-m 分布的特性可知，S_4 指数不超过 $\sqrt{2}$。

功率的波动在短时间内是强相关的。观测到的闪烁所引入的功率波动的功率谱密度随着频率的增大而衰减，衰减速度与 f^{-p} 成正比，其中 p 的取值范围是 2.5～5.5[24]。功率波动的功率谱密度在极低的频率（约小于 0.1Hz）下也趋于降低。图 9.10 中显示了强闪烁（$S_4 = 0.9$）引起的接收机功率波动的仿真结果。

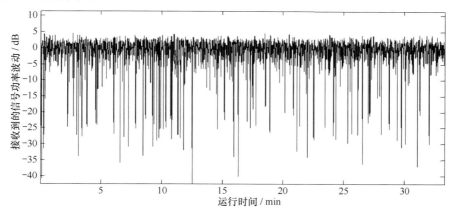

图 9.10　强闪烁（$S_4 = 0.9$）对接收到的信号功率的影响

闪烁引起的相位变化的常用模型是如下的零均值高斯分布：

$$p(\delta\phi) = \frac{1}{\sqrt{2\pi}\sigma_\phi} e^{-\frac{\delta\phi^2}{2\sigma_\phi^2}} \tag{9.51}$$

式中，σ_ϕ 是标准差。相位变化在短时间内是强相关的，观测到的功率谱密度近似遵循 Tf^{-p} 的形式，p 的取值范围是 2.0～3.0[24]，其中 T 为强度因子（单位为 rad^2/Hz）。

9.3.3　对接收机的影响

闪烁可能以两种不同的方式间歇性中断 GNSS 接收机的信号跟踪。首先，幅度衰落足够深、持续时间足够长时，从接收机来看期望信号不存在，必然导致码和载波相位跟踪环路失锁。接收到的期望信号电平很高时，如 50dB-Hz，20dB 的衰落一般可以忍受；但是当衰落更深，且持续时间大于跟踪环路的时间常数时，通常会造成中断。在低信噪比条件下，即使 5～10dB 的衰落也会造成跟踪中断。其次，相位变化引入的动态水平超出锁相环所能承受的范围时，强相位闪烁会造成接收机内部的相位失锁（详见 8.9 节）。

所幸的是，闪烁很少同时出现在所有的可见卫星上。电离层中导致闪烁的不规则性并不普遍存在于每个可见卫星信号的穿透点附近。因此，闪烁往往只能同时影响一颗或最多几颗卫星。

S_4 指数和相位标准差都是载波频率的函数：

$$S_4 \propto 1/f^{1.5} \tag{9.52}$$

$$\sigma_\phi \propto 1/f \tag{9.53}$$

因此，当由电离层闪烁引起的衰落发生时，对于 GPS L2 上的信号，观测到的 S_4 指数要比 GPS L1 信号的 S_4 指数大约 1.45 倍，观测到的 GPS L2 的 σ_ϕ 要比 GPS L1 的大约 1.28 倍。这种对载波频率的依赖性说明，假设信号具有类似的功率电平和类似的设计特征（如有或没有导频分量），较低 L 频带（1164～1300MHz）的 GNSS 信号比较高 L 频带（1559～1610MHz）的 GNSS 信号更易遭受闪烁引起的中断。

9.3.4 抑制

9.2.3.2 节中讨论的许多宽带干扰抑制技术也可成功用于抑制电离层闪烁幅度衰落的影响，包括：（1）接收机跟踪门限增强；（2）外部速度辅助，例如来自 IMU[28]；（3）波束赋形天线。当闪烁导致幅度深度衰落时，减小载波相位跟踪环路带宽可以改善性能。然而，当幅度衰落不深但电离层闪烁使得相位变化明显时，增加载波环路带宽的方法可能更好。文献[29]中提出了一种自适应载波环路设计，它可以抑制电离层闪烁的影响。在每颗卫星广播的多频信号之间进行载波跟踪环路的交叉辅助[30]也是有帮助，因为在多个频率上同时发生深度衰落比较少见[31, 32]。

如 9.3.3 节所述，在本地地平线以上的所有方向上同时发生闪烁是很少见的，因此能够跟踪大部分或全部 GNSS 卫星的接收机，对抑制电离层闪烁来说更为稳健[33]。

9.4 信号阻塞

信号阻塞也称遮蔽/阴影，它发生于电磁波在发射天线和接收天线之间的直接路径上遇到物体时。在某些情况下，例如，路径中只有几片树叶时，影响微不足道。在其他情况下，例如接收机和卫星之间有大楼时，电磁波会被吸收或反射，导致较大的衰减，以至于即使是最灵敏的 GNSS 接收机也无法使用直接路径信号。

随着信号变得越来越稳健，接收机越来越灵敏，GNSS 正越来越广泛地用于各种情况。因此，当某些类型的阻塞发生时，仍然能接收到可用的信号（即使是降级的信号）。

由于具体情况下的结果可能与现有模型预测的结果大相径庭，因此在评估性能时使用较大的裕度非常重要。希望遮蔽干扰时，可以考虑植被较少、干燥、地形平坦、窗户充足的地区。在这些情况下，干扰引发的阻塞不大。反之，若在堵塞条件下追求信号接收性能，则应审慎地为以下情况做出规划：茂密潮湿的植被、高大的丘陵或山脉，以及具有厚混凝土和钢筋的墙壁和天花板的建筑。在这些情况下，期望信号的阻塞可能很大。

本节给出评估信号阻塞对 GNSS 信号或 GNSS 接收机干扰源影响的指导原则。9.4.1 节介绍植被的影响，9.4.2 节讨论地形的影响，9.4.3 节讨论人造建筑的影响。重要的是要认识到，实际效果高度依赖于特定的条件，所以这里提供的模型和结果只具有参考意义。

9.4.1 植被

植被通常由树枝、树干和树叶组成，它会导致折射和衍射，对接收信号造成三种影响：

- 延迟扩展，如小规模多路径（见 9.5 节）。
- 多个到达角，因为会在植被的各种密集结构附近折射电磁波。
- 衰减，植被吸收和反射能量，使得信号过度衰减。

所有这些影响会因植被类型、湿度、是否有树叶及植被上是否有雨水或露水而有所不同。

另外，当发射机或接收机（或两者）移动时，或者当植被因风而动时，这些效应是随时间变化的。特别是当发射机或接收机正在移动且路径中存在植被时，短时间内可能会出现显著的幅度衰落和载波相位波动。

文献[34]中汇编了有关植被对传播的影响的数据和模型，其中的延迟扩展为 10ns 或更少。对于衰减，文献[34]中建议分别处理水平路径传播（发射机和接收机都低于植被高度）和倾斜路径传播（发射机或接收机都高于植被高度）。文献[34]和文献[35]中提供了关于以下讨论的细节，但似乎没有关于到达角的影响的数据。这种影响可能取决于植被的类型及接收天线与植被的邻近程度。

人们建立了许多经验模型，其中假设了一种参数化形式——采集大量数据后进行分析，以确定与数据最吻合的模型参数值。一个常用的水平路径损耗经验模型（单位为分贝）是

$$L = Af^B d^C \quad \text{dB} \tag{9.54}$$

式中，A、B 和 C 一般通过将数据拟合到该参数形式来确定，f 是频率，d 是距离，后者的单位随不同模型而变化。

文献[34]中总结的各种模型表明这些参数的取值大相径庭。根据树木是藏在叶内还是露在叶外，有些模型显示的 A 值迥然不同；甚至 B 的符号在不同模型中也是不同的，有些模型表明损耗随频率增加而增加，有些模型则正好相反。文献[35]中的结果表明，在 L 波段，由有叶植被造成的衰减分贝数要比由无叶植被造成的衰减分贝数大 24%～35%。

在 GNSS 信号所用的频率范围内，频率依赖性系数往往较小，报道的最大 B 值为 0.5。因此，考虑到条件和模型的不确定性，在 GNSS 信号所用的 L 波段频率上，将由植被造成的额外损耗建模为常数似乎是在建模误差范围之内。

文献[35]中给出了式(9.54)的数值结果，其中 $C=1$，Af^B 作为单个数值（每米的损耗）来处理。结果表明，一棵或几棵树的每米损耗要远大于几十到几百米植被的损耗。对长为 100km 或更长水平路径上间歇分布的（非连续密集型）植被，建议采用 0.3dB/m 的衰减系数。在距离大于 100m 的水平路径上，这个简单模型比文献[34]中的 ITU-R 模型预测的植被损耗更大，后者的形式为式(9.54)，f 以兆赫兹为单位，d 以米为单位，且 $d < 400$m 时有 $A=0.2$，$B=0.3$ 和 $C=0.6$。

倾斜路径传播时，通过植被（通常少于 5 棵树）的路径更短。文献[35]中给出了通过少量树木传播的结果，表明衰减系数随着树木类型的不同而变化，L 波段的值为 0.7～2.0dB/m，不同树木类型的平均值为 1.3dB/m。通过不同类型单株树木的 L 波段总衰减量从白杨的 3.5dB 到白云杉的 20.1dB 不等，不同树木类型的平均值为 11.0dB。其他数据表明，单株树木的 L 波段衰减范围往往为 10～20dB，衰减系数一般为 1.0～2.0dB/m。

随着发射机仰角的增大，衰减减小。文献[35]中的各个结果表明，对于 15° 和 45° 之间的仰角，衰减在 16dB 至 12dB 之间，有叶树的值较大，而无叶树的值较小。

通常要将本节所述的植被损耗加到无植被损耗的值上（单位为分贝）。

9.4.2　地形

通常认为 L 波段电磁波传播时无法穿透地形。地形阻挡发射机和接收机之间的路径时，接收机处的任何信号能量都是由电磁波在地形之上绕射或衍射才到达的。

由地形造成的传播损耗会因路径几何分布和地形剖面的不同而差别很大。物理传播模型通过计算已知地形剖面的特定路径上的传播损耗来说明地形效应。这些模型采用电磁波与地形之间相互作用的第一性原理表示，通常不考虑其他传播障碍，如植被和建筑物。其中一种广泛使用的模型是地形综合粗糙地球模型（TIREM）[36]。TIREM 采用刀口折射分析模型来预测地形上的传播效应。使用 TIREM 计算地形传播损耗时，需要使用地形模型和 TIREM 软件才能得出特定路径和地形剖面上的传播结果。

评估地形传播的另一种方法是采用经验传播模型，这些模型主要是为商业无线通信应用开发的，它们是用大量传播损耗数据集开发的，然后用参数化模型拟合这些数据。对于特定地形剖面上的传播，这些模型的准确性不如 TIREM，但能在各种传播路径和条件下提供代表性的结

果。它们隐含地包含了建筑物、植被和地形的影响。文献[37, 38]中讨论了几个这样的经验模型，下面详细讨论其中的两个模型。

文献[39]中描述的 Erceg 模型提供如下形式的传播损耗估计：

$$L = A + 10\gamma \lg(d/d_0) + s \quad \text{dB} \tag{9.55}$$

式中，A 是从源到参考点 $d_0 = 100$m 的自由空间传播损耗，$A = 20\lg(4\pi f d_0/c)$，其中 f 的单位是赫兹，c 是真空中的光速；γ 是传播损耗系数，它建模为高斯随机变量，均值为 $\mu_\gamma = a - bh_t + c/h_t$，$h_t$ 为发射天线高度，标准差 σ_γ 随发射机和接收机位置的变化而变化；s 是阴影衰落分量，随发射机和接收机位置的变化而变化，均值为 μ_s，标准差为 σ_s。

这些参数的数值基于在郊区环境下 1900MHz 频点处得到的数据，所以一般适用于几分贝以内的 L 波段，这通常在经验模型的误差范围内。接收天线的高度始终为 2m，对于手持式 GNSS 接收机来说，这也许是一个乐观的值。发射天线的高度范围为 10～80m，与接收天线的距离为 0.1～8km。因此，将 Erceg 模型应用于 GNSS 信号阻塞仅限于以下情况：在郊区环境中，用户高于地面几米，并且卫星在仰角约 40°以下可见，通过郊区阻塞环境的最大信号路径长度约为 8km。

式(9.55)的表述有许多吸引人的地方。它是自由空间传播的泛化，其中 $\gamma = 2$，$s = 0$，并推广得到了 $A = 0$、$\gamma = 4$ 和 $s = 0$ 的双射线平地反射模型[40]。使用式(9.55)中 γ 和 s 的平均值，可以提供传播损耗的典型值，将这些参数的平均值±2σ 或±3σ 可以得到计算衰落的传播损耗极值。

表 9.12 中列出了文献[39]中的参数值。在发射天线高度低至 10m 的情况下，所有地形类别的平均传播指数均超过 5.5，平均阴影损耗超过 8dB。

表 9.12　Erceg 传播损耗模型的参数值

模型参数	地 形 类 型		
	中度至重度树密度的丘陵	轻度树密度的丘陵或中度至重度树密度的平地	轻度树密度的平地
a	4.6	4.0	3.6
b (m^{-1})	0.0075	0.0065	0.0050
c (m)	12.6	17.1	20.0
σ_γ	0.57	0.75	0.59
μ_s	10.6	9.6	8.2
σ_s	2.3	3.0	1.6

另一个广泛使用的经验传播模型是 COST-231 Hata 模型，它最初由 Hata 开发，后来被欧洲科学和技术研究领域合作公司（COST）-231 小组改进和更新[38]。传播损耗的 COST-231 Hata 模型是（单位为分贝）

$$L = 46.3 + 33.9\lg f - 13.82\lg h_t - R + (44.9 - 6.55\lg h_r)\lg d + E \quad \text{dB} \tag{9.56}$$

式中，f 是频率（MHz），$500 < f < 2000$；h_t 是地面上的发射机高度（m），$30 < h_t < 200$；h_r 是地面上的接收机高度（m），$1 < h_r < 10$；d 是发射机和接收机之间的距离（km），$1 < d < 10$；R 是接收机顶部高度，$R = (1.1\lg f - 0.7)h_r - (1.56\lg f - 0.8)$；$E$ 是取决于环境类型的常数：对于城区，$E = 3$；对于平坦的乡村或郊区，$E = 0$。

与文献[39]中的模型相比，COST-231 Hata 模型的优点是，可以明确考虑频率和接收天线高度。然而，它只适用于较高的发射天线。

图 9.11 中显示了使用这两个模型计算的传播损耗，Erceg 模型[39]的结果包括传播损耗指数和阴影损耗的 2σ 值，用点画线表示。若对不同的发射机和接收机位置进行了多次测量，则测

量值通常会落在由这些点画线形成的包络线之间。在距离发射机几百米外的地方，传播损耗变化巨大。其中一些变化涉及地形和植被条件。然而，即使是在给定的地形和植被条件下，2km 距离处传播损耗的变化也可能超过 50dB，这是由传播路径和衰落的不同造成的。为了确保信号功率的传送，应使用传播损耗包络的上限值。但是，若发射机是干扰源，则应使用传播损耗包络的下限值来确保最大接收干扰功率。包络下限值具有类似于自由空间的斜率，表明接近 2 的传播损耗系数可能出现。然而，包络上限值的传播损耗系数接近 6。丘陵地带的树木通常会产生最大的传播损耗，而在地势平坦、树木稀少的情况下，在数千米距离处传播损耗的中值会降低 10~20dB。对于少树的丘陵地形或有树的平坦地形，使用 COST-231 Hata 模型与 Erceg 模型[39]的结果非常相似。

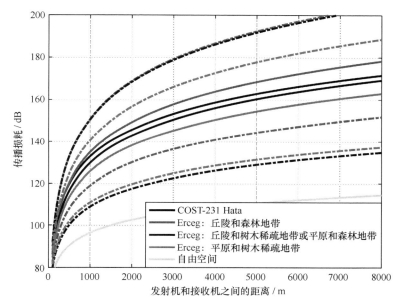

图 9.11　使用 Erceg 模型和 COST-231 Hata 模型计算的传播损耗；发射天线的高度
为 30m，接收天线的高度为 2m；COST-231 Hata 模型的频率为 1575.42MHz；
实线是中值损耗，点画线是中值 $\pm 2\sigma$ 传播损耗指数和阴影损耗

　　相同类型的结果如图 9.12 所示，唯一的变化是发射天线高度已降至 10m。参数值的这一改变会产生显著影响。传播损耗系数远大于 2，即使对包络下限值也是如此。对 Erceg 模型的三种不同地形类别的值进行分组，模型的中值与 COST-231 Hata 模型的中值相当接近，但后一模型预测的平均损耗更低。在这两幅图中，自由空间传播模型大大低估了这种情况下的传播损耗。

　　经验模型仅适用于与收集和分析足够数据相对应的有限条件。模型[39]适用于 1900MHz，超出了 L 波段 GNSS 的范围。由于 COST-231 Hata 模型预测在 1900MHz 至 1575.42MHz 之间的中值传播损耗的变化小于 3dB，但 Erceg 模型似乎仍然适用于这个较低的频率。然而，更重要的限制是发射机天线高度。由于经验模型数据的采集是为了支持蜂窝通信网络的，所以 COST-231 Hata 模型的数据采集只使用了低至 30m 的发射天线高度，而 Erceg 模型适用于发射天线高度低至 10m 的情形。将结果外推到更低的天线高度会对预测的准确性带来风险。

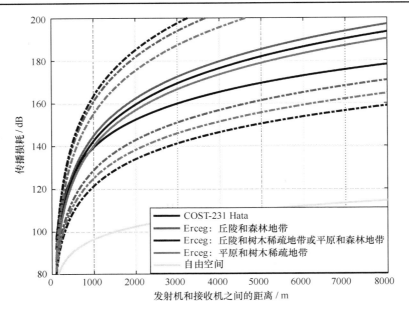

图 9.12　使用 Erceg 模型和 COST-231 Hata 模型计算的传播损耗；发射天线的高度
为 10m，接收天线的高度为 2m；COST-231 Hata 模型的频率为 1575.42MHz；
实线是中值损耗，点画线是中值±2σ 传播损耗指数和阴影损耗

9.4.3　人造建筑物

　　发射机或/或接收机在人造建筑物内时，通常会产生额外的传播损耗。这些损耗（单位为分贝）应加到使用前述模型计算的传播损耗上。建筑物穿透损耗因建筑材料、结构及接收机或发射机的位置而异。窗户的存在与否，甚至金属窗框与木制窗框之间的差异，都可能使进入房间的传播损耗大为不同。除传播损耗外，建筑物内收到的信号通常会经历明显的多径。文献[41]中广泛讨论了建筑物的穿透损耗。以下讨论基于文献[40]。

　　对从建筑物上面到达的信号，由建筑物穿透造成的额外损耗（单位为分贝）通常建模为

$$L = L_{\text{roof}} + n_{\text{floor}} L_{\text{floor}} \tag{9.57}$$

式中，L_{roof} 是屋顶穿透损耗，在 L 波段其范围为 1～30dB；n_{floor} 是穿透的楼层数；L_{floor} 是每层的损耗，在 L 波段其范围为 1～10dB。

　　同样，对于通过墙壁的建筑物穿透，以分贝计的额外损耗通常建模为

$$L = L_{\text{ext}} + n_{\text{int}} L_{\text{int}} \tag{9.58}$$

式中，L_{ext} 是外墙穿透损耗，在 L 波段其范围为 1～30dB；n_{int} 是穿透的内墙数；L_{int} 是每个内墙的损耗，在 L 波段其范围为 1～10dB。

　　表 9.13 中列出了不同建筑材料的代表性损耗，它源自文献[42]报告的大量测量数据。

表 9.13　不同建筑材料中测得的损耗（分贝）

材　　料	频率/MHz	
	1176.45	**1575.42**
砖	3～7	5～9
复合砖/混凝土	14～25	17～33
砖/砌块	11	10

（续表）

材　　料	频率/MHz	
	1176.45	1575.42
浇筑混凝土	12～45	14～44
钢筋混凝土	27～30	30～35
砌块	11～27	11～30
石膏板	0.2～0.5	0.4～0.7
玻璃	0.8～3	1.2～4
干木材	3～6	3.5～8
湿木材	3.5～7.5	6～10

9.5　多径

随着 GNSS 增强和 GNSS 现代化带来的改进，许多误差源正在减少，只剩下多径和遮挡成为主要的误差源。本节讨论这些误差源及其影响，以及减轻这些影响的方法。

多径是与直达路径信号一同接收的期望信号经反射或衍射后的多个副本。由于多径传播的路径总是比直达路径长，所以相对于直达路径而言多径的到达是有延迟的。当多径延迟较大时（例如对于 BPSK-R 调制，大于扩频码符号周期的 2 倍），接收机通常可以轻松地解决和拒绝多径。只要接收机跟踪到了直达路径（它总是比任何多径更早地到达），那么这种可分辨的多径对接收机性能影响就很小。然而，在直达路径到达后，来自附近物体反射的多径，甚至来自远处物体临界反射的多径，可能会以很短的延迟（如数十或数百纳秒）到达。这样的多径会使得收到的复合（直达路径加上多径）信号与接收机本地生成的参考信号之间的相关函数失真，还会使得所接收复合信号的相位失真，在伪距和载波相位测量值中引入误差，对于不同的卫星信号，这些误差的值是不同的，造成位置、速度和时间的解中出现误差。

对多径效应的评估通常是在直达信号的接收未被衰减时，因此多径功率低于直达路径功率。当伴随多径发生直达信号的阻塞或遮蔽时，多径的接收功率甚至要大于被遮蔽直达路径的接收功率。这种现象可能发生在如图 9.13 所示的室外环境中，也可能发生在室内，例如当直达路径在穿过墙壁或天花板和屋顶时明显衰减，而多径被其他建筑物反射并穿过窗户或其他开口后，以很小的衰减到达。这样一来，直达路径和多径的遮蔽就会综合影响直达路径和多径的相对幅度。在某些情况下，直达路径的遮挡可能非常严重，使得接收机只能跟踪多径。

当接收机能够跟踪直达路径时，由多径引入的误差取决于其相对于直达路径的延迟、功率和载波相位。若接收的多径信号功率比直达信号小得多，则导致的接收信号失真很小，从而产生的误差也很小。

典型情况下，在 GNSS 应用中关于多径的

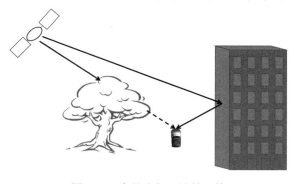

图 9.13　室外多径及遮挡环境

考虑强调其对码信号和载波跟踪精度的影响，因为这些接收机的功能比信号捕获或数据解调对多径失真更敏感。在多数情况下，造成捕获或数据解调显著下降的多径条件也会导致伪距精度的大幅降低。多径对捕获和数据解调的影响采用数字通信中的技术来评估[43]，因此剩下的讨论着重于多径情况下的跟踪性能。

9.5.1 节描述多径的不同模型和特性；9.5.2 节针对不同的信号调制方式、不同的预相关带宽以及码跟踪鉴别器中不同的超前-滞后间距，阐述多径对信号跟踪精度的影响；9.5.3 节讨论多径抑制的一些专用技术。

9.5.1　多径特性及模型

最简单的多径模型是一组离散的反射信号，与直达信号相比，它具有更大的延迟及不同的幅度和载波相位。若将没有多径的信号以解析信号形式描述为

$$s(t) = \alpha_0 x(t - \tau_0) e^{-j\phi_0} e^{j2\pi f_c(t - \tau_0)} \tag{9.59}$$

式中，$x(t)$ 是发射信号的复包络，τ_0 是信号经由直达路径从卫星到接收机的传播时间，f_c 是以赫兹为单位的载波频率，则受多径影响的接收信号（忽略噪声和干扰）经下变频后，其复包络的简单模型（忽略任何目标中频）为

$$r(t) = \alpha_0 e^{-j\phi_0} x(t - \tau_0) e^{-j2\pi f_c \tau_0} + \sum_{n=1}^{N} \alpha_n e^{-j\phi_n} x(t - \tau_n) e^{j2\pi f_n t} \tag{9.60}$$

式中，共有 N 路多径，α_0 是收到的直达信号幅度，α_n 是收到的多径反射幅度，τ_0 是直达路径的传播延迟，τ_n 是多径反射的传播延迟，ϕ_0 是接收的直达路径的载波相位，ϕ_n 是所接收多径反射的载波相位，f_n 是相对于载波频率而言所接收多径反射的频率。

一般来说，由于卫星和接收机的运动，以及产生多径的物体的运动，式(9.60)中的每个参数都是随时间变化的。这种变化在式(9.60)中并未显式表示，因为这会使表达式变得更复杂。然而，下面讨论的一些多径模型中会考虑它们。

利用把多径与直达路径联系起来的参数，式(9.60)可重写为

$$r(t) = \alpha_0 e^{-j\phi_0} \left[x(t - \tau_0) + \sum_{n=1}^{N} \tilde{\alpha}_n e^{-j\tilde{\phi}_n} x(t - \tau_0 - \tilde{\tau}_n) \right] \tag{9.61}$$

式中，$\tilde{\alpha}_n = \alpha_n / \alpha_0$ 是多径-直达幅度比（MDR）；$\tilde{\tau}_n = \tau_n - \tau_0$ 是多径反射的附加延迟；$\tilde{\phi}_n$ 是接收到的不同信号分量的载波相位。可通过画出点 $\left\{ (\tilde{\tau}_n, \tilde{\alpha}_n^2) \right\} \Big|_{n-1}^{N}$，以图形方式描述为功率延迟谱图（PDP）来生成式(9.61)的多径剖面

如前所述，式(9.61)中的参数可能是时变的。随着时间的推移，$\tilde{\phi}_n$ 的线性变化可用于模拟接收到的多径载波频率与直达路径载波频率不同的情况。在下面的说明性示例中，假设 $\tilde{\phi}_n$ 项是常数。当卫星、散射体和接收机之间的相对运动不同于卫星和接收机之间的相对运动，导致多径以不同于直达路径的多普勒频移到达时，这种表示可能是不充分的。当增加这些多普勒差，使其大于相关器中相干积分时间的倒数时，会使得接收到的多径信号与直达路径的相关性减小。

式(9.61)的一种特殊情况是，直达路径几乎与地表相切（当卫星接近地平线时）传播，此时可能会由地平线附近的一个大物体反射形成一个主要的多径信号，它附加的量级小于信号带宽的倒数，且只是载波周期的一小部分，通常小于 1ps。若反射系数足够大，且没有其他的多径，则 $x(t - \tau_0 - \tilde{\tau}_n) \approx x(t - \tau_0)$。因此，式(9.61)可以近似（当反射造成载波相位旋转 180° 时）为

$$r(t) \approx \alpha_0 e^{-j\phi_0} \left[1 - \tilde{\alpha}_1 e^{-j2\pi f_c \tilde{\tau}_1} \right] x(t - \tau_0) \tag{9.62}$$

式中，$f_c \tilde{\tau}_1$ 很小，当反射足够强且 $\tilde{\alpha}_1$ 接近 1 时，方括号中的值远小于 1。多径延迟很小，造成的伪距误差可以忽略，但是因为它几乎消掉了直达信号，相对于自由空间传播的情形将使得接收信号功率显著下降。这种现象在陆地移动无线电中广为人知[44]，本节不做进一步讨论。

更一般化的多径通道模型[43]不是将其精细结构表示为前面讨论的模型，而是将多径通道的

影响［这里是式(9.61)中相对于直达路径的情形］表示为随时间缓慢变化的一个线性系统，其冲激响应随附加延迟下降，冲激响应基本上不为零的附加延迟范围称为通道的多径扩展；反之，多径扩展可用通道的均方根（RMS）延迟扩展来表征。该线性系统的时变传递函数用以描述它如何传递信号的不同频率分量。

由于给定频率下的传递函数随时间随机变化，因此在不同时间和同一频率下传递函数之间的相关性[43]描述了通道的时变特性。若这一时变相对于接收机跟踪环路的时间常数而言很快，则多径误差可由接收机平滑处理；否则将产生一个时不变的误差或偏差。由这种相关的傅里叶变换得到的功率谱密度称为通道的多普勒功率谱，且其基本上不为零的频率范围称为通道的多普勒扩展。多普勒扩展的倒数是通道的相干时间——在此时间内多径结构相对于直达路径变化不大。这种通道模型引入的两个基本量（多径扩展和多普勒扩展）简洁有效地表征了多径特性。

尽管实用性有限，式(9.61)中的 $N = 1$ 和时不变参数模型因其易用性而广泛应用于多径性能理论评估中。这种时不变的失真会产生一个伪距偏差。当多径是镜面反射时，MDR 独立于从接收机到反射体的距离，因此也独立于多径的附加延迟。对于真实的镜面反射，反射体必须有多个波长那么大，反射面必须光滑（对于 L 波段信号，表面粗糙度小于几厘米），并且具有一致的电气特性。注意单路镜面反射多径模型是零多普勒扩展（时不变冲激响应）和无限延迟扩展极限的特例。

对于高空的飞机，典型的多径包括来自诸如机翼和尾翼的表面反射，有时伴随有飞机表面上的爬行波。飞机多径可用一组分离的反射波来表征，对于像波音747[45]的大飞机，所有反射波的相对延迟小于 20ns，相对幅度小于 0.3。在这种情况下，可以使用式(9.61)的模型；由于反射面靠近接收天线，且运动状态相同，包括相位 $\tilde{\phi}_m$ 在内的多径参数在大于跟踪环路带宽倒数的时间段上保持为常数，因此人们在比信号跟踪环路带宽的倒数更长的时间段上使用时不变参数。在这种情况下，延迟扩展非常短（20ns），多普勒扩展也很小（约为千分之几赫兹）。

在陆地应用中，人们测量、建模和预测了可能遇到的各种多径环境。对于某些应用，可将多径表征为用户附近物体的大量反射，文献[46]中给出了这种漫射多径的一般模型。在该模型中，500 个小反射体随机分布在用户周围的 100m 范围内。反射体很小，每个反射体都发出一个球面波，因此接收到的来自每个反射体的功率随反射体和用户之间距离的平方变化。此外，大量信号反射的延迟如此接近，使得到达的多径看起来像是通过线性滤波器的结果，滤波器具有幅度随附加延迟减小的连续冲激响应，而不是式(9.60)和式(9.61)中的分离形式。人们发现这种漫散射模型可以很好地表征航空差分 GNSS 参考站应用接收机在开阔环境下测得的多径。这里，延迟扩展是数百纳秒，多普勒扩展是十分之几赫兹或百分之几赫兹。

在对真实多径进行测量和建模的诸多尝试中，文献[47]的突出优点是全面地表征了复杂的陆地多径。如图 9.14 所示，参量模型基于式(9.60)，其中到达信号分为三组分量：直达路径、一组分离的近程回波和一组分离的远程回波。当接收机和发射机沿视线（LOS）方向可见时，直达信号的遮挡表征为幅度的莱斯分布；当沿视线方向不可见时，直达信号的遮挡表征为瑞利分布。近程回波的平均接收功率随延迟的增加而呈指数下降。远程回波的数量通常要比近程回波少得多，且远程回波的均值不

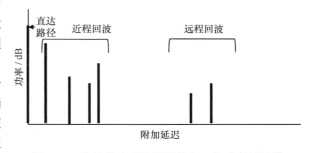

图 9.14　陆地移动卫星通道的归一化功率延迟谱

随延迟而变化。近程回波和远程回波的数量都服从泊松分布，可描述为不同的泊松变量。多径相位建模为在 360°范围内独立且均匀分布。文献[47]针对许多不同的环境（如开阔地、乡村、市区、高速公路）和卫星高度为这些分量提供了大量统计参数表。文献[47]中使用基于多普勒谱的二阶统计量来描述多径的时变特征，谱的带宽由卫星和接收机的运动确定。

如文献[47]所述，接收机和发射机之间并不总是存在视线方向，尤其是在低仰角情况下。例如，公路沿线的树木或建筑物可能会阻挡某一仰角下的信号。在市区环境中，当发射机的仰角为 15°时，97%的信号会被阻挡；即使是在乡村，由于树木的遮挡，低仰角卫星被阻挡的情形也很普遍。在这些环境下，接收机完全可能跟踪反射信号而非直达信号，进而出现较大的伪距误差。

对文献[47]考虑的环境和仰角范围来说，近程回波的平均功率相对于直达信号的平均功率不超过-16.5dB。近程回波的平均功率电平衰减速度变化范围很宽，从 1dB/μs 到 37dB/μs，具体取决于仰角和环境。与近程回波相关的延迟范围是从 0～0.6μs。在 5～15μs 以外不会有大的远程回波，远程回波的平均功率电平变化范围是-30～-20dB（相对于无遮挡的直达信号而言）。多普勒扩展取决于卫星运动或接收机运动。延迟扩展通常是几微秒，而静止接收机的多普勒扩展可达十分之几赫兹——对于车载接收机可能是几赫兹，特别是有较小额外延迟的多径。

室内多径的特点大不相同，具体取决于建筑物之间的相对布局、卫星的仰角、接收机是位于建筑物内部深处还是靠近窗户、接收机放在什么地板上，以及建筑物的材料。除直达路径被遮蔽外，具有较大 MDR 值的多径通常来自接收天线附近的反射，因而具有小的附加延迟。文献[48]中讨论的室内数据 RMS 延迟扩展小于 50ns，延迟扩展小于 250ns。多普勒扩展往往取决于接收机运动，对于静止接收机或具有大附加延迟的多径，它可能是几分之一赫兹，而对于具有小附加延迟的多径和手持接收机，它可能是几赫兹。

虽然很难对多径和遮挡这样快速变化的现象进行概括，但我们仍然可以进行一些观测。遮挡会加剧多径效应，严重的遮挡会使得接收机跟踪多径信号而非直达信号，造成大的距离误差。相对于不随本地环境移动的接收机，近处的多径对随本地环境移动的接收机而言通常是最稳定的，但对移动接收机来说则是随时间变化最快的。近处的多径通常具有最大的 MDR，但其典型情况下引入的距离误差要比有较大附加延迟的多径更小。

9.5.2 多径对接收机性能的影响

由于收到的不同卫星信号经过的多径通道不同，引入的伪距误差对不同卫星的接收信号也不同，于是产生距离、速度和时间误差。此外，跟踪不同卫星时的多径误差大小也可能是不同的，因为在许多应用中，接收的高仰角卫星信号往往经历的多径更少。耐人寻味的是，低仰角卫星对改进精度因子的贡献已成为这些信号得以使用的重要原因，尽管其有较大的多径误差。

如 9.5.1 节讨论的那样，实际的多径环境复杂多样，因此很难对多径效应进行既通用又精确的定量分析。计算机仿真通过首先合成波形，然后合适高保真度通道模型和特定的接收机处理方法，能够提供准确和实用的评估，但无法深刻说明它的本质问题和特征。相比之下，式(9.61)的多径模型尽管现实性受限，但提供了有用的知识。事实上，人们已经评估了式(9.61)中多径模型的单路镜面反射多径。虽然得到的数值结果不能表征真实的多径环境，但它们提供了很多有用的知识。此外，要在这些简单的条件下表现良好，式(9.61)是充分的而非必要的。

对于单路镜面反射多径类型，仍旧忽略噪声和干扰，式(9.61)可以重写如下：

$$r(t) = \alpha_0 \, e^{-j\phi_0} \left[x(t-\tau_0) + \tilde{\alpha}_1 \, e^{-j\tilde{\phi}_n} \, x(t-\tau_0 - \tilde{\tau}_n) \right] \tag{9.63}$$

将本地生成的副本 $x(t)e^{-j\theta}$ 与该接收信号进行相关，结果的统计平均值为

$$\overline{\lambda}(\tau) = \alpha_0\, e^{-j(\tilde{\phi}_0-\theta)}\left[R_x(\tau-\tau_0)+\tilde{\alpha}_1\, e^{-j\tilde{\phi}_1}\, R_x(\tau-\tau_0-\tilde{\tau}_n)\right] = \alpha_0\, e^{-j(\tilde{\phi}_0-\theta)}\,\hat{R}_x(\tau-\tau_0) \tag{9.64}$$

式中，$\hat{R}_x(\tau-\tau_0)=R_x(\tau-\tau_0)+\tilde{\alpha}_1\, e^{-j\tilde{\phi}_1}\, R_x(\tau-\tau_0-\tilde{\tau}_1)$ 是复相关函数，它是理想相关函数与其幅度缩放、相位旋转和延迟后的变体之和。当接收机试图由该复相关函数估计延迟和载波相位时，即使没有噪声和干扰，估计结果也是有误的。

针对采用 BPSK-R(1)调制、带宽严格限制在 4MHz 以内的信号，图 9.15 中示出了单路多径对非相干超前-滞后处理的影响。最上面一行是没有多径时的结果，下面三行依次表示相位为 0°、90°和 180°（相对于直达信号相位）时的结果。左边一列表示幅度平方后的相关函数，右边一列表示超前-滞后间距不同时由多径引入的距离误差。多径的相位决定了误差的正负。在多数情况下，在窄的预相关带宽下，超前-滞后间距越小，对误差的影响就越小。

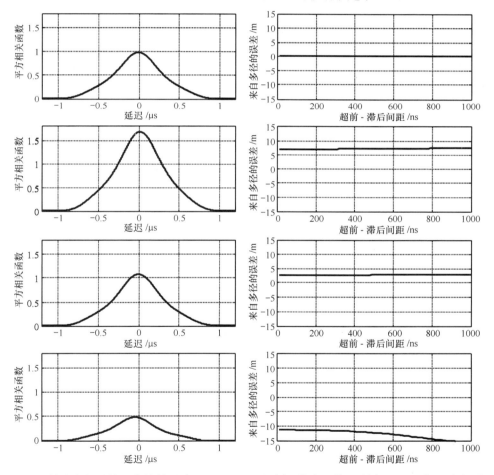

图 9.15　单路多径对伪距估计的影响，BPSK-R(1)调制，带宽严格限制在 4MHz 内。最上面一行没有多径，下面三行中 MDR 为-10dB，附加延迟为 0.1μs，相位依次为 0°、90°和 180°。左边一列表示失真的相关函数，右边一列表示距离误差随超前-滞后间距的变化

针对 BPSK-R(1)调制、带宽为 24MHz 的信号，图 9.16 中显示了与图 9.15 同样的结果。在多数情形下，在更宽的预相关带宽下，超前-滞后间距的减小会使得误差明显降低。

针对 BPSK-R(10)调制、带宽为 24MHz 的信号，图 9.17 中显示了与图 9.16 同样的结果。由于尖锐的相关函数峰值更好地解决了这种多径，因而距离误差趋于更小。对于 0.4μs 的多径附加延迟重复这些曲线，BPSK-R(1)调制的误差与图 9.15 和图 9.16 中的类似，而 BPSK-R(10)调制则没有误差，这是因为尖锐的相关函数峰值完全解决了具有较大附加延迟的多径问题。

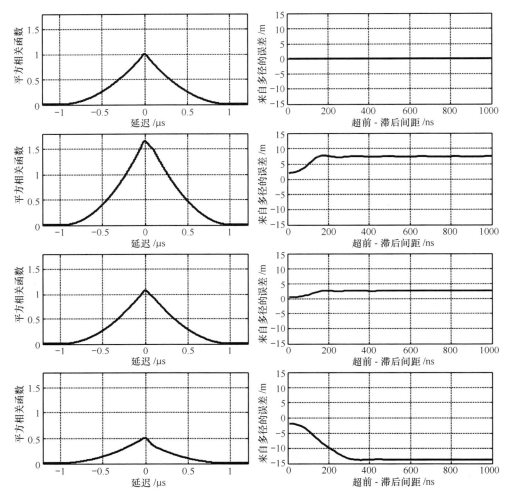

图 9.16   单路多径对伪距估计的影响，BPSK-R(1)调制，带宽严格限制在
            24MHz 内。最上面一行没有多径，下面三行中的 MDR 为-10dB，
            附加延迟为 0.1μs，相位依次为 0°、90°和 180°。左边一列表示失真
            的相关函数，右边一列表示距离误差随超前-滞后间距的变化

为了更全面地描述单路多径引起的测距误差，需要认识到对于给定的调制和接收机设计（包括预相关带宽和码跟踪鉴别器），多径误差取决于多径的 MDR、相位和多径延迟。在镜面反射多径中，当 MDR 为常数（与延迟和相位无关）时，对于给定的多径延迟，误差是随多径相位变化的，如图 9.15、图 9.16 和图 9.17 所示。对于给定的 MDR，在所有的多径相位值上可以找到对应每个延迟的最大和最小误差，对每个额外延迟产生一个可能的延迟估计范围。

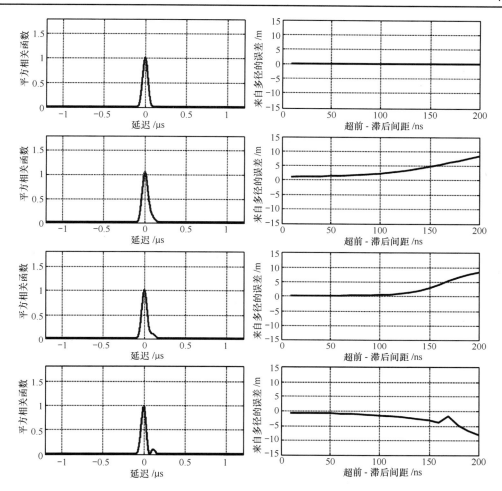

图 9.17　单路多径对伪距估计的影响，BPSK-R(10)调制，带宽严格限制在 24MHz 内。最上面
　　　　一行没有多径，下面三行中的 MDR 为 -10dB，附加延迟为 0.1μs，相位依次为 0°、90°
　　　　和 180°。左边一列表示失真的相关函数，右边一列表示距离误差随超前-滞后间距的变化

如果 $\hat{\tau}(\tilde{\alpha}_1,\tilde{\tau}_1,\tilde{\phi}_1)$ 是针对特定 MDR、附加延迟和多径相位估计的延迟，那么用 $\varepsilon(\tilde{\alpha}_1,\tilde{\tau}_1,\tilde{\phi}_1)=\tau_0-\hat{\tau}(\tilde{\alpha}_1,\tilde{\tau}_1,\tilde{\phi}_1)$ 来表示延迟估计中的误差。对于特定的附加延迟，最大和最小误差分别是 $\max\limits_{\tilde{\phi}_1\in(0,2\pi]}\varepsilon(\tilde{\alpha}_1,\tilde{\tau}_1,\tilde{\phi}_1)$ 和 $\min\limits_{\tilde{\phi}_1\in(0,2\pi]}\varepsilon(\tilde{\alpha}_1,\tilde{\tau}_1,\tilde{\phi}_1)$；在给定的附加延迟下，延迟误差的包络定义为

$$\left(\max_{\tilde{\phi}_1\in(0,2\pi]}\varepsilon(\tilde{\alpha}_1,\tilde{\tau}_1,\tilde{\phi}_1),\min_{\tilde{\phi}_1\in(0,2\pi]}\varepsilon(\tilde{\alpha}_1,\tilde{\tau}_1,\tilde{\phi}_1)\right) \tag{9.65}$$

最终的距离误差包络由延迟误差包络乘以光速得到。

图 9.18 中显示了 BPSK-R(1)调制在两种不同的预相关带宽及 BPSK-R(10)调制下，超前-滞后间距为 50ns 时的多径距离误差包络。如文献[49]中认为的那样，对于 BPSK-R(1)调制，较宽的预相关带宽配以窄的超前-滞后间距产生较小的误差。BPSK-R(10)调制产生的误差要小得多。

为了评价可能的延迟范围上的多径性能，定义 $\dfrac{1}{2\tilde{\tau}_1}\displaystyle\int_0^{\tilde{\tau}_1}\left[\max_{\tilde{\phi}_1}\varepsilon(\tilde{\alpha}_1,u,\tilde{\phi}_1)-\min_{\tilde{\phi}_1}\varepsilon(\tilde{\alpha}_1,u,\tilde{\phi}_1)\right]\mathrm{d}u$ 为

平均距离误差包络。平均包络可以提供有用的信息，尤其是对距离误差包络随延迟起伏的调制方式，如某些 BOC 调制。

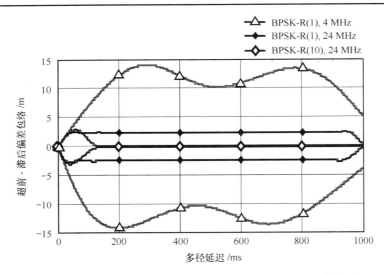

图 9.18　多径距离误差包络，描述了 MDR 为−10dB 的单路
多径在不同多径延迟下的最大和最小码跟踪误差

　　为了评价单路多径对载波相位估计的影响，进一步考虑在单路多径公式(9.64)中得到的复相关函数 $\hat{R}_x(\tau - \tau_0) = R_x(\tau - \tau_0) + \tilde{\alpha}_1 e^{-j\tilde{\phi}_1} R_x(\tau - \tau_0 - \tilde{\tau}_1)$，其实部为 $R_x(\tau - \tau_0) + \tilde{\alpha}_1 \cos(\tilde{\phi}_1) R_x(\tau - \tau_0 - \tilde{\tau}_1)$，虚部为 $\alpha_1 \sin(\tilde{\phi}_1) R_x(\tau - \tau_0 - \tilde{\tau}_1)$。相对于直达路径的复相关函数的相位角为

$$\psi = \arctan\left[\frac{\tilde{\alpha}_1 \sin(\tilde{\phi}_1) R_x(\tau - \tau_0 - \tilde{\tau}_1)}{R_x(\tau - \tau_0) + \tilde{\alpha}_1 \cos(\tilde{\phi}_1) R_x(\tau - \tau_0 - \tilde{\tau}_1)}\right] \tag{9.66}$$

　　因此，ψ 是由多径引入的载波相位误差，所以载波相位误差是多径特性和延迟误差的函数。

　　当 $\tilde{\tau}_1$ 非常小时，有 $R_x(t - \tau_0) \approx R_x(t - \tau_0 - \tilde{\tau}_1)$ 和 $\psi = \arctan\left\{\tilde{\alpha}_1 \sin(\tilde{\phi}_1) / [1 + \tilde{\alpha}_1 \cos(\tilde{\phi}_1)]\right\}$。当多径信号与直达信号功率相等，多径的载波相位与直达信号相差 180°时，产生 90°的最大载波相位误差。只要 MDR 小于等于 1，且延迟锁定环能够跟踪直达信号相关函数，载波相位误差就小于等于 90°。

　　对于给定的 MDR 和额外延迟，载波相位误差随多径相位和延迟估计误差变化。载波相位误差最大值和最小值分别由下式给出：

$$\psi_{\min}(\tilde{\alpha}_1, \tilde{\tau}_1) = \min_{\tilde{\phi}_1 \in (0, 2\pi]} \arctan\left[\frac{\alpha_1 \sin(\tilde{\phi}_1) R_x(\varepsilon(\tilde{\alpha}_1, \tilde{\tau}_1, \tilde{\phi}_1) - \tilde{\tau}_1)}{R_x \varepsilon(\tilde{\alpha}_1, \tilde{\tau}_1, \tilde{\phi}_1) + \tilde{\alpha}_1 \cos(\tilde{\phi}_1) R_x(\varepsilon(\tilde{\alpha}_1, \tilde{\tau}_1, \tilde{\phi}_1) - \tilde{\tau}_1)}\right]$$

$$\psi_{\max}(\tilde{\alpha}_1, \tilde{\tau}_1) = \max_{\tilde{\phi}_1 \in (0, 2\pi]} \arctan\left[\frac{\alpha_1 \sin(\tilde{\phi}_1) R_x(\varepsilon(\tilde{\alpha}_1, \tilde{\tau}_1, \tilde{\phi}_1) - \tilde{\tau}_1)}{R_x \varepsilon(\tilde{\alpha}_1, \tilde{\tau}_1, \tilde{\phi}_1) + \tilde{\alpha}_1 \cos(\tilde{\phi}_1) R_x(\varepsilon(\tilde{\alpha}_1, \tilde{\tau}_1, \tilde{\phi}_1) - \tilde{\tau}_1)}\right] \tag{9.67}$$

所以载波相位误差的包络是 $(\psi_{\max}(\tilde{\alpha}_1, \tilde{\tau}_1), \psi_{\min}(\tilde{\alpha}_1, \tilde{\tau}_1))$。图 9.19 中显示了与图 9.18 相同条件下的多径载波相位误差包络：两个不同预相关带宽下的 BPSK-R(1)调制及 BPSK-R(10)调制，超前-滞后间距均为 50ns。在较宽预相关带宽的 BPSK-R(1)调制下，较小的距离误差包络变成了较小的载波相位误差包络，而在 BPSK-R(10)调制下，尖锐得多的相关函数在该多径模型中表现出了更大的不同。

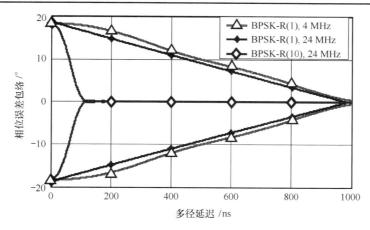

图 9.19　多径载波相位误差包络，描述了 MDR 为-10dB 的单路多
径在不同多径延迟下的最大和最小载波相位跟踪误差

由于这种单路镜面反射多径模型的现实限制（只有一条时不变多径，MDR 不随延迟变化），且接收机的处理模型中未包括环路滤波器对时变误差的平滑，因此图 9.15 到图 9.16 中的定量结果无法表示实际多径环境下的真实误差。然而，业已证实，使用窄超前-滞后间距、宽预相关带宽和相关函数峰值更尖锐的调制方式，能够定性地减少多径误差。此外，在所有情况下，减少由固定多径造成的误差是充分的而非必要的，因为当多径变化率超过环路带宽时，信号跟踪环路会积分滤除一些多径误差。当接收机相对于反射多径的散射体运动，使所接收多径相位的变化不同于直达信号相位时，会出现这种相对快速的多径变化。然而，当接收机静止时，来自静止散射体的多径会在接收机中产生于典型环路滤波器时间常数上变化很小的误差，尤其是对附近的散射体。

如 9.5.1 节讨论的那样，单路静态模型以外的多径模型往往更符合实际，因而能够提供更为实际的定量结果。图 9.20 中显示了采用散射多径模型计算的距离误差[50]。这些仿真结果接近测量结果，证实了先前的定性结论，即更宽的预相关带宽是获得更小多径误差的重要方式。

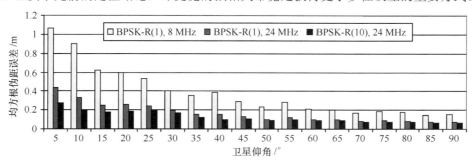

图 9.20　散射多径模型下的均方根测距误差，接收信号来自不同仰角的卫星（引自文献[50]）

相应的 RMS 载波相位误差如图 9.21 所示，其差别不如码跟踪误差那么明显。

本节的结果表明，更小的多径误差可用更宽的信号带宽、更宽的预相关带宽和超前-滞后间距（与更宽的预相关带宽结合使用时）得到，文献[40]的第 22 章中提供了一系列比较不同扩频调制、带宽和超前-滞后间距的结果。性能能够改进多少主要取决于具体的多径环境，包括多径的时变性和接收机对误差的平滑处理。在某些应用中，直达路径的遮挡很常见，跟踪某个多径导致的误差可能要比存在直达路径时的多径误差更重要。

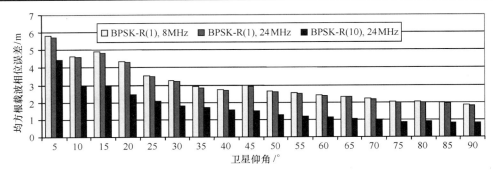

图 9.21　散射多径模型下的均方根载波相位误差，接收信号来自不同仰角的卫星（引自文献[50]）

采用更宽的预相关带宽和更窄的超前-滞后间距时，更高的采样率会增加接收机处理的复杂度。

9.5.3　多径抑制

在某些应用中，多径引入的误差是主要误差，因此人们对多径抑制技术进行了大量研究，由此发现了比 9.5.2 节中描述的技术更简单的技术。有的多径抑制技术已被集成到接收机产品中，而其他一些技术仍在研究之中。文献[51]的第 17 章中概述了先进的多径抑制技术。

在评估多径抑制技术时，需要考虑的因素很多：在实际多径条件下，需要提供良好的性能；鲁棒性也很重要，以便确保在接收机工作的环境条件（包括噪声和干扰）范围内，性能是令人满意的；实现复杂度也是一个因素，就像对如何使用接收机的任何限制一样（例如要求在长时间内多径特性是时不变的，或固定接收机的使用限制）。多径抑制技术仍然是重要的研究课题，本节简要介绍一些常用的技术。

一类重要的多径抑制技术是尽量减少多径信号的接收，进而减少通过接收机处理来区分这些多径的需要。天线的放置，甚至天线附近反射结构的移除或修改（例如用射频吸收材料涂覆）都能带来明显的改善。在良好的环境中，如开阔场地，将天线放在靠近地面的地方可以减少观测到的多径误差，原因是天线越靠近地面，地面反射的多径所经历的额外路径延迟就越小，产生的多径误差也就越小，如图 9.18 所示。相反，在障碍物贴近地平线的环境中，采取相反的措施（提升天线的高度以减小指向形成主要多径的反射体的天线增益）通常是可取的。

天线也可设计为削弱多径反射，特别是来自低仰角或地平线以下的多径，而期望信号是无法从这些方向上到达的。扼流圈天线在减轻来自地面或低仰角散射体的多径信号方面较为成功。由于反射使得电磁波极化反转，因此扼流圈天线也可设计为拒收左旋圆极化波。在短基线差分系统中，固定参考站的多径误差还可通过校准基于卫星位置测量的多径误差值来减小[52]。

多径抑制接收机处理技术分为非参量式处理和参量式处理两种。非参量式处理采用对多径引入的误差较不敏感的鉴别器设计；参量式处理试图估计与多径相关的参量，然后校正其对直达路径到达时间估计的影响。有些非参量技术，如文献[53, 54]中的那些技术，依赖于精确的信号相关函数的先验知识，并采用新颖的接收机处理方法，试图让理想相关函数与多径中观测到的相关函数匹配。大多数常用的非参量技术依据的都是第 8 章所述的超前-滞后处理技术，它们要么对参考信号进行按时选通，要么计算不同超前-滞后间距下的两对超前和滞后相关。人们还开发了许多类似的技术，并应用到了不同品牌的接收机中。

文献[55]中概述了这些改进参考信号的技术的性能和局限性。一种解释是，这种处理等效于生成一个修正的本地参考信号，它不是期望信号的副本，而是近似于期望信号的导数。与原始信号相比，接收信号与修正参考之间的相关结果具有尖锐得多的相关峰，因此有更好的多径分辨率，就如 P(Y) 码有更好的分辨率那样。当多径的额外延迟很小［对于 BPSK-R(1) 调制仅为数十纳秒］时，这些方法并无多少优点；但当延迟较大时，这些方法确实能够增强性能，因为它们部分补偿了窄带宽调制的局限性（只要预相关带宽够宽）。然而，如本节后面讨论的那样，对于更好的调制和同样的预相关带宽，与使用常规的超前-滞后处理相比，在噪声与干扰下这些方法的性能更差，这就使得其优点在一定程度上被抵消。

大多数参量式方法依赖于式(9.60)或式(9.61)中定义的离散化多径模型。参量式算法首先估计或假设多径数量，然后估计多径参数，如 MDR、附加延迟和每路多径的相对载波相位。一般来说，这些参量式方法采用载波相干处理和很长的相干积分时间（大于 1s），要求接收到的多径特性（包括相对于直达路径的相位）在积分时间内是稳定的。其中一种方法是多径估计延迟锁定环（MEDLL）[56]，它使用最大似然估计理论来最小化接收信号［建模为式(9.60)］和本地生成参考信号之间的均方误差。针对特定的多径模型，文献[57]中给出了使得均方误差最小的方法。

关于噪声和干扰对多径抑制技术性能影响的描述，目前仅发表了很有限的评估结果。文献[57]中的分析表明，修正参考处理大大降低了后相关信噪比。然而，使用常规的即时相关器（本地产生的参考信号与发送的信号相匹配）可以轻易克服这种损耗。文献[55]中的结果还表明，相对于常规的超前-滞后处理，在白噪声条件下修正参考技术的码跟踪精度有所降低，相当于在高输入信噪比条件下使得信号功率下降了 3dB，在低于 35dB-Hz 的 C/N_0 下信号功率也许会下降得更多。尽管非白干扰的影响未被评估，但是可以预期的是，与常规的超前-滞后处理相比，功率集中在频带中心外的干扰会带来更多的性能损失。使用更窄的环路带宽可以弥补对噪声和干扰敏感性的增加，而更窄的环路带宽会进一步降低动态性能。

多径抑制仍是活跃的研究领域。新 GNSS 信号的设计为新的调制方式设计提供了机遇，更好的多径性能是考虑的因素之一。然而，在 GNSS 调制方式设计中必须考虑许多其他的限制和因素，包括多个信号共享频带引起的问题。处理多频段信号的机会增加，为利用多载波频率和多径的频率选择性进行多径抑制处理开辟了新途径，同时也有机会去研究多极化处理。改进的接收机处理技术仍在发展之中。大多数多径抑制技术都会带来实际问题，如接收机复杂度增加、噪声和干扰下性能下降等。因此，必须对具体问题进行具体分析。

参考文献

[1] Dovis, F., (ed.), *GNSS Interference Threats and Countermeasures*, Norwood, MA: Artech House, 2015.

[2] Hegarty, C. J., et al., "An Overview of the Effects of Out-of-Band Interference on GNSS Receivers," *Proc. of the 24th International Technical Meeting of The Satellite Division of the Institute of Navigation (ION GNSS 2011)*, Portland, OR, September 2011, pp. 1941-1956.

[3] Hegarty, C. J., "Considerations for GPS Spectrum Interference Standards," *Proc. of the 25th International Technical Meeting of The Satellite Division of the Institute of Navigation (ION GNSS 2012)*, Nashville, TN, September 2012, pp. 2921-2929.

[4] Betz, J. W., "Effect of Narrowband Interference on GPS Code Tracking Accuracy," *Proc. of ION 2000 National Technical Meeting*, Institute of Navigation, January 2000.

[5] Betz, J. W., and D. B. Goldstein, "Candidate Designs for an Additional Civil Signal in GPS Spectral Bands," *Proc. of the Institute of Navigation National Technical Meeting*, San Diego, CA, January 2002.

[6] Ward, P. W., "GPS Receiver RF Interference Monitoring, Mitigation, and Analysis Techniques," *NAVIGATION: Journal of the Institute of Navigation*, Vol. 41, No. 4, winter 1994-95, pp. 367-391.

[7] Hata, M., "Empirical Formula for Propagation Loss in Land Mobile Radio Service," *IEEE Trans. on Vehicular Technology*. Vol.29, August 1980, pp. 317-325.

[8] Mogensen, P. E., et al., "Urban Area Radio Propagation Measurements at 955 and 1845MHz for Small and Micro Cells," *Proc. of IEEE Globecom*, 1991.

[9] Sklar, B., *Digital Communications: Fundamentals and Applications*, Upper Saddle River, NJ: Prentice Hall, 2000.

[10] Betz, J. W., "On the Power Spectral Density of GNSS Signals, with Applications," *Proc. of the 2010 International Technical Meeting*

of The Institute of Navigation, San Diego, CA, January 2010, pp. 859-871.

[11] Spilker, J. J., Jr., Van Dierendonck, A. J., "Proposed New L5 Civil GPS Codes," *NAVIGATION: Journal of The Institute of Navigation*, Vol. 48, No. 3, Fall 2001, pp. 135-144.

[12] Spilker, J. J., Jr., "GPS Signal Structure and Performance Characteristics," *NAVIGATION: Journal of the Institute of Navigation*, Vol. 25, No. 2, 1978.

[13] Scott, H. L., "GPS Principles and Practices," The George Washington University Course 1081, Vol. I, Washington, D.C., March 1994.

[14] Betz, J. W., and K. R. Kolodziejski, "Generalized Theory of Code-Tracking with an EarlyLate Discriminator," *IEEE Trans. on Aerospace and Electronic Systems*, Vol. 45, No. 4, October 2009.

[15] Hegarty, C., et al., "Suppression of Pulsed Interference Through Blanking," *Proc. of The International Association of Institutes of Navigation 25th World Congress/The Institute of Navigation 56th Annual Meeting*, San Diego, CA, June 2000.

[16] Cameron, A., "eLoran Progresses toward GPS Back-Up Role in U.S., Europe," *GPS World*, June 25, 2015.

[17] Rifkin, R. J., and J. Vaccaro, *Comparison of Narrowband Adaptive Filter Technologies for GPS*, MITRE Technical Report MTR 00B0000015, https://www.mitre.org/sites/default/ files/pdf/rifkin_comparison.pdf.

[18] Amoroso, F., "Adaptive A/D Converter to Suppress CW Interference in DSPN Spread-Spectrum Communications," *IEEE Trans. on Communications*, Vol. Com-31, No. 10, October 1983, pp. 1117-1123.

[19] Amoroso, F., and J. L. Bricker, "Performance of the Adaptive A/D Converter in Combined CW and Gaussian Interference," *IEEE Trans. on Communications*, Vol. Com-34, No. 3, March 1986, pp. 209-213.

[20] Scott, H. Logan, Originally adapted Amoroso's nonuniform ADC design for military GPS receivers. This design was first used in the TI 4XOP family of military GPS receiver designs, Texas Instruments Incorporated, 1985.

[21] Ward, P., "Interference & Jamming: (Un) intended Consequences," GNSS Receivers," TLS NovAtel's Thought Leadership Series, *Inside GNSS*, September-October 2012, pp. 28-29.

[22] Ward, P. W., "Simple Techniques for RFI Situational Awareness and Characterization in GNSS Receivers," *Proc. of the 2008 National Technical Meeting of The Institute of Navigation*, San Diego, CA, January 2008, pp. 154-163.

[23] Rao, R., et al., *GPS/GNSS Antennas*, Norwood, MA: Artech House, 2012.

[24] Basu, S., et al., "250MHz/GHz Scintillation Parameters in the Equatorial, Polar, and Auroral Environments," *IEEE Selected Areas in Communication*, Vol. SAC-5, No. 2, 1987, pp. 102-115.

[25] Aarons, J., and S. Basu, "Ionospheric Amplitude and Phase Fluctuations at the GPS Frequencies," *Proc. of the Institute of Navigation ION GPS-94*, Salt Lake City, UT, 1994, pp. 1569-1578.

[26] Klobuchar, J., "Ionospheric Effects on GPS," *Global Positioning System: Theory and Applications – Volume I*, Washington, D.C.: American Institute of Aeronautics and Astronautics, Inc., 1996, pp. 485-515.

[27] Hegarty, C., et al., "Scintillation Modeling for GPS-Wide Area Augmentation System Receivers," *Radio Science*, Vol. 36, No. 5, September/October 2001, pp. 1221-1231.

[28] Chiou, T. Y., "Model Analysis on the Performance for an Inertial Aided FLL-Assisted-PLL Carrier-Tracking Loop in the Presence of Ionospheric Scintillation," *Proc. ION NTM 2007*, 2007, pp. 2895-2910.

[29] Shallberg, K., et al., "Dynamic Phase Lock Loop for Robust Receiver Carrier Phase Tracking," *Proc. of the 2009 International Technical Meeting of The Institute of Navigation*, Anaheim, CA, January 2009, pp. 924-936.

[30] Ashwitha, L. T., and G. Lachapelle, "Development of a Multi-Frequency Adaptive Kalman Filter-Based Tracking Loop for Ionospheric Scintillation Monitoring Receiver," *Proc. of the 28th International Technical Meeting of The Satellite Division of the Institute of Navigation (ION GNSS 2015)*, Tampa, FL, September 2015, pp. 3797-3807.

[31] Jiao, Y., et al., "A Comparative Study of Triple Frequency GPS Scintillation Signal Amplitude Fading Characteristics at Low Latitudes," *Proc. of the 28th International Technical Meeting of The Satellite Division of the Institute of Navigation (ION GNSS 2015)*, Tampa, FL, September 2015, pp. 3819-3825.

[32] Jiao, Y., et al., "Equatorial Scintillation Amplitude Fading Characteristics Across the GPS Frequency Bands," *NAVIGATION: Journal of The Institute of Navigation*, Vol. 63, No. 3, Fall 2016, pp. 267-281.

[33] Delay, S. H., et al., "A Statistical Comparison of Satellite Tracking Performances During Ionospheric Scintillation for the GNSS Constellations GPS, Galileo and GLONASS," *Proc. of the 2016 International Technical Meeting of The Institute of Navigation*, Monterey, CA, January 2016, pp. 540-548.

[34] Meng, Y. S., and Y. H. Lee, "Investigations of Foliage Effect on Modern Wireless Communication Systems: A Review," *Progress in Electromagnetics Research*, Vol. 105, 2010, pp. 313-332.

[35] Goldhirsh, J., and W. J. Vogel, *Handbook of Propagation Effects for Vehicular and Personal Mobile Satellite Systems: Overview of Experimental and Modeling Results*, December 1998. http://rsl.ece.ubc.ca/archive/ MobSatSysHandbook.pdf. Accessed February 19, 2016.

[36] Eppink, D., and W. Kuebler, *TIREM/SEM Handbook*, Department of Defense Electromagnetic Compatibility Analysis Center Handbook HDBK-93-076, March 1994.

[37] Seybold, J. S., *Introduction to RF Propagation*, New York: John Wiley and Sons, 2005.

[38] Abhayawardhana, V., et al., "Comparison of Empirical Propagation Path Loss Models for Fixed Wireless Access Systems," *Proc. of 61st IEEE Vehicular Technology Conference (VTC)*, 2005.

[39] Erceg, V., et al., "An Empirically Based Path Loss Model for Wireless Channels in Suburban Environments," *IEEE Journal on Selected Areas in Communications*, Vol. 17, No. 7, July 1999, pp. 1205-1211.

[40] Betz, J. W., *Engineering Satellite-Based Navigation and Timing: Global Navigation Satellite Systems, Signals, and Receivers*, New York: Wiley-IEEE Press, 2016.

[41] Doble, J., *Introduction to Radio Propagation for Fixed and Mobile Communications*, Norwood, MA: Artech House, 1996.

[42] Stone, W. C., *Electromagnetic Signal Attenuation in Construction Materials*, NISTIR 6055, NIST Construction Automation Program, Report No. 3, October 1997.

[43] Proakis, J. G., *Digital Communications*, New York: McGraw-Hill, 1995.

[44] Parsons, J. D., *the Mobile Radio Propagation Channel*, 2nd ed., New York: John Wiley and Sons, 2000.

[45] Braasch, M., "GPS Multipath Model Validation," *Proc. of the IEEE Position, Location and Navigation Symposium, PLANS 96*, Atlanta, GA, April 22-25, 1996.

[46] Brenner, M., R. Reuter, and B. Schipper, "GPS Landing System Multipath Evaluation Techniques and Results," *Proc. of the Institute of Navigation ION GPS-98*, Nashville, TN, September 1998.

[47] Jahn, A., H. Bischl, and G. Heiß, "Channel Characterisation for Spread Spectrum Satellite Communications," *Proc. of the IEEE 4th International Symposium on Spread Spectrum Techniques and Applications (ISSSTA '96)*, Mainz, Germany, September 1996.

[48] O'Donnell, M., et al., "A Study of Galileo Performance: GPS Interoperability and Discriminators for Urban and Indoor Environments," *Proc. of the Institute of Navigation's IONGPS/GNSS-2002*, Portland, OR, September 2002.

[49] Van Dierendonck, A. J., P. Fenton, and T. Ford, "Theory and Performance of Narrow Correlator Spacing in a GPS Receiver," *NAVIGATION: Journal of The Institute of Navigation*, Vol. 38, No. 3, Fall 1992, pp. 265-283.

[50] Hegarty, C. J., et al., "Multipath Performance of the New GNSS Signals," *Proc. of The Institute of Navigation National Technical Meeting*, San Diego, CA, January 2004.

[51] Jin, S., *Global Navigation Satellite Systems: Signal, Theory and Applications*, Croatia: InTech, 2012.

[52] Wanninger, L., and M. May, "Carrier Phase Multipath Calibration of GPS Reference Stations," *Proc. of the Institute of Navigation ION-GPS-2000*, Salt Lake City, UT, September 2000.

[53] Phelts, R. E., and P. Enge, "The Multipath Invariance Approach for Code Multipath Mitigation," *Proc. of the Institute of Navigation ION-GPS-2002*, Portland, OR, September 2002.

[54] Fante, R. L., and J. J. Vaccaro, "Multipath and Reduction of Multipath-Induced Bias on GPS Time-of-Arrival," *IEEE Trans. on Aerospace and Electronic Systems*, Vol. 39, No. 3, July 2003.

[55] McGraw, G. A., and M. S. Braasch, "GNSS Multipath Mitigation Using Gated and High Resolution Correlator Concepts," *Proc. of The Institute of Navigation ION-NTM-99*, January 1999.

[56] Townsend, B., et al., "Performance Evaluation of the Multipath Estimating Delay Lock Loop," *Proc. of the Institute of Navigation ION GPS-94*, Salt Lake City, UT, September 1994.

[57] Weill, L. R., "Multipath Mitigation Using Modernized GPS Signals: How Good Can It Get?" *Proceedings of the Institute of Navigation ION-GPS-2002*, September 2002.

第 10 章　GNSS 误差

Christopher J. Hegarty, Elliott D. Kaplan, Maarten Uijt de Haag, Ron Cosentino

10.1　简介

本章介绍最主要的误差来源，它们会扰乱 GNSS 接收机生成的距离测量值（伪距和载波相位）。如第 11 章中详细讨论的那样，对使用 GNSS 的独立定位，决定总体位置精度的主要因素有两个：（1）测距的质量；（2）卫星几何分布的质量（即有多少颗卫星可见及它们分散在天空的方位和仰角）。统计上，对于只使用伪距的位置解，有

$$GNSS\ 解中的误差\ =\ 几何因子\ \times\ 伪距误差因子 \tag{10.1}$$

第 11 章中将正式推导这一关系式，并描述 GNSS 星座的几何因子及位置解的误差统计。本章重点介绍测量误差因子。

重要的是，在使用原始观测值求 PVT 之前，独立 GNSS 接收机使用各种技术来校正伪距和载波相位测量值，包括利用来自每颗卫星的广播导航数据的元素和数学模型（如校正大气误差）。因此，对于独立 GNSS 定位的公式(10.1)，在接收机内部应用校正后的残差统计会影响整体性能。

为了提高性能，许多用户使用差分或精密单点定位（PPP）地面网络的数据来增强 GNSS。这种增强利用一个或多个参考站，这些参考站基本上是位于已知位置的 GNSS 接收机，以测量 GNSS 误差并将该数据提供给最终用户。如第 12 章中强调的那样，利用差分或 PPP 技术，最终用户产生的测量误差的绝对大小远不如差分或 PPP 参考站经历的测量误差重要。在应用差分或 PPP 数据时，参考接收机和最终用户之间完全相同的误差会被完全消除。最大剩余误差通常是由诸如多径之类的误差源导致的，这些误差源在接收机之间具有很好的统计独立性，即使它们之间的距离很短也是如此。使用差分或 PPP 时，快速变化的误差也会降低性能，因为这些系统在向最终用户提供更正时总有一些延迟。为便于在第 12 章中讨论这些因素，本章描述每个 GNSS 误差源的空间和时间相关特征。

在简要介绍之后，本章的其余部分安排如下。10.2 节描述 GNSS 测量误差的主要来源、典型的校正方法及校正后剩余误差的特征。10.2 节中还描述每个误差源的空间和时间相关特性，如上所述，这是差分和 PPP 应用的最重要的特性。10.3 节中为独立的单频和双频用户制定代表性的误差预算。

10.2　测量误差

第 2 章中讨论的卫星和接收机时钟偏移将直接转换为伪距和载波相位误差。卫星信号的测距码部分在通过大气传播时会产生延迟，使伪距变得比信号在真空中传播时更长。信号的载波成分被对流层延迟，但实际上信号在电离层中传播时相位会发生变化，这种现象称为电离层发散，详见 10.2.4.1 节中的讨论。此外，用户的天线相位中心和接收机码相关点之间的硬件影响和反射（即多径）可能会延迟（或提前）信号分量[1]。由于这些影响，每个接收信号的测距分量的总时间偏移是

$$\delta t_D = \delta t_{atm} + \delta t_{noise\&int} + \delta t_{mp} + \delta t_{hw} \tag{10.2}$$

式中，δt_{atm} 是大气延迟，$\delta t_{noise\&int}$ 是接收机噪声和干扰引起的误差，δt_{mp} 是多路径偏移，δt_{hw} 是接收机硬件偏移量。每个信号的 RF 载波分量都产生一个延迟表达式，其形式与式(10.2)相同，但通常具有不同的数值。

　　伪距等效时间是接收信号（即特定码相位）时的接收机时钟读数与信号发送时的卫星时钟读数之差。这些时序关系如图 10.1 所示。

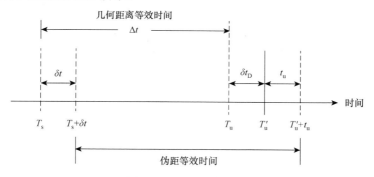

图 10.1　测距时序关系

　　图中，Δt 是几何距离等效时间；T_s 是信号离开卫星的系统时；T_u 是在没有误差的情况下，信号到达用户接收机的系统时（即 δt_D 等于零）；T_u' 是在 δt_D 下信号到达用户接收机的系统时；δt 是卫星时钟与系统时的偏差［提前时为正，延后（延迟）时为负］；t_u 是接收机时钟与系统时的偏差；$T_s + \delta t$ 是信号离开卫星时卫星时钟的读数；$T_u' + t_u$ 是信号到达用户接收机时的用户接收机时钟读数；c 是光速。

　　可以看到，伪距 ρ 为

$$\rho = c[(T_u' + t_u) - (T_s + \delta t)] = c(T_u' - T_s) + c(t_u - \delta t)$$
$$= c(T_u + \delta t_D - T_s) + c(t_u - \delta t) = r + c(t_u - \delta t + \delta t_D)$$

式中，r 为几何距离，即

$$r = c(T_u - T_s) = c\Delta t$$

　　当原始载波相位测量值（通常以周期为单位计算，见 8.10 节）乘以载波波长（以米为单位）转换为以米为单位时，可以导出类似的表达式。如上所述，对于载波相位测量，误差项通常是不同的。此外，如 8.10 节所述，载波相位测量值中包含一个波长的整数倍的模糊度。以下几节将详细说明伪距和载波相位误差源，包括相对论效应。

10.2.1　卫星钟误差

　　如第 2 章所述，GNSS 卫星包含几台原子钟，它们控制包括广播信号生成在内的所有星载授时操作。尽管这些时钟非常稳定，但它们通常不完全与各自系统的时间同步（如 GPS 卫星的 GPS 系统时和 GLONASS 卫星的 GLONASS 系统时）。相反，称为 SV 时间的从卫星时钟读取的时间可在容许范围内浮动，并且可以使导航数据中的时钟校正字段调整 SV 时间和 GNSS 时间的偏差。每个 GNSS 控制段确定并传送时钟校正参数给卫星，以便在 GNSS 导航电文中重复播发。本书中 5 个卫星导航系统（GPS、伽利略、北斗、QZSS 和 NAVIC）均使用基于二阶多项式[2-6]的时钟校正：

$$\Delta t_{SV} = a_{f_0} + a_{f_1}(t - t_{oc}) + a_{f_2}(t - t_{oc})^2 + \Delta t_r \tag{10.3}$$

式中，a_{f_0} 是时钟偏差（s），a_{f_1} 是时钟漂移（s/s）；a_{f_2} 是频率漂移（如老化，s/s²），t_{oc} 是时钟数

据参考时间（s），t 是当前时间历元（s），Δt_r 是相对论效应的改正数（s）。

GPS、QZSS 和 IRNSS 的规范使用式(10.3)的精确记法。除了将参考时间表示为 t_{0c} 而非 t_{oc}，伽利略接口控制文档（ICD）[3] 使用与式(10.3)相同的格式和记法。北斗 ICD [4] 也使用式(10.3)，但稍有不同：分别将 a_{f_0}、a_{f_1} 和 a_{f_2} 项称为 a_0、a_1 和 a_2。校正 Δt_r 补偿 10.2.3 节讨论的三个相对论效应之一。

GLONASS 使用类似于式(10.3)中的多项式时钟校正，但仅限于一阶项。GLONASS 时钟偏差校正称为 τ_n，时钟偏差校正称为 γ_n[7]。此外，在 GLONASS 内，这些广播偏差和漂移修正项已包含相对论调整，因此接收机不需要进一步修正相对论效应。

若 GNSS 接收机不使用广播时钟校正，则可能导致极大的伪距和载波相位测量误差。该误差可以为正也可以为负，误差最大值约为广播时钟校正参数中的时钟偏差项范围。例如，对于 GPS 传统信号，a_{f_0} 项是有 2^{-20} s 最低有效位（LSB）值的 11 位有符号二进制补码。因此，时钟校正的幅度可能接近 1ms，若不应用时钟校正，则会产生高达 300km 的伪距和载波相位误差。

当接收机应用 GNSS 时钟校正时，由剩余卫星时钟误差引起的伪距和载波相位误差通常很小（不超过几米）。剩余误差来自几个方面：（1）时钟校正数据由各自的 CS 通过 CS 监测站的噪声测量产生，因此 CS 对卫星时钟误差的估计是不完美的；（2）在正在运行的卫星导航系统中，上传操作不频繁（如 GPS 每天上传一次），因此广播时钟校正数据必须基于 CS 对过去一天的预测；（3）广播时钟校正数据通常是通过曲线拟合并截断来符合广播导航电文中的有限长度字段产生的。

由于上述因素，时钟剩余误差 δt 会导致测距误差，该误差取决于 CS 的设计、卫星类型、广播数据的龄期及数据范围表示的充分性。CS 上传到卫星时，由剩余时钟误差导致的测距误差通常最小，然后随着时间的推移而逐渐增大，直到下一次上传。下面用一个例子加以说明。图 10.2 中描述了自上次导航数据上传以来，各代 GPS 卫星的残余时钟误差统计数据。卫星导航系统的标称上传频率各不相同。例如，对于每颗卫星，两次上传之间的典型时间间隔如下：QZSS 为 15min，伽利略为 100min，GLONASS 为 12h，GPS 为 24h。跟踪所有可见 GNSS 卫星的用户设备，通常会观测到数据期龄（AOD）从 0 到 24h 不等的卫星。因此，在开发适合于位置或时间误差预算的时钟误差统计模型时，通过 AOD 进行平均是合适的。

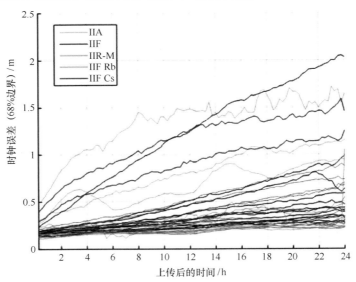

图 10.2　2013—2016 年，GPS 卫星的时钟误差（68%边界）与上
传后的时间的关系（斯坦福大学 Kazuma Gunning 供图）

通过分析 2008—2014 年传统 GPS 信号的导航数据[8]，图 10.3 中给出了 GPS 卫星时钟误差分布。观测到的 GPS 星座和所有 AOD 的 1σ 时钟误差，在这 7 年间平均为 0.5m。期间的平均时钟误差非常小，为-0.1cm。目前造成 GPS 时钟误差的一个原因是在传统 GPS 信号导航数据中，时钟偏差项的 LSB 相当粗糙（约 0.5ns），相当于 14cm 的距离。在现代化 GPS 信号中，a_{f_0} 使用更精细的 LSB（0.03ns），未来会减小这个误差。

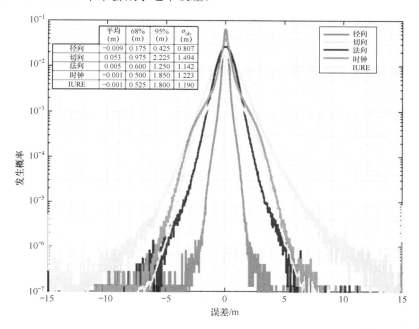

	平均 (m)	68% (m)	95% (m)	σ_{ob} (m)
径向	-0.009	0.175	0.425	0.807
切向	0.053	0.975	2.225	1.494
法向	0.005	0.600	1.250	1.142
时钟	-0.001	0.500	1.850	1.223
IURE	-0.001	0.525	1.800	1.190

图 10.3　2008—2014 年 7 年间 GPS 卫星时钟和星历误差统计[8]

文献[9]中收集和分析的 2009—2011 年的数据表明，时钟误差在 GLONASS 信号空间（SIS）URE 中占主导地位，在此期间的误差范围是 1.5～4m。SIS URE 是一个包含时钟误差和星历误差的 1σ 误差统计量（见 10.2.2 节中的讨论）。GLONASS 时钟剩余误差正在改善，因为更好性能的时钟已引入星座，且 CS 也被扩展。最近对 GLONASS SIS URE 的评估表明，2015 年的典型 1σ SIS URE 为 1.5～1.9m[10]。基于每日两次上传，AOD 通常不到 12h。GLONASS FDMA 信号的量化误差是 GLONASS 时钟误差较大的重要原因，因为在广播时钟偏差校正中，LSB 过于粗略，约为 0.9ns（0.3m）。

来自文献[10]和其他数据表明，伽利略、北斗、QZSS 和 NAVIC 的 1σ 时钟误差已低于 1m，随着这些系统的成熟，该误差预计会继续减小。

10.2.1.1　空间相关性

与地球上或附近的位置无关，卫星时钟误差对整体伪距和载波相位测量误差的影响，对所有 GNSS 接收机完全相同，于是这种 GNSS 误差就成为使用差分技术进行校正的误差之一。例如，若卫星时钟（在应用广播导航数据校正之后的）误差是 10ns，则会导致任何位置的用户均出现 3m 的伪距和载波相位测量误差。

10.2.1.2　时间相关性

今天，GNSS 卫星时钟误差随时间变化非常缓慢（即时间相关性非常高），导致来自典型差分系统的校正值传递中的时间延迟不是明显的误差源。例如，第 5 章中的图 5.8 提供了 2015 年 10 月至 2016 年 1 月间，伽利略卫星上运行的主时钟的艾伦方差测量结果。可以看到，在 200s

的时间间隔内，无源氢脉泽钟（PHM）和铷原子频率标准（RAFS）的艾伦方差均低于 $2×10^{-13}$ s/s。这个艾伦方差水平相当于在此间隔内只有小于 0.06mm/s 的变化率。其他 GNSS 卫星上的时钟的稳定性是相似的，产生的变化率也是相同数量级的。

10.2.2　星历误差

GNSS 卫星的星历估计值都是通过它们各自的 CS 计算的，并且与其他导航数据电文参数上传到卫星，以便重复播发给用户。如卫星时钟校正的情况一样，这些校是使用 CS 上传时每个卫星轨道的最优预测的曲线拟合生成的（例如，参见 3.3.1.4 节中关于 GPS 曲线拟合过程和样本结果的描述）。卫星剩余位置误差是图 10.4 中描述的一个矢量。

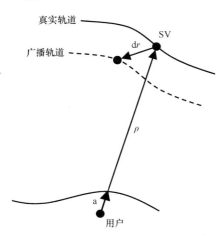

图 10.4　星历误差

由星历预测误差引起的有效伪距和载波相位误差，可以通过将卫星位置误差矢量投影到从卫星到用户视线的矢量上计算。星历误差在径向（从卫星到地球中心）方向通常最小。切向（卫星的瞬时行进方向）和法向（垂直于沿轨道和径向）分量要大得多。由于这些分量不会明显地投影到地球方向上，所以切向和法向分量更加难以通过 CS 在地面上的监测站来观测。所幸的是，基于同样的原因，最大的星历误差分量不会对用户带来大的测量误差。

图 10.3 中显示了 2008—2014 年 GPS 星历误差的分布情况。在此期间，径向、切向和法向分量的 1σ 误差水平分别约为 18cm、98cm 和 60cm。总 GPS SIS URE 约为 52cm（图中显示为 IURE，它是瞬时 URE 的缩写）。与时钟误差一样，星历误差通常随着 AOD 的增加而增加。图 10.5 中说明了这一特性，它将 GPS 星历误差绘制为自上传以来的时间的函数。观察发现，广播星历的 1σ 误差水平与 AOD 近似成线性。图 10.6 中显示了整个 SIS URE 与 AOD 的关系。

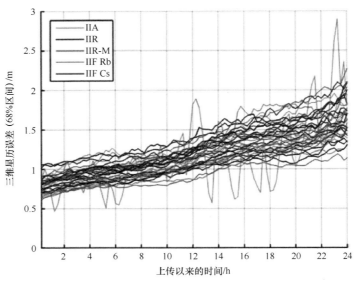

图 10.5　2013—2016 年各代卫星的 GPS 星历误差（68%区间）与上传以来的时间的关系（斯坦福大学 Kazuma Gunning 供图）

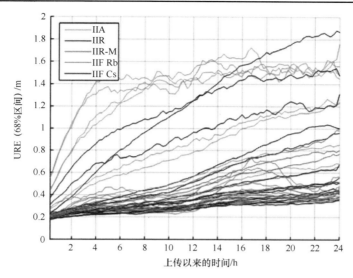

图 10.6　2013—2016 年各代卫星的 URE（68%区间）与自上传
以来的时间的关系（斯坦福大学 Kazuma Gunning 供图）

文献[10]中对伽利略星历误差在进行了评估。2015 年 3 月，径向、切向和法向 1σ 误差水平分别是 44cm、1.83cm 和 88cm。整个伽利略的 SIS URE 为 0.7m。

应当指出的是，CS 监测网的地理范围对星历的确定起重要作用。监测站的地理分隔使得轨道估计更加准确。例如，对于 GLONASS 来说，监测站网络最初完全在俄罗斯境内（见 4.3 节）。在 2012 年之前，若假设低角为 0°，则 GLONASS 卫星平均只有 53%的机会出现在至少一个监测站的视野中[9]。观测到的 GLONASS 卫星星历误差取决于卫星是否受到地面的监测。图 10.7 中描述了被监测卫星与未被监测卫星的 URE。如第 4 章所述，俄罗斯正在将 GLONASS 监测站网络扩大到俄罗斯境外。文献[9]中的数据表明，从 2009 年到 2011 年，1σ GLONASS 星历误差如下：径向约为半米级，切向和法向约为米级。总 GLONASS SIS URE 为 1～4m。

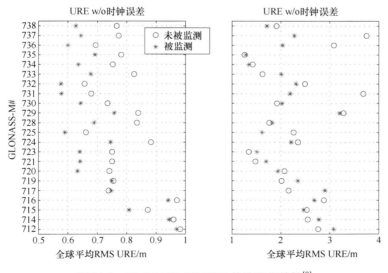

图 10.7　GLONASS SIS URE 的地理依赖性[9]

来自文献[10]和其他来源的数据表明，北斗、QZSS 和 NAVIC 的星历径向误差是亚米级。

10.2.2.1 空间相关性

广播的卫星位置误差会导致伪距和载波相位误差。由星历引起的伪距或载波相位误差的大小取决于用户和卫星之间的视线，这些误差随用户位置的变化而变化。然而，彼此邻近的接收机观测的伪距或载波相位误差之差很小，因为它们对每颗卫星的相应视线非常相似。为了量化变化量，我们将用户 U 和参考站 M 之间的距离表示为 p（见图 10.8）。我们称实际卫星轨道位置为真实位置。估计的卫星位置（即广播星历）中的误差表示为 ε_s。假设 d_m 和 d'_m 分别是参考站到卫星的真实距离和估计距离，d_u 和 d'_u 是用户到卫星的真实距离和估计距离。设 ϕ_m 是从参考站到用户与从参考站到实际卫星位置的连线之间的夹角。设 α 是从参考站分别到卫星的实际位置 S 和估计位置 S' 的连线之间的夹角。由余弦定理有

$$d'^2_u = d'^2_m + p^2 - 2pd_m\cos(\phi_m - \alpha')$$
$$d^2_u = d^2_m + p^2 - 2pd_m\cos\phi_m$$

式中，α' 是从监测站到实际卫星位置的仰角与从监测到估计卫星位置的仰角之差 $\phi_m - \phi'_m$（α' 的绝对值小于等于 α 的绝对值；当两个三角形位于同一平面时，二者相等）。

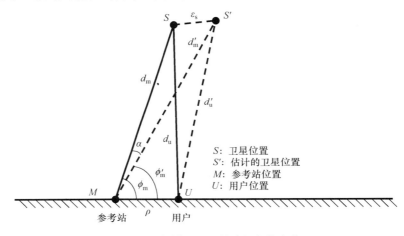

图 10.8 广播星历误差随视角的变化

求解第一个方程得 $d'_m - d'_u$，求解第二个方程得 $d_u - d_m$，忽略每个方程中平方根的二项式展开的高阶项，得到

$$d'_m - d'_u \approx -\tfrac{1}{2}\cdot(p/d'_m)\cdot p + p\cdot\cos\phi_m + \alpha'\cdot p\cdot\sin\phi_m + \tfrac{1}{2}\cdot\alpha'^2\cdot p\cdot\cos\phi_m$$
$$d_u - d_m \approx +\tfrac{1}{2}(p/d'_m)\cdot p - p\cdot\cos\phi_m$$

以上两式相加，可得误差 $\varepsilon_u = d'_u - d_u$ 和误差 $\varepsilon_m = d'_m - d_m$ 之差是

$$\varepsilon_m - \varepsilon_u = (d'_u - d'_m) + (d_m - d_u) = \alpha'\cdot p\cdot\sin\phi_m + \tfrac{1}{2}\cdot\alpha'^2\cdot p\cdot\cos\phi_m$$

或

$$|\varepsilon_m - \varepsilon_u| = |(d'_u - d'_m) + (d_m - d_u)| \leq \alpha\cdot p\cdot\sin\phi_m + \tfrac{1}{2}\cdot\alpha^2\cdot p\cdot\cos\phi_m$$

估计的卫星位置在由用户位置、参考站位置和真实卫星位置定义的平面内时，上式成立。差值 $\varepsilon_m - \varepsilon_u$ 是由用户位置的伪距校正引入的误差。为简化表达式，假设角度 ϕ_m 大于 5°，用户和参考站之间的距离小于 1000km，方向 $\overline{SS'}$ 平行于方向 $\overline{MU}$，则有

$$\varepsilon_m - \varepsilon_u \leqslant \alpha \cdot p \cdot \sin\phi_m \approx \left(\frac{\varepsilon_s \cdot \sin\phi_m}{d_m}\right) \cdot p \cdot \sin\phi_m = \left(\frac{\varepsilon_s}{d_m}\right) \cdot p \cdot \sin^2\phi_m \qquad (10.4)$$

式中，ε_s 是卫星估计位置的误差。

式(10.4)意味着，误差直接随用于测量误差的参考站和用于使用校正数据的用户接收机之间距离的增加而增大。例如，假设卫星估计位置的误差为 5m，用户到参考站的距离为 100km，那么在仰角大于 5°的情况下，由该距离导致的校正误差小于

$$\left(\frac{5m}{2 \times 10^4\,km}\right) \times 100km = 2.5cm$$

10.2.2.2　时间相关性

GNSS 卫星星历随时间的变化通常非常缓慢。例如，文献[11]中检查了 2001 年 11 月 1 日的 GPS 星历误差，观察到所有卫星的径向、切向、法向和整体三维星历误差在 10s 内的变化不超过 1cm。GPS 广播星历数据的精度已显著提高，目前的变化率更低。对其他 GNSS 卫星广播的星历数据，观测到了类似的低变化率（相当于高水平的时间相关性）。

10.2.3　相对论效应

爱因斯坦的广义和狭义相对论都是伪距和载波相位测量过程中要考虑的因素[12, 13]。当信号源（在这种情况下为 GNSS 卫星）或信号接收器（GNSS 接收机）在所选的各向同性光速坐标系中移动时，任何时候都需要狭义相对论（SR）进行相对论校正，该坐标系在 GNSS 系统中是 ECI 坐标系。只要信号源和信号接收器位于不同的引力势下，就需要广义相对论（GR）来进行相对论校正。

卫星时钟受狭义和广义相对论的影响。为了补偿这两种效应，在发射之前需要调整卫星时钟频率。例如：

- 对于基准频率为 f_0 = 10.23MHz 的高倾斜椭圆轨道（HEO）中的 QZSS SV，卫星时钟偏移标称值 $\Delta f / f_0$ = -5.399×10^{-10}，以补偿地面和卫星轨道之间的频率差。因此，在轨卫星的中心频率并不十分精确。例如，L5 频段信号偏移-0.6352Hz（标称值）[5]。用户在海平面上观测到的频率为 1176.45MHz；因此，用户不必纠正这种效应。
- 对于使用 FDMA 的 GLONASS，每颗卫星的 L1 和 L2 子频带的载波频率是从一个共用的星载时间/频率标准连贯导出的，用户在海平面上观测到的频率为 5.0MHz。为了补偿相对论效应，卫星观测到的这个参考频率的标称值从 5.0MHz 偏移相对值 $\Delta f / f_0$ = -4.36×10^{-10} 或 $f = -2.18 \times 10^{-3}$ Hz，即它等于 4.99999999782MHz [7]。

用户或 SATNAV CS 必须对由卫星轨道偏心引起的另一个相对论周期性效应进行修正。这种周期性效应是由卫星相对于 ECI 坐标系的速度周期性变化及卫星引力势的周期性变化造成的。

当卫星位于近地点时，卫星速度较快，引力势低，导致卫星时钟运行速度变慢。当卫星位于远地点时，卫星速度较慢，引力势较高，导致卫星时钟运行速率变快[12, 13]。这种影响可以通过下式来补偿[2]：

$$\Delta t_r = Fe\sqrt{A}\sin E_k \qquad (10.5)$$

式中，F 等于$-4.442807633 \times 10^{-10}s/m^{1/2}$；$e$ 为卫星轨道偏心率；A 为卫星轨道的半长轴长度；E_k 为卫星轨道的偏近点角。

GPS、伽利略、北斗、QZSS 和 NAVIC 的信号规范都要求在用户接收机中使用式(10.5)中的

校正。对于 GPS，文献[14]中声称这种相对论效应最大可达 70ns（21m 距离）。针对该相对论效应修正的卫星时钟，将使得对用户传输时间的估计更精确。对于 GLONASS 卫星，广播的卫星时钟校正参数中已经包含式(10.3)中的相对论校正，因此用户设备不需要应用这种校正。

由于地球在信号传输期间的自转，当在地心地固（ECEF）坐标系中对卫星位置进行计算时，会引入一种称为萨格纳克效应的相对论误差（见 2.2.2 节）。在 SV 信号传输的传播时间内，地表的时钟将经历一个相对于地心惯性（ECI）坐标系的有限旋转（见 2.2.1 节）。图 10.9 中说明了萨格纳克效应。显然，如果用户经历了远离 SV 的净旋转，那么传播时间将增加，反之亦然。如果不加以纠正，那么萨格纳克效应就会导致 GLONASS 和 GPS 的最大位置误差达到 40m[15]，伽利略的最大位置误差达到 46m[15]。对萨格纳克效应的修正通常称为地球自转修正。

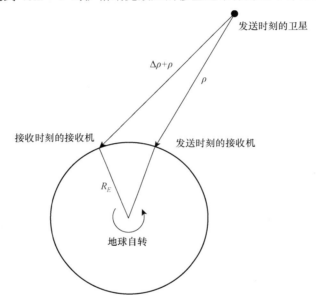

图 10.9　萨格纳克效应

校正萨格纳克效应的方法有多种。一种常用的方法是在 ECI 坐标系中计算卫星和用户位置，以便完全避免萨格纳克效应。当对一组可视卫星进行伪距测量时，冻结 ECEF 坐标系可以方便地获得 ECI 坐标。萨格纳克效应不会出现在 ECI 坐标系中。重要的是，在标准全球导航卫星系统用户的定位解算（见 2.5 节）中，使用的卫星位置必须与传输时间对应，而传输时间通常不同。每颗卫星的传输时间 T_s 是 GNSS 接收机的自然测量结果，详见 8.10。商业设备的用户可以简单地首先从来自接收机的测量时间标签中减去伪距测量（应用 10.2.1 节中讨论的时钟校正后），然后除以光速，得到每颗卫星的信号播发时间。接着，可以使用广播星历数据计算卫星信号播发时的 ECEF 坐标 (x_s, y_s, z_s)（表 3.1 和表 3.2 中提供了关于 GPS 的一个例子）。然后，可以通过旋转将每颗卫星的位置转换到 ECI 坐标系中：

$$\begin{bmatrix} x_{\text{eci}} \\ y_{\text{eci}} \\ z_{\text{eci}} \end{bmatrix} = \begin{bmatrix} \cos \dot{\Omega}(T_u - T_s) & \sin \dot{\Omega}(T_u - T_s) & 0 \\ -\sin \dot{\Omega}(T_u - T_s) & \cos \dot{\Omega}(T_u - T_s) & 0 \\ 0 & 0 & 1 \end{bmatrix} \begin{bmatrix} x_s \\ y_s \\ z_s \end{bmatrix}$$

式中，接收时间 T_u 在位置/时间估计之前的最初阶段是未知的。作为一个例子，它最初可以近似为可见卫星的信号平均播发时间加上中轨道卫星到接收机的信号传播时间（例如，对于地面上的

GPS 用户为 75ms）。一旦使用 2.5 节中描述的最小二乘法生成位置解，就可使用用户时钟校正来获得更好的 T_u 估计，并且可以重复该过程。当接收信号时，用户的位置坐标在 ECEF 和 ECI 坐标系中是相同的，因为根据定义，这两个坐标系在这一时刻是固定的。文献[16]中提供了一些地球自转修正的替代公式和数值示例。

最后，受地球引力场的影响，GNSS 信号会经历时空弯曲。作为例子，这类相对论效应对 GPS 的影响的幅度范围，可从相对定位的 0.001ppm 到单点定位的 18.7mm [17]。

10.2.4　大气效应

波在介质中的传播速度可以用介质的折射率来表示。折射率定义为波在自由空间中的传播速度与在介质中的传播速度之比，其计算公式为

$$n = c / v \tag{10.6}$$

式中，c 是在 ITRF 中定义的光速，它等于 299792458m/s。若传播速度（或折射率）是波的频率的函数，则介质是色散的。在色散介质中，信号的载波相位的传播速度 v_p 不同于携带信号信息的波的速度 v_g。携带信息的波可视为以略微不同频率行进的一组波。

为了说明群速度和相速度的概念，下面考虑在 x 方向上传播的电磁波的两个分量 S_1 和 S_2，它们的频率分别为 f_1 和 f_2（或 ω_1 和 ω_2），相速度分别为 v_1 和 v_2。这些信号的和 S 是

$$S = S_1 + S_2 = \sin \omega_1 \left(t - x/v_1 \right) + \sin \omega_2 \left(t - x/v_2 \right)$$

使用三角恒等式

$$\sin \alpha + \sin \beta = 2 \cos \tfrac{1}{2}(\alpha - \beta) \cdot \sin \tfrac{1}{2}(\alpha + \beta)$$

得

$$S = 2 \cos \left[\tfrac{1}{2}(\omega_1 - \omega_2)t - \tfrac{1}{2}\left(\omega_1/v_1 - \omega_2/v_2 \right)x \right] \times \sin \left[\tfrac{1}{2}(\omega_1 + \omega_2)t - \tfrac{1}{2}\left(\omega_1/v_1 + \omega_2/v_2 \right)x \right]$$

$$= 2 \cos \tfrac{1}{2}(\omega_1 - \omega_2)\left[t - \frac{x}{\tfrac{1}{2}(\omega_1 - \omega_2)/\tfrac{1}{2}\left(\omega_1/v_1 - \omega_2/v_2 \right)} \right] \sin \left[\tfrac{1}{2}(\omega_1 + \omega_2)t - \tfrac{1}{2}\left(\omega_1/v_1 + \omega_2/v_2 \right)x \right]$$

余弦部分是按如下速度行进的一个波群（对携带信息的那部分正弦波施加的调制）：

$$v_g = \frac{\tfrac{1}{2}(\omega_1 - \omega_2)}{\tfrac{1}{2}(\omega_1/v_1 - \omega_2/v_2)} = \frac{2\pi(f_1 - f_2)}{2\pi\left(f_1/v_1 - f_2/v_2 \right)} = \frac{f_1 - f_2}{1/\lambda_1 - 1/\lambda_2} = \frac{\left(v_1/\lambda_1 - v_2/\lambda_2 \right)}{\left(1/\lambda_1 - 1/\lambda_2 \right)}$$

$$= \frac{\left(v_1/\lambda_1 - v_2/\lambda_2 + v_1/\lambda_2 - v_2/\lambda_2 \right)}{\left(1/\lambda_1 - 1/\lambda_2 \right)} = v_1 - \lambda_1 \frac{v_2 - v_1}{\lambda_2 - \lambda_1} \tag{10.7}$$

式中，λ_1 和 λ_2 是相应信号的波长。

对相比载波频率其带宽较窄的信号，如 GNSS 信号，可用差分 dv 代替 $v_2 - v_1$，用差分 $d\lambda$ 代替 $\lambda_2 - \lambda_1$，用 λ_1 代替 λ，并将下标 p 加到 v 上，以明确表示相速度，有

$$v_g = v_p - \lambda \frac{d v_p}{d \lambda} \tag{10.8}$$

这意味着群速度和相速度的差取决于波长及相速度随波长的变化率。

相应的折射率为[17]

$$n_g = n_p + f \frac{d n_p}{d f} \tag{10.9}$$

式中，折射率定义为

$$n_p = c/v_p, \qquad n_g = c/v_g \tag{10.10}$$

其中，f 表示信号频率。在非色散介质中，波的传播与频率无关，信号相位和信号信息以相同的速度传播，即 $v_g = v_p$ 和 $n_g = n_p$。

10.2.4.1 电离层效应

电离层是一种色散介质，主要位于地表上方 70～1000km 的大气区域。在这个区域内，来自太阳的紫外线使部分气体分子电离并释放自由电子。这些自由电子影响电磁波传播，包括 GNSS 卫星的广播信号。

以下内容基于文献[17]中方法的类似推导。电离层中相位传播的折射率可以近似为

$$n_p = 1 + \frac{c_2}{f^2} + \frac{c_3}{f^3} + \frac{c_4}{f^4} + \cdots \tag{10.11}$$

式中，系数 c_2、c_3 和 c_4 是与频率无关的，但它们是沿卫星到用户的信号传播路径的电子数量（即电子密度）的函数。电子密度用 n_e 表示。对式(10.11)关于频率求导，并将结果与式(10.11)一起代入式(10.9)，可得 n_g 的类似表达式：

$$n_g = 1 - \frac{c_2}{f^2} - \frac{2c_3}{f^3} - \frac{3c_4}{f^4} - \cdots$$

忽略高阶项后，得到以下近似值：

$$n_p = 1 + \frac{c_2}{f^2}, \quad n_g = 1 - \frac{c_2}{f^2} \tag{10.12}$$

系数 c_2 的估计值为 $c_2 = -40.3n_e$ Hz^2。重写上述公式得

$$n_p = 1 - 40.3n_e/f^2, \quad n_g = 1 + 40.3n_e/f^2 \tag{10.13}$$

使用式(10.9)，相速度和群速度估计为

$$v_p = \frac{c}{1 - 40.3n_e/f^2}, \quad v_g = \frac{c}{1 + 40.3n_e/f^2} \tag{10.14}$$

可以看到，相速度大于群速度。群速度的延迟量等于载波相位相对于自由空间传播的提前量。在 GNSS 的情况下，这会转化为被延迟且载波相位被提前的信号信息（如测距码和导航数据），这种现象称为**电离层发散**。重要的是，伪距测量误差的大小和载波相位测量的误差（均以米为单位）是相等的，只是符号不同。电离层中的自由电子导致载波相位测量值降低的直接原因是，信号电场中波峰与波峰之间的距离是与电离层中的信号传播路径相关的。

测量的距离是

$$S = \int_{SV}^{User} n \, ds \tag{10.15}$$

视线（几何）距离是

$$l = \int_{SV}^{User} dl \tag{10.16}$$

电离层折射导致的路径长度差是

$$\Delta S_{iono} = \int_{SV}^{User} n \, ds - \int_{SV}^{User} dl \tag{10.17}$$

相位折射率导致的延迟是

$$\Delta S_{iono,p} = \int_{SV}^{User} \left(1 - 40.3n_e/f^2\right) ds - \int_{SV}^{User} dl \tag{10.18}$$

类似地，群折射率导致的延迟是

$$\Delta S_{iono,g} = \int_{SV}^{User} \left(1 + 40.3n_e/f^2\right) ds - \int_{SV}^{User} dl \tag{10.19}$$

由于与卫星到用户的距离相比，延迟很小，因此我们沿视线路径对第一项积分，简化式(10.18)和式(10.19)。此时，ds 更改为 dl，有

$$\Delta S_{\text{iono,p}} = -\frac{40.3}{f^2}\int_{\text{SV}}^{\text{User}} n_e \, dl, \qquad \Delta S_{\text{iono,g}} = \frac{40.3}{f^2}\int_{\text{SV}}^{\text{User}} n_e \, dl \tag{10.20}$$

沿着路径的电子密度称为总电子含量（TEC），它定义为

$$\text{TEC} = \int_{\text{SV}}^{\text{User}} n_e \, dl$$

TEC 的单位是电子数/m^2，有时也使用 TEC 单位（TECU），1TECU 定义为 10^{16} 个电子/m^2。TEC 是时间、用户位置、卫星仰角、季节、电离通量、磁活动、太阳黑子周期和闪烁的函数，其值通常为 $10^{16}\sim10^{19}$，两个极值分别出现在午夜和中午。下面可用 TEC 来重写式(10.20)：

$$\Delta S_{\text{iono,p}} = \frac{-40.3\text{TEC}}{f^2}, \qquad \Delta S_{\text{iono,g}} = \frac{40.3\text{TEC}}{f^2} \tag{10.21}$$

由于 TEC 通常是指通过电离层的垂直方向，因此上述表达式反映了卫星在仰角为 90°（即天顶）时沿垂直方向的路径延迟。对于其他仰角，可以在式(10.20)中乘以一个倾斜因子。倾斜因子也称映射函数，它说明信号在电离层内传播的路径长度增大。倾斜因子存在各种模型。例如[18]，可以使用（在图 10.10 中定义）

$$F_{\text{pp}} = \left[1 - \left(\frac{R_e \cos\phi}{R_e + h_{\text{I}}}\right)^2\right]^{-1/2} \tag{10.22}$$

在该模型中，最大电子密度的高度 h_{I} 为 350km。加入倾斜因子后，路径延迟表达式(10.21)变为

$$\Delta S_{\text{iono,p}} = -F_{\text{pp}}\frac{40.3\text{TEC}}{f^2}, \qquad \Delta S_{\text{iono,g}} = F_{\text{pp}}\frac{40.3\text{TEC}}{f^2}$$

由于电离层延迟与频率有关，因此可用双频接收机进行测距来消除。在两个频率［如 B1-C/E1/L1（1575.42MHz）和 B2a/E5a/L5（1176.45MHz）］上进行的差分伪距测量能够估计两个频率上的电离层延迟（忽略多径和接收机噪声误差）。它们是基于式(10.12)的一阶估计。可以使用文献[2]中规定的两个频率（即 GPS L1 和 L2）上的伪距测量值来得到无电离层延迟的伪距：

$$\rho_{\text{ionospberic-free}} = \frac{\rho_{\text{L2}} - \gamma\rho_{\text{L1}}}{1 - \gamma} \tag{10.23}$$

式中，$\gamma = (f_{\text{L1}}/f_{\text{L2}})^2$。虽然消除了电离层延迟误差，但这种方法的缺点是测量误差会通过组合显著放大。一种优选方法是使用 L1 和 L2 伪距测量值，并使用如下表达式来估计 L1 上的电离层误差：

$$\Delta S_{\text{iono,corr}_{\text{L1}}} = \left(\frac{f_{\text{L2}}^2}{f_{\text{L2}}^2 - f_{\text{L1}}^2}\right)(\rho_{\text{L1}} - \rho_{\text{L2}}) \tag{10.24}$$

L2 上的路径长度差可通过 $\Delta S_{\text{iono,corr}_{\text{L1}}}$ 乘以如下值来估计：

$$(f_1 / f_2)^2 = (77 / 60)^2$$

因为电离层延迟误差通常不会非常迅速地变化，因此随着时间的推移，这些估计的校正可被平滑，并在每个频率的伪距测量值中减去。

注意，式(10.11)中的高阶项对这些差的贡献通常是毫米级的（在极端电离层干扰期间，贡献会上升到厘米级），且在大多数应用中可以忽略[19]。

在单频接收机的情况下，显然不能使用式(10.24)，因此采用电离层模型来修正电离层延迟。

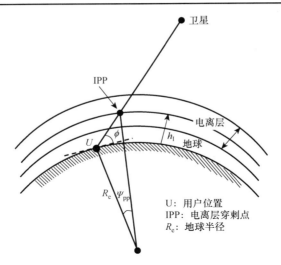

图 10.10　电离层模型的几何示意图

1. Klobuchar 模型

一个重要的例子是用于 GPS 和其他 SATNAV 系统的 Klobuchar 模型，它通过包含在 GNSS 导航电文中的一组系数，去除中纬度地区约 50%（平均值）的电离层延迟。该模型假设垂直电离层延迟在白天可以近似为当地时间的半个余弦函数，在夜间则为一个恒定电平[20]。

低仰角卫星的观测延迟几乎是天顶卫星的 3 倍。对于垂直入射的信号，延迟范围是从夜间的约 10ns（3m）到白天的多达 50ns（15m）。在低仰角（0°～10°）卫星情形下，延迟范围是从夜间的 30ns（9m）到白天的 150ns（45m）[21]。文献[22]中指出，全球平均剩余电离层延迟的范围是从 9.8m 到 19.6m。

2. NeQuick G 模型

NeQuick G 模型是为 Galileo UE 开发的，它基于电子密度的三维表示，使用 NeQuick 电离层电子密度模型进行准实时校正，并由导航电文中的 3 个广播系数驱动。NeQuick G 的设计目的是对任何位置、任何时间、季节和太阳活动，实现电离层码延迟至少 70% 的校正能力（RMS），并保持 20 TECU 的较低倾斜 TEC（STEC）剩余误差界限，但不包括因地磁暴而导致电离层受到很大干扰的时段。在 GIOVE 试验期间，使用 GPS 数据及 GPS + GIOVE 数据对这种性能成功进行了评估[23]。

图 10.11 中显示了 2013 年 4 月至 2016 年 3 月利用伽利略 NeQuick G 模型和 GPS 电离层修正算法进行修正后，L1 上全球日均 RMS 电离层残差（单位为米）。可以看到，NeQuick G 模型的残差要小于 Klobuchar 模型的残差[19]。

3. 空间相关性

以长度为单位的电离层延迟 $\varepsilon^{\text{Iono}}$ 与信号频率 f、电离层穿透点的仰角 ϕ' 及沿信号路径的总电子含量（TEC）之间的关系是

$$\varepsilon^{\text{Iono}} = \frac{1}{\sin\phi'} \cdot \frac{40.3}{f^2} \cdot \text{TEC}$$

当卫星的方向偏离垂直方向时，$\sin\phi'$ 项代表电离层中的附加路径长度。电离层穿刺点是从用户位置到卫星位置的位移矢量中途通过电离层时的交点，其典型高度为 300～400km[17]（见图 10.12）。

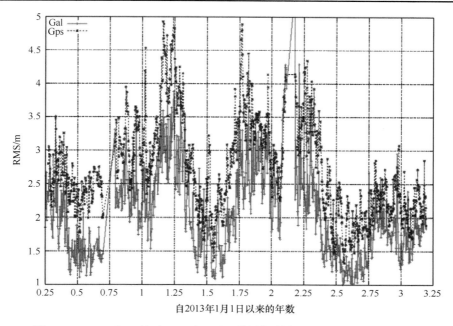

图 10.11　2013 年 4 月至 2016 年 3 月，使用伽利略 NeQuick G 和 GPS ICA 校
正后的全球日均 RMS 电离层残差（单位为米，ESA/Raul Orus 供图）

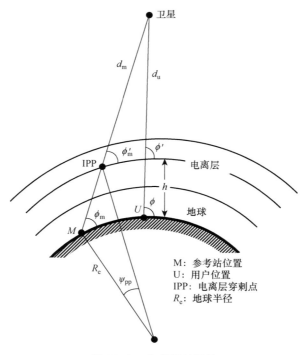

图 10.12　电离层延迟差

由于用户和参考站之间存在水平距离，因此两地的仰角之差导致的延迟差是

$$\left| \varepsilon_{u}^{Iono} - \varepsilon_{m}^{Iono} \right| = \frac{1}{\sin \phi'} \cdot \frac{40.3}{f^2} \cdot TEC - \frac{1}{\sin \phi_m'} \cdot \frac{40.3}{f^2} \cdot TEC$$

$$= \left| \frac{1}{\sin \phi'} - \frac{1}{\sin \phi_m'} \right| \cdot \frac{40.3}{f^2} \cdot TEC \qquad (10.25)$$

$$= \frac{p}{d_m} \cdot \left| \frac{p}{d_m} - \cos \phi_m' \right| \cdot \frac{40.3}{f^2} \cdot TEC$$

式中，p 为用户与参考站之间的距离，ϕ_m 是卫星到参考站的仰角，ϕ_m' 是参考站电离层穿刺点的仰角。

TEC 的范围通常为 $10^{16} \sim 10^{18}$ 个电子/m²，温带的典型电子密度为 50×10^{16} 个电子/m²，所以参考站和 100km 外的用户由于仰角之差导致的延迟差为

$$\left| \varepsilon_{u}^{Iono} - \varepsilon_{m}^{Iono} \right| = \left| \frac{p}{d_m} \cdot \left(\frac{p}{d_m} - \cos \phi_m' \right) \cdot \frac{40.3}{f^2} \cdot TEC \right|$$

$$\approx \left| -\frac{100km}{2 \times 10^4 km} \cdot \cos 45° \cdot \frac{40.3}{(1.575 \times 10^9)^2} \cdot 50 \times 10^{16} \right|$$

$$= 0.03m$$

距离及仰角之差导致的电离层延迟差的变化如图 10.13 所示，其中显示了 TEC 为 50×10^{16} 个电子/m² 时 3 个不同卫星仰角的结果。

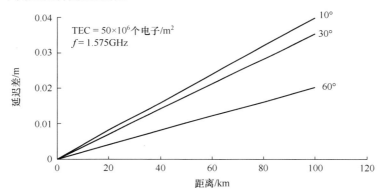

图 10.13　由仰角之差导致的电离层延迟差的变化

电离层内 TEC 的空间变化通常会使得电离层导致的延迟差大于仰角导致的延迟差。距离超过 100km 时，由 TEC 梯度导致的垂直电离层延迟（即垂直方向卫星的观测延迟）差，在电离层未受干扰的情况下通常为 0.2～0.5m，在电离层受到干扰的情况下可能会大于 4m[24, 25]。在一年的时间内，文献[26]中使用 GPS 接收机网络评估了白天的倾斜路径延迟。文献[26]中得出的结论是，即使是在 11 年太阳活动周期的高峰期，中纬度地区相距 400km 的两台接收机观测到的电离层延迟差预计 95%的时间内也不到 2m。许多物理现象 [包括电离层中的小规模不规则行为导致的电离层扰动（TIDS）] 会导致 TEC 在 10km 的短距离内出现陡峭的空间梯度。

4. 时间相关性

电离层延迟随时间的变化通常非常缓慢，一般在每天当地时间的夜间出现周期性的低值，在当地时间的午后出现最大延迟，然后回落到稳定的夜间值。在中纬度地区，垂直电离层延迟的时间变化率很少超过 8cm/min[27]。在世界上的其他地区，观测到了高达 65cm/min 的变化率[27]。最近的一些研究表明，极少数情况下可能会出现超过 3m/min 的变化率。这些观测到的变化率包括

仰角变化和 TEC 的影响。

10.2.4.2　对流层延迟

对流层是大气层中较低的部分，它对 15GHz 以下的频率是不发散的[17]。在此介质中，相对于自由空间传播，GNSS L 波段频率上与 GNSS 载波和信号信息（测距码和导航数据）相关的相速度和群速度同样存在延迟（注意，S 波段载波和信号信息也存在延迟，但本节的讨论集中于 L 波段信号）。该延迟是对流层折射率的函数，具体取决于局部温度、压力和相对湿度。如果没有得到补偿，那么对于海平面用户，该延迟的范围会在卫星位于天顶方向时的 2.4m 变化到卫星仰角为 5°时的 25m[17]。

由式(10.17)可以看出，对流层延迟导致的路径长度差为

$$\Delta S_{\text{tropo}} = \int_{\text{SV}}^{\text{User}} (n-1)\,\mathrm{d}s$$

其中积分沿信号路径进行。路径长度差也可用折射率表示为

$$\Delta S_{\text{tropo}} = 10^{-6} \int_{\text{SV}}^{\text{User}} N\,\mathrm{d}s \tag{10.26}$$

式中，折射率定义为

$$N \equiv 10^6 (n-1)$$

折射率通常用干（流体静力学）成分和湿（非流体静力学）成分建模[28]。干空气导致的干成分产生约 90%的对流层延迟，并且可以非常准确地进行预测。由于大气分布的不确定性，由水汽导致的湿成分更加难以预测。这两种成分会延伸到对流层的不同高度；干层延伸至约 40km 的高度，温层延伸至约 10km 的高度。

定义 $N_{\text{d},0}$ 和 $N_{\text{w},0}$ 分别为标准海平面处干、湿成分的折射率。要用气压和温度表示 $N_{\text{d},0}$ 和 $N_{\text{w},0}$，可以使用文献[29]中的公式：

$$N_{\text{d},0} \approx a_1 \frac{p_0}{T_0}$$

式中，p_0 为标准海平面处干成分的分压（mbar），T_0 为标准海平面处的热力学温度（K），a_1 为经验常数（77.624 K/mbar），

$$N_{\text{w},0} \approx a_2 \frac{e_0}{T_0} + a_3 \frac{e_0}{T_0^2}$$

式中，a_2 和 a_3 是经验常数（分别为-12.92K/mbar 和 371900K^2/mbar）。

路径延迟还随用户的高度 h 变化。因此，干、湿成分的折射率都取决于用户在参考椭球上方高度位置的大气条件。考虑高度并在文献[30]中成功演示的一个模型后，组合使用了文献[28, 29, 31, 32]中引用的部分成果。作为高度的函数，干成分由下式确定：

$$N_{\text{d}}(h) = N_{\text{d},0} \left[\frac{h_{\text{d}} - h}{h_{\text{d}}} \right]^{\mu} \tag{10.27}$$

对应于海平面的对流层干成分的上限 h_{d}，由下式确定：

$$h_{\text{d}} = 0.011385 \times \frac{p_0}{N_{\text{d},0} \times 10^{-6}}$$

式中，μ 是使用理想气体定律生成的。Hopfield [28]发现令 $\mu = 4$ 可以给出模型的最优结果。

类似地，对流层湿成分的折射率 $N_{\text{w}}(h)$ 为

$$N_w(h) = N_{w,0}\left[\frac{h_w - h}{h_w}\right]^{\mu} \tag{10.28}$$

式中，h_w 是对流层湿成分的范围，其计算公式为

$$h_w = 0.0113851 \cdot \frac{1}{N_{w,0} \times 10^{-6}}\left[\frac{1255}{T_0} + 0.05\right]e_0$$

位于海平面上的用户在卫星处于天顶时，路径长度差可由式(10.26)得到：

$$\Delta S_{\text{tropo}} = 10^{-6}\int_{h=0}^{h_d}N_d(h)\,\mathrm{d}h + 10^{-6}\int_{h=0}^{h_d}N_d(h)\,\mathrm{d}h \tag{10.29}$$

将式(10.27)中的 $N_d(h)$ 和式(10.28)中的 $N_w(h)$ 代入式(10.29)，可得

$$\Delta S_{\text{tropo}} = \frac{10^{-6}}{5}[N_{d,0}h_d + N_{w,0}h_w] = d_{\text{dry}} + d_{\text{wet}} \tag{10.30}$$

要计算式(10.30)中的对流层校正，需要气压和温度等输入，气压和温度可用气象传感器获得。当卫星不在天顶时，需要使用一个映射函数模型来求通过对流层的信号的路径长度增大导致的延迟。通常将天顶卫星的延迟称为垂直延迟或天顶延迟，而将其他任意仰角卫星的延迟称为倾斜延迟。本节后面将讨论涉及倾斜延迟和垂直延迟的映射函数。

新不伦瑞克大学（UNB）提出了一种精确的方法，这种方法可在没有气象传感器的情况下模拟天顶对流层的干、湿成分。在这个称为 UNB3 的模型[33]中，干、湿成分被认为是高于平均海平面的高度 h（单位为米）和 5 个气象参数 [气压 p（mbar）、温度 T（K）、水汽压力 e（mbar）、温度递减率 β（K/m）和水汽递减率 λ（无量纲）] 的函数。对表 10.1 和表 10.2 中的值进行插值，可以算出每个气象参数。例如，纬度 ϕ（$15° < \phi < 75°$）处的平均气压 $p_0(\phi)$ 可用表 10.1 中 p_0 列的两个值来计算，这两个值对应于两个纬度值 ϕ_i 和 ϕ_{i+1}，它们与 ϕ 最为接近，如下所示：

$$p_0(\phi) = p_0(\phi_i) + [p_0(\phi_{i+1}) - p_0(\phi_i)] \cdot \frac{(\phi - \phi_i)}{(\phi_{i+1} - \phi_i)}$$

表 10.1 对流层延迟的平均气象参数

参数平均					
纬度/°	p_0/mbar	T_0/K	e_0/mbar	β_0/（K/m）	λ_0
≤15	1013.25	299.65	26.31	6.30×10^{-3}	2.77
30	1017.25	294.15	21.79	6.05×10^{-3}	3.15
45	1015.75	283.15	11.66	5.58×10^{-3}	2.57
60	1011.75	272.15	6.78	5.39×10^{-3}	1.81
≥75	1013.00	263.65	4.11	4.53×10^{-3}	1.55

表 10.2 对流层延迟的季节气象参数

参数的季节变化					
纬度/°	p_0/mbar	T_0/K	e_0/mbar	β_0/（K/m）	λ_0
≤15	0.00	0.00	0.00	0.00×10^{-3}	0.00
30	−3.75	7.00	8.85	0.25×10^{-3}	0.33
45	−2.25	11.00	7.24	0.32×10^{-3}	0.46
60	−1.75	15.00	5.36	0.81×10^{-3}	0.74
≥75	−0.50	14.50	3.39	0.62×10^{-3}	0.30

类似地，季节变化 $\Delta p(\phi)$ 可由表 10.2 算出，如下所示：

$$\Delta p(\phi) = \Delta p(\phi_i) + [\Delta p(\phi_{i+1}) - \Delta p(\phi_i)] \cdot \frac{(\phi - \phi_i)}{(\phi_{i+1} - \phi_i)}$$

纬度小于 15° 时，只需使用第一行中未插值的参数值；纬度大于 75° 时，要使用最后一行的参数值。最后，考虑到一年的天计数 D（第一天是 1 月 1 日）后，气压 p 的计算公式为

$$p = p_0(\phi) - \Delta p(\phi) \cdot \cos\left[\frac{2\pi(D - D_{\min})}{365.25}\right]$$

式中，$D_{\min} = \begin{cases} 28, & 北纬 \\ 211, & 南纬 \end{cases}$。

北半球和南半球的参数 $D_{\min}$ 的值不同，原因是两个半球存在季节差（183 天）。计算所有 5 个气象参数的方法与计算气压的方法完全相同，完成全部计算后，延迟干、湿成分就可由式(10.27)中的 d_{dry} 和 d_{wet} 求出：

$$d_{\mathrm{dry}} = \left(1 - \frac{\beta \cdot h}{T}\right)^{\frac{g}{R_{\mathrm{d}}\beta}} \cdot \left(\frac{10^{-6} k_1 R_{\mathrm{d}} p}{g_{\mathrm{m}}}\right), \quad d_{\mathrm{wet}} = \left(1 - \frac{\beta \cdot h}{T}\right)^{\frac{(\lambda+1)g}{R_{\mathrm{d}}\beta} - 1} \cdot \left(\frac{10^{-6} k_2 R_{\mathrm{d}}}{g_{\mathrm{m}}(\lambda+1) - \beta R_{\mathrm{d}}} \cdot \frac{e}{T}\right)$$

式中，$k_1 = 77.604\mathrm{K/mbar}$，$k_2 = 382000\mathrm{K^2/mbar}$，$R_{\mathrm{d}} = 287.054\mathrm{J/kg/K}$，$g_{\mathrm{m}} = 9.784\mathrm{m/s^2}$，$g = 9.80665\mathrm{m/s^2}$。

对于非 90° 的仰角，式(10.30)中的模型通常不适用。例如，为了说明卫星仰角的影响，可以引入所谓的映射函数：

$$\Delta S_{\mathrm{tropo}} = m_{\mathrm{d}} \cdot d_{\mathrm{dry}} + m_{\mathrm{w}} \cdot d_{\mathrm{wet}} \quad 或 \quad \Delta S_{\mathrm{tropo}} = m \cdot (d_{\mathrm{dry}} + d_{\mathrm{wet}}) \tag{10.31}$$

式中，m_{d} 是干成分映射函数，m_{w} 是湿成分映射函数，m 是一般映射函数。

已有的映射函数分为两组：面向大地测量的应用和面向导航的应用[34]。以大地测量为主的一个例子是文献[35]中描述的 Niell 映射函数，对流层干和湿延迟成分具有单独的映射函数。面向导航的映射函数包括解析模型和更复杂的形式，如文献[36]中介绍的分数形式。解析模型的优点是，求映射函数值时不需要密集的计算。解析模型的一个例子是 Black 和 Eisner 的映射函数，它是卫星仰角 E 的函数：

$$m(E) = \frac{1.001}{\sqrt{0.002001 + \sin^2(E)}}$$

用于映射函数的一个更准确、更复杂的模型，具有以下的连续分式形式[36]：

$$m_t(E) = \frac{1 + \cfrac{a_i}{1 + \cfrac{b_i}{1 + \cfrac{c_i}{1 + \cdots}}}}{\sin E + \cfrac{a_i}{\sin E + \cfrac{b_i}{\sin E + \cfrac{c_i}{\sin E + \cdots}}}}$$

式中，E 是仰角，a_i、b_i 和 c_i 是映射函数参数，i 表示干或湿成分。注意，分子中的那一项将映射函数相对于天顶标准化。参数 a_i、b_i 和 c_i 可以根据不同仰角的射线追踪延迟值进行估算。文献[34]中描述了几个低至 2° 卫星仰角的对流层延迟的映射函数例子。文献[34]中的模型是卫星仰角和高度的函数。注意，与解析模型相比，这些模型需要更多的计算时间。UNBabc 模型是三参数连续分数形式的一个例子。干成分映射函数的 a、b 和 c 参数为

$$a_{\mathrm{d}} = (1.18972 - 26.855h + 0.10664\cos\phi)/1000, \quad b_{\mathrm{d}} = 0.0035716, \quad c_{\mathrm{d}} = 0.082456$$

湿成分映射函数的 a、b、c 参数为

$$a_{\mathrm{w}} = (0.61120 - 35.348h - 0.01526\cos\phi)/1000, \quad b_{\mathrm{w}} = 0.0018576, \quad c_{\mathrm{w}} = 0.062741$$

1. 空间相关性

如上所述，当电磁辐射经过对流层时，其速度会随温度、气压和相对湿度而变化。本节估计信号穿越对流层时产生的延迟差，并且选择文献[37]中描述的一个模型，该模型可以表示信号从一颗 GNSS 卫星到地面用户位置产生的对流层延迟，如下所示：

$$\varepsilon_{\mathrm{u}}^{\mathrm{Tropo}} = \csc\phi \cdot (1.4588 + 0.0029611 \cdot N_{\mathrm{s}}) - 0.3048 \cdot [0.00586 \cdot (N_{\mathrm{s}} - 360)^2 + 294] \cdot \phi^{-2.30} \quad (10.32)$$

式中，$\varepsilon_{\mathrm{u}}^{\mathrm{Tropo}}$ 是用户经历的对流层延迟（单位为米），ϕ 是从用户到卫星的仰角（单位为度），N_{s} 是表面折射率。

若用 ϕ_{m} 表示参考站到卫星的仰角，则根据图 10.14，可以使用用户到参考站的水平距离 p 和卫星的高度 d_{s} 求出确定 $\csc\phi - \csc\phi_{\mathrm{m}}$，即

$$\left| \csc\phi - \csc\phi_{\mathrm{m}} \right| = \left| \frac{d_{\mathrm{u}}}{d_{\mathrm{s}}} - \frac{d_{\mathrm{m}}}{d_{\mathrm{s}}} \right| = \left| \frac{d_{\mathrm{u}} - d_{\mathrm{m}}}{d_{\mathrm{s}}} \right| \leqslant p \cdot \frac{\cos\phi_{\mathrm{m}}}{d_{\mathrm{s}}}$$

式中，d_{m} 是参考站到卫星的距离，d_{u} 是用户接收机到卫星的距离（如果三角形在垂直面上，那么可以去掉不等号）。于是得到如下的延迟差分方程，此时 N_{s} 保持不变：

$$\left| \varepsilon_{\mathrm{u}}^{\mathrm{Tropo}} - \varepsilon_{\mathrm{w}}^{\mathrm{Tropo}} \right| \leqslant p \cdot \frac{\csc\phi_{\mathrm{m}}}{d_{\mathrm{s}}} \cdot (1.4588 + 0.0029611 \cdot N_{\mathrm{s}}) - \\ 0.3048 \cdot [0.00586 \cdot (N_{\mathrm{s}} - 360)^2 + 294] \cdot (\phi^{-2.30} - \phi_{\mathrm{m}}^{-2.30}) \qquad (10.33)$$

式(10.33)中右侧的第二项被添加到了低仰角（$\leqslant 10°$）的拟合数据中，对于更大的 GNSS 仰角（$>10°$），可以忽略该项。对于更大的仰角，对流层延迟误差之差正比于用户和参考站之间的距离。

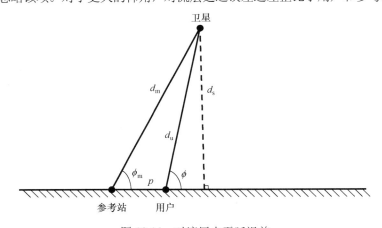

图 10.14　对流层水平延迟差

例如，假设仰角为 $45°$，$p = 100\mathrm{km}$。若对 N_{s} 取中值 60，则由模型可知，用户位置的对流层校正的偏差与参考站位置的偏差之差为

$$\left| \varepsilon_{\mathrm{u}}^{\mathrm{Tropo}} - \varepsilon_{\mathrm{w}}^{\mathrm{Tropo}} \right| \leqslant p \cdot \frac{\csc\phi_{\mathrm{m}}}{d_{\mathrm{s}}} \cdot (1.4588 + 0.0029611 \times N_{\mathrm{s}})$$

$$= 100\mathrm{km} \cdot \frac{\csc 45°}{2 \times 10^4 \mathrm{km}} \times (1.4588 + 0.0029611 \times 360)$$

$$\approx 0.02\mathrm{m}$$

　　因此，误差约为 2cm。图 10.15 中显示了偏差变化与仰角差导致的距离的关系。值得注意的是，在 100km 的距离上，由于表面折射率的变化，对流层模型的延迟差的变化小于 1.5mm，比仰角从 10°到 90°的变化小一个数量级。因此，如果允许 N_s 在式(10.33)的推导过程中发生变化，那么会在式(10.33)中产生一个小到可以忽略不计的附加项。然而，总延迟差也很小。即使是折射率极值（400）和低仰角（10°），延迟差也不会超过 2cm。

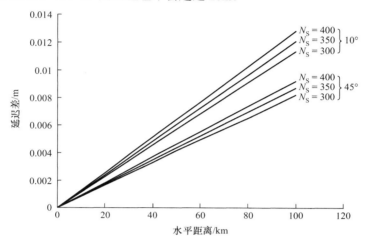

图 10.15　仰角所致对流层延迟差的变化

　　真实数据表明，与视角相比，距离对对流层延迟差的贡献更大。由于对流层延迟常与模型有着很大的不同，特别是在水陆交界的位置，或者是在用户和参考站被气象锋面分开的位置，因此不同位置的对流层延迟有较大的差异。文献[38]中的一项研究表明，在 25km 的基线上，观测到仰角为 5°以上的卫星的对流层延迟差高达 40cm。这表明在这一基线上，对流层的垂直延迟差约为 4cm，比由不同仰角导致的差更大。在 25km 的基线上，观测到的对流层误差的最小差为 10cm。

　　与水平距离相比，用户接收机和参考站的高度差的影响更大。文献[37]中给出了参考站经历的对流层延迟 $\varepsilon_m^{\text{Tropo}}$（单位为米）和参考站上空 h 千米处的一个用户经历的延迟 $\varepsilon_h^{\text{Tropo}}$（单位为米）之间的关系（见图 10.16）：

$$\varepsilon_h^{\text{Tropo}} = \varepsilon_m^{\text{Tropo}} \cdot e^{-\left[(0.0002 N_s + 0.07) \cdot h + \left(\frac{0.83}{N_s} - 0.0017\right) \cdot h^2\right]}$$

在参考站上空 1km 处，用户经历的延迟为

$$\varepsilon_h^{\text{Tropo}} = \varepsilon_m^{\text{Tropo}} \cdot e^{-\left[(0.0002 \times 360 + 0.07) \cdot 1 + \left(\frac{0.83}{360} - 0.0017\right) \cdot 1^2\right]} = 0.45 \times \varepsilon_m^{\text{Tropo}} = 0.45 \times 3.6\text{m} = 1.6\text{m}$$

延迟差为

$$\varepsilon_h^{\text{Tropo}} - \varepsilon_m^{\text{Tropo}} = 3.6\text{m} - 1.6\text{m} = 2\text{m}$$

也就是说，如果 $N_s = 360$、仰角为 45°，那么高度 1km 处的延迟仅为在参考站根据式(10.32)计算的 3.6m 延迟的 45%，即 1.6m。它们之间的差是 2m。

　　图 10.17 中显示了在两种不同卫星仰角的条件下，当折射率为 N_s 时，到达地面的信号与到达地面上空高度 h 位置的信号之间的对流层延迟差。

　　2. 时间相关性

　　对于固定接收机来说，尽管垂直对流层延迟随时间的变化不快，但仰角的变化会导致倾斜对

流层延迟。对于固定用户，由于卫星的运动，GNSS 卫星的仰角变化率可以高达 0.5°/min。对于仰角为 5°的卫星，这会使得对流层延迟的变化率高达 2m/min。对于仰角大于 10°的卫星，对流层延迟的最大变化率约为 0.64m/min。在快速改变高度的移动平台上的接收机，由于上面讨论的高度依赖性，对流层误差的变化率可能会更高。

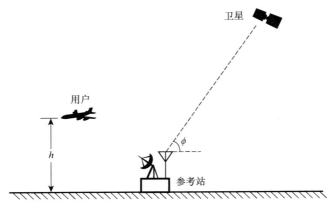

图 10.16   垂直对流层延迟差

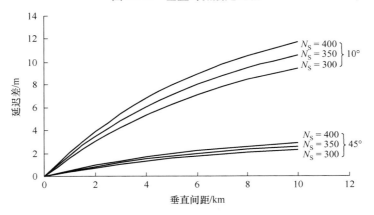

图 10.17   垂直延迟差与折射率和仰角的关系

10.2.5   接收机噪声和分辨率

接收机跟踪环路也会引起测量误差。从延迟锁相环的角度看，伪距测量误差的主要来源（不包括 10.2.6 节中讨论的多径）是热噪声抖动和干扰的影响。例如，由于 BPSK-R(1)信号的均方根带宽比 BPSK-R(10)信号的小，因此接收机噪声和分辨率误差对 BPSK-R(1)信号的总体影响略大于对 BPSK-R(10)信号的影响。在标称条件（即无外界干扰）下，典型的现代接收机噪声和 1σ 分辨率误差为分米级或更小级，与多径引起的误差相比可以忽略不计。接收机噪声和分辨率误差影响锁相环的载波相位测量。对于上面提到的 BPSK-R(1)和 BPSK-R(10)信号，在标称条件下，锁相环测量误差在跟踪 BPSK-R(1)信号时为 1.2mm（1σ），在跟踪 BPSK-R(10)信号时为 1.6mm（1σ）。

10.2.6   多径与遮蔽效应

接收机测量过程中最重要的误差之一是多径。9.5 节中详细讨论了伪距和载波相位测量的多径误差。如该节所述，多径误差的大小取决于接收机所在的环境、卫星仰角、接收机信号处理、天线增益模式和信号特性。在本章中，作为一个例子，我们认为在相对良性的环境中，宽带 BPSK-R(1)信号接收机的伪距和载波相位测量的典型 1σ 多径分别为 20cm 和 2cm。

1. DGNSS 系统中的接收机噪声和多径

与迄今为止考虑的其他误差源不同，接收机噪声和多径导致的伪距和载波相位误差，即使是在由非常短的基线分隔的接收机之间也不相关。特别地，多径通常是短基线码和载波 DGNSS 系统的主要误差项。具体原因有二：首先，它会导致伪距和载波相位误差，这些误差在统计上通常比接收机噪声的误差大。其次，多径误差在接收机之间不相关的事实，意味着两台接收机之间的多径测量误差的差有一个方差，这个方差是各台接收机导致的多径误差的方差之和。如 9.5 节所讨论的那样，多径误差的大小随接收机的类型和环境的不同而显著变化。

接收机的噪声和多径误差变化非常快。由于在 DGNSS 场景下，这些误差在用户和参考站之间并不是共用的，所以这些误差的变化率只能在用户设备内以某种形式的平均值来减小。

10.2.7　硬件偏差误差

10.2.7.1　卫星偏差

从卫星的信号产生到天线相位中心的信号输出，每个测距码都会经历不同的延迟。这种延迟是由对应于每个信号的不同模拟和数字信号路径产生的。该延迟被定义为设备群延迟，由偏差项和不确定项组成[2, 4, 6, 7]。因此，所有 SV 产生的信号相对于 GNSS 系统时的偏差都是唯一的，并且在不同的时间传输。由图 10.18(a)中 GPS 例子，可以观察到这一点。注意，针对 GPS 讨论的这一主题也适用于其他卫星导航系统。

由式(10.20)可知，电离层对每个码的延迟反比于频率的平方。记住这一点后，下面以 GPS 为例加以说明。如果 L1 P(Y)和 L2 P(Y)信号经历了相同的设备群延迟，并且完全在同一时间进行传输，那么无电离层方程(10.22)将使用 L1 P(Y)和 L2 P(Y)信号的相同有效传输时间来生成无电离层伪距，并且只删除电离层延迟，详见图 10.18(b)。

但是，L1P(Y)和 L2P(Y)信号不是同时发送的。无电离层方程(10.22)将消除电离层延迟。这个新的无电离层复合伪距的有效传输时间不同于 L1P(Y)或 L2P(Y)的传输时间，但数学上与两者的差有关，如图 10.18(c)所示。

将不同频率上的不同码进行数学组合，可以消除电离层的影响。每个无电离层测距码对都有不同的有效传输时间。但是，每个无电离层测距码对的有效传输时间都会偏离 GNSS 系统时。因此，所有测距码对都相对 GNSS 系统时偏移一定的量。

与 GPS 示例一致，GPS CS 专门使用 L1 P(Y)和 L2 P(Y)码对来计算卫星的时钟偏移和星历参数（见 3.3.1.4 节）。在 GPS 中，L1 P(Y)-L2 P(Y)无电离层测距码对目前所有卫星的时钟和星历计算基准。由 a_{f_0}、a_{f_1} 和 a_{f_2} 项算出的卫星时钟偏差公式(10.3)是 GPS 系统时与 L1 P(Y)和 L2 P(Y)无电离层测距码对有效传输时间之差的最优估计值。

差分群延迟 T_{GD} 是 L1 P(Y)和 L2 P(Y)无电离层测距码对的有效传输时间与 L1 P(Y)传输时间的差。数学上，T_{GD} 与 L2 P(Y)传输时间和 L1 P(Y)传输时间的差有关，因为两个测距码均用于生成 L1 P(Y)和 L2 P(Y)的无电离层测距码。

任何测距码的信号间校正（ISC）是该测距码传输时间与 L1 P(Y)传输时间的差。由时钟偏差项（a_{f_0}、a_{f_1} 和 a_{f_2}）、T_{GD} 和相应 ISC 的组合，可以算出任何码或码对相对于 GPS 时间的传输时间，如图 10.18(d)所示。

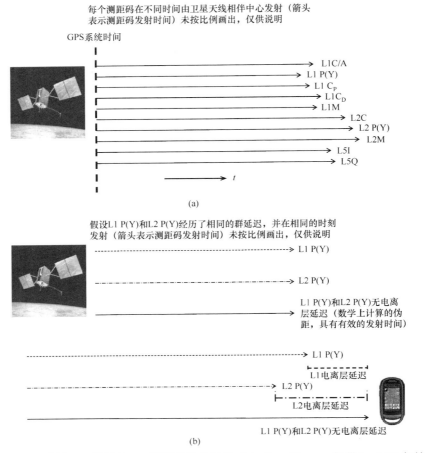

图 10.18   GPS 示例：(a)不同的 SV 测距码传输时间（由 Gary Okerson 提供）；(b)理想情况下的电离层延迟，即 L1 P(Y)和 L2 P(Y)上的群延迟相同；(c)电离层延迟的实际情况，L1 P(Y)和 L2 P(Y)上的群延迟不同；(d)GPS 系统时的测距码偏移是 SV 时钟偏移、TGD 和 ISC 的函数（由 MITRE Corporation/Gary Okerson 提供）

    GNSS 卫星天线也可能导致偏差。天线相位和群延迟中心随偏离角的变化稍有移动。这种效应可能导致的伪距偏差最大为±0.5m，载波相位偏差最大为±2cm。这些偏差的估计值由国际 GNSS 服务（IGS）产生，且以称为天线交换格式（ANTEX）的文件格式在因特网上免费提供。

10.2.7.2 用户设备偏差

    人们通常会忽略由接收机硬件引入的用户设备偏差，因为这种偏差与其他误差源相比较小。GNSS 信号在通过天线、模拟硬件（如 RF 和 IF 滤波器、低噪声放大器、混频器）、数字处理以及在数字接收机通道内实际进行伪距和载波相位测量的过程中，会出现延迟（见第 8 章）。尽管从天线相位中心到数字通道传输的绝对延迟值可能很大[在较长的天线接收机电缆上或使用表面声波（SAW）滤波器时超过 1μs]，但是对于相同载波频率上的相似信号，一组可见信号的延迟几乎完全相等。绝对延迟对于授时应用很重要，因此必须进行校准。但是，对于许多应用，公共延迟不影响性能，因为它不影响定位精度，因此只出现在接收机时钟偏差的最小二乘估计中。由于 BPSK-R(1)信号的测距码较短，因此其具有明显不同的功率谱。一般来说，由于 GNSS 接收机前端在整个通带中没有恒定的群延迟，因此只要信号位于相同的频率，就可在 BPSK-R(1)伪距上观测到非常小的星间偏差。在这种情况下，对于载波相位测量，这些星间偏差通常为几毫米，而对于伪距测量，这些星间偏差通常为厘米级。

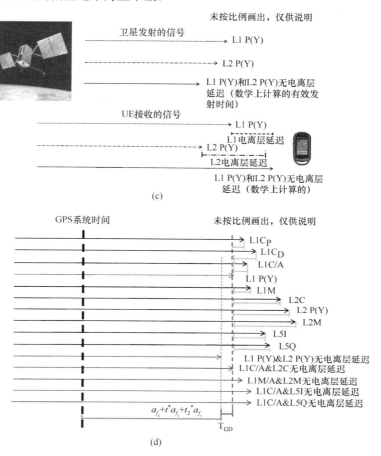

(c)

(d)

图 10.18 GPS 示例：(a)不同的 SV 测距码传输时间（由 Gary Okerson 提供）；(b)理想情况
下的电离层延迟，即 L1 P(Y)和 L2 P(Y)上的群延迟相同；(c)电离层延迟的实际情
况，L1 P(Y)和 L2 P(Y)上的群延迟不同；(d)GPS 系统时的测距码偏移是 SV 时
钟偏移、TGD 和 ISC 的函数（由 MITRE Corporation/Gary Okerson 提供）（续）

同一频率上的不同信号之间或不同载波频率上的信号之间的硬件偏差较大。文献[39]在典型
的接收机内（距离约为 1m）分析了 L1 GPS C/A 和 Galileo OS 信号之间的差分群延迟偏差。这些
偏差并非普遍存在于所有的测量中，因此若不进行校准或估计，则会影响定位性能。

在多频接收机中，不同频率的信号经过的电气路径物理上可能是不同的，因此可能会导致较
大的差分距离误差。对于定位用户来说，通常可以忽略多频信号之间的偏差，因为它会导致每个
无电离层伪距码具共同的误差（见 10.2.4.1 节），而该误差会在估计接收机时钟偏差时消除。

接收机硬件导致的另一个误差是硬件引起的多径[40]。该误差是由 RF 组件之间存在阻抗不匹
配、接收机硬件内部发生 GNSS 信号反射导致的。精心设计接收机前端，可消除或减少此类误差。

最后，接收机天线会产生伪距和载波相位偏差，它们是每颗被跟踪卫星的仰角和方位角的函数。
对于低成本天线，伪距偏差的幅度大于 1m，但是对于高精度天线，通过设计可将伪距偏差限制为不
超过几十厘米。载波相位偏差最大可能为几厘米。许多高精度用户使用校准数据来消除天线引起的
偏差。这样的数据可在因特网上方便地获取，数据格式为 ANTEX。此外，在差分系统中，参考站和
最终用户都使用指向相同的同型号天线（如使用此类设备上的北向标识），偏差趋向于共模而被抵消。

10.3 伪距误差预算

基于上述有关误差成分的讨论，我们可以给出伪距误差预算，进而帮助我们了解独立的 GNSS 精度。这些预算的目的是作为位置误差分析的指南。如式(10.1)所示，位置误差是伪距误差（UERE）和用户/卫星几何形状（DOP）的函数。几何系数将在 11.2.1 节中讨论。

整个系统的 UERE 由来自每个系统段的成分组成：空间段、控制段和用户段。可以使用单频测量或双频测量来确定电离层延迟，进而制定预算。对于这些误差成分，计算平方根之和（RSS），形成整个系统的 UERE，并假定其为高斯分布。在将误差视为独立随机变量的情况下，对方差求和，1σ 总误差等于各个 1σ 值的 RSS，此时可用 UERE 各个分量的和计算总方差。

表 10.3 和表 10.4 中显示了基于 10.2.1 节至 10.2.7 节的数据，对 UERE 进行的代表性预算估计。注意，表 10.3 和表 10.4 中参数的实际值将根据所用卫星导航系统及用户设备的类型变化。表 10.3 中描述了双频接收机的典型 UERE 预算，表 10.4 中显示了单频接收机的代表性 UERE 预算。对于单频用户，主要的伪距误差源是应用广播电离层延迟校正后的剩余电离层延迟。双频用户可以使用 10.2.4.1 节中描述的技术完全消除电离层延迟引起的误差。

表 10.3 双频接收机的典型 GNSS UERE 预算

分段源	误差源	1σ 误差/m
空间/控制	广播时钟	0.4
	广播星历	0.3
用户	剩余电离层延迟	0.1
	剩余对流层延迟	0.2
	接收机噪声和分辨率	0.1
	多径	0.2
系统 UERE	合计（RSS）	0.6

表 10.4 单频接收机的典型 GNSS UERE 预算

分段源	误差源	1σ 误差/m
空间/控制	广播时钟	0.4
	差分群延迟	0.15
	广播星历	0.3
用户	剩余电离层延迟	7.0*
	对流层延迟	0.2
	接收机噪声和分辨率	0.1
	多径	0.2
系统 UERE	合计（RSS）	7.03*

* 注意剩余电离层误差通常与卫星高度相关，其导致的位置误差远小于用 DOP•UERE 预测的误差（见 11.2.2 节中的讨论）。

参考文献

[1] Ward, P., "An Inside View of Pseudorange and Delta Pseudorange Measurements in a Digital NAVSTAR GPS Receiver," *International Telemetering Conference, GPS-Military and Civil Applications*, San Diego, CA, October 14, 1981, pp. 63-69.

[2] GPS Directorate, IS-GPS-200H, NAVSTAR *GPS Space Segment/Navigation User Interfaces*, U.S. Air Force GPS Directorate, El Segundo, CA, September 24, 2013.

[3] European Union, *European GNSS (Galileo) Open Service Signal in Space Interface Control Document*, Issue 1.2, November 2015.

[4] China Satellite Navigation Office, *BeiDou Satellite Navigation System Signal in Space Interface Control Document Open Service Signal (Version 2.0)*, December 2013.

[5] Japan Aerospace Exploration Agency, *Interface Specification for QZSS (IS-QZSS)* Ver. 1.7, July 14, 2016.

[6] ISRO Satellite Centre Indian Space Research Organization, ISRO-IRNSS-ICD-SPS-1.0, *Indian Regional Navigation Satellite System, Signal In Space ICD for Standard Positioning Service Version 1.0*, Bangalore, June 2014.

[7] Russian Institute of Space Device Engineering, *GLONASS Interface Control Document*, Navigational Radiosignal in Bands L1, L2 (Edition 5.1), Moscow, 2008.

[8] Walter, T., and J. Blanch, "Characterization of GNSS Clock and Ephemeris Errors to Support ARAIM," *Proc. of the ION 2015 Pacific PNT Meeting*, Marriott Waikiki Beach Resort & Spa, Honolulu, HI, April 20-23, 2015, pp. 920-931.

[9] Heng, L., et al., "Statistical Characterization of GLONASS Broadcast Clock Errors and Signal-In-Space Errors," *Proc. of the 2012 International Technical Meeting of The Institute of Navigation*, Marriott Newport Beach Hotel & Spa, Newport Beach, CA, January 30-February 1, 2012, pp. 1697-1707.

[10] Montenbruck, O., and P. Steigenberger, "IGS-MGEX: Preparing for a Multi-GNSS World," *U.S. PNT Advisory Board*, Annapolis, MD, June 2015. http://www.gps.gov/governance/advisory/meetings/2015-06/montenbruck.pdf. Accessed on January 10, 2017.

[11] Olynik, M., et al., "Temporal Variability of GPS Error Sources and Their Effect on Relative Positioning Accuracy," *Proc. of The Institute of Navigation National Technical Meeting*, January 2002.

[12] Hatch, R., "Relativity and GPS-I," *Galilean Electrodynamics*, Vol. 6, No. 3, May/June 1995, pp. 52-57.

[13] Ashby, N., and J. J. Spilker, Jr., "Introduction to Relativity Effects on the Global Positioning System," in *Global Positioning System: Theory and Applications, Vol. II*, B. Parkinson and J. J. Spilker, Jr., (eds.), Washington, D.C.: American Institute of Aeronautics and Astronautics, 1996.

[14] Seeber, G., *Satellite Geodesy*, Berlin, Germany: Walter de Gruyter, 1993.

[15] Nelson, R. A., *Relativistic Time Transfer in the Solar System*, Bethesda, MD: Satellite Engineering Research Corporation, May 29, 2007.

[16] Ashby, N., and M. Weiss, *Global Positioning System Receivers and Relativity*, National Institute of Standards and Technology (NIST) Technical Note 1385, Boulder, CO, March 1999.

[17] Hofmann-Wellenhof, B., H. Lichtenegger, and J. Collins, *GPS Theory and Practice*, New York: Springer-Verlag, 1993.

[18] Special Committee 159, *Minimum Operational Performance Standards for Global Positioning System/Wide Area Augmentation System Airborne Equipment*, RTCA, Inc., Document DO-229E, Washington, D.C., December 14, 2016.

[19] Prieto-Cerdeira, R., et al., "Performance of the Galileo Single-Frequency Ionospheric Correction during In-Orbit Validation," *GPS World Magazine*, June 2014.

[20] Klobuchar, J, "A First Order, Worldwide, Ionospheric, Time-Delay Algorithm," AFCRLTR-75-0502, *Air Force Surveys in Geophysics*, No. 324, September 25, 1975.

[21] Jorgensen, P. S., "An Assessment of Ionospheric Effects on the User," *NAVIGATION: Journal of the Institute of Navigation*, Vol. 36, No. 2, summer 1989.

[22] U.S. Department of Defense, *Global Positioning System Standard Positioning Service Performance Standard*, September 2008.

[23] European Commission, *European GNSS (Galileo) Open Service Ionospheric Correction Algorithm for Galileo Single Frequency Users*, Version 1.2, September 2016.

[24] Komjathy, A., et al., "The Ionospheric Impact of the October 2003 Storm Event on WAAS," *Proc. of the Institute of Navigation ION GNSS 2004*, Long Beach, CA, September 2004.

[25] Wanninger, L., "Effects of the Equatorial Ionosphere on GPS," *GPS World*, July 1993.

[26] Klobuchar, J., P. Doherty, and M. B. El-Arini, "Potential Ionospheric Limitations to GPS Wide-Area Augmentation System," *NAVIGATION: Journal of the Institute of Navigation*, Vol. 42, No. 2, summer 1995.

[27] Doherty, P., et al., "Statistics of Time Rate of Change of Ionospheric Range Delay," *Proceedings of The Institute of Navigation ION GPS-94*, Salt Lake City, UT, September 1994.

[28] Hopfield, H., "Two-Quartic Tropospheric Refractivity Profile for Correcting Satellite Data," *Journal of Geophysical Research*, Vol. 74, No. 18, 1969.

[29] Smith, E., Jr., and S. Weintraub, "The Constants in the Equation for Atmospheric Refractive Index at Radio Frequencies," *Proc. of the Institute of Radio Engineers*, No. 41, 1953.

[30] Remondi, B., "Using the Global Positioning System (GPS) Phase Observable for Relative Geodesy: Modeling, Processing, and Results," Ph.D. Dissertation, Center for Space research, University of Austin, Austin, TX, 1984.

[31] Goad, C., and L. Goodman, "A Modified Hopfield Tropospheric Refraction Correction Model," *Proc. of the Fall Annual Meeting of the American Geophysical Union*, San Francisco, CA, 1974.

[32] Saastomoinen, J., "Atmospheric Correction for the Troposphere and Stratosphere in Radio Ranging of Satellites," *Use of Artificial Satellites for Geodesy*, Geophysical Monograph 15, and Washington, D.C.: American Geophysical Union, 1972.

[33] Collins, P., R. Langley, and J. LaMance, "Limiting Factors in Tropospheric Propagation Delay Error Modelling for GPS Airborne Navigation," *Proc. of The Institute of Navigation Annual Meeting*, Cambridge, MA, June 1996.

[34] Guo, J., and Langley R. B., "A New Tropospheric Propagation Delay Mapping Function for Elevation Angles Down to 2°," *Proc. of the Institute of Navigation ION GPS/GNSS 2003*, Portland, OR, September 9-12, 2003.

[35] Niell, A. E., "Global Mapping Functions for the Atmosphere Delay at Radio Wavelengths," *Journal of Geophysical Research*, Vol. 101, No. B2, 1996, pp. 3227-3246.

[36] Marini, J. W., "Correction of Satellite Tracking Data for an Arbitrary Tropospheric Profile," *Radio Science*, Vol. 7, No. 2, 1972, pp. 223-231.

[37] Altshuler, E. E., *Corrections for Tropospheric Range Error*, Report AFCRL-71-0419, Air Force Cambridge Research Laboratory, Hanscom Field, Bedford, MA, July 27, 1971.

[38] Coster, A. J., et al., "Characterization of Atmospheric Propagation Errors for DGPS," *Proc. of The Institute of Navigation's Annual Meeting*, Denver, CO, June 1998.

[39] Hegarty, C., E. Powers, and B. Fonville, "Accounting for Timing Biases Between GPS, Modernized GPS, And Galileo Signals," *Proc. of The 36th Annual Precise Time and Time Interval (PTTI) Meeting*, Washington, D.C., December 2004.

[40] Keith, J. P., "Multipath Errors Induced by Electronic Components in Receiver Hardware," M.S.E.E. thesis, Ohio University, Athens, OH, November 2002.

第 11 章　独立 GNSS 的性能

Chris Hegarty, Joe Leva, Karen Van Dyke, Todd Walter

11.1　简介

用户接收机确定其位置或速度的精度，或与 GNSS 系统时同步的精度，取决于各种因素的复杂交互作用。一般来说，GNSS 精度性能取决于伪距和载波相位测量值及广播导航数据的质量。另外，与这些参数相关的基本物理模型的保真度是相关的。例如，卫星时钟偏移相对于所选公共时标的精度或卫星到用户传播误差被补偿的精度都是很重要的。控制段、空间段和用户段都会引入相关的误差。

为了分析误差对精度的影响，我们通常会做一个基本假设，即把误差源分配到各个卫星伪距上，并且认为在这些伪距中得到了一个等效误差。伪距值的有效精度称为用户等效距离误差（UERE）。某颗卫星的 UERE 是与该卫星关联的所有误差源的贡献之和。一般来说，我们认为误差分量是独立的，卫星的复合 UERE 可近似为一个零均值高斯随机变量，其方差是每个分量的方差之和。通常假设不同卫星的 UERE 是独立分布的。但在某些情形下，需要更改这些假设。例如，处理两个核心星座的 GNSS 卫星时，与一个系统关联的 UERE 可用不同于另一个系统的方差建模。在其他情形下，也可能需要对 UERE 的某些分量建模，这些分量的方差会随着仰角的减小而单调增加，卫星之间相关的子集更小。

由 GNSS 确定的位置/时间解算精度最终表示为一个几何因子和一个伪距误差因子的乘积。

一般来说，GNSS 位置解算只基于由如下公式估计的伪距测量值：

$$\text{GNSS 解算误差 = 几何因子 × 伪距误差因子} \tag{11.1}$$

在适当的假设下，伪距误差因子就是卫星 UERE。几何因子表示相对卫星/用户几何分布对 GNSS 解算误差的综合影响，通常称其为与卫星/用户几何分布相关的精度因子（DOP）。

11.2 节中介绍估计一个或多个 GNSS 星座的 PVT 的算法，并给出式(11.1)的推导过程。为了估计 GNSS 导航解算的各个分量（如水平分量、垂直分量），人们定义了许多几何因子。11.3 节至 11.5 节分别讨论另外 3 个重要的性能指标——可用性、完好性和连续性。

11.2　位置、速度和时间估计的概念

第 2 章介绍了估计移动 GNSS 接收机的位置、速度和时间（PVT）的一些基本技术。本节讨论 PVT 估计的其他概念，首先概述几何分布对 GNSS PVT 精度的作用及一些常用的精度指标，然后介绍一些先进的 PVT 估计技术［如加权最小二乘（WLS）技术］、其他估计参数（除用户 x, y, z 位置坐标和时钟偏移的参数）和卡尔曼滤波。

11.2.1　GNSS 中的卫星几何分布和精度因子

为了说明 GNSS 所用的 DOP 概念，我们再次回到 2.1.1 节中的雾号角例子。在该例中，用户通过两个雾号角距离测量值来确定自身的位置。所做的假设是，相对于两个雾号角，用户具有

同步的时基，并且知道雾号角的位置及它们的传输时间。用户测量每个雾号角信号的到达时间，并且计算传播时间，进而求出用户到每个雾号角的距离。由到达时间测量值确定的两个测距环的交点，就是用户的位置。

存在测量误差时，用于计算用户位置的测距环是错误的，所以算出的位置也是错误的。DOP 是指测量误差导致的位置误差依赖于用户/雾号角的相对几何分布，如图 11.1 所示。图中给出了两个几何分布。在图 11.1(a)中，雾号角的位置垂直于用户位置；在图 11.1(b)中，从用户视角来看，两个雾号角之间的角度要小得多。在两种情形下，都指出了无错误的测距环部分，并且它们在用户位置相交。图中还包括其他的环段，作用是说明到雾号角的测距误差导致的测距环的位置的变化。两幅图中给出的错误距离是相同的。阴影区域表明，如果在所示误差范围内使用距离测量值，那么可以得到一组位置。两种情形下算出的位置的精度非常不同。测量误差变化相同时，与几何分布(a)相比，由几何分布(b)算出的用户位置存在更大的误差，比较阴影区域就可明显看出这一点。我们可以说，几何分布(b)的精度因子要大于几何分布(a)的精度因子。对于可以比较的测量误差，由几何分布(b)算出的位置的误差更大。

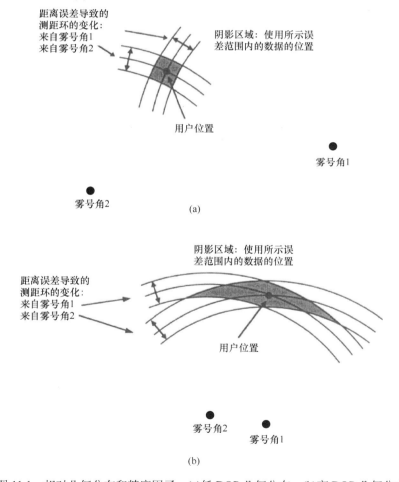

图 11.1　相对几何分布和精度因子：(a)低 DOP 几何分布；(b)高 DOP 几何分布

要推导 GNSS 中的 DOP 关系，首先要线性化 2.5.2 节中给出的伪距方程。线性化是指用雅可比矩阵将用户位置和时间偏差的变化与伪距值的变化关联起来。这一关系与解算算法相反，用于将用户位置和时间偏差的协方差与伪距误差的协方差关联起来。DOP 参数被定义几何因子，这些几何因子将用户位置和时间偏差的参数与伪距误差的参数关联起来。

用户位置中的偏移 Δx 和相对于线性化点的时间偏差，通过如下公式与无误差伪距值 $\Delta\rho$ 中的偏移关联起来：

$$H\Delta x = \Delta\rho \tag{11.2}$$

矢量 Δx 有 4 个分量，前三个分量是用户与线性化点的位置偏移，第四个分量是用户时间偏差与线性化点中假设的偏差的偏移。$\Delta\rho$ 是对应用户实际位置的无误差伪距值的矢量偏移，对应于线性化点 H 的伪距值是 $n×4$ 矩阵：

$$H = \begin{bmatrix} a_{x1} & a_{y1} & a_{z1} & 1 \\ a_{x2} & a_{y2} & a_{z2} & 1 \\ \vdots & \vdots & \vdots & \vdots \\ a_{xn} & a_{yn} & a_{zn} & 1 \end{bmatrix} \tag{11.3}$$

$a_i = (a_{xi}, a_{yi}, a_{zi})$ 是从线性化点指向第 i 颗卫星的位置的单位矢量。若 $n = 4$ 且只用来自 4 颗卫星的数据，当线性化点接近用户位置时，则求解式(11.2)中的 Δx 就可得到用户位置和时间偏移（也就是说，线性化点非常靠近用户位置时，不需要迭代）。我们得到

$$\Delta x = H^{-1}\Delta\rho \tag{11.4}$$

并且用户位置与线性化点的偏移表示为 $\Delta\rho$ 的线性函数。当 $n > 4$ 时，可用最小二乘法求解式(11.2)中的 Δx（见附录 A）。式(11.2)的两侧乘以 H 及其转置矩阵，即 $H^T H\Delta x = H^T\Delta\rho$，可得最小二乘结果，其中矩阵组合 $H^T H$ 是一个 $4×4$ 方阵。$H^T H\Delta x = H^T\Delta\rho$ 的两侧同时乘以 $(H^T H)^{-1}$ 即可求解 Δx。我们得到

$$\Delta x = (H^T H)^{-1} H^T \Delta\rho \tag{11.5}$$

这是 Δx 的最小二乘公式，是 $\Delta\rho$ 的函数。观察发现，$n = 4$ 时，有 $(H^T H)^{-1} = H^{-1}(H^T)^{-1}$，且式(11.5)简化为式(11.4)。

伪距测量值不是无误差的，可视为三项的线性组合，

$$\Delta\rho = \rho_T - \rho_L + d\rho \tag{11.6}$$

式中，ρ_T 是无误差（真）伪距值矢量，ρ_L 是在线性化点计算的伪距值矢量，$d\rho$ 是伪距值中的净误差。类似地，Δx 可以表示为

$$\Delta x = x_T - x_L + d x \tag{11.7}$$

式中，x_T 是无误差（真实）位置和时间，x_L 是定义为线性化点的位置和时间，dx 是位置和时间估计中的误差。将式(11.6)和式(11.7)代入式(11.5)并使用关系式 $x_T - x_L = (H^T H)^{-1} H^T (\rho_T - \rho_L)$ [由关系式 $H(x_T - x_L) = (\rho_T - \rho_L)$ 得到，是式(11.2)的重新表述]，得到

$$dx = [(H^T H)^{-1} H^T] d\rho = K d\rho \tag{11.8}$$

矩阵 K 由括号中的表达式定义。式(11.8)给出了伪距值中的误差与计算的位置和时间偏差中的诱发误差之间的函数关系。只要线性化点足够靠近用户位置，且伪距误差小到足以忽略执行线性化的误差，这个函数关系就是成立的。

式(11.8)是伪距误差与计算的位置和时间偏差误差之间的基本关系式。矩阵 $(H^T H)^{-1} H^T$（有时称为最小二乘解矩阵或 H 的伪逆矩阵）是一个 $4×n$ 矩阵，它只依赖于用户及参与最小二乘解计算的卫星的相对几何分布。在许多应用中，用户/卫星几何分布可被认为是固定的，且式(11.8)定义了伪距误差与诱发位置和时间偏差误差之间的线性关系。

伪距误差可被视为随机变量，式(11.8)将 dx 表示为与 dρ相关的随机变量。通常假设误差矢量 dρ具有分量，这些分量的均值为 0，并且是联合高斯分布的。几何分布固定时，dx 也是高斯分布的和零均值的。形成乘积 dxdx^T 并计算期望值，可得到 dx 的协方差。根据定义，有

$$\text{cov}(\text{d}x) = E[\text{d}x\,\text{d}x^T] \tag{11.9}$$

式中，cov(dx)= E[dxdx^T]是 dx 的协方差，E 是期望算子。几何分布固定时，将上式代入式(11.8)得到

$$\begin{aligned}\text{cov}(\text{d}x) &= E[K\text{d}\rho\text{d}\rho^T K^T] = E[(H^TH)^{-1}H^T\text{d}\rho\text{d}\rho^T H(H^TH)^{-1}]\\ &= (H^TH)^{-1}H^T\text{cov}(\text{d}\rho)H(H^TH)^{-1}\end{aligned} \tag{11.10}$$

注意，在该计算中，$(H^TH)^{-1}$ 是对称的［应用通用矩阵关系$(AB)^T B^T A^T$ 和$(A^{-1})^T = (A^T)^{-1}$ 得出，只要定义了所示的运算，这一结论就会成立］。一个常用的简化假设是，dρ的分量是独立同分布的，其方差等于卫星 UERE 的平方。根据这些假设，dρ的协方差就是单位矩阵的纯量乘积：

$$\text{cov}(\text{d}\rho) = I_{n\times n}\sigma_{\text{UERE}}^2 \tag{11.11}$$

式中，$I_{n\times n}$ 是 $n\times n$ 单位矩阵。代入式(11.10)，得到

$$\text{cov}(\text{d}x) = (H^TH)^{-1}\sigma_{\text{UERE}}^2 \tag{11.12}$$

在上述假设下，所计算位置和时间偏差中的误差的协方差，就只是矩阵$(H^TH)^{-1}$ 的纯量乘积。矢量 dx 有 4 个分量，它们表示矢量 $x_T = (x_u, y_u, z_u, ct_b)$ 的计算值中的误差。dx 的协方差是一个 4×4 矩阵，其展开为

$$\text{cov}(\text{d}x) = \begin{bmatrix} \sigma_{x_u}^2 & \sigma_{x_u y_u}^2 & \sigma_{x_u z_u}^2 & \sigma_{x_u ct_b}^2 \\ \sigma_{x_u y_u}^2 & \sigma_{y_u}^2 & \sigma_{y_u z_u}^2 & \sigma_{y_u ct_b}^2 \\ \sigma_{x_u z_u}^2 & \sigma_{y_u z_u}^2 & \sigma_{z_u}^2 & \sigma_{z_u ct_b}^2 \\ \sigma_{x_u ct_b}^2 & \sigma_{y_u ct_b}^2 & \sigma_{z_u ct_b}^2 & \sigma_{ct_b}^2 \end{bmatrix} \tag{11.13}$$

矩阵$(H^TH)^{-1}$ 的分量给出伪距误差转换为 dx 的协方差的分量的量化值。

GNSS 中的精度因子是根据分量 cov(dx)和 σ_{UERE} 的组合比例定义的（DOP 的定义中假设用户与卫星的几何分布是固定的，还假设在 cov(dx)和 dx 中使用本地东、北、上（ENU）用户坐标，正 x 轴指向东，y 轴指向北，z 轴指向上；见 2.2.3 节）。最常用的参数是几何精度因子（GDOP），

$$\text{GDOP} = \frac{\sqrt{\sigma_{x_u}^2 + \sigma_{y_u}^2 + \sigma_{z_u}^2 + \sigma_{ct_b}^2}}{\sigma_{\text{UERE}}} \tag{11.14}$$

上式的推导过程如下。首先，将$(H^TH)^{-1}$ 表示为

$$(H^TH)^{-1} = \begin{bmatrix} D_{11} & D_{12} & D_{13} & D_{14} \\ D_{21} & D_{22} & D_{23} & D_{24} \\ D_{31} & D_{32} & D_{33} & D_{34} \\ D_{41} & D_{42} & D_{43} & D_{44} \end{bmatrix} \tag{11.15}$$

然后将式(11.15)和式(11.13)代入式(11.12)。对式(11.13)先求迹，后开平方，即可得到 GDOP 是矩阵$(H^TH)^{-1}$ 的迹的平方根：

$$\text{GDOP} = \sqrt{D_{11} + D_{22} + D_{33} + D_{44}} \tag{11.16}$$

整理式(11.14)得

$$\sqrt{\sigma_{x_u}^2 + \sigma_{y_u}^2 + \sigma_{z_u}^2 + \sigma_{ct_b}^2} = \text{GDOP}\cdot\sigma_{\text{UERE}} \tag{11.17}$$

上式即式(11.1)。左侧的平方根项给出 GNSS 解中误差的总体特征。GDOP 是几何因子，它表示

测量误差的标准差在解上的放大倍数。由式(11.16)可知，GDOP 只是卫星/用户几何分布的函数。σ_{UERE} 是伪距误差因子。

常用其他 DOP 参数来表征位置/时间解的各个分量的精度，它们是位置精度因子（PDOP）、水平精度因子（HDOP）、垂直精度因子（VDOP）和时间精度因子（TDOP）。这些 DOP 参数是根据卫星 UERE 及位置/时间解的协方差矩阵的各个元素定义的，如下所示：

$$\sqrt{\sigma_{x_u}^2 + \sigma_{y_u}^2 + \sigma_{z_u}^2} = \text{PDOP} \cdot \sigma_{\text{UERE}} \tag{11.18}$$

$$\sqrt{\sigma_{x_u}^2 + \sigma_{y_u}^2} = \text{HDOP} \cdot \sigma_{\text{UERE}} \tag{11.19}$$

$$\sigma_{z_u} = \text{VDOP} \cdot \sigma_{\text{UERE}} \tag{11.20}$$

$$\sigma_{ct_u} = \text{TDOP} \cdot \sigma_{\text{UERE}} \tag{11.21}$$

各个 DOP 值可用 $(\boldsymbol{H}^{\text{T}}\boldsymbol{H})^{-1}$ 的分量表示如下：

$$\text{PDOP} = \sqrt{D_{11} + D_{22} + D_{33}} \tag{11.22}$$

$$\text{HDOP} = \sqrt{D_{11} + D_{22}} \tag{11.23}$$

$$\text{VDOP} = \sqrt{D_{33}} \tag{11.24}$$

$$\text{TDOP} = \sqrt{D_{44}} \tag{11.25}$$

注意，在 TDOP 的表达式中，变量 ct_b 表示时间偏差误差的等效距离，且 σ_{ct_b} 是其标准差。

11.2.2　GNSS 星座的 DOP 特性

理解 GNSS 卫星几何分布及 DOP 参数随时间的变化非常重要。图 11.2 中显示了 1 天内 DOP 的典型变化。图中显示了 27 颗卫星的 GPS 扩展星座在美国马萨诸塞州贝德福德（42.4906N，71.260W）为用户预测的 VDOP、HDOP 和 TDOP（见 3.2.1 节）。结果假设用户只能跟踪仰角为 5°或以上的卫星。在 24 小时内，平均 HDOP、VDOP 和 TDOP 值分别为 1.0、1.4 和 0.9。HDOP、VDOP 和 TDOP 的取值范围分别是 0.7～1.7、1.0～2.1 和 0.5～1.6。DOP 与可见卫星数量之间的相关性显而易见（见图 11.3）。更多卫星可见时，DOP 通常（但不总是）变小。

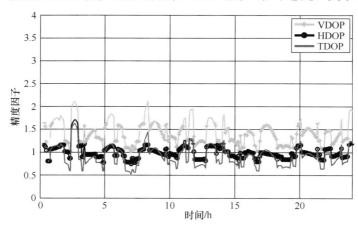

图 11.2　1 天内 27 颗卫星的 GPS 扩展星座在美国马萨诸塞州贝德福德为用户预测的 DOP

DOP 随用户位置变化而变化。对于地球上的用户，DOP 的统计数据通常不随经度显著变化，而随纬度显著变化。图 11.4 至图 11.7 中给出了 4 个核心 GNSS 星座（GPS、GLONASS、伽利略和北斗）的平均 DOP 与纬度的关系（时长 24 小时，经度为 360°）。这些结果基于第 3

章至第 6 章中给出的参考星座设计，且假设卫星仅在 5°仰角以上时才对用户可见。对于北斗系统来说，图 11.7 中的结果只包含 27 颗卫星的 MEO 子星座。注意，伽利略星座预计最终会包含备用卫星，由这些卫星得到的结果会好于图 11.6 中所示 DOP 值，因为图 11.6 中只有 24 颗运行卫星。

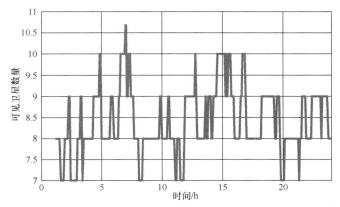

图 11.3　1 天内 27 颗卫星的 GPS 扩展星座在美国马萨诸塞州贝德福德为用户预测的可见卫星数量

对于 4 个 GNSS 核心星座中的三个（GPS、伽利略和北斗），北极和南极的 VDOP 值最高，HDOP 值最低。这个特征可由星空图来解释。星空图从用户位置直接向上看天空的角度显示每颗可见卫星的位置。图 11.8 中显示了北极用户在 24 小时内只看 27 颗卫星的 GPS 星座的星空图。用户位于同心圆的中心，最外侧的圆代表 0°仰角。每个较小的圆对应 15°的仰角增量。方位角在正北（N）为 0°，并且按顺时针方向增大（地球两极的方位角方向定义不清楚，但这个约定对星空图而言很正常）。注意，对于 27 颗卫星的 GPS 星座，北极的用户永远看不到 45.3°仰角以上的卫星。这个可见性空洞是由 GPS 轨道面的 55°倾角导致的。VDOP 遭受缺少位于头顶的卫星之苦，而 HDOP 较小，因为围绕用户通常有许多良好分布的卫星。由于轨道面的倾角较大，GLONASS可在非常高的纬度提供较小的 VDOP（轨道面的倾角为 64.8°，而 GPS、伽利略和北斗的 MEO 轨道面的倾角为 55°或 56°）。

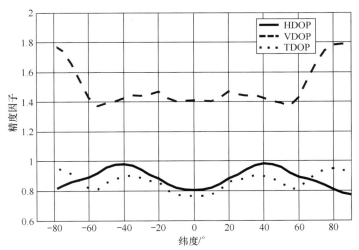

图 11.4　27 颗卫星的 GPS 扩展星座为用户预测的 DOP 与纬度的关系

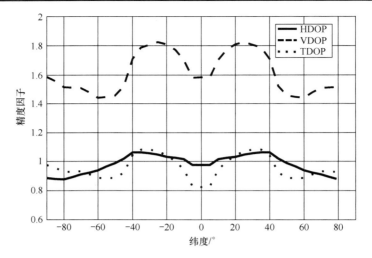

图 11.5 24 颗卫星的 GLONASS 星座的平均预测 DOP 与用户纬度的关系

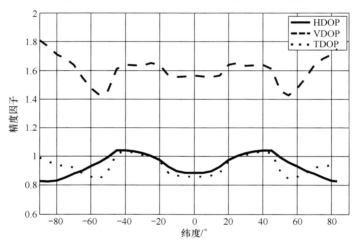

图 11.6 24 颗卫星的伽利略星座的平均预测 DOP 与用户纬度的关系

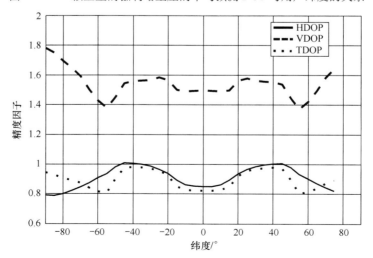

图 11.7 27 颗卫星的北斗 MEO 星座的平均预测 DOP 与用户纬度的关系

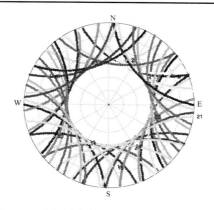

图 11.8　北极用户的可见 GPS 卫星的星空图

现代 GNSS 用户设备的一个共同特征（见第 8 章）是能够跟踪多个星座的卫星。适用于多星座接收机的 DOP 要远好（低）于上述各个星座的 DOP。例如，文献[1]中评估了 GPS 和伽利略系统。每个星座的结果与图 11.4 和图 11.6 中的结果非常接近。组合后，地球上最差位置的每日平均 VDOP 从（每个星座的）约 1.8 下降到 1.15 以下，每日平均 HDOP 从约 1 下降至 0.65 以下。

11.2.3　精度指标

作为卫星几何分布和 1σ 距离误差的函数，11.2.1 节中推导的公式可以计算 1σ 水平、垂直或三维位置误差，还可计算 1σ 用户时钟误差。注意，这些公式是在伪距误差均值为零、呈高斯分布及伪距误差独立于卫星的假设下得出的。通常，除 1σ 位置误差外，也用其他指标来描述 GNSS 的精度性能。本节讨论一些常用的指标。

伪距误差呈高斯分布时，式(11.8)表明垂直位置误差也呈高斯分布：

$$\mathrm{d}z = \sum_{m=1}^{N} K_{3,m}\,\mathrm{d}\rho_m \tag{11.26}$$

式中，$\mathrm{d}z$ 是所计算位置的垂直分量中的误差，因为高斯随机变量的线性函数本身是一个高斯随机变量。垂直定位精度的一个常用测度是 95% 的测量值的误差范围，它约等于一个高斯随机变量的 2σ。因此，我们有

$$95\%\text{垂直位置精度} \approx 2\sigma_{\mathrm{dz}} = 2\cdot\text{VDOP}\cdot\sigma_{\text{UERE}} \tag{11.27}$$

假设伪距误差也是零均值的，并且与卫星无关。

作为式(11.27)的应用示例，考虑北极的一个 GPS PPS 用户。由图 11.4 可知，该位置的 VDOP 的平均值为 1.8。双频用户的 UERE 约为 0.6（见表 10.3）。使用式(11.27)，预测的 95% 垂直位置精度在该位置约为 2×1.8×0.6 = 2.2m。27 颗卫星的 GPS 星座的全球平均 VDOP 为 1.45，平均位置的预测 95% 垂直位置精度为 1.7m。

关于水平位置误差，可在水平面上使用式(11.8)，得到

$$\mathrm{d}\boldsymbol{R} = \boldsymbol{K}_{2\times n}\,\mathrm{d}\rho \tag{11.28}$$

式中，$\mathrm{d}\boldsymbol{R} = (\mathrm{d}x, \mathrm{d}y)^{\mathrm{T}}$ 是水平面上位置误差的矢量分量，$\mathrm{d}\rho = (\mathrm{d}\rho_1,\cdots,\mathrm{d}\rho_n)^{\mathrm{T}}$ 是伪距测量误差，n 是在该位置计算时使用的卫星数量。$\boldsymbol{K}_{2\times n}$ 是 $\boldsymbol{K}$ 的 2×n 上子矩阵，由前两行组成。对于标准最小二乘解技术，$\boldsymbol{K} = (\boldsymbol{H}^{\mathrm{T}}\boldsymbol{H})^{-1}\,\boldsymbol{H}^{\mathrm{T}}$。

对于固定的卫星几何分布，式(11.28)将水平位置误差表示为伪距测量误差的线性函数。若伪距误差是零均值的和联合高斯分布的，则 $\mathrm{d}\boldsymbol{R}$ 也有这些性质。若伪距误差还是不相关的和同分布

的，且方差为 σ^2_{UERE}，则水平误差的协方差是

$$\text{cov}(\mathrm{d}\boldsymbol{R}) = ((\boldsymbol{H}^{\mathrm{T}}\boldsymbol{H})^{-1})_{2\times2}\,\sigma^2_{\text{UERE}} \tag{11.29}$$

式中，下标表示 $(\boldsymbol{H}^{\mathrm{T}}\boldsymbol{H})^{-1}$ 的 2×2 上左子矩阵。$\mathrm{d}\boldsymbol{R}$ 的密度函数是

$$f_{\mathrm{d}\boldsymbol{R}}(x, y) = \frac{1}{2\pi[\det(\text{cov}(\mathrm{d}\boldsymbol{R}))]^{1/2}}\exp\left(-\frac{1}{2}\boldsymbol{u}^{\mathrm{T}}[\text{cov}(\mathrm{d}\boldsymbol{R})]^{-1}\boldsymbol{u}\right) \tag{11.30}$$

式中，$\boldsymbol{u} = (x, y)^{\mathrm{T}}$，$\det$ 表示矩阵的行列式。

密度函数定义了一个二维钟形曲面。将括号内的指数设为常数，得到等密度线。可得

$$\boldsymbol{u}^{\mathrm{T}}[\text{cov}(\mathrm{d}\boldsymbol{R})]^{-1}\boldsymbol{u} = m^2 \tag{11.31}$$

式中，参数 m 的取值为正。等密度线是在平面中绘制同心椭圆得到的。当 m 等于 1 时得到的椭圆称为 1σ 椭圆，其公式是

$$\boldsymbol{u}^{\mathrm{T}}[\text{cov}(\mathrm{d}\boldsymbol{R})]^{-1}\boldsymbol{u} = 1 \tag{11.32}$$

（1σ 椭圆在此定义为过概率密度函数的具体割线，不要与 1σ 闭合线混淆；后者是指端点为原点的射线上的点的轨迹，点距在射线方向都是 1σ。一般来说，1σ 闭合线是包围 1σ 椭圆的 8 字形曲线）。椭圆的长轴和短轴分别与 x 和 y 轴重合时，椭圆方程简化为 $x^2/\sigma_x^2 + y^2/\sigma_y^2 = 1$。然而，一般来说，非对角线元素是非零的，且密度函数的椭圆等密度线已相对于 x 和 y 轴旋转。我们分别用 σ_L 和 σ_S 表示 1σ 椭圆的长轴和短轴。一般来说，1σ 椭圆包含在以其为中心的、宽为 σ_x、高为 σ_y 的矩形中。图 11.9 中说明了椭圆与参数 σ_x、σ_y、σ_L 和 σ_S 之间的关系。

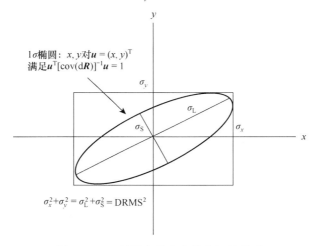

图 11.9　1σ 椭圆和分布参数之间的关系

误差位于由 m 定义的椭圆等密度线内的概率是 $1 - \mathrm{e}^{-m^2/2}$。特别地，误差位于 1σ 椭圆（$m = 1$）中的概率是 0.39；误差位于 2σ 椭圆（$m = 2$）中的概率是 0.86（在一维高斯情形下，位于 $\pm 1\sigma$ 内的平均概率是 0.68）。

常用几个参数来表征水平误差的大小。距离均方根（drms）定义为

$$\text{drms} = \sqrt{\sigma_x^2 + \sigma_y^2} \tag{11.33}$$

对于诸如 $\mathrm{d}\boldsymbol{R}$ 的零均值随机变量，有 $\text{drms} = \sqrt{E(|\mathrm{d}\boldsymbol{R}|^2)}$，且 drms 对应平方误差均值的平方根（因此而得名）。由式(11.19)有

$$\text{drms} = \text{HDOP}\cdot\sigma_{\text{UERE}} \tag{11.34}$$

且 drms 可由 HDOP 和 σ_{UERE} 的值计算。算出位置位于原点为真实位置、半径为 drms 的圆内的概率，依赖于 1σ 椭圆的比率 $\sigma_{\mathrm{S}}/\sigma_{\mathrm{L}}$。二维误差分布接近圆（$\sigma_{\mathrm{S}}/\sigma_{\mathrm{L}} \approx 1$）时，这个概率约为 0.63；对于细长的分布（$\sigma_{\mathrm{S}}/\sigma_{\mathrm{L}} \approx 0$），这个概率接近 0.69。drms 的 2 倍为

$$2\,\mathrm{drms} = 2 \cdot \mathrm{HDOP} \cdot \sigma_{\mathrm{UERE}} \tag{11.35}$$

且水平误差位于半径为 2drms 的圆内的概率范围是 0.95～0.98，它同样依赖于比率 $\sigma_{\mathrm{S}}/\sigma_{\mathrm{L}}$。2drms 值通常取为水平误差大小的 95%。

水平误差的另一个常用指标是圆概率误差（CEP），即以正确（无误差）位置为圆心时，包含 50% 误差分布的圆的半径。因此，误差小于 CEP 的概率恰好为 1/2。二维高斯随机变量的 CEP 近似为

$$\mathrm{CEP} \approx 0.59(\sigma_{\mathrm{L}} + \sigma_{\mathrm{S}}) \tag{11.36}$$

假设它的均值为零。上式及其他近似公式的推导，请参阅文献[2]。

使用式(11.34)，CEP 也可由 drms、HDOP 和 σ_{UERE} 来估计。这很简单，因为 GNSS 应用中会广泛计算 HDOP。图 11.10 给出了比率 $\sigma_{\mathrm{S}}/\sigma_{\mathrm{L}}$ 不同时，误差大小满足 $|\mathrm{d}\boldsymbol{R}| \leqslant k\,\mathrm{drms}$ 的几条概率曲线，它们是 k 的函数（假设水平误差是零均值的和二维高斯分布的）。k 为 0.75 时，得到的概率范围是 0.43～0.54。因此，我们得到如下近似公式：

$$\mathrm{CEP} \approx 0.75\,\mathrm{drms} = 0.75 \cdot \mathrm{HDOP} \cdot \sigma_{\mathrm{UERE}} \tag{11.37}$$

有趣的是，当 $k = 1.23$ 时，满足 $|\mathrm{d}\boldsymbol{R}| \leqslant k\,\mathrm{drms}$ 的概率约为 0.78，几乎与 $\sigma_{\mathrm{S}}/\sigma_{\mathrm{L}}$ 无关。表 11.1 中小结了 k 为其他值时的概率。

下面介绍如何使用这些公式。例如，27 颗卫星的 GPS 星座的平均全球 HDOP 为 0.9，$\sigma_{\mathrm{UERE}} = 0.6\mathrm{m}$，80% 的点 CEP 和 95% 的水平误差大小估计如下：

$$\begin{aligned}
\mathrm{CEP}_{50} &\approx 0.75 \cdot \mathrm{HDOP} \cdot \sigma_{\mathrm{UERE}} = 0.75 \times 0.9 \times 0.6 = 0.4\mathrm{m} \\
\mathrm{CEP}_{80} &\approx 1.28 \cdot \mathrm{HDOP} \cdot \sigma_{\mathrm{UERE}} = 1.28 \times 0.9 \times 0.6 = 0.7\mathrm{m} \\
\mathrm{CEP}_{95} &\approx 2.0 \cdot \mathrm{HDOP} \cdot \sigma_{\mathrm{UERE}} = 2.0 \times 0.9 \times 0.6 = 1.1\mathrm{m}
\end{aligned} \tag{11.38}$$

对于感兴趣的三维误差分布应用，最后一个常用的指标是球形概率误差（SEP），即以真实位置为球心并且包含 50% 测量位置的球体的半径。

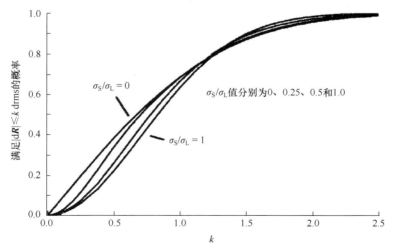

图 11.10　二维高斯随机变量情形下，不同 $\sigma_{\mathrm{S}}/\sigma_{\mathrm{L}}$ 值的径向误差的累积分布

11.2.4 加权最小二乘

可见卫星之间的 UERE 通常并不是独立同分布的。这时，最小二乘位置估计不是最优的。如附录 A 中的推导所示，若伪距误差是高斯的，且可见卫星的 UERE 的协方差由矩阵 $\boldsymbol{R}$ 给出，则用户位置的最优解由加权最小二乘（WLS）估计给出：

$$\Delta x = (\boldsymbol{H}^{\mathrm{T}} \boldsymbol{R}^{-1} \boldsymbol{H})^{-1} \boldsymbol{H}^{\mathrm{T}} \boldsymbol{R}^{-1} \Delta \rho \tag{11.39}$$

（注意，类似于普通最小二乘解，我们正在求解用户位置和时钟误差的初始估计的一个校正量）。在 $\boldsymbol{R} = \sigma_{\mathrm{UERE}}^2 \boldsymbol{I}$ 的情形（$\boldsymbol{I}$ 为 $n \times n$ 单位矩阵）下，如预期的那样，式(11.39)简化为式(11.5)，因为这种情形对应于我们最初的独立同分布假设。对于普通矩阵 $\boldsymbol{R}$，式(11.39)是根据每个估计量的相对噪声电平和相对重要性来实现伪距测量的最优加权的。

表 11.1　水平误差大小的近似公式

近似公式[*]	概率范围
$\mathrm{CEP}_{50} \approx 0.75 \, \mathrm{HDOP} \cdot \sigma_{\mathrm{UERE}}$	0.43~0.54
$\mathrm{CEP}_{80} \approx 1.28 \, \mathrm{HDOP} \cdot \sigma_{\mathrm{UERE}}$	0.80~0.81
$\mathrm{CEP}_{90} \approx 1.6 \, \mathrm{HDOP} \cdot \sigma_{\mathrm{UERE}}$	0.89~0.92
$\mathrm{CEP}_{95} \approx 2.0 \, \mathrm{HDOP} \cdot \sigma_{\mathrm{UERE}}$	0.95~0.98

[*] CEP_{xx} 是以无误差位置为圆心且包含 $xx\%$ 误差分布的圆的半径。因此，$\mathrm{CEP}_{50} = \mathrm{CEP}$。

作为误差协方差矩阵的一个例子，我们考虑单频 GNSS 用户，其伪距测量误差主要是残余电离层延迟。使用 10.2.4.1 节讨论的模型校正电离层延迟时，各个单频用户的残余误差是高度相关的。产生这种相关性的原因是，模型在高估或低估垂直电离层延迟时，往往会高估或低估所有的倾斜电离层延迟，在各颗卫星的残余误码差之间引入正相关。残余电离层误差的协方差矩阵可近似表示为

$$\boldsymbol{R} = \sigma_{iv}^2 \begin{bmatrix} m^2(\mathrm{el}_1) & m(\mathrm{el}_1)m(\mathrm{el}_2) & \cdots & m(\mathrm{el}_1)m(\mathrm{el}_n) \\ m(\mathrm{el}_1)m(\mathrm{el}_2) & m^2(\mathrm{el}_2) & & \\ \vdots & & \ddots & \\ m(\mathrm{el}_1)m(\mathrm{el}_n) & & & m^2(\mathrm{el}_n) \end{bmatrix} \tag{11.40}$$

式中，σ_{iv}^2 是垂直电离层残余延迟方差，它可近似为垂直延迟模型估计的一部分。式(11.40)所示矩阵中的第 ij 个元素是两个电离层映射函数的积 $m(\mathrm{el})$ [例如，可以使用式（10.22）]，对应于卫星 i 和 j 的仰角（el）。

协方差矩阵的另一个典型例子是对角阵，对角阵的对角元素是用伪距误差方差与仰角的近似得到的，仰角减小时通常单调递增（见文献[3]）。在 WLS 解中使用这种协方差矩阵，可以降低低仰角卫星导致的多径和对流层残余误差。

多星座接收机使用的另一个有用对角阵，根据每颗卫星所在的星座来为 UERE 建模。如果每个星座中的卫星观测空间信号误差特性明显不同，那么这个加权是合适的。

11.2.5 其他状态变量

前面主要介绍了用户位置(x, y, z)坐标和时钟偏差的估计。在 GNSS 接收机内估计的完整参数集（通常称为状态或状态矢量）还包括许多其他的变量。例如，除进行伪距测量外，如果还能（通过锁相环）进行多普勒测量或进行差分载波相位测量，那么可以估算三个坐标$(\dot{x}, \dot{y}, \dot{z})$中的每个坐标的速度和时钟漂移 $\dot{t}_{\mathrm{u}}$。可以使用相同的最小二乘或 WLS 技术进行位置估计，并使用相同的

DOP。唯一的区别是，在线性化过程中，采用了卫星速度及用户速度和时钟漂移的初始估计。此外，对于精确速度估计，考虑卫星几何分布随时间缓慢变化这一事实很重要，详见文献[4]。

使用多个 GNSS 星座的测量值解算系统时偏移时，会用到其他几个状态变量[5]。一台接收机正在跟踪两个或多个 GNSS 星座的卫星时，需要考虑各个系统时（即 GPS 系统时、GLONASS 系统时、伽利略系统时、北斗系统时）的差异。计算系统时偏移的方法有多种。最简单的方法是，有些 GNSS 卫星会在其广播导航数据内传输某些 GNSS 系统时偏移。使用这些数据（即来自 GPS CNAV 数据内的消息类型 35，见 3.7.3.2 节）可以校正来自其他 GNSS 星座的伪距，进而在接收机估计器内消除对额外状态变量的需要。

计算 GNSS 系统时偏移的第二种方法是，用户设备由伪距测量值直接估计这些参数。每个额外的 GNSS 星座都需要一个额外的状态变量（如 GNSS 主星座和从星座之间的系统时差异）。式(11.3)中的连接矩阵 H 同样需要修改。设 n 是主 GNSS 星座中的可见卫星数量，m 是从 GNSS 星座中的可见卫星数量，于是对 H 的合适修改是添加一列：

$$H = \begin{bmatrix} a_{x1} & a_{y1} & a_{z1} & 1 & 0 \\ a_{x2} & a_{y2} & a_{z2} & 1 & 0 \\ \vdots & \vdots & \vdots & \vdots & \vdots \\ a_{xn} & a_{yn} & a_{zn} & 1 & 0 \\ a_{x,n+1} & a_{y,n+1} & a_{z,n+1} & 1 & 1 \\ a_{x,n+2} & a_{y,n+2} & a_{z,n+2} & 1 & 1 \\ \vdots & \vdots & \vdots & \vdots & \vdots \\ a_{x,n+m} & a_{y,n+m} & a_{z,n+m} & 1 & 1 \end{bmatrix} \tag{11.41}$$

上式可非常简单地扩展到三个及以上星座。每个新星座都需要添加一个额外的状态，并且 H 中要添加额外的一列。第二种方法得到的系统时偏移估计和位置估计，通常要比由广播数据得到的精确。遗憾的是，第二种方法也有缺点。对两个星座来说，至少需要 5 颗卫星来估计用户位置、时钟误差和 GNSS 系统时偏移，而使用广播时间偏移数据时只需要 4 颗卫星。每个额外的星座都需要一颗额外的可见卫星。

计算 GNSS 系统时偏移的第三种方法是混合使用前两种方法。一种简单的混合方法是在可见卫星数量足够多时，使用第二种方法直接估算系统时偏移，然后在可见卫星数量低于所需的最小值时，修复估计的系统时偏移[6]。性能更高的混合方法是，使用伪距测量值和适当加权的广播系统时偏移数据来估计系统时偏移[7]。

在实际工作中，我们可能会遇到许多其他的状态变量，如垂直对流层延迟[8]及与其他传感器相关的状态变量，后者将在第 13 章中详细讨论。

11.2.6　卡尔曼滤波

第 2 章和本章前面介绍的最小二乘解和 WLS 解，都使用某个时刻的一组伪距测量值以及用户位置和时钟的初始估计值，来改进该时刻的用户位置和时钟误差。实际工作中，用户会频繁地存取整个测量值序列。过去的测量值通常可用来获得更准确的 PVT 估计。例如，固定用户可在 1 小时、1 天或更长的时间内取各个最小平方位置估计的平均，与只使用最新测量数据得到的位置估计相比，得到的位置估计更准确。原则上，只要能准确地建模平台随时间的运动及用户时钟误差随时间的变化，最敏捷的用户也可由过去的测量值得到更准确的位置估计。在 GNSS PVT 应用中集成过去测量值的常用算法是卡尔曼滤波器。卡尔曼滤波器还能方便地结合 GNSS 测量值与其他传感器的测量值，详见第 13 章中的讨论。

11.3　GNSS 可用性

导航系统的可用性是指系统服务可用的时间百分比，也指系统在指定覆盖区域内提供可用导航服务的能力。可用性是环境的物理性质和发射机的技术性能的函数[9]。本节讨论 GNSS 可用性，假设可用的导航服务等同于满足门限要求的 GNSS 精度。要指出的是，有些应用中包含了系统必须满足的其他标准，如完好性（见 11.4 节）。

如 11.2.1 节所述，GNSS 精度通常表示为

$$\sigma_p = DOP \cdot \sigma_{UERE}$$

式中，σ_p 是定位精度的标准差，σ_{UERE} 是卫星伪距测量误差的标准差。10.3 节中给出了代表性的 σ_{UERE} 值。DOP 因子可以是 HDOP、VDOP、PDOP 等，具体取决于待求 GNSS 精度的维数。因此，提供给定精度水平的 GNSS 导航功能的可用性，取决于特定位置和时间的卫星几何分布。

要求特定位置和时间的 GNSS 可用性，必须先求可见卫星的数量及这些卫星的几何分布。GNSS 历书数据（包含星座中所有卫星在参考纪元时的位置）可在互联网上找到，也可由某些 GNSS 接收机的输出得到。GNSS 卫星的轨道众所周知，因此可以预测卫星在任何时刻的位置。然而，求某个时刻的卫星位置并不简单，需要使用软件来计算。11.3 节的剩余部分将详细介绍使用 24 颗卫星的标称 GPS 星座（见 3.2.1 节）确定可用性的过程。

11.3.1　使用 24 颗卫星的标称 GPS 星座预测 GPS 可用性

本节讨论 24 颗卫星的标称 GPS 星座的可用性。24 颗卫星的标称星座已在 3.2.1 节中定义。全球 GPS 的覆盖范围是从北纬 90°到南纬 90°，采用间隔 5°（纬度）的采样点计算，每隔经度 5°绕地球一周。这个网格在 12 小时内每隔 5 分钟采样一次。

由于 GPS 星座的轨道道周期约为 12 小时，因此卫星的覆盖范围会在接下来的 12 小时于地球的另一侧重复（地球在 12 小时内自转 180°，卫星覆盖范围互换）。在这一分析中总共要计算 386280 个空间/时间点。

GPS 的可用性还取决于接收机所用的掩蔽角。降低掩蔽角可看到更多的卫星，因此可以获得更高的可用性。然而，降低掩蔽角会使得仰角非常小，详见本节后面的讨论。下面讨论使用掩蔽角 7.5°、5°、2.5°和 0°时得到的可用性。

图 11.11 中显示了使用全视图解的基于 HDOP 的 GPS 可用性。图中提供了所考虑掩蔽角的 HDOP 的累积分布。掩蔽角小于等于 5°时，HDOP 的最大值是 2.55。

图 11.12 中显示了相同掩蔽角下基于 PDOP 的 GPS 可用性。这个可用性低于基于 HDOP 的可用性，因为在计算 PDOP 时考虑了垂直方向的不可用性。掩蔽角为 5°时，PDOP 的最大值是 5.15，掩蔽角为 2.5°时，PDOP 的最大值是 4.7，掩蔽角为 0°时，PDOP 的最大值是 3.1。

尽管这些图形说明降低掩蔽角可以改进可用性，但掩蔽角太小时会带来危险。在任务规划过程中，必须考虑建筑物或其他物体对信号的阻塞，因为这些信号会超出设定的掩蔽角。在较低的掩蔽角下，大气延迟和多径效应会带来更大的问题。

可以接受的最大 DOP 门限取决于期望的精度水平。因此，GPS 的可用性取决于精度要求的严格性。对于该分析，选择 GPS 的可用性为 PDOP≤6，它通常是 GPS 性能标准中的服务可用性门限[10]。

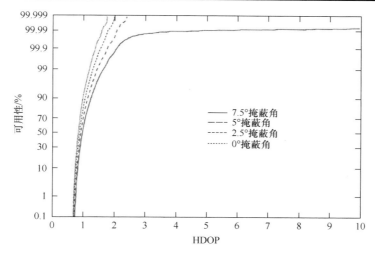

图 11.11 掩蔽角为 7.5°、5°、2.5°和 0°时，HDOP 的累积分布

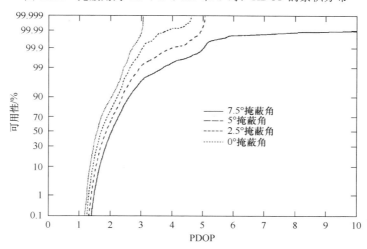

图 11.12 掩蔽角为 7.5°、5°、2.5°和 0°时，PDOP 的累积分布

如图 11.12 所示，当所有 24 颗 GPS 卫星都在运行时，对于 0°、2.5°和 5°掩蔽角下分析的每个位置和时间点，PDOP 的值小于 6.0。由于分析网格每隔 5 分钟采样一次，因此可能会出现 PDOP 大于 6.0 的情况，即不检测小于 5 分钟的周期的情形。在 7.5°或更大的掩蔽角下，GPS 星座会因 PDOP 超过 6.0 而中断。

在 7.5°掩蔽角下，GPS 星座提供 99.98%的可用性。图 11.13 中显示了发生中断的位置和持续时间。最长故障时间为 10 分钟。GPS 星座旨在提供最优的全球覆盖。因此，中断发生时，卫星主要位于高纬度地区和低纬度地区（大于 60°N 和低于 60°S）。

11.3.2 卫星故障对 GPS 可用性的影响

前面几幅图中给出了所有 24 颗卫星都在运行时的 GPS 可用性。然而，卫星需要停止服务才能进行维护，并且不时发生计划外的故障。实际上，24 颗卫星可能只有 72%的时间可用，而 21 颗或更多的卫星预计至少有 98%的时间可以运行[10]。

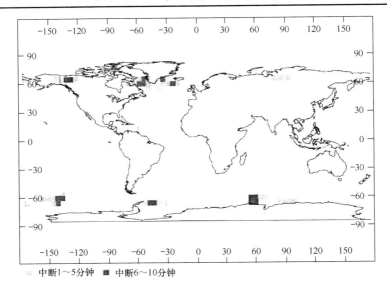

中断1～5分钟　　■ 中断6～10分钟

图 11.13　掩蔽角为 7.5°的 GPS 星座可用性（PDOP≤6）

　　为了说明减少星座中的卫星的数量对 GPS 可用性的影响，下面再次使用相同的全球网格进行分析，只是从 24 颗卫星的标称星座中移出了一颗、两颗和三颗卫星。由于通常使用的掩蔽角为 5°，因此分析中也使用这个掩蔽角。

　　从星座中移出几颗卫星后，GPS 的可用性很大程度上取决于这些停止服务的卫星。Aerospace 公司通过研究，了解了一颗、两颗和三颗卫星出现故障后对可用性的最小影响、平均影响和最大影响[11]。在这一分析中，选择移出的卫星是那些对 GPS 可用性产生平均影响的卫星。

　　从星座移出的 GPS 卫星的轨道位置如下：

- 平均一颗卫星——A3 卫星。
- 平均两颗卫星——A1 和 F3 卫星。
- 平均三颗卫星——A2、E3 和 F2 卫星。

卫星识别和轨道位置信息请参考 3.2.1 节。

　　图 11.14 和图 11.15 中显示了从星座中至多移出三颗卫星且掩蔽角为 5°时，HDOP 和 PDOP 的累积分布。这些图形表明，从星座中移出的卫星越多，系统的性能越差。

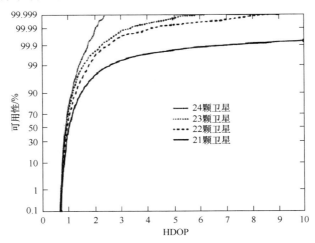

图 11.14　掩蔽角为 5°时，24 颗、23 颗、22 颗和 21 颗卫星的 HDOP 的累积分布

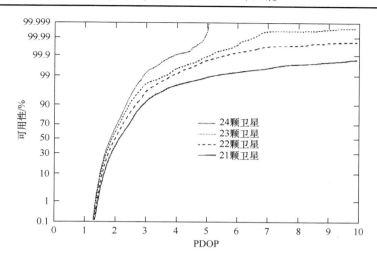

图 11.15 掩蔽角为 5°时，24 颗、23 颗、22 颗和 21 颗卫星的 PDOP 的累积分布

当 PDOP≤6 且掩蔽角为 5°时，GPS 的可用性为 99.969%，其中一颗卫星停止服务。中断的位置和持续时间如图 11.16 所示。中断服务的最长时间是 15 分钟。

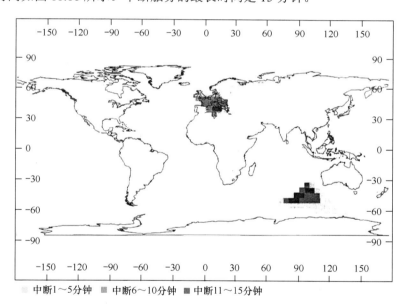

中断1~5分钟　中断6~10分钟　中断11~15分钟

图 11.16 遮蔽角为 5°时 GPS 星座的可用性，其中一颗卫星已从星座中移出

两颗卫星中断服务的影响如图 11.17 所示。在几个位置，服务中断长达 25 分钟，但白天只出现了几次。大部分中断的持续时间为 10 分钟或更短。该星座的可用性为 99.903%。

三颗卫星停止服务后，GPS 星座的整体可用性降至 99.197%。中断次数急剧增加，中断时间长达 65 分钟。这些中断的位置和相应的持续时间如图 11.18 所示。

同时停用三颗卫星的情况非常罕见。然而，发生这种情况后，用户可以检查一天的预测可用性，并根据计划使用 GPS。

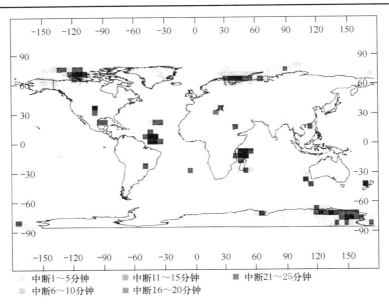

中断1～5分钟　　中断11～15分钟　　中断21～25分钟
中断6～10分钟　　中断16～20分钟

图 11.17　两颗卫星从星座中移出后，遮蔽角为 5°时的 GPS 星座可用性

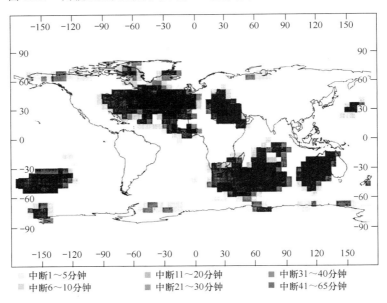

中断1～5分钟　　中断11～20分钟　　中断31～40分钟
中断6～10分钟　　中断21～30分钟　　中断41～65分钟

图 11.18　三颗卫星从星座中移出后，遮蔽角为 5°时的 GPS 星座可用性

　　如前所述，及时确定卫星位置和 GNSS 可用性并不简单，需要用软件来执行计算。GNSS 预测软件存在商用版，允许用户确定某个位置或多个位置的 GNSS 覆盖。有些 GNSS 接收机配有预测软件。执行 GNSS 可用性预测的典型输入参数如下。

- GNSS 历书数据。卫星在参考纪元的位置可从几个不同的来源获得：各个网站或输出年历数据的 GNSS 接收机。
- 位置。位置的纬度、经度和高度。
- 预测日期。执行预测的日期。GNSS 年历通常用于准确地预测未来的一周或更长的时间。
- 掩蔽角。对 GNSS 接收机可见的卫星高于地平线的仰角。
- 地形掩蔽。阻挡卫星信号进入程序的地形（建筑、山脉等）的方位角和仰角。

- 卫星中断。年历数据中会反映当前停止服务的卫星。当计划在未来的某个日期维护卫星时，软件允许用户将这些卫星标记为不可用状态。这种数据可从各个网站获得。
- 最大 DOP。如前所述，为了确定可用性，必须设置最大的 DOP 门限（即 PDOP = 6）。DOP 超过门限时，软件将声明 GNSS 不可用。其他应用可以使用除 DOP 外的标准作为可用性门限。11.4 节的航空应用将对此进行详细探讨。

将这些参数输入软件后，就可进行预测。2017 年 1 月 3 日，一名位于波士顿（42.3586°N，71.0638°W）的用户进行了预测。图 11.19 中显示了在时间 12:30 UTC 于所选位置预测的 GPS 卫星位置，以及 PRN 1 的地面轨迹。

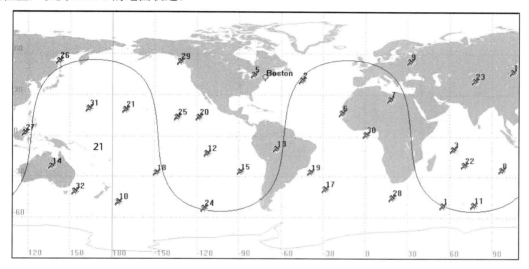

图 11.19　全球 GPS 卫星的位置（Evan Lewis 供图）

图 11.20 是一幅星空图（见 11.2.2 节）。最外侧的圆照例表示 0°仰角或地平线。第二个圆的仰角为 15°，第三个圆的仰角为 30°，每个圆的仰角增加 15°。使用的掩蔽角为 5°（由于局部地形、树叶或人为结构的影响，认为仰角低于 5°时卫星不可见）。

图 11.21 中显示了掩蔽角为 5°时，所选位置 24 小时内 31 颗运行 GPS 卫星的上升和下降时间。这类图形对希望使用特定卫星集合来规划实验，并且不希望卫星几何分布因卫星上升或下降而发生明显变化的研究人员非常有用。图 11.21 中还显示了 24 小时内可见卫星的数量和 PDOP 的数量。可见卫星的数量在 8 到 12 之间变化，PDOP 在 1.2 到 2.4 之间变化。

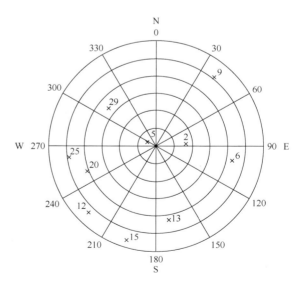

图 11.20　GPS 卫星可见度的星空图（Evan Lewis 供图）

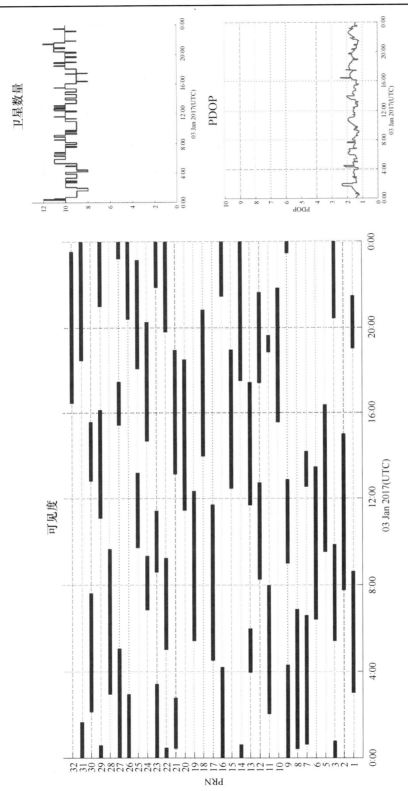

图 11.21　24 小时内的卫星可见度和 PDOP 的数量（Evan Lewis 供图）

　　图 11.22 和图 11.23 中显示了部分天空遮挡或闪烁对可用性的影响（这些中断已在第 9 章中讨论）。图中假设接收机无法跟踪卫星 2、5、6、9 和 29，原因可能是建筑物或闪烁使得北向和东北向天空被遮挡。如图 11.22 中的星空图所示，当时间为 12:30 UTC 时，与波士顿开阔天空可见 10 颗卫星（见图 11.20）相比，由于部分天空被遮挡，用户只能看到 5 颗卫星。可见卫星较少时，性能明显下降。图 11.23 中显示了 24 小时内丢失 5 颗卫星导致的性能下降（注意，天空遮挡不会在一天内影响同一组卫星，但这些结果可以说明部分天空因遮挡而造成的严重性能下降）。在一天的大部分时间里，PDOP 会飙升至 10 以上，甚至在短时间内变得无穷大，因为在时刻 UTC11:25 只有 3 颗卫星可见。

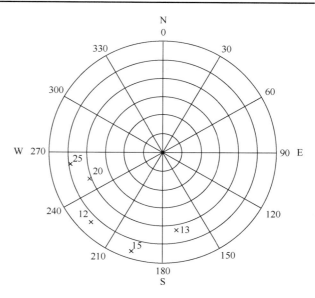

图 11.22　移出卫星 2、5、6、9 和 29 后，GPS 卫星可见度的星空图（Evan Lewis 供图）

11.4　完好性

　　除了提供位置、导航和授时功能，某些导航系统还要能在系统不应使用时向用户提供及时的警告。这种功能称为系统的完好性。完好性是对信任的度量，可将它放到整个系统提供的校正信息中。完好性包括系统无法用于预期的操作时，系统向用户提供有效和及时警告（称为警报）的能力[9]。

11.4.1　关于危险程度的讨论

　　GNSS 中会出现异常，原因是卫星或地面控制网络出现故障，导致测量误差高于运行容差。这些误差不同于卫星几何分布不良导致的可以预测的精度下降。完好性异常非常罕见，每年只出现几次[10, 12, 13]，但出现后会非常危险，对航空导航尤其如此。

11.4.2　完好性异常的来源

　　完好性异常有 4 个主要来源：系统分配的空间信号（SIS）偏差，空间段分配的 SIS 偏差，控制段分配的 SIS 偏差和用户段分配的 SIS 偏差[14]。卫星时钟异常由频率标准问题引起，如随机相位偏移、大频率跳变等。当频率标准的束流或温度变化很大时，就会观测到 GPS 卫星时钟的跳跃。GLONASS 卫星中观测到了时钟跳跃和其他时钟异常[15]。伽利略和北斗系统中都尚未在全球范围内全面运行，因此这些 GNSS 核心星座中的异常尚未得到与 GPS 和 GLONASS 相同的审查。总体而言，时钟异常是 GNSS 空间段异常的最常见来源，也是主要服务异常的最常见的来源。这些异常可能导致数千米的距离误差。

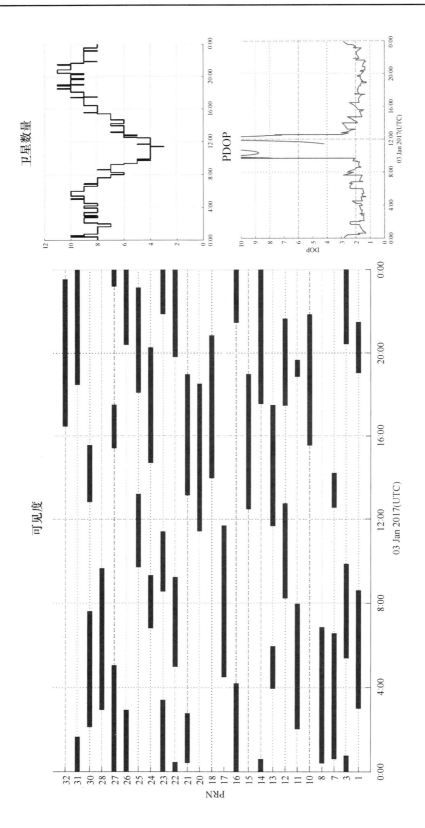

图 11.23　移出卫星 2、5、6、9 和 29 后，24 小时内的卫星可见度与 PDOP 的数量（Evan Lewis 供图）

对于 GPS 来说，Block I 卫星经历了比 Block II 卫星更多的时钟异常[12]，且未像 Block II 卫星那样对内置的空间环境进行辐射强化。因此，Block I 卫星受比特命中的影响，导航电文和 C 场调谐字命中也会受到影响。校准铯束的 C 场调谐寄存器受太阳辐射的影响。在有些情况下，改变负责铯束校准/方向的比特，几分钟内就会导致数千米的测距误差。

对于 GLONASS 而言，随着系统的成熟，观测到的时钟和其他异常的数量正在减少。文献[15]中分析了 2009 年 1 月至 2012 年 8 月的 GLONASS 空间信号异常，观测到了 192 个潜在的异常；在此期间，92%的异常与时钟有关。从 2009 年到 2012 年，异常的发生率下降了 10 倍。

GPS 和 GLONASS 在极少数情况下也观测到了异常较大的广播星历误差和其他广播导航数据元素中的错误。对于这两个系统，已观测到超过 400m 的多个广播星历误差[16]。2014 年 4 月 1 日，所有 GLONASS 卫星都播放错误的星历数据，误差达到 200km[17]。10 小时后问题才得以解决。2016 年 1 月，多颗 GPS 卫星广播了有关 GPS 时间与 UTC 之间偏移的错误信息[18]。2002 年，GPS 播放了不正确的单频电离层校正数据。在检测到问题前，单频接收机可能出现了高达 16m 的测距误差。

其他类型的完好性异常可能会导致较小的测距误差。例如，GPS SVN 19 上就发生了这种情况。在轨大约 8 个月后，卫星上出现了异常，导致 L1 信号频谱上出现了载波泄漏，载波泄漏通常是载波抑制。这时，未观测到控制段问题或用户设备问题，因此卫星仍然在非标称模式下运行。到 1993 年 3 月使用差分导航进行辅助着陆的 FAA 现场试验期间，也没有关于 SVN 19 C/A 码的事故报告或问题。差分导航解存在 4m 的偏差[19]。GPS SVN 19 事件引发了大量关于 GNSS 导航信号质量的研究，并在一些高完好性差分系统内建立了信号质量监测（SQM）。

过去的 GPS 地面监测网络有一些盲点，即在某些时候无法看到某些卫星[12]。因此，如果出现完好性问题，那么可能无法立即检测到。例如，2001 年 7 月 28 日，SVN 22 在南太平洋地区出现时钟故障，导致用户距离误差超过 200000m。在半小时内，GPS 运行控制段无法检测到故障，因为卫星不在任何 OCS 监测站的视野内[19]。在 GPS 控制段增加 NGA 监测站（见 3.3 节），可以消除盲点。然而，即使检测到错误，地面操作员也需要进行人为的干预。运营商必须确定行动方案，将碟形天线指向卫星，并且发出改变卫星运行的命令。操作员与卫星通信后，这个过程需要几分钟才能完成，否则需要几十分钟才能完成。卫星可以自动检测某些有效载荷故障，可以自动将信号切换为非标准码。这类故障通常只会持续数秒，在危害变得足够大之前会就被消除。

GNSS 服务提供商通常采用安装冗余硬件、鲁棒软件和培训的方式来防止人为错误，以便最大限度地减少完好性异常。然而，如前所述，许多故障的最优响应时间是几分钟，对航空和某些其他应用来说这是不够的。确实发生卫星异常后，需要采取单独通知用户的方法。

11.4.3　完好性改进技术

完好性问题对许多应用很重要，对航空应用尤其重要，因为高速飞行会导致快速偏航。将 GNSS 作为主要导航系统时，完好性功能尤其重要。

历史上，GNSS 的完好性增强最初是为 GPS 开发的。RTCA 特别委员会 159（SC-159）是美国联邦航空管理局下设的一个联邦咨询委员会，它致力于开发为 GPS 空中应用提供完好性的技术[20]。目前用于 GPS 完好性监测的三种方法如下：接收机自主完好性监测（RAIM）[国际民用航空组织（ICAO）定义为空基增强系统（ABAS）的机载 GPS 增强之一]、星基增强系统（SBAS）和地基增强系统（GBAS）。

第 12 章中将详细讨论 SBAS 和 GBAS 差分技术，本节主要介绍 RAIM。今天，大多数高完好性 GNSS 设备只使用 GPS 核心星座，因此本节剩余部分的讨论以 GPS 为主。目前，人们正在使用本节讨论的技术制定多星座设备标准[20]。

11.4.3.1　RAIM 和 FDE

单独使用 GPS 的测距源时，或者组合使用 GPS 和其他卫星（如地球静止卫星、GLONASS、伽利略和/或北斗）的测距源时，完好性由 RAIM 和故障检测和排除（FDE）提供，这种方法称为空基增强系统（ABAS）。如前所述，当前的机载设备标准只适用于核心 GNSS 星座中的 GPS。RAIM 算法包含在接收机中，因此称为自主监测。RAIM 使用超定解对卫星测量值进行一致性检查[21]。

至少需要 5 颗卫星可见，RAIM 算法才能检测给定飞行模式下的不可接受的大位置误差。检测到故障后，飞行员就会在驾驶舱内收到警告标志，表示不能使用 GPS 进行导航。经认证的 GPS 接收机包含 FDE（RAIM 的扩展），它至少使用 6 颗可见卫星，不仅可以检测到故障卫星，而且可以在导航解算中将其移出，因此不会中断操作。

RAIM 算法的输入是测量噪声的标准差、测量几何分布，以及虚报和漏检的最大允许概率。算法的输出是水平保护等级（HPL），即以真实飞机位置为圆心的圆的半径，其中假设圆中包含具有给定虚警和漏检概率的水平位置，详见后面的讨论。本节重点介绍如何使用为支持 RTCA SC-159[21] 而开发的快照 RAIM 算法生成 HPL。

线性化后的 GPS 测量方程为

$$y = Hx + \epsilon \tag{11.42}$$

式中，x 是 4×1 矢量，它的元素是由线性化过程生成的标称状态的增量偏差。前三个元素是东、北和上位置分量，第四个元素是接收机时钟偏差。y 是 $n \times 1$ 矢量，其元素是噪声测量伪距与根据标称位置和时钟偏差（即线性化点）预测的伪距之间的差值。值 n 是可见卫星的数量（测量次数）。H 是连接 x 和 y 的 $n \times 4$ 线性矩阵，它由三列方向余弦和第四列组成，第四列中的值 1 对应于接收机时钟状态。ϵ 是 $n \times 1$ 测量误差矢量，可能包含随机项和确定（偏差）项。

GPS RAIM 基于测量的一致性，其中测量次数 n 大于等于 5。一致性的度量标准之一是计算 x 的最小二乘估计值，将其代入式(11.42)的右侧，然后将结果与 y 中的经验测量值进行比较。它们之间的差称为测距残差矢量 w。具体的数学表述如下：

$$
\begin{aligned}
\hat{x}_{\mathrm{LS}} &= (H^{\mathrm{T}}H)^{-1}H^{\mathrm{T}}y \quad \text{（最小二乘估计）} \\
\hat{y}_{\mathrm{LS}} &= H\hat{x}_{\mathrm{LS}} \\
w = y - \hat{y}_{\mathrm{LS}} &= y - H(H^{\mathrm{T}}H)^{-1}H^{\mathrm{T}}y = [I_n - H(H^{\mathrm{T}})^{-1}H^{\mathrm{T}}]y \\
&= [I_n - H(H^{\mathrm{T}}H)^{-1}H^{\mathrm{T}}](Hx + \epsilon) = [I_n - H(H^{\mathrm{T}})^{-1}H^{\mathrm{T}}]\epsilon
\end{aligned}
\tag{11.43}
$$

由于飞机不知道 ϵ，因此式(11.43)的最后一行只用于模拟。令

$$S \equiv I_n - H(H^{\mathrm{T}}H)^{-1}H^{\mathrm{T}} \tag{11.44}$$

式中，I_n 是 $n \times n$ 单位矩阵。于是，$n \times 1$ 测量残差矢量 w 就是 $w = Sy$（实际中使用）或 $w = S\epsilon$（模拟中使用）。测量残差矢量 w 可以作为一致性度量，但效果不佳，因为 w 的 n 个元素之间有 4 个约束条件（与矢量 x 的 4 个未知分量关联），掩盖了一些重要的不一致性。因此，执行消除约束条件的变换，将 w 中包含的信息变换为另一个矢量（称为奇偶矢量 p）是有用的。对 y 执行变换，

$$p = Py$$

式中，奇偶变换矩阵 P 定义为 $(n-4) \times n$ 矩阵，它可由矩阵 H 的 QR 因子分解得到[22]。P 的各行相互正交（大小都为 1），并与 H 的各列相互正交。由于这些性质，得到的 p 具有一些特殊的性质，尤其是在噪声方面[21]。若 ϵ 具有独立的随机元素，且这些元素都是 $N(0, \sigma^2)$ 分布的，则

$$p = Pw \tag{11.45a}$$

$$p = P\epsilon \tag{11.45b}$$

$$p^{\mathrm{T}}p = w^{\mathrm{T}}w \tag{11.45c}$$

这些等式说，将 y 代入奇偶矢量 p 的相同变换矩阵 P，也会将 w 或 ϵ 代入 p。距离空间和奇偶空间中的平方残差之和相同。执行故障检测时，使用 p 要比使用 w 更容易。

下面以 6 颗可见卫星为例，说明奇偶变换是如何影响距离测量值中的确定性误差的。假设在卫星 3 中存在测距偏差 b。由式(11.45b）有

$$p = \begin{bmatrix} P_{11} & P_{12} & P_{13} & \cdots & P_{16} \\ P_{21} & P_{22} & P_{23} & \cdots & P_{26} \end{bmatrix} \begin{bmatrix} 0 \\ 0 \\ b \\ 0 \\ 0 \\ 0 \end{bmatrix} \qquad 或 \qquad p = b \times (P \text{的第三列})$$

P 的第三列在奇偶空间中定义一条直线，称其为与卫星 3 关联的特征偏差线。每颗卫星都有自己的特征偏差线。由距离偏差 b 引起的奇偶偏差矢量的大小是

$$\left| 奇偶偏差矢量 \right| = b \cdot \left| \begin{bmatrix} P_{13} & P_{23} \end{bmatrix}^{\mathrm{T}} \right| \qquad （卫星 3 上的偏差，设 b > 0）$$

式中，$\left| \begin{bmatrix} P_{13} & P_{23} \end{bmatrix}^{\mathrm{T}} \right| = \sqrt{P_{13}^2 + P_{23}^2}$。一般来说，

$$第 i 颗卫星上的距离偏差 b = \frac{奇偶偏差矢量的范数}{P \text{的第} i \text{列的范数}}$$

位置误差矢量 e 定义为

$$\begin{aligned} e &= \hat{x}_{\mathrm{LS}} - x \\ &= (H^{\mathrm{T}}H)^{-1}H^{\mathrm{T}}y - x \\ &= (H^{\mathrm{T}}H)^{-1}H^{\mathrm{T}}(Hx + \epsilon) - x \\ &= (H^{\mathrm{T}}H)^{-1}H^{\mathrm{T}}\epsilon \quad （矢量位置误差） \end{aligned}$$

对于第 i 颗卫星的偏差 b，上式可以写为

$$e = (H^{\mathrm{T}}H)^{-1}H^{\mathrm{T}} \cdot \begin{bmatrix} 0 \\ \cdot \\ b \\ \cdot \\ \cdot \\ 0 \end{bmatrix}$$

这些方程就是在奇偶空间中的偏差与距离空间中的对应偏差及对应位置误差之间来回转换的公式。位置误差矢量的前两个分量的范数就是水平径向位置误差。

这样做的目的是防止水平位置误差过大。RAIM 算法必须检测水平误差是否超过指定置信水平的某个门限。由于不能直接观测位置误差，因此要从可观测量推导某些量，如此时的奇偶矢量。

奇偶矢量的大小是检测卫星故障的检验统计量（数学指示器）。奇偶空间算法的输入是测量噪声的标准差、测量几何分布，以及虚警和漏检的最大允许概率。算法的输出是水平保护等级（HPL），它定义可为指定虚警和漏检概率检测的最小水平径向位置误差。

虚警是指实际未出现定位故障，但向飞行员报告了定位故障，它由误检导致。对概率密度函

数从检测门限到无穷大区间积分，可求出 RAIM 和 FDE 算法的检测门限，让曲线下方的面积等于虚警概率 P_{FA}。

奇偶空间方法使用有 $n-4$ 个自由度的卡方分布来模拟 6 颗或更多可见卫星的检验统计量。平方测量残差之和是卡方分布的。5 颗卫星可见时，使用高斯分布。下面给出卡方密度函数的通式。

对中心卡方，有

$$f_{cent}(x) = \begin{cases} \left[x^{((k/2)-1)} e^{-x/2} \right] / \left[2^{k/2} \Gamma(k/2) \right], & x > 0 \\ 0, & x \leqslant 0 \end{cases}$$

式中，Γ 是伽马函数。

对于漏检概率，对非中心卡方密度函数从 0 到卡方检测门限积分，求得 λ，即可得到所需的非中心参数 P_{md}。根据所选虚警和漏检概率，得到的最小可检测偏差是 $p_{bias} = \sigma_{UERE} \sqrt{\lambda}$。

对非中心卡方，有

$$f_{N.C.}(x) = \begin{cases} \left[e^{-(x+\lambda)/2} / 2^{k/2} \right] \sum_{j=0}^{\infty} \{ \lambda^j \cdot x^{(k/2)+j-1} / \left[\Gamma((k/2)+j) \cdot 2^{2j} \cdot j! \right] \}, & x > 0 \\ 0, & x \leqslant 0 \end{cases}$$

式中，λ 是非中心参数。它是根据归一化均值 m 和自由度数 k 定义的，$\lambda = km^2$。

图 11.24 中显示了 6 颗可见卫星（2 自由度）的卡方密度函数。这些密度函数定义了满足误检和漏检概率的检测门限。对于补充导航，允许的最大虚警率是 1 次警报/15000 个样本或 0.002/h。根据 SA 的相关时间，一个样本的持续时间是 2 分钟。GPS 的主要导航方式的最大虚警率是 0.333×10^{-6} 次/样本。补充和主要导航方式的最小检测概率是 0.999[23]，或漏检率是 10^{-3}。

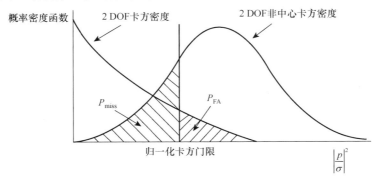

图 11.24 2 自由度的卡方密度函数

图 11.25 中显示了估计水平位置误差的线性无噪声模型与测试统计量的关系，为每颗可见卫星生成了一条特征斜率曲线。这些斜率是线性连接或几何分布矩阵 $\boldsymbol{H}$ 的函数，并在卫星围绕其轨道移动时随时间缓慢变化。与每颗卫星相关的斜率是

$$\mathrm{SLOPE}(i) = \sqrt{A_{1i}^2 + A_{2i}^2} / \sqrt{S_{ii}}, \quad i = 1, 2, \cdots, n$$

式中，$\boldsymbol{A} \equiv (\boldsymbol{H}^T \boldsymbol{H})^{-1} \boldsymbol{H}^T$，$\boldsymbol{S}$ 由式(11.44)定义，也可由 $\boldsymbol{P}$ 得到：

$$\boldsymbol{S} = \boldsymbol{P}^T \boldsymbol{P}$$

对于给定的位置误差，具有最大斜率的卫星的检测统计量最小，检查起来最困难。因此，待保护的位置误差与可观测的奇偶矢量的大小之间的联系是松散的，此时偏差实际上出现在具有最大斜率的卫星中。

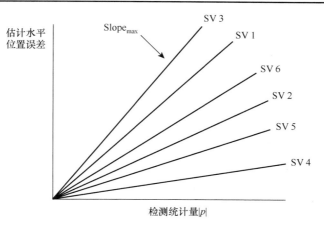

图 11.25 6 颗可见卫星的特征斜率曲线

图 11.26 中的椭圆形数据云表明，具有最大斜率的卫星上存在偏差时，会出现散射。这种偏差会使得检测门限左侧的数据部分等于漏检率。任何小于该值的偏差都会使数据云左移，使得漏检率超出允许的限值。奇偶空间中的这个临界偏差值表示为 p_{bias}，它完全是确定的，但取决于可见卫星的数量[21]：

$$p_{\text{bias}} = \sigma_{\text{UERE}} \sqrt{\lambda}$$

式中，λ 是非中心卡方密度函数的非中心性参数，σ_{UERE} 是卫星伪距测量误差的标准差。HPL 由如下方法求出：

$$\text{HPL} = \text{Slope}_{\text{max}} \cdot p_{\text{bias}}$$

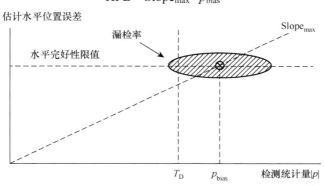

图 11.26 具有最大斜率卫星的临界偏差散点图

当主要误差源是选择可用性（SA）误差源时，可以忽略严重依赖于仰角的其他误差项。因此，无论卫星的仰角如何，2000 年前的 RAIM 和 FDE 可用性分析都假设所有卫星的 σ_{UERE} 值固定为 33.3m。SA 停止后，依赖于仰角的误差使得每颗卫星的 σ_{UERE} 值明显不同。

高程相关误差是通过对各个卫星距离测量值加权（或去加权）实现的[24]。加权解 RAIM 和非加权解 RAIM 之间的唯一区别是最大水平斜率的公式，如下所示。

门限和 p_{bias} 值与 SA 启用时的相同，因为最大虚警率是 0.333×10^{-6}/样本，与文献[10]中 SA 关闭时的建议一致。

$$\text{Slope}(i) = \sqrt{A_{1i}^2 + A_{2i}^2}\, \sigma_i / \sqrt{S_{ii}}$$

式中，

$$A \equiv (H^{T}WH)^{-1}H^{T}W$$

$$S \equiv I_n - H(H^{T}WH)^{-1}H^{T}W$$

$$W^{-1} = \begin{bmatrix} \sigma_1^2 & 0 & \cdots & 0 \\ 0 & \sigma_2^2 & \cdots & 0 \\ \vdots & \vdots & \ddots & \vdots \\ 0 & 0 & \cdots & \sigma_n^2 \end{bmatrix}$$

$$\sigma_i^2 = \sigma_{i,\text{URA}}^2 + \sigma_{i,\text{uire}}^2 + \sigma_{i,\text{tropo}}^2 + \sigma_{i,\text{mp}}^2 + \sigma_{i,\text{rcvr}}^2 \tag{11.46}$$

式中，误差分量是用户距离精度（时钟和星历误差）、用户电离层距离误差、对流层误差、多径和接收机噪声。HPL 采用类似于非加权 RAIM 的形成：

$$\text{HPL} = \text{Slope}_{\text{max}} \times \ \text{归一化} \ p_{\text{bias}} = \text{Slope}_{\text{max}} \times \sqrt{\lambda}$$

1. RAIM 的可用性

将 HPL 与预期操作的最大警报限值进行比较，可以确定 RAIM 的可用性。RAIM 的作用是支持航空应用。因此，本节中关于可用性分析的重点将放在航空应用上。各个飞行阶段的水平警报限值如表 11.2 所示。

表 11.2　GNSS 完好性性能要求

飞行阶段	水平警报限值
在途	2 nmi
进场	1 nmi
进近	0.3 nmi

来源：文献[23]。

若 HPL 低于警报限值，则称 RAIM 可用于该飞行阶段行。由于 HPL 取决于卫星几何分布，因此必须及时地为每个位置和点计算 HPL。由于 RAIM 至少需要 5 颗可见卫星才能执行故障检测，至少需要 6 颗可见卫星才能执行故障检测和排除，因此 RAIM 和 FDE 的可用性低于导航功能。为了评估 RAIM 的可用性，人们对 24 颗卫星的标称星座进行了分析[25-29]。

虽然美国联邦航空管理局（FAA）技术标准命令（TSO）C129 中规定了 7.5°的掩蔽角，但 FAA TSO C146 接收器规定了 5°的掩蔽角，且大多数接收器使用 5°或更低的掩蔽角。在分析中使用 5°掩蔽角，评估了 24 小时内所有 5 分钟样本的全球网格点的可用性。

分析考虑了 SA on 和 SA off 两种情形。如第 3 章所述，SA 于 2000 年 5 月关闭，新的 GPS 卫星甚至无法产生 SA 错误。然而，在撰写本文时，仍有许多正在运行的 GPS 航空电子设备（即符合 TSO C129 的那些设备），这些设备具有硬编码到软件中的 SA on 伪距误差。这类设备的可用性要比新设备的差。接下来的 SA on 结果假设设备认为 SA 已启用（即使它永远不会再次启用），且 SA off 结果适用于了解 SA 错误不再存在的设备。

对于在途和进场飞行阶段，RAIM 故障检测的可用性远高于 99%，非精密进近阶段的可用性为 97.3%。为了提高可用性，气压高度可以作为 RAIM 解中的一个附加测量值。有了气压高度辅助，在途飞行导航的可用性可以提高到 100%，进场飞行的可用性可以提高到 99.99%，非精密进近的可用性可以提高以 99.9%。对于非精密进近，一天内的最大中断持续时间可从半小时减少到 15 分钟。

在气压辅助下,故障检测和排除的可用性范围是从非精密进近的 81.4% 到在途导航的 98.16%(由于低可用性,分析中不考虑无气压辅助的 FDE)。对于非精密进近,FDE 中断可在一个位置持续 1.5 小时以上。表 11.3 和表 11.4 中小结了这些结果。

表 11.3　5° 掩蔽角时 SA on 设备的 RAIM/FDE 可用性

RAIM/FDE 功能	在　途	进　场	非精密进近
故障检测	99.98%	99.94%	97.26%
有气压辅助的故障检测	100%	99.99%	99.92%
有气压辅助的故障检测与排除	99.73%	97.11%	81.40%

表 11.4　5° 掩蔽角时 SA on 设备的最大 RAIM/FDE 中断持续时间

RAIM/FDE 功能	在　途	进　场	非精密进近
故障检测	5 min	10 min	35 min
有气压辅助的故障检测	0 min	5 min	15 min
有气压辅助的故障检测与排除	25 min	55 min	100 min

在表 11.5 和表 11.6 中显示了掩蔽角为 5° 和 SA off 时的 RAIM 和 FDE 可用性。如表 11.5 所示,RAIM 故障检测功能的可用性,对于能够识别 SA off 且有气压辅助的设备来说,几乎是 100%。识别 SA 已关闭允许更好地检测卫星上的偏差。

表 11.5　5° 掩蔽角时 SA off 设备的 RAIM/FDE 可用性

RAIM/FDE 功能	在　途	进　场	非精密进近
故障检测	99.998%	99.990%	99.903%
有气压辅助的故障检测	100%	100%	99.998%
无气压辅助的故障检测与排除	99.923%	99.643%	99.100%

表 11.6　5° 掩蔽角时 SA 设备的最大 RAIM/FDE 中断持续时间

RAIM/FDE 功能	在　途	进　场	非精确进近
故障检测	5min	10min	30min
有气压辅助的故障检测	0min	0min	5min
有气压辅助的故障检测与排除	10min	35min	60min

对于能够正确识别 SA 已关闭的设备,FDE 的可用性会大大提高,对在途导航和非精密进近,可用性可以大于 99%。但是,非精密进近的中断时间仍然很长,中断时间可能会持续 1 小时。

如图 11.27 所示,几个位置的中断时间持续 60 分钟,但赤道附近的覆盖达到 100%。赤道附近 FDE 的高可用性是由可见卫星数量增多导致的。

提高 RAIM 和 FDE 的可用性的另一种方法是降低掩蔽角,让用户设备看到更多的卫星。然而,如前所述,低仰角卫星有着更高的大气误差。根据式(11.46),这些卫星在解算中被去加权。如表 11.7 和表 11.8 所示,即使没有气压辅助,故障检测功能的可用性也非常高。对于有气压辅助的 FDE,中断仍然存在,但出现的次数变少,且持续的时间缩短了。

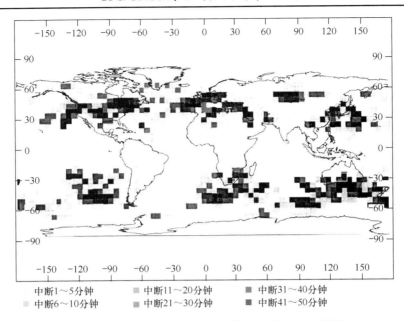

中断1～5分钟   中断11～20分钟   中断31～40分钟
中断6～10分钟   中断21～30分钟   中断41～50分钟

图 11.27   5°掩蔽角下带气压辅助的 NPA 的 FDE 可用性

表 11.7   2°掩蔽角下 SA off 设备的 RAIM/FDE 可用性

RAIM/FDE 功能	在 途	进 场	非精密进近
故障检测	100%	100%	99.988%
有气压辅助的故障检测	100%	100%	100%
有气压辅助的故障检测与排除	99.981%	99.904%	99.854%

表 11.8   2°掩蔽角时 SA off 设备的最大 RAIM/FDE 中断持续时间

RAIM/FDE 功能	在 途	进 场	非精密进近
故障检测	0 min	0 min	5 min
有气压辅助的故障检测	0 min	0 min	0 min
有气压辅助的故障检测与排除	10 min	15 min	30 min

2. 高级接收机自主完好性监测

GPS 的两个民用航空频率（L1 和 L5）加上除 GPS 外的三个核心星座（GLONASS、伽利略和北斗），使得人们开始使用 RAIM 进行水平和垂直导航。高级接收机自主完好性监测（ARAIM）是 RAIM 的高级版，自 20 世纪 80 年代后期以来一直为航空界熟知。虽然 RAIM 只支持横向导航，但 ARAIM 支持水平和垂直导航，将误导信息的严重程度从主要的（RAIM）变为危险的（ARAIM）。RAIM 的原始版本基于一组关于 GPS 标称性能和故障率的固定断言。相比之下，ARAIM 允许地面系统更新多个贡献星座的标称性能和故障率。完好性数据包含在于地面开发并提供给机群的完好性支持消息（ISM）中。无须更换设备，ISM 就可为不断演化的星座提供这种更新[30]。ARAIM 尚未纳入任何标准，但预计 2020 年将被纳入下一代民用 GNSS 机载设备标准[20]。

3. 星基增强系统

如前节所述，RAIM 和 FDE 算法的一个局限是，它们并不总是带有足够几何分布的测距源来满足可用性要求。2000 年 5 月 SA 关闭后，即使让所有 24 颗卫星运行，并对非精密进近采用

2°的掩蔽角，得到的可用性改善仍有高达 30 分钟的中断。卫星偶尔需要维修而暂停工作，进一步降低了 RAIM 和 FDE 的可用性。

因此，航空机构开发了 GPS 增强系统。这样的一种增强系统是 SBAS。美国版的 SBAS 称为广域增强系统（WAAS）。其他 SBAS 系统包括欧洲地球静止覆盖服务（EGNOS）、日本多功能卫星增强系统（MSAS）和印度 GPS 辅助 GEO 增强导航（GAGAN）系统。

SBAS 系统由监测和收集 GPS 卫星数据的众多参考站组成。数据被转发到 SBAS 主站进行处理，以确定每颗被监测卫星的完整性和差分校正。然后，将完好性信息和差分校正发送到地面上行站，并与对地静止卫星的导航电文一起发送到地球静止卫星。

地球静止卫星使用 GPS L1 频率分发每颗被监测卫星的完好性和差分校正，调制方式类似于 GPS 使用的调制。因此，对地静止卫星也可作为附加的 GPS 测距信号。基于这一信息，用户接收机基于加权解，形成水平和垂直保护等级。美国的 WAAS 系统目前使用位于 133°W、107.3°W 和 98°W 的三颗地球同步卫星。第 12 章中将详细讨论 SBAS 系统。如第 12 章所述，全球 SBAS 服务提供商正在计划发展支持除 GPS 外的其他核心星座的系统。

4. 地基增强系统

地基增强系统（GBAS）专用于机场，支持精密进近及进场和地面导航。GBAS 系统［如最初由 FAA 开发的局域增强系统（LAAS）］使用多台 GPS 参考接收机。使用平均技术处理来自参考接收机的数据，求出完好性和差分校正。

GBAS 完整性算法使用故障假设计算横向和纵向保护等级（LPL 和 VPL），对横向和纵向位置误差设置置信上限。对 GBAS 的故障假设有两个：H_0 和 H_1。H_0 表示所有参考接收机和卫星的测量条件正常（无故障）。H_1 表示存在与一台参考接收机关联的潜在故障。潜在故障包括地面子系统未即时检测到的任何错误测量，这些测量会影响广播数据，并在机载子系统中导致位置误差。每颗被监视卫星的差分校正和完好性参数通过 VHF 数据链路广播到飞机。GBAS 系统将在第 12 章中详细讨论。

11.5　连续性

如文献[9]中定义的那样，连续性是指"……在一个运营阶段维持规定系统性能的概率，假设系统在这个运营阶段之初是可用的。"因此，全球导航卫星系统提供的连续性会因具体应用的性能要求而异。例如，低精度时间传递应用的 GNSS 连续性等级远高于飞机非精密进近的 GNSS 连续性等级。为了支持 RAIM，前一种应用只需要一颗可见的 GNSS 卫星，而后一种应用至少需要 5 颗几何分布良好的可见卫星。

11.5.1　GPS

GPS SPS 性能标准[10]中提供了一些有关 GPS C/A 码空间信号连续性的有用信息。这个参考可以保证在任何一小时内，计划外中断不导致 24 颗卫星标称星座的某个轨位丢失 GPS C/A 码的概率大于等于 0.9998。这个连续性标准基于 24 颗卫星标称星座中所有轨位的平均值，每年归一化一次，并且假设信号在小时开始的时候从轨位获得。提前至少 48 小时公布的计划中断（如维护需要）不在文献[10]中给出的连续性损失范围内。

根据 1994 年 1 月至 2000 年 7 月观测的性能，文献[10]的早期版中提供了有关 GPS 连续性的数据。在这个时间跨度内，每颗在轨的 GPS 卫星每年停止运行 2.7 次，停止服务的总时间为 58 小时。这些实例中的大多数（称为宕机事件）都与维护计划有关，每年的宕机事件为 1.9 次，平均总停机时间为 18.7 小时。每颗卫星每年剩下的 0.9 次停机事件是非计划的，总平均停机时间为 39.3 小时（注意，文献[10]的第三版中提供的分量值 0.9 和 1.9 相加后，不等于第三版中的 2.7，原因是存在舍入误差）。出现计划外中断的原因是，一个或多个卫星子系统出现故障，导致服务中断。许多应用只关注计划外事件。定期维护通常会提前很长的时间公布，通常会给出计划。对于这类应用，任何已知 GPS 卫星在 1 小时内出现故障的概率约为 0.0001，计算方法是将每年计划外停机事件的平均值 0.9 次除以一年内的小时数 8760。

GPS PPS 性能标准[31]为 L1/L2 P(Y) 码连续性提供的保证，基本上与文献[10]为 C/A 码[10]连续性提供的保证相同。针对现代化 GPS 民用和军用信号的性能标准目前还未提出。

11.5.2　GLONASS

针对 GLONASS 的性能标准正在开发之中。文献[32]中提出 GLONASS 空间信号的连续性级别为 0.9995/小时，其条件类似于文献[10]中 GPS C/A 码 0.9998 的连续性标准条件（见 11.5.1 节）。

11.5.3　伽利略

为伽利略建立的连续性要求不同于其他三个核心星座。文献[33]中的伽利略连续性要求给出了选择一个已定义服务的每个时间间隔的最大概率（具有相关的精度和完好性等级）。文献[33]中给出了伽利略生命安全服务（SoL）和公共监管服务（PRS）的连续性风险要求。对于 SoL（临界级别）和 PRS[33]，连续性风险要求为 $10^{-5}/15s$。这些服务已在第 5 章中介绍，当时指出 SoL 服务目前正在重新配置之中。

11.5.4　北斗

北斗导航卫星系统（BDS）开放服务（OS）性能标准[34]将空间信号（SIS）连续性定义为"健康 BDS OS SIS 在指定时间内连续工作而无计划外中断的概率"。北斗 GEO 和 IGSO 卫星的 SIS 连续性级别大于等于 0.995/小时，北斗 MEO 卫星的 SIS 连续性级别大于等于 0.994/小时（有关北斗的概述见第 6 章）。

参考文献

[1]　Rodríguez, J. A. A., et al., "Combined Galileo/GPS Frequency and Signal Performance Analysis," *Proc. of ION GNSS 2004*, Long Beach, CA, September 2004, pp. 632-649.

[2]　Nelson, W., *Use of Circular Error Probability in Target Detection*, United States Air Force, ESD-TR-88-109, Hanscom Air Force Base, Bedford, Massachusetts, May 1988.

[3]　Special Committee 159, *Minimum Operational Performance Standards for Global Positioning System/Wide Area Augmentation System Airborne Equipment*, DO-229D with Change 1, RTCA, Inc., Washington, D.C., December 2013.

[4]　Van Graas, F., and A. Soloviev, "Precise Velocity Estimation Using a Stand-Alone GPS Receiver," *NAVIGATION: Journal of The Institute of Navigation*, Winter 2004-2005.

[5]　Moudrak, A., et al., 2004, "GPS Galileo Time Offset: How It Affects Positioning Accuracy and How to Cope with It," *Proc. of The Institute of Navigation ION GNSS 2004*, Long Beach, CA, September 2004.

[6]　Hegarty, C., "Panel Discussion on GNSS Interoperability," *Proc. of the 36th Precise Time and Time Interval Meeting*, Washington, D.C., December 2004. http://tycho.usno.navy.mil/ ptti/2004papers/panel.pdf.

[7]　Working Group C, *Combined Performances for Open GPS/Galileo Receivers*, United States - European Union Working Group C established for Cooperation on Satellite Navigation, July 2010. http://www.gps.gov/policy/ cooperation/europe/2010/working-group-c/combined-open-GPS-Galileo.pdf.

[8]　Kouba, J., and P. Héroux, "GPS Precise Point Positioning Using IGS Orbit Products," *GPS Solutions*, Vol. 5, No. 2, fall 2000, pp. 12-28.

[9]　DOD/DOT/DHS, 2014 *Federal Radionavigation Plan*, DOT-VNTSC-OST-R-15-01, U.S. Departments of Transportation, Defense,

and Homeland Security, Washington, D.C., May 2015.

[10] U.S. Department of Defense, *Global Positioning System Standard Positioning Service Performance Standard*, 4th ed., Washington, D.C., September 2008.

[11] Sotolongo, G. L., "Proposed Analysis Requirements for the Statistical Characterization of the Performance of the GPSSU RAIM Algorithm for Appendix A of the MOPS," RTCA 308-94/SC159-544, July 20, 1994.

[12] Shank, C., and J. Lavrakas, "GPS Integrity: An MCS Perspective," *Proc. of ION GPS-93, Sixth International Technical Meeting of the Satellite Division of the Institute of Navigation*, Salt Lake City, UT, September 22-24, 1993, pp. 465-474.

[13] Walter, T., and Blanch, J., "Characterization of GNSS Clock and Ephemeris Errors to Support ARAIM," *Proc. of the ION 2015 Pacific PNT Meeting*, Honolulu, HI, April 2015.

[14] RTCA, "Aberration Characterization Sheet (ACS)," RTCA Paper No. 034-01/SC-159-867, July 1998.

[15] Heng, L., et al., "GLONASS Signal-in-Space Anomalies Since 2009," *Proc. of the 25th International Technical Meeting of The Satellite Division of the Institute of Navigation (ION GNSS 2012)*, Nashville, TN, September 2012, pp. 833-842.

[16] Heng, L., "Safe Satellite Navigation with Multiple Constellations: Global Monitoring of GPS and GLONASS Signal-in-Space Anomalies," Ph.D. Dissertation, Stanford University, Stanford, CA, December 2012.

[17] Beutler, G., et al., "The System: GLONASS in April, What Went Wrong," *GPS World*, June 2014.

[18] Kovach, K., et al., "GPS Receiver Impact from the UTC Offset (UTCO) Anomaly of 25-26 January 2016," *Proc. of ION-GNSS 2016*, Portland, OR, September 2016.

[19] Van Dyke, K., et al., "GPS Integrity Failure Modes and Effects Analysis (IFMEA)," *Proc. of the Institute of Navigation National Technical Meeting*, Anaheim, CA, January 2003.

[20] Hegarty, C., et al., "RTCA SC-159: 30 Years of Aviation GPS Standards," *Proceedings of ION GNSS+ 2015*, Tampa, FL, September 2015, pp. 877-896.

[21] Brown, R. G., "GPS RAIM: Calculation of Thresholds and Protection Radius Using ChiSquare Methods-A Geometric Approach," *ION Red Book Series, Volume 5, Global Positioning System*, Papers Published in *NAVIGATION*, 1998.

[22] van Graas, F., and P. A. Kline, *Hybrid GPS/LORAN-C*, Ohio University technical memorandum OU/ AEC923TM00006/46+46A-1, Athens, OH, July 1992.

[23] RTCA, *Minimum Operational Performance Standards for Airborne Supplemental Navigation Equipment Using Global Positioning System (GPS)*, Document No. RTCA/DO-208, prepared by SC-159, July 1991.

[24] RTCA SC-159 Response to the JHU/APL Recommendation Regarding Receiver Autonomous Integrity Monitoring, July 19, 2002.

[25] Van Dyke, K. L., "Analysis of Worldwide RAIM Availability for Supplemental GPS Navigation," DOT-VNTSC-FA360-PM-93-4, May 1993.

[26] Brown, R. G., et al., "ARP Fault Detection and Isolation: Method and Results," DOTVNTSC-FA460- PM-93-21, December 1993.

[27] Van Dyke, K. L., "RAIM Availability for Supplemental GPS Navigation," *NAVIGATION, Journal of the Institute of Navigation*, Vol. 39 No. 4, winter 1992-93, pp. 429-443.

[28] Van Dyke, K. L., "Fault Detection and Exclusion Performance Using GPS and GLONASS," *Proc. of the ION National Technical Meeting*, Anaheim, CA, January 18-20, 1995, pp. 241-250.

[29] Van Dyke, K. L., "World after SA: Improvements in RAIM/FDE Availability," *IEEE PLANS Symposium*, April 2000.

[30] GPS-Galileo Working Group C, *ARAIM Technical Subgroup Milestone 2 Report*, February 11, 2015. http:// www.gps.gov/policy/cooperation/europe/2015/working-group-c/.

[31] U.S. Department of Defense, *Global Positioning System Precise Positioning Service Performance Standard*, Washington, D.C.: Department of Defense, February 2007.

[32] Bolkunov, A., "GLONASS Open Service Performance Parameters Standard and GNSS Open Service Performance Parameters Template Status," *International Committee on GNSS*, Prague, Czech Republic, November 2014. http://www.unoosa.org/pdf/icg/2014/ wg/wga4.2.pdf.

[33] European Commission and European Space Agency, *Galileo Mission High Level Definition*, version 3, September 2002.

[34] China Satellite Navigation Office, *BeiDou Navigation Satellite System Open Service Performance Standard*, version 1.0, Beijing, December 2013.

第 12 章 差分 GNSS 和精密单点定位

S. Bisnath, M. Uijt de Haag, D. W. Diggle, C. Hegarty, D. Milbert, T. Walter

12.1 简介

如第 11 章所述，双频或多频多星座 GNSS 用户通常可以在全球范围内获得优于 1~2m（95%）的定位精度和 1~2ns（95%）的授时精度，并且具有高水平的完好性、可用性和连续性。但是，许多应用需要更高水平的精度、完好性、可用性和连续性。对于此类应用，需要进行 GNSS 增强。有几类增强可以单独使用或组合使用，如 DGNSS[①]、精密单点定位（PPP）和外部传感器。本章介绍 DGNSS 和 PPP。第 13 章将讨论各种外部传感器/系统及其与 GNSS 的集成。

DGNSS 和 PPP 都是通过利用来自已知位置的一个或多个参考站的测量值来改善 GNSS 的定位或授时性能的，每个参考站至少配备一台 GNSS 接收机。参考站提供的信息对于提高终端用户的 PNT 性能（精度、完好性、连续性和可用性）非常有用。提供的信息可能包括：

- 对用户的原始伪距或载波相位测量的校正，对 GNSS 卫星提供的时钟和星历数据的校正，或替换广播时钟和星历信息的数据，大气校正等数据。
- 参考站原始观测量（如伪距和载波相位）。
- 完好性数据，如每颗可见卫星的"可用"或"不可用"指示或校正数据的精度统计指标。
- 辅助数据，包括参考站的位置、健康状况和气象数据。

可以使用各种数据链路之一将参考站数据实时地提供给终端用户。重要的是，链路可能不是实时的，频率范围从低于 300kHz 的低频（LF）到 L 波段（1000~2000MHz）及其他无线电链路、因特网等。例如，可以使用两台 GNSS 接收机来实现 DGNSS 技术，每台 GNSS 接收机仅将数据记录到硬盘驱动器或其他存储设备中。

在一定程度上，所有 DGNSS 和 PPP 系统都是利用 GNSS 误差的空间和时间相关性来工作的（见第 10 章）。因为许多 GNSS 误差源在空间和时间上高度相关，若可以使用已知位置的一个或多个参考站来测量这些误差，并及时地提供这些信息，则对终端用户无疑是有益的。由于在较短距离下 GNSS 误差的相关性通常较高，因此当参考站更加接近终端用户时，DGNSS 的精度通常会得到改善。

DGNSS 系统提供针对终端用户原始观测量的校正，或提供针对每颗可见 GNSS 卫星的广播导航数据的校正。PPP 系统在架构上类似，但提供的数据用于替换而非纠正 GNSS 信号的广播导航数据。

DGNSS 技术可以按照不同的方式分类：绝对或相对差分定位，局域、区域或广域定位；基于码测量或基于载波测量。

绝对差分定位能够确定用户在地心地固（ECEF）坐标系中的位置（见 2.2.2 节）。这是 DGNSS 最常见的目标。对于绝对差分定位，必须已知参考站在用户期望的 ECEF 坐标系下的准确位置信

[①] 关于术语，由于 GPS 是第一个运营的全球导航卫星系统星座，第二个星座是 GLONASS，因此有关差分 GPS（DGPS）技术的文献较多，而关于差分 GLONASS（DGLONASS）技术的文献较少。虽然目前许多运营的 DGNSS 系统仅提供适用于 GPS 的数据，但所采用的技术适用于所有 GNSS 星座。对于这些系统，我们将用术语 DGNSS 来强调这一点。

息。飞机使用这种类型的定位作为辅助，以便保证位于所要求飞行路径的某个范围内；船只用它作为驻留在港口航道内的辅助工具。

相对差分定位能够确定用户相对于参考站的位置，参考站的绝对 ECEF 位置可能不是完全已知的。例如，若实施 DGNSS 以在航空母舰上着陆飞机，则参考站的 ECEF 位置可能是不完全已知的并且是实时变化的。在这种情况下，只需要飞机相对于航空母舰的位置。

DGNSS 系统也可根据要服务的地理区域进行分类。最简单的 DGNSS 系统被设计成只在非常小的地理区域起作用（如用户与单个参考站的距离通常小于 10～200km）。用户和参考站之间的距离称为基线，它可视为一个矢量。我们经常遇到短基线、中基线和长基线等术语，但它们具体对应的距离尚无公认的定义。最常见的用法是短基线的长度为 0～20km，中基线的长度为 20～100km，长基线的长度大于 100km。为了有效地覆盖较大的地理区域，通常采用多个参考站和不同的算法。对于覆盖区域更大的 DGNSS 系统，文献中常用术语"区域"和"广域"来描述，通常区域系统覆盖区域的直径约为 1000km，广域系统则覆盖更大的区域，如一片大陆。但是，对于每个术语的适用性，在距离方面尚无公认的标准。

DGNSS 系统的最后一种分类是基于码或基于载波的技术。基于码的 DGNSS 系统主要依赖于 GNSS 码（即伪距）测量，而基于载波的 DGNSS 系统主要依赖于载波相位测量[①]。如第 8 章所述，载波相位测量要比伪距测量精确得多，但包含需要求解的未知整数波长分量。码差分系统可以提供分米级的定位精度，最先进的基于载波的差分系统可以提供毫米级的定位性能。

本章首先介绍 DGNSS 的基本概念，然后详细介绍一些运行中的和计划的 DGNSS 系统。基于码和载波的 DGNSS 系统的基础算法和性能情况分别在 12.2 节和 12.3 节中介绍。PPP 系统在12.4 节中讨论。12.5 节介绍一些重要的 DGNSS 电文标准。12.6 节详细介绍一些运行中的和计划的 DGNSS 和 PPP 系统。

12.2　基于码的 DGNSS

为改进独立 GNSS 的性能，人们提出了许多基于码的 DGNSS 技术。这些技术的复杂度各不相同——从计算单个参考站的位置误差以用于附近的 GNSS 接收机，到建立全球参考站网络提供数据，通过误差模型估计地表或附近任何位置的误差数据。如 12.1 节所述，依据系统要服务的地理区域，主要分为 3 类：局域、区域和广域。本节讨论每类中基于码的差分技术。

12.2.1　局域 DGNSS

局域 DGNSS（LADGNSS）系统通过估计影响独立 GNSS 解算结果的误差并将这些估计值传输给附近的用户，提高独立 GNSS 的定位精度。

12.2.1.1　位置域校正

从概念上讲，实施 LADGNSS 的最简方法是在已测量的位置放一台 GNSS 参考接收机，计算该测量位置与 GNSS 测量得出的估计位置之间的坐标差（纬度、经度和大地高度），并将这些纬度、经度和高度差传输给附近的用户。在大多数情况下，坐标差代表测量时刻参考站和用户接收机的 GNSS 定位结果中包含的共同误差。用户接收机可用这些坐标差来校正自己的 GNSS 定位结果。

---

① 注意，实际上所有 DGNSS 系统都采用伪距和载波相位测量，因此基于码和基于载波的技术的区别在于它们依赖于相应的测量类型。大多数称为基于载波的 DGNSS 系统在最终用户的原始载波相位测量中求解整数模糊度，或在这些测量和参考站测量的差内求解整数模糊度。

这种技术虽然非常简单，但存在许多重大缺陷。首先，它要求所有接收机对同一组卫星进行伪距测量，以确保具有共同的误差。因此，用户接收机必须与参考站协调它们对卫星的选择，或者参考站可以确定并发送可见卫星的所有组合的定位校正。当 8 颗或更多颗卫星可见时，组合的数量变得不切实际（4 颗卫星就会产生 70 种或更多种组合）。此外，若用户和参考站接收机使用不同的定位解算技术，则也可能导致其他问题。除非两台接收机采用相同的定位技术（如具有等效平滑时间常数、滤波器调谐等的最小二乘、加权最小二乘或卡尔曼滤波器），否则位置域校正可能会产生不稳定的结果。因此，很少在运行的 DGNSS 系统中使用位置域校正。

12.2.1.2　伪距域校正

在大多数使用的基于码的局域 DGNSS 系统中（见图 12.1），参考站不确定位置坐标的误差，而确定并传播每颗可见卫星的伪距校正。若参考站到用户的距离很近，则参考站可见卫星的伪距测量误差与用户的测量误差非常接近。若参

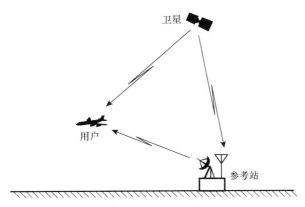

图 12.1　局域 DGNSS 的概念图

考站利用已知的测量位置来估计误差，并且以校正的形式向用户提供该信息，则用户的定位精度预期会得到改善。用户定位的精度取决于到参考站的距离及提供的校正的时间延迟。如第 10 章所述，对于许多 GNSS 误差源，空间相关性随距离单调递减。因此，短基线下的 DGNSS 定位精度通常要比中基线或长基线下的好。时间相关性（即误差随时间变化的速度）也很重要，因为 DGNSS 系统通常不能立即向终端用户提供校正数据，即使使用高速的无线电链路，也存在与数据生成、传输、接收和应用相关的一些延迟。

在以下的数学推导中，将详细解释局域 DGNSS 的概念。为了让用户接收机准确地确定其相对于地球的位置（绝对 DGNSS 应用），参考站必须准确了解自身在 ECEF 坐标系中的位置。已知第 i 颗卫星的位置是(x_i, y_i, z_i)，且通过测量得到参考站的位置是(x_m, y_m, z_m)，则卫星到参考站的几何距离 R_m^i 是

$$R_m^i = \sqrt{(x_i - x_m)^2 + (y_i - y_m)^2 + (z_i - z_m)^2} \tag{12.1}$$

参考站对第 i 颗卫星的伪距测量值为 ρ_m^i。该测量值包含参考站到卫星的距离及第 10 章中讨论的各项误差：

$$\rho_m^i = R_m^i + c\delta t_m + \varepsilon_m \tag{12.2}$$

式中，ε_m 是伪距测量误差，$c\delta t_m$ 是在特定的公共时标（如 GPS 或其他 GNSS 系统时）下的参考站钟差。

参考站将算出的几何距离 R_m^i 减去伪距测量值后，形成差分校正：

$$\Delta\rho_m^i = R_m^i - \rho_m^i = -c\delta t_m - \varepsilon_m \tag{12.3}$$

可正可负的该校正被广播到用户接收机，并被应用到用户接收机对同一卫星的伪距测量值上：

$$\rho_u^i + \Delta\rho_m^i = R_u^i + c\delta t_u + \varepsilon_u + (-c\delta t_m - \varepsilon_m) \tag{12.4}$$

在很大程度上，除多径和接收机噪声外，用户接收机的各项伪距误差分量和参考站的是相同的。校正后的伪距为

$$\rho^i_{u,cor} = R^i_u + \varepsilon_{um} + c\delta t_{um} \tag{12.5}$$

式中，$\varepsilon_{um} = \varepsilon_u - \varepsilon_m$ 是剩余伪距误差，δt_{um} 是用户接收机钟差和参考站钟差的差值，即 $\delta t_u - \delta t_m$。在笛卡儿坐标系中，式(12.5)表示为

$$\rho^i_{u,cor} = \sqrt{(x_i - x_u)^2 + (y_i - y_u)^2 + (z_i - z_u)^2} + \varepsilon_{um} + c\delta t_{um} \tag{12.6}$$

对 4 颗或更多卫星进行伪距测量后，用户接收机可以使用第 2 章和第 11 章中讨论的位置确定技术之一来计算位置。统计上，由于剩余伪距误差 ε_{um} 一般小于未校正的伪距误差，因此用户通常可以得到一个更准确的位置解。

重要的是，应用伪距校正时，位置解算得到的钟差是用户接收机的钟差与参考站钟差的差值。对于用户需要准确时间的应用，可以使用标准定位解算技术来估计参考站钟差，并且从伪距校正中消除它。即使用户不需要精确的时间，通常也希望消除参考站钟差，因为较大的参考站钟差可能会导致过大的伪距校正（例如，使校正数据适合固定大小的数字信息格式）。

如第 10 章所述，由于伪距误差随时间变化，因此传输的伪距校正为

$$\Delta \rho^i_m(t_m) = [R^i_m(t_m) - \rho^i_m(t_m)] \tag{12.7}$$

这是对伪距误差的估计，并且在计算校正时刻 t_m 是最准确的。为了让用户接收机补偿伪距误差变化率，参考站还可发送伪距变化率校正 $\Delta \dot{\rho}^i_m(t_m)$。用户接收机根据其伪距测量的时刻 t，调整伪距校正如下：

$$\Delta \rho^i_m(t) = \Delta \rho^i_m(t_m) + \Delta \dot{\rho}^i_m(t_m)(t - t_m) \tag{12.8}$$

在时刻 t，校正后的用户接收机伪距 $\rho^i_{cor}(t)$ 计算如下：

$$\rho^i_{u,corr}(t) = \rho^i(t) + \Delta \rho^i_m(t) \tag{12.9}$$

12.2.1.3　基于码的 LADGNSS 的性能

使用第 10 章中提供的关于 GNSS 误差的空间和时间相关特性的信息，表 12.1 中给出了 LADGNSS 系统的误差预算。其中，参考站和用户只依赖于一个或多个 GNSS 星座进行单频伪距测量，GNSS 服务提供的 1σ 空间信号误差为 1m 量级（使用了表 10.3 中的时钟和星历误差值）。表中假设校正的时间延迟导致的误差忽略不计（例如，伪距校正通过高速数据链路传输）。此外，假设参考站和用户处于相同的高度或者采用对流层高度差校正。注意，多径是短基线的主要误差。对于较长的基线，剩余电离层或对流层误差可能占主导地位。对于很长的基线，可在参考站和用户处分别使用局部对流层误差模型来改善性能，而不像传统的短基线设计中那样，双方都不使用模型进行校正。

表 12.1　有或没有 LADGNSS 校正的伪距误差预算

段　　源	误　差　源	1σ 误差/m（基线的单位为 km）	
		只针对 GNSS	有 LADGNSS
空间/控制	广播时钟	0.4	0.0
	广播星历	0.3	(0.1～0.6)mm/km×基线
用户	电离层延迟	7.0	(0.2～4)cm/km×基线
	对流层延迟	0.2	(1～4)cm/km×基线
	接收机噪声和量化误差	0.1	0.1
	多径	0.2	0.3
系统 UERE	合计	7.0	0.3m + (1～6cm)/km×基线

12.2.2　区域 DGNSS

为了扩展可以使用 LADGNSS 校正的区域，解决用户远离参考站时带来的误差相关性减弱问题，可以沿覆盖区域的边界分布 3 个或更多参考站，这一概念称为区域差分 DGNSS。然后，用户接收机可以采用来自多个参考站的伪距校正的加权平均值，得到更准确的位置解。因为校正的误差会随到每个参考站的距离的增大而增加，所以可以通过几何关系来确定权重，并将最大的权重赋给最近的参考站，用户位置可视为参考站位置的加权总和[1]。例如，使用纬度 ϕ 和经度 λ 表示位置时，在 $M_1(\phi_1, \lambda_1)$、$M_2(\phi_2, \lambda_2)$ 和 $M_3(\phi_3, \lambda_3)$ 分别有一个参考站，对应的 3 个权重为 w_1、w_2 和 w_3，那么用户的位置坐标 $U(\phi, \lambda)$ 可由如下方程组确定（见图 12.2）：

$$\phi = w_1\phi_1 + w_2\phi_2 + w_3\phi_3$$
$$\lambda = w_1\lambda_1 + w_2\lambda_2 + w_3\lambda_3$$
$$(w_1 + w_2 + w_3) = 1$$

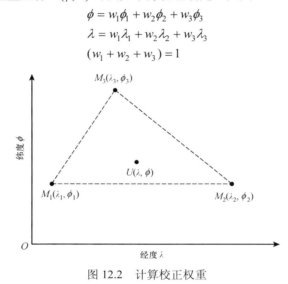

图 12.2　计算校正权重

文献[1]中描述了使用多个参考站来提高用户位置估计精度的两步法。第一步，使用来自每个参考站的伪距校正单独确定用户的位置。第二步，计算各个位置估计的加权平均值，以便提供更准确的估计。每个权重都由参考站到用户的距离和标准方差的乘积的倒数确定，标准方差是该参考站平均估计值的标准偏差，每个权重用权重之和进行归一化。每台参考站接收机引入的误差被其权重稀释，因此若权重全部相等，则每台参考站接收机误差将被稀释 $1/n$。但是，由于误差互不相关，其总和的标准偏差为 $1/\sqrt{n}$，所以由参考站引起的总误差的标准偏差是单个参考站标准偏差的 $1/\sqrt{n}$。

12.2.3　广域 DGNSS

相对于 LADGNSS 在相同覆盖区域实现亚米级精度所需的参考站数量，广域 DGNSS（WADGNSS）试图使用少量的参考站在较大的区域获得相同的精度。与 LADGNSS 的方法相反，WADGNSS 的一般方法[2-4]是将总伪距误差分解为多个分量，估计每个分量在整个区域的变化，而不只是估计基站位置的误差。因此，用户定位精度不取决于其与单个参考站的接近程度。

图 12.3 中所示的 WADGNSS 概念包括一个参考站网络、一个或多个中央处理站以及一条向用户提供校正的数据链路。每个参考站都包括一台或多台 GNSS 接收机，它们测量来自所有可见卫星的广播信号的伪距和载波相位。数据被提交到中央处理站，中央处理站处理原始数据，获取对每颗卫星广播星历和广播时钟的误差的估计。为单频用户提供服务的 WADGNSS 系统还会估

计整个服务区域的电离层延迟误差。参考站和用户的对流层延迟误差通常使用模型来校正。

图 12.3　WADGNSS 概念

12.2.3.1　卫星星历及时钟误差

使用来自整个参考站网络的伪距和载波相位数据,每个中央处理站点可以精确估计参考站网络可见 GNSS 卫星的真实位置和时钟误差。对于每颗卫星,将 WADGNSS 的估计位置和广播星历位置之间的三维误差(如在 ECEF 坐标系中)提供给用户。然后,用户将位置误差投影到卫星的视线方向,将该卫星的位置校正映射为伪距校正。还可向用户广播单独的时钟校正,它可以直接作为附加的伪距校正使用。

中央处理站可以通过基本 GNSS 定位算法的反向算法来估计真实的 GNSS 卫星位置和时钟。估计和消除大气延迟后,在准确位置已知的 4 个或更多相距较远的地面站,可以分别算出给定卫星的伪距[2, 3]。在计算过程中,需要同步参考站的时钟,这可使用 GNSS 来完成。在实际工作中,要将 GNSS 定位算法的反向算法与复杂的模型结合,描述 GNSS 卫星随时间的运动,进而实现极其精确的位置和时钟估计。这种建模是用于多卫星系统定轨的标准方法,每个 GNSS 星座的地面运控网络也在使用它(见 3.3.1.4 节)。更多关于卫星定轨的方法见文献[5]。

12.2.3.2　确定电离层传播延迟

电离层延迟可在 WADGNSS 系统内以各种方式求解。最简单的方法是使用双频或多频接收机直接消除电离层延迟。这种方法需要用到第二个导航频率,而这种频率已经越来越多。从历史上看,GPS 是第一个正式运营的全球导航卫星系统星座,但在 2005 年发射第一颗支持 L2C 的卫星之前,缺少第二个民用频率。几十年前,民用设备开发了无码和半无码方法,以便跟踪加密的 GPS L2 P(Y)码信号(见 8.7.4 节),但这种方法很脆弱。基于这一历史原因,12.6 节中讨论的一些重要的已投入运营的 WADGPS 系统,旨在为使用单频 L1 C/A 码接收机的用户提供支持。这些系统使用参考站中的双频接收机估算整个服务范围内的电离层延迟。中央处理站使用参考站测得的倾斜电离层延迟及电离层模型，计算服务覆盖范围内离散的纬度/经度点的垂直电离层延迟估计。这些垂直延迟估计被广播给用户，用户设备在这些点之间插值，计算每个可见 GNSS 信号的垂直电离层延迟校正。基于每颗可见卫星的仰角，将垂直延迟校正映射为适当的倾斜延迟校正。可见卫星的垂直延迟校正通常不相同，因为信号路径和电离层之间的交点并不相同。

12.3　基于载波的 DGNSS

　　GNSS 卫星的不断运动和用户的运动，通常要求 GNSS 接收机能够测量在每个跟踪频率上变化的多普勒频移。频移是由卫星和接收机之间的相对运动造成的。例如，相对于固定在地球上的观测者，典型的 GNSS 卫星在中地球轨道上运动，使用 L 波段的载波频率，导致的多普勒频移的最大范围约为±4000Hz。在相位跟踪环路中对多普勒频移积分，可以非常精确地测量时间历元之间信号载波相位的提前量（见 8.6 节）。干涉测量技术利用这些精确的相位测量值，在假设误差源可被减轻的条件下，可以实现厘米级的实时定位精度。虽然可以以极高的精度测量从一个历元到另一个历元的信号相位变化，但是从卫星到接收机的传播路径中，载波总周期的数量仍然是模糊的。求传播路径中载波周期的总数量称为载波整周模糊度解算，它目前仍然是动态 DGNSS 研究的一个活跃领域。整周模糊度解算最初是针对 GPS 开展研究的。Remondi[6]广泛使用模糊函数来解算这些未知的整倍数波长。该领域的开创性工作是 Counselman 和 Gourevitch[7]以及 Greenspan 等人的努力[8]。此后，开发了许多模糊度解算（AR）技术，如最小二乘模糊度调整（LAMBDA）[9]可在静态和动态情况下实现实时（OTF）的载波相位解算。利用参考站与接收机之间的实时通信，实时动态技术（RTK）已成为厘米级定位的行业标准。此外，在区域范围内，利用区域校正开发了网络 RTK。

　　组合多个频率可以加速模糊度的解算过程，这种方法已成为参考文献中许多文章的主题（如 Hatch[10]关于 GPS 的文献）。组合这些双频接收机的测量结果，可以产生频率之和及频率之差。使用频率之差组合的波长（称为宽巷），可使整数模糊度搜索更加有效。改变一个宽巷波长导致的距离变化，实际上是 GPS L1 和 L2 频率对应的一个波长的 4 倍。显然，使用宽巷观测量可以快速找到整数模糊度的适当组合，但对接收机的要求也更加严格，需要同时进行双频信号的跟踪[此处通常使用 P(Y)码]。注意，宽巷处理的噪声约为非组合观测值的 6 倍[11]。抛开这些问题，采用宽巷技术可以快速得到 RTK 整数模糊度解，详见本章稍后的介绍。

12.3.1　基线的实时精准确定

　　实时确定载波整周模糊度，是任何实时厘米级精密定位应用的关键。这些技术已成功应用于进近基线延伸至 50km 的飞机精密进近和自动着陆[12-15]。

　　另外，它们同样适用于陆地或陆海应用（如精确的沙漠导航、近海石油勘探）。相比之下，土地测量等应用通常涉及较长的基线，且具备宽裕的后处理环境，因此，毫米级的精度在今天是司空见惯的。在这种情况下应用的技术，涉及对长时间（通常为 1 小时或更长时间）收集的数据进行载波整周模糊度解算。此外，数据的后处理有助于识别和修复接收机的载波测量周跳。使用卫星的精密星历，可以进一步提高精度。这些主题虽然很有意义，但超出了本书的范围。文献[16]中巧妙地涵盖了这些应用。

　　下面的讨论集中于文献[17]中首次提出的整周模糊度解算技术，它利用文献[18]中的一些概念来解决冗余测量值之间的不一致性。后者认为"所有'不一致'的信息都存在于称为奇偶方程的一组线性关系中。"这些技术最初应用于惯性系统及其相关仪器（如加速度计和陀螺仪），而 GPS 测量值的不一致性也具有类似的适用性，具体表现为载波相位观测值固有的整数波长模糊度。文献[19]表明，类似于将最小二乘残差最小化的技术方法，可在静态和非运动的环境下应用于模糊度的快速解算。该文献还建议使用宽巷测量来降低计算量，进而加速模糊度解算过程。

12.3.1.1　组合接收机测量

如第 8 章所述，GNSS 接收机提供两种不同的测量值：伪距测量值（也称码测量值）和载波相位测量值。由接收机跟踪的每颗卫星广播的每个信号，可以获得码和载波相位测量值。双频或三频 GNSS 接收机可为多个频率上的多个信号提供这些测量值。遗憾的是，这些测量值会受到一些不利因素的影响。GNSS 信号本身固有的各种误差（见第 10 章），包括信号通过电离层和对流层传播引起的误差、卫星星历误差、时钟误差和噪声。接收机也有各自的问题，如时钟不稳定、信号多径和噪声。所幸的是，DGNSS 意味着我们至少可以得到来自两台 GNSS 接收机的相似测量值，这些接收机被某个固定的距离分隔，该距离称为基线。对两台接收机的相似测量值进行线性组合（差分），可以消除两台接收机的共有误差。这种组合称为单差（SD）。对来自相同卫星的两个单差测量值进行差分，能够形成双差（DD）。在测量中使用双差处理技术，可以消除大多数误差源[6]。一个主要的例外是多径，它可被减弱，但无法消除。注意，接收机噪声仍然存在，但其通常远小于多径误差。

12.3.1.2　载波相位测量

接收机锁定特定卫星后，不仅对每个信号进行伪距测量，而且根据每个载波频率上存在的多普勒频移来保持运行周期计数（一个周期表示载波相位 2π 弧度的超前量或一个波长）。对每个历元，该运行周期计数（前一历元的值加上当前历元的相位超前量）可由接收机获得。具体来说，通过在一个历元期间对载波多普勒频移（f_D）积分，可以确定该历元载波相位的变化。频率 f_D 是载波相位的时间变化率，因此，在历元上积分能够得到在该历元上产生的载波相位超前量（或滞后量）。然后，在每个历元结束时，接收机进行相位小数周测量。该测量值来自接收机的载波相位跟踪环路。两个频率（如 GPS L1 和 L2）的数学关系如下：

$$\phi_{l1_n} = \phi_{l1_{n-1}} + \int_{t_{n-1}}^{t_n} f_{D_{l1}}(\tau)\,\mathrm{d}\tau + \phi_{rl1_n}, \qquad \phi_{l1_0} = A_{l1}$$

$$\phi_{l2_n} = \phi_{l2_{n-1}} + \int_{t_{n-1}}^{t_n} f_{D_{l2}}(\tau)\,\mathrm{d}\tau + \phi_{rl2_n}, \qquad \phi_{l2_0} = A_{l2}$$

$$(12.10)$$

式中，ϕ 是所示历元处的累积相位；$l1$ 和 $l2$ 是两个 L 波段频率（如用于 GPS 的 L1 和 L2）；n 和 $n-1$ 是当前和刚过去的历元；f_D 是随时间变化的多普勒频率；ϕ_r 是所示历元处测量的小数相位值；A_{l1}、A_{l2} 是在接收机获取位置的载波（任意）整数加小数周期计数。

即使可以精确地进行接收机载波相位测量（市场上接收机的测量精度为 0.001 周），并且可以精确地对接收机自捕获卫星以来的载波周期超前量进行计数，但在总的相位测量中，依旧包含未知的载波周期。这称为载波整周模糊度（N）。之所以存在这种模糊度，是因为接收机只在从卫星被有效跟踪起，才开始对载波周期进行计数。若可以将 N 与几何分布相关联，则可以载波周期或波长为单位，采用上述精度极高的方法来求卫星和用户接收机之间的路径长度。

图 12.4 描述了这种情况，给出了所计算的载波相位超前量（如 ϕ_1、ϕ_2 等）与时间的关系。显然，当使用干涉测量技术时，为每颗用于计算用户位置的卫星确定 N 至关重要。如术语"干涉测量法"所表示的那样，在两个或多个位置进行的相位测量被组合在一起。通常，天线之间的基

线是已知的，于是问题就成了降低组合的相位差，进而求出信号源的精确位置。对于 DGNSS，基线是未知的，但可使用卫星播发的导航数据中的可用星历数据来精确确定信号源（GNSS 卫星）的位置。

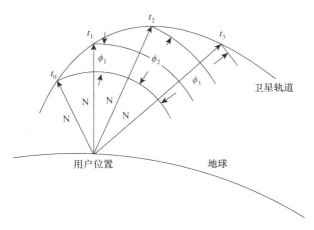

图 12.4　载波相位的几何分布

12.3.1.3　双差形成

载波相位和伪距（码）双差（DD）的生成，是确定地面和机载平台天线之间的基线矢量的关键。此时，必须适当地处理卫星星历，确保在两台接收机位置进行的载波相位和码测量都被调整到相对于 GNSS 时标的共同时间基准。计算 DD 的一个巨大的优势是，接收机和卫星的钟差及大多数电离层传播延迟最终均会被消除。若两副天线位于同一高度，则对流层传播延迟也会大大抵消。若其中一副天线在机载平台上，那么就无法抵消对流层传播延迟，因为在两副天线的位置，传输路径上的对流层延迟会因所在高度的差异而不同。

1. 载波双差

图 12.5 中示意性地说明了与单颗卫星相互作用的简单 GNSS 干涉仪。两副天线的相位中心位于 k 和 m，b 代表它们之间的未知基线。卫星 p 位于几倍于地球半径的轨道上，因此我们可以假设卫星和两副天线之间的传播路径是平行的。卫星 p 和 k（Φ_k^p）或卫星 p 和 m（Φ_m^p）之间的传播路径长度可用整数和小数的载波周数表示如下：

$$\Phi_k^p(t) = \phi_k^p(t) - \phi^p(t) + N_k^p + S_k + f\tau_p + f\tau_k - \beta_{\text{inono}} + \delta_{\text{tropo}}$$
$$\Phi_m^p(t) = \phi_m^p(t) - \phi^p(t) + N_m^p + S_m + f\tau_p + f\tau_m - \beta_{\text{inono}} + \delta_{\text{tropo}}$$

(12.11)

式中，k 和 m 是接收机/接收机天线相位中心；p 是卫星信号源；ϕ^p 是随时间变化的卫星发射信号相位；$\phi_k^p(t)$ 和 $\phi_m^p(t)$ 是接收机测量的随时间变化的卫星信号相位；N 是从卫星 p 到 k 或从卫星 p 到 m 的载波整周模糊度；S 是由所有源（如接收机、多径）引起的相位噪声；f 是载波频率；τ 是卫星或接收机相关的时钟偏差；β_{iono} 是由电离层引起的载波相位（周）超前量；δ_{tropo} 是由对流层引起的载波相位（周）滞后量。

与电离层效应相关的负号将在本节后面讨论。

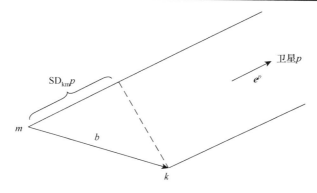

图 12.5　GNSS 干涉仪：1 颗卫星

干涉测量变量，即单差（SD），现在可通过计算两条载波传播路径的长度（卫星 p 到 k 和卫星 p 到 m）的差来创建：

$$\text{SD}_{km}^{p} = \phi_{km}^{p} + N_{km}^{p} + S_{km}^{p} + f\tau_{km} \tag{12.12}$$

参数命名与式(12.11)中的相同，但形成 SD 测量值有一些优势，其中最主要的是消除了发送的卫星信号的相位和时钟偏差，形成了一个组合的整周模糊度项，该项是从 m 到 k 的矢量投影到视线 mp 方向上的载波整周模糊度参数。同时得到了组合后的相位噪声值及接收机钟差。关于电离层和对流层，若接收机位于同一高度且相距很近（基线小于 50km），则这些影响也会大大抵消。出于讨论的目的，这里假设这一条件成立（有关差分电离层和对流层误差特性的讨论见第 10 章）。此处不考虑卫星星历误差（见第 10 章），其影响通常很小。由于卫星星历误差和卫星钟差一样是共有项，因此在形成单差的时候被消除了。

图 12.6 将 GNSS 干涉仪扩展到了两颗卫星。使用另外一颗卫星 q，可以形成第二个 SD 指标：

$$\text{SD}_{km}^{q} = \phi_{km}^{q} + N_{km}^{q} + S_{km}^{q} + f\tau_{km} \tag{12.13}$$

与式(12.12)一样，卫星发射信号相位和时钟偏差被消除，并且假设使用短基线消除了电离层和对流层的传播延迟。

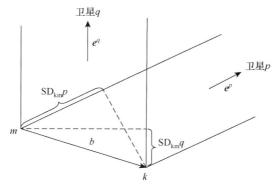

图 12.6　GNSS 干涉仪：2 颗卫星

现在使用两个 SD 形成干涉测量 DD。参与该测量的是两颗独立的卫星和两台接收机，基线 b 的两端各 1 台。式(12.12)和式(12.13)相减，得

$$\text{DD}_{km}^{pq} = \phi_{km}^{pq} + N_{km}^{pq} + S_{km}^{pq} \tag{12.14}$$

式中，上标 p 和 q 指的是各颗卫星，k 和 m 指的是各台接收机。随着 DD 的形成，接收机的钟差项被消除。剩余的是相位项，表示由接收机使用卫星 p 和 q 在 k 和 m 处进行的载波相位测量值，

整数部分为未知的整周模糊度组合项，系统相位噪声项主要由组合多径和接收机影响构成[19]。现在，余下的工作是将 DD 与两副接收机天线之间的未知基线 **b** 相关联。

再次参考图 12.6，很明显，**b** 在 p 和 m 之间的视线上的投影可以写为 **b** 和单位矢量 **e**^{p} 的内（点）积，其中 **e**^{p} 在卫星 p 的方向上。**b** 的这个投影（若通过除以 λ 转换为波长）是 SD$_{km}^p$。类似地，**b** 和卫星 q 方向上的单位矢量 **e**^{q} 的点积等于 SD$_{km}^q$。使用这种替换重写 SD 方程(12.12)和方程(12.13)得

$$\mathrm{SD}_{km}^p = (\boldsymbol{b} \cdot \boldsymbol{e}^p)\lambda^{-1} = \phi_{km}^p + N_{km}^p + S_{km}^p + f\tau_{km}$$
$$\mathrm{SD}_{km}^q = (\boldsymbol{b} \cdot \boldsymbol{e}^p)\lambda^{-1} = \phi_{km}^q + N_{km}^q + S_{km}^q + f\tau_{km} \tag{12.15}$$

显然，我们也可将这个结果纳入双差计算：

$$\mathrm{DD}_{km}^{pq} = (\boldsymbol{b} \cdot \boldsymbol{e}^{pq})\lambda^{-1} = \phi_{km}^{pq} + N_{km}^{pq} + S_{km}^{pq} \tag{12.16}$$

式中，**b**·**e**^{pq} 是未知基线矢量与卫星 p 和 q 的单位方向矢量之差的内积。由于确定天线之间的未知基线是问题的核心，因此这是 DD 的第二个公式，即式(12.16)，它将作为进一步推导的基础。

在式(12.16)所示的变量中，只有一个可以由接收机精确测量，即载波相位。实际上，DD 是由接收机的载波相位测量值组合得到的。我们用术语 DD$_{cp}$ 来表示这个值，式中的单位要转换为米，并且要删除噪声项以简化表达式。最后，随着载波整周模糊度搜索的进行，噪声源逐步被消除。待确定的量只包括有 3 个分量（b_x、b_y、b_z）的基线矢量（**b**），以及与每个 DD$_{cp}$ 项相关联的未知载波相位整周模糊度（N）。为此，我们使用 4 个双差组合值。虽然根据接收机跟踪的卫星数量可以形成额外的双差，但 4 个双差值已经足够，并且可以最小化载波整周模糊度搜索算法的计算开销。就卫星而言，每个双差组合需要两颗卫星。因此，要形成 4 个 DD 方程，最少需要 5 颗卫星。对式(12.16)进行变形和扩展，得到 4 个双差：

$$\begin{bmatrix} \mathrm{DD}_{cp1} \\ \mathrm{DD}_{cp2} \\ \mathrm{DD}_{cp3} \\ \mathrm{DD}_{cp4} \end{bmatrix} = \begin{bmatrix} \boldsymbol{e}_{12x} & \boldsymbol{e}_{12y} & \boldsymbol{e}_{12z} \\ \boldsymbol{e}_{13x} & \boldsymbol{e}_{13y} & \boldsymbol{e}_{13z} \\ \boldsymbol{e}_{14x} & \boldsymbol{e}_{14y} & \boldsymbol{e}_{14z} \\ \boldsymbol{e}_{15x} & \boldsymbol{e}_{15y} & \boldsymbol{e}_{15z} \end{bmatrix} \begin{bmatrix} b_x \\ b_y \\ b_z \end{bmatrix} + \begin{bmatrix} N_1 \\ N_2 \\ N_3 \\ N_4 \end{bmatrix} \lambda \tag{12.17}$$

式中，DD$_{cp1}$ 是 4 个双差中的第一个；**e**$_{12}$ 表示所考虑的两颗卫星之间的单位矢量差；**b** 是基线矢量；N_1 是相关的整周模糊度；λ 是对应的波长。此时引入波长的目的是保证 DD$_{cp}$ 和 **b** 的单位（均为米）的一致性。在随后的讨论中，所有双差的计算都将以长度为单位。使用矩阵表示法，式(12.17)变为

$$\mathrm{DD}_{cp} = \boldsymbol{Hb} + \boldsymbol{N}\lambda \tag{12.18}$$

式中，DD$_{cp}$ 是载波相位双差的 4×1 矩阵；**H** 是 4×3 数据矩阵，含有相应 DD 中两颗卫星之间的单位矢量之差；**b** 是基线坐标的 3×1 矩阵；**N** 是整周模糊度的 4×1 矩阵。形成载波相位 DD 后，就用每副天线和同一组卫星之间的伪距来求一组类似的伪距 DD。

2. 伪距（码）双差

与载波相位测量的情况一样，接收机主动跟踪所有卫星的全部信号，并在每个历元进行伪距测量。与载波相位相似，伪距同样受到信号传播和时间的影响。唯一的基本区别是，电离层导致载波相位超前，但会引起伪距信息的群延迟。考虑电磁波通过等离子体的传播时，以电离层为例，载波上调制信号的传播速度（v_g）被减缓，而载波本身的相速（v_p）会超前[20]（见第 10 章），并且有以下关系成立：

$$v_g v_p = c^2 \tag{12.19}$$

式中，c 是光速。因此，形成码双差时，电离层延迟的影响是叠加的。码双差的形成从伪距方程开始，如下所示：

$$P_k^p(t) = t_k^p(t) - t^p(t) + Q_k + \tau_p + \tau_k + \gamma_{\text{iono}} + \delta_{\text{tropo}}$$
$$P_m^p(t) = t_m^p(t) - t^p(t) + Q_m + \tau_p + \tau_m + \gamma_{\text{iono}} + \delta_{\text{tropo}}$$

(12.20)

式中，P 是接收机测量的随时间变化的码伪距，单位为秒；k 和 m 分别是接收机、接收机天线的相位中心；p 是卫星信号源；t_k^p 或 t_m^p 是接收机时钟测量的信号接收时间；t^p 是根据卫星时钟确定的信号传输时间；Q 是由所有源（如接收机、多径）引起的噪声（时间抖动）；τ 是相关卫星或接收机的时钟偏差；γ_{iono} 是由电离层引起的调制信号群延迟；δ_{tropo} 是由对流层引起的调制信号延迟。

注意，在没有载波整周模糊度 N 的情况下，伪距测量值是确定的。换句话说，由接收机测量的伪距形成的码 DD 不包含载波整周模糊度。遗憾的是，伪距不能像载波相位那样精确地测量，因此它的噪声更大。还要注意，由于群延迟，电离层效应的符号与式(12.11)中的不同。码 DD 不具有模糊度的明确特性是下节将要描述的码/载波平滑的基础。

现在形成码伪距 SD：

$$\text{SD}_{km}^p = t_{km}^p + Q_{km}^p + \tau_{km}$$
$$\text{SD}_{km}^q = t_{km}^q + Q_{km}^q + \tau_{km}$$

(12.21)

最后，以米为单位的码伪距 DD 可以表示为

$$\text{DD}_{km}^{pq} = t_{km}^{pq} + Q_{km}^{pq}$$

(12.22)

与载波相位 DD 的计算推导过程类似，相同的 5 颗卫星用于形成 4 个码 DD。图 12.7 与图 12.5 类似，不同之处是它已根据伪距进行标记。很明显，基线 b 和到卫星 p 的单位矢量的内积，可以表示为到卫星 p 的两个伪距的差值，其中一个伪距在接收机天线 k 处测量，另一个伪距在 m 处测量。实际上，与先前计算载波相位 SD 和 DD 的方法相同，根据码 SD 和 DD，可以重新建立基线矢量 b。但有一个非常重要的区别，就是码伪距测量没有模糊度。此外，乘以光速后可将码 DD 的单位转换为长度，并且为了简单起见，省略了噪声项。式(12.17)基于伪距的等效公式是

$$\begin{bmatrix} \text{DD}_{\text{pr}1} \\ \text{DD}_{\text{pr}2} \\ \text{DD}_{\text{pr}3} \\ \text{DD}_{\text{pr}4} \end{bmatrix} = \begin{bmatrix} e_{12x} & e_{12y} & e_{12z} \\ e_{13x} & e_{13y} & e_{13z} \\ e_{14x} & e_{14y} & e_{14z} \\ e_{15x} & e_{15y} & e_{15z} \end{bmatrix} \begin{bmatrix} b_x \\ b_y \\ b_z \end{bmatrix}$$

(12.23)

要再次说明的是，式(12.17)中所示的整周模糊度 N 不再存在，因为伪距是无模糊度的。使用矩阵表示法描述式(12.23)，可以得到下式，即式(12.18)的码双差公式：

$$\text{DD}_{\text{pr}} = Hb$$

(12.24)

式中，DD_{pr} 是伪距（码）双差的 4×1 矩阵；H 是 4×3 数据矩阵，它包含相应 DD 中两颗卫星之间的单位矢量之差；b 是基线坐标的 3×1 矩阵。

12.3.1.4　伪距（码）平滑

到目前为止，在 GNSS 干涉测量的描述中，已经创建了两组不同的 DD。第一组基于低噪声（小于 1cm）但存在模糊度的载波相位测量值差分，第二组由无模糊度但噪声较大（1～2m）的伪距（码）测量值形成。可以使用各种技术组合这两组测量值，产生码 DD 的平滑测量值。这是非常重要的，因为利用平滑后的码 DD 确定的基线矢量 b，能为计算载波整数模糊度提供初始的解算估计。基于

文献[17]，互补卡尔曼滤波器可以用于组合这两个测量值。该技术使用噪声较大的码 DD 的平均值，作为噪声较小的载波相位 DD 的中心值，从而对整周模糊度的大小设置已知的限制。

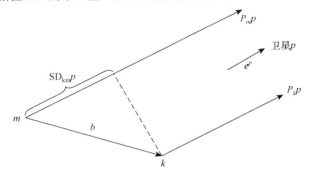

图 12.7　码等效的 GNSS 干涉仪

滤波器方程如下：

$$\begin{aligned}
DD_{s_n}^- &= DD_{s_{n-1}}^+ + (DD_{cp_n} - DD_{cp_{n-1}}) \\
p_n^- &= p_{n-1}^+ + q \\
k_n &= p_n^-(p_n^- + r)^{-1} \\
DD_{s_n}^+ &= DD_{s_n}^- + k_n(DD_{pr_n} - DD_{s_n}^-) \\
p_n^+ &= (1 - k_n)p_n^-
\end{aligned}$$
(12.25)

式(12.25)的第一行使用前一个历元（$n-1$）平滑后的码双差的估值，以及当前与过去历元的载波相位双差的差值，将平滑后的码双差递推到当前的时间历元（n）。基于对 DD_{pr}（码）差值平均的估计（DD_s^+），得到计算的中心值；DD_{cp}（载波相位）差值增加了低噪声的新信息。注意，在一个历元上将两个载波相位双差相减，可以消除整周模糊度；因此，递推出的平滑后的码双差（DD_s^-）仍然是无模糊度的。使用估计误差方差（p_n^-）先前的估计值，加上载波相位双差测量量 q 的方差，可得到估计误差方差的递推值（如第二行所示）。接下来计算卡尔曼增益，以便对当前的码双差测量值进行加权。第三行表明，当码双差的方差 r 接近零时，卡尔曼增益趋近 1。这并不奇怪，因为测量值的精度越高（方差越小），其对处理结果的影响就越大。式(12.25)的第四行和第五行将平滑后的码双差（DD^+）和对应误差方差的估计递推到当前历元（n），以便准备在下一个历元（$n+1$）中重复该过程。DD^+（将在下一个历元中使用）包括平滑后的码双差的当前值（刚预测的）及使用卡尔曼增益加权后的当前码双差值（刚测量的）之差的总和。简单地说，若预测是准确的，则几乎不需要用当前测量值来更新它。最后，更新估计误差的方差 p。根据卡尔曼增益是接近 1 或 0，还是介于两者之间，这种更新能在码 DD 与载波相位 DD 的优秀特性之间保持谨慎的平衡。

　　式(12.25)是一组标量互补卡尔曼滤波器方程，这些方程可以依次对每个必需的（码和载波相位）双差测量组合进行操作。另一种方法是，一旦计算出给定历元的所有 DD 测量值，并且纳入各自的矩阵，方程就能以矩阵形式表示，这时也可以实现相同的目的。两种方法都是令人满意的，但为了便于编程，这里使用标量公式。

　　图 12.8 中显示了在 20min 的飞行试验期间收集的实际载波相位（顶部）和原始码（底部）DD 测量结果[17]。两条曲线之间的偏移是任意的，但可认为载波相位 DD 测量值中包含一些未知的模糊度。很明显，除了码 DD 上有明显的噪声，这两组数据非常相似。

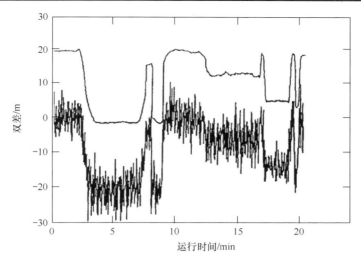

图 12.8 载波相位（顶部）和原始码 DD（底部）

图 12.9 中显示了互补卡尔曼滤波器的输出［即在相同的 20min 内，平滑后的码 DD（底部）和原始载波相位 DD（顶部）］。除了前几个历元（标称约 10 个），平滑后的码 DD 实际上是载波相位 DD 的镜像。它具有以原始的码 DD 测量值为中心的优点，因此是无模糊度的。

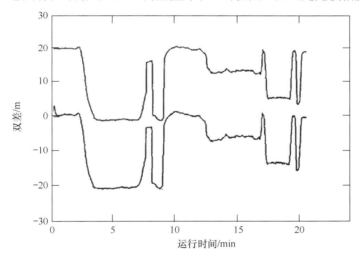

图 12.9 载波相位（顶部）和平滑后的码 DD（底部）

取决于局部环境中的多径，互补卡尔曼滤波器完成初始化后，平滑后的码 DD 通常为 ±(1～2)m。以载波波长表示时，在 L1 处约为 ±(5～10)λ。

图 12.10 中显示了图 12.9 中载波相位 DD 和平滑后的码 DD 之间的差，其中标称偏移量已从前者中消除。对于这组特定的数据，差值在 ±1m 范围内，表明地面和机载天线的多径效应都很小。此外，在初始化互补卡尔曼滤波器之前，前几个历元内的差值是显而易见的，但是一旦完成初始化，差值的特性就表现得非常好。

12.3.1.5 初始基线确立（浮点解）

一旦互补卡尔曼滤波器完成了初始化，其输出的平滑后的码 DD 就是求浮点解的关键。基线的浮点解使用最小二乘拟合来产生基线矢量 b 的估计，能精确到几个整数波长内，具体取决于卫星的几何分布及基线两端天线周围多径环境的严重程度。

使用式(12.24)中引入的矢量符号，平滑后的码 DD 的基线方程为

$$DD_s = Hb_{float} \tag{12.26}$$

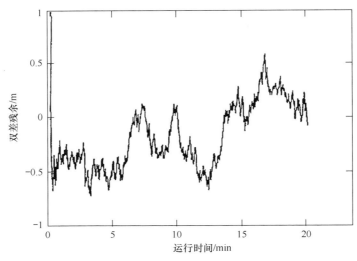

图 12.10   载波相位减平滑后的码 DD

在一般最小二乘意义上，DD_s 是由 $m + 1$ 颗卫星组成的 $m \times 1$ 矩阵；H 是 $m \times 3$ 数据矩阵，它包含相应 DD 中两颗卫星之间的单位矢量之差；b 是基线浮点解估计坐标的 3×1 矩阵。若 b 的最小二乘解是唯一期望的结果，则可立即应用广义逆方法 $H^T H$ 计算。但在这种情况下，基线浮点解表示的是通往理想最终结果的中间步骤，而最终结果是整周模糊度解算或基线固定解。考虑到这一点，在求基线浮点解之前，要对式(12.26)的元素执行一些矩阵调整。使用 QR 分解来分解 H 矩阵，其中 Q 是实数正交矩阵（有 $Q^T Q = I$），R 是上三角矩阵[21]。QR 分解能将 DD 投影到测量空间，获得最小二乘残差矢量，测量空间与由 H 的各列形成的最小二乘解空间正交。因此，最小二乘残差矢量被投影到 H 的左侧零空间，称为奇偶校验空间，而最小二乘解被映射到 H 的列空间，称为估计空间[18]。由于奇偶校验空间和估计空间是正交的，因此其中的残差与估计无关。这个性质将用于更好地隔离载波整周模糊度，进而调整平滑后的码 DD。将 QR 分解的性质合并到式(12.26)中，得

$$DD_s = QRb_{float} \tag{12.27}$$

利用正交矩阵的性质，即逆和转置等价，整理后得

$$Rb_{float} = Q^T DD_s \tag{12.28}$$

为了便于清晰地展示，将矩阵展开为

$$
\begin{bmatrix}
R_{11} & R_{12} & R_{13} \\
0 & R_{22} & R_{23} \\
0 & 0 & R_{33} \\
0 & 0 & 0
\end{bmatrix}
\begin{bmatrix}
b_x \\
b_y \\
b_z
\end{bmatrix}
=
\begin{bmatrix}
Q_{11}^T & Q_{12}^T & Q_{13}^T & Q_{14}^T \\
Q_{21}^T & Q_{22}^T & Q_{23}^T & Q_{24}^T \\
Q_{31}^T & Q_{32}^T & Q_{33}^T & Q_{34}^T \\
q_1 & q_2 & q_3 & q_4
\end{bmatrix}
\begin{bmatrix}
DD_{s_1} \\
DD_{s_2} \\
DD_{s_3} \\
DD_{s_4}
\end{bmatrix}
\tag{12.29}
$$

式(12.29)很容易进行水平分割，且 Q^T 矩阵的元素已用大写 Q 标记，以便表示与最小二乘解（估计空间）相对应的部分，而小 q 表示构成最小二乘残差矢量（奇偶空间）的元素。式(12.29)的分割如下：

$$\boldsymbol{R}_{\mathrm{u}} \boldsymbol{b}_{\mathrm{float}} = \boldsymbol{Q}_{\mathrm{u}}^{\mathrm{T}} \, \mathrm{DD}_{\mathrm{s}} \tag{12.30}$$

$$0 = \boldsymbol{q} \, \mathrm{DD}_{\mathrm{s}} \tag{12.31}$$

求解式(12.30)，得到基线浮点解为

$$\boldsymbol{b}_{\mathrm{float}} = \boldsymbol{R}_{\mathrm{u}}^{-1} \boldsymbol{Q}_{\mathrm{u}}^{\mathrm{T}} \, \mathrm{DD}_{\mathrm{s}} \tag{12.32}$$

式(12.31)虽然在理想情况下等于零，但它是最小二乘残差矢量，可用来解算载波的整周模糊度，详见下一节的讨论。基线浮点解是针对每个历元新计算的，且在求解基线固定解时，能够作为模糊度固定的临时基准。一旦得到基线固定解，浮点解随后就被用来进行交叉检查，以确保前者的持续完好性。回顾可知，这是一个动态过程——基线的一端通常处于运动状态（如飞机），因此，基线的固定解和浮点解将随着时间的变化而不同，必须不断地监测。然而，因为接收机会动态地跟踪基线天线与基线解算中使用的各颗卫星之间的载波周期数的变化（即增长或缩减），载波整周模糊度一旦完成解算，在解算过程中就会保持固定。只要接收机保持对所有卫星持续的跟踪，这一结论就总是成立的。

12.3.1.6　载波整周模糊度解算

如前所述，使用互补卡尔曼滤波器生成平滑后的码 DD，可以确保使用 DD 测量得到精度为 1～2m 的解。例如，就 L1 的整数波长而言，DD 值约为 $\pm(5\sim10)\lambda$。直观来看，似乎有可能在此载波波长范围内迭代每个 DD，重新计算每次迭代的最小二乘解，然后检查残差。由于该过程中存在噪声，因此需要识别接近零的残差，并且将添加到每个 DD 的整数波长数作为特定试验的候选整数模糊度集合保留下来。这可逐个历元完成，并且那些继续保持有效的整数模糊度集合将被标记和计数。该集合会随着时间的推移而减少，最终只留下一组整数模糊度。刚才描述的方法将在奇偶校验空间中进行，因为我们将调整 DD 测量（迭代）并且随后检查所产生的新最小二乘残差集。然而，在极端情况下，在基线浮点解附近的不确定空间中进行搜索的计算工作效率是非常低的。例如，对于 $\pm11\lambda$ 的不确定性，最初需要在每个历元生成 23^4 个最小二乘解，并且检查每个解的残差。即使解的数量随着时间的推移而减少，该技术通常在计算上也是低效的。

更好的方法是用预先确定的标准来筛选候选整周模糊度集合/测试点，然后只测试满足该标准的那些集合。突出的技术包括快速模糊度求解法（FARA）[22]、最小二乘模糊度搜索技术（LSAST）[23]、模糊函数法（AFM）[7]（在文献[6]中进行了改进）、快速模糊度搜索滤波器（FASF）[24]和 LAMBDA[25]。随着这些算法的发展，它们逐渐适用于实时和动态应用，并且一旦模糊度的固定变得稳健，这种基线解就称为 RTK。

上述内容可以概括如下：首先获得初始解并且建立关于解的搜索域，然后使用一些方法来预选域内的候选测试点/模糊度集合，最后用来生成候选的基线固定解。使用给定的选择标准，选择接受或拒绝候选的基线固定解，直到最终只剩下一个。最后，使用一些验证指标来测试所选的候选模糊度。AFM 和 LSAST 可以在几分钟内实现这一目标，FARA 通常需要 2～3 倍的时间。后来，文献[25]中指出，双差通常是高度相关的，并且精度不高。这导致了以下可能性：搜索空间虽然以基线浮点解为中心，但是实际上可能不包含正确的载波整周模糊度。为此，LAMBDA 使用模糊度变换来消除模糊度并重塑搜索空间。例如，在二维模糊度示例中，一个极度拉长的椭圆在变换域中变成了圆形。构造的新模糊度搜索空间本质上是整数，并且保持在一定的范围内。此外，可以适当地缩放搜索空间，只要所有搜索空间都能保证其中具有适当的整周模糊度集合。

到目前为止，我们已经针对用来解算载波整周模糊度的奇偶校验空间方法，详细介绍了解算初始解所需的步骤，包括形成载波相位和伪距（码）DD、计算平滑后的码 DD、形成 DD 基线方程，以及将这些方程分离成最小二乘（浮点）基线解和最小平方残差矢量。基于平滑后的码 DD

中的固有精度——标称值为 $\pm(1\sim2)\mathrm{m}$，建立了搜索量。剩下的工作是以一种方式建立 DD，使得它们可以作为载波整周模糊度的函数，在搜索范围上被选择性地检查。一旦完成此工作，候选模糊度集合就可以被隔离，按照设定门限进行判别，并且最终选择是保留还是消除。从剩下的几组中，能够确定基线固定解。然后对这些固定解进行额外的检查（如与浮动解等进行比较），直至得到最终的基线固定解。

QR 分解是一种强有力的技术，它允许最小二乘残差与最小二乘解空间隔离，而无须完成最小二乘解算。使用残差来整理模糊度的过程是下一个令人感兴趣的领域。为此，我们需要根据其组成部分来检查载波相位 DD 测量值，如下式所示：

$$\mathrm{DD}_{cp} = (\phi_{DD} + \hat{n} + R_b + S)\lambda \tag{12.33}$$

式中，ϕ_{DD} 是来自接收机测量值的双差小数相位，$\hat{n}$ 是未知的双差模糊度，R_b 是固有接收机通道偏差加上残余传播延迟，S 是由所有噪声源（如接收机、多径）引起的噪声，并使用 λ 将 DD 转换成长度单位。严格来说，多径不是噪声。然而，它确实为 DD 测量值添加了类似噪声的不确定性，并且遗憾的是，在给定时刻，不能将它与其他噪声源分离。为了解决这个难题，只能简单地将多径包含在噪声中。

使用平滑后的码 DD 及已知方程右侧各项的不确定性有界的条件，可以改写式(12.33)。ϕ_{DD} 和 $\hat{n}$ 项已被 ρ_{DD} 和 $\tilde{n}$ 代替。这基于如下知识：在固有噪声电平条件下，平滑后的码 DD 的精度为 $1\sim2\mathrm{m}$。例如，该噪声等效于 GPS L1 上的 ±11 个波长，并且可以限制整周模糊度，因此有 $-11 \leqslant \tilde{n} \leqslant +11$。$\rho_{DD}$ 表示噪声界限内平滑后的码双差的几何距离（以载波周期为单位）。该方程变为

$$\mathrm{DD}_s = (\rho_{DD} + \tilde{n} + R_b + S)\lambda \tag{12.34}$$

现在可用由式(12.30)得到的最小二乘解的残差来计算 $\tilde{n}$。展开该式得

$$q\,\mathrm{DD}_s = [q_1(\rho_{DD_1} + \tilde{n}_1 + R_{b_1} + S_1) + q_2(\rho_{DD_2} + \tilde{n}_2 + R_{b_1} + S_2) +$$
$$q_3(\rho_{DD_3} + \tilde{n}_3 + R_{b_3} + S_3) + q_4(\rho_{DD_4} + \tilde{n}_4 + R_{b_4} + S_4)]\lambda \tag{12.35}$$
$$= \eta$$

式中，q_r 是最小二乘残差矢量的元素，$\tilde{n}_r$ 是与适用 DD 关联的波长的模糊度数。理想情况下，测量不一致性 η 的值为零，但只在无噪声测量且已解出载波整周模糊度的情况下才成立。

在任何特定的历元，q 的值都保持不变——直到进行另一组测量，计算并平滑 DD，完成 **QR** 分解之前，最小二乘解的残差都不会改变。在现代接收机中，人们花费了大量精力来最小化通道间的偏差，对接收机噪声同样如此。这就使得多径成为噪声的主要组成部分。所幸的是，随着时间的推移，码多径的性质类似于噪声，尽管不一定趋于零均值[26]。然后，知道其他误差源在很长一段时间内大部分是随机的或很小的后，就可以重点考虑式(12.35)中不随时间变化的分量，该分量是每个平滑后的码 DD 中未知的载波整周模糊度。若可以从 DD 中去除模糊度，则剩余的误差源就是类似噪声的，并且接近零，或者在多径情况下接近某个平均值。根据这些想法，这里重写式(12.35)如下：

$$q_1[\mathrm{DD}_{s1} - \tilde{n}_1\lambda] + q_2[\mathrm{DD}_{s2} - \tilde{n}_2\lambda] + q_3[\mathrm{DD}_{s3} - \tilde{n}_3\lambda] + q_4[\mathrm{DD}_{s4} - \tilde{n}_4\lambda] = \gamma \tag{12.36}$$

我们再次注意到，取决于多径环境，平滑后的码双差为 $\pm(1\sim2)\mathrm{m}$。考虑到这一点，可以调整式(12.36)中的 $\tilde{n}$ 值，使得至少某个预定门限（γ）内其结果接近零。假设接收机噪声和通道间的偏差保持在 $\lambda/2$ 以下（通常如此），于是可以使用式(12.36)来解算载波整周模糊度。将式(12.36)写为矩阵形式，有

$$q(\mathrm{DD}_s - N\lambda) = \gamma \tag{12.37}$$

式中，$N = [\tilde{n}_1 \ \tilde{n}_2 \ \tilde{n}_3 \ \tilde{n}_4]$ 是一组整数值，将其代入方程后，满足门限约束条件（即 γ）。现在的

问题是如何找到产生这种结果的矢量 **N**。

由于检查每种情况只需要 4 次乘法和 3 次加法运算，因此求解该问题的一种方法是穷举搜索。使用平滑后的码 DD 对精度进行 $\pm(1\sim2)$m 的限制，这样的搜索要求 **N** 的各个分量都包含 L1 处覆盖 $\pm11\lambda$ 的迭代，对应的波长为 19.03cm。第一个历元可能有 23^4 个可能的候选，略少于 300000 个，这并不是一个不合理的数字。必要时，可以实施更有效的搜索策略，但在本章末尾使用宽巷波长检查时，候选的数量将减少为不到 3000 个，使得详尽的搜索极其简单。无论如何，当整数值从 [-11 -11 -11 -11] 循环到 [+11 +11 +11 +11] 时，保留在门限内的那些整数集将成为基线固定解的候选。

12.3.1.7　最终基线确定（固定解）

对每个历元，存储或事先存储满足式(12.37)的 γ 门限约束条件的各个 **N** 集合，计数器（j）递增，以便指示特定模糊度集合的持续性。对于那些持续存在的集合，根据残差的前 10 个值计算样本均值（η_{avg}），同时确定关于样本均值的方差（η_{σ^2}）。具体计算如下：

$$\eta_{\text{avg}_j} = \frac{\left[\eta_{\text{avg}_{j-1}}(j-1) + \eta_j\right]}{j}, \qquad j \leqslant 10 \text{ 且 } \eta_{\text{avg}_0} = 0 \tag{12.38}$$

$$\eta_{\sigma_j^2} = \eta_{\sigma_{j-1}^2} + (\eta_{\text{avg}_j} - \eta_j)^2, \quad j = 1,2$$

$$\eta_{\sigma_j^2} = \frac{\left[(j-2)\eta_{\sigma_{j-1}^2} + (\eta_{\text{avg}_j} - \eta_j)\right]^2}{(j-1)}, \qquad j > 2 \tag{12.39}$$

然后将那些具有最小方差（数量通常约为 10）的模糊度集合按升序排列。持续性定义为至少持续 10 个历元（本讨论研究的时间单位为秒），且它已通过实验确定。对于为固定解选择的特定模糊度集合，现在必须满足一个附加要求。为该模糊度集合计算的残差与最小和次小方差的比率必须超过一个最小值，该值也已通过实验确定并设置为 0.5。

一旦完成模糊度集合的选择，矢量 **N** 的 $\tilde{n}$ 个值乘以 λ 就确切地变为用于调整当前平滑后的码 DD 的路径长度的量，可用于创建精确的（解算出的）DD 路径长度。为了完成该过程，使用在搜索/选择过程中生成的模糊度集合重新计算平滑后的码 DD。使用了以下关系式：

$$\text{DD}_r = \text{DD}_s - \boldsymbol{N}\lambda \tag{12.40}$$

然后将已解算的平滑后的码双差（DD_r）代入式(12.32)，计算基线固定解，如下所示：

$$\boldsymbol{b}_{\text{fixed}} = \boldsymbol{R}_u^{-1} \boldsymbol{Q}_u^{\text{T}} \text{DD}_r \tag{12.41}$$

计算当前和后续历元的基线浮点解和固定解之间的差值的 RMS 值，并监测其一致性。若差值开始发散，则丢弃基线的固定解，并且对整周模糊度进行新的搜索。回顾可知，一旦接收机捕获了给定的卫星，就会跟踪接收机到卫星的路径长度的变化。因此，在一个历元中设置的有效整周模糊度，在下一个历元及随后的历元中同样有效。在这种情况下，可以使用已解算的模糊度集合（**N**）来调整当前的平滑后的码 DD 集合，然后更新最小二乘解［即连续应用式(12.40)和式(12.41)］。注意，在整个载波整周模糊度的解算过程中，不必计算最小二乘解。使用 **QR** 分解获得的最小二乘残差矢量，所有计算都在测量（奇偶校验）空间中完成。只有在测量值（DD）之间出现适当的一致性（即出现最终解算的整周模糊度集合）后，才能算出基线固定解。的确，在每个历元都会计算基线浮点解，但主要是为了监测的必要性，而不是数学上的必要性。保留在测量空间中，可以最大限度地减少计算开销，并因此加快处理速度。

两种不同的现象有助于加速这一进程。首先，GNSS 星座是动态的。它与地面和用户接收机天线之间的相对移动导致了几何分布的整体变化，使用干涉测量技术时，这具有非常积极的影响。其次，在大多数情况下，用户平台也处于运动状态。虽然不太重要，但这种运动也能提供额外的几何分布变化。另外，若用户位于空中，则其天线受到的多径具有稳定的平均效应。实际上，在动态 GNSS 实现中，来自地面站点的多径是整个机载系统误差中最大的单个误差因素。

接收机跟踪超过所需最少的卫星数量来进行交叉检查，能为模糊度解算提供进一步的帮助，进而加速模糊度解算过程。例如，使用 6 颗卫星，可以生成两组数据，每组各 4 个 DD。这提供了第二个基线浮点解和相应的可搜索的最小二乘残差矢量。在两个基线浮点解之间，共同的双差测量值将产生关联的整周模糊度，可以对其进行一致性比较。这种冗余通常可以更快地隔离适当的模糊度集合。

12.3.1.8 宽巷考虑

有些接收机可以跟踪双频或三频 GNSS 信号。使用双频技术可以精确确定电离层路径延迟，并且在某些情况下消除它。组合多个频率来产生宽巷观测量，可在隔离载波整周模糊度中起到巨大的作用。宽巷载波相位值（ϕ_{wl}）的创建很简单：

$$\phi_{wl} = \phi_{Lm} - \phi_{Ln}$$

式中，Lm 和 Ln 是 GPS 的两个载波频率（如 L1、L2 或 L5）。注意，这种宽巷组合可由来自任何 GNSS 卫星的双频信号形成[16]。例如，GPS L1 和 L2 能够形成如下差频和宽巷波长：

$$f_{wl} = 1575.42 - 1227.6 = 347.82\text{MHz}, \quad \lambda_{wl} = 86.19\text{cm}$$

使用宽巷搜索平滑后的码 DD 测量值的不确定性时，搜索范围的 $\pm(1\sim2)$m 界限理论上会跨越 $\pm3\lambda_{wl}$ 而非 GPS L1 处的 $\pm11\lambda$。这就使得在给定的历元中，必须计算和检查的整周模糊度残差的数量减少百倍。GPS IIF 和更新的卫星在 1176.45MHz 频率上发射 L5 信号。该信号使得我们能够根据 L2 和 L5 的差来得到宽巷观测量，其波长为 5.86m，可以进行极其快速的模糊度搜索。

使用宽巷波长的代价是噪声电平（S_{wl}）的增大，如下所示：

$$S_{wl} = \lambda_{wl} \sqrt{\left(\frac{S_{Lm}}{\lambda_m}\right)^2 + \left(\frac{S_{Ln}}{\lambda_n}\right)^2} \tag{12.42}$$

然而，当前的接收机技术可以轻松地应对这种噪声增大，假设每个载波上的噪声电平的大小近似相等，那么上式可以简化为 S_{L1} 或 S_{L2} 的 5.7 倍，即 5.7 倍的 GPS L1 或 L2 的噪声电平。考虑到噪声的增大会扩大搜索范围，实际上，有可能需要搜索超出 $\pm3\lambda_{wl}$ 的范围。

就像存在产生宽巷的载波相位观测值组合（差）一样，也存在产生窄巷的观测值组合（总和）。可以证明，在宽巷或窄巷观测值中，与频率无关的误差（如时钟、对流层和星历误差）均保持原始值不变[11]。频率相关的效应（如电离层、多径效应和噪声）则不属于这种情况，因此要将宽巷载波相位观测值与窄巷伪距观测值配对，才能使得频率相关的效应保持一致。详细说明可以在文献[27]中找到。窄巷伪距（P_{nl}）为

$$P_{nl} = \frac{f_{Lm} \cdot P_{Lm} + f_{Ln} \cdot P_{Ln}}{f_{Lm} + f_{Ln}} \tag{12.43}$$

得到宽巷载波相位和窄巷伪距观测值后，载波相位或伪距（码）DD 的计算就不会有变化，可以直接使用先前根据 L1 载波和码测量描述的方法。由于需要搜索的宽巷波长较少，因此可以更有效地在搜索范围内进行检索，这是宽巷组合的主要优势。如前所述，理论上在 L1 处需要搜索 $\pm11\lambda$，而宽巷组合只需要搜索 $\pm3\lambda_{wl}$。就 N 而言，迭代范围为 [-3 -3 -3 -3] 至 [+3 +3 +3 +3]。由搜索产生的模糊度集合中的整数有更大的物理跨度，此外，用于隔离适当的载波整周模糊度值

的过程不变。

确定适当的宽巷整周模糊度集合后，最有利的方法是恢复到单频跟踪：L1 C/A 码的信号强度比 L2 P(Y)码的信号强度高 3～6dB，噪声几乎下降 6 倍。实质上，这样的举措显著提高了系统的鲁棒性。虽然转换非常简单，但也有一些缺陷。仔细观察发现，宽巷载波相位 DD 的形成如下：

$$DD_{cp_{wl}} = DD_{cpl_1} - DD_{cpl_2} \tag{12.44}$$

在这种情况下，可以通过展开和重新排列式(12.44)来确定 L1 的整周模糊度集合：

$$DD_{cp_{l1}} - N_{l1}\lambda_{l1} = \boldsymbol{Hb} = DD_{cp_{wl}} - N_{wl}\lambda_{wl} \tag{12.45}$$

联立式(12.44)和式(12.45)，可以恢复 L1 的整周模糊度集合：

$$N_{l1} = \frac{N_{wl}\lambda_{wl} - DD_{cp_{l2}}}{\lambda_{l1}} \tag{12.46}$$

此时必须小心，因为 L1 模糊度集合的计算有时不正确。参考式(12.14)，载波相位 DD 还包含一定的噪声，并且这些噪声最终会被带入已解算的模糊度。观察式(12.46)，可以得出这样的结论：转换到 L1 模糊度集合时，很少产生整数值。一般来说，结果非常接近整数，通常可以选择最接近的整数值来得到正确的集合。然而，在一个或多个宽巷测量值上偶尔会存在足够大的噪声，导致转换过程中出现或高或低的整周模糊度值。文献[12]中使用宽巷技术，随后转换为 GPS L1波长以进行模糊度解算，并且指出小至 1.2cm 的相位误差会产生 9.51cm（L1 的 λ/2）的转换误差，若选择最接近的整数，则会导致模糊度解算错误。结论是，尽管恢复单频跟踪增加了鲁棒性，但是转换过程必须谨慎进行。式(12.46)的结果四舍五入后生成的 L1 整周模糊度值，必须从计算开始就接近整数值，否则这种操作的正确性就令人怀疑。解决这个问题的一种方法是在完成式(12.46)后，再围绕 L1 模糊度进行有限的搜索。

12.3.2　静态应用

尽管土地测量可能是最常见的静态应用，但还有许多其他的测量和非测量应用都利用了相关技术，其中包括港口和内河航道的精确疏通要求，公路建设和农业（尤其是灌溉土地）的精确平整需求，按照严格的高速铁路服务标准进行的航迹调查等。通常，厘米级精度的必要性是低动态应用的驱动因素。对于土地测量，毫米范围内的三维精度要求并不少见。经典方法最初在文献[7]中使用，当时只有 GPS 正在运行，它要求占用长达几小时的时间，并且同时在规定基线的两端收集 GPS 伪距和相位数据。这篇经典论文指出：“对不同观测阶段的数据进行分析得出，在确定的基线矢量中，所有分量的一致性均在 1cm 以内。”那是在 1980 年 12 月，基线长为 92.07m，占用时间最少为 1h。测绘数据是事后处理的，而今天仍然如此。至少需要 1h 的原因是，需要 GPS卫星星座进行足够的移动，以便完成载波整周模糊度的解算。另一个关键考虑因素是总体上缺少GPS 卫星，因此不能使用冗余测量值来解算载波整周模糊度。在这项开创性工作中，模糊度函数方法被用于确定整周模糊度。

使用 GPS 或 GNSS 相对定位技术确定精度水平后，提高其应用效率自然就成为人们的愿望。因此，动态测量技术应运而生。使用已知的测量点和现有的基线，首先确定载波整周模糊度。可用于快速完成这一工作的一种技术是天线交换，即在基线的两端收集 GNSS 数据几分钟，然后在保证卫星跟踪不失锁的条件下，交换接收机/天线，并收集另一段 GNSS 数据。每个时间段需要几分钟的 GNSS 数据，约为 10s 的历元时间，以便收集足够的数据来解算模糊度。需要几何分布较好的 4 颗（最好更多）卫星来实现这一工作。天线交换后，将一副接收机/天线移动到待测量的每个点。通常，已知测量点处的接收机/天线成为测量的控制点（基站），而另一副接收机/天线则成为流动站。在每个测量点测量 1~2min 后，流动站返回到起始位置，以便提供使得整个测量闭环的数据。在所有情况下，都需要连续跟踪至少 4 颗（最好更多）相同的 GNSS 卫星。对 GNSS 数据进行后处理并计算测绘结果。对于 10km 的基线，电离层的影响很小，预期可以实现厘米级精度。静态和动态测量方法存在差异，但得到的精度通常会保持在厘米级或接近厘米级。此外，动态方法允许将 GNSS 相对测量技术扩展到前面提到的近静态或低动态环境。

如今，凭借完整的 GPS 和 GLONASS 星座以及可以跟踪来自多个星座的多个频率的低噪声接收机，可在无须预先测绘基线或收集 GNSS 的初始数据（如天线交换）的条件下，完成载波整周模糊度解算。这一技术的名称是 RTK，它求的是差分载波相位整周模糊度。通常，基站通过数据链路广播差分校正或原始测量数据，流动站通过结合自己的测量结果与数据链路接收的信息，计算其相对于基站的位置。这种实现减少了对后处理的依赖，并且允许用户立即知道测量是否成功。在大多数情况下，基站位于精确已知的测量点，因此流动站可以确定其绝对位置（即纬度、经度和高度），因为它已经计算了与基站之间的基线矢量。流动站运动时，可实现几厘米的精度。网络 RTK 是区域上的 RTK 的扩展，它使用一组参考站来计算卫星轨道和大气折射的附加校正。

12.3.3　机载应用

使用载波相位或干涉 GNSS（IGNSS）技术的飞行参考系统（FRS）已被实现，并在运输类飞机上进行了飞行试验。其基本运行原理类似于动态测量，也称差分载波相位跟踪。图 12.11 中描述了采用差分技术的这种系统。在这种情况下，来自可视范围的所有卫星的原始观测量，通过数据链路从地面子系统传输。载波整周模糊度解算在飞机的在航飞行中完成。在飞机上，飞机相对于跑道着陆点的位置是近实时计算的，并提供给飞机自动着陆系统[13]。

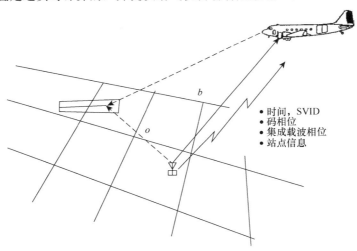

- 时间，SVID
- 码相位
- 集成载波相位
- 站点信息

图 12.11　干涉测量 GNSS 飞行参考系统

IGNSS FRS 的目标包括：0.1m 的 RMS 精度（每个轴），每秒一次或多次更新，优于 0.1ms 的实时 UTC 时间同步精度，全天候操作和可重复的飞行路径。后一项要求需要全面的飞机整合和耦合飞行。这种系统的具体应用包括进近/着陆系统的评估［如仪表着陆系统（ILS）］和试验靶场设备的校准（如所有类型的跟踪系统：激光、红外、光学和雷达）。

试验靶场的精密仪器可以使用试验靶场飞机上的专用 GNSS 接收机/数据链设备。这样的系统在适当的地面站对利用靶场的每个飞行器进行模糊度解算，并将位置数据提供给指定的靶场跟踪设施。此外，还可以支持精密着陆/自动着陆、低能见度地面操作（滑行、对接）、高速滑出、平行跑道操作、电子海图输入和四维导航等领域的可行性研究。

12.3.3.1　单机模糊度解算

使用 12.3.1 节中概述的方法，需要 2～5min 才能解算载波相位整周模糊度。所需时间取决于卫星的数量是否充足，通常需要 6 颗或更多的卫星。良好的卫星几何分布及机载平台的运动也是有帮助的（但不是必需的）。后者补充了 GNSS 星座的正常运动，减少了载波相位和码伪距的多径效应。星座运动对于解算载波整周模糊度至关重要。考虑到星座的动力学和平台的附加运动，随着时间的推移及各种候选模糊度集合的确定与评估，只有一个集合可以持续存在。没有运动时，这里提出的技术无效。

12.3.3.2　伪卫星模糊度解算

在 FAA 局域增强系统（LAAS）的初始可行性研究期间，GPS 载波整周模糊度快速解算使用了完好性信标（一种伪卫星形式）。这些设备是低功率发射器，其中两台放在沿标称进近路径的跑道入口的几英里内。这些发射机在 L1 频点工作，并且使用未用的 PRN 码进行调制，因此不会被误认为是卫星。当飞机通过伪卫星上方产生的"信号气泡"时，由于几何分布的快速变化，使用该方法可将上述的载波整周模糊度固定时间从几分钟减少到几秒。安装在飞机腹部的第二副 GPS 天线用于获取伪卫星信号。两颗伪卫星的存在也将需要的可见卫星数量减少到 4 颗，并且可以确保飞行器飞出"信号气泡"时，能够完成载波相位整周模糊度解算。因此，从该点到着陆和滑跑，均可确保厘米级的定位精度。在运输类飞机的飞行试验中，验证了实时整周模糊度解算和厘米级定位精度[14, 15]。伪卫星也被作为改善本地 GPS 卫星可用性的手段进行了研究[28]。然而，目前，由于成本、频谱管理问题及其他 GNSS 核心星座的出现等原因，伪卫星不再计划用于民用航空 DGNSS 系统。

12.3.3.3　精度

完成载波相位模糊度解算后，DD 测量的精度就由载波相位测量精度确定。此时，多径效应是主要的误差源。若反射信号弱于直接信号，则相位测量误差可达 0.25 个波长。若反射信号强于直接信号，则可能发生周跳。典型的宽巷 DD 测量误差为 2～10cm（2σ）。由于几何分布的影响，垂直定位误差是 DD 测量误差的 1.5～2 倍，导致垂直定位误差高达 20cm（2σ）。水平定位误差通常小于 20cm（2σ）。若地面和机载天线都位于恶劣的多径环境下，则垂直定位误差会进一步恶化到约 40cm。然而，一旦飞行器运动，由于直接信号和反射信号之间的快速变化会导致路径长度差异，空中多径效应会减轻，多径误差趋于被平均。

在某些应用中，使用双频测量对 IGNSS FRS 非常重要，因为它可以减小电离层误差，特别是对于较长的基线。一旦完成模糊度解算，系统就可恢复到单频系统状态。由于 L1 信号的波长较短，多径误差将缩小为原来的约 1/4.5。

12.3.3.4　载波周跳

接收机必须连续跟踪载波相位观测量，否则基线固定解和浮动解之间的一致性会迅速发散。由于卫星的设置，用户的过度机动（在进近或起飞期间，空中用户有较大的倾角）或者卫星方向的天空视野受阻，都可能导致信号丢失。在任何情况下，信号的连续丢失无论多么短暂，都会在接收机重新捕获信号时导致未知信号丢失或载波周数增加。在运动环境下，载波周跳的检测至关重要，因为使用错误的载波相位测量值向前递推，通常得不到固定解。于是，周跳的识别是最重要的，甚于超过周跳修复。在卫星信号快速恢复正常的情况下，在一定的时段内，可以忽略受损卫星。在该时段结束后，再次接收来自受损卫星的数据，并针对该卫星重新开始载波整周模糊度解算处理。在此期间，若在周跳检测时至少有 4 颗卫星（不包括受损卫星）的模糊度完成解算，则保持基线的固定解。否则，最多只能提供基线浮点解。

12.3.4　姿态确定

干涉测量技术的另一个应用是姿态确定。若将天线放在刚体（如飞机）上，则在图 12.12 定义的机体坐标系中，每对天线之间的基线矢量是已知量。x 轴延伸穿过飞机的前端，z 轴指向下方，y 轴垂直于 x 轴和 z 轴，形成右手坐标系（例如，正如飞机驾驶员看到的那样通过右翼）。通常，选择平台的标称质心作为原点。

图 12.12　机体坐标系

若从每副天线获取载波相位测量值，则可如上所述，解算整周模糊度来确定本地北、东、下（NED）坐标系内的基线矢量。可以首先在 ECEF 坐标系（如 WGS84）中求解这些量，然后应用适当的变换（见第 2 章）。在任何给定时间，机体坐标系中 3 副天线的坐标与 NED 坐标系中的坐标（从 GNSS 载波相位测量计算）之间的关系可写为[17]

$$\boldsymbol{R}_{\text{ned}} = \boldsymbol{T} \boldsymbol{R}_{\text{body}} \tag{12.47}$$

式中，$\boldsymbol{R}_{\text{ned}}$ 是 NED 坐标系中的天线坐标矩阵，$\boldsymbol{R}_{\text{body}}$ 是机体坐标系中的天线坐标矩阵，$\boldsymbol{T}$ 是 3×3 变换矩阵：

$$\boldsymbol{T} = \begin{bmatrix} \cos\psi\cos\theta & -\sin\psi\cos\phi + \cos\psi\sin\theta\sin\phi & \sin\psi\sin\phi + \cos\psi\sin\theta\cos\phi \\ \sin\psi\cos\theta & \cos\psi\cos\phi + \sin\psi\sin\theta\sin\phi & -\cos\psi\sin\phi + \sin\psi\sin\theta\cos\phi \\ -\sin\theta & \cos\theta\sin\phi & \cos\theta\cos\phi \end{bmatrix} \tag{12.48}$$

期望的最终结果是欧拉角（ψ, θ, ϕ），它们分别代表航向角、俯仰角和滚转角（更正式的术语是航向角、仰角和横倾角[29]）。根据文献[17]，可以首先求出 $\boldsymbol{T}$ 的最小二乘估计，得到欧拉角：

$$\boldsymbol{T} = \boldsymbol{R}_{\text{ned}} \boldsymbol{R}_{\text{body}}^{\text{T}} (\boldsymbol{R}_{\text{body}} \boldsymbol{R}_{\text{ned}}^{\text{T}})^{-1} \tag{12.49}$$

然后可以得到式(12.48)的解：

$$\theta = \arcsin(-T_{31}); \quad \phi = \arcsin\left(\frac{T_{32}}{\cos\theta}\right); \quad \psi = \arcsin\left(\frac{T_{21}}{\cos\theta}\right) \tag{12.50}$$

式中，T_{ij} 是矩阵 $\boldsymbol{T}$ 的第 (i, j) 个元素。

由式(12.50)可以看出，当俯仰角接近±90°时，这种方法是不稳定的。尽管如此，上述方法仍然适用于不会遇到这种姿态的许多应用。对于可能经历任何姿态的平台，首选的机制是使用四元数。四元数是一种数学结构，它将复数的概念扩展到了四维情形。一个复数可被视为从二维矢量 (a, b) 到复数 $a + \mathrm{i}b$ 的映射，四维矢量 (a, b, c, d) 可被映射为四元数 $a + \mathrm{i}b + \boldsymbol{j}c + \boldsymbol{k}d$（若 $a = 0$，则称为纯四元数），它有自己的一套数学规则。文献[29]中详细介绍了四元数。

GNSS 姿态确定系统通常使用 4 副或更多的天线实现，尽管 3 个欧拉角只用 3 副天线就可以确定。额外的天线提供冗余测量，这对可以进行所有姿态旋转的平台尤为重要，因为它们可能会阻挡一副或多副天线对 GNSS 卫星的可见性。虽然载波相位定位通常需要 4 颗卫星，但只要能用公共接收机对每副天线进行相位测量，且天线之间的基线长度是精确已知的，那么只需要两颗卫星就能进行姿态确定[30]。形成天线之间载波相位测量的单差时，公共接收机能够消除接收机钟差。尽管每副天线与接收机之间具有不同的模拟信号路径（由不同电路的路径长度引起），但这些路径偏差大部分可以通过校准程序消除。

多径效应是限制大多数 GNSS 姿态确定系统性能的误差源。每个以弧度为单位的欧拉角的典型 1σ 精度，等于 1σ 载波相位单差多径误差除以天线基线长度（1σ 多径误差和基线长度均以长度为单位）[30]。先前未讨论的附加误差源对 GNSS 姿态确定应用可能具有重要意义，包括结构挠曲和对流层折射。结构挠曲是指由于应力或温度的变化而导致安装了多副 GNSS 天线的平台弯曲。挠曲不可忽略时，可以估计或建模来降低其影响。对流层折射是 GNSS 信号通过对流层时的弯曲。每条 GNSS 信号路径的轻微弯曲不会显著改变伪距和载波相位测量值，但对某些应用可能会引入不可接受的欧拉角误差。通过建模可以减轻对流层折射效应（如结合使用斯涅尔定律和对流层的平板模型[30]）。关于 GNSS 姿态确定的全面内容，请参阅文献[30, 31]。

12.4　精密单点定位

称为精密单点定位（PPP）的 GNSS 处理技术在过去 15 年间得到了迅速发展，包括单点定位和差分定位等多种形式。PPP 的普及得益于不需要处理附近的参考站数据，并且该技术只需要单台（大地测量）接收机就能实现。现实情况是，PPP 服务提供商使用广泛分布的（通常是全球的）参考接收机网络来生成 GNSS 卫星轨道和时钟误差的准确估计。因此，PPP 地面网络在形式和功能上与 WADGNSS 地面网络类似（见 12.2.3 节）。然而，严格地说，PPP 不是差分的，因为在大多数实现中，地面网络的时钟和星历估计被直接提供给最终用户，以代替来自每颗 GNSS 卫星的广播数据（而不像在 WADGNSS 中那样对广播数据进行差分校正）。

在其常规（和原始）形式中，PPP 使用精密的卫星轨道和时钟而非卫星广播星历的校正数据来实现单点定位（见第 11 章），同时需要使用附加的误差模型（见后续讨论），并对可用的双频伪距和载波相位测量值进行序贯滤波（如最小二乘或卡尔曼滤波）。在卫星导航中使用改进的星历的想法可以追溯到 1976 年的 TRANSIT[32]，它于 1995 年用于 GPS 的伪距处理[33]，于 1997 年用于常规的 GPS PPP[34]。本节首先介绍常规 PPP 的基本概念、性能和作用，然后描述技术的最新进展和未来的应用前景。

12.4.1　传统 PPP

原始 PPP 技术的基本思想是在功能模型中使用双频 GNSS 伪距和载波相位测量值，它使用精密（厘米级）的轨道和时钟数据［如来自国际 GNSS 服务（见 12.6.2.2 节）的产品］来替换广播（米级）星历，同时结合额外的误差模型来实现分米到亚厘米的定位精度，并且可以应用序贯测量滤波来提升时段内的定位精度。

1. 数学模型

基本的 PPP 功能模型参数由式(12.51)给出，其中 4 个双频 GNSS 伪距和载波相位观测量被组合为无电离层线性组合（见 10.2.4.1 节）：

$$P_{\eta_{IF}}^s(t) = \rho(t) + c[d\tau^s(t) - d\tau_r(t)] + \delta_{tropo}(t) + mp_{P_{IF}}(t) + e_{P_{IF}}(t)$$

$$\Phi_{\eta_{IF}}^s(t) = \rho(t) + c[d\tau^s(t) - d\tau_r(t)] + \delta_{tropo}(t) - \lambda_{IF} N_{IF} + mp_{\Phi_{IF}}(t) + e_{\Phi_{IF}}(t)$$

(12.51)

注意，在上式中，无电离层载波相位模糊度 NIF 不是整数，因为卫星和接收机设备延迟（也称小数相位偏差）不会像双差那么样能被消除。还要注意，伪距噪声的幅度约是载波相位的 100 倍，这将导致 PPP 的某些定位性能特征，详见本节稍后的说明。该模型有效地消除了电离层折射对测量值的影响，同时保留了参数化中的几何距离、时钟项和天顶对流层折射，由于线性组合，传播的测量误差小幅增加（厘米级）。

应用此参数的后果是，米级伪距测量精度能够提供初始定位精度，而厘米级精度的载波相位测量可随着时间的推移提升位置的估计精度，因为可以更准确地估计接收机位置、接收机时钟误差、对流层折射延迟和相位模糊度的浮点解。必要的估计过程可在文献[35]中找到，其中使用了序贯最小二乘滤波器。因此，初始化阶段得到了类似于利用码伪距定位实现的亚米级精度，进而经过数小时的数据处理，得到了类似于 RTK 性能的分米级或亚厘米级精度，但不需要使用附近的参考站数据。

2. 误差建模

为了获得这种级别的定位结果，用户设备必须考虑许多对大多数其他独立或差分 GPS 应用而言可以忽略的误差源。这些误差源包括：

- 卫星天线杠杆臂。大多数情况下，在卫星定轨中，估计的位置是卫星的质心，而不是卫星天线相位中心。卫星天线杠杆臂是这两个位置之间的矢量差。
- 相位缠绕。GNSS 卫星与用户天线之间的相对旋转会导致载波相位测量值改变，最多可以达到一周，这种效应称为相位缠绕。文献[36]中提供了对这种效应的校正。
- 地球固体潮汐和海洋负荷。地表不是刚性的，而是有一定柔性的。地球的形状随时间而变化，主要受重力的昼夜和半昼夜分量的影响。这些地表运动称为固体潮汐。地表的额外运动，尤其是海潮在沿海地区引起的运动，称为海洋负荷。固体潮汐和海洋负荷发生地点的位移可能分别高达 30cm 和几厘米。按照惯例，ITRF 等 ECEF 坐标系明确定义其中不包括地球固体潮汐和海洋负荷效应。因此，对于需要在 ECEF 坐标系中确定用户位置的应用，应该消除这些效应的影响。在文献[37]中可以找到由固体潮汐和海洋载荷引起的地球形变的精确模型。

3. 性能特点和应用

对于 24h 的静态双频 GPS 数据，PPP 测量处理的结果具有以下特点：初始化阶段具有收敛期，然后进入位置精度平稳状态，如图 12.13 所示。注意从小图中可以看出，从冷启动开始，需要 15~20min 才能收敛到北、东和天方向的位置解算结果均小于几厘米误差。初始收敛时间一般定义为获得指定的水平、垂直或三维 PPP 定位精度所需的时间。

由于传统的 PPP 技术只使用用户测量值，因此 PPP 更易受到作为基本处理量的可用测量值的质量的影响。通过额外的测量值（如来自 GLONASS 卫星的测量值），并在 GPS 和 GLONASS 之间进行适当的空间和时间基准建模及 GLONASS 设备偏差建模，与只使用 GPS 的解决方案相比，可以将初始收敛时间缩短几分钟，如图 12.14 所示。注意，尽管添加 GLONASS 会缩短初始收敛时间，但由于 GPS 提供了足够的几何强度，因此在良好的天空视野下，收敛后的定位精度性能几乎没有改善。

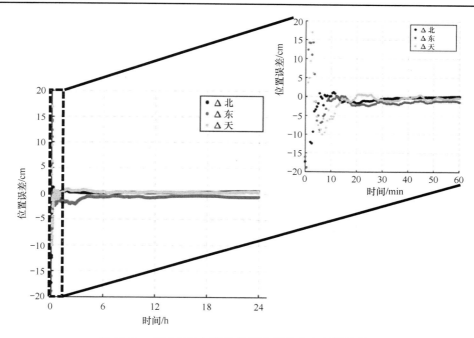

图 12.13　GPS PPP 初始收敛期和平稳状态的性能特征

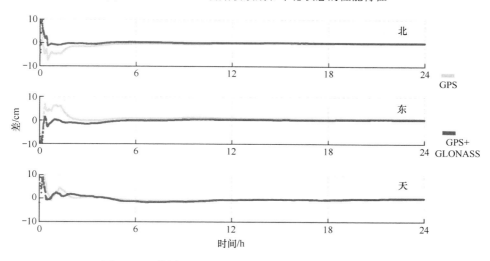

图 12.14　使用 GPS+GLONASS PPP 缩短初始收敛时间

鉴于 PPP 的有限初始收敛期、不受基线限制及在全球范围内性能一致的特性，在 LADGNSS 的使用受到限制或阻止的偏远地区或低经济密度地区，PPP 已成了 GNSS 精密定位和导航的主要技术[38]。需要注意的是，PPP 需要连续进行卫星跟踪。PPP 的商业用途包括海上定位、精准农业、大地测量、机载测绘；科学应用包括板块构造和地震监测、海啸预警和精密定轨。

12.4.2　具有模糊度解算的 PPP

与 DGNSS 处理时的情况一样，遇到的问题是能否固定常规或浮点解 PPP 中的载波相位整周模糊度，以及是否可以在初始收敛时间、精度和准确度方面实现相似的性能水平。答案是肯定的，但获得 PPP 固定解的过程需要使用将 PPP 与基于载波的 DGNSS 处理的某些元素相结合的混合解算。

1. 设备的延迟与校正

如式(12.51)所示，使用非差分 PPP 测量值来求解载波相位模糊度的挑战是，卫星和接收机设备的延迟不会像 DGNSS 双差时那样可被消除（见 12.3.1.3 节）。这时，可以扩展式(12.51)，明确地对这些设备延迟进行参数化，如下所示：

$$P_{\eta_{IF}}^{s}(t) = \rho(t) + c[d\tau^{s}(t) - d\tau_{r}(t)] + \delta_{tropo}(t) + b_{IF}^{s}(t) + b_{\eta_{IF}}(t) + e_{IF}(t)$$

$$\Phi_{\eta_{IF}}^{s}(t) = \rho(t) + c[d\tau^{s}(t) - d\tau_{r}(t)] + \delta_{tropo}(t) + \lambda_{IF}N_{IF}^{s} + \lambda_{IF}b_{\eta_{IF}} - \lambda_{IF}N_{IF} + \varepsilon_{IF}(t)$$

（12.52）

式中，b_{IF}^{s} 和 $b_{\eta_{IF}}$ 分别是卫星和接收机设备延迟的无电离层组合。在文献中，这些术语也称硬件延迟或硬件偏差，对于相位项，则称为相位小数偏差。注意，对于后者，相位模糊度线性组合之前是整数。在 PPP 浮点解处理中，没有足够的分辨能力来估算该功能模型中的所有项，其中设备偏差被并入测量误差、接收机钟差和相位模糊度，因此必须采取另一种方法。

文献[39-42]中描述了一些早期隔离卫星设备延迟和消除接收机设备延迟的方法。通常，功能模型会被扩展到包含 Melbourne-Wübbena 线性组合[43, 44]，因为该组合与式(12.52)中的其他参数不相关，因此对宽巷的载波相位组合和窄巷的伪距组合进行差分，进而估计宽巷模糊度及卫星和接收机设备延迟。可以使用相对稀疏的 GNSS 全球参考站网络来估计卫星设备延迟，该网络一般是用来进行卫星定轨和钟差计算的测站网络的一部分。这些卫星设备延迟可与传统 PPP 服务的精密轨道和时钟产品一起广播给用户，用户接收机可以用其消除卫星设备延迟，并且使用卫星间的单差消除接收机设备延迟，进而估计和固定载波相位的整周模糊度。由于没有基线限制，结果仍然是单机独立定位。图 12.15 中给出了 GPS PPP 浮点解和固定解的定位质量的例子，注意为避免模糊度固定错误，保守地从第 1 小时开始解算模糊度。虽然模糊度固定的 PPP（称为 PPP-AR，偶尔称为 PPP-RTK 或 RTK-PPP）提高了定位的精度，缩短了解算的初始收敛时间，但是仍然无法实现类似于 RTK 的基线快速收敛性能。

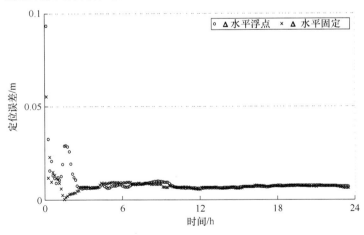

图 12.15　GPS PPP 和 PPP-AR 的定位性能

2. 用于快速再收敛的电离层建模

PPP 的另一个局限是，在天空被遮挡的区域，较大的测量空白会导致估计滤波器重新初始化，进而使得 PPP（与 RTK 具有快速的模糊度固定能力不同）不适用于许多城市环境。文献[45]表明，通过估计斜向电离层延迟而不使用式(12.52)中的功能模型，可在出现较小的空间或时间测量空白时，提供桥接参数。由于 GNSS 直接估计的倾斜电离层延迟受几何信息影响极大，并且变化缓慢

（如数十米和数十秒），因此可将倾斜电离层估算值和适当降低权重的协方差用做数据缺失后的先验估计。例如，用户接收机在高速公路立交桥或高层建筑群下行驶时，可以非常快速地滤波估计其他状态参数（尤其是位置、用户钟差和浮点模糊度）。同样，电离层参数的估计（而非消除）允许将来自区域和全球电离层模型的先验信息应用到 PPP 估计中，降低初始的位置解误差，缩短初始收敛时间，且用户接收机可以与 CORS 和网络 RTK 服务无缝地衔接[46]。总体效果是，这项创新使得 PPP 在遮挡的环境下更加鲁棒。

3. 性能和未来前景

鉴于 PPP 在很大程度上依赖于用户接收机测量值的数量、质量和几何分布（与 DGNSS 方法充分利用观测值的双差相反），全球和区域导航系统（GPS、GLONASS、BeiDou、Galileo、QZSS 和 NAVIC）的快速发展和升级，使得定位滤波器的初始收敛时间及在开放天空和轻微遮挡条件下的定位解算精度和准确度均取得了明显提升。然而，在 PPP 处理单星座与多星座的信号时，依旧存在重大的挑战。这些众所周知的问题包括码间偏差、相位间偏差、码相位偏差、频率间偏差以及星座间的空间和时间数据偏差。必须确定所有的偏差及所有测量的随机模型后，才能得到优质的多星座 PPP 结果。必须指出的是，在某些时候，PPP 定位中会出现收益递减规律，因此附加信号只能略微改善定位结果。例如，图 12.16 中说明了星座在双频 PPP 浮点定位中，GNSS 测量量增加的影响。注意，该例来自日本，在处理开始的时候可获得 4 颗 Galileo 卫星的信号，通过处理 GPS + GLONASS 测量值明显改进单个 GPS 解算结果后，再添加 Galileo 或北斗卫星的观测量，只能获得很小的性能提升。

对未来 PPP 性能的仿真，人们是抱乐观态度的，但任何单一的创新（如 PPP-AR）都不能产生快速、分钟级的初始收敛时间。然而，学术的、机构的和商业的 PPP 研发活动正在以明显的速度增长。可用的较好校正产品越来越多；改进的协议和交付机制已完成开发或正在开发之中；可以使用更多的在线和商业服务（见 12.6.3 节）。模糊度解算、电离层估计和建模、多星座处理和三频数据处理的引入，有助于将滤波的初始收敛时间从几十分钟减少到 10～15min。随着未来十年技术的发展，初始收敛问题可能会使得 PPP 在所有服务领域都是可用的。

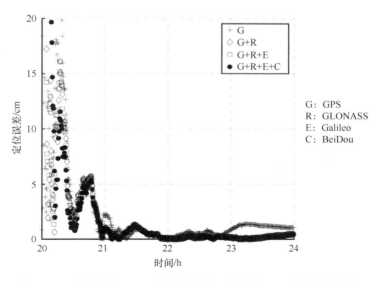

图 12.16　使用不同 GNSS 星座组合的双频测量 PPP 浮点定位误差

12.5　RTCM SC-104 电文格式

工业界已经开发了许多电文传输协议，用于在参考站和用户之间传输基于码和载波的 DGNSS 数据及 PPP 数据。本节介绍由无线电技术委员会（RTCM）第 104 专业委员会（SC-104）制定的一些广泛使用的 DGNSS 和 PPP 电文标准。虽然最初是为海事应用而开发的，但现在绝大多数商用 GNSS 接收机（包括低成本的娱乐设备）都支持 RTCM SC-104 电文协议。

从 20 世纪 80 年代到 21 世纪前十年，只有一套 SC-104 电文协议，其自 1990 年以来就被称为第 2 版协议，它支持基于码和载波相位的局域 DGNSS 服务。这个电文集随着时间的推移而发展，2010 年 5 月发布的 2.3 版的修订版 1 [47]是最新版本。2004 年 2 月，RTCM 发布了一套新的电文指南，这些电文使用了更高效的协议，称为版本 3。该协议目前更新到了 3.3 版[48]，它提供了适用于码和载波相位 DGNSS 及 PPP 的电文格式。两种协议（2.3 版和 3.3 版）均描述了使用任意数据链路从参考站或参考站网络向用户广播的数字电文格式。2.3 版和 3.3 版分别在 12.5.1 节和 12.5.2 节中描述。

随着移动分组交换蜂窝网络在全球的普及，通过因特网协议（IP）传送 DGNSS 和 PPP 数据已变得越来越流行。12.5.3 节中将描述一种广泛使用的最新 RTCM 标准，它通过 IP（NTRIP）进行 RTCM 的网络传输。

12.5.1　2.3 版

图 12.17 中显示了 2.3 版的基本帧格式，它由总数可变的 30 位字组成。每个字的最后 6 位是奇偶校验位，30 位字的格式源于 GPS 导航电文设计。每帧的前两个字称为帧头。帧头的内容如图 12.18 所示。帧头的第一个字包含 1 位前导码，它由固定序列 0110110 组成，后跟 6 位帧 ID，表示 64 种可能的电文类型之一（见表 12.2）。接下来，10 位站 ID 标识参考站。帧头的第二个字的前 13 位是改进的 Z 计数，表示电文的参考时间。后续的 3 位组成序号，它在每个帧上递增，用于帧同步校验。因为帧的长度是可变的，因此需要帧长度来识别下一帧的开始，具体取决于电文类型和可见卫星的数量。3 位站健康状况表示参考站是否运行不正常，或者参考站传输是否未被监视。3 位站健康状况可能有 8 种情况，其中 6 种用于为各种电文类型中的用户差分距离误差（UDRE）字段提供比例因子，稍后将对此进行描述。

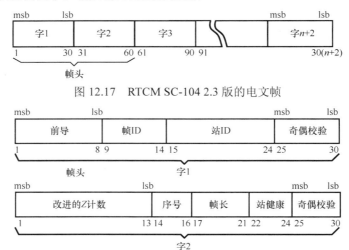

图 12.17　RTCM SC-104 2.3 版的电文帧

图 12.18　RTCMSC-104 2.3 版的电文头

表 12.2　RTCM SC-104 2.3 版的电文格式

电文类型	状　态	用　　途	电文类型	状　态	用　　途
1	已定	GPS 差分校正	17	已定	GPS 星历
2	已定	GPS 差分校正增量	18	已定	RTK 未校正载波相位
3	已定	GPS 参考站参数	19	已定	RTK 未校正伪距
4	暂定	参考站基准	20	已定	RTK 载波相位校正
5	已定	GPS 星座健康	21	已定	RTK/高精度伪距校正
6	已定	GPS 空帧	22	暂定	扩展参考站参数
7	已定	DGPS 无线电信标历书	23	暂定	天线类型定义记录
8	暂定	伪卫星历书	24	暂定	天线参考点（ARP）
9	已定	GPS 部分校正集	25～26	—	未定义
10	保留	P 码差分校正	27	已定	扩展无线电信标历书
11	保留	L1 与 L2 C/A 码增量校正	28～30	—	未定义
12	保留	伪参考站参数	31～36	暂定	GLONASS 电文
13	暂定	地面发射机参数	37	暂定	GNSS 系统时偏移
14	已定	GPS 周内时	38～58	—	未定义
15	已定	电离层延迟电文	59	已定	专用电文
16	已定	GPS 特别电文	60～63	保留	多用途电文

对于仅提供 GPS C/A 码信号校正的基于码伪距的 DGNSS 系统,电文类型 1 和 9 是最重要的电文。电文类型 1 的内容如图 12.19 所示(注意,未明确显示每个电文类型前两个字的电文头)。对于每颗可见卫星,电文类型 1 包括以下参数:

- 比例因子。1 位,表示伪距和伪距变化率校正的分辨率。若"未设置"("设置"),则分别使用 0.02m（0.32m）和 0.002m/s（0.032m/s）的分辨率计算伪距和伪距变化率校正。
- UDRE。2 位,表示伪距校正的预期 1σ 误差范围。如上所述,帧头的"站健康"字段中的 6 比特,可用于为 UDRE 提供比例因子。应用比例因子时,从小于等于 0.1m 到大于 8m 的 UDRE 范围都是可能的。
- 卫星 ID。5 位,表示正在为其提供 DGPS 校正的卫星号。
- 伪距校正。16 位,表示指定卫星的校正值 $\Delta\rho_m^i(t_0)$,对应于帧头中 Z 计数提供的时间 t_0。
- 距离变化率校正。8 位,表示伪距变化率校正 $\Delta\dot{\rho}_m^i(t_0)$（见 12.2.1.2 节中的讨论）。
- 数据龄期（IOD）。IOD 表示用于生成校正数据的特定 GPS 导航数据集。如第 3 章所述,大约每隔 2h,每颗 GPS 卫星的广播时钟和星历数据都会发生变化。GPS 导航电文使用 IOD 值［称为 IODC（时钟数据龄期）和 IODE（星历数据龄期）］标记每组时钟和星历数据。IODC 是一个 10 位的参数,IODE 是一个 8 位的参数（对应 IODC 的低 8 位）。SC-104 电文中的 IOD 等于 GPS 广播电文中的 IODE。

电文类型 1 在每颗可见卫星上重复这些字段。电文类型 9 使用相同的格式,但每条电文最多只允许播发 3 颗卫星的校正。使用电文类型 9 时要求参考站中的时钟更稳定,因为必须以不同的参考时刻广播所有可见卫星的伪距校正。

载波相位 DGNSS 使用电文类型 18～21。电文类型 18 和 19 分别传送参考站的原始（即未经校正的 GPS 广播星历）载波相位和伪距测量值,以便用户计算 12.3 节中描述的双差。电文类型 20 和 21 类似,但分别传送已使用 GPS 广播星历校正的载波相位和伪距测量值。

电文类型 31～36 提供 GLONASS 使用的校正电文。为了支持伽利略、北斗和其他 GNSS 星座，大多数多 GNSS 系统正在使用下面描述的 SC-104 版本 3。

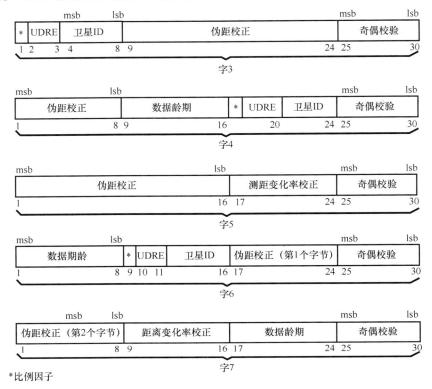

图 12.19   RTCM SC-104 2.3 版电子类型 1 的格式：字 3～7

12.5.2   3.3 版

SC-104 版本 3 标准[48, 49]最初侧重于开发更有效的 DGNSS 电文格式，以支持 RTK 载波相位操作。该格式与 2.3 版完全不同，部分原因是提供更有效的奇偶校验方案，防止突发错误及随机位错误；另一部分原因是克服版本 2.3 格式的限制，包括提高效率，允许更及时地广播 RTK 参数。

3.3 版电文能够以变长的帧广播，如图 12.20 所示。每帧以 8 位前导开始，后跟 6 位保留位和 10 位电文长度字段。然后广播范围为 0～1023 字节的电文数据，接着是用于检错的 24 位奇偶校验位，称为循环冗余校验（CRC）码。该电文格式比 2.3 版本的更有效，因为后者会将超过 20%的数据链路吞吐量用于开销（如奇偶校验）。此外，3.3 版的奇偶校验方案比 2.3 版的更强大。每条数据电文中的第一个字段传送 12 位消息号，允许最多 4096 种消息类型。

前导	保留	电文长度	变长数据电文	循环冗余校验
11010011	6位	10位	0～1023字节	24位

图 12.20   RTCM-104 3.3 版电文帧

2004 年发布的 3.0 版包括 13 种电文类型，主要用于支持使用 GPS 或 GLONASS 的 RTK 应用。这些电文类型（称为电文类型 1001～1013，仍在 3.3 版中使用）提供参考站的 L1 或 L1/L2 伪距和载波相位测量，并且提供包括精确站点坐标、接收机配置和天线特性在内的大量辅助信息。2006 年发布的 3.1 版增加了 GPS 网络校正电文，以支持大范围内移动用户的有效 RTK 定位。此外，3.1 版中引入了帮助快速捕获卫星的带有轨道参数的新 GPS 和 GLONASS 电文、文本电文，以及为供应商封装专有数据的一组保留电文。2013 年发布的 3.2 版合并了对 3.1 版的 5 处修订，并且额外添加了多个信号电文（MSM）。MSM[50]的设计使得 SC-104 V3 可以很容易地应用于 GPS 和 GLONASS 之外的 GNSS 星座，如伽利略、北斗和 QZSS。3.3 版支持针对星基增强系统（SBAS）的 MSM，并且包括了许多其他的改进。

3.3 版不仅支持 LADGNSS,而且支持通过一组状态空间表征（SSR）电文组实现的 WADGNSS 和 PPP。RTK 所需的伪距校正和原始测量（伪距和载波相位）被认为是观测空间表征（OSR）电文组。SSR 电文提供与 GNSS 卫星时钟和星历相关的数据。SSR 电文首次在 RTCM SC-104 V3 的 3.1 版中修订并添加。目前，SSR 电文组已大大扩展，并被一些运行的 PPP 系统使用[51]。

12.6　DGNSS 和 PPP 示例

12.6.1　基于码的 DGNSS

12.6.1.1　NDGPS

20 世纪 80 年代后期，美国海岸警卫队（USCG）开始开发海上 DGPS（MDGPS）系统，以满足美国的海上航行要求。1989 年，位于纽约蒙托克角的无线电信标被修改为以 RTCM SC-104 消息格式广播 DGPS 校正。到 1997 年 2 月，已修改了 54 个无线电信标，为大多数美国沿海地区和内陆水道提供 DGPS 校正覆盖，并宣布 MDGPS 服务已实现完全运营能力（FOC）。同年，决定扩大美国各地的无线电信标 DGPS 覆盖范围。该计划称为国家 DGPS（NDGPS），得到了美国各个机构的支持，包括 USCG、美国空军空战司令部（ACC）、联邦铁路管理局（FRA）、联邦公路管理局（FHWA）、国家海洋和大气管理局（NOAA）、美国陆军工程兵团（USACOE）和交通部长办公室（OST）[52]。到 2005 年，136 个最初建议的站点中有 84 个运行，几乎完全覆盖美国，在许多地方的用户可以看到两个或更多的站点。

截至 2016 年 8 月，运营中的 NDGPS 站点数量十年内基本保持不变。2016 年 8 月 4 日，由于使用量下降，在当时运行的 83 个站点中的 37 个被关闭。大多数退役的站点都在内陆地区。46 个站点仍在运营。本节简要介绍 NDGPS 系统。

1. 网络设计

NDGPS 的网络架构如图 12.21 所示。这些系统主要使用 12.2.1 节中描述的基于码的局域 DGNSS 技术。该网络包括用于监视 GPS 并生成差分校正的参考站（RS）。每个 RS 都由用于冗余备份的两台 GPS 接收机组成。

完好性监测设备（IM）与 RS 组合使用。所有设备通常安装在具有备用电源（如电池或发电机）的无人设备棚中。每个 IM 包括另一对 GPS 接收机及无线电信标接收机，以监测站点本身正在广播的校正。IM 使用 GPS 和差分校正来计算它们的位置，并将计算位置与已知（测量的）位置进行比较。若位置超过预设容差，则从差分校正计算中清除有问题的卫星，并通知用户卫星不健康或站点关闭，以保证信息准确可靠。

使用分组网络可以监控所有站点的状态，位于弗吉尼亚州亚历山大市的中央控制站每周 7 天、每天 24 小时有人值班。控制站的人员观测到设备故障时，可以切换到备份硬件，或在必要时派遣维护人员。

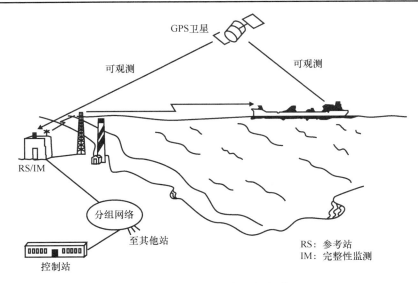

图 12.21　NDGPS 的网络架构

2. 数据链路

每个 RS/IM 以 RTCM SC-104 电文格式广播数字 DGPS 校正。目前支持 2.1 版中的电文类型 3、5、6、7、9 和 16 [53]。这些电文类型在后续的 RTCM SC-104 2.3 版中得到了保留，如 12.5.1 节所述。数字数据在 285～325kHz 的中频（MF）频段广播，该频段在国际上被分配给无线电信标。称为最小移位键控（MSK）的数字调制技术[54]可直接用在无线电信标中心频率或副载波上。使用副载波的最初动机是不希望干扰采用现有无线电信标信号的测向接收机[55]。目前，美国所有未用于 NDGPS 的海上无线电信标均已退役，因此向后兼容不是问题。由于盐水的优异导电性，在海上的中频波段普遍存在雷击引起的冲激噪声。这就使得人们决定使用 SC-104 的电文类型 9 而非电文类型 1 来广播伪距和伪距变化率校正。电文类型 9 的使用为用户设备提供了更频繁的电文同步头，以便在出现强冲激之后重新同步。NDGPS 的标准支持 50bps、100bps 或 200bps 的数据速率。所有 NDGPS 站点目前都以 100bps 或 200bps 的数据速率进行传输。

由于波长较长（1km），因此需要大型天线在中频频段有效地进行广播。大多数原始的 NDGPS 站点（在海岸和内陆水域）使用改造的无线电信标广播塔，其高度范围是 90～150 英尺。NDGPS 的扩展始于美国将 47 个旧空军低频地波应急网络（GWEN）站点转换为民用再利用站点的项目。GWEN 站点配备了 299 英尺的天线。在每台发射机的覆盖范围[53]（通常为 250 海里）内，对于 100bps 的传输速率，最小场强为 75μV/m。

3. 性能

NDGPS 系统在覆盖范围内的标称精度为 10m 和 2drms[56]。典型的精度要好得多，通常为 1～3m。常用的经验法则是，发射机底部的精度为 1m，误差每隔 150km 增加 1m[56]。根据每个站点 1 个月的平均值，在忽略 GPS 异常的情况下，在选定水道处，双重覆盖区域的指定可用率为 99.9%，单重覆盖区域的可用性为 98.5%[56]。目前的覆盖范围如图 12.22 所示。

4. 国际协调

国际海事组织（IMO）制定了与 NDGPS 完全兼容的海事 DGPS 系统的国际标准。在撰写本文时，已在 30 多个国家部署了基于无线电信标的 DGPS 服务。

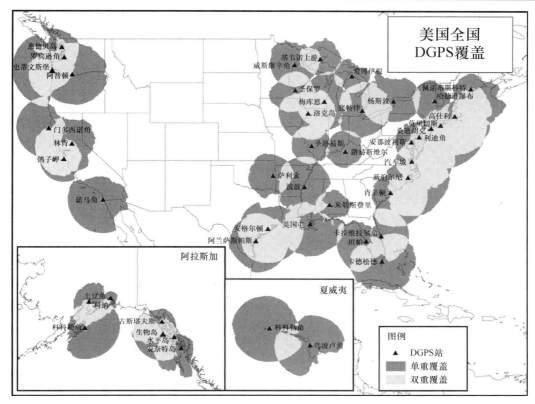

图 12.22　NDGPS 的覆盖范围

12.6.1.2　星基增强系统（SBAS）

国际民用航空组织（ICAO）为民用飞机导航应用制定了两种基于码的 DGPS 系统标准[ICAO]。本节描述第一类系统，即星基增强系统（SBAS）。下一节描述第二类系统，即地基增强系统（GBAS）。

SBAS 是一种广域 DGPS 系统，它使用地球同步卫星（GEO）作为通信路径，提供差分 GPS 校正和完好性数据[57]。SBAS 的一个独特功能是它们直接以 GPS L1 频率广播信号并提供 DGPS 数据，该信号可用于测距。SBAS 的目标是满足从航路飞行阶段到垂直引导的精密进近阶段的民用航空导航系统要求。在撰写本文时，已经建成或计划建设若干 SBAS [57]，包括美国境内的广域增强系统（WAAS）、欧洲境内的欧洲地球同步导航覆盖服务（EGNOS）、日本和东南亚的多功能运输卫星（MTSAT）增强系统（MSAS）、印度的 GPS 辅助 GEO 增强导航（GAGAN）系统、俄罗斯的差分校正和监测系统（SDCM）、中国的北斗星基增强系统（BDSBAS）及韩国的韩国增强卫星系统（KASS）。

1. 历史

如第 11 章所述，RAIM 或 DGNSS 需要为 GNSS 提供必要的完好性来支持空中导航。20 世纪 80 年代早期，提出了使用 GPS L1 频率上的信号在 GEO 通信链路上为 GPS 提供完好性数据的概念。这个概念称为 GPS 完好性通道（GIC）[58]。1989 年，Inmarsat 开始通过大西洋上的地球同步卫星对类似 GPS 的扩频信号进行测试传输，以便证明使用导航转发器传输伪随机编码扩频测距信号的可行性。测试结果表明，通过地球同步卫星传输这些信号是可行的[59]。在同一时期，包括 Inmarsat 和 RTCA 特别委员会 159（SC-159）在内的组织开始为 GIC 建立信号格式，后来演变为 SBAS。20 世纪 90 年代，SBAS 计划在美国、欧洲和日本进行了广泛实施。Inmarsat 主动在

1996 年 4 月至 1998 年 2 月发射的 5 颗 Inmarsat-3 卫星上搭载了导航信号转发器。1999 年 11 月，日本试图为 MSAS 发射自己的 SBAS GEO，但在 MTSAT-1 卫星上遇到了挫折，在发射失败后不得不销毁。2000 年 8 月，美国联邦航空管理局（FAA）宣布，WAAS 系统在非安全应用时持续可用，该系统使用两颗 Inmarsat-3 卫星，即大西洋西区（AOR-W）卫星和太平洋地区（POR）卫星。2003 年 7 月，WAAS 正式开始提供生命安全服务。MSAS 地面部分已完成，替换卫星 MTSAT-1R 于 2005 年 2 月成功发射。2005 年 7 月，EGNOS 开始使用 3 颗 GEO 卫星进行初始运行，包括两颗 Inmarsat-3 卫星［大西洋东部地区（AORE）和印度洋地区（IOR）］和 1 颗欧洲航天局（ESA）卫星 Artemis。MSAS 于 2007 年 9 月开始提供仅限于水平方向引导的生命安全服务。EGNOS 于 2009 年 10 月正式提供开放服务并在 2011 年 3 月获得安全认证。2014 年 7 月，GAGAN 开始使用两颗 GEO 卫星（GSAT-8 和 GSAT-10）提供仅限水平方向引导的生命安全服务。GAGAN 于 2015 年 4 月获得垂直引导认证，2015 年 11 月发射了第三颗 GEO GSAT-15 在轨备用卫星。SDCM、BDSBAS 和 KASS 都处于发展阶段，预计到 2020 年提供服务。

2. SBAS 需求

表 12.3 中[60]列出了国际民航组织从航路到 I 类精密进近阶段，对 SBAS 和 GBAS 的性能要求。很明显，SBAS 只使用 GPS L1 C/A 码信号不能满足 I 类精密进近的要求。I 类精密进近服务需要具有 L5 信号功能的 GPS 卫星，也许还需要第二个星座。人们定义了新的垂直引导进近，以更充分利用 SBAS 目前提供的性能——带有垂直引导的 GNSS 进近和操作，即（APV）-I 和 II。WAAS、EGNOS 和 GAGAN 都在追求最严格的要求——针对垂直引导的带有 200 英尺决策高度的定位精度（LPV-200）。此类 SBAS 服务几乎等同于 I 类精密进近服务，因为它们具有相同的决策高度。

表 12.3　ICAO GNSS 空间信号性能要求

运　行	水平/垂直精度（95%）	完好性等级	水平/垂直警报限制	报警时间	连　续　性	可　用　性
航行	3.7km/NA	1～1×10⁻⁷/h	3.7～7.4km/NA	5min	1–1×10⁻⁴/h～1–1×10⁻⁸/h	0.99～0.99999
终端	0.74km/NA	1～1×10⁻⁷/h	1.85km/NA	15s	1–1×10⁻⁴/h～1–1×10⁻⁸/h	0.999～0.99999
非精确方法	220m/NA	1～1×10⁻⁷/h	556m/NA	10s	1–1×10⁻⁴/h～1–1×10⁻⁸/h	0.99～0.99999
垂直引导进近（APV）-I	16m/20m	1～2×10⁻⁷/进近	40m/50m	10s	任何 15s 中的 1–18×10⁻⁶	0.99～0.99999
垂直引导进近（APV）-II	16m/8m	1～2×10⁻⁷/进近	40m/20m	6s	任何 15s 中的 1–8×10⁻⁶	0.99～0.99999
类别 I	16m/4～6m	1～2×10⁻⁷/进近	40m/10～35m	6s	任何 15s 中的 1–8×10⁻⁶	0.99～0.99999

来源：文献[60]。NA 表示不适用。

3. SBAS 架构和功能

所有 SBAS 系统均由 4 部分组成：监测接收机、中央处理设施、卫星上行链路设施和一颗或多颗地球静止卫星。遗憾的是，各部分的名称在具体实现中并不一致。在美国的 WAAS 中，监测接收机称为广域参考站（WRS），中央处理设施称为广域主站（WMS），上行链路设施称为地面上行站（GUS）（见图 12.23）。在 EGNOS 中，各部分分别称为测距和完好性监测站（RIMS）、任务控制中心（MCC）和导航陆地地球站（NLES）（见图 12.24）。在 MSAS 中，相应的名称是地面监测站（GMS）、主控站（MCS）和地面地球站（GES）。MSAS 包含 6 个 GMS 和 2 个 MCS（见图 12.25）。在 GAGAN 中，相应的名称是印度参考站（INRES）、印度主控中心（INMCC）和印度陆地上行站（INLUS）（见图 12.26）。

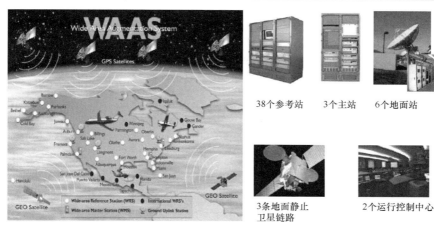

图 12.23　WAAS 地面网络

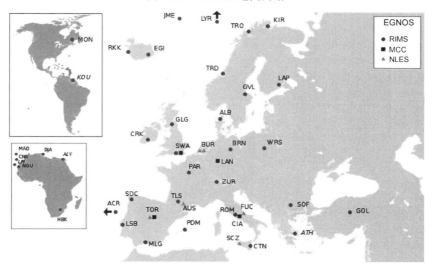

图 12.24　EGNOS 地面网络

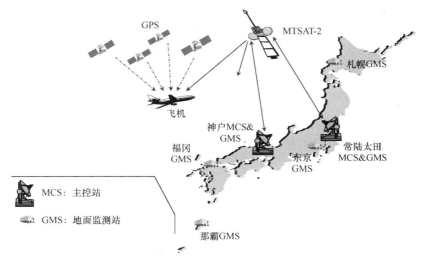

图 12.25　MSAS 地面网络

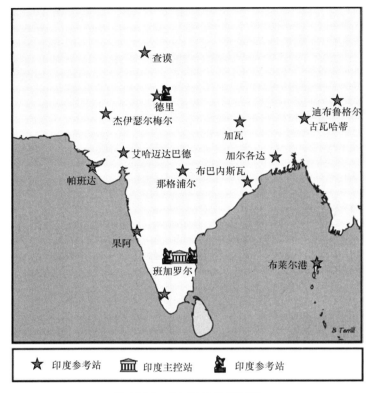

图 12.26　GAGAN 地面网络

　　图 12.27 中小结了当前运营 SBAS 的各个模块提供的功能。用户接收 GPS 卫星发送的导航信号。这些信号同时也被 SBAS 服务供应商运营的监测网络接收。在不久的将来，其他核心星座的卫星也将受到一些 SBAS 的监测。监测网络中的每个站点通常包含多台 GPS 接收机（用于冗余备份），向中央处理设施提供 L1 C/A 码和 L2 P(Y)码伪距及载波相位数据（对于 L2 测量值，使用半无码测量处理技术，见第 8 章）。在每个中央处理设施处理来自整个网络的数据，计算每颗 GPS 卫星的真实位置和时钟的估计值，对这些估计值和 GPS 广播的导航数据中的值进行差分，得到校正数据，同时对服务区域内的垂直电离层延迟误差进行估计。每台中央处理设备还检查有问题的卫星（如信号失真或时钟运行不稳定的卫星），SBAS 用户可能被警告该卫星不可用。这些估计和完好性信息用于形成广域差分校正和完好性电文，然后将其发送到卫星上行链路设施。在上行链路设施中，用 SBAS 数据进行调制，生成扩频导航信号，并且精确地同步到参考时间。该复合信号被连续地发送到地球同步卫星。在卫星上，该信号在导航载荷内进行变频，并在 GPS L1 频率上发送给用户。信号的授时以非常精确的方式完成，使得信号看起来好像是在卫星上产生的 GPS 测距信号。冗余的中央处理设施和上行链路设施可在主控设施发生故障时提供热备份。

　　4. SBAS 信号结构

　　通过 SBAS 地球静止卫星向 SBAS 用户[61]广播的信号体制设计，旨在最大限度地减少对标准 GPS 接收机硬件的修改。使用 GPS L1 频率和 GPS C/A 码调制，包括以 1.023MHz 码片速率传输长度为 1023 的 Gold 码。此外，码相位授时与 GPS 系统时同步，以模拟 GPS 卫星并提供测距能力。使用 250bps 的数据速率。使用半速率约束长度为 7 的编码器对数据进行卷积编码，生成的数据的总符号速率为 500 个符号/秒。SBAS 数据符号与 1kHz GPS C/A 码元同步。

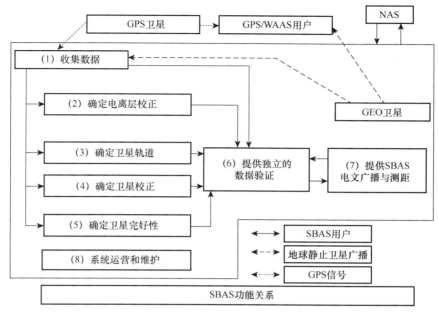

图 12.27 SBAS 功能模块综述

SBAS 使用的 C/A 码与第 3 章中描述的 GPS 系统保留的 63 个 PRN 码属于同一系列的 1023 位 Gold 码。SBAS C/A 码是专门选择的，不会对 GPS 信号产生不利影响[62]。目前的 39 个 SBAS C/A 码和相关的地球静止卫星见表 12.4。PRN 码分配列表由美国空军 GPS 联队维护，可通过 www.gps.gov/technical/#prn 获取。SBAS C/A 码由 PRN 号、码片的 G2 延迟和 G2 初相状态标识。要生成 SBAS C/A 码，需要定义 G2 延迟或 G2 寄存器初始设置。与 GPS C/A 码一样，PRN 号是任意的，但是对于 SBAS，PRN 从 120 而非 1 开始。PRN 码的实现由 G2 延迟或 G2 寄存器初始设置定义。在表中所示 SBAS PRN 码的前 10 个码片的八进制表示中，左边的第一个数字表示第一个码片为 0 或 1。最后三个数字是其余 9 个码片的八进制表示。例如，PRN 120 的初始 G2 寄存器设置是 1001000110。注意，前 10 个 SBAS 码片只是 G2 寄存器初始设置的八进制反转。

表 12.4 SBAS 测距 C/A 码

PRN	G2 延迟（码片）	初始 G2 设置（八进制）	前 10 个 SBAS 码片（八进制）	地球静止卫星 PRN 分配	轨 位
120	145	1106	0671	EGNOS（INMARSAT 3F2）	15.5°W
121	175	1241	0536	EGNOS（INMARSAT 3F5）	25°E
122	52	0267	1510	未分配	—
123	21	0232	1545	EGNOS（ASTRA 5B）	31.5°E
124	237	1617	0160	EGNOS（Reserved）	—
125	235	1076	0701	SDCM（Luch-5A）	16°W
126	886	1764	0013	EGNOS（INMARSAT 4F2）	25°E
127	657	0717	1060	GAGAN（GSAT-8）	55°E
128	634	1532	0245	GAGAN（GSAT-10）	83°E
129	762	1250	0527	MSAS（MTSAT-2）	145°E
130	355	0341	1436	ARTEMIS（ARTEMIS-1）	21.5°E
131	1012	0551	1226	WAAS（Satmex 9）	117°W
132	176	0520	1257	GAGAN（GSAT-15）	93.5°E

（续表）

PRN	G2 延迟（码片）	初始 G2 设置（八进制）	前 10 个 SBAS 码片（八进制）	地球静止卫星 PRN 分配	轨　位
134	130	0706	1071	未分配	—
135	359	1216	0561	WAAS（Intelsat Galaxy 15）	133°W
136	595	0740	1037	EGNOS（ASTRA 4B）	5°E
137	68	1007	0770	MSAS（MTSAT-2）	145°E
138	386	0450	1327	WAAS（ANIK-F1R）	107.3°
139	797	0305	1472	未分配	—
140	456	1653	0124	SDCM（Luch-5B）	95°E
141	499	1411	0366	SDCM（Luch-4）	167°E
142	883	1644	0133	未分配	—
143	307	1312	0465	未分配	—
144	127	1060	0717	未分配	—
145	211	1560	0217	未分配	—
146	121	0035	1742	未分配	—
147	118	0355	1422	未分配	—
148	163	0355	1442	未分配	—
149	628	1254	0523	未分配	—
150	853	1041	0736	未分配	—
151	484	0142	1635	未分配	—
152	289	1641	0136	未分配	—
153	811	1504	0273	未分配	—
154	202	0751	1026	未分配	—
155	1021	1774	0003	未分配	—
156	463	0107	1670	未分配	—
157	568	1153	0624	未分配	—
158	904	1542	0235	未分配	—

一些当前的和所有未来的 SBAS 卫星也能在 GPS L5 频率上发射信号。此类信号已使用或将使用与 GPS L5 信号相同的 PRN 码（见 3.7.2.2 节），但没有无数据分量。L5 数据速率是 250bps，卷积编码后为 500 个符号/s。该服务和相应的数据内容仍在定义中。

5. SBAS 电文格式和内容

来自每颗 SBAS GEO 卫星的 250bps 数据被封装为时长 1s 的 250 位块，如图 12.28 所示。每块包括一个 8 位前导码（特定 24 位字 01010011 10011010 11000110 的三部分之一，它分布在 3 个块上），一个 6 位电文类型字段（允许多达 64 种电文类型），具有为每种电文类型专门定义唯一含义的 212 位载荷，以及用于纠错的 24 位 CRC 奇偶校验，如图 12.28 所示。每个 24 位前导码的开始都与 6s GPS 子帧历元同步。电文中提供的前导码和授时信息不仅有助于获取数据，而且有助于用户接收机在捕获 GPS 卫星前的初始捕获期完成时间同步，进而帮助接收机进行后续的 GPS 卫星捕获。

表 12.5 中列出了为 SBAS 定义的电文类型。这些电文类型支持 12.2.3 节中讨论的基本广域 GPS 概念。电文类型 2～5 提供广播时差的校正。电文类型 25 提供广播轨道的校正。电文类型 26 为只支持 L1 频点的用户接收机提供预定纬度和经度位置网格上的垂直电离层延迟值。每台用户接收机都计算 GPS 卫星信号和电离层交点的经纬度，其中的电离层是距离地表 350km 的薄壳。这些电离层的交点称为**电离层穿刺点（IPP）**，其垂直电离层延迟来自 3 个或 4 个最近网格点的延

迟内插，具体将在本节后面介绍。有关电文及其应用的完整描述，请参阅文献[61]。

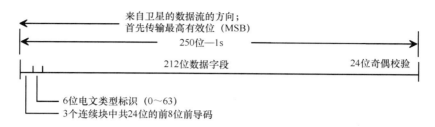

图 12.28　SBAS 数据块格式

表 12.5　SBAS 电文类型

类　　型	内　　　容	类　　型	内　　　容
0	不用于安全应用（针对 SBAS 测试）	17	GEO 卫星星历
1	PRN 掩码分配，设置为 210 位中的 51 位	18	电离层格网点掩蔽
2～5	快速校正	19～23	为未来的电文保留
6	完好性信息	24	混合的快速校正/长期卫星误差校正
7	快速校正退化因子	25	长期卫星误差校正
8	为未来电文保留	26	电离层延迟校正
9	GEO 导航电文（X、Y、Z、时间等）	27	SBAS 服务电文
10	退化参数	28	时钟星历协方差矩阵电文
11	为未来电文保留	29～61	为未来的电文保留
12	SBAS 网络时间/UTC 偏移参数	62	内容测试电文
13～16	为未来的电文保留	63	空电文

6. 用户算法

SBAS 用户设备是改进后的 GPS L1 C/A 码接收机。必须修改设备才能生成和跟踪上述 SBAS PRN 码，解调更高速率（250bps）的卷积编码数据，并且必须修改软件来应用校正和完好性数据。

时钟和星历校正的应用很简单。电文类型 2～5 提供测距域时钟校正，简单地添加到接收机的所有可见卫星的原始伪距测量值中。SBAS 数据不包括距离变化率校正。测距变化率校正是在用户设备内通过差分连续的时钟校正产生的[62, 63]。电文类型 25 提供广播卫星位置 x, y, z 坐标在 ECEF 坐标系下的校正。需要时，还可使用 1 位速度码标志，在电文类型 25 中提供卫星广播位置误差变化率和时钟偏差项的校正。

如前所述，目前运行的 SBAS 仅使用 GPS 和 GEO 的 L1 信号。使用 SBAS 广播的垂直电离层延迟的插值算法，可以计算可见卫星的电离层校正。应用图 12.29 中的正弦定理，用户首先计算角度 ϕ_{pp}，即用户位置和穿刺点之间的地球中心角：

$$\psi_{pp} = \frac{\pi}{2} - E - \arcsin\left(\frac{R_E}{R_E + h} \cdot \cos E\right)$$

式中，R_E 是地球的半径，h 是 IPP 的高度，E 是用户位置的卫星仰角。然后，用户计算 IPP 的纬度 ϕ_{pp} 和经度 λ_{pp}，如下所示：

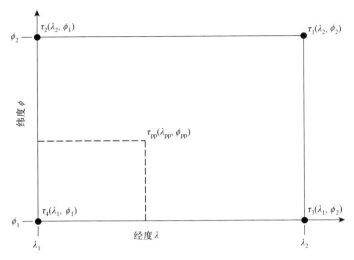

图 12.29 计算相对 IPP 的位置

$$\phi_{\mathrm{pp}} = \arcsin(\sin \phi_{\mathrm{u}} \cdot \cos \psi_{\mathrm{pp}} + \cos \phi_{\mathrm{u}} \cdot \sin \psi_{\mathrm{pp}} \cdot \cos A)$$

$$\lambda_{\mathrm{pp}} = \lambda_{\mathrm{u}} + \pi - \arcsin\left(\frac{\sin \psi_{\mathrm{pp}} \cdot \sin A}{\cos \phi_{\mathrm{pp}}}\right),$$

$$若 \phi_{\mathrm{u}} > 70°且 \tan \psi_{\mathrm{pp}} \cos A > \tan\left(\frac{\pi}{2} - \phi_{\mathrm{u}}\right) 或者若 \phi_{\mathrm{u}} < -70°且 \tan \psi_{\mathrm{pp}} \cos A < \tan\left(\frac{\pi}{2} - \phi_{\mathrm{u}}\right)$$

$$\lambda_{\mathrm{pp}} = \lambda_{\mathrm{u}} + \arcsin\left(\frac{\sin \psi_{\mathrm{pp}} \cdot \sin A}{\cos \phi_{\mathrm{pp}}}\right), \quad 其他$$

式中，角度 λ_{u} 和 ϕ_{u} 分别是用户位置的卫星方位角和仰角。然后，接收机为每颗可见卫星确定 IPP 附近的最合适的预定义网格点集合。若没有合适的集合，则该卫星的数据无法进行电离层校正。若在周围找到 4 个合适的网格点，则接收机使用图 12.29 由如下公式求 IPP 相对于这 4 个点的位置：

$$x_{\mathrm{pp}} = \frac{\lambda_{\mathrm{pp}} - \lambda_1}{\lambda_2 - \lambda_1}, \quad y_{\mathrm{pp}} = \frac{\phi_{\mathrm{pp}} - \phi_1}{\phi_2 - \phi_1}, \quad \text{IPP 介于 N85°和 S85°之间}$$

$$\left.\begin{array}{l} y_{\mathrm{pp}} = \dfrac{\left|\phi_{\mathrm{pp}}\right| - 85°}{10°} \\[2mm] x_{\mathrm{pp}} = \dfrac{\lambda_{\mathrm{pp}} - \lambda_1}{90°} \cdot (1 - 2 y_{\mathrm{pp}}) + y_{\mathrm{pp}} \end{array}\right\}, \quad \text{IPP 大于 N85°但小于 S85°}$$

对插值进行加权，给予较近网格点更大的权重。权重由下式给出：

$$W_1 = x_{\mathrm{pp}} \cdot y_{\mathrm{pp}}$$
$$W_2 = (1 - x_{\mathrm{pp}}) \cdot y_{\mathrm{pp}}$$
$$W_3 = (1 - x_{\mathrm{pp}}) \cdot (1 - y_{\mathrm{pp}})$$
$$W_4 = x_{\mathrm{pp}} \cdot (1 - y_{\mathrm{pp}})$$

最后，IPP 处的垂直延迟 τ_{pp} 为

$$\tau_{\mathrm{pp}}(\lambda_{\mathrm{pp}}, \phi_{\mathrm{pp}}) = \sum_{i=1}^{4} W_i \cdot \tau_i \tag{12.53}$$

式中，τ_i 是电离层延迟校正电文（电文类型 26）中提供的 4 个网格点的垂直延迟。

若周围 4 个合适的网格点中只有 3 个可用，则权重的计算会稍有修改，如下所示：

$$W_1 = y_{pp}$$
$$W_2 = 1 - x_{pp} - y_{pp}$$
$$W_3 = x_{pp}$$

除了对 3 个权重求和，其他计算与延迟计算公式(12.53)相同。剩余的电离层延迟计算考虑了与垂直方向的延迟差异，并且是卫星仰角的函数。为了获得加到伪距测量中的电离层校正，垂直延迟 $\tau_{pp}(\lambda_{pp}, \phi_{pp})$ 与一个倾斜因子 F 相乘，其中

$$F = \left[1 - \left(\frac{R_E \cos E}{R_E + h} \right)^2 \right]^{-1/2}$$

针对对流层延迟，用户设备需要对每个原始伪距测量值应用对流层延迟校正。采用第 10 章中介绍的 UNB3 算法。应用所有指定的校正后，SBAS 用户设备使用加权最小二乘算法计算用户位置。

除了应用 SBAS 差分校正，用于安全应用的用户设备还要计算位置误差界限，分别称为局部水平和垂直方向上的水平保护级别（HPL）或垂直保护级别（VPL）。这些保护级别表示的是在未及时进行警告的情况下，用户的定位误差不应超过的范围。它们使用表 12.3 中"完好性级别"列下给出的相关概率级别和告警时间来确定。持续地将 HPL 和 VPL 与当前飞行阶段适用的等级和垂直告警报门限（HAL 和 VAL）进行比较，若与该操作有关的 HPL> HAL 或 VPL> VAL，则设备就向飞行员发出警告。例如，对于 APV-I 进近，VAL = 50m，HAL = 40m，并且告警时间是 10s。在 SBAS 系统的设计中，当进行 APV-I 进近的飞机的真实垂直或水平误差大于对应门限，且超过 6s 未发出警告时，计算得到的 VPL < 50m 且 HPL < 40m 的概率小于 2×10^{-7}/进近。

用户设备使用电文类型 2～6（SBAS 快速和长期校正）和电文类型 26（SBAS 电离层校正）中广播的方差来计算 HPL 和 VPL。此外，还使用一组复杂的规则来调整时间延迟、电文丢失和其他因素带来的方差[61]。基于可见卫星的仰角计算接收机噪声、多径和残余对流层误差的方差。将各误差的方差相加，形成可见卫星的总伪距残余误差方差。最后，使用 WLS 解算的几何矩阵和已知的加权矩阵来确定水平和垂直误差的标准差。在假设所有误差都呈高斯分布的情况下，应用水平和垂直误差的标准差的倍数来确定 HPL 和 VPL。尽管真正的残差不是高斯误差，但为表示高斯分布，广播电文中的方差和接收机噪声、多径及对流层误差的方差都被夸大设计，因为高斯分布能够以指定的概率确定真实误差[64]。

7. SBAS GEO 卫星

目前，美国 WAAS 使用位于 133°W 的 Intelsat Galaxy 15 卫星（2005 年 10 月发射）、位于 107.3°W 的 ANIK-F1R 卫星（2005 年 9 月发射）和位于 98°W 的 Inmarsat-4F3 卫星（于 2008 年 8 月发射），其覆盖范围如图 12.30 所示。每颗卫星的覆盖区域都包含仰角 5°以上的可见卫星的用户位置。不久后，WAAS 将使用位于 117°W 的 Eutelsat 9 替换其中的一颗卫星。图 12.31 中简要说明了 Inmarsat-4 导航载荷的功能[65]，它是 SBAS GEO 卫星转发器的代表性设计。

目前的 EGNOS 空间段由位于 15.5°W 的 INMARSAT 3F2 卫星（1996 年 9 月发射）和位于 5°E 的 SES 5 卫星（2012 年 7 月发射）组成。2014 年 3 月发射的位于 31.5°E 的 ASTRA 5B 卫星正处于测试模式，预计很快就会投入使用。当前的 EGNOS GEO 卫星覆盖范围如图 12.32 所示（虚线覆盖范围对应于 ASTRA 5B 卫星，它正处于测试模式）。

MSAS 目前只有一颗 GEO 卫星，即 MTSAT-2，它能广播两个 PRN 码。这是 MSAS 的独特功能。每个 PRN 码信号都由单独的 MCS 生成。因此，尽管卫星没有冗余备份，但在 MCS 或上行站发生故障时，用户仍然可以使用冗余信号。MSAS 使用的第一颗 GEO 卫星 MTSAT-1R 于 2015 年12 月停止使用。位于 145°E 的 MTSAT-2 的覆盖范围和 MSAS 主要服务区如图 12.33 所示。

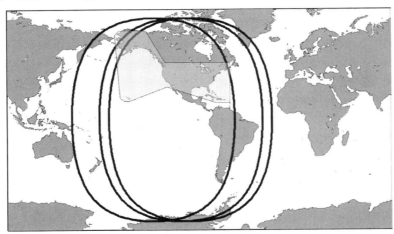

图 12.30 目前 WAAS GEO 卫星的覆盖范围及主要服务区

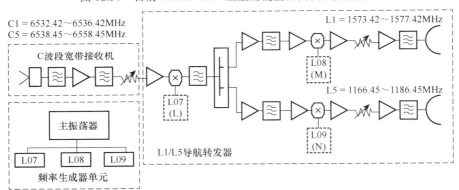

图 12.31 Inmarsat-4 的导航载荷

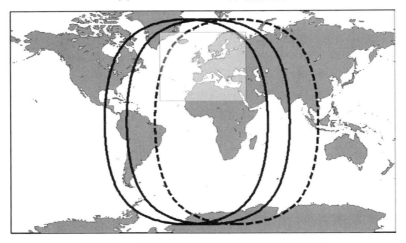

图 12.32 目前 EGNOS 的空间段及主要服务区

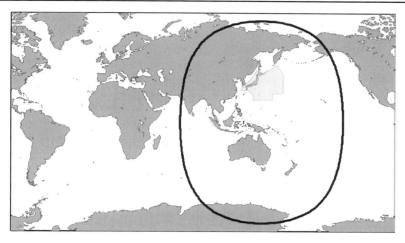

图 12.33　MSAS GEO 卫星的覆盖范围及主要服务区

　　GAGAN 目前使用分别位于 55°E 和 83°E 的 GSAT-8 和 GSAT-10 卫星。第三颗 GEO 卫星 GSAT-15 也配备了 SBAS 转发器，并已于 2015 年 11 月发射升空。GSAT-15 位于 93.5°E，目前没有广播 SBAS 信号，GSAT-8 或 GSAT-10 出现 SBAS 转发器故障时，GSAT-15 可以广播 SBAS 信号。图 12.34 中显示了当前 GAGAN 的 GEO 卫星覆盖范围（虚线显示了 GSAT-15 GEO 卫星的覆盖范围）。

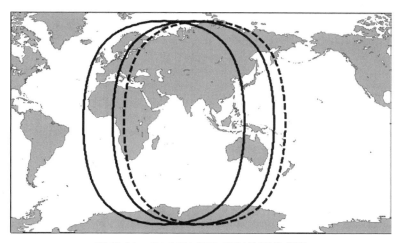

图 12.34　GAGAN GEO 卫星的覆盖范围

　　8. 非航空用户的应用

　　尽管本章中描述的 SBAS 信号格式是为支持航空应用而开发的，但配备合适接收机的非航空用户也可以使用其信号。目前绝大多数 SBAS 用户不参与航空应用；许多低成本的 GNSS 接收机也包含 SBAS 接收能力。

　　9. 现代化

　　如前所述，人们正在为 SBAS 开发 L5 功能。新的电文格式和相关服务将会支持 GPS L5 信号的使用。此外，这些电文还支持使用其他核心星座。这项新服务的用户将组合 L1 和 L5（或等效）频率的信号，形成无电离层组合，用户可以直接消除主要的电离层延迟影响。对于当前仅支持 L1 的用户，电离层延迟具有最大的不确定性。因此，用户将得到更小的保护级别。此外，它们不需要网格校正，可用性不受参考站周围区域的限制。当用户离开参考站时，可用性将会降低。

使用多个星座可以进一步降低保护等级并提高可用性。在 WLS 解算中，拥有额外的卫星可以大大降低出现较差几何分布的风险。通过消除电离层延迟效应并显著增加被校正卫星的数量，SBAS 可能会提供新的服务，如在某些天气条件下飞机自动降落的能力。新的 L5 电文允许在更多电离层条件下继续提供垂直服务。目前的 L1 服务可能在赤道地区和电离层风暴期间受到限制。L5 的新服务仍在开发中，需要付出巨大努力才能利用来自 GPS 和其他 GNSS 核心星座的新信号。该服务的初步定义将于 2018 年进行审查，完整定义应会在 2022 年准备完毕。

12.6.1.3　GBAS

在地基增强系统（GBAS）中，GPS SPS 增加了一个地面参考站，以提高机场周围局部区域导航服务的性能。GBAS 的最终目标是支持其覆盖范围内的所有飞行阶段，包括精密进近、着陆、离场和地面活动[66]。在撰写本文时，尽管只验证和实施了要求较低的 I 类精密进近的标准，但国际民航组织已为 GBAS 制定了 III 类精密进近的国际标准。

如图 12.35 所示，GBAS 分为 3 段：由 GPS 卫星组成的空间段、地面段或 GBAS 地面设施及机载段。伪距校正和校正变化率在本地参考站计算，并通过通信链路广播到机载 GBAS 接收机。在飞机上，对局部伪距测量值应用校正和校正变化率，获得改进的位置估计。

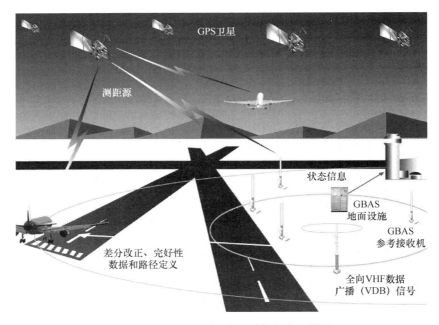

图 12.35　GBAS 地面设施（联邦航空局供图）

RTCA 发布了美国版 GBAS[前身为局部增强系统（LAAS）]的最低航空系统性能标准（RTCA DO-245A）[66]，其中说明了地面设施和机载航空电子设备之间的需求分配。RTCA 还发布了机载设备最低运行性能标准要求（RTCA DO-253C）[67]及接口控制文件（RTCA DO-246D）[68]，描述了空间信号的通信链路。机载标准和接口控制文件正在更新，以便支持 III 类精密进近。这些更新预计于 2017 年完成。计划在 2023 年之前，开发和验证支持多个 GNSS 星座和双频机载设备的 GBAS 新标准。

1. 伪距校正计算

最初，人们研究了三种 GBAS 备选方案[69]：单频（L1）载波平滑的码相位 DGPS[70, 71]、动态双频载波相位 GPS[72]，以及具有完好性信标的动态单频载波相位[73]。最终，人们选择了载波平滑的码相位 DGPS。指定架构中的地面设施通过对每颗卫星的码伪距测量值进行载波平滑，来减少每台参考接收机（RR）处伪距的噪声分量。载波平滑公式为

$$\rho_{\text{smooth}}(k) = \frac{N-1}{N}[\rho_{\text{smooth}}(k-1) + \phi(k) - \phi(k-1)] + \frac{1}{N}\rho_{\text{meas}}(k) \tag{12.54}$$

式中，k 是时间历元，ϕ 是载波相位测量值，N 是用于平滑的测量值的数量。

使用载波平滑的伪距计算伪距校正：

$$\Delta\rho_{\text{sc},n,m} = R_{n,m} - \rho_{\text{smooth},n,m} - t_{\text{sv\_gps},n} \tag{12.55}$$

式中，R 是预测距离，n 是卫星索引，m 是 RR 索引，$t_{\text{sv\_gps}}$ 是来自解码后的 GPS 导航数据的卫星时钟校正。

广播校正可由式(12.54)计算如下：

$$\Delta\rho_{\text{corr},n} = \frac{1}{M_n}\sum_{m \in S_n}\left[\Delta\rho_{\text{smooth},n,m} - \frac{1}{N_c}\sum_{n \in S_c}\Delta\rho_{\text{smooth},n,m}\right]$$

式中，M_n 是集合 S_n 中的元素数量，S_n 是具有卫星 n 的有效测量值的 RR 集合，N_c 是集合 S_c 中的元素数量，S_c 是由所有 RR 跟踪的有效测距源的集合。

在接收和应用地面设施广播的校正后，使用加权最小二乘法或等效算法计算飞机的三维位置[67]。

2. 性能要求

GBAS 进近服务类型（GAST）[67]是一组 GBAS 性能和功能要求，包括导航性能参数，如精度、完好性、连续性和可用性。此外，文献[60]中定义了 GBAS 服务可用的覆盖区域。表 12.6 基于文献[60, 61]，为 GAST-C 满足 I 类（CAT I）精密进近，对导航性能参数中的精度和完好性进行了赋值。GAST-D 将包括一些额外的要求，以支持 II 类和 III 类（CAT II/III）进近操作。表 12.6 中省略了 GAST-D 要求，因为它们的验证和实施尚未完成。GBAS 的最终目标是支持所有类型的精密进近和着陆，包括 CAT I、II、IIIa 和 IIIb。这些着陆类别中的每类都由决策高度（DH）定义，飞行员或飞机必须在这一高度决定是继续着陆还是中止着陆。该决策取决于相应决策高度位置的跑道视程（RVR）。表 12.7 显示了每个类别的 DH 和 RVR。

表 12.6　GBAT-C 的 GBAS 性能要求

精　度	垂直定位精度，95%	4.0m（NSE）
	水平定位精度，95%	16.0m（NSE）
完 好 性	垂直警报限值（VAL）	10m（200 ft HAT*）
	水平警报限值（LAL）	10m（-200 ft HAT*）
	警报时间	2s
	曝光时间	15s
	允许的完好性风险	2×10^{-7}/进近

*降落区上空高度。

表 12.7　GBAS 的决策高度和跑道视程

类　别	DH	RVR
CAT I	200 ft HAT	> 2400ft

（续表）

类　别	DH	RVR
CAT II	100 ft HAT	> 1200ft
CAT IIIa	< 100 ft HAT	> 700ft
CAT IIIb	< 50 ft HAT	> 150m

*降落区上空高度。

3. 完好性监测

GBAS 包括完好性监测功能，该功能以一定的概率确定码和载波相位校正不包含误导信息。完好性监测功能细分为多种监测：检测卫星和伪卫星信号中的异常的信号质量监测（SQM）；检查卫星导航数据是否包含异常的数据质量监测（DQM）；检测测量值中的异常（如伪距台阶）的测量质量监测（MQM）；检查地面设施 RR 之间校正值的一致性的多参考一致性检测（MRCC）；检查地面设施的标称误差特征的 Sigma 监测（SM）。

4. 地面设施天线、机场伪卫星和数据广播

地面设施中存在地面多径，可能会在空中的位置和速度计算中引入大的误差。为了减轻由于地面多径导致的误差，可以设计限制多径误差的天线。一个例子是集成多径限制天线（IMLA）[74]。为了增加 GBAS 的可用性，曾经设想过使用机场伪卫星（APL）[75]。APL 发射类似于 GPS 的信号，可以由 RR 和飞机航空电子设备以类似于 GPS 信号的方式进行处理。APL 最终失宠，并在几年前从 GBAS 标准中删除。将校正从地面设施传输到 GBAS 航空电子设备的通信链路称为超高频（VHF）数据广播（VDB）。

12.6.2　基于载波

过去，大地测量定位要求与地面标志点网络的视线连接。大地测量网络定义了一致的参考系，并且有助于控制测量误差。现在，连续运行的 GNSS 接收机网络可以取代传统的标志点大地测量网络。接收机网络不仅具有权威的坐标集，而且可以提供基站载波相位和码测距数据来进行精确的差分处理。连续运行的网络很受欢迎，且存在许多示例。下面重点介绍两个例子，即美国的连续运行参考站（CORS）和全球的国际 GNSS 服务（IGS）系统。

12.6.2.1　连续运行参考站（CORS）

美国国家海洋和大气管理局（NOAA）下属的国家大地测量局（NGS）负责管理 CORS 系统，以支持 GNSS 的非导航后处理应用。GNSS 接收机数据在全国各地收集，并且存储在马里兰州银泉市的主站点和科罗拉多州博尔德市的并行备份设施中。美国的 CORS 系统通过因特网提供来自全国 GNSS 接收站网络的码测距和载波相位测距数据。CORS 的主页为 www.ngs.noaa.gov/CORS/。

NGS 不建立独立的参考站网络，而利用其他组织建立的站点。2016 年 1 月，CORS 网络拥有超过 1900 个运营站，由 156 个合作伙伴运营。CORS 通常每周 7 天、每天 24 小时地收集 GNSS 数据，并且符合 www.ngs.noaa.gov/CORS/Establish_Operate_CORS.shtml 上的指南。NGS 的 CORS 站之间的距离通常约为 70km。

CORS 的基本数据是包含双频载波相位和伪距测量值的 RINEX 格式（2.11 版）文件。对于许多站点，也可使用多普勒数据。若接收机支持，则提供从 C/A 码（C1 伪距）和 P(Y)码（P1 伪距）两者导出的 L1 伪距。随着 GNSS 的现代化，三频数据将逐渐可用。将各个制造商的二进制数据转换为 RINEX 格式的主要翻译包，是由 UNAVCO 维护的程序 TEQC。TECQ 的记录见 www.unavco.org/software/data-processing/teqc/teqc.html。

CORS 坐标和速度的参考值,是使用 CORS 作为基站的基于载波的差分 GNSS 应用所需要的关键值。CORS 坐标和速度在两个不同的参考系 NAD 83 和 ITRF08 中提供。CORS NAD 83 的正式基准标签是 NAD 83(2011),它们以 2010.00 历元实现。太平洋的基站是个例外,因为它们位于不同的构造板块上。这些 CORS 位于 NAD 83(PA11)或 NAD 83(MA11)参考系中。

注意,CORS ITRF 的位置和速度是在 IGS08 参考系中建立的。对于大多数目的,用户可以将 IGS08 和 ITRF08 视为等效的。所有已发布的 IGS08 下的位置和速度都带有一个共同的基准标签 IGS08(2010.00),并以 2010.00 历元实现。ITRF 这种全球均匀性的代价是,构造板块运动及局部运动需要以速度值表示,且对精确应用而言无法忽略不计。有关 CORS 坐标计算的详细信息,请访问 www.ngs.noaa.gov/CORS/coords.shtml。NAD 83 和 ITRF08 参考系之间的转换程序[水平时间相关定位(HTDP)]见 www.ngs.noaa.gov/TOOLS/Htdp/Htdp.html。

CORS 天线的坐标位置参考两个不同的基站参考点,即天线参考点(ARP)和 L1 相位中心(L1 PC)。ARP 被定义为天线底部永久连接表面的中心。L1 PC 是用于接收 L1 信号的名义电气位置。在大多数天线设计中,L1(和 L2)相位中心随给定 GPS 卫星的仰角变化。L1 PC 原点的建立与 L1 相位中心变化的伴随模型(www.ngs.noaa.gov/ANTCAL/)一起完成。由于 L1 PC 的抽象特性及其对特定校准模型的依赖性,NGS 认为 ARP 是 CORS 站点的最终位置。注意,自 2012 年 6 月 30 日起,首选天线模型是绝对模型。

CORS 中的基点也可以使用大量元数据,包括可用性配置文件、详细数据表和站点日志、地图、照片及每日坐标解算的时间序列。这些元数据回答了许多关于稳定性和可靠性的问题。

其他非 RINEX 格式的接收机数据或元数据在 CORS 站点也是可用的。特别是,可以获得广播和精密的 GPS 轨道。广播轨道是从 IGS 全球跟踪网络收集的,不显示各个站点共有的卫星丢失。IGS 轨道是组合产品,其中也包括 NGS 的贡献。下一节中将详细介绍 IGS 轨道。具有气象传感器的 CORS 站点生成 RINEX 格式的气象文件。如前所述,用户可以获得描述接收机天线相位中心偏差和相位中心变化的文件与图表。

CORS RINEX 数据存储在标准化的目录中。用户可以通过标准方法或用户友好的 CORS(UFCORS)访问这些文件。单击 CORS 主页(www.ngs.noaa.gov/CORS/)上的覆盖地图,即可轻松获得标准访问权限。连续单击感兴趣的位置,可缩放到具有 4 字符 ID(如 GODE)的特定站点。左侧的菜单可让用户选择 RINEX 格式的数据或其他元数据。请求 RINEX 数据后,用户会从地图界面跳转到标准下载界面。然后,需要再次选择感兴趣的站点并请求 RINEX 格式的数据,添加感兴趣的年、月、日。这会引导用户访问包含 RINEX 格式的数据的目录。

使用标准方法可以方便地访问各种元数据。但是,若只对 RINEX 格式的数据感兴趣,则可通过 Web 浏览器在 ftp://geodesy.noaa.gov/cors/rinex/2017 下使用直接文件传输协议(FTP)访问来获取它。多年积累的数据存储在 rinex 目录中,year 目录中包括多天的数据,day 目录中包含各个 site id,site id 目录下是 RINEX 格式的文件。FTP 目录结构的示意图可在以下位置找到:ftp://geodesy.noaa.gov/cors/README.txt。注意,对于那些自动下载数据以进行本地处理的软件产品,FTP 结构最方便。

与标准访问方法相比,UFCORS 接口提供自定义文件集合,该集合(www.ngs.noaa.gov/UFCORS/)会自动压缩并下载到用户的计算机中。用户填写菜单,指出所需的时间和 CORS 站点。其他选项包括接收数据表、IGS 精密轨道、压缩选项和替代数据速率。选择替代数据速率时,可以对收集的数据进行抽取以适应期望的目标速率。UFCORS 接口使得用户无须了解有关 RINEX 文件存储系统的详细信息。

最后讨论 CORS 和 NGS 站点提供的某些支持工具。本节前面讨论了 HTDP，它是用来转换参考系和时间历元之间坐标的程序。CORS 主页中链接的动态地图程序允许用户建立自定义的 CORS 覆盖视图。www.ngs.noaa.gov/TOOLS/中的多功能大地测量工具包支持大量在线计算和坐标转换。

下面介绍在线定位用户服务（OPUS）工具（www.ngs.noaa.gov/OPUS/）。该服务允许用户上传固定天线在 15min～48h 内收集的双频 RINEX 数据，以便在 NGS 进行自动远程处理。在静态处理算法中，计算各条基线，并合并来自 3 个附近的 CORS 站的数据。在快速静态算法中，提交的数据与附近 CORS 站的数据同时处理。在这两种情况下，结果都通过电子邮件发送给用户。周转时间通常只需要几分钟。本质上讲，OPUS 使用 CORS 作为计算用户坐标的子系统。这为未来连续运行参考站指明了发展的新方向和作用。

12.6.2.2　国际 GNSS 服务（IGS）

国际大地测量学会于 1993 年建立了 IGS，它通过提供 GNSS 数据和产品，支持大地测量和地球物理研究活动。IGS 发挥协调作用，制定标准和规范，并且鼓励国际社会遵守公约。IGS 通过理事会和中央局（其执行机构）运作，通过 GNSS 卫星跟踪网络、数据中心、分析中心和各种工作组，开展国际合作。IGS 的主页是 www.igs.org/和 igscb.jpl.nasa.gov/。

IGS 提供 GNSS 精密轨道，还提供 GNSS 卫星时钟和地面接收机时钟解算，以及地球定向参数（EOP）产品（极移、极移速率和日长）。IGS 解算是不同产品的组合，集成了各个分析中心生成的解算结果。

IGS 提供 3 类产品，它们的时间延迟和精度逐渐提高。第一类是超快速产品，其时间长度为 48h。前 27h 基于观测数据估计，后 21h 为预报。超快速产品每天生成 4 次，因此始终可以利用预测时段的前期部分。精度范围为 3～5cm（轨道）和 0.15～3ns（时钟）。第二类是快速产品，其延迟为 17h，轨道精度优于 2.5cm，时钟精度为 0.075ns。最后一类产品的延迟为 12～18 天，具有更好的轨道和时钟精度。

IGS 产品按 GPS 周编号，可通过任何浏览器进行 FTP 访问。例如，ftp://igscb.jpl.nasa.gov/igscb/product/1881 包含 2016 年 1 月 24 日对应周（GPS 周 1881）的精密轨道、时钟和 EOP 产品。命名描述见 igscb.jpl.nasa.gov/components/dcnav/igscb_product_wwww.html。例如，igr18810.sp3.Z 指的是：快速产品，第 1881 周，第 0 天（2016 年 1 月 24 日，周日）的轨道，采用 SP3 格式，并使用 UNIX 兼容算法进行压缩。注意，在归档 IGS 产品的 5 个站点上，使用了稍有不同的目录树。

IGS 还在全球范围内存档与传输 GNSS 连续运行参考站（CORS）数据。主索引（igscb.jpl.nasa.gov/component/datahtml）显示按更新间隔和归档站点分组的 CORS 数据。存档站点之间的目录路径不同。例如，SOPAC 数据映射为 http://igscb.jpl.nasa.gov/components/dcnav/ sopac_rinex.html，2016 年 1 月 24 日周日 CORS 的 GPS 观测数据可在 ftp://garner.ucsd. edu/pub/rinex/2016/024/找到。"2016" 表示年，"024" 表示 1 月 24 日。文件名 algo0240.16d.Z 指的是加拿大安大略省的站点 ALGO 于 2016 年第 024 天全天（不是每小时）的 GPS 接收机数据文件，并使用 UNIX 兼容算法进行压缩。并非在所有 IGS 服务器上都能找到所有 CORS 站点的数据。

在 igs.org/network 和 igscb.jpl.nasa.gov/network/maps/allmaps.html 处，我们可以找到 IGS 国际合作 GNSS 跟踪网络的概述地图，了解测站的全球分布情况。有些测站每小时上传一次数据，而其他测站每天上传一次数据。网页 itrf.ensg.ign.fr/ITRF_solutions/2014/ITRF2014_files.php 上包含了 IGS 站点的权威 ITRF14 笛卡儿坐标和速度，还提供每周的网络解算结果。

如国际科学活动期望的那样，IGS 测站拥有丰富的资源。除上述项目外，还可找到对流层天顶路径延迟和电离层总电子含量（TEC）全球网格产品。数据可由低轨卫星的 GPS 传感器获得。发布的内容见 kb.igs.org/hc/en-us，邮件档案见 igscb.jpl.nasa.gov/pipermail/igsmail，分析范例见 www.iers.org/IERS/EN/Publications/TechnicalNotes/tn36.html。

12.6.3　PPP

如 12.4 节所述，由于 PPP 需要几十分钟的位置解算初始收敛时间，因此该技术具有特定的用户群，用于实时定位和导航及后处理定位。同时，PPP 相对于基线处理方法的巨大优势是，它的校正是由区域或全球 GNSS 参考网络生成的，不受基线限制。因此，PPP 已成为在经济活动有限的偏远地区进行精密定位和导航的普遍方法，否则将刺激持续运行的参考网络的发展。商业用途包括海上定位、精准农业、大地测量、机载制图；科学应用包括板块构造、地震监测、海啸预警和精密轨道确定。注意，传统 PPP 最初是为了显著减轻日常处理大型大地测量 GNSS 网络数据的巨大计算负担开发的。

下一节将给出当前流行 PPP 服务的摘要列表，它分为两类：免费的基于互联网的 PPP 数据处理服务和商业服务。显然，由于技术仍在发展过程中，PPP 领域存在大量的研究和商业活动，因此应谨慎阅读所提供的材料，某些服务可能在未来几年内停止运营或改变，也可能有新服务出现。

12.6.3.1　基于 Web 的服务

基于 Web 的服务通常包含一个网站，在某些情况下，该网站提供免费的注册流程。订阅者通过 http 或电子邮件提交 RINEX 格式的 GNSS 观测文件。GNSS 观测文件由服务的 PPP 测量处理引擎处理，结果通过 http 或电子邮件发送给客户端，处理的时间延迟范围从近乎瞬时到几分钟或更长。定位结果伴随着各种图表、分析和统计，具体取决于服务提供商。随着 PPP 研究的发展，可在其中一些在线处理服务中找到其他功能：双频 GPS、单频 GPS、静态数据、动态数据、附加电离层模型、模糊度解算、GLONASS 数据处理、多星座数据处理以及非测量型接收机数据处理。这些服务可以是公共的、私有的和学术的，并且每种服务都有自己的目的和目标用户群。注意，目前也存在其他基于 Web 的 GNSS 数据处理服务，但它们使用网络基线而非 PPP 处理技术，因此未在此处列出。表 12.8 中给出了部分基于 Web 的 PPP 服务（按运营商的字母顺序排列）。

表 12.8　基于 Web 的 PPP 服务

基于 Web 的 PPP 服务	操 作 者
PPP-Wizard	法国国家空间研究中心
magicGNSS	GMV
APPS——全球差分 GPS（GDGPS）系统的自动精密定位服务	加州理工学院喷气推进实验室
加拿大空间参考系精密单点定位 CSRS-PPP	加拿大自然资源部
GAPS——GPS 分析与定位软件	新不伦瑞克大学

12.6.3.2　商业服务

过去 20 年引入了许多商业 PPP 服务，出现了大量的研发活动与并购。服务提供商是 GNSS 原始设备制造商（OEM）或来自特定工业部门的精密定位和导航服务提供商（如海上定位或精准农业）。

服务通常由多频、多星座大地测量接收机，具有通信卫星 PPP 校正信号接收能力的天线，以及 PPP 用户处理引擎组成。客户为用户设备付费并订购 PPP 校正服务。有些服务提供商会维护自己的全球参考 GNSS 测站网络，生成 GNSS 卫星轨道和时钟校正，同时生成卫星设备延迟校正、电离层和对流层延迟校正，其他服务提供商则利用商业伙伴生成的校正。大多数服务提供各种全球实时定位/导航产品——从 DGPS/DGNSS 到基线和网络 RTK，再到不同版本的 PPP。表 12.9 中给出了部分商业 PPP 服务（按运营商的字母顺序排列）。

表 12.9　商业 PPP 服务

全球商用实时 PPP 服务	操 作 者
Starfix	Fugro
Atlas	Hemisphere GNSS
StarFire	NAVCOM
CORRECT	NovAtel
CenterPoint RTX	Trimble
Apex 和 Ultra	Veripos

参考文献

[1]　Lapucha, D., and M. Huff, "Multi-Site Real-Time DGPS System Using Starfix Link: Operational Results," *ION GPS-92*, Albuquerque, NM, September 16-18, 1992.
[2]　Brown, A., "Extended Differential GPS," *NAVIGATION: Journal of the Institute of Navigation,* Vol. 36, No. 3, fall 1989.
[3]　Kee, C., B. W. Parkinson, and P. Axelrad, "Wide Area Differential GPS," *NAVIGATION: Journal of the Institute of Navigation*, Vol. 38, No. 2, summer 1991, pp. 123-145.
[4]　Ashkenazi, V., C. J. Hill, and J. Nagle, "Wide Area Differential GPS: A Performance Study," *Proc. of the Fifth International Technical Meeting of the Satellite Division of the Institute of Navigation (ION GPS-92)*, Albuquerque, NM, September 16-18, 1992, pp. 589-598.
[5]　Montenbruck, O., and E. Gill, *Satellite Orbits: Models, Methods, Applications*, New York: Springer-Verlag, 2000.
[6]　Remondi, B., "Using the Global Positioning System (GPS) Phase Observable for Relative Geodesy: Differential GPS 383 Modeling, Processing, and Results," Ph.D. Dissertation, Center for Space Research, University of Austin, Austin, TX, 1984.
[7]　Counselman, C., and S. Gourevitch, "Miniature Interferometer Terminals for Earth Surveying: Ambiguity and Multipath with Global Positioning System," *IEEE Trans. on Geoscience and Remote Sensing*, Vol. GE-19, No. 4, October 1981.
[8]　Greenspan, R. L., et al., "Accuracy of Relative Positioning by Interferometry with Reconstructed Carrier, GPS Experimental Results," *Proc. of the 3rd International Geodetic Symposium on Satellite Doppler Positioning*, Las Cruces, NM, February 1982.
[9]　Teunissen, P. J. G., "Least Squares Estimation of Integer GPS Ambiguities," *IAG General Meeting*, Beijing, China, August 1993.
[10]　Hatch, R., "The Synergism of GPS Code and Carrier Measurements," *Proc. of the 3rd International Symposium on Satellite Doppler Positioning*, New Mexico State University, Vol. 2, February 1982.
[11]　Abidin, H., "Extrawidelaning for 'On the Fly' Ambiguity Resolution: Simulation of Multipath Effects," *Proc. of the ION Satellite Division's 3th International Meeting, ION GPS90*, Colorado Springs, CO, September 1990.
[12]　Paielli, R. A., et al., "Carrier Phase Differential GPS for Approach and Landing: Algorithms and Preliminary Results," *Proc. of the 6th International Technical Meeting, ION GPS-93*, Salt Lake City, UT, September 1993, pp. 831-840.
[13]　van Graas, F., D. W. Diggle, and R. M. Hueschen, "Interferometric GPS Flight Reference/Autoland System: Flight Test Results," *NAVIGATION: Journal of the Institute of Navigation*, Vol. 41, No. 1, Spring 1994, pp. 57-81.
[14]　Cohen, C. E., et al., "Real-Time Flight Testing Using Integrity Beacons For GPS Category III Precision Landing," *NAVIGATION: Journal of the Institute of Navigation*, Vol. 41, No. 2, Summer 1994.
[15]　Cohen, C. E., et al., "Flight Test Results of Autocoupled Approaches Using GPS and Integrity Beacons," *Proc. of the ION Satellite Division's 7th International Technical Meeting*, Salt Lake City, UT, September 1994, pp. 1145-1153.
[16]　Leick, A., *GPS Satellite Surveying*, 3rd ed., New York: John Wiley & Sons, 2004.
[17]　van Graas, F., and M. Braasch, "GPS Interferometric Attitude and Heading Determination: Initial Flight Test Results," *NAVIGATION: Journal of the Institute of Navigation*, Vol. 38, No. 4,Winter, 1991-1992, pp. 297-316.
[18]　Potter, J., and M. Suman, "Thresholdless Redundancy Management with Arrays of Skewed Instruments," *AGARD Monograph*, No. 224, NATO, Neuilly sur Seine, France, 1979.
[19]　Walsh, D., "Real-Time Ambiguity Resolution While on the Move," *Proc. of the ION Satellite Division's 5th International Meeting, ION GPS-92*, Albuquerque, NM, September 1992, pp. 473-481.
[20]　Chen, H. C., *Theory of Electromagnetic Waves: A Coordinate-Free Approach*, New York: McGraw-Hill, 1983.
[21]　Golub, G. H., and C. F. Van Loan, *Matrix Computations*, 2nd ed., Baltimore, MD: The Johns Hopkins University Press, 1989.
[22]　Frei, E., and G. Beutler, "Rapid Static Positioning Based on the Fast Ambiguity Resolution Approach 'FARA': Theory and First Results," *Manuscript Geodaetica*, Vol. 15, 1990.
[23]　Hatch, R., "Instantaneous Ambiguity Resolution," *Proc. of the IAG International Symposium 107 on Kinematic Systems in Geodesy, Surveying and Sensing*, New York, September 10-13, 1990.
[24]　Erickson, C., "An Analysis of Ambiguity Resolution Techniques for Rapid Static GPS Surveys Using Single Frequency Data," *Proceedings of The Institute of Navigation ION GPS '92*, Albuquerque, NM, September 1992, pp. 453-462.
[25]　Teunissen, P. J. G., P. J. De Jonge, and C. C. J. M. Tiberius, "Performance of the LAMDA Method for Fast GPS Ambiguity

Resolution," *NAVIGATION: Journal of the Institute of Navigation*, Vol. 44, No.3, Fall 1997, pp. 373-383.

[26] Braasch, M. S., "On the Characterization of Multipath Errors in Satellite-Based Precision Approach and Landing Systems," Ph.D. Dissertation, Department of Electrical and Computer Engineering (Avionics Engineering Center), Ohio University, Athens, OH, 1992.

[27] Wuebbena, G., "The GPS Adjustment Software Package GEONAP—Concepts and Models," *Proc. of the 5th International Geodetic Symposium on Satellite Positioning*, Las Cruces, NM, March 1989.

[28] Kiran, S., "A Wideband Airport Pseudolite Architecture for the Local Area Augmentation System", Ph.D. Dissertation, School of Electrical and Computer Engineering (Avionics Engineering Center), Ohio University, Athens, OH, 2003.

[29] Kuipers, J., *Quaternions and Rotation Sequences*, Princeton, NJ: Princeton University Press, 2002.

[30] Cohen, C. E., "Attitude Determination Using GPS: Development of an All Solid-state Guidance, Navigation, and Control Sensor for Air and Space Vehicles Based on the Global Positioning System," Ph.D. thesis, Stanford University, Stanford, California, December 1992.

[31] Cohen, C. E., "Attitude Determination," in *Global Positioning System: Theory and Applications, Vol. II*, B. Parkinson and J. J. Spilker, Jr., (eds.), Washington, DC: American Institute of Astronautics and Aeronautics, 1996.

[32] Anderle, R. J., "Point Positioning Concept Using Precise Ephemeris," *Proc. of the 1st International Geodetic Symposium on Satellite Doppler*, Las Cruces, NM, 1976, pp. 47-75.

[33] Héroux, P., and J. Kouba, "GPS Precise Point Positioning with a Difference," *Geomatics '95*, Ottawa, Canada, 1995.

[34] Zumberge, J. F., et al., "Precise Point Positioning for the Efficient and Robust Analysis of GPS Data from Large Networks," *Journal of Geophysical Research*, Vol. 102, 1997, pp. 5005-5017.

[35] Kouba, J., and P. Héroux, "Precise Point Positioning Using IGS Orbit and Clock Products," *GPS Solutions*, Vol. 5, No. 2, 2001, pp. 12-28.

[36] Wu, J. T., et al., "Effects of Antenna Orientation on GPS Carrier Phase," *Manuscripta Geodetica*, Vol. 18, 1993, pp. 91-98.

[37] McCarthy, D. D., and G. Petit, (eds.), *IERS Conventions (2003)*, International Earth Rotation and Reference Systems Service Technical Note No. 32, Frankfurt, 2004.

[38] Bisnath, S., and Y. Gao, "Current State of Precise Point Positioning and Future Prospects and Limitations," *International Association of Geodesy Symposia*, Vol. 133, 2009, pp. 615-623.

[39] Laurichesse, D., and F. Mercier, "Integer Ambiguity Resolution on Undifferenced GPS Phase Measurements and Its Application to PPP," *Proc. of ION GNSS 2007*, 2007, pp. 839-848.

[40] Collins, P., "Isolating and Estimating Undifferenced GPS Integer Ambiguities," *Proc. of ION National Technical Meeting 2008*, 2008, pp. 720-732.

[41] Ge, M., et al., "Resolution of GPS Carrier-Phase Ambiguities in Precise Point Positioning (PPP) with Daily Observations," *Journal of Geodesy*, Vol. 82, 2008, pp. 389-399.

[42] Teunissen, P. J., D. Odijk, and B. Zhang, "PPP-RTK: Results of CORS network-Based PPP with Integer Ambiguity Resolution," *Journal of Aeronautics, Astronautics and Aviation, Series A*, Vol. 42, 2010, pp. 223-230.

[43] Melbourne, W. G., "The Case for Ranging in GPS-Based Geodetic Systems," *Proc. of the 1st International Symposium on Precise Positioning with the Global Positioning System*, Vol. 1, U.S. Dept. of Commerce. Rockville, MD, April 15-19, 1985, pp. 373-386.

[44] Wübbena, G., "Software Developments for Geodetic Positioning with GPS Using TI 4100 Code and Carrier Measurements," *Proc. of the 1st International Symposium on Precise Positioning with the Global Positioning System*, Vol. 1, U.S. Dept. of Commerce. Rockville, MD, April 15-19, 1985. pp. 403-412.

[45] Geng, J., et al., "Rapid Re-Convergences to Ambiguity-Fixed Solutions in Precise Point Positioning," *Journal of Geodesy*, Vol. 84, No. 12, 2010, pp. 705-714.

[46] Leandro, R., et al., "RTX Positioning: The Next Generation of Cm-Accurate Real-Time GNSS Positioning," *Proc. of the 24th International Technical Meeting of The Satellite Division of the Institute of Navigation (ION GNSS 2011)*, Portland, OR, September 2011, pp. 1460-1475.

[47] Special Committee 104, *RTCM Recommended Standards for Differential GNSS (Global Navigation Satellite Systems) Service*, Version 2.3 with Amendment 1, Radio Technical Commission for Maritime Services, Alexandria, VA, and May 21, 2010.

[48] Special Committee 104, *RTCM Recommended Standards for Differential GNSS (Global Navigation Satellite Systems) Service*, Version 3.3, Radio Technical Commission for Maritime Services, Alexandria, VA, and October 7, 2016.

[49] Kalafus, R., "The New RTCM SC-104 Standard for Differential and RTK GNSS Broadcasts," *Proc. of the Institute of Navigation ION GPS/GNSS 2003*, Portland, OR, September 2003, pp. 741-747.

[50] Boriskin, A., D. Kozlov, and G. Zyryanov, "The RTCM Multiple Signal Messages: A New Step in GNSS Data Standardization," *Proc. of The Institute of Navigation ION GNSS 2012*, Nashville, TN, September 2012, pp. 2947-2955.

[51] Laurichesse, D., and A. Blot, "Fast PPP Convergence Using Multi-Constellation and TripleFrequency Ambiguity Resolution," *Proc. of The Institute of Navigation ION GNSS+ 2016*, Portland, OR, September 2016, pp. 2082-2088.

[52] Chop, J., et al., "Local Corrections, Disparate Uses: Cooperation Spawns National Differential GPS," *GPS World*, April 2002.

[53] *Broadcast Standard for the USCG DGPS Navigation Service*, COMDTINST M16577.1, United States Coast Guard, Washington, D.C., April 1993.

[54] Proakis, J., *Digital Communications*, 4th ed., New York: McGraw-Hill, 2001.

[55] Enge, P., and K. Olson, "Medium Frequency Broadcast of Differential GPS Data," *IEEE Trans. on Aerospace and Electronic Systems*, July 1990.

[56] DoD/DHS/DHS, *2014 Federal Radionavigation Plan*, U.S. Departments of Defense, Homeland Security, and Transportation, Washington, D.C., May 2015.

[57] Walter, T., and M. B. El-Arini, (eds.), *Global Positioning System: Papers Published in Navigation, Volume VI (SBAS)*, Fairfax, VA: Institute of Navigation, 1999.

[58] Braff, R., and C. Shively, "GPS Integrity Channel," *NAVIGATION: Journal of The Institute of Navigation*, Vol. 32, No. 4, Winter 1985-1986.

[59] Kinal, G., and O. Razumovsky, "Upgrades to the Inmarsat PN Transmission Test Bed," *Proc. of The Institute of Navigation ION GPS '90*, Colorado Springs, CO, September 1990, pp. 315-322.

[60] Navigation Systems Panel (NSP), *Amendment 90 to the International Standards and Recommended Practices, Aeronautical Telecommunications (Annex 10 to the Convention on International Civil Aviation)*, International Civil Aviation Organization, Montreal, Canada, November 2015.

[61] RTCA Special Committee SC-159, *Minimum Operational Performance Standards for Global Positioning System/Satellite-Based Augmentation System Airborne Equipment*, RTCA/DO-229D with Change 1, Washington, D.C., RTCA, February 1, 2013.

[62] Nagle, J., A. J. Van Dierendonck, and Q. Hua, "Inmarsat-3 Navigation Signal C/A-Code Selection and Interference Analysis," *NAVIGATION: The Journal of The Institute of Navigation*, Vol. 39, No. 4, Winter 1992-1993.

[63] Hegarty, C., "Optimizing Differential GPS for a Data Rate Constrained Broadcast Channel," *Proceedings of The Institute of Navigation ION GPS '93*, Salt Lake City, UT, September 1993.

[64] DeCleene, B., "Defining Pseudorange Integrity—Overbounding," *Proc. of The Institute of Navigation ION GPS 2000*, September 2000.

[65] Soddu, C., and O. Razumovsky, "Inmarsat's New Navigation Payload," *GPS World*, November 1, 2001.

[66] Braff, R., "Description of the FAA's Local Area Augmentation System (LAAS)," *NAVIGATION: the Journal of the Institute of Navigation*, Vol. 44, No. 4, winter 1997-1998.

[67] Special Committee 159, *Minimum Aviation System Performance Standards for Local Area Augmentation System (LAAS)*, RTCA DO-245A, December 2004.

[68] Special Committee 159, *Minimum Operational Performance Standards for GPS Local Area Augmentation System Airborne Equipment*, RTCA DO-253C, December 2008.

[69] Special Committee 159, *GNSS-Based Precision Approach Local Area Augmentation System (LAAS) Signal-in-Space Interface Control Document (ICD)*, RTCA DO-246D, December 2008.

[70] van Graas, F., "GNSS Augmentation for High Precision Navigation Services," *AGARD Lecture Series 207, System Implications and Innovative Applications of Satellite Navigation*, June 1996.

[71] van Graas, F., et al., "Ohio University/FAA Flight Test Demonstration of Local Area Augmentation System (LAAS)," *NAVIGATION: The Journal of the Institute of Navigation*, Vol. 45, No. 2, Summer 1998.

[72] Hundley, W., et al., "FAA-Wilcox Electric Category IIIB Feasibility Demonstration Program – Flight Test Results," *Proc. of the Institute of Navigation GPS-95*, September 12-14, 1995.

[73] Kaufmann, D., "Flight Test Evaluation of the E-Systems Differential GPS Category III Automatic Landing System," NASA Ames Research Center, Moffett Field, CA, September 1995.

[74] Cohen, C., et al., "Autolanding a 737 Using GPS Integrity Beacons," *NAVIGATION: The Journal of the Institute of Navigation*, Vol. 42, No. 3, Fall 1995.

[75] Thornberg, D., et al., "LAAS Integrated Multipath-Limiting Antenna," *NAVIGATION: the Journal of the Institute of Navigation*, Vol. 50, No. 2, summer 2003.

[76] Bartone C., and F. van Graas, "Ranging Airport Pseudolite for Local Area Augmentation," *IEEE Trans. on Aerospace and Electronic Systems*, Vol. 36, No. 1, January 2000.

第 13 章　GNSS 与其他传感器的组合及网络辅助

J. Blake Bullock, Mike King

13.1　概述

在前面几章中，我们将 GNSS 接收机视为采样间隔约为 1s 的离散时间位置/速度传感器。在 GNSS 接收机的更新周期之间、天线被遮蔽期间及受干扰期间，都需要提供连续的导航，这种需求推动了 GNSS 与各种其他传感器的组合。最常用来与 GNSS 组合的传感器是惯性传感器，但要列清单的话还包括多普勒测速仪（多普勒速度/高度计）、高度计、速度计和里程表等。针对这种组合广泛使用的方法是卡尔曼滤波器（一种数学估计器）[1]。卡尔曼滤波器可以最优地估计被高斯白噪声干扰的线性系统的瞬时状态，并且可以接近实时地更新它们，或经过后处理后更新它们。卡尔曼滤波器的关键属性之一是，它提供了一种利用间接测量值来推断信息的方法。它不必直接读取控制变量，而是可以读取一个间接测量值（包括关联的噪声）并且估计控制变量。在 GNSS 应用中，如本章后面所述，控制变量是位置、速度、时间和可能的姿态误差。间接测量值是 GNSS 伪距（PR）、伪距率（PRR）和/或 Δ 距离（有时称为 Δ 伪距）。

除了与其他传感器组合，GNSS 传感器也极其适用与通信网络组合。例如，现在的手机中都包含嵌入式 GNSS 引擎，这个引擎可在发生紧急情况时确定用户的位置，或者支持各种基于位置的服务（LBS）。这些手机通常在室内使用，或者在因 GNSS 信号严重衰减而需要花很长时间解调（甚至无法解调）GNSS 导航数据的其他地区使用。然而，借助于网络辅助，可以跟踪微弱的 GNSS 信号并且快速确定手机的位置。网络可从视野良好的 GNSS 接收机或其他来源得到必要的 GNSS 导航数据。此外，网络可以采用许多其他的方式来辅助手机，如提供授时和粗略位置估计。这种辅助能够极大地提高手机中内嵌的 GNSS 传感器的灵敏度，使得手机可在更深的室内或 GNSS 信号衰减严重的其他环境中定位。

在 GNSS/惯性组合的军事和其他应用中，惯性导航系统（INS）通常可视为主传感器，它提供不受人为或非人为干扰影响的参考轨迹，而 GNSS 提供的测量结果可用于定期更新绝对位置并减少误差增长。13.2 节中介绍这种组合。不过，在许多商用系统中，两者的角色可以互换，可以使用成本低廉的一套惯性传感器、其他传感器甚至数字地图来增强 GNSS（填补城市峡谷中可能出现的覆盖缺口）。13.3 节中详细讨论这种系统。

除本节的概述外，本章还包括四节。13.2 节中详细介绍 GNSS/惯性组合的目的。由于 INS 在这类组合中非常重要，因此首先综述惯性导航，包括惯性传感器和完整 INS 的误差表现。然后描述卡尔曼滤波器，包括典型的卡尔曼滤波器实现示例。最后介绍和讨论各类 GNSS/惯性组合。

13.3 节中介绍用于陆地车辆的传感器组合。首先讨论陆地车辆应用中 GNSS/惯性组合的实现问题，然后描述传感器及其与卡尔曼滤波器的组合，以及实际多传感器系统在现场测试期间采集的测试数据。

13.4 节中讨论使用网络辅助来增强 GNSS 性能的方法，介绍网络辅助技术、性能和新兴标准。

13.5 节介绍如何使用混合定位将定位系统扩展到室内和 GNSS 信号被阻塞的其他区域，其中混合定位系统中结合了 GNSS、低成本惯性传感器及可在移动设备上使用的其他 RF 信号。

13.2 GNSS/惯性组合

GNSS 传感器和惯性传感器在导航过程中是一种协同关系。两类传感器的组合不仅能够克服单一传感器的性能问题，而且能够形成性能超过单一传感器的系统。GNSS 提供有限的精度，而惯性系统的精度则随时间下降。GNSS 传感器不仅限定了导航误差，而且能够校准惯性传感器。在导航系统中，GNSS 接收机的性能问题包括：易受外界干扰、首次定位（即第一个位置解）时间、阻塞导致的卫星信号中断、完好性和信号重捕能力。与惯性传感器有关的问题是未被校准的长期精度差、成本高。

本节首先在前面概述的基础上，详细讨论 GNSS 传感器（13.2.1 节）和惯性传感器（13.2.2 节）的缺点；然后介绍卡尔曼滤波（13.2.3 节）；最后描述各种实用的 GNSS/惯性组合及它们的性能特征（13.2.4 节至 13.2.6 节）。

13.2.1 GNSS 接收机性能问题

单独使用 GNSS 作为导航源的一个主要问题是信号中断。信号中断由 GNSS 天线被地形或人造结构（如建筑物、车辆结构和隧道）遮蔽导致，或由外部源的干扰导致。图 13.1 中给出了信号中断的一个例子。图中的每条竖线都表示在城市环境下行驶时被遮蔽的时间段。建筑物导致的遮蔽时间段（即可见卫星不足 3 颗时）由图 13.1 下半部分的黑线表示（该实验是在使用 GPS 接收机、遮蔽角为 5°以上、可用于测距的 GPS 卫星数量为 5～6 颗的条件下进行的）。只有 3 颗卫星的信号可用时，多数接收机会恢复到二维导航模式，即高度要么是最后已知的高度，要么是从外部源获得的高度。可用卫星数少于 3 颗时，有些接收机要么不产生位置解，要么外推最后的位置和速度解——航位推算（DR）导航。惯性导航系统（INS）可以用做惯性轮，在遮蔽中断期间提供导航。

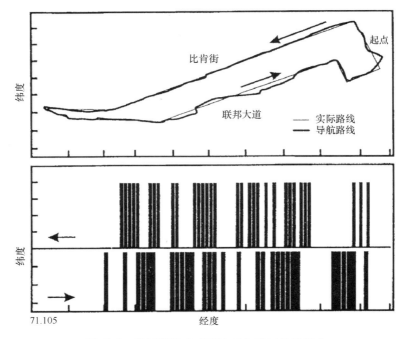

图 13.1　信号阻塞对 GNSS 接收机工作的影响

在实时应用中，尤其是在与车辆控制相关的应用中，某些设备中 GNSS 解的离散时间性质也是值得关注的。如图 13.2 所示，若在两次更新之间车辆的路径发生变化，则外推上一个 GNSS 测量值会在估计位置和真实位置之间产生误差。对于战斗机这类高动态平台的影响尤为严重。在要求连续精密导航的应用中，可以使用惯性传感器。另一种解决方案是使用提供更高速率测量输出的 GNSS 接收机。原则上，若 L 波段载波的相位锁定得到维持，则通过载波相位跟踪输出，GNSS 接收机内部可以获得近乎完美的、以最低速率 50 Hz 维持的速度参考。这样的速度参考可能需要定制接收机的输出，并且要针对与波长转换关联的翻转（即超过 360°）校正载波相位。本章后面讨论的卡尔曼滤波器输入——GNSS Δ 距离测量值是由载波相位差构建的。

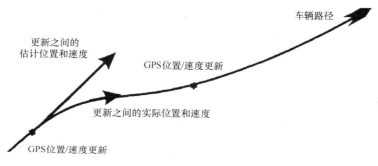

图 13.2　在动态环境中外推 GNSS 导航解

除了能在短时 GNSS 遮蔽中断期间及 GNSS 传感器的两次位置输出之间提供导航连续性，使用卡尔曼滤波器（见 13.2.3 节）校准后的 INS 还可通过其他两种方式来改进 GNSS 接收机的性能。首先，可以使用组合滤波器维持的信息来缩短因干扰或遮蔽而失锁的 GNSS 信号的重捕时间；其次，可以使用组合滤波器辅助接收机的跟踪环路，扩展信号跟踪的门限。自从设计出第一套 GPS 装置以来，人们就一直在使用这两种技术[2]。第一种增强方式（通常称为预定位）使用组合滤波器的位置和速度、时间和频率误差估计，来计算信号的码相位和多普勒的一个先验估计。若组合的位置和定时误差小于半个码片［如对 GPS C/A 码约为 150m，对 GPS P(Y) 码约为 15m］，则基本上可以瞬间重捕失锁的信号，因为预定位将跟踪误差限制在环路误差检测器的线性范围内（见 8.7 节）。类似地，根据组合滤波器对速度和信号频率的估计值，可以预测待重捕信号的多普勒频率；若这些估计值在频率误差检测器的线性范围内（见 8.6.1.3 节），则基本上可以实现瞬时信号捕获。例如，若使用具有 5ms 预检测积分区间（PDI）的反正切误差检测器，则可容忍的组合频率误差可以大到 50Hz（见 8.6.1.3 节，相当于 10m/s 的速度精度），使用导航级惯性测量单元（IMU）很容易实现，使用战术级 IMU 也有实现的可能[3]。一般来说，若导航滤波器的设计是鲁棒的（即其协方差矩阵与导航解的误差一致），则可由滤波器的协方差矩阵来确定与预测的码相位和多普勒关联的不确定性。例如，若 $\boldsymbol{P}_4$ 是对应于位置和时间误差的滤波器协方差矩阵的 4×4 块，则与预测的码相位关联的误差方差可由下式计算：

$$\sigma_{\mathrm{cp}}^2 = \boldsymbol{h}^{\mathrm{T}} \boldsymbol{P}_4 \boldsymbol{h}$$

(13.1)

式中，$\boldsymbol{h}$ 是滤波器对感兴趣卫星的测量梯度矢量，由感兴趣卫星的视线（LOS）单位矢量（前三个元素）和用户时钟相位误差的单位灵敏度（第四个元素）组成。一般来说，式(13.1)中协方差矩阵 $\boldsymbol{P}_4$ 的各个元素的单位是 m^2。这时，码相位误差方差 σ_{cp}^2 的单位也是 m^2。给定由式(13.1)预测的误差方差后，就可求出预测码相位的合适搜索范围。通常选择 3σ 搜索区域，对应于 $3\sigma_{\mathrm{cp}}$。这就确保了信号出现在选定搜索区域内的概率较高（假设概率分布服从联合高斯分布时约为 99%）。图 13.3 中说明了码相位和频率搜索区域的二维性质。对于所选的例子[如图所示,对应于相对较强的 GPS P(Y) 信号（载噪比为 42dB-Hz）],预定位信息已将搜索区域限定为 1kHz 的多普勒不确定性（对应于约 40 个频率分格）和 200m 的码不确定性（如图所示,对应于约 15 个半码片）。这些不确定性区域关于期望码相位和多普勒是对称的,期望值对应于图中搜索空间的中心。搜索空间中的信号位置清晰可见,相对于期望位置有偏移,但仍然在既定的区域内。

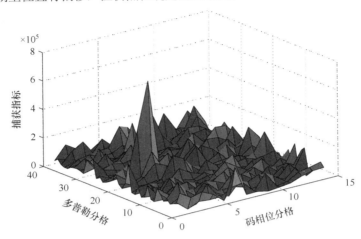

图 13.3　预定位支持捕获/重捕过程

如前所述,预定位通过两个维度上的压缩来大幅减小搜索空间。若剩余单元的数量（即二维搜索区域中半码片与所选多普勒分格大小的子集数量）小于等于可用的接收机相关器数,则可执行并行搜索来重捕信号。使用按其他方式校准的 INS,这种技术也可用于 GNSS 信号的初始捕获。

如本节前面所述,可以使用由卡尔曼滤波器校正的 INS 速度输出值,在不利的信号条件下扩展信号跟踪能力。从根本上讲,任何跟踪环路都执行三个功能：衰减传到卡尔曼滤波器的观测值中的噪声；跟踪安装有接收机的载体的动态；跟踪接收机振荡器的动态。使用 INS 辅助可以有效地消除对第二个功能的需求,显著降低跟踪环路的带宽,进而在较低的信噪比下进行跟踪。一般来说,对跟踪接收机振荡器的动态特性的需求会为减小带宽和扩展跟踪设置一个下限。如 13.2.8 节讨论的那样,可以对码和载波跟踪都实行跟踪环路辅助。结合使用数据辅助、高质量 IMU（如高端战术级）和 GNSS 接收机内的高质量参考振荡器时,扩展码跟踪的能力可达到接近 75dB 的 J/S 级别[4, 5]。

使用 GNSS 时,需要关注的另一个方面是完好性（见 11.4 节）,在商用飞机应用中尤其如此。异常的 GNSS 卫星信号可能会导致计算位置错误。使用惯性元件可将 GNSS 伪距测量值与统计限值（通常为 3σ 偏差）进行比较,进而舍弃那些超出限值的测量值。INS 元件（即陀螺仪和加速度计）也会发生故障。历史上,人们使用冗余的 INS 或陀螺仪和/或加速度计来提高可靠性。

13.2.2　惯性导航系统综述

13.2.2.1　惯性系统分类

在讨论所有惯性系统中使用的传感器之前,需要说明两类基本惯性系统之间的区别。INS 大致分为两类：平台式和捷联式[6, 7]。两个类别之间的基本区别在于维持导航所用坐标框架的方法不同：在平台式系统中,通过保留一个平台对坐标框架进行物理上的机械编排,这个平台通常是导航坐标系本身,或者是通过一个已知变换（例如平台式系统游移方法机械编排中的方位角）来关联导航坐标系的坐标系。平台通常保持为当地水平式的（即相对于地平线是水平的）,其中加速度计能够直接感测载体加速度的水平分量。然而，使用空间稳定平台式定向（如航天飞机的惯性系统所用的平台式定向）则是非当地水平平台式系统的一个例子。概括地说，在平台式惯性系统中，传感器被维持在某个优选方向上，一般与载体的姿态变化相隔离。另一方面，在捷联式机械编排中，仪器固连在载体中（例如，沿机头方向、左机翼方向及与这两个方向垂直的第三个方向固定装置）。导航坐标系通过计算载体的机体坐标系（惯性传感器所装置之处）与导航坐标系之间的变换以数学方式而非物理方式来维持：这个变换通常称为方向余弦矩阵，但其机械编排通常作为用来提高效率的一个四元数或旋转矢量[6, 7]。

两类系统的相对优缺点是众所周知的。由于维护物理平台需要额外的硬件支持，平台式系统往往更昂贵；而捷联式系统的计算需求则更高（主要用于维持方向余弦矩阵）。历史上，高精度导航系统几十年前主要使用平台式系统，而短时飞行应用（如导弹拦截问题）中主要使用捷联式系统。然而，微处理器和惯性传感器技术的进步改变了这一趋势，使得捷联惯性系统成为大多数应用的选择。微处理器的改进使得方向余弦矩阵的高速计算变得相对容易，而光学陀螺（即环形激光器和光纤）的出现使其设计没有机械陀螺那样明显的加速度灵敏度。这一点非常重要，因为捷联式传感器会历经完整的载体动态特性，在高动态应用中出现相对于平台式系统的额外误差。在以下关于惯性导航的讨论中，捷联式惯性导航系统是重点，因为它在 GNSS/INS 系统中有着最广泛的应用。关于捷联式导航的透彻论述，请参阅文献[7]。

13.2.2.2　惯性导航系统传感器

下面回到两类惯性传感器上来，即陀螺仪和加速度计。陀螺仪的输出是一个信号，这个信号与关于输入轴的角运动（$\Delta\theta$）成正比；加速度计的输出也是一个信号，但这个信号与沿输入轴感测到的速度变化（Δv）成正比。陀螺仪和加速度计也可用来感测多个轴上的角速度或加速度——分别称为单自由度（SDOF）传感器或两自由度（TDOF）传感器。三轴 IMU 需要 3 个 SDOF 陀螺仪和 3 个 SDOF 加速度计来确定三维位置和速度。

陀螺仪感测的惯性角速度的误差一般可用式(13.2)表示，式中汇总了未对准、标度因子误差、偏差和加速度灵敏度的影响：

$$\delta\omega = M_{gyr}\omega + b_{gyr} + Ga \tag{13.2}$$

式中，$\delta\omega$ 是三维角速度误差矢量，ω 是三维角速度矢量，b_{gyr} 是三维陀螺偏差，a 是传感器轴向的三维加速度矢量，M_{gyr} 是陀螺仪标度因子误差和未对准矩阵，G 是加速度敏感误差效应矩阵。

M_{gyr} 的对角线元素表示标度因子误差，非对角线元素表示未对准。未对准由各个传感器相对于 IMU 箱体的未对准及相对于载体上安装的箱体的未对准组成。传感器轴的未对准通常由供应商控制和规定，它表示 6 个不相关的误差分量。安装未对准可以表示为三个正交的旋转，并且通常要比传感器相对于箱体的内部未对准大得多。标度因子不对称很重要，因此要纳入高保真模型：不对称模型通常是传感器特定的，标度因子并且可能与某些设计的角速度的绝对值成正比，或与其他设计的角速度的平方成正比。陀螺仪偏差分量可以表示为有界的、时间相关的随机过程（即马尔科夫过程），具有确定的相关时间；或者表示为由白噪声驱动的初始偏差水平（即随机游走），或者表示为由第二个偏差分量驱动的偏差水平（即随机斜升）。这些误差源也有温度敏感性，一般由供应商补偿到不显著的误差水平。其他可能较大的误差源包括 g^2 灵敏度（与各个轴向加速度的乘积成正比的误差项）、振动整流误差（与振动成正比的偏差分量）、与各个轴向角速度分量的乘积成正比的不等惯性效应，以及角加速度灵敏度。

式(13.3)是加速度传感器感测到的比力误差，它汇总了未对准、标度因子误差和偏差的影响：

$$\delta f = M_{acc}f + b_{acc} \tag{13.3}$$

式中，δf 是三维比力误差矢量，f 是三维比力矢量，b_{acc} 是三维加速度计偏差，M_{acc} 是加速度计标度因子误差和未对准矩阵。

注意，这里使用比力代替了加速度，因为传感器无法区分惯性和重力加速度分量。M_{acc} 的对角线元素表示标度因子误差，非对角线元素表示未对准。未对准包括各个传感器相对于 IMU 箱体的未对准和载体上安装的箱体的未对准。传感器轴未对准通常由供应商控制和规定，表示 6 个不相关联的误差分量。安装未对准可以表示为 3 个正交旋转，且通常要远大于传感器相对于箱体的内部未对准。标度因子不对称很重要，因此要纳入高保真模型：不对称模型通常是传感器特定的，并且可能与某些设计的比力绝对值成正比，或者与其他设计的比力平方成正比。加速度计偏差分量可以表示为有界的、时间相关的随机过程（即马尔可夫过程），或表示为白噪声驱动的初始偏差水平（即随机游走），或表示为第二个偏差分量驱动的偏差水平（即随机斜升）。这些误差源也有温度敏感性，一般由供应商补偿到不显著的误差水平。其他可能较大的误差源包括 g^2 灵敏度（与各个轴向加速度的乘积成正比的误差项）、振动整流误差（与振动成正比的偏差分量）、角速度叉积效应（与每个灵敏元件相对于仪器中心的误差偏移成正比）和角加速度灵敏度（与灵敏元件的误差偏移成正比）。

图 13.4 中上面的曲线显示了三类惯性传感器的性能（注意，CEP 是交付精度指标，是一个圆的半径，其中 50%的射弹预计落在这个半径范围内，见 11.2.3 节）。当这些系统与 GNSS 组合时，下面的曲线表示 GNSS/惯性组合（GNSSI）系统的性能。因此，在导航系统的运行过程中，当 GNSS 和惯性元件同时工作时，惯性导航误差受限于 GNSS 解的精度。

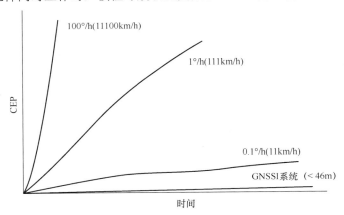

图 13.4   导航精度比较

GNSS 接收机对惯性子系统工作的一个重要贡献是惯性传感器的校准（见图 13.5；注意，MRE 是另一个交付精度指标，即平均径向误差，它是所有射弹脱靶量的均值）。惯性设备必须满足两次开机之间的漂移需求（陀螺仪每次上电时，其初始漂移率是不同的）。主要误差是陀螺仪和加速度计偏差，它们通常是惯性或 GNSSI 卡尔曼滤波器中的 6 个状态，详见本节稍后的讨论。

13.2.2.3　惯性导航系统误差表现

如文献[3]中所述，惯性导航系统可以进一步分为战术级、导航级或战略级。可以使用陀螺仪与加速度计偏差水平和标度因子误差水平来区分等级：对于战术级，陀螺仪偏差水平一般超过 1°/h，商业设计可达 1500°/h 以上，而标度因子误差一般超过 100ppm，可达 1000ppm 以上。对于导航级，陀螺仪偏差水平一般超过 0.001°/h，可达 1°/h，而标度因子误差一般超过 10ppm，可达 100ppm 以上。最后，战略级陀螺仪的预期性能要好于导航级陀螺仪。对于战术级，加速度计偏差水平一般超过 1mg，商业应用可达 10mg 以上，而标度因子误差一般超过 100ppm，可达 1000ppm 以上。对于导航级，加速度计偏差水平一般超过 1μg，可达 100μg 以上，而标度因子误差一般超过 1ppm，可达 10ppm 以上。最后，战略级加速度计的预期性能要好于导航级加速度计。

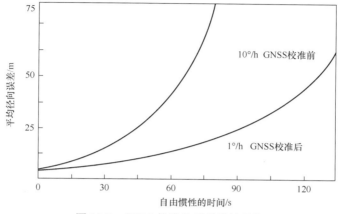

图 13.5　GNSS 校准前后的惯性导航

传统上，INS 误差性能以海里/小时（nm/h）为单位分级表征。导航级 INS 误差性能预计约为 1nm/h，战略级和战术级的 INS 误差性能分别为 0.02nm/h 和 20nm/h。尽管这样的分级对 INS 独立运行有好处，但一般在表征组合 GNSS 性能时是没有用的。传统的海里/小时等级对应于位置误差漂移，后者则对应于有效水平轴陀螺仪偏差水平；例如，1°/h 的有效"东向"陀螺仪偏差会在 INS 速度误差北向分量中产生约一个偏差水平的舒勒振荡（周期为 84 分钟的 INS 误差动态，见本节稍后的介绍）。通过地球半径的缩放后，这个偏差水平就是已转换为弧度/小时的陀螺仪偏差，它会在数小时的时段上产生位置误差斜升（长期 INS 误差动态将导致周期约为 24 小时的误差效应，降低长期有效位置漂移率）。1nm/h 等级大致对应于 0.0016°/h 的陀螺仪偏差[3]，后者同样经过了地球半径的缩放。GNSS 中断通常不会持续数小时，并且 INS 的短期误差传播会超过海里/小时等级隐含的误差，详见后面的讨论。

13.2.2.4　惯性导航系统误差动态

人们对 INS 误差动态已经分析了数十年，许多教科书一直致力于这一主题[8-10]。因此，下面只简单回顾固有误差动态而不加以推导。所有的推导都依赖于一个基本假设，即 INS 姿态误差会小到我们可将其视为三维矢量，并且姿态误差分量的正弦可被单位是 rad 的姿态误差代替，姿态误差的余弦可被 1 代替。误差动态的一般形式如下：

$$\mathrm{d}x/\mathrm{d}t = Fx + b \tag{13.4}$$

式中，$\mathrm{d}x/\mathrm{d}t$ 是误差矢量 x 的时间变化率；x 是一个 9 维矢量，它表示 INS 位置误差的三个分量、INS 速度误差的三个分量及 INS 姿态误差的三个分量；F 是一个 9×9 矩阵，表示 INS 的（非受迫）误差动态；b 是一个 9 维受迫函数，表示陀螺仪和加速度计误差（包括重力建模误差）的影响。

在式(13.4)中，误差矢量 x 在导航坐标系中表达，由上标 N 表示。这个坐标系可选为多个当地水平坐标系加（见 2.2.3 节），如东北上（ENU）、北东下（NED），或选为不固定方位角方向的当地水平坐标系（如游移方位或自由方位坐标[7]）。另外，由于要强调 GNSS 组合，我们更常选择地心地固（ECEF）坐标系（见 2.2.2 节）。GNSS 卫星位置和速度计算已对 ECEF 坐标系优化，因此在这个坐标系中表示 INS 误差动态可节省计算量。这个坐标系是后述公式的基础。回到式(13.4)，动态矩阵 F 决定初始位置、速度和姿态误差如何随时间传播，因此可以确定基础误差动态的频率成分（即前面提到的舒勒和地球自转速度动态）和稍后述及的与垂直通道相关的不稳定性。受迫矢量 b 在导航坐

标系中的形式为

$$b^{NT} = [0^T b_v^T b_\varphi^T] \tag{13.5}$$

式中，T 表示矢量转置；0 表示零矢量；b_v 表示受迫速度误差方程矢量；b_φ 表示受迫姿态误差方程矢量。

　　由于陀螺仪和加速计误差位于捷联机械编排的传感器（S）坐标系中，因此 b_v 和 b_φ 可写为

$$b_v = {}_N C_S \delta f + \delta g^N \tag{13.6}$$

$$b_\varphi = {}_N C_S \delta\omega \tag{13.7}$$

式中，${}_N C_S = {}_N C_{BB} C_S$，${}_N C_S$ 是从 S（传感器）坐标系到 N（导航）坐标系的方向余弦矩阵；${}_B C_S$ 是 B（机体）坐标系和传感器坐标系之间的固定变换；δg^N 是重力建模误差，最好在 N 坐标系中表示。

　　在介绍 F 矩阵的通式并回顾其揭示的基础 INS 误差动态的频率成分之前，值得注意的是，即使是相对恒定的陀螺仪和加速度计偏差，也会在导航坐标系中产生随时间变化的误差效应，因为机体和导航坐标系之间的方向变了（即方向余弦矩阵 ${}_N C_B$ 的调制效应）。在导航坐标系中表示导航误差矢量时，将 F 表示为 9 个 3×3 分块矩阵，可更好地理解 F 矩阵的通式：

$$F_{11} = [0], F_{12} = I, F_{13} = [0]$$
$$F_{12} = F_{vp}, F_{22} = F_{vv}, F_{23} = [fX] \tag{13.8}$$
$$F_{31} = [0], F_{32} = [0], F_{33} = F_{\varphi\varphi}$$

式中，[0] 是一个 3×3 零矩阵；I 是 3×3 单位矩阵；$[fX]$ 是用比力矢量的分量构建的 3×3 斜对称矩阵。

　　在给出 F 的其他分块的公式之前，需要注意如下两点：首先，F_{12} 分块意味着 INS ECEF 位置坐标系分量只由对应的 INS ECEF 速度误差分量驱动，原因是使用 ECEF 坐标（对于当地水平坐标系，F_{11} 分块不为零）带来了简化。其次，将 INS 姿态误差耦合到 INS 速度误差变化率的 F_{23} 分块，主要通过处理 GNSS 距离变化率信息来校准陀螺仪偏差。遗憾的是，使用 ECEF 坐标掩盖了关于基础误差动态的信息：在当地水平坐标系中表达时，很明显，只用重力加速度就能估计关于当地坐标轴的姿态误差，而观测航向误差需要水平面内的某种机动。使用 ECEF 表示时，这种敏感性就不那么明显了。

　　F_{vv} 分块表示速度分量之间的科里奥利耦合，其中速度分量与 ECEF 和惯性坐标系之间的旋转速率相关：

$$F_{vv} = [\Omega x] \tag{13.9}$$

式中，Ω 是一个矢量，表示 ECEF 坐标系中的地球自转速率。

　　F_{vp} 分块表示 INS 位置误差对加速度误差的重力模型误差分量的影响，它导致垂直通道不稳定，在所有采用依赖高度的重力模型的惯性导航仪中，产生呈指数发散的高度误差。换言之，重力模型用于校正变换后的加速度计输出的垂直加速度分量。正高度误差得到一个很小的重力补偿误差，导致一个正垂直加速度误差，并且通过两次积分得到一个更大的高度误差。

$$F_{vp} = -(g_0/R_e)[I - 3u_h u_h^T] \tag{13.10}$$

式中，g_0 是零高度处的重力加速度；R_e 是地球的赤道半径；u_h 是垂直方向上的单位矢量，用 ECEF 坐标表示。

　　最后，ECEF 坐标系中 F 矩阵的 $F_{\varphi\varphi}$ 分块也得以简化：

$$F_{\varphi\varphi} = [\Omega x] \tag{13.11}$$

　　完整的 9×9 矩阵 F 现在已经完成。回顾可知，它表示 INS 的非受迫误差动态；因此，如前所述，考虑其频率成分是有意义的。若 INS 是非加速的，则可用非受迫动态方程的拉普拉斯变换

来检查误差的基础频率成分[8]：

$$sX(s) = FX(s) + W(s) \tag{13.12}$$

$$X(s) = (sI - F)^{-1} W(s) \tag{13.13}$$

式中，$()^{-1}$ 表示矩阵求逆。

　　式(13.13)中逆矩阵的行列式给出了所需的特征方程，分解这个方程后就可看到地球自转速率振荡（24 小时周期）、先前引用的无阻尼舒勒频率上的振荡（84 分钟的周期）和 Foucalt 频率上的阻尼舒勒振荡（按纬度正弦缩放的地球自转速率）。注意，误差的频率成分促使人们开始考虑如何近似 INS 误差方程，这在理解（相对于舒勒动态的）短周期 GNSS 损耗的误差表现方面非常有意义。关于 INS 误差动态"中期"和"短期"近似的推导，请参阅文献[7]。短期动态适用于 10 分钟或更短的中断，可将陀螺仪偏差和加速度计偏差对 INS 位置误差增长的影响简化为

$$\delta_p = b_{acc} \Delta t^2 / 2 \tag{13.14}$$

$$\delta_p = g b_{gyr} \Delta t^3 / 6 \tag{13.15}$$

式中，b_{acc} 和 b_{gyr} 分别是加速度计和陀螺仪偏差，g 是重力加速度，Δt 是 GNSS 中断的持续时间。

　　由式(13.14)和式(13.15)就可了解 GNSS 更新之间的误差增长。注意，这些误差效应可能会大大超过 INS 的海里/小时等级，后者表征多个舒勒周期上的误差行为：残留（未校准）加速度计偏差会在短期内产生二阶位置误差增长，残留陀螺仪偏差会产生三阶位置误差增长。至此，我们完成了对 INS 误差动态的讨论，下面介绍卡尔曼组合滤波器的设计。

13.2.3　卡尔曼滤波器作为系统组合器

13.2.3.1　卡尔曼滤波综述

　　卡尔曼滤波器很容易满足 GNSS 与 INS 组合的要求：如前所述，与 INS 误差传播关联的误差方程适用于线性状态空间模型，其中后者匹配于由卡尔曼滤波器假设的动态模型。类似地，接收机得到的周期性 GNSS 伪距和伪距率或 Δ 距离测量更新，也可用卡尔曼滤波器的测量模型来很好地表示。在介绍滤波器的方程之前，下面给出一些适当的说明。在与基础误差动态相关的某些条件下[11]，滤波器是一种最优估计器，因为它最小化其状态估计中的均方误差。此外，卡尔曼滤波器是唯一一种以协方差矩阵的形式估计其精度的滤波器。如稍后讨论的那样，这个特征允许相对于误差测量更新有一定的鲁棒性。然而，不充分的统计模型可能会显著降低滤波器性能，甚至导致滤波器发散。

　　图 13.6 中给出了卡尔曼滤波器算法。该滤波器是一个数学算法，它在离散的历元时刻（由下标 k 索引）使用有噪声的测量值矢量 z（可能是时变的）生成状态矢量 x 的估计值，其中 z 的协方差 R 在每个历元都是已知的。一般来说，状态矢量 x 是感兴趣的变量集（例如某些组合导航系统中的 INS 误差），$\hat{x}$ 表示滤波器对状态矢量的估计。对于 INS 状态矢量变量，滤波器的动态模型遵循 INS 误差动态特性，如式(13.4)所示。除非逼近式(13.4)表示的 INS 线性误差动态（例如用短期或中期表示），否则至少需要 9 个状态才能充分地表示它们。额外状态的选择取决于 GNSS 可用时对 INS 实

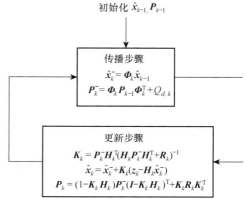

图 13.6　卡尔曼滤波器处理架构

时校准的需要和主机的动态，下一节中将介绍一系列可能的状态选择。由于卡尔曼滤波器算法必须在离散时间上运行，所以可假设动态矩阵 $\boldsymbol{F}$ 为分段常数，且可在离散时间间隔上由对应的 $\boldsymbol{\Phi}$ 矩阵很好地近似：

$$\boldsymbol{\Phi} = \boldsymbol{I} + \boldsymbol{F}\Delta t + \boldsymbol{F}^2 \Delta t^2 / 2 + \cdots \tag{13.16}$$

式中，$\boldsymbol{I}$ 是 $n \times n$ 单位矩阵，n 是状态矢量的维数，Δt 是传播间隔。

根据主机动态的严重性，在 Δt 上对 $\boldsymbol{\Phi}$ 进行一阶或二阶近似通常是足够的。作为在 $\boldsymbol{\Phi}$ 的展开式中包含更多项的备选方案，可以减小 Δt，结果对于图 13.6 中的每个测量更新步骤会有多个滤波器传播步骤。

除用于状态传播外，矩阵 $\boldsymbol{\Phi}$ 还用于传播协方差矩阵 $\boldsymbol{P}$，如图 13.6 所示。初始化完成后，协方差矩阵跟踪滤波器在每个估计中的不确定性：例如，协方差矩阵中的第一个对角线元素值 $4.0\mathrm{m}^2$ 意味着滤波器认为其对位置误差的 x 分量（在 ECEF 坐标系中）的估计精度为 $2\mathrm{m}$（1σ）。除了通过 $\boldsymbol{\Phi}$ 中嵌入的 INS 误差动态模型来传播协方差矩阵的项，离散过程噪声（$\boldsymbol{Q}_{\mathrm{d}}$）矩阵也添加到了传播方程中，表示未建模动态导致的状态不确定性的增加。未建模动态包括未包含在状态矢量中的误差状态的影响，以及最好建模为真正随机效应的误差源。随机效应通常包括与每个加速度计相关的速度随机游走及与每个陀螺仪相关的角度随机游走，至少对战术级 IMU 来说如此。最后，过程噪声矩阵用于建模状态动态分量，这些分量被表示为随机变量，如表示为随机游走的陀螺仪偏差。注意，图 13.6 中的矩阵 $\boldsymbol{Q}_{\mathrm{d}}$ 是离散过程噪声，类似于 $\boldsymbol{F}$ 和 $\boldsymbol{\Phi}$ 之间的关系，可由其对应的连续时间过程噪声求出：

$$\boldsymbol{Q} = \int \boldsymbol{\Phi} \boldsymbol{Q} \boldsymbol{\Phi}^{\mathrm{T}} \, \mathrm{d}t \tag{13.17}$$

式中，积分是在传播区间 Δt 上进行的，$\boldsymbol{Q}$ 是过程噪声协方差，它出现在描述协方差矩阵随时间演化的微分方程中。

在 GNSS/INS 组合中使用卡尔曼滤波器时，式(13.17)可以简单但充分地近似为 $\boldsymbol{Q}_{\mathrm{d}} = \boldsymbol{Q}\Delta t$。最后，在设计卡尔曼滤波器时，通常可将 $\boldsymbol{Q}$ 矩阵的元素视为调谐参数，详见关于特定滤波器设计的讨论。

如图 13.6 中的测量更新方框所示，滤波器测量模型包括一个 $\boldsymbol{H}$ 矩阵和一个 $\boldsymbol{R}$ 矩阵。讨论 PDOP 时介绍的 $\boldsymbol{H}$ 矩阵（见 11.2.1 节），表示 GNSS 测量值与状态矢量之间的线性关系。因此，它包括估计主机和卫星位置之间的单位 LOS 矢量，以及对与 GNSS 相关的任何其他模型状态的灵敏度。这些状态至少包括与 GNSS 接收机振荡器相关的时间和频率误差。对于 GNSS PR 测量值，单位 LOS 矢量表示位置误差的可观测性，而振荡器相对于 GNSS 系统时的时间偏移是直接观测的，如下所示：

$$\boldsymbol{h}_i = [\boldsymbol{u}_i^{\mathrm{T}} \cdots 1 \ 0] \tag{13.18}$$

式中，$\boldsymbol{h}_i$ 表示 PR 测量值矩阵 $\boldsymbol{H}$ 的第 i 行，它对应于码跟踪中的第 i 颗卫星，$\boldsymbol{u}_i$ 是在 ECEF 坐标系中表示的单位矢量，1 表示时钟时间误差可观测性。

注意，出于保持数值稳定性的考虑，GNSS 时钟授时误差的单位最好使用米，以避免在 $\boldsymbol{H}$ 中因使用光速而产生 8 个数量级的动态范围。还要注意，时钟时间和频率误差都被假设为由式(13.18)和式(13.19)中的滤波器建模的最后两个状态。

对于 GNSS PRR 或多普勒测量值，单位 LOS 矢量表示速度误差的可观测性，振荡器与由每个 GNSS 控制段维持的频率标准之间的频率偏移则是直接观测的，如式(13.19)所示：

$$\boldsymbol{h}_i = [\boldsymbol{0}^{\mathrm{T}} \ \boldsymbol{h}_i^{\mathrm{T}} \cdots 0 \ 1] \tag{13.19}$$

式中，$\boldsymbol{0}$ 表示三维零元素矢量；$\boldsymbol{h}_i$ 表示 PRR 测量值矩阵 $\boldsymbol{H}$ 的第 i 行，它对应于频率跟踪中的第 i 颗卫星；1 表示以 m/s 为单位的频率误差可观测性。

　　稍后介绍一种典型的滤波器设计，其中包括额外的状态，它是 GNSS Δ 距离测量值的处理选项。测量误差协方差矩阵表示为 **R**，并对测量误差建模。卡尔曼滤波器假设由 **R** 表征的测量误差在其更新方程中是白色的（即 **z** 在样本之间完全不相关）。处理 GNSS 时，这种假设非常罕见：即使是射入 GNSS 接收机天线的近乎白色的测量噪声，在前端也会被限制带宽，然后被有限带宽的跟踪环路进一步相关。尽管如此，通常还是将所设测量误差方差的一个分量假设为白色的并分配每个测量值，其中测量值是估计的 C/N_0 的函数。每秒一次的测量更新率意味着跟踪带宽小于 1Hz，对载波跟踪（产生 PRR 测量值）来说这通常是一个好的假设，但是通常有悖于码跟踪（产生 PR 测量值）。带来测量误差方差的其他分量往往会主导噪声分量，并且包括未补偿的电离层和对流层延迟、卫星位置和定时残差，以及多径效应。这些误差分量更像是偏差，时间常数在滤波器多次更新期间保持不变，其表现不同于白噪声。因此，这些误差分量值得特别关注，详见综述特定卡尔曼滤波器设计时的讨论。

　　出现在测量更新步骤中的测量矢量 **z** 表示接收机中的可用测量值的线性化。对于 PR 测量值，线性化需要到每颗卫星的距离的先验估计：

$$z_i = \mathrm{PR}_i^m - R_i \tag{13.20}$$

式中，PR_i^m 表示测量的 PR，R_i 表示线性化所需的估计距离。

　　这样的距离估计通常由惯性位置（最好已由 GNSS 测量值的先前历史校正）和卫星星历确定。一般来说，接近 1km 的位置误差对线性化来说是可以接受的，也应该是能满足的，只是 GNSS 捕获之前很长时间的惯性增长或初始收敛后很长时间的中断除外。注意，不必在式(13.20)中减去 GNSS 振荡器时间误差的当前估计值，因为它是以线性方式进入方程的。

　　对应于 PRR 测量值的测量矢量 **z** 更接近线性：

$$z_i = \mathrm{PRR}_i^m - \boldsymbol{u}_i^{\mathrm{T}}(\boldsymbol{v} - \boldsymbol{v}_{si}) \tag{13.21}$$

式中，**v** 是速度的当前最优估计值，$\boldsymbol{v}_{si}$ 是感兴趣 PRR 的卫星速度。

　　鉴于 GNSSI 导航仪首选 ECEF 坐标系机械编排，最好在 ECEF 坐标系中表示 **v** 和 $\boldsymbol{v}_{si}$，单位 LOS 矢量同样如此。注意，速度误差是以线性方式进入式(13.21)的。形成测量值 **z** 时的非线性效应来自位置误差（因为它影响 LOS 矢量计算）和速度误差的乘积，而且一般只对每种误差很大的情况（即分别为每秒近 1 千米和每秒几米）才是显著的。PRR 测量值可由处于频率或相位跟踪状态的接收机获得，因此比更精确的 Δ 距离测量值更鲁棒，详见稍后的讨论。

　　在结束关于卡尔曼滤波器的综述之前，需要讨论一下滤波器鲁棒性的一般问题：如图 13.6 中的测量更新模块所示，由卡尔曼滤波器处理的每个测量矢量，首先减去滤波器对该矢量的期望值（$H_k \hat{x}_k^-$），以便进行调整。这一差值通常称为测量残差或新息序列，其相对大小可用来判断滤波器测量模型的鲁棒性。许多滤波器设计会比较残差与期望方差（$H^{\mathrm{T}} P H + R$）的大小[11]。残差相对于期望方差过大时，可以拒绝一个或多个当前测量值，或者至少降低它们的权重，因为残差极不太可能由测量误差（如由滤波器建模的误差）引起。尽管这类测试动机良好，但盲目应用它会导致滤波器发散。一般来说，统计意义上的残差过大可能意味着测量值或传播解与滤波器假设的模型不一致：传播解不正确时，拒绝 GNSS 测量值也就丧失了滤波器纠正传播解中的（过大）误差的唯一手段。是测量值中存在误差还是传播解中存在误差，并无通用的区分方法；然而，了解可能的故障机制特征可以引出有效的策略。对于 GNSS，在低信噪比或多径过大的环境下，可能会由于未声明失锁而导致错误的测量值。这样的错误情况不应无限期地持续。与传播解关联的误差可能对应于与 IMU（过大的标度因子或偏差）或 GNSS 接收机振荡器（参考频率中的微跳）关联的过大误差条件。这些误差条件会在传播解中产生误差，这些误差会持续到 GNSS 测量值将其消除为止，而且与特定的卫星无关。因此，建议采取如下策略来区分与传播解关联的"故障"及与 GNSS 测量值关联的"故障"：许多卫星连续出现多个过大的残差时，表明存在 IMU 误差或时钟误差；少数卫星出现短暂的单次拒绝时，则应导致测量编辑。当然，为了获得最优性能，在这些情况下需要明显调整滤波器的门限。在传播解可疑的情形下，将位置和速度重置为只用 GNSS 解往往是最好的策略。在进行重置的同时，与 IMU 误差相关的误差估计值有时会被重置为零，并且/或者它们的误差方差会提高到未校准的水平，迫使滤波器之后的 GNSS 测量历史指示来重新计算它们。

13.2.3.2　卡尔曼滤波器设计的层次结构

根据前面关于 GNSS/INS 滤波器设计问题的讨论，下面详细探讨具体的设计：在详细探讨之前，表 13.1 中小结了设计的一般层次结构。当然，这不能涵盖所有的滤波器设计，但是代表了过去几十年来在 GPS/INS 组合的不同应用中使用的滤波器设计。GNSS/INS 设计是类似的，但要处理多个星座，可能会包含额外的状态，如 GNSS 系统时间差（见 11.2.5 节）。首先应注意的是，表中的标识的应用类别只是定性的（例如，低动态、中动态和高动态之间并无明确的界限）。这种过渡取决于机动的类型及其幅度（即相对较慢的机动可以估计标度因子及与设备关联的未对准）。同样，GPS 抗干扰（AJ）应用很大程度上依赖于接收机辅助在 AJ 解决方案中发挥作用的相对重要性。例如，采用可控接收天线模式天线（CRPA，见 13.2.7 节）将电子零陷调向干扰源方向的设计，可以大致满足 AJ 的要求，而无须特别关注接收机辅助功能（见 13.2.8 节）。

表 13.1　GPS/INS 卡尔曼滤波器设计的层次结构

状态大小范围	描　　述	应　　用
17	最小 GPS、IMU 偏差校准	最小 GPS 中断，低动态到中动态
23～32	改进的 INS 校准，IMU 标度因子，IMU 未对准，陀螺仪 G 灵敏度	高动态
36～44	改进的 GPS 时钟模型，辅助误差估计	GPS 弱信号应用，高动态

17 状态滤波器可能最常用于 GPS/INS 组合。它提供了一定程度的 IMU 校准，因为陀螺仪和加速度计偏差作为滤波器状态包含在内。只有两个 GPS 状态是设计的一部分，它们对应于与 GPS 接收机振荡器关联的时间和频率误差。由于用途非常广泛，因此将其作为下一节中详细描述的例子。预期平台有更高的动态时，可以添加额外的（6 个）状态来表示 IMU 标度因子误差（共 23 个状态），再添加额外的 6 个状态来表示安装（正交）未对准，状态数共计 29 个。此外，对于使用非光学（即环形激光或光纤）陀螺技术的应用，可以增加 3 个状态来表示陀螺仪灵敏度，使得状态总数达到 32 个。

对于高 AJ 应用，与接收机辅助关联的优势突出，额外的状态可以提供一些优势，如 1 个时钟频率和 3 个频率 g 灵敏度，状态总数达到 36 个。最后，为了获得最好的辅助性能，可以估计与 INS 辅助关联的延迟误差，以及与 IMU 和 GPS 天线装置相位中心之间的杠杆臂关联的任何误差，使得状态总数达到 40 个。除这些状态外，还可以添加其他的状态。例如，在超音速和高超音速应用中，与比力分量乘积关联的误差系数可能很大（3 个附加状态）。对于只有单频可用并且不提供差分改正数据的 GPS 组合，可引入与电离层延迟残差关联的偏差状态（附加状态数对应于接收机中的并行跟踪通道数，但最高可达 12 个）。

13.2.4　GNSSI 组合方法

无法从 GNSS 接收机获得原始测量数据时，一般使用称为松耦合的 GNSS/INS 组合方法。利用原始测量数据的方法一直是处理这一问题的焦点，并且首选松耦合方法。松耦合时，GNSS 接收机将输出其位置和速度解。如图 13.7 所示，在 GNSS 接收机中可以利用卡尔曼滤波器（也可利用惯性信息）来获得这样的一个解，或者最好使用最小二乘（LS）或加权最小二乘（WLS）来简化与 INS 的外部组合。若接收机到外部卡尔曼组合滤波器的输出已被其内部卡尔曼滤波器滤波，则将时间相关性引入输出的位置和速度解，为了使运行最优，应由外部卡尔曼滤波器对解建模。若输出 LS 或 WLS 解，则这些相关性将被消除；然而，位置和速度误差分量仍然与卫星几何分布相关。关于这些相关问题的严格论述超出了这里的范围，详见其他文献中的论述[12]。

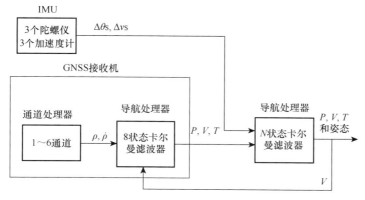

图 13.7　松耦合 GNSSI 系统

回到显示了松耦合架构的图 13.7，图中包括一个 IMU、一个包含外部卡尔曼滤波器的导航处理器和一个捷联导航算法。如图 13.7 所示，导航处理器接收来自 GNSS 接收机的 GNSS 位置和速度，以及来自惯性单元的 $\Delta\theta$ 和 Δv。

虽然在很多早期的应用中使用过，但要特别注意两个独立卡尔曼滤波器的潜力：第二个滤波器至少要调谐到其测量值中存在相关误差。必须彻底仿真这一配置的任务场景，确保重调滤波器的性能最优。

今天，大多数 GNSSI 系统都是紧组合的，如图 13.8 所示。这种配置也称紧耦合配置。在紧组合系统中，GNSS 接收机中的卡尔曼滤波器被消除或绕过，而来自 GNSS 通道处理器的 PR 和 PRR 或 Δ 距离数据直接发送到导航处理器。在这种配置中，GNSS 接收机卡尔曼滤波器产生的未建模误差被消除，系统设计人员可以根据 GNSS 误差特性设置增益。

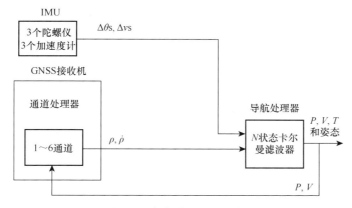

图 13.8　紧耦合 GNSSI 系统

在 GNSSI 系统的紧组合中，与大多数惯性系统一样，卡尔曼滤波器估算捷联导航仪中的误差，并使用估计的误差状态矢量 x 来校正导航方程的输出，如图 13.8 所示。在 GNSSI 紧组合情况下，尤其是在需要增强 GNSS 接收机 AJ 应用的情况下，这也是某种形式的跟踪环路辅助。这个问题值得特别关注，在讨论与自适应阵列相关的性能潜力后，将在 13.2.8 节中加以讨论。

13.2.5　典型 GPS/INS 卡尔曼滤波器设计

将以上关于 GPS/INS 组合卡尔曼滤波器设计的一般性讨论作为背景后，现在就可以详细回顾特定设计的细节。讨论时选择表 13.1 中确定的 17 状态选项。

13.2.5.1　滤波器动态模型

滤波器的动态模型从式(13.8)至式(13.11)中规定的 9×9 矩阵 F 开始。接下来的 6 个状态分别对应于加速度计和陀螺仪偏差状态，总数为 15 个，最后两个状态代表接收机振荡器的时间和频率误差。我们需要将 3 个额外的非零块添加到 17×17 的新矩阵 F 中，以便表示所添加状态的动态。需要以下块。速度误差由加速度计偏差驱动，产生 F_{va} 块：

$$F_{va} = {}_E C_S \tag{13.22}$$

式中，${}_E C_S$ 表示 ECEF 和传感器坐标系之间的方向余弦矩阵。由于在传感器坐标系中定义了加速度计偏差，因此有必要转换到传感器坐标系。姿态误差由 $F_{\varphi\omega}$ 分块描述的陀螺仪偏差驱动：

$$F_{\varphi\omega} = {}_E C_S \tag{13.23}$$

最后，第三个新分块表示驱动其时间误差的振荡器频率误差，为 F 中的这个元素（即第 16 行的第 17 列）产生单位值。

由 F 矩阵计算状态转移矩阵很简单，唯一的问题是传播需要发生的速率，以及式(13.16)中的展开阶数。注意，如前所述，这两个问题并不是独立的。使用较小的传播步长值可以提高与状态转移矩阵一阶展开关联的精度。由于该滤波器设计的目标是相对较低动态的应用，因此使用 1s 传播间隔的一阶展开应该足够。唯一应该通过仿真确认的潜在问题涉及 F 的一些元素在 1s 内的变化有多快，特别是 ECEF 和传感器坐标系之间的比力矢量元素和方向余弦矩阵。比力的变化速率受限于主机可以达到的最大冲击，对最适合于该滤波器设计的应用来说，最大冲击应该不大，确定分段常数 ${}_E C_S$ 有效性的最高姿态率同样如此。这些隐含假设中的任何一个出现问题时，传播间隔的更高速率就可能是合适的。此外，滤波器的过程噪声协方差矩阵可以包含调整状态转换矩阵中的近似值的增量。下一节将讨论这种增量。

1. 过程噪声协方差矩阵的选择

在讨论滤波器的协方差传播时说过，适当选择过程噪声方差对实现滤波器的最优性能至关重要。选择合适的方差来表示未建模的误差源并不简单，因此经常成为实现可接受性能的调谐参数。使用过高的方差通常会产生权重过大的测量值，降低滤波器削减测量误差的能力。选择过小的方差（即低估未建模效应的影响）则会产生权重过小的测量值，可能导致错误的测量值编辑，甚至导致滤波器发散。对于所选的 17 状态滤波器设计，可以直接设置过程噪声协方差矩阵的某些元素；对应于角度随机游走的过程噪声（已为姿态误差状态添加到传播协方差矩阵）和对应于速度随机游走的过程噪声（已为速度误差状态添加到传播协方差矩阵），通常按供应商的规格设置。

对我们的设计来说，重要的未建模误差源包括：

- 陀螺仪和加速度计的标度因子和未对准误差，包括不对称性。
- 陀螺仪和加速度计偏差的随机误差分量。

- 陀螺仪和加速度计的温度敏感漂移。
- 振动引起的陀螺仪和加速度计偏差分量。
- 重力建模误差。

每个误差源都可能影响过程噪声协方差。对于标度因子和未对准，可以计算与速度或姿态增量相关的偏差：

$$\sigma_{\Delta vi}^2 = \sigma_{aSFi}^2 \Delta v_i^2 + \sigma_{amisij}^2 \Delta v_j^2 + \sigma_{amisij}^2 \Delta v_k^2 \tag{13.24}$$

$$\sigma_{\Delta \theta i}^2 = \sigma_{gSFi}^2 \Delta \theta_i^2 + \sigma_{gmisij}^2 \Delta \theta_j^2 + \sigma_{gmisij}^2 \Delta \theta_k^2 \tag{13.25}$$

式中，i, j, k 表示传感器轴，Δv 和 $\Delta \theta$ 分别代表速度和角度增量，σ_{aSF}、σ_{amis}、σ_{gSF}、σ_{gmis} 分别表示加速度计、陀螺仪的标度因子和未对准的 1σ 水平。

尽管式(13.24)和式(13.25)是方差变化的正确表示，但是只在捕获的 Δv 和 $\Delta \theta$ 变化代表完整的主机机动时才如此。由于卡尔曼滤波器的传播时长不匹配滤波器无法预测的机动持续时间，因此这种匹配无法得到保证。按照严格的数学表述，由式(13.24)和式(13.25)给出的传播步长方差增量的总和，不等于机动中 Δv 和 $\Delta \theta$ 增量的总和的方差。为说明这一点，假设主机以 10°/s 的速率改变航向且在 9s 内完成 90°航向改变，同时假设垂直轴上有 2000ppm 的陀螺仪标度因子误差。应用式(13.25)，可以得到机动结束时航向误差的方差增量的如下估计：

$$\sigma_{A\theta est}^2 = 9 \times (2000 \times 10^{-6})^2 \times 10^2 = 1.8 \, \text{deg}^2 \tag{13.26}$$

实际的方差增量由下式给出：

$$\sigma_{\Delta \theta}^2 = (2000 \times 10^{-6})^2 \times 90^2 = 16.2 \, \text{deg}^2 \tag{13.27}$$

因此，在传播步长上盲目应用方差匹配不会得到方差增量的正确估计；事实上，预测是乐观的，但随着机动时间的延长，这种乐观就会恶化。因此，为缓解这种情况，我们需要采用几种方法来调整滤波器。最简单的方法是调整因子或参数来放大方差增量，以便匹配最坏情况下的机动方差变化。在上例中，若 90°航向变化确实是最坏情况，则 9 倍的缩放会产生期望的一致性。这将使得滤波器对其他机动来说是保守的，相比在每个滤波器时间步长中盲目应用式(13.24)和式(13.25)产生不一致性，这是一个可喜的变化。改进近似的其他方法基于更好地匹配方差变化的增量 Δv 和 $\Delta \theta$ 的运行总和，即

$$(\Delta \theta_k + \Delta \theta_{sum})^2 = \Delta \theta_k^2 + 2\Delta \theta_k \Delta \theta_{sum} + \Delta \theta_{sum}^2 \tag{13.28}$$

式中，$\Delta \theta_k$ 是当前的角度增量，$\Delta \theta_{sum}$ 是当前机动过程中的角度增量的累加和。

陀螺仪和加速度计偏差的随机和温度敏感误差分量通常由加性过程噪声分量表示，其方差增量（线性正比于对应的连续过程噪声元素）表示偏差的随机漂移。陀螺仪和加速度计温度敏感性在 IMU 内部进行补偿，因此它只是残差效应，由过程噪声增量建模。

主机平台的振动会使得陀螺仪和加速度计的偏差偏移：明显的偏移量已由供应商在最糟环境下表征。对于一阶情形，最坏情况下的偏移量可被认为是一个 3σ 条件，1σ 水平可以与标称 1σ 偏差水平进行均方根计算，得到保守的设计。陀螺仪偏差的解对应于恒定振动水平的偏差水平之和。偏差水平发生明显变化时，可以考虑更复杂的方法，即在一系列测量值的振动幅度和频率上对灵敏度进行显式建模。文献[13]中介绍了这些方法。

最后，尽管我们预计的重力模型误差较小（数量级为几十μg），但在重力模型的有效偏差持续时间足够长时，重力模型误差就会变得很明显：它是地面上主机速度的函数，因为重力建模误差是空间相关的。例如，对于 10nm 的相关距离和 100m/s 的车速，该偏差水平持续大约 3 分钟。20μg 的重力模型误差对应于约 0.04m/s 的速度误差，大致为载波测量值的噪声水平。然而，更慢的速度可能产生更大的误差增量，因此它们的影响应被包含在过程噪声中（通过适当地缩放以在

滤波器的传播步长上产生足够的累积误差）。在继续研究滤波器案例中使用的测量模型之前，要注意的是，尽管本节中给出的过程噪声计算指南动机良好，且技术上较为完善，但是通常仍然需要在现实模拟中针对高阶真实模型来运行任何备选的简化状态滤波器设计，至少能包含主机动态的预期范围和 GNSS 覆盖条件，以确保滤波器的鲁棒性。

13.2.5.2 滤波器测量模型

如前所述，在传统接收机架构（即不包括 13.2.7.3 节中考虑的组合跟踪和导航构架的架构）中，接收机生成两组普通测量数据。前面介绍的 PR 测量值是码跟踪的输出，即使是在载波跟踪失锁后，也可用卡尔曼滤波器来处理它，因为在预期的弱信号跟踪环境中，码环常用校正后的惯性信息进行辅助（见 13.2.7 节）。第二组测量值来源于载波跟踪，它包括 PRR 或多普勒测量值和/或 Δ 距离或组合多普勒测量值。两组测量数据都至少需要频率跟踪，但在载波锁相时更精确。

1. 基于码的测量

这里不需要重复处理 13.2.3.1 节中提供的 PR 测量值，在该设计中可以直接应用残差形成表达式(13.21)和测量梯度矢量 h 表达式(13.18)。对于测量梯度矢量的情况，单位元素对应于状态矢量的第 16 个元素。因此，这里的重点是适当计算分配给每个测量值的测量噪声方差。如前所述，这并不简单，因为测量误差可能由时间相关的误差源支配，违反了滤波器的基本假设。特别是对不支持第二频率跟踪（如 GPS 的 L2 频率）且不能接收差分改正的商业设计，电离层延迟残差将主导 PR 误差预算，且有足够长的相关时间从而在滤波器的 1s 更新中出现偏差。缓解这个问题的方法有多种，包括增加状态矢量来估计残余延迟或引入偏差作为考虑状态[14]，但这超出了当前 17 个状态滤波器设计的重点，因此假设在设计中跟踪第二频率和/或接收差分改正数据。

即使假设对电离层延迟进行补偿，仍有多种误差源可能构成 PR 测量误差，这些误差不符合滤波器对白色（不相关）噪声的隐含假设，包括：

- 剩余对流层延迟（未被差分补偿）。
- 剩余卫星位置和授时误差（未被差分补偿）。
- 跟踪环路误差，包括多径效应。

上面每个误差源是在多个滤波器（1Hz）更新上相关的，范围从跟踪环路误差的几十秒到剩余对流层延迟的几分钟，再到剩余卫星位置误差接近 1 小时的时间段。第 10 章中讨论了每种误差源的性质和范围，这里不必再重复。可以简单地根据接收机估计的信噪比来为上述的每个误差源分配误差方差，并对所有误差方差进行和方根（RSS）计算，如式(13.29)所示。尽管这种方法看起来是直观的，但会导致滤波器的估计过于乐观。

$$R_{PR} = \sigma_n^2(C/N_0) + \sigma_{tropo}^2 + \sigma_{pos}^2 + \sigma_{sat}^2 \tag{13.29}$$

式中，C/N_0 是接收机估计的信噪比。

潜在乐观的原因很简单，即滤波器假设总分配误差方差是该量级的不相关噪声，因此依赖于其在传播解中估计 INS 误差的好坏，它认为可以平均掉秒与秒之间的测量误差。它不能应对误差的未建模性质。这个问题也可通过添加考虑状态以表示相关的误差[14]来解决，或对每个误差源大小添加标度因子来解决。这些标度因子会提高假设的误差方差，避免过于乐观。最坏情形下的一个准则是，在 100 个滤波器步长上相关的误差源应（在 1σ 水平上）缩放 10 倍来避免过于乐观，因为滤波器最多也只能平均为样本数量的平方根。然而，类似于选择滤波器过程噪声方差的情形，应在（包含每个误差源的代表性模型的）动态和 GNSS 覆盖场景的包络上进行更高保真度的仿真，调整测量噪声方差参数获得最优性能。

2. 基于载波的测量

13.2.3.1 节中讨论的基于载波的测量主要关注更直接的 PRR（或多普勒）测量，因为它更容易适应卡尔曼滤波器坐标系。这里的讨论将集中于更精确的 Δ 距离测量，它要求接收机处于全精度的锁相状态。锁相丢失时，只要保持频率锁定，就可处理不太精确的多普勒测量值。Δ 距离由接收机在标称 1s 的预定间隔上对载波相位估计（每个环路的数控振荡器的输出）进行差分得到。减去估计伪距的变化得到测量残差，即

$$DR_{res} = DR^m - (R_{est} + \delta\varphi_{est})_k - (R_{est} + \delta\varphi_{est})_{k-1} = \boldsymbol{h}_k^T \boldsymbol{x}_k - \boldsymbol{h}_{k-1}^T \boldsymbol{x}_{k-1} \tag{13.30}$$

式中，R_{est} 表示距离的最优估计，$\delta\varphi_{est}$ 表示所给时刻的时钟相位误差的最优估计。

大多数设计在 Δ 距离积分区间 (t_{k-1}, t_k) 上，使用计算的状态转移矩阵将残差压缩到单个时间点的状态误差估计值：

$$\boldsymbol{h}_{DR} = \boldsymbol{h}_k^T - \boldsymbol{h}_{k-1}^T \boldsymbol{\Phi}(t_{k-1} - t_k) \tag{13.31}$$

注意，式(13.31)中的状态转换矩阵对应于 Δ 距离积分区间上的逆转换矩阵（即从区间结束到起始传播状态）。虽然式(13.31)中的建模方法看似合理且经常使用，但传播步骤会将与状态动态相关的不确定性添加到 Δ 距离测量的不确定性中。换句话说，该公式关联了过程和测量噪声，违反了卡尔曼滤波器的基本假设。尽管如此，许多设计仍然使用该公式，将时钟相位和频率噪声对所设 Δ 距离噪声方差的贡献进行和方根计算。对于某些设计，由于 Δ 距离测量值可以精确到载波波长的很小一部分，因此可能会降低实现精度。对于这些情况，可以考虑使用替代公式，包括延迟状态模型[15]。延迟状态公式实质上增加了状态矢量，以便包括 Δ 距离区间两端的状态估计，在最坏情况下使状态数加倍。处理最后一个可用的 Δ 距离测量值时，增加的状态数会折叠为原始状态矢量。对该公式的深入考虑超出了所选的 17 状态方案的讨论范围。最后，与 PR 测量值相比，预计 Δ 距离测量值中的残余相关误差（包括载波上的多径、卫星频率和速度误差，以及 Δ 距离积分区间上的大气延迟的变化）远小于 Δ 距离噪声，因此可以忽略不计。

3. 测量残差编辑

如 13.2.3.1 节所述，比较测量残差与预测误差方差（$\boldsymbol{h}^T \boldsymbol{Ph} + \boldsymbol{R}$），可以预测和筛选过大的测量误差，这种过大测量误差可能出现在信号跟踪门限附近，或者在信号沿反射路径到达 GNSS 接收机的情况下。同样，如前所述，若过量的残差是由传播惯性解中的误差而非测量误差导致的，则这种测量编辑会使得滤波器发散。更简单地说，传播的惯性对滤波器撒谎，而 GNSS 正在告知真相，因此不应忽略。对于 17 状态滤波器设计，非常需要区分这两种误差条件的手段。所选方法基于两个独立但相关的观测结果：若 INS 位置或速度误差过大，则它在短期内于残差中产生明显的偏移误差，进而拒绝来自不同卫星的多个连续测量值。尽管在几个跟踪通道接近门限条件时可以观察到类似的表现，但它只出现在相对较低的估计信噪比下。我们可以利用的第二个工具是，在 GNSS 测量集超定时，对 GNSS 测量值本身进行一致性测试的能力。我们可以比较超定 LS 解或最好是 WLS 解（与 RAIM 中所用的统计量相同，见 11.4.3.1 节）的残差大小与门限，进而确定超定集的一致性。若 GNSS 测量集被证明是一致的，则可以信任 GNSS 测量数据，并且连续拒绝多颗卫星和大残余偏差水平表明不应编辑 GNSS 测量值。实际上，取决于置信统计量的相对大小和相对于既定门限的残余偏差，最明智的策略可能是将当前的 GNSS/INS 解重置为超定 GNSS 解，进而将位置和速度重置为 GNSS 解。然后，除了时钟误差状态估计，还要确定如何估计 INS 姿态误差及陀螺仪和加速度计偏差。协方差水平至少应增大到允许卡尔曼滤波器给出新估计值；问题是继续使用此前的估计值还是重置为零。前面的讨论可以有效地使用残差测试，但要使用注入了故障的高保真仿真来评估这些测试，协助优化编辑器的性能。

13.2.6　实现卡尔曼滤波器的注意事项

在这个层面上要解决的两个问题是数据同步和卡尔曼滤波器的数值稳定性。一般来说，IMU 的输出和 GNSS 测量值输出不会同步生成。所评述的卡尔曼滤波器设计假设 GNSS 测量的时间和惯性系统传播的时间是相同的。测量数据的不完全同步会在测量残差形成时产生未建模的误差效应。若期望的同步误差从样本到样本是随机的，且相对于给定的测量噪声很小，则通常可以忽略它们，或将它们建模为分配给每个测量值的噪声方差的增量。然而，即使是相对较小的偏置同步误差，也需要特别注意。在最坏情形下，根据其大小，可将偏置同步误差建模为一个误差状态，作为滤波器中一个考虑的状态进行估计或引入，进而强制一定程度的保守性。不同于滤波器采用的方法，这个设计应尽一切可能确保同步的测量数据。下面讨论精确同步的关键要素。

精确同步所需的两个关键要素是：与惯性数据关联的授时，以及允许内插和/或外推的惯性数据缓冲。惯性数据的定时是通过让 GNSS 接收机向导航处理器发送 1-PPS 信号来完成的。绑定到一个高级中断的这个信号会迫使惯性时钟进入下一秒。惯性时钟是一个软件时钟，它通过导航处理器接收的每个惯性测量值递增（速率通常为 100～800Hz）。因此，惯性时钟每秒重新同步到 GNSS 接收机时钟时间一次。为了初始化惯性时钟，GNSS 接收机必须实现特定的电文，以在下一次中断时通知导航处理器 GNSS 接收机时间。这要在接收到中断前完成，以便让导航处理器有时间响应中断和电文，并在收到下一个中断之前，做好设置惯性时钟的准备。由于 GNSS 接收机和惯性是异步的，所以称为历史队列的循环队列中包含 1s 或 2s 的惯性位置数据。通过检查 GNSS 测量的时间，可从队列中提取时间标记小于 GNSS 测量时间标记的最新惯性位置。使用下一个队列项，可将数据内插到 GNSS 测量时间中。

最后，正如在卡尔曼滤波器圈中众所周知的那样，滤波器容易受到数值稳定性问题的影响，在最坏情况下，它会导致协方差矩阵丧失正定性[16]。卡尔曼滤波的经验是，与测量处理相关的各种幅值及使用矩阵$[I - k^T h]$的传统协方差更新，可能是不稳定性的来源。此时，可以采用两个相对简单的步骤：首先，如上所述，确保使用与位置和速度相同的一组单位来表示时间和频率，避免在滤波器矩阵 h 中使用光速，减小所需的潜在动态范围；其次，采用 Joseph 公式（见图 13.6 中的协方差更新公式），使用非常接近于矩阵和方根的矩阵方程代替简单的矩阵相减。考虑到这两个调整，应进行仿真，在预期的最大迭代次数上更新协方差，并执行正定性测试。如果出现问题时，那么应采取其他措施。首先，通过简单地平均对应的非对角元素［即 $P(k, j)$ 和 $P(j, k)$］，重新对称化每次更新后的协方差；其次，考虑提高计算精度（即用双精度代替单精度）；最后，利用协方差分解[16]有效地保持协方差为其平方根，进一步提高与计算相关的有效精度。

13.2.7　可控接收模式天线的组合

本节讨论可控接收模式天线（CRPA，最初在 9.2.3.2 节中讨论）与 GNSS/惯性系统的组合。存在干扰源时，与标准固定接收模式天线（FRPA）相比，CRPA 天线的增益方向图如图 13.9 所示。

CRPA 利用 N 个天线单元的阵列来自适应地最小化指向干扰源的增益，如图 13.10 所示，其中 $N = 7$。来自每个阵元的信号被加权和组合，以便最小化输入功率。由于 GNSS 信号比接收机的本底噪声低 30dB 以上，因此任何显著的入射功率都可归因于干扰或无意干扰。CRPA 的自由度（DOF）是天线阵元数减 1。CRPA 可以生成高达其自由度数的多个独立零点，这意味着可以在许多干扰源方向上生成零点。CRPA 的另一个方面是它可以增大 GPS 卫星方向上的增益，同时保持 GNSS 信号强度不变。多年来，调零和波束控制天线已成功用于抑制 GNSS 应用中的干扰和多径效应。调零天线目前用于多个军事平台。使用 CRPA 的缺点包括成本高（相对于 FRPA）和重量/尺寸问题。已有许多方案试图解决这些问题，将天线尺寸从 14 英寸缩小到 5.5 英寸[17-19]。许多当前的 CRPA 应用实现了调零而非无波束控制。原因是波束控制需要知道平台姿态，但知道平台姿态并不容易，并且波束控制会增加处理负担。

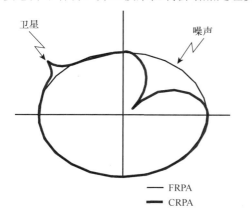

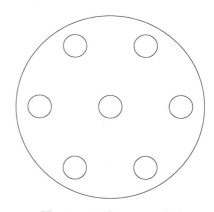

图 13.9　FRPA 和 CRPA 的天线方向图　　　　　图 13.10　7 阵元 CRPA 的布局

图 13.11 中给出了天线电子设备（AE）的框图，在机载安装中，它通常位于飞机而非天线内。电子设备由以下部分组成：控制来自每个阵元的信号的权重的电路、合成来自每个天线阵元的加权信号的合路器、微处理器（有时称为天线控制器）、重建 GNSS 信号的合路器，以及可选的下变频器和用于测量进入接收机的干扰量的功率检测器（无法使用 GNSS 接收机测量时）。天线控制器内使用的微处理器执行迭代算法,计算应用到每个阵元的权重，使来自天线的输入功率最小。用于实现波束成形的 AE 还要将平台姿态和卫星位置信息纳入自适应算法，结合来自每个天线阵元的测量电压，优化用于每个阵元的权重。用于当前可用 CRPA 的电子器件还包括 GNSS 接收机的第一个下变频和自动增益控制（AGC）电子器件（见 8.3 节）。这允许将 AGC 电路的功率检测器包含在天线电子设备中。

在某些实现中，会将带有 M 个抽头的时间延迟线添加到 N 个天线阵元中的每个阵元。然后，合路器对 $M \times N$ 个延迟线抽头进行加权。这种称为空时自适应处理（STAP）的技术可以利用它们的时间相关性来改善针对 CW 干扰源的调零性能。对于每个 RF 通道都带有 M 个时间抽头的 N 元阵列，针对 CW 干扰源的 CRPA 自由度可以增大到 $MN-1$[20]。

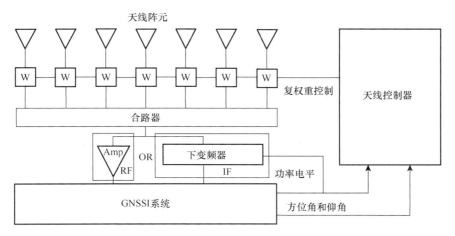

图 13.11　CRPA 框图

如前所述，为了实现波束控制，AE 必须知道正被 GNSS 接收机使用的卫星的 LOS 方向。这是通过导航处理器和天线电子设备之间的串行接口完成的。相对于天线（或载体）的卫星方位角和仰角被周期性地发送到天线电子设备，以便优化指向卫星的增益。

13.2.8　跟踪环路的惯性辅助

如 13.2.1 节介绍的那样，这种辅助出现在载波环和码环级。最常见的实现是辅助码环。辅助接收机内的锁相环要困难得多。从导航的角度来看，这种困难显然是由相对严格的维持载波锁相的要求造成的。锁相通常要求跟踪环路误差小于载波周期的一小部分。例如，90° 的相位误差容差（1/4 周）对应于约 5cm 的导航误差。13.2.8.1 节中的分析表明，这会转化为非常严格的 GNSS/INS 速度精度要求。这个要求只在对某些 IMU 误差源进行非常仔细的估计和控制情形下才能实现，且需要外推 IMU 数据才能达到锁相所需的更新速率。另外，在载体上相对于 IMU 安装 GNSS 天线时，需要注意避免两者之间的柔性运动造成的污染。事实上，为了最好地运行载波相位辅助，应考虑尽量减小 INS 与主载体中 GNSS 天线之间的物理距离。尽管在 GNSS 接收机内辅助锁相很困难，但辅助频锁相对容易，详见 13.2.8.1 节。

由于通常会辅助码环，下面参照图 13.12 在概念层面解释其本质。注意，在这个简化的模型中忽略了码环的非线性（检测器由单位增益表示），接收机内的数控振荡器（NCO）表示为积分器。还要注意的是，码环滤波器仅表示为增益 K_c，并且显示了一个连续时间模型。首先，参照图 13.12 来解释受辅助码环的作用，距离延迟 ρ 减去环路估计 ρ_{est} 用来测量距离延迟跟踪误差 $\delta\rho$，这个误差完全由检测器计算并带有一个加性噪声误差 n。环路带宽与码环增益 K_c 成正比。将 INS 速度从卫星速度（在同一个坐标框架中）中减去，然后投影到环路所跟踪卫星的 LOS 方向上，构建 $d\rho/dt^{INS}$。INS 辅助信号被添加到码环滤波器的输出中，以便驱动 NCO。如前所述，除了附加的时钟相位误差 δ_φ，振荡器的缺陷还会导致频率误差 δ_f，它也会驱动 NCO。这个简单的模型使得某些观测更直观。降低带宽（减小 K_c）可以降低噪声 n 或干扰对环路的影响，并对 INS 辅助赋以更大的权重。作为一种极限情况，将 K_c 设为零可以完全利用惯性辅助来估计距离延迟。即使 INS 信息完美，这也是不明智的，因为本地振荡器的频率误差会被集成到距离延迟误差中，而不能被零带宽环路消除。该距离延迟误差会在没有任何环路纠正措施的情况下增大，最终迫使环路失锁。因此，时钟不稳定性为辅助下的带宽设置了一个本底。利用这个简单的模型可以进行另一种观察：若 INS 辅助信号是真正的距离速率和 INS 速度误差引起的速率误差之和，则表明跟踪环路误差 δ_ρ 只是 INS 误差的函数；因此，辅助会使得环路性能对主机的实际运动（即速度和加速度）不敏感，被 INS 误差动态所取代。

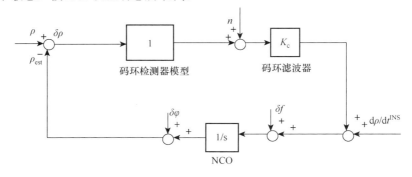

图 13.12　受辅助码环的简化（线性）模型

13.2.8.1　载波环辅助

如前所述，由于小的 GNSS 波长（例如，对于 1575.42MHz，波长为 19cm），使用惯性速度来辅助锁相环相当困难。利用类似于受辅助码环模型的方式，可以构建用于受辅助载波环的简化线性连续时间模型。在图 13.12 中，距离延迟 ρ 及有关量（即 ρ_{est} 和 δ_ρ）分别由对应的 θ、θ_{est} 和 δ_θ 代替。码环滤波器 K_c 被载波环滤波器（在这个简单的模型中也是增益 K_θ）代替，而距离延迟变化率 $d\rho/dt^{\text{INS}}$ 被 $d\theta/dt^{\text{INS}}$ 代替。得到的辅助载波环模型可用于推导式(13.32)，用拉普拉斯（连续时间）变换表示：

$$\delta\Theta(s) = [s/(s+K_\theta)]\Theta(s) - [s/(s+K_\theta)]\Theta^{\text{INS}}(s) \tag{13.32}$$

式中，Θ^{INS} 表示由初始化后的 INS 速度构建的载波相位估计。注意，$\Theta^{\text{INS}}(s)$ 只是方程推导中引入的数学结构，它不在载波相位辅助过程中计算。INS 构建的载波相位估计可以展开为

$$\Theta^{\text{INS}}(s) = \Theta(s) + \delta\Theta^{\text{INS}}(s)$$

代入式(13.32)，可以看到受辅助跟踪环误差与实际载波相位历史 $\Theta(s)$ 无关，而只依赖于 INS 误差 [从式(13.32)开始就忽略了噪声和时钟误差的影响，以便得出关于所需 INS 速度精度的结论]。

$$\delta\Theta(s) = -[s/(s+K_\theta)]\delta\Theta^{\text{INS}}(s) \tag{13.33}$$

然而，使用下式，可将 $d\Theta^{\text{INS}}(s)$ 关联到 INS 速度误差的卫星 LOS 分量：

$$\delta\Theta^{\text{INS}}(s) = \boldsymbol{u}^{\text{T}}\delta\boldsymbol{v}^{\text{INS}}(s)/s \tag{13.34}$$

最后，我们可以用 INS 速度误差来表示受辅助环路的载波相位误差：

$$\delta\Theta(s) = -[1/(s+K_\theta)]\boldsymbol{u}^{\text{T}}\delta\boldsymbol{v}^{\text{INS}}(s) \tag{13.35}$$

由式(13.35)可见，稳态下的载波相位误差 [在式(13.35)中将 s 设为 0 得到] 是 LOS INS 速度误差分量除以 K_θ。等效地，辅助下的载波相位误差是 LOS INS 速度误差乘以这个简单环路模型的时间常数（时间常数正好是这个一阶环路模型中的增益 K_θ 的倒数）。因此，为了将载波相位误差限制为 90°（假设使用 10s 的时间常数），要求稳态下的 LOS 速度误差不大于 5.0mm/s，这的确是非常严格的要求。随着受辅助环路时间常数的增大（及相应的环路带宽减小以进一步降低干扰的影响），INS 速度要求变得更加难以满足。峰值瞬态速度误差的相应要求不太严格；例如，速度误差分量高达 5cm/s，若其持续时间小于 1s，则可能不会导致跟踪失锁，具体取决于速度瞬变发生时的跟踪状态。

对 INS 速度误差的这个严格要求，意味着要仔细控制某些误差源，包括加速度计偏差的非静态分量（静态分量通常被初始对准过程中产生的平台未对准抵消）、加速度计标度因子和未对准，甚至与由每个加速度计导出的 Δ 速度关联的量化水平。例如，考虑百万分之一的剩余加速度计标度因子残差。假设主载体是一架高性能战斗机，它正在进行高动态机动，沿横轴 5s 产生的加速度为 5g。这个单一的误差源集成到 2.5cm/s 的速度误差中后，可能会危及载波相位辅助带宽，因为该带宽与简化分析中所考虑的一样窄。前面说过，振荡器的不稳定性也会限制接收机辅助下通常可实现的带宽下降潜力。对于这个动态例子，本地振荡器的 g 灵敏度（见 8.9.6 节）可能会限制载波相位辅助的效用，限制程度与所识别的 INS 误差源的限制程度相当，详见 13.2.7.8 节中的讨论。

来自 IMU 的 Δ 角度和 Δ 速度信息的常用输出速率范围是 10～100Hz。这些输出速率对载波相位辅助来说可能是不可接受的，且在最差动态情况下会导致辅助源中出现大的瞬态误差。这种瞬态误差可以用外推算法减小。例如，对于 Δ 速度历史，可以假设一个恒冲击模型，并从 IMU 输出的 Δ 速度集合中周期性地确定冲击项的系数；然后，使用该模型生成建模的 Δ 速度，并以更高的速率提供给载波环路。尽管存在这些技术挑战，但载波相位辅助仍是可能的，而且可在糟

糟的信号环境下扩展相位跟踪[21]。

鉴于与辅助锁相环相关的困难，考虑将频率跟踪环辅助作为后备方案是有吸引力的。如 8.6.1.3 节所述，频率跟踪比相位跟踪更能容忍动态和干扰引起的误差。用于频率跟踪的典型误差检测器（见 8.6.1.3 节）可以承受高达 50Hz 的频率误差。正是频率跟踪的使用使得许多商业 GNSS 接收机能够在簇叶下保持跟踪。显然，保持 INS 速度辅助误差小于 10m/s（相当于 L1 的 50Hz 限值）相对较容易，只要接收机振荡器不会引起过大的频率误差，就可以保证频率锁定。在 AJ 性能方面，预计可以提高 10dB。

13.2.8.2 码环辅助

如 13.2.1 节所述，码环辅助是最常用的选项。为了深入了解受辅助码环的运行情况，下面参考图 13.12，并考虑将辅助下的距离延迟估计值 ρ_{est} 分解为一个 INS 分量和 GNSS 分量：

$$P_{\text{est}}(s) = [K_c/(s+K_c)]P_{\text{rcvr}}(s) + [s/(s+K_c)]P_{\text{INS}}(s) \tag{13.36}$$

式(13.36)是经典互补滤波器的频（即拉普拉斯）域表达式，因为它表示工作在接收机信息上的低通滤波器与工作在 INS 信息上的高通滤波器的组合。因此，随着接收机的带宽减小（即 K_c 减小或环路时间常数增加），受辅助环路主要对环路未受辅助时估计的距离延迟的 INS 速度进行积分来估计距离延迟。因此，在极限情况下，当 K_c 趋于 0 时，环路的估计距离延迟完全取决于辅助开始以来的 INS 表现。这一观察应有助于理解在传统卡尔曼滤波器设计中尝试处理所估计距离延迟时遇到的一些问题，详见文献[22]中的讨论。

考虑图 13.13 所示的辅助码环，包括卡尔曼滤波运算，它在后面的讨论中称为分区设计。估计的距离延迟 ρ_{est} 用于闭合码环，其滤波器照例表示为增益 K_c；它也用做卡尔曼滤波器的码相位测量值输入。卡尔曼滤波器生成 INS 速度误差 δv_{est} 的估计值，用于校正 INS 速度。然后从校正后的 INS 速度中减去已知的卫星速度 v_s，并沿环路跟踪的卫星 LOS 方向（由单位矢量 $\boldsymbol{u}$ 表示）进行投影。根据为受辅助码环模型推导的互补滤波器模型，有辅助时卡尔曼滤波器校正的效用可能会受到质疑。随着带宽下降到卡尔曼滤波器的有效带宽以下，辅助下的配置可能会变得不稳定[22,23]，这也是由于实际上存在两个环路滤波器所导致的。第一个是码环本身，它使用很低的增益（K_c）闭合；第二个环路通过卡尔曼滤波器闭合。卡尔曼滤波器本身期望接收被不相关的测量误差损坏的测量值，而实际处理的却是误差与时间强相关的测量值。这是一个经典的滤波器建模问题，会造成潜在的不稳定性。

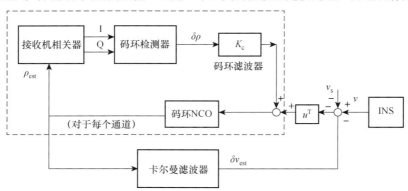

图 13.13　分区跟踪器/导航仪框图

用于稳定受辅助码环的方法有多种[23]。两种比较直接的方法如下：辅助环路时简单地关闭对 INS 的卡尔曼滤波器校正；将卡尔曼滤波器的有效带宽（即其增益）减小到小于码环自身所能达到的最低带宽（由所用的 K_c 最低值确定）。文献[23]中的分析将卡尔曼滤波器表示为一个固定增益的巴特沃斯滤波器（用于支持常规的稳定性分析），得到了图 13.14 中的频域解释。当卡尔曼滤波器的有效带宽超过码环带宽时，通常会出现稳定性问题，如图 13.14 所示。

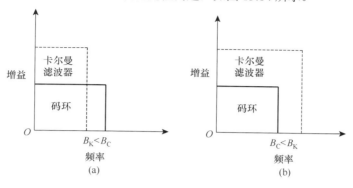

图 13.14　受辅助码环频域视图

图 13.13 中所示的受辅助码环称为分区设计，因为跟踪环路和导航滤波器的功能被认为是独立的：跟踪环路的带宽会随感测的信噪比变化，但是独立于卡尔曼滤波器的运算。在下一节中，导航和跟踪功能将被视为单个组合功能，这将引出称为超紧组合的接收机辅助方案。

13.2.8.3　组合跟踪和导航

图 13.15 中显示了组合跟踪器/导航仪的框图，在文献中也称超紧组合或深组合。文献[24]首次认识到了这一级别的组合的优点。在这篇论文中，基本的观测结果是，导航和信号跟踪的最优估计量只在它们的坐标方面存在不同（即位置、速度、时钟相位和频率误差的最好估计器应当等效于卫星码相位和多普勒集合的最好估计器）。这个基本观测结果不依赖于 GNSS 的惯性增强。因此，这种高级别概念的应用已出现在 GNSS 的商业应用中[25, 26]，只不过其中缺少 INS。这些应用已将原始概念扩展到包括直接使用来自 GNSS 接收机的 I 和 Q 信号相关值，以代替文献[24]中假设的检测器输出。由于 GNSS 接收机内的各个跟踪环路不再是独立的，而通过对主载体的位置和速度及共模时钟误差的响应耦合起来，因此这种实现有时称为矢量跟踪。

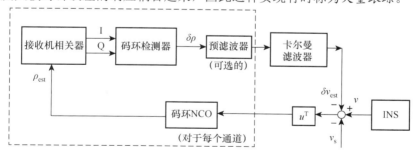

图 13.15　组合跟踪器/导航仪框图

回到图 13.15，可以看到这种架构去除了传统的码跟踪环，而代之以通过卡尔曼滤波器闭合的单个环路代替了它。这种新架构的另一个好处是为解决稳定性提供了一种方案：由于对于卡尔曼滤波器而言没有了分立的环路产生未建模的测量误差相关性，在这种辅助配置中精心设计的滤波器不会引起稳定性问题。注意可选的预滤波器。接收机相关器以几毫秒到 20 毫秒不等的速率输出同相（I）和正交（Q）相关值。对于卡尔曼滤波器的执行，这显然是极高的速率。解决这个问题的一种方法是将检测器的输出平均到一个更典型的卡尔曼滤波器处理速率（如每秒 1 次）上。最近的超紧耦合应用已在联邦滤波器架构[5, 27, 28]中利用降阶卡尔曼预滤波器馈送给卡尔曼跟踪和导航滤波器（集中式滤波器）。此外，也可使用卡尔曼滤波器的多速率机制，其中状态传播和更新发生在生成码环检测器输出的最高速率上，但是增益计算、协方差传播和更新（发生大部分卡尔曼计算的地方）会以更典型的较低速率（如 1Hz）进行。

　　文献[24]中采用仿真方式比较了组合设计或紧耦合设计和分区设计的性能。尽管对增大噪声水平的响应的改善并不明显（文献[24]中考虑的第一个仿真案例），但在大动态与接近门限的噪声水平相结合（考虑的第二个仿真案例）时，却实现了实质性的改进。结果相当直观：在第一个案例中，由于两种设计都能够通过降低受辅助接收机的有效带宽来适应不断增加的噪声水平，因此它们的性能非常相似。在第二个仿真案例中，实际上是通过组合设计来识别接收机振荡器的 g 灵敏度的，因此性能显著提高。回顾 13.2.1 节可知，对本地振荡器动态特性的跟踪设置了辅助下的带宽的最低要求。当主载体在门限跟踪条件附近执行高动态机动时，超紧耦合设计将增辅助带宽增加到刚好够维持锁定。即便分区设计的卡尔曼滤波器类似地正确建模了时钟的 g 灵敏度（其模型与组合设计的模型相同），其跟踪环路也无法适应该误差源的识别。因此，超紧耦合设计从另一个维度提供了带宽自适应性。更一般地，组合设计的改进可以通过观察其带宽适应卡尔曼滤波器建模的所有内容来理解，包括 INS 质量和时钟动态。文献[24]中用于比较评估的仿真成熟度是有问题的，因为接收机运动和卫星几何分布被限制在一个平面上；然而，最近出现了更透彻和详细的评估报道[29]，证实了这篇早期论文的基本结论。更高质量的 GNSS 振荡器的仿真结果[4,5]表明了超紧耦合设计的更大潜力，即可以充分地直接利用数据辅助下的 I 和 Q 信息及卡尔曼预滤波器设计。

　　鉴于文献[24]中报道的潜在性能改进，我们自然会问为什么超紧耦合设计需要这么长的时间才能获得更多的认可。作为一种有价值的设计方法，超紧耦合设计迟迟得不到人们认可的原因之一可能是文化因素，即在卡尔曼滤波和接收机设计两方面都很擅长的人不多；原因之二是超紧耦合设计的一些重要建模技术问题，下面介绍其中的两个技术问题。第一个技术问题是卡尔曼滤波器对码环非线性的建模；第二个问题是失锁检测。嵌入卡尔曼滤波器的码环模型非常重要，特别是在接近环路门限时。忽略检测器的非线性通常会导致性能下降。首选一种准线性或基于描述函数的[30]方法，其中检测器增益和/或分配给码相位测量值的相关误差方差的表示取决于输入信噪比。随着信噪比的降低，准线性增益方法算出检测器可能工作在其线性范围之外的概率［在式(13.37)中表示为 p_l］，并在计算准线性增益时以这个概率对该区域中的增益（通常为零）进行加权：

$$K_q(1-p_l)K_l + p_lK_n \tag{13.37}$$

式中，K_l 是线性范围内的检测器增益，K_n 是非线性范围内的检测器增益。概率用不确定性表示，它嵌在滤波器的协方差矩阵中，并沿到被跟踪卫星的 LOS 投影。因此，接近失锁条件时，组合设计会认识到每个码相位测量值的有限用途：在有效检测器增益变为零的极限条件下，它只使用 INS 信息来闭合码环。

　　最后，当逼近门限条件时，分区或组合设计都不易失锁，根本原因是用于评估锁定的所有参数（见 8.13.2 节）都不再可靠。此时，可以考虑使用基于假设检验和并行滤波运算的复杂方法。对于接近门限的一个或多个接收机通道，这类方法将考虑未知的锁定状态，并且使用并行滤波器处理接收机输出，其中的一个滤波器假设通道（或多个通道）处于锁定状态，另一个滤波器假设已经失锁。显然，计算很快会变得难以进行，尤其是在大多数通道因接近门限而在失锁和入锁状态之间来回切换时。采用上述码（或其他跟踪环路）检测器的准线性模型可以让设计对失锁检测的丢失具有高抵抗力，因为随着条件的接近，环路增益会变为 0。因此，适当地对码（或载波）环非线性建模可以降低失锁检测的临界性。

13.3　陆地车辆系统中的传感器组合

本节详述陆地车辆系统（包括汽车应用）中的组合定位系统，介绍用于增强 GNSS 解的低成本传感器和方法，并讨论实例系统。

13.3.1　引言

自从 GPS 构想之初，人们便想到了将接收机用于机动车辆定位。20 世纪 90 年代初，GPS 接收机技术发展到了这样一种程度：GPS 产品在汽车环境下能够可靠地运行，并且成本下降到了可以广泛使用的地步。今天，GNSS 接收机在汽车系统中用于定位车辆、跟踪车辆和控制车辆，为驾驶员提供导航辅助，并且用于高级驾驶辅助系统（ADAS）。

对许多陆地车辆应用来说，GNSS 定位具有足够的精度和覆盖范围。例如，用于资产管理或交付的车辆跟踪系统通常不需要在隧道和车库内进行定位，因此没有任何增强功能的 GNSS 即可提供足够的覆盖范围。重型设备或农具上的精密监测和控制系统使用载波相位跟踪和差分 GNSS 技术，但通常不需要额外的传感器，除非车辆平台姿态对应用来说非常重要。

今天，市场上的大多数车型都配备了车辆导航系统。这些系统的目的十分简单，即帮助驾驶员尽可能快速和/或有效地到达目的地。图 13.16 中给出了通用的车辆导航系统架构。主要组件包括用来输入目的地的用户界面、用来确定车辆绝对位置的 GNSS 接收机、可能会有的用于增强定位精度的辅助传感器、用于规划路线和确定机动的对数字地图数据库的访问，以及通过用户界面以语音和/或图形方式为驾驶员提供方向的工具。访问数字地图数据对路线规划和引导来说至关重要，当其在车辆中可用时，也可用来改善定位性能。GNSS 可在市面上的每种车辆导航系统中用于定位。可以提供差分 GNSS 校正，以便提高定位的精度。

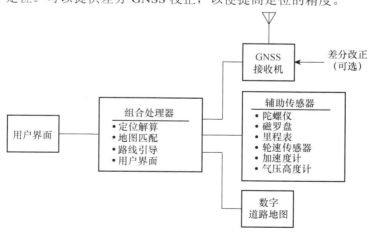

图 13.16　通用车辆导航系统架构

涉及车辆跟踪的应用很多，其中的大多数都使用 GNSS 进行定位。在车辆跟踪应用中，首先确定车辆的位置，然后通过无线数据连接将其发送到中央监控设施或车队调度员。典型的车辆跟踪系统架构如图 13.17 所示。类似于导航系统，跟踪系统包括 GNSS 接收机、辅助传感器和用来控制组件并计算最优位置解的计算机处理器。此外，还包括无线数传电台，用来将车辆位置数据和可能的状态传送给中央监控器。在中央监控器中，车辆位置和其他属性可以显示或叠加在数字地图上。数字地图还可用来查找最近的街道地址，这一过程称为反向地理编码。无线传输数据的技术有多种，包括蜂窝数据网络、卫星链路和专用无线电网络。有些系统能够连续地跟踪车辆，其位置报告以一定的时间间隔广播其位置；另一些系统则设计为将数据记录下来，并定期或按需上传。那么拥有或经营车队（如出租车、送货卡车、服务车辆）的企业使用车辆跟踪系统来监控车辆的使用情况，并且通过优化调度来提高物流效率。公共安全部门（警察、消防、救护车）使用车辆跟踪来缩短呼叫响应时间，并在发生遇险呼叫时对工作人员进行定位。

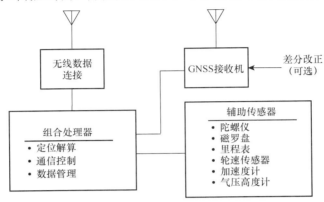

图 13.17　通用车辆跟踪系统架构

　　在紧急情况下，可以使用 GNSS 和无线通信来定位单台车辆。今天，许多汽车制造商都提供这些应急消息系统，也称车载信息系统。图 13.18 中显示了一个通用应急消息系统的架构。通常，这些系统使用蜂窝电话进行无线数据通信，因为它具有语音和数据传输的双重功能，在大多数发达国家覆盖广泛，并且成本相对低廉。这些设备连接到车辆系统和/或车辆总线上，在安全气囊弹出或其他一些防撞传感器被触发时，可以自动通知服务供应商。用户界面包括一个或多个按钮，它们的作用是激活系统、提供免提语音通话功能，还可能包括指示状态的显示器。车辆的 GNSS 位置通过蜂窝数据连接发送，以便将紧急服务或其他援助可以送到车辆的确切位置。这些设备还可用于路边援助、盗窃追踪、方向辅助和导航。

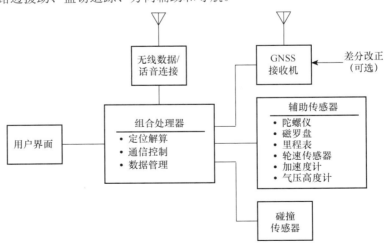

图 13.18　通用应急消息系统架构

　　在导航、跟踪和紧急定位方面，精确 GNSS 定位的可用性至关重要。在所有这些应用中，通常使用带有 12 个或更多通道的 L1 单频 GNSS 接收机。接收机应具有信号快速重捕能力，尽量减少城市峡谷建筑物和结构体对信号的阻塞效应。SA 的去除对低成本 GPS 传感器的精度影响很大。增加对 GLONASS 和其他 GNSS 星座的支持，可以更好地覆盖 GPS 卫星可见性严重下降的地区，因为天上有更多的卫星可用。使用多个 GNSS 星座还可在这些信号阻塞严重的区域提供更高的冗余度，从而进一步提高精度。使用差分 GNSS 可以进一步提高精度；然而，如果存在多径，多径误差通常会超过 DGNSS 能够抑制的所有误差。大多数现代 GNSS 接收机都支持 SBAS 信号，以便随时访问差分改正数据。如 12.6.1.2 节所述，包括 WAAS 在内的 SBAS 是一项免费服务，对 GNSS 接收机来说增加的成本很少。SBAS 带来的精度提升并不显著，但在开放区域很有意义，完好性信息可防止使用错误的卫星数据。在极少数情况下，仍然可用专用的无线电来接收差分改正，如美国全国 DGPS 服务（见 12.6.1.1 节）广播的"海事无线电技术委员会（RTCM）"改正（见 12.5 节）。

　　在城市峡谷和停车场中，GNSS 信号的阻塞效应仍然会严重影响 GNSS 位置的可用性。图 13.19 中显示了在菲尼克斯（凤凰城）市中心进行的一次 GPS 跑车试验结果，这是一个中等的城市峡谷环境。

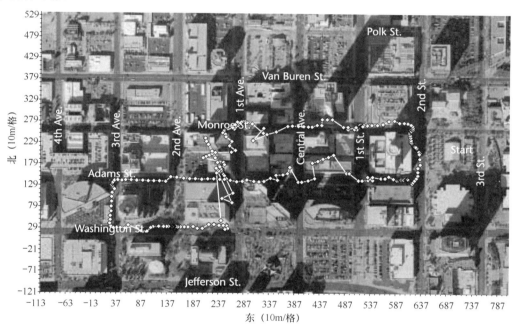

图 13.19　中等城市峡谷（凤凰城）中的 GPS 性能

　　图 13.20 中显示了芝加哥市中心的 GPS 跑车试验结果，这是一个由更多更高建筑物形成的严重城市峡谷环境。所用 GPS 接收机是一台 L1 单频 12 通道 C/A 码接收机，定位采用最小二乘法，在位置域中没有应用滤波。某种程度的滤波及高灵敏度接收机设计的使用（增强的捕获能力已在第 8 章中讨论）预计可以提高性能。可以看出，由高楼大厦带来的信号阻塞和反射，导致了图中多个位置的跳变和中断。在中等的城市峡谷中，跳变的范围大到半个街区，即 50～70m，且在每个街区至少还有几个定位解。在严重的城市峡谷中，跳变达到 500m，有时候接收机穿过一个或更多街区后仍然无法定位。显然，通过附加的传感器和滤波方法来增强 GNSS 的性能是非常有必要的。图 13.16 中列出的一个或多个辅助传感器组合应确保完全的位置覆盖，并提高导航精度，降低对总体定位误差的敏感性——这些问题将在下面几节中深入探讨。

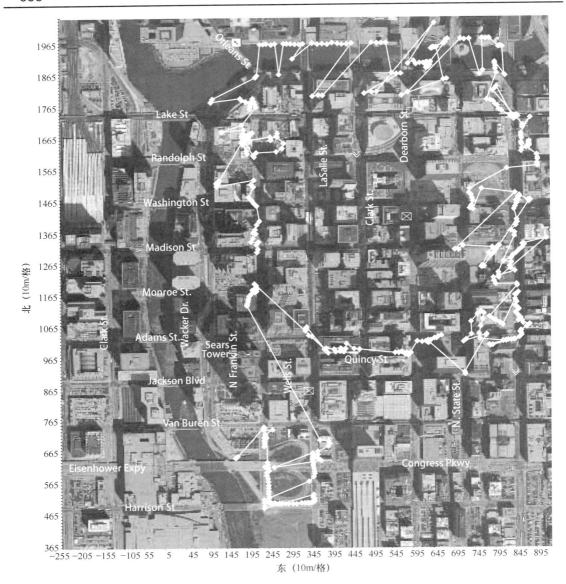

图 13.20　严重城市峡谷（芝加哥）中的 GPS 性能

　　在系统设计中，只有一个因素与性能同等重要——成本。系统的总成本影响着市场的接纳率，系统大批量生产后，系统成本中节省的每一美元都意味着利润的大幅提升。导航和车载信息系统的年产量达数百万台，包括天线实现在内的 GNSS 部件的成本已下降到几美元一个，并且出现了高度集成的芯片组，天线系统是主要的成本来源。设备制造商自然不愿意采用昂贵的增强型传感器。系统集成商在想方设法使用更低等级（和更低成本）的传感器，并且与单独由 GNSS 提供的性能相比，仍然要实现全面覆盖并提高精度。

13.3.2　陆地车辆增强传感器

13.3.2.1　惯性系统和传感器

在汽车应用中使用惯性和各种汽车传感器来增强 GNSS 性能通常称为航位推算（Dead

Reckoning，DR）。由于这一术语对读者来说可能很陌生，而且关于其起源有一些争议，所以有必要解释一下。这一术语的应用并不限于汽车，事实上它早在汽车发明前便已出现。一个流行的观点认为，它源于 deduced reckoning，且常被缩写为 dead reckoning，与这种解释相一致。当然，这种观点与其含义是一致的，即通过到达先前已确定位置的路线和距离来推算当前的位置。然而，根据牛津英语词典，dead reckoning 一词可以追溯到伊丽莎白时代的 1605 年至 1615 年。那时，它用于缺少恒星观测情况下的船舶航行。有了恒星观测，导航便被视为活（live）导航，借助恒星及地球运动来工作；然而，在天空能见度低的情况下，使用木头（由扔到水中的木头从船头漂到船尾的时间来确定速度的过程）、磁罗盘、钟表等方法进行导航，被视为死（dead）导航，由此有了 dead reckoning 这一术语。因此，这两种解释都是有效的，都与现代的应用一致，且都与缩写 DR 一致。

惯性传感器分别通过物理测量磁航向、加速度或旋转来直接测量方向、速度或方位的变化。车辆上的传感器可用于监测传动系统来测量速度，或监测两个不同的车轮来测量航向，这将在下文中讨论。在汽车应用中使用惯性传感器来增强 GNSS，与基于测量车轮旋转的方法相比具有几个优点。惯性传感器信息的质量不随轮胎磨损或道路状况变化，使用车轮旋转测量行驶距离肯定会受到影响，因为其性能会随着轮胎磨损、轮胎打滑及由路况不理想引起的侧滑而变化。然而，低成本的惯性传感器需要近乎连续的校准：典型的偏差和标度因子误差较大，对温度变化也很敏感。

就其在汽车和其他陆地车辆应用中的用途来说，下列惯性系统选项已成为有吸引力的备选方案，但它们的实用性各有局限性：

- 三个正交陀螺仪、三个正交加速度计和三个正交磁力计。
- 三个正交陀螺仪和三个正交加速度计。
- 三个正交陀螺仪和两个水平轴正交加速度计。
- 三个正交双加速度计。
- 两级轴正交加速度计。
- 单个纵轴加速度计和一个垂直陀螺仪。
- 单个横轴加速度计，带有车辆里程表的接口。
- 单个垂直陀螺仪，带有车辆里程表的接口。

显然，由于最后两个选项使用了与车辆里程表的接口，并未充分利用纯惯性设备的优点，所以对轮胎磨损和道路状况都很敏感。为了更好地理解各种方案的优缺点，首先回顾惯性感测的基础知识是很有帮助的。对惯性传感器和系统的深入考察超出了本书的范围，请参阅文献[6]。

常见的误解之一是加速度计直接测量加速度的一个分量：事实上，加速度计感测的是我们通常所称的"比力"[6]，即沿其输入（敏感）轴向的加速度分量与沿同一轴向上的重力分量之差。图 13.21 中说明了沿汽车横轴安装的加速度计如何进行比力测量。注意，图中隐含的假设是加速度计输入轴完全对准车辆横向，但这是不现实的。更一般地说，加速度计敏感轴与车辆横轴之间的偏差是导航系统设计中必须考虑的一种误差源。在图 13.21 中忽略这种未对准，角度 φ（单位是 rad）表示汽车的横滚角，或表示车辆垂直轴相对于本地垂向来说绕其纵轴的旋转角，b 表示加速度计的固有偏差（单位是 m/s²），a_L 表示横向加速度分量（单位也是 m/s²）。同时考虑到无量纲的标度因子误差 s_L，加速度计的输出（单位是 m/s²）可以建模为

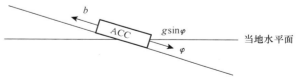

图 13.21　横向加速度计的误差影响

$$a_L^m = (1+s_L)a_L + b_L - g\sin\varphi \approx (1+s_L)a_L + b_L - g\varphi \tag{13.38}$$

式中所示的近似对小横滚角成立，上标 m 表示测量值。对于沿车辆纵轴安装的加速度计，也存在类似的等式，具有独立的偏差和标度因子误差，只是车辆的横滚角换成了俯仰角。式(13.38)和图 13.21 说明直接测量加速度很困难。

对陀螺仪，也存在类似的误解（即它只测量车辆沿陀螺仪敏感轴方向上的旋转速度）。即使对低成本陀螺仪来说，这也是一个很好的近似，但从理论上讲，陀螺仪可以感测沿敏感轴方向的惯性角速度，其中包括地球自转速度的一个分量。惯性系统的航向初始化正是利用了这个特性，它通过称为陀螺平台指北的过程[6]进行。由于与低成本陀螺仪相关的误差源要比地球自转速率大几个数量级（例如，后者的漂移率接近 1°/s，而前者的漂移率接近 15°/h），因此在低成本陀螺技术大幅改进之前，有必要采用另外一种方法来初始化航向。

现在回到陀螺仪和加速度计初始对准的问题。由于敏感元件在传感器壳体内的安装不完美，或者传感器壳体在车辆内安装时的对准不完美，任何传感器的任何未对准都将导致显著的轴间敏感性。对于上述的横向加速度计方程，与主载体垂直轴的未对准将导致加速度计感测一个纵向加速度分量，而与横滚轴的未对准将导致加速度计感测重力加速度，即使车辆是水平的（即横滚角为零）。在这两种情况下，对于小的未对准角，误差大小等于这一角度（单位是 rad）和离轴加速度的乘积。例如，与车辆横滚轴成 5°的对准偏差会在横向加速度计中产生约 0.1g 或 1m/s^2 的误差。敏感轴安装在垂直方向上的陀螺仪用来感测车辆的转弯，其输出（单位是 rad/s）可以建模为

$$\omega_H^m = (1 + s_H)\omega_H + b_H + m_\varphi \omega_\theta + m_\theta \omega_\varphi \tag{13.39}$$

式中，s_H 是陀螺仪的标度因子误差，b_H 是陀螺仪偏差，m_φ 和 m_θ 分别是陀螺仪敏感轴相对于横滚轴和俯仰轴的小未对准角（单位是 rad），ω_θ 和 ω_φ 分别是俯仰角和横滚角速率（单位是 rad/s）。另外，陀螺仪相对于本地垂直方向的任何未对准将作为陀螺仪标度因子误差的一个分量出现，因为它将产生与敏感轴方向上的角速率成正比的误差。这一标度因子误差项表示为式(13.40)，式中 α（单位是 rad）为未对准值：

$$\delta s_H = \cos\alpha - 1 = -\alpha^2 / 2 \tag{13.40}$$

因此，对相对于汽车垂直轴对准误差为 5°的陀螺仪，有效标度因子误差改变了 0.5%，这对低成本陀螺仪来说一般影响不大（标称的标度因子误差可达这个级别的 10 倍）。

在对惯性传感技术进行了基本的回顾后，现在回到汽车 GNSS 惯性传感器增强方案这个问题。第一种方案包括磁力计，用于在被校准且考虑了磁偏后直接测量罗盘航向。这种 INS 配置是最稳健的，但也是最昂贵的。低成本传感器的最新进展使得这种配置在许多应用中更加实用。

第二种和第三种方案没有磁力计，所以必须通过初始校准，并且使用陀螺仪/加速计解推断航向变化来改变监视器的航向。这两种方案的不同之处是，第三种方案放弃了垂直加速度计，原因是汽车的垂直运动预计不会很大，而在高度约束辅助下的 GNSS 可能就够了。参照式(13.38)和图 13.21，在这两个系统的俯仰角和横滚角的初始化开始时（系统开启时），假设汽车是静止的、水平的，这就意味着加速度计（对第一种方案是在垂直轴向的重力补偿后）读数为零。当然，在零加速度下，加速度计将显示与其当前工作相关的偏移误差水平。这些关于初始水平工作的假设对跑道上或机库中的飞机可能是合适的，但对于汽车通常是不合适的。即使汽车停放的道路是平坦的，路拱也会造成非零的横滚角。一般情况下，IMU 开启时，汽车的俯仰角和横滚角都不为零。由式(13.38)可见，这意味着每个水平的加速度计都会感应一个重力分量。作为车辆姿态初始化过程的一部分，所感测重力分量的总和将被假设的横滚角和俯仰角置零；一般来说，这样确定的俯仰和横滚与车辆的实际俯仰或横滚不匹配。通过惯性系统的作用，这些初始姿态误差将在水平轴向的姿态、位置和速度误差中引入舒勒振荡[6]。舒勒振荡的周期为 84 分钟。如果未被其他

误差诱导效应（譬如机动）干扰，这一误差振荡将一直持续到卡尔曼滤波器或组合滤波器有时间算出传感器误差为止。典型的卡尔曼滤波器设计将在 13.3.3 节中介绍。

然而，与俯仰角和横滚角的初始化不同，因为低成本陀螺仪的偏移误差相对于地球自转速率来说非常大，所以车辆的航向必须由一个辅助传感器（如磁罗盘）初始化，和/或使用 GNSS 确定的航向，和/或使用导航系统上次计算的车辆航向。使用 GNSS 航向时，应注意已达到最低速度，并且至少要跟踪上 4 颗 GNSS 卫星，以确保足够的精度。

再回到双加速度计的 INS 方案。在 INS 中使用垂直加速度计会带来潜在的稳定性问题[6]。众所周知，由于重力加速度依赖于高度（通常需要一个重力模型将重力加速度从加速度计输出中去除，从而实现对惯性加速度的感测），INS 垂直通道具有固有的不稳定性。模型化的重力加速度可能会随着高度的增加而减小，导致垂直通道误差方程中出现一个有效的正反馈回路[6]，产生一个呈指数增长的误差。若不对误差增长进行纠正，则大约每隔 10 分钟就会产生一倍以上的高度误差。因此，需要一个独立的高度信息源，可以通过一个附加的传感器（如气压高度计）或一个高度约束条件（如假设车辆处于平均海平面或某条已知高度的道路上）来提供。

陀螺仪的设计和开发通常要比加速度计更复杂和不可靠[31]，所以考虑一个只使用加速度计的 INS 是有吸引力的，该 INS 通过将双加速度计放在距离车辆重心的某个位置已知的位置（称为杠杆臂）来进行角加速度估计。例如，图 13.22 所示的两个加速度计可用来同时感测线加速度和角加速度。在讨论构建这种原型系统的参考文献[32]前，下面进行一些高层次的评论。首先，由于我们已用一种角加速度计传感器代替了陀螺仪这种角速率传感器，加速度计误差对 INS 位置和速度误差具有不同的影响。加速度计中的任何偏差都会产生角速度的时变速率的误差：加速度计偏差会增加，而由俯仰或横滚误差感测的重力加速度引起的误差效应则被大大消除。角加速度感测的质量随着加速度计间距的增大而提高。要理解这一点，可考虑式(13.41)中的方法，它适用于两个加速度计沿车辆纵轴放置的情形：

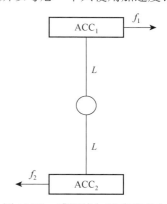

图 13.22　感测线加速度和角加速度的双加速度计方法

$$a^m = (f_1 - f_2)/2 \tag{13.41a}$$

$$\mathrm{d}\omega/\mathrm{d}t^m = (f_1 + f_2)/2L \tag{13.41b}$$

$$f_1 = (1 + s_1)a + L\,\mathrm{d}\omega/\mathrm{d}t + b_1 - g\sin\varphi \tag{13.41c}$$

$$f_2 = -(1 + s_2)a + L\,\mathrm{d}\omega/\mathrm{d}t + b_2 + g\sin\varphi \tag{13.41d}$$

$$\delta(\mathrm{d}\omega/\mathrm{d}t) = [(s_1 - s_2)a + b_1 + b_2]/2L \tag{13.41e}$$

在式(13.41)中，式(13.41a)和式(13.41b)是用于测量线加速度和角加速度的方程，分别标为 a^m 和 $\mathrm{d}\omega/\mathrm{d}t^m$；式(13.41c)和式(13.41d)分别表示与式(13.41a)和式(13.41b)中所测量的量相关的误差方程：a 表示车辆沿敏感轴（横轴）方向的真实加速度，b_1 和 b_2 是加速度计偏差，单位都为 m/s^2。如前所述，φ 是车辆的横滚角（单位是 rad），g 是重力加速度（单位是 m/s^2）。加速度计标度因子误差（无量纲）分别表示为 s_1 和 s_2。杠杆臂由变量 L 表示（单位是 m）。最后，注意式(13.41c)是感测角速率（即偏航率，大致为航向率）中误差变化率的公式，典型情况下在卡尔曼滤波器中建模，以便处理 GNSS 测量数据来减小这类误差。

因此，增加每个传感器与车辆重心之间的杠杆臂长度 L，可以减小角加速度的误差因素，即各个加速度计的偏差 b_1 和 b_2 及标度因子误差 s_1 和 s_2。在图 13.22 所示的特定情况下，把一个加速度计放在汽车前部附近，把第二个加速度计放在汽车后部附近，可以获得最好的性能。杠杆臂不影响所确定的线加速度的质量。由于在公式中加速度计偏差会引起角速率偏差，与相应的陀螺仪偏差相比，加速度计偏差会产生不同的位置和速度误差表现。众所周知[6]，水平轴向陀螺仪偏移误差会产生叠加在水平轴向的舒勒振荡上的有偏速度误差。在小于舒勒周期的时段内，速度误差的偏差分量在 INS 漂移中占支配地位，从而有了惯性系统中人们熟悉的"nm/h"等级[3]。因此，可以预期偏置角加速度误差会在类似的时段内产生一个斜升速度误差。

使用加速度计来感测角加速度的概念并不新鲜[33]。20 世纪 90 年代，这一概念重新受到了关注，主要是因为出现了低成本的微机电传感器（MEMS）技术。MEMS 技术可用于生产适用于车辆的加速度计，其成本远低于陀螺仪的成本[34,35]。一项研究[36]关注如何在车内放置加速度计来获得最优性能。另一种处理方法[32]试图利用遍布于车上各处的现有加速度计 [譬如可能与气囊打开或车辆防抱死制动系统（ABS）有关的加速度计]，以支持惯性导航能力。对原型系统的测试表明，使用加速度计测得的角加速度的精度几乎与低成本陀螺仪传感器提供的精度相当。

另一种值得考虑的方案是，使用与车辆横轴和/或纵轴对准的单个加速度计。纵向加速度计测量车辆的加速和减速，这种加速度计一经组合，就有可能取代车辆里程表的使用。横向加速度计有可能取代航向或航向率传感器，因为横向加速度通常指示转弯，而车辆速度与转弯速率的乘积就是车辆的横向加速度。然而，仅使用加速度计也有缺点。如前所述，由于安装在车辆上的传感器初始未对准，或者车辆的俯仰（影响纵向加速度计）和横滚（影响横向加速度计），两个加速度计通常都会感测到重力分量。尽管车辆在正常运行期间俯仰和横滚预期较小，但是若未得到补偿，则误差效应可能会很大。相对高频的俯仰和横滚变化，如可能由道路或减速带引起的变化，并不像稳定的偏移那样麻烦。由道路拱顶引起的 5° 稳定横滚角将导致 $0.1g$ 或约 $1m/s^2$ 的有效加速度误差。若没有补偿，这个误差就会整合到速度和位置误差中，哪怕此时车辆是静止的，；例如，在 10s 内将会发展成约 50m 的横向偏航误差。另外，由于采用横向加速度计测量的是航向率与车辆速度的乘积，在低速率下可能很难检测到航向变化。类似地，车辆在道路上的稳定爬升或下降，会被纵向轴加速度计误认为是车辆的加速或减速，在未被补偿的情况下，将会被整合为显著的径向/沿航线速度和位置误差。

最后，使用低成本陀螺仪来跟踪车辆的航向变化是一种有吸引力的方案，并且已在当前的几种导航系统中使用。如式(13.14)所示，车辆的俯仰和横滚对陀螺仪的标度因子具有二阶效应，但相对于其标称标度因子误差来说，影响应该很小。

有了前面关于惯性系统可选方案的讨论，现在即可讨论陀螺仪和加速度计的误差特性。对于汽车应用中考虑的低成本传感器，相对于与商业级系统相关的陀螺仪和加速度计来说，其偏差和标度因子误差可能很大；例如，对于陀螺仪，预期有几度每秒的偏差，而标度因子误差可能高达5%。对于不同应用中陀螺仪和加速度计偏差及标度因子误差的小结，请参阅文献[33]。这些误差可以使用 GNSS 和其他手段进行校准。例如，在称为零速度更新（*Zero Velocity Update*）或 ZUPT 的校准过程中，每次车辆静止时都可以得到陀螺仪偏差的一个估计。然而，这些误差可能相当不稳定，并且具有对高温的敏感性。

图 13.23 中说明了实验室测得的两个低成本振动陀螺仪样品的陀螺仪偏差温度敏感性。术语"振动"表示陀螺仪具有一个振动元件，它通过施加在振动元件上的科里奥利力来感测角速率。该力与旋转的角速率成正比，并且可以通过陀螺仪电子器件的作用来测量。图 13.24 摘自文献[37]，它作为振动陀螺技术的一个例子，示出了村田陀螺星陀螺仪的驱动、检测和控制机制。图示的棒具有三角形横截面，棒表面形成一个等边三角形。两个侧面以共振频率驱动梁并检测科里奥利力；第三个面用来闭合振动控制环路。

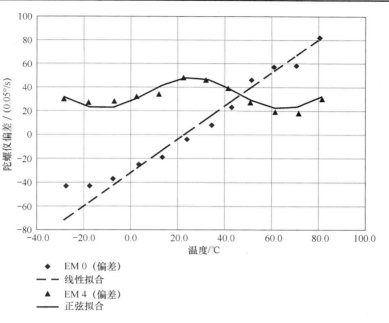

图 13.23　两个低成本振动陀螺仪样品的偏差随温度的变化

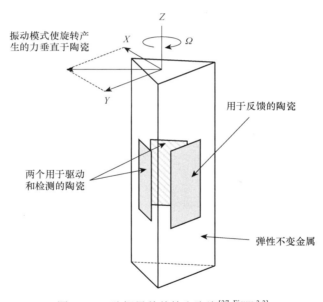

图 13.24　陀螺星单体棒和陶瓷[37, Figure 3.3]

　　回到图 13.23，仅从这两个陀螺样品便能得出几个与温度敏感性有关的结论。首先，温度敏感性可能很大。对标为 EM 0 的样本，其敏感性在整个温度范围内大致呈线性，大小为 0.07°/s/℃。若忽略该敏感性，且陀螺仪处于温度快速变化的环境中（例如，一辆汽车冬季在波士顿户外停了一夜后温度升高），则陀螺仪将需要频繁地校准。在恒定速度下，未经补偿的陀螺仪偏移误差将在正比于偏差和车辆速度乘积的横向偏航位置误差中产生一个二阶增长项。其次，每个陀螺仪都具有各自的温度敏感性（也就是说，若需要补偿，则每个陀螺仪必须在安装到车辆上之前进行测试，除非该要求已由制造商承担）。这样的要求不可避免地增加了陀螺仪及实现的成本。标为 EM 4 的样品在测试的温度范围内具有接近正弦的变化，该变化相对较小。给定陀螺仪或加速度计偏差或标度因子的温度曲线后，采用曲线拟合或其他方法来实时补偿其输出是有吸引力的。除了与每个陀螺仪样品曲线拟合的生成相关的代价，还有几个问题。首先，需要一个温度传感器来执行补偿，而且此传感器必须安装在陀螺仪或加速计敏感元件附近。尽管一些传感器套件可以提供温度信息，但并非所有套件都是如此。第二个必须考虑的问题是基础敏感性本身的稳定性。温度补偿曲线可以不经调整而使用数月甚至数年吗？对这个问题，制造商可能无法回答，因此建议至少要监控曲线的稳定性。这个主题将在 13.3.3 节中进一步讨论。

由于预期的成本、重量、尺寸和功耗的节省，基于 MEMS 技术的陀螺仪和加速度计首先受到了军事系统的青睐[38]。自推出以来，MEMS 传感器已广泛用于车辆和消费电子产品中。主要原因是可用做汽车安全气囊展开传感器，所以加速度计的发展一开始就要比陀螺仪成熟。陀螺仪在相机的图像稳定器中的应用，推动了陀螺仪稳定性的进一步提升和成本的降低。成本与性能需要不断地折中。文献[39-43]中描述了实现导航级精度的加速度计的发展，其偏移误差低至 20μg，标度因子误差接近 50ppm。文献[44-46]中总结了陀螺技术的关键进展。尽管预计的陀螺仪偏差性能可以达到 1°/h，但报道的性能水平仍限制在 10°/h，标度因子误差接近 500ppm。MEMS 在商业领域的应用早在文献[47]中就很有前景，并且从那以后已被证明是数十亿台设备的关键组件。文献[48]中给出了陆地车辆应用中基于 MEMS 的传感器的特征描述。与现有的传感器（如振动陀螺仪）类似，MEMS 陀螺仪及加速度计预期也存在显著的温度敏感性，必须加以补偿才能充分发挥其性能。与传统的惯性传感器相比，MEMS 传感器的成本更低、性能更差；因此，系统设计和性能要求推动了对所用传感器的选择。

13.3.2.2　地图数据库

如 13.3.1 节所述，高质量、价格合理的数字地图的出现是车辆导航得以广泛接受的一个重要因素。数字道路地图不仅是导航系统中用于选择目的地、路径寻找和路径引导的重要组成部分，而且是定位子系统的高价值补充。

数家公司发布了在全球范围内进行导航的数字道路地图数据。Navteq 公司是导航数字地图的先驱之一，2007 年它被诺基亚公司收购，2012 年成为诺基亚 Here 业务部门的一部分。2015年，诺基亚将 Here 地图部门出售给包括奥迪、宝马和戴姆勒在内的德国汽车制造商财团。此后，Here 作为一家独立公司运营，为车辆导航系统和移动设备分发数字地图数据和测绘工具。在已安装的车辆导航系统中，Here 地图拥有最高的全球市场份额。TeleAtlas 集团由 Robert Bosch GmbH 和 Janivo BV 于 1995 年成立，旨在加速西欧数字道路地图数据的发展，并以统一的格式发布[49]。TeleAtlas 于 2000 年收购了 Etak，并于 2004 年收购了 Geographic Data Technology（GDT），以扩大其在北美和全球的覆盖范围。TeleAtlas 于 2008 年被 TomTom 收购，现为 TomTom 的全资子公司。TeleAtlas 地图用于 TomTom 和其他导航系统，也可用于各种互联网地图门户。Google 是最近进入导航地图市场的主要参与者，于 2005 年推出了基于 Web 的地图服务。Google 首先从 Navteq 和 TeleAtlas 等公司获得授权的地图数据，然后逐渐形成自己的制图能力，在汽车中配备摄像头和其他传感器。2007 年，Google 推出了路线规划和行车指引；2009 年，Google 在手机应用中引入了免费的逐段导航。Here、TeleAtlas 和 Google 拥有广泛的数字道路网络数据库，用于覆盖美国、加拿大、欧洲、亚洲和全球其他新兴市场的导航。通过比较道路中心线矢量与地面实况，可以确定这些数据库的精度，其范围从城市地区的 5m 以下到农村地区的 20m 或以上。目前正在采取新的举措，使道路中心线的制图精度优于 1m，并将垂向信息纳入先进驾驶系统，该系统使用航空影像、专用制图车及记录的车辆 GNSS 数据轨迹[50, 51]。随着时间的推移，通过 GNSS 测量、摄影测量和其他数据采集方法，位置和拓扑精度都在提高[52]。

其甚至在 GPS 成为可以实际用于商业产品的定位系统之前，数字道路地图就已被用做导航系统定位子系统的一部分。1984 年推出的 Etak 导航仪由一台盒式磁带播放机、一台基于 8086 的计算机、双里程表、一个指南针和一个小型阴极射线管（CRT）显示器组成。盒式磁带上存储了数字道路地图。该系统使用指南针、差分测距和地图匹配（Map Matching）来定位车辆[53-55]。地图匹配是将车辆路径与数字道路地图中的可行驶路径关联起来的过程[56]。地图和车辆位置被显示，地图随着车辆移动而移动，使车辆符号保持在屏幕中央。地图匹配的一个基本假设是车辆位于路网上，因此算出的车辆位置被限制到地图的某个路段上。当车辆行驶时，航位推算传感器提供车辆的路径，其与地图数据库中具有相同的近似形状和方向的路段进行匹配，以便确定车辆的位置。

在 GPS 可用之前，地图匹配的主要挑战之一是在初始位置未知的情况下如何初始化系统。在早期的导航系统中，有时不得不提示用户输入当前位置。当然，用户不知道他或她位于何处时会非常困难。有了 GNSS，绝对位置就容易确定，并且 GNSS 接收机被适时地添加到了导航系统中。最初，GPS 仅用于启动 DR/地图匹配系统或检测较大的误差。后来，出现了将 GPS/DR 跟踪与数字道路地图进行比较以便找到最可能的车辆位置的系统[57]。现代导航系统主要依靠 GNSS，使用 DR 和地图匹配来校正 GNSS 误差，消除覆盖范围的缺口。

如图 13.25 所示，鲁棒的地图匹配实现使用置信度测量来确定地图中车辆可能行驶的所有路段[58]。当车辆行驶时，行驶距离和方向变化被用来连续确定行驶路径的形状，这一形状用于通过形状相关来匹配地图中的道路网络。知道准确的航向后，道路列表将减少，只剩下方位在车辆航向公差范围内的道路。当车辆转弯时，检查路网拓扑结构，找出在车辆转弯方向上的候选路段，使候选路段列表进一步减少。通过这一过程，可能的车辆位置列表最终被限定在唯一的路段上，并且定位解的置信度也相应地得到了提高。只有一个可能的车辆位置时，地图匹配的位置解具有一个很小的置信区域，因此可以认为是高度可靠的。发生位置跳跃或转弯，在路网中引入其他可能的位置时，置信区域会扩大，以反映地图匹配解中置信度的降低。

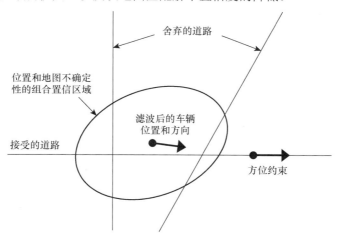

图 13.25　道路选择和地图辅助[58, Figure 7.3]

为了支持地图匹配，地图数据应该具有较高的位置精度，理想情况下要优于 5m，以尽量减少不正确的道路选择。地图数据在拓扑上也应是正确的，以便反映真实世界的路网，当用户在一条不存在于数据库中的道路上行驶时，算法就不会混淆。在地图匹配过程中，应利用道路中心线数据的预期精度来确定地图匹配位置解的整体置信区域。

一旦确定了匹配，车辆位置就会显示在匹配的路段上，并用于路径导航指令。地图本身也可用做一个传感器，为定位子系统提供有用的信息，和/或用来校准惯性和其他航位推算传感器。这些功能被广泛地称为地图辅助[58]和地图校准。

在地图匹配确定车辆转过弯时，地图辅助是最有用的，此时车辆位置十分靠近两条街道的交叉路口，路口在地图数据库中的位置是已知的。这一参考位置可以被组合滤波器（见 13.3.3 节）视为一个单独的定位，用来校正或提高由 GNSS 确定的绝对位置的精度。此外，如图 13.25 所示，若地图匹配高概率地确定了车辆正行驶在数据库中的一条特定道路上，且这条道路是笔直的，则可以根据地图数据库中该路段的方位，为组合滤波器（见 13.3.3 节）生成一个航向解。另一种利用转弯后的航向信息的方式是对模型施加一个约束，强制车辆航向与道路方向相匹配。在低成本导航系统中，地图反馈可以用来代替航位推算传感器，以提高 GNSS 的性能[58]。

除了道路矢量的水平位置分量，地面高程数据也可用来增强 GNSS 的性能。数字地形模型（DTM）是地面的一种表示，可以用来提取高程数据。数字高程模型（DEM）是一类 DTM，它具有规则间距的高程网格，对应于该点地形的高程。现代 DTM 源于机载或星基远程传感器，以 GNSS 坐标为地理参考，其垂直精度优于 10m，在某些情况下优于 5m。

地形高程可以用来提高与陆地应用中 GNSS 定位相关的精度。前文说过，垂直轴向是 GNSS 解中最薄弱的部分。地形高程数据足够准确时，可以作为一个约束条件添加到 LS 或 WLS GNSS 定位解中，或者作为一个测量值添加到实时卡尔曼滤波器中。要应用高程约束，可以使用一个近似位置或前一个位置从 DTM、DEM 或其他高程数据源中提取相应的高程。地形高程在该位置附近起伏很大时，可能需要迭代来使解收敛。从计算的角度看，为了这一目的使用 DEM 可能更容易，因为它只涉及基于坐标的简单数值查找和插值；但是，DEM 需要大量的存储空间。DTM 将高程数据组织为矢量形式，使用较少的存储空间，但需要更复杂的计算来求特定点的高程。高程数据也可作为属性数据组合到数字道路地图中，以便简化高程查表，同时降低存储需求。在监控车速和坡度的驾驶员安全应用中，地形高程数据今天正在用于增强 GNSS。

地图校准十分类似于使用 GNSS 数据来校准惯性和其他航位推算传感器的过程。例如，在支持航向解生成的同一组条件下，不变的道路航向可用来校准低成本的陀螺仪或磁罗盘：由于道路指向不变，因此陀螺仪读数是其偏差的直接测量值。另一个例子是，当车辆在十字路口转弯时，驶入路段与驶出路段的航向改变可用来校准航向传感器。有了现在的 GNSS 性能，传感器的地图校准就不如以前那样普遍。

如前所述，数字道路地图数据是车辆定位子系统的一个重要组成部分。然而，其实用性受限于数据的精度。随着时间的推移，由于道路的修建与重建，数字道路地图数据库路段的几何形状和连通性会发生变化。用于地图匹配或地图辅助时，数据库中不正确的路段会对位置计算产生负面影响。内部权重必须适应这种可能性，并且允许系统自我校正到概率上允许的另一路段。在车内大容量存储介质上存储和更新的地图数据尤其容易受到这种情况的影响，因为消费者和商业运营商并不总是立即更新地图数据，即使他们这样做，也可能会因未考虑到的施工或天气等原因而临时发生变化。车辆的连通性变得更好，使得系统能够利用来自服务器的地图数据更新，这样系统就可以近实时地下载和使用最新的地图数据，甚至交通、天气和建筑物的影响，譬如谷歌地图的情形。

13.3.2.3 GNSS

如 13.3.1 节所述，SA 的停用使得 GPS 的商业应用能够利用低成本的独立式接收机实现其完全精度，但无法消除大部分电离层延迟。如今已经引入了第二个民用信号，可以使用双频接收机消除电离层的影响。本书前面的章节确定并讨论了 GNSS 误差的主要来源，包括伪距测量值、Δ 距离或多普勒测量值以及所确定位置和速度中的误差。这里感兴趣的是由 GNSS 确定的速度和航向中的误差源，以及汽车环境特有的误差源。GNSS 确定的速度和航向对于校准汽车传感器非常有用，而在 GNSS 不可用时，这些传感器又可用做速度和航向信息的来源。这种直接比对可在 GNSS 准确时快速校准传感器误差。对那些相对于车速来说较小的误差，由 GNSS 确定的速度和航向误差可以表示为

$$\delta v = (v_n \delta v_n + v_e \delta v_e) / v \tag{13.42}$$

$$\delta H = v_n (v_n \delta v_e - v_e \delta v_n) / v^2 \tag{13.43}$$

式中，δv_n 和 δv_e 分别是北向和东向速度误差分量，v_n 和 v_e 分别是北向和东向速度分量；δH 和 δv 分别是航向和速度误差；v 是水平面上的车速。

　　在式(13.42)和式(13.43)中，所有的速度分量（不管是整体值还是误差量）应使用一致的单位（如速度的单位是 m/s，航向误差的单位是 rad）表示。式(13.42)和式(13.43)可以对以速度分量表示的速度和航向方程施以简单的扰动推得。

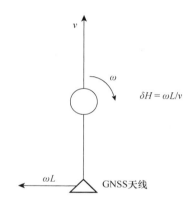

图 13.26　天线放置对 GNSS 航向的影响

　　在 GNSS 确定的航向中，另一个重大的误差源值得一提，它取决于车辆中的天线位置。GNSS 天线一般不会安装在靠近汽车转弯旋转中心的位置。如图 13.26 所示，天线安装在与车辆旋转中心相距 L 的位置，GNSS 接收机将检测到的航向率乘以距离 L，作为垂直于车辆真实速度的一个速度分量。由于 GNSS（在非多天线配置下）只能从确定的速度分量中获取航向信息，因此式(13.44)给出的航向误差是

$$\delta H = \omega L / v \tag{13.44}$$

式中，ω 是车辆的航向角速率，单位是 rad/s；L 是到旋转中心的距离，单位是 m；v 是车辆速度，单位是 m/s；δH 是最终的航向误差，单位是 rad。

　　为了评估这一误差源的大小，假设 GNSS 天线距旋转中心 1m，航向变化率为 20°/s，车速为 5km/h。航向误差超过 14°时，对导航来说一般是不可接受的，因为这会产生超过行驶距离 20% 的切向误差。当然，只在车辆转弯时误差才会持续存在。若能测得杠杆臂 L，则这一误差效应可以得到补偿。但是，实时导航滤波器至少应在转弯时对 GNSS 航向权重中识别这一误差效应。系统采用数字道路地图数据库时，可以利用地图辅助来校准，或者直接观测航向变化率和速度来确定杠杆臂距离，然后确定转弯前后的航向变化，进而确定航向误差，最后求解式(13.44)中的杠杆臂距离。

　　随着人们不断努力降低 GNSS 接收机的捕获和跟踪门限，必须考虑其他误差源，包括虚假信号捕获及反射信号跟踪（通常称为多径）。如 8.5 节讨论的那样，捕获正常门限以下的信号需要更长的相干和非相干积分时间。当捕获和跟踪的信噪比门限降低 20dB 以上时，互相关的可能性（即声称检测到的信号其实是具有不正确 PRN 码的更高功率信号）增大。另外，保守的正常检测门限（即置于峰值-噪底比上的门限）可以放宽，以扩大覆盖范围。也可采用替代检验［例如采用邻近检验，若幅度主峰和次峰位于相邻的码相位处（即相隔半个码片），则可以声称检验成功］。这种对检测保守性的放宽，不可避免地带来了更高的虚假信号捕获（即将合成噪声解释为信号）概率。虚假信号捕获和互相关都会产生严重的伪距误差；一般来说，在过渡到直达信号

跟踪状态后，这些误差就不再持续。不过，这种情况发生的时间很短时，导航滤波器采用的统计舍弃检验应能将其去除。

反射信号跟踪是城市峡谷中可能出现的一个严重问题：当直达信号路径被高层建筑物遮挡，而反射信号路径却对 GNSS 接收机可见时，就会产生这种现象。注意，这种情况并不是真正的多径，因为直达路径不可见，而只有反射信号被跟踪；然而，所引入误差的性质是相似的。反射信号相对于直达路径会有所衰减，且反射几何分布不可能无限期地持续下去。与反射路径相关的附加距离延迟会在送入导航滤波器的伪距中带来意外的附加误差，且由反射信号得到的多普勒测量值会有很大的误差。由接收机运动测得的多普勒分量可能会与接收机运动引起的实际多普勒分量符号相反。它通常是车辆相对于引起反射的表面的运动速度的函数，如图 13.27 所示。类似于虚假捕获，我们必须依靠组合滤波器的统计舍弃来保持可以接受的导航性能。

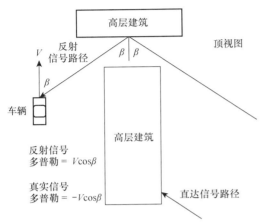

图 13.27 反射信号跟踪的几何分布

13.3.2.4 变速器和车轮传感器

利用车辆的已行驶距离信息通常是一种低成本、高价值的 GNSS 增强手段。车辆变速器和车轮传感器可以用来确定车辆的速度和航向变化。取决于所用传感器的类型，低速度下距离的确定可能会变得不可靠；如图 13.28 所示，使用可变磁阻来感测时[59]，随着磁通量变化的减小，传感器的输出变为零。当凸块通过磁场的运动变得太慢时，信号处理器就不能检测到对应于车轮移动一定距离的脉冲。根据所用的特定传感器和信号处理电路，可能无法检测到 0.5m/s 至几米/秒的速度。然而，霍尔效应传感器[59]的输出是位置感应而非速率感应的，它能够可靠地检测到低至静止状态的车辆速度。因此，霍尔效应传感器是首选传感器，但其安装一般来说更昂贵。

与所用传感器的类型无关，基于传动里程表的速度测定在以下三种条件下可能是不可靠的：车轮打滑、车轮侧滑和轮胎静止时的车辆运动。

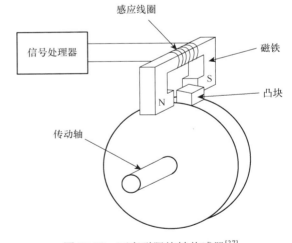

图 13.28 可变磁阻旋转传感器[37]

第一个问题可以通过安装传感器来减少，使其能够检测到非驱动轮的运动（如前轮驱动型车辆的非驱动轮是后轮，反之亦然）。否则，轮胎打滑会导致航位推算（DR）系统的严重定位误差，因为感测到的速度会大大超过车辆的实际速度。即使安装在非驱动轮的情况下，也会发生某种打滑，但一般只出现在制动或转弯时。车轮侧滑的影响更加难以消除；然而，使用 ABS 可以显著降低其可能性。在设计传感器组合算法时应着重考虑的一个因素是对侧滑条件的检测和恢复（这个问题将在下一节中讨论）。最后，轮胎静止时的车辆运动（例如，被拖车或渡轮运输时会发生这种情况）也会引起额外的定位误差，所以在传感器组合算法中需要第二种恢复模式。

除了这些异常，使用车轮周长来测量已行驶距离的能力也会影响速度的测定。典型情况下，车轮每转一周，便会产生 24～48 个脉冲。行驶一段已知距离后，可在安装时精确校准将脉冲计数转换为行驶距离的标度因子。然而，轮压的缓慢变化可能会使初始校准变差，而且随着时间的推移，会影响标度因子的精度。车轮传感器也会遇到与变速器传感器相同的问题，但误差可能更加严重。除速度外，还可使用单独的车轮传感器来确定车辆的航向变化。这是通过测量每个非驱动车轮的行驶距离之差来完成的，这种技术称为差分测距法。车辆右转时，左轮必须比右轮更远才能完成转弯，反之亦然。车辆右转时，要完成转弯，左轮必须比右轮行驶更长的距离。假设传感器安装在非驱动的后轮上，下面的等式可用来计算航向变化 ΔH，如图 13.29 所示：

$$\Delta H = (d_R - d_L) / T \tag{13.45}$$

式中，d_R 和 d_L 分别是右轮和左轮行驶的距离，T 是轮距（轮胎之间的距离）。

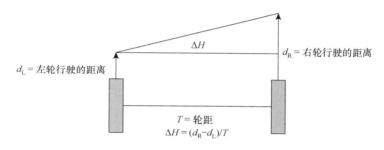

图 13.29　使用后轮确定航向变化

在式(13.45)中，左右车轮距离的单位是 m，轮距的单位也是 m，算得的航向变化 ΔH 的单位是 rad。注意，式(13.45)仅在传感器安装在后轮上时才有效。使用前轮时，几何分布改变，因为前轮会形成一个轮角，如图 13.30 中的 γ 所示。

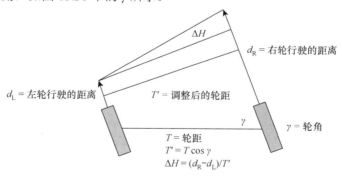

图 13.30　使用前轮确定航向变化

轮角使得原来的轮距 T 不再垂直于轮胎，有效轮距（在图 13.30 中表示为 T'）减小为原来的 $\cos\gamma$ 倍。随着轮角的增大（即航向率更快），轮距的缩短更加明显。忽略前轮安装的这种效应会导致在转弯时出现很大的航向误差。轮角一般对航位推测系统是未知的，因此需要一种计算有效轮距宽度的近似方法。文献[60]中描述了几种方法，并介绍了轮距宽度随车辆速度的变化。

如前面介绍的传动里程表那样，当轮胎打滑或侧滑引起脉冲计数差时，或者当胎压有很大的不同时，通过差分测距法来测定航向很容易产生明显的误差。不校准时，相对较小的胎压差可能会导致显著的误差增长：假设轮距为 2m、车速为 20km/h，1% 的轮胎尺寸差会产生超过 2°/s 的航向率误差。因此，使用组合滤波器对这一误差源进行校准至关重要，这将在 13.3.3 节中讨论。

如文献[61]中所述，车轮传感器脉冲计数的量化效应在累积航向误差中引入的误差不是很大，原因是量化误差在一个采样间隔中可能引入的航向误差等于一个距离量除以轮距，而在随后的采样间隔中会倾向于自行校正。例如，若左轮在当前的脉冲总计数中刚好漏掉了一个脉冲记录，则它肯定会在下一次脉冲计数中补上该脉冲，因而可以跟上对累积航向变化的测量。用统计学表述，由连续量化引入的航向误差是强负相关的，因此它们的总和接近零。然而，ABS 有时会表现出随机的航向误差，其 1σ 水平约为脉冲量化大小，因此其表现类似于一个不相关的量化误差。该误差可归因于传感器中产生脉冲的噪声，从设计上看，这已精确到了脉冲量化水平。因此，式(13.46)虽然不代表真实的脉冲量化效果，但是仍然可以代表实际的航向误差增长，所以一般建议在任何实时卡尔曼滤波算法设计中考虑保留。

$$\sigma_{\mathrm{H}} = \sigma_{\mathrm{q}} \sqrt{t} \tag{13.46}$$

式中，σ_{H} 表示 1σ 航向误差（单位是 rad）；σ_{q} 表示量化水平（单位是 rad）。

摘自文献[37]的表 13.2 评估了各种因素对轮胎尺寸的影响。

13.3.2.5　气压高度计

如 13.3.2.3 节所述，气压高度计可以用来稳定由垂直加速度计和重力模型得到的惯性高度指示。另外，它可以用来增强基于 GNSS 测得的高度，如用于陀螺仪/里程表或基于 ABS 的 GNSS 增强。对于陆地车辆来说，所有可见卫星都会在地平线以上，卫星几何分布会在垂直方向上产生更大的不确定性。因此，基于 GNSS 的高度估计值不如水平位置估计值准确，因此

表 13.2　影响车轮标度因子的因素

误差因素	可能的径向误差
压力	1mm/lbf/in²
温度	1mm/5℃
磨损	5mm
速度	1mm
质量	1mm/100kg

改进高度估计值的增强是有吸引力的。可以使用成本低的气压高度计[62]，它可以感测低至 1m 的高度变化，并且经过适当校准后能够提供优于 10m 的绝对高度测量值。无论惯性增强与否，绝对和相对高度数据在辅助 GNSS 中都是有价值的。

既然任何气压高度计都是通过感测气压来确定高度的，那么就有必要进行校准。校准与压力读数和高度相关联；随着当地天气状况的变化，校准会随时间相对缓慢地降级。校准精度也会随着车辆和校准标定位置之间的物理距离的增大而降低。因此，利用气压高度计作为绝对高度信息源的车辆导航系统的工作需要基准站提供校准数据，或由 GNSS 提供类似的校准信息。导航系统与移动电话或汽车内的其他通信装置组合在一起时，通信网络便可以提供适用于车辆位置的校准信息。气压传感器可以低成本地在小型硅芯片上实现[62]，移动电话基站可以提供校准信息[63]。使用 GNSS 的校准最好是在卡尔曼滤波器中包含一项气压高度计偏差状态，滤波器将 GNSS 高度与气压高度计读数进行比较。与气压高度计偏差相关联的过程噪声的合适水平将确保校准不是静态的。另外，如果由气压高度计提供的压力变化被组合滤波器用做垂直速度信息源时，那么可能需要一个标度因子误差状态，利用 GNSS 确定的垂直速度来校准由压力变化测得的高度变化。

13.3.2.6　磁罗盘

磁罗盘提供了一种确定车辆航向的廉价手段，已用于增强 DR 系统[64]。把磁罗盘作为主要或唯一航向参考的主要问题是其对磁异常（如大型金属结构）的敏感性。尽管磁罗盘可以设计为自校准的，但这种校准只能去除地球磁场的静态干扰（如由车辆自身引起的干扰）。由传感器倾斜引入的误差也能得到补偿[37]。由其他过往汽车或桥梁钢桁架产生的动态干扰源可能会在磁罗盘的航向指示中导致十分显著的误差。因此，磁罗盘通常只作为备份手段，或者作为某个系统的补充。

与航向率信息源（如由低成本陀螺仪或差分测距法提供）组合后，组合滤波器的残差检验通常可以屏蔽由磁干扰引起的粗差。这样的检验将当前的磁罗盘读数与当前的最优航向估计（使用航向率信息在时间上向前传播）进行比较。

13.3.3　陆地车辆传感器组合

13.3.3.1　位置域与测量域组合

GNSS 与上节讨论的任何系统和传感器的组合一般可以在位置域或测量域中进行。位置域组合意味着 GNSS 位置和速度及来自附加传感器的数据都由导航滤波器处理。测量域组合意味着单独的 GNSS 卫星伪距和多普勒测量值及来自附加传感器的数据都由导航滤波器处理。一般来说，首选测量域处理，但它对实现可接受的性能来说不是必需的（关于采用位置域组合的基于陀螺的 DR 系统的描述，见文献[65]）。测量域组合的一个优点是，可以根据测量不确定性对伪距和多普勒测量值单独加权，而在其他传感器具有低不确定性时，可以利用附加传感器的数据进一步降低弱信号或噪声信号的权重。测量域方法还可使用少于定位所需的卫星数（即二维定位需要 3 颗卫星、三维定位需要 4 颗卫星）来对 DR 系统进行部分更新，因此性能应有所提高。然而，这种提高需要付出代价，即要求组合滤波器根据由 GNSS 接收机解码得到的星历数据计算卫星位置和速度，或者要求 GNSS 接收机计算卫星位置和速度。如果组合滤波器与 GNSS 接收机共享同一个处理器，那么不用付出代价。

人们对传感器组合的一个常见误解是，测量域组合是传感器校准所必需的。实际上，两种组合方法都可以校准各种传感器。GNSS 航向和速度信息（来自 GNSS 确定的速度）及单独的卫星多普勒测量值，都可用来校准 DR 系统的陀螺仪、加速度计和车轮传感器。

13.3.3.2　泛在卡尔曼滤波器

卡尔曼滤波器仍然是组合导航系统中应用最广泛的工具。本节给出上节介绍的三个组合系统的卡尔曼滤波器设计的关键。这里假设读者熟悉卡尔曼滤波器，或者可以参考关于该主题的许多优秀教科书[11,14]和 13.2.3 节。下面详细考察三个系统：带有 GNSS、三个陀螺仪和两个加速度计的 INS；带有 GNSS、一个陀螺仪和一个里程表的系统；带有 GNSS 并使用 ABS 的差分里程表的系统。

1. 用于双加速度计 INS 的卡尔曼滤波器模型

INS 的误差方程众所周知，这里不再赘述[8]。对于汽车传感器来说，除了垂直轴的两个特定状态，合适的误差模型应包括与任何 INS 的非强制误差动态关联的 9 个基本误差状态（即 2 个 INS 位置误差、2 个 INS 速度误差、1 个非 INS 高度误差、1 个垂直速度误差和 3 个姿态误差）。在 INS 处于静止状态时，与 INS 误差动态关联的基本（$\boldsymbol{F}$）矩阵具有两个不同的振荡频率：舒勒频率周期为 84 分钟，地球自转速度周期为 24 小时。因为在汽车环境下最长的 GNSS 中断时间预计不会超过几分钟，因此地球自转速度动态可以忽略不计，而舒勒动态可由更简单的方程很好地近似。现在回到状态矢量的选择上，9 个基本误差状态（即 3 个位置误差、3 个速度误差和 3 个姿态误差）由 3 个陀螺仪偏差状态、2 个加速度计偏差、3 个陀螺仪标度因子误差和 2 个加速度计标度因子增强，结果共有 19 个状态。下面小结了得到的状态矢量：

$$\boldsymbol{x}^{\mathrm{T}} = [\delta\boldsymbol{p}^{\mathrm{T}} \delta\boldsymbol{v}^{\mathrm{T}} \delta\boldsymbol{\theta}^{\mathrm{T}} \boldsymbol{b}_{\theta}^{\mathrm{T}} \boldsymbol{s}_{\theta}^{\mathrm{T}} \boldsymbol{b}_{\mathrm{a}}^{\mathrm{T}} \boldsymbol{s}_{\mathrm{a}}^{\mathrm{T}}] \tag{13.47}$$

当然，选择测量域组合方法时，19 个状态须由 GNSS 时钟相位和频率误差增强，因此共有 21 个状态。式(13.47)中的首选单位如下：建模的位置误差（$\delta\boldsymbol{p}$）为 m，速度误差（$\delta\boldsymbol{v}$）为 m/s，姿态误差（$\delta\boldsymbol{\theta}$）为 rad，陀螺仪偏差（$\boldsymbol{b}_{\theta}$）为 rad/s，加速度计偏差（$\boldsymbol{b}_{\mathrm{a}}$）为 m/s^2。注意，陀螺仪

偏差（s_θ）和加速度计偏差（s_a）的标度因子误差都是无量纲的。

由于由信号阻塞引起的大多数 GNSS 中断持续时间不会超过几分钟，因此在 INS 误差动态方程的各项中出现的舒勒角的正弦或余弦可以近似为

$$\sin(\omega_s t) = \omega_s t \qquad\qquad (13.48)$$

$$\cos(\omega_s t) = 1 - \omega_s^2 t^2/2 \qquad\qquad (13.49)$$

考虑到这些替换，INS 误差动态大大简化，变得更加直观：

$$\mathrm{d}\delta \boldsymbol{p}/\mathrm{d}t = \delta \boldsymbol{v} \qquad\qquad (13.50)$$

$$\mathrm{d}\delta \boldsymbol{v}/\mathrm{d}t = \boldsymbol{b}_a + g\delta \boldsymbol{\theta} + S_a \boldsymbol{a} \qquad\qquad (13.51)$$

$$\mathrm{d}\delta \boldsymbol{\theta}/\mathrm{d}t = \boldsymbol{b}_\theta + S_\omega \boldsymbol{\omega} \qquad\qquad (13.52)$$

式中，$\boldsymbol{S}_a$ 和 $\boldsymbol{S}_\omega$ 是矩阵，其对角元素是标度因子，非对角元素是仪器输入轴的未对准，其中 g 表示重力加速度，单位是 m/s²。式(13.47)中的卡尔曼滤波器状态矢量只估计加速度计和陀螺仪标度因子误差（即在这些方程中未对准项设为零）。实时卡尔曼滤波器一般很难观测到这些未对准项，因为可观测性通常要求受控的机动，所以在滤波器运行之前一般假它们已被校准到可以忽略的水平。高度和垂直速度误差表现出了非惯性，但必须由滤波器来建模，因为这些状态中的误差驱动着惯性误差。对许多应用来说，能够提供可接受性能的一个简化模型是

$$\mathrm{d}\delta p_3/\mathrm{d}t = \delta v_3 \qquad\qquad (13.53)$$

$$\mathrm{d}\delta v_3/\mathrm{d}t = -\beta\delta v_3 + w \qquad\qquad (13.54)$$

在式(13.53)和式(13.54)中，单位与前面提到的一致，位置误差的单位是 m，速度误差的单位是 m/s。

在式(13.54)中，速度误差被建模为马尔可夫过程[8]，通过适当选择与白噪声 w 相关的方差，可以得到一个无更新时的稳态误差方差。这一误差方差表示汽车垂直速度的预期变化。高度和垂直速度可以通过 GNSS 测量处理来维持，并且可以通过气压高度计的测量值来增强。在这种情况下，如 13.3.2.5 节所述，应将一个气压高度计偏差状态添加到状态矢量中，形成 22 个状态。

从计算开销的角度看，取决于滤波器可用的处理带宽，实现有 21 个或 22 个状态的卡尔曼滤波器可能会带来一些问题。其中一些状态也许可以去掉。首当其冲的便是与俯仰和横滚陀螺仪关联的标度因子误差，因为车辆机动的俯仰角速率和横滚角速率预期不大，除非有相对高频的效应，如可能由速度颠簸所引起的效应，但不会累积成很大的姿态误差。将加速度计偏差状态去除也是值得考虑的，因为车辆俯仰和滚动的初始化将会去掉它们的影响。它们之所以被包含，在很大程度上取决于车辆偏差的不稳定性及预期的车辆俯仰和横滚的捷变。

由于与陀螺仪和加速度计偏差及标度因子误差相关的温度敏感性可能很大，因此需要以高速率提供温度信息（即陀螺仪测得的 Δ 角度及加速度计测得的 Δ 速度）。温度敏感性可以在实验室环境下测量（如前所述，必须对每个陀螺仪和加速度计来进行测量），由此得到的偏差和标度因子误差估计值将由一个预先计算的与温度相关的分量（最好表示为曲线拟合）及一个由卡尔曼滤波器从 GNSS 处理产生的校正项组成。在远离敏感性曲线的校正分量中，一个连贯的、统计上显著的趋势可能导致温度敏感性曲线的修正，对陀螺仪偏差可用如下统计量来确定：

$$S_t = \sum (\delta b_\theta / \sigma_{bg})/n \qquad\qquad (13.55)$$

式中，δb_θ 表示在最近一组 n 个卡尔曼滤波器更新上，对陀螺仪偏差矢量 $\boldsymbol{b}_\theta$ 的一个分量的校正，单位最好为 rad/s。式(13.55)的求和中，分母 σ_{bg} 表示与每个陀螺偏差分量校正关联的先验不确定性，代表设计者对其时间稳定性的最好了解。在式(13.55)中，与陀螺仪偏差状态关联的过程噪声假设出厂时生成的温度补偿曲线对消除陀螺仪偏差敏感性是有效的，式(13.55)中的归一化统

计值可以用来检测与这些条件的隔离。这样的检测必须由两个条件来选通：在式(13.55)中，所用的 n 次更新上出现了显著的温度变化；建立了统计上限或门限。这样的门限选择通常表示为 3σ 条件，规定使用值 $n=9$ 来检验 S_t。然而，一般需要经过仿真研究和测试实验才能由测试实现想要的响应特性。超出门限时，预先算好的误差源温度曲线可被修正。这样的修正通常是谨慎进行的：不正确地修正温度敏感性曲线会在长时间内对性能产生消极影响，直到错误的调整被检测到并被去除。对每种存在预先确定的温度补偿的误差源，可以生成类似的统计和检验。

低成本传感器也会表现出严重的标度因子不对称性（即对陀螺仪和加速度计在正、负旋转和加速度下的标度因子分别建模是可取的）。然而，通常情况下两个方向上共有的标度因子分量是主要的，而不对称性在车辆的正常工作中几乎不可能观察到。

给定式(13.47)中定义的状态矢量后，过程噪声的选择应考虑所有已排除的误差源（即标度因子不对称、传感器未对准和陀螺仪的 g 敏感性）。此外，还包括每种传感器的预期本底噪声。由于大多数未建模的效应表现得更像偏差而非噪声，所以必须谨慎地选择合适的水平。众所周知，偏置误差与白噪声的表现不同，例如，加速度偏移误差产生线性增长的速度误差或二阶增长的误差方差。然而，将加速度偏移误差表示为白噪声（暗指通过过程噪声表示）会产生一个方差线性增长的速度误差。

作为说明性示例，考虑与车辆横轴未对准的横滚陀螺仪。假设陀螺仪外壳与车辆刚性连接，且不会经历大的冲击（冲击会改变传感器外壳内敏感元件的对准），则一般可预期该误差源是恒定的。例如，在航向机动过程中，这一误差源会在横滚陀螺仪的输出中产生一个角速度误差：

$$\delta\varphi = \Delta H m_\theta \tag{13.56}$$

式中，m_θ 是横滚陀螺仪与车辆俯仰（或横向）轴线的未对准，单位是度（°）；ΔH 是航向机动的大小，单位是 rad；$\delta\varphi$ 是得到的横滚角误差，单位是度（°）。车辆在交通信号灯处掉头时，航向改变为 π 弧度，并且假设机动在 5s 内完成。设未对准角为 1°，则实际引入的横滚误差略大于 3π 度。选择一个过程噪声方差

$$q_\varphi = \Delta H^2 \sigma_m^2 \tag{13.57}$$

式中，σ_m^2 是分配到未对准项的误差方差，ΔH 是在每个假设的 1s 传播时长下由陀螺仪感测的航向变化，使用式(13.57)来表示将使得横滚误差方差到转弯结束时的增长小于 2.0°的平方，或者约为 1.4°的误差 1σ 值，相比之下，实际的误差要比这个预测的 1σ 值大 1 倍多。这一乐观预测的原因是，滤波器假设了一个白噪声模型，使误差在秒与秒之间以和方根（RSS）的形式累积，但实际误差是一个每秒都会增加的偏差。迫使滤波器更保守因而也更现实的方法是，假设一个与航向变化关联的机动持续时间，并将过程噪声方差按这一比例缩放。如果假设有一个 3s 的平均机动变化，那么则预测的结果为 2.4°的误差 1σ 值，更接近于实际引入的横滚误差。

2. 陀螺仪/里程表的卡尔曼滤波器模型

组合一个垂直陀螺仪（用来感测航向变化）与车辆里程表的一个接口是首选的 GNSS 增强方案之一[65]，并且因其相对简单和更低的成本而成为最受欢迎的方案之一。通常选用的卡尔曼滤波器状态矢量在式(13.58)中以行矢量形式给出：

$$\boldsymbol{x}^T = [\delta\boldsymbol{p}^T \ \delta v_o \ \delta v_z \ \delta H \ b_H \ s_H] \tag{13.58}$$

式中，$\delta\boldsymbol{p}$ 是三维位置误差矢量，δv_o 是与里程表关联的标度因子误差，δv_z 是垂直速度误差，δH 是航向误差，b_H 和 s_H 分别是陀螺仪偏差和标度因子误差。在式(13.58)中，位置误差的单位是 m，速度误差的单位是 m/s，航向误差的单位是 rad，陀螺仪偏移误差的单位是 rad/s。一般来说，如

果可以得到陀螺仪附近的温度信息，就能得到陀螺仪偏差和标度因子误差的温度误差曲线并付诸应用。式(13.58)中的状态矢量定义暗示了一种集中式滤波方法，即使用单个滤波器（8 个状态）；然而，使用分散式滤波方法能够获得足够的性能[65]。在该系统中，使用了主要是单状态的滤波器。

需要设置适当的过程噪音电平，使得滤波器能够跟上温度和行驶条件变化引起的平均胎压变化，这种变化会影响到与里程表关联的标度因子误差。另外，由于传感器限制，如果里程表无法准确地跟踪很低的速度（见 13.3.2.4 节中的讨论），那么可将额外的过程噪声直接注入水平位置误差状态（因此速度误差表示为里程表标度因子引入的误差加上其他因未建模而表示为白噪声的效应）。任何设计为与传感器一起工作的滤波器都必须处理由车轮侧滑和打滑引起的传感器性能异常。如 13.3.2.4 节所述，轮胎打滑的首选解决方案是从非驱动轮获得信息，但这并非总是可行的。对于轮胎侧滑，也许会有 ABS 动作的指示（汽车有 ABS 的话）。这是一个警报，而保守性设计会规定当出现这种情况时，应该注入额外的过程噪声，以使滤波器能一直意识到其传播中的潜在误差。这一数值应来源于测试经验。

无论是侧滑还是打滑，卡尔曼滤波器都可能不得不适应显著但未建模的误差源。由于过程噪声的先验水平并未反映任何一种情况的存在，所以它们必须被滤波器当作故障条件。一般来说，在 GNSS 测量值（这种情况下是一个多普勒或速度分量）与参考速度和航向之间的显著差异可能表明出现了这种故障；然而，区分打滑或侧滑与一个大多普勒误差（可能会由跟踪反射信号或超出锁定检测门限的跟踪引起）并不简单。如 13.2 节所述，卡尔曼滤波器通常对测量残差进行统计检验，以便检测故障：

$$\text{如果 } (D_{\text{res}}^2 > r_{\text{scale}}r_{\text{var}})，那么忽略这个多普勒测量值 \tag{13.59}$$

式中，D_{res} 是当前卫星的多普勒残差，单位是 m/s；r_{var} 是卡尔曼滤波器计算的残差方差，单位是 $(\text{m/s})^2$。参数 r_{scale} 的典型值为 9，意味着残差未通过检验的概率（在假设的无故障高斯过程误差条件下）约为 0.01。如果故障情况是参考轨迹（发生了严重的轮胎打滑或侧滑），那么数个或所有多普勒测量残差都会出现故障。因此，这是将侧滑和打滑与多普勒故障区分开来的一种方式，因为不大可能有数个或所有多普勒测量值同时出现故障。在这种情况下，有两种方法可以限制在组合轨迹中引入误差：重新初始化 GNSS 位置和速度（如果可能，考虑发生故障时的 GNSS 覆盖）；添加足够的过程噪声，使得测量值舍弃不再发生。可以使用测试数据进行实验来确定适当的水平，或者有可能（取决于故障情况期间可用的多普勒测量值的数量）解出所需的过程噪声总量：

$$\boldsymbol{h}^{\text{T}}\Delta\boldsymbol{Q}\boldsymbol{h} = r_{\text{var}} - D_{\text{res}}^2 \tag{13.60}$$

式中，矢量 $\boldsymbol{h}$ 表示在式(13.59)的检验中产生已检出故障的每个测量值的测量梯度。由于式(13.60)是一个单独的公式，所以通过式(13.59)产生故障检测的每个残差都应被包含在内，以便为过程噪声增量 $\Delta\boldsymbol{Q}$ 提供一个可能的解，一般有一个以上的非零分量。如果把增量限制为水平速度分量，或者进一步限制为对先验过程噪声水平的速度调整或标度因子调整，那么可以确保 $\Delta\boldsymbol{Q}$ 的超定方程组。一旦确定，在处理器吞吐量够用时，便可重复协方差传播并重新处理多普勒测量值。

3. 用于 ABS 的卡尔曼滤波器模型

将由车内的 ABS 感测到的轮速或行驶距离进行组合也许是最经济的 GNSS 增强，因为 ABS 已经存在，而且尚未采购其他的传感器。式(13.61)以行矢量形式给出了通常选择的卡尔曼滤波器状态矢量：

$$\boldsymbol{x}^{\text{T}} = [\delta\boldsymbol{p}^{\text{T}}\delta v_{\text{L}}\delta v_{\text{R}}\delta v_z] \tag{13.61}$$

式中，$\delta\boldsymbol{p}$ 是三维位置误差矢量，单位是 m；δv_{L} 是与左轮关联的标度因子误差，δv_{R} 是与右轮关联

的标度因子误差，δv_z 是垂直速度误差，单位是 m/s。有可能包含来自两个以上车轮的信息；然而，对于组合滤波器，为每个车轮包含的单独的标度因子会导致可观测性问题。本质上，左右标度因子的平均值是通过与得自 GNSS 的速度进行比较来估算的，其差值是使用得自 GNSS 的航向确定的。

ABS 确定的速度和航向也会受到打滑和侧滑引起的故障的影响，但可能要比陀螺仪/里程表系统更具破坏性。由于航向也是由车轮决定的，所以会逐渐形成很大的航向误差；例如，一个轮子在冰面上空转而另一个轮子静止时，将产生一个等于轮速除以轮距的航向率误差。30km/h 的空转速率几乎相当于 300°/h 的航向误差率。一般来说，使用 DR 系统时，航向误差比速度误差更受关注，因为当航向误差增大时，可能会出现过大的误差增长。

另一个值得一提的问题是，随着航向误差的增大，可能要对协方差公式进行调整。由于刚刚讨论的额外故障机制，可能会出现超出预期线性范围（如 10°）的航向误差。在这种情况下，使用线性模型可能会使得滤波器不再收敛。在形成涉及航向角正弦和余弦的线性模型时，通常的（线性）近似为

$$\sin(\delta H) = \delta H \tag{13.62a}$$
$$\cos(\delta H) = 1 \tag{13.62b}$$

式中，航向误差的单位是 rad。随着航向误差变大，余弦函数可更好地近似为 $1 - \delta H^2/2$。误差方差传播方程变为非线性方程，因为这涉及与航向误差正弦和余弦关联的误差方差的表达式已不能线性化。这些表达式可以通过包含 $\delta H^2/2$ 方差的附加项来近似。方差可用高斯假设来近似，记为

$$\text{var}(\delta H^2) = 3\sigma_{\delta H}^4 \tag{13.63}$$

于是，传统的线性方差传播公式可以用近似统计非线性失真的公式代替。

4. 陀螺仪/ABS 性能比较

文献[37]中比较了实验陀螺仪和基于 ABS 的实验航位推算系统在城市峡谷中的性能。两者都组合了两种类型的 GNSS 接收机：宽相关和窄相关。如 9.5 节讨论的那样，具有窄相关间距的接收机可望减少伪距测量的多径效应。文献[37]中生成并讨论了多组比较数据，这里只给出部分性能数据。主要关心的测试是在闹市区进行的测试，因为这些地方的 GNSS 覆盖预期是最受限的。图 13.31 所示是来自陀螺仪/测距仪组合的一个示例结果，其中还显示了地图实况和未受辅助的 GNSS 轨迹。ABS 组合的相应结果如图 13.32 所示。两次测试都是采用窄相关接收机进行的。

图 13.31　GNSS 和陀螺仪/里程表组合滤波结果

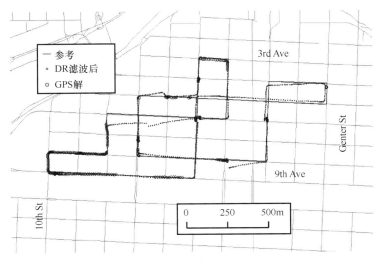

图 13.32　GNSS 与 ABS 组合滤波结果

表 13.3　陀螺仪、里程表和 ABS 组合的比较[37]

航位推算	最大误差	均方差误差
ABS	115m	17m
陀螺仪/里程表	69m	13m

由于难以从图中进行定量比较，表 13.3 也摘自文献[37]，它大致说明了综合系统的相对性能。结果是十多项测试的小结，表明基于陀螺仪的系统具有性能优势，尤其是在减少道路最大偏差方面。

在标称传感器性能条件下，两种 DR 系统都能提供全部解的可用性；然而，两种系统都易导致额外的误差增长，进而强制复位到 GNSS 解。对于 ABS，路况会因侧滑或打滑而引入这样的误差表现，而对于基于陀螺仪的系统，陀螺仪故障或突然的未知温度变化也会引入这样的误差表现。一般来说，ABS 中预期会更频繁地出现这种情况。于是，系统设计人员的选择就是考虑是否值得为减少预期的过度漂移条件而支付陀螺仪的费用。

13.4　A-GNSS：基于网络的捕获和定位辅助

自 21 世纪早期首次出现在消费类手机上，且随着使用基于位置的信息的智能手机应用呈爆炸式增长以来，人们部署的辅助 GNSS（A-GNSS）接收机数量就超过了卫星导航组合的所有其他应用。本节介绍现代蜂窝应用中由网络辅助消息传递启用的 A-GNSS 方法。对该技术的深入讨论，感兴趣的读者可以参阅文献[66]。

网络辅助 GNSS（或 A-GNSS）从克服所有 GNSS 系统的一些系统缺陷的需求发展而来，用于电池供电的移动无线设备，以实现紧急位置报告（E911、E112）或基于位置的服务等应用。移动无线装置不能让 GNSS 接收机一直开机，因为这会使电池寿命受损，。由于无线移动设备在室内比室外使用更频繁，因此接收到的信号微弱——被建筑物阻挡或衰减。另外，小型手机中集成的 GNSS 接收天线本身很小，而小型天线就是损天线的代名词。A-GNSS 提供减少接收机启动时间的方法，同时实现信号处理增益（即提高灵敏度）以克服劣质天线和室内环境。

独立 GNSS 的缺点之一是，需要很长的时间来解调对计算用户位置至关重要的卫星轨道（星历）和卫星时钟改正参数。即使接收机能够立即捕获卫星，也需要 30s 的额外时间（如 GPS）才能解算 50bps 的导航数据消息（NAV），然后才能算出位置解。在把 GNSS 接收机作为应急响应系统一部分的应用中，等待数据解调完成需要的时间太长。

所有现有和未来的 GNSS 系统（GPS、GLONASS、Galileo、BeiDou）都有同样的缺点。因此，在弱信号环境中消除解调 NAV 消息之需和缩短信号捕获时间的方法是使用 A-GNSS 的两个动因。A-GNSS 利用嵌入式无线调制解调器实现的通信链路与网络交换数据。数据交换可使得该装置克服 NAV 数据解码时间和弱信号的障碍。

峰窝手机中使用两种基本的 A-GNSS 方法（见图 13.33）：MS 辅助方法和基于 MS 的方法。在峰窝手机术语中，MS 是指移动台（MS）或峰窝电话。两种方法颇为不同，但都需要在 MS 中集成完整或接近完整的 GNSS 接收机，并且通过预定义的无线协议与网络交换数据。

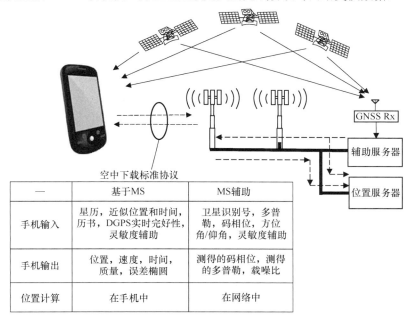

空中下载标准协议

—	基于MS	MS辅助
手机输入	星历，近似位置和时间，历书，DGPS实时完好性，灵敏度辅助	卫星识别号，多普勒，码相位，方位角/仰角，灵敏度辅助
手机输出	位置，速度，时间，质量，误差椭圆	测得的码相位，测得的多普勒，载噪比
位置计算	在手机中	在网络中

图 13.33　辅助 GNSS 定位方法：基于 MS 和 MS 辅助

当使用 MS 辅助方法时，位置解在网络中计算。MS 辅助手机将一些传统的 GNSS 接收机功能转移到了基于网络的处理器或服务器上。这种方法要求独立 GNSS 接收机的大部分硬件（天线、射频部分和数字处理器），但是一般可以由更少的嵌入式 RAM 和只读存储器（ROM）得到，因为进行位置解算所需的固件位于网络中的其他位置。网络向 MS 发送一条很短的辅助消息，包括时间、可见卫星列表、预测的卫星多普勒和码相位等。这个可见卫星列表告诉 GNSS 需要捕获哪些卫星，而多普勒/码相位数据指示到哪里去找。因为网络预测的搜索空间很小，多普勒和码相位搜索空间要比自主 GNSS 处理小得多，所以可以减少捕获时间。这就允许快速搜索并使用更窄的信号搜索带宽，通过允许接收机在每个缩小的多普勒/码相位搜索分格中驻留更长时间，从而实现灵敏度的增强。

13.4.3 节中详细解释了方法和原因。MS 辅助手机捕获信号，并将所有检测到的卫星的伪距测量数据反馈给网络。在网络中的一个定位实体（PDE）（如服务器）中完成计算位置解的工作。因为 PDE 能够从一个本地接收机或通过因特网访问差分 GPS（DGPS）改正数，所以 MS 辅助解实质上也是差分解。

在基于 MS 的方法中，位置解是在手机中计算的。基于 MS 的解需要在手机中维持一个全功能的 GNSS 接收机。这需要与所述 MS 辅助手机相同的功能，并具有计算移动站位置的额外手段。在手机本地计算位置，一般会增加对手机总内存（RAM、ROM）的需求，同时增加主机处理器的负担［例如，可能用百万条指令数每秒（MIPS）来衡量］。基于 MS 的手机也可工作在自主模式下，无须 蜂窝网络提供辅助数据即可为用户或嵌入式应用提供位置解。

对于要求手机中有定位解的应用，基于 MS 的方法更好，例如在个人导航中，可以为用户提供路口接路口的实时方向（考虑一下智能手机上的谷歌地图）。由于每次网络中位置解的更新都要传回给移动设备，在 MS 辅助模式下路口接路口导航十分麻烦。在基于 MS 的情况下，需要将多得多的数据以精密卫星轨道参数（星历）的形式传送给手机；然而，数据传送到手机后，只要仍在星历有效期内（几小时），完成周期性的定位就不再需要或很少需要额外的数据。通过向手机发送改正信息，可以对基于 MS 的解进行差分改正。

搜索空间的缩减使得接收机能够将搜索时间集中于预期信号出现的地方，反过来又可使得搜索带宽减小，提高信号检测的灵敏度。

如本节所述，网络辅助可为如下三种形式之一：

- 捕获辅助，旨在减少接收机产生定位解的时间［首次定位时间（TTFF）］。
- 灵敏度辅助，旨在帮助接收机降低其捕获门限。
- 导航辅助，旨在提高接收机产生的位置解的精度或完好性。

某些类型的信息能够胜任不止一种类型的辅助。例如，为 GNSS 接收机提供一个粗略的初如位置估计，可以辅助捕获和导航两个方面。

13.4.1　辅助 GNSS 的历史

许多人认为，2008 年美国联邦通信委员会（FCC）授权要求定位基于峰窝电话的 911 呼叫[67]引发了 A-GPS 技术的诞生。这一授权并未创建 A-GPS，但确实使得其成了主流。事实上，目前大多数移动无线手机中都嵌入了 A-GNSS 技术，不仅用于 E911，而且允许消费者每天都可在智能手机上使用大量创新的基于位置的应用。

最早使用网络辅助的例子是在引入峰窝电话之前。最早对辅助信息的正式引用可能披露在文献[68]中。NASA 发明人认识到了它的潜在优点：把初始历书或星历发送给移动 GPS 接收机，可以预测卫星的可见性和多普勒，消除直接从信号中收集所需数据位所固有的长数据解调时间。

第一个通过无线链路发送星历数据的标准已成为 RTCM DGPS 标准[69]的一部分：消息类型 17 包含 DGPS 参考站接收机所有可见星的星历数据。最早描述通过无线链路发送测量的伪距数据以支持 GPS 接收机外部定位的文献之一是文献[70]，其中描述了一种车辆跟踪系统，伪距可以通过无线链路发送到计算载体车辆位置的工作站上。确定车辆位置时，来自本地地形图的高度信息可以用来提高解的精度和可靠性。

使用星历辅助的一个早期例子是 1985 年的 Motorola Eagle 接收机，这款接收机是首批可在某种工作模式下提供一种星历辅助形式[71]的商用 GPS 接收机之一。在其内部设计中，当两个接收机用于差分主/从配置时，主站发送其跟踪的所有卫星的 DGPS 距离和距离变化率数据。除了这些信息，主站还采用一种交换消息结构来传送其跟踪的所有卫星的星历数据。每个星历的少许参数与每个 DGPS 改正消息一起发送，使得最终所有可见星的所有星历数据都被广播给从接收机。DGPS 从接收机将主站星历信息用于：

- 确保主从单元所用的每颗卫星的星历集相同，从而使得 DGPS 的定位性能达到最优（早于第 12 章中讨论的 RTCM-104 DGPS 消息标准）。
- 确保从单元能够得到主单元所有可见卫星的星历数据，最大限度地提高 DGPS 解的可用性。

当一颗或多颗卫星信号功率被阻挡或衰减，使得从单元对卫星信号的直接捕获受到部分阻塞时，后者尤其有用，这种情况发生在高山附近、峡谷、树下或建筑物附近。在这些环境中，信号往往对码相位检测和跟踪而言足够强，但不足以可靠地解调星历数据，且对可靠解调星历数据也不够强。从主单元向从单元传输星历数据缓解了这一问题。

1990 年，另一个系统[72]通过空中消息将历书数据从主站发送到许多称为伪距观测器的从单元。伪测观测器接收星历数据，捕获和跟踪 GPS 卫星，然后将测得的伪距和时间标记传回主站。接着，远离流动站的主站根据伪测观测器测得的伪距计算每个流动站的位置。这一思想是当前手机 A-GPS 中 MS 辅助方法的前身。

近似位置、星历、历书和近似时间辅助信息在白沙导弹靶场系统中[73]得到了体现。白沙系统使用 GPS 来测量导弹的性能。发射导弹时，几乎没有时间捕获和跟踪 GPS 卫星，也无法容忍30s 的星历获取时间。因此，主站向刚发射的导弹发送一种无线消息，其中包含近似位置、近似时间和历书数据。导弹使用这些数据来快速捕获 GPS 信号，并在飞行过程中生成位置报告。

13.4.2　应急响应系统要求和指南

在美国，2008 年最初的 FCC 授权允许两类解：与所有传统（非 GNSS）电话配合使用的基于网络的解；基于手机的解（如 A-GNSS、E-OTD、AFLT），手机中必须包含定位技术（硬件和/或软件）。当然，传统电话的定位必须在蜂窝基础设施内，三角测量来自多个基站的手持信号的到达时间来完成。基于网络的解的精度要求是，67%的情况下为 100m，95%的呼叫为 300m；基于手机的解对应情况下的精度分别为 50m 和 100m。在所有情况下，建议的最大响应时间（TTFF）都为 30s。

关于精度和可用性的立法裁决经过了多次演变，2014 年的最新裁决[74]提议取消基于手机/基于网络的技术划分，建议增加室内水平和垂直位置精度要求。具体而言，提议的规则针对水平和垂直室内位置及可用性要求声明了如下内容：

- 在规则通过和生效之日起 2 年内，67%从室内环境拨打的 911 电话及 5 年内 80%的室内呼叫，其水平位置（x 轴和 y 轴）信息在距呼叫者 50m 的范围内。
- 在规则通过后的 3 年内，67%的室内 911 电话及 5 年内 80%的电话，其垂直位置（z 轴）信息在距呼叫者 3m 的范围内。

显然，法令中包含室内定位精度要求的原因是，手机的使用（人手一部）及来自手机/智能手机的 911 电话数的稳步增长[74]。以下是某段时间内 911 电话的统计数据：

　　2011 年 1 月，《消费者报告》（Consumer Reports）称，911 电话的 60%是通过无线电话拨打的。最近，加州紧急服务办公室指出，来自无线设备的 911 电话的百分比从 2007 年的 55.8%上升到了 2013 年 6 月的 72.7%。此外，越来越多的无线电话来自室内。2011 年的一项研究表明，平均 56%的无线通话来自室内，高于 2003 年的 40%。对于代表无线手机用户大多数的智能手机用户来说，这一数字甚至更高，因为 80%的智能手机使用发生在建筑物内。

提议的垂直定位要求为应急响应系统提供了所有 911 呼叫的可操作位置信息；它解决了来自高层建筑内部的紧急呼叫问题。应急响应人员赶到现场时，危及生命的延误已经发生；现场是高达 50 层的建筑时，响应人员目前无法知道呼叫是从哪个楼层发出的。3m 的 z 轴要求可以满足这一需要。事实上，人们正在评估多种技术[75]，这些技术能够确定包括高度在内的准确室内位置，如微蜂窝基站、Wi-Fi、蓝牙信标、LEO 卫星信号、射频模式匹配技术和（电话中的）气压高度表数据[63]，其中一些技术可能会发展到与 A-GNSS 结合，进而从总体可用资源中获得位置。大多数研究人员认为，即使性能已经稳步提高，A-GNSS 本身也不能满足室内定位精度（x、y 和 z）和可用性要求。随着 GLONASS、Galileo 和 BeiDou 星座包含在解算中，A-GNSS 的性能将继续增强。

俄罗斯和日本的紧急呼叫定位也有类似的要求，而欧洲正在努力定义的 E112 需求超出了其目前基于网络的能力，例如可能要求在所有手机中对 Galileo 进行辅助，而不要求包含所有星座的 A-GNSS[76]。事实上，大多数欧洲的手机中已包含了用于定位服务的 A-GNSS，但不包括 E112 呼叫[77]。

在户外和中等挑战性环境中使用 A-GNSS 时，50m 的精度要求似乎相对容易满足。然而，理想情况下，必须在任何可以进行蜂窝电话紧急呼叫的地方进行定位，包括在室内进行定位。除了室内、地下或高层建筑物内，A-GNSS 在绝大多数用例环境中都表现出色。为了充分利用所有可获得的可用性，了解不同环境如何影响 GNSS 信号是非常有用的。这是接下来两节的主题。

13.4.2.1 环境特性表征

L 波段信号环境的特性见文献[78-83]，其中小结了为支持卫星电话通信链路余量研究而进行的 1600 MHz 数据收集活动。测试频率与 1575MHz GNSS 频率接近，使得这项研究可用于此处。此外，文献[84, 85]中介绍了来自 GPS 现场试验的室内累积分布函数（CDF）衰减数据。在所有情况下，大量的 L 波段无线传播数据被收集并分析，用来表征树木、汽车、建筑物的遮蔽、散射和阻塞效应。数百小时的测试数据被收集和分析。表 13.4 中列出了前述参考文献中描述的环境，并概括了由环境引起的 50% 信号中值衰减。表中的数据摘自所列多篇参考文献中给出的反映衰减深度与概率关系的图表。

表 13.4 L 波段信号传输的环境特性

环　　境	描　　述	以分贝为单位的中值信号衰减（移动/便携/车载*）
开放	几乎没有树木或建筑物	2.5/0.0/12.0
轻度乡村	适中到大量树木，建筑物很少	3.0/3.5/12.0
中度乡村	适中到大量树木，建筑物很少	8.0/7.0/16.0
重度乡村	轻度至中度森林区域	16.0/10.0/18.0
轻度郊区	树木和建筑结构散布（如远离移动接收机的家庭或植被很少的新住宅区）	2.0/1.5/14.0
中度郊区	郊区 1 层和 2 层住宅，适量树木	3.5/6.5/13.5
重度郊区	老郊区，大量树木和家园靠近道路（如芝加哥老旧郊区）	7.0/2.5/11.0
轻度城市	小而稀疏的城市地区（如较小城市的城区）	2.0/2.0/16.0
中度城市	适度大小城市（如凤凰城）的城区	4.0/4.0/15.5
重度城市	钢铁峡谷（如芝加哥市中心）	5.0/15.0/16.0
室内居住	由木材或灰泥（如凤凰城和加利福尼亚州住宅）制成的住宅内建筑	12.5**
室内商业	1～3 层汽车旅馆，机场和商业建筑	24.0**
楼内高层	高层建筑	30.0**

* 该列中的数字对应于指定条件下的衰减分贝数。移动外壳对应于天线安装在车顶上的汽车中的接收状况，对车内外的情况，天线用在车内。便携式外壳对应于便携式卫星接收机的大型四螺旋天线，而非典型的嵌入手机 GPS 天线。

** 这些数字对应于便携式情况。

具有便携式单元和三种室内环境的"重度城市"被选为进一步计算的基础，因为它的中值衰减数值很大，并且预计会降低 GNSS 卫星信号的可用性。开放环境中的移动和车载数据也被选取，以便反映接收信号强度高到定位成功率为 100% 的情况，以及车内所用单元的重要情况。

注意，出于合理发射效率的要求，数据收集实验所用的"便携"式天线非常大，并且安装在头顶阻塞最少的位置。结果是一些衰减数据与"移动"衰减类似。由于这些天线的尺寸，对手机的 GNSS 需求而言，它们被认为是无法接受的。手机所用合适尺寸的天线要比文献[84, 85]中讨论的任何数据收集天线的增益小得多，或者要比移动或汽车应用的常规天线的增益小得多。随着峰窝电话越来越小，集成足够性能的 GNSS 天线变得越来越困难。要想表现良好，天线就要在覆盖 GNSS 信号发射的整个半球上方呈现出均匀的增益。简单的贴片天线可用于汽车应用，并且可以轻松地隐藏在仪表板或后甲板下方，提供理想的 RHCP 以匹配卫星发射信号。然而，在手机中放置专用天线会影响天线效率和增益模式的性能，尤其是当用户可在许多不同的方位握持电话时（靠近头部、在拨号位置及用不的手握持）。典型的天线效率为 30%～40%，衰减分布范围为 5～15dB，具体取决于方位和使用模式。

图 13.34　苹果 iPhone 6 中所用的 GNSS/Wi-Fi 组合天线

图 13.34 是峰窝手机（这种情况下是一部 iPhone 6）中嵌入的倒 L 形 GNSS 天线的照片。这是一款兼具 GNSS 接收功能和 Wi-Fi Tx/Rx 功能的双用途天线，展示了现代智能手机的封装挑战。

13.4.2.2　信号衰减表征

本节给出一项观测活动的结果，这项观测活动的目的是在统计意义上描述不同环境下 L 波段和 GPS 信号衰减的特性。原始信号幅度观测数据经过预处理修正，以便消除发射天线相对于接收机的角度改变时方向图的影响。对于高层建筑内的测量，屋顶上放置了一台参考接收机。由此产生的衰减数据是来自两台接收机的差分测量结果。这里感兴趣的预处理数据输出是衰减量随时间的变化。得到的典型曲线的时间长度为 4～8min，可以解释为相对于未衰减的室外接收信号而言信号衰减随时间的变化。图 13.35 中绘出了两条衰减曲线，其中变化频率相对较高的曲线对应于车辆通过其信号环境的运动。

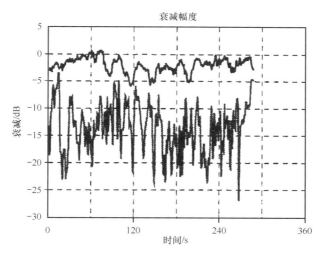

图 13.35　移动（顶部）和车内（底部）环境下典型的衰减幅度随时间的变化

图 13.36 中显示了对应于图 13.35 所示曲线的两个 CDF。左侧的移动曲线有一个极陡的斜坡，超过 8dB 的衰减很少。右侧的车内曲线具有缓慢下降特性，衰减值具有更大的标准差。

观测信号衰减情况的另一种方法是，直接使用由高灵敏度接收机检测的 GPS 信号。在大多数情况下，任意时刻可供观测的卫星数量为 8～12 颗。为了剖析特定环境下的信号衰减特性，需要绘制 12～24 小时的数据，以便捕捉 GPS 卫星星座重复时间的影响。收集 GPS 接收机报告的每颗卫星的 SNR（单位通常为 dB-Hz），然后估计接收机噪声系数和等效带宽，并将其转换为天线上的等效信号功率，单位为 dBm。如果需要，可将环境的衰减情况映射为卫星方位角和仰角的函数，以便提供环境的更多细节，并且确定低衰减和高衰减的方向。通过确定至少由 4 颗卫星所提供的信号功率高于接收机原始检测门限的概率，可以生成信号功率的 CDF 曲线，进而预测该环境中的定位可用性。

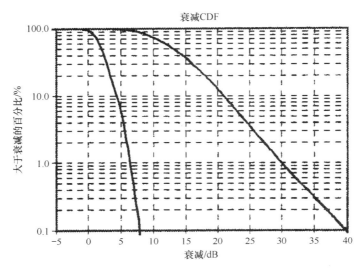

图 13.36   移动（左）和车载（右）环境下衰减的 CDF

图 13.37 中显示了 12 小时区间内由屋顶天线检测到的 8 颗最强卫星信号功率的 CDF 曲线。可以看出，在这个开阔的天空视野条件下，第四颗卫星的信号强度超过-132dBm 的概率是 95%。不出所料，信号功率从最强到最弱只差几个分贝。

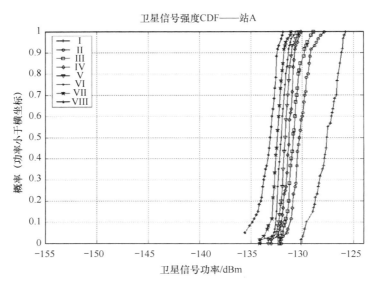

图 13.37   12 小时内最强 8 颗 GPS 卫星的开阔天空视野 CDF 曲线

相比之下，图 13.38 中显示了在建筑物内观测到的最强 8 颗卫星的相应 CDF 曲线。观测环境位于砖木结构的三层公寓楼的二楼，在主起居室的中央，远离窗户。在这种环境下，第四颗卫星的信号强度落在大于等于-152dBm 处的概率为 95%。另一个值得注意的地方是，最强信号差不多比屋顶天线所得信号低 10dB（概率 50%对应的功率点），而且在这个特定环境下，最强到最弱信号的跨度也大了很多，在 20dB 或更大的量级上。大跨度意味着检测室内信号的算法是自适应的，因为检测最强信号所需的积分驻留时间可能短于检测最弱信号所需的驻留时间。后面将证明，在检测到一颗或更多卫星后，可以提取与每颗卫星信号相关联的共模误差参数（由时间误差导致的码相位误差及由振荡器误差导致的多普勒误差），以便缩小总搜索空间。这样，检测到的较强信号就可用来进一步缩小搜索空间以检测较弱的信号。

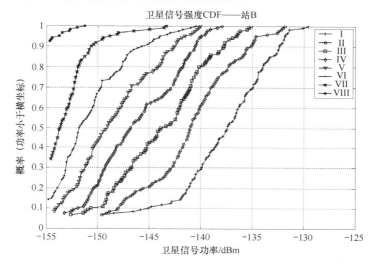

图 13.38　12 小时内最强 8 颗 GPS 卫星的室内（中等室内）CDF 曲线

对于以这种方式测试的每种环境，都会生成一组独特的 CDF 曲线。因此，若只是根据表 13.4 或图 13.35 至图 13.38，而没有首先收集数据并生成所考察环境的 CDF 曲线，则很难反映在特定环境下是成功还是失败。CDF 曲线只包括 GPS 星座数据，若我们规划到 GNSS 的最终状态，并在解算中包括完整的 Galileo、GLONASS 和 BeiDou 卫星星座，则可显著提高来自挑战性环境的位置数据的可用性。

尽管所示的趋势很有用，但是表和图中的数据只能作为特定测试位置的例子，而不应用于表征其他环境。

关于符合性测试，FCC 发布了测试手机是否符合 E911 位置规定的指导准则[86]。CDMA 手机厂商和供应商联盟与手机运营商的代表共同定义了一套最低性能测试[87]，它必须由支持 A-GPS 的 CDMA 手机来满足。这些测试定义了特定的信号仿真场景及对定位精度和 TTFF 的要求。例如，IS-916 规范的灵敏度测试要求嵌入 CDMA 电话的 GPS 功能在-147dBm 处可在 16s 内捕获 4 颗 GPS 卫星信号，成功率为 95%或更高。满足最低性能标准不应与满足第二阶段的定位精度和可用性要求混淆。

目前的第二阶段定位精度规定不要求标准符合性测试或结果报告，但很明显的是，蜂窝电话供应商运营网络的必然结果是不断地从他们的网络中提取有用信息。截至 2013 年，几家蜂窝电话供应商报告的 911 定位从 91%到 95%不等，其中包括来自室内位置的紧急呼叫[74]。

关于提议的室内定位要求，FCC 正在考虑进行第三方测试平台符合性测试，以确定各种现实条件下解的实际性能水平，以及全国各地的代表性室内环境。

　　如何在挑战环境中捕获和使用 GNSS 信号，结合性能差的（小型）天线，并用这些测量值来计算准确的位置，是过去 15 年来 A-GNSS 工程师研究的重点。A-GNSS 工程师采用三种方法来克服损失并满足要求。

1. 信号处理技术。信号捕获门限下降到更低的水平，已经使得 GNSS 的定位增益增大到远超最初 GPS 开发者设想的性能。例如，8.5 节中讲过，通过扩展相干和非相干积分时间可以获得信号处理增益，这种技术被 A-GNSS 接收机用于克服来自恶劣环境和小天线的信号损耗。

2. 先进半导体技术。通过允许将越来越多的相关器集成到片内，并用这些相关器攻击每颗感兴趣卫星的二维搜索空间（多普勒和码相位），接收机便可使用更长的积分时间（即更高的灵敏度）更快地找到信号。

3. 捕获辅助。帮助和协助接收机的创新方法，最小化多普勒和码相位搜索空间（搜索分格数），尽可能减少接收机启动时间（即降低功耗）。

13.4.3　辅助数据对捕获时间的影响

　　以下讨论专门针对 GPS，但同样的方法适用于所有稍做修改的 GNSS 信号。使用辅助信息，可以减少为捕获用于定位的信号所需的卫星多普勒和码相位搜索分格数。如果没有足够数量的相关器并行覆盖整个不确定性空间，则需要进行某种形式的序贯处理，如依次搜索每颗卫星。

　　对于一个给定的场景，可以算出需要搜索的多普勒-码相位搜索分格的总数，进而算出并行覆盖整个搜索空间所需的相关器数量。使用位置、时间和频率不确定性的初始参数，以及当时卫星星座的特定方位，可以计算整个不确定性搜索空间。图 13.39 中描述了单颗卫星的二维搜索空间，x 轴表示总多普勒不确定性，y 轴表示总码相位不确定性。对于每颗卫星，可算出多普勒搜索分格数（N_{dopp}）和码相位搜索分格数（N_{cp}）。

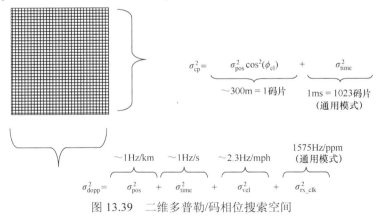

图 13.39　二维多普勒/码相位搜索空间

　　并行覆盖搜索空间所需的相关器数量 N_{c} 由下式给出：

$$N_{\text{c}} = \sum_{i=1}^{M} N_{\text{dopp}_i} \cdot N_{\text{cp}_i} \tag{13.64}$$

式中，M 是可见卫星数量。对于每颗卫星，多普勒搜索分格数 N_{dopp} 取决于总多普勒不确定性（单位为 Hz）和预检测相干积分（PDI）周期（单位为 s），这和 8.4 节中讨论的 PDI 周期 T 相一致：

$$N_{\text{dopp}_i} = \frac{\sigma_{\text{dopp}_i}}{(k/\text{PDI})} \tag{13.65}$$

参数 k 基于所期望的多普勒搜索分格的重叠，变化范围通常为 0.5～1。于是，每颗卫星的总多普勒不确定性 $\sigma^2_{\text{dopp}_i}$ 的计算，就取决于由位置不确定性、时间不确定性、参考振荡器不确定性和用户运动（速度）不确定性造成的多普勒不确定性。因此，我们可用一个简单的公式来表示每颗卫星的总多普勒不确定性：

$$\sigma^2_{\text{dopp}_i} = \sigma^2_{\text{dopp\_time}_i} + \sigma^2_{\text{dopp\_pos}_i} + \sigma^2_{\text{dopp\_vel}_i} + \sigma^2_{\text{dopp\_oscl}} \tag{13.66}$$

第一项是多普勒不确定性对时间不确定性的灵敏度，对每颗卫星都可算出它[88]，但是根据经验法则，它会不大于 1Hz/s。同样，第二项是多普勒对初始位置误差的灵敏度，在最坏情况下约为 1Hz/km。文献[88]中给出了为每颗卫星精确计算 $\sigma^2_{\text{dopp\_pos}_i}$ 项的公式，其一般远小于 1Hz/km。第三项考虑了用户平台运动的影响，表示由用户运动在 GPS 信号上引入的多普勒误差。$\sigma^2_{\text{dopp\_vel}_i}$ 项对低仰角卫星在用户直接靠近或离开卫星时有最大值，而对高仰角卫星来说其值很小。在最坏情况下，$\sigma^2_{\text{dopp\_vel}_i}$ 项对用户运动的贡献不超过 2.3Hz/mph，乘以仰角的余弦通常可以限制其效果：

$$\sigma_{\text{dopp\_vel}_i} \sim 2.3\cos(\phi_{\text{el}}) \ \text{Hz/mph} \tag{13.67}$$

式(13.66)的前三项式取决于卫星星座、用户位置和用户运动。最后一项 $\sigma^2_{\text{dopp\_oscl}}$（注意无序号 i）取决于参考振荡器，并且关于所有卫星是共模的。$\sigma^2_{\text{dopp\_oscl}}$ 的典型值是 1575Hz/ppm 的参考振荡器频率不确定性，目前是式(13.42)中影响最大的一项。

要计算总码相位维度不确定性［见式(13.40)］，两个支配项要与位置不确定性和时间不确定性成正比。于是，有

$$\sigma^2_{\text{cp}} = 4\sigma^2_{\text{pos}}\cos^2(\phi_{\text{el}}) + \sigma^2_{\text{cp\_time}} \tag{13.68}$$

式中，$\sigma_{\text{cp\_time}}$ 项的单位是半码片，它是通过将时间不确定性（单位为 s）乘以 2046 个半码片每毫秒的转换倍数得到的，式(13.68)中第一项的计算如图 13.40 所示。图 13.40 中显示了从位置不确定性和卫星仰角到以半码片为单位的卫星 LOS 矢量方向上码相位维度不确定性的简单转换关系（转换因子：1 个半码片＝150m）。

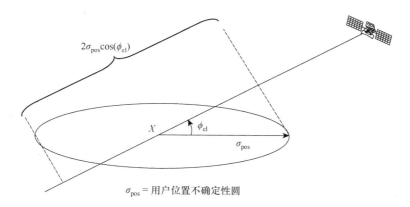

图 13.40　位置不确定性与码相位不确定性的关系

码相位不确定性的另一个成分是所有卫星都是共模的，并且与时间不确定性成正比。1ms 的时间误差转换为 2046 个半码片的码相位误差。对于从网络传送的近似位置不确定性相对较小（如 6km）的典型辅助情况，式(13.66)的最大一项是由时间误差造成的。

对于时间维度，我们首先认识到所有 GPS 信号在时间上都是同步的，这就意味着除了卫星

钟之间的相对漂移，第一个 PRN 码片和第一个导航消息数据位（子帧 1）恰好在同一时刻从每颗卫星发送。于是，每个 PRN 码片和每个导航消息数据位在时间上可以按照以下方式预测：

$$\text{Subframe\_Number} = 1 + \text{MOD}(\text{GPS\_Time}/6, 5)$$

$$\text{Word\_Number} = 1 + \text{MOD}(\text{GPS\_Time}/(30 \times 0.020, 10)$$

$$\text{Bit\_Number} = 1 + \text{MOD}(\text{GPS\_Time}, 0.020) \tag{13.69}$$

$$\text{Integer\_PN\_Rolls} = \text{MOD}(\text{GPS\_Time}/0.001)$$

$$\text{Code\_Phase} = \text{MOD}(2046 \times \text{GPS\_Time} \times 1000, 2046)$$

式(13.69)中所示的等式可让用户基于 GPS 时（GPS_Time）精确算出一周内任何时间离开卫星的信号的码相位（Code_Phase）、比特相位（Bit_Phase）、比特数（Bit_Number）、字数（Word_Number）和子帧号（Subframe_Number）。当然，地面上的用户稍后会观测到这一码相位，时间是其从卫星经过传播时间 D_{tprop} 传播到用户后。如式(13.70)所示，D_{tprop} 很容易计算——将卫星与用户之间的几何距离除以光速。另外，信号会在时间上向前或向后跳过一个与星钟改正数 T_{corr} 成正比的时间量，改正范围为 $\pm$ 几毫秒。因此，通过伪随机码，用户总能预测在任何瞬时的 GPS 时于地面观测的所有卫星的码相位：

$$\text{Code\_Phase\_observed} = \text{MOD}(2046 \times (\text{GPS\_Time} + T_{\text{corr}} - D_{\text{tprop}}) \times 1000, 2046) \tag{13.70}$$

式中，

$$T_{\text{corr}} = a_{f0} + a_{f1}(\text{GPS\_Time} - t_{\text{oc}}) + a_{f2}(\text{GPS\_Time} - T_{\text{OC}})^2$$

$$D_{\text{tprop}} = |\text{SV\_POS-USER\_POS}|/\text{光速}$$

其中 a_{f0}、a_{f1} 和 a_{f2} 是来自导航消息数据子帧 1 的第零阶至第二阶星钟改正数，T_{OC} 是星钟改正数的参考 GPS 时间。

同理，式(13.69)中的所有方程均可修改为包括如下用户观测参数的形式：

$$\text{Subframe\_Number\_observed} = 1 + \text{MOD}((\text{GPS\_Time} + T_{\text{corr}} - D_{\text{tprop}})/6, 5)$$

$$\text{Word\_Number\_observed} = 1 + \text{MOD}((\text{GPS\_Time} + T_{\text{corr}} - D_{\text{tprop}})/(30 \times 0.020), 10)$$

$$\text{Bit\_Number\_observed} = 1 + \text{MOD}((\text{GPS\_Time} + T_{\text{corr}} - D_{\text{tprop}}), 0.020) \tag{13.71}$$

$$\text{Integer\_PN\_Rolls\_observed} = \text{MOD}((\text{GPS\_Time} + T_{\text{corr}} - D_{\text{tprop}})/0.001)$$

$$\text{Code\_Phase\_observed} = \text{MOD}(2046 \times (\text{GPS\_Time} + T_{\text{corr}} - D_{\text{tprop}}) \times 1000, 2046)$$

式(13.71)中的 "_observed" 代表地球上位于 USER_POSITION（用户位置）的地面用户在 GPS_Time 时刻所观测到的参数。式(13.71)中忽略了地球自转速率及对流层和电离层的信号延迟带来的微小影响。然而，从宏观层面来说，式(13.71)对于确定最有可能的接收机初始状态以供信号检测功能初始化起始码相位和比特相位而言非常有用。由式(13.68)算出的码相位不确定性定义了码相位搜索范围，具体为

$$\text{Code\_Phase\_Search\_range} = \text{Code\_Phase\_Observed} \pm \sigma_{\text{pos}} \cos(\phi_{\text{el}}) \tag{13.72}$$

根据信号功率、卫星数以及确切检测信号所需的 PDI 和非相干积分驻留时间，式(13.64)可用来确定特定场景的搜索时间。8.5 节表明，随着信号变弱，确切检测信号所需的积分驻留时间大大增加。例如，若信号功率为 -130dBm（典型的天空视野清晰的条件），则可用 1ms 的 PDI 和 2ms 的非相干积分驻留时间确切检测到该信号。随着信号变弱，所需的 PDI 和非相干积分时间显著增加（例如，若信号功率为 -150dBm，则需要 10～12ms 的 PDI，以及 1s 或更多的非相干积分时间）。表 13.5 至表 13.7 中描述了这一效应。

表 13.5　最大搜索时间*

信号/dBm	PDI/s	T_{dwell} 每个分格/s	N_{cp} 每颗卫星/半码片	N_{dopp} 每颗卫星	8 颗卫星的 N_c	T_{search} 12/s	T_{search} 32K/s
−130	0.001	0.002	2046	2	32736	5.4	0.002
−145	0.006	0.050	2046	12	196416	818	0.3
−150	0.012	1.0	2046	25	409200	9.4h	13
−155	0.020	5.0	2046	42	687456	80h	107

* 时间不确定性为 1ms，频率不确定性为 0.5ppm，8 颗卫星，位置不确定性为 30km，找到第一颗卫星后忽略码相位且多普勒搜索范围减小。

式(13.64)用 N_c 表示某个特定场景下所有卫星多普勒/码相位搜索分格的总数。假设每个分格的驻留时间为 T_{dwell}，可用于搜索的相关器数为 N_{corr}，则最大的总搜索时间约为

$$T_{search} = T_{dwell}(N_c / N_{corr}) \tag{13.73}$$

对于时间不确定性为 1ms 或更大的特定情况，需要搜索全部 2046 个半码片的码相位来查找第一颗卫星。给定 0.5ppm 振荡器的条件，多普勒分格数主取决于振荡器的不确定性，则表 13.5 中的 N_{dopp} 列表示每颗卫星的多普勒分格数，N_{cp} 表示码相位搜索分格数。表中还给出了时间、位置和频率不确定性的初始条件。N_c 列表示 8 颗卫星情况下的多普勒-码相位搜索分格数，其中接收机没有利用从检测到的第一颗卫星获得的码相位信息来减小其余卫星的码相位搜索范围。最后突出显示了两个条件，即两种情况下式(13.73)的总搜索时间 T_{search}：一种是典型的包含 12 个搜索器的汽车级接收机，另一种是可以同时搜索多达 32000 个分格的高性能闪存相关器。

如前所述，检测到第一颗卫星时，就有可能显著减小其余 $N_{sv} - 1$ 颗卫星的码相位和多普勒搜索范围。表 13.6 中给出了在 N_c 和 T_{search} 减小的情况下获得的好处，获得方式是使用全部码相位和多普勒搜索空间来查找第一颗卫星，并将剩下的 7 颗卫星的不确定性减小到约 300 个半码片的码相位和 100Hz 的多普勒。

表 13.6　最大搜索时间*

信号/dBm	PDI/s	T_{dwell} 每分格/s	N_{cp} 第一颗卫星/半码片	N_{dopp} 第一颗卫星	8 颗卫星的 N_c	T_{search} 12/s	T_{search} 32K/s
−130	0.001	0.002	2046	2	6240	1	0.002
−145	0.006	0.050	2046	12	26700	111	0.05
−150	0.012	1.0	2046	25	53300	1.23 h	1.7
−155	0.020	5.0	2046	42	90230	10.4 h	14

* 时间不确定性为 1ms，频率不确定性为 0.5ppm，8 颗卫星，位置不确定性为 30km，找到第一颗卫星后利用减小的码相位和多普勒搜索范围。找到第一颗卫星后，码相位延迟和多普勒频点数减少，并反映在总 N_c 中。

最后，表 13.7 通过将参考振荡器改为 0.05ppm（如使用手机 AFC 调谐）并将时间不确定性降低到 100μs 来进一步减小搜索空间和搜索时间（如利用精密授时）。

表 13.7　最大搜索时间*

信号/dBm	PDI/s	T_{dwell} 每分格/s	N_{cp} 每颗卫星/半码片	N_{dopp} 每颗卫星	8 颗卫星的 N_c	T_{search} 12/s	T_{search} 32K/s
−130	0.001	0.002	~300	1	1636	0.27	0.002
−145	0.006	0.050	~300	1	1636	6.8	0.05
−150	0.012	1.0	~300	2	1841	153	1
−155	0.020	5.0	~300	4	3682	1535	5

* 时间不确定性为 100μs，频率不确定性为 0.05ppm，8 颗卫星，位置不确定性为 30km，找到第一颗卫星后利用减小的码相位和多普勒搜索范围。找到第一颗卫星后，码相位延迟和多普勒频点数减少，并反映在总 N_c 中。

13.4.4　无线设备中的 GNSS 接收机集成

如式(13.66)所示，N 颗卫星的总码/多普勒不确定性空间的一大部分，表示为时间误差和振荡器频率误差的共模误差项。典型的低成本参考振荡器的稳定性范围为 0.5～1ppm，在此水平上，振荡器频率不确定性是目前总多普勒不确定性搜索空间的最大一项。同样，1ms 或更大的时间不确定性是所有卫星共有的，因为时间误差可能是导致码相位不确定性的最大一项，因此对每颗卫星需要扫描全部码相位（2046 个半码片）。有些方法可以用来补救这种峰窝手机中独有的共模频率和时间问题。

关于时间，有些类型的手机（如 CDMA）能从内部获得精确的时间（亚毫秒）信息，只要手机在监听至少一个寻呼通道。CDMA 系统在每个蜂窝塔内使用 GPS 接收机来得到站间的时间同步。当手机从一个蜂窝塔切换到另一个蜂窝塔时，使用这一精确的时间信息能够对准蜂窝信号的扩频码相位，维持无缝通信。将该精确时间信息传送到 GPS 功能单元中，就有可能大大减少映射到码相位不确定性维度［式(13.68)中的第二项］上的时间误差的影响，剩下的（主要）是对位置不确定性的贡献，如图 13.40 所示。

某些类型的手机（如 GSM）没有内部可用的精确时间信息。就此问题，人们也设计了相应的解决方法，采用这些方法可以确定在非同步网络中导航解和预测亚毫秒码相位所需的精确时间。其中的一些方法如下：

- 对非同步网络进行同步，其中网络消息传递由外部设备校准。
- 使用超定解求解时间误差。
- 观测至少一颗卫星导航消息的数据位。

关于解决非同步网络中时间问题的多种方法，GSM 空中传输协议是时分复用的；每部手机都被分配一个时隙，在该时隙与网络之间接收和发送数据包。为了在异步 GSM 网络中实现精确的时间传递，需要在网络中安装一种称为位置测量单元（LMU）的附加硬件组件。LMU 中包含一个用于时间同步的 GPS 接收机，还包含一个 GSM 电话接收机，用来测量其从所能"收听"到的每个蜂窝塔接收特定数据包的绝对时间——实际上是用 GPS 时间来标记收到的数据位。LMU 测量其所能收听的每个蜂窝塔信号的时间偏移或时间偏差，并将该时间偏移信息提供给蜂窝网络，以便传递给那些需要精确时间校正的手机。手机通过从网络到手机的消息接收参数，进而允许其用精确的时间标记来实例化该网络到手机消息的某个特定片段。这样，当手机收到从网络到手机消息的特定片段时，就能将接收数据位的事件与精确的时间标记（来自 LMU）关联起来，因此提供了一种远好于 1ms 或 1 个 GPS PRN 码时间周期的时间传递方法。

将 LMU 安装到 GSM 网络中相当昂贵，因而并不是所有的 GSM 网络都有 LMU。网络运营商倾向于采用一种成本更低的替代方案——通过标准的网络到手机的消息为手机提供一个近似的时间估计。发送消息到手机的网络延迟导致最好的精度不超过±2s；因此，当卫星星历和近似位置可用时，该近似时间对计算卫星多普勒是很有用的，但是一般对计算每颗卫星的精确码相位估计从而避免搜索整个码相位空间而言没有什么意义。

但这样做也没有什么损失，原因是，如前所述，大多数接收机一旦检测到一颗卫星，就会利用时间不确定性的共模特性。通常在利用全部码相位扫描检测到第一颗卫星后，其余卫星的码相位不确定性区域就会大大减小，因为可以对由已检测卫星测得的码相位与预测的码相位（用 2s 的误差近似时间算得）进行差分，以提供共模时间误差的首次估计。这一校正代表了图 13.40 中的大部分共模时间误差对码相位的贡献；因此，可以用受限或有限的码相位搜索空间来搜索剩余的卫星，从而大大减小总多普勒/码相位不确定性搜索空间。

关于频率，图 13.40 中显示了卫星搜索过程中的频率不确定性维度取决于参考振荡器不确定性。假设位置不确定性为几十千米，其他因素的影响很小。如果假设 GPS 使用 0.5～1.0ppm 的参考振荡器，那么它是迄今为止对多普勒不确定性贡献最大的因素，而且对所有卫星是共模的。

手机中也包含一个用于通信功能的参考振荡器，GPS 共享或重用该振荡器可以提供极具吸引力的成本优势。共享振荡器还会显著降低参考振荡器频率的不确定性，因为所有的现代蜂窝电话都采用 AFC 控制环路的方法来校正振荡器频率。该环路基于相对于蜂窝基站到手机的信号频率误差，如图 13.41 所示。蜂窝基站到手机的信号频率由网络精确控制，在每个网络发射塔范围内优于 0.05ppm。因此，手机 AFC 控制环路会调整参考振荡器的频率（通过图 13.41 中的 VCO），直到频率差为零。这样，AFC 功能就将参考 VCO 振荡器校准到与网络到手机信号频率相同的精度，即 0.05ppm。GPS 共用这一高精度时钟可显著减少多普勒不确定性的搜索分格数，且有助于减小总 TTFF，最大限度地减少满足最低性能标准所需的相关器数量。

有些手机通过物理方法来调整参考振荡器的频率，如图 13.41 所示。其他手机并非如此；相反，它们让振荡器自由运行，然后调整 N 分频合成器上的控制寄存器，以便在电话接收机内部产生调整后的频率。N 分频合成器的控制寄存器被转换为手机参考振荡器运行的已知频率。这一已知频率优于 0.05ppm，只要合成器调谐参数对于 GPS 功能是可用的，就能达到同样的目的。后一种方法明显优于前一种方法，因为物理调整参考振荡器频率引起的频率离散跳变可能会导致 GPS 功能的数据解调和跟踪出现问题。如果由频率跳变引起的瞬时相位旋转足够大，将不能与由信号 PRN 调制或导航数据位调制引起的 ±180° 相位旋转区分，从而混淆数据解调过程，进而可能导致失锁。

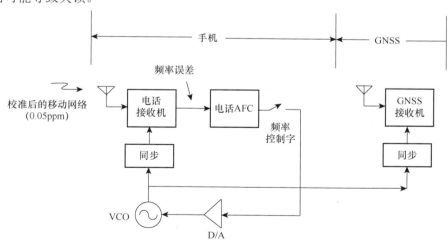

图 13.41　典型手机参考振荡器的 AFC 调谐

随着时间的推移，要满足蜂窝式 A-GPS 的捕获时间目标，使用基于手机的频率辅助信息并不是绝对必要的。在任何情况下，都可以通过提供足够的相关器在充足的时间内搜索不确定性空间来达到要求。然而，这种最大相关器的方案的代价是成本高、功耗大，而且很难克服，至少在近期内如此，除非集成电路技术有了进一步的发展。随着时间的推移，可以利用参考频率不确定性的共模特性，在应用中选择安装一个单独的 GPS 参考振荡器。在这种情况下，大部分多普勒不确定性是由参考振荡器的不确定性引起的，只要检测到一颗卫星就能消除。因此，一旦检测到第一颗卫星并对其进行精确的多普勒测量，总不确定性搜索空间就会急剧减小。

13.4.5　网络辅助的来源

从数字蜂窝网络获得的辅助信息受适用标准的制约，这些标准随底层蜂窝技术（如 GSM 或 CDMA）的不同而变化。一般来说，标准的消息发送协议已经演变成包含跨越各种标准的类似内容，并且已从仅有 GPS 的内容迁移到包括非 GPS 的 GNSS（Galileo、GLONASS 和 BeiDou）规范，区域系统如 EGNOS、QZSS、SBAS 和 WAAS，以及诸如增强观测时间差（E-OTD）、上行链路到达时间差（UTDOA）、高级前向链路三边测量（AFLT）和增强型小区标识（E-CID）之类的蜂窝通信链路测距。为了简化讨论，本节重点讨论用于 GNSS 定位的 3GPP GSM 标准，因为它是部署最广泛的规范。此规范的扩展包括地面定位方法，但这里不做讨论，而只说明如何混合包含蜂窝通信链路测距或来自 Wi-Fi/蓝牙的无线局域网数据，增强 GNSS 辅助功能并改善位置解。

制定一套公认的无线消息规范，保证各种手机和定位技术开发人员之间的互操作性非常重要。因此，电信标准制定组织、定位技术开发商、手机制造商和运营商已把对 A-GNSS 的规定纳入 GSM、TDMA、CDMA、CDMA2000 和 W-CDMA/UMTS 的规范。

创建一个新无线协议的过程可能需要数年的时间，而且需要不断更新，以便包括新特征和新功能，同时保证向后兼容性。例如，开发 CDMA 协议 IS-801 的过程始于 1998 年底（最初的版本包含 148 页），而现在称为 C.S0022 的 2014 年版规范[89]已增长到 602 页。

标准的制定是由贡献驱动的：利益相关方将候选特征的书面描述提交到定期举办的会议，然后讨论这些贡献，判断每个提议的优点，投票表决是纳入还是排除。毋庸置疑，获得各方之间的一致意见、更新及发布最终的规范是一个漫长的过程，然后重新开始这一过程，进行下一次修订。

关于控制平面与用户平面接口，在标准中有两类消息传递接口来支持 A-GNSS 功能。这两种方法称为控制平面协议和用户平面协议[66]。

控制平面是蜂窝基站和手机之间的低层次信令层，承载用于呼叫建立和业务通道（语音和数据）的低层次信令，属于蜂窝技术领域。这是用于支持手机中的紧急位置（E911、E112）的主要消息，因为只要手机未进入服务状态且未被用户关闭，就不会禁用这些消息。

用户平面是一种互联网协议方法，通过该方法，移动设备中的高级应用可以访问互联网，并建立应用特定的消息传递，以支持基于位置的服务，例如逐路口的路径引导（也称智能手机上的 Google 地图），或者启用应用程序特定的功能，如寻找朋友（Facebook 应用程序中的一项功能）。实际上，成千上万的智能手机第三方应用程序使用位置信息，并且通过用户平面（SUPL）消息传递使能的 A-GNSS 定位来获取这些信息。在用户平面上流动的位置信息遵循由开放移动联盟（OMA）支持的安全用户平面位置（SUPL）协议。用户平面消息传递有时称为过顶（OTT）消息传递。

如表 13.8 所示，三个主要组织建立了手机的现代协议，分别包括 3GPP2 和 3GPP 支持的 CDMA、GSM 和 LTE 技术的控制平面规范，以及 SUPL 开放移动联盟规范支持的用户平面协议。这些是支持移动设备 A-GNSS 的主要规范。这些规范包括支持基于蜂窝的地面定位方法（AFLT、E-OTD、OTDOA 和 E-CID）的消息传递，用来辅助 A-GNSS 捕获或与 A-GNSS 测量值相结合，实现混合的地面和卫星定位。这里只讨论数据如何支持或辅助 A-GNSS 捕获，而不讨论地面方法。

表 13.8　每类手机的主要 A-GNSS 定位规范

手机技术	组　织	层　面	控制文档	定位技术	参考文献
CDMA2000, CDMA (IS-95)	3GPP2	控制	C.S0022	A-GNSS, AFLT	[89]
GSM, UMTS	ETSI, 3GPP	控制	TS 44.031	A-GNSS, EOTD	[90]

（续表）

手机技术	组　织	平　面	控制文档	定位技术	参考文献
LTE	3GPP	控制	TS 36.355	A-GNSS, OTDOA, E-CID	[91]
安全用户平面位置（SUPL）	开放移动联盟	用户	OMA-TS-ULP-V3	A-GNSS, E-OTD, OTDOA, AFLT, E-CID	[92]

表中未显示的其他规范描述支持 LAN 定位技术（如 Wi-Fi、蓝牙等）的消息。

GNSS 系统包括 GPS、Galileo、SBAS、现代化 GPS、QZSS、GLONASS 和 BDS。

如前所述，如图 13.33 所示，A-GNSS 技术主要有两类：MS 辅助和基于 MS。接下来讨论支持每种类型的 GSM 无线协议信息元素。来自网络的 A-GNSS 辅助信息包括一长串数据类型；由移动设备请求的或传送给移动设备的数据，依赖于该移动设备所用的定位方法，如表 13.9 所示。

表 13.9　可能的辅助信息依赖于移动定位方法

辅助信息	MS 辅助	基于 MS
可见卫星列表	X	—
预测的卫星多普勒和可选的变化率	X	—
卫星方位角和仰角	X	—
卫星码相位和搜索窗口	X	—
移动设备的近似位置	—	X
卫星历书数据（粗略开普勒参数）	—	X
卫星星历数据（精密开普勒参数）	—	X
卫星钟校正多项式	X	X
近似时间	X	X
精确时间	X	X
导航数据位定时（比特数、小数比特）	X	X
导航数据位（灵敏度辅助）	X	X

大多数移动接收机使用这些信息的一个子集捕获必要数量的卫星来进行定位，具体取决于它是 MS 辅助的还是基于 MS 的。例如，MS 辅助的手机可以使用可见卫星列表，预测多普勒和预测码相位来捕获信号。基于 MS 的手机可以使用近似位置、星历和近似时间。两种类型（基于 MS 和 MS 辅助）都可将这些参数转换为相应的多普勒和多普勒不确定性，以及码相位和码相位不确定性，使 GNSS 接收机能够大大限制卫星信号搜索区域（只查看信号已知的位置），减少快速找到信号所需的相关器数量。下面讨论每种数据类型的典型用法。

关于可见卫星列表（MS 辅助），通过在蜂窝网络内或附近的 GNSS 参考接收机来简单报告可见卫星，在蜂窝网络内生成可见卫星列表。参考接收机应位于确保天空视野不被遮挡的位置。由于网络及其所通信的移动设备相对接近（即预计的最大距离为 20～30km），可见卫星列表对于参考和移动接收机来说几乎是相同的，可能的例外是卫星非常接近地平线（即仰角小于相隔距离除以地球半径，或者说对于 20km 的距离约合 0.2°），且其方位角与参考接收机和移动站之间的 LOS 相反。对潜在的可见卫星的了解允许使移动接收机集中进行搜索，避免浪费时间去搜索那些不可见的卫星，减少捕获所需足够卫星进行定位的时间。

关于多普勒数据（MS 辅助），对特定 GNSS 信号进行二维搜索的一个维度是多普勒空间维度，如图 13.39 所示。GNSS 卫星运动引起的信号多普勒覆盖范围很大（GPS 为 ±4.2kHz，GLONASS 为 ±4.5kHz，Galileo 为 ±3.6kHz，北斗为 ±4.0kHz）；为每颗感兴趣的卫星提供一个良好的多普勒估计值，可以大大减小覆盖搜索空间，减少找到信号所需的多普勒分格数（进而减少所需相关器的总数）。例如，假设接收机使用 10ms 的预检测积分时间（PDI）来捕获弱信号，但不知道时间。在 10ms 的 PDI 下，积分-转储相干积分滤波器的响应如图 13.42 所示；小于 1dB 衰减的峰值宽度为 50Hz；这是尽量减少漏检概率的典型多普勒搜索步长。

使用 50Hz 的步骤，需要 168 个多普勒搜索分格（2×4.2kHz/50Hz）来覆盖整个多普勒搜索空间。相比之下，考虑到卫星多普勒的知识，搜索范围可被限制到与预期最大主载体速度、初始位置不确定性和参考振荡器频率不确定性［式(13.42)的最后三项］一致的水平上，或者仅限制到约 5 个多普勒分格。由于卫星多普勒变化率与多普勒本身相比相对较小[88]，所以用多普勒变化率参数来保持搜索信号多普勒在很长的非相干累加（弱信号）期间的平稳性，或者只用一个多普勒辅助分组进行周期性定位，例如，在收到多普勒辅助分组后预测当前的多普勒分格。

关于码相位和码相位搜索窗数据（MS 辅助），如图 13.39 所示，搜索 GNSS 扩频信号的第二个维度是码相位维度，单位通常是扩频码片。对于 GPS 的情况，码相位是在 C/A 码码片（0～1022）中测量的，每个码片的大小约为 300m。其他 GNSS 定义与其扩频码结构相称的码相位。网络根据移动台的大致位置提供每颗可见卫星的码相位估计，网络根据许多选项知道移动站的近似位置，如 CID（与移动台通信的蜂窝塔的位置）、AFLT 或 E-OTD 位置（来自蜂窝信号对移动位置的三角测量），甚至 LAN 位置（移动台当前可以接收的无线 WLAN 网络位置的知识）。每颗可见卫星的码相位知识允许接收机将搜索限制到预测的码相位延迟和搜索窗口。

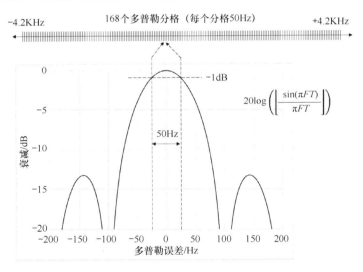

图 13.42　积分-转储滤波器的响应依赖于频率误差 F 和预检测积分时间 T（PDI），$T = 10$ms

码相位搜索窗口描述了 GNSS 扩频码最可能被发现的估计码相位周围的码相位范围。由于只知道 CID，网络将设置与特定蜂窝塔的蜂窝网络覆盖范围对应的搜索窗口。如果网络能够使用 AFLT/E-OTD 方法或 WLAN 位置来确定更精确的移动站近似位置，码相位搜索窗口就可以大大减小。

关于方位角和仰角信息（MS 辅助），卫星方位角和仰角可以被移动接收机用来分配搜索范围。例如，在前一段中，所分配的多普勒分格数只作为预期最大主载体速度的函数来计算。这种计算忽略了这样一个事实，即地球上的载体速度在水平面上最大；因此，可以利用待捕获卫星的仰角 E 进行更合乎实际的搜索范围分配，如下式所示：

$$\Delta D = v_{Hmax} \cos E + v_{zmax} \sin E \tag{13.74}$$

由于最大垂直速度（即 v_{zmax}）预期小于最大水平速度（即 v_{Hmax}），利用式(13.74)一般可以将更小的搜索范围分配给更高仰角的卫星。

关于近似位置数据（基于 MS），结合预期可见卫星的星历或历书数据向移动接收机提供一个大致位置，对基于 MS 的捕获辅助是极其有用的。网络提供的位置一般是服务蜂窝塔的位置或服务区域的中心；因此，预计距移动站的实际位置不到 20km。已知这一位置及每颗卫星的星历或历书表示后，就可计算得到满足精度要求的移动站多普勒和多普勒变化率信息（多普勒预测误差随位置误差变化的灵敏度一般小于 1Hz/km[88]），它们对捕获辅助的价值已在前文中讨论。

关于星历数据（基于 MS），如前一段所述，给定相对粗略的位置信息后，利用卫星星历或历书信息能够实现准确的多普勒预测。此外，如果时间已知，可以计算得到卫星的准确位置（在最差情况下，1s 的时间误差可转换为 1km 的测距误差），进而确定到 GNSS 卫星的准确距离。另外，若手机是精确时间同步的（如 CDMA 手机），则根据式(13.73)的描述可以预估卫星码相位，从而大大减小码相位搜索范围。例如，若本地振荡器已被同步，且已知时间的精度为 1s，则在找到第一颗卫星后，可以解算出相对码相位约在 140 个半码片（即 21km 的测距误差）之内，相对于搜索全部码相位而言，这一节省相当可观。

提供用于辅助捕获的信息还可以提高灵敏度（即允许捕获更弱的信号）。这是因为辅助信息可能会减小多普勒和码相位的搜索范围，使得接收机具有足够的相关器来覆盖并行搜索中的所有分格，进而可以花更长的时间来搜索剩余的空间。

关于灵敏度辅助，实际上增加灵敏度的辅助数据的主要形式独立于已讨论的捕获辅助类型，它通过蜂窝网络提供导航数据比特。假设导航数据比特可以同步于试图捕获的每颗卫星的数据比特边缘，则可将 PDI 扩展到一个导航数据比特之外：相干积分时间每增加一倍，捕获门限降低 3dB。然而，由于 sinc 函数的作用，相干积分周期每增加一倍，需要相应地缩小多普勒步长，因此需要更多的多普勒分格（和更多的相关器）来覆盖相同的不确定性范围。

一些用于 A-GNSS 的无线协议提供了向手机发送导航数据消息的方法，它对每个比特是先验已知的，随后在必要时可以剥离数据来获得额外的信号处理增益。手机必须通过许多不同的消息来组装整个比特序列。例如，在 GSM 协议中，每颗 GPS 卫星的子帧 1~3 的大部分比特（字 3~10）都通过"导航模型"辅助数据消息来传送。子帧 4 和 5 的大部分比特（字 3~10）通过"历书"辅助数据消息来传送。每个字的 6 比特校验字段包含的比特不会发送，因其可在手机获得数据项之后算得。每个子帧都有一个不需要发送的恒定前导码（常数报头），并且每个子帧包含的 17 比特 HOW字（字 2）可由时间推得。于是，导航消息中剩余的可丢掉比特主要是 TLM 消息（14 比特）、反欺骗标志（1 比特）、告警标志（1 比特）和为 TLM 保留的比特（2 比特），它们被合并到一个附加的垃圾回收消息中，并且追加在"参考时间"网络到手机消息的末尾。

至少存在两种备选方案来通过网络发送和接收导航数据比特，它们具有预测导航数据比特（如前所述）和猜测导航数据比特的大部分优点。估计的比特[93]会显著增加实现更长时间相干积分所需的相关器数量。在猜测导航数据比特时，首先对每个可能的比特变化拟定一个假设，执行并行积分，积分结果中的最大信号相关峰值即被确定为正确的比特序列。对应于每个假设的数据比特序列，一个 n 比特的数据序列需要 2^n 个并行积分，使得专用于每颗卫星比特猜测的相关器数量增加 2^n。在文献[93]中，强加了 5 个估计比特的实际限制，对应于 32 个并行积分。诸如 GPS L2C 信号这样的现代化信号为信号提供了一个无数据的分量，允许长时间的相干积分而不用考虑数据比特调制干扰，因此消除了通过蜂窝网络将比特发送给移动用户的需要。

关于导航辅助，在许多情况下，相对于开阔的天空条件，解算几何可能会显著降级。因此，每米的测距误差可能通过与几何相关的大倍数（如 HDOP）放大，导致显著的导航误差，但这个误差可以通过差分改正来减小。

至少在美国，随着新的室内和垂直位置精度要求的最终确立，Z 维度的重要性将推动解算的发展[74]。现有的 GNSS 解可以扩展到包括来自多个源的高度信息，如手机中的气压传感器及通过蜂窝网络向手机发送的校准气压/高度数据。其他高度源可能来自 WLAN 位置信息，如 Wi-Fi 或蓝牙[63, 75]。

移动站的大致高度可以与 GNSS 解相结合，以便提供 Z 维度上的准确混合位置。为高度提供精度的测量相当重要，精度通常表示为 1σ 误差；然后，我们很容易将 Z 测量值纳入移动位置的加权最小二乘解。因此，将高度作为附加测量值添加到 m 个伪距测量值 z_{m+1} 中，误差方差置为来自网络的 1σ 值的平方：

$$x = (H^{\mathrm{T}} R^{-1} H)^{-1} H^{\mathrm{T}} R^{-1} z \tag{13.75}$$

注意，式(13.75)中的粗体字母表示矢量，即 $m + 1$ 维测量值矢量 z 及 4 维状态校正矢量 x。H 为 $(m + 1)\times 4$ 维测量梯度矩阵，它的前 m 行对应于 m 个伪距测量值，最后一行对应于高度；R 是 $m + 1$ 维测量误差方差对角矩阵，其中的每个元素代表分配给相应测量值的误差方差。

传送给移动站的近似位置对导航解有两个作用。第一个作用只是初始化 WLS 解，即为其迭代提供一个起点——式(13.75)中的 x 值，该值定义为相对于这个初始提供位置的一组改正数。要使式(13.75)成立，这个近似位置必须足够准确，以便使得伪距测量值可被有效地线性化。第二个作用是将水平位置范围约束条件添加到 WLS 解中，方法与增加高度约束条件是相同的。然后将测量矢量 z 的维数增大到 $m + 3$，其中 m 是伪距测量值的数量，且对应于位置约束条件的 R 矩阵元素是所分配的误差方差，反映了近似位置的精度。如式(13.65)中涉及的那样，误差方差（可能以误差椭圆的形式出现）与近似位置一起传送。由粗略定位（如基于蜂窝信号的测距）确定近似位置后，可以传送误差椭圆（以主轴的方位角和 1σ 误差的形式），如图 13.43 所示。图中，σ_e^2、σ_n^2 和 σ_{en} 表示对应于东向和北向位置误差的协方差矩阵元素。在误差椭圆中，东向和北向位置误差分量一般是相关的（也就是说，如果直接用东向和北向位置误差分量来表示约束条件，那么需要一个非对角测量误差方差）。更可取的是，如果测量结果在主轴上表示，那么测量误差方差矩阵可以保持为对角矩阵。

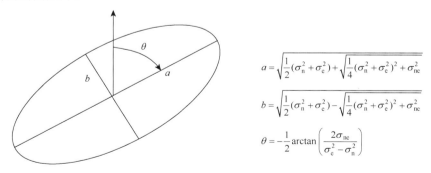

$$a = \sqrt{\frac{1}{2}(\sigma_n^2 + \sigma_e^2) + \sqrt{\frac{1}{4}(\sigma_n^2 + \sigma_e^2)^2 + \sigma_{ne}^2}}$$

$$b = \sqrt{\frac{1}{2}(\sigma_n^2 + \sigma_e^2) - \sqrt{\frac{1}{4}(\sigma_n^2 + \sigma_e^2)^2 + \sigma_{ne}^2}}$$

$$\theta = -\frac{1}{2}\arctan\left(\frac{2\sigma_{ne}}{\sigma_e^2 - \sigma_n^2}\right)$$

图 13.43　误差椭圆与协方差矩阵的关系

采用完全类似于在 WLS 位置定位解中添加位置约束条件作为附加测量值的方法，可将定时约束条件添加到时钟偏移解中，前提是精确的定时信息可用并且足够准确（即亚毫秒级）。

最后，移动站的导航解算可由星钟改正数和星历数据的传送来辅助，这些数据可能已经是捕获辅助的一部分。然而，对于响应紧急呼叫的基于手机的解算来说，要获得准确解，两者通常都是必要的，因为时间不允许对来自导航数据比特的等效信息进行解码。

关于 A-GNSS 数据交换，展示典型移动设备的 MS 辅助和基于 MS 的数据交换是很有用的。虽然协议支持 GPS、Galileo、SBAS、现代化 GPS、QZSS、GLONASS 和 BeiDou 导航卫星系统，但是下面的例子只显示 A-GPS 情形下的特定数据内容。稍后将举例说明这些标准是如何支持非 GPS 的卫星系统的。

在所有不同的 GNSS 系统中，MS 辅助和基于 MS 的交换的数据内容类似于 A-GPS 的情形，系统之间的独特差异反映在某些字段的比特数（指定导航模型的不同方法反映在其星座轨道参数和轨道高度的轻微变化上）和某些参数的定义方式（如 GPS 码相位的单位是 C/A 码片数，Galileo 码相位的单位是小数毫秒数）上。如果读者首先熟悉的是 A-GPS 交换，那么在理解本书其余部分反映的 GNSS 系统差异的基础上，将其转换为 Galileo、GLONASS 或 BeiDou 是比较容易的。为了简化讨论，这里采用 TS-144.031 GSM/UMTS 规范[90]中描述的 MS 辅助和基于 MS 的交换。

该规范允许将多个 GNSS 系统纳入或组合到一个混合式多 GNSS 解中，以便与 A-GPS 解相比，当 A-GNSS 手机在挑战性环境中有更多机会找到信号时，能够提高测量的性能（精度）和可用性。鉴于大多数 GNSS 系统在原始 GPS L1 频率（1575.42MHz）上至少有一个信号，所以同时处理多个 GNSS 信号所需的 RF 电子器件（天线、射频增益、下变频器）得以简化，复杂度的增加仅限于低成本的数字处理和软件功能。

关于 MS 辅助交换，参考图 13.33，回顾可知 MS 辅助方法将位置计算单元移到了基于网络的位置计算服务器，在 CDMA 网络中称为位置确定实体（PDE），或者在 GSM 网络中称为移动定位服务中心（SMLC）。从网络到手机的信息流使手持式 GNSS 接收机能够捕获、检测和测量多颗卫星的伪距。然后，手机返回测得的每颗卫星的码相位、多普勒和信号功率估计值。

在 MS 辅助模式下，当手机向网络请求一个捕获辅助的消息时，交换就开始了。表 13.10 和表 13.11 中显示了通过一条数字短消息从网络迅速传送到手机的捕获辅助消息的信息内容。表 13.10 中的数据只发送一次，而表 13.11 中的数据是在辅助消息集中为每颗可见卫星发送的数据。

表 13.10　GPS 捕获辅助：每条消息中出现一次的参数

参　　数		范　　围	比 特 数	分 辨 率	包　括
卫星数		0～15	4		M
参考时间	GPS TOW	0～604799.92s	23	0.08s	M
	BCCH 载波	0～1023	10		O[1]
	BSIC	0～63	6		O[1]
	帧号	0～2097151	21		O[1]
	时隙号	0～7	3		O[1]
	比特号	0～156	8		O[1]

表 13.11　GPS 捕获辅助：每条消息中出现 N-SAT（卫星数）次的参数

参　　数	范　　围	比 特 数	分 辨 率	包　括
SVID/PRNID	1～64 (0～63)	6		M
多普勒（零阶项）	−5120～5117.5Hz	12	2.5Hz	M
多普勒（一阶项）	−1～0.5	6		O[1]
多普勒不确定性	12.5～200Hz [2^{-n}(200)Hz, $n = 0$～4]	3		O[1]
码相位	0～1022 个码片	10	1 个码片	M
整数码相位	0～19	5	1C/A 周期	M

（续表）

参　数	范　围	比 特 数	分 辨 率	包　括
GPS 比特数	0～3	2		M
码相位搜索窗	1～192 个码片	4		M
方位角	0°～348.75°	5	11.25°	O^2
仰角	0°～78.75°	3	11.25°	O^2

　　参数"多普勒不确定性"和"码相位搜索窗"对应于图 13.39 中描述的多普勒不确定性和码相位不确定性的网络估计值。参数"码相位""整数码相位"和"GPS 比特数"分别对应于式(13.71)中的 Code_Phase_Observed（码相位观测值）、Integer_PN_Rolls_Observed（PN 码整周观测值）和 Bit_Number_Observed（比特数观测值）。然而，GPS_Bit_Number（GPS 比特数）通过取模运算缩短为 2 比特，即 GPS_Bit_Number = MOD(Bit_Number_Observed, 4)。在表 13.10 中，参数 GPS TOW 表示对应于表 13.11 中所包含数据的时间标记，类似于式(13.71)中的 GPS_Time。在表 13.10 中，参数"BCCH 载波""BSIC""帧数""时隙数"和"比特数"表示 LMU 生成的参数，这些参数将异步蜂窝消息传递协议状态与相应的 GPS-TOW 时间标记即时连接起来（即由这些参数定义的蜂窝消息传递协议状态存在于精确的 GPS-TOW 时间标记中，以实现精确的时间传递）。时间传递参数的使用是可选的（表中标记为"O"），这意味着手机不一定需要使用该数据。事实上，如果网络运营商不想部署 LMU，那么在某些蜂窝网络中参数可能会缺失。那些标记为 M 的参数是强制性的。

　　方位角和仰角参数使得 MS 辅助的手机能够在捕获卫星时计算近似的 HDOP（见第 11 章）。如果没有某些形式的几何精度指示，那么 MS 辅助的手机就无法知道何时检测到足够的卫星进行良好的定位。因此，若每次检测到一颗后续的新卫星后能够计算 HDOP，则能使 MS 辅助的手机知道它何时已检测到足够的卫星进行高质量定位，并向网络发送伪距测量值响应消息。

　　当 MS 辅助的手机捕获到足够的卫星并得到了良好的定位时，就通过一个测量信息元素响应消息将伪距测量数据反馈给网络，如表 13.12 和表 13.13 所示。如前所述，表 13.12 中的数据每发送一次，表 13.13 中的数据就发送 N-SAT 次。表 13.13 中包含接收机测量的伪距数据，基于网络的 SLMC 就是用这些数据来计算手机位置的。

表 13.12　GPS TOW 字段内容

参　数	比 特 数	分 辨 率	范　围	单　位
参考帧	16	—	0～65535	帧
GPS TOW	24	1 ms	0～14399999	ms
N_SAT	4	—	1～16	

表 13.13　"测量参数"字段内容

参　数	比 特 数	分 辨 率	范　围	单　位
卫星 ID	6	—	0～63	—
C/N_0	6	1	0～63	dB-Hz
多普勒	16	0.2	±6553.6	Hz
整码片	10	1	0～1022	码片
分数码片	11	2^{-10}	0～$(1-2^{-10})$	码片
多径指示器	2	4 级		—
伪距均方根误差	6	3 比特尾数，3 比特指数	0.5～112	m

关于基于 MS 的交换，参考图 13.33，回想可知基于 MS 的方法在手机中提供位置计算单元，从而使诸如个人导航及地图之类的本地应用能在手机中运行。为了实现这些功能，手机需要一份全新的卫星星历数据副本，因为它需要知道精确的卫星位置来计算距离残差，并且更新其对用户位置的本地估计值。因此，基于 MS 的手机需要从蜂窝网络获得的数据之一是实时（当前）星历数据。该星历在计算本地捕获辅助数据时也是有用的，假设手机还知道大概的位置和时间（手机可以获得的另外两项数据中包含这些附加数据）。

基于 MS 的手机可以从蜂窝网络请求获得许多内容。表 13.14 中描述了手机可以请求的一组辅助数据项。手机可以在向网络上传请求时单独选择表中列出的某个或所有数据项；因此，（无时间、位置、电离层校正或星历数据的）"冷"手机可在一条上传的消息中请求完整的下载，然后从网络发送的消息中接收每个辅助数据项。

每个数据项在被发送到手机前，都被格式化成唯一的数据消息。关于每条数据项消息的详细描述见文献[90]。如图 13.39 所示，手机使用辅助数据，将其转换为多普勒、码相位估计值及不确定性，并使用本地存储的星历和电离层校正常数进行信号捕获和定位。然后，手机可以通过 5 种不同的数字消息之一将该位置返回给网络[94]。这些消息包含用户位置数据及可选的不确定性和高度。可选的消息包括：

表 13.14　GPS 辅助数据项中的字段

参　　数	存　　在
参考时间	O
参考位置	O
DGPS 改正	O
导航模型	O
电离层模型	O
UTC 模型	O
历书	O
捕获辅助	O
实时完好性	O

- 椭球点。
- 带不确定性圆的椭球点。
- 带不确定性椭圆的椭球点。
- 带高度的椭球点。
- 带高度和不确定性椭圆的椭球点。

最常用的选项是文献[95]中描述的带高度和不确定性椭圆的椭球点，详见表 13.15。

表 13.15　位置响应数据项

信息元素/组名	类型和参考	语义描述
纬度标志	枚举（北，南）	
纬度	整型（$0 \sim 2^{23} - 1$）	IE 值（N）由 $N \leq 2^{23} X / 90 < N+1$ 推出，其中 X 是纬度（$0° \sim 90°$）
经度	整型（$-2^{23} \sim 2^{23} - 1$）	IE 值（N）由 $N \leq 2^{24} X / 360 < N+1$ 推出，其中 X 是经度（$-180° \sim +180°$）
高度方向	枚举（高度，深度）	
高度	整型（$0 \sim 2^{15} - 1$）	IE 值（N）由 $N \leq a < N+1$ 推出，其中 a 是高度（m）
半长轴不确定性	整型（$0 \sim 127$）	不确定性 r 由不确定性码 k 推出：$r = 10 \times (1.1^k - 1)$
半短轴不确定性	整型（$0 \sim 127$）	不确定性 r 由不确定性码 k 推出：$r = 10 \times (1.1^k - 1)$
长轴方向	整型（$0 \sim 89$）	IE 值（N）由 $2N \leq a < 2(N+1)$ 推出，其中 a 是方向（$0° \sim 179°$）
高度不确定性	整型（$0 \sim 127$）	高度不确定性 h（单位为 m）由 IE 值（K）按 $h = C((1+x)^k - 1)$ 映射，其中 $C = 45$ 且 $x = 0.025$
置信度	整型（$0 \sim 100$）	百分比

"实时完好性"捕获辅助数据项的例子说明了如何利用蜂窝无线协议来求解特定的手机应用问题。11.4 节中讨论了确保 GNSS 完好性的重要性，因为 GNSS 卫星时钟可能会出现故障，导致不受保护的接收机解算出现严重误差。一般不能指望嵌入蜂窝手机的 GNSS 接收机完成自主的 RAIM（见 11.4.3.1 节）功能，因为信号接收条件可能很差，而且可能不存在丰富的冗余测量。考虑到这一原因，

蜂窝标准允许将完好性信息传送给手机，因为基于网络的 GPS 接收机确实能够完成 RAIM 功能，识别已出故障或正出故障的卫星。注意，GNSS 卫星的历史故障率或星历上载到这些卫星的历史故障率非常低——18～24 个月出现一次故障。然而，当 GNSS 用于执行高频率的紧急定位功能时，肯定会有人刚好在卫星出现故障时需要使用系统。因此，在无线资源位置服务协议（RRLP）中添加了实时完好性功能，以防止此类故障。

基于 MS 的手机尤其容易受到卫星故障的影响。手机可以向蜂窝网络请求实时星历数据，并在接下来的数小时内使用该数据。手机可用的一种模式是周期性定位模式，在此模式下，手机接收星历辅助数据，然后以某个周期速率（如每分钟一次）计算位置。手机只需在启动时获得每颗卫星的当前星历，因其有效时间是在星历时间（TOE）前后 2 小时。在辅助模式下，手机可能从未观测到可从卫星广播的 50bps 导航数据消息中获得的实时完好性数据。因此，如果在手机接收到星历的时刻与希望将其用于定位解算的时刻之间某颗卫星出现了故障，那么手机将无从得知该故障状态，进而可能产生错误的定位结果。

为了解决这个潜在的问题，应在 RRLP 中添加一条简短的实时完好性消息，以便在特定卫星出现故障时通知手机。实时完好性消息在每次开始定位尝试的时候就会被请求，而且只占可用带宽中的几个比特。然后，网络生成的实时完好性消息会被发送到手机。对于没有故障卫星的情况，返回的消息是一个 0 比特。若有一颗或一组卫星发生故障，故障卫星的 ID 就会返回给手机；手机在任何后续的定位解算中会排除这些故障卫星。因此，基于 MS 的手机需要在每次开始定位尝试时就请求实时完好性信息，以确保定位解的完好性。

关于标准中的 GNSS 支持，如前所述，MS 辅助和基于 MS 的数据交换是针对 GPS 特有的例子。GSM（及其他）无线标准已得到增强[90]，以支持所有其他的现代 GNSS 系统，用于 Galileo、SBAS、现代化 GPS、QZSS、GLONASS 和 BeiDou 使用类似 GPS 的 MS 辅助和基于 MS 的消息传递，并且继续支持 E-OTD 地面定位方法。该标准使用术语 GANSS（Galileo and Additional Navigation Satellite Systems，Galileo 和其他导航卫星系统）来描述非 GPS 的 GNSS 系统。为了向后兼容早期版本的规范，GPS 辅助和响应消息未被改变，只是在标准中添加了新信息以支持其他 GNSS 系统。

例如，对基于 MS 的定位方法，可在手机计算的位置响应消息中使用任何或全部 GNSS 星座。手机通知网络它能够使用哪个系统或哪些系统，并且使用 16 比特宽的比特字段告诉网络它用了哪些系统来创建位置响应消息，每比特代表 GNSS 星座之一，例如：

- 比特 0：E-OTD。
- 比特 1：GPS。
- 比特 2：Galileo。
- 比特 3：SBAS。
- 比特 4：现代化 GPS。
- 比特 5：QZSS。
- 比特 6：GLONASS。
- 比特 7：BeiDou。
- 比特 8～15：保留供将来使用。

任何系统组合都可用来确定位置数据；例如，可将 E-OTD、GPS 和 Galileo 组合到单个混合解中，提高精度和可用性。如前所述，标准正在不断更新，作者预留了 8 个额外的比特供未来使用，为 GANSS 留下了扩展空间。

卫星导航系统之间存在很多共同点，即辅助信息可用一组通用的 GANSS 辅助数据来描述，包括：

- 参考时间。
- 参考位置。
- 电离层模型。
- 额外的电离层模型。
- 地球定向参数。
- 参考时间延长。

这些都适用于任何和所有 GANSS。每个 GNSS 星座的独特方面用一套 GANSS 通用辅助消息描述，这些消息包括为每个特定 GNSS 星座设置的独有消息。例如，一些 GNSS 系统（如 GPS、Galileo、BeiDou）使用标准开普勒轨道参数来描述卫星轨道模型，而 GLONASS 则更喜欢使用在笛卡儿坐标系中拟合的二阶曲线来表示卫星轨道模型。

表 13.16 中显示了全套通用辅助消息传递，且包含对消息内容和使用的说明。在每个辅助数据类型（如 GANSS 导航模型）内，标准中包含对每个卫星导航系统独有的辅助数据的详细说明。

表 13.16　　通用辅助数据内容和数据用途小结

通用辅助数据类型	适用于所用的 GANSS 系统，数据用途
GANSS ID	定义哪些卫星导航系统正在使用中
GANSS 时间模型	时间模型用感兴趣星座的时间坐标系模型来定义时间
DGANSS 改正	距离和距离变化率差分改正
GANSS 导航模型	精密卫星轨道位置和速度模型及卫星时钟模型
GANSS 实时完好性	关于当前卫星健康和可用性的实时信息
GANSS 数据比特辅助	灵敏度增强：剥离数据调制所需的导航数据比特，以便实现更弱的信号检测
GANSS 参考测量信息	MS 辅助消息，包含多普勒、码相位、码相位搜索窗口和其他所用的 GANSS 信息；码相位和搜索窗口的通用形式按小数毫秒数计算，而不使用扩频码码片数的 GPS 方法
GANSS 历书模型	所用 GANSS 特有的粗略卫星位置数据
GANSS UTC 模型	从 GANSS 时间参考到 UTC 的改正
GANSS 星历扩展	轨道和卫星时钟模型：在基线星历集上添加增量，将轨道模型的适用期扩展到超出传统广播星历适用期的方法
GANSS 星历外部检查	定义星历表扩展数据的适用性
SBAS ID	若 GANSS ID 指示 SBAS，则该字段进一步定义所用的 SBAS
GANSS 附加 UTC 模型	未包括上述 UTC 模型中的星座 UTC 附加参数
GANSS 辅助信息	依赖于 GANSS ID 的附加信息；与其他依赖卫星的 GANSS 辅助数据一起提供
DGANSS 改正有效期	差分改正的适用期
GANSS 时间模型扩展	如果需要，可对时间模型进行扩展
GANSS 参考测量扩展	对 GANSS 参考测量信息的扩展（如更高分辨率的卫星方位角和仰角）
GANSS 历书模型扩展	用 1 比特表示上面是否提供完整历书模型
GANSS 历书模型扩展-R12	若历书模型用于 Galileo，则为其独有的扩展
GANSS 参考测量扩展-R12	定义多普勒不确定性搜索窗口的 MS 辅助数据扩展
DBDS 改正	北斗系统独有的差分改正和参考时间
BDS 网格模型	参数用来估计北斗伪距上的电离层失真

标准文件用 35 页详细描述了表 13.16 中所示的每个参数和字段，这里不做详细讨论。有关其他参数的详细信息，请参阅文献[90]。

为了说明该规范如何处理 GNSS 的唯一性，下面介绍导航模型是如何说明的。导航模型包括描述卫星精密轨道（即位置和速度矢量随时间的变化）的独特方式，以及描述星钟误差的方式。为便于说明，这里只关注轨道模型。

轨道模型由每个 GANSS 独有的 6 种不同模型（模型 1～模型 6）定义。模型 4 和模型 5 是 GLONASS 和 SBAS 特有的，它采用地心地固曲线拟合参数来描述卫星轨道。这两个模型采用原属于 GNSS 系统的每个参数名称、比特数、标度因子和度量单位来指定。如表 13.17 所示，为说明卫星随时间的变化，需要 9 个参数来描述 X、Y 和 Z 坐标的零阶、一阶和二阶参数，接收机要用 3 个简单的方程来重建卫星位置坐标：

$$X(t) = X_0 + \dot{X}(t - T_{\text{ref}}) + \ddot{X}(t - T_{\text{ref}})^2$$
$$Y(t) = Y_0 + \dot{Y}(t - T_{\text{ref}}) + \ddot{Y}(t - T_{\text{ref}})^2 \qquad (13.76)$$
$$Z(t) = Z_0 + \dot{Z}(t - T_{\text{ref}}) + \ddot{Z}(t - T_{\text{ref}})^2$$

如表 13.18 所示，模型 1、2、3 和 6 使用类似于 GPS 的传统开普勒轨道参数，包含 16～19 个参数。模型 1 和模型 2 使用相同的开普勒公式，但增加了 URA 指数和拟合区间标志（模型 2）及 t_{oe} 的不同标度因子。模型 1 用于 Galileo，模型 2 用于现代化 GPS 中的 NAV 参数，模型 3 也用于现代化 GPS 的 L2C 和 L5，模型 6 是北斗系统独有的。这些模型允许接收机在预定的适用期内确定相应卫星的位置和速度矢量随时间的变化。

表 13.17　模型 4（GLONASS）和模型 5（SBAS）轨道模型参数

参　数	模型 4（GLONASS）			模型 5（SBAS）		
	比特（每个）	标度因子	单　位	比特（每个）	标度因子（每个）	单　位
X_0, Y_0, Z_0	27	2^{-11}	km	30, 30, 25	0.08, 0.08, 0.4	m
$\dot{X}, \dot{Y}, \dot{Z}$	24	2^{-20}	km/s	17, 17, 18	1/1600, 1/1600, 1/250	m/s
$\ddot{X}, \ddot{Y}, \ddot{Z}$	5	2^{-30}	km/s²	10, 10, 10	1/80000, 1/80000, 1/16000	m/s²

表 13.18　Galileo（开普勒式）、现代化 GPS（NAV、CNAV）和
北斗所用模型 1、2、3 和 6 的开普勒轨道模型

参　数	模型 1	模型 2	模型 3	模型 6
1	t_{oe}	URA Index	T_{op}	AODE
2	ω	Fit Interval flag	URA_{oe} Index	URA_Index
3	Δn	t_{oe}	ΔA	t_{oe}
4	M_0	ω	A_dot	$A^{1/2}$
5	OMEGAdot	Δn	Δn_0	e
6	e	M_0	Δn_{0_dot}	ω
7	Idot	OMEGAdot	$M_{0\text{-}n}$	Δn
8	$A^{1/2}$	e	e_n	M_0
9	i_0	Idot	ω_n	Ω_0
10	OMEGA$_0$	$A^{1/2}$	$\Omega_{0\text{-}n}$	Ω_0 dot
11	Crs	i_0	$\Delta\Omega_{\_dot}$	i_0
12	Cis	OMEGA$_0$	$i_{0\text{-}n}$	Idot
13	Cus	Crs	$i_{0\text{-}n}$ dot	C_{uc}
14	Crc	Cis	Crs-n	C_{us}
15	Cic	Cus	Cis-n	C_{rc}
16	Cuc	Crc	Cus-n	C_{rs}
17	—	Cic	Crc-n	C_{ic}
18	—	Cuc	Cic-n	C_{is}
19	—	—	Cuc-n	—

13.5　移动设备中的混合定位

本节介绍移动设备中的混合定位系统，包括智能手机和平板电脑。首先介绍用于增强 GNSS 解的低成本传感器、备用定位系统和方法，然后讨论示例系统。

13.5.1　引言

自 21 世纪初以来，小型、低成本 GPS 接收机已被集成到手机中，用于 911 电话（E-911）的紧急定位。随着智能手机的出现，它们使用了更强大的 GPS 接收机，也可用于连续定位。最近，GLONASS、BeiDou 和 Galileo 的跟踪能力已被整合，以改善密集城区的覆盖范围和精度。这些电话现在主导着市场，广泛用于各种基于位置的服务（LBS），如查找附近服务（加油站、餐馆和商店）、个人导航、追踪员工、定位朋友和家人、健康和健身监测、社交媒体更新及为移动营销收集位置历史。这种手机还集成了各种低成本的 MEMS 传感器，用于场景感知。

用户希望自己的智能手机能够在所有环境下工作，包括室内、停车场和密集的城市峡谷。无线信号覆盖是最重要的服务，它具有泛的的覆盖；然而，用户也希望准确的定位功能在所有环境中都能正常工作。在户外，高度被认为是地面上方的高度，但在室内，用户可能在任何水平面上，因此楼层水平面的确定对室内定位是一种重要的能力。在应急情况下，室内准确定位（包括正确的楼层水平面）对找到需要帮助的位置至关重要。辅助 GNSS 技术的最新进展使得室内定位有所改善（见 13.4 节），但 GNSS 接收机仍然不够灵敏，无法确定用户携带设备的任意位置，也无法像室外那样在室内进行准确的测量。任何改善室内覆盖率和精度的解决方案还需要是低成本的和低功耗的。

现代智能手机配备了越来越多的 MEMS 传感器，包括加速度计、磁力计、陀螺仪和气压计。这些传感器已在 13.3.2 节中讨论。汽车和手机应用所用传感器之间的主要区别是成本、性能和功率。手机必须配备比车辆所能容纳的尺寸更小、功率更低和价格更低的传感器，因此其性能也会降低。尽管如此，这些传感器仍可在平台上用于定位。

如今的智能手机还可使用 Wi-Fi、蓝牙和 NFC 信号。未来，手机中可能会出现其他射频无线技术。每种无线通信技术都可以用于定位，只要各个发射机的适当位置数据是已知的。这样的数据库通常是通过测量目标环境或通过匿名人群来源创建的[96]。

移动设备的其他潜在定位解算包括支持更准确定位的手机发射机改进、NextNav 网络[97]及室内定位专用的其他信标。用于室内解决方案时，这些技术各有优缺点。

可以用卡尔曼滤波器融合所有这些来源的观测结果，以最大限度地提高定位覆盖率和精度。还要注意管理这些不同的传感器，只在必要时才使用它们，以将它们的功耗降至最低，得到室内环境的连续位置可用性。

13.5.1.1　目标用例

手机可以用 A-GNSS、AFLT 或 Wi-Fi 等定位方法在室内定位。没有蜂窝服务的平板电脑依赖于 A-GNSS 和 Wi-Fi 定位。典型情况下，在室内定位需要几秒时间，且精度不如室外 GNSS 的定位解。在跟踪、健身或导航系统中获得连续的位置更新也是不切实际的。

Wi-Fi 定位本身提高了室内定位的可用性，同时改善了首次定位时间。然而，无线接入点（WAP）发射机的定位有时仅基于在 GNSS 可用的建筑物外面使用 GNSS 定位进行的调查，所以即使是在移动设备位于室内的情况下，所确定的位置也往往位于户外。

消费者的手机、平板电脑和其他移动设备中有无数的应用，其中的许多应用要用到位置。典型的室内用途包括[97]：

- 找到我当前的位置并在地图上显示位置。
- 找到我的朋友或家人的位置，并在地图上显示位置。
- 找到最近的餐厅、商店、洗手间或其他兴趣点（POI）。
- 找到至选定位置或 POI 的步行路线。
- 提供语音提示的到选定位置或 POI 的逐路口步行导航。
- 在地图上显示我的旅行进度。
- 在照片上记录我的位置（地理标记），以便我可以稍后根据位置进行排序或绘图。
- 在 Facebook、Yelp 或其他社交媒体服务上进行位置登录。
- 接收来自广告商、场馆所有者的场景和位置感知消息、促销信息。
- 让急救人员知道我的位置和楼层，以便寻求紧急援助。

为了使移动设备能够可靠地完成这些功能，定位系统必须能够执行以下操作：

- 在 2～3s 内快速确定位置。
- 在 5～10m 范围（CEP 50%）内准确地确定包括楼层在内的位置。
- 在旅行或跟踪需要时以 1Hz 的速率确定位置更新。
- 尽量减少对设备电池寿命的影响。

健身产品使用位置来记录行驶的距离、速度、高度和卡路里计数，显示跑步或骑自行车锻炼的轨迹。当用户即将开始锻炼时，他们会看重精度和快速启动时间。定位系统需要能够连续确定位置，但不必实时连续地显示位置更新。可穿戴健身产品的电池容量更有限，所以功耗更是一个设计上的挑战。

室内定位的另一个重要用例是资产跟踪。通常情况下，小型电池供电设备会放到重要的资产内部或其上，以便必要时对其进行定位和跟踪。此类系统的电池寿命非常重要，因为要在任何环境下都能找到资产，而无须连续的位置更新。资产跟踪系统的典型特征是能够设置用于生成警报的地理围栏边界。将资产位置与地理围栏定期进行比较，若违反规则，则会生成警报。例如，用户可能希望知道特定资产何时离开了某个地理区域。定位系统需要定期确定位置，并将其与相关的地理围栏进行比较。若定位于地理围栏之外，则向用户发送警报。

13.5.2　移动设备增强传感器

13.5.2.1　多 GNSS 接收机

现代 GNSS 接收机的定位算法可以结合所有可见 GNSS 卫星（包括 QZSS 和 SBAS）的距离测量值。高灵敏度改善了室内定位的性能。然而，人们发现低于-165dBm 的接收灵敏度对除静止外的所有情况的作用都十分有限，因为要进行可靠的测量，就需要很长的积分时间。使用多个星座来增加独立距离测量值的数量，有助于略微提高室内的定位覆盖率和精度。

室内环境的多径延迟通常要比室外的短得多，因此，如果没有很宽的射频带宽，就无法应用传统的抑制方法。由于相位相消和伪距偏移误差，更短的延迟会导致更低的信号电平。尽管在城市峡谷环境中利用 GLONASS 来增强 GPS 测量的优点通常是可将定位精度提高 20%～40%，但由于更低的信号强度和关联的多径效应，其在室内将缩减到仅为 7%～15%[96]。虽然利用多个星座可以提高 GNSS 定位解算的精度和可用性，但需要额外的位置来源来实现合适的连续室内定位可用性和精度。添加 Beidou 和 Galileo 信号使得许多室内区域无法接收到 GNSS 信号后，收益会递减。

13.5.2.2　MEMS 行人航位推算（PDR）

如 13.3.2.1 节所述，惯性系统可以有效地弥合 GNSS 的覆盖空隙，并且在 GNSS 信号微弱或噪声较大时有效地平滑位置输出。MEMS 设备已出现在智能手机中，可以支持控制屏幕旋转所需的场景检测。智能手机通常配备三轴加速计、三轴陀螺仪和三轴磁力计。如今有些型号的手机还配备一个用来感测高度变化的气压高度表。与车辆中的传感器相比，所有这些传感器的尺寸更小、成本更低、性能更差，但是它们仍然非常适合于惯性定位，只是方法不同。

陆地车辆的运动会受到某种程度的约束，因为加速度会受到如下因素的制约：车辆是大型物体，且通过车轮在平面上滚动。移动设备没有这些约束，所以采用的惯性算法必须考虑这种三维运动的自由度。此外，传感器的精度会受到限制，因为其漂移率会高到惯性结果只能维持几分钟的可靠性，需要用绝对位置或其他约束条件进行校正。

为了确定利用 MEMS 输出进行定位的最优方法，首先要确定运动的场景是什么。事实上，惯性传感器可用来检测用户是静止、行走还是跑步，或者是在爬楼梯还是在下楼梯，是在电梯中还是在自动扶梯上[98]。对于这些运动模式，可以采用行人航位推算（PDR）方法。其他运行模式，如骑自行车、滑板或骑乘其他一些轮式车辆，需要采用不同的组合方式，更像是陆地车辆的场景。一旦数据被处理而确定用户的动态模式，就可以分配适当的位置约束条件、算法和运动参数。

PDR 算法设计用于检测个人的步幅、校准步长、跟踪方向和垂直位移。广义导航方程[7]为

$$\dot{v}_e^n = C_b^n f^b - [2\omega_{ie}^n + \omega_{en}^n]v_e^n + g_l^n \tag{13.77}$$

式中，v_e^n 是导航坐标系中的地面速度，C_b^n 是将体坐标系与导航坐标系相关联的方向余弦矩阵，f_b 是比力，ω_{ie}^n 是地球的自转速率，ω_{en}^n 是体速度，g_l^n 是在导航坐标系中表示的局部重力矢量。这个方程（在导航坐标系中）将物体的地面速率与测量的比力和测量的体速率关联起来了。将两次积分后的广义导航方程从平台的加速度转换为在北向和东向的参考坐标系中表示的位置，得到

$$E(t) = E(0) + \int_0^t s(t)\sin(\psi(t))\,\mathrm{d}t$$
$$N(t) = N(0) + \int_0^t s(t)\cos(\psi(t))\,\mathrm{d}t \tag{13.78}$$

式中，$s(t)$ 是位移，$\psi(t)$ 是航向。在行人运动的情况下，可以假设速度和航向在迈出一步的时间间隔内是恒定的。有了这个假设，式(13.78)的积分形式就可重写为分段线性近似的差分方程：

$$E_t = E_{t-1} + \hat{s}_{[t-1,t]}\sin\psi_{t-1}$$
$$N_t = N_{t-1} + \hat{s}_{[t-1,t]}\cos\psi_{t-1} \tag{13.79}$$

上式描述了一种航位推算方法，它基于步数计数而非加速度和角速率的积分。这个 PDR 过程由 3 个重要部分组成：用户在 $t-1$ 时刻的已知绝对位置(E_{t-1}, N_{t-1})，用户自 $t-1$ 时刻以来行进的步长或距离 ($\hat{s}_{[t-1,t]}$)，以及用户自 $t-1$ 时刻以来的航向(ψ)。可以计算新位置相对于已知位置(E_{t-1}, N_{t-1})的坐标(E_t, N_t)，如式(13.79)所示。使用包括 GNSS、Wi-Fi 和其他射频定位方法在内的绝对定位技术之一或它们的组合，可以完成 PDR 过程的位置初始化。

使用陀螺仪和加速度计数据确定高度变化，可以实现楼层感知，进而得到 PDR 解。气压高度表增加了高度测定的精度和可靠性，但并非所有移动设备都带有这种传感器。为了确定楼层水平面，可以结合高度与建筑物地图中的楼层高程。自动楼层检测功能可以通过监测 PDR 和高度计来检测接近楼层高程差的高程变化。这种技术需要实际或估计的楼层高程差及来自入口水平面或来自用户输入的初始水平面假设。

PDR 算法的性能依赖于连续获得经过校准的 MEMS 惯性传感器数据。传感器的校准是通过收集

和处理传感器数据来实现的，这些传感器会感测设备在地球重力场和磁场中的用户运动。加速度计和陀螺仪校准逻辑利用了设备处于静止状态的知识。磁性传感器校准逻辑要求传感器的各个轴在用户位置能够暴露于地球磁场矢量中。这可通过要求用户以各种方位握持移动设备进行校准来实现，但这种方法不太可取。移动设备的正常使用会导致各种欧拉平面中的旋转，进而将地球磁场施加到磁传感器的各个轴上。已知时间和位置估计后，地球的磁场参数就可采用"世界地磁模型"计算[99]。地球的磁场参数也用于检测磁干扰的发生。在这种磁干扰期间，磁传感器的测量值对 PDR 处理的权重会被降低。

影响 PDR 定位系统性能的基本逻辑因素包括：传感器的校准、步伐检测、行走方向的确定、定位融合逻辑及行走时移动设备的方向。典型的电话用户会将手机放到口袋、皮带夹、钱包或手提包中，或者拿在手上看，或者举到耳边通话。PDR 算法需要能在这些方向上稳健地运行[100, 101]。

使用 PDR，可以随着用户的步伐及时地向前传播绝对位置。由于移动设备中所用 MEMS 的误差增长特性，估计路径偏离实际路径的程度是自上一次定位的绝对位置开始所行进距离的函数。误差增长通常约为行进距离的 10%，且在出现磁干扰的情况下误差增长得尤其高。这种误差增长程度使得 MEMS PDR 不适合作为在室内移动时唯一的定位解决方案。为了更正路径并允许进行额外的校准，需要定期进行绝对定位更新。

13.5.2.3　Wi-Fi 定位

在无法使用 GNSS 的环境中，使用观测到的 Wi-Fi 信号进行机会定位是一种行之有效的绝对定位方法。由于信号中没有编码的时间标记，所以大多数现有的 Wi-Fi 接入点（WAP）发射机不太适合使用定时观测进行定位。相反，移动设备可以使用来自 WAP 发射机的接收信号强度指示（RSSI）来估计到发射机位置的距离。广播基本服务集标识符（BSSID）或介质访问控制（MAC）地址是每个 WAP 发射机的唯一标识符，所以移动设备可以知道每个信号的来源。注意，BSSID 是在开放信号上广播的，不需要任何身份验证即可获得。每个 WAP 发射机在范围内的位置已知时，如果可以观测到至少 3 个 WAP 发射机的距离估计，那么就可三边测量移动设备的位置。

信号强度信息本质上是不对称的。Wi-Fi 接入点（WAP）的一个强观测量表明它就在附近，但由一个弱观测量推断它离得很远是不可取的，因为弱观测量可能是由例如遮挡、衰减或天线方向性造成的。这意味着 Wi-Fi 定位的性能随位置和时间变化很大，特别是在行人众多的区域。

新兴的方法和标准支持移动设备和 WAP 发射机之间的往返时间（RTT）测量，可将距离精度提高至 1～4m[102, 103]。IEEE 802.11mc FTM（精确时间测量）标准支持在启用的 WAP 和移动设备之间进行 RTT 测量。支持该标准的芯片组和产品正在出现；预计未来 3～5 年内，随着建筑物中的 WAP 被替换，RTT 在大多数场合将成为可能。

Wi-Fi 定位存在一些局限性。第一，因为它是机会性的，所以不能保证一致的性能或覆盖范围。所幸的是，WAP 密度最高的地方通常是在最需要 Wi-Fi 定位的区域，即在有大量访客的室内深处和密集城区。第二，环境中的墙壁、物体甚至人对发射信号的影响很大，导致接收信号强度出现变化，进而影响估计的距离。因此，使用 RSSI 的典型距离测量误差可能为 10～20m[102]。第三，WAP 发射机的位置在安装时不受控制，而且事先不知道，因此必须通过测量或观测来学习，以便可以创建 WAP 发射机位置的数据库用于定位。第四，也无法保证 WAP 会留在同一地点。WAP 可能附在移动设备上，也可能会简单地移动。这就要求对 WAP 位置的数据库进行动态监控并不断改进。

要了解 WAP 发射机位置，有三种不同的方法：WAP 勘测、WAP 指纹识别和众包。人工 WAP 勘测是让现场测试人员访问场地、步行穿过建筑物并停在建筑物内的可识别位置的过程。在每个可识别的位置，由测试人员在地图上指出他们当时所在的地方。对测量值进行标记，收集每个可用 WAP 的 RSSI 数据。这些数据被记录后，用于估算每台 WAP 发射机的位置。为了定位移动设备，组合使用范围内每台 WAP 发射机的坐标与来自 RSSI 的距离估计，以对位置进行三边测量。这种 WAP 定位方法是有效的，而且可以在场馆内提供合理的精度，但缺点是要求测试人员先到现场进行勘测，并且定期更新勘测结果，因为 WAP 安装会随时间变化。

指纹识别也是需要完成人工勘测的过程。这种技术会在每个勘测地点捕获和记录每台 WAP 发射机的 RSSI。创建每个位置 RSSI 值的数据库，随后用于与该区域中的移动设备所捕获的数据进行比较；因此，信号强度的指纹与数据库匹配，从而可以确定位置。在这种技术中，不估计 WAP 发射机的位置，而将观测到的 RSSI 存储在不同的位置[104]。指纹技术通常对存储在数据库中的数据及移动设备和服务器之间传输的数据有更高的要求。指纹识别领域不断进步，采用新技术处理信号的时间变化以提高精度[105]。与 WAP 定位方法一样，指纹识别也需要进行初始和定期的人工勘测，以创建和维护用于设备定位的数据库。

众包技术是一种不需要人工勘测就能确定 WAP 发射机位置的方法。在这种类型的系统中，来自用户设备的匿名数据被发送到服务器以供学习。这些数据包括 BS-SID 和 RSSI 测量结果，以及最佳估计位置和相关联的精度。当用户设备在室外时，使用 GNSS 确定位置；当用户在室内移动时，使用 MEMS 在短时间内传播位置，以便保持对 WAP 学习的位置估计[96, 106]。这种方法的优点是不需要事先花费任何代价或时间进行实地勘测。然而，该系统的初始性能有限，因为它需要一些时间来学习 WAP 发射机的位置。学习需要的时间是使用该系统并提供学习数据的人数的函数。人工勘测的优点是具有较高的初始精度，但是在移动或更换 WAP 发射机时，众包的优点是可以更快地进行校正。有些场馆的业主可能愿意资助人工勘测他们的场馆，以便为访客提供尽可能高的精度。然而，许多地方不可能进行人工勘测，也没有众包，因此会成为遗留的覆盖空白。

13.5.2.4　蓝牙和其他射频发射机

蓝牙低功耗（BLE）发射机正出现在场馆中，用作广告和消费者互动的近距离信标。这些 BLE 发射机可以采用类似于 Wi-Fi 发射机的方式进行定位。发射机的位置必须事先确定，同样的人工学习或众包技术也是有效的。在像 Wi-Fi 发射机这样的室内空间中，BLE 发射机并不普遍，但 BLE 的应用正在不断增多。BLE 的典型距离为 50m，不及典型的 Wi-Fi 那么远，但也足够长，因此某个区域使用足够的发射机后，就非常适合进行定位。

其他无线发射机也可采用相同的方式进行定位，但 Wi-Fi 的优势是拥有最大的室内安装基数及 100% 的手机和平板电脑普及率。BLE 也遵循类似的线路在移动设备大量部署，且在各个场所拥有更广泛的安装基数。大部分移动设备中唯一的其他无线技术是近场通信（NFC）。NFC 作为信标或标签使用时，成本非常低，因为发射机不需要电源，但其发射距离很短（约为 20cm），与三边测量相比，它更适合于近距离定位。这种方法需要知道 NFC 信标的位置，当设备近到可以发射时，便可确定位置，其不确定性与发射机的距离相当。遗憾的是，当用户不在 NFC 读卡器的范围内时，便不知道自己的位置。

现有的蜂窝发射机可以使用诸如 AFLT、U-TDOA 和 O-TDOA 之类的技术来确定室内位置。这些方法的精度取决于区域内蜂窝塔的密度，精度为几十米到几百米不等。这样的精度不足以支持室内导航及定位到商场中的商店的水平。新的小型蜂窝发射机提供提高定位精度的机会，但需要在附近安装多个发射机。

使用无线发射机进行室内定位的另一种方法是，创建并部署一个全新的发射机网络。NextNav 正在 902～928MHz 频段建设一个地面发射机广域网络——都会信标系统（MBS）。目前的手机中还没有能够接收 NextNav 信号的无线装置；然而，3GPP 的版本 13 包括支持 MBS 定位技术的消息规范。这一新标准的目的是在整个城区提供可靠的定位，改善室内人员的应急服务。

发射的信号可以穿透建筑物，定位精度可达水平 20m、垂直 2m。如果 FCC 在 E-911 电话中采用该技术，那么它有可能成为美国所销售手机的标准[107]。

13.5.2.5　其他定位方法

随着具有应用开发能力的智能手机的出现，手机上几乎所有的传感器都被用来辅助定位。磁力计用来捕捉手机所在的磁场[108, 109]。相机传感器用于捕获图像以便进行图像识别[110]或光模式匹配[111]。麦克风用于收听环境的音频签名[112]。通过将捕获的电话数据与先前记录的测量数据库相关联，假设每个位置都具有测量值的唯一签名，便可使用这些技术进行定位。

通过使用指纹识别过程可以捕获记录测量值的数据库，利用设备记录整个目标区域的磁数据、图像、光或音频数据。处理数据，生成与所提交数据点匹配的连续模型。定位时，可以搜索数据库，找到与设备记录的数据快照最匹配的位置。这一过程十分类似于 Wi-Fi 定位的指纹识别过程，但记录的数据类型是磁场、图像、光或声音。业已证明，使用这些技术可以有效地进行定位，但它们传输数据的开销很大，并且需要人工勘测来创建初始指纹数据模型；此外，在图像和光识别情形下，为让相机看到周围的环境，手机必须位于口袋或钱包外。这些技术非常适合于地理范围有限或场馆数量有限的项目，因此人工勘测步骤非常实用。

13.5.2.6　室内地图数据库

如 13.3.2.2 节所述，尽管数字地图数据库不是一个独立的定位系统，但是空间和位置准确的地图可以对定位系统提供强有力的帮助。室内地图提供了同样的机会，它可通过地图辅助来提高定位系统的性能。

几家知名的数字地图公司已经开始发布室内场馆的地图，如购物中心、机场、会议中心和火车站的地图。21 世纪初，Google 和 HERE 开始将室内场馆添加到它们的数字道路地图中。Micello 是专门制作室内地图的公司，它专注于世界各地的商场和其他热门场所。最近，Apple 和 TomTom 开始生产室内数字地图并添加到它们的数字道路地图中。

室内场馆地图具有类似于数字道路地图的特征，因为它们具有支持搜索、路径规划和地图显示的功能。如上所述，这些地图上的位置应是准确的，以便与世界上的其他地方相关联；空间上应是准确的，以便正确地标明墙壁、楼梯、自动扶梯、电梯和入口。每个服务和营业场所都应具有支持搜索的属性。对于步行指示，对各个楼层单独建模并对楼层之间的连接建立属性非常重要。

一般来说，室内地图的创建过程如下：根据场馆所有者提供的建筑物印刷地图或数字蓝图，与现场勘测结果或现有地图和航空照片进行比较，以便对这些地图进行数字化和校准。由地图公司或第三方（如 eeGeo 或 VisioGlobe）提供的地图渲染工具使地图显示在计算机或移动设备上。顶视图和三维透视图允许用户可视化环境并定位自己，以便找到方向。图 13.44 中显示了加利福尼亚州圣何塞西田谷（Westfield）购物中心的渲染图，它由 Micello 发布，呈现工具是 eeGeo。室内几何分布显示为立体透视图，右侧有楼层指示器/选择器，并带有清楚标记的商店、自动扶梯和洗手间。

除搜索、可视化和行走方向外，数字室内地图在定位中也有重要作用。类似于数字道路地图，室内地图也可用于地图匹配，方法是使用结构几何来确定人的位置及其可能穿过的路径。室内地图不像数字道路地图那样限制定位解，因为行人的移动要比路网上车辆的移动自由。门厅和走廊可能会被归为一类，但人们可以不受限地停下、改变方向，然后继续移动。因此，地图匹配必须适应这一点，允许显示的位置自由地移动。用室内地图进行地图辅助也是可能的，但同样放宽了约束条件。可用于定位辅助的区域是电梯、楼梯和自动扶梯。如 13.5.1 节所述，在室内需要进行绝对定位以帮助初始化和重新初始化用户位置。当运动传感器可以确定仰角的变化时，还可确定用户的移动模式是乘坐自动扶梯、电梯还是使用楼梯。例如，如果运动传感器处理确定用户正在乘坐自动扶梯，那么地图可用于识别附近是否有上行的自动扶梯。如果在上次已知位置的不确定区域内只有一部上行的自动扶梯，那么用户实际上很可能正在使用这部自动扶梯，而定位系统可将位置重新初始化为自动扶梯顶部的坐标。采用这种方式，通过模态检测和概率分析，就可将室内位置周期性地校准到商场内的已知位置。

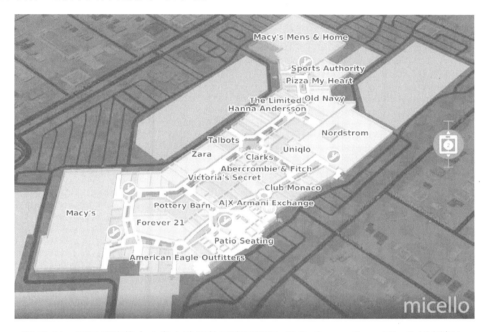

图 13.44　西田谷购物中心室内地图的三维透视图（Micello、eeGeo、Westfield 授权）

13.5.3　移动设备传感器组合

GNSS、Wi-Fi、MEMS PDR 和其他定位解算都提供不同级别的精度、覆盖范围和可靠性。如 13.2 节和 13.3.3 节所述，我们可以使用卡尔曼滤波器来组合所有这些位置输入，以确定对用户位置和置信度的单个最优估计。

这种技术在移动设备场景中称为传感器融合，主要组件如图 13.45 所示[96]。融合滤波器将来自 GNSS、Wi-Fi 和/或其他解算的绝对位置及从 MEMS PDR 子系统导出的相对定位数据作为输入。然后，连续地融合定位数据，求出最优位置估计，即使无法计算绝对位置。

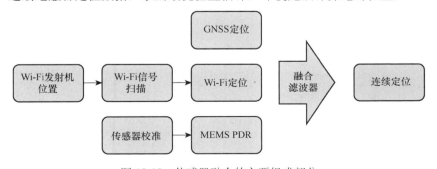

图 13.45　传感器融合的主要组成部分

为了确定如何对不同的输入进行加权和平滑，由各种输入技术提供对置信度和相关性的可靠估计至关重要。例如，前面说过，Wi-Fi 定位的质量是变化的，接收到强 WAP 信号时的定位质量最好。高质量的 Wi-Fi 位置（用高置信度值表示）将导致融合滤波器的结果强烈偏向 Wi-Fi 位置解。当 Wi-Fi 位置质量随后下降时，反映在低置信度上，因此融合滤波器会降低 Wi-Fi 影响的权重。这就转而以 MEMS PDR 输入为主，直到另一个足够高质量的绝对位置允许滤波器校正。这种做法的净效应是，MEMS 在高质量绝对位置定位和第一次近似定位之间平滑地桥接位置输出，忽略任何低级信息。另一个好处是 MEMS 可以平滑各个 Wi-Fi 位置，因为变化很大的 WAP 信号可能导致噪声。最终，融合滤波器的目的是提供连续的位置轨迹，从而获得更令人满意的用户体验。

融合滤波器的另一个作用是从以 GNSS 为主的室外平滑地过渡到以 Wi-Fi 和 MEMS PDR 为主的室内，反之亦然。适当调谐融合滤波器，就能自动地处理这种过渡，随着 GNSS 精度的下降，Wi-Fi 定位成为更可靠的绝对位置信号源，并相应地进行加权。相反，Wi-Fi 定位精度在室外通常会下降，GNSS 位置将逐渐在解算中占支配地位。

在具有融合滤波器的混合定位系统设计中，重要的考虑因素之一是功耗。要获得整体最优的定位性能，所有可用的定位系统都应始终处于开启状态，以便获得所有可能的定位解供融合滤波器使用；然而，这会消耗太多的功率。为了平衡电池寿命与定位精度，系统应设计为利用运动传感器来确定存在运动的时间并更新位置。如果 GNSS 上电后未得到位置，那么应关闭 GNSS 一段时间，以免浪费电量去搜索不存在的信号。

1. 传感器融合性能

为了评估使用 Wi-Fi 进行定位和使用 MEMS PDR 融合解算进行室内定位的性能，CSR Technology 公司在日本东京市的东京站进行了一系列测试[96]。测试是在车站附近购物区的 B1F 层进行的。这个区域位于轨道下方的地下二层，在地平面以下，没有窗户，也没有 GNSS 信号。由于轨道、列车、电梯和自动扶梯等原因，环境中也存在大量的磁异常，还有大量移动的人群，这影响 Wi-Fi 信号的传输。

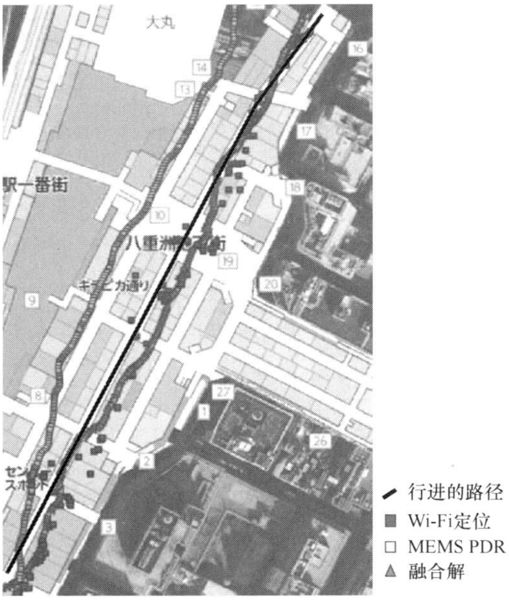

图 13.46 中显示了在该区域的谷歌地球图像上叠加该站的室内地图。地图上狭窄的通道宽约 5m。这幅地图只用于呈现结果，而不用于地图辅助或地图匹配。测试之前，该区域通过人工过程进行了校准，在地图上标记了可识别点，收集了 Wi-Fi 信号信息，构建了 WAP 发射机位置数据库。

行进路线由直线表示，从左下角开始，在右上角附近结束。每个算出的 Wi-Fi 位置都显示为一个黑色正方形，一系列亮方块是 MEMS PDR 解，三角形是融合了 Wi-Fi 和 PDR 的解。Wi-Fi 位置并非每秒都可用，由于前面说过的信号变化，有时会出现数米的不连续。由于 MEMS 传感器的漂移，PDR 解在某些地方也显示出逐渐的漂移，偏离轨迹超过 25m。融合解结合有噪的 Wi-Fi 绝对位置与平滑但

图 13.46　东京站内的室内定位测试（CSR 授权）

行进的路径
■ Wi-Fi定位
□ MEMS PDR
▲ 融合解

漂移的 PDR 路径后，得到的是平滑的连续输出，最大横向误差约为 7m。

图 13.47 中显示了穿过走廊的另一条路径，该路径有几个转弯，步行大约需要 7 分钟。重复测试三次，在每次行走之前都要重置手机以清除定位系统。融合解正确显示了每个转弯，在这种情况下，最大的横向误差约为 5m。三次试验的结果一致，表明测试运行之间具有很高的重复性。

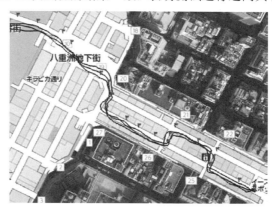

图 13.47　东京站测试的重复性（CSR 授权）

参考文献

[1] Kalman, R. E., "A New Approach to Linear Filtering and Prediction Problems," *Journal of Basic Engineering*, Vol. 82, 1960, pp. 35-45.

[2] Hemesath, N. B., et al., "Anti-Jamming Characteristics of GPS/GDM," Collins Division of Rockwell, Cedar Rapids, IO, *Proc. of the National Telecommunications Conference*, Dallas, TX, November 1976.

[3] Greenspan, R. L., "Inertial Navigation Technology from 1970-1995," *NAVIGATION: Journal of the Institute of Navigation*, Vol. 42, spring 1995.

[4] U.S. Patent Number 5,983,160, "Increase Jamming Immunity by Optimizing Processing Gain for GPS/INS Systems," November 9, 1999.

[5] Ohlmeyer, E. J., "Analysis of an Ultra-Tightly Coupled GPS/INS System in Jamming," *Proc. of IEEE/ION PLANS 2006,* San Diego, CA, April 2006, pp. 44-53.

[6] Lawrence, A., *Modern Inertial Technology: Navigation, Guidance, and Control*, New York: Springer-Verlag, 1998.

[7] Titerton, D., and J. Weston, *Strapdown Inertial Navigation Technology*, 2nd ed., Stevenage, UK: The Institution of Electrical Engineers, 2004.

[8] Britting, K. R., *Inertial Navigation System Analysis*, New York: Wiley-Interscience, 1971.

[9] Pinson, J. C., "Inertial Guidance for Cruise Vehicles," in *Guidance and Control of Aerospace Vehicles*, C. T. Leondes, (ed.), New York: McGraw-Hill, 1963.

[10] Rogers, R. M., *Applied Mathematics in Integrated Navigation Systems*, 2nd ed., Reston, VA: AIAA Education Series, 2003.

[11] Gelb, A., et al., *Applied Optimal Estimation*, Cambridge, MA: MIT Press, 1992.

[12] Carlson, N. A., and M. P. Beraducci, "Federated Kalman Filter Simulation Results," *Journal of the Institute of Navigation*, Fall 1994.

[13] Vallot, L., "Vibration Compensation for Sensors," U.S 6,448,996, December 24, 2002.

[14] Brown, R. G., and P. Hwang, *Introduction to Signal Processing and Applied Kalman Filtering*, New York: John Wiley & Sons, 1992.

[15] Brown, R. G., and P. W. McBurney, "Proper Treatment of the DR Measurement in Integrated GPS/INS," *Proc. of the National Technical Meeting of the Institute of Navigation*, January 1987.

[16] Thornton, C. L., and G. J. Bierman, *UDUT Covariance Factorization for Kalman Filtering*, New York: Academic Press, 1980.

[17] Manry, C. W., et al., "Advanced Mini Array Antenna Design Using High Fidelity Computer Modeling and Simulations," *Proc. of The Institute of Navigation ION GPS-2000*, Salt Lake City, UT, September 2000, pp. 2485-2490.

[18] Tseng, H. -W., et al., "Test Results of a Dual Frequency (L1/L2) Small Controlled Reception Pattern Antenna," *Proc. of the Institute of Navigation ION GPS-2002*, San Diego, CA, January 2002.

[19] Kunysz, W., "Advanced Pinwheel – Compact Controlled Reception Pattern Antenna (AP-CRPA) Designed for Interference and Multipath Mitigation," *Proc. of The Institute of Navigation ION GPS-2002*, Portland, OR, September 2002.

[20] Klemm, R., *Principles of Space Time Adaptive Processing*, London, U.K.: Institute of Engineering and Technology, 2006.

[21] Cox, D. B., "Integration of GPS with Inertial Navigation Systems," *Global Positioning System: Papers Published in NAVIGATION, Volume I*, Fairfax, VA, Institute of Navigation, 1980.

[22] Carroll, R. W., et al., "Velocity Aiding of Non-Coherent GPS Receiver," *Proc. of the 1977 National Aerospace Conference*, Dayton, OH, 1977.

[23] Widnall, W. S., "Alternate Approaches for Stable Rate Aiding of Jamming Resistant GPS Receivers," *NAECON Proceedings*, Dayton, OH, 1979.

[24] Copps, E. M., et al., "Optimal Processing of GPS Signals," *NAVIGATION: Journal of The Institute of Navigation*, Fall 1980.

[25] Sennott, J. W., et al., "Navigation Receiver with Coupled Signal Tracking Channels," U.S. Patent 5,343,209, May 1992.

[26] Leimer, D., "Receiver Phase Noise Mitigation," U.S. Patent 6,081,228, SiRF Technology, September 1998.

[27] Beser, J., et al., "TRUNAV: A Low Cost Guidance/Navigation Unit Integrating a SAASM Based GPS and MEMS in a Deeply Coupled Mechanization," *Proc. of The Institute of Navigation ION-GPS 2002*, Portland, OR, September 24-27, 2002.

[28] Abbott, T., et al., *Ultra-tight GPS/IMU Coupling Method*, the Aerospace Corporation, TOR-2001(1590)- 0846e, El Segundo, CA, April 10, 2001.

[29] Gautier, J. D., et al., "Using the GPS/INS Generalized Evaluation Tool (GIGET) for the Comparison of Loosely Coupled, Tightly Coupled, and Ultra-Tightly Coupled Integrated Navigation Systems," *Proc. of The Institute of Navigation 59th Annual Meeting*, Albuquerque, NM, June 2003.

[30] Gelb, A., et al., *Multiple Input Describing Functions and Nonlinear System Design*, New York: McGraw-Hill, 1968.

[31] Yazdi, N., et al., "Micromachined Inertial Sensors," *Proc. of the IEEE*, Vol. 86, No. 8, August 1998, pp. 1640-1659.

[32] Peng, K., "A Vector-Based Gyro-Free Inertial Navigation System by Integrating Existing Accelerometer Network in a Passenger Vehicle," *Proc. IEEE Position Location and Navigation Symposium (PLANS)*, Monterey, CA, April 26-29, 2004, pp. 234-242.

[33] Schuler, A. R., "Measuring Rotational Motion with Linear Accelerometers," *IEEE Trans. on Aerospace and Electronic Systems*, Vol. AES-3, 1967, pp. 465-471.

[34] Weinburg, H., "MEMS Sensors Are Driving the Automotive Industry," *Sensors*, Vol. 19, No. 2, February 2002, pp. 36-41.

[35] Mostov, K. S., A. A. Soloviev, and T. J. Koo, "Accelerometer Based Gyro-Free Multi-Sensor Generic Inertial Device for Automotive Applications," *Proc. IEEE Conference on Intelligent Transportation Systems*, Boston, MA, November 1997, pp. 1047-1052.

[36] Chen, T. H., "Gyroscope Free Strapdown Inertial Measurement Unit by Six Linear Accelerometers," *Journal of Guidance, Control, and Dynamics*, Vol. 17, No. 2, 1994, pp. 286-290.

[37] Stephen, J., "Development of a Multi-Sensor GNSS Based Vehicle Navigation System," M.Sc. Thesis, UCGE Report No. 20140, Department of Geomatics Engineering, University of Calgary, Canada, August 2000.

[38] U.S. Department of Defense, "Micromachined System Opportunities," Department of Defense Dual-Use Technology Industrial Assessment, 1995.

[39] Helsel, M., et al., "A Navigation Grade Micro-Machined Silicon Accelerometer," *Proc. IEEE Position Location and Navigation Symposium (PLANS)*, Las Vegas, NV, April 11-15, 1994, pp. 51-58.

[40] Lemkin, M. A., et al., "A Three Axis Surface Micromachined Sigma-Delta Accelerometer," ISSCC Digest of Technical Papers, February 1997.

[41] Gustafson, D., et al., "A Micromechanical INS/GPS System for Guided Projectiles," *Proc. ION 51st Annual Meeting*, Colorado Springs, CO, June 5-7, 1995, pp. 439-444.

[42] Warren, K., "High Performance Silicon Accelerometers with Charge Controlled Rebalance Electronics," *Proc. IEEE Position Location and Navigation Symposium (PLANS)*, Atlanta, GA, April 22-26, 1996, pp. 27-30.

[43] Le Treon, O., et al., "The VIA Vibrating Beam Accelerometer: Concept and Performance," *Proc. IEEE Position Location and Navigation Symposium (PLANS)*, Palm Springs, CA, April 20-23, 1998, pp. 25-29.

[44] Hulsing, R., "MEMS Inertial Rate and Acceleration Sensor," *Proc. of The Institute of Navigation National Technical Meeting*, Long Beach, CA, January 1998, pp. 353-360.

[45] Clark, W., R. Howe, and R. Horowitz, "Surface Micromachined Z-Axis Vibratory Rate Gyroscope," *Proc. Solid-State Sensors and Actuators Workshop*, Hilton Head, SC, June 13-16, 1996, pp. 283-287.

[46] Kourepenis, A., et al., "Performance of MEMS Inertial Sensors," *Proc. IEEE Position Location and Navigation Symposium (PLANS)*, Palm Springs, CA, April 20-23, 1998, pp. 1-8.

[47] Barbour, N., "Operational Status of Inertial," *Proc. of The Institute of Navigation National Technical Meeting*, Santa Monica, CA, January 22-24, 1996, pp. 7-15.

[48] Park, M., "Error Analysis and Stochastic Modeling of MEMS Based Inertial Sensors for Land Vehicle Applications," M.Sc. Thesis, UCGE Report No. 20194, Department of Geomatics Engineering, University of Calgary, April 2004.

[49] Xu, Y., "The European Digital Road Map MultiMap and ITS Applications," *International Archives of Photogrammetry and Remote Sensing*, Vol. XXXI, Part B4, Vienna, 1996, pp. 982-986.

[50] Kang, J. M., J. K. Park, and M. G. Kim, "Digital Mapping Using Aerial Digital Camera Imagery," *ISPRS Commission IV, WG IV/9*, pp. 1275-1278, 2008.

[51] Biagioni, J., and J. Eriksson, "Inferring Road Maps from Global Positioning System Traces," *Transportation Research Record: Journal of the Transportation Research Board*, No. 2291, Transportation Research Board of the National Academies, Washington, D.C., 2012, pp. 61-71.

[52] Bullock, J. B., and E. J. Krakiwsky, "Analysis of the Use of Digital Road Maps in Vehicle Navigation," *Proc. IEEE Position Location and Navigation Symposium (PLANS)*, Las Vegas, NV, April 11-15, 1994, pp. 494-501.

[53] Zavoli, W. B., and S. K. Honey, "Map Matching Augmented Dead Reckoning," *Proc. IEEE Position Location and Navigation Symposium (PLANS)*, Las Vegas, NV, 1986, pp. 359-362.

[54] Honey, S. K., et al., "Vehicle Navigation System and Method," U.S. Patent 4,796,191, Etak Incorporated, January 3, 1989.

[55] Mathis, D. L., et al., "Combined Relative and Absolute Positioning Method and Apparatus," U.S. Patent 5,311,195, Etak Incorporated, May 10, 1994.

[56] French, R. L., "Map Matching Origins, Approaches and Applications." *Proc. Land Vehicle Navigation*, Verlag TUV Rheinl and GmbH, Koln, Germany, July 4-7, 1989, pp. 91-116.

[57] Harris, C. B., "Prototype for A Land Based Automatic Vehicle Location and Navigation System," M.Sc. Thesis, Department of Geomatics Engineering, University of Calgary, Canada, 1989.

[58] Bullock, J. B., "A Prototype Portable Vehicle Navigation System Utilizing Map Aided GPS," M.Sc. Thesis, Department of Geomatics Engineering, University of Calgary, Canada, 1995.

[59] Ribbens, W. B., "Understanding Automotive Electronics," *SAMS*, 1992, pp. 138-143.

[60] Zavoli, W. B., et al., "Method and Apparatus for Measuring Relative Heading Changes in a Vehicular Onboard Navigation System," U.S. Patent 4,788,645, Etak Incorporated, November 29, 1988.

[61] Carlson, C. R., J. C. Gerdes, and J. D. Powell, "Error Sources When Land Vehicle Dead Reckoning with Differential Wheelspeeds," *NAVIGATION: Journal of The Institute of Navigation*, Vol. 51, No. 1, Spring 2004, pp. 13-27.

[62] Honeywell silicon pressure sensors, http:content.honeywell.com/sensing/prodinfo/pressure.

[63] Vannucci, G., "Inclusion of Atmospheric and Barometric Pressure Information for Improved Altitude Determination," *TIA TR45 Cellular Network Standards Proposal TIA 45:1.1.1 LocTaskG*, March 2000.

[64] Wald, M., "An Automobile Option for Self-Navigating Car," *New York Times*, January 5, 1995.

[65] Geier, G. J., et al., "Integration of GPS with Dead Reckoning for Vehicle Tracking Aplications," *Proc. 49th Annual Meeting of the Institute of Navigation*, Cambridge, MA, June 21-23, 1993, pp. 75-82.

[66] Van Diggelen, F., *A-GPS: Assisted GPS, GNSS, and SBAS*, Norwood, MA: Artech House, 2009.

[67] Monteith, K. A., "Wireless E911: Regulatory Framework, Current Status and Beyond," *IBC Mobile Location Services Conference*, McLean, VA, April 2001.

[68] Taylor, R. E., et al., "Navigation System and Method," U.S. Patent 4,445,118, May 1981.

[69] *RTCM Recommended Standards for Differential GPS Service*, Version 2.0, January 1990.

[70] Brown, A. K., et al., "Vehicle Tracking System Employing GPS Satellites," U.S. Patent 5,225,842, NAVSYS Corporation, May 1991.

[71] *Motorola EAGLE GPS Receiver Users' Manual*, January 1986.

[72] Bryant, R.C., Australian patent number AU-B-634587, "Position Reporting System," Auspace Limited, November 1989.

[73] "White Sands Missile Range (WSMR) Interface Control Document (ICD)," ICD 3680090, April 28, 1994.

[74] *Third Further Notice of Proposed Rulemaking, In the Matter of Wireless E911 Location Accuracy Requirements*, PS Docket No. 07-114, Federal Communications Commission, Washington D.C., February 20, 2014.

[75] The Communications Security, Reliability and Interoperability Council -III, Working Group III (CSRIC-III), "Leveraging LBS and Emerging Location Technologies for Indoor E911," March 14. 2013.

[76] Proctor, A., "Expert Advice: Taking up Positions – Galileo and E112," *GPS World Magazine*, March 31, 2015.

[77] "Using Mobile Phone GNSS Positioning for 112 Emergency Calls," *PTOLEMUS Consulting Group presentation to public hearing by the European Commission*, Brussels, May 7, 2014.

[78] Vogel, W. J., G. W. Torrance, and N. Kleiner, "Measurement of Propagation Loss into Cars on Satellite Paths at L-Band," *Proc. of EMPS '96*, Rome, Italy, October 1996.

[79] Vogel, W. J., and N. Kleiner, "Propagation Measurements for Satellite Services into Buildings," *European Mobile/Personal Satcoms Conference*, Rome, Italy, October 1996.

[80] Vogel, W. J., "Satellite Diversity for Personal Satellite Communications – Modeling and Measurements," *10th International Conference on Antennas and Propagation*, Edinburgh, U.K., April 14-17, 1997.

[81] Vogel, W. J., and R. Akturan, "Elevation Angle Dependence of Fading for Satellite PCS in Urban Areas," *Electronic Letters*, Vol. 31, No. 25, December 7, 1995.

[82] Vogel, W. J., and J. Goldhirsh, "Mobile Satellite System Fade Statistics for Shadowing and Multipath from Roadside Trees at UHF and L-Band," *IEEE Trans. on Antennas and Propagation*, Vol. 37, No. 4, April 1989.

[83] Vogel, W. J., and G. W. Torrance, "Propagation Measurements for Satellite Radio Reception Inside Buildings," *IEEE Trans. on Antennas and Propagation*, Vol. 43, No. 7, July 1993.

[84] "Update of Indoor Measurement Results," Phillips Contribution number R4-040285 3GPP TSG RAN WG4 (Radio) Meeting #31, Beijing, China, May 2004.

[85] "GPS Satellite Signal Strength Measurements in Indoor Environments," Motorola Contribution number R4-040310, TSG-RAN WG4 meeting #31, Beijing, China, and May, 2004.

[86] "OET Bulletin 71 – Guidelines for Testing and Verifying the Accuracy of Wireless E-911 Systems," Federal Communications Commission, Washington D.C., March 2000.

[87] TIA Standard TIA-IS-916 – "Recommended Minimum Performance Specification for TIA/EIA/IS801-1 Spread Spectrum Mobile Stations," Telecommunications Industry Association, Arlington, VA, April 2002.

[88] Smith, C. A., et al., "Sensitivity of GPS Acquisition to Initial Data Uncertainties," *ION GPS Papers*, Vol. III, 1986.

[89] 3GPP2 Technical Specification, C.S0022-B, Version 3.0, Third Generation Partnership Project 2, "Position Determination Service for cdma2000 Spread Spectrum Systems," Sep tember 2014.

[90] 3GPP Technical Specification TS 144 031, Third Generation Partnership Project, "Digital Cellular Telecommunications Systems (Phase 2+), Location Services (LCS), Mobile Station (MS), Serving Mobile Location Centre (SMLC), Radio Resource LCS Protocol (RRLP)," 3GPP TS 44.031 version 12.3.0 Release 12. July 2015

[91] 3GPP Technical Specification, TS 36.355, v12.4.0, Third Generation Partnership Project; Technical Specification Group Radio Access Network; Evolved Universal Terrestrial Radio Access (E-UTRA); LTE Positioning Protocol (LPP) Release 12; March 2015. http://www.3gpp.org/DynaReport/36355.htm. October 2015.

[92] Open Mobile Alliance Technical Specification, OMA-TS-ULP-V3_0-20150126-D, "User Plane Location Protocol," Candidate Version 3.0, January 26, 2015. http://www.openmo-bilealliance.org/. October 2015.

[93] Ziedan, N., et al., "Unaided Acquisition of Weak GPS Signals Using Circular Correlation or Double Block Zero Padding," *IEEE PLANS 2004*, Monterey, CA, April 26-29, 2004.

[94] 3GPP Technical Specification TS 23.032, Third Generation Partnership Project; Technical Specification Group Core Network; Universal Geographic Area Description (GAD), Release 4, 2001.

[95] 3GPP Technical Specification TS 25.331, Third Generation Partnership Project; Technical Specification Group Radio Access Network; Radio Resource Control (RRC) Protocol Specification, Release 1999.

[96] Bullock, J. B., et al., "Continuous Indoor Positioning Using GNSS, Wi-Fi, and MEMS Dead Reckoning," *Proc. of ION GNSS 2012 Conference*, Nashville, TN, 2012.

[97] http://www.nextnav.com.

[98] Chowdhary, M., et al., "Context Detection for Improving Positioning Performance and Enhancing User Experience," *Proc. of ION GNSS 2009 Conference*, Savannah, GA, 2009, pp. 2072-2076.

[99] http://www.ngdc.noaa.gov/geomag/WMM/DoDWMM.shtml.

[100] Chowdhary, M., M. Jain, and R. K. Srivastava, "Test Results for Indoor Positioning Solution Using MEMS Sensor Enabled GPS Receiver," *Proc. of ION GNSS 2010 Conference*, Portland, OR, 2010, pp. 565-568.

[101] Chowdhary, M., et al., "Robust Attitude Estimation for Indoor Pedestrian Navigation Application Using MEMS Sensors," *Proc. of ION GNSS 2012 Conference*, Nashville, TN, 2012.

[102] Malkos, S., and A. Hazlett, "Enhanced WIFI Ranging with Round Trip Time (RTT) Measurements," *Proc. of the 27th International Technical Meeting of the ION Satellite Division, ION-GNSS+ 2014*, Tampa, FL, September 8-12, 2014.

[103] Bahillo, A., et al., "Distance Estimation Based on 802.11 RTS/CTS Mechanism for Indoor Localization," in *Advances in Vehicular Networking Technologies*, M. Almeida, (ed.), University of Valladolid, Spain: InTech, April 2011.

[104] Bahl, P., and V. N. Padmanabhan, "RADAR: An In-Building RF-Based User Location and Tracking System," *Proc. of IEEE 9th Annual Joint Conference of the IEEE Computer and Communications Societies*, Tel Aviv, Israel, March 26-30, 2000, pp. 775-784.

[105] Chen, L., et al., "An Improved Algorithm to Generate a Wi-Fi Fingerprint Database for Indoor Positioning," *Sensors*, 2013.

[106] WO/2011/077166, "Locating Electromagnetic Signal Sources," June 30, 2011.

[107] Meiyappan, S., A. Raghupathy, G. Pattabiraman, "Positioning in GPS Challenged Locations - The NextNav Terrestrial Positioning Constellation," *Proc. of the 26th International Technical Meeting of The Satellite Division of the Institute of Navigation (ION GNSS+ 2013)*, Nashville, TN, September 2013, pp. 426-431.

[108] Namiot, D., "On Indoor Positioning," *International Journal of Open Information Technologies*, Vol. 3, No. 3, 2015.

[109] U.S. Patent Number 9,078,104, "Utilizing Magnetic Field Based Navigation," July 7, 2015.

[110] Kim, J., and H. Jun, "Vision-Based Location Positioning Using Augmented Reality for Indoor Navigation," *IEEE Trans. on Consumer Electronics*, Vol. 54, No. 3, 2008, pp. 954-962.

[111] Yang, S. H., et al., "Indoor Three-Dimensional Location Estimation Based on LED Visible Light Communication," *Electronics Letters*, Vol. 49, No. 1, 2013, pp. 54-56.

[112] Rossi, M., et al., "RoomSense: An Indoor Positioning System for Smartphones Using Active Sound Probing," *Proc. of the 4th Augmented Human International Conference*, March 2013, pp. 89-95.

第 14 章　GNSS 市场与应用

Len Jacobson

14.1　GNSS：基于支持技术的复杂市场

14.1.1　简介

比描述当前 GNSS 市场更困难的是预测其未来的增长。在完全部署 Galileo 和 BeiDou（北斗）卫星星座（大约 2020 年）之前，GNSS 市场主要包括使用 GPS 和 GPS + GLONASS 信号及各种基于空间和地面的增强接收机与应用的价值。使用 BeiDou 正逐渐在中国及其他亚洲国家逐渐获得小部分市场份额。

今天的 GNSS 接收机通常可以访问两个或多个星座；GPS + GLONASS 接收机占主导地位，但已有数千台 BeiDou 接收机出现在中国。GLONASS + BeiDou 接收机很快就可能大量出现。现在，许多接收机制造商都提供 BeiDou + Galileo + GLONASS + GPS 接收机的功能，尤其是那些生产用于移动设备或高精度（如测量）应用设备的接收机造商。

除了军事应用，尽管美国和俄罗斯之间已达成正式协议，以促进国家卫星导航系统的合作，但像 BeiDou + GLONASS 接收机这样的非 GPS 接收机的市场潜力仍然较弱。广泛使用的民用 GPS 接收机已在这些国家普遍存在，特别是在智能手机和汽车中。尽管存在政治紧张局势，美国/欧洲和俄罗斯在全球导航卫星系统互操作性方面的合作仍占上风。QZSS/MSAS 和 NavIC（IRNSS）/ GAGAN 等区域系统刚刚开始显示它们的实用性。从实际和技术角度来看，除了其他 GNSS 功能，大多数多星座接收机可能总是包括 GPS 功能[1]。特定接收机类型的普遍性及其跟踪多个星座的能力如图 14.1 和图 14.2 所示[2]。

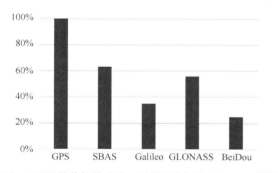

图 14.1　GNSS 接收机的功能：所有细分市场（由 GSA 提供）

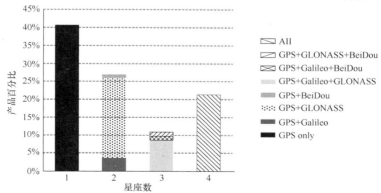

图 14.2　接收机支持的星座：所有细分市场（由 GSA 提供）

14.1.2　市场挑战的定义

市场定义通常始于计算与技术松散相关的商品和服务的销售额。然而，如何汇总和量化商品集合，如从手机内使用的 1 美元 GNSS 接收机芯片，到航天器、潜艇内使用的 30 万美元核硬化导航集的 GNSS 接收机？如何统一描述 GNSS 带来的增值应用？它们是 GNSS 市场的一部分吗？

位于布拉格的欧洲全球导航卫星系统局（GSA）[2]在描述民用 GNSS 市场方面做出了令人钦佩的尝试。他们预计到 2023 年，部署的 60 亿台 GNSS 设备将增长到 90 亿台以上（见图 14.3）。对于地球上的每个人来说，这不止人手一台设备（见图 14.4）。虽然美国和欧洲市场将以每年 8% 的速度增长，但亚洲和太平洋地区将以每年 11% 的速度增长[2]。由于 GNSS 在智能手机和基于位置的服务中的使用，预计未来两年全球市场总量将增长约 8%[2]。收入可以按核心要素来划分，如 GNSS 硬件/软件销售和 GNSS 应用带来的收入。根据这些定义，预计年度核心收入将从 2017 年的约 850 亿欧元（约合 900 亿美元）上升至 2021 年的 1000 亿欧元（约合 1060 亿美元）以上。在此期间，实现的收入应保持为 2600 亿欧元（约合 2760 亿美元），但随着 Galileo 和 BeiDou 达到全面运营能力，估计在 2020 年以后这一数字将会增长。图 14.5 中显示了数十亿欧元的全球 GNSS 市场规模[2]。

图 14.6 显示，从现在到 2023 年，GNSS 收入增长将由移动用户和基于位置的服务主导[2]。

RNCOS Research 是一家位于印度的商业咨询服务公司，它以预测 GNSS 著称。该公司于 2015 年 7 月开展的一项预测表明，全球核心 GNSS 市场从 2015 年到 2020 年将以 9% 的复合年增长率（CAGR）增长[3]。这些预测基于对各个细分市场中用户数量的详细分析，是高度可信的。但要注意的是，除了上述市场，还有全球导航卫星系统接收机和服务以及全球导航卫星系统基础设施（即卫星、参考接收机、控制段）的军用市场。

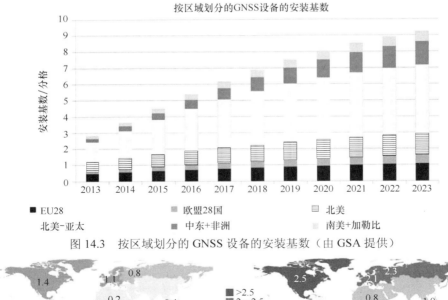

图 14.3　按区域划分的 GNSS 设备的安装基数（由 GSA 提供）

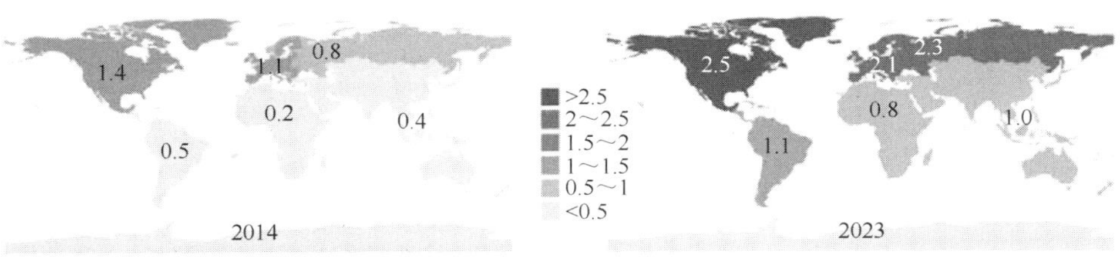

图 14.4　2014 年和 2023 年的人均 GNSS 设备（由 GSA 提供）

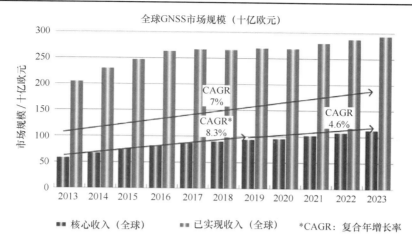

图 14.5　全球 GNSS 市场规模（十亿欧元，由 GSA 提供）

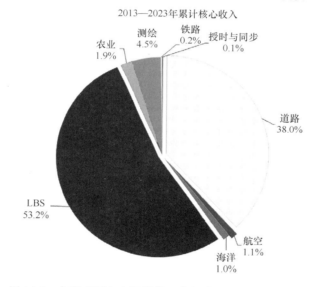

图 14.6　全球 GNSS 市场规模（十亿欧元，由 GSA 提供）

14.1.3　GNSS 市场的预测

GNSS 市场预测取决于对每个承诺的部署时间表，以及各个系统中的可用信号。美国空军的现代化计划正在进行之中，GPS 的可能未来可以预测；俄罗斯政府的持续支持表明，GLONASS 将保持其运营状态。此外，中国、欧洲和印度在各自的系统方面都取得了进步。QZSS 空间部分的部署已安排到 2023 年。前面提到的市场预测基于各种数据，包括实现这些部署的时间表。

然而，为 GNSS 支持的服务定义和量化细分市场仍然是一个挑战。统计智能手机、船只和飞机的数量很简单，但描绘服务要困难得多。考虑诸如为政府开发接收机，设计过滤软件以集成 GNSS 与商用或军用飞机中的其他传感器，测试产品，将它们安装和集成到车辆和飞机中，以及依赖于关于 GNSS 信息、车辆跟踪和基于位置的服务的测量或精准农业的服务等。

市场的经典定义首先将其划分为军事和商业（或民用，两个术语互换使用）。其他人将非军用市场分解为消费者和专业领域，并注意到专业领域与军事领域有一些相似之处（如严格的准确性规范、严格的环境要求）。精通消费电子和专业或军用市场的研究人员通常会进行市场研究，重点关注其中的某个细分市场。

进行市场研究的组织可以统计用户数量，依靠类似产品的销售预测，利用早期的产品经验，使用现有的模型，并且对增长潜力进行有根据的猜测。在大多数情况下，这些研究在一个或多个领域（如航空和海运）中较弱，但在其他领域（如消费产品或移动定位服务）中较强。这并不奇怪，因为大多数研究公司可能比其他研究公司更专注于某些细分市场。他们在人口统计学、历史数据、焦点小组、调查和竞争分析的微观意义上做得很好。这些结果用于确定对新产品和新企业的投资。但从宏观角度来看，他们无法准确描述，更不用说预测 GNSS 这样多面的市场。令人怀疑的是，任何人都可以对超过一两年的结果充满信心地进行全面的预测。

几乎所有先前的研究都将军用市场降级为民用市场的一小部分。虽然军用市场的总支出与民用市场的总支出相比确实很小，但是全球定位系统花费了约 400 亿美元，并且 GPS III 的实施预计会增加 1500 亿至 2000 亿美元[3]。国防预算为经常性的或改进的民用应用的开发提供运营资金和种子资金。更重要的是，GPS 作为力量倍增器的军事价值是其被构想并保持资助、支持和维护的主要原因。这项投资推动了民用市场。

类似的考虑可能在俄罗斯和中国的国防机构及欧洲普遍存在，因为这些全球导航卫星系统都有安全的加密信号，这些实体希望有一种不依赖于美国国防部控制的替代品。民用成分变得很重要；因此，毫无疑问，即使军方最终迁移到某种新技术以满足其导航、定位和授时的需求，民用 GPS 服务也会得以维持。此外，美国军方计划使用 GPS 至少到 2030 年之前[3]。

虽然商业和军用市场之间存在明显的差异，但要考虑商业市场中的如下因素：

- 市场规模随供需平稳变化。
- 卖方承担开发风险。
- 买家很多。

- 市场份额有很多竞争对手。
- 存在许多类似的产品。
- 价格由边际效用设定。

而军用市场的影响因素如下：

- 由于需求和预算的变化，存在不稳定的购买行为。
- 政府通常承担所有开发风险。
- 买家相对较少。
- 在大多数情况下，市场份额竞争对手很少。
- 客户的产品需求差异很大。
- 性能比价格更重要。

最重要的区别可能是，军用市场的投资回报率（ROI）很高，因为公司的投资相对较低。军用市场的盈利能力肯定较低，因为允许的利润额通常受到立法限制。实际投资回报率仍然高于民用市场，因为与军用市场投资相关的风险要低得多。然而，许多军用产品和技术最终进入商业市场。这些产品称为两用系统。在因特网出现后，GPS 可能是对人类文明产生影响的第二大现代两用军事系统。

14.1.4　市场随时间的变化

在 1996 年出版的本书第 1 版中，GPS 被描述为一种支撑技术。当然，除此之外，它也是一种无处不在的技术。回顾近期的历史可知，GPS 不仅导致了以前未知的新应用，而且渗透到了商业、农业、休闲、旅行和战争领域（如配备 GPS 的智能炸弹和无人机）。

随着越来越多的人和功能依赖于定位和授时，GPS 已成为美国和其他国家基础设施的关键部分。在 2006 年出版本书的第 2 版后，GPS 成为几乎所有美国和盟国武器系统的主要技术。许多其他国家的军队为其武器系统采用了民用 GPS 接收机。因为这些系统已趋于成熟，现在其中一些国家正在转向其他卫星导航系统。使用 GPS 的俄罗斯和中国军队已开始为其部队配备自己的 GNSS 硬件[4]。迄今为止，使用 GPS 接收机的其他卫星导航系统的民用应用正在快速出现，但更多的是出于技术原因，例如获得更高的可用性和准确性。今天，市场上的大多数接收机芯片组都至少具备 GPS + GLONASS 的能力。

14.1.5　市场范围和细分

这里使用的 GNSS 市场的定义是集成到 GNSS 接收机应用，向 GNSS 用户提供的所有产品（如 GNSS 接收机、天线、芯片组）和服务（如软件开发、测试、集成、基于位置的服务）的美元价值。我们不能在逻辑上包含诸如飞行管理系统或集成 GNSS/INS 的总价值之类的东西，但可以包含 GNSS 接收机和集成软件。在任何情况下，受益于该细分市场的公司（即空间段和控制段的开发和部署）通常与为 GNSS 用户提供设备或服务的市场部门提供服务的公司不同。

14.1.6　政策依赖性

因为用户遍布全球，GNSS 市场的 GPS 部分显然是全球性的，但全球 GPS 市场增长的潜力很大程度上取决于美国政府的行动和政策。诸如美国联邦通信委员会（FCC）的 E911 授权要求手机运营商查明拨打 911（欧洲 112）的用户政策，刺激了手机 GPS 芯片的增长，这是满足政策要求的主要方式。

这导致了无数基于位置的服务，这些服务依赖于当今的手机确定位置。由于用户数量的巨大差异，民用市场价值将远远大于军用市场价值。例如，2015 年向美国国家空基定位、导航和授时委员会提交的一项研究称，GPS 在 2013 年为美国国民经济贡献了 680 亿美元，预示着美国政府将继续为其提供资金[5]。

14.1.7　GNSS 市场的特点

可以按分层的方式考虑市场，总市场包含潜在的市场，潜在的市场则包含可实现的市场。有兴趣进入市场或关注销售预测的公司将从总市场开始，其中包括上述的所有商品和服务。它包含军用和民用市场，并且是全球性的。从中衍生出适合公司业务和能力的可发展市场。在这种情况下，可实现的市场或预期的市场就成为他们的年度销售目标。一个例子是民用 GNSS 芯片制造商的潜在市场。该潜在市场不考虑军用市场，但考虑所有民用接收机制造商和芯片组适配器，如作为潜在客户的手机制造商。图 14.7 中描述了这一方法。

另一种方法是从技术的用户数量来考虑。可以通过计算船只、飞机、徒步旅行者、汽车、卡车、笔记本电脑、平板电脑、智能手机、可穿戴设备及有效的任何移动对象的数量来完成。之后，使用有根据的预测来量化这些产品的用户中的哪些部分需要 GNSS 芯片组。

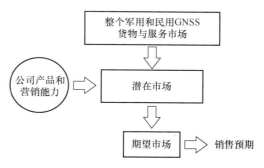

图 14.7　GNSS 市场的细分

GNSS 芯片组很可能包含前面讨论的大多数 SATNAV 星座。利用目前基于柔性软件的数字信号处理，在现有技术水平内开发完全能够利用任何和所有信号的产品。今天的接收机不仅可以处理所有卫星的信号，而且在许多应用中可以利用地面信号，如从发射塔和 Wi-Fi 发出的信号，这对任何室内应用或卫星信号接收性能下降的其他环境尤为重要。随着可穿戴接收机的出现，产品开发人员将面临天线和电池配置的新挑战。

14.1.8　销售预测

任何公司的研究和开发活动、就业和资本支出都由销售预测驱动，这是对可从市场定义中进行多少销售的最好猜测。虽然市场定义不是准确的科学，但它是最好的初始数据。所幸的是，通常有历史和竞争信息来佐证这种预测。预测未来一两年通常是成功的，但任何长期预测更可能是非常不准确的。由于各种全球导航卫星系统的部署延迟比当时假设的更长，以及 2008—2009 年的经济衰退，2006 年本书第 2 版和 2007 年扩展版[6-8]中本章的长期预测被证明是错误的。

在 GPS 方面，尽管没有更多的可信数据，但军队的预测要简单得多。美国政府的预算数据是一个好的起点，一般来说它是相当准确的，至少短期内如此。传统上，预算会涵盖 5 年或更长的时间，因此潜在供应商可以使用军用 GPS 设备预测。美国国会和国防优先事项通常会改变这些预测，但通常不会超过每年。项目和采购跨度持续数年，因此存在使得预测保持稳定的惯性。

14.1.9　市场局限性、竞争体系和政策

14.1.9.1　市场增长预测的变化

如上所述，GNSS 市场增长高度依赖于美国和其他政府的行动与政策。可能的变化如下：

- 部署包括 L5 在内的所有新信号作为其他民用信号的时间：上述 SATNAV 系统常见信号的兼容性和互操作性都受政府与政府谈判结果的影响。
- 出口规则变化和监管要求：美国对 GPS 的出口限制可能永远不会更加严格；Galileo 接收机或混合 GPS/Galileo 接收机可以在欧洲使用。虽然最近的美国/欧盟协议会对此产生不利影响，但可能会对接收方征收关税或使用费，从而限制市场。俄罗斯和中国也有类似的规定。
- 将 E911 任务及其在欧洲的同等任务扩展到其他国家：这些已在全球范围内扩大了市场，就像它在美国所做的那样。
- 监管变化：允许使用可能干扰 GNSS 的地面发射机［如 Ligado（前身为 LightSquared）］。
- 法院判决：由于执法部门使用全球导航卫星系统追踪嫌犯和犯罪分子而引起的隐私问题可能对整个市场产生一些负面影响，但潜在的责任问题可能会产生更大的影响。
- 谈判：美国和欧盟之间有关 FCC 批准使用 Galileo 信号通过美国和美国国防部进入 Galileo PRS 的那些谈判。

2004 年底，美国总统布什发布了一项关于太空 PNT 的新政策。该政策通过多次提及导航战训练、测试和演习的重要性，强调了 GPS 对美国的军事价值。但是，它保留了停止使用 SA 的承诺，该政策仍然有效。

GNSS 市场只有在成熟时才会扩大。除了 Galileo 和 BeiDou 的全面部署，现在还有一个比以前更强大的 GLONASS。NavIC 空间段已完全部署，GAGAN 开始运行。日本的 QZSS 正在开发中，其中一颗 SV 正用于测试，而 MSAS 正在运行。虽然增加的市场潜力中的一些与 SBAS 应用相关，但可为全球许多芯片制造商和接收机供应商提供新的组合接收机应用业务。

14.1.9.2　市场风险

像任何企业一样，成功总是伴随着风险。GNSS 市场看起来非常有希望，但任何谨慎的企业家都应该担心。随着 GNSS 接收机嵌入汽车、手机、笔记本电脑、手表、照相机和可穿戴设备，

并与无线通信链接结合在一起,消费者的潜在反应可能会限制市场增长。我们正在成为一个群体,害怕犯罪和恐怖主义侵犯隐私权,而这些技术助长了侵犯行为。远程信息处理或向移动用户(尤其是自动驾驶汽车)提供服务是一个领域,在该领域中,服务提供者的位置感知界限很容易成为不受欢迎的监视人员和黑客的位置感知手段。

14.2 GNSS 的民用应用

如图 14.6 所示,GNSS 民用应用主要包括:

- 基于位置的服务。
- 道路。
- 测量。
- 农业。
- 海洋。
- 航空。
- 铁路。
- 授时与同步。
- 太空。

下面根据文献[2, 9]中的信息来讨论关键应用,并为每个应用领域提供示例。此外,还会讨论室内 GNSS 的使用情况。

14.2.1 基于位置的服务

占 GNSS 市场 53%以上的基于位置的服务(LBS)应用已渗透到人们的日常生活中,原因是 GNSS 接收机已嵌入智能手机、平板电脑、相机和/或可穿戴设备。最常见的 LBS 用途是使用智能手机提供个人车辆或行人导航、提供带有数字地图的道路规划等。2014 年,30.8 亿部智能手机主导了 LBS 设备。

除个人导航外,今天的 GNSS 设备还可用于多种应用,包括:

- 通过 E112、E911 和类似的服务提供安全和紧急援助。
- 跟踪儿童、青少年司机和阿尔茨海默症患者。
- 帮助盲人导航。
- 寻找拼车或乘坐 UBER、LYFT 或滴滴出行。
- 跟踪跑步者、骑自行车者和慢跑者的位置、速度与距离。
- 玩神奇宝贝 Go 等游戏。
- 高尔夫辅助设备(如球场上的位置、到球洞的距离)。
- 在朋友和同事之间交换位置信息的社交网络。
- 在相机内对图片进行地理标记。
- 在不带任何外部标志或参考的户外公园内进行自助游。
- 零售商为特定地理区域内的潜在客户提供个性化服务。

14.2.2.1 LBS 可穿戴设备

Broadcom、OriginGPS 和其他芯片制造商正在为可穿戴设备提供新的 GNSS 芯片。这些芯片不会将大量软件加载到处理器中。他们专注于最小化功率,同时保持准确性。然而,可穿戴技术并不限于手腕。新的柔韧材料可以贴合身体,成为服装或鞋子的一部分。此外,人在 Kapton 胶带封装的镍膜上使用压电涂层薄膜的运动,可为嵌入其中的任何电子元件的电池充电[10]。图 14.8 中示例了 GNSS 可穿戴设备。

Garmin EPIX
GPS/GLONASS
Navigator

Whistle GPS Pet
Tracking Collar

Shoes with GTX Corp
GPS Tracking Insoles

图 14.8　GNSS 可穿戴设备示例（EPIX GPS/GLONASS Navigator，Garmin Ltd.版权所有）

14.2.2.2　物联网

随着电子产品继续缩小 GNSS 的世界，特别是通过将其纳入智能手机，互联网正在继续"吞噬"整个地球的用户。移动或需要准确时间的一切都可能成为潜在用户[11]：

"物联网——因特网上唯一可识别设备的集成——是当今全球的主要技术之一，GNSS 是其成功不可或缺的一部分。基于位置的服务和授时数据对物联网应用至关重要，特别是作为控制和监控移动物联网设备的一种手段。"

14.2.2　道路

道路用户是 GNSS 接收机的第二大市场，拥有超过 10 亿辆汽车和 1.3 亿辆卡车的用户。这些用户使用便携式导航设备（如 Tom Tom、Garmin）或车载技术（如内置仪表板）。

GNSS 提供的当前车队信息的价值，对于交付、紧急车辆和定期服务车队的调度与控制而言显而易见。自动车辆定位系统（AVLS）已在全球许多货运和紧急车队中开发与安装。高通公司率先使用其 OmniTRACS 系统对超过 500000 辆卡车和其他车队进行了跟踪，然后在 2013 年将业务出售给私人投资者。其中许多系统配备的都是 GNSS，主要用于美国以外的地区，尤其是墨西哥和南美洲。采用的一个概念称为地理围栏，其中车辆的 GNSS 被编程为具有固定的地理区域，并且在车辆驶出规定的围栏时警告车队操作员。

道路收费系统使用 GNSS 跟踪道路的总体使用情况并征税。一个例子是在斯洛伐克使用的 SkyToll。斯洛伐克电子收费系统的路程为 17741km，是欧盟最长的收费公路系统。该系统于 2010 年启动，使用 EGNOS 和 Galileo 来跟踪车辆的运动并向收费机构提供相关的车辆数据[12]。

先进跟踪技术公司（ATTI）开发了一个基于 GNSS 的系统，目的是提高公共汽车和私人出租车等运输系统的效率与可靠性。通过监控车队资产，调度员可以提供更新的路线规划信息，确定车辆怠速运行的时间并采取纠正措施。两者都可以降低燃油成本。此外，该系统允许带有短信、Twitter 或 Facebook 的乘客接收消息和推文，以便更新他们的公共汽车位置。公共汽车的乘客不再需要在寒冷和雨水中等待，只需要屋内等待，直到得到公共汽车已到附近的提醒信息[13]。

基于 GPS 的陆地导航服务的最大运营商是通用汽车公司的子公司 OnStar。2014 年，超过 500 万辆车配备了 GPS 接收机，通过手机与 OnStar 运营商进行通信，为驾驶员提供语音命令或地图导航。其他汽车制造商也推出了类似的服务　如果手机中不提供嵌入式 GNSS 接收机，那么就无法实现许多基于 UBER 和 Lyft 等的智能手机应用的新业务。

租车公司向客户提供导航信息的动机非常强烈。Hertz 依赖于基于 Magellan Roadmate 接收机的 NeverLost 系统（在撰写本文时，可以使用第六代 NeverLost），而 AVIS where2 系统使用 GARMIN 解决方案。

自动驾驶车辆可能会使用集成了速度、航向和其他传感器的 GNSS 接收机，如立体视觉、雷达、激光雷达、超声波传感器和 IMU。

例如，2016 年 10 月后生产的特斯拉汽车拥有 8 个环绕声摄像头，可在 250m 范围内提供 360°的全方位视野。额外的 12 个超声波传感器补充了这种视觉信息，可以检测硬物体和软物体。这些传感器与前向雷达相结合，可以在冗余波长上提供有关外部的额外数据，能够透过大雨、雾、灰尘来观察前方的汽车[14]。

14.2.3 GNSS 在测绘、制图和地理信息系统中的应用

GNSS 接收机技术很大程度上归功于其在土地测量业务中的早期应用。地图和图表的制作及使用 GNSS 的数据地理参考是为土地调查市场开发准确可靠技术的自然结果。

利用第 12 章中描述的 DGNSS 和 PPP 技术，实现了摘自文献[2]中的应用：

- 地籍调查旨在建立财产边界。土地税等财政政策严重依赖于地籍测量。
- 施工测量涵盖建筑或土木工程项目的不同施工阶段，而机器控制应用自动化施工活动。
- 机器控制应用使用 GNSS 定位，如使用三维数字设计提供的信息自动控制施工设备的叶片和铲斗。
- 基于人员的应用可以执行许多定位任务，包括测量、液位检查、建筑物检测及放样参考点和标记。
- 在制图时，GNSS 用于定义地图、环境和城市规划的特定位置。
- 矿山测量涉及矿山开采各阶段的测量和计算，包括安全检查。
- 海洋测量包括广泛的活动（海底勘探、潮汐和海流估算、海上测量等），这些结果对海上航行非常重要。

14.2.3.1 地理信息系统

地理信息系统（GIS）是一种计算机系统，旨在让用户收集、管理和分析大量空间参考信息及相关属性数据。因此，它是计算机硬件、软件和地理数据的有机组合，可以有效地获取、存储、更新、操作、集成、分析和显示所有形式的地理参考信息。

特定位置可以使用与该位置相关的信息进行注释，如街道地址、海拔高度、植被类型、公用工程控制箱的位置、下水道和电力线。这种类型的数据收集是 GIS 数据的基本组成。配备了板上数据存储功能或者直接传输到中央存储点的通信链路的手持 GNSS 设备的人员，可以收集原始数据。除了人们可以徒步收集这些数据，车辆、船舶和飞机也可以收集一些数据。

14.2.4 农业

农业大量使用 GNSS 和 GIS，它们是现代精细农业系统的一部分。无论是绘制土壤样品的地图，喷洒肥料、种子或杀虫剂，还是将机器准确地引导到收获作物的地方，这些材料的应用都已成为一门精确的科学。许多农具制造商正在生产可变速率的应用设备，它们由连接到信息系统的复杂电子设备控制，可以降低材料的投入成本，提高产量。

此外，还可降低肥料径流的有害影响。因此，肥料的可变施用可能是立法控制的。

如文献[9]所述，其他农业和耕作应用包括：

- 精确土壤采样、数据收集和数据分析可实现化学应用与种植密度的局部变化，以适应特定的现场区域。
- 精确现场导航可以最大限度地减少冗余应用并跳过一些区域，并在最短的时间内实现最

大的地面覆盖。

- 能够在低能见度的现场条件下工作，提高生产率。
- 准确监测的产量数据可用来进行未来的特定现场准备。
- 提高喷雾效率，最大限度地减少过度喷雾。
- 拖拉机引导和作物喷洒。

14.2.5　海洋

　　像飞机用户一样，海洋用户通常可以看到开阔的天空。然而，他们也要与其他电子设备竞争在桅杆顶部附近放置天线的位置。虽然海洋导航不是最大的细分市场，但航海却是第一个采用卫星导航的领域。了解在公海上的位置是船只在过境海域和/或内陆水道时航行到达目的地的主要要求。

　　潜艇也可使用 GNSS，但天线要接近或高于海面。自 20 世纪 80 年代初以来，海面用户只需要 3 颗卫星就可进行二维定位；GPS 已用于辅助确定航只在洋面上的位置。今天的市场已经成熟。除了无线电和雷达，GNSS 接收机是任何离岸船只的标准设备。大多数人可从 SBAS 获得差异校正。其他人则使用由无线电信标系统（如 NDGPS）提供的校正。

　　图 14.9 中显示了具有数据库管理功能和以图形显示位置及速度信息的海洋导航仪。在这个市场中，易用性及管理大型航点和复杂制图数据库的能力非常关键。

图 14.9　典型的 GNSS 海洋导航仪（Furuno 公司供图）

　　渔业管理是一项全球性任务，需要政府在海域入侵时迅速采取行动。鱼类种群减少促使渔民制定严格的准则并关闭整个海域。这种情况也使得拥有海洋边界的国家对其水域中的外国捕捞更加敏感。这些紧张局势导致需要准确的位置确定和记录，以便证明或反驳边界违规。

　　GNSS 可以通过位置、姿态和航向参考系统（PAHRS）帮助大型船舶进行靠泊与对接。这些装置使用船上的多副天线及 DGNSS 校正来确定船舶方向和位置。结合适当的参考地图，可为近距离处理大型船舶提供帮助。世界各地的船只都是这类系统的使用者。

　　海洋地震勘探和石油勘探活动以及疏浚、浮标铺设和维护都有极其准确的定位市场。疏浚操作人员根据他们从港口或渠道中移走的泥沙量来获得费用，因此精确的位置测量可以优化操作、降低成本和浪费的精力。

　　事实证明，GNSS 及其精确的差分服务有助于精确地震图的开发和钻井布置，特别是在近海海域，勘探队每天都会为精确的卫星定位服务支付大量花费。这种精确的导航系统会使得已发布的海图信息重新调整。目前，海图上显示的大部分数据已有 60 多年历史，水文部门参与了以国际格式（IHO S-57）进行数字数据库的生产过程。

　　全球恐怖主义和海盗活动促进了大型集装箱船的海上跟踪手段的发展。GNSS 在这些系统中发挥着重要作用，因为这些系统也依赖于卫星通信和电子标签。

　　娱乐船只充分利用基本的 GNSS 进行导航，接受差分 GNSS 表明该领域应用的健康状况良好。庞大的船只数量和 GNSS 在海上航行、渔业及水道维护方面的价值，加上强劲的经济活动，将使得 2020 年的市场规模稳定增长到近 11 亿美元。然而，由于市场的成熟，这一应用领域的增长率仍然很低[2]。

14.2.6　航空

如果移动到地球上空并有一台相关的 GNSS 接收机，那么它就是空中应用。从鸟类到无人机、飞机，再到卫星甚至航天器，GNSS 都被广泛用于导航、跟踪、航空运营、传感器集成、科学和娱乐活动。许多更加复杂的应用将 GNSS 接收机与惯性单元及通信能力结合在一起，是飞行管理系统的关键传感器。

GNSS 导航的很多需求主要在没有 VHF 全向距离/距离测量设备（VOR/DME）站的海上作业及全球无线电 NAVAIDS 稀疏和原始的部分地区。正如手机在无法提供固定电话的发展中国家变得普遍那样，GPS 被认为是基本无线电信标的技术飞跃。

如果能够确保准确性、完好性和服务连续性处于生命安全应用要求的水平，那么 GNSS 可用于飞行操作的所有阶段。然而，将 GPS 引入美国国家空域导致了一些重大问题。在美国，航路 VOR/DME 系统至少在交通负荷淹没空中交通管理（ATM）系统前是足够的。尽管如此，使用 GPS，飞机不必停留在这些固定的高速航路上，因此可以按照大圆路线和/或最佳燃料消耗路线飞行。只要使用 GPS 的成本效益比可以接受，那么当前系统的容量限制和暴涨的燃料成本最终会使得航空公司接受新设备。

美国联邦航空局正面临越来越多的飞机堵塞天空的情形。由于机场也达到了容量，进近和着陆操作成了关键瓶颈之一。许多跑道完全没有仪表的机场可以利用 GNSS 解决方案进行进近和着陆，以最大限度地减少其（主要由恶劣天气造成的）不可用性问题。使用 GNSS 进行进近和着陆需要非常高的完好性及准确性、可用性和服务连续性。为了达到指定的完好性级别，连续检查从 GNSS 获得的信息的性能和质量时，需要一个独立的系统。因此，作为第一个 SBAS，FAA 的 WAAS 得以建成。然而，即使是 WAAS 也无法为所有天气和能见度条件下的降落提供所需的完好性。对于最严格的要求，需要一个称为 GBAS 的 LAAS，它正在慢慢部署[15]（见 14.2.6.1 节）。

在全球范围内，这种能力继续由欧洲的 EGNOS 和 Galileo、俄罗斯的 GLONASS、印度的 GAGAN 和日本的 MSAS 提供。现代化的全球导航卫星系统将通过其 L5 信号适应更大范围内的民用航空服务。在 2016—2020 年，预计将就空中交通管理问题建立无缝的下一代系统，以便飞机可以使用标准化设备在任何空域内安全地飞行。

在最繁忙的机场和大多数其他机场发布 GPS 非精确进近方法后，GNSS 在通用航空领域的市场正在激增。目前正在部署 SBAS，以便在全球其他地区提供与 WAAS 相当的服务。图 14.10 中显示了典型的通用飞机导航仪。

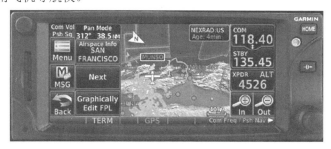

图 14.10　典型的通用飞机导航仪（Garmin 有限公司版权所有）

许多航空公司经常在飞行过程中检查飞机。配备 GNSS 的人员可以准确地报告他们的位置。在广阔的海域，他们必须利用租用的通信卫星通道。未签订此类租约的马来西亚航空公司，在 2014 年一架飞机在印度洋上空消失后，就缺少位置信息。虽然此类事件可能无法预防，但至少有位置信息后，搜索飞机的区域会小得多。中国民航总局宣布将使用 BeiDou 系统测试通用航空飞机、货机和客机的跟踪系统[16]。

14.2.6.1 　精密进近飞机着陆系统

商业航空公司执行的大多数仪表方法都是精密进近方法。与非精密进近方法不同，这些程序在进近时为飞机提供下滑道引导。其他性能参数之间缺乏信号完好性，无辅助的 GPS 无法用于要求苛刻的航空应用。这些应用需要使用代码差分和/或运动载波相位跟踪技术。美国联邦航空局的 WAAS 提供警告和足够的准确性，以满足 I 类精密着陆要求。这允许目前约 90% 的航空公司使用这种增强 GPS 的方法执行进近。与 WAAS 操作类似，EGNOS 也用于实际操作。

涉及较低天气最低标准的进近还需要提高的精度和完好性警告，这将由机场差分站提供，这些站点在进近时直接向航空器广播 GNSS 校正（即 GBAS）[15]。

一些 GBAS 刚刚部署并由 FAA 特别指定。由于周围地形如高山和狭谷的影响，或者能见度差，许多机场的进近都非常困难。新泽西州的纽瓦克自由国际机场、休斯敦的洲际机场、瑞士的苏黎世机场和阿拉斯加州的一些机场都受益于 GBAS。这种部署的另一个例子在悉尼，Qantas 航空公司的飞机现在具有 GBAS 着陆能力。但是，用 GBAS 替换 ILS 是一个缓慢的过程，需要新的航空电子设备。波音 787 和 747-8 使用 GBAS 航空电子设备作为标准设备。这些接收机可作为 737 和各种空中客车型号的选项[17]。

14.2.6.2 　其他企业和空中应用的使用

除了导航这种主要空中应用，还有许多企业和用户依靠 GNSS 的输入来执行其他任务。之所以在此进行描述，是因为它们会在空中出现。例如，进行机载勘探（如进行地图测绘或农药喷洒）时，需要对飞机进行精密定位，或者使用确切的位置和时间对拍摄的图片或其他传感器数据进行精确解译。在飞机飞行测试方面，可能要使用一台 GNSS 接收机（与任何导航接收机分开）作为黑匣子的一部分，用于重建测试飞机的 PVT。可能还要使用一台 GNSS 接收机作为事故调查时黑匣子的一部分。

气象气球和无线电探空仪也是利用 GNSS 的空中应用，跳伞运动员/悬挂式滑翔机飞行员、遥控飞行器和无人机及无人机操作员同样如此。后者中的多数出现在军事监视和侦察任务中，并且越来越多地用于作战行动。无人驾驶飞机（UAV）的民用用途正在增加，如火灾侦察和房地产营销等。如果不采用某种 GNSS 引导，那么这些无人应用几乎是不可能的。

14.2.7 　无人驾驶飞行器和无人机

今天，UAV 和无人机正在各地飞行，尽管政府最近才发布有关其在空域中使用的规定（UAV 是指遥控无人驾驶飞行器，无人机是指按预定路线飞行的飞行器）。从军事技术演变来看，存在无数民用无人机执行的专业和娱乐任务。军队和情报机构，尤其是美国国防部，一直在操作最活跃的数百架 UAV 和无人机进行侦察、监视、炸弹破坏力评估等，还有少数无人机用于攻击可疑的恐怖主义目标。民用用途包括警方的空中监视、摄影测量、兴趣飞行等[18]。在撰写本文时，亚马逊公司启动了一个名为 Amazon Prime Air 的业务部门，它计划使用无人机直接向消费者提供包裹。图 14.11 中显示了配备了

图 14.11　配备了 GNSS 的典型无人机
（Trimble Navigation Limited 供图）

GNSS 的典型无人机。

14.2.8　铁路

铁路应用通常使用第 12 章中描述的 DGNSS 技术，摘自文献[2]中的这些应用包括：

- 高密度指挥和控制系统协助主要线路上的列车指挥和控制，主要涉及欧洲和世界其他地区的欧洲列车控制系统（ETCS）及北美的列车正向控制（PTC）。GNSS 也可以是额外输入的来源（如 ETCS 中的增强测距或支持 PTC）。
- 低密度线路指挥和控制系统提供 GNSS 在中小流量线路上支持的全部信令功能。这些线路通常位于农村地区，节省成本对于服务的可行性至关重要。
- 资产管理包括车队管理、基于需求的维护、基础设施费用和多式联运等功能。GNSS 正被越来越多地视为这些系统中定位和授时信息的标准来源。
- 乘客信息系统车载列车显示列车沿途的实时位置。越来越多的列车的 GNSS 位置也支持平台和在线乘客信息服务。

14.2.9　授时与同步

GNSS 在协调世界时（UTC）时标下分发时间，为全球用户提供基于原子标准的时间，实现多种应用的精确同步，包括蜂窝基站切换、电网、时隙管理和网络时间协议，还支持频率参考控制、测试仪器校准、时间和频率分配及金融交易时间戳。这些时间应用对于运作良好的现代经济至关重要。

从 1998 年开始，人们就在努力将 GPS 和 GLONASS 观测数据结合起来，获得比只用 GPS 实现的更高的授时精度。稳定性预测从每天的 100 皮秒下降到每天的数十皮秒[19]。

随着卫星 AFS 技术的成熟，可能会出现更多基于 GNSS 的授时应用。例如，一些 Galileo 卫星上基于氢钟的频标提供了比其他 GNSS 卫星上基于铯和铷钟的频标更稳定的时间参考。

由于许多接收机使用多个 GNSS 星座进行测量，因此某些授时应用必须协调所用 SATNAV 系统之间的任何时间差。这些时间差可作为 SATNAV 系统数据电文的一部分进行广播，或者可以使用 PNT 解算中的附加卫星进行计算（见 11.2.5 节）。

美国的 Microsemi 和欧洲的 SPECTRACOM 是两家专门研究使用 GNSS 信号进行授时与同步的产品的公司[20]。

14.2.10　空间应用

GNSS 具有多种空间操作应用。如文献[9]所述，使用 GNSS 的优点如下：

- 导航解算。提供高精度轨道确定和最少的地面控制人员，以及符合空间要求的 GPS 装置。
- 姿态解算。使用低成本的多副 GPS 天线和专用算法取代高成本的车载姿态传感器。
- 授时解算。使用低成本的、时间精确的 GPS 接收机取代昂贵的卫星原子钟。
- 星座控制。提供单点联系，控制大量航天器（如电信卫星）的轨道维护。
- 编队飞行。允许精确的卫星编队，地面人员干预最少。
- 虚拟平台。提供自动"站点保持"和相对位置服务，用于先进科学跟踪机动，如干涉测量。
- 运载火箭跟踪。为确保航程安全和自主飞行终止，使用精度更高、成本更低的 GPS 设备更换跟踪雷达。

14.2.11　GNSS 室内挑战

在室内使用 GNSS 仍然是一个挑战，因为室内信号相对较弱且无法穿透墙体。十年前，大多数商用 GPS 接收机的天线视野不佳。目前，人们采用多种方法突破了这一限制，如改进了信号采集性能、增大了卫星信号功率，增大了新的民用信号、辅助增强信号及手机发射塔传输的信号（第 13 章中详细介绍了包括蜂窝网络在内的增强信号）。即使使用地面辅助信号解决室内定位问题，仍然缺乏室内地图的可用性。一个例外是在购物中心，潜在客户的位置对零售商来说非常有价值，因为零售商可以在附近向他们推送广告和特价商品。

14.3　政府及军事应用

自建立以来，GPS 和 GLONASS 就旨在满足全球 PNT 服务的军事需求。只有基于卫星的系统才能确保持续的全球覆盖。信号必须能够进行非常精确的修复，同时能够抵抗敌人的干扰。因此，美国和俄罗斯都开发了 P 码用户接收机。GPS P 码后来被加密为今天广泛使用的 Y 码。北约部队和其他同意接入的国家等授权用户使用 GPS Y 码进行军事活动。有关 GLONASS P 码的详细信息见 4.7.5 节。

GPS 的首个军事应用是在船舶和其他车辆上使用的人工操作的接收机。随着新发射卫星的覆盖范围的扩大，在 GPS 成为一种有用工具及形成现代网络战的基本能力之前，出现了更多的应用。GPS 在第一次海湾战争中展示了其军事应用潜力，并且在第二次阿富汗战争和中东冲突中大量使用。

现代化 GPS 卫星发送用于现有军用接收机的 Y 码，还发送用于军用 GPS 用户设备（MGUE）接收机的新 M 码。M 码是比 Y 码更强大的信号，具有分散的频谱特性，允许盟军在频带中心锁定试图干扰使用 L1 C/A 码和 L2 C 码信号的对手的接收机，而不会干扰自身所用的 M 码。

14.3.1　军事用户设备：航空、船舶和陆地

GPS 接收机的开发是在 Magnavox 研究实验室完成的（后来被休斯航天公司收购，随后被雷神公司收购）。一些典型的接收机首先用于标准的航空电子设备——3/4 空气运输机架（ATR）（罗克韦尔柯林斯 3A），后来该设备的宽度缩短到了 3/8 ATR［罗克韦尔柯林斯和雷神微型机载 GPS 接收机（MAGR）］。便携式设备，如罗克韦尔柯林斯精密轻型 GPS 接收机（PLGR）和国防高级 GPS 接收机（DAGR），仍然比今天的商用手持式接收机的尺寸和重量大几倍。图 14.12 中显示了机载 GPS Y 码军用接收机和 GPS M 码接收机板卡。在撰写本文时，M 码接收机正处在开发和政府认证的最后阶段。

除 GPS 和 GLONASS 外，BeiDou、Galileo 和 NavIC 都为授权用户提供限制服务。

虽然 Galileo 系统是民用的，但 PRS 信号会被加密，并且通过政府批准的安全密钥分发机制来控制对服务的访问。PRS 只能由配备有 PRS 安全模块的接收机及 PRS 安全模块加载有效的 PRS 解密密钥访问（有关 PRS 信号的特征请参阅第 5 章）。

通过采用与 GPS Y 码和 M 码的类似设计方式，PRS 信号旨在出现堵塞和干扰的情况下提升鲁棒性。文献[21]中声称："……新的 Galileo GNSS……主要是一个民用系统，但可能被授权的军事用户使用。对于那些可以访问 GPS-PPS 和 PRS 的人来说，在 PNT 解算中组合来自两个服务的信息，可以进一步提高其弹性。"

图 14.12　军用 GPS 接收机（MAGR-2000 由雷神公司提供，GB-GRAM-SM 由罗克韦尔柯林斯提供）

组合 Galileo PRS 和 GPS-PPS 信号的接收机的一个例子是 QinetiQ 公司开发的 Q35（见图 14.13）。Q35 是一种多星座、多频 PRS 的 GNSS（Galileo-PRS + GPS-PPS）接收机，它是为英国 PERMIT 项目开发的，后者是由 QinetiQ 公司和罗克韦尔柯林斯公司联合开发的英国项目，并且由英国航天局和英国创新公司赞助。英国 PERMIT 项目的目的是研究在双模接收机中同时使用 GPS-PPS 和 Galileo-PRS 的挑战，并使用早期的 Galileo 卫星部署进行双模定位的首次演示。文献[21]中包含了该演示的详细信息。

图 14.13　Q35 双模 Galileo-PRS + GPS-PPS GNSS 接收机（QinetiQ 公司供图）

由于许多军用飞机安装了惯性导航系统，因此首先要结合 GPS 的长期稳定性与惯性系统的短期稳定性，创建可以保持精确解的集成导航系统，进而处理由信号干扰或车辆动力学和/或天线阴影导致的 GPS 短暂中断。随着技术的发展，更快的处理器、更小的接收机、更低的成本和紧凑的惯性测量单元会使得这些集成变得更加共生。

14.3.2　自主接收机：智能武器

现代战争试图最大限度地减少平民伤亡，同时最大限度地发挥其破坏预定目标的能力。这需要非常高的准确性，在某些情况下甚至要达到大约几英尺。GNSS 再次成为支撑技术。结合 GNSS 测量结果与机载惯性传感器和导引头（如红外线）的武器，能够提供更大的杀伤率，减少出动飞机的架数。

GNSS 接收机已被弹道导弹（如法国的 SCALP EG 制导导弹）、智能炸弹（如俄罗斯的

KAB-500S-E）、炮弹采用，并且被自主空中、陆地和海上飞行器（尤其是 UAV 和无人侦察机）采用，还在武器运送和轰炸效果评估中采用。然而，GNSS 在战斗中的使用引发了关于干扰脆弱性的问题。对于这些应用，需要采用抗干扰技术，如归零天线和 GNSS 与惯性传感器的超紧耦合。在 GPS 方面，GPS III 卫星军用信号功率的增加会进一步降低敌人干扰造成的破坏的可能性。

14.4　结论

在接下来的几年中，GNSS 用户可以期待更高的精度、更快的修复性及更多的功能。等到所有 GNSS 完全投入运营时，用户设备的功能将变得非常复杂，但使用起来非常简单，并且收益更大。何时会出现这种情况，取决于国家预算、进度影响及承包商的业绩。这是这些系统的历史，没有理由认为未来的发展会与过去不同。

接收机开发商是否能够成功交付新产品，将取决于各种因素，具体如下：

- 准确预测基于 GNSS 应用行业的市场需求和不断发展的行业标准。
- 预测技术标准的变化，如无线技术。
- 及时开发和推出满足市场需求的新产品。
- 吸引并留住工程和营销人员，并且筹集所需的资金。

接下来的几年将是决定所有市场预测是否准确的关键。然而，毫无疑问，接收机、服务和应用的 GNSS 市场在可以预见的未来将是一个神话般的增长领域。

参考文献

[1] van Diggelen, F., "Who's Your Daddy," *INSIDE GNSS Magazine*, March/April 2014.
[2] Source: GNSS Market Report, Issue 4 copyright © European GNSS Agency, 2015.
[3] "Global Navigation Satillite System Market Outlook 2022," RNCOS Business Consultancy Services, Noida, India.
[4] "Putting Precision in Operations: Beidou Satellite Navigation System," *Jamestown Foundation Publication: China Brief*, Vol. 14, No. 16, August 22, 2014.
[5] "Study: GPS Contributes More Than $68B to US Economy," *INSIDE GNSS Magazine*, July/August 2015.
[6] Jacobson, L., "The Business of GNSS," *Navtech Seminars, ION-GNSS 2004*, Long Beach, CA, September 2004.
[7] Kaplan, E., et al., *Understanding GPS Principles and Applications*, Norwood, MA: Artech House, 1996, 2006.
[8] Kaplan, E., et al., *Understanding GPS Principles and Applications*, Norwood, MA: Artech House, 2006.
[9] U.S. government GPS information Web site, www.gps.gov.
[10] Pretz, K., "Health Monitors Get More Personal," *The IEEE Institute Newsletter*, Vol. 39, No. 2, June 2015.
[11] Cameron, A., "The Internet of Things and a Galileo/Copernicus Interface," *GPS World Newsletter*, December 28, 2015.
[12] Slovakia's Satellite Tolling System Receives International Recognition," *European GNSS Agency*, October 6, 2015.
[13] https://www.advantrack.com/transit-systems/.
[14] https://www.tesla.com/blog/all-tesla-cars-being-produced-now-have-full-self-driving-hardware.
[15] "What Is GBAS and Its Goal in the National Airspace System?"
[16] Press Trust of India, "China to Deploy Beidou Navigation System to Track Flights," *Economic Times of India*, July 12, 2015.
[17] Croft, J., "On the Fence," *Aviation Week Magazine*, July 5, 2015.
[18] Cosyn, P., "The Range of UAVs across Civil Applications," *GPS WORLD Magazine*, May 2014.
[19] Lewandowski, W., and J. Azoubib, "GPS + GLONASS," *GPS World*, Vol. 9, No. 1, November 1998.
[20] Spectracomm Corporation Web site, https://www.sprectracomcorp.com.
[21] Davies, N., et al., "Towards Dual Mode Secured Navigation Using the Galileo Public Regulated Service (PRS) and GPS Precise Positioning Service (PPS)," *Proceedings of The Institute of Navigation ION GNSS 2016*, Portland, OR, September 2016.

附录 A 最小二乘和加权最小二乘估计

Chris Hegarty

设 $\boldsymbol{x} = [x_1\ x_2\ \cdots\ x_M]^{\mathrm{T}}$ 是包含 M 个未知参数的待估计列矢量，$\boldsymbol{y} = [y_1\ y_2\ \cdots\ y_N]^{\mathrm{T}}$ 是与 $\boldsymbol{x}$ 线性相关的一组伴有噪声的测量值，二者的关系为

$$\boldsymbol{y} = \boldsymbol{Hx} + \boldsymbol{n} \tag{A.1}$$

式中，$\boldsymbol{n} = [n_1\ n_2\ \cdots\ n_N]^{\mathrm{T}}$ 是描述使 N 个测量值恶化的误差的矢量，$\boldsymbol{H}$ 是描述测量值和 $\boldsymbol{x}$ 之间的关系的一个 $N \times M$ 矩阵。

$\boldsymbol{x}$ 的最大似然估计记为 $\hat{\boldsymbol{x}}$，其定义如下（见文献[1]）：

$$\hat{\boldsymbol{x}} = \arg \max_{x} p(\boldsymbol{y}/\boldsymbol{x}) \tag{A.2}$$

式中，$p(\boldsymbol{y}/\boldsymbol{x})$ 是 $\boldsymbol{x}$ 值固定时测量值 $\boldsymbol{y}$ 的概率密度函数。

若测量误差 $\{n_i\}, i = 1, 2, \cdots, N$ 是同高斯分布的，均值为零、方差为 σ^2，且不同测量值的误差是统计独立的，则式(A.2)变为

$$\hat{\boldsymbol{x}} = \arg \max_{x} \frac{1}{(2\pi\sigma)^{N/2}} \mathrm{e}^{-\frac{1}{2\sigma^2}\|\boldsymbol{y} - \boldsymbol{Hx}\|^2} = \arg \min_{x} \|\boldsymbol{y} - \boldsymbol{Hx}\|^2 \tag{A.3}$$

首先求 $\|\boldsymbol{y} - \boldsymbol{H}\hat{\boldsymbol{x}}\|^2$ 关于 $\hat{\boldsymbol{x}}$ 的微分，易得式(A.3)的解为

$$\frac{\mathrm{d}}{\mathrm{d}\hat{\boldsymbol{x}}} \|\boldsymbol{y} - \boldsymbol{H}\hat{\boldsymbol{x}}\|^2 = 2\boldsymbol{H}^{\mathrm{T}}\boldsymbol{H}\hat{\boldsymbol{x}} - 2\boldsymbol{H}^{\mathrm{T}}\boldsymbol{y} \tag{A.4}$$

然后令该量等于零可得

$$\hat{\boldsymbol{x}} = (\boldsymbol{H}^{\mathrm{T}}\boldsymbol{H})^{-1}\boldsymbol{H}^{\mathrm{T}}\boldsymbol{y} \tag{A.5}$$

式中假设所涉及的矩阵的逆存在（即 $\boldsymbol{H}^{\mathrm{T}}\boldsymbol{H}$ 是非奇异的）。

由式(A.5)描述的估计称为最小二乘估计，因为如式(A.3)所示，它产生测量值矢量 $\boldsymbol{y}$ 和 $\boldsymbol{Hx}$ 之间的最小平方误差，其中 $\boldsymbol{Hx}$ 是基于 $\boldsymbol{x}$ 的估计值来预计的测量值矢量。

接下来考虑更一般化的情况：测量误差仍是均值为零的高斯分布，但其不一定是同分布的，或者彼此之间不一定是独立的。此时，最大似然估计可以表示为

$$\hat{\boldsymbol{x}} = \arg \max_{x} \frac{1}{(2\pi)^{N/2}|\boldsymbol{R}_n|^{1/2}} \mathrm{e}^{-\frac{1}{2}(\boldsymbol{y} - \boldsymbol{Hx})^{\mathrm{T}}\boldsymbol{R}_n^{-1}(\boldsymbol{y} - \boldsymbol{Hx})} = \arg \min_{x} (\boldsymbol{y} - \boldsymbol{Hx})^{\mathrm{T}}\boldsymbol{R}_n^{-1}(\boldsymbol{y} - \boldsymbol{Hx}) \tag{A.6}$$

式中，$\boldsymbol{R}_n$ 是与测量误差相关联的协方差矩阵，$|\boldsymbol{R}_n|$ 是其行列式。

如先前那样处理，由式(A.6)可得

$$\hat{\boldsymbol{x}} = (\boldsymbol{H}^{\mathrm{T}}\boldsymbol{R}_n^{-1}\boldsymbol{H})^{-1}\boldsymbol{H}^{\mathrm{T}}\boldsymbol{R}_n^{-1}\boldsymbol{y}$$

式(A.7)中的估计称为加权最小二乘解。

参考文献

[1] Stark, H., and J. W. Woods, *Probability, Random Processes, and Estimation Theory for Engineers*, Englewood Cliffs, NJ: Prentice-Hall, 1986.

附录 B　频率源稳定度测量

Lawrence F. Wiederholt, Willard A. Marquis

B.1　引言

利用卫星导航系统确定位置和时间的原理，要求卫星的时钟须与一个公共的时间基准（以下简称时基）同步。这时，需要采用高准确度的原子频率标准（AFS，以下简称原子频标）来满足严格的稳定度和漂移率要求，进而维持公共的时基。对典型情况下用户设备中使用的较低精度的晶体振荡器而言，稳定度也很重要。

系统误差会影响频率源，如频率偏移、老化和随机频率误差。随机频率误差是首先要关注的问题，尤其是在表征原子频标的性能时。重要的随机频率噪声过程（即频率波动）有很多，如随机游走频率调制、闪烁频率调制、白频调制、闪烁相位调制和白相调制，如文献[1]中所述。

B.2　频率标准稳定度

对频率源稳定度的描述，可从下式给出的振荡器输出电压 $V(t)$ 开始：

$$V(t) = (V_0 + \varepsilon(t))(\sin(2\pi v_0 t + \phi(t))) \tag{B.1}$$

式中，V_0 和 v_0 分别是标称幅度值和频率值，对应的误差分别是 $\varepsilon(t)$ 和 $\phi(t)$。

瞬时相位定义为

$$\Phi(t) = 2\pi v_0 t + \phi(t) \tag{B.2}$$

瞬时频率定义为

$$v(t) = v_0 + \frac{1}{2\pi}\frac{\mathrm{d}\phi(t)}{\mathrm{d}t} \tag{B.3}$$

用来测量振荡器稳定度的一种常用方法，依据的是偏离标称频率 v_0 的瞬时相对频率偏移，它由下式给出：

$$y(t) = \frac{\dot{\phi}}{2\pi v_0}$$

B.1 节中提到的 5 种随机频率噪声过程的幂律谱密度，在频域中可用 5 种独立噪声过程的和表示为[1]

$$S_y(f) = \begin{cases} \displaystyle\sum_{\alpha=-2}^{+2} h_\alpha f^\alpha, & 0 < f < f_h \\ 0, & f \gg f_h \end{cases}$$

式中，h_α 是一个常数，α 是一个整数，f_h 是一个无限陡的低通滤波器的高频截止频率。

对于 5 种随机频率噪声过程，即随机游走频率、闪烁频率、白色频率、闪烁相位和白色相位，图 B.1 直观地显示了它们的功率谱密度。

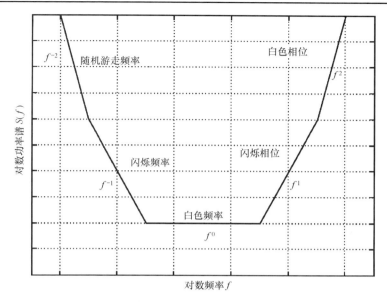

图 B.1　5 种随机频率噪声过程的功率谱密度：随机游走频率、闪烁频率、白色频率、闪烁相位和白色相位

B.3　稳定度的测量

分析振荡器稳定度的基本方法有两种，即频域方法和时域方法。这两种方法可以彼此映射。时域方法更常用于稳定度分析。

振荡器及其稳定度的常规测量成为人们关注的一项课题，以至于在 20 世纪 80 年代，电气与电子工程师协会（IEEE）第 14 标准委员会为其开发了一个标准。随着这一标准的到位，利用标准的定义和评估技术，可在一个公共的基准上对振荡器的稳定度进行评估。这一标准的最新修订版于 2009 年发布[1]。

B.3.1　艾伦方差

一种基于瞬时相对频率偏移的通用振荡器稳定度测量方法是艾伦方差[2,3]$\sigma_y^2(\tau)$，它定义为

$$\sigma_y^2(\tau) = \frac{1}{2} E \left[\left(\overline{y}_{k+1} - \overline{y}_k \right)^2 \right]$$

式中，

$$\overline{y} = \frac{\phi(t_k + \tau) - \phi(t_k)}{2\pi v_0 \tau}$$

τ 表示采样间隔；E 是期望值算子。理论上，E 是无穷多个元素的和，但是实际中被限定为有限的很多数的和。

艾伦方差的均方根称为艾伦标准差。

B.3.2　哈达玛方差

对于没有线性漂移效应的铯原子频标（AFS）而言，艾伦方差效果良好。艾伦方差也常用于表征石英晶体振荡器的稳定度。而铷 AFS 在随机噪声之上存在明显的线性漂移，这就降低了艾伦方差的保真度，导致其不能提供稳定度的准确测量值。线性漂移可以通过一个单独的处理步骤

来消除，不过人们已经定义了另一种测量稳定度的替代方法，这种方法克服了艾伦方差固有的局限性。这种测量称为哈达玛方差[4]，它消除了任何线性漂移，因而不受线性漂移的影响。因此，哈达玛方差是铷 AFS 稳定度的一种很好的测量方法。

哈达玛方差 $H\sigma_y^2(\tau)$ 定义为

$$H\sigma_y^2(\tau) = \frac{1}{2}E\left[\left(\overline{y}_{k+2} - 2\overline{y}_{k+1} + \overline{y}_k\right)^2\right]$$

如同在艾伦方差的公式中那样，E 是期望值算子。理论上，E 是无穷多个元素的和，但是实际工作中被限定为有限的很多数的和。注意，艾伦方差是一种双采样方差，每个点需要两个时刻的采样值；而哈达玛方差是一种三采样方差，每个点需要三个时刻的采样值。因此，哈达玛方差需要更多的计算。

例如，GPS 主控站采用哈达玛方差及其变体来度量振荡器的稳定度[5-7]。考虑到撰写本文时该星座中铷频标占主导地位（Block IIR、IIR-M 和 IIF），因此是一种合适的测量方法。

参考文献

[1] "IEEE Standard Definitions of Physical Quantities for Fundamental Frequency and Time Metrology – Random Instabilities," IEEE Std. 1139-2008, IEEE Standards Coordinating Committee 27 on Time and Frequency, approved February 27, 2009.

[2] Allan, D., "Statistics of Atomic Frequency Standards," *Proceedings of the IEEE*, Vol. 54, pp. 221-230, February 1966.

[3] Walter, T., "Characterizing Frequency Stability – A Continuous Power-Law Model with Discrete Sampling," *IEEE Transactions on Instrumentation and Measurement*, 1994.

[4] Riley, W., "NIST Special Publication 1065, Handbook of Frequency Stability Analysis," National Institute of Standards and Technology, July 2008.

[5] Howe, D., et al., "Total Estimator of the Hadamard Function Used for GPS Operations," *Proceedings of the 32nd Annual Precise Time and Time Interval (PTTI) Applications and Planning Meeting*, November 2000.

[6] Hutsell, S., "Relating the Hadamard Variance to MCS Kalman Filter Clock Estimation," *Proceedings of the 27th Annual Precise Time and Time Interval (PTTI) Applications and Planning Meeting*, November 29-December 1, 1995, pp. 291-302.

[7] Hutsell, S., et al., "Operational Use of the Hadamard Variance in GPS," *Proceedings of the 28th Annual Precise Time and Time Interval (PTTI) Applications and Planning Meeting*, December 1996, pp. 201-213.

附录 C　自由空间传播损耗

John W. Betz

C.1　简介

在 GNSS 系统工程中，传播损耗的计算是一个基本工具，因为需要将信号源端（如卫星发射机或干扰源）的功率和接收端（如 GNSS 接收机）的功率联系起来。传播损耗通常取决于源端到接收端的距离，以及其他因素。

传播损耗最简单的通用表达形式称为自由空间传播损耗，因为它适用于自由空间（信号源和接收端都位于真空中，或等效为附近没有其他物体）。尽管这种表达形式常被人们用到，但人们对它的适用性（它在哪些条件下应用）和技术特征（如自由空间传播损耗在何种程度上依赖于频率）还存在普遍的误解。已有文献（如文献[1]）通篇都在讨论无线电波的传播——预测、测量和各种效应的补偿。本附录只介绍一种简单且通用的无线电波传播模型——自由空间传播损耗，同时还介绍一个相关的话题——如何在功率通量密度和功率谱密度之间进行转换。

C.2　自由空间传播损耗

传播损耗定义为接收天线方向的发射功率与单位增益接收天线输出端的功率之比。若接收天线的增益不是 1，则在计算这一比值时需要将接收功率除以接收天线的增益。若发射天线的实际辐射功率值为 P_T（W），并且其增益为 G_T（无量纲），则产生的有效各向同性辐射功率（EIRP）为 $P_T G_T$（W）。若接收天线的增益为 G_R，接收天线输出端的功率为 P_R，则可以得到传播损耗的表达式，它是一个无量纲的值：

$$\Lambda = \frac{P_T G_T}{(P_R / G_R)} = \frac{P_T G_T G_R}{P_R} \tag{C.1}$$

式(C.1)只是一种定义，也可使用其倒数来定义。之所以选择这种特殊的定义，是因为其分子一般要比分母大，这就使得传播损耗通常是一个大于 1 的值，或者用分贝表示时是一个正值。这符合惯常的用法（如"180dB 的传播损耗"）。对于单位增益（$G_R = 1$）的接收天线，往往只需计算接收到的各向同性功率（RIP）就可方便地完成计算。

本附录中描述的自由空间传播损耗模型适用于如下情形：发射天线和接收天线都位于自由空间（理想状况下为真空）中，周围不存在其他传导性物体和障碍物。实际上，至少在 L 波段，以下条件已经足够：发射机和接收机之间的视线（LOS）路径未被遮蔽，即使在视线路径附近也没有障碍物，发射机到接收机的视线路径也远离传导物体表面（甚至是地表）。不满足这些条件之一时，实际传播损耗可能比利用自由空间模型预测的损耗要大得多。

此外，发射天线和接收天线必须分开多个波长的距离，使得它们不在彼此的近场内。对于在 L 波段有适度增益的天线而言，分开几米就够了。关于对自由空间传播模型适用条件进行量化的详细准则，以及在非自由空间条件下预测传播损耗的方法，超出了本附录的范畴，但可在文献[1]中找到。在许多情况下，对于 L 波段的传播，从空间到地表或机载接收机，从机载发射机到机载接收机，或者从机载发射机到地表（或者对于这些相同的路径调换发射机和接收机的位置），自由空间传播都是一个很好的一阶模型。这些情况对于 GNSS 显然是很有意义的。假设发射机辐射的 EIRP 为 $P_T G_T$。随着电磁波的传播，其功率以球形方向图向外辐射，所以在发射天线的给定立体角中功率保持不变。然而，随着到发射天线距离的增大，球体半径增大，功率通量密度（PFD）即球面单位面积上的功率不断减小。

现在假设这个立体角很小，球体的半径大到足以使得这个立体角可以近似为与球面相切的一个小平面，并且垂直于发射天线到接收机的视线路径。天线的有效面积 A 由下式给出：

$$A = \frac{\lambda^2 G}{4\pi} \tag{C.2}$$

式中，$\lambda = c/f$ 是波长，c 是传播速度，f 是频率，G 是天线增益。设接收天线的增益为 G_R，接收天线的有效面积为

$$A_R = \frac{G_R \lambda^2}{4\pi} = \frac{G_R c^2}{f^2 4\pi} \tag{C.3}$$

注意，给定天线增益时，天线的有效面积与频率的平方成反比。若天线增益不变，则当频率增加时，天线的面积必须变小。回到先前讨论的发射机向外发射电磁波的情形，距发射天线为 d 的球面上的一点的功率空间密度（单位是 W/m^2）是

$$\Phi = \frac{P_T G_T}{4\pi d^2} \tag{C.4}$$

功率空间密度也称功率通量密度（PFD）。注意，功率通量密度与到发射机距离的平方成反比，所以功率通量密度（单位面积上接收到的功率）与频率无关，它只依赖于到发射机的距离。

接收天线输出端的功率等于接收天线处的功率通量密度与接收天线有效面积的乘积：

$$P_R = \Phi A_R \tag{C.5}$$

将式(C.3)和式(C.4)代入式(C.5)得

$$P_R = \left(\frac{P_T G_T}{4\pi d^2}\right)\left(\frac{G_R \lambda^2}{4\pi}\right) = P_T G_T G_R \left(\frac{\lambda}{4\pi d}\right)^2 \tag{C.6}$$

式(C.6)通常称为弗里斯方程[2]。给定 EIPR（$P_T G_T$）和接收天线增益（G_R）时，就可以利用它算出接收功率。将式(C.6)用来计算 $G_R = 1$ 的各向同性接收天线的功率时，结果就是 RIP。

有时，我们会将自由空间传播模型泛化，以便说明超出自由空间损耗的额外传播损耗。这种额外的传播损耗可能由大气层、簇叶穿透、建筑物穿透或极化失配带来的衰减导致。这种额外功率损耗的影响被建模为一个无量纲的倍数因子 L，其取值在 1 到无穷大之间，其中 1 表示没有额外损耗，而无穷大则表示完全遮蔽。类似于传播损耗的定义，L 的定义与常用术语匹配（如 "2dB 的额外损耗"）。接收功率的表达式为

$$P_R = \frac{P_T G_T G_R}{L}\left(\frac{\lambda}{4\pi d}\right)^2 \tag{C.7}$$

通常以分贝为单位来计算接收功率。用下标指示量的单位，可以将式(C.7)重写为分贝的形式：

$$
\begin{aligned}
\left(P_R\right)_{\text{dBW}} &= \left(P_T\right)_{\text{dBW}} + \left(G_T\right)_{\text{dB}} + \left(G_R\right)_{\text{dB}} - L_{\text{dB}} + 20\lg\left(\frac{\lambda}{4\pi d}\right) \\
&= \left(P_T\right)_{\text{dBW}} + \left(G_T\right)_{\text{dB}} + \left(G_R\right)_{\text{dB}} - L_{\text{dB}} - 21.98 - 20\lg\left(d/\lambda\right)
\end{aligned}
\tag{C.8}
$$

后一个表达式特别简单，它使用了一个常量，发射机和接收机之间的距离表示为波长数。

最后，泛化的自由空间传播损耗（包括额外损耗）见式(C.1)和式(C.7)，总结为

$$\Lambda = L\left(\frac{4\pi d}{\lambda}\right)^2 \tag{C.9}$$

式中，$P_R = \dfrac{P_T G_T G_R}{L}$，$(P_R)_{dBW} = (P_T)_{dBW} + (G_T)_{dB} + (G_R)_{dB} - \Lambda_{dB}$，其中 $\Lambda_{dB} = 10\lg\Lambda$。

尽管式(C.9)是关于自由空间损耗的一个非常紧凑的表达式，但对这个表达式过于简单的解释会导致错误的结论——由于自由空间的传播损耗随着频率增加而增大，在自由空间存在依赖于频率的衰减机制。正确的解释是，功率通量密度（单位为 W/m²）随到发射机距离的损耗与频率无关，从式(C.4)可以看出这一点。然而，自由空间传播损耗定义中包含了在不同频率下增益保持恒定（通常为 1）的接收天线的影响。由于给定增益的天线在更高频率下的有效面积更小，因此固定增益天线在更高频率下接收到的功率通量密度更少，导致更高频率下的更低接收功率。如通常定义的那样，由于天线面积对自由空间传播损耗起作用，自由空间传播损耗会随着频率的增加而增大。若在定义自由空间传播损耗时不固定接收天线的增益，而固定接收天线的有效面积，则式(C.5)表明自由空间传播损耗与频率无关（但是天线在更高频率下会变得更有方向性，因为它的物理尺寸不变）。

C.3　功率谱密度与功率通量密度的转换

虽然功率通量密度（PFD）经常出现在介绍频谱保护和射频干扰的文献中，但是大多数信号理论都是按照功率谱密度（PSD）著述的。本节介绍如何在这两个量之间进行转换。

回顾可知，功率通量密度描述的是垂直于电磁波传播方向的单位面积（通常为 1m²）上的功率，而功率谱密度描述的是信号单位带宽（通常是 1Hz，但有时是 1kHz、4kHz 或 1MHz）上的功率。这是两个非常不同的概念和量，它们之间的转换需要一个中间量（功率）及接收天线的有效面积和单位功率信号的归一化（单位功率）功率谱密度的定义，其单位是秒（或赫兹的倒数）。

为了从功率通量密度转换为功率谱密度，我们首先使用式(C.5)和给定的接收天线有效面积。通常假设一个单位增益的天线。由式(C.3)可知，在频率大于 $c/\sqrt{4\pi} \approx 84.3\,\text{MHz}$ 时，单位增益天线的有效面积小于 1，所以对于与 GNSS 有关的计算，当用分贝表示时，典型的有效面积是一个负值。结果是功率，单位为 W。将归一化（单位面积）的功率谱密度乘以功率，就得到实际的功率谱密度，单位为 W/Hz。为了得到以给定频率为中心频率的给定带宽内的功率谱密度，只需在该频率处的整个带宽上对实际功率谱密度积分。在许多情况下，后一个步骤可以这样来近似：首先估算出中心频率点的功率谱密度值，然后将它乘以带宽。只要在给定带宽上实际的功率谱密度能够很好地近似为一条直线（不一定是水平的），这个结果就是有效的。

为了从功率谱密度转换为功率通量密度，首先可将功率谱密度对所有频率积分来确定总功率。然后根据式(C.5)，将接收天线的有效面积除以总功率（对于 GNSS 中典型感兴趣的频率，这涉及用分贝表示时加上一个正值）就得到了功率通量密度。

参考文献

[1]　Parsons, J. D., *The Mobile Radio Propagation Channel*, 2nd ed., New York: John Wiley and Sons, 2000.

[2]　Friis, H. T., "A Note on a Simple Transmission Formula," *Proceedings IRE*, Vol. 34, 1946, pp. 254-256.